Manque de temps ?
Envie de réussir ?
Besoin d'aide ?

La solution

Le *Compagnon Web*:
www.erpi.com/benson.cw

Il contient des outils en ligne qui vous permettront de tester ou d'approfondir vos connaissances.

- **Les Clips Physique : plus de 300 exercices et problèmes (dans l'ensemble des trois tomes) soulevant des difficultés particulières résolus sous forme de courtes capsules vidéo.**
- **Les laboratoires virtuels Physique animée : pour chaque tome, quatre ou cinq simulations interactives, accompagnées de nombreux exercices, qui viennent compléter certaines sections du livre.**

ENSEIGNANTS, vous avez accès aux outils suivants :

- Le recueil des solutions détaillées de tous les exercices et problèmes.
- Toutes les figures et tableaux du manuel sous forme de fichiers JPEG et PDF.
- Les formules clés extraites du manuel.

Comment accéder au Compagnon Web de votre manuel ?

Étudiants

Étape 1 : Allez à l'adresse **www.erpi.com/benson.cw**
Étape 2 : Lorsqu'ils seront demandés, entrez le nom d'usager et le mot de passe ci-dessous :

Nom d'usager

Mot de passe

[redacted]

SOULEVEZ ICI

Ce livre **ne peut être retourné** si les cases ci-contre sont découvertes.

Étape 3 : Suivez les instructions à l'écran
Assistance technique : tech@erpi.com

Enseignants

Veuillez communiquer avec votre représentant pour obtenir un mot de passe.

ERPI

20475W

Constantes physiques

Nom	Symbole	Valeur approchée	Valeur précise*
Charge élémentaire	e	$1{,}602 \times 10^{-19}$ C	$1{,}602\ 176\ 487(40) \times 10^{-19}$ C
Constante de Boltzmann	$k = R/N_A$	$1{,}381 \times 10^{-23}$ J/K	$1{,}380\ 650\ 4(24) \times 10^{-23}$ J/K
Constante de gravitation	G	$6{,}674 \times 10^{-11}\ \text{N·m}^2/\text{kg}^2$	$6{,}674\ 28(67) \times 10^{-11}\ \text{N·m}^2/\text{kg}^2$
Constante de la loi de Coulomb	$k\ (= 1/4\pi\varepsilon_0)$	$9{,}00 \times 10^9\ \text{N·m}^2/\text{C}^2$	$8{,}987\ 551\ 8 \times 10^9\ \text{N·m}^2/\text{C}^2$
Constante de Planck	h	$6{,}626 \times 10^{-34}$ J·s	$6{,}626\ 068\ 96(33) \times 10^{-34}$ J·s
Constante des gaz parfaits	R	8,314 J/(K·mol)	8,314 472(15) J/(K·mol)
Masse de l'électron	m_e	$9{,}109 \times 10^{-31}$ kg	$9{,}109\ 382\ 15(45) \times 10^{-31}$ kg
Masse du proton	m_p	$1{,}673 \times 10^{-27}$ kg	$1{,}672\ 621\ 637(83) \times 10^{-27}$ kg
Nombre d'Avogadro	N_A	$6{,}022 \times 10^{23}\ \text{mol}^{-1}$	$6{,}022\ 141\ 79(30) \times 10^{23}\ \text{mol}^{-1}$
Perméabilité du vide	μ_0	–	$4\pi \times 10^{-7}\ \text{N/A}^2$ (exacte)
Permittivité du vide	$\varepsilon_0 = 1/(\mu_0 c^2)$	$8{,}854 \times 10^{-12}\ \text{C}^2/(\text{N·m}^2)$	$8{,}854\ 187\ 817 \times 10^{-12}\ \text{C}^2/(\text{N·m}^2)$
Unité de masse atomique	u	$1{,}661 \times 10^{-27}$ kg	$1{,}660\ 538\ 782(83) \times 10^{-27}$ kg
Vitesse de la lumière dans le vide	c	$3{,}00 \times 10^8$ m/s	$2{,}997\ 924\ 58 \times 10^8$ m/s (exacte)

* 2006 CODATA (Committee on Data for Science and Technology), mars 2007. National Institute of Standards and Technology, http://physics.nist.gov/cuu/Constants/index.html.

Abréviations des unités courantes

Ampère	A	Kelvin	K
Année	a	Kilocalorie	kcal (Cal)
Ångström	Å	Kilogramme	kg
Atmosphère	atm	Livre	lb
British thermal unit	Btu	Mètre	m
Candela	cd	Minute	min
Coulomb	C	Mole	mol
Degré Celsius	°C	Newton	N
Degré Fahrenheit	°F	Ohm	Ω
Électronvolt	eV	Pascal	Pa
Farad	F	Pied	pi
Gauss	G	Pouce	po
Gramme	g	Seconde	s
Henry	H	Tesla	T
Heure	h	Unité de masse atomique	u
Horse-power	hp	Volt	V
Hertz	Hz	Watt	W
Joule	J	Weber	Wb

Données d'usage fréquent

Terre	
Rayon moyen	$6{,}37 \times 10^{6}$ m
Masse	$5{,}98 \times 10^{24}$ kg
Distance moyenne au Soleil	$1{,}50 \times 10^{11}$ m
Lune	
Rayon moyen	$1{,}74 \times 10^{6}$ m
Masse	$7{,}36 \times 10^{22}$ kg
Distance moyenne à la Terre	$3{,}84 \times 10^{8}$ m
Soleil	
Rayon moyen	$6{,}96 \times 10^{8}$ m
Masse	$1{,}99 \times 10^{30}$ kg
Accélération de chute libre (g), valeur recommandée	$9{,}806\ 65$ m/s^2
Pression atmosphérique normale	$1{,}013 \times 10^{5}$ Pa
Masse volumique de l'air (à 0°C et à 1 atm)	1,293 kg/m^3
Masse volumique de l'eau (entre 0°C et 20°C)	1000 kg/m^3
Chaleur spécifique de l'eau	4186 J/(kg·K)
Vitesse du son dans l'air (à 0°C)	331,5 m/s
à la pression atmosphérique normale (à 20°C)	343,4 m/s

Préfixes des puissances de dix

Puissance	Préfixe	Abréviation	Puissance	Préfixe	Abréviation
10^{-18}	atto	a	10^{1}	déca	da
10^{-15}	femto	f	10^{2}	hecto	h
10^{-12}	pico	p	10^{3}	kilo	k
10^{-9}	nano	n	10^{6}	méga	M
10^{-6}	micro	µ	10^{9}	giga	G
10^{-3}	milli	m	10^{12}	téra	T
10^{-2}	centi	c	10^{15}	péta	P
10^{-1}	déci	d	10^{18}	exa	E

Symboles mathématiques

$\propto$	est proportionnel à
$>$ ($<$)	est plus grand (plus petit) que
$\geq$ ($\leq$)	est plus grand (plus petit) ou égal à
$\gg$ ($\ll$)	est beaucoup plus grand (plus petit) que
$\approx$	est approximativement égal à
Δx	la variation de x
$\sum_{i=1}^{N} x_i$	$x_1 + x_2 + x_3 + \ldots + x_N$
$\lvert x \rvert$	le module ou la valeur absolue de x
$\Delta x \to 0$	Δx tend vers zéro
$n!$	factorielle n : $n(n-1)(n-2) \ldots 2 \times 1$

PHYSIQUE 2

Électricité et magnétisme

4e édition

PHYSIQUE 2

Électricité et magnétisme

4e édition

Harris Benson
Marc Séguin
Benoît Villeneuve
Bernard Marcheterre
Mathieu Lachance

ÉDITIONS DU RENOUVEAU PÉDAGOGIQUE INC.
5757, RUE CYPIHOT, SAINT-LAURENT (QUÉBEC) H4S 1R3
TÉLÉPHONE : 514 334-2690 TÉLÉCOPIEUR : 514 334-4720
erpidlm@erpi.com www.erpi.com

Traduction
Dominique Amrouni

Direction, développement de produits
Sylvain Giroux

Supervision éditoriale
Sylvain Bournival

Révision linguistique
Marie-Claude Rochon (Scribe Atout)

Correction des épreuves
Marie-Claude Rochon (Scribe Atout)

Index
Monique Dumont

Direction artistique
Hélène Cousineau

Supervision de la production
Muriel Normand

Conception graphique de la couverture
Martin Tremblay

Illustrations techniques
Infoscan Collette, Québec et Bertrand Lachance

Infographie
Infoscan Collette, Québec

Cet ouvrage est une traduction de l'édition révisée de *University Physics*, de Harris Benson, publiée et vendue à travers le monde avec l'autorisation de John Wiley & Sons, Inc.

Dépôt légal – Bibliothèque et Archives nationales du Québec, 2009
Dépôt légal – Bibliothèque nationale du Canada, 2009
Imprimé au Canada

3e tirage
ISBN 978-2-7613-2547-9
34567890 II 15 14 13 12 11
20475 ABCD SM9

Avant-propos

Ce manuel est le deuxième tome d'un ouvrage d'introduction à la physique destiné aux étudiants de sciences de la nature. Le contenu de chaque tome correspond à un cours d'un trimestre. À l'annexe B figurent les notions d'algèbre et de trigonométrie qui sont supposées connues de l'étudiant. Pour aborder l'étude du tome 2, celui-ci devrait en principe aussi avoir fait deux trimestres de calcul différentiel et intégral, de même qu'un trimestre d'algèbre linéaire et vectorielle, mais il peut suivre ce dernier cours parallèlement à celui de physique. Le système international (SI) est employé tout au long des trois tomes, le système britannique n'étant mentionné qu'à de rares occasions.

La suite de cet avant-propos expose les moyens mis en œuvre pour faciliter la progression de l'étudiant et lui permettre d'assimiler le contenu du cours.

Une iconographie rehaussée

Une nouveauté dans cette 4e édition : les photos du début de chacun des chapitres de même que celles figurant dans les marges ont été mises en valeur de manière à ce qu'elles jouent pleinement leur rôle pédagogique. Leur présence non seulement capte l'intérêt, mais vient souligner l'omniprésence de la physique dans la vie quotidienne. Chaque chapitre débute maintenant par une photo de plus grande taille, choisie pour son lien avec un thème important du chapitre et illustrant un sujet tiré du vécu de l'étudiant. De plus, le nombre des photos d'accompagnement situées dans les marges a été augmenté. Enfin, plusieurs figures illustrant des phénomènes physiques ont été améliorées ou complétées de photographies qui rendent plus concret le phénomène étudié (photo ci-contre).

Exactement comme ce parachutiste perd de l'énergie potentielle gravitationnelle en tombant dans le sens des lignes de champ gravitationnel, une charge *positive* perd de l'énergie potentielle électrique lorsqu'elle « tombe » en suivant le sens des lignes de champ électrique (que ces dernières soient verticales et parallèles ou non). Le potentiel électrique est l'équivalent de son « altitude » le long d'une ligne de champ électrique.

Plus d'explications qualitatives

Une nouveauté dans cette 4e édition : dans plusieurs chapitres, les explications qualitatives ont été sensiblement développées. Par exemple, on présente maintenant une analogie détaillée entre les forces gravitationnelle et électrique, on explique les observations qui servent à soutenir que la matière est faite d'atomes, on justifie le principe de Huygens avant de l'utiliser, etc. Ces nombreux aspects qualitatifs rappellent notamment à l'étudiant que la physique ne saurait se réduire aux mathématiques, même si celles-ci constituent un outil nécessaire à la physique.

Également, le choix des termes a été revu de façon à projeter l'image d'une physique en constante évolution. Là où c'était pertinent, une distinction a été faite entre les savoirs tirés directement de l'expérience et ceux qui proviennent de prédictions théoriques. De plus, une attention toute particulière a été accordée, dans le tome 3, à la présentation des modèles classique et quantique de la lumière afin d'éviter les contradictions qui découleraient de la juxtaposition d'affirmations incompatibles comme « la lumière est une onde » et « la lumière est une particule ».

Rigueur de la présentation

Notre premier objectif a été de donner une présentation claire et correcte des notions et des principes fondamentaux de la physique. Nous espérons ainsi avoir su éviter de donner prise aux conceptions erronées. Dans plusieurs sections facultatives, nous nous sommes efforcés de couvrir convenablement des sujets souvent négligés dans les manuels courants, par exemple le théorème de l'énergie cinétique. Une attention particulière a été accordée à des questions délicates, comme l'usage subtil des signes dans l'application de la loi de Coulomb, de la loi de Faraday ou de la loi des mailles de Kirchhoff dans les circuits c.a. Une distinction très nette a été tracée entre la f.é.m. et la différence de potentiel. Sans trop insister sur la distinction entre l'accélération gravitationnelle et le champ gravitationnel, nous leur avons attribué des symboles différents.

Concision du style

Sans sacrifier la qualité et la précision des explications, nous nous sommes efforcés de rédiger cet ouvrage dans un style simple, clair et concis, aussi bien sur le plan du texte que sur celui des calculs et de la notation mathématique. Les exemples proposés mettent l'accent sur des étapes importantes ou des notions plus difficiles à saisir.

Cet ouvrage est axé sur des points essentiels et comporte le moins d'équations possible. Certaines équations particulières, comme la formule de la portée d'un projectile, bien qu'elles figurent dans le texte du chapitre, sont démontrées dans le cadre d'un exemple et ne figurent pas dans le résumé du chapitre. Nous avons également choisi de ne pas présenter de multiples versions d'une même équation. Ainsi, dans le tome 3, la variation de l'intensité dans la figure d'interférence créée par deux fentes parallèles est uniquement donnée en fonction du déphasage ϕ et non en fonction de la position angulaire (θ) ni de la coordonnée verticale sur l'écran (y).

Répartition de la matière

Les trois tomes de *Physique* couvrent la plupart des sujets traditionnels de la physique classique. Les six derniers chapitres du tome 3 traitent de sujets choisis de la physique moderne. Dans l'ensemble, l'agencement de la matière est assez classique. Le produit scalaire et le produit vectoriel sont présentés au chapitre 2 du tome 1, mais on peut aisément reporter leur étude au moment de leur utilisation. Le chapitre 15 du tome 1, qui porte sur les oscillations, a été reproduit au début du tome 3, où il introduit logiquement l'étude des ondes menée à bien dans les deux chapitres suivants. De même, deux sections du chapitre 13 du tome 2, qui porte sur les ondes électromagnétiques, ont été reproduites à même le chapitre 4 du tome 3. Dans le tome 1, les aspects dynamiques et énergétiques du mouvement des satellites sont présentés aux chapitres 6 et 8. On peut différer leur étude au chapitre 13 afin de traiter uniformément la gravitation, mais on peut tout aussi bien sauter l'ensemble du chapitre 13.

Deux pistes de lecture

Le *texte de base* est en caractères noirs, tandis que le *texte facultatif* est en caractères bleus. Le découpage entre ces deux pistes de lecture a été fait de telle manière que la matière exposée dans les passages facultatifs puisse être omise sans qu'il y ait rupture dans la continuité du texte de base ; de plus, elle n'est pas un préalable à la compréhension du texte de base des chapitres suivants. Précisons qu'elle n'est pas nécessairement moins importante ou plus difficile que celle qui se trouve dans le texte de base. Le découpage que nous avons fait devrait permettre à des professeurs qui veulent couvrir l'essentiel d'un chapitre d'indiquer clairement à leurs étudiants ce qui est ou non à l'étude. Les passages facultatifs n'étant pas essentiels à la compréhension de la suite de l'ouvrage, un professeur pourra décider de les sauter, sans crainte d'avoir besoin d'y revenir pour couvrir la matière dans le texte de base des chapitres suivants. De plus, dans le tome 2, les deux pistes de lecture ont été organisées de façon à permettre l'étude du texte de base des chapitres 6 et 7 avant les chapitres 2 et 3.

Dimension historique

Cet ouvrage se distingue aussi par son contenu historique. Présente dans chacun des chapitres, l'information historique remplit un but à la fois pédagogique et culturel. Selon le contexte, elle joue les rôles suivants :

1. Montrer comment une idée, comme la conservation de l'énergie, ou une théorie, comme la relativité ou la mécanique quantique, a vu le jour et s'est développée.
2. Présenter la physique sous un jour plus réaliste en tant qu'activité humaine.
3. Faire connaître des circonstances qui présentent un intérêt particulier (dans le cadre d'anecdotes, par exemple).

Pour rendre un sujet plus vivant et aider l'étudiant à mieux comprendre certaines notions, nous avons intégré au texte de brèves indications historiques. Des exposés plus approfondis sont donnés séparément dans des « Aperçus historiques » présentés en deux colonnes dans un caractère d'imprimerie différent. Certains de ces exposés rendent compte de l'émergence de notions importantes, telle la notion d'inertie. D'autres soulignent l'élégance d'un raisonnement, par exemple celui de Huygens dans son étude des chocs ou celui qui a permis à Einstein d'établir la formule $E = mc^2$. Aucun problème ou exercice ne porte sur ces aperçus historiques.

Il arrive souvent que les étudiants se fassent une fausse idée des modèles physiques. Dans le cas de certaines notions ou théories, même un exposé lucide ne suffit pas à effacer des idées bien ancrées dans leur perception du monde. Cependant, il est possible de rectifier certaines des idées incorrectes couramment répandues, par exemple sur l'inertie ou la chaleur, en analysant le cheminement historique qui a abouti à la notion en question.

Un cours d'introduction à la physique peut facilement apparaître comme une litanie de conclusions issues des travaux d'esprits savants. En plus d'être intimidante, cette approche a le tort de présenter la physique comme une science établie plutôt que comme un ensemble de connaissances en constante évolution. Les aperçus historiques peuvent remédier à ce problème et montrer aux étudiants que les choses peuvent demeurer longtemps embrouillées, même pour les plus grands esprits, avant qu'une notion claire ne se dégage. En fait, des penseurs profonds comme Aristote et Galilée ont nourri eux aussi certains préjugés erronés. La présentation de la dimension historique de la physique suggère que les savoirs aujourd'hui acceptés comme valables seront peut-être, eux aussi, remis en question dans le futur. Cette façon d'enseigner la physique favorise une plus grande ouverture d'esprit et prépare les scientifiques de demain à la possible remise en question des idées qu'ils ont apprises.

Afin de simplifier la description de contextes historiques, les contributions de nombreux chercheurs ont dû malheureusement être passées sous silence. De même, l'exposé ne fait pas mention des nombreuses tentatives infructueuses. Les exposés historiques se veulent exacts, instructifs, intéressants, mais ne sauraient être exhaustifs. Ce que nous proposons ici, c'est une physique avec une touche d'histoire, et non une histoire de la physique.

Sujets connexes

Les sections intitulées « Sujet connexe » portent sur des phénomènes remarquables qui ont un rapport immédiat avec le contenu du chapitre. Parfois, il s'agit de phénomènes familiers, comme les marées, les arcs-en-ciel, les pirouettes du chat, l'électricité atmosphérique ou le magnétisme. Ailleurs, il est fait état de sujets qui font actuellement l'objet de recherches en physique, comme l'holographie, la supraconductivité, la lévitation magnétique, le microscope à effet tunnel ou la fusion nucléaire. Le chapitre 13 du tome 3, qui traite des particules élémentaires, est proposé à titre de sujet connexe ; il ne comporte pas d'exemples, ni d'exercices ou de problèmes de fin de chapitre.

Une nouveauté dans cette 4e édition : plusieurs sujets connexes ont été ajoutés. Certains traitent de nouvelles technologies numériques, notamment les affichages à cristaux liquides ou les multimètres numériques. D'autres traitent d'applications physiques comme la propulsion ionique des vaisseaux spatiaux.

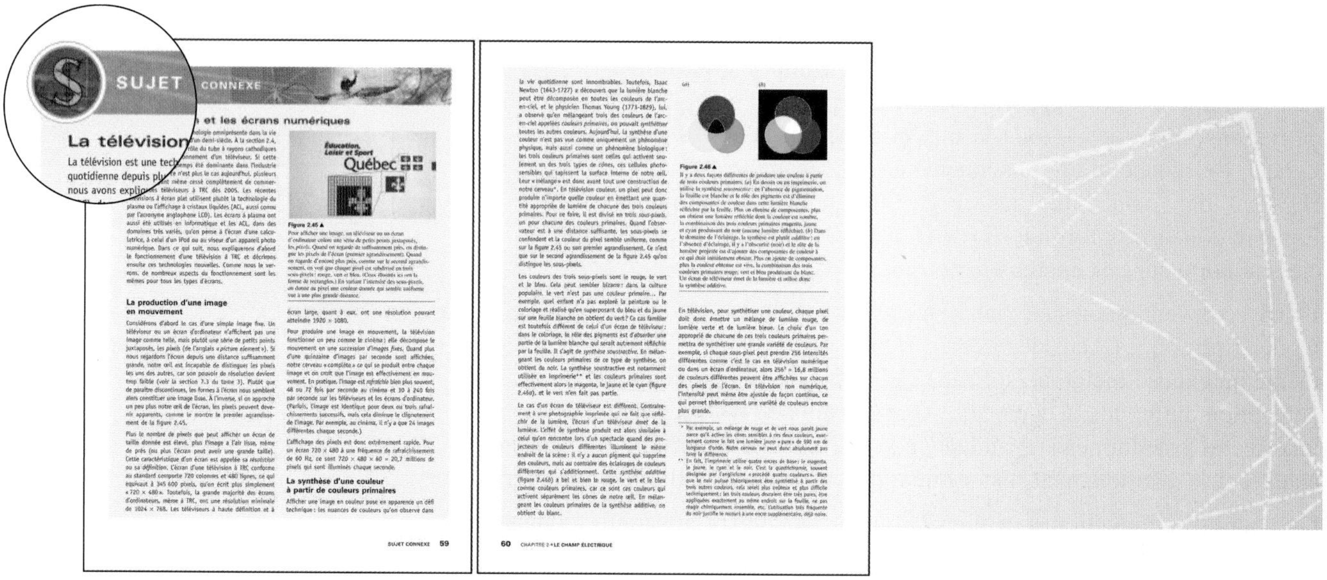

Aides pédagogiques

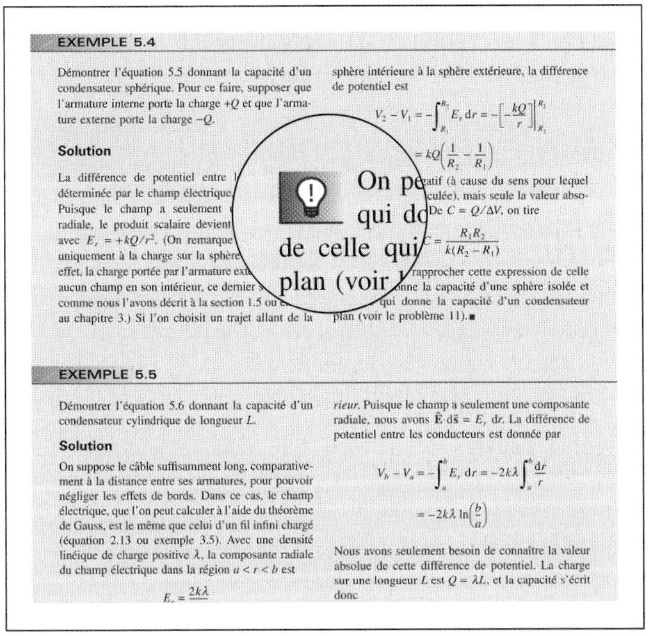

Exemples

Les étudiants reprochent souvent aux manuels de physique de ne pas donner assez d'exemples ou de présenter des exemples qui ne les préparent pas convenablement aux problèmes posés à la fin des chapitres. Pour remédier à cette lacune, ce manuel comporte de nombreux exemples dont le degré de difficulté correspond autant à celui des problèmes les plus difficiles qu'à celui des exercices. À l'occasion, l'étudiant est averti des pièges ou des difficultés qu'il risque de rencontrer (mauvais départ, racines non physiques, données sans intérêt, difficultés liées à la notation, etc.). Dans les solutions des exemples, une ampoule rouge signale les passages qui contiennent des conseils importants ou qui soulignent certaines subtilités.

Une nouveauté dans cette 4e édition : quelques dizaines d'exemples ont été ajoutés à des endroits stratégiques dans les trois tomes.

Méthodes de résolution

On peut considérer l'acquisition de méthodes applicables à la résolution de certains types de problèmes comme l'aspect le plus important d'un cours de physique. Nous avons donné tout au long du manuel, mais surtout dans les premiers chapitres, des méthodes de résolution de problèmes suivant une approche par étapes.

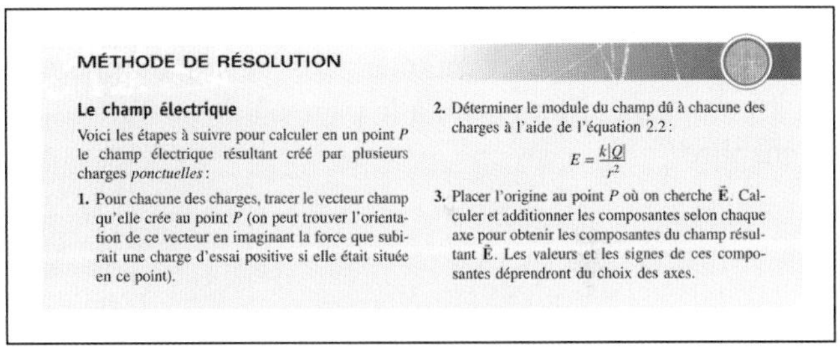

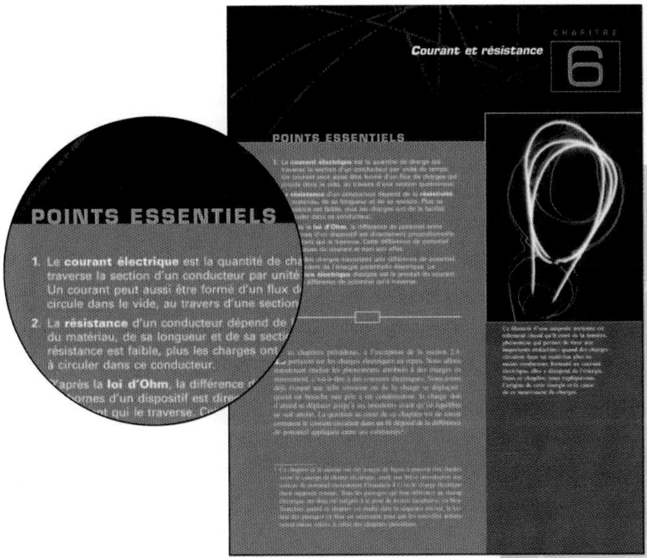

Points essentiels

Placés en tête de chapitre, ils donnent un bref aperçu des notions importantes, lois, principes et phénomènes à l'étude.

Résumé

Le résumé du chapitre reprend les équations les plus importantes et rappelle brièvement les notions et principes essentiels. Les équations du résumé sont reprises du texte principal avec leur numérotation d'origine, ce qui permet de les retrouver plus facilement au besoin.

RÉSUMÉ

Une charge électrique agit sur le milieu qui l'entoure en créant un champ électrique, lequel exerce ensuite une force sur les autres charges. La valeur (vectorielle) du champ électrique en un point est définie comme la force par unité de charge agissant sur une charge d'essai q_{ess} placée en ce point : $\vec{\mathbf{E}} = \vec{\mathbf{F}}_E/q_{ess}$. Le vecteur $\vec{\mathbf{E}}$ est orienté dans le même sens que la force agissant sur une charge positive. Lorsqu'on connaît le vecteur champ, on peut déterminer la force qu'il exerce sur une charge q quelconque (non responsable de ce champ) au moyen de l'égalité

$$\vec{\mathbf{F}}_E = q\vec{\mathbf{E}} \qquad (2.3a)$$

Dans le cas d'une charge ponctuelle Q, le module du champ électrique qu'elle produit est

$$E = \frac{k|Q|}{r^2} \qquad (2.2)$$

de telle sorte que le module de la force que produit ce champ sur une (autre) charge ponctuelle q est $F = |q|E = k|qQ|/r^2$, ce qui correspond à la loi de Coulomb.

Termes importants

Les termes en gras du texte principal sont réunis et présentés alphabétiquement dans une liste de termes importants placée à la fin des chapitres, immédiatement après le résumé. Le professeur peut utiliser cette liste pour choisir des termes dont la définition pourrait être demandée à l'étudiant au cours d'un contrôle. Chaque terme important est accompagné d'un renvoi à la page où il est défini dans le chapitre.

TERMES IMPORTANTS

cage de Faraday (p. 39)
champ électrique (p. 27)
densité linéique de charge (p. 43)
densité surfacique de charge (p. 43)
dipôle électrique (p. 53)
équilibre électrostatique (p. 37)
ligne de champ électrique (p. 33)
moment dipolaire électrique (p. 54)

Révision

Une série de points de révision précède la liste de questions. L'étudiant trouvera les réponses directement dans le chapitre, sans avoir à faire de calculs ou à chercher de l'information complémentaire dans d'autres sources.

RÉVISION

R1. Quel rôle joue le champ électrique entre les particules chargées ?

R2. Comparez les définitions et les unités du champ gravitationnel et du champ électrique.

R3. Énoncez la règle qui permet de déterminer le sens du vecteur champ électrique produit par une charge Q en un point quelconque.

R4. Vrai ou faux ? Si on double la valeur de la charge d'une particule, le champ électrique à l'endroit où elle se trouve double.

R5. Quel physicien du XIXe siècle considérait les lignes de champ comme des entités réelles ?

R6. Dressez une liste des propriétés des lignes de de champ indiquent-elles les trajets possibles pour la charge d'essai ?

R11. Expliquez pourquoi le champ électrique à l'intérieur d'un conducteur est nul à l'équilibre électrostatique.

R12. Expliquez pourquoi le champ électrique est perpendiculaire à la surface d'un conducteur à l'équilibre électrostatique.

R13. Puisque des objets chargés infinis n'existent pas, dans quelles conditions peut-on utiliser la formule valable pour le fil infini (équation 2.13) ? La formule valable pour la plaque infinie (équation 2.18) ?

Questions

Les questions traitent des aspects conceptuels de la matière du chapitre : l'étudiant doit en général pouvoir y répondre sans faire de calculs.

QUESTIONS

Q1. Dans un noyau, la distance entre les protons est très petite ($\approx 10^{-15}$ m). Pourquoi les éléments du noyau ne se séparent-ils pas, étant donné la forte répulsion coulombienne entre les protons ?

Q2. Puisque la force électrique est tellement plus intense que la force gravitationnelle, pourquoi ne l'observons-nous pas de façon plus directe ou plus fréquente ?

Q3. Peut-on charger un objet métallique en le frottant ? Expliquez pourquoi de façon détaillée.

Figure 1.20 ▲
Question 8.

Q10. On charge deux sphères métalliques identiques et on les place côte à côte sans qu'elles se touchent. Peut-on calculer la force qui s'exerce entre les sphères à l'aide de la loi de Coulomb, si r est la

Exercices et problèmes

Chaque exercice porte sur une section donnée du chapitre, alors que les problèmes ont une portée plus générale. Pour aider les étudiants et les professeurs dans le choix des exercices et des problèmes, nous leur avons attribué un degré de difficulté (I ou II). Les réponses à tous les exercices et problèmes figurent à la fin de chaque tome.

Les exercices et les problèmes qui peuvent être résolus (entièrement ou partiellement) à l'aide d'une calculatrice graphique ou d'un logiciel de calcul symbolique sont signalés par l'icône [Σ] et par la couleur fuchsia. Dans chaque cas, le solutionnaire sur le Compagnon Web donne les lignes de commande qui permettent d'obtenir, avec le logiciel Maple, le résultat recherché.

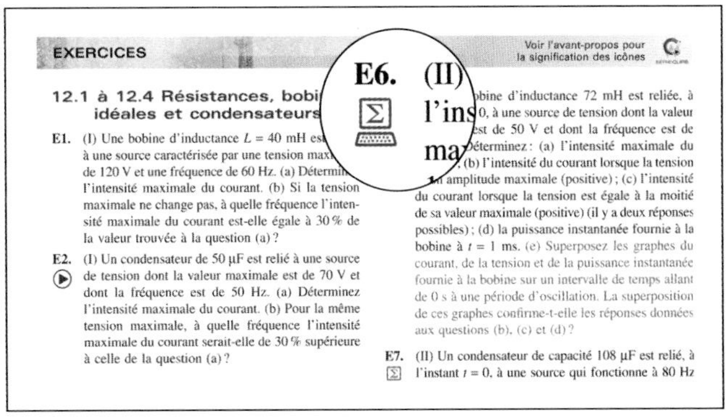
EXERCICES

Voir l'avant-propos pour la signification des icônes

12.1 à 12.4 Résistances, bobi idéales et condensateurs

E6. (II) l'ins ma

E1. (I) Une bobine d'inductance L = 40 mH es à une source caractérisée par une tension max de 120 V et une fréquence de 60 Hz. (a) Détermi l'intensité maximale du courant. (b) Si la tension maximale ne change pas, à quelle fréquence l'intensité maximale du courant est-elle égale à 30 % de la valeur trouvée à la question (a) ?

E2. (I) Un condensateur de 50 μF est relié à une source de tension dont la valeur maximale est de 70 V et dont la fréquence est de 50 Hz. (a) Déterminez l'intensité maximale du courant. (b) Pour la même tension maximale, à quelle fréquence l'intensité maximale du courant serait-elle de 30 % supérieure à celle de la question (a) ?

bine d'inductance 72 mH est reliée, à 0, à une source de tension dont la valeur st de 50 V et dont la fréquence est de éterminez : (a) l'intensité maximale du (b) l'intensité du courant lorsque la tension amplitude maximale (positive) ; (c) l'intensité du courant lorsque la tension est égale à la moitié de sa valeur maximale (positive) (il y a deux réponses possibles) ; (d) la puissance instantanée fournie à la bobine à t = 1 ms. (e) Superposez les graphes du courant, de la tension et de la puissance instantanée fournie à la bobine sur un intervalle de temps allant de 0 s à une période d'oscillation. La superposition de ces graphes confirme-t-elle les réponses données aux questions (b), (c) et (d) ?

E7. (II) Un condensateur de capacité 108 μF est relié, à l'instant t = 0, à une source qui fonctionne à 80 Hz

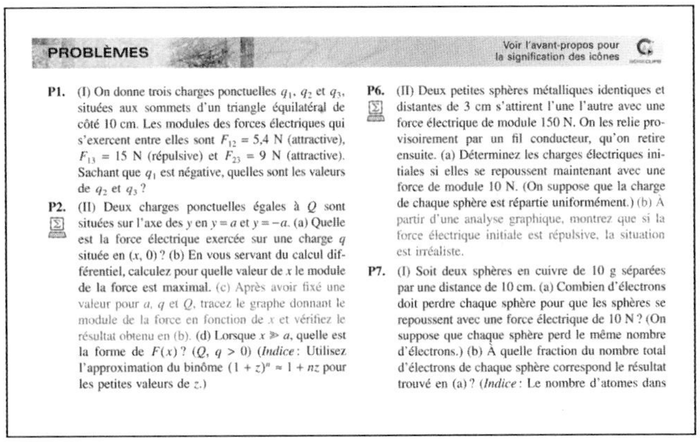
PROBLÈMES

Voir l'avant-propos pour la signification des icônes

P1. (I) On donne trois charges ponctuelles q_1, q_2 et q_3, situées aux sommets d'un triangle équilatéral de côté 10 cm. Les modules des forces électriques qui s'exercent entre elles sont F_{12} = 5,4 N (attractive), F_{13} = 15 N (répulsive) et F_{23} = 9 N (attractive). Sachant que q_1 est négative, quelles sont les valeurs de q_2 et q_3 ?

P2. (II) Deux charges ponctuelles égales à Q sont situées sur l'axe des y en $y = a$ et $y = -a$. (a) Quelle est la force électrique exercée sur une charge q située en $(x, 0)$? (b) En vous servant du calcul différentiel, calculez pour quelle valeur de x le module de la force est maximal. (c) Après avoir fixé une valeur pour a, q et Q, tracez le graphe donnant le module de la force en fonction de x et vérifiez le résultat obtenu en (b). (d) Lorsque $x \gg a$, quelle est la forme de $F(x)$? $(Q, q > 0)$ (*Indice* : Utilisez l'approximation du binôme $(1 + z)^n \approx 1 + nz$ pour les petites valeurs de z.)

P6. (II) Deux petites sphères métalliques identiques et distantes de 3 cm s'attirent l'une l'autre avec une force électrique de module 150 N. On les relie provisoirement par un fil conducteur, qu'on retire ensuite. (a) Déterminez les charges électriques initiales si elles se repoussent maintenant avec une force de module 10 N. (On suppose que la charge de chaque sphère est répartie uniformément.) (b) À partir d'une analyse graphique, montrez que si la force électrique initiale est répulsive, la situation est irréaliste.

P7. (I) Soit deux sphères en cuivre de 10 g séparées par une distance de 10 cm. (a) Combien d'électrons doit perdre chaque sphère pour que les sphères se repoussent avec une force électrique de 10 N ? (On suppose que chaque sphère perd le même nombre d'électrons.) (b) À quelle fraction du nombre total d'électrons de chaque sphère correspond le résultat trouvé en (a) ? (*Indice* : Le nombre d'atomes dans

Clips Physique ▶

SÉRIE CLIPS **Une nouveauté dans cette 4e édition :** le Compagnon Web de l'ouvrage (www.erpi.com/benson.cw) favorise la réussite des étudiants grâce à un tout nouvel outil : les Clips Physique ▶. Plus de 300 exercices et problèmes (dans l'ensemble des tomes) soulevant des difficultés particulières y sont résolus sous forme de courtes capsules vidéo, où on entend un enseignant expliquer la démarche qu'il applique.

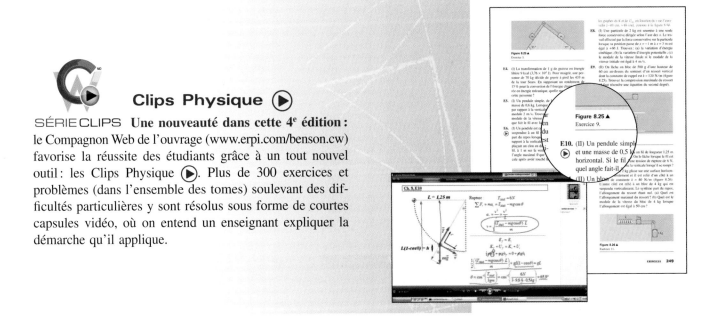

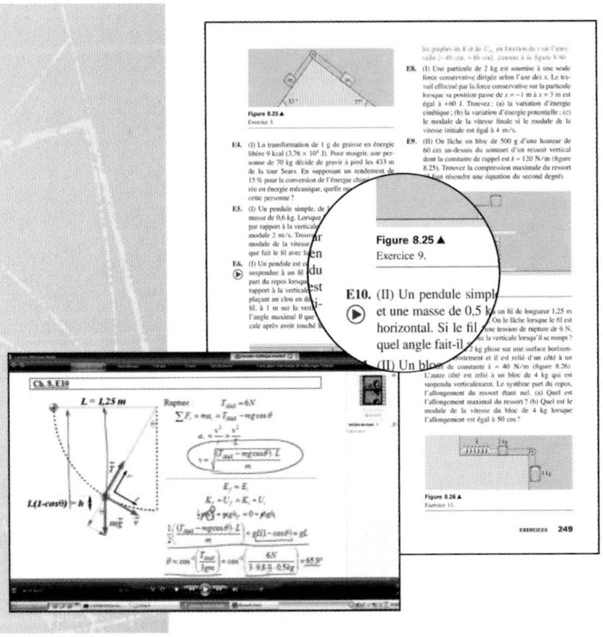

Laboratoires virtuels « Physique animée »

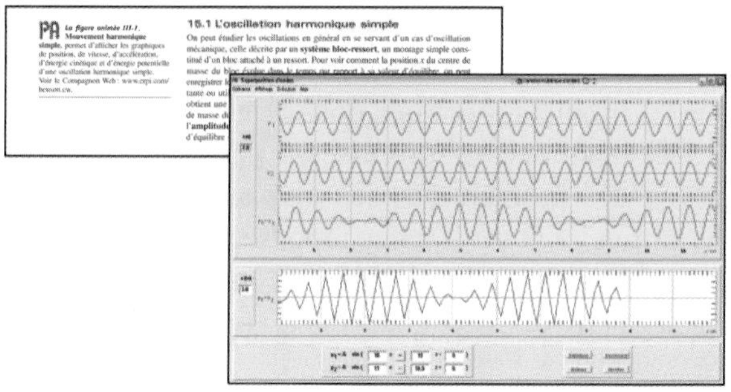

Dans le Compagnon Web de l'ouvrage, vous trouverez le complément « Physique animée ». Pour chaque tome, quatre ou cinq simulations interactives viennent compléter certaines sections du livre. Le professeur peut les utiliser à titre de démonstrations animées pendant son cours, mais elles sont aussi conçues pour servir de « laboratoires virtuels » grâce aux nombreux exercices présentés dans le texte d'accompagnement.

PA Des renvois aux logiciels de Physique animée (désignés par le sigle ci-contre) sont placés aux endroits appropriés en marge du texte dans chacun des tomes.

Fonction de la couleur

La couleur a été utilisée avec discernement pour améliorer la clarté et la qualité des graphiques et des illustrations. Elle a aussi permis de rehausser l'apparence générale de l'ouvrage par l'insertion de photographies attrayantes. De plus, les grandeurs physiques principales sont systématiquement associées à une couleur qui leur est propre tout au long de l'ouvrage.

Remerciements

Personnes consultées par Harris Benson

De nombreux professeurs nous ont fait part de leurs remarques et suggestions. Leur contribution a énormément ajouté à la qualité du manuscrit. Ils ont tous fait preuve d'une grande compréhension des besoins des étudiants, et nous leur sommes infiniment reconnaissant de leur aide et de leurs conseils.

Nous avons eu la chance de pouvoir consulter Stephen G. Brush, historien des sciences de renom, et Kenneth W. Ford, physicien et lui-même auteur. Stephen G. Brush nous a fait de nombreuses suggestions concernant les questions d'histoire des sciences ; seules quelques-unes ont pu être abordées. Quant à Kenneth W. Ford, il nous a fourni des conseils précieux sur des questions de pédagogie et de physique. Nous lui sommes reconnaissant de l'intérêt qu'il a manifesté envers ce projet et de ses encouragements.

Remerciements de Harris Benson

Nous voulons exprimer notre gratitude envers nos collègues pour le soutien qu'ils nous ont apporté. Nous tenons à remercier Luong Nguyen, qui nous a encouragé dès le début. Avec David Stephen et Paul Antaki, il nous a fourni une abondante documentation de référence. Nous avons aussi tiré profit de nos discussions avec Michael Cowan et Jack Burnett.

Enfin, nous devons beaucoup à notre femme, Frances, et à nos enfants, Coleman et Emily. Nous n'aurions jamais pu terminer ce livre sans la patience, l'amour et la tolérance dont ils ont fait preuve pendant de nombreuses années. À l'avenir, le temps passé avec eux ne sera plus aussi mesuré.

Nous espérons que, grâce à cet ouvrage, les étudiants feront de la physique avec intérêt et plaisir. Les remarques et corrections que voudront bien nous envoyer les étudiants ou les professeurs seront les bienvenues.

Harris Benson
Collège Vanier
821, boul. Sainte-Croix
Montréal, H4L 3X9

Remerciements des adaptateurs

La collection *Physique* de Harris Benson est en évolution constante en grande partie grâce aux nombreux échanges que nous avons avec les lecteurs, notamment avec les professeurs du réseau collégial québécois. Nous vous invitons à poursuivre cette collaboration enrichissante en nous transmettant vos commentaires, suggestions et trouvailles par l'entremise de notre éditeur. Vous pouvez nous joindre notamment par courrier électronique à l'adresse benson@erpi.com. Il nous fera plaisir de poursuivre ainsi ce travail d'amélioration continue qui nous tient tous à cœur.

Nous tenons à remercier toutes les personnes qui ont contribué, par leurs commentaires et leurs suggestions, à améliorer cet ouvrage. En particulier, nous exprimons notre gratitude aux professeurs qui ont participé au sondage et aux groupes de discussion, ainsi qu'aux professeurs qui nous ont fait parvenir leurs commentaires par écrit, comme Jean-Marie Desroches du cégep de Drummondville, Maxime Verreault du cégep de Sainte-Foy et Luc Tremblay du collège Mérici. Nous remercions également Martin Dion et Dimo Zidarov, professeurs de chimie au collège Édouard-Montpetit, pour leur aide précieuse dans la rédaction de nouveaux sujets connexes. Nous voudrions aussi souligner le remarquable soutien de l'équipe des Éditions du Renouveau Pédagogique, en particulier notre éditeur, Normand Cléroux, le directeur de la division collégiale et universitaire, Jean-Pierre Albert, l'éditeur à la recherche et au développement, Sylvain Giroux, et notre irremplaçable superviseur de projet, Sylvain Bournival.

Mathieu Lachance, qui s'est joint à l'équipe des adaptateurs pour cette quatrième édition, tient particulièrement à remercier Benoît Villeneuve et Marc Séguin, qui l'ont accueilli à bras ouverts dans un train déjà en marche. Lui avoir permis de prendre le leadership de deux tomes entiers témoigne d'une grande confiance. Il tient à remercier aussi ses collègues et ses étudiants du cégep de l'Outaouais pour leurs nombreux commentaires sur l'ouvrage, de même que sa compagne Eliane et son jeune fils Aubert pour leur support et leur patience tout au long de cet intense et stimulant périple.

Richard Gagnon, qui s'est lui aussi joint à l'équipe des adaptateurs pour cette quatrième édition, tient à remercier sincèrement d'abord Benoît Villeneuve, Marc Séguin et Bernard Marcheterre pour leur précieuse et stimulante collaboration. Il est également très reconnaissant envers Marie-Claude Rochon pour la constance et la qualité de son travail. Il tient enfin à exprimer un remerciement spécial à sa compagne Denise pour sa patience et sa compréhension.

L'équipe des adaptateurs de la 4e édition :
Mathieu Lachance, cégep de l'Outaouais
Richard Gagnon, collège François-Xavier-Garneau
Benoît Villeneuve, collège Édouard-Montpetit
Marc Séguin, collège de Maisonneuve

L'équipe des concepteurs de Physique animée PA :
Martin Riopel, collège Jean-de-Brébeuf
Marc Séguin, collège de Maisonneuve
Benoît Villeneuve, collège Édouard-Montpetit

Le concepteur de Clips Physique :
Maxime Verreault, cégep de Sainte-Foy

Table des matières

Annexes

La force électrique

1

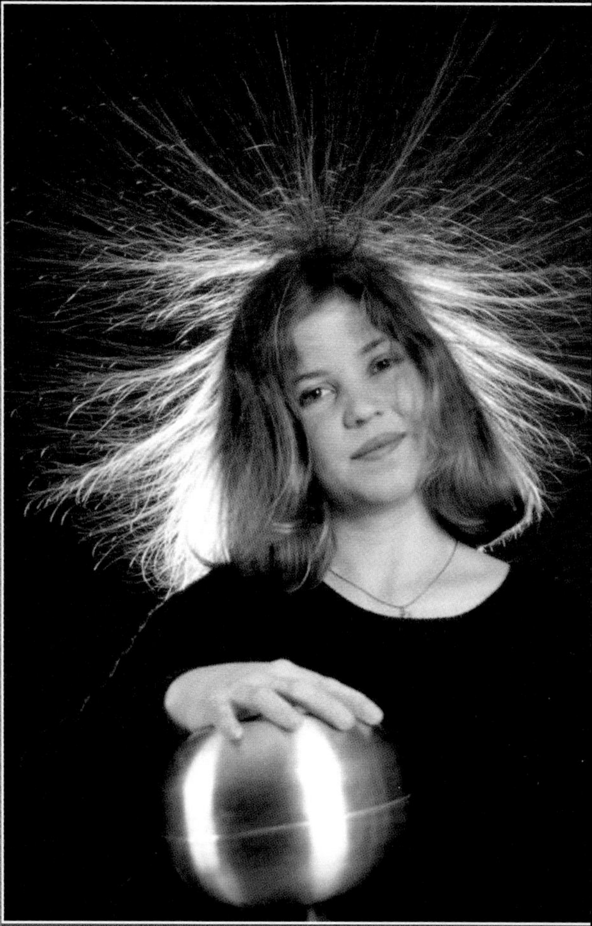

Les phénomènes électrostatiques sont omniprésents dans la vie quotidienne. Dans ce chapitre, nous verrons comment ils peuvent s'expliquer grâce à la charge électrique, une propriété qui permet à la matière d'exercer la force électrique.

POINTS ESSENTIELS

1. L'interaction électrique, observée dans la nature, s'explique d'une façon très semblable à l'interaction gravitationnelle : la première est une force entre des corps qui possèdent une **charge électrique**, alors que la seconde est une force entre des corps qui possèdent une masse.
2. Les phénomènes électriques s'expliquent grâce à deux types de charges, les charges positives et négatives : ces charges s'attirent lorsqu'elles sont de signes opposés et se repoussent lorsqu'elles sont de même signe.
3. La charge électrique portée par un corps est quantifiée : elle est toujours le multiple d'une **charge élémentaire**.
4. La charge totale d'un système isolé est une constante : c'est le principe de **conservation de la charge**.
5. On divise les matériaux en **conducteurs** et en **isolants**, selon la plus ou moins grande facilité avec laquelle la charge électrique peut se déplacer en leur sein.
6. La **loi de Coulomb** exprime la force électrique entre deux charges électriques *ponctuelles*.
7. D'après le **principe de superposition**, la force électrique résultante s'exerçant sur un objet chargé mis en présence de plusieurs particules chargées est la somme des forces individuelles engendrées par chacune des particules sur l'objet. Ce principe est le même que celui s'appliquant à la force gravitationnelle, étudiée dans le tome 1.

Dans ce tome 2, nous étudierons une nouvelle catégorie de phénomènes physiques. Même s'ils sont moins apparents que les phénomènes mécaniques étudiés dans le tome 1, ils sont pourtant aussi présents dans la vie quotidienne. Notamment, par temps sec, un peigne de plastique que l'on vient de se passer dans les cheveux ou la pellicule de cellophane qu'on vient de dérouler a la faculté d'attirer de petits morceaux de papier ou de dévier le filet d'eau qui coule du robinet, ce qui montre qu'une force est exercée. On peut voir apparaître des étincelles lorsqu'on sépare un drap d'une couverture ou recevoir une décharge électrique si l'on touche une poignée de porte après avoir marché sur un tapis. Si on examine une plinthe chauffante, un grille-pain ou une ampoule de lampe de poche, on constate qu'ils dégagent de la chaleur. Tous ces effets sont *électriques* et seront étudiés dans les sept premiers chapitres de ce tome.

Il ne faudra pas confondre les effet électriques avec les phénomènes *magnétiques*, qui seront étudiés dans les chapitres 8 et 9. L'orientation de l'aiguille d'une boussole, la force qui permet aux aimants de coller sur un réfrigérateur, ou le mécanisme qui permet le fonctionnement d'un moteur de perceuse ou de séchoir à cheveux en sont des exemples.

Les premières observations de phénomènes électriques datent de l'Antiquité. Vers 600 av. J.-C., Thalès de Milet (vers VIIe siècle av. J.-C.-vers VIe siècle av. J.-C.) avait en effet remarqué qu'un morceau d'ambre minérale (résine fossilisée) attirait la paille ou des plumes après avoir été *frotté* contre de la laine ou de la fourrure. Aristote (vers 384-vers 322 av. J.-C.) émit des hypothèses sur la capacité de la gymnote, ou « anguille électrique », à étourdir sa proie et observa que ses décharges électriques pouvaient être ressenties par l'homme. Au IVe siècle de notre ère, les marins italiens connaissaient bien le feu Saint-Elme, un phénomène électrique qui produit une lueur visible au sommet des mâts pendant un orage.

Les premières observations de phénomènes magnétiques remontent elles aussi à l'Antiquité. Au Ier siècle av. J.-C., le poète Lucrèce (98-55 av. J.-C.) décrivait dans ses œuvres la puissance mystérieuse des pierres d'aimant que l'on trouvait dans une région d'Asie Mineure appelée Magnésie. Ces aimants naturels avaient des propriétés différentes de l'ambre, notamment pour deux raisons : aucun frottement n'étant nécessaire, leur effet semblait permanent, et contrairement à l'effet de l'ambre qui semblait plus général, les aimants n'attiraient que les objets en fer. Vers le XIe siècle, les marins chinois et arabes utilisaient des aimants flottants en guise de boussole pour s'orienter.

Figure 1.1 ▲
La première machine électrique, réalisée par Otto von Guericke en 1663. Le globe de soufre se chargeait par frottement lorsqu'on posait la main dessus pendant qu'il tournait. Guericke montra qu'une plume chargée pouvait rester suspendue en l'air grâce à la répulsion exercée par le globe.

En 1600, William Gilbert (1554-1603), alors médecin de la reine Elisabeth I, fut le premier à faire une nette distinction entre les phénomènes électriques et magnétiques. Il inventa le terme « électrique », dérivé du mot grec *elektron*, qui désigne l'ambre. Gilbert observa que les effets électriques n'étaient pas particuliers à l'ambre et que bien d'autres substances pouvaient s'électrifier par frottement. La première machine électrique fonctionnant grâce au frottement fut réalisée en 1663 par Otto von Guericke (1602-1686), près de 20 ans après la mise en évidence expérimentale de la pression atmosphérique qui l'a rendu célèbre (*cf.* chapitre 14, tome 1). Avec cette première machine, on électrifiait, en la faisant tourner sur un axe, une boule de soufre sur laquelle on avait déposé la main (figure 1.1). Par la suite, d'autres machines électriques capables de produire de fortes et parfois dangereuses étincelles furent utilisées lors de spectacles donnés en public, surtout à des fins de divertissement.

Deux siècles plus tard, comme nous le verrons aux chapitres 10 à 13, Michael Faraday (1791-1867) et James Clerk Maxwell (1831-1879) montrèrent expérimentalement que les phénomènes électriques et magnétiques pouvaient être reliés. Plutôt que de distinguer deux disciplines scientifiques, on parlait donc désormais d'**électromagnétisme**. À l'exception de la force gravitationnelle, on considère aujourd'hui *toutes* les forces qui se manifestent dans la vie quotidienne comme des phénomènes électromagnétiques : ultimement, la tension dans une corde, le frottement entre des surfaces, la contraction d'un muscle ou la pression d'un gaz dans un tuyau sont tous dus à des forces, électriques ou magnétiques, entre des molécules. Plusieurs propriétés des matériaux ou des tissus biologiques s'expliquent aussi par cette théorie. Enfin, la conception des ordinateurs, le fonctionnement des émetteurs radio ou le mode d'enregistrement sur une vidéocassette sont des exemples d'applications pratiques de l'électromagnétisme.

Au cours des deux siècles qui ont suivi les premiers travaux de Gilbert, l'électricité et le magnétisme furent toutefois considérés comme des disciplines distinctes. Pour le moment, nous maintiendrons cette distinction et commencerons notre étude par les phénomènes électriques. Dans ce premier chapitre, nous définirons le concept de *charge électrique* et entreprendrons l'étude de l'**électrostatique**, c'est-à-dire l'étude des phénomènes électriques causés par des charges *au repos*.

1.1 La charge électrique

Le plus simple et le plus commun des phénomènes électriques est le suivant : quand on frotte certains matériaux, on réalise ensuite qu'ils peuvent exercer une *force* les uns sur les autres. Dans le tome 1, nous avons vu que Newton a expliqué la gravité grâce au concept de masse : tous les objets possédant cette propriété peuvent causer et subir une force gravitationnelle (voir la section 5.3 et le chapitre 13 du tome 1). L'explication que nous donnerons du phénomène électrique que nous venons de décrire est très analogue : tous les objets qui possèdent une propriété appelée la **charge électrique** peuvent causer et subir une **force électrique**. Alors que la masse d'un objet est permanente, la charge est ici acquise lors du frottement, par un procédé sur lequel nous reviendrons.

Une expérience simple (figure 1.2) permettra d'en apprendre davantage sur le phénomène qu'on cherche à expliquer. Si on frotte une tige de verre sur de la soie, la tige et l'étoffe acquièrent une charge. Pour étudier la charge ainsi produite, on peut suspendre une paire de boules en mousse de polystyrène, légères et capable de garder la charge qu'on leur transmet. Au départ, les boules suspendues pendent verticalement, ce qui montre qu'elles n'exercent aucune force significative entre elles (figure 1.2*a*). Si on touche simultanément chacune des deux boules avec la soie, il est raisonnable de penser qu'elles acquièrent une charge identique. Or, on observe ensuite qu'elles se repoussent (figure 1.2*b*). Toutefois, si on remplace une des deux boules par une nouvelle boule qui a été touchée avec la tige de verre (rien n'assure alors que les deux charges sont identiques), on observe cette fois que les deux boules s'attirent (figure 1.2*c*).

Cette première observation montre clairement que la force électrique ne peut pas s'expliquer grâce à un seul type de charge, puisqu'une même boule a deux comportements possibles, selon la nature de la boule voisine. Il y a donc nécessairement *au moins deux* types de charges. En répétant cette même expérience avec un grand nombre de matériaux différents, on peut se faire une idée générale : chaque matériau chargé se comporte soit comme le verre chargé (il attire la soie et repousse le verre), soit comme la soie chargée (il attire le verre et repousse la soie). Il y a donc *seulement* deux types de charge : celle du verre et celle de la soie. Jamais les physiciens n'ont observé un matériau chargé* qui attire à la fois le verre chargé et la soie chargée, ce qui exclut d'avoir à imaginer un troisième type de charge (figure 1.2*d*).

Partant d'observations similaires, Charles Du Fay (1698-1739) suggéra en 1733 que la charge (qu'il se représentait comme une sorte de tourbillon formé autour de la matière « agitée » par le frottement) devait être de deux types. Il dénomma « vitreuses » les charges créées sur le verre et « résineuses » les charges apparaissant sur la soie**. Selon cette conception, toutes les observations expérimentales

* Attention : comme nous le verrons aux sections 1.3 et 1.4, un matériau chargé peut exercer une force, toujours attractive, sur un matériau non chargé, car ce dernier se *polarise*. Un matériau non chargé paraît donc attirer les deux types de charges. Pour appliquer l'expérience décrite à la figure 1.2*d*, il faut s'assurer que chaque objet testé est bel et bien chargé.

** On pouvait aussi créer ces charges en frottant une tige de résine, d'où leur nom.

(*a*)

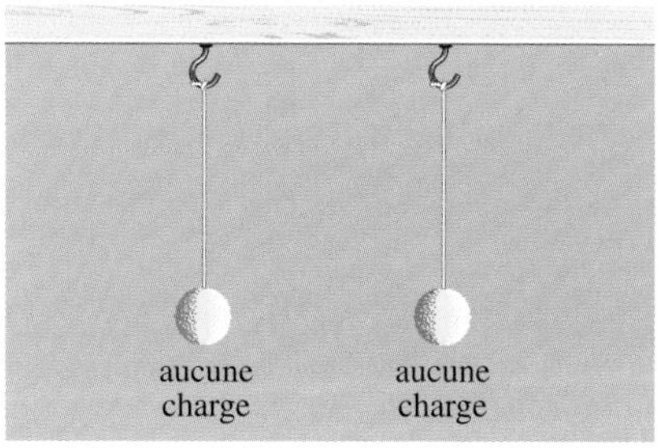

En l'absence de contact préalable avec un objet chargé, on n'observe aucune force électrique.

(*b*)

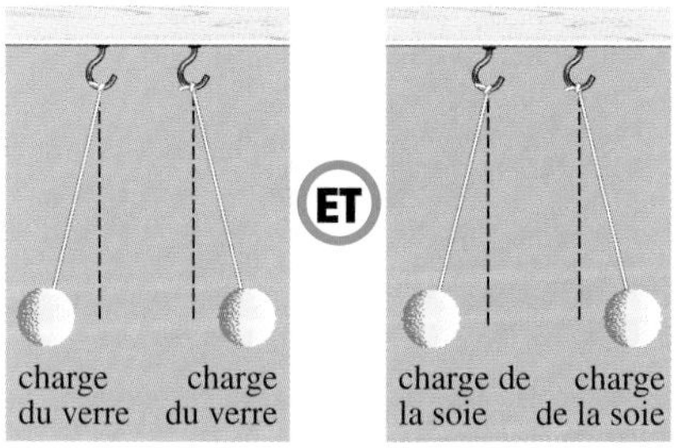

Quand les deux balles sont mises en contact avec le même matériau chargé, elles se repoussent ensuite.

(*c*)

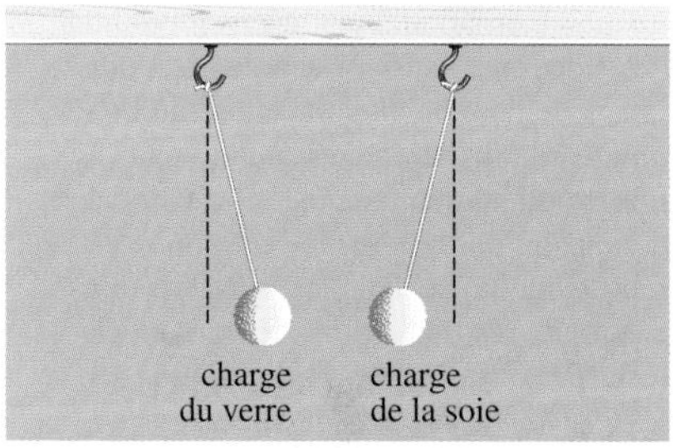

Quand l'une des balles a touché le verre chargé et que l'autre a touché la soie chargée, elles s'attirent ensuite.

(*d*)

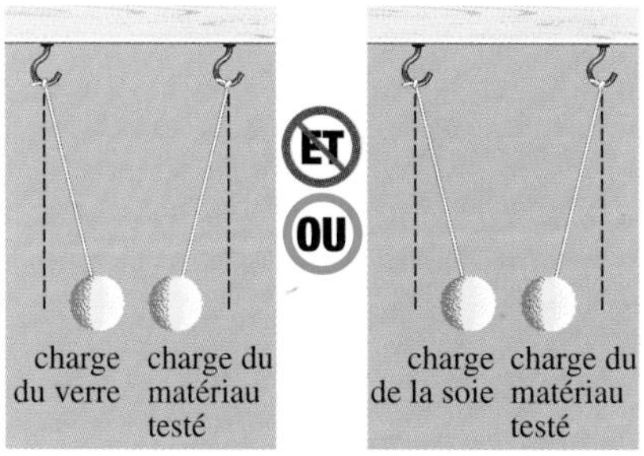

Aucun matériau chargé n'ayant la faculté d'attirer *à la fois* la soie chargée et le verre chargé, seulement deux types de charge sont suffisants pour expliquer tous les cas.

Figure 1.2 ▲

La force électrique et ses deux sens possibles sont facilement mis en évidence à l'aide de deux boules en mousse de polystyrène. Pour expliquer toutes ces observations, deux types de charge (mais seulement deux) sont nécessaires.

peuvent être prédites correctement si *des charges de même type se repoussent et des charges de types différents s'attirent*. Vers 1750, Benjamin Franklin (1706-1790) émit plutôt l'hypothèse que l'apparition de la charge lors du frottement était due à un unique fluide, le « feu électrique », qui s'écoule d'un objet vers l'autre. L'objet recevant le surplus de fluide était dit *positivement* chargé, et l'autre, auquel du fluide était retiré, *négativement* chargé. Même si notre représentation des choses a changé, ce vocabulaire est encore d'usage aujourd'hui, car il permet de distinguer les deux types de charge avec un simple signe algébrique.

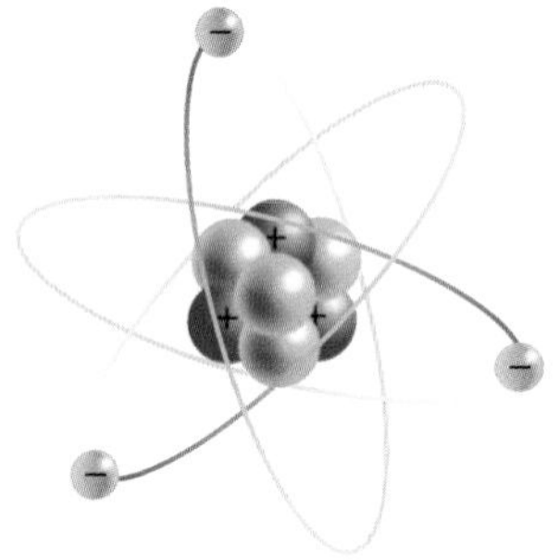

Figure 1.3 ▲
Selon notre conception actuelle, la matière est composée d'atomes comportant un noyau chargé positivement entouré d'électrons chargés négativement. On peut charger un atome en lui ajoutant ou en lui retirant des électrons. Ainsi, la charge n'est plus imaginée comme quelque chose qu'on *ajoute* à la matière, mais plutôt comme une propriété que possèdent les particules de matière elles-mêmes. Cette figure est une représentation schématisée : les électrons n'ont pas des trajectoires définies et leur distance moyenne au centre est plus de 10 000 fois le rayon moyen du noyau.

Selon les anciennes conceptions que nous venons de décrire, la charge était toutefois quelque chose (tourbillon, fluide, etc.) qui *s'ajoutait* à la matière. Selon la conception aujourd'hui acceptée, la charge est plutôt une propriété attribuée directement aux particules qui composent les atomes dont est faite la matière elle-même (figure 1.3). Elle est donc une propriété directement attribuée à la matière, exactement comme la masse. Selon le modèle atomique actuel, chaque atome (de rayon $\approx 10^{-10}$ m) est ainsi formé d'un noyau (de rayon $\approx 10^{-15}$ m) contenant des **protons** chargés positivement et des **neutrons** électriquement neutres. Des **électrons** de charge négative forment la structure extérieure de l'atome. Un atome neutre possède un même nombre de protons et d'électrons, ce nombre correspondant au numéro atomique de l'élément. Cela implique qu'un objet électriquement neutre contient une quantité égale de charges* des deux types. Un **ion** est un atome ou une molécule qui a perdu ou gagné un ou plusieurs électrons.

Le frottement fait passer des électrons ou des ions d'un corps à l'autre, ce qui fait apparaître une charge totale positive sur l'un des corps et une charge totale négative sur l'autre. (La représentation moderne des choses n'est donc pas si différente de celle que se faisait Franklin.) Les signes des charges acquises dépendent des propriétés électriques des deux matériaux et de l'état de leur surface. En fait, on observe que le moindre contact entre les deux matériaux les charge électriquement et que le frottement ne fait qu'accentuer l'effet. Dans certains cas, le simple fait de passer d'un frottement en douceur à un frottement beaucoup plus vigoureux peut changer les signes des charges acquises par les deux corps. Ce changement de signe imprévisible est attribué à des poussières en quantités infimes qui sont très difficiles à supprimer. Pour charger fortement un corps, on peut utiliser des appareils qui permettent d'accumuler une charge plus importante que le frottement manuel (figure 1.4).

Dans ce chapitre, nous nous contenterons de *décrire* la force électrique que des charges peuvent exercer les unes sur les autres, apparemment *à distance*. Toutefois, selon notre conception actuelle, les charges agissent les unes sur les autres grâce à un intermédiaire, un « mécanisme ». Nous étudierons cet intermédiaire, le champ électrique, au chapitre 2.

L'unité SI de charge est le **coulomb** (C). Nous verrons à la section 6.1 qu'elle est définie en fonction du courant électrique, qui correspond à un débit d'écoulement des charges. On procède ainsi parce que l'intensité du courant qui circule dans un fil peut être mesurée avec précision, alors que les charges d'un corps ont tendance à s'écouler par fuite. Le coulomb correspond à une très grande quantité de charge : en général, la charge qui apparaît sur un corps lorsqu'on le frotte

* Sur le plan du vocabulaire : si on dit que *la* charge est une propriété d'un objet, elle est forcément au singulier (à moins qu'il y ait plusieurs objets). Toutefois, cette propriété étant attribuée à des particules microscopiques, on dit souvent aussi que l'objet porte *des* charges. Quand ce mot apparaît ainsi au pluriel bien qu'il n'y ait qu'un seul objet, il désigne en fait les particules microscopiques que l'objet porte en surplus.

(a)

(b)

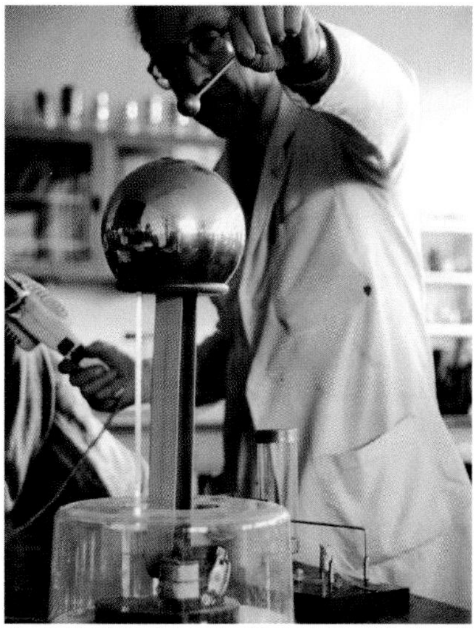

Figure 1.4 ◀

Des appareils permettant de charger des objets. (*a*) Cette génératrice électrostatique à manivelle, conçue au milieu du XVIIIe siècle, permettait de charger des corps par frottement. (*b*) Le générateur de Van de Graaff permet d'accumuler des charges beaucoup plus impressionnantes et a plusieurs applications technologiques. Nous reviendrons sur son fonctionnement au chapitre 4.

manuellement est seulement de l'ordre de 10^{-8} C et même un générateur Van de Graaff très chargé ne porte pas plus de 10^{-6} C, à moins qu'il soit gigantesque. À l'inverse, une quantité de charge pourtant grande, celle que la foudre peut faire passer entre un nuage et la terre, ne représente « que » 20 C au maximum. Lorsqu'on charge un corps par frottement, la proportion des atomes de la surface qui perdent ou gagnent un électron n'est que d'un sur 10^5. Même pour les objets très fortement chargés, le nombre des atomes de la surface qui s'ionisent n'est que d'un sur 500 environ. Les effets électriques proviennent donc de déséquilibres très faibles par rapport à l'état normalement neutre de la matière (voir l'exemple 1.1).

La quantification de la charge

Aux XVIIe et XVIIIe siècles, la charge électrique et la matière étaient considérées comme continues. Mais au XIXe siècle, la mise en évidence des règles simples qui gouvernent les combinaisons chimiques des éléments vint fortement appuyer l'idée selon laquelle la matière est composée d'atomes, ce qui est aujourd'hui une idée acceptée. Les observations chimiques ont également suggéré que les molécules peuvent se décomposer en ions, chaque ion étant porteur d'une charge déterminée, égale à un multiple d'une **charge élémentaire**. Des expériences ultérieures ont confirmé cette hypothèse. La charge électrique portée par un corps ne peut prendre que des valeurs discrètes ; on dit qu'elle est *quantifiée*. Le quantum de charge, mesuré pour la première fois en 1909 par Robert Andrews Millikan (1868-1953) (*cf.* chapitre 2), vaut :

Charge élémentaire

$$e = 1{,}602 \times 10^{-19}\ \mathrm{C}$$

Nous utiliserons la lettre q pour désigner la quantité de charge électrique portée par un corps. Toute charge q doit être égale à un multiple entier de cette quantité élémentaire, $q = 0, \pm e, \pm 2e, \pm 3e$, etc. Bien que la masse du proton soit environ 1840 fois plus grande que celle de l'électron, leur charge a la *même valeur à un signe près* :

$$q_e = -e \qquad q_p = +e$$

D'après le modèle atomique actuel, l'atome a une structure interne (noyau et électrons) et le noyau aussi (protons et neutrons). Toutefois, d'après les modèles actuels en physique des particules, les protons et les neutrons aussi ont une structure interne (voir le chapitre 13 du tome 3) : ils sont faits chacun de trois *quarks*. Les quarks sont aussi vus comme les éléments fondamentaux de la plupart des dizaines de particules élémentaires connues à l'heure actuelle. D'après la théorie, ces quarks portent des fractions de la charge élémentaire : $\pm e/3$ ou $\pm 2e/3$. Cela ne contredit toutefois pas la mesure du quantum élémentaire de charge, puisque la théorie prévoit aussi qu'il est impossible d'éloigner les quarks les uns des autres suffisamment pour les observer isolément. Il semble donc que e demeure pour l'instant la plus petite charge *isolée* dans la nature.

La conservation de la charge

Partant de sa théorie du fluide unique, Franklin a réalisé une expérience avec deux personnes, A et B, se tenant debout sur des socles en cire (pour éviter la perte de charge). La personne A ayant reçu la charge d'une tige de verre frottée sur une étoffe en soie et la personne B ayant reçu la charge portée par l'étoffe en soie, on observait une étincelle lorsque A ou B approchait ses poings d'une troisième personne C. Mais si A ou B se touchaient avant que C n'approche, une étincelle se produisait entre A et B, mais pas avec C par la suite. Franklin en conclut que les charges acquises par A et B étaient de même grandeur mais de signes opposés et que la quantité de fluide gagnée par la tige était égale à la quantité de fluide perdue par l'étoffe, la quantité totale de fluide restant inchangée. Cette découverte est importante : la charge n'est ni créée ni détruite, elle est *transmise* d'un corps à l'autre. Cette propriété porte le nom de **conservation de la charge** :

Conservation de la charge

La charge totale d'un système isolé reste constante.

Le terme « isolé » signifie qu'il n'existe pas de chemin ou de passage, tel un fil ou de l'air humide, par lequel la charge pourrait entrer dans le système ou en sortir.

Évidemment, la conservation de la charge se visualise facilement si on attribue ultimement la charge des objets aux protons et aux électrons qui les composent : ces particules ne pouvant qu'être transférées d'un objet à l'autre (et non créées ou détruites sur un objet), il s'ensuit que la charge totale demeure la même. La conservation de la charge découle toutefois de l'expérience : c'est le modèle atomique qui a été conçu pour y être conforme, et il n'en est donc pas la cause mais bien une conséquence.

Pour appliquer la loi de conservation de la charge, on fait la somme des charges élémentaires avant l'interaction puis après. Prenons l'exemple d'une réaction chimique simple :

$$\mathrm{Na^+} + \mathrm{Cl^-} \rightarrow \mathrm{NaCl}$$

$$(+e) + (-e) = (0)$$

L'atome de sodium (Na) a perdu un électron pour devenir un ion positif Na^+ ; l'atome de chlore (Cl) a gagné un électron pour devenir un ion négatif Cl^-. Durant la réaction, les ions se combinent pour former la molécule neutre de chlorure de sodium (NaCl).

Plusieurs phénomènes de physique nucléaire ou de physique des particules que nous étudierons dans le tome 3 sont maintenant expliqués en termes de particules qui *peuvent* être créées, transformées ou détruites. Même dans ce contexte, il importe toutefois de souligner qu'aucune observation n'a encore contredit la loi de la conservation de la charge. Prenons l'exemple d'une désintégration radioactive :

$$n \rightarrow p + e^- + \bar{\nu}$$
$$(0) = (+e) + (-e) + (0)$$

Dans ce cas, un neutron de charge nulle subit une désintégration spontanée pour donner un proton, un électron et une particule neutre appelée antineutrino. La somme des charges des produits de la désintégration est égale à la charge du neutron, c'est-à-dire à zéro.

On peut aussi prendre l'exemple de la création d'une paire particule-antiparticule :

$$\gamma \rightarrow e^+ + e^-$$
$$(0) = (+e) + (-e)$$

Ici, le photon γ devient un positon et un électron, le positon étant une particule d'antimatière. Bien que le photon ne soit pas chargé, deux particules chargées peuvent apparaître, car leurs charges s'annulent mutuellement.

EXEMPLE 1.1

Soit une petite tige de verre d'une masse de 5 g. Pour simplifier, on suppose que ce verre est fait de SiO_2 pur. (a) En utilisant les données du tableau périodique (annexe D), calculer la charge totale des électrons que contient cette tige, si elle est électriquement neutre. (b) Par frottement sur de la soie, on arrache 10^{-12} % des électrons de la tige. Quelle charge porte-t-elle ensuite ? (c) Quelles sont les conséquences de la quantification de la charge sur une mesure de la charge de la tige ?

Solution

(a) D'après l'annexe D, la masse molaire de SiO_2 est $M = 28{,}09 + 2 \times 16{,}00 = 60{,}09$ g/mol et chacune des molécules contient $14 + 2 \times 8 = 30$ électrons. La tige contient donc $n = m/M = (5 \text{ g})/(60{,}09 \text{ g/mol}) = 0{,}0832$ mol. Chaque mole contenant N_A molécules, où N_A est le nombre d'Avogadro, la tige contient donc $0{,}0832 \times 6{,}02 \times 10^{23} = 5{,}01 \times 10^{22}$ molécules. Chaque électron portant la charge $-e$, la charge totale portée par les électrons est $(5{,}01 \times 10^{22}$ molécules)(30 électrons/molécule)$(-1{,}60 \times 10^{-19}$ C) $= -2{,}41 \times 10^5$ C.

(b) Des électrons, chargés négativement, étant arrachés, la tige se trouve à en manquer. Elle acquiert donc une charge *positive*. ■

Si 10^{-12} % des électrons sont arrachés, ils emportent avec eux leur charge de $(10^{-12}$ %)$(-2{,}41 \times 10^5$ C) $= -0{,}002\,41$ μC. La charge de la tige est donc $+0{,}002\,41$ μC. Cette charge est d'un ordre de grandeur réaliste pour une charge acquise par frottement manuel.

(c) Une charge de $+0{,}002\,41$ μC correspond à 15 milliards de fois la charge élémentaire e (vérifiez). En somme, si on arrache un électron supplémentaire à la tige, sa charge *ne change pas* d'une quantité mesurable. La quantification de la charge n'aura donc un impact que pour les systèmes microscopiques.

1.2 Conducteurs et isolants

Au tout début de la recherche en électricité, même les amateurs pouvaient faire des découvertes importantes. Ce fut le cas en 1729 pour Stephen Gray (1670-1736), lorsqu'il s'aperçut que les bouchons de liège placés aux extrémités d'un tube en verre chargé devenaient chargés à leur tour. Cette observation était d'une grande importance, car elle montrait qu'un corps pouvait se charger sans qu'on le frotte. (Nous avons d'ailleurs fait usage de ce phénomène lorsque nous avons chargé *par contact* les boules de polystyrène de l'expérience décrite à la figure 1.2, p. 3.) Gray découvrit aussi qu'un corps pouvait se charger *par conduction*: il réussit à faire passer la charge d'une tige en verre à une boule en ivoire qu'il avait suspendue à un fil tendu à sa fenêtre. Voulant voir jusqu'où l'« essence électrique » pouvait aller, il fabriqua ensuite un fil long de quelques centaines de mètres suspendu parallèlement au sol par des boucles en soie, mais celles-ci se cassèrent rapidement. L'expérience échoua également, mais pour une raison différente, lorsque Gray remplaça les boucles en soie par des crochets métalliques. Il en conclut que le métal avait « entraîné » la charge. Pour démontrer que la charge pouvait traverser le corps humain, Gray suspendit un jeune garçon à des fils de soie et il lui mit les pieds en contact avec une machine produisant des charges. Les doigts du garçon, devenus chargés, attiraient de petits objets et donnaient des décharges électriques aux personnes qui l'entouraient. De telles démonstrations devinrent très populaires (figure 1.5).

Figure 1.5 ▶
Cette expérience amusante et intéressante montre que la charge peut circuler dans le corps humain, des pieds jusqu'au bout des doigts. Le corps humain est donc un conducteur.

Conducteurs, isolants et semi-conducteurs

Gray s'aperçut que l'on pouvait classer la plupart des substances dans deux groupes. Celles, comme les métaux ou les solutions ioniques, qui laissent les charges circuler librement, sont appelées **conducteurs**. Celles qui ne laissent pas circuler les charges, comme le bois, le caoutchouc, la soie ou le verre, sont des **isolants**. Un troisième groupe de matériaux découvert au XXe siècle, que l'on appelle **semi-conducteurs**, comprend le silicium, le germanium et le carbone. Lorsqu'ils sont très purs, les semi-conducteurs se comportent comme des isolants ; mais en leur ajoutant certaines impuretés, on arrive à modifier leur pouvoir conducteur. Le silicium et le germanium sont couramment utilisés dans les circuits électroniques.

La distinction entre conducteur et isolant n'est pas une frontière rigide. Pour comparer plus finement des matériaux entre eux, on peut caractériser la mobilité des charges dans chacun d'eux par un **temps de relaxation**. Lorsqu'on place une charge sur une petite région de la surface d'un objet, le temps de relaxation nous renseigne sur le rythme auquel la charge va diminuer en ce point ou, ce qui revient au même, sur le temps mis par les charges pour atteindre leur position d'équilibre. Le temps de relaxation du cuivre est de 10^{-12} s environ, celui du verre est de 2 s ; il vaut 4×10^{3} s dans le cas de l'ambre et à peu près 10^{10} s dans le cas du polystyrène. On remarque donc que ces valeurs diffèrent entre elles d'un facteur de 10^{22}, ce qui est énorme ! Le temps de relaxation du cuivre montre qu'une charge quelconque acquise par un métal se répartit très rapidement sur la surface, comme on le voit à la figure 1.6*a*. Même si on vient tout juste de le charger, on peut donc considérer qu'un conducteur isolé est *immédiatement à l'équilibre*. Par contre, sur un bon isolant, on rencontre les charges en paquets localisés (figure 1.6*b*). Pour faire passer la charge d'un isolant à un autre objet, il est donc nécessaire d'établir un contact avec l'objet en plusieurs points de l'isolant.

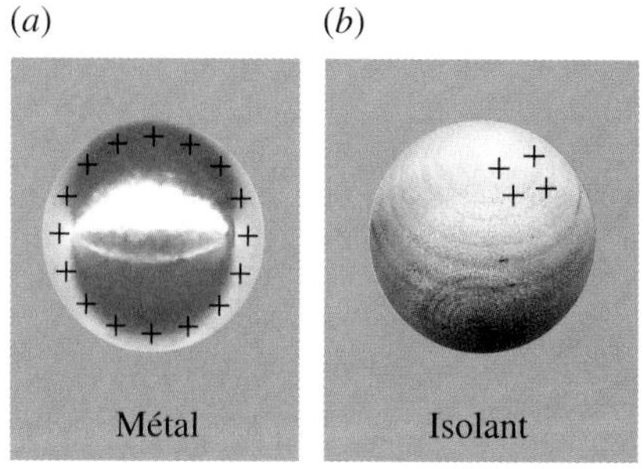

Figure 1.6 ▲
(*a*) Une charge quelconque placée sur une sphère métallique se répartit très rapidement sur toute la surface de la sphère. (*b*) Sur un isolant, la charge se trouve en paquets localisés sur de petites régions de la surface.

Grâce à la représentation atomique de la matière, on peut expliquer la différence entre conducteurs et isolants en comparant ce que deviennent les électrons de valence les plus éloignés du noyau, c'est-à-dire les moins liés. Dans un isolant comme le chlorure de sodium (NaCl), l'électron de valence de l'atome de sodium (Na) est pris par l'atome de chlore (Cl). Les ions Na^+ et Cl^- forment des liaisons « ioniques » dans lesquelles tous les électrons sont liés à des sites atomiques donnés et ne peuvent donc pas se déplacer sur une grande distance au sein du matériau. Par contre, dans un conducteur métallique, un électron par atome environ est libre de se déplacer dans l'ensemble du matériau. Un métal peut être considéré comme constitué d'ions positifs immobiles, disposés en général selon un arrangement régulier à trois dimensions appelé *réseau*, et entourés d'une foule d'**électrons libres**. La conduction du métal est liée au mouvement des électrons libres, qui se comportent à peu près comme les particules d'un gaz dans un récipient fermé, les ions immobiles étant des obstacles contournables. Dans une solution électrolytique (où les molécules sont dissociées en ions de charges opposées) ou dans un gaz ionisé, toutes les charges, positives et négatives, sont en mouvement et ces matériaux sont donc de bons conducteurs. Même dans une atmosphère sèche, les ions sont en nombre suffisant pour décharger un objet en quelques minutes.

Un dernier commentaire s'impose sur les conventions utilisées pour représenter visuellement la charge que porte un objet. Examinez la figure 1.6, construite selon ces conventions. Premièrement, on note que seule la charge totale est illustrée et non la charge de chacun des protons et des électrons. Un corps neutre serait donc représenté sans aucune charge et non avec un nombre égal de « + » et de « – ». Deuxièmement, on note que les schémas représentent des *coupes en deux dimensions* d'un objet et non une perspective. Ainsi, une charge uniformément répartie sur la surface d'une sphère est représentée comme à la figure 1.6*a*, où les « + » forment un *cercle* et non un disque.

1.3 Le phénomène de charge par induction

Stephen Gray avait démontré que la charge électrique peut être transmise à un objet par contact ou par conduction. En 1753, John Canton (1718-1772) s'aperçut qu'un objet métallique isolé peut se charger sans entrer en contact avec un corps chargé. Ce processus sans contact est appelé **induction**. La figure 1.7 représente deux sphères métalliques A et B posées sur des socles isolants. À la figure 1.7*a*, elles sont en contact et forment ainsi un seul conducteur. On approche de la sphère A une tige chargée positivement, mais *sans toucher* la sphère. Les électrons libres du conducteur A + B sont attirés par la tige, et certains d'entre eux se déplacent vers le côté gauche de A. Ce déplacement crée un déséquilibre de charge et fait apparaître une charge positive sur le côté droit de B : la tige a provoqué, ou *induit*, une séparation des charges. On peut décrire cette séparation de charges en disant que le conducteur A + B s'est *polarisé*, même si ce terme est surtout répandu pour décrire un phénomène analogue dans les isolants (voir la section 5.6). À la figure 1.7*b*, on sépare les deux sphères, la tige étant *encore* présente. Finalement, à la figure 1.7*c*, on enlève la tige : chacune des deux sphères a acquis une charge permanente, sans que la tige

Figure 1.7 ▶

Des charges de même grandeur mais de signes opposés sont produites par induction sur deux sphères métalliques. Remarquez qu'en (*c*) les charges négatives de A sont attirées par les charges positives de B, ce qui produit l'asymétrie de la distribution des charges sur chaque sphère.

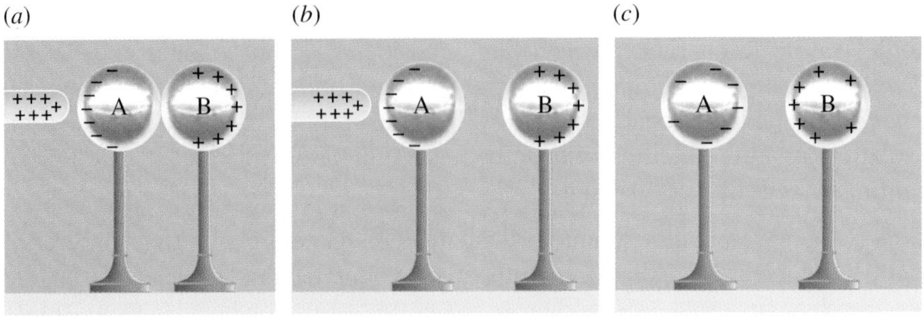

chargée ne soit entrée en contact avec elles. On dit que les deux sphères ont été chargées *par induction* (ou par influence), un terme qui signifie seulement qu'aucun contact direct n'a été nécessaire*. Puisque la charge positive de B vient du déséquilibre créé par le mouvement des électrons vers A, les charges apparaissant sur A et B sont nécessairement de même grandeur mais de signes opposés, et ce même si les sphères sont de tailles différentes : il y a bien conservation de la charge, puisque la charge initiale totale des deux sphères était nulle. On notera que, dans cette séquence de manipulations, il est essentiel d'enlever la tige *après* avoir séparé les sphères ; si les sphères demeurent en contact, les charges de A et B se neutralisent dès qu'on enlève la tige, car le temps de relaxation d'un bon conducteur est extrêmement court.

Une sphère métallique unique peut également se charger par induction. Lorsqu'on approche la tige chargée positivement (figure 1.8*a*), elle provoque la séparation des charges (polarisation). On relie ensuite la sphère à la terre, au moyen par exemple d'une conduite d'eau métallique. (La terre est un assez bon conducteur et est employée comme réservoir de charge de capacité quasiment infinie.) Sur les schémas, on utilise le symbole ⊥ pour représenter la mise à la terre. Comme le montre la figure 1.8*b*, des électrons venant de la terre vont neutraliser la charge positive. À la figure 1.8*c*, la connexion avec la terre a été coupée alors que la tige était *encore* présente. Après avoir éloigné la tige, on observe à la figure 1.8*d* une charge négative répartie uniformément sur la sphère.

Figure 1.8 ▶

Une sphère métallique unique peut être chargée par induction si on utilise une mise à la terre.

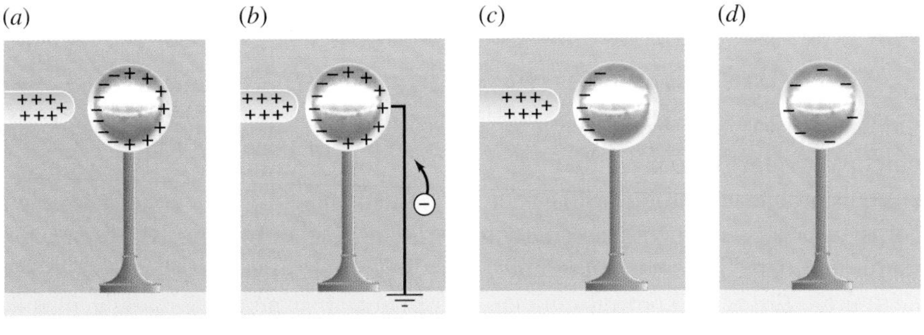

Au fond, l'expérience que nous venons de décrire est identique sur le plan physique à celle de la figure 1.7, si on considère que la terre joue le rôle de la deuxième sphère. La charge qu'acquiert la terre, identique à celle de la sphère, est toutefois tellement diluée qu'elle n'a aucun effet mesurable.

* Il ne faut pas confondre la charge par induction et l'induction électromagnétique, que nous étudierons au chapitre 10. Le terme *induction* utilisé aux deux endroits veut seulement dire que les deux phénomènes se produisent sans contact : ils n'ont rien d'autre en commun.

1.4 L’électroscope à feuilles

Un électroscope est un appareil servant à détecter les charges électriques. Mis au point en 1786 par Abraham Bennet (1749-1799), l’**électroscope à feuilles** est constitué d’une ou de deux minces feuilles d’or ou d’aluminium, très légères, fixées à une tige métallique (figure 1.9*a*). La tige, placée dans un récipient transparent muni d’un bouchon isolant, porte à son extrémité extérieure un plateau ou une sphère métallique. À la figure 1.9*b*, on approche d’un électroscope non chargé une tige en verre chargée positivement. Les électrons du plateau métallique sont attirés par la tige et créent, en se déplaçant, un déséquilibre (polarisation) des charges ; ce déséquilibre fait apparaître une charge positive sur les feuilles, qui se repoussent donc mutuellement. Plus la tige est chargée et plus les charges sont séparées, donc plus les feuilles se soulèvent. Si on éloigne la tige, les feuilles retombent simplement à la verticale. Si on avait plutôt approché une tige négative (figure 1.9*c*), les électrons du plateau auraient plutôt été repoussés et la polarisation de l’électroscope se serait produite en sens inverse. Toutefois, les feuilles de l’électroscope se seraient repoussées quand même. Un électroscope *neutre* permet donc seulement de détecter si la tige est chargée et d’estimer la grandeur de sa charge.

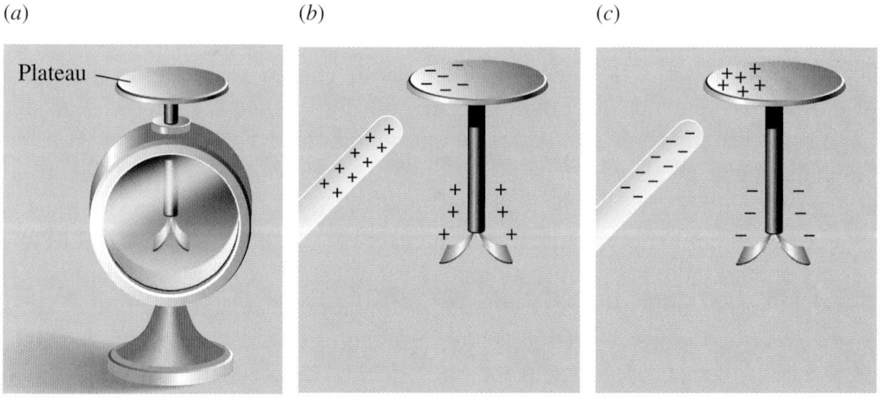

Figure 1.9 ◄
(*a*) L’électroscope à feuilles est un appareil qui permet de détecter la charge d’un objet. (*b*) Quand on approche une tige positive de son plateau, la charge contenue dans l’électroscope se sépare et les feuilles devenues positives se repoussent. Plus la tige est chargée et plus les feuilles se soulèvent. (*c*) Si la tige approchée est négative, la réaction des feuilles est la même, car l’électroscope ne portait initialement aucune charge.

Par contre, on peut déterminer *aussi le signe* de la charge approchée si l’électroscope porte *déjà* une charge : à la figure 1.10*a*, un quelconque objet chargé a préalablement touché le plateau et lui a transmis une charge positive. Si, à partir de la situation illustrée à la figure 1.10*a*, on approche du plateau un objet chargé positivement, les feuilles ont tendance à s’éloigner davantage l’une de l’autre (figure 1.10*b*); par contre, lorsqu’on approche un objet chargé négativement, la déviation des feuilles a tendance à diminuer (figure 1.10*c*).

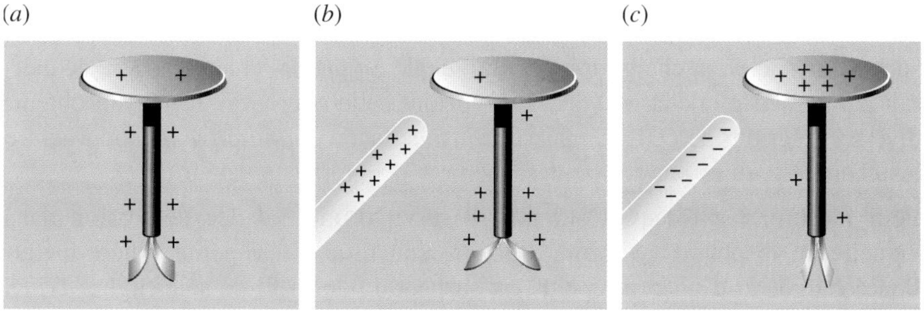

Figure 1.10 ◄
Quand l’électroscope est initialement chargé, il permet de déterminer aussi le signe de la charge portée par la tige.

Avant l’invention des instruments modernes, l’électroscope a aussi servi à détecter les rayonnements ionisants, comme les rayons X ou les particules de haute énergie. Pour l’utiliser de cette façon, on remplit le récipient d’un gaz approprié et on charge les feuilles. L’incidence d’un rayon X ou d’une particule de haute énergie arrive souvent à rompre les liaisons atomiques dans une molécule de ce gaz et à produire des ions de charges opposées. Les ions dont la charge est opposée à celle des feuilles se dirigent vers les feuilles et neutralisent une partie de la charge portée par celles-ci, faisant ainsi diminuer leur déviation. Vers 1900, Marie Curie (1867-1934) utilisa un dispositif de ce type dans ses premiers travaux sur la radioactivité.

1.5 La loi de Coulomb

En électricité, malgré les progrès considérables réalisés sur le plan conceptuel tout au long du XVIIIe siècle, on ne disposait alors que d'observations qualitatives. Le fait de ne pas avoir de loi quantitative décrivant l'interaction entre les charges électriques gênait les physiciens dans leurs travaux.

Après plusieurs tentatives infructueuses, une première étape importante dans l'établissement d'une telle loi fut franchie en 1766 par le chimiste Joseph Priestley (1733-1804), à qui l'on attribue la découverte de l'oxygène. Un peu auparavant, Franklin avait réalisé une expérience simple : sachant qu'un corps non chargé est attiré par la surface externe d'une coupe métallique chargée et se charge s'il est mis en contact avec la coupe, il suspendit une boule de liège non chargée à l'intérieur d'une coupe et constata avec surprise que la boule n'était soumise à aucune force. Mise en contact avec la surface *intérieure* de la coupe, puis retirée, la boule ne portait pas de charge. Priestley confirma ces résultats à la demande de Franklin. La seule loi connue à l'époque donnant l'expression d'une force était la loi de la gravitation. D'après cette loi, la force gravitationnelle entre deux masses est inversement proportionnelle au carré de la distance qui les sépare. Une des conséquences de cette dépendance en $1/r^2$ est que la force gravitationnelle résultante exercée sur une masse située à l'intérieur d'une coquille sphérique homogène est égale à zéro (voir le chapitre 13, tome 1). Par analogie avec ce résultat, Priestley tira une conclusion importante : il supposa que la force électrique entre les charges devait aussi varier en $1/r^2$, où r est la distance entre deux charges ponctuelles. S'il s'agissait là d'une hypothèse acceptable, elle n'était pas totalement convaincante. Par exemple, l'expérience montrait que le conducteur creux n'avait pas besoin d'être de symétrie sphérique, alors que la coquille devait l'être dans le cas de la gravité.

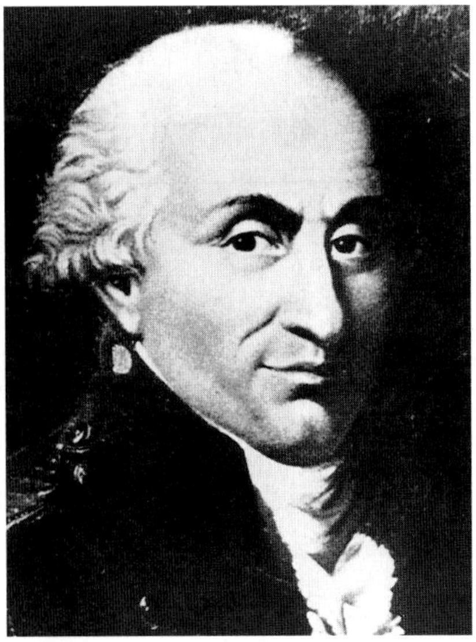

Charles A. de Coulomb (1736-1806).

C'est en 1785, c'est-à-dire presque cent ans exactement après l'énoncé de la loi de la gravitation par Newton, que Charles Augustin de Coulomb (1736-1806) établit expérimentalement la loi donnant la force exercée entre deux charges électriques. Bien qu'il ne disposait ni d'unité de charge ni d'aucun moyen fiable pour mesurer les charges, Coulomb imagina un stratagème simple pour établir la valeur des charges. Ayant chargé une petite boule de moelle de sureau plaquée d'or, il la mit en contact avec une boule identique mais non chargée, en supposant que, si la charge initiale était égale à Q, alors chaque sphère acquerrait par symétrie la charge $Q/2$. En répétant cette opération, il pouvait obtenir diverses fractions de Q. Il connaissait ainsi de façon *quantitative* le rapport entre les charges portées par ses boules, même s'il ignorait la valeur de Q.

Pour mesurer les forces, Coulomb se servit d'une balance de torsion dans laquelle un dispositif en forme d'haltère constitué d'une petite sphère métallique chargée et d'un contrepoids est suspendu par un fil de soie (figure 1.11). Lorsqu'on approchait de la sphère suspendue une autre sphère chargée, l'angle de torsion observé permettait de déduire la force exercée entre les sphères. Aujourd'hui, on peut reproduire ces mesures avec un matériel beaucoup plus simple d'utilisation (figure 1.12). Coulomb trouva ainsi que la force qui s'exerce entre des charges immobiles q et Q est inversement proportionnelle au

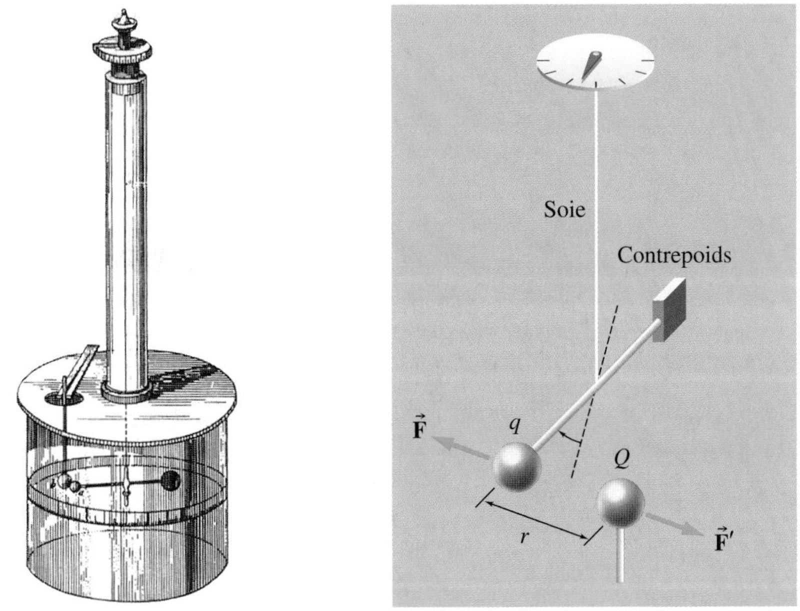

Figure 1.11 ◄
La balance de torsion utilisée par Coulomb. On déterminait la force électrique entre deux sphères en mesurant l'angle de torsion d'un fil de soie. On note que $\|\vec{\mathbf{F}}\| = \|\vec{\mathbf{F}}'\| = F$.

carré de la distance r qui les sépare, autrement dit, $F \propto 1/r^2$. Si la distance est constante, la force est proportionnelle au produit des charges, autrement dit, $F \propto qQ$. Tenant compte de ces deux résultats, la **loi de Coulomb** exprime la force électrique qu'exercent l'une sur l'autre deux charges ponctuelles :

Loi de Coulomb

$$F = \frac{k|qQ|}{r^2} \qquad (1.1)$$

où k est une constante qui dépend du système d'unités utilisé ; F représentant le module du vecteur force électrique, on a pris la valeur absolue du produit des charges pour avoir une grandeur toujours positive. Dans le système SI, la constante k a pour valeur :

$$k = 8{,}99 \times 10^9 \text{ N}\cdot\text{m}^2/\text{C}^2$$

On trouve souvent cette constante k sous la forme

$$k = \frac{1}{4\pi\varepsilon_0}$$

où ε_0, qui est la **constante de permittivité du vide**, a pour valeur

$$\varepsilon_0 = 8{,}85 \times 10^{-12} \text{ C}^2/\text{N}\cdot\text{m}^2$$

Le rapport $1/4\pi\varepsilon_0$ fait peut-être paraître la loi de Coulomb un peu plus compliquée, mais on verra qu'il simplifie l'aspect d'autres équations en électromagnétisme.

L'équation 1.1 donne le *module* du vecteur force électrique. Pour déterminer son orientation (soit sa direction et son sens), il suffit de se rappeler que des charges de signe identique se repoussent et des charges de signes contraires s'attirent (figure 1.13). La force électrique est une force *radiale* (elle est dirigée selon la droite joignant les deux particules) et de *symétrie sphérique* (elle ne dépend que de r).

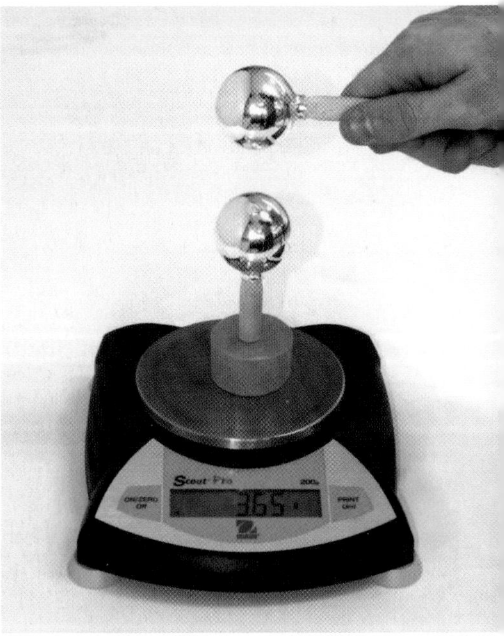

Figure 1.12 ▲
En remplaçant la balance à torsion de Coulomb par une balance numérique moderne, on peut reproduire très facilement ses mesures.

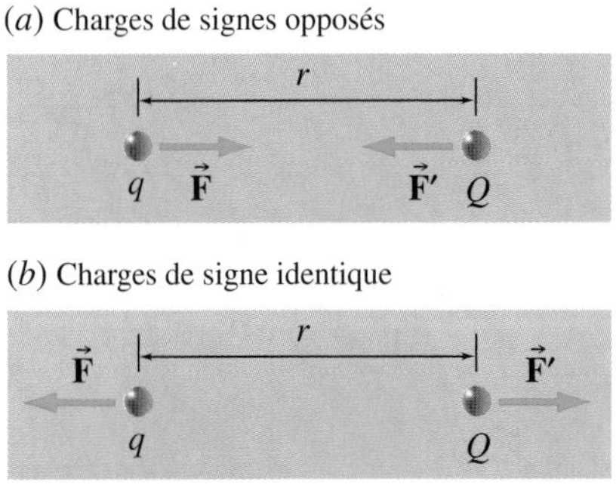

Figure 1.13 ▲
(*a*) Deux charges de signes opposés s'attirent. (*b*) Deux charges de signe identique se repoussent. D'après la loi de Coulomb, le module des deux forces est $k|qQ|/r^2$. On remarque que la force $\vec{\mathbf{F}}$ exercée sur la charge q par la charge Q est de même module mais de sens opposé à la force $\vec{\mathbf{F}}'$ exercée par la charge Q sur la charge q, en accord avec la troisième loi de Newton (action-réaction).

Sous sa forme vectorielle, la loi de Coulomb s'écrit ainsi (notez l'absence de valeur absolue) :

$$\vec{\mathbf{F}} = \frac{kqQ}{r^2}\vec{\mathbf{u}}_r \qquad (1.2)$$

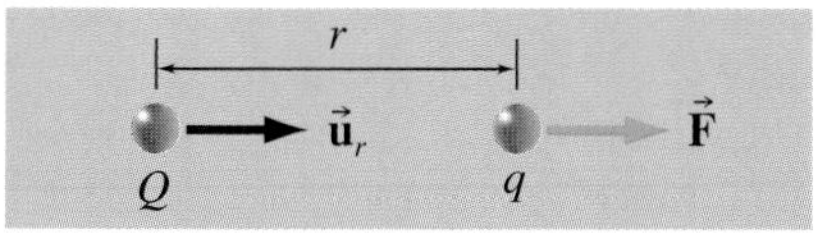

Figure 1.14▲
La loi de Coulomb s'applique à des charges *ponctuelles*. Le vecteur unitaire $\vec{\mathbf{u}}_r$ a son origine à la « source de la force ».

Le vecteur unitaire $\vec{\mathbf{u}}_r$ a pour origine la « source de la force ». Par exemple, pour trouver la force agissant sur q, on place l'origine du vecteur $\vec{\mathbf{u}}_r$ en Q, comme le montre la figure 1.14. Les signes des charges doivent figurer explicitement dans l'équation 1.2. Si la force a pour module F (grandeur scalaire positive), alors $\vec{\mathbf{F}} = +F\vec{\mathbf{u}}_r$ correspond à une *répulsion*, alors que $\vec{\mathbf{F}} = -F\vec{\mathbf{u}}_r$ correspond à une *attraction*.

Notez que la loi de Coulomb a exactement la même forme que la loi de la gravitation universelle (équation 5.4 du tome 1), c'est-à-dire

$$F_g = \frac{GmM}{r^2}$$

Les deux forces ont donc une similitude physique certaine : la force électrique est attribuée à des charges et leur est proportionnelle, la force gravitationnelle est attribuée à des masses et leur est proportionnelle, puis les deux forces varient en $1/r^2$, une caractéristique qui jouera un rôle important au chapitre 3. Malgré cette similitude de leur comportement, la force électrique est typiquement beaucoup plus intense que la force gravitationnelle, puisque les constantes G et k sont très différentes. Seules des masses considérables, comme celles de planètes ou d'étoiles, peuvent donc exercer une force gravitationnelle significative, alors que de très petits objets chargés peuvent exercer une force électrique comparable.

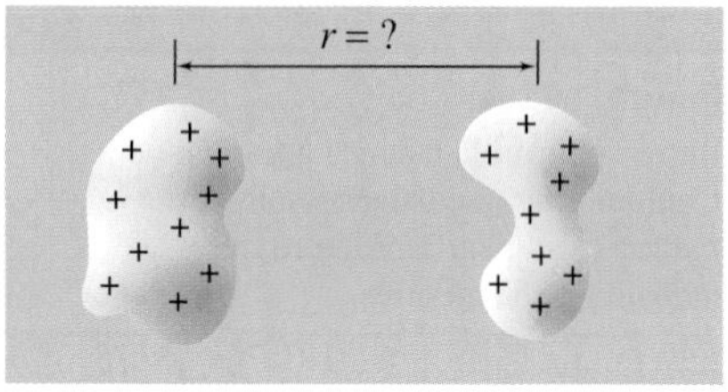

Figure 1.15▲
Dans le cas de corps chargés de forme quelconque, la distance r n'a pas de valeur bien définie.

Tout comme la loi de la gravitation universelle ne s'applique directement qu'à des masses *ponctuelles* ou à des particules, la loi de Coulomb ne s'applique directement qu'à des charges *ponctuelles* ou à des particules. En effet, dans le cas de corps chargés de forme quelconque, comme ceux de la figure 1.15, la distance r qui les sépare n'a pas de valeur bien définie. Comme pour la force de gravitation, il y a toutefois une exception : si la charge est répartie *uniformément sur une surface sphérique*, on peut utiliser la loi de Coulomb pour calculer la force exercée sur une charge ponctuelle extérieure à la surface, en supposant la charge de la sphère concentrée en son centre. De même, si les dimensions des deux corps chargés sont petites par rapport à la distance qui sépare les deux corps, la loi de Coulomb nous donne une valeur approchée de la force qui s'exerce entre eux. Dans tous les autres cas, il faut diviser l'objet en petits segments de taille quasi ponctuelle (infinitésimale) et appliquer la loi de Coulomb à *chacun* de ces segments. On additionne ensuite les forces que ces segments produisent individuellement. Ce procédé d'apparence complexe est facilité mathématiquement par une intégration (voir la section 2.5).

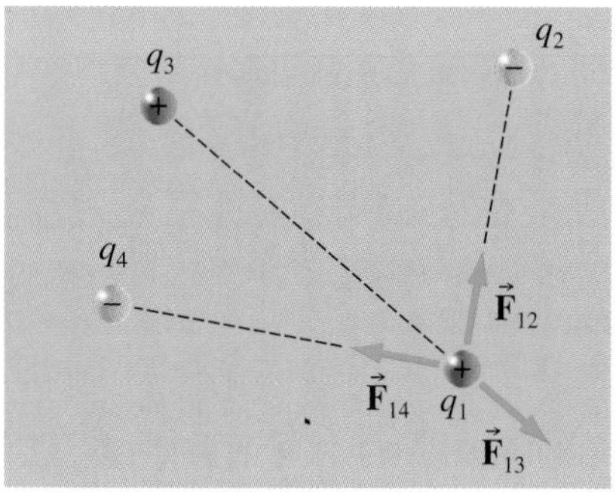

Figure 1.16▲
La force entre deux charges ne dépend pas des autres charges en présence. La force résultante sur q_1 est la somme vectorielle des forces exercées par les autres charges, calculées l'une après l'autre.

Le principe de superposition

La figure 1.16 représente l'interaction d'une charge q_1 avec d'autres charges. Comme les forces gravitationnelles, les forces électriques obéissent au **principe de superposition** (*cf.* chapitre 13, tome 1). Ainsi, pour trouver la force électrique résultante agissant sur q_1, nous calculons d'abord l'une après l'autre les forces exercées par chacune des autres charges. Si l'on désigne par $\vec{\mathbf{F}}_{AB}$ la force exercée *sur* A *par* B, la force résultante $\vec{\mathbf{F}}_1$ exercée sur q_1 est simplement égale à la somme vectorielle :

Principe de superposition

$$\vec{\mathbf{F}}_1 = \vec{\mathbf{F}}_{12} + \vec{\mathbf{F}}_{13} + \ldots + \vec{\mathbf{F}}_{1N} \qquad (1.3)$$

On remarque que la force $\vec{\mathbf{F}}_{12}$ ($= -\vec{\mathbf{F}}_{21}$) entre q_1 et q_2 ne dépend pas des autres charges en présence, q_3 et q_4.

La loi de Coulomb et le principe de superposition sont des équations déduites directement par l'expérience : elles permettent de *calculer* la force que subit une charge, mais pas d'*expliquer* par quel mécanisme cette force peut agir à distance. Au chapitre 2, nous expliquerons que deux charges peuvent agir l'une sur l'autre par l'intermédiaire du champ électrique, la valeur de ce dernier déterminant la force qu'il cause.

MÉTHODE DE RÉSOLUTION

Loi de Coulomb

Voici les étapes à suivre pour calculer la force *électrique* résultante agissant sur une charge ponctuelle q_i. Cette méthode permet aussi de calculer la force *électrique* résultante sur un objet non ponctuel si sa charge q_i est répartie sur une surface sphérique, et ce, même si l'objet subit aussi des forces autres que la force électrique.

1. Tracer le *diagramme de forces* sur la charge q_i. Pour ce faire, déterminer si la force exercée par chacune des autres charges connues est attractive ou répulsive. Pour chacune de ces autres charges, tracer le vecteur force à partir de q_i en l'orientant soit vers l'autre charge, soit dans le sens opposé.

2. Pour chacune des autres charges, calculer le module de la force à partir de l'équation 1.1 :

$$F = \frac{k|q_i Q|}{r^2}$$

où r est la distance entre q_i et l'une des autres charges Q.

3. Choisir un système d'axes et trouver les composantes de la force *électrique* résultante sur q_i, soit F_x et F_y. Les valeurs et les signes de ces composantes vont dépendre du choix des axes. Pour calculer ces composantes, il faut déterminer et additionner les composantes de chaque force obtenue à l'étape précédente.

4. Sauf indication contraire, tous les vecteurs doivent être exprimés en fontion des vecteurs unitaires ($\vec{\mathbf{i}}$, $\vec{\mathbf{j}}$, $\vec{\mathbf{k}}$).

Cette séquence d'opérations est illustrée dans le premier des exemples qui suivent.

EXEMPLE 1.2

Trouver la force électrique résultante exercée sur la charge q_1 par les autres charges de la figure 1.17. On donne $q_1 = -5\ \mu C$, $q_2 = -8\ \mu C$, $q_3 = 15\ \mu C$ et $q_4 = -16\ \mu C$.

Solution

La figure représente les orientations des forces exercées sur q_1 et le système de coordonnées. Le module de la force exercée sur q_1 par q_2 est

$$F_{12} = \frac{k|q_1 q_2|}{r^2}$$

$$= \frac{(8{,}99 \times 10^9\ \mathrm{N \cdot m^2/C^2})(5 \times 10^{-6}\ \mathrm{C})(8 \times 10^{-6}\ \mathrm{C})}{(3 \times 10^{-1}\ \mathrm{m})^2}$$

$$= 4{,}00\ \mathrm{N}$$

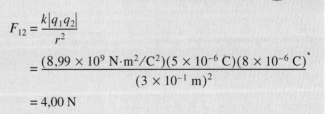

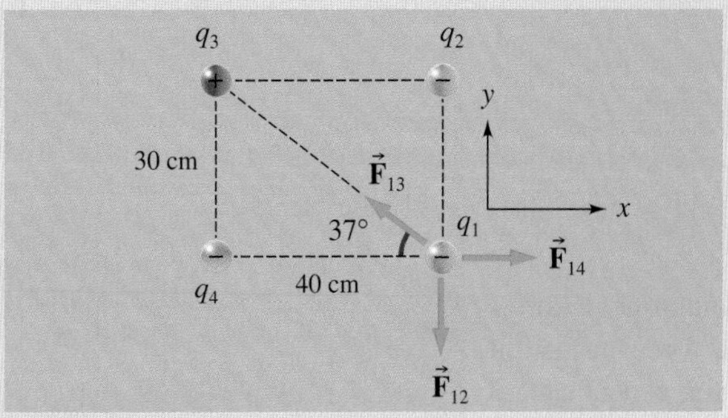

Figure 1.17 ▲
Pour trouver la force résultante sur q_1, on doit d'abord calculer séparément les différentes forces, puis prendre leurs composantes dans un système de coordonnées.

De même, on trouve $F_{13} = 2{,}70$ N et $F_{14} = 4{,}50$ N. (Vérifier ces résultats.) Les composantes de la force résultante sont

$$F_{1x} = 0 - F_{13} \cos 37° + F_{14} = 2{,}34 \text{ N}$$

$$F_{1y} = -F_{12} + F_{13} \sin 37° + 0 = -2{,}38 \text{ N}$$

La force résultante exercée sur q_1 est donc $\vec{F}_1 = (2{,}34\vec{i} - 2{,}38\vec{j})$ N.

EXEMPLE 1.3

Deux balles de ping-pong d'une masse de 2 g sont enduites de peinture métallique de façon à rendre conductrice leur surface sphérique. On suspend l'une des balles par une ficelle et on la charge négativement. La deuxième balle est placée sur un socle isolant. On la charge en la mettant en contact avec la première balle. Quand les centres des deux balles sont à la même hauteur et sont distants de 10 cm, la ficelle qui tient la première balle forme avec la verticale un angle $\theta = 3°$ (figure 1.18*a*). Quelle est la charge portée par chaque boule ?

Solution

La figure 1.18*b* illustre le diagramme des forces qui s'appliquent sur la balle suspendue. Les deux balles étant situées à la même hauteur, la force électrique est horizontale. L'inclinaison de la corde indique que la force électrique sur la balle suspendue est vers la gauche (répulsive). Cela peut également être déduit du fait que les deux balles ont été mises en contact et portent donc une charge de même signe.

La balle étant à l'équilibre, la somme vectorielle des forces qui s'exercent sur elle est nulle. La deuxième loi de Newton devient donc :

$$\sum F_x = T \sin\theta - F_E = 0$$

$$\sum F_y = T \cos\theta - mg = 0$$

En divisant ces deux équations terme par terme et en isolant ensuite F_E, on obtient

$$F_E = mg \tan\theta = (0{,}002 \text{ kg})(9{,}8 \text{ m/s}^2)\tan 3°$$

$$= 1{,}03 \times 10^{-3} \text{ N}$$

(On remarque qu'il est inutile de calculer le module de la tension T dans la corde.) En substituant dans l'équation 1.1, on a

$$(1{,}03 \times 10^{-3} \text{ N}) = (8{,}99 \times 10^9)|q_1 q_2|/(0{,}10 \text{ m})^2$$

Les deux sphères ayant été mises en contact entre elles, on sait qu'elles portent une charge identique : $q_1 = q_2 = Q$ et la valeur absolue ci-dessus a donc pu être retirée, ce qui serait possible même si le signe de Q était inconnu. Comme $|q_1 q_2| = Q^2$, on obtient donc $Q = -3{,}38 \times 10^{-8}$ C. ■

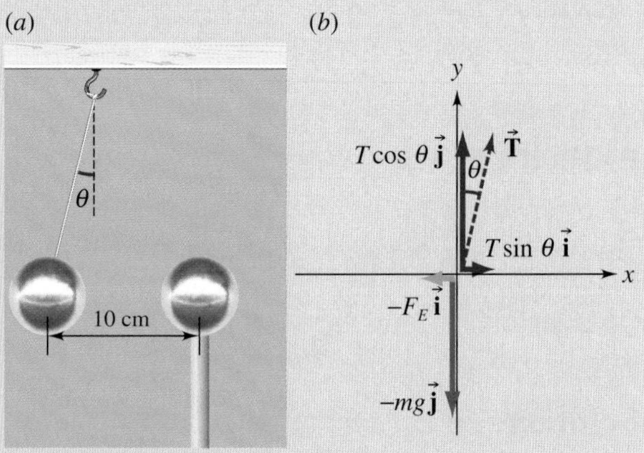

Figure 1.18 ▲
Une balle suspendue est repoussée par une balle chargée identique. La ficelle forme donc un angle avec la verticale.

EXEMPLE 1.4

Une charge ponctuelle $q_1 = -9\ \mu C$ se trouve en $x = 0$ et $q_2 = 4\ \mu C$ se trouve en $x = 1$ m, toutes deux étant sur l'axe des x. En quel point du plan xy, autre que l'infini, la force électrique résultante exercée sur une charge q_3 est-elle nulle ?

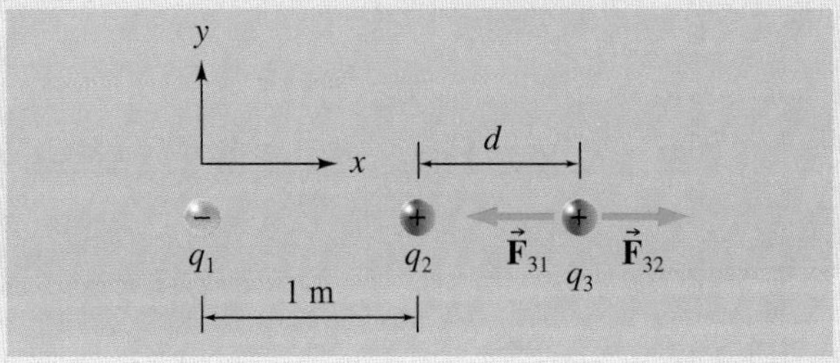

Figure 1.19▲
On peut trouver le point où la force résultante sur q_3 est nulle. Ce point est plus proche de la charge ayant la plus petite valeur.

Solution

Avant de calculer quoi que ce soit, il faut d'abord déterminer *qualitativement* la position de la charge q_3. Tout d'abord, on réalise qu'elle doit se trouver quelque part sur l'axe des x : sinon la résultante des forces exercées par les deux autres charges ne peut pas être nulle (car leurs composantes selon y auraient le même signe). En tout point de l'axe entre q_1 et q_2, les forces exercées sur q_3 sont de même sens, donc cette région est à éliminer. Sur la partie de l'axe où x est négatif, $\vec{F}_{31}$ et $\vec{F}_{32}$ étant de sens opposés, il y a peut-être une possibilité pour qu'elles s'annulent.

Mais comme $F \propto 1/r^2$, pour que la force due à la plus petite des charges (q_2) arrive à compenser la force due à la plus grande charge (q_1), il faudrait que la charge q_3 soit *plus proche de la plus petite charge* q_2. Il reste donc la région $x > 1$ m sur l'axe des x. ■

À la figure 1.19, on a représenté les vecteurs forces dans le cas où q_3 est positif ; si q_3 est négatif, les vecteurs forces sont inversés, mais leurs *modules* demeurent les mêmes. Dans les deux cas, la condition pour que la force résultante exercée sur q_3 soit nulle est donc la même. Cette condition s'écrit

$$\vec{F}_3 = \vec{F}_{31} + \vec{F}_{32} = 0$$

ou encore

$$\vec{F}_{31} = -\vec{F}_{32}$$

ce qui implique, en fonction du module des forces,

$$F_{31} = F_{32}$$

D'après la loi de Coulomb, en utilisant la distance d définie sur la figure,

$$\frac{k|q_3q_1|}{(1+d)^2} = \frac{k|q_3q_2|}{d^2}$$

Comme $k|q_3q_i| = k|q_3||q_i|$, on peut simplifier le facteur commun $k|q_3|$. Après cela, on remplace q_1 et q_2 par leurs valeurs. Il faut ensuite éviter de développer le carré, ce qui rendrait l'algèbre difficile à résoudre : il est plus simple de prendre la racine carrée de chaque membre, ce qui donne $3/(1 + d) = \pm 2/d$. Les solutions de cette équation sont $d = 2$ m et $d = -0{,}4$ m. De ces deux solutions, c'est donc $d = 2$ m qui est la réponse correcte à la question posée. On constate que le signe de q_3 n'a pas d'importance.

EXEMPLE 1.5

Nous avons signalé l'analogie entre la forme de la loi de Coulomb et celle de la loi de la gravitation universelle. Dans un atome d'hydrogène, l'électron et le proton sont distants de $0{,}53 \times 10^{-10}$ m l'un de l'autre. Comparer les forces gravitationnelle et électrique agissant entre eux.

Solution

La force électrique a pour module

$$F_E = \frac{ke^2}{r^2}$$

$$= \frac{(8{,}99 \times 10^9)(1{,}60 \times 10^{-19})^2}{(5{,}3 \times 10^{-11})^2}$$

$$= 8{,}19 \times 10^{-8}\ \text{N}$$

La force gravitationnelle a pour module

$$F_g = \frac{Gm_e m_p}{r^2}$$

$$= \frac{(6{,}67 \times 10^{-11})(9{,}11 \times 10^{-31})(1{,}67 \times 10^{-27})}{(5{,}3 \times 10^{-11})^2}$$

$$= 3{,}61 \times 10^{-47}\ \text{N}$$

Le rapport des forces

$$\frac{F_g}{F_E} = \frac{Gm_e m_p}{ke^2} = 4{,}4 \times 10^{-40}$$

est extrêmement petit et ne dépend pas de la distance r.

On voit donc que la force gravitationnelle est négligeable par rapport à l'interaction électrique entre des particules élémentaires. Cela permet également d'expliquer pourquoi un peigne chargé parvient à soulever une feuille de papier, c'est-à-dire à surmonter la force gravitationnelle exercée par la Terre tout entière ! ■

On a pu montrer que la loi de Coulomb prédit toujours des résultats valables à des distances de l'ordre de 10^{-15} m. On a pu vérifier que l'exposant n figurant au dénominateur de $1/r^n$ est égal à 2 avec une incertitude de $\pm 10^{-16}$. L'interaction de Coulomb étant l'interaction fondamentale entre des charges électriques, elle est à la base de l'électromagnétisme.

RÉSUMÉ

La charge électrique est une propriété attribuée à la matière capable de produire et de subir des forces électriques et magnétiques. Selon le principe de conservation de la charge, la charge totale dans un système isolé est constante. La charge est quantifiée, ce qui signifie que la charge portée par un corps ne peut prendre que des valeurs discrètes. En d'autres termes, toute charge q est donnée par $q = \pm ne$, où n est un entier et $e = 1{,}6 \times 10^{-19}$ C, la charge élémentaire.

Un conducteur est un matériau dans lequel la charge peut circuler. Selon la représentation microscopique des matériaux acceptée aujourd'hui, dans un métal, les charges en mouvement sont les électrons libres. Dans les gaz ionisés et les solutions électrolytiques, ce sont les ions positifs ou négatifs qui peuvent se déplacer. Dans un isolant, les charges sont liées à des sites déterminés et ne peuvent se déplacer. Un semi-conducteur se comporte comme un isolant lorsqu'il est très pur. On peut modifier son pouvoir conducteur en lui ajoutant certaines impuretés.

Le module de la force électrique qu'exercent l'une sur l'autre deux charges *ponctuelles* q et Q séparées par une distance r est donnée par la loi de Coulomb :

$$F = \frac{k|qQ|}{r^2} \tag{1.1}$$

Il s'agit d'une force *radiale* (elle a pour direction la droite joignant les deux charges) et de *symétrie sphérique* (elle est fonction de r uniquement). Sauf dans le cas d'une distribution de charge de symétrie sphérique, la loi de Coulomb ne s'applique *pas* directement aux corps de forme quelconque.

Tout comme la force gravitationnelle, la force électrique obéit au principe de la superposition :

$$\vec{\mathbf{F}}_1 = \vec{\mathbf{F}}_{12} + \vec{\mathbf{F}}_{13} + \ldots + \vec{\mathbf{F}}_{1N} \qquad (1.3)$$

Ce principe veut que la force entre deux particules ne dépend pas des autres charges en présence. On utilise ce principe pour déterminer la force résultante exercée sur une particule par d'autres particules chargées.

TERMES IMPORTANTS

charge électrique (p. 3)
charge élémentaire (p. 5)
conducteur (p. 8)
conservation de la charge (p. 6)
constante de permittivité du vide (p. 13)
coulomb (p. 4)
électromagnétisme (p. 2)
électron (p. 4)
électron libre (p. 9)
électroscope à feuilles (p. 11)
électrostatique (p. 3)
force électrique (p. 3)
induction (p. 9)
ion (p. 4)
isolant (p. 8)
loi de Coulomb (p. 13)
neutron (p. 4)
principe de superposition (p. 14)
proton (p. 4)
semi-conducteur (p. 8)
temps de relaxation (p. 8)

RÉVISION

R1. Nommez quelques phénomènes physiques facilement observables qui sont de nature électromagnétique.

R2. Énoncez les propriétés fondamentales de la charge électrique.

R3. Quel physicien a le premier utilisé les qualificatifs « positive » et « négative » pour distinguer les deux types de charge ?

R4. Expliquez ce qui se passe au niveau atomique lorsqu'on fait apparaître par frottement sur un objet (a) une charge positive (b) une charge négative.

R5. Donnez des exemples de réactions qui mettent en évidence la conservation de la charge électrique.

R6. Utilisez la notion de temps de relaxation pour expliquer la différence entre un conducteur et un isolant.

R7. Expliquez à l'aide d'un schéma comment on peut charger par induction (a) une sphère conductrice et (b) deux sphères conductrices initialement en contact. On dispose d'une tige chargée positivement et d'une mise à la terre.

R8. Expliquez à l'aide d'un schéma comment on peut se servir d'un électroscope à feuilles pour déterminer le signe de la charge portée par un corps donné.

R9. Expliquez comment on peut utiliser un électroscope pour détecter des rayons ionisants.

R10. Décrivez le dispositif qu'a utilisé Coulomb pour découvrir la loi qui porte son nom.

R11. Expliquez comment Coulomb a déterminé les valeurs des charges électriques portées par les sphères qu'il utilisait sur sa balance à torsion.

R12. Expliquez pourquoi on ne peut pas utiliser la loi de Coulomb telle qu'énoncée à l'équation 1.1 pour évaluer la force entre deux corps chargés de forme quelconque.

R13. Vrai ou faux ? La force exercée par une particule chargée A sur une particule chargée B est affectée par la présence d'une troisième particule chargée C.

QUESTIONS

Q1. Dans un noyau, la distance entre les protons est très petite ($\approx 10^{-15}$ m). Pourquoi les éléments du noyau ne se séparent-ils pas, étant donné la forte répulsion coulombienne entre les protons ?

Q2. Puisque la force électrique est tellement plus intense que la force gravitationnelle, pourquoi ne l'observons-nous pas de façon plus directe ou plus fréquente ?

Q3. Peut-on charger un objet métallique en le frottant ? Expliquez pourquoi de façon détaillée.

Q4. La charge produite par frottement est en général de l'ordre de 1 nC. Cette charge correspond à peu près à combien de charges élémentaires (e) ?

Q5. On approche d'une aiguille suspendue une tige en verre chargée positivement. Que pouvez-vous dire de la charge apparaissant sur l'aiguille sachant qu'il y a (a) attraction, (b) répulsion ?

Q6. Comment feriez-vous pour déterminer le signe de la charge présente sur un corps ?

Q7. Une fine bandelette d'aluminium est attirée par un peigne que l'on a chargé en se le passant dans les cheveux. Qu'arrive-t-il une fois que la feuille d'aluminium a touché le peigne ? Faites l'expérience puis expliquez ce que vous observez.

Q8. On place une charge ponctuelle q à mi-chemin entre deux charges ponctuelles d'égale valeur Q (figure 1.20). La charge q est-elle en équilibre ? Si oui, s'agit-il d'un équilibre stable ou instable ? On suppose que q et Q sont (a) de même signe et (b) de signes opposés. (*Indice* : Considérez de petits déplacements à partir du centre.)

Q9. On approche une sphère métallique non chargée d'une charge ponctuelle. L'un ou l'autre de ces objets est-il soumis à une force ?

Figure 1.20 ▲
Question 8.

Q10. On charge deux sphères métalliques identiques et on les place côte à côte sans qu'elles se touchent. Peut-on calculer la force qui s'exerce entre les sphères à l'aide de la loi de Coulomb, si r est la distance entre les centres des deux sphères ? Justifiez votre réponse.

Q11. Un journal rapporte que l'on vient de découvrir une nouvelle particule élémentaire de charge 9,00 $\times\ 10^{-19}$ C. Quelle est votre réaction ?

Q12. En quoi la conduction thermique est-elle différente de la conduction électrique ?

Q13. Lorsqu'on approche un objet chargé d'une des extrémités d'une tige métallique non chargée, des électrons se déplacent d'une extrémité à l'autre de la tige. Considérant qu'il y a un afflux considérable d'électrons, pourquoi la circulation d'électrons cesse-t-elle ?

Q14. Pourquoi les expériences d'électrostatique ont-elles tendance à moins bien réussir lorsque l'air est humide ? Trouvez le lien entre votre réponse et le fait que l'effet revigorant d'une douche est dû en partie aux charges portées par les gouttes d'eau.

Q15. Pourquoi n'est-il pas conseillé d'essuyer un disque de phonographe avec un linge en laine ?

Q16. Vous avez sans doute déjà vu des camions ou des automobiles auxquels était accrochée une chaîne traînant sur la chaussée. Quelle est l'utilité de celle-ci ?

EXERCICES

Voir l'avant-propos pour la signification des icônes

E1. (I) Trois charges ponctuelles sont situées sur une droite de la manière indiquée sur la figure 1.21. Trouvez la force électrique résultante, issue des deux autres charges, exercée sur (a) la charge de $-2\ \mu$C ; (b) la charge de $5\ \mu$C.

E2. (I) Soit trois charges ponctuelles dont les positions sont représentées à la figure 1.22. On donne $q = 1$ nC. Trouvez la force électrique résultante, issue des

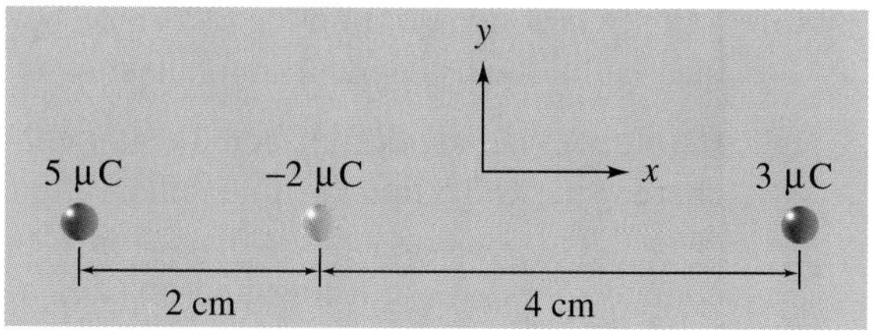

Figure 1.21 ▲
Exercice 1.

deux autres charges, exercée sur (a) la charge $4q$; (b) la charge $-3q$.

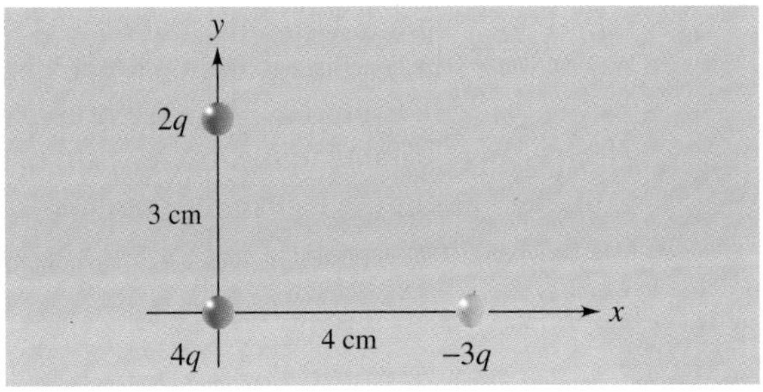

Figure 1.22 ▲
Exercice 2.

E3. (I) Soit trois charges ponctuelles situées aux sommets d'un triangle équilatéral, comme le montre la figure 1.23. On donne $Q = 2$ μC et $L = 3$ cm. Quelle est la force électrique résultante, issue des deux autres charges, exercée sur (a) la charge $3Q$ et (b) la charge $-2Q$?

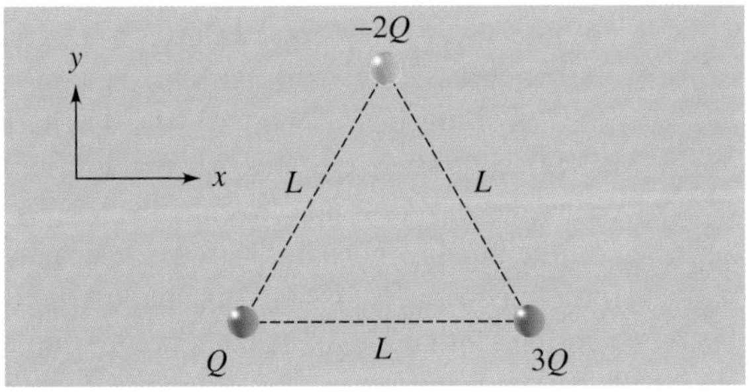

Figure 1.23 ▲
Exercice 3.

E4. (I) Soit quatre charges ponctuelles situées aux sommets d'un rectangle comme le montre la figure 1.24. On donne $Q = 4$ nC. Quelle est la force électrique résultante, issue des trois autres charges, exercée sur (a) la charge $-2Q$ et (b) la charge $-3Q$?

E5. (I) Soit une charge ponctuelle $q_1 = 27$ μC située en $x = 0$ et une charge $q_2 = 3$ μC en $x = 1$ m, toutes deux sur l'axe des x. (a) En quel point du plan xy (ailleurs qu'à l'infini) la force électrique résultante exercée sur une troisième charge ponctuelle seraitelle nulle ? (b) Reprenez la question (a) avec $q_2 = -3$ μC. (c) Expliquez pourquoi il est impossible que q_3 soit à l'équilibre si elle est située ailleurs que sur l'axe des x.

E6. (II) Supposons que l'on puisse donner une charge totale Q à la Terre et la même charge Q à la Lune. Pour quelle valeur de Q la répulsion électrique entre la Terre et la Lune serait égale à l'attraction

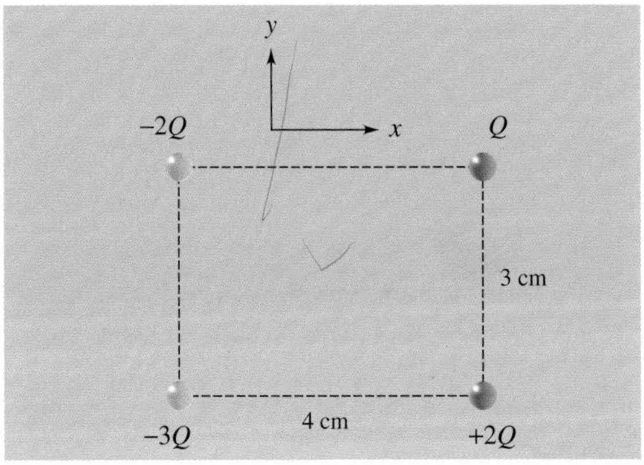

Figure 1.24 ▲
Exercice 4.

gravitationnelle qu'elles exercent l'une sur l'autre ? (Les données relatives à la Terre et à la Lune figurent au début du livre.)

E7. (I) À quelle distance doit-on éloigner un électron d'un proton pour que le module de la force électrique qu'ils exercent l'un sur l'autre soit égal à 1 N ?

E8. (I) Un noyau d'uranium radioactif a une charge de $92e$. Il peut se désintégrer spontanément en un noyau de thorium de charge $90e$ et un noyau d'hélium (particule α) de charge $2e$. Juste après la transformation, l'hélium et le thorium sont distants de 3×10^{-15} m l'un de l'autre. (a) Quel est le module de la force électrique qu'ils exercent l'un sur l'autre à ce moment précis ? (b) Quel est le module de l'accélération de la particule α, de masse $6{,}7 \times 10^{-27}$ kg ?

E9. (I) (a) Dans la molécule de H_2, les deux protons sont séparés par une distance de $0{,}74 \times 10^{-10}$ m. Quel est le module de la force électrique qu'ils exercent l'un sur l'autre ? (b) Dans un cristal de NaCl, les ions Na^+ et Cl^- sont distants de $2{,}82 \times 10^{-10}$ m. Quel est le module de la force électrique qu'ils exercent l'un sur l'autre ?

E10. (II) Trois charges ponctuelles, q, Q et $-2Q$, se trouvent aux positions indiquées à la figure 1.25. (a) Quelle est la force électrique résultante exercée sur la charge q ? (b) Où doit-on placer une charge ponctuelle de $+2{,}5Q$ pour que la force résultante sur q soit nulle ? (Q, $q > 0$)

E11. (II) La figure 1.26 représente cinq charges ponctuelles placées sur une droite, à intervalles de 1 cm. Pour quelles valeurs de q_1 et q_2 la force électrique résultante exercée sur chacune des trois autres charges est-elle nulle ?

E12. (II) Soit deux boules identiques en mousse de polystyrène, de charges identiques Q et de masse

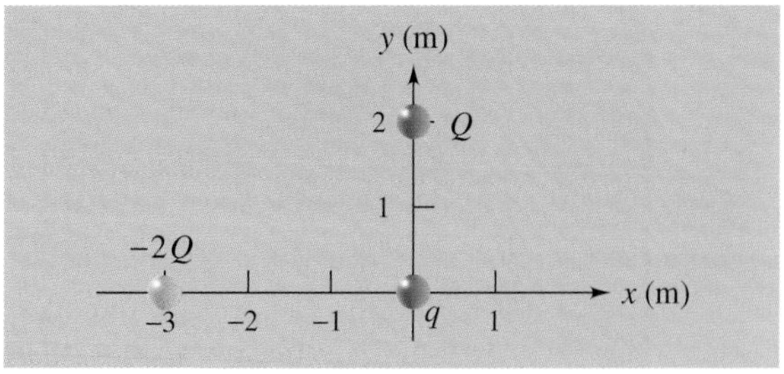

Figure 1.25 ▲
Exercice 10.

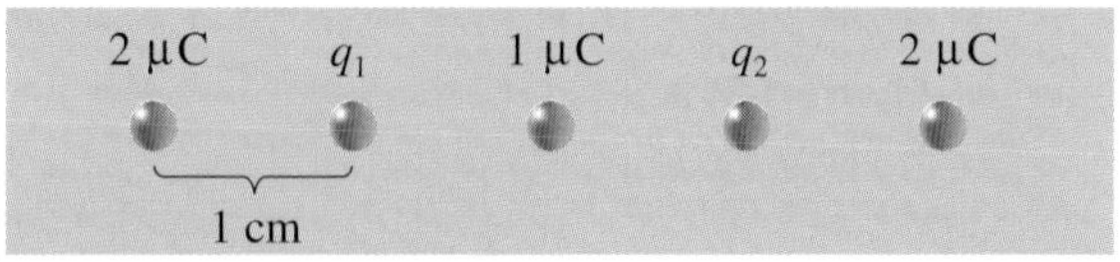

Figure 1.26 ▲
Exercice 11.

m = 2 g. On les suspend par des fils de longueur L = 1 m (figure 1.27). À cause de la répulsion électrique mutuelle des deux boules, les fils font un angle de 5° par rapport à la verticale. Trouvez la valeur de Q.

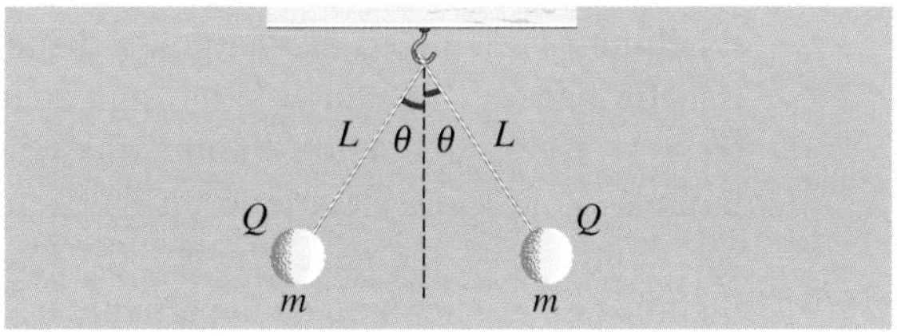

Figure 1.27 ▲
Exercice 12.

E13. (II) Supposons que l'on puisse séparer les électrons et les protons contenus dans 1 g d'hydrogène et qu'on les mette respectivement sur la Terre et sur la Lune. Comparez l'attraction électrique avec la force gravitationnelle entre la Terre et la Lune. (Le nombre d'atomes dans 1 g d'hydrogène est égal au nombre d'Avogadro, N_A. Chaque atome d'hydrogène possède un électron et un proton.)

E14. (II) (a) Soit une charge ponctuelle Q en $x = 0$ et une seconde charge $9Q$ en $x = 4$. Où doit-on placer une troisième charge q pour que la force électrique résultante sur chacune des trois charges soit nulle ? Quelle est la valeur de q ? (b) Reprenez la question (a) en remplaçant $9Q$ par $-9Q$.

E15. (I) Deux boules de mousse de polystyrène se trouvent à 4 cm l'une de l'autre et se repoussent avec une force électrique de module 0,2 N. Trouvez les valeurs des deux charges sachant que l'une des boules a une charge qui correspond au double de l'autre.

E16. (II) Deux charges de même grandeur et de signes opposés (±1 nC) sont séparées par une distance $2d$, où d = 1 cm (figure 1.28). Déterminez la force électrique résultante qui s'exerce sur une charge 2 nC lorsqu'elle se trouve au point (a) A ; (b) B ; (c) C et (d) D.

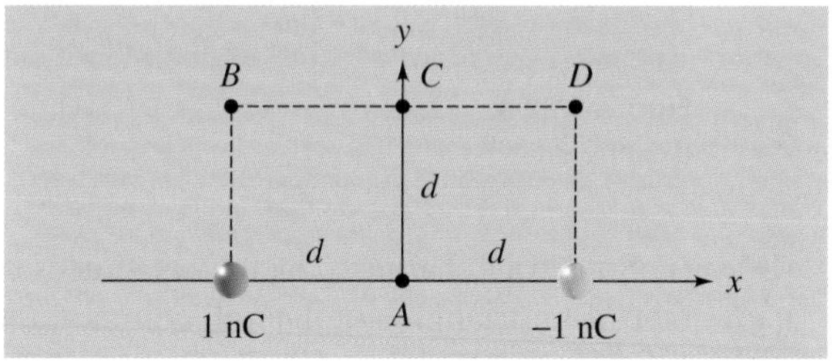

Figure 1.28 ▲
Exercice 16.

E17. (I) Dans le modèle des particules élémentaires qui fait intervenir les quarks, un proton est constitué de deux quarks « up » (u) portant chacun la charge $2e/3$ et d'un quark « down » (d), de charge $-e/3$. (a) En supposant que ces particules sont situées à égales distances sur un cercle de rayon $1{,}2 \times 10^{-15}$ m, comme sur la figure 1.29, trouvez le module de la force électrique agissant sur chaque quark. (b) Le proton étant stable, peut-on conclure que les seules forces s'exerçant entre des quarks sont les forces électrique et gravitationnelle ?

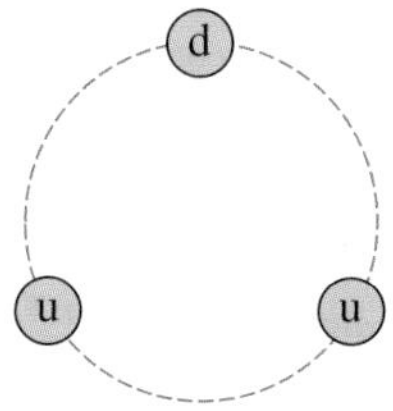

Figure 1.29 ▲
Exercice 17.

E18. (I) Soit deux charges ponctuelles $q_1 = 2$ μC situées en (2 m, 1 m) et $q_2 = -5$ μC en (−2 m, 4 m). Trouvez la force électrique exercée par q_1 sur q_2.

E19. (I) Dans un nuage d'orage se trouvent deux charges de même grandeur et de signes opposés (±40 C) distantes de 5 km (figure 1.30). En supposant qu'elles peuvent être considérées comme des charges ponctuelles, quel est le module de la force électrique qu'elles exercent l'une sur l'autre ?

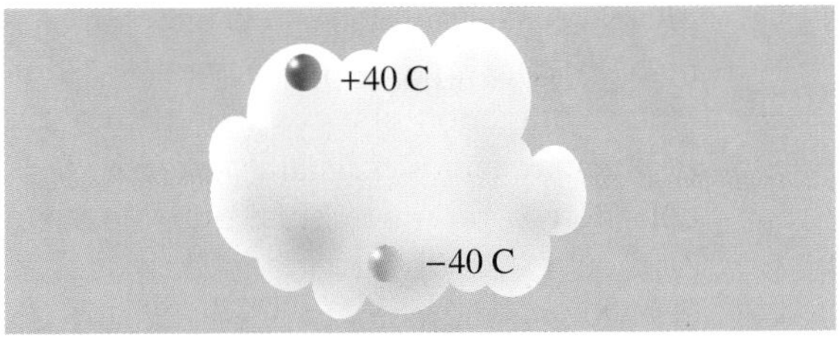

Figure 1.30▲
Exercice 19.

E20. (I) En utilisant les données du tableau périodique (annexe D), calculez le nombre d'électrons que contient un kilogramme des matériaux suivants : (a) du cuivre (Cu) ; (b) de l'hydrogène (H) ; (c) de l'acide sulfurique H_2SO_4.

E21. (I) La sphère creuse d'un générateur de Van de Graaff, faite d'aluminium, a une masse de 0,1 kg. Une fois chargée, elle porte une charge de −3 μC. Comparez le nombre d'électrons excédentaires que porte la sphère chargée et le nombre d'atomes qui la compose. Utilisez les données du tableau périodique (annexe D).

PROBLÈMES

Voir l'avant-propos pour la signification des icônes

P1. (I) On donne trois charges ponctuelles q_1, q_2 et q_3, situées aux sommets d'un triangle équilatéral de côté 10 cm. Les modules des forces électriques qui s'exercent entre elles sont $F_{12} = 5{,}4$ N (attractive), $F_{13} = 15$ N (répulsive) et $F_{23} = 9$ N (attractive). Sachant que q_1 est négative, quelles sont les valeurs de q_2 et q_3 ?

P2. (II) Deux charges ponctuelles égales à Q sont situées sur l'axe des y en $y = a$ et $y = -a$. (a) Quelle est la force électrique exercée sur une charge q située en $(x, 0)$? (b) En vous servant du calcul différentiel, calculez pour quelle valeur de x le module de la force est maximal. (c) Après avoir fixé une valeur pour a, q et Q, tracez le graphe donnant le module de la force en fonction de x et vérifiez le résultat obtenu en (b). (d) Lorsque $x \gg a$, quelle est la forme de $F(x)$? $(Q, q > 0)$ (*Indice* : Utilisez l'approximation du binôme $(1 + z)^n \approx 1 + nz$ pour les petites valeurs de z.)

P3. (II) Soit deux charges ponctuelles $-Q$ située en $(0, -a)$ et $+Q$ en $(0, a)$. (a) Déterminez la force électrique exercée sur une charge q située en $(x, 0)$. (b) En quel point la force est-elle maximale ? $(Q, q > 0)$

P4. (I) Soit deux charges ponctuelles $-Q$ située en $(0, -a)$ et $+Q$ en $(0, a)$. (a) Déterminez la force électrique exercée sur une charge q située en $(0, y)$, avec $y > a$. (b) Quelle est la forme de $F(y)$, le module de la force en fonction de y, pour $y \gg a$? $(Q, q > 0)$ (*Indice* : Utilisez l'approximation du binôme $(1 + z)^n \approx 1 + nz$ pour les petites valeurs de z.)

P5. (I) On cherche à diviser une charge Q en deux parties, q et $(Q - q)$, de telle sorte que, pour une distance donnée, la force électrique qu'elles exercent l'une sur l'autre soit maximale. Quelle est la valeur de q ? (*Indice* : En calcul différentiel et intégral, quelle est la condition pour qu'une fonction soit maximale ?)

P6. (II) Deux petites sphères métalliques identiques et distantes de 3 cm s'attirent l'une l'autre avec une force électrique de module 150 N. On les relie provisoirement par un fil conducteur, qu'on retire ensuite. (a) Déterminez les charges électriques initiales si elles se repoussent maintenant avec une force de module 10 N. (On suppose que la charge de chaque sphère est répartie uniformément.) (b) À partir d'une analyse graphique, montrez que si la force électrique initiale est répulsive, la situation est irréaliste.

P7. (I) Soit deux sphères en cuivre de 10 g séparées par une distance de 10 cm. (a) Combien d'électrons doit perdre chaque sphère pour que les sphères se repoussent avec une force électrique de 10 N ? (On suppose que chaque sphère perd le même nombre d'électrons.) (b) À quelle fraction du nombre total d'électrons de chaque sphère correspond le résultat trouvé en (a) ? (*Indice* : Le nombre d'atomes dans 63,5 g de cuivre est le nombre d'Avogadro. Il y a 29 électrons dans un atome de cuivre.)

P8. (II) Huit charges identiques Q sont situées aux sommets d'un cube de côté d (figure 1.31). Un des sommets du cube est à l'origine et trois de ces faces sont parallèles aux plans formés par le système d'axes. Déterminez la force électrique résultante agissant sur la charge située en $\vec{\mathbf{r}} = d\vec{\mathbf{i}} + d\vec{\mathbf{j}} + d\vec{\mathbf{k}}$, sachant que : (a) toutes les charges sont de même signe ; (b) la charge à l'origine est négative et les charges de deux sommets consécutifs sont de signes opposés.

P9. (II) Dans le modèle de Bohr de l'atome d'hydrogène, un électron gravite autour d'un proton stationnaire sur une orbite circulaire de rayon r. (a) Écrivez la deuxième loi de Newton du mouvement circulaire et trouvez l'expression du module de la vitesse tangentielle v de l'électron sur cette orbite. (b) Bohr

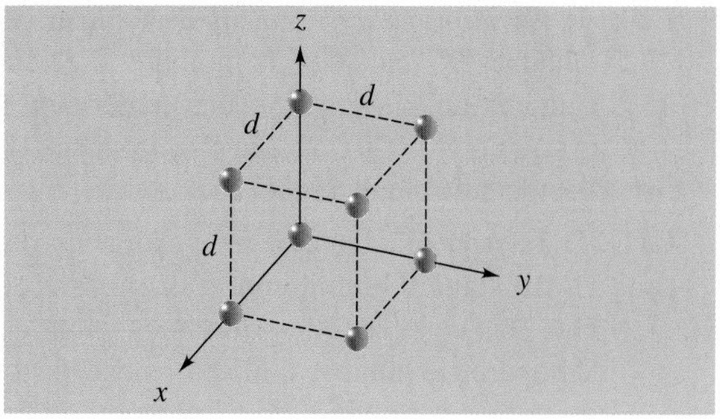

Figure 1.31 ▲
Problème 8.

imposa la condition que le module du moment cinétique L de l'électron ne pouvait prendre que des valeurs discrètes données par $L = nh/2\pi$, n étant un entier et h une constante (la constante de Planck). Montrez que le rayon de la $n^{\text{ième}}$ orbite permise est donné par :

$$r_n = \frac{n^2h^2}{4\pi^2kme^2}$$

(c) Calculez r_n pour $n = 1, 2, 3$.

P10. (II) La somme de deux charges ponctuelles est égale à $+8\ \mu C$. Lorsqu'elles sont à 3 cm l'une de l'autre, chacune d'elles est soumise à une force électrique de module 150 N. Déterminez les valeurs des charges, sachant que la force est (a) répulsive ; (b) attractive.

P11. (II) Les cristaux sont le résultat de l'assemblage progressif d'atomes qui, un à un, viennent se greffer à une structure existante pour lui donner une forme macroscopique particulière. Les cristaux de sel commun (NaCl) sont de petits cubes facilement discernables sous une loupe. À l'échelle atomique, les ions Cl^- et Na^+ forment un réseau régulier dans lequel la distance a entre chaque ion est de $2{,}82 \times 10^{-10}$ m. La figure 1.32 montre l'un des plans de ce cristal, que l'on fait coïncider avec le plan yz. Il est facile d'expliquer pourquoi les cristaux croissent par leurs arêtes et développent de grandes faces planes en faisant observer que plus le nombre d'ions d'une face est élevé, moins la force résultante d'attraction que ces derniers engendrent sur un ion extérieur au cristal est grande. Par exemple, considérons l'ion de chlore qui se trouve au point A et qui est extérieur au cristal. Il se trouve à une distance d, que nous fixons à $2a$. (a) Calculez le module de la force d'attraction entre cet ion et l'ion de sodium placé à l'origine du système d'axes. (b) Quelle valeur prendra le module de la force résultante d'attraction qui s'exerce sur l'ion en A si on ajoute l'effet des 8 ions qui entourent immédiatement l'ion central ? Utilisez la symétrie et la régularité de l'espacement pour calculer cette force. (c) Reprenez le calcul, mais en ajoutant les 16 ions de la rangée suivante. (d) Combien d'ions sont sur la rangée suivante, non représentée sur la figure ? Quelle valeur le module de la force prend-il avec cette nouvelle rangée ? (e) Peut-on estimer le nombre de rangées nécessaires pour que la force résultante soit inférieure d'un facteur 100 au résultat obtenu en (a) ? (f) Le paramètre d a-t-il de l'importance dans le cas d'un nombre très élevé de rangées ?

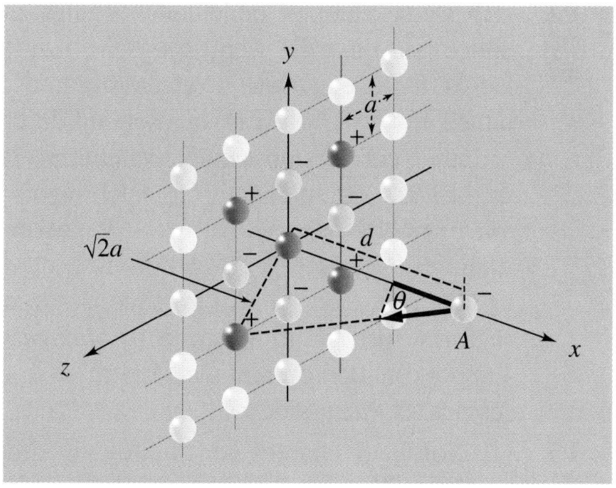

Figure 1.32 ▲
Problème 11.

CHAPITRE

2

Le champ électrique

POINTS ESSENTIELS

1. Pour expliquer que les charges électriques puissent interagir entre elles sans se toucher, on conçoit un intermédiaire appelé **champ électrique**, que l'on peut représenter à l'aide de **lignes de champ**.
2. À l'**équilibre électrostatique**, le champ électrique à l'intérieur du matériau d'un conducteur est nul. De plus, tout juste hors du matériau conducteur, le champ est perpendiculaire à la surface du conducteur.
3. On peut décrire le mouvement d'une charge libre se déplaçant dans un champ électrique uniforme à l'aide des équations de la cinématique à accélération constante.
4. On peut calculer le champ produit par une distribution continue de charge en divisant celle-ci en éléments infinitésimaux que l'on considère comme des charges ponctuelles.
5. Un **dipôle électrique** est constitué de deux charges de même grandeur et de signes opposés, séparées par une certaine distance.

Cette simple image laisse deviner trois rôles que peut jouer le champ électrique, dont nous traiterons dans ce chapitre : (1) la couleur de chaque pixel de l'écran est modifiée au besoin par un champ électrique changeant l'orientation des molécules du liquide contenu dans le pixel ; (2) le déplacement des charges dans les fils conducteurs que contient le iPod est assuré par le champ électrique interne des fils ; (3) la contraction des muscles de la main est due à un champ électrique qui fait rapidement entrer des ions dans les cellules musculaires.

Au chapitre précédent, nous avons signalé l'analogie entre la loi de Coulomb et la loi de la gravitation universelle formulée par Newton. Ces deux équations supposent implicitement qu'il se produit une *action à distance* : deux objets, même si la distance r qui les sépare est très grande, exerceraient l'un sur l'autre une force sans avoir à se toucher. Cette idée pose problème : toutes les autres forces qui meublent notre vie quotidienne, comme le frottement appliqué sur une surface ou la tension exercée par une corde, nécessitent qu'il y ait un *contact direct* entre les objets qui interagissent (ou du moins un mécanisme qui les relie). Isaac Newton (1642-1727) lui-même était très insatisfait de cet aspect de sa théorie : comme presque tous les penseurs depuis Aristote, il ne croyait pas que l'action à distance était possible, même si son équation permettait de prédire correctement les observations. Il trouvait même cette notion « absurde ».

Le principal problème du concept d'action à distance est le suivant : selon la loi de la gravitation et la loi de Coulomb, quand la distance r entre les deux objets est modifiée, la force devrait se modifier de façon *instantanée*. Cela suppose que l'information de ce déplacement serait transmise à une vitesse infinie. Or, comme nous le verrons au chapitre 8 du tome 3, rien ne peut se propager à une vitesse supérieure à celle de la lumière. L'expérience le montre d'ailleurs : quand on modifie brusquement la distance r entre deux charges, il y a effectivement un *délai* avant que la force électrique ne change : pour deux charges séparées de quelques mètres, ce délai est d'environ 10^{-8} s. Si ce délai était nul, comme le sous-entend la loi de Coulomb, les ondes électromagnétiques que nous étudierons au chapitre 13 ne pourraient pas se produire. L'existence de ce délai implique obligatoirement qu'il y ait un intermédiaire* permettant aux charges d'agir l'une sur l'autre.

Bien avant les travaux de Coulomb, le simple rejet de l'idée d'une action instantanée à distance rendait nécessaire de concevoir un mécanisme qui permettait à la force d'être « transmise ». En 1600, William Gilbert avait déjà essayé d'expliquer comment un corps chargé peut « agir à distance » et produire un effet sur un autre corps : il supposait que, lorsqu'on frottait un corps, celui-ci libérait des vapeurs, ou « effluves », et s'entourait ainsi d'une « atmosphère ». En revenant vers le corps d'origine, les effluves soulevaient des objets légers. Selon Gilbert, on pouvait ressentir ces effluves sous forme de picotements au visage lorsqu'on s'approchait d'un corps électrifié. Un mécanisme différent fut proposé vers 1650 par René Descartes (1596-1650), qui imagina l'espace rempli d'un milieu matériel invisible nommé « éther ». Selon Descartes, un corps chargé produisait dans l'éther des tourbillons qui se dirigeaient ensuite vers d'autres corps sur lesquels ils exerçaient des forces. Au chapitre 1, nous avons dit que Du Fay voyait la charge *elle-même* comme de tels tourbillons dans l'éther : à l'époque, une certaine confusion régnait donc encore entre les notions de charge et de mécanisme lui permettant d'agir.

Même James Clerk Maxwell (1831-1879), considéré comme l'auteur de la théorie électromagnétique moderne, a construit l'ensemble de cette théorie en imaginant que des charges interagissaient par l'intermédiaire d'un éther matériel, qu'il voyait au départ comme un fluide invisible : un peu comme un calorifère modifie la température de chaque point de la pièce autour de lui, une charge Q modifiait l'état de l'éther en chaque point autour d'elle en lui appliquant une sorte de tension ou de déformation. Toute autre charge n'était pas affectée directement par Q, mais plutôt par l'état de l'éther dans lequel elle baignait. La mesure de l'état de l'éther en chaque point de l'espace était appelée un *champ***.

Au début du XXe siècle, toutefois, la notion d'éther dut être complètement abandonnée, car elle ne permettait pas d'expliquer certaines observations (voir

---

* Pour comprendre l'idée de transmission par un intermédiaire, on peut faire des analogies avec des situations quotidiennes : un calorifère réchauffe les objets d'une pièce en réchauffant d'abord l'air qui agit comme intermédiaire ; une explosion produit un effet dans votre oreille, grâce au son qui voyage dans l'air ; un ballon permet au lanceur de causer indirectement un effet sur celui qui l'attrape ; etc.

** Dans la vie courante, le mot *champ* désigne en effet une étendue. En mathématiques, le mot a une utilisation analogue : une fonction champ est une fonction $f(x, y, z)$ qui mesure quelque chose en chaque point (x, y, z) de l'espace. Pour Maxwell, le champ était effectivement une fonction mathématique qui mesurait l'état de l'éther en chaque point. (Par exemple, dans le cas de l'équation 2.2 que nous démontrerons sous peu, la position du point est mesurée avec r.)

le chapitre 8 du tome 3). Toutes les notions dont nous venons de parler n'existent plus aujourd'hui : une particule chargée ne s'entoure pas d'une atmosphère matérielle et n'a pas besoin d'un milieu matériel comme l'éther pour interagir avec d'autres charges.

Selon toutes les théories modernes, l'intermédiaire entre deux charges est toujours appelé *champ électrique*, mais il n'est plus imaginé comme l'état d'un éther matériel.

2.1 Le champ électrique

Considérons deux charges ponctuelles séparées par une certaine distance. Pour expliquer qu'elles interagissent sans se toucher, on dit qu'une charge électrique crée un **champ électrique** dans l'espace qui l'entoure. Une deuxième particule chargée ne va pas interagir directement avec la première, mais plutôt réagir au champ dans lequel elle se trouve. Ainsi, le champ joue le rôle d'intermédiaire entre les particules chargées.

En somme, le champ électrique est « quelque chose » qui a notamment pour effet d'exercer une force sur toutes les charges qui s'y trouvent immergées. Le concept d'éther ayant été abandonné, le champ ne doit pas être imaginé comme une perturbation d'un matériau. Pour le moment, il serait difficile de décrire ce qu'*est* le champ électrique et plusieurs théories en donnent des descriptions différentes*. Par exemple, selon la théorie quantique des champs que nous survolerons au chapitre 13 du tome 3, le champ électrique est constitué de « photons virtuels », produits par les charges.

Dans tout le tome 2, la nature du champ ne pourra pas être précisée davantage. Cela n'est toutefois pas un problème : pour expliquer tous les phénomènes que nous étudierons, il suffit de connaître les *effets* du champ, notamment la force qu'il exerce. En conséquence, nous nous contenterons pour le moment de donner une *définition mathématique* du champ (aussi appelée « définition opérationnelle »), qui permet de mesurer la force qu'il produit sans avoir à préciser sa nature. Cette valeur mathématique que nous attribuerons au champ est *la même* que définissait Maxwell, même si sa conception de la nature du champ a fini par être rejetée. (C'est aussi de cette façon mathématique que nous avons défini le champ gravitationnel à la section 13.3 du tome 1.)

Pour définir la valeur du champ, on se servira de ce qui est expérimentalement mesurable, c'est-à-dire la force que le champ exerce sur une charge y étant plongée. Comme une force a un module et une orientation, la définition mathématique que nous donnerons doit en tenir compte. Considérons un champ, par exemple celui produit par une charge ponctuelle Q qui est maintenue immobile. On peut mesurer la force électrique $\vec{\mathbf{F}}_E$ qu'exerce ce champ sur une petite charge d'essai q_{ess} qu'on place en divers endroits situés autour de Q (figure 2.1). En chaque endroit, on mesure donc un vecteur force unique, mais ce vecteur dépend de q_{ess}. Par contre, le rapport $\vec{\mathbf{F}}_E/q_{\text{ess}}$, lui, ne dépend pas de q_{ess}. Cela importe, puisque la valeur que nous donnerons au champ ne doit pas dépendre de q_{ess}, le champ étant produit par Q indépendamment de la présence ou non

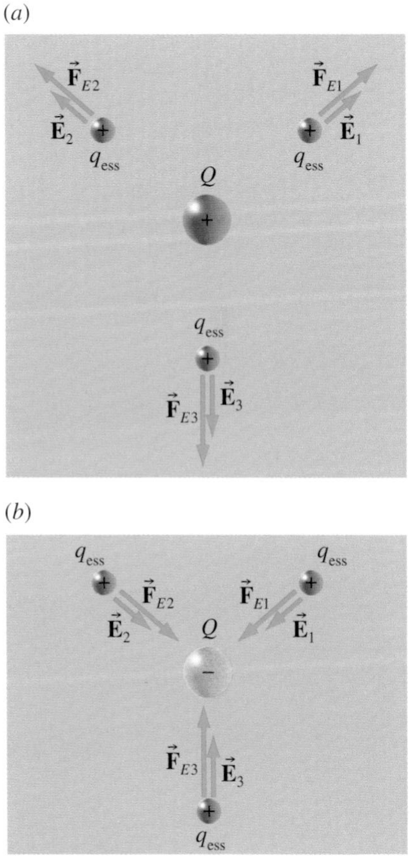

Figure 2.1 ▲
On peut déterminer la configuration du champ électrique produit par une charge Q en mesurant la force $\vec{\mathbf{F}}_E$ exercée sur une charge d'essai positive q_{ess} placée en divers points. Le vecteur champ électrique en un point quelconque est $\vec{\mathbf{E}} = \vec{\mathbf{F}}_E/q_{\text{ess}}$. En (*a*), Q est positive et le champ en divers points est orienté de manière diamétralement opposée à Q. En (*b*), Q est négative et le champ en divers points est orienté vers Q.

* De la même façon, il serait difficile de dire ce qu'*est* le champ gravitationnel, présenté au chapitre 13 du tome 1. Selon la théorie quantique des champs, il est constitué de particules virtuelles produites par les masses ; selon la théorie de la relativité générale, il est plutôt une modification des propriétés géométriques de l'espace lui-même, causée par les masses qui s'y trouvent.

de la charge d'essai. En un point donné, on définit donc le vecteur champ électrique $\vec{\mathbf{E}}$ comme la force par unité de charge produite par le champ :

$$\vec{\mathbf{E}} = \frac{\vec{\mathbf{F}}_E}{q_{\text{ess}}} \tag{2.1}$$

Deux mises en garde s'imposent en ce qui concerne l'interprétation de cette équation. Premièrement, le champ $\vec{\mathbf{E}}$ est la cause de la force $\vec{\mathbf{F}}_E$ et non le contraire. Deuxièmement, le champ existe en *chaque* point de l'espace autour de Q, même si la charge d'essai q_{ess} est retirée. Cette dernière ne sert qu'à déceler (mesurer) le champ grâce à la force qu'il produit sur elle.

Selon l'équation 2.1, l'unité SI de champ électrique est le newton par coulomb* (N/C). Cette équation étant vectorielle, elle définit aussi l'orientation du champ : *le vecteur $\vec{\mathbf{E}}$ est orienté dans le même sens que la force $\vec{\mathbf{F}}_E$ agissant sur une charge d'essai positive.* Dans le cas particulier d'une charge ponctuelle Q, le module de la force électrique est donné par la loi de Coulomb

$$F_E = \frac{k|q_{\text{ess}}Q|}{r^2}$$

D'après l'équation 2.1, le module du champ électrique créé par une charge ponctuelle Q équivaut donc à :

Module du champ électrique produit par une charge ponctuelle

$$E = \frac{k|Q|}{r^2} \tag{2.2}$$

Le champ électrique produit par une charge ponctuelle Q dépend uniquement de la source du champ, c'est-à-dire de Q, et non des possibles autres charges environnantes comme q_{ess}. (On suppose que q_{ess} ne déplace pas la charge qui produit le champ.) Le champ produit par une charge ponctuelle est radial et son module est proportionnel à l'inverse du carré de la distance. Puisque le champ est orienté dans le même sens que la force qui agit sur une charge d'essai positive, on en déduit le principe suivant :

Orientation du champ électrique produit par une charge ponctuelle

Le champ électrique en un point donné est orienté vers la charge Q si Q est négative, et il est diamétralement opposé à Q si Q est positive.

La définition que nous venons de donner du champ (équation 2.1) a pour conséquence que la force qu'il exerce est facile à calculer : lorsqu'on connaît

---

* Au chapitre 4, nous verrons qu'un newton par coulomb est équivalent à un volt par mètre (V/m), cette dernière unité étant plus fréquemment utilisée pour mesurer le champ électrique. Nous utiliserons toutefois le newton par coulomb jusqu'au moment où le volt sera défini.

le champ $\vec{\mathbf{E}}$ en un point *P*, on peut déterminer la force électrique sur une charge quelconque q placée au point P par la relation

Force exercée par le champ électrique

$$\vec{\mathbf{F}}_E = q\vec{\mathbf{E}} \qquad (2.3a)$$

Dans cette équation, $\vec{\mathbf{E}}$ est le champ produit par toutes les charges présentes, *à l'exception de* la charge q elle-même. En effet, une charge ne peut produire un champ exerçant une force sur elle-même : si ce n'était pas le cas, l'équation 2.2 donnerait un résultat embarrassant, car on aurait $r = 0$ et $E \to \infty$! Cela ne doit pas être vu comme une exception : en effet, aucun corps n'est capable d'exercer sur lui-même une force résultante non nulle.

En fonction des modules de la force et du champ, l'équation 2.3*a* devient

$$F_E = |q|E \qquad (2.3b)$$

On prend q en valeur absolue, car le module d'un vecteur est toujours positif. Le signe de q affecte l'orientation de $\vec{\mathbf{F}}_E$ par rapport à $\vec{\mathbf{E}}$:

Orientation de la force par rapport à celle du champ électrique

Si la charge q est positive, la force électrique agissant sur elle est orientée dans le même sens que le vecteur champ ; si la charge q est négative, la force agissant sur elle est orientée dans le sens opposé au vecteur champ.

On remarquera que l'équation 2.3*a* a la même forme que la relation $\vec{\mathbf{F}}_g = m\vec{\mathbf{g}}$, dans laquelle $\vec{\mathbf{g}}$ est le champ gravitationnel. En mécanique (voir le tome 1), on a exprimé le plus souvent le champ gravitationnel en mètres par seconde carrée (m/s^2). Toutefois, on vérifie aisément que $1\ m/s^2 = 1\ N/kg$: cela permet de mieux voir l'analogie entre le champ gravitationnel et le champ électrique, qui s'exprime en newtons par coulomb (N/C).

Le champ électrique intervient dans de nombreuses situations quotidiennes, bien que ses effets immédiats soient moins apparents que ceux des forces étudiées dans le tome 1. Le tableau 2.1 présente quelques exemples de telles situations, chacun donnant la valeur typique que prend le module du champ électrique. Notez que le champ est typiquement beaucoup plus intense dans les situations électrostatiques. Toutefois, même dans les situations où le champ est relativement faible, la force qu'il produit est considérablement plus grande que la force gravitationnelle, comme l'illustrera le premier des exemples suivants.

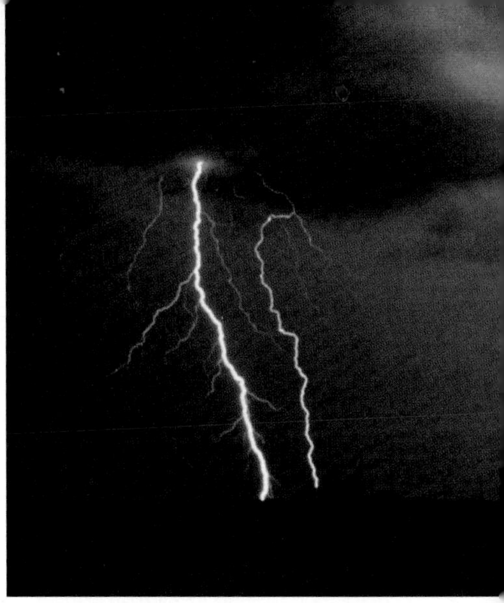

Un considérable champ électrique, de l'ordre de 3×10^6 N/C, est nécessaire pour ioniser l'air et le rendre conducteur.

Tableau 2.1 ▼

Ordre de grandeur du champ électrique, selon la situation

Situation	E(N/C)
Champ électrostatique près d'une boule de polystyrène chargée	10^4 à 10^6
Champ électrostatique causant une décharge dans l'air	3×10^6
Champ électrostatique dans une membrane cellulaire de neurone ou de fibre musculaire	10^7
Champ entraînant le courant électrique dans un appareil électroménager	0,01 à 0,10
Amplitude du champ électrique de l'onde électromagnétique à quelques mètres d'une antenne radio émettrice commerciale	5 à 40

EXEMPLE 2.1

Par temps clair, on observe à la surface de la Terre un champ électrique de 100 N/C environ, vertical et orienté vers le bas. Comparer les modules et les orientations des forces électrique et gravitationnelle agissant sur un électron situé à cet endroit.

Solution

La charge de l'électron vaut $q = -e = -1{,}60 \times 10^{-19}$ C. Par l'équation 2.3*b*, le module de la force électrique qui agit sur lui est

$$F_E = |-e|E = (1{,}60 \times 10^{-19}\ \text{C})(100\ \text{N/C}) = 1{,}60 \times 10^{-17}\ \text{N}$$

Puisque l'électron est chargé négativement, l'équation 2.3*a* montre que la force électrique est orientée dans le sens contraire du champ : elle est verticale et orientée vers le haut (figure 2.2).

La force gravitationnelle a pour module

$$F_g = mg = (9{,}11 \times 10^{-31}\ \text{kg})(9{,}8\ \text{N/kg}) = 8{,}93 \times 10^{-30}\ \text{N}$$

et elle est orientée vers le bas. Le rapport des modules des forces est

$$\frac{F_g}{F_E} = 5{,}6 \times 10^{-13}$$

Dans toute situation impliquant un champ électrique, même d'un ordre de grandeur significativement plus faible que celui que nous venons de considérer, on peut donc négliger la force gravitationnelle agissant sur des particules élémentaires comme l'électron et le proton. ■

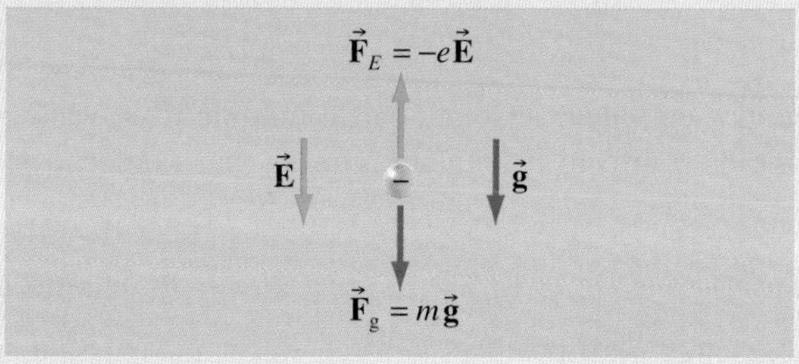

Figure 2.2 ▲
Une charge négative affectée par les forces électrique et gravitationnelle.

EXEMPLE 2.2

On place une charge ponctuelle $q = 2\ \mu$C en un point P et on observe qu'elle subit une force électrique de module $F_E = 10$ mN orientée vers la droite. Cette force est attribuée à un champ électrique produit par d'autres charges dans son environnement immédiat. (a) Quel est le champ électrique (module et orientation) au point P ? (b) Quel est le champ électrique au point P si on remplace la charge q par une charge de 1 μC (sans modifier les autres charges) ? (c) Si on remplace la charge q par une charge de −2 μC, quelle est la force électrique qui s'exerce sur elle (module et orientation) ? Quel est alors le champ électrique au point P ?

Solution

(a) Comme la force produite par le champ est connue et que son module est donné par l'équation 2.3*b*, le module du champ est $E = F_E/|q| = (10 \times 10^{-3}\ \text{N})/(2 \times 10^{-6}\ \text{C}) = 5 \times 10^3\ \text{N/C} = 5$ kN/C. Puisque la charge q est positive, le champ est orienté dans le même sens que la force, soit vers la droite.

(b) Le champ sur la charge q située au point P ne dépend pas de la valeur de la charge q, car une charge ne peut produire de champ sur elle-même. Ainsi, le champ est inchangé : 5 kN/C vers la droite. Par contre, la charge q étant remplacée par une charge deux fois plus petite, ce même champ exercera sur elle une force deux fois plus petite.

(c) Par l'équation 2.3*b*, le module de la force est $F_E = |q|E = 10$ mN. Puisque la charge q est négative, la force est orientée dans le sens contraire du champ, donc vers la gauche. Bien sûr, le champ au point P est encore de 5 kN/C vers la droite.

Le champ ayant été défini de façon à ce que la force qu'il produit y soit proportionnelle, le principe de superposition qui s'applique à la loi de Coulomb s'applique également au champ électrique. Pour calculer le champ créé en un point par un système de charges, on détermine d'abord séparément les champs $\vec{\mathbf{E}}_1$ dû à Q_1, $\vec{\mathbf{E}}_2$ dû à Q_2 et ainsi de suite. Pour N charges ponctuelles, le champ résultant est égal à la somme vectorielle des champs $\vec{\mathbf{E}}_i$ individuels

Principe de superposition

$$\vec{\mathbf{E}} = \vec{\mathbf{E}}_1 + \vec{\mathbf{E}}_2 + \ldots + \vec{\mathbf{E}}_N = \sum \vec{\mathbf{E}}_i \qquad (2.4)$$

Sous cette forme, cette équation n'est valable que pour les champs produits par des charges ponctuelles. Le cas des objets chargés non ponctuels sera traité à la section 2.5 : on leur applique le principe de superposition, mais sous une forme différente (intégrale).

En fonction du vecteur unitaire $\vec{\mathbf{u}}_r$ défini à la section 1.5, on peut écrire

$$\vec{\mathbf{E}}_i = \frac{kQ_i}{r_i^2}\vec{\mathbf{u}}_{r_i} \qquad (2.5)$$

Puisque chaque vecteur unitaire a comme origine une charge différente, cette équation risque d'être très difficile à utiliser. Il est en général plus facile de suivre l'approche suivante.

MÉTHODE DE RÉSOLUTION

Le champ électrique

Voici les étapes à suivre pour calculer en un point P le champ électrique résultant créé par plusieurs charges *ponctuelles* :

1. Pour chacune des charges, tracer le vecteur champ qu'elle crée au point P (on peut trouver l'orientation de ce vecteur en imaginant la force que subirait une charge d'essai positive si elle était située en ce point).
2. Déterminer le module du champ dû à chacune des charges à l'aide de l'équation 2.2 :

$$E = \frac{k|Q|}{r^2}$$

3. Placer l'origine au point P où on cherche $\vec{\mathbf{E}}$. Calculer et additionner les composantes selon chaque axe pour obtenir les composantes du champ résultant $\vec{\mathbf{E}}$. Les valeurs et les signes de ces composantes déprendront du choix des axes.

EXEMPLE 2.3

Soit deux charges ponctuelles, $Q_1 = 20\ \mu\text{C}$ en $(-d, 0)$ et $Q_2 = -10\ \mu\text{C}$ en $(+d, 0)$. Déterminer le champ électrique résultant au point P de coordonnées (x, y). On donne $d = 1{,}0$ m et $x = y = 2$ m.

Solution

Les charges, les vecteurs champ électrique et le système de coordonnées sont représentés à la figure 2.3. Les distances sont $r_1 = \sqrt{(x+d)^2 + y^2} = \sqrt{13} = 3{,}6$ m et $r_2 = \sqrt{(x-d)^2 + y^2} = \sqrt{5} = 2{,}2$ m. Les modules des champs sont

$$E_1 = \frac{k|Q_1|}{r_1^2}$$

$$= \frac{(9{,}0 \times 10^9\ \text{N·m}^2/\text{C}^2)(2 \times 10^{-5}\ \text{C})}{13\ \text{m}^2}$$

$$= 1{,}4 \times 10^4\ \text{N/C}$$

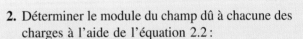

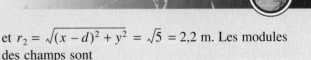

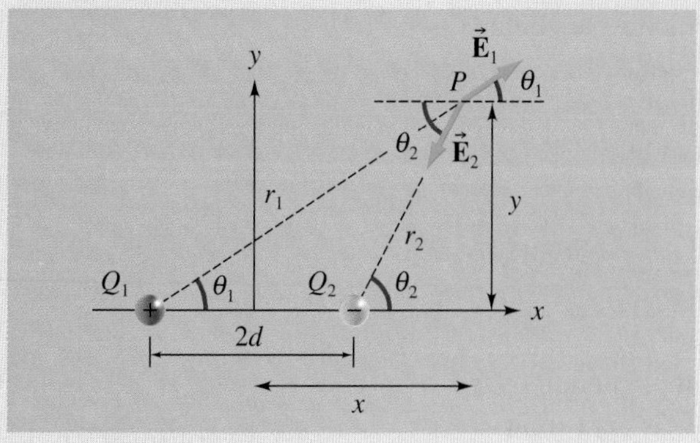

Figure 2.3 ▲
Détermination du champ résultant produit par les charges Q_1 et Q_2 au point *P*.

$$E_2 = \frac{k|Q_2|}{r_2^2} = \frac{(9{,}0 \times 10^9\ \text{N}\cdot\text{m}^2/\text{C}^2)(10^{-5}\ \text{C})}{5\ \text{m}^2} = 1{,}8 \times 10^4\ \text{N/C}$$

Les composantes du champ résultant $\vec{\mathbf{E}} = \vec{\mathbf{E}}_1 + \vec{\mathbf{E}}_2$ sont

$$E_x = E_{1x} + E_{2x} = E_1 \cos\theta_1 - E_2 \cos\theta_2$$

$$E_y = E_{1y} + E_{2y} = E_1 \sin\theta_1 - E_2 \sin\theta_2$$

D'après la figure 2.3, on voit que $\sin\theta_1 = y/r_1$, $\sin\theta_2 = y/r_2$, $\cos\theta_1 = (x+d)/r_1$, $\cos\theta_2 = (x-d)/r_2$. On obtient donc

$$E_x = (1{,}4 \times 10^4\ \text{N/C})\frac{3}{3{,}6} - (1{,}8 \times 10^4\ \text{N/C})\frac{1{,}0}{2{,}2} = 3{,}5 \times 10^3\ \text{N/C}$$

$$E_y = (1{,}4 \times 10^4\ \text{N/C})\frac{2}{3{,}6} - (1{,}8 \times 10^4\ \text{N/C})\frac{2}{2{,}2} = -8{,}6 \times 10^3\ \text{N/C}$$

Le résultat final s'écrit donc

$$\vec{\mathbf{E}} = (3{,}5 \times 10^3\vec{\mathbf{i}} - 8{,}6 \times 10^3\vec{\mathbf{j}})\ \text{N/C}$$

2.2 Les lignes de champ

Considérons le champ électrique créé par une charge ponctuelle positive Q. Le vecteur champ $\vec{\mathbf{E}}$ en un point quelconque peut être représenté par une flèche dessinée à l'échelle et la configuration du champ ressemble alors au schéma de la figure 2.4. Considérons maintenant le champ électrique produit par deux charges ponctuelles. Comme le montre la figure 2.5, il est déjà plus difficile d'en illustrer la configuration à l'aide de la même méthode, car le schéma est rapidement surchargé : les flèches en pointillés représentent le champ dû

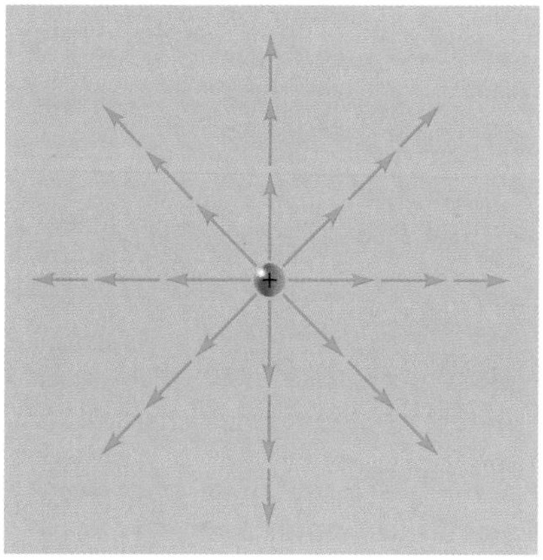

Figure 2.4 ▲
On peut représenter le champ électrique d'une charge ponctuelle par des flèches dessinées à l'échelle. Chaque flèche représente le module et l'orientation du champ en un seul point, celui où elle *débute*.

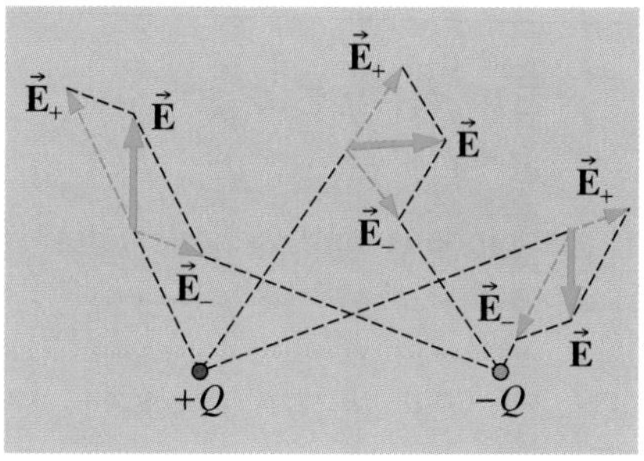

Figure 2.5 ▲
Les flèches représentent le champ électrique créé en quelques points par deux charges de même grandeur et de signes opposés.

individuellement à chaque charge, alors que les flèches pleines représentent le champ résultant. Bien que cette méthode demeure pertinente si on s'intéresse uniquement au vecteur champ en un point précis, elle convient beaucoup moins pour illustrer la configuration générale du champ. Pour une telle illustration, on utilisera plutôt des **lignes de champ électrique** continues qui sont, en chaque point, tangentes au vecteur champ résultant $\vec{\mathbf{E}}$. En conséquence, ces lignes « partent » d'une charge positive et « se dirigent » vers une charge négative (figure 2.6). En comparant la figure 2.5 et la figure 2.8*b* (p. 34) où les charges sont identiques, on voit tout de suite que la représentation utilisant des lignes de champ est plus avantageuse.

En présence d'un objet très chargé, on peut détecter approximativement la direction d'une ligne de champ en utilisant un tube à néon puisqu'il se met à émettre de la lumière quand il est parallèle à une ligne de champ (figure 2.7). En déplaçant le tube (ou en utilisant plusieurs tubes) tenu au bout d'un bâton, on peut détecter la direction du champ en plusieurs endroits. Les lignes de champ doivent cependant être suffisamment rectilignes pour que leur orientation ne change pas trop sur une distance comparable à la longueur du tube. Quand le système de charges qui produit le champ a une dimension plus petite, la courbure des lignes de champ est plus prononcée, et il faut alors détecter la configuration du champ avec des objets plus petits. Une possibilité est d'utiliser de petites semences de

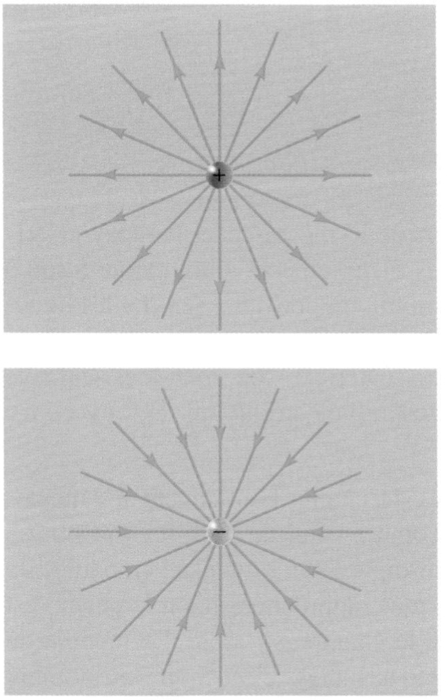

Figure 2.6 ▲

Le champ électrique d'une charge peut être représenté par des *lignes de champ* continues. Ces lignes « partent » d'une charge positive et « se dirigent » vers une charge négative.

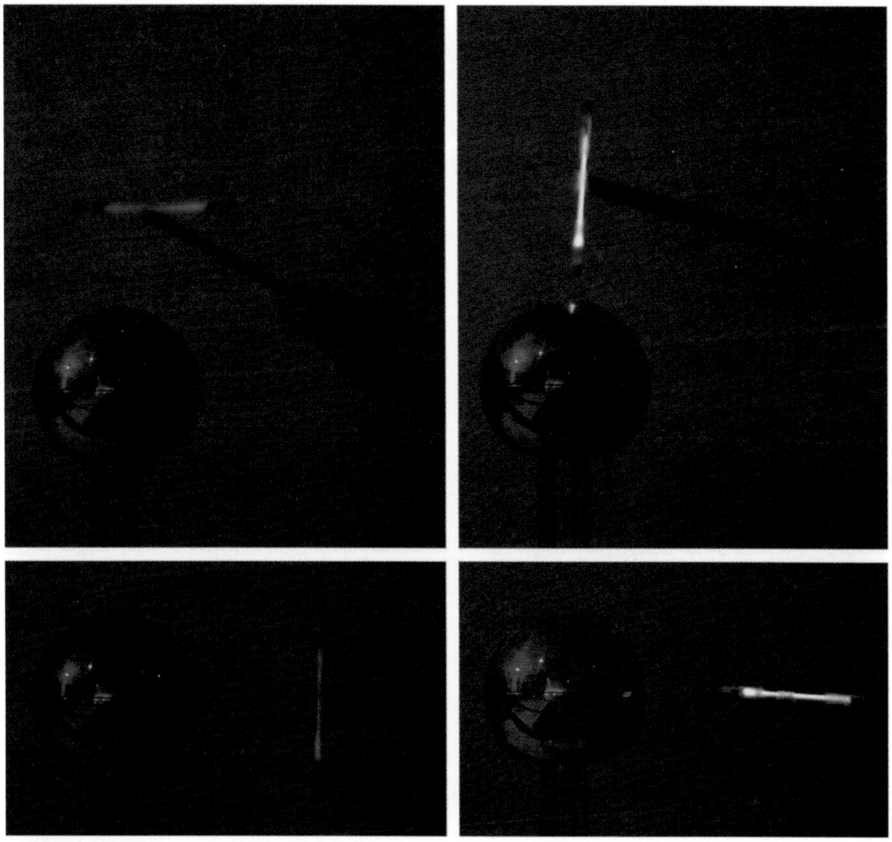

Figure 2.7 ▲

Comme le montrent ces photos prises dans l'obscurité, le champ électrique produit par un objet très chargé est suffisant pour qu'un tube à néon émette de la lumière *même s'il n'est pas alimenté*. Pour que l'effet soit maximal, le tube doit être placé parallèlement à une ligne de champ rectiligne. (On voit que le néon émet quand même une légère lueur sur les photos de gauche, car sa dimension parallèle au champ n'est jamais parfaitement nulle.)

gazon qui flottent sur un liquide (de l'huile, par exemple), mais cela ne permettra que de visualiser une coupe plane du champ à trois dimensions. Lorsqu'on immerge dans le liquide des électrodes fortement chargées, chaque semence devient un dipôle électrique. Or, comme nous le verrons à la section 2.6, un dipôle immergé dans un champ tourne de façon à s'aligner sur la direction locale du champ. La configuration des semences et des lignes de champ correspondantes est illustrée aux figures 2.8*a* et 2.8*b* pour deux charges ponctuelles de même grandeur et de signes opposés et aux figures 2.9*a* et 2.9*b* pour deux charges identiques. Ne confondez pas les semences de gazon de ces figures avec de la limaille de fer : cette dernière ne réagit pas au champ électrique mais au champ *magnétique* (voir la figure 8.2, p. 272).

(*a*) (*b*)

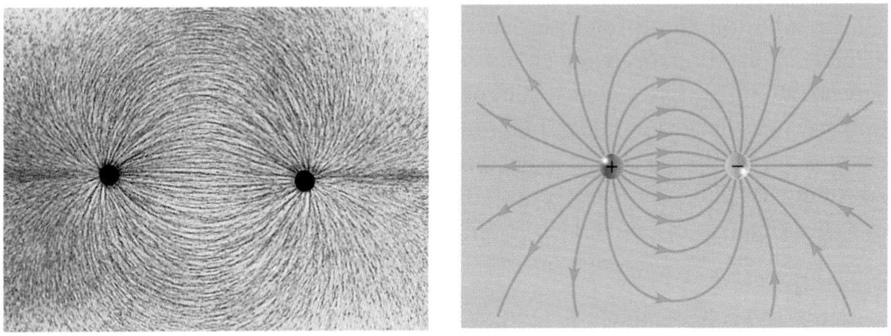

Figure 2.8 ▶
Le champ électrique produit par deux charges de même grandeur et de signes opposés. (*a*) La configuration des semences saupoudrées à la surface d'un liquide. (Ce sont des semences *et non de la limaille de fer.*) (*b*) Les lignes de champ électrique correspondantes.

(*a*) (*b*)

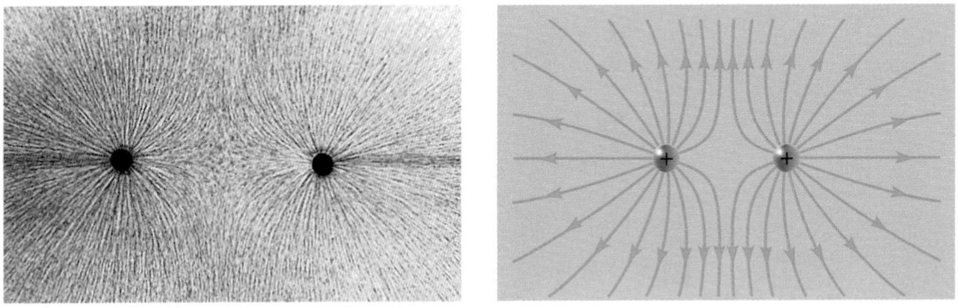

Figure 2.9 ▶
Le champ électrique produit par deux charges identiques. (*a*) La configuration des semences. (*b*) Les lignes de champ électrique correspondantes.

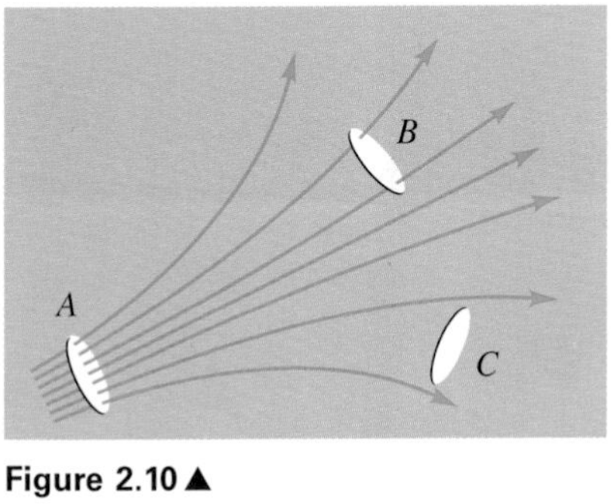

Figure 2.10 ▲
Le module du vecteur champ est proportionnel au nombre de lignes de champ qui traversent une surface unitaire perpendiculaire au champ. Il serait inexact de dire que le champ est nul en C : si davantage de lignes étaient représentées sur le dessin, on verrait des lignes passer par C. Seule la densité *relative* des lignes (celle en A comparativement à celle en B, par exemple) nous intéresse.

Les lignes de champ ont été introduites vers 1840 par Michael Faraday (1791-1867), qui les considérait comme des lignes matérielles et allait même jusqu'à leur attribuer des propriétés élastiques : selon lui, on pouvait « sentir » les lignes attirer les charges l'une vers l'autre ou les repousser. Selon la théorie moderne, ces lignes *ne sont pas* des entités physiques, matérielles ou non : leur seul rôle est d'aider à visualiser la configuration du champ électrique qui, lui, est conçu comme une entité physique réelle.

Plus que l'orientation du champ, les lignes de champ contiennent les mêmes renseignements qu'un schéma de flèches comme celui de la figure 2.4 ou 2.5 (p. 32). Notamment, elles peuvent nous renseigner sur l'intensité (module) du champ. On remarque en effet qu'elles sont plus rapprochées là où le champ est intense et qu'elles sont plus espacées là où le champ est faible. Le module du champ est donc proportionnel à la *densité* des lignes, c'est-à-dire au nombre de lignes traversant une surface unitaire normale à la direction du champ. Supposons que N lignes partent d'une charge ponctuelle isolée. À une distance r de la charge, les lignes sont réparties sur une surface sphérique d'aire égale à $4\pi r^2$. La densité des lignes est donc égale à $N/4\pi r^2$ et diminue en $1/r^2$, tout comme la valeur du champ (équation 2.2). La figure 2.10 illustre la façon dont les lignes de champ permettent de déterminer le module du champ : sur cette figure, le champ est intense en A et plus faible en B. Comme aucune ligne de champ ne passe en C, on pourrait penser que le champ y est nul ; il faut toutefois se rendre compte que, pour ne pas surcharger le dessin, quelques lignes de champ seulement ont été tracées et que si l'on en traçait dix fois plus, quelques-unes passeraient certainement en C. Le nombre de lignes qui partent d'une charge unitaire importe peu ; ce qui importe en réalité, c'est la densité *relative* des lignes en divers points.

Voici un résumé des propriétés des lignes de champ :

1. Chaque ligne de champ est dirigée d'une charge positive vers une charge négative. Un truc pratique consiste à imaginer que les charges positives « émettent » des lignes de champ et que les charges négatives les « absorbent »*.
2. Le nombre de lignes qui partent d'une charge ou qui se dirigent vers elle est proportionnel à la grandeur de la charge. Encore ici, le truc consiste à retenir que plus une charge est grande, plus elle semble émettre ou absorber de lignes.
3. La direction du champ en un point est *tangente* à la ligne de champ (figure 2.11).
4. Le module du vecteur champ est proportionnel à la *densité* des lignes de champ, c'est-à-dire au nombre de lignes traversant une surface unitaire normale au champ.
5. Les lignes de champ ne se coupent jamais : sinon, à l'endroit où elles se couperaient, le vecteur champ aurait deux directions différentes !

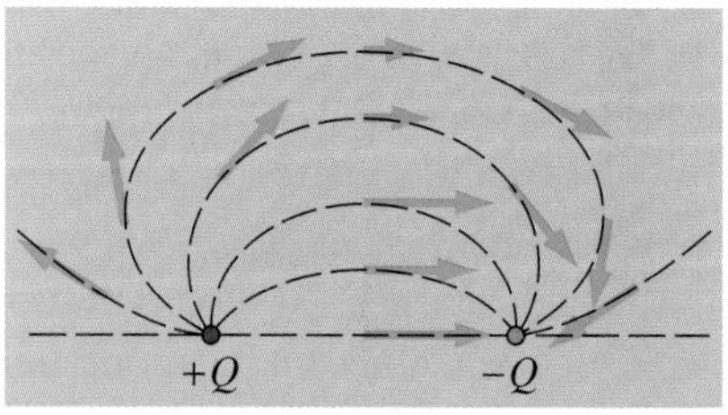

Figure 2.11 ▲
La direction du champ électrique en un point est tangente à la ligne de champ.

Pour tracer les lignes de champ avec précision, il est nécessaire de connaître précisément l'orientation du champ en plusieurs points, ce qui ne peut se faire autrement que par l'approche des figures 2.4 et 2.5 (p. 32). Toutefois, certaines caractéristiques du système de charges qui produit le champ aident à réaliser un tracé qualitativement valable :

- Dans plusieurs cas, les charges qui produisent le champ présentent une *symétrie*. Par exemple, une inversion, une rotation ou une réflexion des charges ne change pas leur configuration. Dans ces cas, le champ doit présenter la même symétrie que les charges. (Par exemple, si les charges sont identiques après une réflexion par rapport à un axe, le champ doit lui aussi être identique après cette même réflexion.)
- Les lignes de champ doivent respecter des *comportements limites*. Dans la zone limite située tout près d'une charge, le champ que produit cette charge domine celui de toutes les autres, et le champ est donc *radial*. Dans la zone limite située très loin de toutes les charges du système, le champ tend vers celui que produirait une charge ponctuelle de même grandeur que la charge totale du système. Il est donc aussi *radial*.

Au chapitre 3, nous étudierons plus en détail comment la symétrie d'une distribution de charges peut aider à déterminer la configuration des lignes de champ. De plus, au chapitre 4, un outil supplémentaire s'ajoutera à la liste cidessus : après avoir défini le potentiel électrique, nous verrons que les mesures de ce dernier aident à tracer les lignes de champ. Dans l'exemple suivant, toutes les techniques sont mises à profit pour permettre d'obtenir un tracé le plus précis possible sans avoir à calculer le vecteur champ en aucun endroit.

---

* Il ne s'agit que d'un truc et non de quoi que ce soit de physique : bien que les lignes de champ comportent une flèche, elles ne représentent *aucun mouvement*. Il serait totalement faux d'imaginer que les charges positives émettent quoi que ce soit que les charges négatives absorbent réellement. Selon la définition que nous avons donnée du champ à la section précédente, chaque charge « émet » un champ, *quel que soit son signe*.

EXEMPLE 2.4

Dessiner les lignes du champ électrique créé par deux charges ponctuelles $2Q$ et $-Q$. On suppose que $Q > 0$.

Solution

On peut établir la configuration des lignes de champ en tenant compte des points suivants.

- *Symétrie* : À tout point situé au-dessus de la ligne joignant les deux charges correspond un point équivalent en dessous de la ligne. La configuration doit donc être symétrique par rapport à la ligne joignant les deux charges.
- *Champ au voisinage immédiat* : Au voisinage immédiat d'une charge, le champ qu'elle crée est prépondérant et les lignes de champ sont donc radiales et de symétrie sphérique.
- *Champ en un point éloigné* : Très loin du système de charges, la configuration doit ressembler à celle d'une charge ponctuelle unique de valeur $(2Q - Q) = +Q$. Autrement dit, les lignes de champ doivent être radiales et orientées vers l'extérieur.
- *Nombre de lignes* : Les lignes « partant » de $+2Q$ sont deux fois plus nombreuses que celles qui « arrivent » en $-Q$.

On obtient le croquis représenté à la figure 2.12.

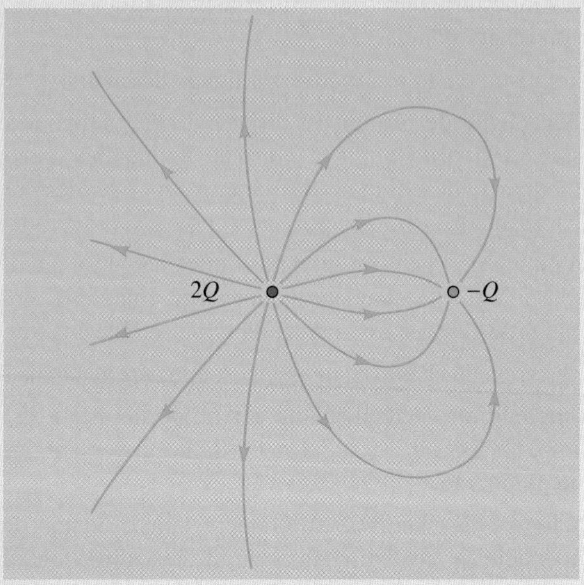

Figure 2.12 ▲
Les lignes de champ du système formé par les charges $2Q$ et $-Q$.

2.3 Le champ électrique et les conducteurs

Lorsqu'on place un conducteur dans un champ électrique extérieur $\vec{\mathbf{E}}_{\text{ext}}$, comme à la figure 2.13*, les électrons libres dans le conducteur subissent une force dans le sens contraire de $\vec{\mathbf{E}}_{\text{ext}}$ (figure 2.13*a*). Des électrons libres se déplacent

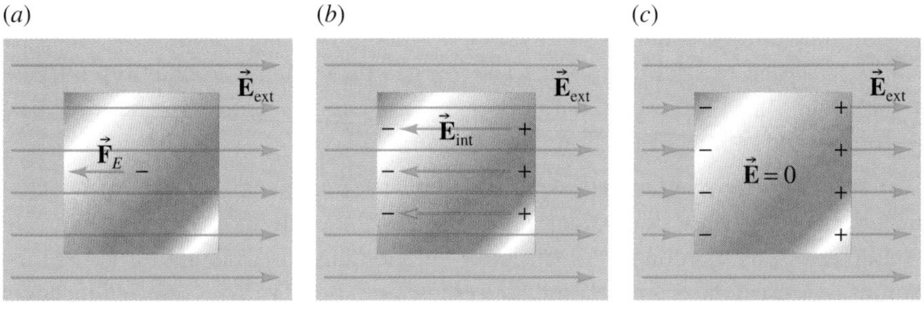

Figure 2.13 ►
(*a*) Un conducteur est placé dans un champ électrique extérieur qui produit une force sur les électrons libres. (*b*) Sous l'effet du champ extérieur, il y a séparation de charge dans le conducteur, ce qui produit un champ intérieur. (*c*) Une fois l'équilibre électrostatique atteint, le champ résultant à l'intérieur du conducteur est nul. On dit donc souvent que les lignes de champ « ne peuvent pas pénétrer » dans le conducteur. Si ce truc est pratique, il faut toutefois se rappeler que les charges produisent bel et bien les champs $\vec{\mathbf{E}}_{\text{int}}$ et $\vec{\mathbf{E}}_{\text{ext}}$ en chaque point du matériau conducteur.

* La figure 2.13 représente une région de l'espace où se trouve un champ électrique $\vec{\mathbf{E}}_{\text{ext}}$. Ce champ électrique *extérieur* est produit par des charges électriques qui n'ont pas été représentées sur la figure. Nous verrons à la section 2.5 qu'un tel champ uniforme peut être produit par une ou plusieurs très grandes plaques uniformément chargées. Par exemple, à la figure 2.13, on peut imaginer que le champ $\vec{\mathbf{E}}_{\text{ext}}$ est créé par une grande plaque verticale positive à gauche, hors du cadre de l'illustration, ou par une grande plaque négative située à droite, aussi hors du cadre, ou encore par ces deux plaques à la fois.

donc vers le côté du conducteur où pénètrent les lignes du champ extérieur ; ce côté acquiert une charge négative, tandis que l'autre côté acquiert une charge positive. La séparation de charge (polarisation) qui s'instaure dans le matériau est un phénomène *identique* à celui mentionné à la section 1.3, bien que les charges qui en étaient responsables étaient alors connues, alors que, cette fois, ces charges (ayant créé le champ $\vec{\mathbf{E}}_{\text{ext}}$) ne sont pas spécifiées. Cette séparation de charge à l'intérieur du conducteur produit un champ électrique intérieur $\vec{\mathbf{E}}_{\text{int}}$ de sens opposé à $\vec{\mathbf{E}}_{\text{ext}}$ (figure 2.13*b*). La séparation des charges se poursuivra jusqu'au moment où le module du champ intérieur sera égal à celui du champ extérieur : le champ résultant à l'intérieur du conducteur sera alors nul et n'exercera donc plus aucune force sur les électrons libres (figure 2.13*c*). On dit qu'alors le conducteur est en **équilibre électrostatique**, ce qui signifie que sa distribution de charge ne change plus. Dans un bon conducteur, cet état d'équilibre électrostatique s'établit presque instantanément (voir la notion de temps de relaxation à la section 1.2).

Même si à la figure 2.13 on a représenté un champ électrique extérieur uniforme et un conducteur de forme cubique, le raisonnement que nous venons de faire s'applique à un conducteur de forme quelconque placé dans un champ électrique extérieur quelconque. En effet, tant qu'un champ non nul subsiste en un point quelconque du matériau d'un conducteur, il exerce une force sur les électrons libres, et ces derniers continuent donc de se déplacer jusqu'à ce que le champ résultant soit nul. On peut donc énoncer une première propriété générale d'un conducteur à l'équilibre électrostatique :

Propriété 1 des conducteurs à l'équilibre électrostatique

1. À l'équilibre électrostatique, le champ électrique macroscopique résultant à l'intérieur d'un conducteur homogène est nul.

Le terme *macroscopique* (qui signifie à grande échelle*) a été ajouté ici parce qu'il existe de nombreux champs complexes entre les électrons et les noyaux mais que la somme de ces champs est pratiquement nulle à grande échelle, la valeur moyenne étant nulle sur un grand nombre d'atomes. Le terme *homogène* est également important : lorsque deux métaux (par exemple le zinc et le cuivre) sont mis en contact, il y a séparation des charges positives et négatives à l'interface. Un champ électrique règne dans l'interface bien que la charge globale sur les conducteurs soit nulle.

En fonction des lignes de champ, l'énoncé 1 signifie qu'*on ne doit jamais tracer de lignes de champ à l'intérieur du matériau d'un conducteur** à l'équilibre électrostatique*. (En effet, les lignes de champ représentent normalement le champ *résultant*, la figure 2.13*b* étant une exception.) La règle que nous venons d'énoncer se vérifie aux figures 2.13*c* et 2.14*a*, où l'on remarque que les lignes

* Ici, on considère qu'une échelle est « grande » dès qu'elle est supérieure à quelques dimensions atomiques !

** Nous verrons bientôt qu'un conducteur peut avoir une forme creuse. Il ne faut pas confondre l'intérieur *du matériau* du conducteur, où le champ est nul, et la cavité percée dans ce matériau, qu'on est parfois porté à appeler l'« intérieur du conducteur ». En effet, comme la cavité elle-même n'est pas conductrice, le champ peut y être non nul dans certaines conditions.

de champ sont « absorbées » par les charges négatives à gauche et « émises » par les charges positives situées de l'autre côté du conducteur. De même, à la figure 2.14*b*, où le champ est produit par la charge que porte le conducteur lui-même, on voit encore que les lignes de champ « débutent » à sa surface seulement. (Si ces trucs sont pratiques, il ne faut pas imaginer que les charges négatives font réellement disparaître le champ produit par les charges positives. En effet, les charges produisent bel et bien des champs en chaque point de l'espace, incluant ceux situés dans le matériau conducteur, mais le champ *résultant* s'annule dans le conducteur.)

Supposons maintenant que le conducteur de la figure 2.13 est remplacé par un conducteur dont les faces ne sont pas perpendiculaires au champ extérieur initial (figure 2.14*a*). En plus de se concentrer sur le côté du conducteur où pénètrent les lignes de champ, les électrons libres réagiront à la composante du champ qui est parallèle à la surface et la ramèneront rapidement à zéro. En effet, à l'équilibre électrostatique, il ne peut rester de composante du champ extérieur qui serait parallèle à la surface : s'il y avait une telle composante, les électrons libres se déplaceraient le long de la surface sous l'effet de cette composante et il n'y aurait pas d'équilibre électrostatique. Le même effet se produit de l'autre côté du conducteur. Ainsi,

Propriété 2 des conducteurs à l'équilibre électrostatique

2. À l'équilibre électrostatique, le champ électrique extérieur à proximité du conducteur est partout perpendiculaire à la surface du conducteur.

(*a*) (*b*)

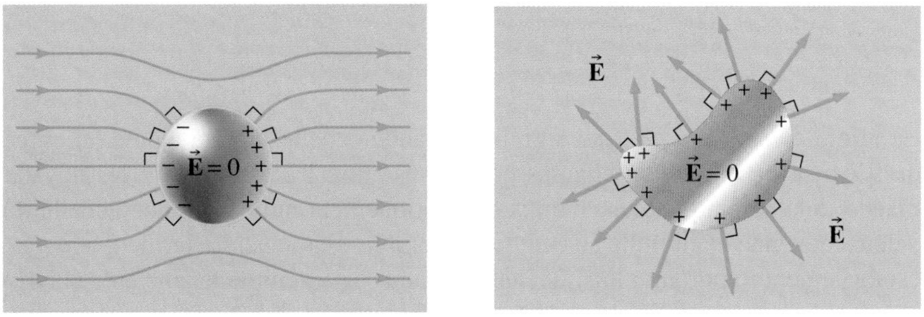

Figure 2.14 ▶
(*a*) À l'équilibre électrostatique, le champ extérieur est partout perpendiculaire à la surface du conducteur, même s'il ne conserve pas forcément cette direction en s'éloignant. (*b*) À la surface, le vecteur champ produit par un conducteur chargé est partout perpendiculaire à sa surface. Toute la charge se répartit sur la surface, et le champ intérieur est nul. Notez que la figure (*a*) illustre des lignes de champ, alors que la figure (*b*) montre plutôt le *vecteur* champ en des points situés à la surface. Les lignes de champ en (*b*) ne seraient pas rectilignes.

Supposons maintenant que le conducteur possède une charge totale non nulle. Les énoncés 1 et 2 s'appliquent toujours (figure 2.14*b*). Cela signifie, entre autres, qu'il ne peut y avoir la moindre parcelle du volume du matériau conducteur qui porte une charge macroscopique. Une première façon d'expliquer cette conclusion fait appel au truc que nous avons mentionné plusieurs fois : comme chaque ligne de champ doit être « émise » par une charge positive et « absorbée » par une charge négative, le fait qu'il n'y a pas de ligne de champ dans le matériau conducteur implique qu'il ne peut s'y trouver de charge. Une seconde façon d'expliquer cette conclusion consiste à faire appel au vecteur champ : si une charge macroscopique s'accumulait dans un petit volume du conducteur, le champ qu'elle produirait dominerait localement celui de toute autre charge et serait donc radial : près de ce volume, il y aurait donc un champ résultant non nul. Or, le champ résultant doit être nul dans un conducteur une fois l'équilibre électrostatique atteint. Ainsi,

Propriété 3 des conducteurs à l'équilibre électrostatique

3. À l'équilibre électrostatique, la charge portée par un conducteur (homogène) se répartit sur sa surface.

Évidemment, cette propriété ne signifie pas que tous les protons et tous les électrons du matériau migrent vers sa surface : seule la charge macroscopique, c'est-à-dire le *surplus* ou le *déficit* d'électrons, se stabilise à la surface.

Imaginons maintenant que l'on creuse une cavité à l'intérieur d'un conducteur. Puisque le champ est nul partout dans le matériau conducteur malgré la présence d'un éventuel champ externe, le champ demeurera nul dans la cavité (à moins que l'on place une charge non nulle Q dans la cavité). Une **cage de Faraday** fonctionne selon ce principe : il s'agit d'une boîte métallique conductrice fermée dont on se sert pour protéger un appareil ou une expérience de l'effet des champs électriques qui existent dans l'environnement externe. Bien sûr, si on place une charge Q dans la cavité (figure 2.15), elle produira un champ à l'intérieur de la cavité. Toutefois, ce champ agira sur les électrons libres du conducteur et y causera une séparation de charges. Exactement comme à la figure 2.13 (p. 36), le champ résultant dans le matériau du conducteur deviendra donc nul de façon presque instantanée. À l'équilibre, la charge induite sur la surface *interne* du conducteur creux est forcément de *même grandeur* et de signe opposé à la charge centrale Q : en effet, le nombre de lignes de champ qui débutent ou aboutissent à une charge est proportionnel à la grandeur de cette charge (voir la section précédente). Comme toutes les lignes de champ qui débutent à la charge $+Q$ doivent se terminer à la surface interne du conducteur, cette dernière doit forcément porter une charge $-Q$.

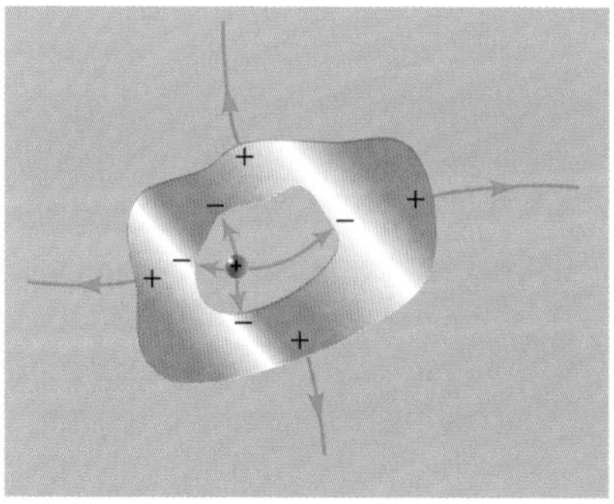

Figure 2.15 ▲
Si on place une charge Q à l'intérieur d'une cavité dans un conducteur, une charge $-Q$ sera induite sur la surface de la cavité. Si la charge totale du conducteur est nulle, il y aura une charge $+Q$ sur la surface extérieure. Dans le matériau conducteur, le champ créé par la charge centrale sera annulé par celui créé par les charges $+Q$ et $-Q$ séparées sur les surfaces du conducteur, exactement comme à la figure 2.13 (p. 36). (On note qu'en un point très éloigné à l'extérieur du conducteur, le champ électrique est le même que s'il n'y avait pas de conducteur.)

EXEMPLE 2.5

Une sphère conductrice de rayon 50 cm porte une charge de −4 μC. On la place au centre d'une sphère creuse conductrice de 2,5 m de rayon externe, dont la cavité a un rayon de 1,5 m. La charge totale de la sphère creuse est de +12 μC. (a) Représenter schématiquement la distribution des charges ainsi que les lignes de champ. (b) Calculer le module du champ électrique aux distances r suivantes du centre des sphères : 3 m ; 2 m ; 1 m ; 10 cm ; 0.

Solution

(a) À l'équilibre, seules les trois surfaces (celle de la petite sphère et les deux surfaces, interne et externe, de la sphère creuse) peuvent porter une charge. La charge de −4 μC portée par la petite sphère se répartit donc entièrement à la surface de cette dernière. Dans la cavité, les lignes de champ doivent donc pointer vers cette charge.

La question est ensuite de savoir comment la charge de +12 μC se fractionne entre les deux surfaces de la sphère creuse. À l'équilibre, le champ produit par la charge de la petite sphère a séparé cette charge de +12 μC d'une façon qui permet d'annuler le champ résultant dans le matériau de la sphère creuse. Le nombre de lignes de champ qui s'interrompent à la surface interne de cette sphère est donc *égal* au nombre de lignes de champ qui quittent la petite sphère. La surface interne de la sphère creuse porte donc +4 μC. ■

Étant donné que la charge totale de la sphère creuse est de +12 μC, il reste donc une charge de +8 μC qui se répartit sur la surface extérieure de la sphère creuse. Le champ produit à l'extérieur de la sphère creuse est le champ résultant produit par la charge de chacune des trois surfaces. La charge totale du système est positive, les lignes de champ à grande distance doivent être dirigées vers l'extérieur. Les lignes de champ qui quittent la surface externe de la sphère creuse sont donc dirigées vers l'extérieur.

(b) À l'extérieur de la sphère creuse, le champ est le même que si le système était remplacé par une unique charge de +8 μC placée au centre commun des sphères (examinez les lignes de champ sur la figure 2.16) : cela correspond en effet à la charge totale des deux sphères. Pour trouver le module du champ électrique à $r = 3$ m, on peut donc utiliser l'équation 2.2 pour le champ d'une charge ponctuelle :

$$\begin{aligned} E &= k|Q|/r^2 \\ &= (9 \times 10^9\ \text{N}\cdot\text{m}^2/\text{C}^2)(8 \times 10^{-6}\ \text{C})/(3\ \text{m})^2 \\ &= 8\ \text{kN/C} \end{aligned}$$

À $r = 2$ m, on est à l'intérieur du matériau d'un conducteur, donc $E = 0$. Dans la cavité, le champ est le même que si la charge de −4 μC était placée au centre de la petite sphère et qu'il n'y avait aucune sphère creuse (examinez les lignes de champ). Le module du champ électrique à $r = 1$ m est donc

$$\begin{aligned} E &= k|Q|/r^2 \\ &= (9 \times 10^9\ \text{N}\cdot\text{m}^2/\text{C}^2)(4 \times 10^{-6}\ \text{C})/(1\ \text{m})^2 \\ &= 36\ \text{kN/C} \end{aligned}$$

À $r = 10$ cm et à $r = 0$, on est à l'intérieur du matériau d'un conducteur et $E = 0$.

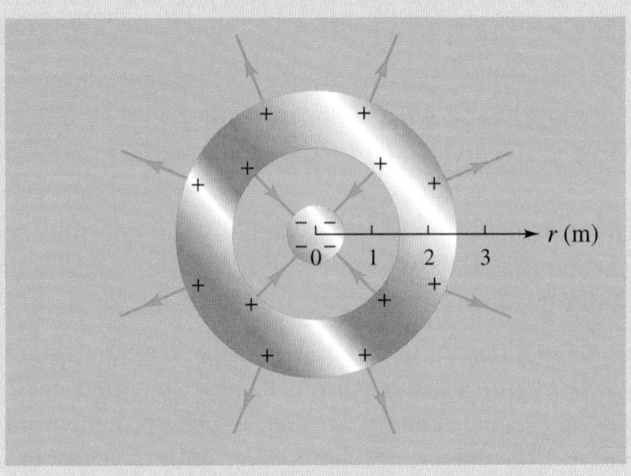

Figure 2.16 ▲
Distribution des charges et des lignes de champ électrique dans le cas d'une petite sphère conductrice chargée placée à l'intérieur d'une sphère conductrice creuse chargée.

2.4 Le mouvement d'une particule chargée dans un champ électrique uniforme

Nous allons étudier maintenant le cas de particules chargées en mouvement dans des champs électriques uniformes. Lorsqu'on étudie le mouvement de particules élémentaires comme les protons ou les électrons dans des champs électriques, on peut négliger la force gravitationnelle*. Ainsi, une particule de masse m et de charge q placée dans un champ électrique n'est soumise qu'à une force $\vec{\mathbf{F}}_E = q\vec{\mathbf{E}}$. D'après la deuxième loi de Newton, $\Sigma\vec{\mathbf{F}} = \vec{\mathbf{F}}_E = m\vec{\mathbf{a}}$, et ainsi son accélération est

$$\vec{\mathbf{a}} = \frac{q\vec{\mathbf{E}}}{m} \qquad (2.6)$$

Si le champ est uniforme, l'accélération est constante en module et en orientation ; nous pouvons donc utiliser les équations de la cinématique valables pour une accélération constante (*cf.* équations 3.9 à 3.12 de la section 3.6 du tome 1).

Pour produire un tel champ uniforme, nous verrons à la section 2.5 qu'on utilise en pratique deux plaques portant des charges de même grandeur et de signes

* On suppose également que la vitesse des particules est très inférieure à la vitesse de la lumière. On peut alors ne pas tenir compte des facteurs de correction qui découlent de la théorie de la relativité restreinte (*cf.* chapitre 8, tome 3).

opposés (figure 2.17). À la section 5.1, nous verrons qu'un tel dispositif peut être appelé un *condensateur plan*.

Comme le montrera le premier des exemples suivants, l'accélération que subit une particule élémentaire (chargée) plongée dans un champ électrique peut facilement être considérable en raison de la très faible masse de cette particule. Cela permet de nombreuses applications technologiques, basées sur l'accélération et le guidage de faisceaux d'électrons, notamment le *tube à rayons cathodiques*. Jusqu'au début des années 2000, ce dispositif était utilisé pour produire l'image dans presque tous les téléviseurs, les écrans d'ordinateur et certains appareils électroniques comme l'oscilloscope analogique*. L'exemple 2.7 (figure 2.18) illustre son fonctionnement. Depuis l'avènement des écrans plats, cette technologie est toutefois en voie de disparition (voir le sujet connexe à la fin de ce chapitre).

PA ***La figure animée II-1*, Tube à rayons cathodiques**, reproduit la situation illustrée à l'exemple 2.7. Voir le Compagnon Web : www.erpi.com/benson.cw.

EXEMPLE 2.6

Un proton parcourt une distance de 4 cm parallèlement à un champ électrique uniforme $\vec{\mathbf{E}} = 10^3\vec{\mathbf{i}}$ N/C, comme le montre la figure 2.17. Trouver sa vitesse finale si sa vitesse initiale est égale à 10^5 m/s.

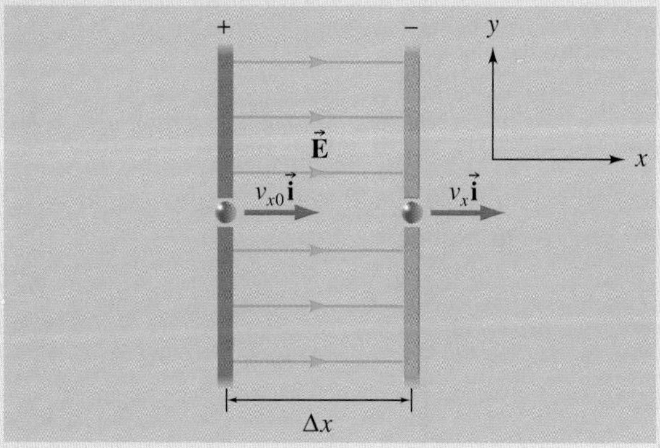

Figure 2.17 ▲

Un proton est accéléré dans un champ électrique uniforme, produit par deux grandes plaques possédant des charges de même grandeur, uniformément distribuées et de signes opposés. On montre à la section suivante que, dans une telle situation, le champ électrique est uniforme entre les plaques et nul à l'extérieur (voir la figure 2.31, p. 53).

Solution

L'accélération du proton a pour composante

$$a_x = \frac{eE}{m} = \frac{(1{,}6 \times 10^{-19}\ \text{C})(10^3\ \text{N/C})}{1{,}67 \times 10^{-27}\ \text{kg}}$$
$$= 9{,}6 \times 10^{10}\ \text{m/s}^2$$

elle est donc orientée vers la plaque négative. L'équation de la cinématique qui convient ici est

$$v_x^2 = v_{x0}^2 + 2a_x\Delta x$$
$$= (10^5\ \text{m/s})^2 + 2(9{,}6 \times 10^{10}\ \text{m/s}^2)(4 \times 10^{-2}\ \text{m})$$
$$= 1{,}77 \times 10^{10}\ \text{m}^2/\text{s}^2$$

Donc, $v_x = 1{,}3 \times 10^5$ m/s.

Malgré la valeur relativement faible du champ (1000 N/C), l'accélération communiquée au proton est considérable. Cela s'explique par l'extrême petitesse de sa masse. En général, il est donc très facile de faire accélérer des particules élémentaires. ■

EXEMPLE 2.7

Dans un tube à rayons cathodiques, un mince filament chauffé émet des électrons qu'on fait passer par des ouvertures percées dans deux disques (figure 2.18), de manière à obtenir un faisceau. Leur vitesse initiale est $v_0\vec{\mathbf{i}}$. Ils se déplacent ensuite entre deux plaques de longueur ℓ qui produisent un champ électrique

* Plusieurs tubes à rayons cathodiques utilisent un champ magnétique (voir le chapitre 8) plutôt qu'un champ électrique pour guider les faisceaux d'électrons.

uniforme $\vec{\mathbf{E}} = -E\vec{\mathbf{j}}$. Dans le champ, leur accélération est constante et leur trajectoire est donc parabolique, comme ce serait le cas pour un projectile soumis plutôt à la force gravitationnelle. Après avoir quitté la région comprise entre les deux plaques, ils se dirigent en ligne droite vers un écran recouvert d'une substance fluorescente, du ZnS par exemple. Un petit éclair lumineux est produit chaque fois qu'un électron frappe l'écran. Déterminer : (a) la position verticale de l'électron à sa sortie des plaques ; (b) à quel angle il émerge des plaques ; (c) sa position verticale finale sur l'écran, qui se trouve à une distance L de l'extrémité des plaques.

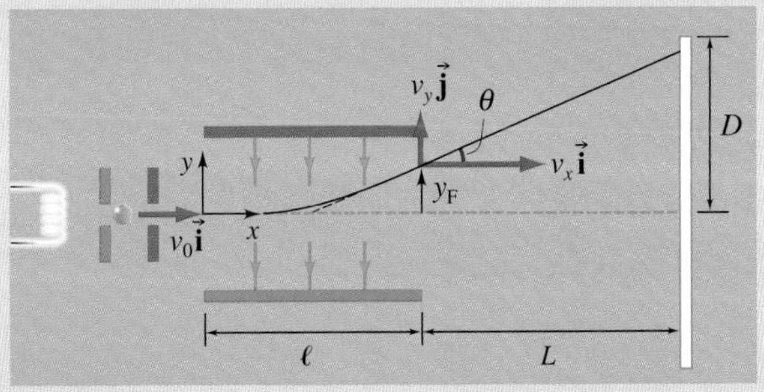

Figure 2.18 ▲

Dans un tube à rayons cathodiques, des électrons émis par un filament chauffé sont accélérés par un champ créé entre deux disques chargés (percés de trous) puis déviés par le champ électrique existant entre deux plaques. Lorsque l'électron frappe l'écran (le rectangle blanc à droite de la figure), un éclair lumineux se produit.

Solution

(a) Puisque $q = -e$ et $\vec{\mathbf{E}} = -E\vec{\mathbf{j}}$, l'accélération est

$$\vec{\mathbf{a}} = +\frac{eE}{m}\vec{\mathbf{j}}$$

L'accélération est donc orientée vers l'électrode positive, dans le même sens que la force.

Il n'y a pas d'accélération dans la direction des x. Entre les plaques, les coordonnées de la position de l'électron sont donc données par

$$x = v_0 t\,; \quad y = \tfrac{1}{2}a_y t^2$$

Comme l'électron met un temps $t = \ell/v_0$ pour franchir l'espace entre les plaques, sa coordonnée verticale lorsqu'il en sort est

$$y_F = \frac{1}{2}\frac{eE}{m}\left(\frac{\ell}{v_0}\right)^2 \qquad \text{(i)}$$

(b) À partir des composantes de sa vitesse finale, on peut trouver l'angle θ :

$$v_x = v_0\,; \quad v_y = a_y t = \frac{eE}{m}\frac{\ell}{v_0}$$

On obtient

$$\tan\theta = \frac{v_y}{v_x} = \frac{eE\ell}{mv_0^2} \qquad \text{(ii)}$$

(c) Sur la figure 2.18, on voit que $\tan\theta = (D - y_F)/L$. On a donc

$$D = y_F + L\tan\theta \qquad \text{(iii)}$$

2.5 Les distributions de charges continues

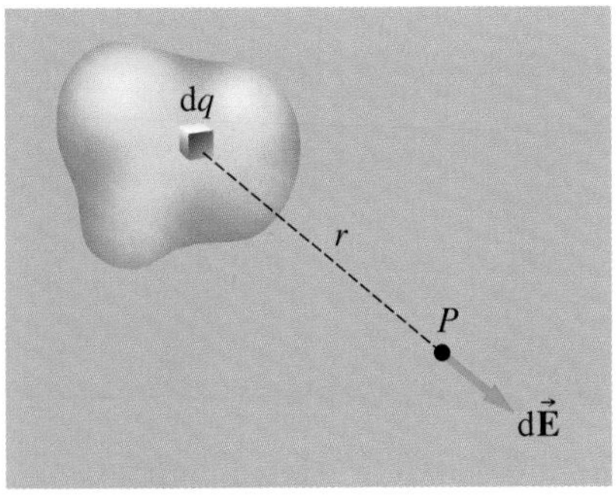

Figure 2.19 ▲

Pour calculer le champ électrique produit par une distribution continue de charge, on doit d'abord déterminer la contribution d$\vec{\mathbf{E}}$ d'un élément de charge infinitésimal dq. Le champ total est l'intégrale de toutes les contributions.

Nous allons voir maintenant comment évaluer le champ électrique produit par une charge électrique distribuée sur un objet qui n'est pas ponctuel et qui n'a pas une symétrie sphérique. Nous avons déjà vu des exemples de tels objets, comme à la figure 2.14 (p. 38), bien que nous nous contenterons de situations plus simples où la charge est distribuée en une ou deux dimensions seulement. On peut diviser la charge de l'objet en petits éléments infinitésimaux dq qui peuvent être considérés comme des charges ponctuelles (figure 2.19). Par la loi de Coulomb (équation 2.2), le module du champ électrique infinitésimal produit par chaque élément dq est

$$dE = \frac{k|dq|}{r^2} \qquad (2.7)$$

Pour trouver le champ électrique total, il faut faire la somme (l'intégrale) de tous les éléments dE, *en tenant compte de la nature vectorielle du champ* :

$$\vec{\mathbf{E}} = \int d\vec{\mathbf{E}} \qquad (2.8)$$

En pratique, cela revient à décomposer $d\vec{\mathbf{E}}$ en dE_x, dE_y et dE_z, puis à intégrer selon chaque axe séparément :

$$E_x = \int dE_x \quad E_y = \int dE_y \quad E_z = \int dE_z$$

Dans plusieurs situations, on peut utiliser la symétrie du problème pour déduire que le champ selon un ou deux des trois axes est nul : cela réduit le nombre d'intégrales à résoudre. Pour résoudre les intégrales, il faut habituellement faire des transformations de variables afin de tout exprimer en fonction de la même variable d'intégration (qui est souvent une des coordonnées du système d'axes ou encore une coordonnée angulaire). Cela implique donc, par exemple, d'exprimer dq en fonction de cette coordonnée. Il ne reste plus ensuite qu'à déterminer les bornes d'intégration qui correspondent aux valeurs extrêmes de la variable d'intégration.

Pour décrire la distribution de charge sur un objet qui a la forme d'un fil, on utilise souvent la **densité linéique de charge** (symbole : λ), définie comme la charge par unité de longueur. Si une charge q est uniformément distribuée sur un fil de longueur ℓ, la densité linéique de charge λ s'exprime par

$$\lambda = \frac{q}{\ell} \tag{2.9}$$

La densité linéique de charge s'exprime en coulombs par mètre (C/m). Un élément infinitésimal de fil de longueur $d\ell$ aura une charge

Charge en fonction de la densité linéique de charge

$$dq = \lambda \, d\ell \tag{2.10}$$

Cette équation permet d'exprimer dq en fonction d'une des coordonnées du système d'axes. Par exemple, si le fil de charge est disposé selon l'axe des x, un petit élément de fil a une longueur $d\ell = dx$, dont $dq = \lambda \, dx$.

Si le fil est uniformément chargé, λ est une constante. Toutefois, on peut aussi utiliser la densité linéique de charge pour décrire un fil qui *n'est pas* chargé uniformément. La densité linéique est alors donnée en fonction d'un paramètre qui représente la position sur le fil. Par exemple, si le fil est situé le long de l'axe des x, on peut spécifier une fonction $\lambda(x)$ (voir l'exemple 2.8). Il va sans dire que, dans une telle situation, l'équation 2.9 n'est plus valable.

Pour décrire la distribution de charge sur un objet qui a la forme d'une plaque, on utilise plutôt la **densité surfacique de charge**, définie comme la charge par unité de surface. Si une charge q est uniformément distribuée sur une plaque de surface A, la densité surfacique de charge σ est

$$\sigma = \frac{q}{A} \tag{2.11}$$

La densité surfacique de charge s'exprime en coulombs par mètre carré (C/m^2). Un élément infinitésimal de plaque de surface dA aura une charge

Charge en fonction de la densité surfacique de charge

$$dq = \sigma \, dA \tag{2.12}$$

Dans le cas d'une plaque uniformément chargée, σ est une constante. Lorsque la plaque n'est pas chargée uniformément, la densité surfacique varie selon les endroits sur la plaque. Dans une telle situation, l'équation 2.11 n'est plus valable.

EXEMPLE 2.8

Un fil rectiligne de deux mètres de long est situé sur l'axe des x, entre $x = 3$ m et $x = 5$ m (figure 2.20). Sa densité linéique de charge est donnée par la fonction $\lambda = 3 \times 10^{-6}\ x^2$, où x est en mètres et λ est en coulombs par mètre. Que vaut la charge totale du fil ?

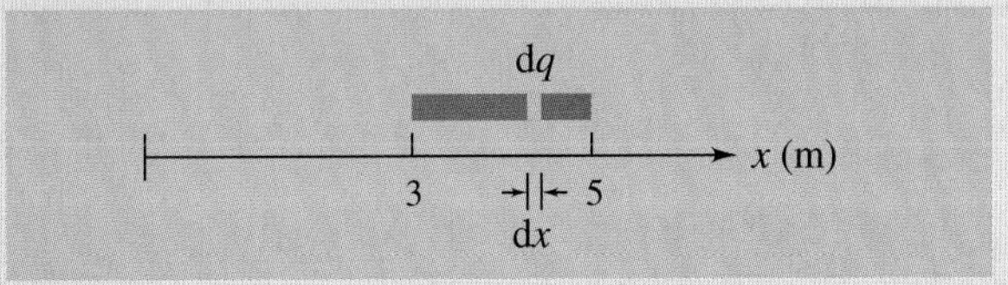

Figure 2.20 ▲
Un élément de fil de longueur dx porte une charge dq.

Solution

Par l'équation 2.10, la charge d'une portion infinitésimale de fil de longueur dx (situé entre les positions x et x + dx) correspond à $\mathrm{d}q = \lambda\ \mathrm{d}x = 3 \times 10^{-6}\ x^2\ \mathrm{d}x$. La charge totale est la somme (intégrale) de tous les éléments dq, qui s'exprime*

$$q = \int \mathrm{d}q = \int_{x_i}^{x_f} 3 \times 10^{-6}\ x^2\ \mathrm{d}x$$

L'intégrale doit se faire sur toute la longueur du fil chargé : la variable d'intégration x varie donc entre les valeurs extrêmes $x_\mathrm{i} = 3$ m et $x_\mathrm{f} = 5$ m, qui sont donc les bornes de l'intégrale. La constante 3×10^{-6} passe à gauche de l'intégrale et on trouve

$$q = 3 \times 10^{-6} \int_3^5 x^2\ \mathrm{d}x = 3 \times 10^{-6} \left(\frac{x^3}{3}\right)\Bigg|_3^5$$

$$= 3 \times 10^{-6} \left(\frac{125}{3} - \frac{27}{3}\right) = 98 \times 10^{-6} = 98\ \mu\mathrm{C}$$

Une erreur commune consiste à tracer l'élément dq à une position particulière sur le schéma, par exemple entre $x = 3$ et $x = 3 + \mathrm{d}x$. La figure 2.20 illustre plutôt la démarche correcte : la position de l'élément dq, entre x et x + dx dans ce cas-ci, doit être une *variable*. Ce sont les bornes d'intégration qui spécifient les valeurs que peut prendre cette variable (dans ce cas-ci, *toutes* celles entre 3 m et 5 m). ■

Sans l'outil de l'intégrale, on aurait pu procéder de la manière suivante pour trouver une réponse *approximative*. À l'extrémité $x = 3$ m du fil, la densité de charge linéique est $\lambda = 3 \times 10^{-6}\ x^2 = 27\ \mu\mathrm{C/m}^2$. À l'autre extrémité, $x = 5$ m et $\lambda = 75\ \mu\mathrm{C/m}^2$. Si on fait la moyenne de ces deux valeurs, on trouve $\lambda_{\mathrm{moy}} = 51\ \mu\mathrm{C/m}$. Puisque le fil a une longueur de 2 m, on peut évaluer sa charge approximative en faisant $q = \lambda_{\mathrm{moy}}\ell = (51\ \mu\mathrm{C/m})(2\ \mathrm{m}) = 102\ \mu\mathrm{C}$. Cela ne donne pas exactement la bonne réponse, car la densité linéique ne varie pas de manière linéaire le long du fil : la valeur moyenne de λ que nous avons calculée n'est pas exacte. Néanmoins, ce genre de calcul rapide et approximatif est souvent très utile pour vérifier que l'on a pas fait d'erreur importante en résolvant le problème.

* Lorsqu'on insère des valeurs numériques dans une expression mathématique, on peut omettre d'écrire les unités lorsqu'il s'agit d'étapes de calcul intermédiaire, afin de ne pas surcharger le texte. Toutefois, il faut toujours indiquer les unités du résultat final de l'étape de calcul.

EXEMPLE 2.9

Un fil rectiligne *uniformément chargé* de deux mètres de long est situé sur l'axe des x, entre $x = 3$ m et $x = 5$ m (figure 2.21). Sa charge totale est de 40 μC. Calculer le champ électrique $\vec{\mathbf{E}}$ au point $x = 1$ m.

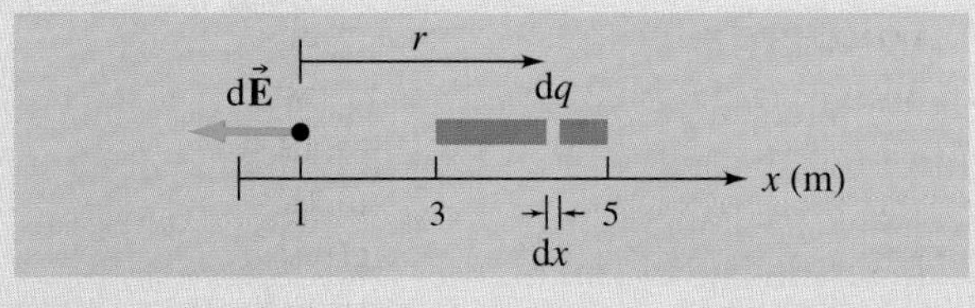

Figure 2.21 ▲
Un élément de fil de charge dq produit un champ d$\vec{\mathbf{E}}$ au point $x = 1$ m.

Solution

Puisque le fil est uniformément chargé, sa densité linéique de charge est égale à la charge totale du fil divisée par la longueur totale du fil (équation 2.9) :

$$\lambda = \frac{q}{\ell} = 40\ \mu\text{C}/2\ \text{m} = 20\ \mu\text{C/m} = 2 \times 10^{-5}\ \text{C/m}$$

La charge d'une portion infinitésimale de fil de longueur dx correspond à

$$\mathrm{d}q = \lambda\, \mathrm{d}x$$

Comme l'indique la figure 2.21, la position où est situé l'élément de charge dq est une *variable* : il est situé entre x et $x + \mathrm{d}x$.

Le champ d$\vec{\mathbf{E}}$ produit au point $x = 1$ par cette portion quelconque du fil est dirigé vers l'axe des x négatifs puisque la portion de fil porte une charge dq positive (voir la figure 2.21). On peut donc écrire

$$\mathrm{d}E = k\frac{\mathrm{d}q}{r^2} = k\lambda\frac{\mathrm{d}x}{r^2}$$

d'où

$$\mathrm{d}E_x = -\mathrm{d}E = -k\lambda\frac{\mathrm{d}x}{r^2}$$

où r est la distance entre le point où on calcule le champ et la portion infinitésimale de fil dq (figure 2.21).

Ici, la contribution de champ d$\vec{\mathbf{E}}$ n'a aucune composante selon y, donc le champ total non plus. Le champ total en x est donné par l'intégrale

$$E_x = \int \mathrm{d}E_x = \int -k\lambda\frac{\mathrm{d}x}{r^2}$$

Comme il y a deux variables dans l'intégrale (x et r), il faut exprimer une variable en termes de l'autre. Puisque $x = 1$ correspond à $r = 0$, on peut écrire

$$x = r + 1$$

Si on garde x comme variable, on remplace r par $x - 1$ dans l'intégrale. En fonction de la variable d'intégration x, les bornes sont 3 et 5. ■

En faisant passer les constantes k et λ à gauche de l'intégrale, on trouve

$$\begin{aligned} E_x &= -k\lambda\int_3^5 (x-1)^{-2}\,\mathrm{d}x \\ &= -k\lambda[-(x-1)^{-1}]\Big|_3^5 \\ &= -1{,}8 \times 10^5[(-4^{-1}) - (-2^{-1})] \\ &= -4{,}5 \times 10^4\ \text{N/C} \end{aligned}$$

On aurait pu choisir de garder r comme variable d'intégration. Comme $x = r + 1$, on a

$$\mathrm{d}x = \mathrm{d}(r+1) = \mathrm{d}r$$

car la dérivée d'une constante donne 0. On remplace donc dx par dr dans l'intégrale. Toutefois, en termes de la nouvelle variable d'intégration r, *les bornes sont maintenant 2 et 4* (vérifiez-le sur la figure 2.21 : l'extrémité gauche du fil correspond à $r = 2$, et l'extrémité droite à $r = 4$). ■

On trouve alors

$$\begin{aligned} E_x &= -k\lambda\int_2^4 r^{-2}\,\mathrm{d}r = -k\lambda(-r^{-1})\Big|_2^4 \\ &= -1{,}8 \times 10^5[(-4^{-1}) - (-2^{-1})] \\ &= -4{,}5 \times 10^4\ \text{N/C} \end{aligned}$$

Évidemment, la réponse demeure la même.

Sans utiliser l'intégrale, on peut procéder de la manière suivante pour trouver une solution *approximative* et vérifier l'ordre de grandeur de la réponse. On suppose que toute la charge de 40 μC est concentrée au centre du fil, en $x = 4$. Le champ en $x = 1$ est alors

$$\begin{aligned} E_x = -E &= \frac{-k|q|}{r^2} = \frac{-(9 \times 10^9)(40 \times 10^{-6})}{3^2} \\ &= -4 \times 10^4\ \text{N/C} \end{aligned}$$

(Remarquez qu'on a pris $r = 3$, la distance entre le point $x = 1$ et le centre du fil.) Cela concorde assez bien avec la réponse exacte trouvée par intégration.

Le champ électrique produit par un fil rectiligne infini uniformément chargé

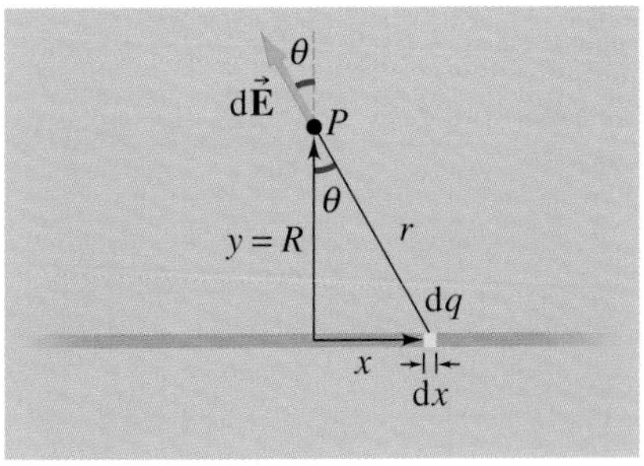

Figure 2.22 ▲
Le champ produit par un élément de charge dq à une distance R d'un long fil rectiligne uniformément chargé.

Nous allons maintenant étudier un cas général très utile : la détermination du champ en un point situé à une distance R d'un long fil rectiligne uniformément chargé. Le fil est assez long par rapport à la distance R pour que l'on puisse considérer qu'il est, à toutes fins utiles, infini.

Choisissons un système d'axes tel que le fil coïncide avec l'axe des x. Pour les besoins du calcul, nous choisissons un point P situé à une distance R au-dessus de l'origine de l'axe des x et nous calculerons le champ en ce point. Cependant, comme R peut prendre une valeur quelconque (et que le fil a une longueur infinie et un diamètre négligeable), le résultat que nous obtiendrons (équation 2.13) permettra de calculer le champ en n'importe quel point de l'espace qui entoure le fil. Sur la figure 2.22, nous avons représenté le champ $d\vec{E}$ produit par la charge dq d'une portion infinitésimale dx du fil. (On suppose que le fil est chargé positivement : le champ produit par dq pointe donc dans le sens opposé à dq. Nous verrons ensuite que le cas d'une charge négative donne un champ dont le module est identique.)

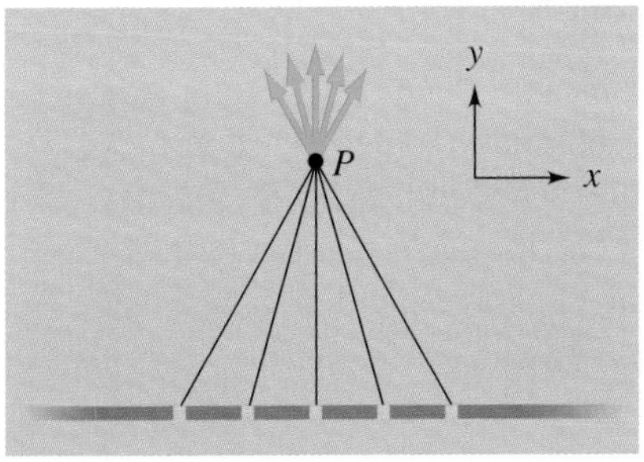

Figure 2.23 ▲
Le champ produit par l'ensemble des éléments dq s'annule en x. En termes mathématiques, le champ $d\vec{E}$ produit par un seul élément dq a une composante dE_x non nulle, mais le champ total en x, c'est-à-dire $E_x = \int dE_x$, est nul.

Si on considère le champ produit par tous les dq simultanément, on se rend compte par symétrie que le champ total selon x au point P est nul (figure 2.23) : chaque composante dE_x produite par la charge dq à une position x donnée est annulée par la composante dE_x produite par la charge dq à la position $-x$. En revanche, les composantes en y du champ en P s'additionnent, car elles pointent toutes vers les y positifs.

Soit λ, la densité linéique de charge du fil : puisque le fil est uniformément chargé, λ est une constante. La charge d'une portion infinitésimale de fil de longueur dx équivaut à $dq = \lambda\, dx$. La composante selon y du champ produit par cette portion de fil est

$$dE_y = dE \cos\theta = k\frac{dq}{r^2}\cos\theta = \frac{k\lambda\, dx \cos\theta}{r^2}$$

avec r et θ tel que définis à la figure 2.22. Le champ total en y est donné par

$$E_y = \int dE_y = \int \frac{k\lambda\, dx \cos\theta}{r^2}$$

Il y a trois variables dans l'intégrale : x, r et θ. Avant de la calculer, il faut tout ramener en fonction d'une seule variable. Pour montrer que la variable choisie n'a pas d'importance, nous obtiendrons le résultat de deux façons différentes. Comme c'est souvent le cas lorsqu'il y a un angle dans l'intégrale, il est plus facile de calculer celle-ci si on ramène tout en fonction de l'angle. Nous allons donc faire une première fois le calcul en exprimant x et r en fonction de θ; ce faisant, nous allons introduire la distance R dans l'intégrale. Cet ajout est sans conséquence, puisque R est une constante : lorsqu'on déplace dx le long du fil, x, r et θ changent, mais pas R.

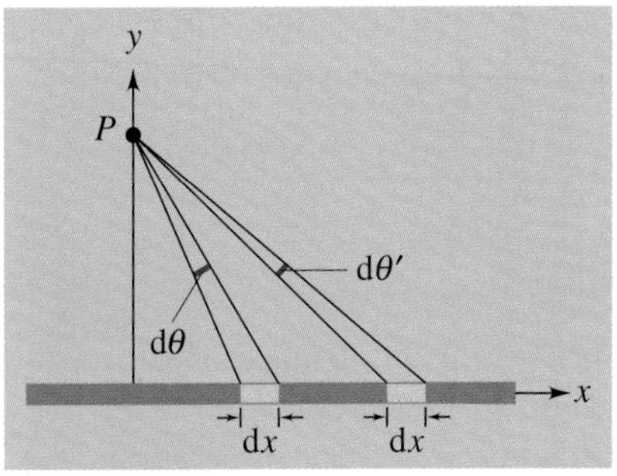

Figure 2.24 ▲
Quand on considère différents éléments dx (de même longueur), l'angle $d\theta$ qui les intercepte n'est pas le même. Mathématiquement, dx n'est donc pas proportionnel à $d\theta$: ils sont reliés par la relation $dx = (R/\cos^2\theta)d\theta$.

On peut écrire $\cos\theta = R/r$, d'où

$$r = \frac{R}{\cos\theta}$$

On peut aussi écrire $\tan\theta = x/R$, d'où $x = R\tan\theta$, ainsi,

$$dx = d(R\tan\theta) = R\sec^2\theta\, d\theta = \frac{R}{\cos^2\theta}d\theta$$

Cette dernière équation permet de relier dx et $d\theta$ et montre qu'ils ne sont pas directement proportionnels. La figure 2.24 permet de visualiser le sens de cette transformation.

En remplaçant les deux dernières équations dans l'intégrale, on trouve

$$E_y = k\lambda \int \frac{(R/\cos^2\theta)\cos\theta}{(R/\cos\theta)^2}\,\mathrm{d}\theta = k\lambda \int \frac{R\cos\theta\cos^2\theta}{R^2\cos^2\theta}\,\mathrm{d}\theta = \frac{k\lambda}{R}\int \cos\theta\,\mathrm{d}\theta$$

En fonction de notre variable d'intégration θ, les bornes pour le fil infini vont de $\theta_i = -\pi/2$ rad à $\theta_f = +\pi/2$ rad. (Vérifiez-le en examinant la figure 2.22.) On a donc

$$E_y = \frac{k\lambda}{R}\int_{-\pi/2}^{\pi/2} \cos\theta\,\mathrm{d}\theta = \frac{k\lambda}{R}[\sin\theta]\Big|_{-\pi/2}^{\pi/2} = \frac{k\lambda}{R}[1-(-1)] = \frac{2k\lambda}{R}$$

Le même résultat aurait pu être obtenu si on avait choisi x comme variable d'intégration. Dans ce cas, c'est r et θ qu'il faut exprimer en fonction de x, dans l'intégrale initiale. Nous reprendrons donc le calcul de cette deuxième façon.

En substituant $\cos\theta = R/r$, on élimine premièrement θ de l'intégrale :

$$E_y = \int \frac{k\lambda\,\mathrm{d}x\cos\theta}{r^2} = k\lambda R\int \frac{\mathrm{d}x}{r^3}$$

Ensuite, le théorème de Pythagore permet d'écrire $r = (x^2 + R^2)^{1/2}$, d'où :

$$E_y = k\lambda R\int \frac{\mathrm{d}x}{(x^2+R^2)^{3/2}}$$

Cette intégrale est plus difficile à résoudre (par substitution trigonométrique), mais elle peut facilement s'obtenir dans une table d'intégrales comme celle de l'annexe C. En fonction de la variable d'intégration x, les bornes pour le fil infini vont de $x_i = -\infty$ à $x_f = +\infty$, d'où :

$$E_y = k\lambda R\int_{-\infty}^{+\infty} \frac{\mathrm{d}x}{(x^2+R^2)^{3/2}} = k\lambda R\left[\frac{x}{R^2(x^2+R^2)^{1/2}}\right]_{-\infty}^{+\infty} = \frac{k\lambda}{R}\left[\frac{x}{(x^2+R^2)^{1/2}}\right]_{-\infty}^{+\infty}$$

L'expression entre crochets doit être évaluée avec x qui tend vers plus et moins l'infini. Cette évaluation est facilitée si on s'aperçoit que R^2 devient négligeable face à x^2 quand x devient très grand et que le dénominateur devient alors $(x^2)^{1/2} = |x|$. Donc on obtient :

$$E_y = \frac{k\lambda}{R}\left[\frac{x}{(x^2+R^2)^{1/2}}\right]_{-\infty}^{+\infty} = \frac{k\lambda}{R}[1-(-1)] = \frac{2k\lambda}{R}$$

Ce résultat est évidemment identique à celui obtenu en utilisant θ comme variable d'intégration. Chaque choix présente son avantage : l'intégration en fonction de θ donne une intégrale plus facile à résoudre et des bornes d'intégration finies, alors que l'intégration en fonction de x permet d'éviter d'avoir à transformer dx en dθ, une étape dont l'aspect conceptuel est difficile à visualiser.

L'équation $E_y = 2k\lambda/R$ que nous venons d'obtenir de deux façons équivalentes montre que la composante E_y du champ total (la seule composante qui soit non nulle) est positive, ce qui est valable quand le fil est chargé positivement. Si le fil avait été chargé négativement, seul le sens du vecteur $\mathrm{d}\vec{\mathbf{E}}$ aurait été inversé à la figure 2.22, sa direction et son module demeurant les mêmes. L'intégrale aurait donc été identique à un signe près et le résultat serait

$$E_y = -\frac{2k\lambda}{R}$$

Ces deux résultats peuvent s'exprimer sous la forme d'une unique équation qui ne donne que le *module* du champ électrique en un point P situé à une distance R d'un fil « infini », soit

$$E = \frac{2k|\lambda|}{R} \tag{2.13}$$

On a mis λ en valeur absolue pour éviter que le module du champ électrique soit négatif lorsque λ est négatif.

L'orientation du champ électrique est radiale. Si le fil est chargé positivement (comme dans notre démonstration), le champ s'éloigne du fil. Si le fil est chargé négativement, le champ se dirige vers le fil. Globalement, les lignes de champ sont radiales dans toutes les directions. On peut se représenter le tout en considérant une brosse à éprouvette d'un laboratoire de chimie : le fil de fer au milieu de la brosse représente le fil chargé et les soies qui sont partout perpendiculaires au fil représentent les lignes de champ. On remarque que le champ d'un fil infini est inversement proportionnel à la distance, tandis que le champ d'une charge ponctuelle est inversement proportionnel *au carré* de la distance.

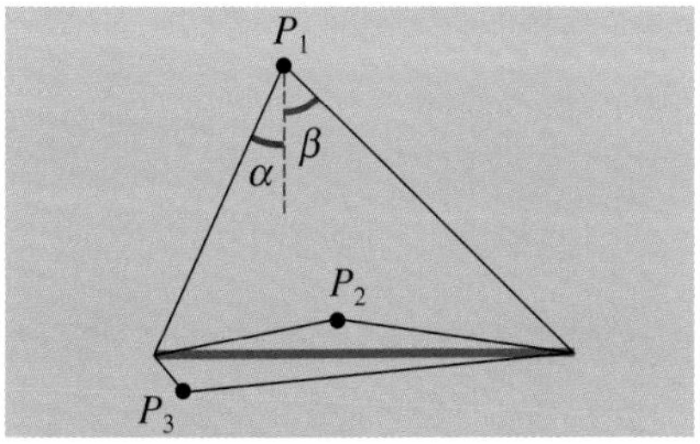

Figure 2.25▲
L'approximation du fil infini est valable au point P_2, mais pas aux points P_1 et P_3.

Dans la réalité, un fil infini chargé n'existe pas. Ainsi, les bornes d'intégration dans la démonstration que nous venons de faire ne valent jamais exactement $-\pi/2$ et $+\pi/2$. Par exemple, pour le point P_1 à la figure 2.25, les bornes valent $-\alpha$ et β. Le point P_1 est trop éloigné du fil par rapport aux dimensions du fil pour que l'on puisse utiliser l'équation 2.13 pour calculer le champ. Toutefois, *si on est suffisamment proche du fil et assez loin des bords*, comme en P_2, les bornes valent presque $-\pi/2$ et $+\pi/2$, et l'équation 2.13 donne un résultat assez précis. Si on est trop près d'une des extrémités, comme au point P_3, une des bornes s'éloigne trop de $\pm\pi/2$, et on ne peut pas utiliser l'équation 2.13. On doit alors refaire le problème au long et remplacer les bornes par leur valeur exacte. De plus, lorsqu'on n'est pas vis-à-vis du centre du fil, le champ ne s'annule plus en x. Il faut alors résoudre deux intégrales, une en x et une en y.

EXEMPLE 2.10

Un fil uniformément chargé a une longueur $L = 6$ m et une charge $Q = 360$ μC (figure 2.26). Calculer le module du champ en un point P situé vis-à-vis du centre du fil, à $R = 2$ m de distance.

Solution

Dans ce problème, $\mathrm{d}E_x$ est non nul, mais E_x s'annule par symétrie. En y, on a

$$E_y = \int \mathrm{d}E_y = \int \mathrm{d}E \cos\theta = \int k\frac{\mathrm{d}q}{r^2}\cos\theta$$

$$= \int \frac{k\lambda\, \mathrm{d}x \cos\theta}{r^2}$$

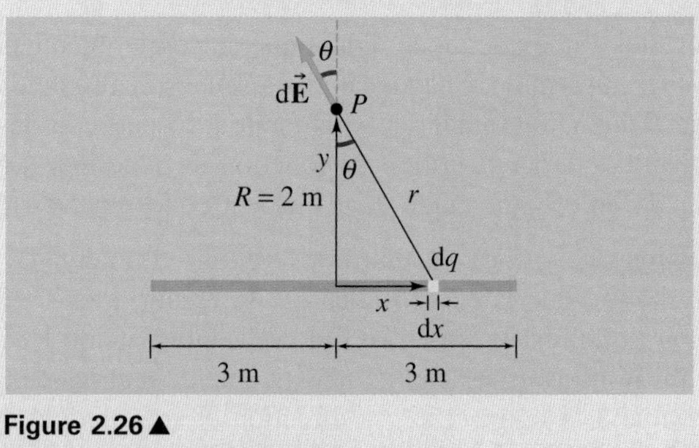

Figure 2.26▲
Calcul du champ électrique à 2 m du centre d'un fil de 6 m de longueur.

avec $\lambda = Q/L = 360\ \mu\text{C}/6\ \text{m} = 6 \times 10^{-5}\ \text{C/m}$. Pour calculer l'intégrale, on ramène tout en fonction de θ, $r = R/\cos\theta$ et $x = R\tan\theta$, d'où $\mathrm{d}x = (R/\cos^2\theta)\mathrm{d}\theta$. Les bornes d'intégration sont $\theta_1 = -\arctan(3/2) = -0{,}983$ rad et $\theta_2 = +0{,}983$ rad, d'où

$$E_y = \frac{k\lambda}{R}\int_{-0{,}983}^{0{,}983} \cos\theta\,\mathrm{d}\theta = \frac{k\lambda}{R}[\sin\theta]\Big|_{-0{,}983}^{0{,}983}$$
$$= 4{,}49 \times 10^5\ \text{N/C}$$

On aurait aussi pu calculer cette intégrale en ramenant tout en fonction de x. En utilisant successivement $\cos\theta = R/r$ et $r = (x^2 + R^2)^{1/2}$, l'intégrale devient :

$$E_y = k\lambda R\int_{-3}^{+3} \frac{\mathrm{d}x}{(x^2+R^2)^{3/2}} = \frac{k\lambda}{R}\left[\frac{x}{(x^2+R^2)^{1/2}}\right]_{-3}^{+3}$$
$$= 4{,}49 \times 10^5\ \text{N/C}$$

Le résultat est évidemment identique, mais ce choix de variable d'intégration a permis de trouver directement les bornes d'intégration.

Le champ électrique produit sur l'axe d'un anneau uniformément chargé

Dans ce qui précède, nous n'avons considéré que des fils chargés qui étaient *rectilignes*. Nous allons maintenant calculer le champ que produit un anneau uniformément chargé de rayon b, à un point P situé sur son axe à une distance y du centre de l'anneau. Aux fins de la démonstration, nous considérerons que λ est positive, mais un anneau négatif produirait un champ de même module.

Choisissons le système d'axes de telle sorte que l'anneau, centré sur l'origine, est parallèle au plan xz. De cette façon, le point P sera situé directement sur l'axe des y. La figure 2.27 montre le champ $\mathrm{d}\vec{\mathbf{E}}$ produit par la charge $\mathrm{d}q$ que porte un élément de fil de longueur $\mathrm{d}\ell$. Si on considère le champ total causé par tous les $\mathrm{d}q$ simultanément, on se rend compte par symétrie que les composantes horizontales (selon x et z) du champ total au point P sont nulles. En revanche, les $\mathrm{d}E_y$ se renforcent tous.

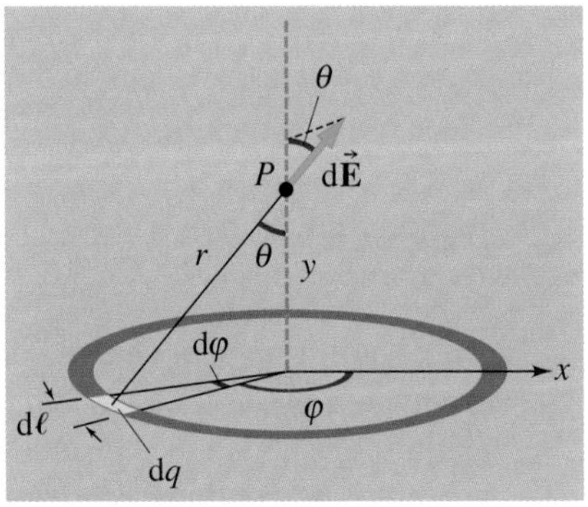

Figure 2.27 ▲
Pour repérer un élément $\mathrm{d}q$ situé sur un arc de cercle, il vaut mieux utiliser l'angle φ comme coordonnée. Ici l'anneau de rayon b est parallèle au plan xz, et l'axe des y, vertical, passe par son centre.

Dans les cas de fils rectilignes, on pouvait choisir un axe (par exemple celui des x) parallèle au fil et écrire $\mathrm{d}\ell = \mathrm{d}x$. Dans ce cas-ci, le fil suit un arc de cercle, alors il est plus avantageux d'utiliser l'angle φ, mesuré dans le plan de l'anneau, comme coordonnée. L'angle infinitésimal $\mathrm{d}\varphi$ intercepte donc l'élément de fil de longueur $\mathrm{d}\ell$. Si φ est mesuré en radians, on peut écrire $\mathrm{d}\ell = b\,\mathrm{d}\varphi$.

Comme l'anneau est uniformément chargé, sa densité linéique de charge λ est une constante. La charge d'une portion infinitésimale de fil de longueur $\mathrm{d}\ell$ est donc $\mathrm{d}q = \lambda\mathrm{d}\ell = \lambda b\,\mathrm{d}\varphi$. La composante selon y du champ $\mathrm{d}\vec{\mathbf{E}}$ produit par cette portion de fil est

$$\mathrm{d}E_y = \mathrm{d}E\cos\theta = k\frac{\mathrm{d}q}{r^2}\cos\theta = \frac{k\lambda b\,\mathrm{d}\varphi}{r^2}\cos\theta$$

avec φ, r et θ tels que définis à la figure 2.27. Le champ total en y est donné par

$$E_y = \int \mathrm{d}E_y = \int \frac{k\lambda b\,\mathrm{d}\varphi\cos\theta}{r^2}$$

Contrairement au cas d'un fil rectiligne, r et θ ne sont pas des variables mais bien des constantes : quand on déplace $\mathrm{d}\ell$ le long de l'anneau, seul φ change, alors que r et θ demeurent les mêmes. Comme l'anneau est complet, en fonction de notre variable d'intégration φ, les bornes sont $\varphi_i = 0$ et $\varphi_f = 2\pi$. On a donc

$$E_y = \int \frac{k\lambda b\,\mathrm{d}\varphi\cos\theta}{r^2} = \frac{k\lambda b\cos\theta}{r^2}\int_0^{2\pi}\mathrm{d}\varphi = \frac{k\lambda(2\pi b)\cos\theta}{r^2}$$

Comme E_y est la seule composante non nulle, elle correspond aussi au module du champ. Ce module serait le même pour un anneau chargé négativement, sauf que le champ pointerait en direction de l'anneau. Si on s'aperçoit que $2\pi b$ est la circonférence de l'anneau, alors $\lambda(2\pi b)$ correspond à la charge totale q que porte l'anneau. On peut donc exprimer le module du champ sous la forme

$$E = \frac{k|q|\cos\theta}{r^2} \qquad (2.14a)$$

La valeur absolue a été ajoutée pour que le module du champ demeure positif même quand q est négatif.

Quelle que soit la position exacte du point P sur l'axe des y, le champ donné par l'équation précédente est nécessairement parallèle à cet axe. Si l'anneau est chargé négativement, le champ pointe vers l'anneau, alors qu'il pointe en sens inverse si l'anneau est chargé positivement.

Les constantes r et θ peuvent aussi s'exprimer en fonction du rayon b de l'anneau et de la distance y à laquelle est situé le point P le long de l'axe des y. Comme $\cos\theta = b/r$ et que $r = (b^2 + y^2)^{1/2}$, notre résultat peut donc aussi s'exprimer

$$E = \frac{k|q|b}{(b^2 + y^2)^{3/2}} \qquad (2.14b)$$

La méthode que nous venons d'exposer permet aussi de traiter le cas de champs produits par des fils en forme d'arcs de cercle. Comme tout fil non rectiligne peut être considéré comme une succession de petits arcs de cercle de longueurs et de rayons différents, ce cas est d'importance. L'exemple suivant l'illustrera.

EXEMPLE 2.11

Un fil uniformément chargé en forme de demi-cercle de rayon $b = 2$ m porte une charge totale $q = 31{,}4\ \mu$C (figure 2.28). Calculer le module du champ produit au centre de courbure du demi-cercle.

Solution

Choisissons un système d'axes tel que le centre de courbure du demi-cercle est situé à l'origine et tel que l'axe des x correspond à l'axe de symétrie du demi-cercle. De cette façon, dE_z est nul et E_y s'annule par symétrie. Et dans la direction x, $dE_x = -dE\cos\varphi$.

La longueur de l'élément de fil illustré à la figure 2.28 étant $d\ell = b\, d\varphi$, le champ total selon x est donné par

$$E_x = \int dE_x = -\int k\frac{dq}{r^2}\cos\varphi = -\int k\frac{\lambda b\, d\varphi}{r^2}\cos\varphi$$

avec $\lambda = Q/L = (31{,}4\ \mu\text{C})/\pi(2\text{ m}) = 5{,}00\ \mu\text{C/m}$. Comme $r = b$ est une constante, il n'y a pas de transformation de variables à faire. En fonction de la variable d'intégration φ, les bornes sont $\varphi_i = -\pi/2$ et $\varphi_f = +\pi/2$, d'où

$$E_x = -\frac{k\lambda}{b}\int_{-\pi/2}^{+\pi/2}\cos\varphi\, d\varphi = -\frac{k\lambda}{b}[\sin\varphi]_{-\pi/2}^{+\pi/2}$$

$$= -\frac{k\lambda}{b}[1 - (-1)] = -\frac{2k\lambda}{b}$$

Comme les autres composantes sont nulles, le module est $E = |E_x| = 2k\lambda/b = 4{,}5 \times 10^4$ N/C.

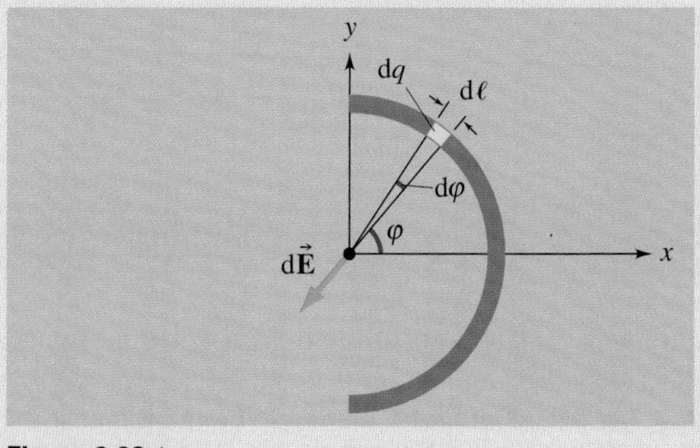

Figure 2.28 ▲
Calcul du champ électrique produit au centre de courbure d'un fil chargé en forme de demi-cercle de 2 m de rayon.

Le champ électrique produit sur l'axe d'un disque uniformément chargé

Nous allons maintenant calculer le champ sur l'axe d'un disque de rayon a, à un point P situé à une distance y du centre du disque (figure 2.29). Le disque est uniformément chargé avec une densité surfacique de charge σ. Aux fins de la démonstration, nous considérerons que le disque est chargé positivement, mais le module du champ produit par un disque négatif serait le même.

Si on décomposait la charge du disque en éléments ponctuels, il faudrait intégrer deux fois (selon deux coordonnées) puisque la charge est répartie sur une surface (donc selon deux dimensions). Toutefois, on peut éviter cela en exploitant les calculs que nous avons déjà faits et en additionnant la contribution d'éléments qui ne sont *pas* ponctuels, mais qui ont plutôt la forme d'un fil. C'est pourquoi nous allons choisir un anneau de rayon x et de largeur dx comme élément infinitésimal de charge dq. En intégrant le champ produit par les anneaux concentriques, du centre jusqu'au bord du disque, on trouvera le champ du disque. La circonférence de l'anneau est $2\pi x$, et sa largeur est dx. Sa surface équivaut* donc à

$$\mathrm{d}A = 2\pi x\ \mathrm{d}x$$

et sa charge s'écrit

$$\mathrm{d}q = \sigma\ \mathrm{d}A = \sigma 2\pi x\ \mathrm{d}x$$

Nous savons déjà que le champ produit par un anneau est parallèle à l'axe des y. De plus, son module est donné par l'équation 2.14a. (La seule différence est que l'anneau a ici un rayon $b = x$ et que sa charge de même que le champ qu'elle produit sont infinitésimaux.) Donc, la composante verticale dE_y de son champ est

$$\mathrm{d}E_y = \mathrm{d}E = \frac{k\ \mathrm{d}q \cos\theta}{r^2}$$

d'où

$$E_y = \int k\sigma 2\pi x\ \mathrm{d}x \frac{\cos\theta}{r^2} = 2\pi k\sigma \int x\ \mathrm{d}x \frac{\cos\theta}{r^2}$$

On ramène tous les termes dans l'intégrale en fonction de θ en utilisant la constante y. On a $\cos\theta = y/r$, d'où

$$r = \frac{y}{\cos\theta}$$

On peut aussi écrire $\tan\theta = x/y$, d'où

$$x = y\tan\theta$$

et

$$\mathrm{d}x = \mathrm{d}(y\tan\theta) = y\sec^2\theta\ \mathrm{d}\theta = \frac{y}{\cos^2\theta}\mathrm{d}\theta$$

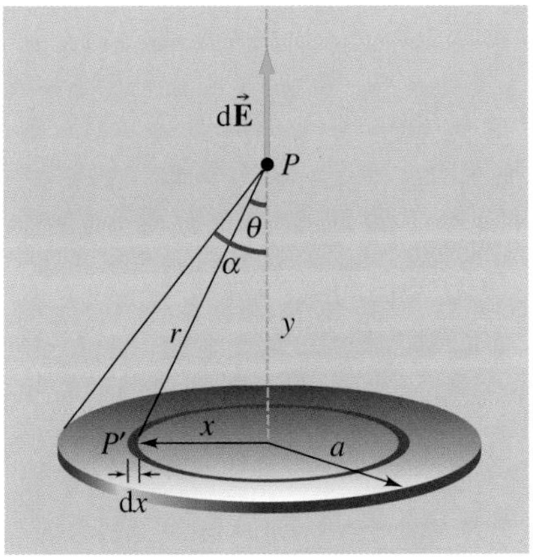

Figure 2.29 ▲
Pour calculer le champ électrique sur l'axe d'un disque uniformément chargé, on peut décomposer le disque en anneaux de rayon x et d'épaisseur dx.

* Il ne serait pas contradictoire de définir la surface d'un anneau comme celle d'un disque de rayon x + dx moins celle d'un disque de rayon x, soit d$A = \pi(x + \mathrm{d}x)^2 - \pi x^2$. En développant le carré et en simplifiant, vérifiez qu'on obtient alors d$A = 2\pi x\ \mathrm{d}x + \pi(\mathrm{d}x)^2$. Or, d$x$ étant une quantité infinitésimale, $(\mathrm{d}x)^2$ est une quantité négligeable qui ne changerait aucunement le résultat de notre calcul. En la supprimant, on obtient le même résultat que ci-dessus. Aux fins d'une intégration, la surface d'une bande de largeur infinitésimale, même si elle n'est pas rectiligne, peut donc toujours se calculer en multipliant sa longueur et sa largeur.

Ainsi,

$$E_y = 2\pi k\sigma \int y \tan\theta \frac{y}{\cos^2\theta}\, d\theta \cos\theta \left(\frac{\cos\theta}{y}\right)^2 = 2\pi k\sigma \int \sin\theta\, d\theta$$

Le champ électrique produit par le disque est la somme des contributions de tous les anneaux, du centre jusqu'au bord. Ainsi, les bornes d'intégration correspondent à $\theta_i = 0$ et à $\theta_f = \alpha$ (figure 2.29). On trouve ainsi $E_y = 2\pi k\sigma[-\cos\theta]|_0^\alpha$. Comme $E = E_y$, on obtient

$$E = 2\pi k|\sigma|(1 - \cos\alpha) \tag{2.15}$$

Dans cette équation, on a tenu compte du fait qu'un disque chargé négativement produirait un champ de même module mais dirigé vers le disque. Pour obtenir une équation d'usage général, on a donc ajouté la valeur absolue. Le champ donné par l'équation 2.15 est orienté selon l'axe du disque : il s'éloigne du disque si σ est positif, et il se dirige vers le disque si σ est négatif.

On peut obtenir une formule en fonction du rayon a du disque et de la distance y en utilisant l'égalité $\cos\alpha = y/\sqrt{a^2 + y^2}$ (figure 2.29). On trouve ainsi :

$$E = 2\pi k|\sigma|\left(1 - \frac{y}{\sqrt{a^2 + y^2}}\right) \tag{2.16}$$

Si on est très loin du disque par rapport à son rayon ($y \gg a$ ou $\alpha \approx 0$), il nous apparaît comme une charge ponctuelle : on devrait donc trouver à nouveau l'équation 2.2 pour le champ électrique d'une charge ponctuelle. Pour le vérifier, nous allons poser $y \gg a$ dans l'équation 2.16.

On utilise l'approximation du binôme $(1 + z)^n \approx 1 + nz$, valable lorsque z est suffisamment petit (annexe B). Le deuxième terme à l'intérieur du crochet peut s'écrire $y(a^2 + y^2)^{-1/2} = (1 + a^2/y^2)^{-1/2}$. Pour $y \gg a$, l'approximation donne

$$\left(1 + \frac{a^2}{y^2}\right)^{-1/2} \approx 1 - \frac{1}{2}\left(\frac{a^2}{y^2}\right)$$

En substituant ce développement dans l'équation 2.16 et en utilisant $Q = \sigma\pi a^2$, on trouve $E \approx kQ/y^2$, qui est effectivement le champ produit par une charge ponctuelle.

Le champ électrique produit par une plaque infinie uniformément chargée

Considérons l'expression du champ électrique du disque chargé donnée par l'équation 2.15. Si on est très près du disque par rapport à son rayon, on a $\alpha \approx \pi/2$ rad et $\cos\alpha \approx 0$, d'où

$$E = 2\pi k|\sigma| \tag{2.17}$$

Cette formule est l'équivalent pour une plaque de la formule 2.13 pour un fil infini : il s'agit en fait de la formule s'appliquant à une plaque « infinie ». *Elle est valable lorsqu'on est très près d'une plaque uniformément chargée par rapport à ses dimensions, tout en étant assez loin des bords.* Évidemment, dans l'approximation de la plaque infinie, la forme de la plaque importe peu ; on peut utiliser l'équation 2.17 même si la plaque n'est pas un disque circulaire.

L'équation 2.17 s'écrit le plus souvent en fonction de la constante $\varepsilon_0 = 1/(4\pi k)$ que nous avons définie à la section 1.5. On a alors

$$E = \frac{|\sigma|}{2\varepsilon_0} \qquad (2.18)$$

On remarque que, dans l'approximation de la plaque infinie, le champ est indépendant de la distance y à la plaque. Ainsi, tant qu'on est assez près d'une plaque uniformément chargée pour ne pas « sentir ses bords », le champ est constant et orienté perpendiculairement à la plaque. Il s'agit là de l'analogue en électricité du champ gravitationnel terrestre près de la surface de la Terre; tant qu'on est assez proche de la Terre pour ne pas « sentir » qu'elle est en fait une sphère de dimension finie, on peut considérer que le champ gravitationnel est constant et perpendiculaire à un plan horizontal.

Les lignes de champ électrique d'une plaque infinie uniformément chargée sont partout perpendiculaires à la plaque. Leur espacement est donc indépendant de la distance à la plaque, ce qui correspond effectivement à un champ constant. On peut visualiser le tout en considérant une planche cloutée pour fakirs : la planche représente la plaque chargée, et les clous représentent les lignes de champ. Remarquons finalement que le champ, par symétrie, a le même module de chaque côté de la plaque. La figure 2.30 représente les lignes de champ d'une plaque chargée positivement.

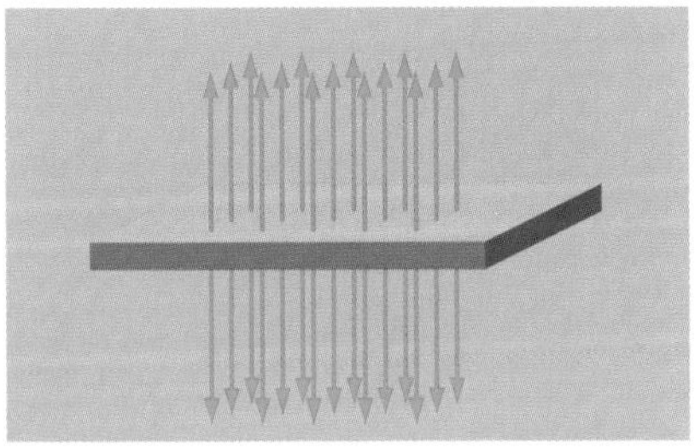

Figure 2.30 ▲
Les lignes de champ d'une plaque infinie uniformément chargée.

Le principe de superposition (équation 2.4) s'applique à toutes les distributions de charges, et notamment aux plaques infinies. Une configuration que l'on trouve souvent en pratique est constituée de deux plaques parallèles de densités de charges de même grandeur et de signes opposés (figure 2.31). À la section 5.1, nous verrons qu'un tel dispositif peut être appelé un *condensateur plan*. Nous avons déjà rencontré des situations où il est utile (voir les figures 2.17 et 2.18, p. 41-42). Dans ce dispositif, si la plaque σ était seule, le champ serait de $\sigma/2\varepsilon_0$ vers le haut dans la zone A et de $\sigma/2\varepsilon_0$ vers le bas dans les zones B et C, comme on peut le voir dans la figure 2.31*a*. Si la plaque $-\sigma$ était seule, le champ serait de $\sigma/2\varepsilon_0$ vers le bas dans les zones A et B et de $\sigma/2\varepsilon_0$ vers le haut dans la zone C, comme dans la figure 2.31*b*. Globalement, les champs s'annulent donc dans les zones A et C et se renforcent dans la zone B. On trouve $E_A = E_C = 0$ et $E_B = \sigma/2\varepsilon_0 + \sigma/2\varepsilon_0 = \sigma/\varepsilon_0$ vers le bas entre les deux plaques. (On a dessiné les lignes de champ en conséquence sur la figure 2.31*c*.) Ainsi, le module du champ entre deux plaques de densités surfaciques de charges σ et $-\sigma$ est

$$E = \frac{\sigma}{\varepsilon_0} \qquad (2.19)$$

et ce champ est orienté *de la plaque positive vers la plaque négative*. Le champ à l'extérieur des plaques est nul.

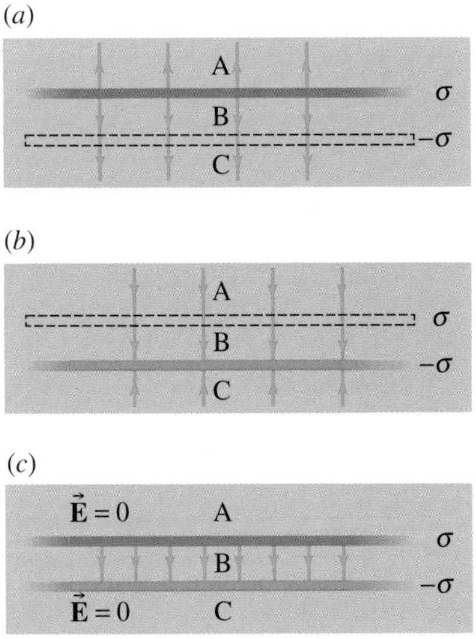

Figure 2.31 ▲
Deux plaques parallèles de densités de charge uniformes $\sigma > 0$ et $-\sigma$. (*a*) Les lignes de champ produites par la plaque du haut (positive), sans tenir compte de la plaque du bas. (*b*) Les lignes de champ produites par la plaque du bas (négative), sans tenir compte de la plaque du haut. (*c*) Selon le principe de superposition, le champ électrique résultant produit par les deux plaques s'obtient par l'addition vectorielle des contributions de chacune des plaques considérée séparément.

2.6 Les dipôles

Un **dipôle électrique** est un ensemble constitué par deux charges de même grandeur et de signes opposés séparées par une certaine distance. Toute molécule dans laquelle les centres des charges positives et négatives ne coïncident pas peut, en première approximation, être considérée comme un dipôle. Certaines molécules (HCl, CO et H_2O) ont des dipôles permanents et sont appelées

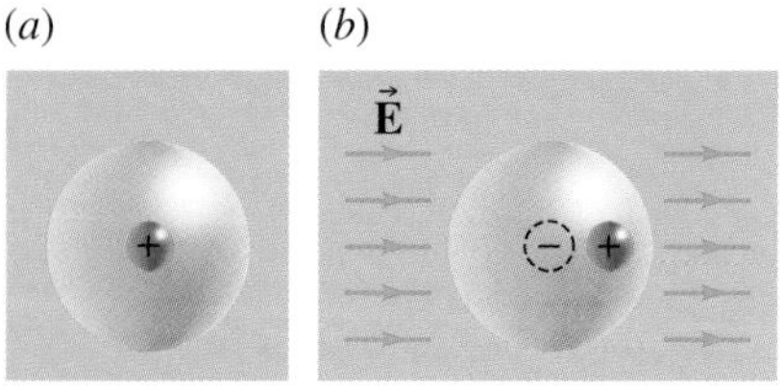

Figure 2.32 ▲
(*a*) Dans un atome, le noyau positif se trouve au centre de la distribution de charges négatives constituée par les électrons.
(*b*) Sous l'action d'un champ externe, l'atome se polarise et un dipôle induit apparaît.

molécules *polaires*. Un champ électrique peut également entraîner une séparation temporaire des charges dans un atome ou une molécule non polaire. La figure 2.32*a* représente un atome formé d'une charge positive entourée par une sphère de charge négative équivalente. Dans un champ électrique externe, l'atome se polarise : ses charges de signes opposés se déplacent en sens opposés (figure 2.32*b*) et font ainsi apparaître un dipôle *induit*. Un tel dipôle induit disparaît dès que l'on supprime le champ externe. Nous allons étudier le champ électrique créé par un dipôle et l'interaction d'un dipôle avec un champ électrique externe ou avec d'autres dipôles.

Le champ créé par un dipôle

La figure 2.33 représente un dipôle constitué par les charges Q en $(0, a)$ et $-Q$ en $(0, -a)$. On suppose que $Q > 0$. Dans un premier temps, nous voulons trouver le champ électrique sur la médiatrice du dipôle, à une distance r de son centre. En tout point de l'axe des x, les champs dus aux deux charges ont le même module :

$$E_+ = E_- = \frac{kQ}{r^2 + a^2}$$

Puisqu'elles font le même angle avec l'axe des x, les composantes en x s'annulent. La composante en y du champ est

$$\begin{aligned} E_y &= -(E_+ + E_-)\cos\theta \\ &= -\frac{2kQ}{(r^2 + a^2)}\frac{a}{(r^2 + a^2)^{1/2}} \\ &= \frac{-k(2a)Q}{(r^2 + a^2)^{3/2}} \end{aligned}$$

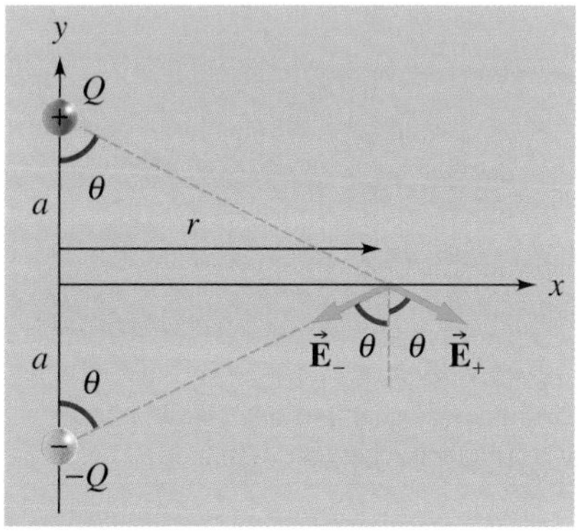

Figure 2.33 ▲
Le calcul du champ sur la médiatrice d'un dipôle.

Par définition, le module du **moment dipolaire électrique $\vec{\mathbf{p}}$** est égal au produit de l'une des charges par la distance qui les sépare.

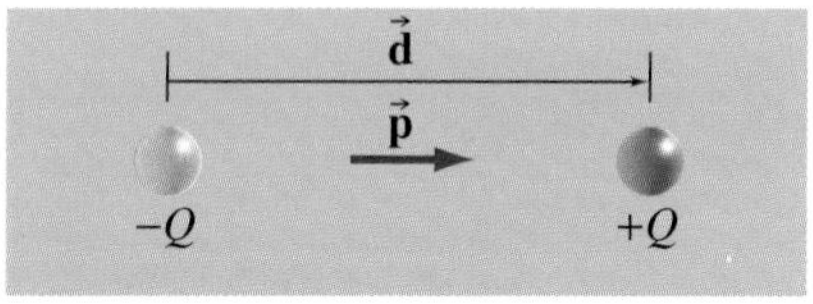

Figure 2.34 ▲
Par définition, le moment dipolaire est $\vec{\mathbf{p}} = Q\vec{\mathbf{d}}$.

Moment dipolaire électrique

$$\vec{\mathbf{p}} = Q\vec{\mathbf{d}} \qquad (2.20)$$

avec $d = 2a$. Par définition, le vecteur moment dipolaire électrique est orienté de la charge négative vers la charge positive, comme on le voit à la figure 2.34. L'unité SI de moment dipolaire électrique est le coulomb-mètre (C·m). Lorsqu'il y a trois charges, comme c'est le cas dans la molécule d'eau (figure 2.35), le moment résultant est égal à la somme vectorielle des deux moments dipolaires. On peut exprimer le champ produit par un dipôle en fonction de p. L'équation donnant ce champ peut aussi être simplifiée davantage si on se limite aux points situés loin du dipôle. En de tels points (c'est-à-dire lorsque $r \gg a$), on peut négliger a par rapport à r, ce qui donne $(r^2 + a^2)^{3/2} \to r^3$. Le module du champ résultant en un point éloigné sur la médiatrice est donc égal à la composante E_y :

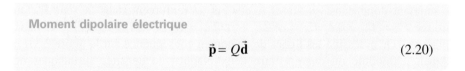

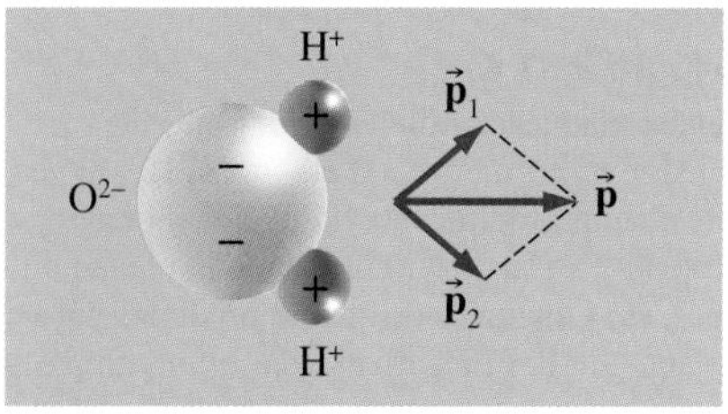

Figure 2.35 ▲
Lorsque plusieurs dipôles sont présents, le moment dipolaire total est égal à la somme vectorielle des moments dipolaires individuels.

(médiatrice) $$E = \frac{kp}{r^3} \qquad (r \gg a) \qquad (2.21)$$

Le champ résultant est inversement proportionnel au *cube* de la distance et décroît donc plus rapidement que le champ créé par une charge unique. Ceci est dû au fait que les composantes du champ s'annulent en partie, les charges étant de signes opposés. En utilisant une démarche similaire, on peut aussi montrer que le champ en un point éloigné sur l'axe d'un dipôle (c'est-à-dire un point situé sur l'axe des y à la figure 2.33) est donné par

$$\text{(axe)} \qquad E = \frac{2kp}{r^3} \qquad (r \gg a) \qquad (2.22)$$

Dans cette direction aussi, on remarque que le champ décroît avec le cube de la distance, bien qu'il soit deux fois plus intense. Les lignes de champ d'un dipôle sont représentées à la figure 2.8*b* (p. 34).

Le moment de force exercé sur un dipôle dans un champ uniforme

La figure 2.36 représente un dipôle formant un angle θ avec un champ électrique uniforme. Les charges étant soumises à des forces électriques de même module mais de sens opposés dues au champ, la force résultante agissant sur le dipôle est nulle. S'il est initialement immobile, le dipôle ne subit donc pas de translation (vers la gauche ou vers la droite) dans un champ uniforme. Mais le dipôle est soumis à deux moments de force. Le module du moment de chaque force par rapport au centre est $\tau_+ = \tau_- = r_\perp F$, où $r_\perp = (d/2)\sin\theta$. Ces moments étant de même sens, le module du moment de force résultant est donc égal à la somme

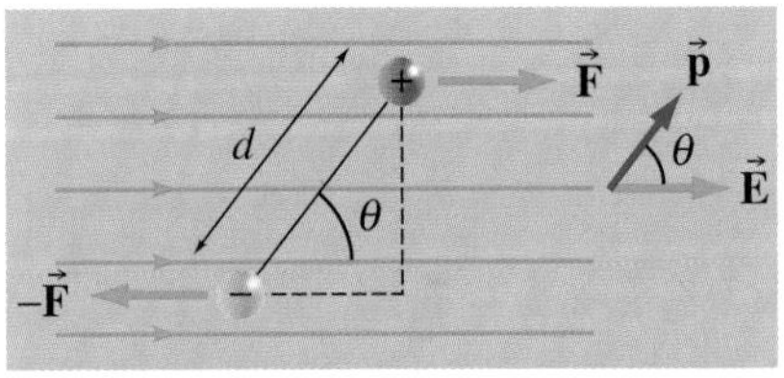

Figure 2.36 ▲
Dans un champ électrique, un dipôle électrique est soumis à un moment de force.

$$\tau = 2(qE)\left(\frac{d}{2}\sin\theta\right) = pE\sin\theta \qquad (2.23)$$

Le moment de force dû au champ a tendance à *orienter le dipôle parallèlement aux lignes de champ*. Ce phénomène a déjà joué un rôle dans l'explication du comportement des semences aux figures 2.8 et 2.9 (p. 34) et il jouera encore un rôle similaire à la section 5.6, quand nous étudierons la polarisation macroscopique d'un isolant dans un champ électrique.

L'équation 2.23 donne seulement le module du moment de force. Si on tient compte aussi du sens de rotation, on peut exprimer le tout par un vecteur moment de force. Ce dernier est donné par

Moment de force exercé sur un dipôle

$$\vec{\tau} = \vec{p} \times \vec{E} \qquad (2.24)$$

L'énergie potentielle

Nous avons vu qu'un dipôle placé dans un champ électrique extérieur a tendance à s'orienter suivant ce champ. Cette rotation du dipôle fait intervenir un certain travail. Le travail effectué par un couple extérieur pour faire tourner le dipôle de θ_1 à θ_2, sans variation d'énergie cinétique, est $W_{EXT} = \int \tau \, d\theta$ (*cf.* chapitre 11, tome 1). Utilisant l'équation 2.23, on peut écrire

$$W_{EXT} = \int_{\theta_1}^{\theta_2} pE \sin\theta \, d\theta = pE(-\cos\theta_2 + \cos\theta_1)$$

Ce travail extérieur est emmagasiné sous forme d'énergie potentielle : $W_{EXT} = \Delta U = U_2 - U_1$. Puisque seules les variations d'énergie potentielle ont une signification physique, il est commode de choisir $U_1 = 0$ en $\theta_1 = \pi/2$, de sorte que cos $\theta_1 = 0$. L'énergie potentielle d'un dipôle dans un champ externe est donc de la forme

Énergie potentielle électrique d'un dipôle

$$U_E = -pE \cos \theta = -\vec{\mathbf{p}} \cdot \vec{\mathbf{E}} \tag{2.25}$$

La figure 2.37 représente graphiquement l'énergie potentielle en fonction de l'angle θ. L'énergie potentielle est minimale en $\theta = 0$ et maximale pour $\theta = \pi$. Si le dipôle est libre de tourner, il oscille par rapport à la direction du champ. Si son énergie mécanique peut être dissipée par un mécanisme quelconque (collisions avec d'autres molécules ou rayonnement), le dipôle finira par atteindre son état de plus faible énergie, autrement dit il va s'orienter suivant le champ.

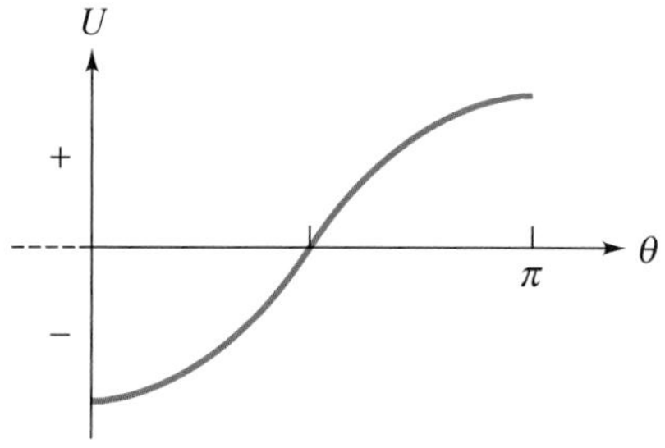

Figure 2.37 ▲
L'énergie potentielle d'un dipôle en fonction de son orientation.

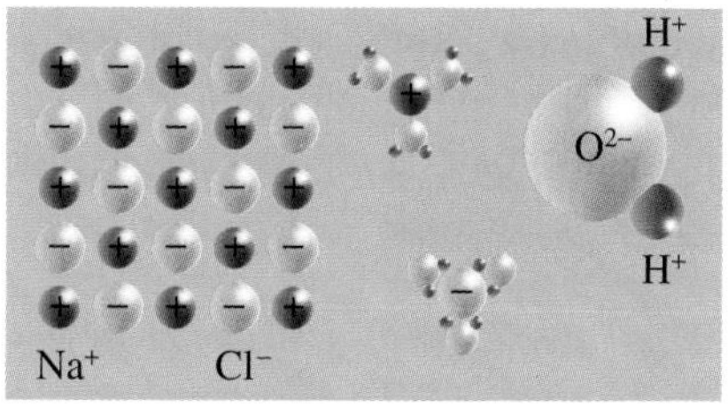

Figure 2.38 ▲
Lorsqu'un cristal de sel se dissout, les ions Na^+ et Cl^- se fixent sur des molécules d'eau.

La molécule d'eau a un moment dipolaire élevé ($6{,}2 \times 10^{-30}$ C·m) qui en constitue une propriété importante. Par exemple, lorsqu'on met des cristaux de sel (NaCl) dans l'eau, l'attraction entre les charges de la molécule d'eau (polaire) et les ions Na^+ et Cl^- est suffisante pour rompre les liaisons ioniques entre ces ions. Cela permet d'expliquer que le sel se dissout facilement dans l'eau (figure 2.38). Selon cette théorie, la solubilité d'une substance dans l'eau dépend de la nature polaire ou non polaire de ses molécules. Si la substance est faite de molécules polaires, ses dipôles vont se combiner avec les dipôles de l'eau pour donner des configurations simples. À l'inverse, si elles sont constituées de molécules non polaires, comme les huiles, elles ne se mélangeront pas à l'eau. La cuisson au four micro-ondes dépend de la réaction des dipôles soumis à un champ électrique oscillant qui change de sens à haute fréquence ($2{,}45 \times 10^9$ Hz) ; en vibrant sous l'effet du champ, les dipôles produisent de l'énergie thermique dans le milieu où ils se trouvent. Les matériaux qui n'ont pas de dipôles, comme le papier et le verre, ne peuvent donc pas devenir chauds dans un four micro-ondes.

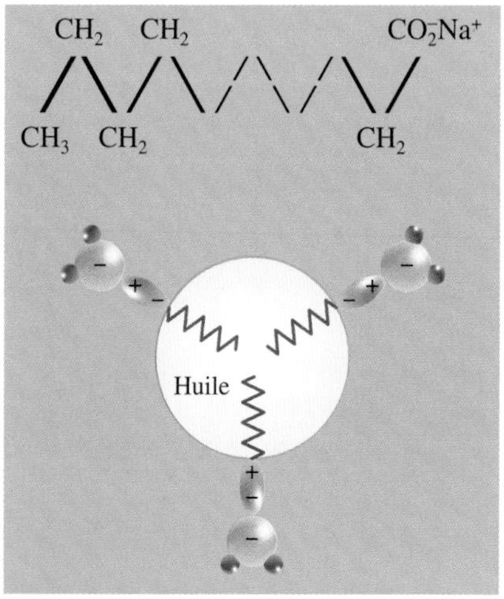

Figure 2.39 ▲
Une molécule de savon a une extrémité polaire et une extrémité non polaire. L'extrémité non polaire se combine avec une goutte d'huile, alors que l'extrémité polaire se combine avec une molécule d'eau.

Les molécules des savons et des détergents sont particulières. Une molécule de savon est une longue chaîne d'hydrocarbures dont une extrémité est non polaire et dont l'autre extrémité possède un moment dipolaire (figure 2.39). L'extrémité non polaire se mélange facilement avec les acides gras (non polaires), alors que l'extrémité polaire est attirée par l'eau. L'eau savonneuse que l'on jette entraîne donc avec elle les huiles et les graisses.

2.7 Le dipôle dans un champ non uniforme

Contrairement au cas de la figure 2.36 (p. 55) où le champ était uniforme, un dipôle plongé dans un champ électrique non uniforme est soumis à une force résultante non nulle. Sur le schéma de la figure 2.40, le champ est plus intense au point où se trouve la charge positive. Si $\vec{\mathbf{E}}_+$ et $\vec{\mathbf{E}}_-$ sont les valeurs respectives du champ sur la charge positive et sur la charge négative, et si $\vec{\mathbf{F}}_+$ et $\vec{\mathbf{F}}_-$ sont les forces qui en découlent, la composante horizontale de la force résultante agissant sur le dipôle est

$$F_x = F_+ - F_- = q(E_+ - E_-) = q\Delta E$$

Si le dipôle est parallèle à l'axe des x, on peut écrire $p = q\Delta x$; la composante horizontale de la force peut alors s'écrire $F_x = p\Delta E/\Delta x$, ce qui donne à la limite, quand $\Delta x \to 0$*,

$$F_x = p\frac{\mathrm{d}E}{\mathrm{d}x} \qquad (2.26)$$

Cette force se *superpose* au moment de force qui demeure donné approximativement par l'équation 2.24. Si le dipôle n'est pas initialement aligné sur le champ, il a donc tendance à tourner pour le faire, ce qui le place ensuite en situation de subir la force résultante maximale. Si $\mathrm{d}E/\mathrm{d}x$ est positif, la force est dirigée dans le sens des x positifs. On voit donc qu'un corps neutre placé dans un champ électrique peut être soumis à une force résultante pourvu qu'il ait un moment dipolaire et que le champ soit non uniforme. C'est pourquoi un morceau de papier, qui est neutre, peut être attiré par un peigne chargé (figure 2.41). Le champ produit par le peigne induit une séparation des charges dans chacun des atomes du papier, comme à la figure 2.32 (p. 54). Le champ dû au peigne n'étant pas uniforme, les forces agissant sur les charges positives et négatives du papier ne sont pas égales. La force résultante agissant sur le papier est dirigée vers le peigne.

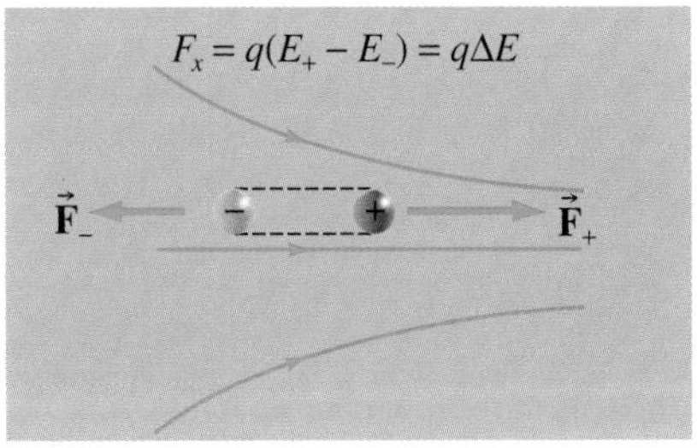

Figure 2.40 ▲
Un dipôle placé dans un champ non uniforme est soumis à une force résultante non nulle.

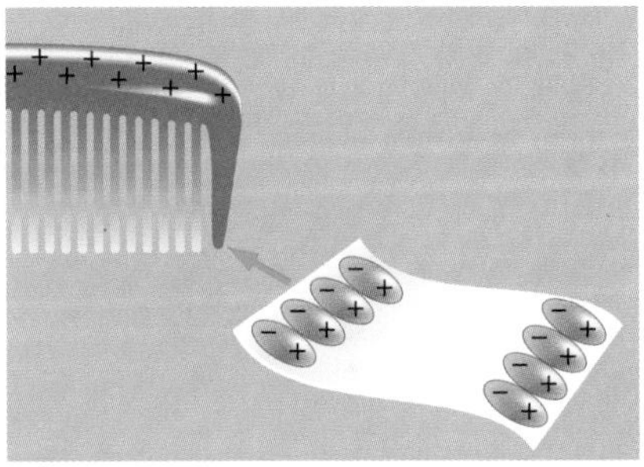

Figure 2.41 ▲
Un peigne chargé induit des dipôles dans un morceau de papier (un isolant). Comme le champ créé par le peigne n'est pas uniforme, le papier est soumis à une force résultante non nulle qui l'attire vers le peigne.

L'interaction entre dipôles

L'interaction entre les dipôles induits dans des atomes neutres est à l'origine d'un type de liaison faible appelée force de *Van der Waals*. Une fluctuation aléatoire dans la distribution des charges d'un atome peut faire apparaître un moment dipolaire provisoire, que nous appellerons p_1. Le module du champ créé en un point éloigné sur l'axe du dipôle est donné par l'équation 2.22 :

$$\text{(axe)} \qquad E_1 = \frac{2kp_1}{x^3}$$

Comme le montre la figure 2.42, ce champ induit un moment dipolaire p_2 dans un atome situé à proximité. Le deuxième atome est donc soumis à une force de module

$$F_2 = p_2\left|\frac{\mathrm{d}E_1}{\mathrm{d}x}\right|$$

dirigée vers le premier atome. Le moment dipolaire induit est proportionnel au champ extérieur, c'est-à-dire $p_2 \propto E_1$. Comme $\mathrm{d}E_1/\mathrm{d}x \propto 1/x^4$, on en déduit que la force d'interaction entre les deux dipôles varie comme suit :

$$F \propto \frac{1}{x^7}$$

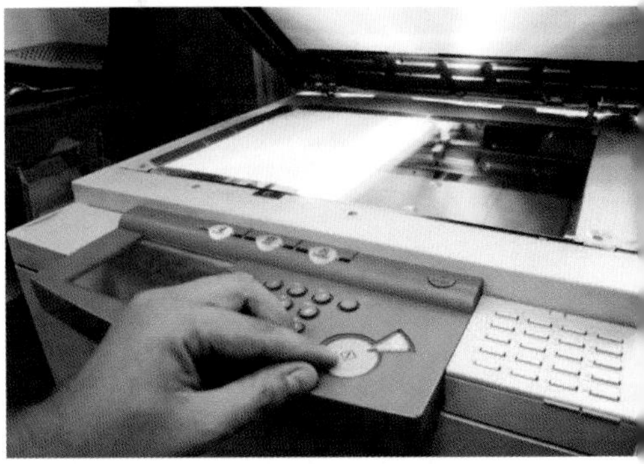

Les photocopieurs utilisent l'attraction électrostatique sur un dipôle pour fonctionner : au départ, l'appareil illumine intensément le document pour en produire une « empreinte » chargée positivement sur une surface appelée tambour. Ensuite, les petites particules de toner (encre en poudre) sont polarisées puis attirées par ces zones chargées du tambour, auxquelles elles adhèrent. Il ne reste plus ensuite qu'à mettre le papier vierge, préalablement chargé par frottement, en contact avec le tambour. (Ce processus est décrit en détail dans le sujet connexe à la fin du chapitre 4.)

* On peut aussi tirer cette expression de $U = -\vec{\mathbf{p}} \cdot \vec{\mathbf{E}}$ et de la relation $F_x = -\mathrm{d}U/\mathrm{d}x$.

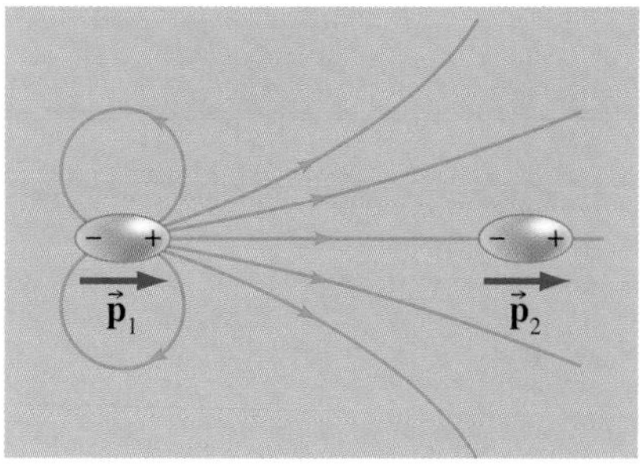

Figure 2.42 ▲
Le champ créé par un dipôle peut induire un dipôle dans une molécule ou un atome voisin. Il en résulte une force d'attraction entre les dipôles.

Les champs associés à ces dipôles n'étant pas uniformes, la force résultante entre les atomes non chargés est une force attractive. Cette force de Van der Waals intervient lors de la condensation d'un gaz en liquide. La facilité avec laquelle le mica se sépare en feuilles s'explique par la présence de ce type de liaison faible au lieu d'autres liaisons plus fortes.

2.8 L'expérience de la goutte d'huile de Millikan

Nous avons vu à la section 1.1 que la charge électrique est quantifiée, c'est-à-dire que la charge portée par un corps ne peut prendre pour valeurs qu'un des multiples de la charge élémentaire e. Ce principe de quantification fut mesuré directement en 1909 par R. A. Millikan (figure 2.43), dans son *expérience de la goutte d'huile*. Entre deux plaques produisant un champ électrique (figure 2.44), on vaporise de l'huile (il se servait d'un simple vaporisateur à parfum) au-dessus de la plaque supérieure ; les gouttes d'huile se chargent par frottement et on observe celles qui tombent par une ouverture pratiquée dans la plaque supérieure. On fait varier la différence de potentiel entre les plaques jusqu'à ce qu'une goutte donnée soit en équilibre, c'est-à-dire jusqu'à ce que la force électrique et la force gravitationnelle aient le même module : $qE = mg$.

Figure 2.43 ▲
Robert A. Millikan (1868-1953).

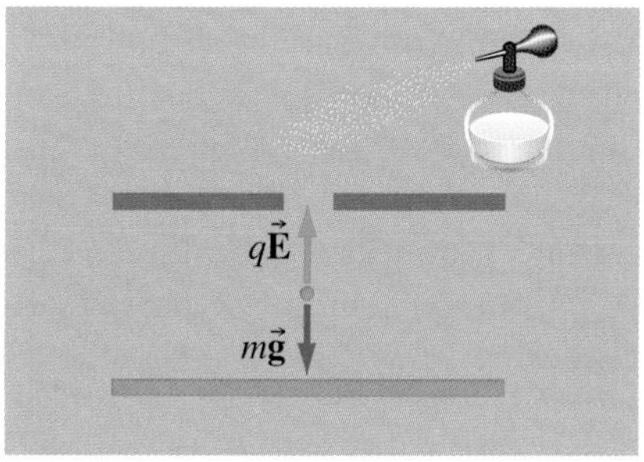

Figure 2.44 ▲
Dans l'expérience de la goutte d'huile de Millikan, des gouttelettes chargées sont en équilibre dans le champ créé entre deux plaques.

La masse d'une goutte est déterminée par son rayon r et par la masse volumique de l'huile. Mais comme il s'agit en fait de très fines gouttelettes ($r \approx 2{,}5 \times 10^{-5}$ cm), leur rayon ne peut être mesuré directement. Lorsqu'on supprime le champ, la chute des gouttelettes est ralentie par la résistance visqueuse de l'air, une force dont le module est donné par $F_{\text{rés}} = \gamma v$, où v est la vitesse de la gouttelette et γ est une constante qui dépend de son rayon et de la résistance (viscosité) de l'air. En mesurant la vitesse finale, on peut déterminer r puis m (*cf.* problème 15). Enfin, la charge est donnée par $q = mg/E$.

Après avoir effectué plusieurs centaines de mesures, Millikan confirma l'hypothèse qu'il avait formulée : selon *chacune* de ces mesures, la charge des gouttelettes était toujours un multiple entier de l'unité de base $e = 1{,}602 \times 10^{-19}$ C. Autrement dit, il montra que la charge est *quantifiée*. Soulignons le caractère minutieux de son expérience. On sait en effet qu'une charge minime de 10^{-10} C, acquise par frottement, correspond en fait à *un milliard* de charges électroniques. Un écart de quelques millions ne ferait donc pas une grande différence ; Millikan a pourtant réussi à faire des mesures avec des gouttelettes portant *une seule* charge électronique !

SUJET CONNEXE

La télévision et les écrans numériques

La télévision est une technologie omniprésente dans la vie quotidienne depuis plus d'un demi-siècle. À la section 2.4, nous avons expliqué le rôle du tube à rayons cathodiques (TRC) dans le fonctionnement d'un téléviseur. Si cette technologie a longtemps été dominante dans l'industrie de la télévision, ce n'est plus le cas aujourd'hui, plusieurs fabricants ayant même cessé complètement de commercialiser des téléviseurs à TRC dès 2005. Les récentes télévisions à écran plat utilisent plutôt la technologie du plasma ou l'affichage à cristaux liquides (ACL, aussi connu par l'acronyme anglophone LCD). Les écrans à plasma ont aussi été utilisés en informatique et les ACL, dans des domaines très variés, qu'on pense à l'écran d'une calculatrice, à celui d'un iPod ou au viseur d'un appareil photo numérique. Dans ce qui suit, nous expliquerons d'abord le fonctionnement d'une télévision à TRC et décrirons ensuite ces technologies nouvelles. Comme nous le verrons, de nombreux aspects du fonctionnement sont les mêmes pour tous les types d'écrans.

Figure 2.45 ▲
Pour afficher une image, un téléviseur ou un écran d'ordinateur colore une série de petits points juxtaposés, les *pixels*. Quand on regarde de suffisamment près, on distingue les pixels de l'écran (premier agrandissement). Quand on regarde d'encore plus près, comme sur le second agrandissement, on voit que chaque pixel est subdivisé en trois sous-pixels : rouge, vert et bleu. (Ceux illustrés ici ont la forme de rectangles.) En variant l'intensité des sous-pixels, on donne au pixel une couleur donnée qui semble uniforme vue à une plus grande distance.

La production d'une image en mouvement

Considérons d'abord le cas d'une simple image fixe. Un téléviseur ou un écran d'ordinateur n'affichent pas une image comme telle, mais plutôt une série de petits points juxtaposés, les *pixels* (de l'anglais « *pic*ture *el*ement »). Si nous regardons l'écran depuis une distance suffisamment grande, notre œil est incapable de distinguer les pixels les uns des autres, car son pouvoir de résolution devient trop faible (voir la section 7.3 du tome 3). Plutôt que de paraître discontinues, les formes à l'écran nous semblent alors constituer une image lisse. À l'inverse, si on approche un peu plus notre œil de l'écran, les pixels peuvent devenir apparents, comme le montre le premier agrandissement de la figure 2.45.

Plus le nombre de pixels que peut afficher un écran de taille donnée est élevé, plus l'image a l'air lisse, même de près (ou plus l'écran peut avoir une grande taille). Cette caractéristique d'un écran est appelée sa *résolution* ou sa *définition*. L'écran d'une télévision à TRC conforme au standard comporte 720 colonnes et 480 lignes, ce qui équivaut à 345 600 pixels, qu'on écrit plus simplement « 720×480 ». Toutefois, la grande majorité des écrans d'ordinateurs, même à TRC, ont une résolution minimale de 1024×768. Les téléviseurs à haute définition et à écran large, quant à eux, ont une résolution pouvant atteindre 1920×1080.

Pour produire une image en mouvement, la télévision fonctionne un peu comme le cinéma : elle décompose le mouvement en une *succession d'images fixes*. Quand plus d'une quinzaine d'images par seconde sont affichées, notre cerveau « complète » ce qui se produit entre chaque image et on croît que l'image est effectivement en mouvement. En pratique, l'image est *rafraîchie* bien plus souvent, 48 ou 72 fois par seconde au cinéma et 30 à 240 fois par seconde sur les téléviseurs et les écrans d'ordinateur. (Parfois, l'image est identique pour deux ou trois rafraîchissements successifs, mais cela diminue le clignotement de l'image. Par exemple, au cinéma, il n'y a que 24 images différentes chaque seconde.)

L'affichage des pixels est donc extrêmement rapide. Pour un écran 720×480 à une fréquence de rafraîchissement de 60 Hz, ce sont $720 \times 480 \times 60 = 20{,}7$ millions de pixels qui sont illuminés chaque seconde.

La synthèse d'une couleur à partir de couleurs primaires

Afficher une image en couleur pose en apparence un défi technique : les nuances de couleurs qu'on observe dans la vie quotidienne sont innombrables. Toutefois, Isaac Newton (1643-1727) a découvert que la lumière blanche peut être décomposée en toutes les couleurs de l'arc-en-ciel, et le physicien Thomas Young (1773-1829), lui, a observé qu'en mélangeant trois des couleurs de l'arc-en-ciel appelées *couleurs primaires*, on pouvait *synthétiser* toutes les autres couleurs. Aujourd'hui, la synthèse d'une couleur n'est pas vue comme uniquement un phénomène physique, mais aussi comme un phénomène biologique : les trois couleurs primaires sont celles qui activent seulement un des trois types de *cônes*, ces cellules photosensibles qui tapissent la surface interne de notre œil. Leur « mélange » est donc avant tout une construction de notre cerveau*. En télévision couleur, un pixel peut donc produire n'importe quelle couleur en émettant une quantité appropriée de lumière de chacune des trois couleurs primaires. Pour ce faire, il est divisé en trois *sous-pixels*, un pour chacune des couleurs primaires. Quand l'observateur est à une distance suffisante, les sous-pixels se confondent et la couleur du pixel semble uniforme, comme sur la figure 2.45 ou son premier agrandissement. Ce n'est que sur le second agrandissement de la figure 2.45 qu'on distingue les sous-pixels.

Les couleurs des trois sous-pixels sont le rouge, le vert et le bleu. Cela peut sembler bizarre : dans la culture populaire, le vert n'est pas une couleur primaire... Par exemple, quel enfant n'a pas exploré la peinture ou le coloriage et réalisé qu'en superposant du bleu et du jaune sur une feuille blanche on obtient du vert ? Ce cas familier est toutefois différent de celui d'un écran de téléviseur : dans le coloriage, le rôle des pigments est d'*absorber* une partie de la lumière blanche qui serait autrement réfléchie par la feuille. Il s'agit de *synthèse soustractive*. En mélangeant les couleurs primaires de ce type de synthèse, on obtient du noir. La synthèse soustractive est notamment utilisée en imprimerie** et les couleurs primaires sont effectivement alors le magenta, le jaune et le cyan (figure 2.46*a*), et le vert n'en fait pas partie.

Le cas d'un écran de téléviseur est différent. Contrairement à une photographie imprimée qui ne fait que réfléchir de la lumière, l'écran d'un téléviseur *émet* de la lumière. L'effet de synthèse produit est alors similaire à celui qu'on rencontre lors d'un spectacle quand des projecteurs de couleurs différentes illuminent le même endroit de la scène : il n'y a aucun pigment qui supprime des couleurs, mais au contraire des éclairages de couleurs différentes qui s'additionnent. Cette *synthèse additive* (figure 2.46*b*) a bel et bien le rouge, le vert et le bleu comme couleurs primaires, car ce sont ces couleurs qui activent séparément les cônes de notre œil. En mélangeant les couleurs primaires de la synthèse additive, on obtient du blanc.

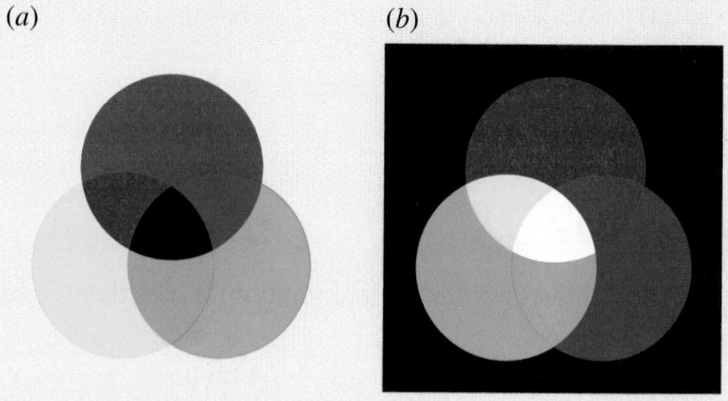

Figure 2.46 ▲

Il y a deux façons différentes de produire une couleur à partir de trois couleurs primaires. (*a*) En dessin ou en imprimerie, on utilise la synthèse *soustractive* : en l'absence de pigmentation, la feuille est blanche et le rôle des pigments est d'éliminer des composantes de couleur dans cette lumière blanche réfléchie par la feuille. Plus on élimine de composantes, plus on obtient une lumière réfléchie dont la couleur est sombre, la combinaison des trois couleurs primaires magenta, jaune et cyan produisant du noir (aucune lumière réfléchie). (*b*) Dans le domaine de l'éclairage, la synthèse est plutôt *additive* : en l'absence d'éclairage, il y a l'obscurité (noir) et le rôle de la lumière projetée est d'ajouter des composantes de couleur à ce qui était initialement obscur. Plus on ajoute de composantes, plus la couleur obtenue est vive, la combinaison des trois couleurs primaires rouge, vert et bleu produisant du blanc. Un écran de téléviseur émet de la lumière et utilise donc la synthèse additive.

En télévision, pour synthétiser une couleur, chaque pixel doit donc émettre un mélange de lumière rouge, de lumière verte et de lumière bleue. Le choix d'un ton approprié de chacune de ces trois couleurs primaires permettra de synthétiser une grande variété de couleurs. Par exemple, si chaque sous-pixel peut prendre 256 intensités différentes comme c'est le cas en télévision numérique ou dans un écran d'ordinateur, alors $256^3 = 16{,}8$ millions de couleurs différentes peuvent être affichées sur chacun des pixels de l'écran. En télévision non numérique, l'intensité peut même être ajustée de façon continue, ce qui permet théoriquement une variété de couleurs encore plus grande.

* Par exemple, un mélange de rouge et de vert nous paraît jaune parce qu'il active les cônes sensibles à ces deux couleurs, exactement comme le fait une lumière jaune « pure » de 590 nm de longueur d'onde. Notre cerveau ne peut donc absolument pas faire la différence.

** En fait, l'imprimerie utilise quatre encres de base : le magenta, le jaune, le cyan et le noir. C'est la *quadrichromie*, souvent désignée par l'anglicisme « procédé quatre couleurs ». Bien que le noir puisse théoriquement être synthétisé à partir des trois autres couleurs, cela serait plus coûteux et plus difficile techniquement : les trois couleurs devraient être très pures, être appliquées exactement au même endroit sur la feuille, ne pas réagir chimiquement ensemble, etc. L'utilisation très fréquente du noir justifie le recours à une encre supplémentaire, déjà noire.

La phosphorescence

Pour émettre de la lumière dont la couleur correspond à l'une des trois couleurs primaires, les téléviseurs à TRC ou les écrans à plasma utilisent la phosphorescence, un phénomène similaire à la fluorescence étudiée au chapitre 9 du tome 3. Dans l'un et l'autre de ces deux phénomènes, des atomes d'un matériau reçoivent d'abord de l'énergie (par de la *radiation* ou par des *collisions* avec des particules énergétiques) qui les fait passer à un niveau *excité*, puis ils restituent cette énergie en émettant de la lumière faite de couleurs spécifiques (spectre discret) et caractéristiques du matériau. Dans le phénomène de fluorescence, cette restitution est extrêmement rapide, si bien que l'émission de lumière cesse en moins de 10^{-8} s lorsque l'apport d'énergie cesse. C'est ce qui se produit quand on débranche un affichage commercial au néon, par exemple. La phosphorescence se distingue par le fait que la lumière continue d'être émise pendant un certain temps après le retrait de la source d'énergie. Ce temps dépend de la nature du matériau et peut varier de quelques microsecondes à plusieurs minutes. Ce phénomène est notamment employé dans la fabrication des jouets qui « brillent dans le noir » : une substance phosphorescente incorporée au plastique dont ils sont faits absorbe l'énergie de l'éclairage ambiant et restitue cette énergie sur une très longue période.

Les matériaux qui manifestent de la phosphorescence sont nombreux, et on les identifie souvent par un code standardisé qui débute avec la lettre P. En jargon technique, on appelle ces matériaux « des phosphores », mais il importe de ne pas les confondre avec l'élément aussi appelé phosphore, dont ils sont totalement dépourvus*. Les revêtements phosphorescents les plus fréquents sont plutôt des oxydes ou des sulfures de différents éléments chimiques comme l'aluminium, le zinc et le cadmium, auxquels on mélange une petite proportion d'atomes d'un métal (ou parfois plusieurs) appelé *activateur*. Ce dernier affecte le spectre de la lumière émise, mais a aussi pour rôle d'augmenter le temps pendant lequel le matériau continue d'émettre de la lumière après le retrait de la source d'énergie. Parfois, on ajoute aussi des atomes dont le rôle est de raccourcir ce temps d'émission.

Selon les applications, on privilégie un matériau phosphorescent plutôt qu'un autre. Par exemple, le sulfure de zinc (ZnS) activé par 5 ppm de cuivre est le phosphore le plus utilisé dans la fabrication des jouets lumineux, pour sa lueur verte émise pendant une période très prolongée. Le même sulfure de zinc, avec un activateur dosé différemment, devient le revêtement P31 qui émet pendant un temps inférieur à une milliseconde et est utilisé dans les écrans d'oscilloscope. Parfois, on utilise aussi un mélange de plusieurs matériaux. Par exemple, le revêtement P4 est un mélange de sulfures de zinc et de cadmium, activés par des atomes d'argent. La combinaison des longueurs d'onde émises par ce revêtement donne une lumière essentiellement blanche. (Le phosphore P4 était d'ailleurs utilisé pour tapisser les pixels en télévision noir et blanc.)

En télévision couleur, on tapisse les trois sous-pixels des revêtements P22B, P22G et P22R qui émettent respectivement une lumière à dominante bleue, verte et rouge. La figure 2.47 illustre leur spectre d'émission. Le phosphore P22B est du sulfure de zinc activé par des atomes d'argent. Son pic d'émission correspond à une lumière bleue de 450 nm de longueur d'onde, émise pendant un court délai de 0,2 μs après le retrait de la source d'énergie. Le phosphore P22G ne diffère que par son activeur, un mélange de cuivre et d'aluminium. Son spectre ressemble à celui du phosphore P31, mais son temps d'émission, 35 μs, est significativement plus court. Quant au phosphore P22R, il a été plus difficile à mettre au point : il s'agit d'un mélange d'oxyde et de sulfure d'yttrium, activé par des atomes d'europium. Son temps d'émission est de 850 μs.

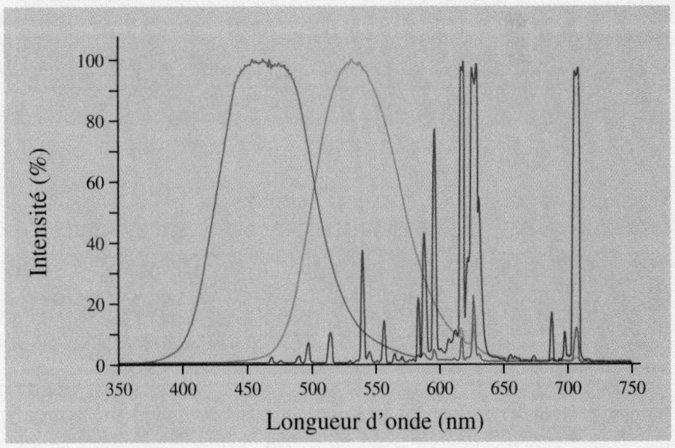

Figure 2.47 ▲
Dans chaque pixel de l'écran d'un téléviseur à TRC (ou à plasma), les trois sous-pixels sont recouverts de matériaux phosphorescents émettant des spectres à dominante bleue, verte et rouge.

Les écrans à TRC

Pour produire une image, un écran doit utiliser une source d'énergie pour exciter les revêtements phosphorescents appropriés avec une intensité appropriée. Comme nous

* Le phosphore peut bel et bien émettre de la lumière, mais en raison d'un phénomène différent impliquant une réaction chimique (oxydation du phosphore au contact de l'air). À l'origine, on appelait « phosphorescente » toute substance qui « brille à la façon du phosphore », mais ce terme est aujourd'hui réservé à un phénomène que le phosphore ne manifeste pas !

l'avons évoqué à la section 2.4, la source d'énergie utilisée dans un écran à TRC est un jet d'électrons projetés à haute vitesse sur le revêtement phosphorescent. Nous verrons maintenant comment un TRC permet d'activer les sous-pixels voulus et de leur transmettre la quantité appropriée d'énergie.

Les électrons sont produits et accélérés par un *canon à électrons*. En télévision couleur, un TRC contient trois canons, un pour activer les sous-pixels de chacune des couleurs primaires. En télévision noir et blanc, il y a un seul canon. Dans un canon, des électrons libres sont d'abord obtenus en chauffant un filament : quand sa température devient importante*, la vibration des atomes qui composent le filament est telle qu'un bon nombre d'électrons en sont spontanément éjectés : c'est l'effet thermoïonique. (Ce filament est souvent appelé *cathode*, d'où le nom donné aux jets d'électrons qui en sont issus, soit *rayons cathodiques*.) Par ailleurs, un champ électrique important ($\approx 10^6$ V/m) est maintenu entre la cathode et une plaque appelée *anode*, ce qui permet d'accroître la vitesse des électrons avant qu'ils ne quittent le canon. En ajustant la différence de potentiel entre la cathode et l'anode (voir le chapitre 4), on ajuste le module de ce champ électrique et on peut changer la vitesse à laquelle sont projetés les électrons. Une série de dispositifs permet aussi de concentrer le jet d'électrons en un étroit faisceau.

Après sa sortie du canon, chaque jet d'électrons doit être dirigé en un endroit précis de l'écran, ce qui nécessite d'appliquer à la fois une accélération verticale et une accélération horizontale. À la section 2.4, nous avons décrit comment chacune de ces deux accélérations peut être causée par le champ électrique uniforme produit par un condensateur plan, un des champs étant ici vertical et l'autre horizontal. Toutefois, cette méthode nécessite des TRC très profonds et est surtout utilisée dans la fabrication des TRC d'oscilloscopes et non dans ceux des téléviseurs. Dans ce dernier cas, la déviation est le plus souvent assurée par des champs magnétiques. Dans un tel champ, un électron ne décrit pas une parabole mais plutôt un arc de cercle (voir la section 8.5), ce qui permet toutefois de le diriger quand même à l'endroit souhaité. Notez qu'après avoir atteint l'écran, les électrons retournent à la cathode en suivant un parcours conducteur prévu à cet effet.

Pour afficher une image, un téléviseur à TRC utilise les trois faisceaux d'électrons pour illuminer de façon successive tous les pixels de l'écran. Ce *balayage* se fait selon une séquence standardisée, similaire pour toutes les télévisions : tous les pixels d'une ligne sont excités avant de passer à la ligne suivante et toutes les lignes de l'écran sont balayées un certain nombre de fois par seconde (30 fois par seconde selon le standard nord-américain NTSC). Cette façon de balayer l'écran est facilement révélée quand on filme un écran à TRC ou qu'on le photographie (figure 2.48). Pour réduire le clignotement de l'image perçu par l'œil, on utilise aussi l'*entrelacement* : plutôt que de balayer chacune des lignes dans l'ordre, on balaye toutes les lignes paires suivies de toutes les lignes impaires. L'œil perçoit donc 60 rafraîchissements par seconde et l'image semble plus stable. Dans la plupart des écrans d'ordinateur à TRC conçus depuis le début des années 1990 (et dans les télévisions à écran plat), la fréquence de rafraîchissement est plus élevée et l'entrelacement n'est plus nécessaire.

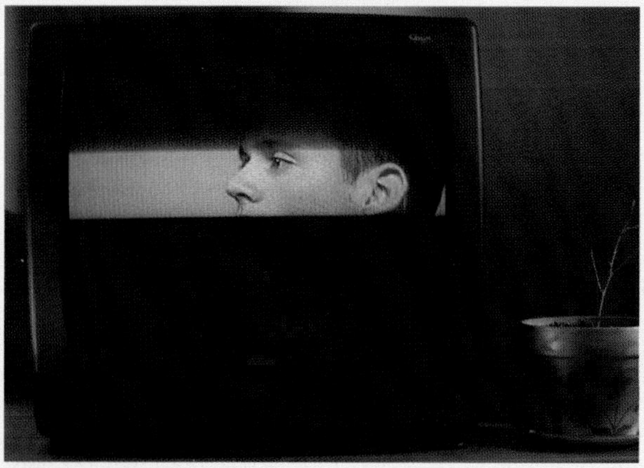

Figure 2.48 ▲
Sur cette photograhie prise avec un temps d'exposition suffisamment court, on voit que les pixels d'un écran de télévision à TRC sont illuminés successivement par un balayage horisontal de chaque ligne. Cela cause un léger clignotement de l'image, qui n'existe pas dans un écran à plasma.

À mesure qu'une ligne donnée de l'écran est balayée, l'intensité du faisceau d'électrons est ajustée pour que les sous-pixels atteints par le jet soient illuminés de façon appropriée (c'est-à-dire pour produire une ligne de l'image voulue). L'information qui permet cet ajustement est transmise par le *signal vidéo composite*. Ce signal standardisé indique, une ligne d'écran après l'autre, l'intensité que doit prendre chaque faisceau d'électrons. Ce signal peut provenir d'une antenne, de la câblodiffusion, d'une vidéocassette, etc.

Il reste toutefois une question qui ne se pose qu'en télévision couleur : comment s'assurer que chacun des trois jets d'électrons, quand il est projeté de façon continue en suivant une ligne horizontale de l'écran, n'atteint que

* Quand on met sous tension une télévision ou un écran d'ordinateur à TRC, quelques secondes sont nécessaires avant que l'image apparaisse. C'est le temps nécessaire pour chauffer la cathode du canon.

les sous-pixels de la couleur voulue ? Un dispositif breveté en 1938 permet de régler ce problème : comme le schématise la figure 2.49*a*, on dispose devant l'écran phosphorescent un obstacle appelé *masque*, percé d'un trou devant chaque pixel. Les canons sont disposés côte à côte ou en triangle, de telle façon que leurs jets d'électrons, lorsqu'ils traversent le *même* trou du masque, aboutissent respectivement sur chacun des trois sous-pixels d'un même pixel. Comme le montre la partie droite du schéma de la figure 2.49*a* et la photographie de la figure 2.49*b*, la façon dont sont disposés les canons détermine la façon dont les sous-pixels sont disposés au sein d'un même pixel : dans le cas illustré, ils forment un triangle, mais ils peuvent aussi être côte à côte. Dans une variante différente de cette technologie, commercialisée par le fabricant Sony à partir de 1968, le masque est remplacé par une *grille* faite de minces fils verticaux. En plus de permettre d'avoir un écran à la surface moins arrondie, ce design permet de réduire la distance entre les sous-pixels et donc d'obtenir des images plus brillantes.

En raison du masque (ou de la grille), on doit se résoudre à ce que la majorité des électrons n'atteigne jamais l'écran : ils sont souvent bloqués pour éviter d'atteindre le mauvais sous-pixel ! Ce problème n'existait pas en télévision noir et blanc et aurait pu réduire la luminosité des images produites en télévision couleur. Pour y remédier, une des solutions a été d'accroître significativement l'énergie des électrons incidents, en augmentant jusqu'à 32 000 V la différence de potentiel (entre l'anode et la cathode) qui les accélère. Cette solution n'est toutefois pas sans inconvénient : des électrons trop énergétiques, lorsqu'ils sont brutalement décélérés en frappant le masque, émettent des rayons X (voir la section 11.4 du tome 3). Certains des premiers téléviseurs couleur étaient peu sécuritaires en raison de cet effet, mais l'ajout de plomb dans le verre qui recouvre l'écran des téléviseurs modernes permet de bloquer cette radiation cancérigène.

Les écrans à plasma

Le défaut principal des écrans à TRC est leur importante profondeur, essentielle pour que les jets d'électrons puissent atteindre l'écran de façon presque perpendiculaire. L'écran à plasma inventé en 1964, conçu initialement pour servir d'affichage monochrome dans le domaine de l'informatique, a été la première technologie permettant de construire un écran plat (figure 2.50). Quand Fujitsu produisit le premier écran à plasma en couleurs, en 1992, l'utilisation de cette technologie pour construire des téléviseurs devint envisageable. De premiers modèles furent en effet proposés au grand public à partir de 1997.

Dans un écran à plasma, c'est aussi le phénomène de phosphorescence qui permet d'illuminer chacun des sous-pixels, mais ce ne sont pas des électrons qui fournissent de l'énergie aux revêtements phosphorescents. Cette énergie provient plutôt d'un rayonnement ultraviolet produit par un *plasma*, c'est-à-dire un gaz ionisé.

(*a*)

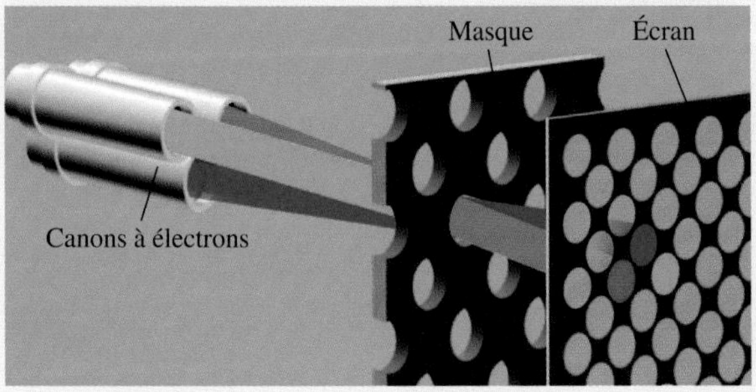

(*b*)

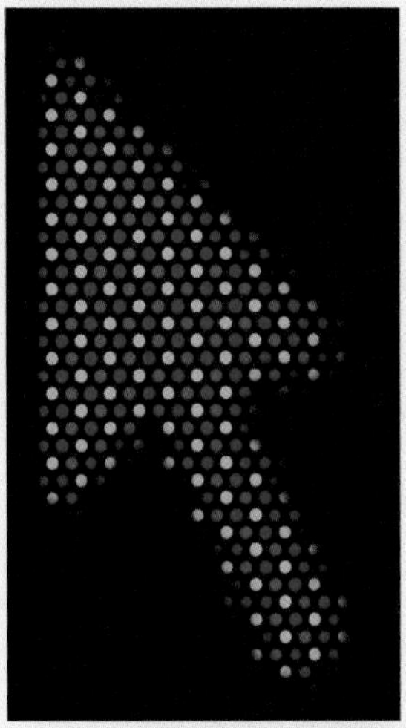

Figure 2.49▲
(*a*) Dans les TRC à masque, chacun des trois jets d'électrons, lorsqu'il balaye horizontalement, n'atteint l'écran que lorsqu'il passe vis-à-vis d'un des orifices percés dans le masque. La position de ces orifices est calculée pour que chaque canon ne puisse éclairer que les sous-pixels d'une même couleur primaire. Sur l'écran, à droite, on distingue les trois sous-pixels qui correspondent à un des orifices. Dans le design illustré ils forment trois cercles disposés en triangle, mais ils peuvent aussi avoir la forme de trois rectangles côte à côte. (*b*) En agrandissant une quarantaine de fois une photographie d'un écran (d'ordinateur, dans ce cas-ci), on peut facilement distinguer les pixels et la disposition des sous-pixels. À une distance suffisante, cette photographie devient le pointeur d'une souris, d'une couleur blanche uniforme sur un fond noir.

Figure 2.50 ▲
Ce terminal PLATO V de 1981 montre l'affichage monochrome que produisaient les premiers écrans à plasma. Ce type d'écran a été inventé en 1964 par Donald Blitzer et son équipe de recherche de l'Université de l'Illinois, dans le but d'améliorer les possibilités du système PLATO utilisé dans l'enseignement. Jusqu'aux années 1980, les écrans à plasma n'étaient utilisés qu'en informatique.

En effet, chacun des sous-pixels d'un écran à plasma est une minuscule cellule dont les parois internes sont tapissées du revêtement phosphorescent et dont une des faces (celle qui donne sur le devant du téléviseur) est transparente. Ces milliers de cellules, prises en sandwich entre deux grandes plaques de verre, sont remplies d'un gaz, habituellement un mélange de xénon et de néon. Quand on applique une différence de potentiel au gaz que contient une cellule, il s'ionise (donc il devient un plasma) et est traversé par une décharge électrique. Les électrons et les ions qui sont alors accélérés provoquent des collisions qui excitent certains atomes et causent, par fluorescence, l'émission de photons ultraviolets. Dans un second temps, ces ultraviolets activent le revêtement phosphorescent tapissant la cellule qui, lui, émet une lumière visible rouge, verte ou bleue. (Ce fonctionnement en deux temps est analogue à celui des ampoules fluocompactes utilisées dans l'éclairage, et on peut donc imaginer chaque sous-pixel un peu comme une ampoule fluocompacte miniaturisée, si on fait abstraction de la couleur émise et de la phosphorescence du revêtement.)

Pour pouvoir appliquer une différence de potentiel au gaz que contient un sous-pixel, ce dernier doit être relié à un circuit électrique (un peu comme doit l'être une ampoule fluocompacte si on veut qu'elle s'allume). Évidemment, on n'utilise pas deux fils différents par sous-pixel, car l'écran comporterait alors des milliers de fils très apparents. Cela serait aussi très encombrant : même si chaque fil était très étroit, ils se regrouperaient forcément quelque part. On utilise plutôt un *adressage matriciel* : comme l'illustre la figure 2.51, on dispose à l'arrière des sous-pixels une rangée d'électrodes horizontales et, à l'avant, une rangée d'électrodes verticales. Chaque électrode est en contact avec un grand nombre de sous-pixels, mais une combinaison donnée d'une électrode verticale et d'une électrode horizontale n'est reliée qu'à un sous-pixel unique. Pour illuminer un sous-pixel, il suffit donc d'appliquer une différence de potentiel entre les deux électrodes appropriées.

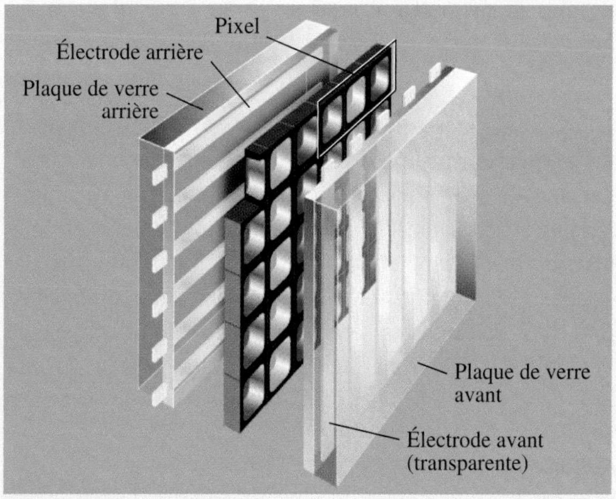

Figure 2.51 ▲
Pour appliquer une différence de potentiel aux parois d'une des cellules d'un écran à plasma, on utilise un adressage matriciel : chaque électrode est en contact avec toute une rangée de sous-pixels, mais une combinaison donnée d'une électrode verticale et d'une électrode horizontale n'est reliée qu'à un sous-pixel unique.

Bien que ce fonctionnement puisse paraître simple, la construction d'un écran à plasma pose quelques défis techniques. En particulier, les électrodes du devant doivent être transparentes pour ne pas masquer la lumière émise par les revêtements phosphorescents qui tapissent les cellules. Pour ce faire, on fabrique ces électrodes avec un matériau qui est à la fois transparent à la lumière et conducteur d'électricité, l'oxyde d'indium-étain. (Utilisé dans les électrodes des montres Timex, le nom de ce matériau a inspiré celui de la marque *IndiGlo*.) En raison de l'extrême fragilité de ce matériau, on protège les électrodes qui en sont faites en les recouvrant d'une pellicule d'oxyde de magnésium.

Dans un TRC, un sous-pixel est excité quand il reçoit le faisceau d'électrons et ne s'allume à nouveau que lorsque le faisceau repasse. C'est l'intensité du faisceau qui permet de contrôler la luminosité du sous-pixel. Dans un écran à plasma, il en va tout autrement : chaque décharge appliquée au gaz d'une cellule est identique. Pour contrôler la luminosité du sous-pixel, on joue plutôt sur la fréquence des décharges : plus les décharges se succèdent rapidement et plus la lumière émise paraît vive. Cette fréquence demeure la même jusqu'au prochain rafraîchissement d'écran. En conséquence, l'image d'un écran à plasma ne clignote pas comme celle d'un TRC (voir la figure 2.48, p. 62).

Du point de vue du téléspectateur, l'avantage le plus visible de l'écran à plasma demeure toutefois son épaisseur : les cellules, les électrodes et les deux plaques de verre cumulent à peine quelques centimètres d'épaisseur. En comptant le boîtier et les composantes électroniques, un téléviseur à écran plasma a rarement une profondeur de plus de 20 cm. De plus, cette profondeur demeure la même quelle que soit la taille de l'écran, alors que, dans le cas d'un écran à TRC, la profondeur doit être proportionnelle à la taille de l'écran.

L'écran à plasma n'est toutefois pas la seule technologie qui permet de fabriquer des écrans plats. Une autre technologie, qui est aujourd'hui la plus populaire sur le marché, est fondée sur l'utilisation de *cristaux liquides*.

Le cristal liquide, un autre état de la matière

Dans la vie quotidienne, on peut facilement distinguer les matériaux à l'état solide de ceux à l'état liquide : les premiers sont rigides et les seconds sont fluides. Du point de vue microscopique, on se représente les solides ordinaires comme un agencement très régulier d'atomes appelé *cristal*, alors qu'on voit les liquides comme un amoncellement désordonné d'atomes pouvant se déplacer les uns par rapport aux autres. Quand on les chauffe, la plupart des matériaux passent de leur état solide à leur état liquide à une température précise appelée *point de fusion*.

En 1888, le biochimiste Friedrich Reinitzer (1857-1927) observa pour la première fois un matériau qui présentait *deux points de fusion* : en chauffant du benzoate de cholestérol initialement solide, il constata que ce matériau « fondait » une première fois à 145,5°C, devenant une substance fluide et trouble. Quand on chauffait cette substance davantage, elle « fondait » à nouveau, à 178,5°C, devenant ensuite un liquide limpide. En refroidissant ce liquide, il vit que le phénomène était réversible. La substance fluide intermédiaire est un nouvel état de la matière, intermédiaire entre liquide et solide, qu'on appelle aujourd'hui un *cristal liquide*.

Au niveau microscopique, les cristaux liquides sont le plus souvent constitués de molécules ayant une forme allongée. En conséquence, elles ont tendance à s'agglomérer en *domaines* au sein desquels elles demeurent alignées parallèlement, bien qu'elles puissent tout de même bouger les unes par rapport aux autres*. (Les molécules peuvent aussi s'aligner sur les rayures que comporte une paroi solide avec laquelle elles sont en contact, ce qui fut mis à profit dans la conception des ACL comme nous le verrons ci-dessous.) Du point de vue macroscopique, un cristal liquide présente donc une fluidité, typique d'un liquide, tout en ayant des propriétés attribuées à l'orientation organisée de ses molécules, typiques de certains solides. Une propriété fréquente des cristaux liquides, en particulier, est la biréfringence (voir la section 7.9 du tome 3) : l'indice de réfraction de ces matériaux n'est pas le même dans toutes les directions. Selon la façon dont la lumière les traverse, elle ne progresse donc pas à la même vitesse.

Cette biréfringence** est précisément la propriété qui permet aux cristaux liquides d'être utilisés pour fabriquer des affichages numériques : comme nous le verrons ci-dessous, ces matériaux modifient l'état de la lumière qui les traverse, ce qui leur permet de servir de « porte », laissant passer la lumière ou la bloquant. Leur fluidité est elle aussi essentielle : c'est en déplaçant les molécules qu'on peut « ouvrir » ou « fermer » la porte, ce qui serait impossible dans un solide. Encore fallait-il toutefois synthétiser un matériau qui soit à l'état de cristal liquide à la température de la pièce, ce qui ne se produisit qu'en 1969. (En laissant une montre numérique ou un iPod dans une voiture par un froid hivernal ou une chaleur torride, il est facile d'observer ce qui se produit lorsque le matériau contenu dans l'écran passe de l'état de cristal liquide à celui de solide ou de liquide ordinaire.)

Structure moléculaire en hélice et construction des ACL

En 1970, la méthode qui permet de fabriquer les ACL d'aujourd'hui fut mise au point. Bien que la première

* Selon les matériaux et la température, les molécules peuvent s'organiser de différentes façons appelées *mésophases*. Dans certaines mésophases, l'organisation est à une dimension, alors que dans d'autres, elle peut être selon les trois dimensions.

** À la section 7.9 du tome 3, la biréfringence est définie comme un phénomène où des ondes polarisées selon différents plans progressent à des vitesses différentes. Les cristaux liquides présentent une *biréfringence circulaire*, qui est légèrement différente. La lumière polarisée incidente sur un cristal liquide peut être vue comme la superposition d'une onde dont le plan de polarisation tourne en sens horaire et d'une onde de même amplitude dont le plan de polarisation tourne en sens antihoraire. Dans un cristal liquide, ce sont ces deux composantes qui progressent à des vitesses différentes.

télévision à ACL fut construite en 1971, elle était de petite taille et les ACL furent surtout utilisés au départ pour fabriquer des affichages numériques de montres, de calculatrices et autres, puis éventuellement des écrans d'ordinateurs portables. Ce n'est qu'après 2006, à la suite de diverses innovations industrielles, qu'on put fabriquer des écrans ACL aussi grands que les écrans à plasma. Malgré leur utilisation différente, le fonctionnement de tous ces ACL repose sur un agencement particulier dans l'espace de molécules qui présentent plusieurs propriétés essentielles : état de cristal liquide à la température de la pièce, présence d'un moment dipolaire électrique, biréfringence, etc.

Quelle que soit son utilisation, un ACL est composé de cellules, contenues entre deux plaques de verre, qui renferment des cristaux liquides. Dans le cas d'un écran de téléviseur, d'ordinateur, d'iPod ou de téléphone cellulaire, ces cellules sont des sous-pixels, comme dans un écran à plasma, mais dans le cas de l'affichage numérique d'une montre, il n'y a que sept grandes cellules par chiffre (figure 2.52). Alors que les cellules d'un écran à plasma émettent (ou non) de la lumière grâce à la phosphorescence, celles d'un ACL *bloquent* (ou non) la lumière. Dans la plupart des ACL, il s'agit de la lumière émise par une source située derrière les cellules, par exemple des diodes électroluminescentes (voir la section 11.8 du tome 3). Dans d'autres cas, celui d'une montre ou d'une calculatrice notamment, c'est plutôt un miroir qui est placé derrière la cellule. L'ACL dépend alors de l'éclairage ambiant pour qu'on puisse voir ce qu'il affiche, car ses cellules ne font que contrôler si la lumière est réfléchie ou non.

Le fonctionnement d'une cellule d'ACL peut se comprendre en utilisant le modèle électromagnétique de la lumière (voir le chapitre 13 de ce tome ou le chapitre 4 du tome 3), selon lequel la lumière est composée de champs électriques et magnétiques dont la valeur en chaque point oscille. Dans le montage le plus courant, on place derrière la cellule d'ACL un *filtre polariseur* (voir la section 7.9 du tome 3), qui a pour effet de ne laisser passer que la lumière dont le champ électrique oscille selon un axe horizontal, et, à l'avant de la cellule, un second filtre identique ne laissant passer que la lumière dont le champ électrique oscille verticalement. (Ces filtres sont en bleu foncé sur la figure 2.53.) En somme, s'il n'y avait pas de cristaux liquides entre les deux filtres, aucune lumière ne les traverserait, car les filtres ont des axes de polarisation perpendiculaires entre eux. Ce n'est toutefois pas ce qui se produit, puisque les cristaux liquides peuvent modifier l'état de polarisation de l'onde électromagnétique qui les traverse (c'est-à-dire l'orientation de l'axe selon lequel le champ électrique oscille, parallèle au plan de la flèche jaune sur la figure 2.53). Pour ce faire, on doit placer les molécules d'une façon très particulière. Cela est possible

(*a*) (*b*)

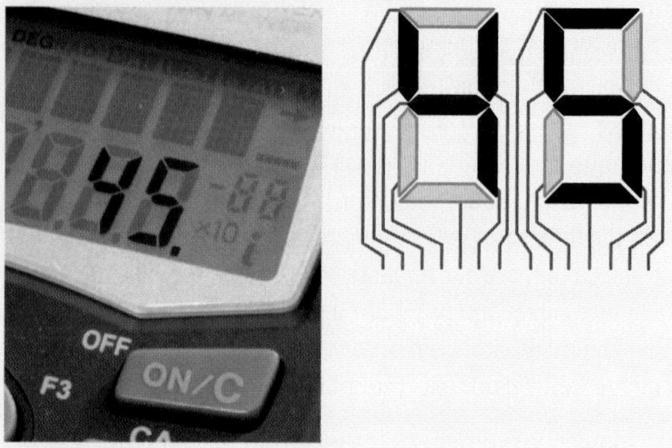

Figure 2.52 ▲
Dans une calculatrice de poche, l'affichage numérique, sept cellules de cristaux liquides suffisent à afficher chaque chiffre. Par exemple, pour produire le chiffre « 4 », on rend opaques quatre de ces cellules en introduisant une différence de potentiel entre les électrodes qui les recouvrent. Les trois autres cellules, transparentes, sont à leur état normal.

en gravant des rayures horizontales sur le verre de la paroi arrière qui borde la cellule et des rayures verticales sur le verre de la paroi avant : les molécules ont donc tendance à s'aligner à la fois entre elles et sur ces rayures, ce qui n'est possible qu'au prix d'une certaine « torsion ». La distance entre les deux parois (environ 20 μm) étant judicieusement choisie, les molécules se stabilisent en une *structure en hélice* (en bleu sur la figure 2.53*a*).

Quand la lumière traverse une cellule d'ACL, elle est d'abord polarisée horizontalement par le premier filtre, puis elle atteint les molécules de cristal liquide. Ces dernières étant biréfringentes, elles font tourner le plan de polarisation de la lumière, de façon à ce qu'il demeure *parallèle aux molécules*. Comme les molécules forment une structure en hélice qui tourne de 90, la lumière passe graduellement d'une polarisation horizontale à une polarisation verticale (figure 2.53*a*). Quand elle atteint le second polariseur, elle a donc la polarisation requise pour traverser. La cellule est donc illuminée. (Si cette cellule est un sous-pixel, on ajoute par-dessus la cellule un filtre de couleur pour que la lumière transmise paraisse rouge, verte ou bleue.) Pour que la cellule puisse aussi être « éteinte », on a ajouté dans le verre des parois avant et arrière des électrodes (transparentes) en oxyde d'indium-étain. En les branchant à une différence de potentiel, on crée un champ électrique uniforme entre ces électrodes, exactement comme dans un condensateur plan. Les molécules de cristal liquide utilisées possédant un moment dipolaire électrique, elles ont tendance à s'aligner sur ce champ (voir la section 2.5), ce qui détruit momentanément la structure en hélice (figure 2.53*b*). Les molécules étant alors orientées parallèlement à la direction de propagation de la lumière, elles n'ont plus le moindre effet

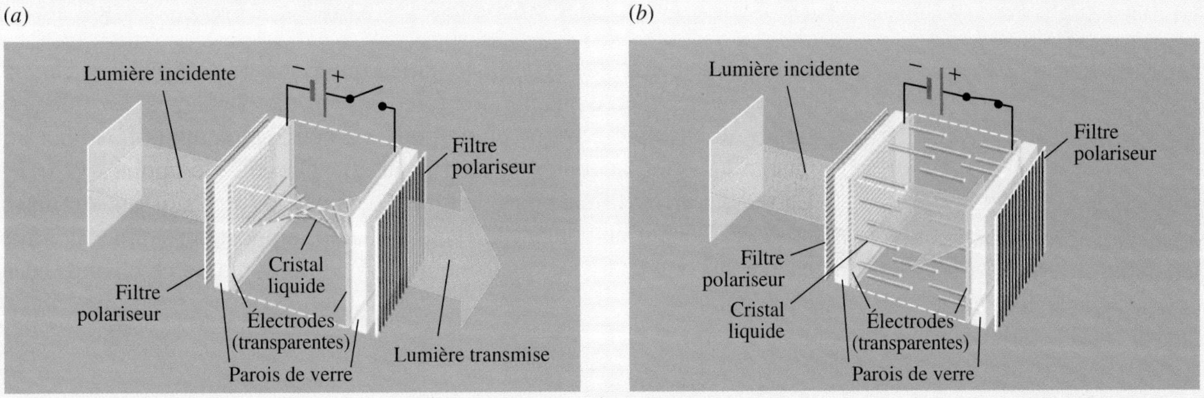

Figure 2.53▲
Une cellule d'un affichage à cristaux liquides (ACL) est composée de plusieurs couches : le matériau à l'état de cristal liquide est enfermé entre deux plaques de verre qui contiennent des électrodes (en rouge), ces plaques étant elles-mêmes situées entre deux polariseurs croisés (en noir). Selon l'arrangement des molécules de cristal liquide dans l'espace, la lumière issue d'une source ou d'un miroir (en blanc) peut traverser ou non. (*a*) En l'absence de champ électrique, les molécules ont tendance à former une structure en hélice qui a la propriété de changer l'état de polarisation de la lumière qui la traverse. La lumière peut donc traverser la cellule bien que les filtres polariseurs soient croisés. (*b*) Pour rendre la cellule opaque, ce qui « éteint » le pixel, on établit une différence de potentiel entre les électrodes, ce qui cause un champ électrique uniforme entre elles. Les molécules tournent alors pour aligner leur moment dipolaire électrique sur ce champ, de sorte qu'elles ne peuvent plus agir sur l'état de polarisation de la lumière.

sur son champ électrique, puisque ce dernier est nécessairement perpendiculaire à la direction de propagation. L'état de polarisation de la lumière n'étant donc plus modifié par le cristal liquide, les polariseurs croisés la bloquent entièrement et la cellule paraît sombre. (Comme le montre la figure 2.53*b*, la flèche jaune qui symbolise la lumière est interrompue par le second polariseur.) Quand le champ électrique est retiré, les molécules se réorganisent en hélice en quelques millisecondes.

Dans une montre, chacune des électrodes est reliée à un circuit, de telle sorte qu'elles puissent être contrôlées individuellement, comme l'illustre la figure 2.52*b*. Par contre, dans un écran d'ordinateur, de téléviseur, d'iPod ou de téléphone cellulaire, le grand nombre de cellules exige le recours à une matrice d'électrodes similaire à celle utilisée dans les écrans à plasma.

Des défis pour le futur

Depuis 2007, les téléviseurs à ACL constituent la majorité des ventes de téléviseurs à l'échelle mondiale, devançant les TRC pour la première fois. Ils constituent aussi la quasi-totalité des écrans d'ordinateurs portables depuis le début des années 1990. Malgré cette popularité, les ACL ne permettent pas de produire des images aussi vives et contrastées que celles des écrans à TRC ou à plasma. En effet, la présence permanente d'un éclairage à l'arrière des cellules rend difficile l'affichage d'une zone complètement noire sur l'écran, puisque la lumière continue de fuir légèrement, notamment entre les cellules. Ce problème n'existe pas dans les autres types d'écrans, où un pixel noir est parfaitement sombre, car il cesse tout simplement d'émettre toute lumière. Les ACL sont aussi critiqués pour leur temps de réponse élevé : quand le champ électrique est supprimé pour « allumer » un sous-pixel, les molécules ne mettent que quelques millisecondes à changer d'orientation. Ce temps de réponse peut sembler infime, mais il est suffisant pour embrouiller une séquence où l'image bouge rapidement.

Pour réduire ce temps de réponse, des ACL utilisant d'autres structures moléculaires que celle en hélice ont été testées ou le seront dans le futur prochain. Des structures où les molécules passaient d'un alignement vertical à un alignement horizontal pour changer l'illumination du pixel ont été utilisées, mais demandaient plus de composantes électroniques pour être contrôlées. De plus, en 2008, le fabricant Samsung annonçait avoir construit un prototype utilisant la « phase bleue » des cristaux liquides, une structure moléculaire en trois dimensions. Dans ce type d'écran, ce n'est pas le blocage ou le non-blocage de la lumière qui détermine si un pixel est illuminé ou non ; c'est plutôt une interférence similaire à la réflexion de Bragg (voir la section 7.8 du tome 3) qui est produite grâce à la structure tridimensionnelle du cristal. Comme le changement de l'état du pixel ne demande pas une réorganisation complète de l'agencement des molécules, le temps de réponse est beaucoup plus rapide. D'autres technologies aussi sont prometteuses. Par exemple, les écrans à diodes électroluminescentes organiques (OLED) combinent des avantages des ACL et des écrans à plasma. Jusqu'à présent, les ACL à structure en hélice demeurent la technologie la plus utilisée, mais cela pourrait changer dans un avenir prochain.

RÉSUMÉ

Une charge électrique agit sur le milieu qui l'entoure en créant un champ électrique, lequel exerce ensuite une force sur les autres charges. La valeur (vectorielle) du champ électrique en un point est définie comme la force par unité de charge agissant sur une charge d'essai q_{ess} placée en ce point : $\vec{\mathbf{E}} = \vec{\mathbf{F}}_E/q_{\text{ess}}$. Le vecteur $\vec{\mathbf{E}}$ est orienté dans le même sens que la force agissant sur une charge positive. Lorsqu'on connaît le vecteur champ, on peut déterminer la force qu'il exerce sur une charge q quelconque (non responsable de ce champ) au moyen de l'égalité

$$\vec{\mathbf{F}}_E = q\vec{\mathbf{E}} \tag{2.3a}$$

Dans le cas d'une charge ponctuelle Q, le module du champ électrique qu'elle produit est

$$E = \frac{k|Q|}{r^2} \tag{2.2}$$

de telle sorte que le module de la force que produit ce champ sur une (autre) charge ponctuelle q est $F = |q|E = k|qQ|/r^2$, ce qui correspond à la loi de Coulomb.

Lorsqu'on est en présence de plusieurs charges, le champ total produit par ces charges est donné par le principe de superposition :

$$\vec{\mathbf{E}} = \sum \vec{\mathbf{E}}_i \tag{2.4}$$

Si la distribution de charge est continue, on calcule le champ en intégrant sur la distribution de charge. Si la charge se distribue le long d'un objet qui a la forme d'un fil, on utilise la densité linéique de charge (symbole : λ) pour trouver la charge $\mathrm{d}q$ portée par un élément de longueur $\mathrm{d}\ell$ à l'aide de la relation :

$$\mathrm{d}q = \lambda\, \mathrm{d}\ell \tag{2.10}$$

Si la charge se distribue sur un objet qui a la forme d'une plaque, on utilise la densité surfacique de charge (symbole : σ) pour trouver la charge $\mathrm{d}q$ portée par un élément de surface $\mathrm{d}A$ à l'aide de la relation :

$$\mathrm{d}q = \sigma\, \mathrm{d}A \tag{2.12}$$

À la section 2.5, on a utilisé cette méthode pour étudier les cas importants d'un champ produit par un long fil rectiligne chargé, par un anneau chargé, par une grande plaque chargée ou par un système de deux plaques parallèles chargées.

Les lignes de champ électrique nous aident à visualiser la configuration du champ. Elles nous donnent les renseignements suivants : (a) le vecteur champ est orienté selon la tangente à la ligne de champ, et (b) le module du champ est proportionnel à la densité des lignes de champ, c'est-à-dire au nombre de lignes qui traversent une surface unitaire perpendiculaire aux lignes. Les autres propriétés des lignes de champ électrique et la manière de les tracer sont décrites à la section 2.2.

Deux charges de même grandeur et de signes opposés $+Q$ et $-Q$ séparées par une distance d forment un dipôle électrique. Le moment dipolaire électrique est donné par

$$\vec{\mathbf{p}} = Q\vec{\mathbf{d}} \tag{2.20}$$

où le vecteur $\vec{\mathbf{d}}$, et donc le vecteur $\vec{\mathbf{p}}$, sont orientés de la charge négative vers la charge positive. Placé dans un champ externe, le dipôle est soumis à un moment de force donné par

$$\vec{\boldsymbol{\tau}} = \vec{\mathbf{p}} \times \vec{\mathbf{E}} \tag{2.24}$$

Ce moment de force a tendance à orienter le moment dipolaire parallèlement au champ. L'énergie potentielle d'un dipôle dans un champ extérieur est

$$U_E = -\vec{\mathbf{p}} \cdot \vec{\mathbf{E}} \tag{2.25}$$

L'énergie potentielle est donc minimale lorsque $\vec{\mathbf{p}}$ est parallèle à $\vec{\mathbf{E}}$.

TERMES IMPORTANTS

cage de Faraday (p. 39)
champ électrique (p. 27)
densité linéique de charge (p. 43)
densité surfacique de charge (p. 43)
dipôle électrique (p. 53)
équilibre électrostatique (p. 37)
ligne de champ électrique (p. 33)
moment dipolaire électrique (p. 54)

RÉVISION

R1. Quel rôle joue le champ électrique entre les particules chargées ?

R2. Comparez les définitions et les unités du champ gravitationnel et du champ électrique.

R3. Énoncez la règle qui permet de déterminer le sens du vecteur champ électrique produit par une charge Q en un point quelconque.

R4. Vrai ou faux ? Si on double la valeur de la charge d'une particule, le champ électrique à l'endroit où elle se trouve double.

R5. Quel physicien du XIXe siècle considérait les lignes de champ comme des entités réelles ?

R6. Dressez une liste des propriétés des lignes de champ.

R7. Tracez les lignes de champ électrique produites par une paire de charges identiques séparées par une certaine distance (a) si elles sont positives ; (b) si elles sont négatives ; (c) si elles sont de signes opposés.

R8. Pourquoi les lignes de champ ne se coupent-elles jamais ?

R9. Vrai ou faux ? Le module du champ est constant le long d'une ligne de champ.

R10. On place une charge d'essai dans le champ électrique créé par deux charges ponctuelles. Les lignes de champ indiquent-elles les trajets possibles pour la charge d'essai ?

R11. Expliquez pourquoi le champ électrique à l'intérieur d'un conducteur est nul à l'équilibre électrostatique.

R12. Expliquez pourquoi le champ électrique est perpendiculaire à la surface d'un conducteur à l'équilibre électrostatique.

R13. Puisque des objets chargés infinis n'existent pas, dans quelles conditions peut-on utiliser la formule valable pour le fil infini (équation 2.13) ? La formule valable pour la plaque infinie (équation 2.18) ?

R14. Comment le module du champ électrique varie-t-il en fonction de la distance dans le cas (a) d'une charge ponctuelle ? (b) d'un fil infini uniformément chargé ? (c) d'une plaque infinie uniformément chargée ?

R15. Le champ électrique produit par un dipôle est proportionnel à son moment dipolaire, lequel est proportionnel à la distance qui sépare les charges. Expliquez en quoi la séparation des charges affecte la valeur du champ.

R16. Expliquez pourquoi le moment dipolaire de la molécule d'eau en fait un solvant très puissant.

QUESTIONS

Q1. Soit un champ électrique créé par un ensemble de charges immobiles. Lorsqu'on introduit une nouvelle charge dans la région, les lignes de champ sont modifiées. Devrait-on utiliser les lignes initiales ou les nouvelles lignes pour déterminer la direction de la force agissant sur la nouvelle charge ?

Q2. Les lignes de champ électrique partent des charges positives et se dirigent vers les charges négatives. Que deviennent les lignes créées par une charge isolée ?

Q3. On place une charge ponctuelle au centre d'un cube métallique creux non chargé. Dessinez les lignes de champ à l'intérieur du cube dans un plan parallèle à une face et passant par la charge.

Q4. Expliquez qualitativement pourquoi le champ électrique créé par une feuille infinie chargée est uniforme.

Q5. Quatre charges électriques ponctuelles et identiques sont situées aux sommets d'un carré. Où, ailleurs qu'à l'infini et au centre du carré, le champ électrique résultant est-il nul ?

Q6. En quoi la loi de Coulomb et la loi de la gravitation universelle de Newton se ressemblent-elles ? En quoi sont-elles différentes ? Considérez les lois proprement dites et leurs modes d'application.

Q7. Le champ gravitationnel a-t-il parfois la configuration d'un dipôle ? Si oui, donnez un exemple en indiquant comment cela peut se produire.

Q8. Citez deux champs observés dans la vie quotidienne qui sont (a) scalaires ; (b) vectoriels.

Q9. Quel est le travail effectué pour faire tourner un dipôle électrique de 180° dans un champ électrique uniforme, dans chacun des cas suivants : (a) de 0° à 180° ; (b) de −90° à +90° ? Les angles sont mesurés par rapport à $\vec{\mathbf{E}}$.

EXERCICES

Voir l'avant-propos pour la signification des icônes

Dans les exercices et les problèmes où il s'agit de situations évoluant près de la surface de la Terre, on doit considérer que l'axe des y est orienté vers le haut.

2.1 Champ électrique

E1. (I) Quel est le champ électrique nécessaire pour compenser le poids des particules suivantes près de la surface de la Terre : (a) un électron ; (b) un proton ?

E2. (I) Par beau temps, on observe à la surface de la Terre un champ électrique de 120 N/C orienté vers le bas. (a) Quelle est la force électrique agissant sur un proton dans un tel champ ? (b) Quelle est l'accélération du proton ?

E3. (I) Une charge ponctuelle $q_1 = 3{,}2$ nC est soumise à une force électrique $\vec{\mathbf{F}}_E = 8 \times 10^{-6}\ \vec{\mathbf{i}}$ N. (a) Décrivez le champ électrique extérieur responsable de cette force. (b) Quelle serait la force exercée sur une charge ponctuelle $q_2 = -6{,}4$ nC située au même point ?

E4. (I) Soit une charge ponctuelle $-4q$ située en $x = 0$ et une deuxième charge en $x = 1$ m. À part l'infini, où le champ électrique résultant est-il nul, sachant que la deuxième charge vaut (a) $9q$; (b) $-q$?

E5. (I) On donne quatre charges ponctuelles situées aux sommets d'un carré de côté L, comme sur la figure 2.54. Déterminez le champ électrique résultant (a) au point A, au centre du carré ; (b) au point B.

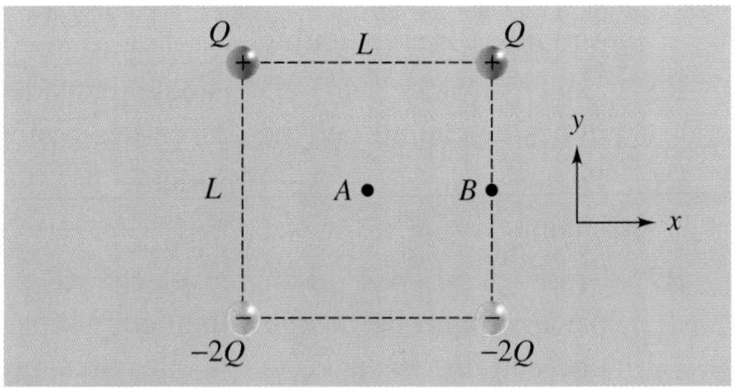

Figure 2.54 ▲
Exercice 5.

E6. (I) Soit une charge ponctuelle Q_1 positive située à l'origine et une charge Q_2 négative en $x = 2$ m. Le champ électrique résultant est égal à $10{,}8\vec{\mathbf{i}}$ N/C en $x = 1$ m et à $-8\vec{\mathbf{i}}$ N/C en $x = 3$ m. Trouvez Q_1 et Q_2.

E7. (I) Une gouttelette a une masse de 10^{-13} kg et une charge de $+2e$. Dans quel champ électrique vertical la gouttelette serait-elle en équilibre près de la surface de la Terre ?

E8. (I) Soit une charge $q_1 = 3$ nC située à l'origine et $q_2 = -7$ nC située en $x = 8$ cm. (a) Trouvez le champ électrique créé par q_1 au point où se trouve q_2. (b) Trouvez le champ électrique créé par q_2 au point où se trouve q_1. (c) Quelle est la force électrique exercée par q_1 sur q_2 ? (d) Quelle est la force exercée par q_2 sur q_1 ?

E9. (I) On donne une charge ponctuelle de -5 μC située à l'origine. Trouvez le champ électrique aux points suivants : (a) (2 m, -1 m) ; (b) (-2 m, 3 m). (c) On ajoute une seconde charge de 100 μC à la position (1 m, 1 m). La présence de cette charge change-t-elle le champ produit par la première charge ? (d) Affecte-t-elle le champ résultant ?

E10. (I) Soit une charge ponctuelle $Q_1 = -4$ μC située au point (2 m, 1 m) et une charge $Q_2 = +15$ μC en (1 m, 4 m). Trouvez le champ électrique résultant au point (3 m, 5 m).

E11. (I) On considère les trois charges ponctuelles situées aux sommets du triangle équilatéral de la figure 2.55. (a) Déterminez le champ électrique produit à l'origine par les charges -2 μC et $+4$ μC. (b) Quelle est la force électrique exercée sur la charge de -3 μC ? (c) Si l'on change le signe de la charge située à l'origine, quel est l'effet sur le champ calculé à la question (a) ?

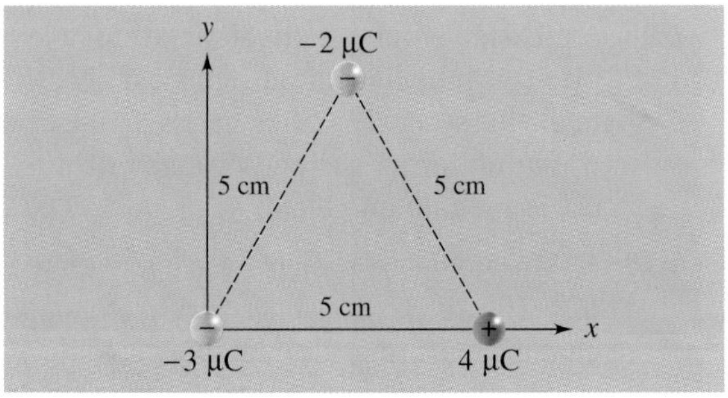

Figure 2.55 ▲
Exercice 11.

E12. (II) Soit une charge ponctuelle Q_1 en $x = 0$ et une charge Q_2 en $x = d$. Quelle est la relation existant entre ces charges si le champ électrique résultant est nul aux points suivants : (a) $x = d/2$; (b) $x = 2d$; (c) $x = -d/2$?

E13. (II) Soit une charge ponctuelle Q située à l'origine. Montrez que les composantes du champ électrique en un point quelconque de l'espace et à une distance r de la charge sont données par

$$E_\alpha = \frac{kQ\alpha}{r^3}$$

où $\alpha = x$, y ou z.

E14. (I) Le rayon du proton est égal à $0{,}8 \times 10^{-15}$ m. (a) Quel est le module du champ électrique à sa surface ? (b) Quel est le module du champ électrique à une distance de $0{,}53 \times 10^{-10}$ m du proton, qui correspond au rayon de l'orbite de l'électron selon le modèle atomique de Bohr ?

E15. (II) On donne une charge ponctuelle q positive en $x = 0$ et une charge $-q$ en $x = 6$ m. (a) Trouvez l'expression de la composante horizontale du champ électrique résultant le long de l'axe x. L'expression est différente selon que l'on se trouve à gauche de la charge q, entre les deux charges ou à droite de la charge $-q$. (b) Fixez une valeur raisonnable pour q et tracez le graphe de $E_x(x)$ pour x allant de -2 m à 8 m.

E16. (II) On donne une charge ponctuelle $2q$ positive en $x = 0$ et une charge $-q$ en $x = 6$ m. (a) Trouvez l'expression de la composante horizontale du champ électrique résultant le long de l'axe x. (b) Où, ailleurs qu'à l'infini, le champ électrique résultant est-il nul sur l'axe des x ? (c) Fixez une valeur raisonnable pour q et tracez le graphe de $E_x(x)$ pour x allant de -2 m à 8 m.

E17. (I) On suppose l'existence d'un champ électrique uniforme $\vec{\mathbf{E}}_0 = 500\vec{\mathbf{i}}$ N/C sans préciser quelles charges en sont la cause. À ce champ s'ajoute celui d'une charge ponctuelle de 2 μC située à l'origine. Quelle est la force électrique résultante agissant sur une charge de 5 μC située au point (3 m, 4 m) ?

E18. (I) Les charges ponctuelles $Q_1 = 25$ μC et $Q_2 = -50$ μC sont situées sur l'axe des y comme le montre la figure 2.56. Une charge ponctuelle $q = 2$ μC se trouve sur l'axe des x. (a) Trouvez le champ électrique produit par Q_1 et Q_2 au point où se trouve q. (b) Que devient le champ calculé en (a) si la valeur de q est divisée par deux ? (c) Que devient le champ calculé en (a) si q change de signe ?

E19. (II) La figure 2.57 représente une combinaison de charges que l'on nomme quadripôle électrique, où $q > 0$. Trouvez le champ électrique résultant existant (a) au point A $(x, 0)$; (b) au point B $(0, y)$. (c) Montrez que, pour le point A ou le point B, $E \propto 1/r^4$ pour $r \gg a$, r étant la distance par rapport à l'origine. (*Indice* : Utilisez l'approximation du binôme $(1 + z)^n \approx 1 + nz$, valable lorsque $z \ll 1$.)

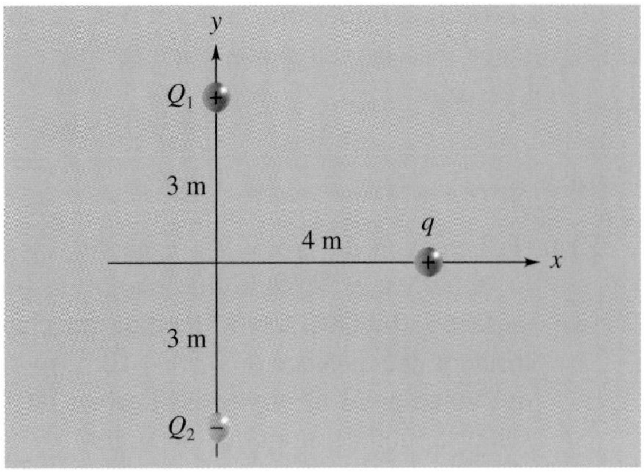

Figure 2.56 ▲
Exercice 18.

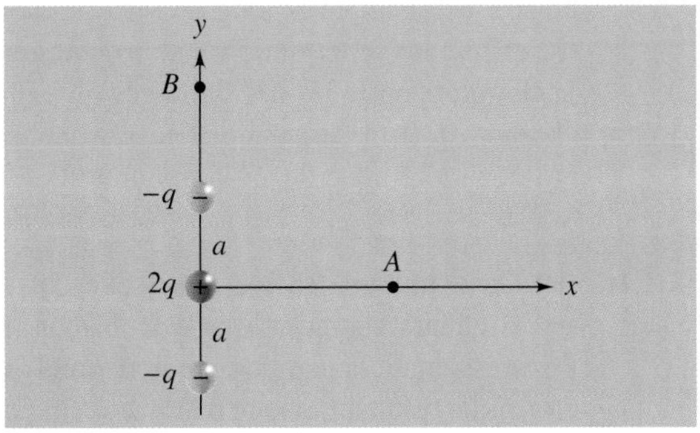

Figure 2.57 ▲
Exercice 19.

2.2 et 2.3 Lignes de champ, champ électrique et conducteurs

E20. (II) Trois charges ponctuelles sont situées aux sommets d'un triangle équilatéral. Deux des charges sont égales à q et la troisième à $-q$. Dessinez les lignes de champ. Y a-t-il un point où $\vec{\mathbf{E}} = 0$ ($q > 0$) ?

E21. (II) Une plaque infinie porte une charge électrique positive répartie uniformément sur sa surface. Une charge ponctuelle est à une certaine distance devant ce plan. Dessinez les lignes de champ associées à cet ensemble dans le cas où (a) la charge ponctuelle est positive ; (b) la charge ponctuelle est négative. (c) Pour calculer la force sur la charge ponctuelle, faudra-t-il tenir compte des lignes de champ que vous venez de tracer ou uniquement de celles dues à la charge portée par la plaque ?

E22. (II) Dessinez les lignes de champ associées à l'ensemble formé de deux charges, $+3q$ et $-q$, placées à une certaine distance l'une de l'autre ($q > 0$). En plus des lignes de champ, tracez aussi le vecteur champ en quelques points.

E23. (I) Soit un disque de dimension finie portant une charge électrique positive répartie uniformément sur sa surface. Dessinez les lignes de champ apparaissant dans un plan perpendiculaire au disque et passant par le centre du disque.

E24. (II) Dessinez les lignes de champ associées à l'ensemble formé de deux charges positives, $2q$ et q, placées à une certaine distance l'une de l'autre. En plus des lignes de champ, tracez aussi le vecteur champ en quelques points.

E25. (II) Deux charges égales et positives Q sont placées aux extrémités de la diagonale d'un carré. Deux charges négatives $-Q$ sont aux extrémités de l'autre diagonale. Dessinez les lignes de champ.

E26. (I) Une charge de 16 μC est placée au centre d'une coquille métallique sphérique portant −8 μC. Quelles sont les charges sur les surfaces intérieure et extérieure de la coquille ? Représentez les lignes de champ à l'intérieur et à l'extérieur de la coquille.

2.4 Mouvement d'une particule chargée dans un champ électrique uniforme

E27. (I) Un électron initialement au repos est soumis à une accélération par un champ électrique uniforme de module 10^5 N/C. (a) Combien de temps lui faut-il pour atteindre la vitesse de $0,1c$, où $c = 3 \times 10^8$ m/s, soit la vitesse de la lumière ? (b) Quelle distance aura-t-il parcourue au bout de ce délai ? (c) Quelle est son énergie cinétique finale ?

E28. (I) Dans le tube cathodique d'un téléviseur, un électron initialement au repos est accéléré jusqu'à une vitesse de 5×10^6 m/s par un champ électrique uniforme sur une distance de 1,6 cm. Quel est le module du champ ?

E29. (I) Un proton est projeté avec une vitesse initiale de 8×10^5 m/s selon une orientation opposée à un champ uniforme de module $2,4 \times 10^4$ N/C. (a) Quelle distance va-t-il parcourir avant de s'immobiliser? (b) Combien de temps lui faut-il pour s'immobiliser?

E30. (I) Un électron pénètre dans la région située entre deux plaques horizontales chargées uniformément, mais de signes opposés. Sa vitesse initiale, à mi-distance entre les plaques (figure 2.58), est de $2 \times 10^6 \vec{\mathbf{i}}$ m/s. Les plaques ont une longueur de 4 cm et sont distantes de 1,6 cm. On considère que, dans toute la région entre les plaques, le champ électrique est uniforme et perpendiculaire aux plaques. (a) Quel est le module maximal que peut avoir le champ électrique vertical pour que l'électron ne touche aucune des plaques ? (b) À partir du résultat obtenu en (a), tracez le graphe de la trajectoire de l'électron pour x allant de 0 à 4 cm.

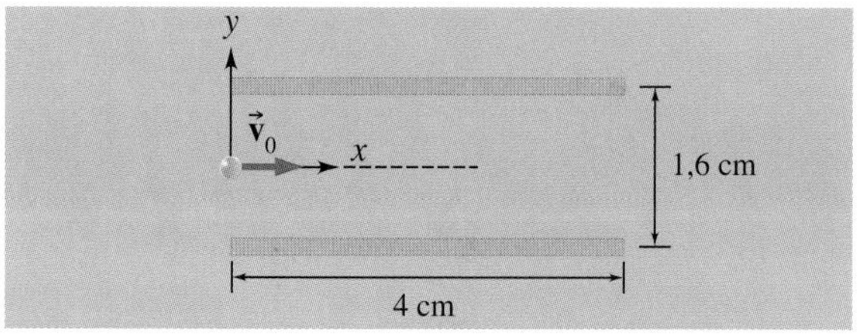

Figure 2.58 ▲
Exercice 30.

E31. (I) Soumises à un champ électrique de module 3×10^6 N/C environ, les molécules d'air s'ionisent spontanément pour produire des étincelles. Dans un tel champ, déterminez : (a) le temps qu'il faut à un électron initialement au repos pour acquérir une énergie cinétique de 4×10^{-19} J, nécessaire pour provoquer son ionisation ; (b) la distance parcourue par l'électron durant ce délai.

E32. (II) Un positron est une particule de même masse que l'électron mais de charge $+e$. Soit un électron et un positron en orbite autour de leur centre de masse. Le rayon de l'orbite est égal à $0{,}5 \times 10^{-10}$ m. Trouvez : (a) le module de la vitesse de chaque particule ; (b) la période de rotation.

E33. (II) Un électron est projeté avec une vitesse initiale $\vec{v}_0$ à 45° par rapport à l'horizontale à partir de la plaque inférieure du montage représenté à la figure 2.59. Les plaques sont très longues et séparées par une distance de 2 cm. On considère que, dans toute la région entre les plaques, le champ électrique est orienté vers le haut et que son module correspond à $E = 10^3$ N/C. (a) Quelle valeur doit prendre v_0 pour que l'électron effleure la plaque supérieure ? (b) Tracez, à partir du résultat en (a), le graphe de la trajectoire de l'électron entre les plaques.

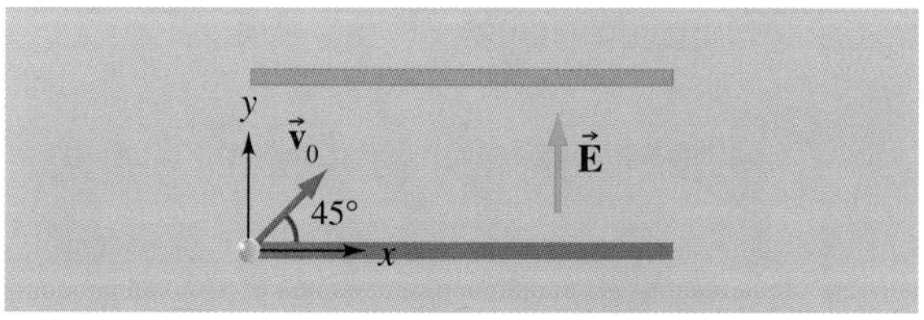

Figure 2.59 ▲
Exercice 33.

E34. (II) Un champ uniforme $\vec{E} = -10^5\vec{j}$ N/C règne entre deux plaques de longueur 4 cm (figure 2.60). Un proton est projeté à 30° par rapport à l'axe des x avec une vitesse initiale de 8×10^5 m/s. Trouvez : (a) sa coordonnée verticale à sa sortie de la région comprise entre les plaques, en supposant que l'origine de cet axe coïncide avec la position initiale du proton ; (b) l'angle décrivant l'orientation de sa vitesse à la sortie. (c) Tracez le graphe de la trajectoire du proton pour x allant de 0 à 4 cm.

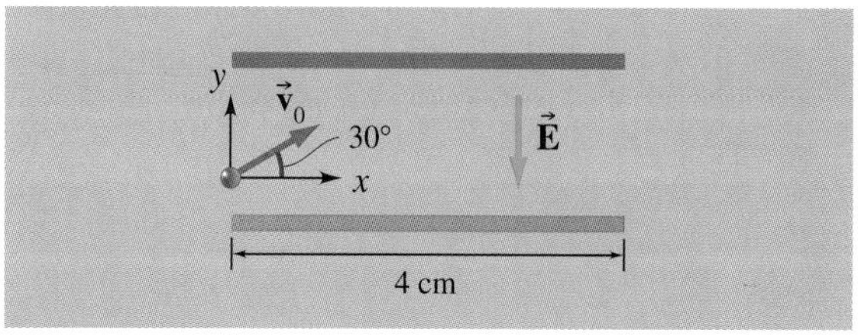

Figure 2.60 ▲
Exercice 34.

2.5 Distributions de charges continues

E35. (I) De part et d'autre d'une plaque infinie sur laquelle on trouve une densité surfacique de charges σ uniforme, le module du champ électrique est donné par $E = |\sigma|/2\varepsilon_0$. En vous servant de ce résultat et du principe de superposition, donnez l'expression du champ électrique résultant pour les 4 régions formées par l'agencement de 3 plaques infinies parallèles décrit à la figure 2.61 ($\sigma > 0$).

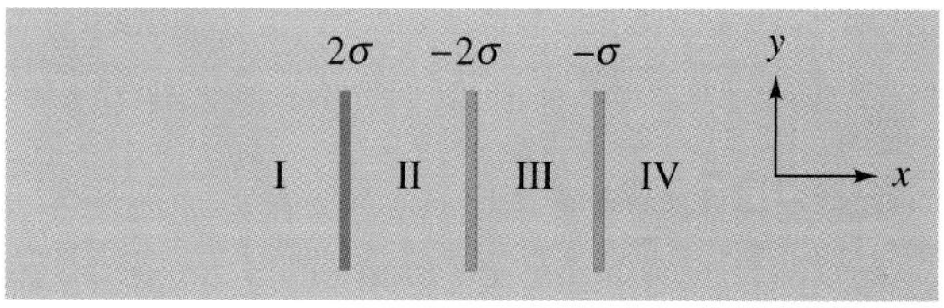

Figure 2.61 ▲
Exercice 35.

E36. (I) Une grande plaque métallique non chargée est telle que son plan soit perpendiculaire aux lignes d'un champ uniforme de module 1000 N/C. Quelle est la densité surfacique de charge apparaissant sur chaque face de la plaque ?

E37. (I) Une charge ponctuelle $q = 2$ μC est située à une distance $d = 20$ cm d'une plaque portant une charge uniforme de densité surfacique $\sigma = 20$ μC/m². (a) Quel est le module de la force électrique exercée sur la charge ponctuelle ? (b) En quel(s) point(s) le champ résultant est-il nul ?

E38. (II) Une mince tige, longue de 10 cm, possède une densité linéique de charge de 2 μC/m. Quel est le module du champ électrique créé par la tige le long de son axe (c'est-à-dire un axe parallèle et confondu avec la tige), à 20 cm de son centre ?

E39. (II) Soit un disque de rayon 4 cm possédant une densité surfacique de charge uniforme égale à 5 $\mu C/m^2$. Quel est le module du champ électrique en un point situé le long de son axe central à 10 cm du centre ?

E40. (II) Deux fils infinis ayant la même densité de charge linéique λ positive coïncident avec les axes des x et des y (figure 2.62). Quel est le champ électrique résultant en un point arbitraire (x, y) ?

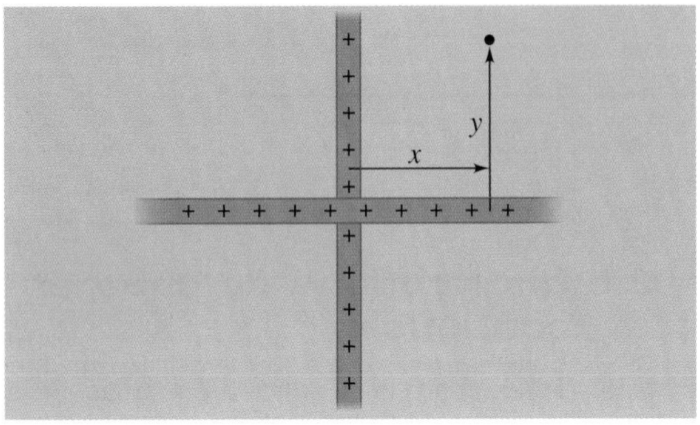

Figure 2.62 ▲
Exercice 40.

E41. (II) Deux tiges minces de longueur finie L portent des charges uniformes et de signes opposés. Elles sont situées sur les axes des x et des y avec leurs extrémités à une distance d de l'origine, comme à la figure 2.63. Quel est le champ électrique résultant à l'origine ? On prendra $Q = 0{,}2$ µC, $L = 5$ cm et $d = 1$ cm.

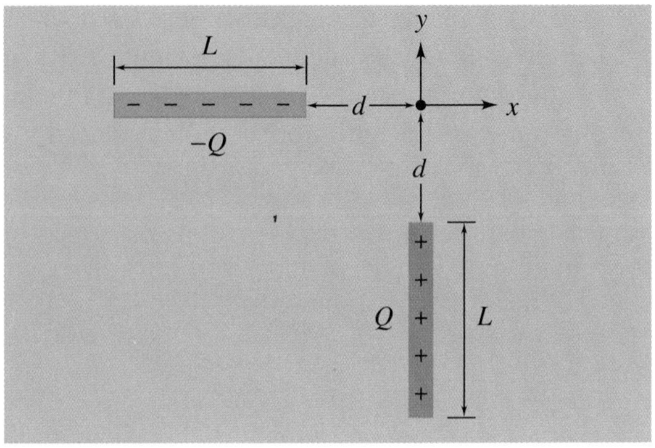

Figure 2.63 ▲
Exercice 41.

2.6 Dipôles

E42. (I) Un dipôle de moment $p = 3{,}8 \times 10^{-30}$ C·m est placé dans un champ uniforme de module $E = 7 \times 10^4$ N/C. (a) Quel est le travail extérieur nécessaire pour faire tourner le dipôle de 60° à partir d'une position initiale parallèle au champ électrique ? (b) Lorsque le dipôle fait un angle de 60° avec le champ, quel est le module du moment de force exercé sur lui par ce champ ?

E43. (I) Un dipôle est formé de deux charges ±2 nC distantes de 4 cm. (a) Quel est le module du moment dipolaire ? (b) Quelle est la variation d'énergie potentielle lorsque le dipôle pivote de 90° à partir d'une position initiale parallèle au champ $\vec{\mathbf{E}}$ dont le module est $E = 10^5$ N/C ?

E44. (II) La molécule d'eau a un moment dipolaire de module $p = 6{,}2 \times 10^{-30}$ C·m. Trouvez le module de la force électrique engendrée par le dipôle sur un ion de charge $+e$ à une distance de 0,5 nm : (a) dans le cas où l'ion se trouve sur l'axe du dipôle ; (b) dans le cas où l'ion se trouve le long d'une droite perpendiculaire à l'axe du dipôle et passant par son centre. (Utilisez l'approximation du champ en un point éloigné.)

EXERCICES SUPPLÉMENTAIRES

2.1 Champ électrique

E45. (I) On représente la charge apparaissant dans un nuage par deux charges ponctuelles de 40 C et −40 C, séparées par 3 km. (a) Trouvez le module du champ électrique résultant à mi-chemin entre les deux charges. (b) Quel serait le module de l'accélération subie par un électron placé en cet endroit ?

E46. (I) Une charge ponctuelle, $Q_1 = 2{,}2$ nC, est à l'origine. Une autre charge, $Q_2 = -3{,}5$ nC, se situe au point (4 m, 0). Trouvez le champ électrique résultant au point (a) (2 m, 0) ; (b) (0, 2 m).

E47. (II) Trois charges ponctuelles (Q, Q et $-Q$) forment un triangle équilatéral de côté L, décrit à la figure 2.64. Trouvez le champ électrique résultant au centre du triangle.

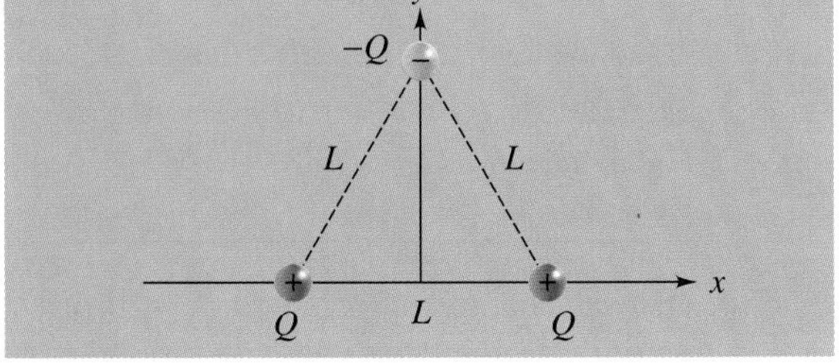

Figure 2.64 ▲
Exercice 47.

E48. (II) Une petite sphère chargée, de masse 0,5 g, est suspendue à un fil. Lorsqu'un champ électrique uniforme et horizontal de $1,3 \times 10^4$ N/C agit sur la sphère, le fil forme un angle de 12° avec la verticale. Trouvez la charge présente sur la sphère.

E49. (I) Une charge ponctuelle $Q = 0,20$ nC est à l'origine. Une autre charge q est à $x = 1$ m, sur l'axe des x. Si le champ électrique résultant est nul à $x = 2,5$ m sur l'axe des x, trouvez q.

E50. (I) Une charge ponctuelle $Q_1 = -3,0$ nC est à l'origine. Une autre charge $Q_2 = 5,0$ nC se trouve à $y = 1$ m, sur l'axe des y. Trouvez le champ électrique résultant au point (2 m, 0).

E51. Considérez à nouveau l'exercice E1 du chapitre 1. Répondez à la même question en calculant d'abord le champ responsable de chacune des forces demandées. Quel est ce champ ?

E52. Considérez à nouveau l'exercice E3 du chapitre 1. Répondez à la même question en calculant d'abord le champ responsable de chacune des forces demandées. Quel est ce champ ?

E53. Considérez à nouveau l'exercice E5 du chapitre 1. Répondez à la même question en trouvant plutôt l'endroit où le champ résultant produit par q_1 et q_2 est nul plutôt que celui où la force est nulle. Comparez votre réponse.

E54. Considérez à nouveau l'exercice E10 du chapitre 1. Répondez à la même question (a) en calculant d'abord le champ responsable de la force demandée. Quel est ce champ ? Répondez aussi à la même question (b) en calculant plutôt l'endroit où doit être placée la charge de $+2,5Q$ pour que le champ soit nul à la position où q est située. Comparez votre réponse.

2.4 Mouvement d'une particule chargée dans un champ électrique uniforme

E55. (I) Un proton, initialement au repos, est soumis à un champ électrique uniforme, ce qui le fait se déplacer de 20 cm en 0,65 μs. (a) Trouvez le module du champ électrique. (b) Quel délai lui serait nécessaire pour atteindre une vitesse de $3,0 \times 10^6$ m/s à partir du repos ?

2.5 Distributions de charges continues

E56. (II) Un fil rectiligne de 2 m de long est situé sur l'axe des x, entre $x = 1$ m et $x = 3$ m. Sa densité linéique de charge est donnée par la fonction $\lambda = 2 \times 10^{-6}/x$, où x est en mètres et λ en coulombs par mètre. Quelle est la charge totale du fil ?

E57. (II) Un fil rectiligne de 3 m de long est situé sur l'axe des x, entre $x = 2$ m et $x = 5$ m. Sa densité de charge est donnée par la fonction $\lambda = 2 \times 10^{-6}\, x$, où x est en mètres et λ en coulombs par mètre. (a) Quelle est la charge totale du fil ? (b) Calculez le champ électrique au point $x = 0$.

E58. (II) Un fil rectiligne de 4 m de long est situé sur l'axe des x, entre $x = 1$ et $x = 5$ m. Il est uniformément chargé à une densité linéique $\lambda = 4$ μC/m. Calculez le champ électrique aux points (x, y) suivants : (a) (−1 m, 0 m) ; (b) (0 m, 2 m) ; (c) (2 m, 2 m).

E59. (II) (a) Soit un disque uniformément chargé de 1 m de rayon, dont la charge est de 100 μC. Calculez le module du champ électrique sur l'axe du disque à une distance de 20 m du centre du disque. (b) Calculez le module de champ électrique à 20 m d'une charge ponctuelle de 100 μC. (c) Quel est le pourcentage d'écart entre les réponses de (a) et (b) ? Pourquoi les résultats sont-ils si proches ?

PROBLÈMES

P1. (I) Utilisez le fait que la force électrique est conservative pour montrer que les lignes de champ aux extrémités de deux plaques de charges opposées ne peuvent pas cesser brusquement comme sur la figure 2.65. Dessinez les lignes de champ correctement. (*Indice* : Une force est conservative si le travail effectué le long d'un parcours fermé, comme celui qui est décrit en pointillé à la figure 2.65, est nul : $\oint \vec{\mathbf{F}} \cdot d\vec{\ell} = 0$.)

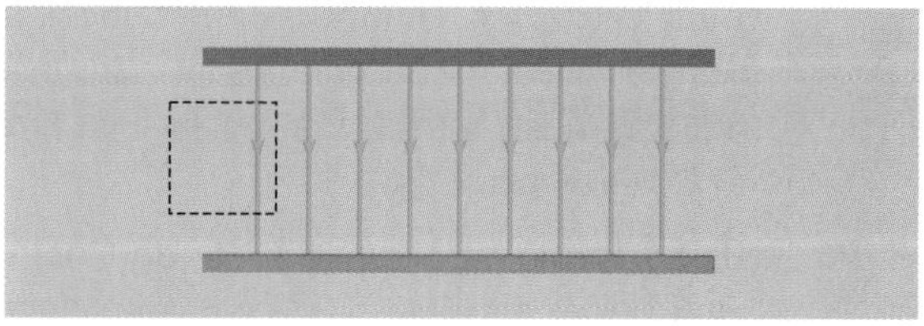

Figure 2.65 ▲
Problème 1.

P2. (I) Un anneau circulaire de rayon R porte une charge de densité linéique λ (figure 2.66). (a) Trouvez l'expression du module du champ électrique le long de l'axe de l'anneau, à une distance z du centre ? (b) Pour quelle valeur de z le module du champ est-il maximal ? (c) Que devient le module du champ pour $z \gg R$? Vérifiez que votre fonction satisfait ce critère. (d) Pour $R = 1$ m et $\lambda = 1$ μC/m, tracez le graphe de $E(z)$ pour z allant de 0 à 4 m.

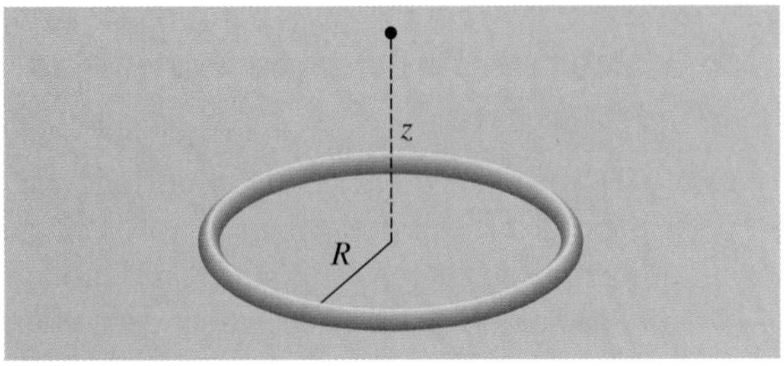

Figure 2.66 ▲
Problème 2.

P3. (I) On donne un dipôle de moment dipolaire $\vec{\mathbf{p}}$ parallèle à l'axe des x ($\vec{\mathbf{p}} = p\vec{\mathbf{i}}$) dans un champ électrique non uniforme $\vec{\mathbf{E}} = (C/x)\vec{\mathbf{i}}$, où x est en mètres et $\vec{\mathbf{E}}$ en newtons par coulomb. Quelle est la force exercée sur le dipôle ?

P4. (I) Une tige portant une densité de charge linéique positive λ a la forme d'un arc de cercle de rayon R (figure 2.67). (a) Si l'arc de cercle s'étend de $-\theta_0$ à θ_0, exprimez le champ électrique au centre du cercle. (b) Montrez que le module du champ au centre d'un demi-cercle chargé uniformément est égal à $2k\lambda/R$.

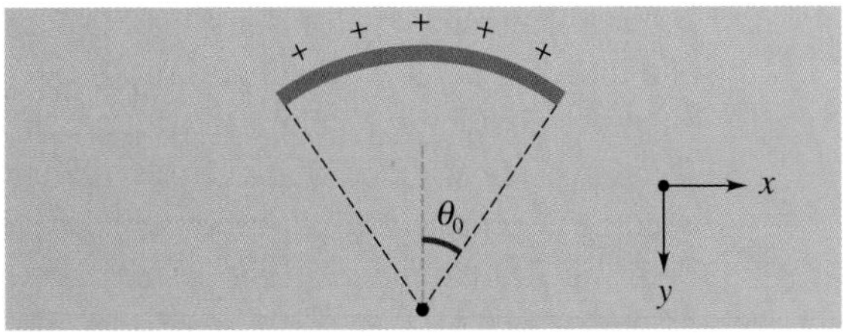

Figure 2.67 ▲
Problème 4.

P5. (I) Soit une charge ponctuelle positive Q_1 en $(-a, 0)$ et une charge Q_2 en $(a, 0)$. Représentez qualitativement la valeur de la composante du champ électrique résultant sur l'axe des x, sachant que : (a) $Q_1 = Q_2$; (b) $Q_1 = -Q_2$.

P6. (II) La forme en $1/r^2$ de la loi de Coulomb a les implications suivantes : (i) Le champ électrique est nul en tout point situé à l'intérieur d'une cavité uniformément chargée. (ii) On peut déterminer le champ électrique à l'extérieur d'une sphère uniformément chargée en supposant la charge concentrée au centre de la sphère. À l'aide de ces deux énoncés, montrez que, à l'intérieur d'une sphère uniformément chargée de rayon R et de densité volumique de charge ρ, le champ augmente linéairement avec la distance r à partir du centre, c'est-à-dire que $E \propto r$ pour $r < R$.

P7. (II) (a) Montrez que le module du champ électrique à une distance y sur la médiatrice d'une tige uniformément chargée de longueur L et de charge totale positive Q (figure 2.68) est donné par

$$E = \frac{2kQ}{y(L^2 + 4y^2)^{1/2}}$$

(b) Quelle forme prend cette expression quand $y \gg L$? (c) Quelle forme prend-elle quand $y \ll L$?

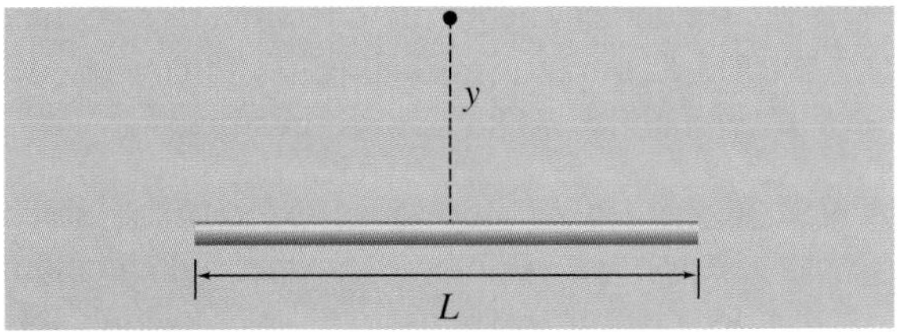

Figure 2.68 ▲
Problèmes 7 et 23.

P8. (I) À l'aide des résultats obtenus à l'exemple 2.7, montrez qu'à la sortie des plaques on peut considérer que les électrons ont parcouru une ligne droite commençant au milieu des plaques.

P9. (II) Utilisez le résultat $E = 2k|\lambda|/r$ donnant le module du champ électrique d'un fil infini chargé uniformément pour obtenir le résultat $E = |\sigma|/2\varepsilon_0$ donnant le module du champ créé par un plan infini portant une charge de densité surfacique σ. (Consultez la table des intégrales à l'annexe C.)

P10. (II) Une charge $-q$ gravite sur une orbite circulaire de rayon R autour d'un fil infini de densité linéique de charge λ. Le plan de l'orbite est perpendiculaire au fil. Donnez l'expression de la période. (On donne $q > 0$, $\lambda > 0$.)

P11. (II) Un dipôle de moment dipolaire p peut pivoter librement autour de son centre. Il est placé dans un champ électrique uniforme de module E. Si son moment d'inertie par rapport au centre est I, montrez que, pour de petits déplacements angulaires, le dipôle oscille à la fréquence

$$f = \frac{1}{2\pi}\sqrt{\frac{pE}{I}}$$

P12. (II) Un fil de densité linéique de charge λ positive s'étend de l'origine à $x \to -\infty$ (figure 2.69). Trouvez le champ électrique créé à une distance R de son extrémité : (a) sur l'axe des x ; (b) sur l'axe des y.

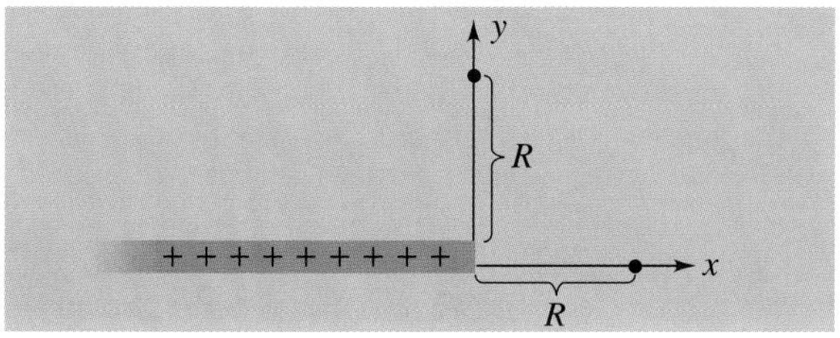

Figure 2.69 ▲
Problème 12.

P13. (I) Soit deux charges positives identiques disposées sur l'axe des y comme le montre la figure 2.70. (a) Trouvez le champ créé au point $(x, 0)$. (b) Quelle est la forme de $E(x)$ pour $x \gg a$? (c) En quel point $E(x)$ est-il maximal ? (d) Fixez une valeur raisonnable à Q et à a et tracez le graphe du module du champ électrique résultant le long de l'axe x pour x allant de 0 à $3a$.

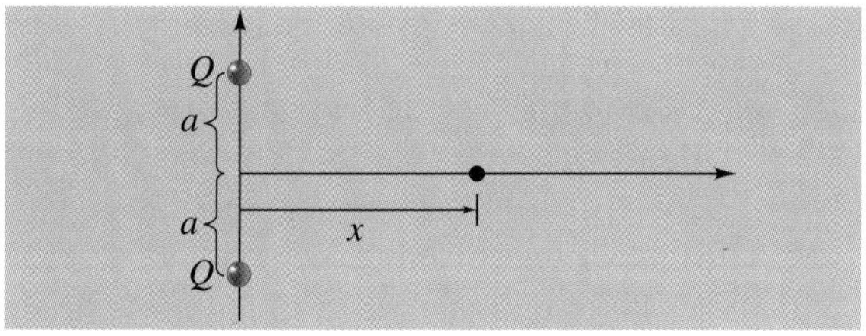

Figure 2.70 ▲
Problème 13.

P14. (II) Le module du champ électrique créé sur l'axe et à une distance x du centre d'un anneau circulaire de rayon R et de charge totale Q positive est donné par

$$E(x) = \frac{kQx}{(x^2 + R^2)^{3/2}}$$

(a) Que devient cette expression lorsque $x \ll R$? (b) Montrez qu'une charge négative $-q$ serait animée d'un mouvement harmonique simple si on lui faisait subir de petits déplacements sur l'axe à partir du centre. (c) Montrez que la fréquence angulaire de l'oscillation est

$$\omega = \sqrt{\frac{kqQ}{mR^3}}$$

P15. (II) Dans l'expérience de la goutte d'huile de Millikan, on maintient d'abord les gouttes immobiles au moyen d'un champ uniforme de module E. Ensuite, on supprime le champ et on laisse les gouttes tomber dans l'air jusqu'à ce qu'elles atteignent une vitesse limite de module v_L. La résistance du fluide est donnée par la loi de Stokes, $F = 6\pi\eta r v_L$, où η est le coefficient de viscosité et r le rayon. La condition pour qu'une goutte tombe à la vitesse limite s'écrit :

$$6\pi\eta r v_L = m_{\text{eff}} g$$

On donne ici la masse effective de la goutte, soit $m_{\text{eff}} = \frac{4}{3}\pi r^3(\rho - \rho_A)$, où ρ est la masse volumique de la goutte et ρ_A la masse volumique de l'air, qui exerce une poussée d'Archimède. Montrez que la grandeur de la charge portée par la goutte est

$$q = \frac{18\pi}{E}\sqrt{\frac{\eta^3 v_L^3}{2(\rho - \rho_A)g}}$$

P16. (II) Un électron est projeté selon un angle $\theta = 30°$ par rapport à l'horizontale à partir du point situé à mi-chemin de deux plaques horizontales de 4 cm de longueur et distantes de 1 cm (figure 2.71). Un champ uniforme orienté vers le haut, de module 10^3 N/C, règne entre les plaques. Trouvez les valeurs minimale et maximale du module de la vitesse initiale v_0 de l'électron pour qu'il ne frappe aucune des plaques.

P17. (I) Un électron est projeté à une vitesse initiale de module $v_0 = 3 \times 10^6$ m/s à partir du point situé à mi-chemin de deux plaques horizontales de longueur 4 cm et distantes de 1 cm (figure 2.71). Pour quelle valeur initiale de l'angle l'électron se trouve-t-il à mi-distance des plaques lorsqu'il sort de la région comprise entre les plaques ?

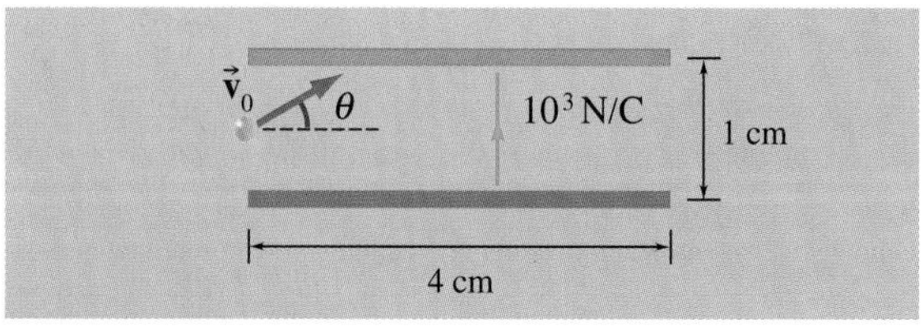

Figure 2.71 ▲
Problèmes 16 et 17.

P18. (I) Deux tiges uniformément chargées, de densités linéiques $+\lambda$ et $-\lambda$, sont recourbées en forme d'arcs de cercle. On fait coïncider leurs extrémités de manière à former un demi-cercle de rayon R (figure 2.72). Quel est le champ électrique résultant créé au centre du demi-cercle ($\lambda > 0$) ?

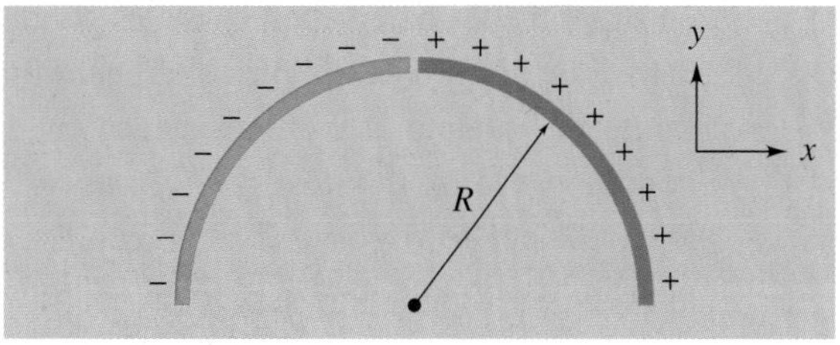

Figure 2.72 ▲
Problème 18.

PROBLÈMES SUPPLÉMENTAIRES

P19. (I) Deux fils semi-infinis ont une densité linéique de charge uniforme $+\lambda$ et $-\lambda$. Ces deux fils sont parallèles à l'axe des x. Chacun se termine en $x = -a$ ou $x = a$, comme dans la figure 2.73. Calculez le champ électrique à l'origine.

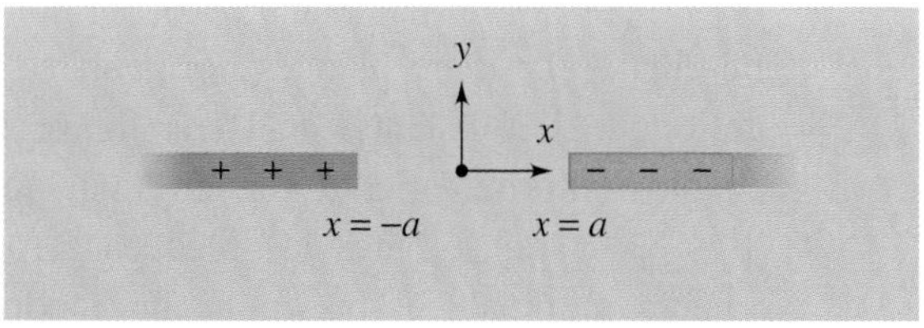

Figure 2.73 ▲
Problème 19.

P20. (I) Un fil chargé a la forme d'un demi-cercle, comme dans la figure 2.74. Sa densité linéique de charge varie comme $\lambda(\theta) = \lambda_0 \sin\theta$. Calculez le champ électrique à l'origine.

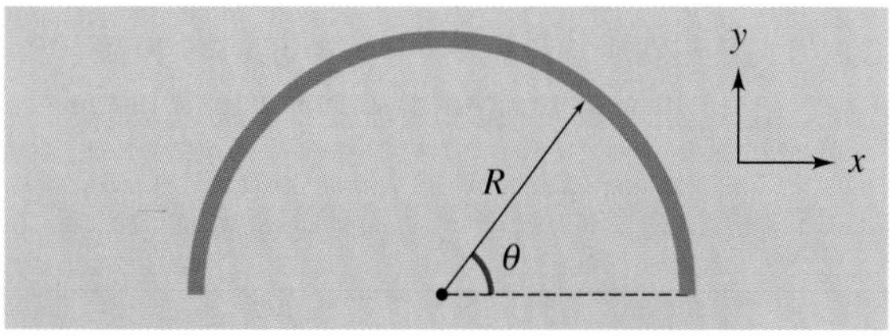

Figure 2.74 ▲
Problème 20.

P21. (II) Reprenez la partie (a) du problème 2 en supposant qu'une moitié seulement de l'anneau est chargée. Considérez que l'anneau est dans le plan xy et que son centre constitue l'origine d'un système d'axe. L'axe des x coupe l'anneau en deux et la portion chargée s'étend dans la région positive de y. Donnez une réponse vectorielle.

P22. (II) Reprenez la partie (a) du problème 4 en supposant que la densité linéique de charge λ varie comme (a) $\lambda = \lambda_0 \cos\theta$; (b) $\lambda = \lambda_0 \sin\theta$.

P23. (II) Soit une tige de longueur L possédant une densité linéique de charge λ comme celle de la figure 2.68 (p. 76). Trouvez l'expression du champ électrique à une distance perpendiculaire y du centre de la tige, mais en considérant que la densité linéique de charge varie comme (a) $\lambda = A|x|$; (b) $\lambda = Ax$. (On suppose que l'axe des x a pour origine le centre de la tige.)

P24. (II) Une charge électrique $q_1 = -3\ \mu\text{C}$ est à (−1 m, 0) et une autre, $q_2 = 1\ \mu\text{C}$, est à (1 m, 0). Utilisez le résultat de l'exercice 13 pour obtenir l'expression exacte du champ électrique résultant de ces deux charges dans le plan xy. Tracez le graphe de ce champ de vecteurs pour la région du plan xy définie par $-2\text{ m} < x < 2\text{ m}$ et $-2\text{ m} < y < 2\text{ m}$. Comment ce graphe se compare-t-il avec le résultat de l'exercice 22 ?

P25. (II) Dans le problème 5, supposez que $a = 1$ m et que $Q_2 = 1\ \mu\text{C}$. Pour (a) $Q_1 = Q_2$ et (b) $Q_1 = -Q_2$, tracez le graphe de $E_x(x)$ pour $y = 0$, sur l'intervalle $-2\text{ m} < x < 2\text{ m}$.

CHAPITRE

Le théorème de Gauss

3

POINTS ESSENTIELS

1. Le **flux électrique** est proportionnel au nombre de lignes de champ électrique qui traversent une surface.
2. Le **théorème de Gauss** établit une relation entre le flux électrique à travers une surface fermée et la charge qu'elle renferme.
3. La distribution de charge que porte un objet et le champ électrique que produit cette charge doivent tous deux présenter les mêmes propriétés de **symétrie**.
4. Quand une distribution de charge est suffisamment symétrique, les informations déduites par symétrie, combinées au théorème de Gauss, permettent de calculer très facilement le champ électrique produit.
5. Toute charge macroscopique portée par un conducteur en équilibre électrostatique est située à la surface de celui-ci.

Cette façade est symétrique sous réflexion : en inversant (en réfléchissant) ses deux moitiés, elle demeure identique. Certains objets chargés peuvent eux aussi être symétriques sous réflexion, mais aussi sous rotation ou même sous translation. Dans ce chapitre, nous verrons que le champ produit par un objet chargé doit forcément avoir la même symétrie que la distribution de charge portée par l'objet lui-même. Dans ces situations où la symétrie nous renseigne déjà sur le champ, nous verrons qu'il est plus facile de calculer celui-ci en utilisant une équation fondée sur le comportement des lignes de champ, le théorème de Gauss.

Au chapitre précédent, nous avons vu que le champ produit par une charge ponctuelle Q devait avoir un module $E = k|Q|/r^2$ pour que la force exercée par ce champ sur une autre charge ponctuelle corresponde à celle donnée par la loi de Coulomb. En principe, le champ électrique produit par toute distribution continue de charges peut être déterminé à l'aide d'une méthode fondée sur cette seule équation : on décompose la distribution en un nombre infini de charges infinitésimales, on détermine la contribution de chacune au champ électrique et on effectue l'intégrale (la somme) de toutes les contributions pour calculer le champ total (voir la section 2.5). Toutefois, cette approche peut devenir fort complexe. Nous allons présenter dans ce chapitre une autre équation qui décrit le comportement du champ et qui est tout aussi générale que la loi de Coulomb, le *théorème de Gauss*. Dans les cas spécifiques où les charges

Figure 3.1 ▲
Carl F. Gauss (1777-1855).

sont distribuées d'une façon suffisamment symétrique, ce nouveau théorème, combiné aux informations déduites par symétrie, permettra de calculer bien plus facilement le champ électrique. En somme, le théorème de Gauss sera le fondement d'une approche équivalente à celle fondée sur la loi de Coulomb et décrite au chapitre précédent, mais qui lui est entièrement indépendante.

Cette nouvelle approche s'appuie sur le comportement des lignes de champ. Michael Faraday, qui avait conçu ces lignes pour représenter le champ, n'avait pas exprimé cette idée sous forme mathématique. Le mathématicien Carl Freidrich Gauss (figure 3.1), par contre, formula des idées équivalentes sous une forme quantitative. Partant de l'image des lignes de champ qui semblent « s'écouler » à travers une surface, Gauss eut l'idée d'introduire une grandeur appelée *flux*, qui est proportionnelle au nombre de lignes de champ qui traversent la surface. En utilisant cette notion, il montra que le flux traversant une surface fermée sur elle-même, quelle que soit la forme de cette surface, ne dépend que de la charge totale située à l'intérieur de la surface. C'est ce lien général qui est exprimé quantitativement par le théorème de Gauss. Cette équation reflète donc les propriétés *générales* des champs électriques, bien qu'elle ne soit utile pour déterminer le champ que dans les cas symétriques. Après avoir démontré le théorème de Gauss, nous développerons donc la notion de *symétrie* avant d'envisager des applications.

3.1 Le flux électrique

Même si le champ électrique est statique, on peut faire une analogie entre les lignes de champ électrique qui traversent une surface et les lignes de courant d'un fluide qui s'écoule à travers une surface. Partant de cette analogie, Gauss a défini la grandeur appelée **flux électrique**. La figure 3.2 représente une surface plane d'aire A, perpendiculaire aux lignes d'un champ électrique uniforme. (Il s'agit d'une surface au sens mathématique, donc imaginaire, et non d'une surface matérielle.) Par définition, le flux électrique Φ_E qui traverse cette surface est

$$\Phi_E = EA$$

L'unité SI de flux électrique est le newton-mètre carré par coulomb (N·m²/C). Bien que la définition du flux ne fasse pas intervenir explicitement les lignes de champ, *le flux électrique à travers une surface donnée est proportionnel au nombre de lignes de champ passant par cette surface*. Si la surface est inclinée et fait un certain angle avec le champ, comme à la figure 3.3, le nombre de lignes interceptées dépend de A_n, la projection de la surface sur un plan normal aux lignes. Il est équivalent de dire que le flux dépend de la composante de $\vec{\mathbf{E}}$ normale à la surface, c'est-à-dire :

$$\Phi_E = EA_n = E_n A$$

L'orientation de la surface peut être définie par un vecteur $\vec{\mathbf{A}}$, de module égal à A et de direction perpendiculaire au plan de la surface. Le sens de $\vec{\mathbf{A}}$ reste néanmoins ambiguë : choisissons-le pour l'instant tel que Φ_E soit positif. Les deux expressions présentées ci-dessus donnent alors

$$\Phi_E = EA \cos \theta$$

θ étant l'angle entre $\vec{\mathbf{A}}$ et $\vec{\mathbf{E}}$. On reconnaît là l'expression du produit scalaire (voir le chapitre 2 du tome 1) et on peut donc dire que le flux associé à un champ électrique uniforme s'écrit

Flux électrique dans un champ uniforme

$$\Phi_E = \vec{\mathbf{E}} \cdot \vec{\mathbf{A}} \tag{3.1}$$

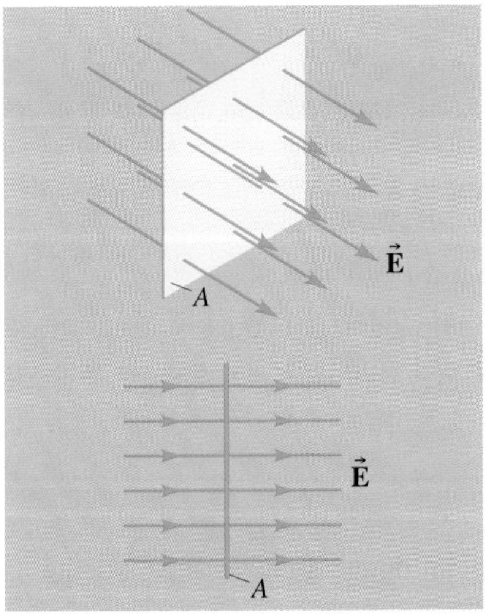

Figure 3.2 ▲
Le flux électrique à travers une surface plane d'aire A est $\Phi_E = EA$.

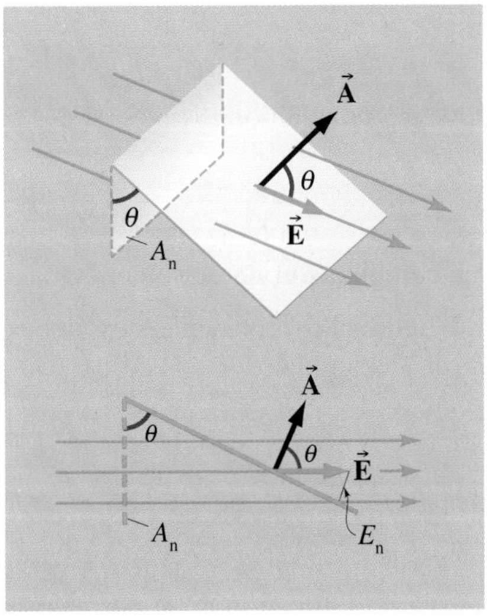

Figure 3.3 ▲
Si la surface est inclinée par rapport au champ, le flux électrique est $\Phi_E = EA \cos \theta$.

L'équation 3.1 doit être modifiée si le champ n'est pas uniforme ou si la surface n'est pas plane. Dans ce cas, on divise la surface en petits éléments $\Delta\vec{\mathbf{A}}$ pouvant être considérés comme plans (figure 3.4). Même si le champ n'est pas uniforme, il ne varie pas sensiblement sur chaque élément d'aire. Le flux total à travers la surface est approximativement égal à la somme

$$\Phi_E \approx \vec{\mathbf{E}}_1 \cdot \Delta\vec{\mathbf{A}}_1 + \vec{\mathbf{E}}_2 \cdot \Delta\vec{\mathbf{A}}_2 + \ldots = \sum \vec{\mathbf{E}}_i \cdot \Delta\vec{\mathbf{A}}_i$$

À la limite, quand $\Delta\vec{\mathbf{A}} \to 0$, cette somme, discrète et de valeur approchée, devient une intégrale continue et de valeur exacte. On peut donc écrire la définition générale du flux électrique ainsi :

Définition générale du flux électrique

$$\Phi_E = \int \vec{\mathbf{E}} \cdot d\vec{\mathbf{A}} \tag{3.2}$$

Le membre de droite de l'équation 3.2 est une intégrale de surface qui peut être assez difficile à calculer pour une surface ou un champ quelconques. En revanche, cette intégrale est souvent très facile à calculer *sur une surface qui possède les mêmes propriétés de symétrie que celles que possèdent la distribution de charge et le champ* (voir l'exemple 3.2 et la section 3.3). En somme, dans une situation peu symétrique, le flux est très difficile à calculer, et dans une situation très symétrique, il ne peut être calculé facilement qu'au travers d'une surface qui a été judicieusement choisie. (Heureusement, le théorème de Gauss que nous démontrerons à la section suivante permet cette latitude : nous aurons

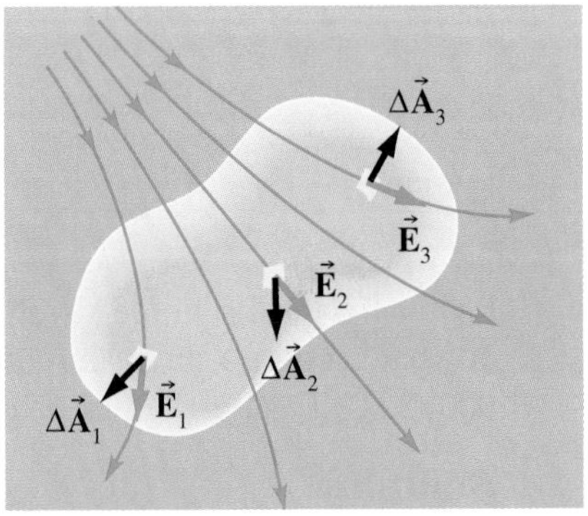

Figure 3.4 ▲
Si la surface n'est pas plane ou si le champ n'est pas uniforme, il faut diviser cette surface en minuscules éléments de surface infinitésimaux et additionner les contributions au flux provenant de chacun de ces éléments. Comme chacun de ces éléments est suffisamment petit pour être considéré comme plan et pour que le champ puisse être considéré comme constant sur sa surface, on calcule le petit flux qui le traverse de la même façon que pour une surface plane dans un champ uniforme (équation 3.1).

effectivement la liberté de *choisir* la forme de la surface sur laquelle le flux est calculé.)

L'équation 3.2 peut être formulée en deux étapes, ce qui reflète la notation que nous avons utilisée dans le chapitre précédent. On commence par calculer le flux infinitésimal traversant un *quelconque* élément de surface $d\vec{\mathbf{A}}$. Selon l'équation 3.1, ce flux est donné par

$$d\Phi_E = \vec{\mathbf{E}} \cdot d\vec{\mathbf{A}} = E\, dA \cos\theta$$

Ensuite, on additionne (intègre) ces flux infinitésimaux pour obtenir le flux total :

$$\Phi_E = \int d\Phi_E$$

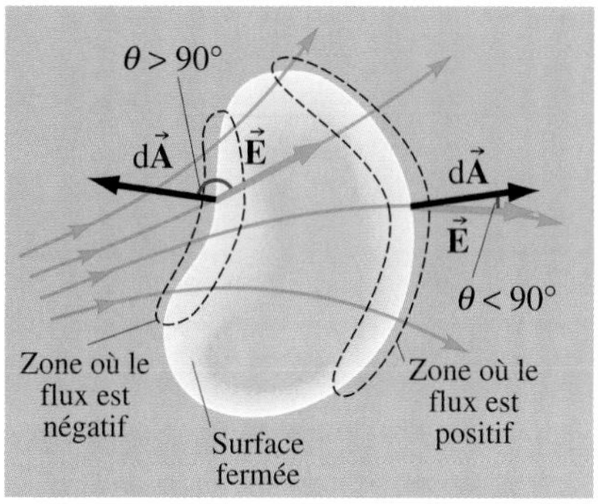

Figure 3.5 ▲
Le flux sortant d'une surface fermée est positif alors que le flux entrant dans une surface fermée est négatif.

La combinaison de ces deux étapes équivaut à l'équation 3.2.

La figure 3.5 représente des lignes de champ passant à travers une surface *fermée* imaginaire. Dans ce cas, on peut lever l'ambiguïté au sujet du sens du vecteur $d\vec{\mathbf{A}}$:

Orientation du vecteur $d\vec{A}$

Par définition, le vecteur $d\vec{\mathbf{A}}$ est, en un point donné d'une surface, orienté selon la direction de la normale *sortant* de la surface.

Il s'ensuit, en raison du signe de cos θ dans $d\Phi_E = E\, dA \cos\theta$, que le flux sortant d'une surface fermée est positif, alors que le flux entrant est négatif. À la figure 3.5, le flux total à travers la surface est nul puisque le nombre de lignes de champ qui entrent est égal au nombre de lignes qui sortent de la surface.

EXEMPLE 3.1

Le plan d'un disque de rayon 8 cm est incliné de 40° par rapport à un champ électrique uniforme de 600 N/C. Quel est le flux à travers le disque ?

Solution

Le vecteur $\vec{\mathbf{A}}$ représentant l'aire du disque, dont la direction est normale au plan du disque, fait un angle de 50° avec le champ. L'aire est égale à $A = \pi r^2 = 0{,}02$ m^2. Le flux est donc

$$\Phi_E = EA \cos 50°$$
$$= (600\ \text{N/C})(0{,}02\ \text{m}^2)(0{,}643) = 7{,}7\ \text{N}\cdot\text{m}^2/\text{C}$$

EXEMPLE 3.2

Soit un champ non uniforme dont le module en chaque point d'une petite région de l'espace est donné par $E = A/r^2$ N/C, où A est une constante et r la distance par rapport à l'origine du système d'axes, mesurée en mètres. En chaque point, le champ est dirigé dans la direction diamétralement opposée à l'origine. (a) Obtenir le flux qui traverse une surface en forme de demi-sphère de rayon a, centrée sur l'origine du système d'axes (figure 3.6). (b) Que vaut ce flux pour $A = 100$ N·m^2/C et $a = 5$ cm ?

Solution

(a) Le champ est orienté radialement et son module ne dépend que de la distance r mesurée par rapport au centre : $E = E(r)$. Il est donc très symétrique. (En effet, il demeure le même sous réflexion et sous rotation, comme nous le verrons à la section 3.3.)

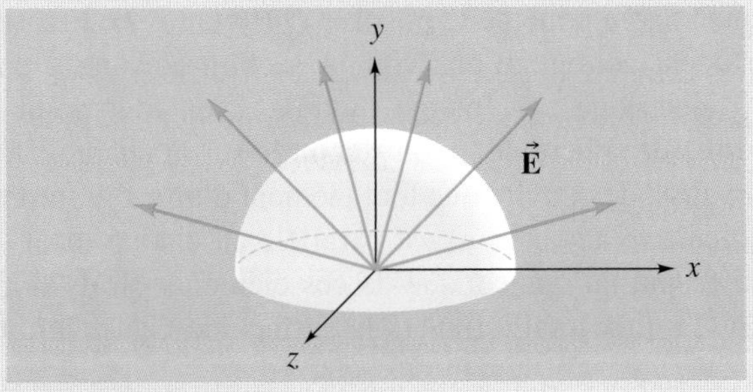

Figure 3.6 ▲
Quel est le flux qui traverse la surface en forme de demi-sphère ?

Or, tous les points qui composent la surface d'intégration sont situés à la même distance r du centre, puisque cette surface a la forme d'une demi-sphère. Il s'ensuit que le champ en chacun de ces points a le même module $E(r = a)$, que nous noterons E_a. De plus, en chacun de ces points, le vecteur champ est perpendiculaire à la surface d'intégration. C'est l'avantage d'utiliser une surface d'intégration qui a la même symétrie que le champ. ■

Pour calculer le flux, on subdivise la surface d'intégration en éléments $d\vec{\mathbf{A}}$. Considérons un quelconque élément de surface : où qu'il soit situé sur la demi-sphère, le champ qui le traverse a le module $E(r = a) = E_a$ et est orienté perpendiculairement à la surface, c'est-à-dire parallèlement au vecteur $d\vec{\mathbf{A}}$. Donc

$$d\Phi_E = E\,dA\cos\theta = E_a\,dA\cos 0 = E_a dA$$

La somme de ces contributions est

$$\Phi_E = \int d\Phi_E = \int E_a dA$$

Or, comme le champ a la même valeur pour tous les éléments de surface (c'est-à-dire que E_a est une constante), on peut faire sortir E_a devant l'intégrale. (En effet, cela équivaut à dire que le facteur E_a revient dans chaque « terme » de la « somme » que constitue cette intégrale et peut donc être mis en évidence.) On peut donc écrire :

$$\Phi_E = E_a\int dA = E_a\left(\frac{4\pi a^2}{2}\right) = \frac{A}{a^2}\left(\frac{4\pi a^2}{2}\right) = 2\pi A$$

où nous avons substitué $E_a = A/a^2$ et utilisé le fait que la somme $\int dA$ des éléments de surface est tout simplement celle de la demi-sphère, la surface d'intégration elle-même. Notons que le résultat final ne dépend pas de a.

(b) Le flux qui traverse chaque élément de surface est alors $d\Phi = (A/a^2)dA = (100/0{,}05^2)dA = 40\,000\ dA$ et l'intégrale donne $40\,000 \int dA = 40\,000(4\pi 0{,}05^2/2)$ $= 200\pi = 628\ \text{N}\cdot\text{m}^2/\text{C}$. Cela aurait évidemment pu être obtenu par substitution directe dans le résultat donné en (a).

Dans le dernier exemple, nous n'avons substitué la valeur de E_a qu'à la toute fin. Cela montre que la symétrie permet de relier le flux Φ_E au champ *même si ce dernier est inconnu* : il suffit de savoir que sa valeur est la même en chaque point de la surface d'intégration pour pouvoir intégrer. À la section 3.4, nous devrons souvent intégrer d'une façon semblable, sans connaître la valeur du champ.

3.2 La démonstration du théorème de Gauss

Dans l'introduction du chapitre, nous avons dit que le flux qui traverse toute surface imaginaire fermée (qu'on appellera *surface de Gauss*) ne dépend que de la charge totale ΣQ enfermée par la surface. Nous allons maintenant démontrer l'équation qui exprime Φ_E en fonction de ΣQ, c'est-à-dire le théorème de Gauss. Pour *démontrer* ce théorème, nous aurons besoin de la loi de Coulomb et du principe de superposition*.

* À l'inverse, si on prenait le théorème de Gauss comme hypothèse, on pourrait s'en servir pour démontrer la loi de Coulomb. Cela montre bien que les approches fondées sur ces équations sont équivalentes, comme nous l'avons dit dans le texte d'introduction du chapitre.

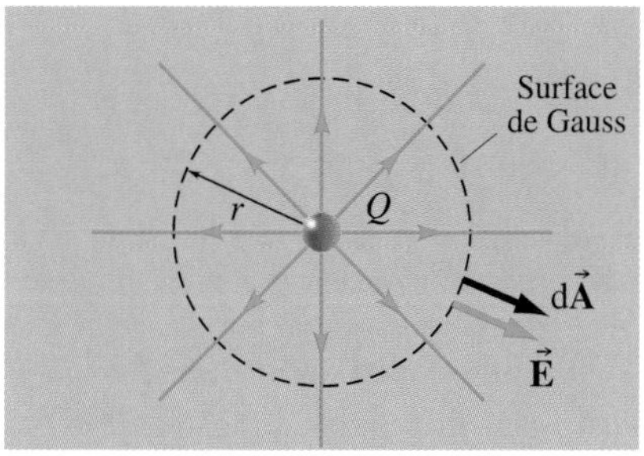

Figure 3.7 ▲
Surface de Gauss sphérique entourant une charge ponctuelle.

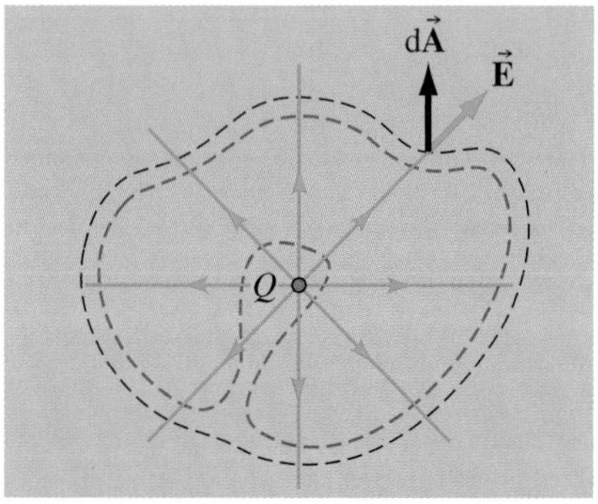

Figure 3.8 ▲
Surface de Gauss de forme quelconque (en noir) entourant une charge ponctuelle. Le flux traversant cette surface est le même que pour une surface sphérique entourant la charge. On remarque que si la surface de Gauss n'entoure pas la charge (en rouge), le flux total est nul, car toutes les lignes de champ qui entrent dans la surface en ressortent.

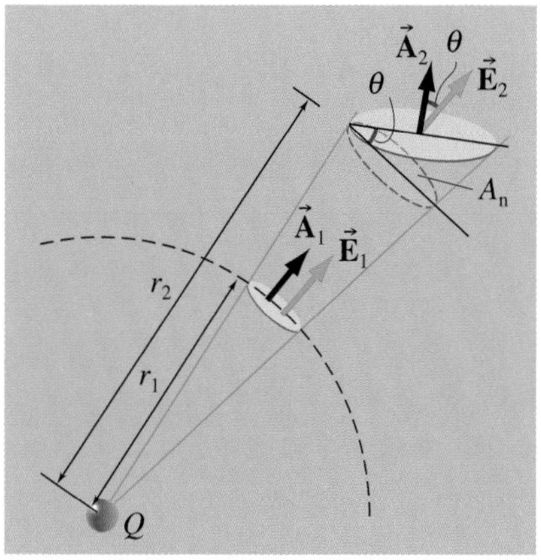

Figure 3.9 ▲
Le flux qui traverse la surface A_2 est le même que le flux qui traverse la surface A_1, car elles ont la même « projection ». En termes mathématiques, on dit qu'elles sont interceptées par le même *angle solide*.

Dans un premier temps, calculons le flux quand la charge totale contenue par la surface est une unique charge ponctuelle positive Q (figure 3.7). Étant donné la symétrie sphérique de la configuration (voir la section suivante), on peut avancer que le champ électrique a le même module E en tout point d'une surface de Gauss en forme de sphère de rayon r centrée sur la charge. De plus, la symétrie nous permet aussi de déduire que tout élément d'aire $d\vec{\mathbf{A}}$ (représenté par un vecteur perpendiculaire à son plan) est parallèle au champ local. Ainsi, le flux infinitésimal traversant un quelconque de ces éléments est $d\Phi = \vec{\mathbf{E}} \cdot d\vec{\mathbf{A}} = E\,dA\cos(0°) = E\,dA$. Le flux total à travers la surface de Gauss fermée est

$$\Phi_E = \int E\,dA = E\int dA = E(4\pi r^2)$$

On peut mettre E en évidence parce que le module E du champ est constant sur toute la surface. L'intégrale se réduit donc à la somme des éléments d'aire, qui est tout simplement l'aire de la sphère, $4\pi r^2$. D'après la loi de Coulomb, on sait que le module du champ en chacun des points de la surface de Gauss sphérique est $E = kQ/r^2$, où r est le rayon de la surface ; on en déduit $\Phi_E = 4\pi kQ$. En remplaçant k par sa valeur $1/4\pi\varepsilon_0$ (voir la section 1.5), on élimine le facteur 4π et le flux total s'écrit alors sous la forme

(Q à l'intérieur) $$\Phi_E = \frac{Q}{\varepsilon_0}$$

Le flux causé par une charge ponctuelle à travers une surface de Gauss sphérique est égal au facteur $1/\varepsilon_0$ multiplié par la charge à l'intérieur de la surface. (Remarquons que la relation $\Phi_E = Q/\varepsilon_0$ est encore valable lorsque Q est négatif, car alors le flux Φ_E est lui aussi négatif : en effet, l'élément de surface est alors dans le sens contraire du champ, et le produit scalaire dans la définition du flux fait apparaître un terme $\cos 180° = -1$.) Le rayon de la sphère n'intervient pas dans l'expression de Φ_E parce que la décroissance radiale du module du champ ($E \propto 1/r^2$) est compensée par l'accroissement d'aire ($A \propto r^2$). Il en résulte que le nombre de lignes traversant une grande sphère est exactement le même que le nombre de lignes qui traversent une petite sphère.

Tel qu'attendu, l'équation ci-dessus montre bel et bien que le flux ne dépend *que* de la charge Q enfermée dans la surface de Gauss, mais ce résultat n'est pas encore général : nous l'avons obtenu en supposant que la surface de Gauss était sphérique et en supposant que la seule charge, intérieure ou extérieure à la surface, était une charge ponctuelle Q. Il nous faut généraliser ce résultat.

Dans un second temps, conservons pour le moment l'hypothèse qu'il y a une unique charge ponctuelle Q située à l'intérieur de la surface, mais considérons maintenant une surface de Gauss de forme arbitraire, comme la surface pointillée noire à la figure 3.8. L'intégration nécessaire pour obtenir le flux est un calcul difficile, mais on voit immédiatement que le nombre de lignes qui traversent la surface (et donc le flux) est exactement le même que dans le cas d'une sphère.

Pour démontrer plus formellement que le flux ne dépend aucunement de la forme de la surface de Gauss, il suffit de décomposer celle-ci en petits éléments infinitésimaux de surface. Considérons ensuite un de ces éléments de surface, comme la surface A_2 illustrée à la figure 3.9. Un peu comme on prend la projection (composante) d'un vecteur le long d'un axe, on peut imaginer la « projection » de cet élément de surface sur une sphère. À la figure 3.9, la « projection » de la surface A_2 sur la sphère de rayon r_1 serait la surface A_1. Dans le « complément de démonstration » qui termine cette section, on montrera mathématiquement que le flux qui traverse la surface A_2 est le même que le flux qui traverse la surface A_1, car le même « angle solide » les intercepte.

Comme l'ensemble des éléments de surface forme une surface de Gauss fermée, l'ensemble de leurs « projections » forme une *sphère* fermée. (La figure 3.10*a* présente une analogie en deux dimensions.) Le flux traversant l'ensemble des éléments de surface est donc le même que celui traversant la sphère.

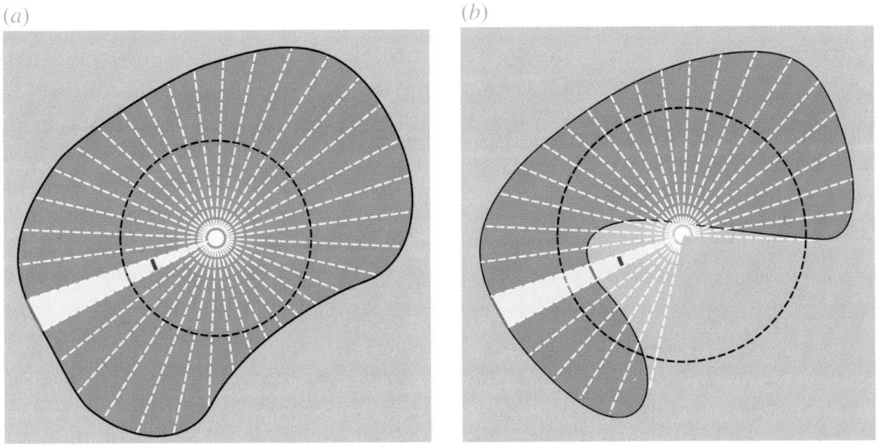

Figure 3.10◄
Sur ces figures en deux dimensions, la ligne fermée pleine peut être décomposée en segments. (*a*) Pour chacun de ces segments, on peut identifier une portion du cercle pointillé qui est intercepté par le *même angle*. L'ensemble des segments formant une courbe fermée, toutes les portions du cercle sont attribuées à l'un d'eux. Dans la démonstration du théorème de Gauss, la même idée est appliquée en trois dimensions, la ligne pleine étant remplacée par la surface de Gauss, le cercle, par une sphère, et l'angle, par un angle solide. (*b*) Cette fois, deux éléments de la ligne ont la même projection sur le cercle.

Dans un troisième temps, imaginons encore qu'il n'y a qu'une unique charge ponctuelle Q, mais considérons qu'elle est située à l'*extérieur* d'une surface de Gauss de forme quelconque, comme la surface pointillée rouge à la figure 3.8. Encore une fois, on peut déduire nos conclusions seulement en regardant les lignes de champ : autant de lignes entrent dans cette surface (contribution négative au flux) qu'il y en a qui sortent (contribution positive au flux). Le flux traversant la surface est donc

(Q à l'extérieur) $$\Phi_E = 0$$

Attention de ne pas confondre le flux et le champ : quand Q est située à l'extérieur de la surface, le flux au travers de la surface est nul, mais la charge produit bel et bien un champ. Ce champ est tout à fait non nul en chacun des points de la surface de Gauss. L'équation ci-dessus signifie seulement que le nombre de lignes de champ qui entrent dans la surface est égal au nombre qui en sortent.

Un peu comme la propriété précédente, on peut démontrer plus formellement cette propriété en décomposant la surface de Gauss en éléments de surface, puis en les projetant sur une sphère centrée sur Q. Si on considère une quelconque portion de la sphère (comme la surface A_1 à la figure 3.9), l'élément de surface qui s'y projette (s'il y a lieu) n'est jamais seul : il y a toujours *deux* éléments de surface qui sont interceptés par le même « angle ». L'un de ces éléments correspond à un flux positif, et l'autre, à un flux négatif de même grandeur. Toutes les contributions s'annulant deux à deux, le flux total est donc nul. (La figure 3.10*b* présente une analogie en deux dimensions.)

Nous avons maintenant établi que le flux que cause une charge ponctuelle Q au travers d'une surface de Gauss quelconque est Q/ε_0 si la charge est à l'intérieur de la surface et est nul si elle est à l'extérieur, *quelle que soit la forme de la surface*. Dans un quatrième temps, il ne reste plus qu'à généraliser cette idée au cas où il y a plusieurs charges ponctuelles q_1, q_2, q_3, etc., certaines se trouvant à l'intérieur de la surface alors que les autres se trouvent à l'extérieur. D'après le principe de superposition (équation 2.4), le champ résultant dû à toutes ces charges est la somme des contributions individuelles de chaque charge : $\vec{\mathbf{E}} = \vec{\mathbf{E}}_1 + \vec{\mathbf{E}}_2 + \vec{\mathbf{E}}_3 + \ldots$. Ainsi, quelle que soit la surface de Gauss considérée, le flux qui la traverse est

$$\Phi_E = \int \vec{\mathbf{E}} \cdot d\vec{\mathbf{A}} = \int (\vec{\mathbf{E}}_1 + \vec{\mathbf{E}}_2 + \vec{\mathbf{E}}_3 + \ldots) \cdot d\vec{\mathbf{A}}$$
$$= \int \vec{\mathbf{E}}_1 \cdot d\vec{\mathbf{A}} + \int \vec{\mathbf{E}}_2 \cdot d\vec{\mathbf{A}} + \int \vec{\mathbf{E}}_3 \cdot d\vec{\mathbf{A}} + \ldots$$

En somme, le flux total qui traverse la surface correspond à la somme des flux attribués à chaque charge. Or, nous savons déjà calculer le flux attribué à une unique charge Q : il est nul si la charge est à l'extérieur de la surface et correspond à Q/ε_0 si elle est à l'intérieur. La somme ci-dessus se réduit donc à

$$\Phi_E = \underbrace{\frac{q_1}{\varepsilon_0} + \frac{q_2}{\varepsilon_0} + \frac{q_3}{\varepsilon_0} + \ldots}_{\substack{\text{Somme des contributions} \\ \text{au flux dues aux charges} \\ \text{intérieures}}} \; \underbrace{+ 0 + 0 + 0 + \ldots}_{\substack{\text{Somme des contributions} \\ \text{au flux dues aux charges} \\ \text{extérieures}}} = \frac{\Sigma Q}{\varepsilon_0}$$

où ΣQ désigne seulement la somme des charges (avec leur signe) situées *à l'intérieur* de la surface de Gauss. Si on substitue l'équation 3.2, on obtient le **théorème de Gauss**. On ajoute un cercle sur le symbole de l'intégration pour signifier que la surface d'intégration doit être une surface fermée :

Théorème de Gauss

$$\oint \vec{\mathbf{E}} \cdot d\vec{\mathbf{A}} = \frac{\Sigma Q}{\varepsilon_0} \qquad (3.3)$$

Le flux total à travers une surface fermée est égal à $1/\varepsilon_0$ que multiplie la charge totale à l'intérieur de la surface.

Si l'on définit le nombre de lignes sortant d'une zone contenant la charge totale ΣQ comme étant égal à $\Sigma Q/\varepsilon_0$, on peut alors dire que le flux est *égal* au nombre de lignes*.

La validité du théorème de Gauss peut facilement être visualisée à la figure 3.11, où on a représenté le champ *résultant* dû à deux charges $q_1 = 2Q$ et $q_2 = -Q$. Considérons d'abord la surface S_1. La symétrie de la figure étant très faible, il serait très difficile d'appliquer l'équation 3.2 pour calculer le flux. Toutefois, le théorème de Gauss prédit que ce flux serait égal à q_1/ε_0, car la charge totale à l'intérieur de S_1 correspond à q_1. Si on considère maintenant la surface S_2, le flux prédit est cette fois q_2/ε_0. Comme $q_2 = -2q_1$, on s'attend à ce que le flux traversant S_2 soit deux fois plus petit et de signe opposé à celui qui traverse S_1. C'est effectivement ce que montrent les lignes de champ : dix lignes « quittant » S_1 sont illustrées, alors que cinq lignes « entrent » dans S_2. Enfin, si on considère la surface S_3, la charge totale qu'elle contient est $\Sigma Q = q_1 + q_2 = 2Q - Q = Q$. Ce résultat correspond bien aux cinq lignes de champ qui « quittent » S_3.

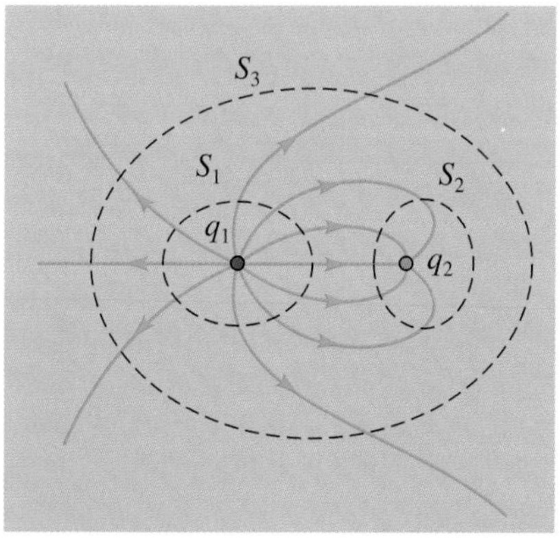

Figure 3.11 ▲
Le flux à travers une surface est déterminé par la charge *totale* à l'intérieur de celle-ci.

Qualitativement, le théorème de Gauss dit essentiellement que les lignes de champ débutent dans une « zone » où il y a des charges positives, traversent les zones où il n'y a aucune charge et aboutissent en une zone où il y a des charges

* Peu importe que le nombre de lignes ne soit pas un entier. C'est le flux qui est la véritable grandeur physique, les lignes de champ n'étant tracées que pour aider à visualiser le champ.

négatives*. En somme, le théorème de Gauss est une équation entièrement générale qui permet de calculer le *flux* traversant *n'importe quelle* surface fermée, quelle que soit la forme de cette dernière. À la section 3.4, nous verrons toutefois que ce théorème n'est utile pour calculer le *champ* que dans des situations suffisamment symétriques.

On remarque que le théorème de Gauss ne dépend pas de la position exacte des charges à l'intérieur de la surface. De plus, le champ électrique qui intervient dans l'équation 3.3 est le champ *total* créé par toutes les charges, et pas seulement par celles qui sont à l'intérieur de la surface de Gauss. Si la charge à l'intérieur est nulle, cela *ne veut pas* forcément dire que $\vec{\mathbf{E}} = 0$ sur la surface de Gauss. Le champ peut très bien être créé par des charges extérieures à la surface, comme le montre la figure 3.5 (p. 82). Toutefois, le théorème de Gauss implique que le flux total traversant la surface est fonction *uniquement* des charges qui sont à l'intérieur de la surface.

Les charges extérieures produisent aussi un champ.

Complément de démonstration

Notre raisonnement ci-dessus reposait sur le fait que les surfaces A_1 et A_2 à la figure 3.9 (p. 84) avaient la même « projection » et étaient donc traversées par le même flux. Nous montrerons ici cette propriété de façon plus formelle. Pour ce faire, considérons le cône de lignes de champ issues de la charge Q, illustré à la figure 3.9. L'ouverture de ce cône ne peut se mesurer par un angle ordinaire, car elle est en trois dimensions. On peut toutefois introduire la notion d'*angle solide*. Par définition, un angle ordinaire mesuré depuis le centre d'un cercle est l'arc de cercle qu'il intercepte divisé par le rayon du cercle. Ce rapport ne dépend en effet que de l'angle. Pour le cercle complet, l'arc de cercle est $2\pi r$, si bien que l'angle intercepté est $2\pi r/r = 2\pi$. En trois dimensions, l'angle solide est défini comme la *surface* interceptée sur une sphère, divisée par le carré du rayon de la sphère. Cette quantité ne dépend en effet que de l'ouverture du cône. Pour une sphère complète, la surface est $4\pi r^2$, si bien que l'angle solide intercepté est $4\pi r^2/r^2 = 4\pi$. En général, l'angle n'est pas mesuré dans une sphère, alors on définit l'angle solide Ω tel que

$$\Omega = \frac{A_n}{r^2} = \frac{A \cos \theta}{r^2}$$

$A_n = A \cos \theta$ étant la projection de A perpendiculaire à l'axe du cône. L'unité d'angle solide est le stéradian. Le cône représenté à la figure 3.9 intercepte une aire A_1 sur la surface sphérique de rayon r_1 et une région d'aire A_2 sur une surface arbitraire. Les surfaces peuvent être de forme quelconque même si on a illustré des disques, mais sont supposées suffisamment petites pour que le champ ait la même valeur en chacun de leurs points. D'après la loi de Coulomb ($E \propto 1/r^2$), le rapport entre le module des champs sur les deux surfaces est

$$\frac{E_2}{E_1} = \frac{r_1^2}{r_2^2} \qquad \text{(i)}$$

On peut exprimer l'angle solide du cône en fonction de l'aire de l'une ou l'autre des surfaces :

$$\Omega = \frac{A_1}{r_1^2} = \frac{A_2 \cos \theta}{r_2^2} \qquad \text{(ii)}$$

* C'est la justification formelle des propriétés que nous avons attribuées aux lignes de champ à la section 2.2.

Le flux traversant chaque surface est $\Phi_1 = E_1A_1$ et $\Phi_2 = E_2A_2 \cos \theta$. De (i) et (ii), on tire $\Phi_1 = \Phi_2$. Autrement dit, le flux dans un angle solide donné est constant et ne dépend pas de la forme ni de l'orientation de la surface.

3.3 La symétrie

Nous allons maintenant considérer comment la symétrie de la distribution de charge nous renseigne sur la configuration du champ qu'elle produit. C'est la combinaison de cette information et de celle donnée par le théorème de Gauss qui est le fondement de l'efficace méthode pour calculer le champ que nous exposerons à la section suivante. La symétrie est en effet très révélatrice : au chapitre précédent, nous avons vu que le champ produit par un fil chargé était radial, que celui produit par une plaque était uniforme, etc. Ce comportement a toutefois été prédit par la méthode exposée à la section 2.5. Or, il aurait pu être déduit presque exclusivement à partir de la symétrie de la distribution de charges, uniquement en supposant que le champ est dirigé des charges positives vers les charges négatives, sans même connaître la forme exacte de la loi de Coulomb.

Figure 3.12 ▲
Cette illustration n'est plus la même si elle est inversée par rapport à un axe vertical. Pourtant, elle *est* symétrique : sous une rotation de 90°, elle demeure inchangée.

On confond souvent le concept de symétrie avec celui de réflexion, mais cette vision est incomplète. On dit qu'une figure géométrique présente une **symétrie** quand on peut lui appliquer une transformation qui la laisserait *inchangée*. La réflexion n'est qu'une transformation possible parmi d'autres. Par exemple, en deux dimensions, un carré est symétrique sous *réflexion* par rapport à quatre axes passant par son centre, mais il est aussi symétrique sous *rotation* d'un angle de 90° par rapport à son centre. L'illustration de la figure 3.12, par contre, n'est symétrique que sous rotation : elle est moins symétrique que le carré, mais elle demeure symétrique.

Dans le cas de distributions de charge, la symétrie doit être considérée en trois dimensions. Par exemple, un fil infini de charge est symétrique sous inversion, sous rotation et même sous translation : il demeure identique si on l'inverse par rapport à tout plan qui lui est perpendiculaire ou qui contient son axe central. Il demeure aussi identique si on le fait tourner de tout angle par rapport à son axe central. Enfin, il demeure identique si on lui fait subir toute translation parallèle à son axe, puisqu'il n'a pas d'extrémités. On dit de tout objet qui possède ces propriétés qu'il a une **symétrie cylindrique**.

De façon similaire, une sphère ou une coquille sphérique chargée demeure inchangée si on lui fait subir une inversion par rapport à tout plan qui passe par son centre ou si on lui fait subir une rotation autour de tout axe passant par son centre. Par contre, elle n'est jamais symétrique sous translation. Tout objet ayant ces propriétés a une **symétrie sphérique**.

Enfin, un plan infini de charge a une **symétrie planaire** : il demeure le même si on le fait tourner autour de tout axe qui lui est perpendiculaire, si on l'inverse par rapport à tout plan qui lui est perpendiculaire (ou par rapport à un plan avec lequel il se confond). De même, il demeure inchangé si on lui fait subir une translation selon toute direction parallèle à lui-même, puisqu'il n'a pas de bords.

Lien entre symétrie de la distribution de charge et symétrie du champ

Beaucoup d'objets chargés peuvent être classés dans l'une de ces trois catégories ou, du moins, s'en approcher. En pratique, on reconnaît les propriétés de symétrie d'un objet de façon plutôt instinctive et nous n'aurons jamais à faire la liste des transformations qu'un objet peut subir. Ce qui importe est le lien suivant : *la symétrie du champ que produit une distribution de charge est forcément identique à la symétrie de la distribution de charge elle-même.*

Ainsi, par exemple, les lignes de champ autour d'un fil infini chargé doivent forcément avoir une symétrie cylindrique. Pour le démontrer, il suffit de supposer que ce soit faux et nous aboutirons à une absurdité. Supposons, en effet, que les lignes de champ n'aient *pas* une symétrie cylindrique, comme l'illustre l'un ou l'autre des deux exemples de la figure 3.13. Alors, si on fait subir à l'image certaines des transformations de symétrie qui laissent le fil de charge inchangé, par exemple une réflexion par rapport à un plan vertical, le champ, lui, change. Cela est évidemment impossible : comment deux fils identiques, avant et après la réflexion, pourraient-ils produire des champs différents ? L'orientation du champ est donc nécessairement celle illustrée à la figure 3.14.

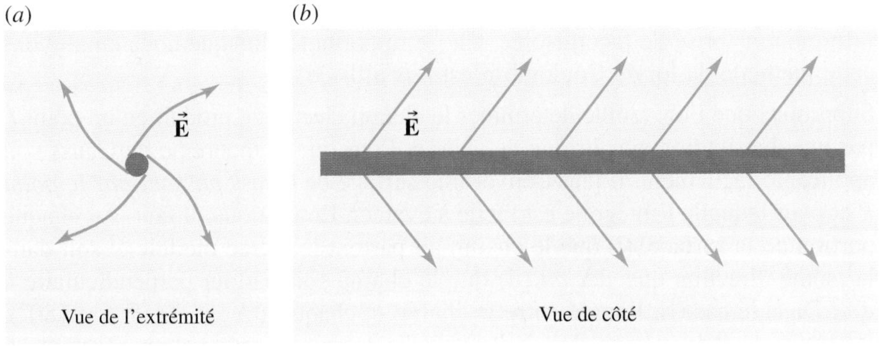

Figure 3.13 ◄
Uniquement par des arguments fondés sur la symétrie, on peut déduire que le champ produit par un fil chargé infini *ne peut pas* être tel qu'illustré en (*a*) ou en (*b*). Si on fait une inversion horizontale de l'image (*a*) ou (*b*), la distribution de charges du fil demeure inchangée, alors que le champ change. Or, il serait absurde que deux fils identiques produisent des champs différents. La seule configuration de lignes de champ qui respecte la même symétrie que celle du fil qui est une configuration radiale.

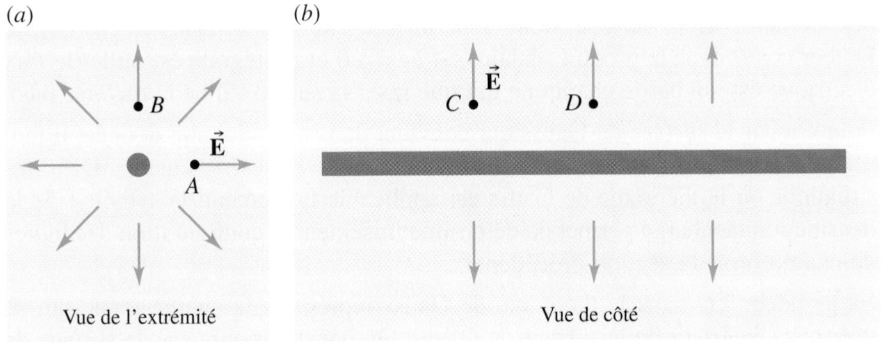

Figure 3.14 ◄
L'orientation du champ produit par un fil chargé infini doit être radiale. Toutefois, la symétrie nous renseigne aussi sur le module du vecteur champ. (*a*) Le module du champ en *A* doit être identique à celui en *B*, puisqu'une rotation de toute l'image par 90° remplace un des vecteurs par l'autre, sans changer la configuration de charge. (*b*) Le module du champ en *C* et en *D* est identique, puisqu'une translation parallèle au fil remplace un des vecteurs par l'autre, sans changer la charge du fil.

Mais la symétrie nous renseigne même sur le *module* du champ. À la figure 3.14*a*, les vecteurs champ sont illustrés selon une orientation qui est conforme à la symétrie. Supposons toutefois que les vecteurs aux points *A* et *B* aient des modules différents. En faisant tourner l'image de 90°, le vecteur champ situé en *B* passe en *A*. La distribution de charge reste inchangée, mais le champ aurait changé, ce qui est absurde. Ces deux vecteurs, situés sur un cercle ayant le fil pour centre, doivent donc être de modules identiques. Un même raisonnement s'applique à la figure 3.14*b* : l'invariance sous translation implique que les vecteurs champ en *C* et en *D* ont le même module. Tous les vecteurs situés à une même distance du fil doivent donc être de modules identiques. Il s'ensuit que le module du champ produit par un fil chargé infini ne peut dépendre *que* de la distance *r* par rapport au fil.

Sans jamais avoir eu recours à la loi de Coulomb ou à l'approche de la section 2.5, nous avons donc montré que le champ produit par un fil chargé était nécessairement orienté de façon radiale et que son module n'avait nécessairement qu'une dépendance radiale. Un raisonnement similaire aurait pu être fait pour une sphère chargée (champ nécessairement radial) ou pour un plan chargé (champ nécessairement perpendiculaire à la surface). Ce genre de conclusion s'appliquera aussi aux situations où la distribution de charge a la forme de plusieurs coquilles sphériques concentriques, de plusieurs cylindres coaxiaux ou de plusieurs plans parallèles. La seule chose qui reste à déterminer est donc la façon exacte dont le module dépend de la position, ce qui nécessitera le théorème de Gauss.

3.4 L'utilisation du théorème de Gauss

À lui seul, le théorème de Gauss nous renseigne uniquement sur le flux que produit une distribution de charge, non sur le champ. Toutefois, ce théorème peut servir à évaluer le champ électrique produit par certaines distributions de charges très symétriques : la configuration du champ découle de la symétrie, et il est alors possible d'extraire E de l'intégrale de l'équation 3.3. En somme, ce sont les informations déduites par symétrie, combinées à celles données par le théorème de Gauss, qui permettent de calculer E et non l'une ou l'autre de ces informations prise de façon isolée. Chose importante : lorsque nous employons cette méthode, la loi de Coulomb n'est *pas* utilisée*.

Supposons que l'on veuille déterminer le champ électrique produit en un point P par une distribution symétrique de charge. Pour que le théorème de Gauss soit applicable facilement, il faut trouver une surface de Gauss *passant par le point* P et pour laquelle l'intégrale est facile à évaluer. En pratique, il faut, sur chaque portion de la surface, (i) que le champ ait partout le même module et soit dans la même direction que $\mathrm{d}\vec{\mathbf{A}}$ *ou* (ii) que le champ soit partout perpendiculaire à $\mathrm{d}\vec{\mathbf{A}}$. Dans le cas (i), l'angle entre le champ et chaque $\mathrm{d}\vec{\mathbf{A}}$ est de 0° (ou 180°), le terme $\cos\theta$ dans le produit scalaire égale 1 (ou -1) et la valeur constante E (ou $-E$) peut être extraite de l'intégrale. L'intégrale est alors égale à la somme des éléments de la surface, donc à la surface elle-même. Dans le cas (ii), le facteur $\cos\theta$ dans le produit scalaire est égal à 0 et l'intégrale est nulle (le flux électrique est nul car le champ ne fait que raser la surface, il ne la traverse pas).

Pour choisir la surface de Gauss qui convient dans une situation donnée, il faut d'abord connaître (ou supposer) l'orientation des lignes de champ. Dans les situations où le théorème de Gauss est applicable facilement, la symétrie de la distribution de charge permet de déterminer aisément la configuration des lignes de champ (voir la section précédente).

La grandeur ΣQ dans le théorème de Gauss représente la charge totale qui se trouve *à l'intérieur* de la surface de Gauss. Or, dans plusieurs cas, la surface de Gauss choisie n'englobe qu'une partie d'un objet chargé. Si l'objet est chargé uniformément, on peut déterminer ΣQ en multipliant la charge totale de l'objet par la fraction du volume de l'objet qui se trouve à l'intérieur de la surface de Gauss. On peut aussi faire appel à la notion de densité de charge. Pour un fil uniformément chargé, on utilise la densité linéique de charge λ (voir l'équation 2.9). Pour une surface uniformément chargée, on définit la densité surfacique de charge σ (voir l'équation 2.11). On rencontre aussi parfois des objets pleins chargés ; on utilise alors la **densité volumique de charge**, définie comme la charge par unité de volume. Si une charge q est uniformément distribuée dans un objet de volume V, la densité de charge volumique ρ est

$$\rho = \frac{q}{V} \tag{3.4}$$

La densité volumique de charge s'exprime en coulombs par mètre cube. Pour un objet chargé uniformément, ρ est une constante. Pour un objet qui n'est pas chargé uniformément, ρ dépend de l'endroit où l'on se trouve dans l'objet.

---

* Une certaine confusion peut être causée par le fait que nous avons utilisé la loi de Coulomb pour démontrer le théorème de Gauss à la section 3.2 : la *démonstration* du théorème requiert la loi de Coulomb, mais pas son *utilisation* (voir la note en bas de page au début de la section 3.2).

Comme nous l'avions annoncé, cette méthode permettant de calculer le champ, fondée sur le théorème de Gauss et sur la symétrie, est un *substitut* à la méthode fondée sur la loi de Coulomb et sur le théorème de superposition (elle lui est équivalente mais en est entièrement indépendante). Pour bien le montrer, dans les exemples qui suivent, nous utiliserons le théorème de Gauss pour démontrer à nouveau plusieurs résultats que nous avons obtenus au chapitre 2 avec la méthode fondée sur la loi de Coulomb, notamment le champ produit par un fil rectiligne chargé, par une plaque chargée et par une coquille sphérique. Nous verrons que, dans ces cas où la distribution de charge est très symétrique, le théorème de Gauss permet de calculer le champ d'une façon beaucoup plus simple que celle de la section 2.5.

Au second des exemples ci-dessous, nous étudierons aussi un nouveau cas : le champ causé *dans* une sphère pleine non conductrice uniformément chargée, et nous verrons qu'il est donné par

$$(r < R) \qquad E = \frac{kQ_{\text{tot}}r}{R^3} \qquad (3.5)$$

où Q_{tot} est la charge totale portée par la sphère de rayon R.

Notez que, dans ces exemples, nous utiliserons systématiquement la minuscule r pour désigner une variable et la majuscule R pour désigner des constantes, par exemple le rayon d'une sphère ou d'un cylindre.

EXEMPLE 3.3

Une *sphère creuse de rayon R* porte une charge Q positive uniformément répartie sur sa surface. Trouver, en fonction de la distance r mesurée par rapport au centre de la sphère, le module du champ électrique en un point (a) à l'extérieur et (b) à l'intérieur de la sphère.

Solution

(*a*) *À l'extérieur* : Quelle que soit la forme de la surface de Gauss que nous choisirons, le théorème de Gauss nous apprend que le flux la traversant sera Q/ε_0, pourvu que cette surface enferme la charge Q. Notre but étant cependant de calculer le champ et non le seul flux, il faut choisir la surface de Gauss judicieusement (pour qu'elle ait la même symétrie que la charge et que le champ).

Puisque la distribution de charge est de symétrie sphérique, le champ est également de symétrie sphérique. Les lignes de champ sont donc radiales et orientées vers l'extérieur. De plus, le champ a la même valeur en tout point d'une surface sphérique imaginaire de même centre que la sphère chargée. Cette symétrie nous amène à choisir comme surface de Gauss une coquille de rayon $r > R$ (figure 3.15*a*). Le champ est constant sur la coquille et partout parallèle à $d\vec{\mathbf{A}}$. Dans l'équation 3.3, le facteur $\cos\theta$ dans le produit scalaire est égal à 1, et la valeur constante de E peut être extraite de l'intégrale :

$$\oint E\, dA = E\oint dA = E(4\pi r^2) = \frac{Q}{\varepsilon_0}$$

Par conséquent,

$$E = \frac{Q}{4\pi\varepsilon_0 r^2} = \frac{kQ}{r^2}$$

À l'extérieur de la sphère creuse, le champ est le même que si la charge était ponctuelle et située au centre de la sphère*. ■

Ce calcul est nettement plus simple que l'intégration qui intervient dans une application directe de la loi de Coulomb. Le problème analogue dans le cas de la gravitation (théorème de la masse ponctuelle, chapitre 13 du tome 1) représentait un obstacle énorme pour Newton. Dans le chapitre précédent, c'est la solution de ce problème que nous avons évoquée pour justifier l'utilisation de l'équation ci-dessus dans le

* Ce résultat implique que la représentation de charges ponctuelles par des petites sphères (que nous avons utilisée depuis le chapitre 1) est adéquate : le champ électrique autour de l'une ou de l'autre est identique.

cas de sphères chargées non ponctuelles. Nous pouvons maintenant considérer qu'elle a été démontrée d'une nouvelle façon.

(b) *À l'intérieur*: Là encore, le champ est de symétrie sphérique et nous choisissons à nouveau une surface de Gauss sphérique, mais cette fois de rayon r inférieur à R (non illustrée). La charge étant nulle à l'intérieur de la surface, l'équation 3.3 devient

$$E(4\pi r^2) = 0$$

Puisque r peut prendre n'importe quelle valeur, nous en concluons que $\vec{\mathbf{E}} = 0$ en *tout* point à l'intérieur d'une sphère creuse uniformément chargée. On peut montrer que ce résultat découle directement de la fonction inverse du carré de la distance, qui intervient dans la loi de Coulomb.

La figure 3.15*b* illustre le graphique du module du champ en fonction du rayon dans cette situation.

(*a*)

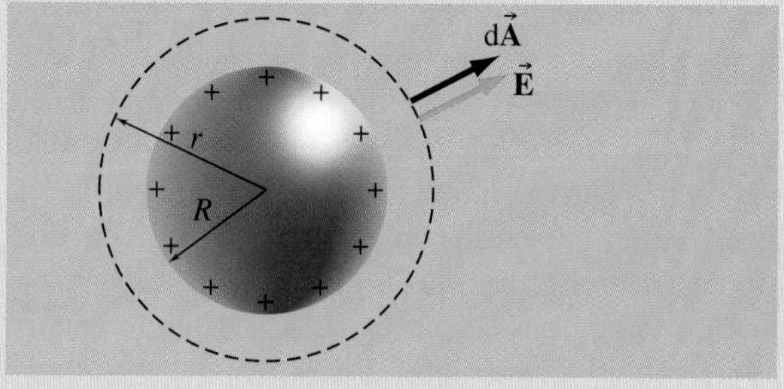

(*b*)

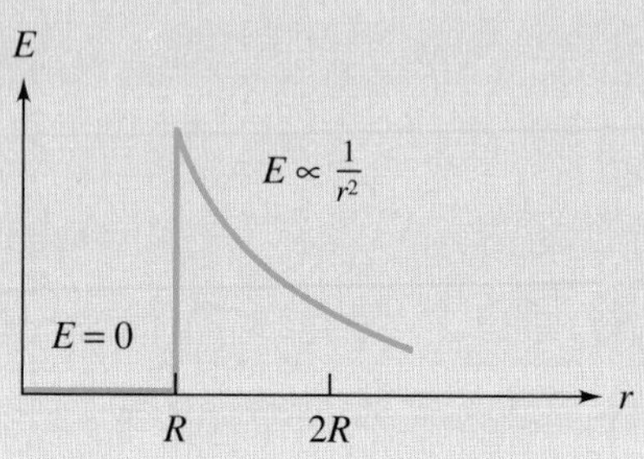

Figure 3.15 ▲
(*a*) La surface de Gauss (trait pointillé) pour une distribution de charge de symétrie sphérique est une coquille sphérique. (*b*) Le champ électrique est nul à l'intérieur de la sphère. À l'extérieur de la sphère, le champ est le même que si la charge était ponctuelle et située au centre de la sphère.

EXEMPLE 3.4

Soit une *sphère pleine non conductrice uniformément chargée*, de rayon R et de charge totale Q_{tot} positive répartie uniformément dans le volume de la sphère. Trouver le module du champ électrique (a) à l'extérieur de la sphère ; (b) à l'intérieur.

Solution

(a) *À l'extérieur*: En un point situé à l'extérieur de la sphère, la situation est identique à celle de l'exemple précédent. Puisque la charge à l'intérieur de la surface de Gauss sphérique de rayon $r > R$ est égale à Q_{tot}, on a

$$E(4\pi r^2) = \frac{Q_{\text{tot}}}{\varepsilon_0}$$

d'où l'on déduit

$$E = \frac{kQ_{\text{tot}}}{r^2}$$

Encore une fois, le champ à l'extérieur de la sphère est donc le même que le champ qui serait créé par une charge ponctuelle placée au centre de la sphère, résultat qu'on a utilisé au chapitre 2. On remarque que ce résultat dépend uniquement de la symétrie sphérique de la distribution des charges et n'est pas lié au fait qu'elle est uniforme. ■

(b) *À l'intérieur*: On choisit comme surface de Gauss une coquille sphérique de rayon $r < R$ (figure 3.16*a*). Il y a deux façons de déterminer la charge $\Sigma Q = Q_{\text{int}}$ à l'intérieur de cette surface :

(i) On évalue la fraction du volume total de la sphère de rayon R qui se trouve à l'intérieur de la surface de Gauss de rayon r. Puisque le volume d'une sphère de rayon r est $\frac{4}{3}\pi r^3$, cette fraction est $(\frac{4}{3}\pi r^3)/(\frac{4}{3}\pi R^3) = r^3/R^3$. La charge à l'intérieur de la surface de Gauss est donc $Q_{\text{int}} = (r^3/R^3)Q_{\text{tot}}$.

(ii) On calcule la densité volumique de charge, qui est constante pour toute la sphère: $\rho = Q_{\text{tot}}/V_{\text{tot}} = Q_{\text{tot}}/(\frac{4}{3}\pi R^3)$. Pour déterminer la charge à l'intérieur de la surface de Gauss, on multiplie ρ par le volume à l'intérieur de la surface de Gauss: $Q_{\text{int}} = \rho(\frac{4}{3}\pi r^3) = (r^3/R^3)Q_{\text{tot}}$. ■

Pour les mêmes raisons de symétrie que précédemment, le théorème de Gauss devient

$$E(4\pi r^2) = \frac{\left(\frac{r^3}{R^3}\right) Q_{\text{tot}}}{\varepsilon_0}$$

et donne (avec $k = 1/4\pi\varepsilon_0$)

$$E = \frac{kQ_{\text{tot}} r}{R^3}$$

Cela correspond au résultat annoncé (équation 3.5): le champ électrique est proportionnel à la distance au centre. Le graphique du module du champ électrique en fonction de r est représenté à la figure 3.16*b*. On remarque que pour $r = R$ les deux expressions de E coïncident: il y a continuité du champ au passage de la surface.

En pratique, il serait difficile de charger de façon uniforme le volume d'une sphère solide non conductrice. Par contre, cette situation peut tout de même servir de modèle simple pour représenter des cas concrets: un nuage ou encore un noyau atomique peuvent être quasi sphériques et chargés dans leur volume.

(*a*)

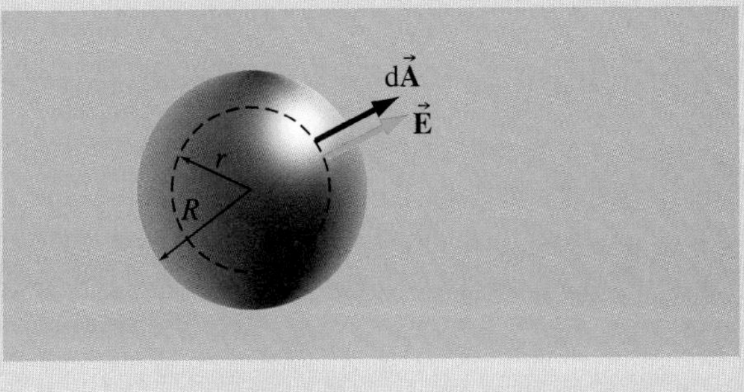

(*b*)

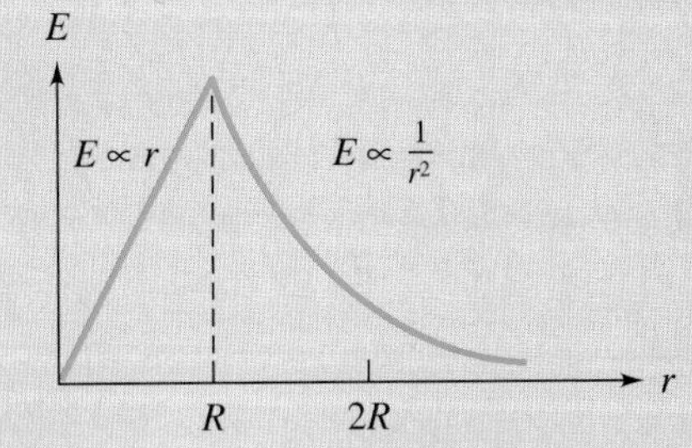

Figure 3.16 ▲
(*a*) La surface de Gauss (trait pointillé) à l'intérieur d'une sphère pleine non conductrice uniformément chargée est une coquille sphérique. (*b*) Le champ électrique à l'intérieur de la sphère croît proportionnellement à r. À l'extérieur de la sphère, le champ est le même que si la charge était ponctuelle et située au centre de la sphère.

EXEMPLE 3.5

Un *fil rectiligne infini chargé* porte une densité linéique de charge uniforme égale à λ. Déterminer le module du champ électrique à la distance r du centre du fil. On suppose que λ est négatif. Comparer le résultat à l'équation 2.13.

Solution

À cause de la symétrie cylindrique, nous pouvons dire que le module du champ est le même pour tous les points situés à une distance r du centre du fil. De plus, il est orienté perpendiculairement au fil (figure 3.17).

Pour épouser la symétrie du champ, la surface de Gauss à choisir ici est un cylindre de rayon r et de longueur L: par la symétrie du problème, on s'attend à ce que L n'apparaisse pas dans l'expression finale pour le champ électrique. ■

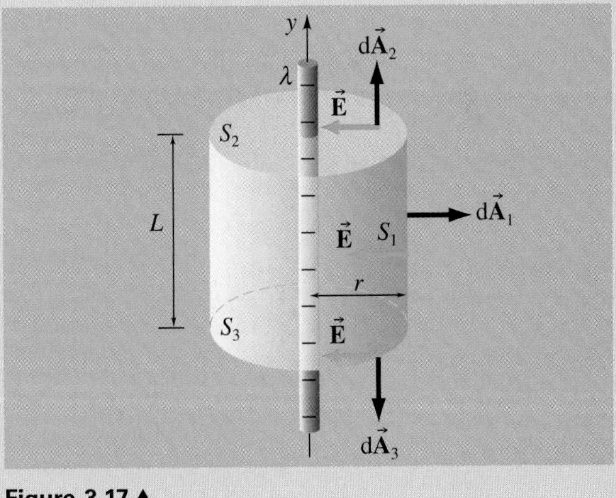

Figure 3.17 ▲
Surface de Gauss cylindrique entourant un fil infini chargé. Seul le flux traversant la surface latérale S_1 n'est pas nul.

La surface de Gauss est une surface fermée composée de la surface latérale du cylindre S_1 et des extrémités du cylindre S_2 et S_3. L'équation 3.3 devient

$$\oint \vec{\mathbf{E}} \cdot d\vec{\mathbf{A}} = \int_{S_1} \vec{\mathbf{E}} \cdot d\vec{\mathbf{A}} + \int_{S_2} \vec{\mathbf{E}} \cdot d\vec{\mathbf{A}} + \int_{S_3} \vec{\mathbf{E}} \cdot d\vec{\mathbf{A}} = \frac{Q}{\varepsilon_0}$$

(Soulignons la signification de la notation: on ajoute un cercle sur le symbole d'intégration quand la surface d'intégration est fermée, ce qui n'est le cas que de la première intégrale. Pour les trois autres, la notation désigne plutôt la *portion* de la surface fermée qui sert de surface d'intégration.)

Sur les surfaces S_2 et S_3, $\vec{\mathbf{E}}$ est partout perpendiculaire à $d\vec{\mathbf{A}}$, ce qui signifie que le flux est nul à travers ces faces (le facteur $\cos\theta$ du produit scalaire est 0). Sur la surface latérale S_1, $\vec{\mathbf{E}}$ est partout parallèle à $d\vec{\mathbf{A}}$ et son module est constant (en raison de la symétrie du problème). Le facteur $\cos\theta$ du produit scalaire est -1, et E peut être extrait de l'intégrale. L'équation précédente, issue de l'équation 3.3, devient

$$-E\int_{S_1} dA + 0 + 0 = \frac{Q}{\varepsilon_0}$$

L'intégrale de dA sur la surface S_1 est égale à la surface S_1 elle-même, soit $2\pi rL$. La portion du fil chargé qui se trouve à l'intérieur du cylindre de Gauss de longueur L ayant aussi une longueur L, la charge contenue dans la surface est $\Sigma Q = \lambda L$. Ainsi,

$$-E(2\pi rL) = \frac{\lambda L}{\varepsilon_0}$$

Comme $k = 1/4\pi\varepsilon_0$,

$$E = \frac{-\lambda}{2\pi r\varepsilon_0} = \frac{2k(-\lambda)}{r}$$

Le signe négatif de cette équation peut paraître problématique puisque le module E du champ électrique doit nécessairement être une grandeur positive. Toutefois, nous avons étudié le cas d'un fil chargé négativement, pour lequel λ est négatif, ce qui signifie que $-\lambda$ est bel et bien positif. On peut aussi substituer, pour le cas où λ est négatif, $-\lambda = |\lambda|$, et on obtient alors un résultat identique à l'équation 2.13 (la variable r y était toutefois désignée par le symbole R pour qu'on puisse la distinguer du r dans la loi de Coulomb) :

$$E = \frac{2k|\lambda|}{r}$$

(Si on avait plutôt étudié le cas où λ est positif, on serait tout de même parvenu à ce résultat : d'une part, les lignes de champ auraient été en sens inverse et le facteur $\cos\theta$ dans l'intégrale sur la surface S_1 aurait alors été 1 et non -1 et, d'autre part, la valeur positive de λ aurait fait que $+\lambda = |\lambda|$. En toute rigueur, c'est donc la combinaison de l'étude du cas positif et du cas négatif qui permet de vérifier en entier l'équation 2.13 démontrée au chapitre 2.)

Ce calcul est beaucoup plus simple que le calcul direct à partir de la loi de Coulomb qui est donné à la section 2.5. On remarquera que les charges extérieures à la surface de Gauss (au-delà de chacun des extrémités de la surface cylindrique) ne contribuent pas au calcul du flux total traversant la surface, *mais elles contribuent* toutefois au champ total et c'est leur présence qui nous permet de tenir compte de la symétrie.

Dans cet exemple, nous avons considéré un fil infini pour ne pas avoir à tenir compte des « effets de bout » qui se produisent aux extrémités d'un fil réel. Lorsqu'on approche des extrémités, la symétrie est brisée et les lignes de champ ne sont plus radiales vers l'extérieur. Il est alors impossible d'appliquer le théorème de Gauss, car on ne peut pas trouver de surface simple qui soit partout perpendiculaire aux lignes de champ. L'expression trouvée pour le fil rectiligne infini chargé est néanmoins valable pour un fil rectiligne réel, à condition que la distance r soit beaucoup plus petite que la distance à laquelle se trouve l'extrémité la plus proche (voir la figure 2.25, p. 48). ■

EXEMPLE 3.6

Déterminer le module du champ électrique créé par *une feuille plane infinie chargée* de densité surfacique de charge uniforme égale à σ. On suppose que σ est positif. Comparer le résultat à l'équation 2.18.

Solution

La charge étant répartie sur un plan infini, sa symétrie est planaire. On peut donc déduire que le champ est orienté perpendiculairement à la feuille chargée et qu'il a un module constant sur tout plan parallèle à la feuille. De même, le champ est de même module (mais de sens opposé) en deux points situés à même distance de part et d'autre du plan. La symétrie ne nous permet *pas* de dire si le module du champ en un point dépend ou non de la distance entre ce point et le plan chargé, mais nous apprend qu'elle ne peut dépendre de rien d'autre. On choisit donc comme surface de Gauss un cylindre dont les extrémités S_1 et S_2, parallèles à la feuille chargée, sont situées de part et d'autre et à égale distance de la feuille, comme le montre la figure 3.18. Ainsi, on sait par symétrie que le champ a le même module en chacun des points de l'une ou l'autre de ces deux extrémités : $E_1 = E_2 = E$.

Dans ce cas, le flux traversant la surface latérale du cylindre est nul ($\vec{\mathbf{E}}_3$ est partout perpendiculaire à $d\vec{\mathbf{A}}_3$, un vecteur représentant n'importe lequel des éléments infinitésimaux d'aire de la surface latérale).

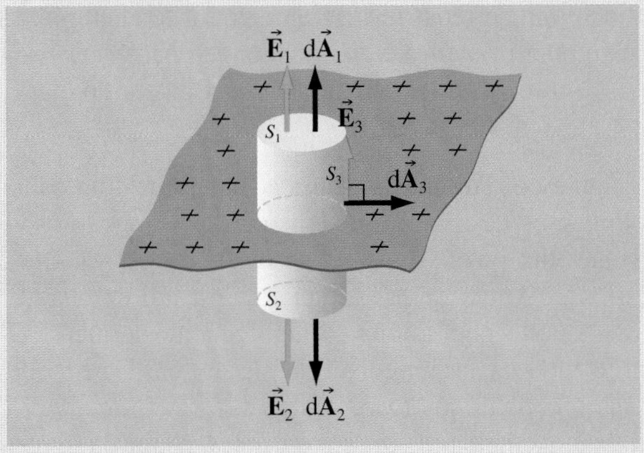

Figure 3.18 ▲
La surface de Gauss cylindrique dans le cas d'une feuille infinie chargée. Seul le flux électrique traversant les faces aux extrémités du cylindre n'est pas nul.

Si l'on désigne par A l'aire de chaque face des extrémités, la portion de la feuille chargée qui se trouve à l'intérieur de la surface de Gauss a aussi une surface A. La charge contenue dans la surface est donc σA. Le théorème de Gauss nous donne

$$\oint \vec{\mathbf{E}} \cdot d\vec{\mathbf{A}} = \int_{S_1} \vec{\mathbf{E}} \cdot d\vec{\mathbf{A}} + \int_{S_2} \vec{\mathbf{E}} \cdot d\vec{\mathbf{A}} + \int_{S_3} \vec{\mathbf{E}} \cdot d\vec{\mathbf{A}}$$
$$= E_1 A_1 + E_2 A_2 + 0$$
$$= 2EA = \frac{\sigma A}{\varepsilon_0}$$

où nous avons utilisé le fait que les deux extrémités ont la même surface $A_1 = A_2 = A$ et que le champ sur ces deux extrémités a la même valeur $E_1 = E_2 = E$. Cette expression devient :

$$E = \frac{\sigma}{2\varepsilon_0}$$

Puisque σ a été choisi positif, notons que $|\sigma| = \sigma$ et que notre résultat est donc identique à l'équation 2.18 démontrée à la section 2.5.

Notons que la distance entre la face du cylindre et la feuille chargée n'intervient pas dans ce résultat. La symétrie planaire de la distribution de charge ne pouvait pas nous dire comment E dépendait ou non de cette distance (seulement qu'elle ne dépendait certainement de rien d'autre), mais le théorème de Gauss montre qu'il n'en dépend pas : le module du champ créé par une feuille infinie chargée ne décroît pas quand augmente la distance avec la feuille (figure 3.19). Pour une feuille chargée réelle, le résultat obtenu ci-dessus demeure valable tant que la distance entre le point et la feuille est négligeable par rapport à la distance à laquelle se trouvent les extrémités de la feuille. Dans un cas réel, le champ finit donc inévitablement par décroître en module quand on s'éloigne. ■

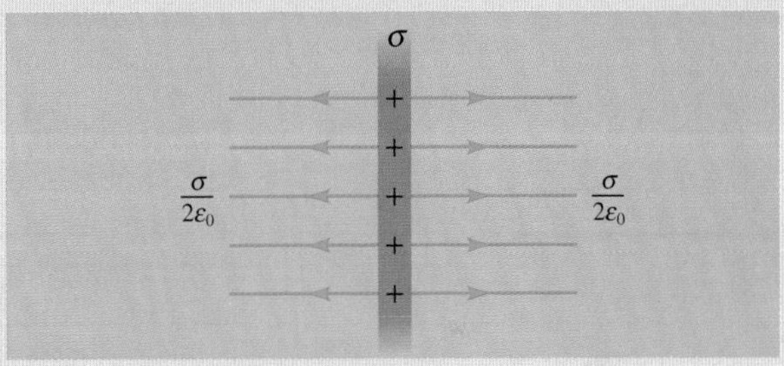

Figure 3.19 ▲
Le champ d'une feuille infinie chargée est uniforme.

Si on compare entre eux les cas dont nous venons de traiter dans les derniers exemples, on remarque qu'une distribution de charge à symétrie sphérique produit un champ qui varie en $1/r^2$, une distribution de charge à symétrie cylindrique produit un champ en $1/r$ et une distribution de charge à symétrie planaire produit un champ uniforme.

Cela n'est pas sans rappeler la façon dont l'énergie qu'on reçoit d'une source d'éclairage décroît avec la distance : en $1/r^2$ pour une ampoule quasi ponctuelle, en $1/r$ près d'un tube fluorescent essentiellement cylindrique et presque pas près d'une grande plaque lumineuse murale. Ce n'est toutefois qu'une analogie : l'énergie et le module du champ électrique sont deux notions très différentes.

3.5 Le théorème de Gauss et les conducteurs

Le théorème de Gauss peut fournir certains renseignements intéressants concernant les charges et les champs associés aux conducteurs. Lorsqu'on ajoute une charge à un conducteur, l'intérieur de celui-ci est le siège d'un champ *transitoire*. Les électrons libres vont se répartir différemment et le champ électrique intérieur va disparaître au bout d'une fraction de seconde (10^{-12} s environ). Par conséquent, le champ à l'intérieur du matériau d'un conducteur en état d'équilibre électrostatique est nul (*cf.* section 2.3).

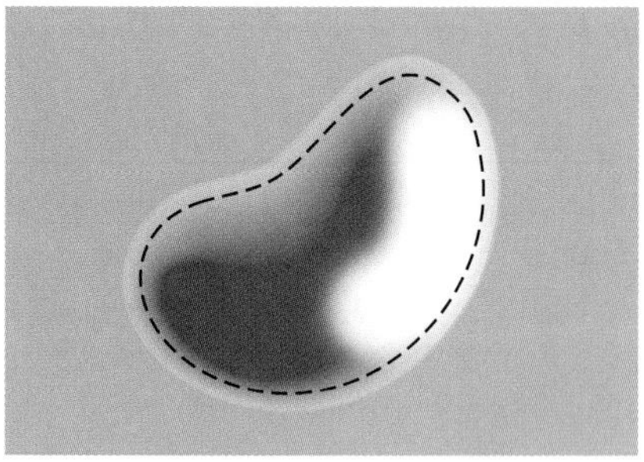

Figure 3.20 ▲
Surface de Gauss située juste à l'intérieur d'un conducteur.

À la figure 3.20, on imagine une surface de Gauss à l'intérieur d'un conducteur quelconque et située tout près de sa surface. Puisque $\vec{\mathbf{E}} = 0$ en tout point de cette surface de Gauss, le flux qui la traverse est nul. Cela est valable que le conducteur soit symétrique ou non, puisque le champ est nul en chaque point de la surface de Gauss, quelle que soit la forme de cette dernière. D'après l'équation 3.3, la charge totale à l'intérieur de la surface de Gauss doit donc elle aussi être nulle. On en conclut que *toute charge macroscopique portée par un conducteur est située sur sa surface ou ses surfaces*. Selon la symétrie de la situation, la charge peut être répartie uniformément ou non sur la surface.

Deux mises en garde s'imposent à propos de cette dernière affirmation :

- Premièrement, on aurait pu parler de « charge sur un conducteur », mais on a précisé qu'il s'agit de la charge « macroscopique » pour éviter une possible confusion : dans le cadre du modèle atomique, on considère que le conducteur est fait d'atomes composés notamment d'électrons et de protons auxquels on attribue une charge. Le résultat précédent *ne signifie pas* que chacune de ces particules se déplace vers la surface du conducteur. Il ne concerne que la charge macroscopique, c'est-à-dire la charge à grande échelle causée par *l'excédent ou le manque* d'électrons par rapport au nombre de protons dans le conducteur ou une de ses régions.
- Deuxièmement, un conducteur neutre peut être plongé dans un champ électrique externe et subir une séparation de charge (polarisation) comme nous l'avons décrit à la section 2.3. Dans ce cas, chacune de ses extrémités porte une charge macroscopique même s'il reste globalement neutre. Le résultat ci-dessus implique donc que ces charges sont situées à la surface du conducteur (comme le montrait la figure 2.14*a*, p. 38).

Considérons le cas d'une plaque infinie conductrice, qui comporte deux surfaces. La charge peut évidemment passer d'une surface à l'autre pendant la phase transitoire, mais se répartit sur les deux surfaces quand l'équilibre est atteint. Quand la plaque conductrice est isolée de tout autre objet chargé, la densité de charge sur chaque surface est égale. Par contre, ce n'est pas le cas général. Par exemple, en présence d'un champ extérieur perpendiculaire à la plaque, la charge ne se répartira pas en quantité égale sur les deux faces. Pour décrire une telle plaque conductrice, il faut donc distinguer la densité surfacique de charge σ que porte *chaque* face.

Dans l'exemple suivant, nous montrerons que le module du champ électrique uniforme à l'extérieur d'une plaque infinie chargée, du même côté qu'une de ses faces qui porte la densité de charge σ, est donné par

$$E = \frac{|\sigma|}{\varepsilon_0} \qquad (3.6a)$$

Ici, soulignons que toute la charge (celle de chacune des deux faces et celle de toutes les plaques chargées causant le champ extérieur, s'il y a lieu) contribue au champ mesuré devant l'une des faces, même si ce dernier peut s'exprimer uniquement en fonction de la charge portée par la face située du même côté.

EXEMPLE 3.7

Soit une *plaque conductrice infinie* dont la densité surfacique de chacune des deux faces est positive et uniforme. (a) En l'absence de champ extérieur, *chacune* des deux faces porte la même densité de charge σ. Déterminer le module du champ électrique qu'elle produit. (b) En présence d'un champ extérieur uniforme perpendiculaire à la plaque, la densité surfacique de chacune des deux faces est respectivement égale à σ_1 et à σ_2. Déterminer le champ résultant à l'extérieur de la plaque, du côté portant la densité de charge σ_1. Dans les deux cas, comparer le résultat à l'équation 3.6*a*.

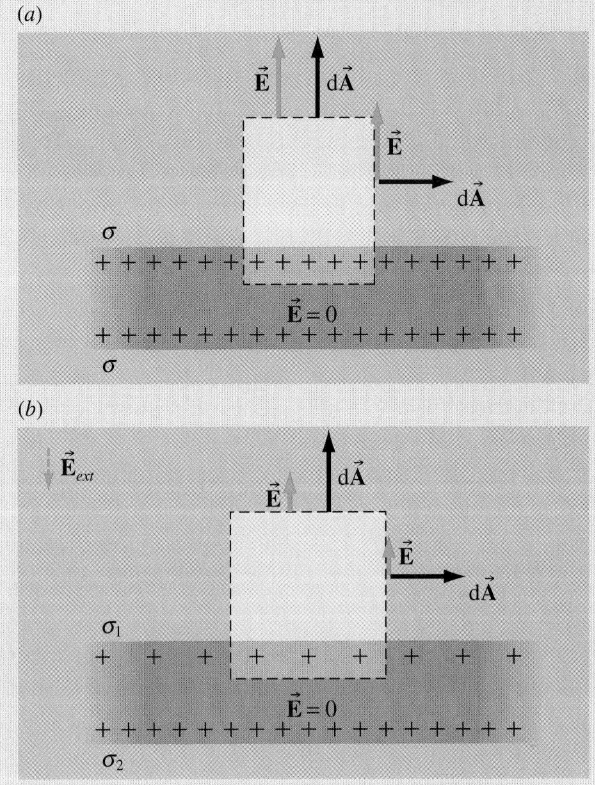

Figure 3.21 ▲
Plaque conductrice infinie chargée. Puisque le champ résultant $\vec{E}$ est nul à l'intérieur du conducteur, le seul flux électrique non nul est celui qui traverse une des faces à l'extrémité du cylindre de Gauss. (*a*) En l'absence de champ extérieur, les charges portées par la plaque sont symétriques et sont les seules responsables du champ. (*b*) En présence d'un champ extérieur, la densité de charge portée par chaque face devient différente, mais le champ *résultant* $\vec{E}$ devant une face peut être exprimé seulement en fonction de la densité de charge portée par cette face, bien qu'il soit causé par *toutes* les charges.

Solution

(a) La charge étant répartie sur un plan infini, sa symétrie est planaire, comme à l'exemple 3.6. On peut donc déduire que le champ est orienté perpendiculairement à la feuille chargée et qu'il a un module constant sur tout plan parallèle à la feuille. Dans ce cas-ci, le champ est de même module en deux points situés à même distance de part et d'autre du plan et on pourrait donc utiliser une surface de Gauss identique à celle de l'exemple 3.6. Toutefois, on peut aussi profiter du fait que $E = 0$ entre les deux surfaces du conducteur et donc choisir une surface de Gauss en forme de cylindre, similaire à celle de l'exemple 3.6, mais dont une des bases se trouve cette fois à l'intérieur du matériau du conducteur. La figure 3.21*a* montre la projection de cette surface de Gauss dans un plan perpendiculaire à celui de la plaque.

Comme le champ électrique est nul à l'intérieur du matériau du conducteur, seule la surface plane de la boîte cylindrique se trouvant à l'*extérieur* de la plaque est traversée par un flux électrique. Si son aire est égale à A, le théorème de Gauss nous donne

$$EA = \frac{\sigma A}{\varepsilon_0}$$

donc

$$E = \frac{\sigma}{\varepsilon_0} = \frac{|\sigma|}{\varepsilon_0}$$

où nous avons utilisé le fait que $|\sigma| = \sigma$ puisque la densité de charge est positive. (Vérifiez qu'un résultat identique aurait été obtenu si la charge avait été négative, car, d'une part, on aurait alors $|\sigma| = -\sigma$ et, d'autre part, le flux serait lui aussi négatif, de sorte que les deux signes négatifs s'annuleraient.)

On obtient donc bel et bien l'équation 3.6*a*. Il faut souligner que nous n'avons pas seulement utilisé le théorème de Gauss et la symétrie pour obtenir ce résultat. Nous nous sommes également servis du fait que $E = 0$ dans le matériau d'un conducteur à l'équilibre.

Puisque la densité de charge est égale sur chacune des deux faces, on aurait toutefois pu obtenir ce résultat uniquement à partir du théorème de Gauss et de la symétrie, si on avait choisi une surface de Gauss identique à celle de l'exemple 3.6 : la symétrie montre en effet que le champ a le même module à distance égale de part et d'autre de la plaque, donc que le flux au travers de cette surface aurait été $2EA$.

La charge située à l'intérieur de la surface aurait toutefois été $2\sigma A$, puisque *chaque* face porte la densité de charge σ. On aurait donc tout de même obtenu l'équation 3.6*a*.

À première vue, on pourrait penser que l'équation 3.6*a* semble contredire l'équation 2.18, redémontrée à l'exemple 3.6, soit $E = \sigma/2\varepsilon_0$. Toutefois, la densité de charge σ dans ces deux équations n'a pas la même signification : dans l'équation 3.6*a*, elle désigne la densité d'*une seule face* de la plaque conductrice, alors que dans l'équation $E = \sigma/2\varepsilon_0$, elle désigne la densité surfacique *totale* de l'objet (celle des deux faces dans le cas d'une plaque conductrice). Lorsqu'une plaque chargée est non conductrice, il n'y a pas cette ambiguïté, car la charge ne se divise pas entre les faces et la densité surfacique de charge demeure nécessairement celle de la plaque dans sa totalité. Toutefois, quand la plaque est *conductrice*, il faut toujours spécifier si on considère la charge d'une seule face ou de l'ensemble. ■

(b) Cette situation est légèrement moins symétrique que celle en (a), car l'opération de réflexion qui inverserait les deux faces chargées n'est plus une transformation de symétrie (sans oublier que le champ extérieur ne peut être inversé). Par contre, on peut encore déduire que le champ résultant est forcément orienté perpendiculairement à la plaque et que son module est constant sur tout plan parallèle à la plaque. En somme, il devient inadéquat d'utiliser la même surface de Gauss qu'à l'exemple 3.6 : bien que le champ resterait constant sur chacune des deux extrémités de cette surface, sa valeur serait différente sur chaque extrémité. La seule option est donc de prendre une surface de Gauss identique à celle utilisée en (a), c'est-à-dire qui passe par l'intérieur du matériau du conducteur (figure 3.21*b*). Notez que cette surface enferme une partie de la face qui porte la densité de charge σ_1.

Comme le champ électrique est nul à l'intérieur du matériau du conducteur, seule la surface plane de la boîte cylindrique se trouvant à l'*extérieur* de la plaque est traversée par un flux électrique. Si son aire est égale à A, le théorème de Gauss nous donne $EA = \sigma_1 A/\varepsilon_0$, d'où

$$E = \frac{\sigma_1}{\varepsilon_0} = \frac{|\sigma_1|}{\varepsilon_0}$$

Un raisonnement similaire utilisant une surface de Gauss enfermant une portion de la face portant la densité de charge σ_2 aurait montré que le champ à proximité de l'autre face est différent : il est donné par $E = |\sigma_2|/\varepsilon_0$. Cela montre bien que le facteur $|\sigma|$ de l'équation 3.6*a* ne représente que la densité de charge portée par une seule surface et que cette équation demeure valable même si la densité surfacique de charge est différente sur chaque face.

Notez cependant que le champ à proximité de l'une ou l'autre face est produit par *toutes* les charges en présence, incluant celles qui produisent le champ extérieur. Il serait faux de penser que seule la densité de charge σ_1 cause le champ $E = \sigma_1/\varepsilon_0$ et que seule la densité de charge σ_2 cause le champ $E = \sigma_2/\varepsilon_0$. ■

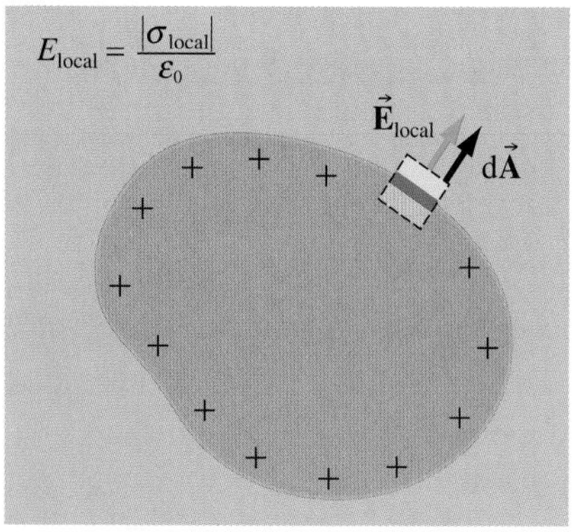

Figure 3.22 ▲
À proximité d'un conducteur de forme quelconque, le champ local demeure très proche de $E = |\sigma|/\varepsilon_0$, où σ est la densité de charge locale.

Le module du champ à proximité de la surface d'un conducteur

Nous avons démontré l'équation 3.6*a* dans le contexte d'une plaque conductrice infinie, mais nous allons maintenant montrer que cette équation peut aussi s'appliquer pour calculer de façon approximative le champ local à proximité de la surface de n'importe quel conducteur chargé, même si ce dernier n'est pas plan ou ne porte pas une charge uniforme.

En effet, le raisonnement qui a conduit à l'équation 3.6*a* n'impose aucune contrainte sur les dimensions que doit posséder la surface de Gauss, pourvu que cette dernière possède une face dans le conducteur et l'autre face parallèle à la surface du conducteur. À la figure 3.22, nous avons donc choisi une telle surface de Gauss, de forme cylindrique comme aux figures 3.18 (p. 95) et 3.21 (p. 97), qui enferme une portion de la surface d'un conducteur de forme quelconque. Si cette surface de Gauss est choisie suffisamment étroite (cylindre de petit rayon), la portion de surface conductrice qui se trouve dans le cylindre porte *localement* une densité de charge approximativement constante σ_{local}. La charge dans la surface est donc $\sigma_{\text{local}}A$, où A est l'aire de la face du cylindre. De plus, si le cylindre est suffisamment court, le flux latéral peut être considéré comme négligeable (cela équivaut à ce que la face du cylindre soit suffisamment près de la surface chargée pour que le champ puisse localement être considéré comme perpendiculaire à cette surface chargée, la symétrie locale étant presque planaire). Le seul flux est donc celui que cause le champ local E_{local} au travers de l'extrémité du cylindre, soit $E_{\text{local}}A$. En appliquant le théorème de Gauss, on obtient

$$E_{\text{local}} = \frac{|\sigma_{\text{local}}|}{\varepsilon_0} \qquad (3.6b)$$

Cette équation est identique à l'équation 3.6*a*, mais son application est strictement limitée au champ immédiatement hors de la surface conductrice. En effet, d'après cette équation, le champ E_{local} est constant et ne diminue pas en fonction de la distance au conducteur. Dans le cas d'un conducteur de dimensions finies, ce résultat ne peut être valable que dans les régions suffisamment proches de la surface pour qu'on puisse la considérer comme plane. L'équation 3.6*b* perd donc très rapidement sa validité près des aspérités du conducteur.

Notez que le champ $\vec{\mathbf{E}}_{\text{local}}$ est produit par l'ensemble des charges en présence et non par la seule charge locale. En particulier, si le conducteur est plongé dans le champ extérieur causé par d'autres objets chargés, les charges de ces derniers objets contribuent *aussi* à $\vec{\mathbf{E}}_{\text{local}}$ puisqu'il s'agit du champ *résultant*.

Au lieu de justifier l'équation 3.6*b* comme nous l'avons fait, on peut aussi employer un raisonnement fondé sur les résultats du chapitre 2, c'est-à-dire l'équation 2.18 ($E = |\sigma|/2\varepsilon_0$), le fait que le champ est nul dans un conducteur et le théorème de superposition. Ce raisonnement aboutit à l'équation 3.6*b* si l'on considère que le champ électrique à proximité d'un conducteur chargé est le fruit de la superposition de deux champs : le champ « de proximité » *produit* par la charge locale portée par le conducteur et le champ « lointain » produit par toutes les autres charges en présence.

À la figure 3.23, on considère la même petite portion de surface (en mauve) qu'à la figure 3.22. Cette surface étant petite, on peut considérer que la charge qu'elle porte est approximativement uniforme et égale à σ_{local}. De plus, cette surface étant petite, on peut considérer qu'elle est essentiellement plane et qu'elle produit près d'elle un champ essentiellement uniforme. On peut estimer ce champ « de proximité » qu'elle produit avec l'équation 2.18 : $E_{\text{proximité}} = \sigma_{\text{local}}/2\varepsilon_0$. Ce champ est produit *de part et d'autre* de la zone mauve, dans des sens opposés. Bien sûr, il ne s'agit pas ici du champ résultant, car un des côtés de la zone mauve est situé dans le matériau du conducteur. Comme le champ résultant doit être nul dans le matériau du conducteur, il s'ensuit que les autres charges (celles situées ailleurs sur la surface du conducteur tout comme les charges portées par les objets environnants s'il y a lieu) doivent produire aux mêmes points du matériau du conducteur un champ égal et opposé au champ « de proximité ». Ce champ a donc aussi le module $E_{\text{lointain}} = \sigma_{\text{local}}/2\varepsilon_0$, mais il est causé par toutes les charges à l'exclusion de celles dans la zone mauve. Comme ces charges sont relativement lointaines, on peut supposer que le champ lointain conserve essentiellement le même module et la même orientation de part et d'autre de la zone mauve. Ainsi, aux points situés dans le matériau du conducteur, le champ lointain annule le champ de proximité tel qu'attendu, mais aux points situés hors du matériau du conducteur, ces deux champs se renforcent et donnent un champ résultant $E_{\text{local}} = E_{\text{proximité}} + E_{\text{lointain}} = \sigma_{\text{local}}/\varepsilon_0$.

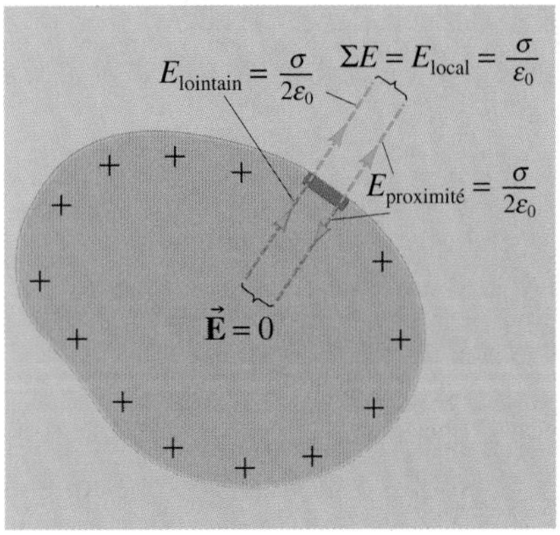

Figure 3.23 ▲
Le champ à l'extérieur d'un conducteur chargé et près d'une petite région de la surface du conducteur (en mauve) est la somme de deux contributions : le champ local créé par les charges sur la portion de surface mauve et le champ lointain dû à toutes les autres charges.

EXEMPLE 3.8

Vérifier que l'équation 3.6*b* permet correctement d'obtenir le champ électrique produit à la surface d'une sphère métallique isolée de rayon R portant la charge Q.

Solution

Bien que la surface de la sphère ne soit pas plane, elle porte une densité de charge uniforme, donc σ_{local} est ici une constante. Elle est donnée par $\sigma_{\text{local}} = \sigma = Q/A = Q/4\pi R^2$. L'équation 3.6*b* donne donc

$$E_{\text{local}} = \frac{Q}{4\pi\varepsilon_0 R^2} = \frac{kQ}{R^2}$$

Cela correspond bien au résultat attendu. Notons toutefois que le champ ne possède ce module constant qu'à la surface de la sphère : dès qu'on considère un point un peu plus éloigné, ce résultat cesse rapidement d'être valable, car le module du champ décroît très vite. ■

Le cas d'une cavité à l'intérieur d'un conducteur

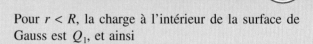

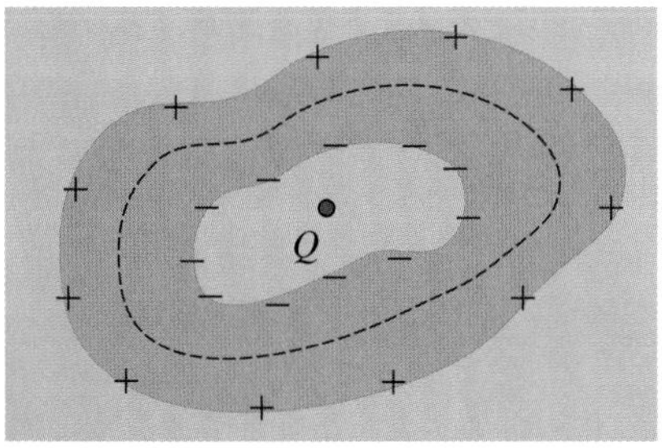

Figure 3.24 ▲
Une charge ponctuelle Q à l'intérieur d'une cavité dans un conducteur induit des charges de même grandeur et de signes opposés sur la surface de la cavité et sur la surface extérieure du conducteur. Ici, Q est positif.

La figure 3.24 représente un conducteur avec une cavité dans laquelle se trouve une charge ponctuelle Q. À l'intérieur du matériau du conducteur, $E = 0$ sur toute surface de Gauss autour de la cavité, et le flux total traversant la surface est donc nul. D'après le théorème de Gauss, la charge totale à l'intérieur de la surface doit également être égale à zéro. Cela signifie qu'il y a une charge induite $-Q$ sur la paroi intérieure de la cavité. Si le conducteur dans son ensemble est neutre, alors sa surface extérieure acquiert une charge $+Q$.

À la section 2.3, nous avons affirmé qu'une charge de même grandeur que la charge centrale mais de signe opposé était induite sur la face interne d'une telle cavité. Ce raisonnement n'était alors basé que sur le nombre égal de lignes de champ qui débutaient à la charge centrale et aboutissaient à la charge induite. La démonstration que nous venons de donner, fondée sur le théorème de Gauss, est plus rigoureuse.

Notons à nouveau que la séparation des charges dans un tel conducteur, due au champ externe produit par la charge centrale, est identique au phénomène de polarisation que nous avons décrit à la figure 1.7*a* (p. 10) et à la section 2.3.

EXEMPLE 3.9

Soit une charge ponctuelle Q_1 placée au centre d'une coquille métallique sphérique de rayon R portant une charge égale à $-Q_2$. Trouver le module du champ à l'intérieur de la coquille et à l'extérieur de la coquille. Préciser comment se distribuent les charges. On pose $Q_1 > 0$, $Q_2 > 0$ et $Q_1 > Q_2$.

Solution

Il faut utiliser une surface de Gauss sphérique de rayon r dont le centre coïncide avec celui de la coquille.

Pour $r < R$, la charge à l'intérieur de la surface de Gauss est Q_1, et ainsi

$$E(4\pi r^2) = \frac{Q_1}{\varepsilon_0}$$

ce qui donne $E = kQ_1/r^2$.

Pour $r > R$, la charge totale située à l'intérieur de la surface de Gauss est égale à $Q_1 - Q_2$. Le module du champ à l'extérieur de la coquille est donc $E = k(Q_1 - Q_2)/r^2$.

Des charges induites $\pm Q_1$ apparaissent sur les surfaces intérieure (–) et extérieure (+) de la coquille. La charge sur la surface extérieure est $Q_1 - Q_2$. ■

Notons que trois surfaces de Gauss différentes ont été implicitement utilisées dans cet exemple : une de rayon $r < R$ pour calculer le champ interne, une de rayon $r > R$ pour calculer le champ externe et une dans le matériau du conducteur, pour déterminer la distribution des charges.

L'expérience du seau à glace de Faraday

Pour vérifier les valeurs des charges induites sur le conducteur, on peut refaire l'*expérience du seau à glace* de Faraday. On place une boule métallique chargée à l'intérieur d'un récipient creux en métal. On place ensuite un couvercle en métal sur le récipient. La boule induit des charges totales de même grandeur et de signes opposés sur les parois intérieure et extérieure du récipient (figure 3.25*a*). Si la boule entre en contact avec la paroi intérieure, leurs charges se neutralisent mutuellement. Il reste donc sur la paroi extérieure une charge égale à la charge initiale de la boule (figure 3.25*b*).

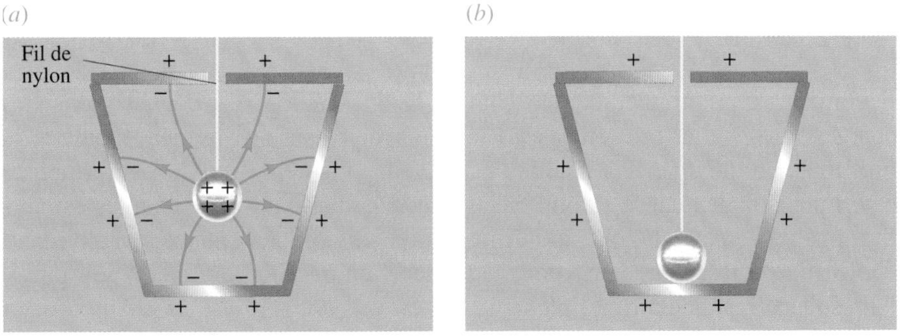

Figure 3.25 ◀
Dans l'expérience du seau à glace de Faraday, la charge d'une boule métallique est totalement transmise à la surface extérieure du seau métallique.

L'expérience de Cavendish

Le théorème de Gauss en électrostatique est essentiellement une nouvelle formulation de la loi de Coulomb, chacun des énoncés pouvant se déduire de l'autre. À l'aide du théorème de Gauss, nous avons montré qu'à l'équilibre électrostatique la charge excédentaire d'un conducteur est située sur sa surface. Par conséquent, la présence d'une charge à l'intérieur d'un conducteur serait en contradiction avec le théorème de Gauss et la loi de Coulomb. En 1771, Henry Cavendish (1731-1810) eut l'idée de placer une coquille métallique B à l'intérieur d'une autre coquille métallique A composée de deux hémisphères (figure 3.26), les deux coquilles étant reliées entre elles par un fil métallique. On charge la coquille extérieure A ; si les charges de A étaient soumises à une force, elles se déplaceraient pour se rapprocher ou s'éloigner de B. Après avoir supprimé la connexion entre les deux coquilles et enlevé la coquille A, Cavendish ne put détecter aucune charge sur B ; il en conclut que la force est de la forme $1/r^n$, avec $n = 2 \pm 1/60$. Les versions modernes de cette technique ont permis de réduire l'incertitude à 10^{-16}.

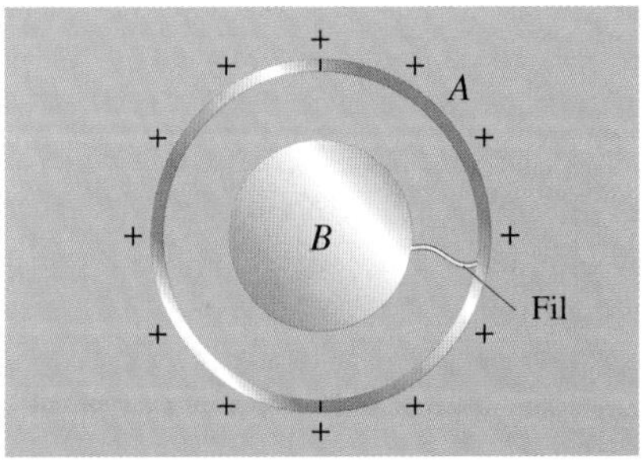

Figure 3.26 ▲
Vérification du théorème de Gauss, et par ricochet de la loi de Coulomb. Une sphère métallique *B* est reliée par un fil à une sphère creuse *A*. Lorsque *A* est chargée, on ne détecte aucune charge sur *B*, ce qui est en accord avec le théorème de Gauss.

RÉSUMÉ

La notion de flux électrique Φ_E permet de traduire l'image d'une aire interceptée par les lignes de champ en une relation quantitative. Par définition, le flux traversant une surface plane d'aire $\vec{\mathbf{A}}$ située dans un champ électrique uniforme $\vec{\mathbf{E}}$ est

$$\Phi_E = \vec{\mathbf{E}} \cdot \vec{\mathbf{A}} = EA \cos \theta \tag{3.1}$$

le vecteur $\vec{\mathbf{A}}$ étant perpendiculaire au plan de la surface. Si le champ n'est pas uniforme ou si la surface n'est pas plane, il faut subdiviser la surface en éléments infinitésimaux $\mathrm{d}\vec{\mathbf{A}}$, calculer le flux infinitésimal traversant l'un d'eux, soit $\mathrm{d}\Phi_E = \vec{\mathbf{E}} \cdot \mathrm{d}\vec{\mathbf{A}}$, puis intégrer. Le flux est alors défini par l'expression plus générale

$$\Phi_E = \int \vec{\mathbf{E}} \cdot \mathrm{d}\vec{\mathbf{A}} \tag{3.2}$$

La symétrie d'une configuration de charge donnée détermine la symétrie du champ qu'elle produit : si une transformation (réflexion, rotation ou translation) laisse les charges inchangées, elle doit nécessairement laisser le champ inchangé.

Le théorème de Gauss est une loi générale qui s'applique aux champs électriques. Il met en relation le flux électrique traversant une surface fermée avec la charge totale Q située à l'intérieur de la surface :

$$\oint \vec{\mathbf{E}} \cdot \mathrm{d}\vec{\mathbf{A}} = \frac{\Sigma Q}{\varepsilon_0} \tag{3.3}$$

Il convient de souligner que le champ $\vec{\mathbf{E}}$ doit inclure les contributions des charges qui *ne sont pas* situées à l'intérieur de la surface fermée, même si le flux total produit par ces charges est nul. Le théorème de Gauss permet de déterminer facilement le champ électrique si la distribution de charges est suffisamment symétrique pour que l'intégration soit simple. Dans ce cas, on peut choisir une surface de Gauss pour laquelle $\vec{\mathbf{E}}$ en un point donné est soit parallèle, soit perpendiculaire à l'élément $\mathrm{d}\vec{\mathbf{A}}$ en ce point.

Les propriétés suivantes caractérisent le champ électrique associé à un conducteur homogène en état d'équilibre électrostatique.

(a) $\vec{\mathbf{E}} = 0$ en tout point à l'intérieur d'un conducteur.

(b) Toute charge macroscopique portée par un conducteur est située sur la surface de ce dernier.

(c) $\vec{\mathbf{E}}$ est perpendiculaire à la surface d'un conducteur chargé (à proximité de la surface).

TERMES IMPORTANTS

densité volumique de charge (p. 90)
flux électrique (p. 80)
symétrie (p. 88)
symétrie cylindrique (p. 88)
symétrie planaire (p. 88)
symétrie sphérique (p. 88)
théorème de Gauss (p. 86)

RÉVISION

R1. Dans l'équation $\Phi = EA \cos \theta$, quelle est la valeur de θ si les lignes de champ ne font que raser la surface, sans la traverser ?

R2. Vrai ou faux ? Le flux sortant d'une surface fermée est toujours positif.

R3. Définissez chacun des symboles qui apparaissent dans l'énoncé du théorème de Gauss :

$$\oint \vec{\mathbf{E}} \cdot d\vec{\mathbf{A}} = \frac{Q}{\varepsilon_0}$$

R4. Pourquoi faut-il connaître l'orientation des lignes de champ avant de commencer à appliquer le théorème de Gauss ?

R5. Lorsqu'on utilise le théorème de Gauss pour déterminer l'expression du champ électrique, quelles contraintes limitent le choix d'une surface de Gauss utile ?

R6. Vrai ou faux ? Pour obtenir la valeur du champ électrique en un point P à l'aide du théorème de Gauss, on doit calculer le flux électrique à travers une surface passant par le point P.

R7. Vrai ou faux ? Lorsqu'on utilise l'équation 3.3 pour établir le champ électrique *à l'intérieur* d'une sphère uniformément chargée, Q correspond à la charge totale de la sphère.

R8. Utilisez le théorème de Gauss pour démontrer que la charge nette sur un conducteur à l'équilibre électrostatique est située à la surface.

R9. Illustrez la disposition des charges et des lignes de champ dans les situations suivantes : (a) Une sphère conductrice de rayon a portant une charge $-Q$ située à l'intérieur d'une coquille conductrice de rayons intérieur b et extérieur c portant une charge $+2Q$. (b) Une sphère isolante de rayon a uniformément chargée portant une charge $+2Q$ située à l'intérieur d'une coquille conductrice de rayons intérieur b et extérieur c portant une charge $-Q$ ($Q > 0$).

QUESTIONS

Q1. Une charge ponctuelle positive est placée au centre d'un cube métallique non chargé. Dessinez les lignes de champ électrique à l'intérieur du cube. La charge induite sur le cube est-elle répartie uniformément ?

Q2. Soit une charge Q à l'intérieur d'une surface de Gauss cubique. Quels renseignements peut-on tirer du théorème de Gauss en ce qui concerne : (a) la position de la charge ; (b) le flux total traversant la surface ; (c) le champ électrique en un point quelconque de la surface ?

Q3. Le flux total traversant une surface de Gauss est nul. (a) Quelle est la charge à l'intérieur ? (b) Peut-on dire que $E = 0$ en tout point de la surface ?

Q4. Soit les trois charges et la surface de Gauss représentées à la figure 3.27. (a) Quelles sont les charges qui contribuent au flux total traversant la surface de Gauss ? (b) Quelles sont les charges qui contribuent au champ en un point donné de la surface ? (c) Écrivez le théorème de Gauss pour la surface.

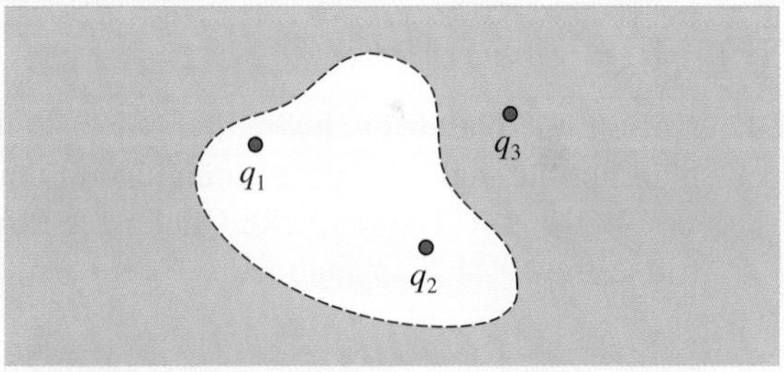

Figure 3.27 ▲
Question 4.

Q5. Soit une charge répartie uniformément sur la circonférence d'un cercle. Peut-on utiliser le théorème de Gauss pour calculer le champ ? Si oui, en quels points ?

Q6. Soit une charge ponctuelle Q située à l'intérieur d'une sphère métallique creuse ailleurs qu'au centre. (a) Le champ à l'intérieur de la sphère est-il déterminé uniquement par la charge à l'intérieur de la sphère ? (b) Quel est le flux total traversant une surface fermée située à l'intérieur de la sphère et entourant la charge ? (c) Peut-on utiliser le théorème de Gauss pour calculer le champ à la surface ?

Q7. (a) Si la charge à l'intérieur d'une surface est nulle, peut-on en déduire que le champ est nul en tout point de la surface ? (b) Si le champ est nul en tout point de la surface, peut-on en déduire que la charge à l'intérieur est nulle ?

Q8. Laquelle des affirmations suivantes est la bonne ? D'après le théorème de Gauss, le champ électrique est déterminé par (a) la charge à l'intérieur de la surface de Gauss ; (b) la charge sur la surface de Gauss ; (c) toutes les charges qui contribuent au champ en un point quelconque de la surface de Gauss.

Q9. Vrai ou faux ? Pour pouvoir utiliser le théorème de Gauss afin de déterminer le champ électrique, on doit connaître les positions de toutes les charges qui contribuent au champ.

Q10. À l'aide du théorème de Gauss, montrez que les lignes du champ électrique doivent partir de charges ponctuelles ou y aboutir.

Q11. Quel renseignement nous donne le théorème de Gauss en ce qui concerne le champ créé par un dipôle ?

Q12. Une coquille métallique isolée a une charge $+Q$ sur sa surface intérieure de rayon a et une charge $-Q$ sur sa surface extérieure de rayon b. Que pouvez-vous en déduire ?

Q13. Une coquille métallique a une charge de densité surfacique uniforme égale à $-\sigma$ sur sa surface intérieure de rayon a et une charge de densité surfacique uniforme $+\sigma$ sur sa surface extérieure de rayon b. Que pouvez-vous en déduire ?

Q14. Soit une charge ponctuelle Q située au centre d'une sphère creuse conductrice et une charge ponctuelle q à l'extérieur de la sphère. (a) La charge q est-elle soumise à une force ? (b) La charge Q est-elle soumise à une force ? (c) S'il y a une différence entre les forces agissant sur les charges, conciliez votre réponse avec la troisième loi de Newton.

EXERCICES

Voir l'avant-propos pour la signification des icônes

Dans les exercices suivants, lorsque le sens du vecteur $\vec{\mathbf{A}}$ *est ambigu, on le choisit pour que* Φ_E *soit positif.*

3.1 Flux électrique

E1. (I) Soit une plaque circulaire de rayon 12 cm. Son plan fait un angle de 30° avec un champ uniforme $\vec{\mathbf{E}} = 450\vec{\mathbf{i}}$ N/C (figure 3.28). Quel est le flux électrique traversant la plaque ?

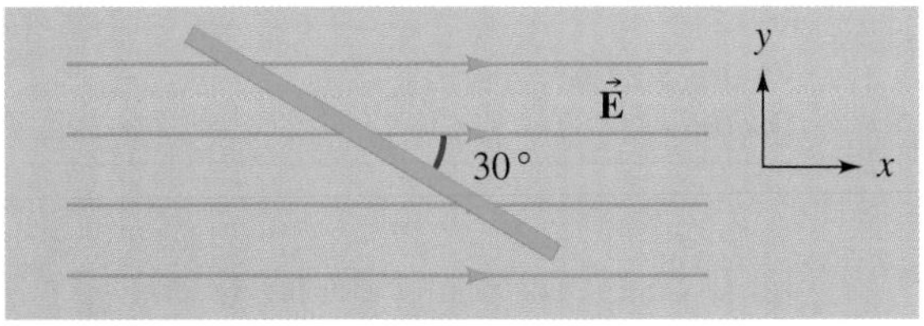

Figure 3.28 ▲
Exercice 1.

E2. (I) Une plaque rectangulaire plane de dimensions 4 cm × 6 cm fait un angle de 37° avec un champ électrique uniforme $\vec{\mathbf{E}} = -600\vec{\mathbf{j}}$ N/C (figure 3.29). Quel est le flux électrique traversant la plaque ?

E3. (I) Soit un champ électrique uniforme E parallèle à l'axe central d'un hémisphère de rayon R (figure 3.30). Quel est le flux électrique traversant l'hémisphère ?

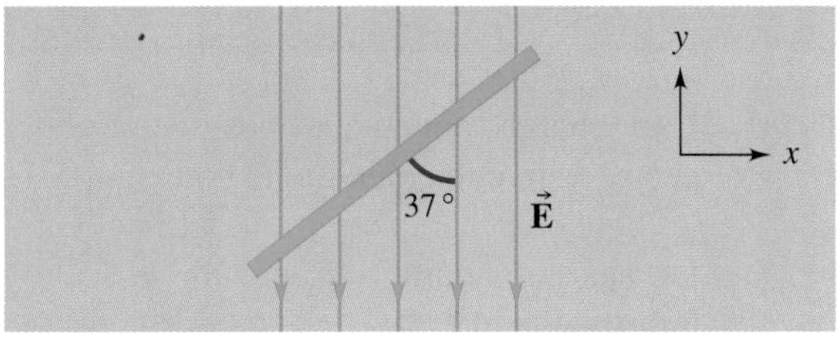

Figure 3.29 ▲
Exercice 2.

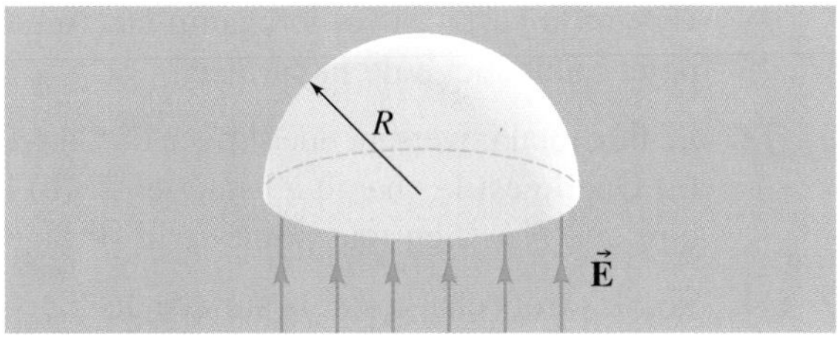

Figure 3.30 ▲
Exercice 3.

E4. (I) Soit une plaque carrée de 12 cm de côté située dans le plan xy. Quel est le flux électrique traversant la plaque dans un champ électrique uniforme $\vec{\mathbf{E}} = (70\vec{\mathbf{i}} + 90\vec{\mathbf{k}})$ N/C ?

3.2 à 3.5 Théorème de Gauss, symétrie, conducteurs

E5. (I) Soit deux charges, $q_1 = 6$ µC et $q_2 = -8$ µC, à l'intérieur d'une surface de Gauss sphérique de rayon 5 cm. Quel est le flux électrique total traversant la surface ?

E6. (I) Le flux à travers chaque face d'une surface de Gauss cubique d'arête 10 cm est égal à 3×10^4 N·m²/C. (a) Quelle est la charge à l'intérieur ? (b) Le flux traversant le cube ne dépendant que de cette charge, pourquoi est-il impossible qu'elle ne soit pas au centre du cube ?

E7. (I) Soit une charge de 60 µC située au centre d'une surface de Gauss cubique d'arête 10 cm. (a) Quel est le flux total traversant la surface totale du cube ? (b) Quel est le flux électrique à travers une face du cube ? (c) Vos réponses aux questions (a) ou (b) seraient-elles différentes si la charge n'était pas située au centre ?

E8. (I) On donne une charge ponctuelle Q positive située à l'un des sommets d'une surface de Gauss ayant la forme d'un cube d'arête L. Quel est le flux électrique à travers chaque face ?

E9. (I) Un conducteur sphérique de rayon 8 cm a une densité surfacique de charge uniforme égale à 0,1 nC/m². Déterminez le champ électrique : (a) sur la surface du conducteur ; (b) à une distance de 10 cm du centre du conducteur.

E10. (I) Une charge ponctuelle de 16 µC est placée au centre d'une coquille conductrice portant une charge de −8 µC. (a) Déterminez le champ électrique à l'intérieur et à l'extérieur de la coquille. (b) Quelles sont les charges sur les surfaces intérieure et extérieure de la coquille ? (c) Dessinez les lignes de champ.

E11. (I) Montrez que le module du champ à la surface d'une coquille sphérique uniformément chargée est $E = |\sigma|/\varepsilon_0$, $|\sigma|$ étant la densité surfacique de charge.

E12. (I) Le champ électrique en tout point d'une surface sphérique de rayon 2 cm a un module de 800 N/C et il est radial et orienté vers l'intérieur. (a) Quelle est la charge à l'intérieur ? (b) La charge doit-elle être ponctuelle et située au centre ? Sinon, quelles sont les autres possibilités ?

E13. (I) Soit deux feuilles chargées, infinies et parallèles, ayant une même densité surfacique de charge égale à σ. Quel est le module du champ électrique (a) dans la région comprise entre les feuilles, et (b) dans les régions non comprises entre les feuilles ?

E14. (I) Une plaque infinie non conductrice a une densité surfacique de charge positive égale à σ sur chaque face. Elle est parallèle à une plaque analogue de densité $-\sigma$ sur chaque face. Déterminez le module du champ électrique (a) dans la région comprise entre les plaques, et (b) à l'intérieur de la plaque positive.

E15. (I) Deux plaques conductrices infinies sont parallèles entre elles. Elles portent des densités surfaciques de charge $+\sigma$ et $-\sigma$. Quel est le module du champ électrique résultant (a) entre les plaques ; (b) dans les régions non comprises entre les plaques ($\sigma > 0$) ?

E16. (II) Un cube d'arête L a l'un de ses sommets à l'origine et trois de ses arêtes sur les axes x, y et z, respectivement. Il est placé dans un champ $\vec{\mathbf{E}} = (a + bx)\vec{\mathbf{i}}$. (a) Quel est le flux total traversant le cube ? (b) Quelle est la charge à l'intérieur du cube ?

E17. (I) On considère le long câble coaxial linéaire de la figure 3.31 ; le conducteur intérieur de rayon a a une densité surfacique de charge σ_1 et l'enveloppe extérieure cylindrique de rayon b a une densité surfacique de charge σ_2. Trouvez la relation entre σ_1 et σ_2 pour que le champ électrique soit nul à l'extérieur du câble, c'est-à-dire pour $r > b$.

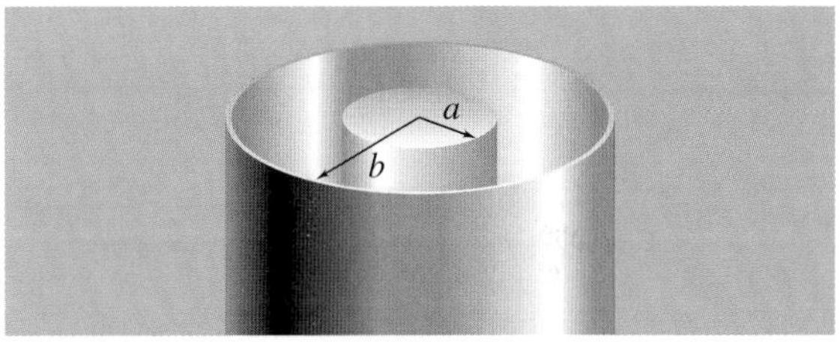

Figure 3.31 ▲
Exercices 17, 18, 19, 20 et 26.

E18. (I) On considère le long câble coaxial linéaire de la figure 3.31 ; le conducteur intérieur de rayon a a une densité surfacique de charge σ positive et l'enveloppe extérieure cylindrique de rayon b a une densité $-\sigma$. Trouvez l'expression du module du champ électrique résultant dans les régions (a) $a < r < b$; (b) $r > b$.

E19. (I) On considère le long câble coaxial linéaire de la figure 3.31 ; le conducteur intérieur de rayon a porte une densité linéique de charge λ_1 et l'enveloppe extérieure cylindrique de rayon b porte λ_2. Quelle est la relation entre λ_1 et λ_2 pour que le champ électrique soit nul à l'extérieur du câble ($r > b$) ?

E20. (I) Soit le long câble coaxial linéaire de la figure 3.31 ; le conducteur intérieur de rayon a porte une densité linéique de charge λ positive et l'enveloppe extérieure cylindrique de rayon b porte une densité linéaire $-\lambda$. Trouvez l'expression du module du champ électrique dans les régions (a) $a < r < b$; (b) $r > b$.

E21. (I) Une sphère métallique de charge Q positive et de rayon a est placée au centre d'une coquille sphérique métallique de rayon b portant une charge $-Q$ (figure 3.32). Trouvez l'expression du module du champ électrique résultant en fonction de la distance r au centre commun des sphères, pour (a) $a < r < b$; (b) $r > b$.

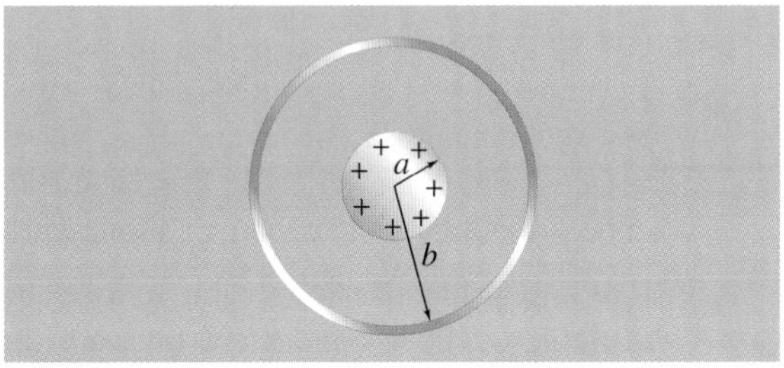

Figure 3.32 ▲
Exercices 21, 22 et 23.

E22. (I) Une sphère métallique de charge positive et de rayon a est placée au centre d'une coquille sphérique métallique de rayon b (figure 3.32). La sphère et la coquille portent des densités surfaciques de charges $+\sigma$ et $-\sigma$. Trouvez l'expression du module du champ électrique résultant en fonction de la distance r au centre commun des sphères, pour (a) $a < r < b$; (b) $r > b$. (c) Donnez une valeur plausible à σ, a et b et tracez le graphe montrant la composante radiale du champ électrique résultant en fonction de r, pour r allant de 0 à $2b$.

E23. (I) Une sphère métallique de charge positive et de rayon a est placée au centre d'une coquille sphérique métallique de rayon b (figure 3.32). Quelle doit être la relation entre les densités surfaciques de charge pour que le champ électrique résultant soit nul pour $r > b$?

E24. (II) Une charge ponctuelle Q positive est placée au centre d'une coquille sphérique conductrice non chargée de rayon intérieur R_1 et de rayon extérieur R_2. (a) Quelles sont les densités surfaciques de charge sur les surfaces intérieure et extérieure de la coquille ? (b) Quel est le module du champ électrique résultant pour $r < R_1$? (c) Trouvez le module du champ pour $r > R_2$? (d) Si on éloigne la charge Q du centre, peut-on utiliser le théorème de Gauss pour trouver le champ à l'extérieur de la sphère ?

EXERCICES SUPPLÉMENTAIRES

3.2 à 3.5 Théorème de Gauss, symétrie, conducteurs

E25. (I) Un cylindre conducteur de rayon 12 cm et de longueur infinie porte une charge de densité linéique $\lambda = 3$ nC/m. Quel est le module du champ électrique à 10 cm de la surface directement vers l'extérieur ?

E26. (I) Un câble coaxial tel que décrit à la figure 3.31 porte une charge de densité linéique 3 nC/m sur son cylindre intérieur de rayon a = 2 cm et de −7 nC/m sur son cylindre extérieur de rayon b = 5 cm. Trouvez le module du champ électrique résultant à (a) 4 cm du centre ; (b) 8 cm du centre.

E27. (I) À 12 cm, dans la direction radiale, d'une sphère conductrice de rayon 10 cm, le champ électrique est de 1800 N/C et son orientation pointe vers l'intérieur de la sphère. Trouvez la densité surfacique de charge sur la sphère.

E28. (I) Deux minces coquilles métalliques, sphériques et concentriques ont des rayons de 6 cm et 8 cm. La coquille intérieure porte une charge de 7 nC et la coquille extérieure, une charge de 4 nC. Trouvez le champ électrique résultant à (a) 7 cm du centre ; (b) 10 cm du centre.

E29. (II) Le centre d'un cube est à l'origine d'un système de coordonnées. Les arêtes du cube sont de 40 cm et ses côtés sont parallèles aux axes du système. Une charge ponctuelle de 2,2 nC est à l'origine et un champ électrique extérieur valant $-500\vec{\mathbf{j}}$ N/C est présent. Quelle est l'intensité du flux électrique à travers les deux faces du cube parallèles au plan xz et situées à (a) $y = -20$ cm ; (b) $y = +20$ cm ?

E30. (I) Une sphère métallique de charge positive $2Q$ et de rayon R est placée au centre d'une mince coquille sphérique métallique de rayon $2R$ et de charge $-3Q$. Trouvez l'expression du module du champ électrique résultant dans la région (a) entre la sphère et la coquille ; (b) à l'extérieur de la coquille.

E31. (II) Une sphère non conductrice de rayon 10 cm porte une charge uniformément distribuée dans tout son volume. À 5 cm du centre de la sphère, le champ électrique est de 2000 N/C et son orientation pointe vers l'extérieur. Trouvez (a) la densité volumique de charge de la sphère ; (b) le module du champ électrique à 20 cm du centre.

E32. (I) La base d'une pyramide est un carré de côté L. La hauteur de la pyramide est H. Un champ électrique E est perpendiculaire à la base de la pyramide. Quel est le flux électrique à travers chacune des faces de la pyramide ?

PROBLÈMES

Voir l'avant-propos pour la signification des icônes

P1. (I) Une sphère non conductrice de rayon R a une densité volumique de charge uniforme ρ positive. Déterminez le champ électrique à une distance r du centre pour (a) $r < R$; (b) $r > R$. Vos résultats concordent-ils pour $r = R$? (c) Donnez une valeur plausible à ρ et à R, et tracez le graphe montrant la composante radiale du champ électrique résultant en fonction de r, pour r allant de 0 à $2R$.

P2. (II) Refaites le problème 1 pour une densité non uniforme $\rho(r) = Ar$, A étant une constante positive. Exprimez vos réponses en fonction de la charge totale Q. Donnez une valeur plausible à ce paramètre afin de réaliser le graphe de la question (c) du problème 1. (*Indice* : La charge à l'intérieur d'une coquille d'épaisseur dr est dq = ρ dV = $\rho(4\pi r^2)$dr.)

P3. (I) Une coquille conductrice de rayon intérieur R_1 et de rayon extérieur R_2 porte une densité surfacique de charge σ positive à l'intérieur et $-\sigma$ à l'extérieur. (a) Que pouvez-vous dire au sujet de la charge à l'intérieur de la coquille ? (b) Que pouvez-vous dire au sujet de la charge sur la coquille ? (c) Déterminez le champ électrique à l'extérieur de la coquille.

P4. (I) Un conducteur a une densité surfacique de charge σ positive. Montrez que la force par unité d'aire agissant sur la surface est $\sigma^2/2\varepsilon_0$. (*Indice* : Le champ électrique à la surface est composé de deux contributions. De plus, une charge statique n'est pas soumise à une force due à son propre champ.)

P5. (I) Une charge est uniformément répartie dans un cylindre infiniment long de rayon R. La densité volumique de charge positive est ρ. Déterminez le champ électrique à la distance r du centre pour (a) $r < R$; (b) $r > R$. Vos résultats concordent-ils pour $r = R$?

P6. (I) Soit une cavité de rayon a au centre d'une sphère non conductrice de rayon R. Le reste de la sphère possède une densité volumique de charge uniforme ρ positive (figure 3.33). Quel est le champ électrique dans les régions suivantes : (a) $r > R$; (b) $a < r < R$? (*Indice* : La charge à l'intérieur d'une coquille d'épaisseur dr est dq = ρ dV = $\rho(4\pi r^2)$dr.) (c) Donnez une valeur plausible à ρ, à a et à R, et tracez le graphe montrant la composante radiale du champ électrique résultant en fonction de r, pour r allant de 0 à $2R$.

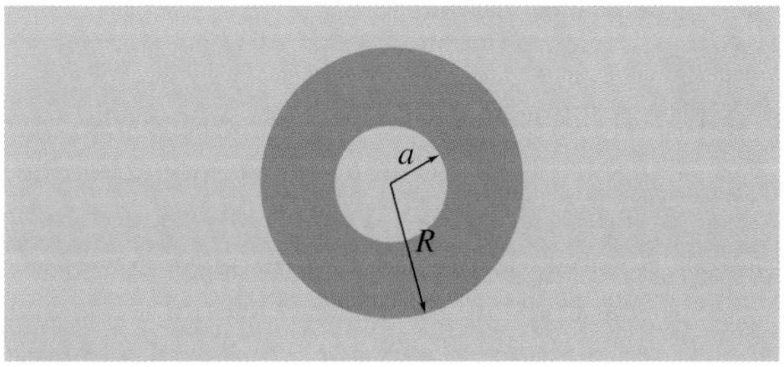

Figure 3.33 ▲
Problèmes 6 et 10.

P7. (II) Considérons un modèle de l'atome d'hydrogène dans lequel le noyau est une charge ponctuelle de valeur $+e$ entouré d'une charge négative $-e$ distribuée uniformément dans le volume d'une sphère de rayon R. (a) Montrez que le module du champ électrique résultant dans la région pour laquelle $r < R$ est donné par :

$$E(r) = ke\left(\frac{1}{r^2} - \frac{r}{R^3}\right)$$

(b) Pour quelle valeur de r le module du champ électrique est-il maximal ? (c) Supposez que $R = 10^{-10}$ m. Tracez le graphe de $E(r)$ en fonction de r, pour r allant de 0 à R.

P8. (I) Le théorème de Gauss pour le champ gravitationnel s'écrit

$$\oint \vec{\mathbf{g}} \cdot \mathrm{d}\vec{\mathbf{A}} = -4\pi Gm$$

$\vec{\mathbf{g}}$ étant le champ gravitationnel, G la constante de gravitation universelle et m la masse à l'intérieur de la surface de Gauss. Montrez que l'on peut établir la loi de la gravitation universelle de Newton à partir de cette expression. Quelle est la signification du signe négatif ?

P9. (I) Une sphère métallique de rayon a portant une charge Q positive est située au centre d'une épaisse coquille métallique non chargée de rayon intérieur b et de rayon extérieur c (figure 3.34). Déterminez le champ électrique résultant dans les régions suivantes : (a) $a < r < b$; (b) $r > c$.

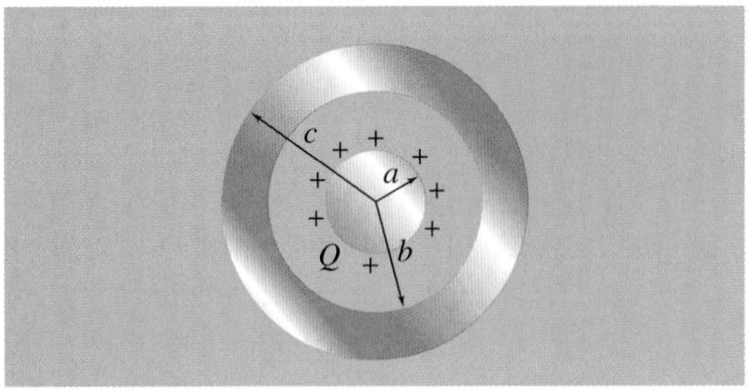

Figure 3.34 ▲
Problème 9.

P10. (II) Soit une cavité sphérique de rayon a au centre d'une sphère non conductrice de rayon R (figure 3.33). La densité volumique de charge dans le reste de la sphère varie selon $\rho = A/r$, où A est une constante positive. Déterminez le champ électrique pour $a < r < R$. (*Indice* : La charge à l'intérieur d'une coquille d'épaisseur dr est d$q = \rho$ d$V = \rho 4\pi r^2$dr.)

P11. (I) Soit un cylindre infini de rayon R ayant un trou de rayon a le long de son axe central (figure 3.35). Le reste du cylindre possède une densité volumique de charge uniforme ρ positive. Déterminez le champ électrique dans les régions suivantes : (a) $a < r < R$; (b) $r > R$.

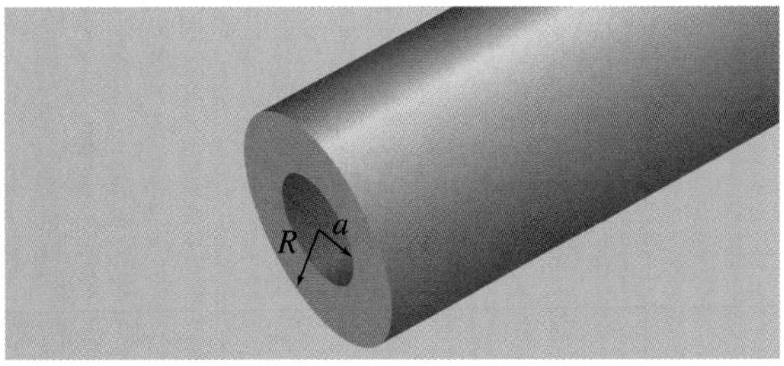

Figure 3.35 ▲
Problème 11.

P12. (I) La densité de charge à l'intérieur d'une sphère non conductrice de rayon R varie selon $\rho = \rho_0(1 - r/R)$, ρ_0 étant une constante positive et r étant la distance à partir du centre. Déterminez le champ électrique dans la région où $r < R$. (*Indice* : La charge à l'intérieur d'une coquille d'épaisseur dr est d$q = \rho$ d$V = \rho 4\pi r^2$dr.)

P13. (I) Soit une plaque non conductrice infinie d'épaisseur t possédant une densité volumique de charge uniforme ρ positive. Déterminez le module du champ électrique en fonction de la distance au plan central de symétrie de la plaque.

P14. (II) Une sphère de rayon R possède une densité volumique de charge uniforme ρ positive, sauf dans la cavité sphérique de rayon a (figure 3.36). (a) Montrez que le champ électrique est uniforme à l'intérieur de la cavité. (*Indice* : Le champ en tout point P à l'intérieur d'une cavité est égal à la somme des champs créés par une sphère pleine de rayon R portant une densité de charge e et par une sphère de rayon a remplissant la cavité et de densité de charge $-\rho$.) (b) Établissez une expression pour le champ électrique à l'intérieur de la cavité.

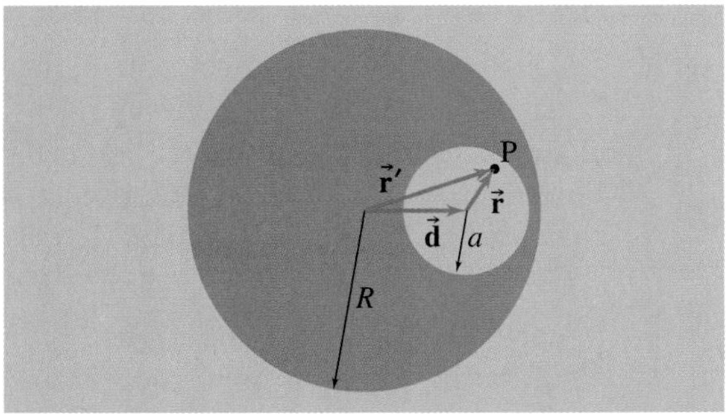

Figure 3.36 ▲
Problème 14.

CHAPITRE 4

Le potentiel électrique

La vie quotidienne regorge d'exemples dans lesquels intervient le *volt*, unité de mesure de la *différence de potentiel*, aussi appelée « voltage » ou « tension ». Dans ce chapitre, nous verrons que cette notion de potentiel électrique est reliée à celle d'énergie, mais aussi à celle de champ électrique.

POINTS ESSENTIELS

1. L'**énergie potentielle électrique** d'une charge positive augmente quand elle se déplace vers un point de l'espace dont le **potentiel électrique** est plus élevé que celui du point où elle était initialement située. Le potentiel est défini de façon à ce que l'énergie lui soit proportionnelle.
2. L'énergie potentielle électrique d'un objet chargé est relative : elle se mesure par rapport à une situation de **référence** pour laquelle l'énergie est *choisie* comme nulle. Ce choix de référence doit aussi s'appliquer au potentiel, de telle sorte qu'une charge placée en un point dont le potentiel est nul a une énergie potentielle nulle.
3. Les lignes de champ électrique sont perpendiculaires aux surfaces **équipotentielles** et orientées dans le sens des potentiels décroissants.
4. Connaître le potentiel en chaque point d'un espace donné équivaut à connaître le champ électrique en chacun de ces points. En effet, on peut calculer l'un en fonction de l'autre : la différence de potentiel entre deux points est donnée par l'**intégrale de ligne** du champ électrique entre ces points et le champ en un point est donné par la dérivée du potentiel par rapport à la position.
5. Tous les points à l'intérieur et sur la surface d'un conducteur en équilibre électrostatique sont au même potentiel.

Dans les chapitres précédents, nous avons déjà souligné plusieurs analogies entre les phénomènes expliqués par la force électrique et ceux expliqués par la force gravitationnelle. Or, dans le tome 1, nous avons utilisé le principe de conservation de l'énergie pour décrire le mouvement de masses dans un champ gravitationnel. Par analogie, il semble plausible que ce même principe de conservation permette de décrire le mouvement de charges dans un champ électrique (ce que nous montrerons effectivement de façon formelle dans ce chapitre). Une masse libre de se déplacer a tendance à diminuer son énergie potentielle gravitationnelle. De même, nous verrons qu'une charge libre de se déplacer a tendance à diminuer son *énergie potentielle électrique*.

En plus de cette nouvelle forme d'énergie potentielle, il sera nécessaire d'introduire aussi une notion supplémentaire, celle du *potentiel électrique* attribué à chacun des points de l'espace. Pour introduire ces deux nouvelles notions, nous utiliserons abondamment l'analogie entre les forces gravitationnelle et électrique : comme nous le verrons, l'énergie potentielle électrique d'une charge augmente avec le potentiel du point où elle est située, un peu comme l'énergie potentielle gravitationnelle d'une masse augmente avec l'altitude du point où elle est située.

Analogie entre potentiel et altitude

Nous verrons qu'il est possible de traiter une même situation en faisant appel à deux approches comparables, l'une fondée sur le concept de champ, et l'autre, sur celui de potentiel. Le potentiel et l'énergie potentielle ont toutefois l'avantage d'être des quantités *scalaires*, contrairement au champ électrique ou à la force, qui sont des quantités *vectorielles*, plus difficiles à manipuler mathématiquement.

4.1 Le potentiel électrique

La notion de potentiel étant relativement abstraite, nous nous contenterons dans cette section de l'introduire d'une façon qualitative. Le potentiel n'a rien de matériel ou de tangible : c'est tout simplement une grandeur, scalaire, attribuée à chaque point de l'espace (vide ou non) selon sa position par rapport aux charges sources. Comme nous le verrons, affirmer que des charges sources *produisent un champ* électrique en chaque point de l'espace autour d'elles est tout à fait équivalent à affirmer qu'elles *permettent d'attribuer des potentiels différents* à ces points.

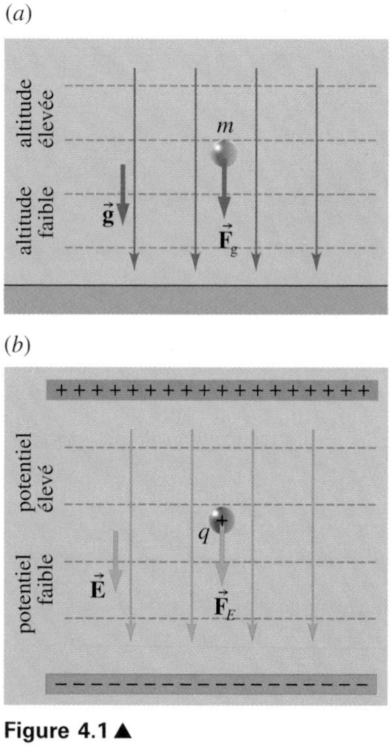

Figure 4.1 ▲
(*a*) Près de la surface de la Terre, les lignes de champ gravitationnel sont orientées vers le bas et une particule de masse *m* subit une force vers le bas. Plus cette particule se déplace vers le bas (plus faible altitude), plus son énergie potentielle gravitationnelle diminue. (*b*) Entre deux plaques chargées, le champ électrique est constant et une particule de charge *q positive* subit une force dans le même sens que les lignes de champ. Plus cette charge se déplace vers la plaque négative (plus faible potentiel), plus son énergie potentielle électrique diminue.

Pour comprendre le rôle de ce nouveau concept dans l'application du principe de conservation de l'énergie et son lien avec la notion de champ, considérons l'analogie, illustrée à la figure 4.1, entre le cas du champ gravitationnel uniforme qui règne à proximité de la surface terrestre et celui du champ électrique uniforme qui règne entre deux plaques chargées. Comme la masse *m* est toujours *positive*, la force qu'elle subit est dans le même sens que les lignes de champ gravitationnel. Si la charge *q* est positive, elle subira elle aussi une force dans le même sens que les lignes de champ (électrique) et l'analogie entre les deux figures sera meilleure.

Dans le champ gravitationnel uniforme de la figure 4.1*a*, typique de la vie quotidienne, la masse *m* (lâchée sans vitesse initiale) gagne de l'énergie cinétique et perd de son* énergie potentielle ($U_g = mgy$) lorsqu'elle se dirige vers le « bas », autrement dit vers des points dont « l'altitude » est plus petite. Mais pourquoi U_g diminue-t-elle dans cette direction ? Tout simplement parce que le bas *est* la direction où pointe le champ gravitationnel. En effet, quand une masse se déplace dans le sens du champ, la force gravitationnelle fait un travail positif. Or, comme nous l'avons vu au chapitre 8 du tome 1, la diminution

* En fait, l'énergie potentielle gravitationnelle est celle du *système* formé par la masse *m* et la Terre : elle est plus élevée quand ces deux masses sont éloignées l'une de l'autre et vice versa. Si la Terre était absente, la masse n'aurait aucune énergie potentielle. Toutefois, comme la Terre peut être considérée comme immobile, l'usage veut qu'on parle souvent d'énergie potentielle « de la masse *m* ».

d'énergie potentielle est par définition *égale* à ce travail. (Ces notions du tome 1 seront rappelées en détail au début de la section 4.2.) En somme, dans un champ gravitationnel uniforme, *l'énergie potentielle gravitationnelle de m est proportionnelle à l'altitude de l'endroit où m est située, et ce qu'on appelle une différence d'altitude est simplement un changement de position parallèle au champ gravitationnel.* L'altitude se mesure par rapport à une *position de référence*, par exemple la hauteur du sol, où elle est considérée comme nulle.

Le cas de la figure 4.1*b* est très analogue : dans le champ électrique uniforme produit par les deux plaques illustrées, la charge q positive (lâchée sans vitesse initiale) a elle aussi pour comportement de « tomber » de plus en plus vite vers la plaque négative, en gagnant de l'énergie cinétique. C'est donc en se déplaçant dans cette direction (où que soit située la plaque négative, qu'elle soit « en bas » ou non) que la charge perd de son* énergie potentielle électrique U_E. En effet, quand elle se déplace le long d'une ligne de champ électrique, la force électrique fait un travail positif. Comme nous le verrons un peu plus bas, le potentiel électrique est défini comme l'énergie potentielle par unité de charge. On peut donc poursuivre l'analogie : dans un champ électrique uniforme, *l'énergie potentielle électrique de q est proportionnelle au potentiel de l'endroit où q est située, et ce qu'on appelle une différence de potentiel est simplement un changement de position parallèle au champ électrique.* Ici aussi, le potentiel se mesure par rapport à une **position de référence** où il est considéré comme nul.

Une charge positive « tombe » vers les endroits de potentiel plus faible.

Une autre remarque qualitative s'impose : l'énergie potentielle gravitationnelle est une propriété du *système* formé par la masse m et la Terre. Toutefois, ce n'est pas le cas de l'altitude : la description que nous avons donnée de la figure 4.1*a* sous-entend que chaque point de l'espace sur cette figure (celui où la masse est momentanément située, mais aussi les points vides) possède une altitude qui lui est propre. Cette idée n'aurait évidemment aucun sens si la Terre était absente : que serait l'altitude d'un point situé au milieu du vide intersidéral ? C'est la présence de la masse de la Terre, source du champ gravitationnel de la figure 4.1*a*, qui permet d'attribuer une altitude à chaque point de l'espace sur la figure. Par contre, la masse m peut être retirée et les points de l'espace ont tout de même une altitude. Tout comme le champ gravitationnel, l'altitude d'un point donné de l'espace ne dépend *que de la Terre* : on peut certes dire que la masse m est située « plus haut » ou « plus bas », mais c'est une propriété *de l'endroit* où m est située dans le champ gravitationnel, et non de la masse m elle-même. De façon tout à fait analogue, l'énergie potentielle électrique est une propriété du *système* formé par la charge q et les charges sources portées par les plaques. Toutefois, ce n'est pas le cas du potentiel : chaque point de l'espace entre les deux plaques, même en l'absence de la charge q, possède un potentiel. C'est la présence de charges sur les deux plaques, sources du champ électrique de la figure 4.1*b*, qui permet d'attribuer un potentiel à chaque point de l'espace sur la figure. Ce potentiel ne dépend *que des charges sources* : on pourra dire qu'une charge projetée entre les deux plaques est située à un potentiel « élevé » ou « faible », mais c'est une propriété *de l'endroit* où cette charge est située dans le champ électrique, et non de la charge elle-même.

Comme le champ, le potentiel ne dépend que des charges sources.

La figure 4.1 a permis d'établir les deux liens les plus fondamentaux de ce chapitre : (1) le potentiel permet de calculer l'énergie potentielle électrique et (2) le potentiel est relié au champ électrique (chacun peut même être calculé si

* Ici encore, l'énergie potentielle électrique est celle du *système* formé par la charge q et les charges sources portées par les plaques : elle est plus élevée quand la charge positive est éloignée de la plaque négative et proche de la plaque positive et vice versa.

on connaît l'autre). Dans les deux sections suivantes, respectivement, nous exprimerons ces deux mêmes liens par des équations. Avant, il nous faut toutefois passer à une définition quantitative du potentiel.

Au chapitre 2, nous avons donné une définition « opérationnelle » du champ électrique $\vec{\mathbf{E}}$ de façon à ce que la force qu'il exerce lui soit proportionnelle et soit donnée par $\vec{\mathbf{F}}_E = q\vec{\mathbf{E}}$. Nous l'avons donc défini comme « la force par unité de charge » exercée sur une charge d'essai. Malgré cette définition, il était clair que $\vec{\mathbf{E}}$ ne dépendait *pas* de la charge d'essai. De façon similaire, le **potentiel électrique** V est défini comme « l'énergie potentielle électrique U_E par unité de charge » que possède une charge d'essai, rapport qui ne dépend *pas* de la charge d'essai :

$$V = \frac{U_E}{q_{\text{ess}}}$$

Selon cette définition, l'**énergie potentielle électrique** d'une charge q, quand cette dernière est placée en un point dont le potentiel est V, est donnée par

Énergie potentielle électrique d'une charge en fonction du potentiel de l'endroit où elle se trouve

$$U_E = qV \tag{4.1}$$

Cette nouvelle définition est générale et demeure donc valable que le champ électrique soit uniforme ou non. L'unité SI du potentiel électrique est le **volt** (V), appelée ainsi en hommage à Alessandro Volta (1745-1827), inventeur de la pile voltaïque (la première pile électrique). Notons que, selon l'équation 4.1,

$$1 \text{ V} = 1 \text{ J/C}$$

Pour illustrer l'utilisation de l'équation 4.1, considérons la particule chargée de la figure 4.1*b*. Par analogie avec la situation gravitationnelle de la figure 4.1*a* où l'énergie potentielle gravitationnelle est donnée par $U_g = mgy$, l'énergie potentielle électrique d'une particule de charge q dans un champ électrique $\vec{\mathbf{E}}$ constant et orienté vers le bas est

$$U_E = qEy$$

où la position y est donnée par rapport à un axe vertical orienté vers le haut, son origine $y = 0$ étant arbitraire. Le potentiel électrique vaut donc

$$V = Ey \tag{4.2}$$

Notez qu'on obtient bel et bien une quantité V qui dépend uniquement du champ électrique créé par les charges sources (les charges sur les plaques à la figure 4.1*b*), et non de la charge d'essai q.

Maintenant que nous disposons d'une définition quantitative du potentiel, deux remarques s'imposent. Premièrement, l'analogie entre altitude et potentiel, grâce à laquelle nous avons tiré des conclusions qualitatives importantes, est d'une validité limitée, même dans un champ uniforme : par exemple, à altitude égale, une masse a plus d'énergie potentielle sur la Terre que sur la Lune (puisque l'énergie potentielle gravitationnelle, donnée par $U_g = mgy$, n'est pas seulement proportionnelle à l'altitude y mais aussi à g). Toutefois, on peut définir un *potentiel gravitationnel* V_g tel que $U_g = mV_g$, c'est-à-dire $V_g = U_g/m_{\text{ess}} = gy$. Ce potentiel gravitationnel $V_g = gy$, mesuré en joules par kilogramme (J/kg), est l'analogue parfait du potentiel électrique $V = Ey$, mesuré en joules par coulomb (J/C), pour le cas où les champs sont uniformes.

Deuxièmement, l'analogie entre les figures 4.1*a* et 4.1*b* impliquait que la charge q était positive. Quand la charge plongée dans le champ est négative, la description doit être modifiée. Certes, le potentiel de chaque point de l'espace demeure le même puisqu'il ne dépend que du champ produit par les charges sources. Toutefois, la charge q subit une force dirigée dans le sens *contraire* du champ (voir l'équation 2.3*a* ou l'encadré qui la suit). Ainsi, si cette charge q est libre de se déplacer, elle a tendance à se diriger vers les potentiels *croissants*. L'énergie potentielle électrique de la charge q décroît quand même : en effet, si q est négatif, l'énergie $U_E = qV$ diminue quand V augmente, car elle devient de plus en plus négative. En somme, même si les charges négatives et positives « tombent » en sens opposés dans un champ, elles le font toutes deux en perdant de l'énergie potentielle électrique.

Cas d'une charge négative

Cas des champs non uniformes

Nous avons discuté jusqu'à présent du cas de champs uniformes, illustrés à la figure 4.1, et utilisé l'analogie entre altitude et potentiel pour tirer des conclusions. Nous allons maintenant généraliser cette analogie au cas de champs non uniformes.

Exactement comme ce parachutiste perd de l'énergie potentielle gravitationnelle en tombant dans le sens des lignes de champ gravitationnel, une charge *positive* perd de l'énergie potentielle électrique lorsqu'elle « tombe » en suivant le sens des lignes de champ électrique (que ces dernières soient verticales et parallèles ou non). Le potentiel électrique est l'équivalent de son « altitude » le long d'une ligne de champ électrique.

Nous avons déjà signalé qu'à la figure 4.1, les champs pointent vers des endroits dont l'altitude ou le potentiel, selon le cas, est *de plus en plus faible*. À la figure 4.1*a*, tous les points qui possèdent la même altitude sont situés sur un même plan horizontal. Il en va de même, à la figure 4.1*b*, des points qui possèdent le même potentiel. On note que ces plans horizontaux sont *perpendiculaires au champ*. Nous montrerons que ces deux constats sont généraux.

Pour ce faire, remarquons d'abord qu'il est tout à fait équivalent de dire qu'une personne déplace une masse vers des points d'altitude plus élevée ou la déplace à l'encontre de la force gravitationnelle, que le champ soit *uniforme ou non*. Par exemple, si on considère un point suffisamment éloigné de la Terre, le champ gravitationnel n'y est plus uniforme et a plutôt une symétrie sphérique, mais on peut tout de même dire que l'altitude de ce point est très élevée et qu'une masse située à cet endroit a davantage d'énergie potentielle gravitationnelle que si elle était située plus près de la Terre. (L'énergie n'est toutefois plus directement proportionnelle à l'altitude.)

Par analogie, il est équivalent de dire qu'on déplace une charge positive vers des points de potentiel plus élevé ou qu'on déplace une charge à l'encontre de la force électrique, que le champ soit uniforme ou non. En somme, *plus un point est situé « haut » dans le sens contraire d'une ligne de champ, plus son potentiel est élevé*, quelle que soit la forme du champ.

Quand le champ électrique est uniforme, les points de même potentiel sont situés sur des plans parallèles (figure 4.2*a*). Par contre, si le champ a une symétrie sphérique, les points de même potentiel sont situés sur des sphères concentriques (figure 4.2*b*). Enfin, pour un champ de forme quelconque, les points de même potentiel sont situés sur des surfaces de formes quelconques qui sont elles aussi perpendiculaires au champ en chaque point de l'espace (figure 4.2*c*). Une surface qui relie des points qui possèdent tous le même potentiel s'appelle une **équipotentielle**. À la section 4.3, nous démontrerons pourquoi chaque segment d'une équipotentielle est nécessairement perpendiculaire au champ électrique local.

Quand le champ n'est plus uniforme, l'analogie entre altitude et potentiel n'est plus valable que qualitativement. En effet, le potentiel V est défini de façon à ce que l'énergie $U = qV$ d'une charge q y soit *toujours* proportionnelle. Or,

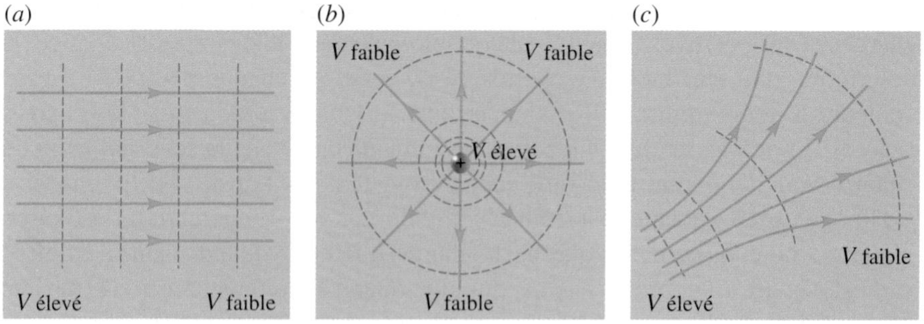

Figure 4.2 ►

Les surfaces équipotentielles relient les points qui ont le même potentiel, c'est-à-dire la même « altitude le long d'une ligne de champ ». Elles sont toujours *perpendiculaires* au champ. (*a*) Dans un champ uniforme, ces équipotentielles sont des plans. (*b*) Dans un champ radial, elles ont la forme de sphères. (*c*) Dans un plan de forme quelconque, elles ont des formes quelconques.

l'énergie potentielle gravitationnelle d'une masse cesse d'être proportionnelle à l'altitude du point où elle est située si le champ n'est pas uniforme. Par contre, il sera toujours possible d'utiliser cette analogie sur le plan qualitatif. Par exemple, lorsqu'une charge positive se déplace le long d'une ligne de champ électrique, nous pourrons dire qu'elle « descend » ou encore qu'elle « tombe » dans le champ. À l'inverse, lorsqu'une charge positive se déplace à l'encontre des lignes du champ électrique, nous pourrons dire qu'elle « monte » ou « est soulevée ».

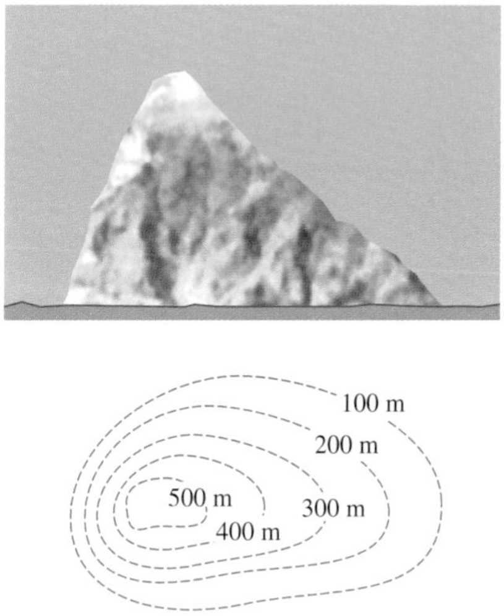

Figure 4.3 ▲

Sur une carte topographique, les courbes de niveau joignent les points de même altitude.

De même, on peut faire une certaine analogie qualitative entre les équipotentielles et les courbes de niveau d'une carte topographique (figure 4.3). Une telle carte est une projection (sur un plan) de la surface terrestre et les lignes de niveau y joignent les points de cette surface terrestre qui ont la même altitude. En général, elles représentent des niveaux d'altitude équidistants, un intervalle de 100 m par exemple. De la même façon, il est impossible de tracer toutes les équipotentielles électriques sur un schéma, alors on trace souvent celles qui représentent des niveaux de potentiels équidistants, un intervalle de 100 V par exemple. Ainsi, plus les lignes de niveau sont rapprochées, plus la pente de la surface terrestre est raide ; de même, plus les surfaces équipotentielles sont rapprochées, plus le champ électrique a un module élevé*. Vérifiez que c'est bien le cas à la figure 4.2.

4.2 La relation entre le potentiel et l'énergie ou le travail

Quand une charge se déplace d'un endroit qui possède un certain potentiel à un endroit possédant un potentiel différent, on dit qu'elle traverse une **différence de potentiel**. Cela est analogue à une masse qui change d'altitude, ce changement pouvant se faire sous l'effet du seul poids (chute libre) ou aussi sous l'effet d'une force extérieure (agent qui soulève, descend ou retient la masse). De la même façon, une charge peut traverser une différence de potentiel en étant libre de se déplacer sous l'effet de la seule force électrique (figure 4.1*b*, p. 110) ou encore sous la contrainte d'un moyen extérieur (figure 4.4*b*, p. 116). Dans cette section, nous allons voir comment le principe de conservation de l'énergie permet de décrire ces deux cas (charge libre ou charge contrainte) d'une charge traversant une différence de potentiel. Auparavant, nous allons faire un rappel des concepts pertinents, tirés du tome 1.

* L'analogie entre module du champ électrique et module du champ gravitationnel est impossible ici. En effet, ce sont les plans horizontaux qui sont réellement analogues aux surfaces équipotentielles. Les courbes de niveau représentent les endroits où ces plans croisent la surface terrestre, ce qui n'a pas d'équivalent électrique.

Rappel de mécanique : travail d'une force conservative et énergie potentielle

Dans le cas d'un champ électrique uniforme, nous avons obtenu par analogie que l'énergie potentielle électrique était donnée par $U_E = qEy$, ce qui nous a permis de déduire que le potentiel des points situés dans ce champ était donné par l'équation 4.2. Dans le cas où le champ n'est pas uniforme, nous ne pourrons pas toujours procéder par analogie, et il nous faudra avoir recours à la définition du concept d'énergie potentielle, fondée sur le concept de travail, deux notions étudiées respectivement dans les chapitres 8 et 7 du tome 1.

Quand une force ou plusieurs forces agissent sur un objet qui subit un *déplacement* $\vec{\mathbf{s}}$, on dit qu'elles effectuent un *travail* sur cet objet. Les forces qui favorisent le déplacement font un travail positif et celles qui nuisent au déplacement font un travail négatif. Si une force est constante pendant le déplacement et que ce dernier est rectiligne, son travail est par définition $W = \vec{\mathbf{F}} \cdot \vec{\mathbf{s}} = Fs\cos\theta$. (Sinon, on doit diviser le déplacement en segments suffisamment courts pour que cette définition soit valable sur chacun d'eux, puis additionner ou intégrer.)

Travail fait par une force

Quand la somme des travaux effectués sur un objet pendant un déplacement est non nulle, la vitesse de ce dernier change. Par exemple, une masse en chute libre, si elle se dirige vers le bas, gagne de la vitesse sous l'effet du travail (positif) effectué par le poids. Le changement de vitesse n'est cependant pas proportionnel au travail effectué : à la section 7.3 du tome 1, nous avons démontré que le travail entraîne la variation de la quantité $K = \frac{1}{2}mv^2$, que nous avons appelée l'*énergie cinétique* de l'objet. Cette idée s'exprime mathématiquement par le théorème de l'énergie cinétique $\Delta K = \Sigma W$.

Énergie cinétique

Théorème de l'énergie cinétique

En général, le travail effectué par une force dépend de la trajectoire suivie pour effectuer le déplacement. Par exemple, si on glisse une caisse sur le sol entre deux endroits, le travail (négatif) effectué par la force de frottement sera plus faible si on a suivi la trajectoire en ligne droite entre ces deux endroits que si on a emprunté une trajectoire courbe, plus longue. Dans le cas de certaines forces, appelées *forces conservatives*, on peut toutefois démontrer que le travail ne dépend *que* de la position initiale et de la position finale, quelle que soit la trajectoire exacte suivie pour effectuer le déplacement.

Forces conservatives

En général, le travail total effectué sur l'objet peut être exprimé comme la somme des travaux effectués par des forces conservatives (ΣW_c) et de ceux effectués par des forces non conservatives (ΣW_{nc}). Le théorème de l'énergie cinétique peut donc s'écrire $\Delta K = \Sigma W_c + \Sigma W_{nc}$. C'est la particularité des forces conservatives (travail indépendant de la trajectoire) qui rend possible la formulation du principe de conservation de l'énergie : comme le travail W_c qu'effectue une telle force ne dépend que de la position initiale et finale de l'objet, on peut définir et lui associer une *énergie potentielle* U qui ne dépend que de la position de l'objet : $W_c = -(U_f - U_i) = -\Delta U$. Par exemple, quand la force gravitationnelle effectue un travail sur un objet qui tombe (W_c positif), l'énergie potentielle gravitationnelle diminue (ΔU_g négatif). Quand plus d'une force conservative est présente, on désigne généralement par U la somme de toutes les énergies potentielles associées à ces forces.

Énergie potentielle

En substituant ces idées dans le théorème de l'énergie cinétique, on obtient $\Delta K = -\Delta U + W_{nc}$ ou encore le résultat suivant, identique à l'équation 8.16*b* du tome 1 :

Conservation de l'énergie mécanique

$$\Delta K + \Delta U = W_{nc} \qquad (4.3a)$$

Cette équation peut aussi s'exprimer sous la forme équivalente suivante, parfois plus pratique :

$$K_i + U_i + W_{nc} = K_f + U_f \qquad (4.3b)$$

Comme l'expriment l'une ou l'autre de ces équations, en l'absence de travail effectué par des forces non conservatives ($W_{nc} = 0$), l'énergie mécanique totale* $K + U$ que contient un système demeure constante. Les forces non conservatives ont donc pour effet de *retirer* ou d'*ajouter* de l'énergie mécanique au système pendant le déplacement du point initial au point final. Par exemple, sauf dans de rares cas, la force de frottement retire de l'énergie au système : son travail est presque toujours négatif. Un exemple de travail non conservatif positif serait celui déployé par une machine ou une personne qui soulève une caisse : elle fournit de l'énergie mécanique au système, puisque ce dernier gagne de l'énergie potentielle sans avoir à réduire son énergie cinétique. (Le poids, lui, fait alors un travail négatif.)

Effet des forces non conservatives

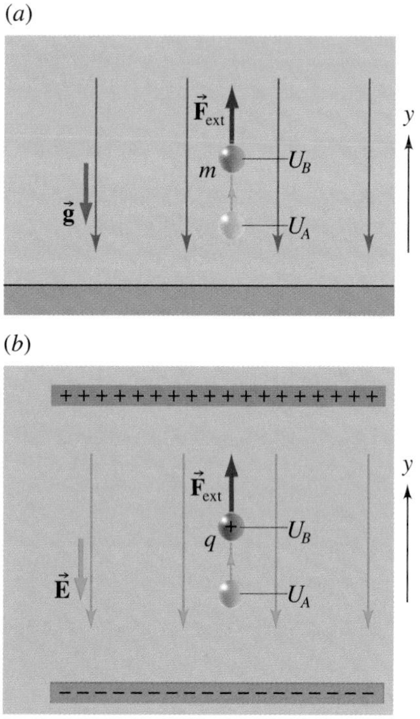

Figure 4.4 ▲
Quand un agent extérieur exerce une force sur la particule, l'énergie mécanique du système n'est pas conservée. Si la particule est immobile au début et à la fin du déplacement (ou si sa vitesse est la même), alors tout le travail que fait l'agent extérieur est emmagasiné sous forme d'énergie potentielle du système : $W_{EXT} = +\Delta U$.

En terminant, rappelons qu'à la section 7.1 du tome 1, nous avons montré que la force gravitationnelle est conservative, ce qui est valable que le champ gravitationnel soit uniforme ou non. Comme la force électrique $F_E = k|Qq|/r^2$ a la même forme que la force gravitationnelle $F_g = GMm/r^2$, il s'ensuit que *la force électrique est conservative*** elle aussi. Nous pouvons donc effectivement lui associer l'énergie potentielle électrique, ce que nous n'avions jusqu'à présent que supposé.

Charges qui se déplacent sous la contrainte d'un agent extérieur

Nous allons maintenant appliquer le principe de conservation de l'énergie (équation 4.3*a* ou 4.3*b*) au cas général d'une charge déplacée dans un champ électrique, d'un point *A* à un point *B*, sous l'effet d'un agent extérieur (figure 4.4). (Cette situation est analogue à une masse qu'une machine soulève ou descend dans un champ gravitationnel.)

Dans une telle situation, seulement deux forces effectuent un travail : la force électrique et la force externe. Comme seule la seconde est non conservative, on peut écrire $W_{nc} = W_{EXT}$. De plus, comme il n'y a pas d'autres forces conservatives que la force électrique, $\Delta U = \Delta U_E$. (Nous pourrons donc omettre l'indice « E » sans risque de confusion.)

Selon qu'on applique le principe de conservation de l'énergie sous la forme de l'équation 4.3*a* ou 4.3*b*, on obtient, en substituant

$$\Delta K + \Delta U = W_{EXT} \qquad (4.4a)$$

$$K_A + U_A + W_{EXT} = K_B + U_B \qquad (4.4b)$$

* Dans le tome 1, nous avons utilisé le symbole E pour représenter la somme $K + U$. Nous réserverons ici ce symbole pour désigner le champ électrique.

** Au chapitre 10, nous verrons qu'un champ magnétique variable peut induire un champ électrique, même en l'absence de charges sources. Ce champ électrique induit produit une force $\vec{F}_E = q\vec{E}$ qui n'est pas donnée par la loi de Coulomb $F_E = k|Qq|/r^2$. Elle n'est donc *pas* conservative. Dans ce chapitre, nous ne considérerons que des cas électrostatiques, où les charges sources sont immobiles et où il n'y a aucun champ magnétique. Dans toute situation électrostatique, la force électrique est conservative.

Très souvent, on pourra considérer que $\Delta K = 0$, c'est-à-dire que l'énergie cinétique initiale K_A correspond à l'énergie cinétique finale K_B. Par exemple, quand un agent extérieur déplace un objet chargé, c'est souvent à partir d'une situation initiale où il est au repos et pour le placer dans une situation finale où il est aussi immobile, d'où $K_A = K_B = 0$. (De façon analogue, quelqu'un qui soulève une caisse la prend habituellement au sol et la pose ensuite quelque part.) Une autre situation fréquente pour laquelle $\Delta K = 0$ est celle où la force de l'agent extérieur équilibre la force électrique et où le déplacement se produit donc à vitesse constante ($K_A = K_B$).

Dans ces cas où $\Delta K = 0$, les équations 4.4*a* et 4.4*b* se réduisent à

$$(\Delta K = 0) \qquad W_{\text{EXT}} = \Delta U = U_B - U_A$$

où U_B et U_A sont les énergies potentielles finale et initiale, respectivement. En d'autres termes, quand $\Delta K = 0$, *tout* le travail que fournit un agent extérieur entraîne une variation de l'énergie potentielle du système. Si ce travail est positif (on « soulève » la charge contre la force exercée par le champ), le système emmagasine de l'énergie potentielle : son énergie mécanique ($K + U$) n'est alors pas constante, puisqu'elle augmente. À l'inverse, si W_{EXT} est négatif (on « descend » la charge, dans le sens de la force exercée par le champ, sans la laisser « tomber »), le système perd de l'énergie potentielle, sans gagner d'énergie cinétique, donc son énergie mécanique diminue.

Si on substitue l'équation 4.1 ($U = qV$), l'équation précédente s'écrit :

Relation entre le travail extérieur et les potentiels initial et final du déplacement

$$(\Delta K = 0) \qquad W_{\text{EXT}} = q\Delta V = q(V_B - V_A) \qquad (4.5)$$

Dans le cas où la charge q est positive, le travail W_{EXT} est positif si l'agent extérieur déplace q d'un endroit de potentiel V_A vers un endroit de potentiel V_B plus élevé (c'est-à-dire qu'il la « soulève »). À l'inverse, le travail W_{EXT} est négatif s'il la déplace d'un endroit de potentiel V_A vers un endroit de potentiel V_B plus faible. De plus, si une charge est déplacée le long d'une équipotentielle (ou le long de toute trajectoire qui débute et se termine sur la même équipotentielle), on déduit qu'aucun travail n'est nécessaire puisque $V_B = V_A$. N'oublions pas que la situation est inversée dans le cas d'une charge q négative : un travail W_{EXT} positif déplace une charge négative vers des potentiels *décroissants* et vice versa. L'exemple 4.2 traitera de ces cas.

L'équation 4.5 nous permet de constater que ce sont les *variations* de potentiel qui ont de l'importance, et non les valeurs de V_A et de V_B. Cela confirme donc qu'on peut choisir comme point de *référence* de potentiel nul n'importe quel point commode. Quand la charge q est placée en ce point où $V = 0$, son énergie potentielle $U = qV$ sera aussi nulle. Dans plusieurs cas, en électrostatique, on considère que $V = 0$ aux endroits situés infiniment loin des charges sources. Dans les circuits électroniques, on convient plutôt de considérer la prise de terre comme point de potentiel nul.

Les cas que nous venons de décrire, pour lesquels $\Delta K = 0$, permettent de relier le potentiel d'un point de l'espace au travail que fait un agent extérieur pour y amener une charge. En effet, si $V_A = 0$, l'équation 4.5 devient $V_B = W_{\text{EXT}}/q$. On peut donc formuler l'énoncé suivant, parfois pratique : le potentiel électrique en un point quelconque de l'espace correspond au travail extérieur par unité de

Potentiel électrique et travail extérieur

charge positive permettant de déplacer cette charge, à vitesse constante, du point de potentiel nul jusqu'au point considéré.

Charges libres accélérées par une différence de potentiel

Nous allons maintenant appliquer le principe de conservation de l'énergie (équation 4.3*a* ou 4.3*b*) au cas d'une charge *libre* de se déplacer dans un champ électrique. (Cette situation est analogue à une masse en chute libre.)

Dans une telle situation, la seule force qui agit sur la charge est la force électrique. En l'absence de forces non conservatives (comme celle exercée par un agent extérieur), on peut écrire $W_{nc} = 0$. En substituant dans le principe de conservation de l'énergie (équation 4.3*a* ou 4.3*b*) et en substituant l'équation 4.1, on obtient l'une ou l'autre des équations suivantes, équivalentes entre elles :

Gain ou perte d'énergie cinétique par une charge libre qui traverse une différence de potentiel

$(W_{nc} = 0)$
$$\Delta K + q\Delta V = 0 \qquad (4.6a)$$

$$K_A + qV_A = K_B + qV_B \qquad (4.6b)$$

Quand une charge subit une telle « chute » au travers d'une différence de potentiel, son énergie mécanique est constante : à mesure qu'elle perd de l'énergie potentielle $q\Delta V$, elle gagne de l'énergie cinétique K (ou vice versa, si elle traverse la différence de potentiel en sens inverse). À l'exemple 4.1, nous verrons ces deux cas.

Dans les applications technologiques, il est facile d'établir une différence de potentiel ΔV entre deux points de l'espace, que le champ électrique soit uniforme ou non entre ces points. (Par exemple, la pile électrique que nous étudierons à la section 7.1 est un dispositif dont le rôle est justement de maintenir une différence de potentiel stable entre deux endroits.) Une telle différence de potentiel peut être utilisée pour changer l'énergie cinétique d'une particule élémentaire de charge q. Par exemple, dans un des canons d'un tube à rayons cathodiques (voir le sujet connexe du chapitre 2 et l'exemple 4.3), les électrons traversent une différence de potentiel dans le sens où $q\Delta V$ est négatif et l'augmentation ΔK de leur énergie cinétique est donnée par l'équation 4.6*a*. Occasionnellement, on souhaite plutôt ralentir (ΔK négatif) une particule élémentaire* : il suffit alors de lui faire traverser la différence de potentiel en sens inverse, celui où $q\Delta V$ est positif.

Pour mesurer l'énergie cinétique gagnée par une telle particule élémentaire, il est peu commode d'utiliser le joule en raison de la petitesse de q. On utilise plutôt une unité appelée l'**électronvolt** (eV), qui n'est pas une unité SI. Par définition, quand une particule portant une charge e traverse une différence de potentiel de x V, son énergie cinétique croît de x eV. Pour convertir 1 eV en joules, on peut utiliser l'équation 4.6*a*, d'où :

$$|\Delta K| = e|\Delta V| = (1{,}602 \times 10^{-19}\ \text{C})(1\ \text{V})$$

---

* Par exemple, pour mesurer la vitesse d'une particule chargée, on peut lui faire traverser une différence de potentiel qui la ralentit. Quand on trouve la différence de potentiel qui l'arrête tout juste, on peut déterminer l'énergie cinétique qu'elle avait avant de la traverser. Ce procédé a été utilisé historiquement pour étudier le comportement des électrons éjectés d'une surface métallique par effet photoélectrique (*cf.* section 9.2 du tome 3).

Donc,

$$1 \text{ eV} = 1{,}602 \times 10^{-19} \text{ J} \tag{4.7}$$

Exprimées dans cette unité, les énergies de liaison chimique sont de l'ordre de quelques électronvolts. Comme l'illustre l'exemple 4.3, dans un des canons d'un tube à rayons cathodiques, les électrons du faisceau gagnent une énergie cinétique de 10^4 eV environ.

EXEMPLE 4.1

La figure 4.5 représente deux points A et B dans un champ électrique uniforme. Sans qu'aucune force extérieure n'intervienne, une charge q se déplace de A vers B. (a) Va-t-elle dans le sens des potentiels électriques croissants ou décroissants ? (b) Son énergie potentielle électrique augmente-t-elle ou diminue-t-elle ? Considérer le cas où q est positif et celui où q est négatif. (c) Son énergie cinétique augmente-t-elle ou diminue-t-elle ?

Solution

(a) Puisque le potentiel augmente dans la direction opposée aux lignes de champ, la charge va dans le sens des potentiels électriques croissants. (b) Puisque $\Delta U = q\Delta V$, l'énergie potentielle électrique d'une charge positive va augmenter. L'énergie potentielle électrique d'une charge négative va diminuer. (c) Aucune force extérieure n'agit sur la charge, de sorte que l'équation 4.6a s'applique. Donc, comme $\Delta K = -q\Delta V = -\Delta U$, l'énergie cinétique d'une charge positive va diminuer, l'énergie cinétique d'une charge négative va augmenter.

Comme son énergie cinétique diminue, il est *impossible* qu'une charge positive se déplace de A vers B si elle ne possédait pas de l'énergie cinétique au départ. Le cas d'une charge négative est différent : lâchée sans vitesse initiale au point A, elle peut se déplacer vers B et le fait d'ailleurs spontanément. (Une charge positive initialement immobile au point A se dirigerait vers la droite.) ■

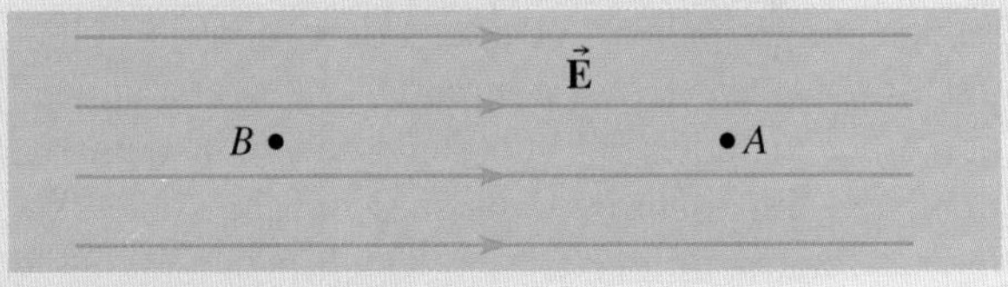

Figure 4.5 ▲
Comment se compare le potentiel du point A à celui du point B ? Et lorsqu'une charge se déplace de A vers B, que devient son énergie potentielle ?

EXEMPLE 4.2

Considérer à nouveau la situation décrite dans l'exemple précédent. Toutefois, la charge réalise maintenant son déplacement de A vers B sous l'effet d'une force extérieure qui assure que sa vitesse demeure constante. (a) Répondre aux trois mêmes questions que dans l'exemple précédent. (b) Quel signe a le travail que doit fournir la force extérieure ? Considérer le cas où q est positif et celui où q est négatif.

Solution

(a) Les deux premières réponses sont inchangées : comme le potentiel ne dépend que du champ et non de q, il demeure le même que dans l'exemple précédent, c'est-à-dire plus élevé en B qu'en A. De même, la variation d'énergie potentielle de la charge ne dépend que du produit qV et non d'une éventuelle force extérieure agissant sur la charge q. L'énergie potentielle croît donc si U est positive et vice versa. L'énergie cinétique se comporte toutefois différemment de l'exemple précédent : puisqu'une force extérieure assure que la vitesse est constante, $\Delta K = 0$, quelle que soit q.

(b) Si $q > 0$, la charge accroît son énergie potentielle (on la « soulève » contre la force exercée par le champ). Il faut donc que la force externe fournisse de l'énergie mécanique au système par un travail positif. Si $q < 0$, la charge diminue son énergie potentielle en se dirigeant vers les potentiels plus élevés. En conséquence, la force extérieure n'a pas à fournir de l'énergie mécanique au système, mais plutôt à lui en retirer : pour maintenir la vitesse constante, la force extérieure doit empêcher la charge d'accélérer en « tombant » et effectue donc un travail négatif.

EXEMPLE 4.3

Un tube à rayons cathodiques comporte un ou plusieurs canons à électrons dont le rôle est de produire et d'accélérer des électrons. Les électrons sont émis par un mince filament chauffé. Pour les accélérer ensuite, on place un anneau métallique à proximité du filament et on maintient une différence de potentiel ΔV entre le filament et cet anneau. Après avoir été accélérés, les électrons peuvent donc passer par l'orifice de l'anneau et quitter le canon. (a) Est-ce le filament ou l'anneau qui est au potentiel le plus élevé ? (b) Si ΔV = 8000 V, quelles sont l'énergie cinétique et la vitesse des électrons qui quittent le canon ? Négliger leur énergie au moment où ils sont émis par le filament. (c) Ces résultats auraient-ils pu être obtenus grâce aux équations de la cinématique utilisées à la section 2.4 ?

Solution

(a) Les électrons ayant une charge négative, ils ont tendance à « tomber » vers les points dont le potentiel est plus *élevé*. En conséquence, c'est l'anneau qui est à un potentiel supérieur de ΔV à celui du filament. (En d'autres termes, si on choisit le filament comme référence de potentiel nul, le potentiel de l'anneau est +ΔV et non −ΔV.)

(b) Les électrons partent du filament, mais n'atteignent pas tout à fait la surface de l'anneau puisqu'ils le franchissent sans y toucher. Néanmoins, on peut estimer qu'ils traversent presque une différence de potentiel de 8000 V. La définition de l'électronvolt permet d'obtenir directement que leur énergie cinétique finale est de 8000 eV. On peut aussi utiliser l'équation 4.6*a* avec ΔV = +8000 V et $q = -1{,}60 \times 10^{-19}$ C et obtenir $\Delta K = K_{\rm f} = 1{,}28 \times 10^{-15}$ J. En utilisant l'équation 4.7, on vérifie que ce résultat équivaut à 8000 eV.

La vitesse correspondante peut être obtenue avec la définition de l'énergie cinétique $K_{\rm f} = \frac{1}{2}mv_{\rm f}^2$. Pour obtenir $v_{\rm f}$ en mètres par seconde, il faut que $K_{\rm f}$ soit exprimée en joules :

$$\begin{aligned} v_{\rm f} &= \sqrt{2K_{\rm f}/m} \\ &= \sqrt{2(1{,}28 \times 10^{-15}\ \text{J})/(9{,}109 \times 10^{-31}\ \text{kg})} \\ &= 5{,}30 \times 10^7\ \text{m/s} \end{aligned}$$

(c) Non. Les équations de la cinématique utilisées au chapitre 2 ne sont valables que dans le cas d'une accélération *constante*. Pour que l'accélération soit constante, il faut que le champ soit uniforme, ce qui n'est clairement pas le cas ici : le champ n'est pas produit par deux plaques parallèles, mais par un filament et un anneau. La forme exacte du champ ne peut même pas être déterminée sans que la position relative du filament et de l'anneau de même que leurs dimensions respectives soient connues.

L'approche fondée sur le potentiel et sur la conservation de l'énergie permet donc de déterminer le gain d'énergie d'une particule élémentaire qui traverse un champ même si la forme de ce champ n'est pas forcément connue. ■

4.3 La relation entre le potentiel et le champ électrique

À la section 4.1, nous avons déduit qualitativement comment le potentiel était relié à la notion de champ. Notamment, nous avons souligné que le champ pointe toujours des points de potentiel élevé vers des points de potentiel plus faible et déduit que les équipotentielles sont perpendiculaires aux lignes de champ. Nous allons maintenant étudier le lien entre champ et potentiel d'une façon quantitative. Comme nous le verrons, la connaissance de l'un permet de calculer l'autre*. C'est pourquoi nous avons dit au début de la section 4.1 qu'il est équivalent de dire que les charges sources produisent un champ ou qu'elles permettent d'attribuer des potentiels différents aux points environnants.

Considérons un champ électrique de forme quelconque (figure 4.6). Si la fonction qui donne la valeur $\vec{\mathbf{E}}$ du champ en chaque point de l'espace est connue,

* Plus précisément, le champ permet de calculer la *différence* de potentiel entre deux points. Le potentiel d'un point ne peut donc être connu, tel qu'attendu, que par rapport à celui d'un *point de référence*.

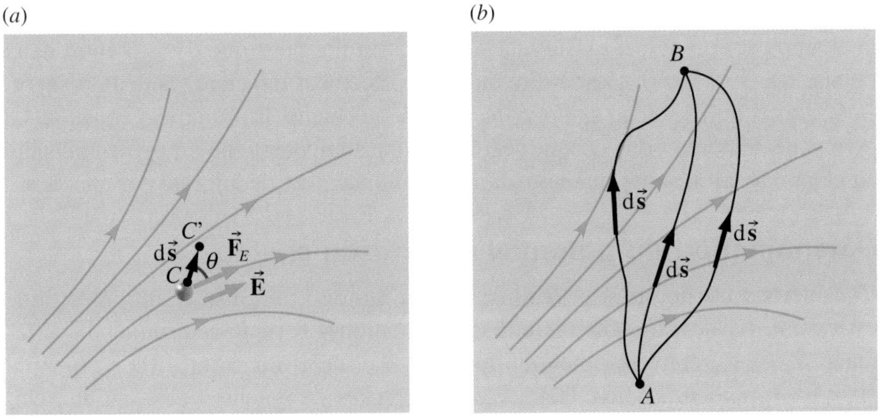

Figure 4.6 ◀

(*a*) On peut établir une relation simple entre le champ en un quelconque point *C* et la différence de potentiel d*V* entre le point *C* et un point *C′* séparé du point *C* par une distance infinitésimale. Cette relation permet de calculer le champ si le potentiel est connu et vice versa. (*b*) Pour calculer la différence entre le potentiel du point *A* et celui du point *B*, il suffit d'imaginer une trajectoire quelconque entre deux points, de la subdiviser en segments suffisamment courts pour appliquer la relation décrite en (*a*), puis d'intégrer. Comme la force électrique est conservative, ce calcul donnera le même résultat quelle que soit la trajectoire choisie, l'une des trois illustrées par exemple.

on peut s'en servir pour déterminer une fonction qui donne (à une constante près) le potentiel en chaque point de l'espace, et vice versa. Nous allons d'abord considérer une telle relation entre le champ et le potentiel dans le voisinage d'un unique point *C*. Pour ce faire, considérons le point *C* et un point quelconque *C′* séparé du point *C* par une distance infinitésimale d*s* (figure 4.6*a*). Ces deux points sont si près l'un de l'autre qu'on peut considérer que le champ au point *C′*, de même que celui à chaque point situé entre *C* et *C′*, est identique à celui au point *C*.

Selon la définition du potentiel (équation 4.1), si une charge *q* se déplace (librement ou non) du point *C* vers le point *C′*, son énergie potentielle *U* passe de qV_C à $qV_{C'}$, subissant une variation ΔU, c'est-à-dire $\Delta U = q(V_{C'} - V_C) = q\Delta V$. Comme les points *C* et *C′* ne sont séparés que par une distance infinitésimale, la différence de potentiel entre ces deux points est elle aussi infinitésimale ($\Delta V = V_{C'} - V_C \rightarrow dV$), de même que la variation d'énergie potentielle ($\Delta U \rightarrow dU$). On décrira donc plutôt $dU = q dV$. Nous cherchons à exprimer la différence de potentiel d*V* en fonction du champ $\vec{E}$ au point *C* (supposé approximativement le même partout entre *C* et *C′*), ce qui nécessite de connaître d*U* en fonction de $\vec{E}$ et de *q*. Après avoir substitué d*U*, on s'attend à ce que le facteur *q* s'annule, car la différence de potentiel d*V* ne dépend que des charges sources, tout comme le champ, et est donc indépendante de *q*.

Cette variation d'énergie potentielle est définie en fonction du travail conservatif fait par la force électrique lors du déplacement $d\vec{s}$ de la charge : $\Delta U = -W_c$, donc, pour une variation infinitésimale, $dU = -dW_c$. En utilisant la définition du travail, on obtient la relation en fonction de $\vec{E}$ et de *q* recherchée :

$$dW_c = \vec{F}_E \cdot d\vec{s} = q\vec{E} \cdot d\vec{s}$$

Notez que cette équation est valable quel que soit le signe de *q*, même si la figure 4.6*a* illustre le cas d'une charge *q* positive*. Puisque $dU = -dW_c$, on peut substituer la dernière équation dans $dU = q dV$. On note alors effectivement que le facteur *q* s'annule et on obtient la relation générale suivante :

Relation entre le champ en un point et le potentiel dans son voisinage

$$dV = -\vec{E} \cdot d\vec{s} = -E ds \cos\theta \qquad (4.8)$$

où θ est l'angle local entre $\vec{E}$ et $d\vec{s}$.

* En effet, si *q* est négative, on pourrait croire que $q\vec{E} \cdot d\vec{s}$ est de signe opposé à $\vec{F}_E \cdot d\vec{s}$, mais il n'en est rien, car les vecteurs $\vec{F}_E$ et $\vec{E}$ pointent alors chacun dans des sens opposés, de telle sorte que l'angle entre $\vec{E}$ et $d\vec{s}$ demeure θ comme à la figure 4.6*a*, mais que l'angle entre $\vec{F}_E$ et $d\vec{s}$ devient $\theta + 180°$. On peut donc écrire, pour $q < 0$, $\vec{F}_E \cdot d\vec{s} = F_E ds \cos(\theta + 180°)$. Comme $\cos(\theta + 180°) = -\cos\theta$ et que le module de la force électrique F_E correspond à $|q|E = (-q)E$, on obtient bel et bien $\vec{F}_E \cdot d\vec{s} = qE ds \cos\theta = q\vec{E} \cdot d\vec{s}$.

Cette relation générale permet de tirer une première conclusion importante : si le champ est non nul, il existe une seule possibilité pour que dV = 0 entre deux points : que $\vec{\mathbf{E}} \cdot \mathrm{d}\vec{\mathbf{s}} = 0$, c'est-à-dire que le déplacement $\mathrm{d}\vec{\mathbf{s}}$ entre les deux points C et C', quels qu'ils soient, soit *perpendiculaire* au champ. En somme, l'équation 4.8 permet de démontrer que chaque segment d'une équipotentielle est perpendiculaire au champ local, résultat que nous n'avions initialement déduit que par analogie.

Détermination du potentiel à partir du champ

Considérons les points A et B illustrés à la figure 4.6*b*. Si le champ électrique est connu, on devrait pouvoir utiliser l'équation 4.8 pour déterminer la différence $V_B - V_A$ entre le potentiel du point B et celui du point A. (Le potentiel étant une grandeur relative, seules les différences de potentiel peuvent être calculées et non le potentiel du point A ou celui du point B. Toutefois, la référence de potentiel nul peut être choisie à l'endroit voulu ; alors si on fixe par exemple $V_A = 0$, la différence de potentiel $V_B - V_A$ devient égale au potentiel V_B.)

L'équation 4.8 ne permet que de calculer la différence de potentiel dV entre deux points infiniment rapprochés, donc elle ne permet pas de calculer directement $V_B - V_A$. Toutefois, on peut choisir une trajectoire du point A au point B, la subdiviser en déplacements infinitésimaux successifs pour chacun desquels l'équation 4.8 est applicable, puis additionner (intégrer) les variations infinitésimales de potentiel obtenues. Ce calcul s'appelle l'**intégrale de ligne** du champ électrique :

Différence de potentiel électrique en fonction du champ

$$V_B - V_A = \int_A^B \mathrm{d}V = -\int_A^B \vec{\mathbf{E}} \cdot \mathrm{d}\vec{\mathbf{s}} \tag{4.9}$$

Le signe de la différence de potentiel donnée par l'équation 4.9 est déterminé (1) par les signes des composantes de $\vec{\mathbf{E}}$, et (2) par le sens du chemin emprunté, qui est indiqué par les bornes d'intégration. L'analogie avec la gravité permet de déduire qu'en général, toute trajectoire qui « monte » les lignes de champ donne une différence de potentiel positive et vice versa. De même, toute trajectoire qui croise perpendiculairement le champ, c'est-à-dire qui longe une même équipotentielle (ou, du moins, qui débute et se termine sur une même équipotentielle) donne $\Delta V = 0$.

Dans tout contexte électrostatique, la force électrique est conservative, donc le travail qu'elle fait ne dépend que de la position initiale A et de la position finale B et non du trajet d'intégration suivi. Il en va donc de même de l'intégrale de ligne dans l'équation ci-dessus, qui ne diffère du travail fait par la force électrique que par un facteur q. On exprime souvent cette idée en disant que le *champ* est conservatif. Par conséquent, toutes les trajectoires entre A et B, par exemple les trois trajectoires illustrées à la figure 4.6*b*, donneront le même résultat d'intégration.

Détermination du champ à partir du potentiel

Dans de nombreuses applications technologiques, il est plus facile de fixer la différence de potentiel entre deux points de l'espace, par exemple grâce à une pile électrique, que de déterminer le champ électrique. De plus, dans de nombreuses applications comme les circuits électriques, il est difficile de mesurer le champ électrique, mais un instrument appelé *voltmètre* (voir la section 7.3) permet de mesurer directement la différence de potentiel entre deux points. Dans ces situations, l'équation 4.8 peut servir à obtenir le champ électrique à partir du potentiel, plutôt que l'inverse. En effet, comme $E_s = E \cos \theta$ est la composante de $\vec{\mathbf{E}}$ parallèle à $\mathrm{d}\vec{\mathbf{s}}$ (voir la figure 4.6*a*, p. 121), l'équation 4.8 devient

Composante du champ en fonction du potentiel

$$E_s = -\frac{\mathrm{d}V}{\mathrm{d}s} \tag{4.10a}$$

Selon cette équation, le champ correspond au taux de variation du potentiel par rapport à la position. Si le potentiel est connu en chaque point selon un axe, par exemple l'axe des x, l'équation 4.10*a* permet de calculer la composante du champ selon x : $E_x = -\mathrm{d}V/\mathrm{d}x$. Par ailleurs, si les surfaces équipotentielles sont connues, on peut déduire la direction des lignes de champ, puisque ces dernières leur sont perpendiculaires. En appliquant l'équation 4.10*a* parallèlement à une ligne de champ, elle permet de calculer le *module* du champ :

$$(\mathrm{d}\vec{\mathbf{s}} \,//\, \vec{\mathbf{E}}) \qquad E = \left|\frac{\mathrm{d}V}{\mathrm{d}s}\right| \tag{4.10b}$$

Si la fonction qui donne le potentiel V en chaque point de l'espace est inconnue, on ne peut la dériver pour appliquer l'équation ci-dessus. Par contre, dès qu'on connaît la forme de deux équipotentielles V_1 et V_2 dans une petite région de l'espace (par exemple obtenue grâce à un instrument mesurant le potentiel d'un point par rapport à celui d'une référence connue, comme à la figure 4.7), on peut estimer le module du champ en un quelconque point C situé entre ces équipotentielles : si la distance $\Delta\ell$ entre ces équipotentielles, mesurée le long de la ligne de champ qui passe par le point C, est suffisamment petite, l'équation 4.10*b* devient

$$E = \left|\frac{\mathrm{d}V}{\mathrm{d}s}\right| \approx \left|\frac{V_2 - V_1}{\Delta\ell}\right|$$

Notez que, d'après cette dernière équation, le champ électrique peut aussi bien s'exprimer en volts par mètre qu'en newtons par coulomb :

$$1 \text{ V/m} = 1 \text{ N/C}$$

Comme il est plus facile de mesurer ou d'établir une différence de potentiel que la force sur une charge d'essai, *c'est le volt par mètre qui est utilisé le plus souvent comme unité du champ électrique*, et nous l'adopterons à partir de maintenant.

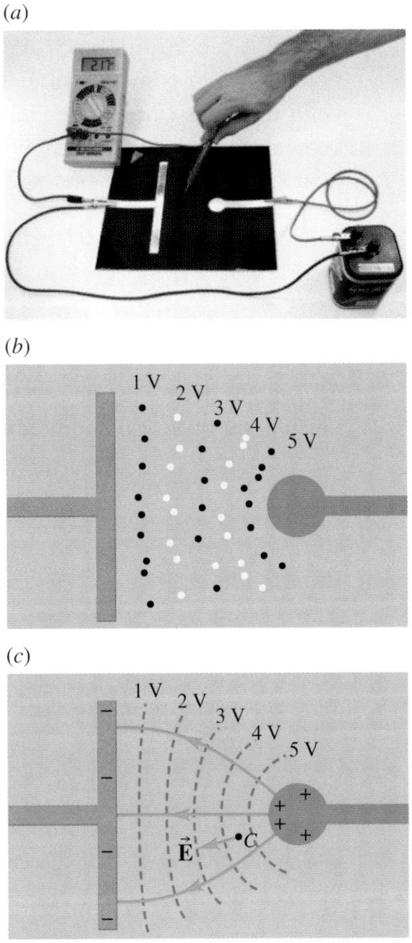

Figure 4.7 ▲
(*a*) En utilisant ce montage expérimental, on peut mesurer directement le potentiel de divers points situés entre deux électrodes chargées. La situation n'est pas tout à fait électrostatique (une légère quantité de charge peut traverser le papier carbone entre les électrodes), ce qui permet à un simple voltmètre de fonctionner. (*b*) Après un grand nombre de mesures, on peut relier tous les points qui comportent le même potentiel et déduire facilement la forme des équipotentielles. (*c*) On obtient ensuite les lignes de champ, perpendiculaires aux équipotentielles, et même le module du champ en un quelconque point C.

EXEMPLE 4.4

Le champ électrique dans une région de l'espace, produit par des charges sources non spécifiées, est donné par $\vec{\mathbf{E}} = (10^4/x)\vec{\mathbf{i}}$, où E est en volts par mètre et x est en mètres. Calculer la différence de potentiel $V_B - V_A$, sachant que les points A et B sont respectivement situés à $x = 0{,}30$ m et à $x = 0{,}80$ m sur l'axe des x.

Solution

Le parcours de A vers B doit être subdivisé en portions infinitésimales $\mathrm{d}\vec{\mathbf{s}}$. Considérons une de ces portions, débutant à un point C, situé à une quelconque position x entre les points A et B. On peut appliquer l'équation 4.8 pour relier le champ au point C avec la différence de potentiel dV entre le potentiel d'un point C' situé à la position $x + dx$ et celui du point C. Comme chaque portion de déplacement $d\vec{s}$ est dans la direction des x positifs, on peut écrire $ds = dx$, d'où :

$$dV = -E\,ds\cos\theta = -(10^4/x)\,dx\cos 0$$
$$= -10^4 dx/x$$

où nous avons écrit que $\theta = 0$, car $\vec{E}$ et $d\vec{s}$ pointent tous deux dans le sens des x positifs. Cette équation exprime la différence de potentiel entre deux points voisins, où qu'ils soient situés, le long du parcours entre A et B. Pour additionner ces variations infinitésimales et obtenir la différence de potentiel entre les points A et B, on intègre :

$$V_B - V_A = \int_A^B dV = -10^4\int_{0,30\text{ m}}^{0,80\text{ m}} \frac{dx}{x} = -10^4 \ln x\Big|_{0,30\text{ m}}^{0,80\text{ m}}$$
$$= -10^4 \ln\frac{0,80}{0,30} = -9,81 \times 10^4\text{ V}$$

Tel qu'attendu, $V_B - V_A$ est négatif. En effet, le potentiel décroît puisque le point B est situé plus « bas » le long d'une ligne de champ que le point A. ■

4.4 Le potentiel et l'énergie potentielle dans un champ électrique uniforme

Nous disposons maintenant de tous les outils pour décrire le potentiel. Dans cette section et la suivante, nous appliquerons ces outils, notamment les équations 4.1 et 4.9, pour décrire le potentiel dans quelques-unes des situations les plus courantes et déterminer l'énergie potentielle de charges se déplaçant dans ce potentiel. Dans cette section, nous allons considérer le cas d'un champ électrique uniforme. Premièrement, il est possible d'utiliser l'équation 4.9 pour démontrer l'équation 4.2, qui avait été obtenue uniquement grâce à l'analogie avec le cas d'un champ gravitationnel uniforme. Dans le cas de la figure 4.4*b* (p. 116), l'angle entre le déplacement $d\vec{s}$ (vers le haut) et le champ $\vec{E}$ (vers le bas) est de 180°. Si on pose $V_A = 0$ pour le point A, l'équation 4.9 donne bel et bien

$$V_B = -\int_A^B E\,ds\cos 180° = E\int_A^B ds = Ey$$

où y correspond à la distance entre le point initial A et le point final B.

En général, dans un champ uniforme, l'intégrale de ligne de l'équation 4.9 peut s'écrire $\int\vec{E}\cdot d\vec{s} = \vec{E}\cdot\int d\vec{s} = \vec{E}\cdot\vec{s}$. La différence de potentiel ΔV associée à un déplacement $\vec{s}$ s'écrit donc

($\vec{E}$ uniforme) $$\Delta V = -\vec{E}\cdot\vec{s} \quad (4.11a)$$

On remarque que $\vec{s}$ et ΔV dépendent uniquement des positions initiale et finale, et non du trajet suivi.

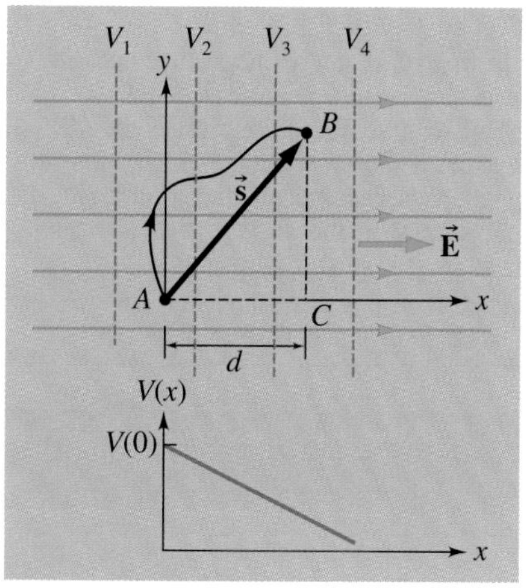

Figure 4.8 ▲
Dans un champ uniforme, la variation de potentiel lorsqu'on se déplace du point A au point B est égale à $\Delta V = -\vec{E}\cdot\vec{s}$. Dans un champ uniforme, le potentiel décroît linéairement avec la distance le long des lignes de champ.

La figure 4.8 représente un champ uniforme $\vec{E} = E\vec{i}$. Essayons de déterminer la différence de potentiel entre le point A et le point B. Ici, d correspond à la composante du déplacement dans la direction du champ. Puisque le champ électrique a seulement une composante en x, l'équation 4.11*a* se réduit à $\Delta V = -E_x\Delta x$. En remplaçant E_x par E et Δx par $+x$, on obtient

$$V(x) - V(0) = -Ex \quad (4.11b)$$

Dans le champ électrique uniforme de la figure 4.8, à chaque valeur de x correspond une valeur particulière de V. Les surfaces équipotentielles sont donc des plans, même si elles sont représentées par des droites en pointillés sur la figure 4.8. (Comparez avec la figure 4.2*a*, p. 114, qui n'avait été déduite que par analogie.) De plus, le potentiel décroît linéairement sur l'axe des *x*, comme le montre le graphique de la figure 4.8. Soulignons que les lignes de champ sont orientées des potentiels les plus élevés vers les potentiels les moins élevés, tel qu'attendu.

Supposons maintenant que le trajet d'intégration de la figure 4.8 soit remplacé par les deux étapes *AC* et *CB*. $\vec{E}$ étant perpendiculaire au déplacement le long de *CB*, qui longe en effet une surface équipotentielle, le travail effectué sur une charge d'essai le long de ce segment est nul. Le seul travail est celui accompli le long du segment *AC* parallèle aux lignes de champ. Comme la composante du déplacement parallèle ou antiparallèle aux lignes de champ est la seule qui importe, l'équation 4.11*a* s'écrit souvent sous la forme

Différence de potentiel dans un champ électrique uniforme

$$\Delta V = \pm Ed \qquad (4.11c)$$

où *d* est la valeur absolue de la composante du déplacement parallèle ou anti-parallèle au champ. Le signe est positif lorsque le déplacement est orienté dans le sens *opposé* au champ (vers le « haut » d'une ligne de champ).

Comme un champ uniforme est souvent produit par les deux plaques parallèles d'un condensateur plan, si on utilise comme distance *d* dans l'équation ci-dessus la distance totale *entre les plaques*, on obtient la différence de potentiel ΔV *entre les plaques*. Comme cette différence de potentiel est souvent connue, car elle est ordinairement produite par une pile, on peut inverser l'équation ci-dessus pour déterminer le champ dans un condensateur plan :

$$E = \Delta V/d \qquad (4.11d)$$

À la section 5.1, nous utiliserons le résultat ci-dessus pour montrer comment la différence de potentiel aux bornes du condensateur se relie aux charges que portent ses plaques.

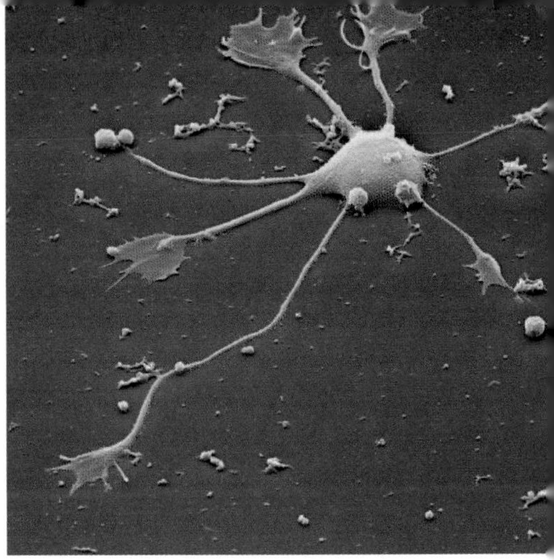

Dans une cellule, comme ce neurone, des organites « pompent » certains ions afin de les accumuler d'un côté ou de l'autre de la membrane cellulaire. Cette dernière étant essentiellement plane comparativement à son épaisseur de moins de 10 nm, les charges qui s'accumulent ont un peu le même comportement que les plaques parallèles chargées d'un condensateur plan. Sachant que la différence de potentiel entre les deux côtés de la membrane atteint typiquement 100 mV, pouvez-vous estimer le champ électrique qui règne dans la membrane ?

EXEMPLE 4.5

Un proton, de masse $1,67 \times 10^{-27}$ kg, pénètre dans la région comprise entre deux plaques parallèles dis-tantes de 20 cm l'une de l'autre. Il existe un champ électrique uniforme de 3×10^5 V/m entre les plaques (figure 4.9). Si le proton a une vitesse initiale de 5×10^6 m/s, quelle est sa vitesse finale ?

Solution

D'après l'équation 4.6*a*, la variation d'énergie ciné-tique est égale à

$$\tfrac{1}{2}mv_f^2 - \tfrac{1}{2}mv_i^2 = -q\Delta V \qquad (i)$$

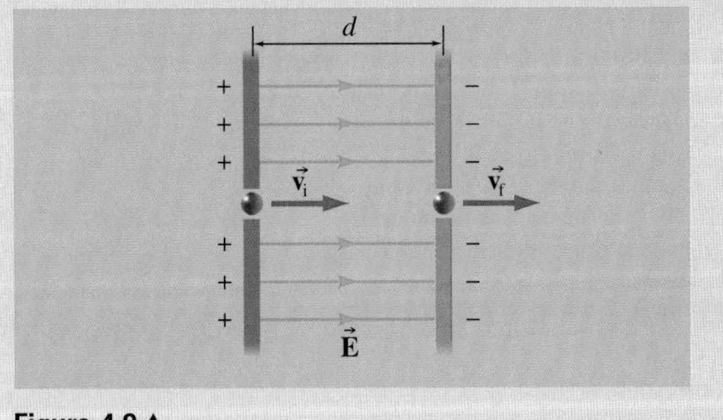

Figure 4.9 ▲
Lorsqu'un proton se déplace le long des lignes de champ électrique, son énergie potentielle électrique diminue et son énergie cinétique augmente.

Comme le déplacement est parallèle et *orienté dans le même sens* que les lignes de champ, la variation de potentiel électrique est négative. D'après l'équation 4.11*c*,

$$\Delta V = -Ed = -6 \times 10^4 \text{ V}$$

De l'équation (i), on tire

$$v_f^2 = v_i^2 - \frac{2q\,\Delta V}{m}$$
$$= (5 \times 10^6 \text{ m/s})^2 - \frac{2(1{,}6 \times 10^{-19} \text{ C})(-6 \times 10^4 \text{ V})}{1{,}67 \times 10^{-27} \text{ kg}}$$
$$= 36{,}5 \times 10^{12} \text{ m}^2\text{/s}^2$$

Donc, $v_f = 6 \times 10^6$ m/s.

4.5 Le potentiel et l'énergie potentielle dans le champ de charges ponctuelles

(*a*)

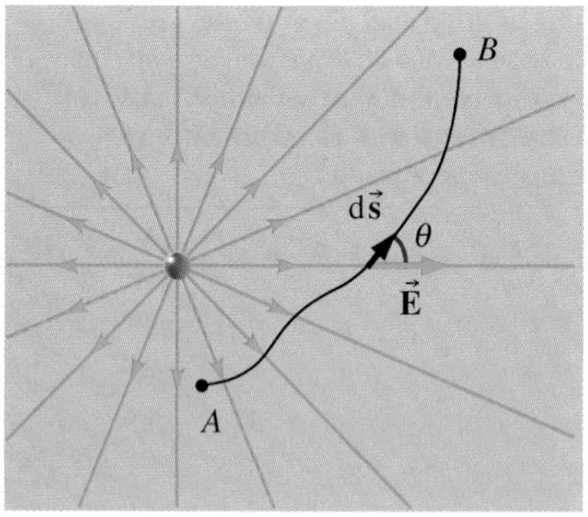

(*b*)

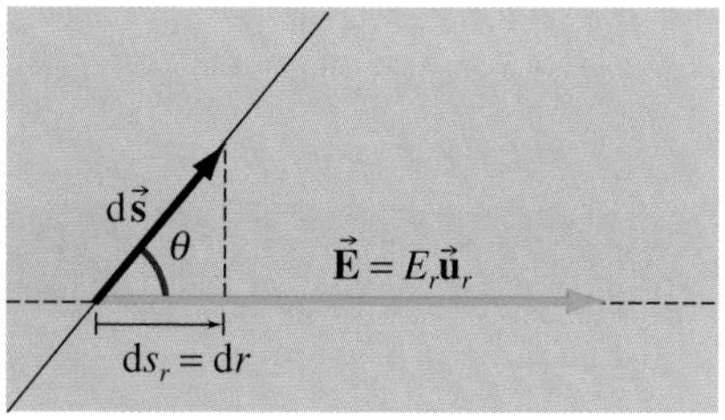

Figure 4.10▲

(*a*) La variation de potentiel du point A au point B est $V_B - V_A = -\int_A^B \vec{\mathbf{E}}\cdot d\vec{\mathbf{s}}$. (*b*) Détails de la relation entre un déplacement infinitésimal et le champ électrique. Ce déplacement est un des tronçons de la trajectoire entre A et B, illustrée en (*a*).

Nous allons maintenant utiliser les outils généraux des trois premières sections, notamment les équations 4.1 et 4.9, pour traiter un autre cas, celui du potentiel électrique au voisinage d'une charge source ponctuelle Q. À une distance r de cette charge, le champ électrique est radial, et sa composante dans cette direction est $E_r = kQ/r^2$ (la figure 4.10 illustre la situation où $Q > 0$). Considérons un déplacement entre les points A et B de sorte que r, la distance à la charge Q, augmente*. Puisque le champ électrique dépend de cette distance, il faut traiter correctement le terme $\vec{\mathbf{E}}\cdot d\vec{\mathbf{s}}$ dans l'équation 4.9. Comme il s'agit d'un produit scalaire, on peut écrire que $\vec{\mathbf{E}}\cdot d\vec{\mathbf{s}} = E\,ds\cos\theta$. Mais, comme on le constate dans la figure 4.10*b*, le terme $ds\cos\theta$ n'est rien d'autre que la projection du déplacement infinitésimal dans la direction du champ (ds_r), une quantité identique à un accroissement infinitésimal de la distance à la charge (dr). De même, si $Q > 0$, le module du champ électrique et sa composante dans la direction de r sont identiques, de sorte que

$$\vec{\mathbf{E}}\cdot d\vec{\mathbf{s}} = E\,ds\cos\theta = E_r dr$$

L'équation 4.9 donne

$$V_B - V_A = -\int_A^B E_r dr$$
$$= -\int_A^B \frac{kQ}{r^2} dr$$
$$= -\left[-\frac{kQ}{r}\right]_A^B = kQ\left(\frac{1}{r_B} - \frac{1}{r_A}\right)$$

* Nous choisissons volontairement une situation pour laquelle $\theta < 90°$ et $Q > 0$. Disons seulement ici que, dans les autres cas, les modifications de signes associées aux projections de vecteurs et à l'ordre d'intégration conduisent de toute manière à l'équation 4.12.

Si l'on choisit $V = 0$ lorsque $r \to \infty$*, et en posant $r_A \to \infty$ et $r_B = r$, le potentiel à la distance r de la charge Q devient

Potentiel à une distance r d'une charge Q

$$V = \frac{kQ}{r} \tag{4.12}$$

Puisqu'à chaque valeur de r correspond une seule et unique valeur de V, les équipotentielles de cette fonction potentiel sont des surfaces sphériques centrées sur la charge. Les cercles en pointillés de la figure 4.11*a* représentent l'intersection de ces sphères et du plan qui contient la charge. Près de la charge, le potentiel varie rapidement selon la distance, de sorte que les équipotentielles sont très rapprochées. Les lignes de champ (en lignes continues) sont normales aux équipotentielles et vont des potentiels élevés vers les potentiels plus faibles. Le champ est d'autant plus intense que les équipotentielles sont plus rapprochées. (Comparez avec la figure 4.2*b*, p. 114, qui n'avait été déduite que par analogie.)

La figure 4.11*b* montre le graphe de V le long d'un axe x quelconque passant par la charge Q. Pour tracer le graphe, on a utilisé l'équation 4.12 dans laquelle $r = -x$ pour $x < 0$ et $r = x$ pour $x > 0$. Le graphe comporte une asymptote verticale en $x = 0$, là où se trouve la charge.

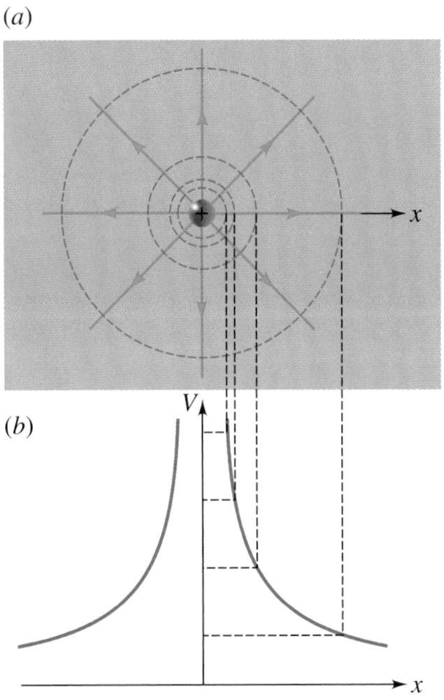

Figure 4.11 ▲
(*a*) La fonction potentiel $V = kQ/r$ pour une charge ponctuelle. Les cercles en pointillés représentent les surfaces équipotentielles (qui sont des sphères centrées sur la charge). (*b*) Graphique de V le long d'un axe x quelconque passant par la charge. L'origine de l'axe et la charge coïncident.

Si on compare cette équation à l'équation 2.2 qui donne le module du champ produit par la même charge Q, on constate que la valeur de Q n'est pas mise en valeur absolue cette fois. En conséquence, le potentiel aux environs d'une charge positive est positif et celui aux environs d'une charge négative est *négatif*. Ce signe ne doit pas causer de confusion : cela signifie simplement que plus on s'approche d'une charge Q négative, plus le potentiel baisse (il devient de plus en plus négatif). Cela correspond bel et bien aux attentes : une charge q positive placée à proximité d'une charge Q négative serait attirée par cette dernière, donc « tomberait » en s'approchant d'elle de plus en plus.

Le potentiel dans le champ d'un système de charges ponctuelles

Nous avons vu au chapitre 2 que le champ électrique obéit au principe de superposition. Comme la fonction potentiel découle du champ électrique (équation 4.9), elle obéit au même principe. En effet, si la charge q_i produit le champ $\vec{\mathbf{E}}_i$, alors le champ résultant est $\Sigma\vec{\mathbf{E}}_i = \vec{\mathbf{E}}_1 + \vec{\mathbf{E}}_2 + \vec{\mathbf{E}}_3 + \ldots$. En conséquence, l'équation 4.8 devient

$$\mathrm{d}V = -\vec{\mathbf{E}}\cdot \mathrm{d}\vec{\mathbf{s}} = (-\vec{\mathbf{E}}_1\cdot \mathrm{d}\vec{\mathbf{s}}) + (-\vec{\mathbf{E}}_2\cdot \mathrm{d}\vec{\mathbf{s}}) + (-\vec{\mathbf{E}}_3\cdot \mathrm{d}\vec{\mathbf{s}}) + \ldots$$

Chaque terme de cette équation est la variation infinitésimale de potentiel qui serait due à la seule charge q_i et on voit qu'il faut les *additionner* pour obtenir

* Comme on l'a déjà mentionné, il est permis de poser $V = 0$ à n'importe quel endroit pratique. Au chapitre 8 du tome 1, nous avons posé $U_g = 0$ à l'endroit le plus bas que pouvait occuper une particule de masse m se déplaçant près de la surface de la Terre. Depuis cette position particulière, tout déplacement de la particule se fait contre les lignes du champ gravitationnel et est associé à une augmentation de son énergie potentielle. Pour une charge électrique d'essai positive q située à proximité d'une charge ponctuelle Q, l'endroit équivalent est situé à $r \to \infty$. Depuis cette position particulière, tout déplacement se fait contre les lignes du champ électrique de Q.

dV. Après intégration, ce résultat demeure le même : *les différences de potentiel attribuées à chaque charge s'additionnent*. Comme la référence de potentiel nul est la même pour toutes les charges, *les potentiels s'additionnent* eux aussi.

En somme, dans le cas de plusieurs charges ponctuelles, le potentiel électrique total en un point quelconque est égal à la somme *algébrique* des potentiels créés par chacune des charges :

$$V = \sum \frac{kQ_i}{r_i} \qquad (4.13)$$

Le potentiel étant un scalaire, nous ne devons tenir compte dans cette somme que des signes des charges.

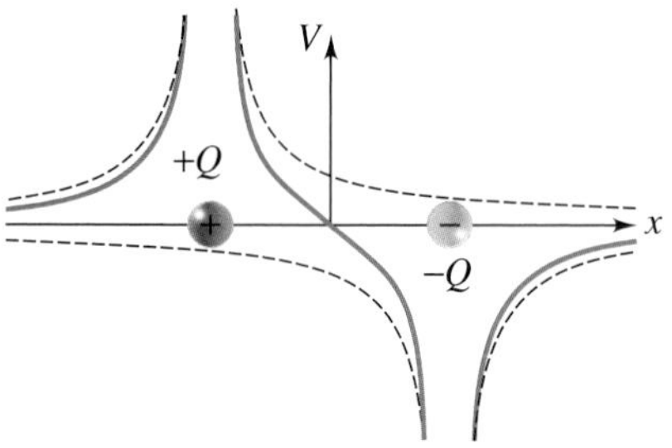

Figure 4.12 ▲
Les courbes en pointillés sont les potentiels individuels produits par deux charges de même grandeur et de signes opposés. Les courbes continues correspondent au potentiel total.

La figure 4.12 représente le potentiel total dû à deux charges sources ponctuelles de même grandeur et de signes opposés, mesuré le long de l'axe qui passe par les charges. (Cette situation est reprise dans l'exercice 49.) Les courbes en pointillés correspondent aux fonctions potentiel de chacune des charges, alors que la courbe continue correspond à la fonction du potentiel total auquel serait soumise une autre charge si on la plaçait dans cette région. La figure 4.13 représente la configuration des équipotentielles et des lignes de champ électrique dans le plan qui contient ces deux charges. Une fois les équipotentielles déterminées, il est facile d'obtenir les lignes de champ en traçant les perpendiculaires aux équipotentielles. Notons qu'au milieu de la figure 4.12 $V = 0$, mais $E \neq 0$. Le fait que le potentiel soit nul signifie qu'une charge q qui serait placée là aurait la même énergie potentielle que si elle était à une distance infinie des deux charges $+Q$ et $-Q$. Contrairement à ce que le nombre « 0 » laisse parfois entendre, cela ne signifie *pas* que la charge q ne subirait aucune interaction : au contraire, le potentiel à cet endroit varie avec la position (la courbe bleue sur la figure 4.12 n'est pas horizontale), ce qui signifie qu'en cet endroit, la charge q « tomberait » en accélérant !

Figure 4.13 ▶
Vue en coupe (dans le plan qui contient les deux charges) des équipotentielles (courbes en pointillés) et des lignes de champ (courbes continues) pour deux charges de même grandeur et de signes opposés. (Voir le problème 21 pour découvrir comment obtenir le graphe du potentiel électrique pour tout le plan de la figure.)

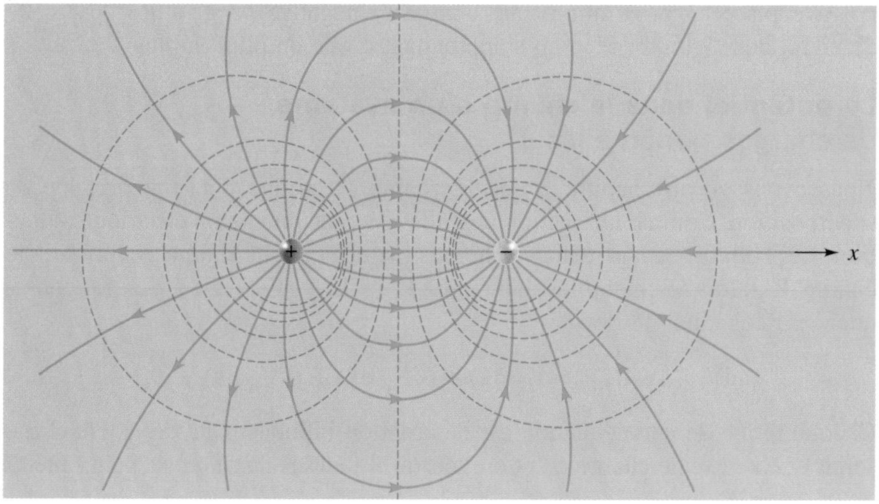

La figure 4.14 représente la configuration dans le plan des équipotentielles et des lignes de champ pour deux charges égales et positives. La figure 4.15 représente le potentiel total dû à deux charges égales et positives. (Cette situation est reprise dans l'exercice 47.) Notons qu'au milieu de la figure 4.15 $E = 0$, mais $V \neq 0$. Le fait que le champ soit nul signifie qu'une charge q qui serait placée là ne subirait aucune force. À cet endroit, le potentiel ne change pas avec la position.

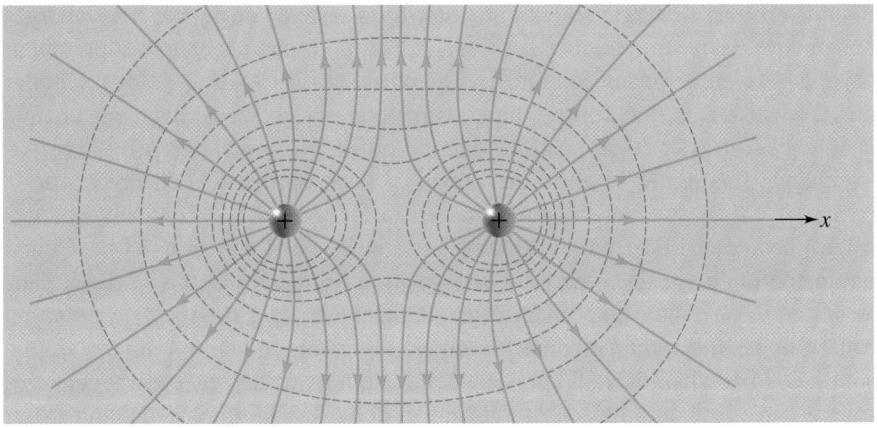

Figure 4.14 ◄
Vue en coupe (dans le plan qui contient les deux charges) des équipotentielles (courbes en pointillés) et des lignes de champ (courbes continues) pour deux charges égales et positives. (Voir le problème 22 pour découvrir comment obtenir le graphe du potentiel électrique pour tout le plan de la figure.)

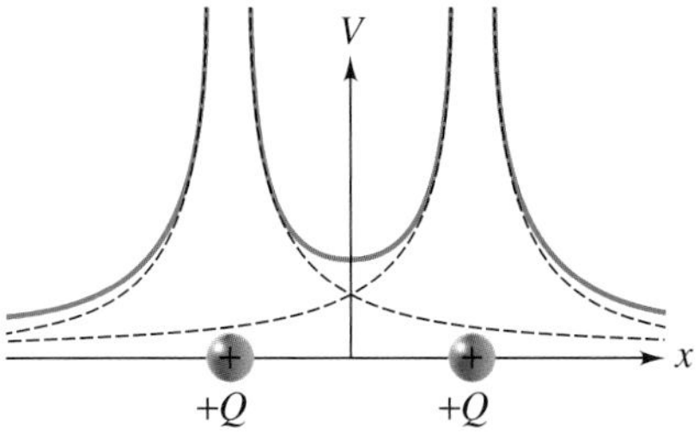

Figure 4.15 ▲
Les deux courbes en traits pointillés représentent les potentiels individuels produits par deux charges égales et positives. Les courbes continues correspondent au potentiel total.

L'énergie potentielle d'un système de charges ponctuelles

Considérons une charge ponctuelle q située en un point où le potentiel est V. L'énergie potentielle électrique correspondant à l'interaction de cette charge unique avec les charges sources créant le potentiel V est donné par l'équation 4.1, soit

$$U = qV$$

Si la source de potentiel est une charge ponctuelle Q, le potentiel à la distance r de Q est $V = kQ/r$. Par conséquent, l'énergie potentielle du système des deux charges q et Q distantes de r est

$$U = \frac{kqQ}{r} \tag{4.14a}$$

L'hypothèse $U = 0$ pour $r = \infty$, implicite dans l'équation 4.14a, permet l'interprétation suivante :

Énergie potentielle électrique d'un système de deux charges

L'énergie potentielle du système formé par deux charges est le travail extérieur qu'il faut fournir pour amener les charges de l'infini jusqu'à la distance r sans variation d'énergie cinétique.

Lorsque les deux charges sont de même signe, leur énergie potentielle est positive et il faut fournir un travail positif pour réduire la distance qui les sépare et vaincre leur répulsion mutuelle. Lorsque les charges sont de signes opposés, le travail extérieur est négatif. Dans ce cas, la force extérieure doit empêcher les particules de prendre de la vitesse, ce qui signifie qu'elle est de sens opposé au déplacement.

Lorsque l'énergie potentielle est négative et qu'il n'y a pas d'énergie cinétique, il faut fournir un travail extérieur pour séparer les charges. En effet, deux charges immobiles de signes opposés ($U < 0$), si on les laisse libres de se déplacer, se dirigeront spontanément l'une vers l'autre pour réduire leur énergie potentielle (en effet, U devient de plus en plus négative). On dit donc qu'elles forment un *système lié*. Il faut fournir de l'énergie au système de charges pour qu'elles puissent se libérer l'une de l'autre. Dans le cas de charges de même signe ($U > 0$), les particules laissées libres chercheraient à atteindre $U = 0$ en s'éloignant jusqu'à l'infini. Elles ne sont donc pas captives l'une de l'autre.

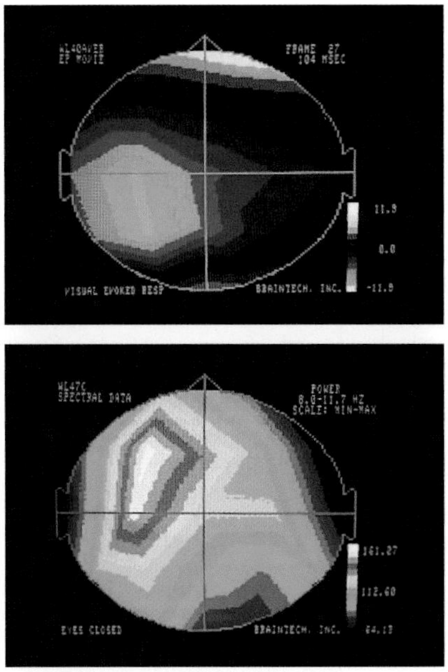

Les équipotentielles du cerveau représentées par des couleurs différentes. Il s'agit de potentiels « provoqués » mesurés 0,1 s environ après un stimulus (flash ou déclic). L'image du haut révèle la présence d'une tumeur ; celle du bas appartient à un patient atteint d'épilepsie.

Pour déterminer l'énergie potentielle totale d'un système de plus de deux charges ponctuelles, on peut appliquer successivement, pour chaque charge supplémentaire, la démarche ayant conduit à l'équation 4.14*a*. En effet, pour assembler un tel système, il faut fournir un travail pour placer successivement chaque charge, et ce travail correspond à l'énergie potentielle *supplémentaire* accumulée chaque fois par le système. Au départ, il faut approcher la charge q_2 de la charge q_1, qui est alors la seule charge source. Après que ces deux charges soient installées, l'énergie du système est donnée par l'équation 4.14*a*. Quand on amène la charge q_3 à partir d'une position lointaine jusqu'à sa place dans le système, on ajoute une énergie supplémentaire $q_3 V$, où V est le potentiel causé par les *deux* charges déjà présentes. De même, quand on amène q_4, ce sont les *trois* charges déjà présentes qui sont considérées comme charges sources, et ainsi de suite. L'énergie du système est la somme de toutes ces contributions. Quel que soit l'ordre dans lequel les charges sont placées, on peut démontrer que l'énergie potentielle obtenue correspond à la somme des énergies potentielles U_{ij} *de chaque paire de charges* du système, telles que données par l'équation 4.14*a*, soit

Énergie potentielle d'un système de plusieurs charges

$$U = \sum_{i<j} U_{ij} = \sum_{i<j} \frac{kq_i q_j}{r_{ij}} \qquad (4.14b)$$

Notez que, dans cette équation, on évite de compter deux fois les contributions d'une même paire de charges. On remarque que $U_{ij} = U_{ji}$ et que les termes pour lesquels $i = j$ *ne sont pas* inclus. Puisque les potentiels vérifient le principe de superposition, il est logique que l'énergie potentielle électrique totale d'un système soit simplement une somme algébrique et ne dépende pas de la façon dont les charges sont réunies.

EXEMPLE 4.6

Les trois charges ponctuelles $q_1 = 1$ µC, $q_2 = -2$ µC et $q_3 = 3$ µC sont situées aux points indiqués à la figure 4.16. (a) Quel est le potentiel total au point P situé à un sommet du rectangle ? (b) Quel travail un agent extérieur doit-il fournir pour amener une charge $q_4 = 2{,}5$ µC de l'infini jusqu'au point P, à une vitesse constante ? (c) Quelle est l'énergie potentielle totale de l'ensemble formé par les charges q_1, q_2 et q_3 ?

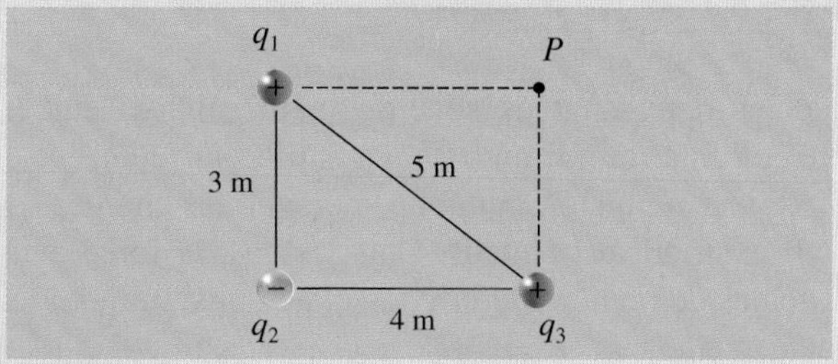

Figure 4.16 ▲
L'énergie potentielle de ce système de charges est négative.

Solution

(a) Le potentiel total au point P est la somme scalaire

$$V_P = V_1 + V_2 + V_3 = \frac{kq_1}{r_1} + \frac{kq_2}{r_2} + \frac{kq_3}{r_3}$$

Les valeurs données nous permettent de calculer V_1 :

$$V_1 = \frac{(9{,}0 \times 10^9\ \text{N}\cdot\text{m}^2/\text{C}^2)(10^{-6}\ \text{C})}{4\ \text{m}} = 2{,}25 \times 10^3\ \text{V}$$

De même, $V_2 = -3{,}6 \times 10^3$ V et $V_3 = 9 \times 10^3$ V. Le potentiel total est donc égal à $V_P = 7{,}65 \times 10^3$ V.

(b) D'après l'équation 4.5, le travail extérieur est $W_{EXT} = q(V_f - V_i)$. Dans le cas présent, $V_i = 0$ puisque q_4 est initialement située à l'infini, donc

$$W_{EXT} = q_4 V_P = (2,5 \times 10^{-6}\ C)(7,65 \times 10^3\ V)$$
$$= 0,0195\ J$$

Il ne faut pas confondre le travail nécessaire pour ajouter la seule charge q_4 avec l'énergie potentielle du système de quatre charges ainsi obtenu. Cette dernière énergie correspond au travail total qu'il a fallu fournir pour amener les *quatre* charges de l'infini jusqu'à leur position sur le rectangle. ■

(c) L'énergie potentielle totale des trois charges est égale à la somme (scalaire) :

$$U = U_{12} + U_{13} + U_{23}$$
$$= \frac{kq_1q_2}{r_{12}} + \frac{kq_1q_3}{r_{13}} + \frac{kq_2q_3}{r_{23}}$$

On trouve par exemple

$$U_{12} = \frac{(9,0 \times 10^9\ N{\cdot}m^2/C^2)(10^{-6}\ C)(-2 \times 10^{-6}\ C)}{3\ m}$$
$$= -6 \times 10^{-3}\ J$$

De même, $U_{13} = +5,4 \times 10^{-3}$ J et $U_{23} = -13,5 \times 10^{-3}$ J. L'énergie potentielle totale est donc $U = -1,41 \times 10^{-2}$ J.

Le signe négatif de l'énergie potentielle signifie, en l'absence d'énergie cinétique, qu'un travail extérieur est nécessaire pour *séparer* les particules immobiles qui composent le système et les amener à l'infini : le système est *lié*. ■

EXEMPLE 4.7

Soit une charge ponctuelle $q_1 = -2$ μC en (−2 m, 0) et une charge $q_2 = 3$ μC en (4 m, 3 m). On donne le point A de coordonnées (0, 0) et le point B de coordonnées (4 m, 0). (a) Déterminer le potentiel total aux points A et B. (b) Quel travail un agent extérieur doit-il fournir pour déplacer une charge ponctuelle $q_3 = 5$ μC de A à B à vitesse constante ?

Solution

(a) Le potentiel total en un point quelconque est $V = kq_1/r_1 + kq_2/r_2$.

$$V_A = \frac{kq_1}{2\ m} + \frac{kq_2}{5\ m} = -3,6 \times 10^3\ V$$

$$V_B = \frac{kq_1}{6\ m} + \frac{kq_2}{3\ m} = +6,0 \times 10^3\ V$$

(b) D'après l'équation 4.5, le travail nécessaire pour déplacer q_3 de A à B est

$$W_{EXT} = q_3(V_B - V_A) = (5 \times 10^{-6}\ C)(9,6 \times 10^3\ V)$$
$$= 48\ mJ$$

EXEMPLE 4.8

En 1913, Niels Bohr (1885-1962) proposa un modèle de l'atome d'hydrogène dans lequel l'électron est en orbite sur une trajectoire circulaire autour d'un proton immobile. Trouver l'énergie mécanique de l'électron sachant que le rayon de l'orbite est égal à $0,53 \times 10^{-10}$ m.

Solution

La situation de l'électron est analogue à celle d'un satellite en orbite autour de la Terre. L'énergie mécanique est la somme de l'énergie cinétique et de l'énergie potentielle, $K + U$. Ici, l'énergie potentielle est électrique et s'exprime comme

$$U = -\frac{ke^2}{r} \qquad \text{(i)}$$

Pour trouver l'énergie cinétique, nous devons calculer la vitesse orbitale v de l'électron. La force centripète est donnée par l'attraction coulombienne entre le proton et l'électron. D'après la deuxième loi de Newton, cette force est liée à l'accélération centripète :

$$\frac{ke^2}{r^2} = \frac{mv^2}{r}$$

L'énergie cinétique de l'électron est donc

$$K = \tfrac{1}{2}mv^2 = \frac{ke^2}{2r} \qquad \text{(ii)}$$

Par conséquent, l'énergie mécanique est

$$K + U = \frac{ke^2}{2r} - \frac{ke^2}{r} = -\frac{ke^2}{2r}$$

$$= \frac{-(9{,}0 \times 10^9\ \text{N·m}^2/\text{C}^2)(1{,}60 \times 10^{-19}\ \text{C})^2}{(1{,}06 \times 10^{-10}\ \text{m})}$$

$$= -2{,}17 \times 10^{-18}\ \text{J} = -13{,}6\ \text{eV} \qquad \text{(iii)}$$

À la section 8.8 du tome 1, nous avons vu que l'énergie mécanique est négative lorsque la particule en orbite est liée. La valeur 13,6 eV coïncide bien avec la valeur expérimentale de l'énergie d'ionisation de l'atome d'hydrogène (énergie minimale requise pour arracher l'électron à son orbite la plus basse). Le modèle de Bohr est étudié au chapitre 9 du tome 3.

4.6 Le potentiel d'une distribution continue de charge

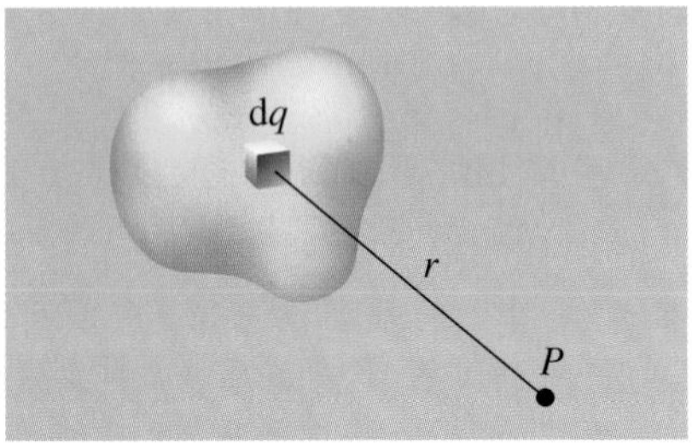

Figure 4.17 ▲
Une façon de déterminer le potentiel d'une distribution continue de charge consiste à intégrer les contributions d'éléments infinitésimaux de charge dq, de sorte que $V = k\int \mathrm{d}q/r$.

Le potentiel créé par un ensemble de charges ponctuelles discrètes est donné par l'équation 4.13. Il existe deux manières de déterminer le potentiel créé par une distribution continue de charge. La première consiste à le calculer directement à partir de la contribution d'une charge élémentaire arbitraire dq. Dans l'exemple illustré à la figure 4.17, la contribution d'une charge ponctuelle infinitésimale dq en un point P situé à une distance r est

$$\mathrm{d}V = \frac{k\,\mathrm{d}q}{r}$$

Le potentiel total en P est l'intégrale calculée sur toute la distribution de charge, soit :

Potentiel électrique produit par une distribution continue de charge

$$V = k\int \frac{\mathrm{d}q}{r} \qquad (4.15)$$

Cette équation implique que $V = 0$ à l'infini. En général, l'équation 4.15 ne convient pas lorsque la distribution de charge est infinie. Le fait de poser $V = 0$ à l'infini conduit à des valeurs indéterminées du potentiel à proximité de la distribution de charge.

Notez que nous avons utilisé ici le symbole dV dans un sens différent de celui employé dans les sections précédentes. Dans le contexte de l'équation 4.9, dV était la différence de potentiel entre *deux* points de l'espace séparés par une distance infinitésimale, mais due à l'ensemble des charges sources. Dans l'équation 4.15, dV désigne plutôt le potentiel en *un* point de l'espace (mesuré par rapport à $V = 0$ à l'infini) dû à une fraction infinitésimale dq de la charge source. Dans l'ensemble de cette section, nous emploierons dV dans ce nouveau sens.

La deuxième façon de calculer le potentiel d'une distribution de charge continue s'appuie sur l'intégrale de ligne du champ électrique, soit l'équation 4.9, que nous répétons ici sans utiliser la notation dV des sections précédentes :

Différence de potentiel

$$V_B - V_A = -\int_A^B \vec{\mathbf{E}} \cdot \mathrm{d}\vec{\mathbf{s}} \qquad (4.16)$$

Si $\vec{\mathbf{E}}$ est connu, à l'aide du théorème de Gauss par exemple, on peut utiliser cette équation pour calculer $V_B - V_A$. Comme aucun des deux points, A ou B, ne doit *a priori* être à l'infini, cette approche permet d'évaluer la variation du potentiel électrique autour de n'importe quel type d'objet chargé, qu'il soit infini ou non.

EXEMPLE 4.9

Un disque non conducteur de rayon a porte une densité surfacique de charge uniforme σ. Quel est le potentiel en un point de l'axe du disque situé à une distance y de son centre ?

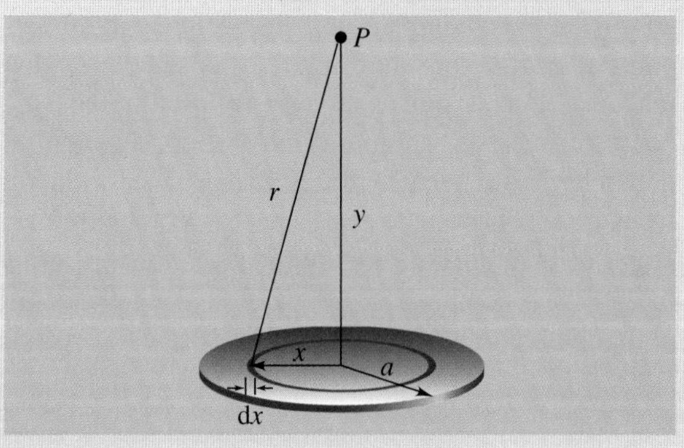

Figure 4.18 ▲
Pour un disque, l'élément de charge approprié est un anneau mince.

Solution

Étant donné la symétrie du disque, l'élément de charge infinitésimal choisi est un anneau de rayon x et d'épaisseur $\mathrm{d}x$ (figure 4.18). Tous les points de cet anneau sont à la même distance $r = (x^2 + y^2)^{1/2}$ du point P. La charge sur l'anneau est $\mathrm{d}q = \sigma\,\mathrm{d}A = \sigma(2\pi x\mathrm{d}x)$ et le potentiel dû à l'anneau est donc

$$\mathrm{d}V = \frac{k\,\mathrm{d}q}{r} = \frac{k\sigma(2\pi x\,\mathrm{d}x)}{(x^2 + y^2)^{1/2}}$$

Le potentiel étant une grandeur scalaire, on ne doit pas décomposer selon les axes x et y comme on le ferait pour une force ou un champ électrique. ■

Notons qu'une seule variable, x, figure dans la dernière équation, la distance y étant une constante puisqu'elle est fixée dans l'énoncé. Le potentiel dû au disque tout entier est l'intégrale de l'expression précédente (voir la table d'intégrales à l'annexe C) :

$$\begin{aligned} V &= 2\pi k\sigma \int_0^a \frac{x\,\mathrm{d}x}{(x^2 + y^2)^{1/2}} \\ &= 2\pi k\sigma[(x^2 + y^2)^{1/2}]\Big|_0^a \\ &= 2\pi k\sigma[(a^2 + y^2)^{1/2} - y] \end{aligned}$$

Examinons le comportement de cette expression en un point éloigné, lorsque $y \gg a$ ou $a/y \ll 1$. Pour développer le premier terme, nous nous servons de l'approximation du binôme, tirée de l'annexe B, soit $(1 + z)^n \approx 1 + nz$, qui est valable pour de petites valeurs de z :

$$\begin{aligned} (a^2 + y^2)^{1/2} &= y\left(1 + \frac{a^2}{y^2}\right)^{1/2} \\ &\approx y\left(1 + \frac{a^2}{2y^2}\right) \end{aligned}$$

En remplaçant ce terme dans l'expression donnant V, on obtient

$$V = \frac{kQ}{y}$$

où $Q = \sigma\pi a^2$ est la charge totale sur le disque. En un point éloigné, le potentiel dû au disque est le même que celui d'une charge ponctuelle Q.

EXEMPLE 4.10

Un fil de longueur infinie porte une densité linéique de charge constante $\lambda = 1{,}0 \times 10^{-8}$ C/m. Le rayon du fil est $r_0 = 2{,}0$ mm. Plutôt que de fixer une référence de potentiel nul, c'est la valeur du potentiel électrique à la surface du fil qui est fixée à 100 V. (a) Trouver l'expression de la valeur du potentiel électrique en un point situé à une distance r du centre du fil. (b) Utiliser cette expression pour calculer le potentiel à 20 cm du centre du fil.

Solution

(a) Comme il s'agit d'un fil de longueur infinie, on a recours à l'équation 4.16. On sait que le champ électrique possède une direction radiale par rapport à tous les points du fil. Comme le potentiel est connu à la surface du fil, on fixe le point A à cet endroit. Le point B, lui, est fixé à la distance r du centre du fil, dans la direction radiale par rapport à A (figure 4.19). Notez qu'il y a ici un risque de confusion : le champ en un point quelconque du parcours d'intégration entre A et B dépend de la distance r de ce point par rapport au fil. Dans ce contexte, r est la variable d'intégration. Par contre, nous cherchons le potentiel à une distance r du fil. Dans ce second sens, r est l'une des bornes du parcours d'intégration. Pour éviter la confusion, nous désignerons ces bornes par r_A et r_B jusqu'à la fin de la démarche d'intégration.

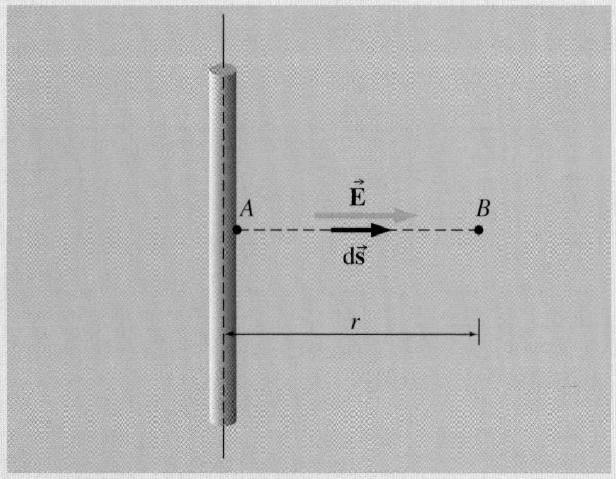

Figure 4.19 ▲
Le champ électrique est parallèle au parcours qui conduit du point A au point B.

Le parcours de A vers B doit être subdivisé en portions infinitésimales $d\vec{s}$. Considérons une quelconque de ces portions, débutant à un point C, situé à la distance r du fil. À ce point, la composante radiale du champ produit par le fil est $E_r = 2k\lambda/r$ (voir l'équation 2.13). On peut appliquer l'équation 4.8 pour relier le champ au point C avec la différence de potentiel dV entre le point C et un point C' situé à la position $r + dr$. Comme chaque portion de déplacement $d\vec{s}$ est orientée dans la même direction que l'augmentation de la distance r le long du parcours, on peut écrire $ds = dr$, d'où :

$$-E\,ds\cos\theta = -E_r\,dr\cos 0 = -E_r\,dr$$

où nous avons écrit que $\theta = 0$, car $\vec{E}$ et $d\vec{s}$ pointent tous deux dans le même sens. Cette équation exprime la différence de potentiel entre deux quelconques points voisins, où qu'ils soient situés dans le champ le long du parcours entre A et B. Pour additionner ces variations infinitésimales et obtenir la différence de potentiel entre les points A et B, on doit intégrer :

$$V_B - V_A = -\int_{r_A}^{r_B} E_r\,dr$$

où V_A est le potentiel à la surface du fil et V_B est le potentiel recherché, à la distance r_B du fil. Dans cette intégrale de ligne, notez que la variable r désigne la distance entre le fil et le début de n'importe quel des déplacements $d\vec{s}$. En somme, le processus d'intégration sous-entend que la variable r prend toutes les valeurs entre r_A et r_B. En remplaçant E_r par l'expression donnée plus haut, on obtient

$$\begin{aligned} V_B &= -\int_{r_A}^{r_B} \frac{2k\lambda}{r}\,dr + 100\ \text{V} \\ &= -2k\lambda \ln(r)\Big|_{r_A}^{r_B} + 100\ \text{V} \\ &= 100\ \text{V} - 2k\lambda \ln\left(\frac{r_B}{r_A}\right) \end{aligned}$$

Maintenant que l'intégration est entièrement terminée, il n'y a plus de risque de confusion et on peut substituer les bornes $r_A = r_0$ (le rayon du fil) et $r_B = r$ (une distance quelconque du centre du fil). On obtient donc

$$V_B = 100\ \text{V} - 2k\lambda \ln\left(\frac{r}{r_0}\right)$$

Même si r était une constante du point de vue de l'intégration, on comprend que cette équation est valable pour toute valeur $r > r_0$.

(b) Pour $r = 20$ cm, on obtient, en substituant les autres grandeurs, $V_B = -729$ V. Le fait que ce résultat soit négatif signifie qu'il y a un point entre la surface du fil et une distance de 20 cm où le potentiel prend une valeur nulle. Comme nous n'avons pas fait appel à l'équation 4.12, il est normal que le potentiel soit nul *ailleurs* qu'à l'infini.

4.7 Le potentiel d'un conducteur

La figure 4.20 représente une cavité vide à l'intérieur d'un conducteur en équilibre électrostatique. Même si ce conducteur est chargé ou encore placé dans un champ électrique externe, comme il a rapidement atteint l'équilibre électrostatique, le champ électrique est nécessairement nul en chaque point du matériau du conducteur. En conséquence, la différence de potentiel, $V_B - V_A = -\int_A^B \vec{\mathbf{E}} \cdot d\vec{\mathbf{s}}$, est nulle entre deux points quelconques dans le matériau du conducteur, y compris à la surface. Puisque l'intégrale est nulle *quel que soit* le trajet suivi, même à travers la cavité, on en conclut que $\vec{\mathbf{E}}$ est également nul dans la cavité. On peut donc énoncer la règle suivante :

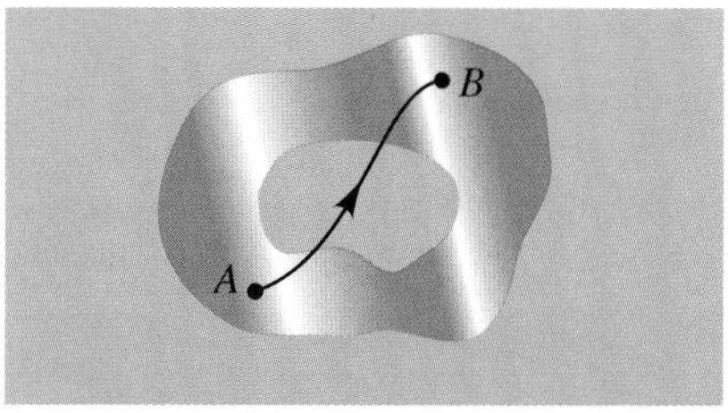

Figure 4.20 ▲
Le champ est nul à l'intérieur d'une cavité vide dans un conducteur.

Potentiel électrique d'un conducteur en équilibre

Tous les points à l'intérieur et sur la surface d'un conducteur en équilibre électrostatique sont au même potentiel. Si le conducteur est percé d'une cavité, le potentiel de chaque point de cette cavité est aussi le même, à condition qu'elle ne contienne aucune charge.

Pour un déplacement $d\vec{\mathbf{s}}$ sur la surface du conducteur, on a $dV = \vec{\mathbf{E}} \cdot d\vec{\mathbf{s}} = 0$, ce qui signifie que $\vec{\mathbf{E}}$ est perpendiculaire à $d\vec{\mathbf{s}}$. Comme nous l'avons déjà remarqué à la section 2.3, les lignes de champ quittent la surface de façon initialement perpendiculaire.

EXEMPLE 4.11

Soit une sphère conductrice de charge Q positive et de rayon R. Trouver le potentiel en fonction de la distance r mesurée par rapport au centre de la sphère. Tracer les graphiques $E(r)$ et $V(r)$.

Solution

Nous avons vu que le champ électrique *à l'extérieur* d'une distribution sphérique de charge est le même que le champ créé par une charge ponctuelle qui serait placée au centre de la sphère (*cf.* exemples 2.5*b*, 3.3 et 3.4). Ainsi, pour $r \geq R$, on retrouve la même fonction potentiel que pour une charge ponctuelle :

$$V = \frac{kQ}{r} \qquad (r \geq R)$$

Ici, la charge est distribuée uniformément sur une mince coquille, la surface du conducteur. Pour $r = R$, l'équation ci-dessus donne la différence de potentiel entre cette coquille et l'infini. ■

À l'intérieur de la sphère conductrice, $E = 0$, et le potentiel est constant. Par conséquent, le potentiel à l'intérieur de la sphère conductrice est égal au potentiel à la surface :

$$V = \frac{kQ}{R} \qquad (r < R)$$

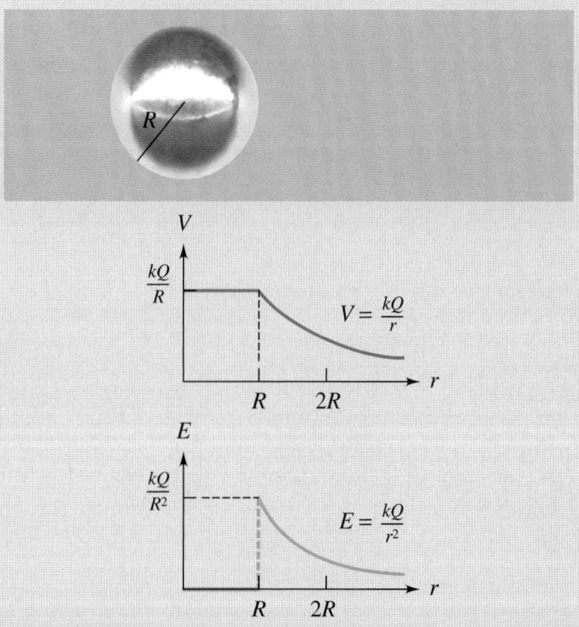

Figure 4.21 ▲
Graphiques du potentiel et du module du champ électrique pour un conducteur sphérique chargé.

Les graphiques $V(r)$ et $E(r)$ sont représentés à la figure 4.21.

EXEMPLE 4.12

Une sphère métallique de rayon R porte une charge Q. Cette charge accumulée forme un système de charges. Déterminer l'énergie potentielle de ce système (par rapport à la situation où la charge serait fractionnée et à l'infini).

Solution

On peut trouver l'énergie potentielle en calculant le travail nécessaire pour accumuler la charge jusqu'à sa valeur finale. Supposons que la charge sur la sphère soit égale à q à un instant quelconque. D'après ce qu'on a vu à l'exemple précédent, son potentiel est $V = kq/R$. D'après l'équation 4.5, le travail extérieur nécessaire pour amener depuis l'infini une charge infinitésimale dq supplémentaire et la déposer sur la sphère est égal à $dW_{EXT} = V\,dq = (kq/R)dq$. Le travail total nécessaire pour donner à la sphère une charge Q est donc

$$W_{EXT} = \int_0^Q \frac{kq}{R}\,dq = \frac{kQ^2}{2R}$$

Ce travail correspond à l'énergie potentielle de la distribution de charge sur la surface de la sphère conductrice. Elle est de la forme $U = \frac{1}{2}QV$, où $V = kQ/R$ est le potentiel de la sphère. Comparons cette expression avec l'équation 4.1, $U = QV$. Le facteur $\frac{1}{2}$ apparaît ici parce que les deux énergies potentielles n'ont pas la même signification. L'expression $U = QV$ représente l'énergie potentielle associée à une *seule* charge Q en un point où le potentiel dû aux autres charges est égal à V. C'est le travail nécessaire pour amener d'un seul coup la charge Q de l'infini jusqu'au point en question. L'expression $U = \frac{1}{2}QV$ que nous venons d'obtenir est l'énergie potentielle du *système* de charges dans son ensemble. C'est le travail nécessaire pour *rassembler* les charges constituant le système. ■

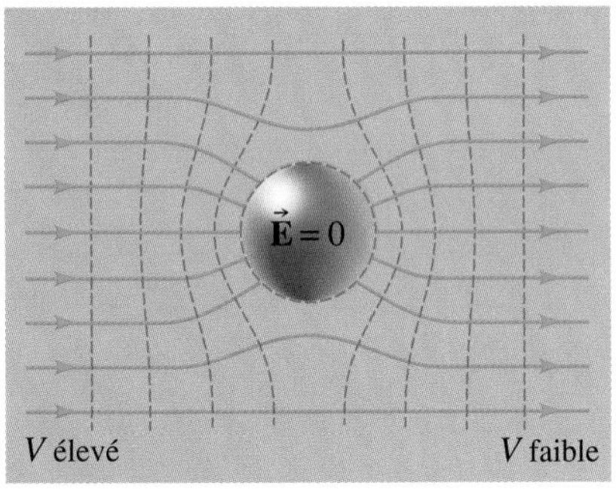

Figure 4.22 ▲
Le conducteur joue un rôle d'écran, protégeant du champ extérieur les points qui se trouvent à l'intérieur.

Nous allons maintenant considérer une application importante des conclusions que nous venons de tirer. La figure 4.22 représente un conducteur sphérique non chargé plongé dans un champ électrique uniforme. On peut s'attendre à ce que, en un point éloigné de la sphère, la configuration du champ ne change pas : les lignes de champ sont uniformes et les équipotentielles sont des plans. À la surface de la sphère, l'équipotentielle est une sphère et les lignes de champ sont radiales. Les charges dans la sphère se répartissent de telle sorte que ces conditions soient vérifiées. Si la sphère est creuse, le champ est nul à l'intérieur de la cavité parce que le conducteur « protège » les points intérieurs contre les champs extérieurs. C'est le principe de la *cage de Faraday* dont nous avons déjà parlé à la section 2.3. Cette propriété est utile lorsqu'on veut isoler de l'équipement ou un câble de transmission des influences externes : il suffit de l'envelopper dans une boîte conductrice qu'on appelle souvent un *bouclier* ou un *écran*.

Une note s'impose au sujet de ce vocabulaire, car il peut entraîner une erreur conceptuelle importante : l'idée de « bouclier » laisse entendre qu'une charge externe est incapable de produire un champ dans le conducteur, ce qui est faux : toute charge produit en effet un champ en chaque point de l'espace qui l'entoure. Par contre, ce champ externe agit sur les charges du conducteur et les sépare (ce qui ne prend que quelques nanosecondes). Ces charges séparées produisent alors un champ inverse au champ de la charge externe, de telle sorte que le champ *résultant* dans le conducteur devient nul de façon extrêmement rapide (voir la section 2.3). En d'autres termes, quand on ajoute une charge près d'un conducteur, l'équilibre électrostatique est donc momentanément brisé et le champ dans le conducteur ne redevient donc nul que lorsque cet équilibre est restitué. C'est le caractère extrêmement rapide de ce processus qui justifie le nom de « bouclier ».

Nous allons maintenant considérer une seconde conséquence de nos conclusions du début de cette section. Supposons que deux sphères chargées de rayons

R_1 et R_2 soient reliées par un long fil conducteur (figure 4.23). Puisque les deux sphères forment alors un conducteur unique, la charge va s'écouler d'une sphère à l'autre jusqu'à ce que leurs potentiels soient *égaux*, c'est-à-dire $V_1 = V_2$. Les sphères étant suffisamment éloignées l'une de l'autre, leurs charges sont réparties uniformément et le potentiel de chaque sphère peut s'écrire $V = kQ/R$ (voir l'exemple 4.11). L'égalité des potentiels donne :

$$\frac{Q_1}{R_1} = \frac{Q_2}{R_2} \tag{4.17}$$

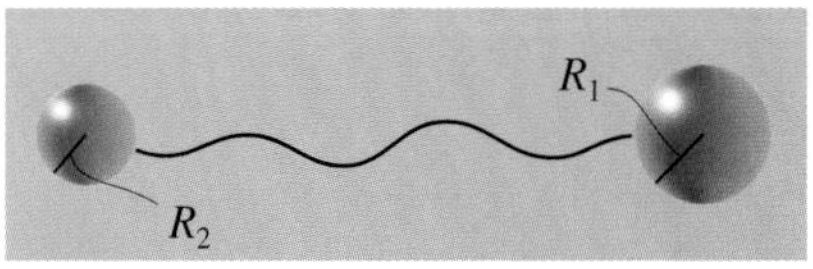

Figure 4.23 ▲
Lorsqu'on relie par un fil conducteur deux sphères chargées, elles acquièrent le même potentiel.

Pour une densité surfacique de charge uniforme σ, la charge totale sur une sphère de rayon R est $Q = 4\pi R^2\sigma$ et l'équation précédente devient :

$$\frac{\sigma_1}{\sigma_2} = \frac{R_2}{R_1} \tag{4.18}$$

De l'équation 4.18, on déduit que $\sigma \propto 1/R$: la densité surfacique de charge sur chaque sphère est inversement proportionnelle au rayon. Cette relation nous permet de faire au moins une remarque d'ordre qualitatif concernant la distribution de charge sur un conducteur de forme irrégulière, comme celui de la figure 4.24 : la densité surfacique de charge est la plus grande dans les régions qui ont le plus petit rayon de courbure*.

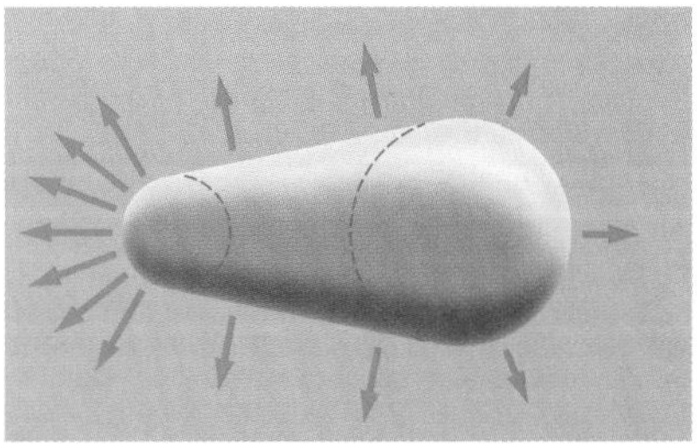

Figure 4.24 ▲
Sur un conducteur chargé de forme quelconque, la densité surfacique de charge est grande aux endroits où le rayon de courbure est petit. Le module du champ électrique s'ajuste à cette variation.

Nous avons montré à la section 3.5 que, près de la surface d'un conducteur, le module du champ est $E = |\sigma|/\varepsilon_0$. De l'équation 4.18, il découle donc que le module du champ est maximal aux points anguleux d'un conducteur. Si le **champ** électrique atteint 3×10^6 V/m dans l'air, on le qualifie de **disruptif**, car il provoque une décharge électrique. Cette décharge se produit parce que l'air contient en général des molécules qui ont été ionisées (qui ont perdu des électrons) par les rayons cosmiques ou par la radioactivité naturelle du sol. Sous l'effet du champ électrique, les électrons accélèrent, entrent en collision avec d'autres molécules et créent davantage d'ions. À ce stade, l'air perd ses propriétés isolantes et devient conducteur. Il se produit alors une décharge appelée « effet de couronne » qui s'accompagne d'un halo visible. Le feu Saint-Elme et le halo parfois perceptible autour des lignes électriques sont des exemples de cet effet. Pour éviter les décharges par effet de couronne, les équipements de haute tension ont des surfaces lisses et leurs rayons de courbure sont les plus grands possible.

Mais les points anguleux sont parfois souhaitables. Ainsi, le paratonnerre est conçu pour produire une décharge continue tendant à neutraliser le nuage situé juste au-dessus**. Les tiges métalliques fixées aux ailes des avions ont la même fonction. Dans le microscope à effet de champ, que nous décrirons dans le sujet connexe à la fin de ce chapitre, des champs électriques très intenses sont produits par des aiguilles extrêmement pointues.

Le potentiel à la surface d'une sphère chargée est $V = kQ/R$ et le module du champ est $E = k|Q|/R^2$. Ainsi, pour atteindre une valeur donnée de E, par exemple la valeur où le champ est disruptif, le potentiel V de la sphère devra être d'autant plus important que le rayon R de la sphère est grand. On peut élever jusqu'à 3×10^5 V le potentiel d'une sphère de rayon 10 cm avant d'atteindre le potentiel disruptif. Par contre, un grain de poussière de 0,05 mm

* On suppose que toutes les parties de la surface sont convexes, c'est-à-dire bombées vers l'extérieur. Consulter R. H. Price et R. J. Crowley, *American Journal of Physics*, vol. 53, 1985, p. 843.

** Voir le sujet connexe du chapitre 6, « L'électricité atmosphérique ».

peut donner lieu à une décharge de 150 V. Dans les silos à grains ou les tours de stockage du ciment, les poussières peuvent facilement se charger par frottement et atteindre ce potentiel. Les décharges électriques qui en résultent ont déjà entraîné de graves explosions au Canada et aux États-Unis.

4.8 La détermination du champ à partir du potentiel : notions avancées

À la section 4.3, nous avons montré que l'équation 4.8 permettait de déterminer le champ électrique à partir du potentiel. En général, la composante du champ électrique selon une quelconque direction fixe est donnée par l'équation 4.10*a*, soit

$$E_s = -\frac{\mathrm{d}V}{\mathrm{d}s}$$

Dans plusieurs des situations que nous avons vues jusqu'ici, le champ électrique était radial. Dans ces conditions, l'équation 4.10*a* prend la forme

$$E_r = -\frac{\mathrm{d}V}{\mathrm{d}r}$$

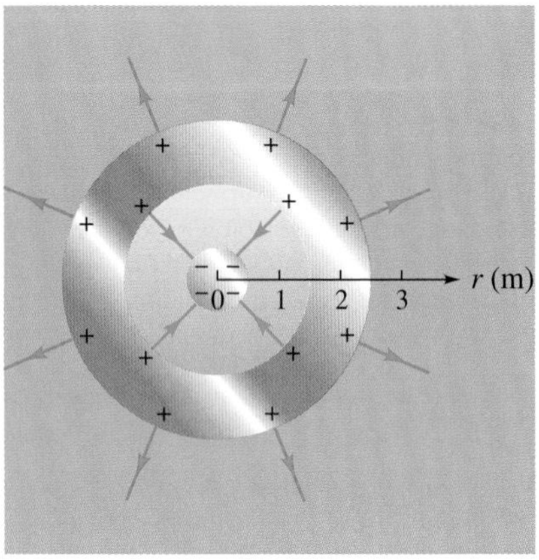

Figure 4.25 ▲
Distribution des charges et lignes de champ d'une petite sphère conductrice chargée placée à l'intérieur d'une sphère conductrice creuse chargée.

On peut interpréter cette équation en se rappelant que la dérivée d'une fonction correspond à la pente de la tangente du graphique de la fonction. Cela veut dire qu'on peut construire le graphe du champ à partir de celui du potentiel, et vice versa. En tous points, le graphe du champ correspond à moins la pente de la tangente de celui du potentiel.

Dans l'exemple 2.5, on a obtenu l'expression de E_r dans le cas de la combinaison sphère-coquille sphérique représentée à la figure 4.25. La sphère conductrice centrale a un rayon de 50 cm et porte une charge de −4 μC. La coquille conductrice de 2,5 m de rayon, dont la cavité a un rayon de 1,5 m, porte une charge excédentaire de +12 μC. Pour déterminer le potentiel, on commence là où $V = 0$ (à l'infini) et on s'approche. À l'extérieur et jusqu'à la paroi, le potentiel est celui d'une charge ponctuelle égale à la charge totale de l'ensemble ($Q = 8$ μC) donné par $V = kQ/r$. À l'intérieur du matériau de la coquille, le potentiel ne change pas et correspond à $kQ/2{,}5$ m. Entre la sphère centrale et la paroi intérieure de la coquille, on peut montrer que le potentiel est donné par $kQ/(2{,}5\text{ m}) - kQ'/r + kQ'/(1{,}5\text{ m})$, où Q' correspond à 4 μC. Le potentiel décroît et atteint 0 V pour $r = 0{,}68$ m (vérifiez-le) ; il atteint sa valeur finale à la paroi de la sphère intérieure, donnée par $kQ/(2{,}5\text{ m}) - kQ'/(0{,}5\text{ m}) + kQ'/(1{,}5\text{ m})$. Le graphe de $V(r)$ correspondant est reproduit à la figure 4.26*a*. On a aussi tracé le graphe de E_r (figure 4.26*b*) ; il correspond en tous points à moins la pente de la tangente (dérivée) de celui de V.

Figure 4.26 ▶
(*a*) Graphe de V pour l'agencement représenté à la figure 4.25. (*b*) Graphe de E_r pour l'agencement représenté à la figure 4.25.

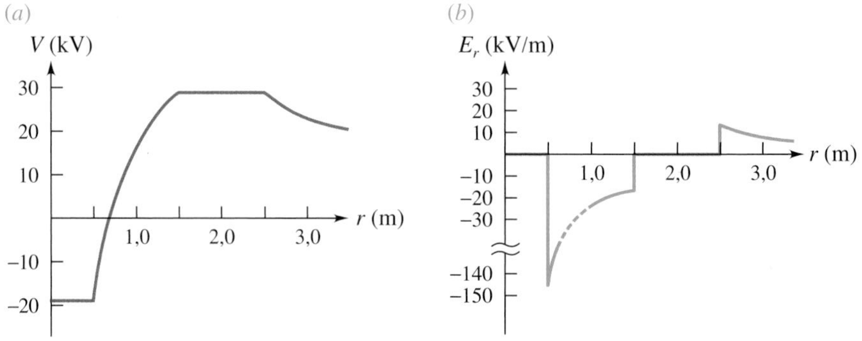

L'orientation de $d\vec{s}$ étant arbitraire, nous avons souligné à la section 4.3 qu'on peut interpréter l'équation 4.10*a* de la façon suivante : n'importe quelle composante de $\vec{E}$ peut être déterminée à partir du taux de variation de V par rapport au déplacement dans l'orientation choisie. Il y a une orientation pour laquelle ce taux de variation est maximal. Le module de $\vec{E}$ correspond à cette valeur maximale de la dérivée spatiale, c'est-à-dire $E = -(dV/ds)_{max}$. Comme le montre la figure 4.27, ce maximum a lieu dans la direction où les équipotentielles sont le plus rapprochées.

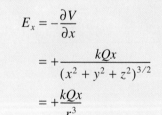

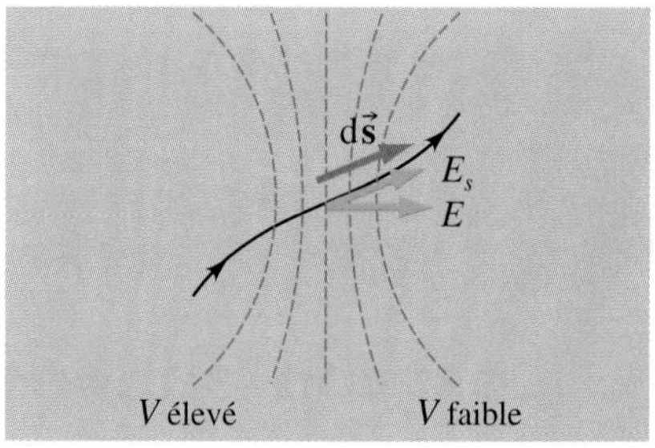

Figure 4.27 ▲
Le champ électrique est orienté dans le sens des potentiels décroissants. La composante du champ le long d'un déplacement $d\vec{s}$ est $E_s = -dV/ds$. Le champ est normal aux équipotentielles.

En fonction des composantes cartésiennes, le champ électrique s'écrit $\vec{E} = E_x\vec{i} + E_y\vec{j} + E_z\vec{k}$ et le déplacement infinitésimal est $d\vec{s} = dx\vec{i} + dy\vec{j} + dz\vec{k}$. On a donc

$$dV = -\vec{E}\cdot d\vec{s} = -(E_x\,dx + E_y\,dy + E_z\,dz)$$

Pour un déplacement dans la direction des x, $dy = dz = 0$, ce qui donne $dV = -E_x\,dx$. Par conséquent,

$$E_x = -\left(\frac{dV}{dx}\right)_{y,z \text{ constantes}}$$

Une dérivée dans laquelle toutes les variables sauf une sont maintenues constantes est appelée dérivée *partielle* et se note « ∂ » au lieu de « d ». Le champ électrique est donc décrit par

$$\vec{E} = -\frac{\partial V}{\partial x}\vec{i} - \frac{\partial V}{\partial y}\vec{j} - \frac{\partial V}{\partial z}\vec{k} = -\nabla V \qquad (4.19)$$

Le membre de droite de l'équation 4.19 est appelé *gradient* de V. Comme le montre l'exemple suivant, il n'y a pas de nouvelle règle de dérivation à apprendre.

EXEMPLE 4.13

Le potentiel créé par une charge ponctuelle est donné par $V = kQ/r$. Trouver : (a) la composante radiale du champ électrique ; (b) la composante en x du champ électrique.

Solution

(a) D'après l'équation 4.10*a*, la composante radiale du champ électrique est donnée par

$$E_r = -\frac{dV}{dr} = +\frac{kQ}{r^2}$$

Cette expression concorde avec celle de la loi de Coulomb.

(b) En fonction des composantes cartésiennes, la distance radiale est $r = (x^2 + y^2 + z^2)^{1/2}$; la fonction potentiel $V = kQ/r$ s'écrit donc

$$V = \frac{kQ}{(x^2 + y^2 + z^2)^{1/2}}$$

Pour trouver la composante en x du champ électrique, on considère y et z comme des constantes. On a donc

$$E_x = -\frac{\partial V}{\partial x} = +\frac{kQx}{(x^2 + y^2 + z^2)^{3/2}} = +\frac{kQx}{r^3}$$

Ce résultat est intéressant en ce qu'il fournit directement la composante du vecteur $\vec{E}$ selon x en tout point de l'espace qui entoure la charge. ■

On obtient un résultat équivalent à celui de la question (a) pour les points qui sont sur l'axe des x étant donné que $y = z = 0$.

SUJET CONNEXE

Les applications technologiques de l'électrostatique

L'électricité statique peut avoir des effets gênants : elle fait par exemple adhérer les vêtements ; elle occasionne de petites décharges par temps sec ; elle déclenche aussi des phénomènes dangereux, comme la foudre ou des explosions dans les silos de céréales et les citernes de pétrole. Mais l'électrostatique a également des applications utiles. On utilise les charges électriques pour séparer des minéraux, pour vaporiser des peintures ou des produits chimiques, pour séparer les céréales des déchets laissés par les rongeurs, pour enduire le papier de verre ou les papiers peints texturés, ou pour étendre l'apprêt sur les carrosseries d'automobiles (figure 4.28). Nous allons examiner en détail quelques-unes de ces applications.

Figure 4.28 ▲
Les particules de peinture sont attirées par la carrosserie qui est portée à un potentiel élevé.

Le générateur de Van de Graaff

Nous avons vu (*cf.* section 2.3 ou section 3.5) que la charge d'un conducteur se trouve sur sa surface. C'est à partir de cette constatation que Robert Jemison Van de Graaff (1901-1967), de l'Institut de technologie du Massachusetts (MIT), inventa en 1932 un générateur de particules chargées. Dans ce dispositif, des charges fournies par un peigne métallique porté à un potentiel élevé (2×10^4 V) sont projetées par effet de couronne sur une courroie mobile (figure 4.29). La courroie isolante les transporte sur un dôme sphérique posé sur une colonne isolante. Un deuxième peigne recueille les charges de la courroie et les fait passer sur la surface extérieure de la sphère. La charge et le potentiel de la sphère s'élèvent jusqu'à ce que le champ disruptif soit atteint à la surface. Pour augmenter le champ disruptif, on enferme la machine dans une cuve pressurisée (400 lb/po^2) contenant du gaz. Pour une courroie de 50 cm de large se déplaçant à la vitesse de 20 m/s environ, le courant de charge est $I = 1$ mA.

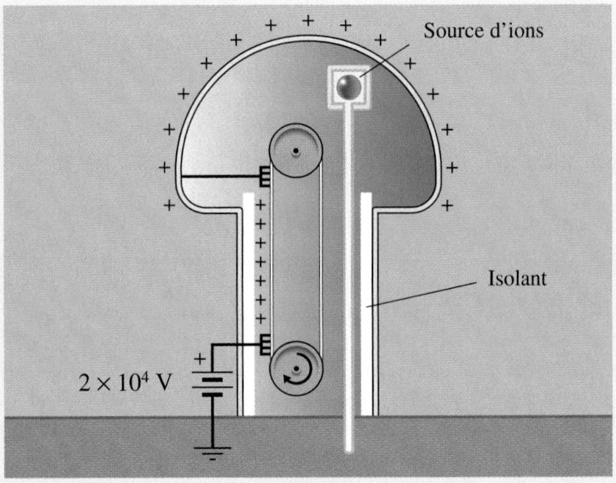

Figure 4.29 ▲
Un générateur de Van de Graaff. Selon la conception, la sphère peut aussi accumuler une charge négative.

Une source d'ions placée à l'intérieur de la sphère est portée à un potentiel élevé par rapport à la terre. Des particules chargées, comme des protons ou des ions, peuvent donc être accélérées le long d'un tube pour bombarder une cible où les effets qu'elles produisent sont étudiés en physique nucléaire, en physique des solides, ou en fonction d'applications médicales.

Des modèles réduits de générateurs de Van de Graaff sont aussi utilisés comme amusement ou comme instrument de vulgarisation servant à observer les propriétés des objets chargés.

Le précipitateur électrostatique

Frederick G. Cottrell (1877-1948) inventa en 1907 un dispositif simple pour assainir les émissions de panaches de fumée des cimenteries, des hauts fourneaux, des centrales thermiques et d'autres usines chimiques. Dans un précipitateur (figure 4.30), un filament assez court est maintenu à un potentiel élevé (60 kV) par rapport à un conducteur cylindrique extérieur mis à la terre. Les gaz pollués pénètrent dans la partie inférieure et passent dans le champ électrique élevé autour du filament. Il se produit un effet de couronne permanent entre le filament et l'air environnant. Les électrons accélérés par le champ élevé accentuent l'ionisation des particules de gaz polluants et les charges positives ainsi créées sont attirées sur l'enveloppe extérieure où elles se fixent. Cela permet au précipitateur d'éliminer des particules de 10 μm de diamètre environ. La figure 4.31 illustre l'efficacité du procédé. Le cylindre doit être périodiquement secoué ou rincé afin d'éliminer les matériaux recueillis. Dans le modèle industriel, le filament central est négatif. Dans les modèles domestiques, le filament central est positif, car on s'est aperçu que cette polarité réduit la production d'ozone.

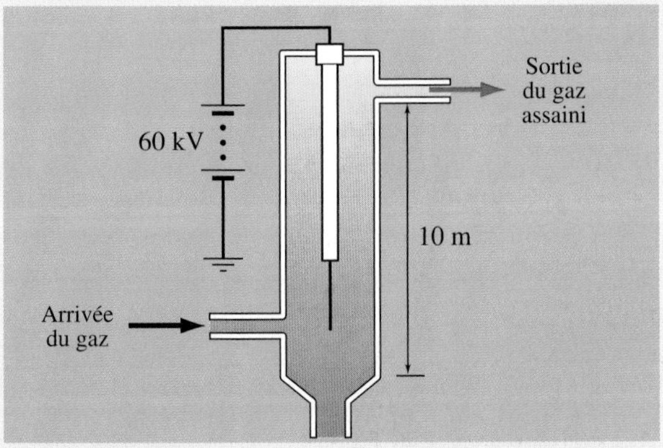

Figure 4.30 ▲
Dans un précipitateur électrostatique, une grande différence de potentiel est maintenue entre l'enceinte extérieure et un fil court placé au centre. Les particules du polluant deviennent ionisées et sont attirées par l'enceinte où elles s'accumulent.

La reproduction d'images

Les photocopieurs que l'on trouve maintenant dans presque tous les bureaux sont peut-être l'application la plus répandue de l'électrostatique. Le procédé électrostatique de reproduction d'images fut inventé en 1935 par Chester F. Carlson (1906-1968) et, après plusieurs années de mise au point, la première machine fut lancée sur le marché par Xerox en 1948.

Le procédé repose sur l'utilisation d'un matériau appelé *photoconducteur*, qui est isolant dans l'obscurité. Lorsqu'il est exposé à la lumière, il devient conducteur parce que certains de ses électrons acquièrent suffisamment d'énergie pour quitter l'atome auquel ils appartiennent et devenir des électrons libres. Le matériau photoconducteur se présente en général sous la forme d'une couche mince (de 25 μm d'épaisseur) de poudre de sélénium ou de ZnO recouvrant un support conducteur. Les principales étapes du procédé de reproduction sont les suivantes.

Figure 4.31 ▲
Un précipitateur électrostatique permet de réduire la quantité de particules émises par une cheminée d'usine.

1. Un fil mince (0,015 cm) porté à un potentiel élevé (7 kV) se déplace au-dessus de la plaque et applique par effet de couronne une couche uniforme de charge positive sur la couche photoconductrice (figure 4.32*a*).

2. Le photoconducteur est ensuite exposé à la lumière réfléchie par le sujet, par exemple une page dactylographiée. Les régions exposées à la lumière deviennent conductrices, permettant à la charge superficielle de passer jusqu'à la plaque inférieure reliée à la terre (figure 4.32*b*).

3. Le photoconducteur est ensuite recouvert de particules d'encre sèche (figure 4.32*c*). Par exemple, on peut enduire des perles de verre (600 μm de diamètre) d'une couche monomoléculaire de plastique ou de résine carbonée. Les deux matériaux acquièrent des charges opposées lorsqu'on les secoue. On peut aussi vaporiser sur le photoconducteur des particules de carbone chargées (de diamètre 1 μm) ou un aérosol. Les particules chargées négativement adhèrent aux régions chargées positivement.

4. L'image latente doit maintenant être transférée sur papier. Comme les particules d'encre sèche gardent une certaine charge négative, il est nécessaire de vaporiser des charges positives sur le papier (figure 4.32*d*).
5. La chaleur produite par un filament permet de fixer l'image par fusion sur le papier.

Vous l'avez déjà constaté vous-même, la totalité du processus dure environ une seconde.

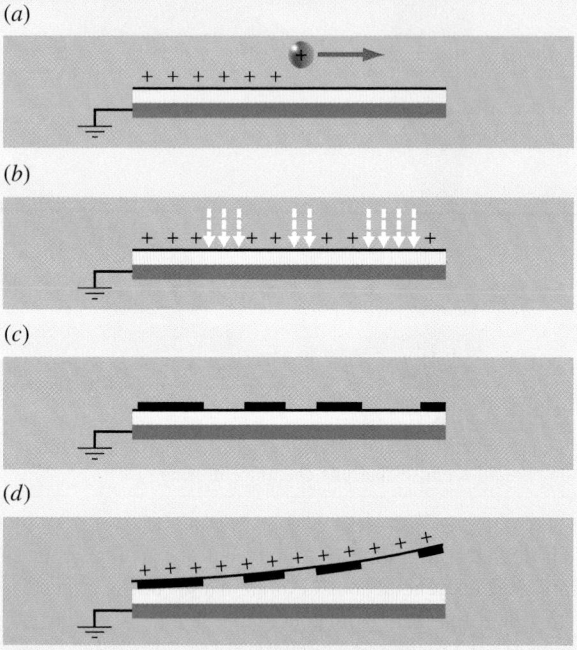

Figure 4.32 ▲
Les principales étapes de la photocopie électrostatique.

Le microscope à effet de champ

Le microscope à effet de champ (figure 4.33) fut inventé en 1955 par E. W. Muller, de l'Université de l'État de Pennsylvanie. Cet appareil sert à étudier les défauts dans les semi-conducteurs, les pellicules minces et autres structures superficielles. Dans ce dispositif, un fil très fin a été attaqué à l'acide pour former une pointe d'à peu près 0,05 μm de rayon. La pointe est insérée dans une enceinte en verre dans laquelle on pratique un vide élevé (10^{-9} mm Hg) et on applique une grande différence de potentiel entre la pointe (positive) et l'enceinte (négative). L'intensité du champ à la pointe est environ de 4,5 $\times$ 10^8 V/m. Seuls certains métaux comme le platine, le tungstène et le chrome peuvent supporter sans se désintégrer des champs aussi élevés. Enfin, on introduit dans l'enceinte un gaz d'atomes inertes, de l'hélium ou du néon. Lorsqu'un atome d'hélium s'approche de la pointe, il devient ionisé et l'ion He^+ est accéléré vers un écran fluorescent de l'autre côté de l'enceinte. La configuration de points obtenus sur l'écran (figure 4.34) reproduit la configuration d'atomes à la surface de la pointe. En refroidissant la pointe, par exemple avec de l'hydrogène liquide, on peut réduire les vibrations thermiques des atomes et obtenir une résolution qui permet de distinguer des détails de 2,5 $\times$ 10^{-10} m.

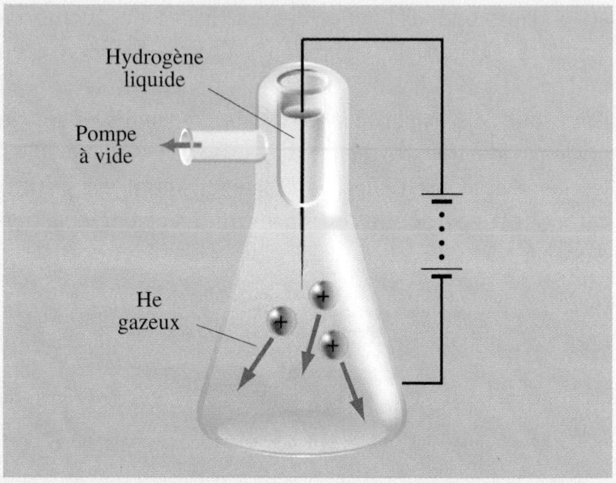

Figure 4.33 ▲
Le microscope à effet de champ.

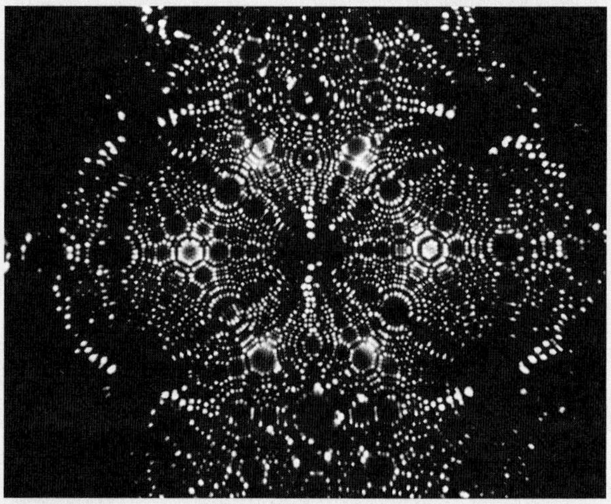

Figure 4.34 ▲
La pointe d'une aiguille observée au microscope à effet de champ.

RÉSUMÉ

Le potentiel est une grandeur, scalaire, attribuée à chaque point de l'espace selon sa position par rapport aux charges sources. On le définit de façon à ce qu'un objet de charge q placé en un point de potentiel V ait une énergie potentielle électrique donnée par

$$U_E = qV \qquad (4.1)$$

Cette équation permet de décrire un système grâce au principe de conservation de l'énergie étudié au tome 1, soit

$$\Delta K + \Delta U = W_{\text{nc}} \qquad (4.3a)$$

où W_{nc} est le travail fait par les forces non conservatives, par exemple celle exercée par un agent extérieur au système.

Selon ce principe, le travail extérieur nécessaire pour déplacer une charge q sans variation de vitesse entre le point A et le point B est

$$(\Delta K = 0) \qquad W_{\text{EXT}} = q(V_B - V_A) = q\Delta V \qquad (4.5)$$

Toujours selon ce principe, en l'absence de forces non conservatives, le comportement d'une charge libre de se déplacer peut se décrire par l'une ou l'autre des équations suivantes :

$$\Delta K + q\Delta V = 0 \qquad (4.6a)$$

$$K_A + qV_A = K_B + qV_B \qquad (4.6b)$$

Comme le champ électrique, le potentiel est une fonction qui dépend des charges *sources*, et non de la charge d'essai. Seules les variations de potentiel sont importantes, et l'on peut donc choisir arbitrairement le point où $V = 0$. On peut également écrire la relation entre le potentiel et le champ électrique :

$$V_B - V_A = -\int_A^B \vec{\mathbf{E}} \cdot d\vec{\mathbf{s}} \qquad (4.9)$$

L'intégrale ne dépend pas du trajet suivi entre A et B. De même, on peut calculer le champ électrique en fonction du potentiel :

$$E_s = -\frac{dV}{ds} \qquad (4.10a)$$

Dans un champ *uniforme*, la variation de potentiel s'écrit

$$\Delta V = \pm Ed \qquad (4.11c)$$

où $\pm d$ est la composante du déplacement parallèle à $\vec{\mathbf{E}}$ entre le point initial et le point final. Le signe positif correspond à un déplacement *orienté dans le sens contraire* au champ.

Le potentiel à la distance r d'une charge ponctuelle Q est donné par

$$V = \frac{kQ}{r} \qquad (4.12)$$

On choisit que $V = 0$ pour $r \to \infty$. Il faut tenir compte du signe de Q. Le potentiel d'un système de charges ponctuelles est la *somme algébrique* des potentiels produits par chacune des charges.

On peut représenter la fonction potentiel par des surfaces équipotentielles. Sur un tracé dans le plan, les équipotentielles sont représentées par des courbes. Le champ électrique est perpendiculaire aux équipotentielles et orienté dans le sens des potentiels décroissants.

Lorsqu'on calcule l'énergie potentielle d'un système de charges, il faut faire attention à ne pas compter deux fois les contributions des charges :

$$U = \sum_{i<j} \frac{kq_i q_j}{r_{ij}} \qquad (4.14b)$$

Une énergie potentielle positive signifie qu'il a fallu fournir un travail extérieur positif pour amener les charges de l'infini jusqu'à leurs positions actuelles. Une énergie potentielle négative signifie qu'il faut fournir un travail extérieur positif pour *séparer* les charges.

Dans le cas d'un conducteur homogène en état d'équilibre électrostatique, le potentiel est le même en tout point à l'intérieur du matériau et sur la surface.

L'une des méthodes permettant d'obtenir le potentiel électrique d'une distribution continue de charge consiste à séparer la charge en portions infinitésimales et à intégrer :

$$V = \int \frac{k\,\mathrm{d}q}{r} \qquad (4.15)$$

TERMES IMPORTANTS

champ disruptif (p. 137)
différence de potentiel (p. 114)
électronvolt (p. 118)
énergie potentielle électrique (p. 112)
équipotentielle (adj. et nom) (p. 113)
intégrale de ligne (p. 122)
position de référence (p. 111)
potentiel électrique (p. 112)
volt (p. 112)

RÉVISION

R1. Trouvez l'expression du potentiel électrique d'un champ électrique constant en faisant une analogie avec l'expression de l'énergie potentielle gravitationnelle $U_g = mgy$.

R2. Quelle analogie tirée de la géographie peut-on utiliser pour illustrer le concept d'équipotentielle ?

R3. On place une particule chargée positivement dans une région où règne un champ électrique non nul. La particule se met en mouvement sous l'effet du champ électrique. Va-t-elle perdre ou gagner de l'énergie potentielle ? Va-t-elle se déplacer dans le sens des potentiels croissants ou décroissants ?

R4. Reprenez la question précédente, mais cette fois-ci pour le cas d'une particule chargée *négativement*.

R5. Une particule libre de charge positive se déplace dans le sens des potentiels croissants. Son énergie cinétique augmente-t-elle ou diminue-t-elle ?

R6. Une particule de charge Q positive est placée à l'origine et une particule de charge $-Q$ est placée à $x = 1$ m. Tracez approximativement la courbe représentant le potentiel total en fonction de la position sur l'axe des x.

R7. Reprenez la question précédente, mais cette fois-ci en considérant que les deux particules sont de charge négative.

R8. Vrai ou faux ? Les lignes de champ sont partout perpendiculaires aux surfaces équipotentielles.

R9. Un système est constitué de six charges ponctuelles. Si on veut déterminer son énergie potentielle à l'aide de l'équation 4.14*b*, combien de termes doit-on calculer ?

R10. Que peut-on dire du champ électrique à l'intérieur d'un conducteur ? Que peut-on dire du potentiel ?

R11. Expliquez le fonctionnement d'un paratonnerre à partir des principes énoncés à la section 4.7. Expliquez en particulier pourquoi le paratonnerre doit avoir une forme effilée.

QUESTIONS

Q1. (a) Si le potentiel électrique est nul en un point, que peut-on dire du champ électrique en ce point ? (b) Si le champ est nul en un point, que peut-on dire de la fonction potentiel ?

Q2. L'expression « champ de potentiel » a-t-elle un sens ? Si oui, comment peut-on l'illustrer ?

Q3. Les points A et B sont au même potentiel électrique. En général, une force extérieure est-elle nécessaire pour déplacer une charge de A à B ? Un travail extérieur est-il nécessaire ?

Q4. (a) Le potentiel électrique d'un objet chargé peut-il être nul par rapport à la terre ? Si oui, expliquez pourquoi. (b) Est-il possible pour un corps non chargé d'être à un potentiel non nul ?

Q5. Par temps sec, une étincelle entre vos doigts et un objet peut libérer plusieurs milliers de volts. Comment se fait-il que cela ne soit pas dangereux alors que la différence de potentiel d'une prise de courant électrique, de 120 V à peine, peut être mortelle ?

Q6. Les points A et B sont au même potentiel électrique. Que peut-on dire des champs électriques en ces points ?

Q7. Pourquoi la réception sur une radio portative est-elle meilleure à l'extérieur d'une automobile qu'à l'intérieur ?

Q8. La surface d'un objet métallique est une équipotentielle. Cela signifie-t-il que la charge excédentaire sur l'objet est répartie uniformément ?

Q9. L'équation $\Delta V = \pm Ed$ est-elle valable en général ? Justifiez votre réponse.

Q10. Lorsqu'on suit une ligne de champ dans le sens du champ, le potentiel est-il croissant, décroissant ou constant ?

Q11. Deux surfaces équipotentielles peuvent-elles se croiser ? Justifiez votre réponse.

Q12. Un anneau circulaire de rayon R a une charge Q positive uniformément répartie sur sa circonférence. Une charge ponctuelle négative q part d'un point arbitraire sur l'axe et se déplace vers le centre de l'anneau. (a) Le potentiel de la charge ponctuelle va-t-il augmenter ou diminuer ? (b) L'énergie potentielle de la charge ponctuelle va-t-elle augmenter ou diminuer ?

Q13. Est-il possible de déplacer une charge dans un champ électrique sans fournir de travail ? Si oui, comment ?

Q14. Quelle est la forme d'une surface équipotentielle pour un fil chargé infini ?

Q15. On charge une coquille métallique de rayon 10 cm jusqu'à ce que son potentiel soit égal à 70 V. (a) Quel est le potentiel au centre ? (b) Quel est le champ électrique au centre ?

Q16. On met provisoirement en contact deux sphères métalliques chargées de rayons R et $2R$, puis on les sépare. Si l'on se place à la surface de chaque sphère, sur laquelle des deux les grandeurs suivantes ont-elles la valeur la plus élevée : (a) densité de charge ; (b) charge totale ; (c) potentiel électrique ; (d) champ électrique ?

Q17. Le champ électrique à l'intérieur d'un cube chargé en métal creux est nul mais le champ gravitationnel à l'intérieur d'une distribution de masse cubique creuse ne l'est pas. À quoi est due cette différence ?

4.1 à 4.4 Énergie potentielle et champ électrique

E1. (I) Un éclair peut faire passer jusqu'à 30 C de charge sous une différence de potentiel de 10^8 V. (a) Quelle est l'énergie mise en jeu? Exprimez votre réponse en électronvolts. (b) Pendant combien de temps cette quantité d'énergie pourrait-elle alimenter une ampoule de 60 W ?

E2. (I) Une batterie d'automobile de 12 V a une capacité nominale de 80 A·h qui représente la charge qu'elle peut faire passer entre ses deux bornes dans un circuit extérieur. [1 A·h = 1 (C/s)·h = 3600 C.] (a) Quelle charge totale (en coulombs) peut fournir la batterie ? (b) Quelle énergie peut-elle fournir, si l'on suppose que la différence de potentiel électrique entre les bornes reste constante pendant la décharge ?

E3. (I) Il faut fournir un travail extérieur de 4×10^{-7} J pour déplacer une charge de –5 nC à vitesse constante jusqu'à un point où le potentiel est égal à –20 V. Quel est le potentiel électrique au point initial ?

E4. (I) Soit un champ électrique donné par $\vec{\mathbf{E}} = -180\vec{\mathbf{k}}$ N/C. (a) Quelle est la différence de potentiel électrique entre les positions $z_A = 5$ cm et $z_B = 15$ cm ? (b) Quelle est la distance sur l'axe des z entre deux points dont la différence de potentiel est égale à 27 V ?

E5. (II) Soit un champ électrique donné par $\vec{\mathbf{E}} = 2x\vec{\mathbf{i}} - 3y^2\vec{\mathbf{j}}$, où x et y sont en mètres et E en newtons par coulomb. Déterminez la différence de potentiel entre les positions $\vec{\mathbf{r}}_A = (\vec{\mathbf{i}} - 2\vec{\mathbf{j}})$ m et $\vec{\mathbf{r}}_B = (2\vec{\mathbf{i}} + \vec{\mathbf{j}} + 3\vec{\mathbf{k}})$ m.

E6. (II) Étant donné les champs électriques suivants, trouvez les fonctions correspondantes du potentiel $V(x)$: (a) $\vec{\mathbf{E}} = (A/x)\vec{\mathbf{i}}$. On prendra $V = 0$ pour $x = x_0$; (b) $\vec{\mathbf{E}} = A\, e^{-Bx}\vec{\mathbf{i}}$. On prendra $V = 0$ pour $x = 0$.

E7. (I) Sachant qu'un électron part du repos dans un champ électrique uniforme, quelle est la différence de potentiel nécessaire pour lui faire acquérir les vitesses suivantes : (a) 330 m/s, soit la vitesse du son ; (b) 11,2 km/s, soit la vitesse de libération du champ d'attraction terrestre ; (c) 0,1c, soit 10 % de la vitesse de la lumière ? ($c = 3{,}00 \times 10^8$ m/s.)

E8. (I) Refaites l'exercice 7 pour un proton.

E9. (I) On suppose qu'une batterie d'automobile de 12 V est utilisée comme source de différence de potentiel pour accélérer des particules. Déterminez le module de la vitesse qu'atteindrait (a) un électron ; (b) un proton. On considère que les particules partent du repos.

E10. (I) Les armatures d'une bougie d'automobile sont distantes de 0,1 cm. Quelle différence de potentiel est nécessaire pour produire une étincelle, sachant qu'un champ électrique atteignant 3×10^6 V/m ionise l'air ? On suppose que le champ électrique est uniforme entre les deux armatures.

E11. (I) La figure 4.35 représente deux surfaces équipotentielles (en pointillés) telles que $V_A = -5$V et $V_B = -15$ V. Quel travail extérieur doit-on fournir pour déplacer une charge de -2 μC à vitesse constante de A à B en suivant le chemin indiqué ?

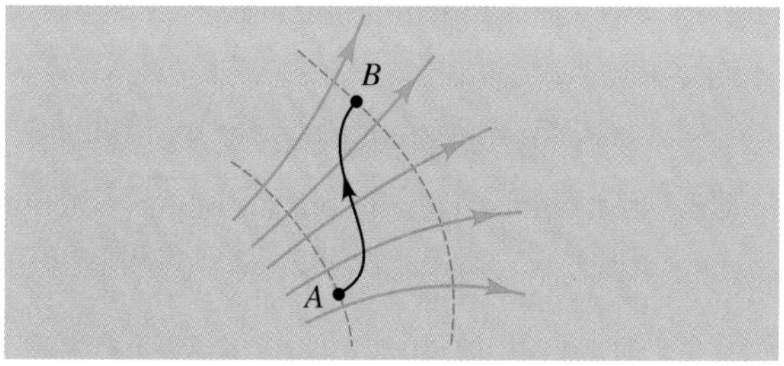

Figure 4.35 ▲
Exercice 11.

E12. (I) Sur la figure 4.36, les points A et B sont distants de 4 cm parallèlement aux lignes d'un champ uniforme $\vec{\mathbf{E}} = 600\vec{\mathbf{i}}$ V/m. (a) Déterminez la variation de potentiel $V_B - V_A$. (b) Quelle est la variation d'énergie potentielle $U_B - U_A$ lorsqu'une charge ponctuelle $q = -3$ μC est déplacée de A à B ?

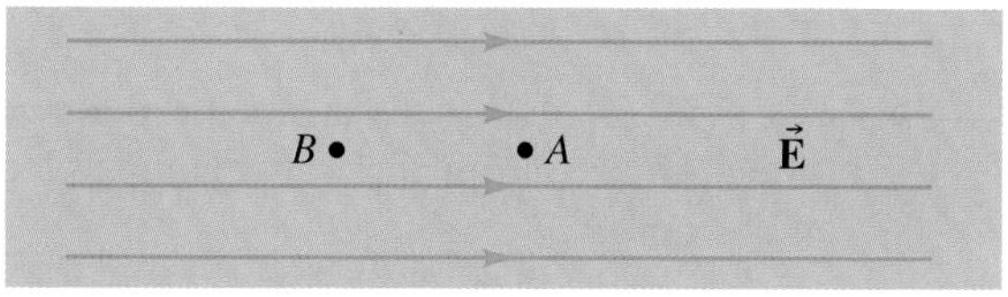

Figure 4.36 ▲
Exercice 12.

E13. (I) Dans un condensateur plan, deux grandes plaques conductrices parallèles distantes de 5 cm portent des charges de même grandeur mais de signes opposés. Une charge ponctuelle de 8 μC placée entre elles est soumise à une force électrique de $2{,}4 \times 10^{-2}\vec{\mathbf{i}}$ N. Trouvez la différence de potentiel entre les plaques.

E14. (I) Quelle est la différence de potentiel nécessaire pour accélérer les particules suivantes du repos jusqu'à $0{,}1c = 3 \times 10^7$ m/s : (a) une particule alpha de charge $2e$ et de masse 4 u ; (b) un noyau d'uranium de charge $92e$ et de masse 235 u ?

E15. (I) Par temps clair, il existe à la surface de la Terre un champ électrique uniforme de module 120 V/m vertical et dirigé vers le bas. Quelle est la différence de potentiel entre le sol et les hauteurs suivantes : (a) le sommet de la tête d'une personne mesurant 1,8 m ; (b) le sommet de la tour Sears de hauteur 433 m ?

E16. (I) Une différence de potentiel de 120 V règne entre deux plaques infinies chargées et parallèles, distantes de 3 cm. Un électron initialement au repos part de la plaque ayant le potentiel le plus bas et traverse complètement l'espace séparant les deux plaques. (a) Quel est le module du champ électrique ? (b) Quel travail effectuera la force électrique sur l'électron ? (c) Quelle est la variation de potentiel subie par l'électron ? (d) Quelle est la variation d'énergie potentielle de l'électron ?

E17. (II) Quel est le travail extérieur nécessaire pour qu'une particule de masse 2×10^{-2} g et de charge -15 μC franchisse une différence de potentiel de -6000 V tout en augmentant sa vitesse de 0 à 400 m/s ?

E18. (II) Le champ électrique produit par une feuille infinie chargée de densité surfacique σ parallèle au plan yz est égal à $\sigma/2\varepsilon_0\vec{\mathbf{i}}$. (a) Écrivez l'expression du potentiel $V(x)$ à une distance x de la feuille. On donne $V = 0$ à la distance x_0. (b) Quel est le déplacement Δx associé à une différence de potentiel de 20 V ? On donne $\sigma = 7$ nC/m^2.

E19. (I) Un champ électrique uniforme de 400 V/m est orienté à 37° par rapport à l'axe des x dans le sens horaire, comme le montre la figure 4.37. Déterminez les différences de potentiel : (a) $V_B - V_A$; (b) $V_B - V_C$.

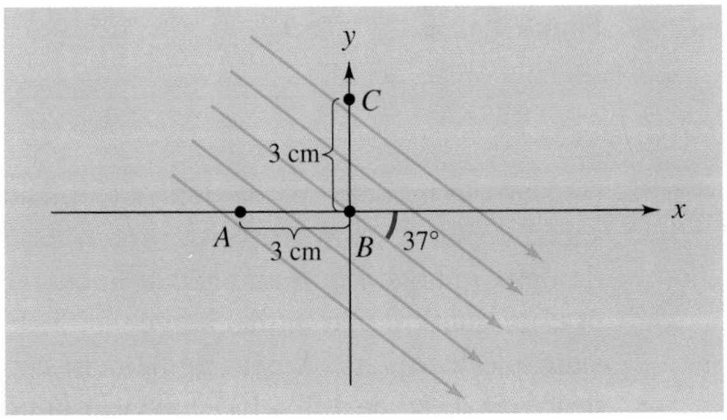

Figure 4.37 ▲
Exercice 19.

E20. (II) Un électron se déplace parallèlement à la direction d'un champ électrique uniforme. Sa vitesse initiale est de 8×10^6 m/s et sa vitesse finale, après avoir parcouru une distance de 3 mm dans le sens des x positifs, est égale à 3×10^6 m/s. (a) Quelle est la différence de potentiel entre les deux points ? (b) Quel est le module du champ électrique ?

4.5 Potentiel et énergie potentielle dans le champ de charges ponctuelles

E21. (I) Dans un noyau, deux protons sont séparés de 10^{-15} m. (a) Quelle est leur énergie potentielle électrique ? (b) Sachant qu'ils partent du repos et qu'ils sont libres de se déplacer, trouvez le module de leur vitesse lorsqu'ils se trouvent à 4×10^{-15} m l'un de l'autre.

E22. (I) Un noyau d'uranium de charge $+92e$ subit spontanément une fission pour donner deux fragments portant les charges $+48e$ et $+44e$. Si ces fragments sont initialement au repos et séparés par une distance de 7×10^{-15} m, que vaudra la somme de leurs énergies cinétiques lorsqu'ils seront séparés par une distance infinie ?

E23. (I) (a) Déterminez le potentiel créé au coin inférieur gauche par les trois charges de la figure 4.38. (b) On place une charge de -2 μC au coin inférieur gauche. Quelle énergie potentielle cette charge partage-t-elle avec les trois autres ? (c) Quelle est l'énergie potentielle du système formé par les quatre charges ?

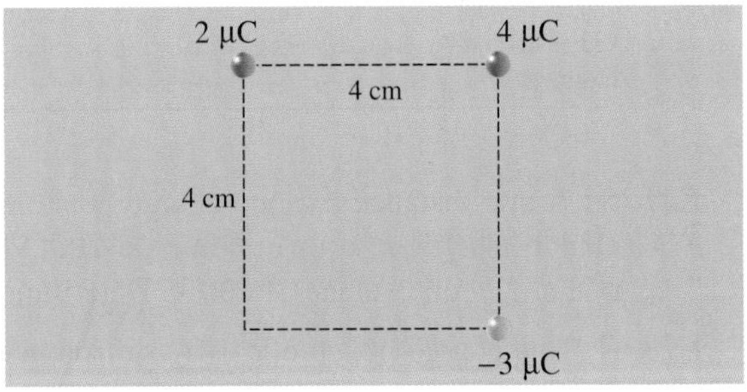

Figure 4.38 ▲
Exercice 23.

E24. (I) Quatre charges ponctuelles de valeur 0,6 μC, 2,2 μC, $-3{,}6$ μC et $+4{,}8$ μC sont situées aux quatre sommets d'un carré de 10 cm de côté. Quel est le travail extérieur nécessaire pour amener une charge de -5 μC de l'infini jusqu'au centre du carré ? (On suppose que la vitesse de la charge -5 μC reste constante.) Que signifie le signe de votre réponse ?

E25. (I) Deux charges, Q et $-Q$, sont maintenues immobiles à une distance de 4 m l'une de l'autre (figure 4.39). On donne $Q = 5$ μC. (a) Quelle est la différence de potentiel $V_B - V_A$? (b) Une charge ponctuelle de masse $m = 0{,}3$ g et de charge $q = 2$ μC, initialement au repos, part du point A. Quelle est sa vitesse en B ?

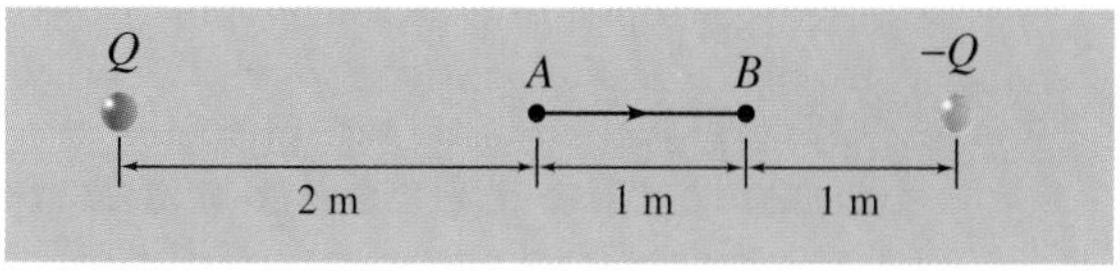

Figure 4.39 ▲
Exercice 25.

E26. (I) Soit deux charges ponctuelles identiques de 5 μC chacune, représentées dans la figure 4.40. Les points A et B ont respectivement pour coordonnées (0, 4 m) et (0, 0). (a) Déterminez la différence de potentiel $V_B - V_A$. (b) Si on lâche du point A une charge ponctuelle de −5 μC et de masse 3×10^{-8} kg, initialement au repos, quel est le module de sa vitesse au point B ?

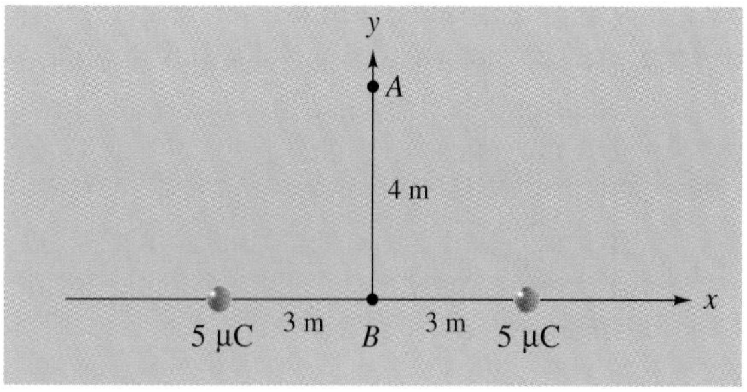

Figure 4.40 ▲
Exercice 26.

E27. (I) À une distance r d'une charge ponctuelle Q, le champ électrique a un module de 200 V/m et le potentiel a une valeur de 600 V. Déterminez Q et r.

E28. (I) Une charge ponctuelle $+4Q$ se trouve en $x = 0$. À part l'infini, en quel(s) point(s) de l'axe des x le potentiel est-il nul s'il se trouve en $x = 1$ m une deuxième charge égale à (a) $-Q$; (b) $-9Q$?

E29. (I) À la figure 4.41, les charges $Q_1 = 3$ μC, $Q_2 = -2$ μC et $Q_3 = 5$ μC sont fixes. Quel est le travail extérieur nécessaire pour déplacer une charge $q = -4$ μC à vitesse constante du point A, au centre du carré, jusqu'au sommet B ? Que signifie le signe de votre réponse ?

E30. (I) Une charge ponctuelle de 5 μC est placée à l'origine, comme sur la figure 4.42. Déterminez le potentiel aux points (a) A, (b) B et (c) C.

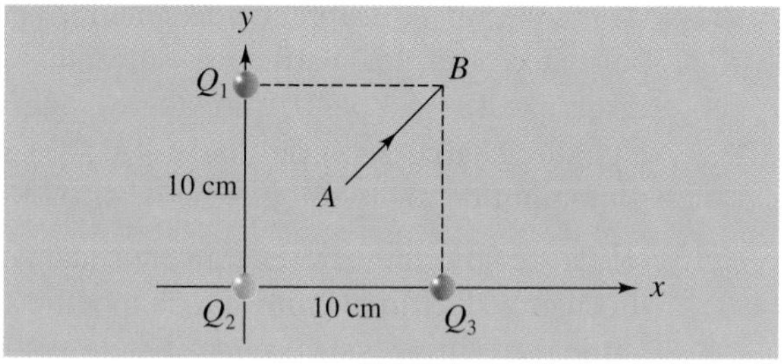

Figure 4.41 ▲
Exercice 29.

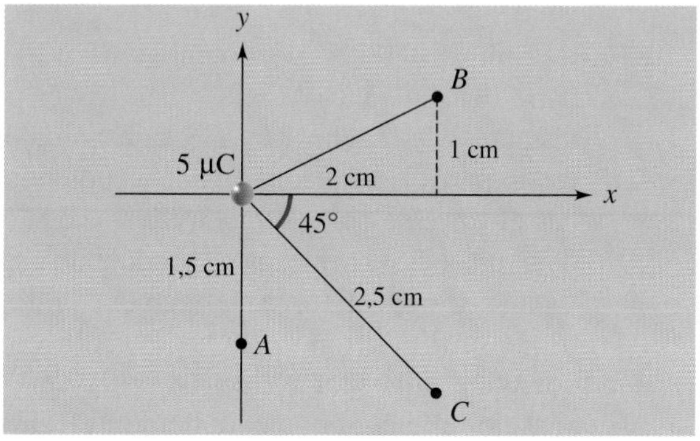

Figure 4.42 ▲
Exercice 30.

E31. (I) Deux charges ponctuelles de −4 μC et +6 μC sont situées comme l'indique la figure 4.43. (a) Quel est le potentiel à l'origine ? (b) Quel est le travail extérieur nécessaire pour amener une charge de 2 μC à vitesse constante depuis l'infini jusqu'à l'origine ?

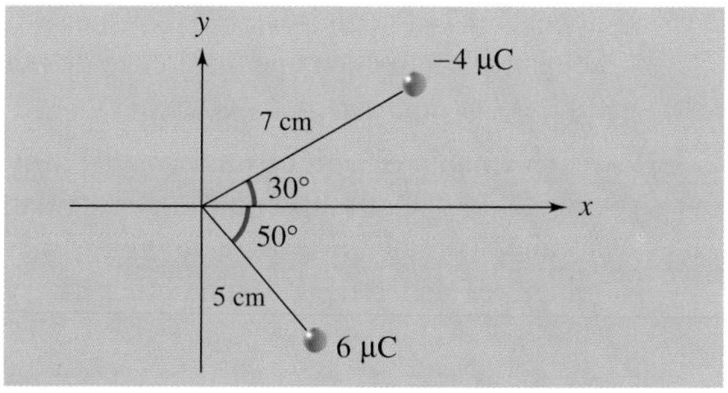

Figure 4.43 ▲
Exercice 31.

E32. (I) Dans le modèle des particules élémentaires faisant intervenir les quarks, un proton est constitué de deux quarks u portant chacun la charge $+2e/3$ et d'un quark d portant la charge $-e/3$. En supposant que les quarks soient également espacés sur un cercle de rayon $1{,}2 \times 10^{-15}$ m (voir la figure 1.29, p. 22), trouvez l'énergie potentielle électrique de ce système de charges.

E33. (I) Une charge ponctuelle $q_1 = -4$ μC est située en (3 cm, 0) et une charge $q_2 = 3{,}2$ μC est située en (0, 5 cm). Trouvez : (a) le potentiel créé par q_2 au point où se trouve q_1 ; (b) le potentiel créé par q_1 au point où se trouve q_2 ; (c) l'énergie potentielle de la paire de charges.

E34. (I) Trois charges ponctuelles $q_1 = 6$ μC, $q_2 = -2$ μC et q_3 sont disposées comme dans la figure 4.44. Pour quelles valeurs de q_3 le potentiel total à l'origine est-il égal à (a) 0 V ; (b) −400 kV ?

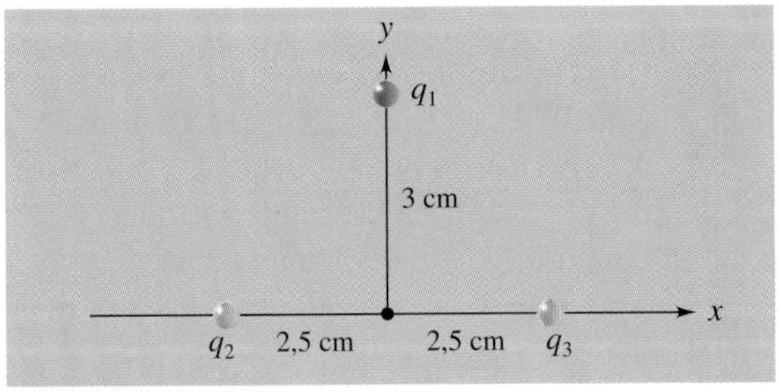

Figure 4.44 ▲
Exercice 34.

E35. (I) Soit une charge ponctuelle de −10 μC située en (0, 3 cm) et une charge ponctuelle de 6 μC située en (4 cm, 0). (a) Quelle est la différence de potentiel entre l'origine et le point de coordonnées (4 cm, 3 cm) ? (b) Quel est le travail extérieur nécessaire pour amener une charge ponctuelle de −2 μC à vitesse constante depuis l'infini jusqu'à l'origine ?

E36. (I) Un noyau d'uranium de charge $92e$ subit une fission spontanée et donne deux fragments de charges égales. (a) Les deux fragments sont initialement au repos et distants de $7{,}4 \times 10^{-15}$ m. Quelle est l'énergie potentielle de la paire ? (b) Quelle est l'énergie cinétique finale des fragments lorsqu'ils sont séparés par une distance infinie ? (c) En supposant que 30 % de l'énergie cinétique des fragments peut être utilisée dans un réacteur nucléaire, quel est le nombre de fissions par seconde nécessaires pour produire 1 MW ?

E37. (II) Le dioxyde de carbone (CO_2) est un exemple de quadripôle linéaire (figure 4.45). Déterminez le potentiel total en un point (a) (x, 0) et (b) (0, y) pour $y > a$. Dans chaque cas, montrez que $V \propto 1/r^3$ pour $r \gg a$, r étant la distance par rapport à l'origine. (c) Superposez le graphe de la variation du potentiel électrique le long de l'axe des x avec celui de la valeur absolue de sa variation le long de l'axe des y. (d) À quelle distance b le long de l'axe des y obtient-on $|V(x = 0, y = b)| = 2 \times V(x = b, y = 0)$?

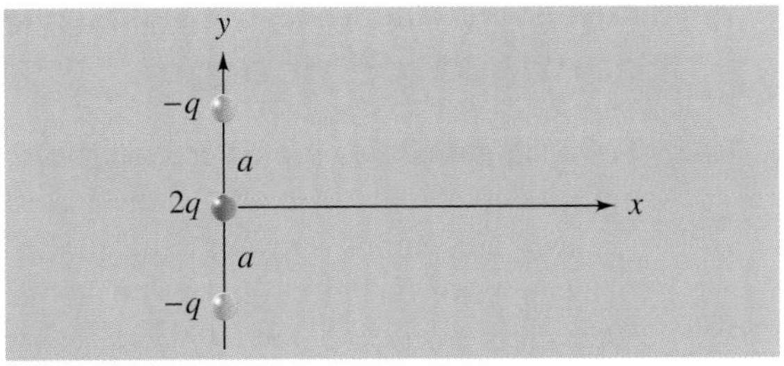

Figure 4.45 ▲
Exercice 37.

E38. (II) (a) Une charge ponctuelle de 2 nC se trouve à l'origine. Trouvez les distances auxquelles le potentiel vaut 0,5 V, 1 V, 1,5 V, 2 V, 2,5 V, 3 V et 3,5 V. (b) Reprenez la question (a) pour une charge ponctuelle négative (−2 nC) et des potentiels négatifs. (c) Placez les charges à 12 m de distance l'une de l'autre. Tracez des cercles représentant les équipotentielles de chaque charge. Indiquez les points d'intersection des deux familles de cercles où le potentiel total est égal soit à 1 V, soit à 0,5 V. Enfin, joignez chaque ensemble de points ayant le même potentiel. Comparez les formes de vos courbes équipotentielles avec la figure 4.13 (p. 128).

E39. (I) Soit un point P situé à une distance de 1 m d'une charge de 2 nC. De quelle distance dans la direction radiale doit-on se déplacer à partir du point P pour se trouver en un point où le potentiel est (a) de 1 V plus élevé ; (b) de 1 V moins élevé ?

E40. (II) Une particule α de masse $6{,}7 \times 10^{-27}$ kg et de charge $+2e$ a une énergie cinétique initiale de 4,2 MeV. Elle est projetée sur un noyau d'or de charge $+79e$. En supposant que le noyau reste au repos et que la particule α revienne sur sa trajectoire initiale, trouvez la distance du point de sa trajectoire où elle est le plus proche du noyau.

E41. (II) Un noyau d'uranium de charge $92e$ et de masse 238 u peut se décomposer spontanément en un noyau de thorium de charge $90e$ et une particule α de charge $2e$. La masse du thorium est de 234 u et celle de la particule α, de 4 u. On suppose que, juste après la transformation, les produits de fission sont au repos et distants de $7{,}4 \times 10^{-15}$ m. (a) Quelle est l'énergie potentielle des produits de fission juste après la transformation ? (b) Trouvez l'énergie cinétique finale de la particule α en supposant que le thorium reste au repos. (Dans le problème 1, on considérera une situation plus réaliste où le thorium ne reste pas au repos.)

4.6 Potentiel d'une distribution continue de charge

E42. (I) On suppose qu'un proton est une sphère chargée uniformément de rayon 10^{-15} m. Déterminez le potentiel aux points suivants : (a) sur sa surface ; (b) à la position de l'électron dans un atome d'hydrogène, c'est-à-dire à $5{,}3 \times 10^{-11}$ m. (c) Comment ces résultats seraient-ils modifiés si le proton était plutôt considéré comme une sphère creuse ?

E43. (II) Une charge Q positive est uniformément répartie sur un anneau de rayon a parallèle au plan xz. (a) Déterminez le potentiel $V(y)$ sur l'axe central à la distance y du centre. (b) Utilisez $V(y)$ pour trouver le champ électrique sur l'axe central. Que deviennent vos deux résultats lorsque $y \gg a$?

4.7 Potentiel d'un conducteur

E44. (I) Le module du champ électrique à la surface d'une sphère métallique est de 3×10^6 N/C, ce qui correspond à la valeur du champ disruptif (c'est-à-dire le champ nécessaire pour ioniser l'air sec et produire une étincelle). Quel est le potentiel à la surface de la sphère, considérant que le rayon de la sphère vaut (a) 0,01 mm ; (b) 1 cm ; (c) 1 m ?

E45. (I) Le potentiel d'une sphère métallique de rayon 1 cm est égal à 10^4 V par rapport à l'infini. (a) Quelle est la densité surfacique de charge ? (b) Combien d'électrons ont été enlevés de la sphère ? (c) Quel est le module du champ électrique à la surface de la sphère ?

E46. (II) Deux coquilles métalliques concentriques d'épaisseur négligeable ont pour rayons respectifs a et b. La coquille intérieure de rayon a porte la charge Q positive et la coquille extérieure la charge $-2Q$. Trouvez l'expression du potentiel électrique et de la composante radiale du champ électrique pour (a) $r < a$; (b) $a \leq r \leq b$; (c) $r \geq b$. (d) Donnez une valeur plausible à a, à b et à Q. Tracez le graphe de la variation du potentiel électrique et de la composante radiale du champ électrique pour r allant de 0 à $1{,}5b$.

4.8 Détermination du champ à partir du potentiel : notions avancées

E47. (II) Soit deux charges ponctuelles positives égales à Q situées respectivement aux points $(0, a)$ et $(0, -a)$. (a) Déterminez le potentiel $V(x)$ en un point $(x, 0)$. (b) Utilisez $V(x)$ pour trouver le champ électrique sur l'axe des x. (c) Donnez une valeur plausible à a et à Q. Tracez le graphe de $V(x)$ pour x allant de $-3a$ à $3a$.

E48. (II) Soit deux charges ponctuelles positives égales à Q situées en $(0, a)$ et $(0, -a)$. (a) Déterminez le potentiel $V(y)$ en un point $(0, y)$ pour $y > a$. (b) Utilisez $V(y)$ pour trouver le champ électrique sur l'axe des y. (c) Donnez une valeur plausible à a et à Q. Tracez le graphe de $V(y)$ pour y allant de $-3a$ à $3a$.

E49. (II) Un dipôle est constitué des charges $-Q$ en $(-a, 0)$ et $+Q$ en $(a, 0)$. (a) Quel est le potentiel $V(x)$ en un point $(x, 0)$ pour $x > a$? (b) À partir de $V(x)$, trouvez le champ électrique sur l'axe des x. On pose $Q > 0$. (c) Donnez une valeur plausible à a et à Q. Tracez le graphe de $V(x)$ pour x allant de $-3a$ à $3a$.

E50. (II) Une sphère de rayon R porte une charge Q positive uniformément répartie dans son volume. Pour $r < R$, la fonction potentiel est

$$V(r) = \frac{kQ(3R^2 - r^2)}{2R^3}$$

À partir de $V(r)$, trouvez la composante radiale du champ électrique.

E51. (II) Le potentiel $V(r)$ à une distance perpendiculaire r d'un fil infini de densité linéique de charge λ positive est

$$V(r) = V(r_0) - 2k\lambda \ln\left(\frac{r}{r_0}\right)$$

où r_0 et $V(r_0)$ sont des constantes. À partir de $V(r)$, trouvez le champ électrique.

E52. (II) Le potentiel en un point de l'axe d'un disque uniformément chargé a été déterminé à l'exemple 4.9. Utilisez cette expression pour trouver le module du champ électrique sur l'axe central.

E53. (II) Une fonction potentiel hypothétique a la forme suivante :

$$V(x, y, z) = 2x^3y - 3xy^2z + 5yz^3$$

(a) Quel est le champ électrique associé à ce potentiel ? (b) Représentez graphiquement, en trois dimensions, l'équipotentielle $V = 1000$ V de cette fonction potentiel.

EXERCICES SUPPLÉMENTAIRES

4.1 à 4.4 Énergie potentielle et champ électrique

E54. (I) Soit le champ électrique uniforme $\vec{\mathbf{E}} = (-2\vec{\mathbf{i}} + 3\vec{\mathbf{j}} - 5\vec{\mathbf{k}})$ V/m. Le point A est à la position $\vec{\mathbf{r}}_A = (-\vec{\mathbf{i}} + 2\vec{\mathbf{j}} + 3\vec{\mathbf{k}})$ m, alors que le point B est à $\vec{\mathbf{r}}_B = (3\vec{\mathbf{i}} - \vec{\mathbf{j}} + 7\vec{\mathbf{k}})$ m. Évaluez $V_A - V_B$.

4.5 Potentiel et énergie potentielle de charges ponctuelles

E55. (I) Soit les deux charges ponctuelles suivantes : $Q_1 = 5$ μC est en $\vec{\mathbf{r}}_1 = (2\vec{\mathbf{i}} + 3\vec{\mathbf{j}} - 5\vec{\mathbf{k}})$ m et $Q_2 = 2$ μC est en $\vec{\mathbf{r}}_2 = (-\vec{\mathbf{i}} + 4\vec{\mathbf{j}} + 2\vec{\mathbf{k}})$ m. Quelle est l'énergie potentielle électrique de ce couple de charges ?

E56. (I) Soit les deux charges ponctuelles suivantes : $Q_1 = 3$ nC est en $\vec{\mathbf{r}}_1 = (3\vec{\mathbf{i}} - 2\vec{\mathbf{j}} + \vec{\mathbf{k}})$ m et $Q_2 = -2$ nC est en $\vec{\mathbf{r}}_2 = (\vec{\mathbf{i}} - 2\vec{\mathbf{j}} + 6\vec{\mathbf{k}})$ m. (a) Trouvez le potentiel total à l'origine. (b) On place une troisième charge ponctuelle $q = -5$ nC à l'origine. Quelle est l'énergie potentielle du système des trois charges ?

E57. (II) Deux charges ponctuelles positives sont sur l'axe des x. Q_1 est à $x = 0$ et Q_2 est à $x = 2$ m. À $x = 1$ m, $\vec{\mathbf{E}} = -27\vec{\mathbf{i}}$ N/C et $V = 63$ V. Trouvez Q_1 et Q_2.

E58. (II) Quel travail extérieur est nécessaire pour amener à vitesse constante, à partir de l'infini, quatre charges ponctuelles de 2 nC aux quatre coins d'un carré dont l'arête mesure 0,14 m ?

4.6 Potentiel d'une distribution continue de charge

E59. (II) Un anneau circulaire possède une densité linéique de charge de 2,2 nC/m sur la moitié de sa longueur. Quel est le potentiel électrique au centre de l'anneau ?

E60. (II) Un anneau circulaire de 3 cm de rayon possède une densité linéique de charge de 1,5 nC/m. (a) Une charge ponctuelle de 2 nC et de masse 0,01 g se trouve initialement au repos au centre de l'anneau. Que vaut l'énergie potentielle ? (b) On déplace légèrement la charge ponctuelle le long de l'axe de l'anneau. Si l'anneau reste immobile, quelle valeur aura le module de la vitesse de la charge ponctuelle à une distance infinie de l'anneau ?

E61. (II) Un disque non conducteur de rayon 20 cm a une densité surfacique de charge uniforme de 2 nC/m^2. Quel travail extérieur est nécessaire pour amener une charge de 5 nC de l'infini en un point situé à 10 cm du centre du disque le long de l'axe du disque ?

4.7 Potentiel d'un conducteur

E62. (I) Le potentiel à une distance de 15 cm de la surface d'une sphère métallique uniformément chargée de rayon 10 cm est de 3,8 kV. Quelle est la densité surfacique de charge de la sphère ?

E63. (I) Deux sphères métalliques uniformément chargées sont reliées par un fil conducteur. L'une des sphères a un rayon de 0,4 m et possède une densité surfacique de charge de 8,2 nC/m^2. Quelle est la charge sur l'autre sphère de rayon 0,25 m ?

E64. (II) Deux gouttes de mercure sphériques ont des charges identiques et sont à un potentiel de 1000 V. Les deux gouttes se joignent en additionnant leur charge respective. Quel potentiel mesure-t-on à la surface de cette goutte plus grande ?

E65. (II) Deux sphères métalliques uniformément chargées de rayons 3 cm et 7 cm sont reliées par un fil conducteur. La charge totale sur les deux sphères est de 30 nC. Quelle est la charge sur chaque sphère ?

4.8 Détermination du champ à partir du potentiel : notions avancées

E66. (II) Soit la fonction potentiel suivante : $V(x) = 3x^2 - 15x + 7$, où x est en mètres et V en volts. (a) Où le champ électrique associé à ce potentiel est-il nul ? (b) Tracez le graphe de $V(x)$ pour x allant de 0 à 4 m. Le graphe confirme-t-il le résultat obtenu en (a) ?

PROBLÈMES

Voir l'avant-propos pour la signification des icônes

P1. (II) Un noyau d'uranium (de charge $92e$, de masse 238 u) au repos se transforme en un noyau de thorium (de charge $90e$, de masse 234 u) et une particule α (de charge $+2e$, de masse 4 u). Juste après la décomposition, les particules sont au repos et distantes de $7,4 \times 10^{-15}$ m. Trouvez l'énergie cinétique de chaque particule lorsqu'elles sont à une distance infinie l'une de l'autre. Contrairement à l'exercice 41, on ne suppose pas que le thorium reste au repos.

P2. (I) Sur un disque de rayon b, on a pratiqué un trou concentrique de rayon a. La densité surfacique de charge σ est uniforme. Trouvez le potentiel en un point sur l'axe du disque à la distance y du centre.

P3. (I) Dans un cristal de NaCl, les ions Na^+ et Cl^- sont disposés selon un réseau cubique à trois dimensions, comme le montre la figure 4.46. La plus courte distance entre deux ions est $2,82 \times 10^{-10}$ m. Trouvez l'énergie potentielle d'un ion Na^+ : (a) en incluant seulement les contributions des six voisins immédiats ; (b) en incluant les contributions des douze voisins les plus proches.

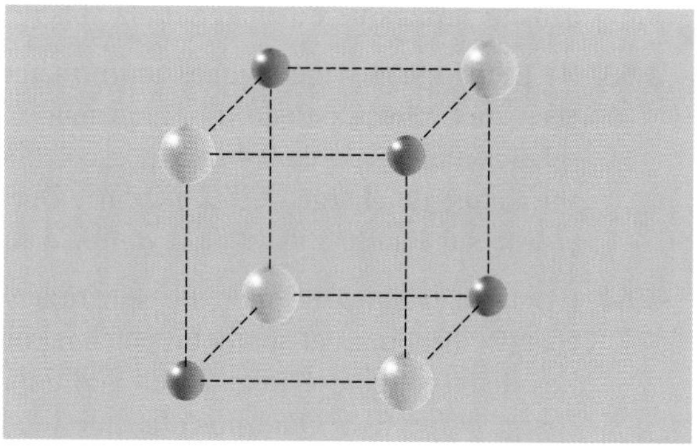

Figure 4.46 ▲
Problème 3.

P4. (II) Un faisceau d'électrons accélérés par une différence de potentiel de 20 kV est dirigé vers une cible en tungstène de 500 g à raison de 4×10^{16} électrons par seconde. En supposant que 30 % de l'énergie des électrons se transforme en chaleur dans la cible, combien de temps faut-il pour que la température de la cible s'élève de 10°C ? (La chaleur spécifique du tungstène est égale à 134 $J \cdot K^{-1} \cdot kg^{-1}$.)

P5. (I) Une sphère métallique de rayon R_1 porte une charge Q_1. Elle est entourée d'une coquille conductrice mince de rayon R_2 qui porte la charge Q_2 négative (figure 4.47). Déterminez : (a) le potentiel V_1 de la sphère intérieure ; (b) le potentiel V_2 de la coquille ; (c) la différence de potentiel $V_1 - V_2$. (d) Dans quelle condition a-t-on $V_1 = V_2$?

P6. (II) Un ballon de rayon R porte une densité surfacique de charge uniforme σ positive. Montrez que la surface est soumise à une force électrique par unité d'aire égale à $\sigma^2/2\varepsilon_0$. (*Indice* : Utilisez la relation $F_r = -dU/dr$.)

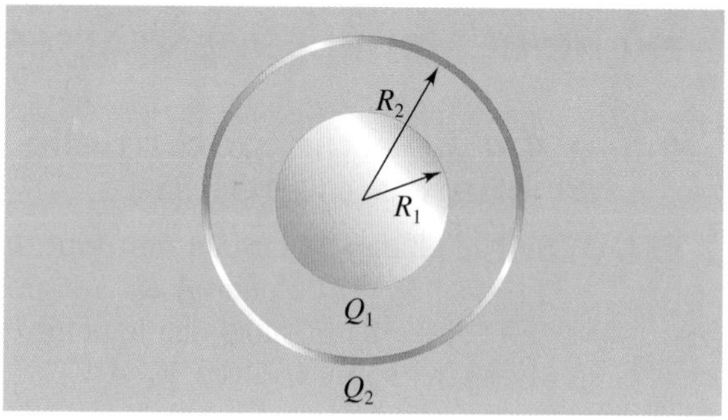

Figure 4.47 ▲
Problème 5.

P7. (I) Un câble coaxial est composé d'un fil intérieur, de rayon a et de densité linéique de charge λ positive, et d'une gaine cylindrique de rayon b portant une densité linéique de charge $-\lambda$. (a) Utilisez l'expression du module du champ électrique ($E = 2k\lambda/r$) entre le fil et la gaine pour montrer que leur différence de potentiel est

$$V(b) - V(a) = -2k\lambda \ln\left(\frac{b}{a}\right)$$

(b) Un compteur Geiger, qui sert à détecter les rayonnements, a une géométrie cylindrique similaire, avec $a = 3 \times 10^{-3}$ cm, $b = 2,5$ cm et $\Delta V = 800$ V. Quel est le champ électrique à la surface du fil intérieur ?

P8. (II) Une tige de longueur L porte une charge Q positive uniformément répartie sur sa longueur. (a) Trouvez le potentiel en un point situé sur l'axe de la tige à une distance x, supérieure à $L/2$, du centre de la tige (figure 4.48). (b) Trouvez le potentiel en un point situé directement au-dessus du centre de la tige, à une distance y. (c) Donnez une valeur plausible à L et à Q. Superposez le graphe de la variation du potentiel électrique le long de l'axe des x à celui de sa variation le long de l'axe des y. Selon quel axe la décroissance est-elle la plus rapide ?

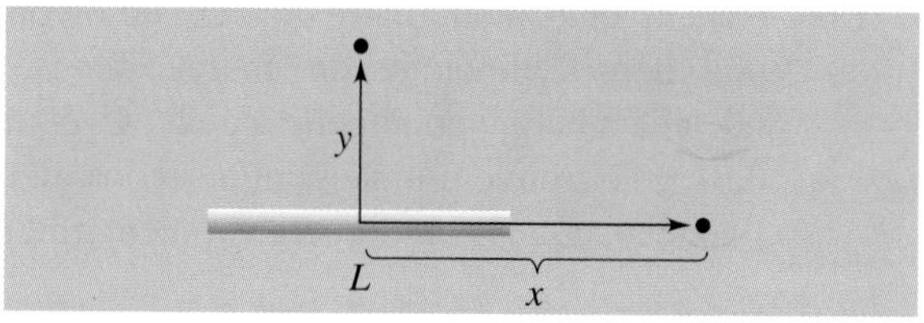

Figure 4.48 ▲
Problème 8.

P9. (I) Une tige de longueur L située sur l'axe des x porte une densité linéique de charge λ positive. Trouvez le potentiel en un point situé à la distance y d'une extrémité sur une perpendiculaire à la tige (figure 4.49). (Consultez la table d'intégrales de l'annexe C.)

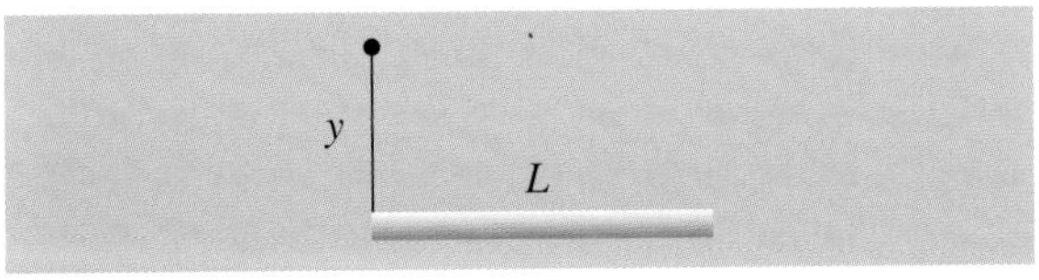

Figure 4.49 ▲
Problème 9.

P10. (II) Une sphère de rayon R porte une charge Q positive uniformément répartie dans son volume. Montrez que pour $r < R$ le potentiel s'écrit

$$V(r) = \frac{kQ(3R^2 - r^2)}{2R^3}$$

(*Indice* : Le champ électrique à l'intérieur d'une sphère uniformément chargée est $E = kQr/R^3$. Calculez $V(r) - V(R)$.)

P11. (II) Une sphère non conductrice de rayon R porte une charge totale Q uniformément répartie dans son volume. Montrez que l'énergie potentielle de la sphère est

$$U = \frac{3kQ^2}{5R}$$

(*Indice* : Cherchez d'abord l'expression du potentiel à la surface d'une sphère uniformément chargée de rayon $r < R$. La charge à l'intérieur d'une coquille mince entre r et $r + \mathrm{d}r$ est égale à $\mathrm{d}q = \rho(4\pi r^2\, \mathrm{d}r)$. Le travail nécessaire pour amener une charge infinitésimale $\mathrm{d}q$ de l'infini jusqu'au point de potentiel V est $V\mathrm{d}q$.)

P12. (II) (a) Montrez que le potentiel créé par un dipôle (figure 4.50), de moment dipolaire $p = 2aq$, à la distance r de son centre est donné par

$$V(r, \theta) = \frac{kp \cos\theta}{r^2}$$

où $r \gg a$ (donc $r_- - r_+ \approx 2a \cos\theta$ et $r_+ r_- \approx r^2$). (b) Utilisez l'expression précédente pour trouver les composantes du champ électrique :

$$E_r = -\frac{\partial V}{\partial r}\ ; \quad E_\theta = -\frac{1}{r}\frac{\partial V}{\partial \theta}$$

P13. (II) En un point éloigné, le potentiel créé par un dipôle peut s'écrire (voir le problème 12) sous la forme

$$V = \frac{k\vec{\mathbf{p}}\cdot\vec{\mathbf{r}}}{r^3}$$

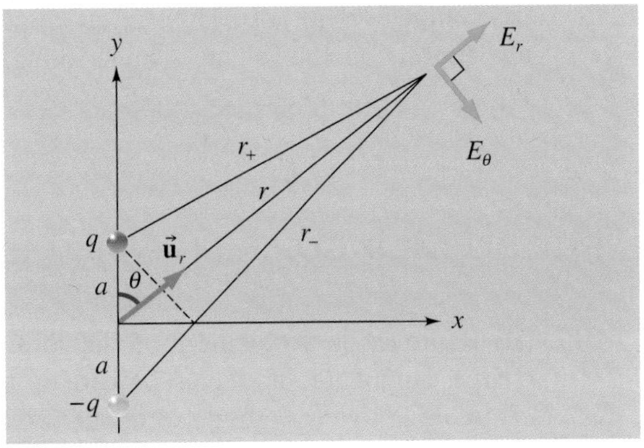

Figure 4.50 ▲
Problème 12.

En utilisant $E_s = -\partial V/\partial s$, avec $s = x$ ou y, montrez que si le moment dipolaire est orienté selon l'axe des x, alors

$$E_x = \frac{kp(2x^2 - y^2)}{r^5}\ ; \quad E_y = \frac{3kpxy}{r^5}$$

P14. (II) Montrez que l'expression

$$\vec{\mathbf{E}} = \frac{k}{r^3}[3(\vec{\mathbf{p}}\cdot\vec{\mathbf{u}}_r)\vec{\mathbf{u}}_r - \vec{\mathbf{p}}]$$

donne les mêmes résultats qu'au problème 13 pour les composantes E_x et E_y du champ créé par un dipôle. (*Indice* : Supposez que $\vec{\mathbf{p}} = p\vec{\mathbf{i}}$. Exprimez $\vec{\mathbf{u}}_r = \vec{\mathbf{r}}/r$ en fonction de x et y.)

P15. (II) L'énergie potentielle d'un dipôle de moment dipolaire $\vec{\mathbf{p}}_2$ dans le champ $\vec{\mathbf{E}}_1$ créé par un autre dipôle est $U = -\vec{\mathbf{p}}_2\cdot\vec{\mathbf{E}}_1$. Utilisez l'expression de $\vec{\mathbf{E}}$ donnée dans le problème 14 pour montrer que l'énergie potentielle de l'interaction dipôle-dipôle est

$$U = \frac{k}{r^3}[\vec{\mathbf{p}}_1\cdot\vec{\mathbf{p}}_2 - 3(\vec{\mathbf{p}}_1\cdot\vec{\mathbf{u}}_r)(\vec{\mathbf{p}}_2\cdot\vec{\mathbf{u}}_r)]$$

Calculez l'énergie d'interaction de deux molécules d'eau pour lesquelles $p = 6{,}2 \times 10^{-30}$ C·m. On donne $r = 0{,}4$ nm. Faites ce calcul pour quatre configurations de moments dipolaires : (a) parallèles et côte à côte ; (b) antiparallèles et côte à côte ; (c) parallèles sur la même droite ; (d) antiparallèles sur la même droite.

P16. (II) L'énergie potentielle d'un système de charges est donnée par

$$U = \sum_{i<j} \frac{kq_i q_j}{r_{ij}}$$

la somme étant calculée sur toutes les paires *distinctes*, c'est-à-dire que $i \neq j$ et les paires ne sont pas comptées deux fois. Montrez qu'on peut écrire une expression équivalente sous la forme

$$U = \sum \tfrac{1}{2} q_i V_i$$

la somme étant calculée sur toutes les charges du système et V_i étant le potentiel créé par toutes les charges, *sauf* q_i, au point où se trouve q_i.

PROBLÈMES SUPPLÉMENTAIRES

P17. (II) Reprenez le problème 8 en supposant que la charge augmente de façon linéaire à partir du centre de la tige ($x = 0$), de sorte que (a) $\lambda = A|x|$; (b) $\lambda = Ax$, où A est une constante positive.

P18. (II) Servez-vous du résultat du problème 8 et de la relation entre le champ électrique et le potentiel pour trouver l'expression du champ électrique en un point (a) situé sur l'axe de la tige, à une distance x extérieure à la tige ; (b) situé directement au-dessus du centre de la tige, à une distance y.

P19. (II) Reprenez l'exemple 4.9 en supposant que la charge sur le disque augmente (a) de façon linéaire à partir du centre, de sorte que $\sigma = Bx$, où B est une constante positive ; (b) comme $\sigma = Cx^2$, où C est une constante positive.

P20. (II) Trouvez une expression pour la charge totale Q dans les deux cas présentés au problème 19. Exprimez les deux résultats du problème 19 à partir de la charge totale Q. (*Indice* : $Q = \int dq$.)

P21. (II) Une charge ponctuelle $Q_1 = 1\ \mu C$ est située en (0, 0,5 m). Une autre charge $Q_2 = -1\ \mu C$ se trouve en (0, −0,5 m). (a) En vous servant de l'expression cartésienne du potentiel d'une charge ponctuelle (voir l'exemple 4.13), trouvez l'expression du potentiel total des deux charges en un point quelconque du plan xy. (b) Tracez le graphe de $V(x, y)$ pour x allant de −1,0 m à 1,0 m et pour y allant de −1,0 m à 1,0 m. Le graphe obtenu confirme-t-il la représentation des équipotentielles de la figure 4.13 (p. 128) ?

P22. (II) Deux charges ponctuelles $Q = 1\ \mu C$ sont situées en (0, 0,5 m) et en (0, −0,5 m). (a) En vous servant de l'expression cartésienne du potentiel d'une charge ponctuelle (voir l'exemple 4.13), trouvez l'expression du potentiel total des deux charges en un point quelconque du plan xy. (b) Tracez le graphe de $V(x, y)$ pour x allant de −1,0 m à 1,0 m et pour y allant de −1,0 m à 1,0 m. Le graphe obtenu confirme-t-il la représentation des équipotentielles de la figure 4.14 (p. 129) ?

Condensateurs et diélectriques

5

POINTS ESSENTIELS

1. Un **condensateur** est un dispositif comportant deux armatures permettant d'accumuler de la charge électrique. Comme il maintient séparées une charge positive et une charge négative qui s'attirent, il accumule aussi de l'énergie potentielle électrique.
2. Plus un condensateur a une grande **capacité**, plus il accumule de charge et d'énergie pour une même différence de potentiel entre ses armatures. La capacité est une caractéristique du condensateur et ne dépend pas de la façon dont il est branché dans un circuit.
3. On peut calculer la capacité équivalente d'une association de condensateurs reliés en **série** ou en **parallèle**.
4. L'énergie emmagasinée dans un condensateur est proportionnelle au carré de la différence de potentiel entre ses armatures.
5. L'introduction d'un **diélectrique** entre les armatures d'un condensateur a pour effet d'augmenter sa capacité.

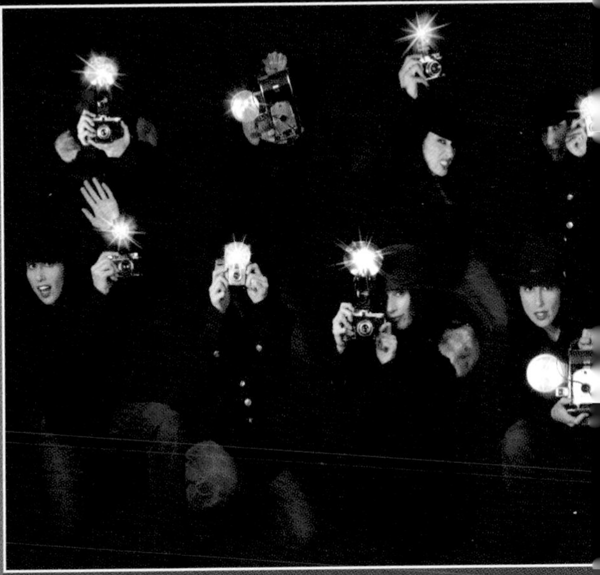

Une grande quantité de charge électrique doit rapidement traverser le flash d'un appareil photo pour qu'il produise son effet. Pour ce faire, de la charge est accumulée pendant plusieurs secondes dans un dispositif appelé *condensateur*, qui la libère brusquement au moment où une photo est prise. Dans ce chapitre, nous décrirons ces dispositifs.

Au début des recherches en électricité, on ne disposait d'aucun moyen pour emmagasiner des charges pendant de longues périodes. Les corps chargés peuvent en effet subir des fuites de courant même lorsqu'ils sont placés sur un support isolé. Comme les modèles scientifiques de l'époque représentaient la charge comme un fluide (voir la section 1.1), on expliquait sa disparition par l'évaporation de ce fluide. Il semblait donc tout naturel de chercher un moyen d'enfermer la charge, un peu comme on « condenserait » un liquide qu'on voudrait empêcher de s'évaporer. Comme il avait été observé qu'on pouvait charger de l'eau contenue dans un flacon isolant en la touchant avec une tige chargée, Ewald Jürgen von Kleist (vers 1700-1748), un pasteur allemand, eut l'idée de charger de l'eau déjà enfermée dans une bouteille, ce qui était censé empêcher selon lui le fluide électrique de s'évaporer. Ayant rempli un flacon d'eau, il y fit tremper un clou (figure 5.1*a*,). Prenant le flacon dans une main, il relia le clou à une machine de charge pendant un certain temps puis coupa la connexion. Par manque d'expérience, il garda le flacon dans sa main, commettant l'erreur de ne pas le poser sur un support isolé, et reçut une énorme décharge lorsqu'il toucha le clou de l'autre main. Plus tard, il s'aperçut que le dispositif* pouvait rester électrifié assez longtemps à condition qu'il ne soit pas remué.

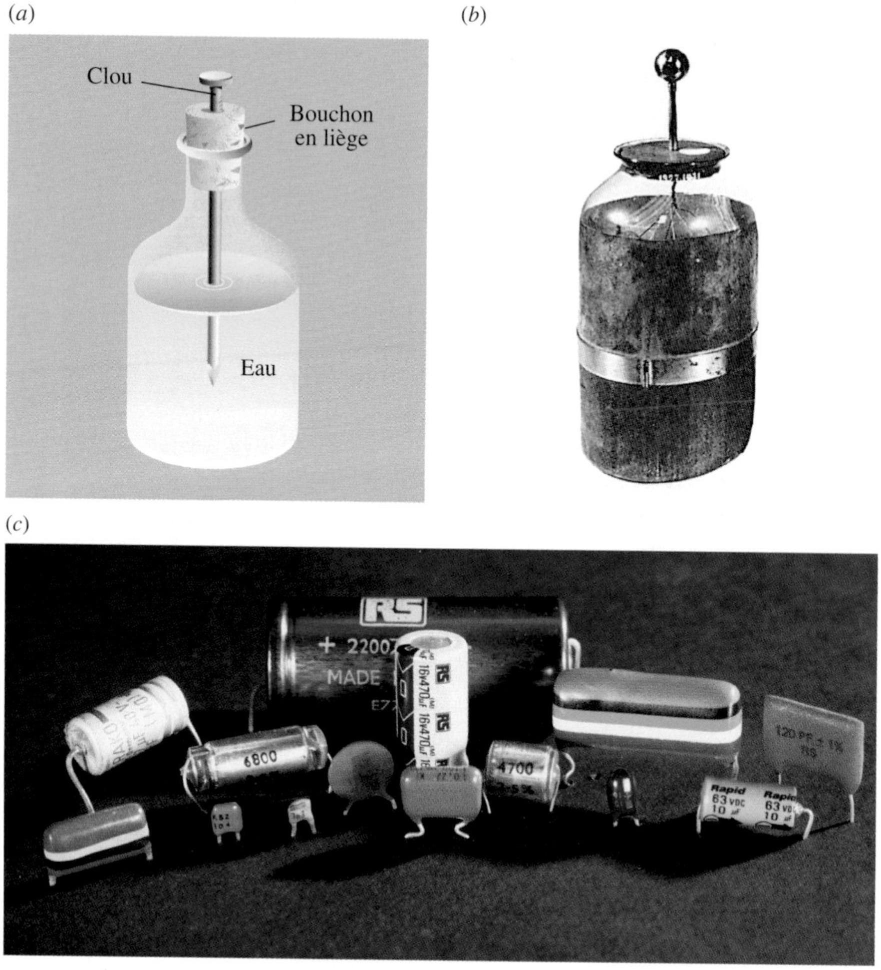

Figure 5.1 ▶
(*a*) Von Kleist réussit à charger l'eau en reliant le clou à une machine de charge. (*b*) Une bouteille de Leyde. (*c*) La bouteille de Leyde est l'ancêtre du condensateur, un type de composante utilisée fréquemment dans les applications électroniques d'aujourd'hui. Les modèles disponibles de nos jours peuvent être miniatures (les plus petits sur la photo mesurent moins d'un centimètre) ou plus volumineux, selon l'application.

Les autres chercheurs eurent du mal à répéter l'exploit de von Kleist parce qu'ils employaient la méthode courante qui consiste à maintenir le flacon isolé pendant la charge. Trois mois plus tard, en 1746, Pieter Van Musschenbroek (1692-1761), professeur à l'université de Leyde, se rendit compte que pour recevoir une décharge, il fallait tenir le flacon non seulement durant la charge, mais aussi après. La décharge qu'il reçut lui parut suffisante pour ne pas avoir envie de recommencer. L'explication qu'il donna était plus complète que celle de Kleist : pendant le processus de charge, le conducteur chargé à l'intérieur (l'eau) induit une charge opposée sur le conducteur extérieur (la main) qui est relié au sol par le corps, lui-même conducteur. (La figure 1.8*b*, p. 10, présente un schéma d'une situation vaguement similaire.) Lorsque la seconde main touche le clou, la décharge est ressentie alors que les charges passent d'une

* En effet, Kleist pensait n'avoir chargé que l'eau elle-même, mais son explication ne fonctionnait pas. Comme nous le verrons, le dispositif comprend l'eau conductrice, la paroi de verre isolante et la main conductrice.

main à l'autre par l'intermédiaire du corps, de façon à neutraliser l'eau et la main chargée. La décharge s'effectue beaucoup plus rapidement que la charge, ce qui explique la violence du choc ressenti.

On s'aperçut bientôt que la grenaille de plomb pouvait remplacer l'eau. La grenaille de plomb et la main furent ensuite remplacées par des feuilles métalliques recouvrant les surfaces intérieure et extérieure du flacon de verre. Puis, Benjamin Franklin utilisa une vitre plane au lieu du flacon en verre et l'on aboutit enfin au dispositif le plus simple, composé de deux plaques métalliques planes séparées par un isolant, par exemple de l'air.

L'invention fortuite de von Kleist, connue sous le nom de bouteille de Leyde (figure 5.1*b*), a servi d'élément de base pour les recherches en électricité des cinquante années qui suivirent. C'était le premier « condenseur », que l'on appelle maintenant **condensateur**, un dispositif qui emmagasine les charges et l'énergie électrique. Tout en étant relativement simples, les condensateurs jouent un rôle essentiel dans les circuits de syntonisation des postes de radio, dans les circuits de synchronisation électronique, dans les flashs électroniques et dans bien d'autres dispositifs. On se sert des condensateurs pour atténuer les fluctuations à la sortie des alimentations des postes de radio et de télévision. Dans ces applications, les condensateurs sont habituellement miniatures (figure 5.1*c*). Par contre, en recherche scientifique, on utilise parfois des condensateurs de tailles beaucoup plus imposantes, pouvant atteindre plusieurs mètres de largeur. Par exemple, les expériences réalisées dans les accélérateurs de particules de haute énergie, en particulier dans le cadre de la recherche sur la fusion, demandent des niveaux de puissance instantanée extrêmement élevés, supérieurs à la capacité de production de toutes les centrales électriques d'un pays comme les États-Unis ! Par conséquent, pour éviter la surcharge des lignes de transport d'électricité dans une région, on charge lentement d'énormes batteries de condensateurs que l'on décharge ensuite rapidement lorsqu'on en a besoin. Le générateur de Cockcroft-Walton illustré à la figure 5.10*b* (p. 165) est un autre exemple d'application utilisant des condensateurs géants.

5.1 La capacité

Un condensateur est composé de deux conducteurs, appelés *armatures*, séparés par un isolant comme de l'air ou du papier, ou encore par du vide*. On peut donner aux armatures des charges de même grandeur mais de signes opposés $+Q$ et $-Q$ en les reliant à une pile** ou à n'importe quel dispositif comprenant des bornes entre lesquelles subsiste une différence de potentiel constante (figure 5.2). En réalité, la pile fait passer la charge d'une armature à l'autre. Dans les schémas de circuits électriques, on utilise le symbole ⊣⊢ pour représenter le condensateur, et le symbole ⊣|⊢ pour la pile, la barre plus courte désignant la borne négative. Au moment où on relie la pile au condensateur, chaque ensemble constitué d'une armature, d'un fil et d'une borne de la pile devient *un* conducteur cherchant à atteindre l'équilibre électrostatique : il y a donc d'abord une certaine période de transition au cours de laquelle la charge portée par les armatures augmente (voir la section 7.5), jusqu'à l'atteinte d'un état d'équilibre. Quand cet équilibre est atteint, le potentiel de chaque armature est le même que celui de la borne à laquelle elle est reliée, puisqu'il n'y a pas de

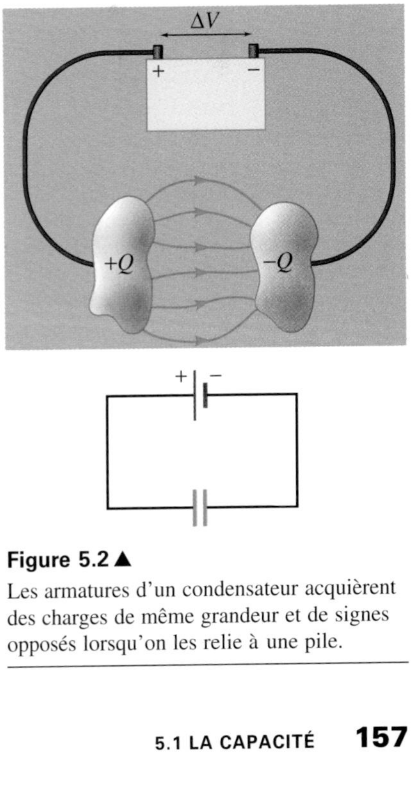

Figure 5.2 ▲
Les armatures d'un condensateur acquièrent des charges de même grandeur et de signes opposés lorsqu'on les relie à une pile.

* Le vide n'est pas un matériau, donc on ne peut le qualifier d'isolant. Toutefois, il ne contient aucune charge libre, de sorte qu'il ne permet pas le passage du courant.

** Le fonctionnement des piles électriques est traité en détail à la section 7.1.

différence de potentiel dans le matériau d'un conducteur à l'état d'équilibre électrostatique (voir la section 4.7). Par conséquent, la différence de potentiel ΔV entre les armatures est la même que la différence de potentiel entre les bornes de la pile. Lorsque la pile est déconnectée, les charges restent sur les plaques où elles sont maintenues par leur attraction mutuelle. Le condensateur peut donc demeurer chargé pendant une très longue période, limitée seulement par la légère fuite de courant qui traverse inévitablement l'isolant séparant les deux armatures.

Les deux armatures accumulant des charges de même grandeur, bien que de signes opposés, la variable Q désigne la grandeur (c'est-à-dire la valeur absolue) de la charge portée par l'une ou l'autre des armatures indifféremment. Cette grandeur est directement proportionnelle à la différence de potentiel ΔV entre les plaques. On peut donc écrire

$$Q = C\Delta V \qquad (5.1)$$

C étant une constante de proportionnalité appelée **capacité** du condensateur*. La capacité d'un condensateur est une mesure de la charge et de l'énergie électrique qu'il est capable d'emmagasiner. En exprimant l'équation 5.1 sous la forme

Capacité d'un condensateur

$$C = \frac{Q}{\Delta V} \qquad (5.2)$$

on voit bien que la capacité nous renseigne sur la quantité de charges qu'un condensateur peut emmagasiner par unité de différence de potentiel entre les armatures. L'unité SI de capacité est le **farad** (F). D'après l'équation 5.2, on voit que

$$1 \text{ farad} = 1 \text{ coulomb/volt}$$

Dans la pratique, un farad correspond à une très grande valeur (voir l'exemple 5.1). C'est pourquoi les valeurs des capacités sont souvent données en picofarads ($1 \text{ pF} = 10^{-12} \text{ F}$) ou en microfarads ($1\ \mu\text{F} = 10^{-6} \text{ F}$). La capacité d'un condensateur dépend, comme nous le verrons plus loin, de la *géométrie* des armatures (leurs dimensions, leur forme et leur position relative) et du *milieu* (comme l'air, le papier ou le plastique) compris entre les armatures. La capacité ne dépend *pas* de Q ou de ΔV séparément. Si l'on double la différence de potentiel, la charge emmagasinée double également, et leur rapport ne change pas.

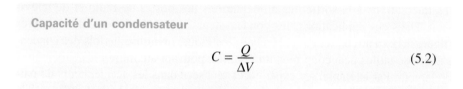

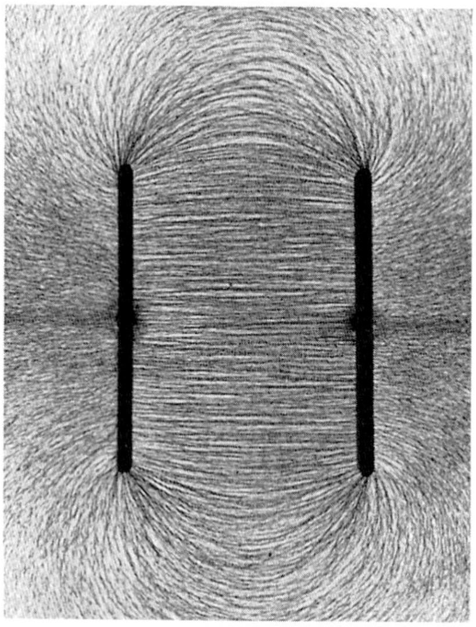

Figure 5.3 ▲
Le champ électrique produit par deux armatures de charges opposées et de dimensions finies n'est pas tout à fait uniforme. Toutefois, on peut le considérer uniforme loin du bord des armatures, surtout quand la distance entre ces dernières est petite comparativement à leur largeur. Cette condition est souvent remplie en pratique, ce qui permet de négliger les effets de bord.

Le condensateur plan

Un des condensateurs les plus courants est composé de deux armatures planes parallèles. Il s'agit du condensateur plan que nous avons déjà rencontré à plusieurs reprises dans les chapitres précédents (voir notamment la figure 2.17, p. 41, et la figure 4.1*b*, p. 110). Nous avions alors montré que ce dispositif permet de produire un champ électrique uniforme. En pratique, il n'est jamais parfait, comme l'illustre la figure 5.3. Toutefois, si la distance séparant les armatures est petite, on peut négliger les effets de bords aux extrémités et supposer que le champ électrique entre les armatures et la distribution de la charge sur chacune de celles-ci sont effectivement uniformes (figure 5.4). Les armatures, qui

* Pour que l'équation 5.1 puisse être utilisée, on évalue toujours ΔV dans le sens où elle est positive. En effet, Q et C sont toujours des quantités positives. Pour alléger la notation, nous éviterons d'écrire $Q = C|\Delta V|$.

ont la même aire A et qui sont séparées par une distance d, portent des charges opposées de même grandeur Q. Comme elles s'attirent, ces charges sont situées seulement sur les surfaces intérieures des armatures. D'après le théorème de Gauss appliqué à un conducteur (voir la section 3.5), ou par un calcul direct (équation 2.19), on sait que le module du champ électrique entre les armatures est donné par

$$E = \frac{\sigma}{\varepsilon_0} = \frac{Q}{\varepsilon_0 A}$$

où $\sigma = Q/A$ est la valeur absolue (grandeur) de la densité surfacique de charge. À la section 4.4, nous avons souligné que le champ électrique dans un condensateur plan était donné par $E = \Delta V/d$ (équation 4.11d). Cette équation peut être substituée dans celle ci-dessus, puisqu'il s'agit du même champ. Par conséquent, la capacité ($C = Q/\Delta V$) est donnée par

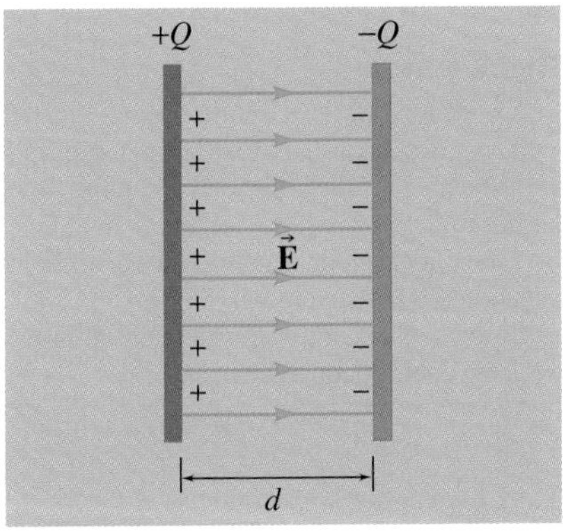

Figure 5.4 ▲
Si la distance séparant les armatures est petite, on peut négliger les effets de bords et considérer que le champ électrique est uniforme.

Capacité d'un condensateur plan

$$C = \frac{\varepsilon_0 A}{d} \qquad (5.3)$$

Dans cette équation, l'utilisation de la constante de permittivité *du vide* ε_0 sous-entend que les armatures ne sont séparées que par du vide. À la section 5.5, nous verrons qu'il faut modifier cette équation si un matériau (non conducteur) est inséré entre les armatures. D'après l'équation 5.3, on voit que la constante ε_0 peut s'exprimer en F/m :

$$\varepsilon_0 = 8{,}85 \times 10^{-12}\ \text{F/m}$$

On peut facilement voir pourquoi la capacité dépend des caractéristiques géométriques A et d du condensateur. La proportionnalité $C \propto A$ est due au fait que, pour une différence de potentiel donnée, une armature plus grande peut emmagasiner une plus grande quantité de charges. Pour une différence de potentiel ΔV donnée, $E = \Delta V/d$. Puisque $E = \sigma/\varepsilon_0$ et $Q = \sigma A$, on voit que $Q = \varepsilon_0 \Delta V/d$, donc que $Q \propto 1/d$. Autrement dit, la charge emmagasinée est inversement proportionnelle à la distance séparant les armatures. Donc, $C \propto 1/d$ est également valable. Regardons maintenant comment la différence de potentiel varie pour une charge donnée sur les armatures. La charge étant supposée la même, le champ $E = \sigma/\varepsilon_0 = Q/\varepsilon_0 A$ est lui aussi le même. Comme $E = \Delta V/d$, on voit que ΔV doit croître si on éloigne les armatures (sinon E et Q changeraient). En effet, $\Delta V = Ed \propto d$. Là encore, on trouve que $C = Q/\Delta V \propto 1/d$ est valable.

Dans la pratique, les condensateurs plans sont souvent faits de deux feuilles métalliques séparées par des feuilles isolantes en plastique. Ce sandwich est enroulé sous forme de cylindre, puis recouvert (figure 5.5a). Malgré les apparences, plusieurs des condensateurs apparaissant à la figure 5.1c (p. 156) peuvent donc être considérés comme des condensateurs plans. Dans les anciens postes de radio, on trouvait des condensateurs plans d'un type différent, comme celui de la figure 5.5b. Ils étaient composés de deux ensembles de plaques semi-circulaires et l'on pouvait faire varier l'aire des plaques juxtaposées en faisant tourner l'un des ensembles. En tournant le bouton de syntonisation du poste, on faisait donc varier la capacité, ce qui faisait varier la fréquence des ondes radio captées par le poste (voir les sections 12.7 et 12.8).

(a) (b)

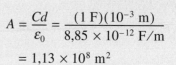

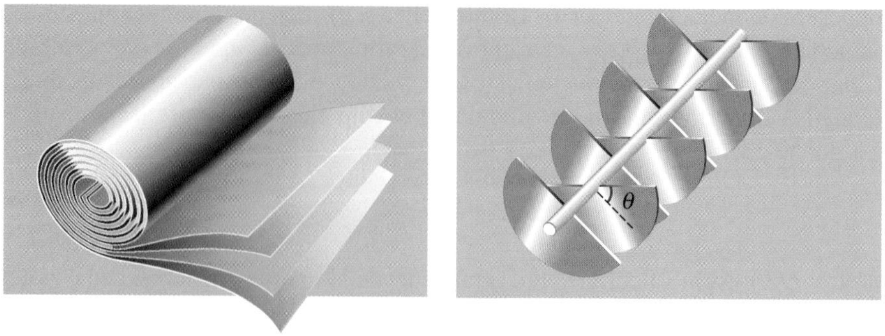

Figure 5.5 ▶
(*a*) On peut réaliser un condensateur « plan » en isolant deux feuilles métalliques au moyen de feuilles de plastique, puis les enrouler pour réduire l'encombrement. (*b*) Un condensateur variable. La capacité dépend de l'aire juxtaposée de deux ensembles d'armatures : l'un des ensembles est fixe, l'autre peut tourner.

EXEMPLE 5.1

Un condensateur plan dont les armatures sont distantes de 1 mm a une capacité de 1 F. Quelle est l'aire de chaque armature ?

Solution

D'après l'équation 5.3,

$$A = \frac{Cd}{\varepsilon_0} = \frac{(1\text{ F})(10^{-3}\text{ m})}{8{,}85 \times 10^{-12}\text{ F/m}}$$
$$= 1{,}13 \times 10^{8}\text{ m}^2$$

Cela correspond à peu près à 10 km × 10 km ! On voit ici que le farad est une très grande unité. ■

EXEMPLE 5.2

Les armatures d'un condensateur plan sont séparées de 2 mm et ont pour dimensions 3 cm × 4 cm. Elles sont reliées à une pile de 60 V. Déterminer : (a) la capacité ; (b) la quantité de charge sur chaque armature.

Solution

(a) L'aire des armatures est $A = 12 \times 10^{-4}\text{ m}^2$. La capacité est donnée par l'équation 5.3 :

$$C = \frac{\varepsilon_0 A}{d}$$
$$= \frac{(8{,}85 \times 10^{-12}\text{ F/m})(1{,}2 \times 10^{-3}\text{ m}^2)}{2 \times 10^{-3}\text{ m}}$$
$$= 5{,}31\text{ pF}$$

Notez que A est la surface de l'une des armatures, et non la surface totale des deux armatures.

(b) On peut déterminer la quantité de charge sur chaque armature à partir de l'équation 5.1, $Q = C\,\Delta V$. La valeur de la capacité ayant été trouvée à la question (a), on a

$$Q = C\,\Delta V$$
$$= (5{,}31 \times 10^{-12}\text{ F})(60\text{ V})$$
$$= 3{,}19 \times 10^{-10}\text{ C}$$

Jusqu'à présent, nous avons démontré et utilisé l'équation 5.3, valable dans le cas du condensateur plan. Nous allons maintenant considérer le cas des condensateurs qui ne sont pas plans. Pour obtenir leur capacité, nous répéterons la démarche qui a conduit à l'obtention de l'équation 5.3, c'est-à-dire :

- Calculer le champ électrique en fonction des charges $+Q$ et $-Q$ portées par les armatures (en utilisant la méthode de la section 2.5 ou le théorème de Gauss).

- Calculer la différence de potentiel entre les armatures en utilisant l'intégrale de ligne de ce champ (équation 4.9). (Le champ ayant été exprimé en fonction de Q, on obtient ΔV en fonction de Q.)
- Substituer dans l'équation 5.2 pour obtenir la capacité.

Un premier cas est celui d'une *sphère conductrice isolée* (comme la boule d'un générateur de Van de Graaff, par exemple). Si une telle sphère porte une charge positive $+Q$, on peut considérer que cette charge lui a été transmise par un environnement distant (par exemple le sol, relié au générateur par une mise à la terre). On peut alors considérer que cet environnement prend une charge $-Q$, même si cette dernière est diluée sur une surface immense. Cet ensemble forme donc un condensateur : la sphère est la première armature, et l'environnement distant, la seconde. Dans l'exemple 5.3, nous montrerons que la capacité d'une telle sphère isolée, de rayon R, est donnée par

$$C = 4\pi\varepsilon_0 R \qquad (5.4)$$

Un second cas classique est celui du *condensateur sphérique*. Un tel condensateur est formé de deux armatures sphériques concentriques, de rayons R_1 et R_2 (figure 5.6). À l'exemple 5.4, nous montrerons que sa capacité est donnée par

$$C = \frac{R_1 R_2}{k(R_2 - R_1)} \qquad (5.5)$$

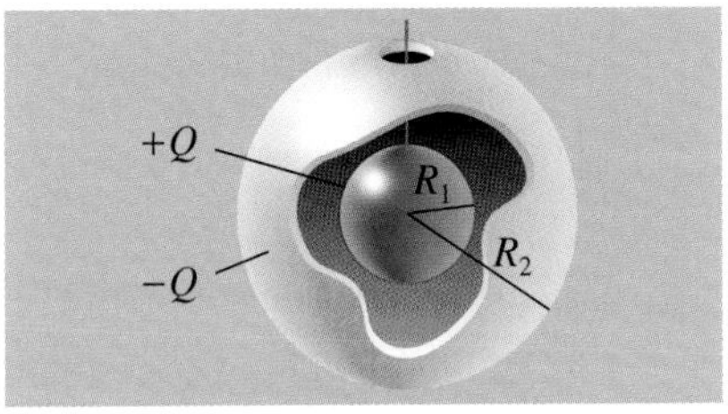

Figure 5.6 ▲
Un condensateur sphérique.

Enfin, nous considérerons le cas du *condensateur cylindrique*, formé de deux armatures cylindriques coaxiales, de rayons a et b (figure 5.7). Ce type de condensateur est utilisé très fréquemment, car les câbles coaxiaux servant au transport des données Internet ou des signaux de télévision ont cette géométrie. (Il ne sert alors pas à accumuler des charges, mais sa capacité joue un rôle quand même.) En général, la gaine extérieure conductrice est mise à la terre et protège le signal du fil intérieur contre les perturbations électriques. Un manchon en nylon ou en téflon sépare le fil intérieur de la gaine. À l'exemple 5.5, nous montrerons que la capacité d'un tel câble d'une longueur L est donnée par l'équation suivante, à condition de supposer que les deux armatures sont séparées par de l'air :

$$C = \frac{2\pi\varepsilon_0 L}{\ln(b/a)} \qquad (5.6)$$

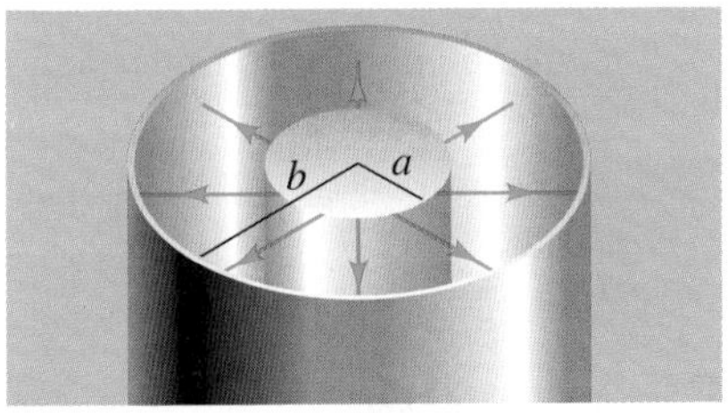

Figure 5.7 ▲
Un condensateur cylindrique.

EXEMPLE 5.3

(a) Démontrer l'équation 5.4 donnant la capacité d'une sphère conductrice isolée de rayon R. (b) Sachant qu'elle a un rayon de 6370 km, quelle est la capacité de notre planète, si on la considère comme une telle sphère conductrice isolée ?

Solution

La sphère en elle-même n'est pas un condensateur : elle n'est qu'une des deux armatures, l'autre étant l'environnement distant (le sol, par exemple). Si la sphère porte une charge $+Q$, cet environnement porte une charge $-Q$. Le potentiel de la sphère, mesuré par rapport à une référence de potentiel nul infiniment distante, est $V = kQ/R$. Quant au potentiel de l'environnement, il est essentiellement de 0 V puisqu'il est distant de la sphère. (En effet, quand la distance à la sphère croît, le potentiel qu'elle produit devient rapidement négligeable comparativement à celui de sa surface ; même s'il devient parfaitement nul seulement à une distance infinie, le potentiel s'approche très près de zéro bien avant.) On a donc $\Delta V = kQ/R$. Puisque $k = 1/(4\pi\varepsilon_0)$, la capacité $C = Q/\Delta V$ s'écrit bel et bien

$$C = 4\pi\varepsilon_0 R$$

On voit donc que la capacité dépend du rayon, c'est-à-dire d'une grandeur géométrique. Ce résultat semble valable puisqu'il faut une plus grande charge pour élever une plus grande sphère à un potentiel donné. ■

(b) On obtient $C = 4\pi(8{,}85 \times 10^{-12}$ F/m)(6370 $\times 10^3$ m) = 708 μF.

Ce calcul peut avoir un certain sens si on considère que la Terre peut recevoir de la charge en provenance des autres corps célestes et du milieu interstellaire.

EXEMPLE 5.4

Démontrer l'équation 5.5 donnant la capacité d'un condensateur sphérique. Pour ce faire, supposer que l'armature interne porte la charge $+Q$ et que l'armature externe porte la charge $-Q$.

Solution

La différence de potentiel entre les sphères est déterminée par le champ électrique, $\Delta V = -\int \vec{\mathbf{E}} \cdot d\vec{\mathbf{s}}$. Puisque le champ a seulement une composante radiale, le produit scalaire devient $\vec{\mathbf{E}} \cdot d\vec{\mathbf{s}} = E_r\, dr$, avec $E_r = +kQ/r^2$. (On remarque que E_r est dû uniquement à la charge sur la sphère *intérieure*. En effet, la charge portée par l'armature externe ne cause aucun champ en son intérieur, ce dernier s'annulant, comme nous l'avons décrit à la section 1.5 ou encore au chapitre 3.) Si l'on choisit un trajet allant de la sphère intérieure à la sphère extérieure, la différence de potentiel est

$$V_2 - V_1 = -\int_{R_1}^{R_2} E_r\, dr = -\left[-\frac{kQ}{r}\right]\Bigg|_{R_1}^{R_2}$$

$$= kQ\left(\frac{1}{R_2} - \frac{1}{R_1}\right)$$

Ce résultat est négatif (à cause du sens pour lequel l'intégrale a été calculée), mais seule la valeur absolue nous intéresse. De $C = Q/\Delta V$, on tire

$$C = \frac{R_1 R_2}{k(R_2 - R_1)}$$

On peut rapprocher cette expression de celle qui donne la capacité d'une sphère isolée et de celle qui donne la capacité d'un condensateur plan (voir le problème 11). ■

EXEMPLE 5.5

Démontrer l'équation 5.6 donnant la capacité d'un condensateur cylindrique de longueur L.

Solution

On suppose le câble suffisamment long, comparativement à la distance entre ses armatures, pour pouvoir négliger les effets de bords. Dans ce cas, le champ électrique, que l'on peut calculer à l'aide du théorème de Gauss, est le même que celui d'un fil infini chargé (équation 2.13 ou exemple 3.5). Avec une densité linéique de charge positive λ, la composante radiale du champ électrique dans la région $a < r < b$ est

$$E_r = \frac{2k\lambda}{r}$$

On remarque que le champ est déterminé uniquement par la densité de charge sur le conducteur *intérieur*. Puisque le champ a seulement une composante radiale, nous avons $\vec{\mathbf{E}} \cdot d\vec{\mathbf{s}} = E_r\, dr$. La différence de potentiel entre les conducteurs est donnée par

$$V_b - V_a = -\int_a^b E_r\, dr = -2k\lambda \int_a^b \frac{dr}{r}$$

$$= -2k\lambda \ln\left(\frac{b}{a}\right)$$

Nous avons seulement besoin de connaître la valeur absolue de cette différence de potentiel. La charge sur une longueur L est $Q = \lambda L$, et la capacité s'écrit donc

$$C = \frac{2\pi\varepsilon_0 L}{\ln(b/a)}$$

La capacité est proportionnelle à la longueur du câble et augmente d'autant plus que la valeur de a s'approche de celle de b. Pour comprendre cette relation, considérons un rayon extérieur fixe b et une différence de potentiel donnée entre les armatures. Au fur et à mesure que le rayon du conducteur interne augmente, l'expression de $V_b - V_a$ montre que λ doit augmenter puisque $\ln(b/a)$ diminue. Une augmentation de λ correspond à un accroissement de la charge totale emmagasinée pour la différence de potentiel donnée, c'est-à-dire à une augmentation de la capacité. ∎

5.2 Les associations de condensateurs en série et en parallèle*

Un condensateur est caractérisé par sa capacité et par la différence de potentiel maximale qu'il est possible de lui appliquer sans endommager l'isolant entre les armatures. Si l'on ne dispose pas de condensateurs ayant la capacité requise, on peut relier entre eux plusieurs condensateurs pour former différentes associations. Nous allons essayer de déterminer la capacité équivalente de deux types fondamentaux d'association.

Dans une **association en série**, deux éléments de circuit sont reliés l'un à la suite de l'autre : ils ont *une* borne commune. La figure 5.8*a* représente deux condensateurs reliés en série avec une pile. Les champs électriques dans les condensateurs sont de même sens, de sorte que la différence de potentiel aux bornes de l'ensemble est simplement égale à la somme des différences de potentiel, c'est-à-dire

$$\Delta V = \Delta V_1 + \Delta V_2$$

Il est important de réaliser que la pile n'est en contact qu'avec les fils reliés aux seules armatures a et d. Cela est le cas quel que soit le nombre de condensateurs reliés en série. Ainsi, la pile va faire passer des charges de l'armature a à l'armature d. Les armatures b et c vont acquérir des charges induites qui doivent être de même grandeur et de signes opposés puisqu'en fait elles font partie d'un même conducteur sur lequel la charge totale est nulle. Par conséquent, dans une association en série, la quantité de charge est la même sur chaque condensateur**. Les deux condensateurs sont équivalents à un seul condensateur $C_{éq}$ (figure 5.8*b*). La charge sur ce condensateur est la même que la charge sur chacun des condensateurs de départ, c'est-à-dire $Q = Q_1 = Q_2$. Puisque $\Delta V = \Delta V_1 + \Delta V_2$ et $\Delta V = Q/C$, on a

$$\frac{Q}{C_{éq}} = \frac{Q}{C_1} + \frac{Q}{C_2}$$

Après simplification, cela donne

$$\frac{1}{C_{éq}} = \frac{1}{C_1} + \frac{1}{C_2}$$

(*a*)

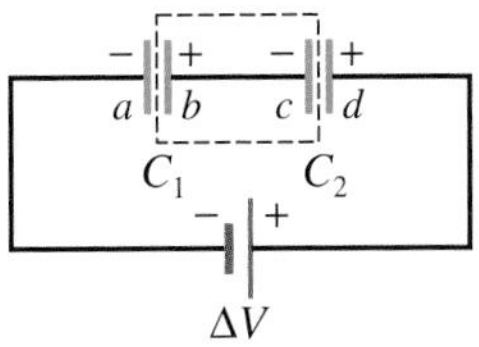

(*b*)

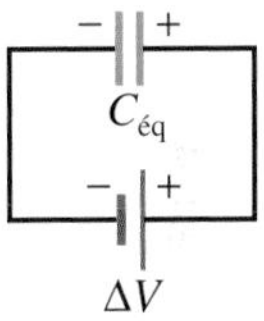

Figure 5.8 ▲
Deux condensateurs reliés en série. (*a*) Les quantités de charges sont les mêmes sur toutes les armatures. En effet, le conducteur encadré en pointillés ne porte aucune charge totale : il s'est seulement polarisé (c'est-à-dire que les charges qu'il contient se sont séparées) lorsque la pile a été reliée aux condensateurs. (*b*) La capacité équivalente est donnée par $1/C_{éq} = 1/C_1 + 1/C_2$.

* Cette section peut être étudiée au même moment que la section 7.2 sur l'association des résistances. Les passages du reste de ce chapitre qui seraient affectés par le report de l'étude de cette section ont été intégrés à la piste de lecture facultative, en bleu.

** Ce résultat peut aussi être obtenu grâce à un raisonnement tiré du chapitre 7 : pendant que les condensateurs se font charger, c'est le même courant qui leur parvient et les quitte, puisqu'ils sont situés sur la même branche du circuit. De même, le résultat $\Delta V = \Delta V_1 + \Delta V_2$ peut lui aussi être obtenu grâce à un raisonnement tiré du chapitre 7 : il découle directement de la loi des mailles de Kirchhoff.

Ce raisonnement est facile à généraliser au cas de plusieurs condensateurs. Pour une association de N condensateurs en série, la capacité équivalente est

Capacité équivalente d'une association en série

$$\frac{1}{C_{\text{éq}}} = \frac{1}{C_1} + \frac{1}{C_2} + \ldots + \frac{1}{C_N} \qquad (5.7)$$

Comme on peut le déduire de l'équation 5.7, dans une association en série, la capacité équivalente est toujours inférieure à celle du condensateur qui a la plus petite capacité. Puisque la charge de chaque condensateur est la même et que $\Delta V = Q/C$, la différence de potentiel est la plus grande aux bornes du condensateur ayant la plus petite capacité.

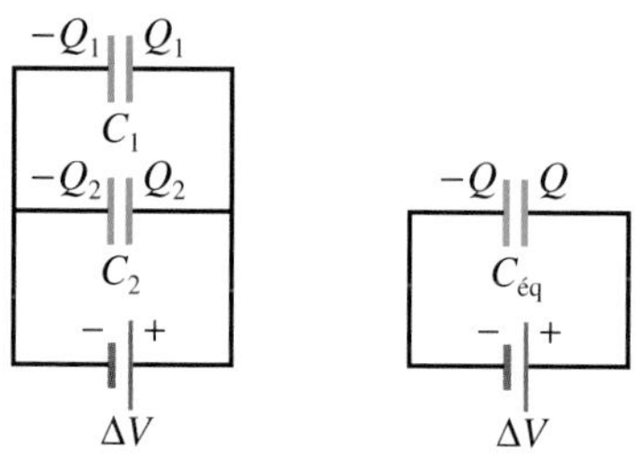

Figure 5.9 ▲
Deux condensateurs reliés en parallèle. (*a*) Les différences de potentiel aux bornes des condensateurs sont les mêmes. En effet, les bornes de gauche font partie d'un même conducteur à l'équilibre et sont donc au même potentiel ; il en va de même pour les bornes de droite. (*b*) La capacité équivalente est donnée par $C_{\text{éq}} = C_1 + C_2$.

Dans une **association en parallèle**, les deux éléments de circuit sont reliés côte à côte : ils ont *deux* bornes communes. La figure 5.9*a* représente deux condensateurs montés en parallèle avec une pile. Les potentiels des bornes de gauche doivent être les mêmes à l'état d'équilibre électrostatique parce que les bornes sont reliées par des fils conducteurs dans lesquels le champ est nul. Il en va également ainsi des potentiels des bornes de droite. Par conséquent, les différences de potentiel entre les bornes des deux éléments sont les mêmes, c'est-à-dire $\Delta V = \Delta V_1 = \Delta V_2$. La charge totale Q sur chaque armature du condensateur équivalent (figure 5.9*b*) est égale à la somme des charges individuelles* :

$$Q = Q_1 + Q_2 = (C_1 + C_2)\Delta V$$
$$= C_{\text{éq}}\Delta V$$

En simplifiant, on en déduit facilement que

$$C_{\text{éq}} = C_1 + C_2$$

En généralisant ce raisonnement au cas de N condensateurs, on trouve

Capacité équivalente d'une association en parallèle

$$C_{\text{éq}} = C_1 + C_2 + \ldots + C_N \qquad (5.8)$$

Ici, contrairement à une association en série, la pile est en contact avec toutes les armatures.

D'après l'équation 5.8, on voit que la capacité équivalente d'une association de condensateurs reliés en parallèle est tout simplement la somme des capacités individuelles des condensateurs. On peut faire le lien entre ce résultat et l'équation 5.3 : si on place plusieurs condensateurs plans identiques en parallèle, on peut imaginer qu'ils ne forment qu'un seul condensateur dont l'aire des

* Ce résultat peut être obtenu grâce à la loi des nœuds de Kirchhoff (voir le chapitre 7) : pendant que les condensateurs se font charger, le courant que débite la pile correspond à la somme des courants qui atteignent les condensateurs. Par conséquent, la charge totale Q qui quitte la pile, celle qui s'accumulerait sur le condensateur équivalent, correspond à la somme des charges accumulées sur les armatures de droite des condensateurs, soit $Q_1 + Q_2$. De même, le résultat $\Delta V = \Delta V_1 = \Delta V_2$ découle directement de la loi des mailles de Kirchhoff.

armatures est la somme des aires individuelles. La capacité de l'ensemble est alors proportionnelle à l'aire totale des armatures.

Lorsqu'on doit traiter des associations complexes de condensateurs, on doit distinguer ceux qui sont en série de ceux qui sont en parallèle. De plus, il est important de retenir que la charge équivalente d'une association en série est égale à la charge portée par chacun des condensateurs de l'association, tandis que la charge équivalente d'une association en parallèle est égale à la somme des charges portées par chacun des condensateurs de l'association.

Dans certains cas, un circuit contient plusieurs condensateurs, mais aucun d'entre eux n'est en série ou en parallèle. Si le circuit ne comporte que des condensateurs, il est alors parfois possible de déterminer tout de même une capacité équivalente, au prix de calculs plus laborieux (voir le problème 6 à la fin de ce chapitre). Quand le circuit comporte d'autres composantes que les condensateurs, il peut s'avérer impossible de *calculer* une capacité équivalente (même si elle existe néanmoins et peut être *mesurée*). Par exemple, c'est le cas des multiplicateurs de tension (figure 5.10).

(*a*)

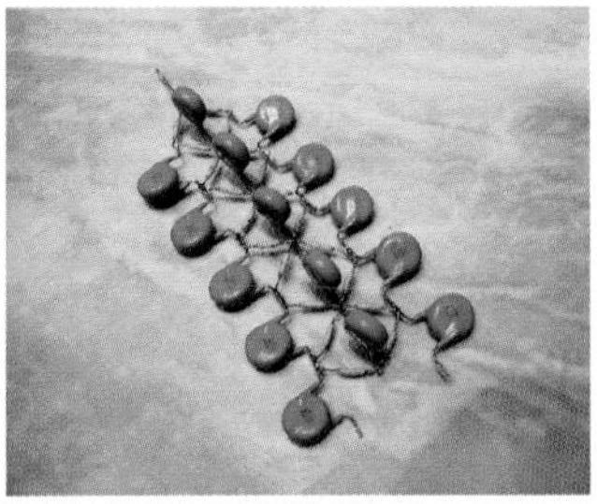

(*b*)

Figure 5.10 ▲

Un multiplicateur de tension utilise deux ou trois colonnes de condensateurs associés, entre lesquels on relie en zigzag des *diodes*, c'est-à-dire des composantes ne laissant passer les charges que dans un sens (voir la section 11.8 du tome 3). Les condensateurs de ce montage ne sont donc ni en série, ni en parallèle. À partir d'une relativement faible différence de potentiel, ce montage permet de charger l'un après l'autre tous les condensateurs, en évitant le plus possible qu'ils ne se déchargent. Les différences de potentiel des condensateurs d'une même chaîne s'additionnent alors, comme dans un assemblage de condensateurs en série, pour donner une différence de potentiel impressionnante. (*a*) Des multiplicateurs de cette taille peuvent fournir une tension de 25 kV. Ils ont déjà été utilisés pour alimenter l'anode des tubes à rayons cathodiques de téléviseurs ou de canons à rayons X. (*b*) Ce modèle géant peut fournir une tension de plus d'un million de volts, utilisée dans un accélérateur de particules de Los Alamos. Dans ce contexte, on appelle « générateur de Cockcroft-Walton » le multiplicateur, mais il fonctionne exactement selon le même principe : on reconnaît sur la photo les condensateurs (chaque paire de grosses armatures en acier séparées par un segment de la tige verticale noire isolante, deux condensateurs successifs ayant une électrode commune) de même que les diodes (segments noirs disposés en zigzag entre les tiges verticales).

EXEMPLE 5.6

Pour le circuit de la figure 5.11*a* (où $C_1 = 6$ μF, $C_2 = 1$ μF, $C_3 = 3$ μF et $C_4 = 12$ μF), déterminer (a) la capacité équivalente aux bornes de la pile ; (b) la charge et la différence de potentiel pour chaque condensateur.

Solution

Dans toutes les situations où on a à analyser un circuit, il est important de redessiner celui-ci en tentant, dans la mesure du possible, de placer tous les éléments du circuit dans le même sens. On passe du circuit de la figure 5.11*a* à celui de la figure 5.11*b* (qui est le même !) en éliminant les éléments verticaux et diagonaux tout en respectant l'ordre des branchements. Il devient alors très facile de reconnaître quels éléments sont en série ou en parallèle. Ensuite, il faut simplifier le problème en réduisant le plus possible le nombre d'éléments en série ou en parallèle. ■

(a) Commençons par C_2 et C_3 ; comme ils sont en parallèle, ils sont équivalents à un condensateur de 4 μF. Ce condensateur de 4 μF est en série avec C_1 et C_4 (figure 5.11*c*). La capacité équivalente de cet ensemble (figure 5.11*d*) est donnée par

$$\frac{1}{C_{\text{éq}}} = \frac{1}{6} + \frac{1}{4} + \frac{1}{12} = \frac{1}{2}$$

d'où on tire $C_{\text{éq}} = 2$ μF.

(b) Comme la charge des condensateurs en parallèle s'additionne, celle portée par le condensateur de 4 μF est $Q_2 + Q_3$. Ensuite, puisque les condensateurs en série ont la même charge,

$$Q_1 = Q_2 + Q_3 = Q_4$$

C'est aussi la quantité de charge sur le condensateur équivalent, $Q = C_{\text{éq}}\Delta V = (2\ \mu\text{F})(48\ \text{V}) = 96\ \mu\text{C}$. Donc, $Q_1 = Q_4 = 96$ μC.

Pour trouver les charges sur les deux autres condensateurs, il faut connaître leur différence de potentiel commune $\Delta V_2 = \Delta V_3$. Nous calculons d'abord les différences de potentiel aux bornes de C_1 et de C_4 :

$$\Delta V_1 = \frac{Q_1}{C_1} = \frac{96\ \mu\text{C}}{6\ \mu\text{F}} = 16\ \text{V}$$

$$\Delta V_4 = \frac{Q_4}{C_4} = \frac{96\ \mu\text{C}}{12\ \mu\text{F}} = 8\ \text{V}$$

Puisque la différence de potentiel de la pile est égale à 48 V, on a $\Delta V_2 = \Delta V_3 = 48\ \text{V} - (16\ \text{V} + 8\ \text{V}) = 24$ V. Enfin,

$$Q_2 = C_2\Delta V_2 = (1\ \mu\text{F})(24\ \text{V}) = 24\ \mu\text{C}$$

$$Q_3 = C_3\Delta V_3 = (3\ \mu\text{F})(24\ \text{V}) = 72\ \mu\text{C}$$

On remarque que la somme $Q_2 + Q_3 = 96$ μC, comme prévu.

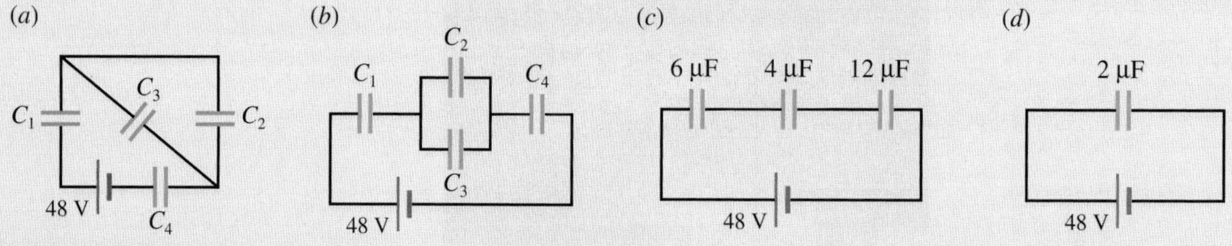

Figure 5.11 ▲
Lorsqu'on calcule la capacité équivalente de plusieurs condensateurs, on peut diviser le problème en plusieurs étapes intermédiaires.

EXEMPLE 5.7

Étant donné deux condensateurs tels que $C_2 = 2C_1$, comparer les charges et les différences de potentiel lorsqu'ils sont reliés (a) en série ; (b) en parallèle.

Solution

(a) Dans une association en série, les charges sont les mêmes. De $\Delta V = Q/C$, on déduit que $\Delta V_2 = 0{,}5\Delta V_1$.

(b) Dans une association en parallèle, $\Delta V_1 = \Delta V_2$. Puisque $Q = C\Delta V$, il s'ensuit que $Q_2 = 2Q_1$.

5.3 L'énergie emmagasinée dans un condensateur

Comme nous l'avons expliqué à la section 4.2, l'énergie potentielle électrique emmagasinée dans un système de charges est égale au travail extérieur qu'il faut faire, sans changement d'énergie cinétique, pour assembler les charges du système. Appliquée à un condensateur, cette idée permet de calculer l'énergie qu'il accumule : elle correspond au travail extérieur fourni, par exemple par une pile, pour le charger (puisque la charge est immobile au début et à la fin et ne change donc pas d'énergie cinétique). Supposons qu'à un instant donné, la grandeur de la charge sur chaque armature soit q et que la différence de potentiel entre les armatures soit $\Delta V = q/C$. Le travail nécessaire pour faire passer une charge infinitésimale dq de l'armature négative à l'armature positive est $dW_{EXT} = \Delta V dq = (q/C) dq$ (la charge circule dans les fils et non dans l'espace entre les armatures). Le travail total fourni pour faire passer toute la charge Q est

$$W_{EXT} = \int_0^Q \frac{q}{C}\, dq = \frac{Q^2}{2C}$$

Ce travail est emmagasiné sous forme d'énergie potentielle électrique, U_E. Puisque $Q = C\Delta V$, on a

Énergie emmagasinée dans un condensateur

$$U_E = \frac{Q^2}{2C} = \tfrac{1}{2}Q\Delta V = \tfrac{1}{2}C\Delta V^2 \qquad (5.9)$$

L'équation 5.9 donne l'énergie potentielle du *système* de charges sur les deux plaques. L'expression $U = qV$ de l'équation 4.1 correspond à l'énergie potentielle associée à une charge ponctuelle *unique* q au potentiel V créé par des charges situées dans son voisinage. Le facteur $\frac{1}{2}$ qui figure dans le produit $\frac{1}{2}Q\Delta V$ exprime le fait que la charge Q n'a pas été transportée d'un seul coup à travers la différence de potentiel ΔV. La charge ainsi que la différence de potentiel ont augmenté progressivement jusqu'à leur valeur finale. Notez que cette idée est analogue à celle qui a conduit à l'équation 4.14*b*.

EXEMPLE 5.8

Deux condensateurs, $C_1 = 5$ μF et $C_2 = 3$ μF, sont initialement reliés tous deux à une même pile de 12 V (figure 5.12*a*). On les déconnecte pour les reconnecter comme sur la figure 5.12*b*. Noter attentivement les numéros des armatures. Déterminer les charges, les différences de potentiel et les énergies emmagasinées (a) pour la première configuration et (b) pour la deuxième configuration.

Solution

(a) Puisque les deux armatures de l'un ou l'autre des condensateurs sont respectivement reliées aux deux bornes de la pile,

$$\frac{Q_1}{C_1} = \frac{Q_2}{C_2} = 12 \text{ V}$$

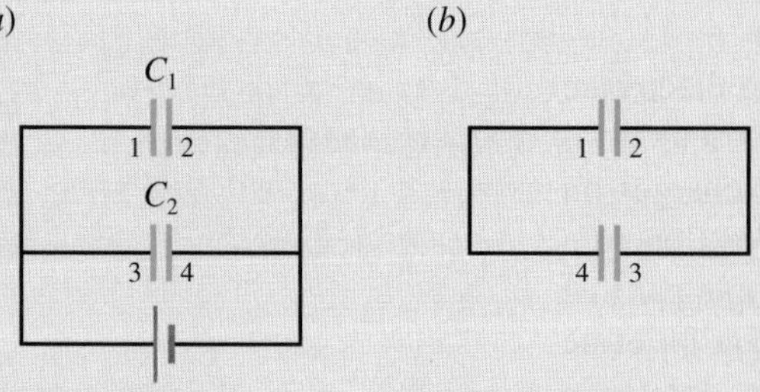

Figure 5.12 ▲
(a) On charge deux condensateurs en les plaçant en parallèle.
(b) On enlève la pile du circuit et on rétablit la connexion entre les armatures en inversant les polarités.

Par conséquent, $Q_1 = 60$ μC et $Q_2 = 36$ μC. Les énergies initiales sont

$$U_1 = \tfrac{1}{2}Q_1\Delta V_1 = \tfrac{1}{2}(60\ \mu\text{C})(12\ \text{V}) = 360\ \mu\text{J}$$

$$U_2 = \tfrac{1}{2}Q_2\Delta V_2 = \tfrac{1}{2}(36\ \mu\text{C})(12\ \text{V}) = 216\ \mu\text{J}$$

(b) Lorsqu'on relie l'armature 1 (de charge 60 μC) et l'armature 4 (de charge −36 μC), les charges s'annulent en partie et il ne reste que la différence, 24 μC, que les condensateurs vont se partager. Il en va de même pour les charges portées par les armatures 2 et 3, respectivement de −60 μC et de 36 μC, qui s'annulent partiellement, ne laissant que −24 μC. ■

Si les symboles primes représentent les valeurs correspondant à la deuxième configuration, on a

$$Q_1' + Q_2' = 24\ \mu\text{C} \qquad \text{(i)}$$

Une fois l'équilibre électrostatique atteint, les différences de potentiel aux bornes des condensateurs deviennent identiques, puisque toute différence de potentiel disparaît dans chacun des deux conducteurs composés d'un fil et des deux armatures qu'il relie. Comme $\Delta V_1' = \Delta V_2'$,

$$\frac{Q_1'}{C_1} = \frac{Q_2'}{C_2}$$

Donc

$$3Q_1' = 5Q_2' \qquad \text{(ii)}$$

La résolution du système d'équations formé par (i) et (ii) donne $Q_1' = 15$ μC et $Q_2' = 9$ μC. Les différences de potentiel ($\Delta V = Q/C$) sont $\Delta V_1' = \Delta V_2' = 3$ V. Les énergies finales sont $U_1' = \frac{1}{2}Q_1'\Delta V_1' = 22{,}5$ μJ et $U_2' = \frac{1}{2}Q_2'\Delta V_2' = 13{,}5$ μJ.

L'énergie totale initiale $U = 576$ μJ est beaucoup plus importante que l'énergie totale finale $U' = 36$ μJ. La différence peut s'expliquer de deux manières. Premièrement, il y a des pertes thermiques dans les fils de raccordement : la charge « tombe » vers le potentiel le plus bas, mais ne le fait pas librement en conservant son énergie. (Ces pertes sont importantes même quand la résistance des fils est négligeable, car la même quantité de charge traverse la même différence de potentiel, même si elle se déplace alors plus rapidement.) Deuxièmement, même quand la résistance des fils est négligeable, les charges sur les condensateurs n'atteignent pas instantanément leur valeur finale. La charge oscille entre les armatures des condensateurs, comme l'eau dans un tube en U. Comme nous le verrons au chapitre 13, l'oscillation des charges produit un rayonnement électromagnétique, comme la lumière, les infrarouges et les ondes radio. Une partie de l'énergie « perdue » est donc dissipée sous forme de rayonnement.

5.4 La densité d'énergie du champ électrique

Dans le chapitre 4, nous avons expliqué que le travail fourni par un agent extérieur pour assembler un système de charges (par exemple, approcher deux charges ponctuelles positives l'une de l'autre ou charger un condensateur) était emmagasiné sous forme d'énergie potentielle du système. Jusqu'à présent, nous avons calculé cette énergie en fonction des charges et du potentiel qu'elles produisent (équations 4.14b ou 5.9), mais il peut être souhaitable de la calculer en fonction du champ électrique qu'elles produisent aussi. Pour ce faire, considérons l'exemple d'un condensateur plan (figure 5.13) pour lequel le calcul est plus simple, le champ étant uniforme. Ce condensateur a une capacité $C = \varepsilon_0 A/d$ et le champ qu'il produit est constant et donné par $E = \Delta V/d$. L'énergie y étant emmagasinée peut donc s'écrire

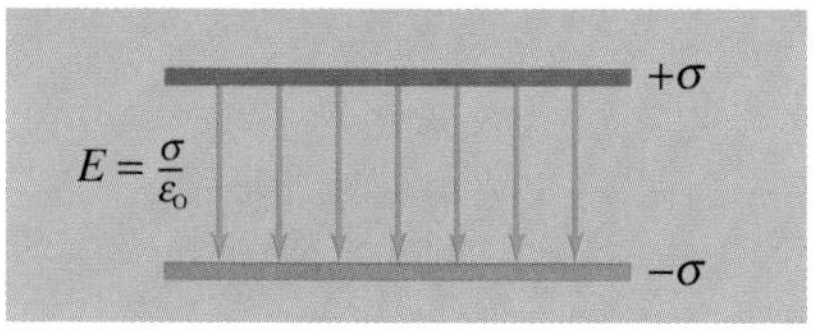

Figure 5.13 ▲
L'énergie d'un condensateur peut être exprimée en fonction du champ électrique. La densité d'énergie est $u_E = \frac{1}{2}\varepsilon_0 E^2$. D'après cette équation, on peut conclure que l'énergie est emmagasinée dans le champ électrique lui-même.

$$U_E = \tfrac{1}{2}C\Delta V^2 = \tfrac{1}{2}\left(\frac{\varepsilon_0 A}{d}\right)(Ed)^2 = \tfrac{1}{2}\varepsilon_0 E^2(Ad)$$

Puisque le volume entre les armatures, où règne le champ électrique, est Ad, on remarque que l'équation ci-dessus exprime l'énergie emmagasinée sous forme d'un produit de deux facteurs : le premier de ces facteurs ne dépend que du champ et le second est le volume où règne ce champ. Si on divise l'énergie U_E par le volume où règne le champ, on peut donc définir une grandeur qui ne dépend que du champ, soit l'énergie par unité de volume de champ (J/m^3) ou densité d'énergie :

Densité d'énergie du champ électrique

$$u_E = \tfrac{1}{2}\varepsilon_0 E^2 \qquad (5.10)$$

En utilisant un calcul plus complexe, fondé sur le théorème de Gauss, on peut montrer que l'équation 5.10 est générale : elle s'applique aussi dans les cas où le champ n'est pas uniforme. Elle donne alors la densité *locale* d'énergie en fonction du champ électrique *local*. Quand le champ est uniforme, u_E est uniforme et l'énergie du système est obtenue simplement en multipliant u_E par le volume occupé par le champ. Par contre, pour calculer l'énergie totale du système quand le champ n'est pas uniforme, il faut subdiviser le système en éléments de volume infinitésimaux, multiplier chaque élément de volume par la densité d'énergie u_E qui lui correspond, puis intégrer, comme le montre l'exemple 5.10 ci-dessous.

Quel sens physique faut-il accorder à l'équation 5.10 ? Au chapitre 4, nous avons montré qu'on peut calculer l'énergie d'un système en fonction des charges qui le composent (équation 4.14*b*), ce qui nous avait fait conclure que l'énergie était emmagasinée dans le système de charges. Or, nous voyons maintenant que cette même énergie peut être calculée en fonction du champ, ce qui pourrait nous amener à conclure que l'énergie est emmagasinée dans le champ électrique lui-même. Du point de vue mathématique, ces deux approches sont équivalentes, mais laquelle doit être interprétée comme ayant un sens physique ?

Les phénomènes qui permettent de trancher la question sont ceux où les deux approches ne sont *pas* équivalentes : comme nous le verrons au chapitre 13, les équations de Maxwell prédisent que les champs électriques et magnétiques, si leurs valeurs oscillent dans le temps, peuvent former une onde électromagnétique capable de voyager dans le vide à la vitesse de la lumière, très loin des charges sources. (Selon Maxwell, la lumière elle-même est une telle onde électromagnétique.) L'expérience montre que ces ondes transportent avec elle de l'énergie, même si les charges sources sont très éloignées. Par exemple, nous recevons de l'énergie qui provient du Soleil, sous forme de lumière (lumière visible, rayonnement infrarouge, rayonnement ultraviolet, etc.), malgré les milliards de kilomètres de vide qui séparent la Terre des charges sources situées sur le Soleil. On est forcé de conclure que ce sont bel et bien les champs qui emmagasinent l'énergie, puisque cette énergie, tout comme les champs, se manifeste *en l'absence de toute charge* située à proximité.

Nous allons maintenant appliquer cette nouvelle interprétation physique dans un contexte électrostatique. Quand on assemble un système de charges, l'augmentation d'énergie potentielle est liée au *changement subi par le champ électrique résultant*. Par exemple, quand on charge un condensateur plan, le travail effectué permet d'augmenter le champ électrique entre les armatures (puisque de la charge supplémentaire leur est ajoutée). De même, quand on approche l'une de l'autre deux charges positives, le travail effectué permet d'augmenter le champ électrique résultant dans l'espace environnant. Inversement, lorsqu'on libère les charges, elles s'éloignent l'une de l'autre, et leur gain d'énergie cinétique doit être interprété comme le résultat d'une diminution de l'énergie potentielle emmagasinée dans le champ.

EXEMPLE 5.9

Le module du champ électrique « disruptif », sous lequel l'air sec perd ses propriétés isolantes et laisse survenir une décharge, est d'environ 3×10^6 V/m. Quelle est la densité d'énergie correspondant à cette valeur du champ ?

Solution

D'après l'équation 5.10, la densité d'énergie pour cette valeur critique du champ est

$$u_E = \tfrac{1}{2}(8{,}85 \times 10^{-12}\ \mathrm{C^2/N\cdot m^2})(3 \times 10^6\ \mathrm{V/m})^2$$

$$= 40\ \mathrm{J/m^3}$$

Puisque cette valeur est associée au module du champ disruptif, elle représente également la densité d'énergie maximale qui peut être atteinte avec un champ électrique dans l'air. ■

EXEMPLE 5.10

(a) Utiliser l'équation 5.10 pour déterminer l'énergie potentielle d'une sphère métallique de rayon R portant la charge Q positive. Comparer votre résultat à celui de l'exemple 4.12. (b) Montrer que l'équation 5.9 mène directement au même résultat.

Solution

(a) Notons tout d'abord qu'il n'y a pas de champ électrique à l'intérieur de la sphère conductrice. En appliquant le théorème de Gauss ou en faisant le calcul, on constate que le module du champ électrique à l'extérieur de la sphère est le même que celui d'une charge ponctuelle Q placée au centre, c'est-à-dire :

$$E = \frac{kQ}{r^2} \quad (r > R)$$

Le volume d'une coquille imaginaire de rayon r et d'épaisseur infinitésimale $\mathrm{d}r$ (figure 5.14) est $4\pi r^2 \mathrm{d}r$. L'énergie du champ électrique à l'intérieur de cette coquille est

$$\mathrm{d}U_E = u_E(4\pi r^2\,\mathrm{d}r)$$

$$= \tfrac{1}{2}\varepsilon_0\left(\frac{kQ}{r^2}\right)^2(4\pi r^2\,\mathrm{d}r)$$

$$= \frac{kQ^2}{2r^2}\,\mathrm{d}r$$

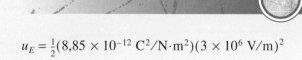

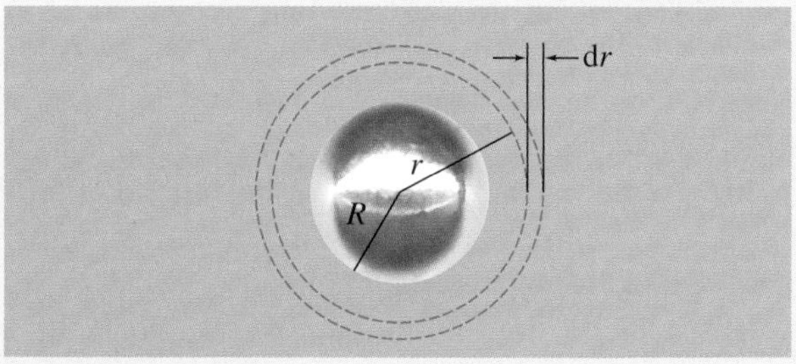

Figure 5.14 ▲
Pour calculer l'énergie emmagasinée dans le champ électrique à l'extérieur d'une sphère métallique chargée, on détermine d'abord l'énergie dans une coquille de rayon r et d'épaisseur dr.

Nous avons utilisé $k = 1/4\pi\varepsilon_0$. Dans tout l'espace entourant la sphère, l'énergie potentielle totale est

$$U_E = \frac{kQ^2}{2}\int_R^\infty r^{-2}\,\mathrm{d}r = \frac{kQ^2}{2R}$$

Cette expression coïncide bel et bien avec le résultat de l'exemple 4.12, ce qui montre que l'interprétation voulant que l'énergie soit emmagasinée dans le champ est équivalente au calcul que nous avions réalisé dans cet exemple.

(b) D'après l'équation 5.4, on sait que pour une sphère isolée, $C = 4\pi\varepsilon_0 R = R/k$. En substituant dans l'équation 5.9, on obtient $U_E = Q^2/2C = kQ^2/2R$.

5.5 Les diélectriques

Lorsqu'on introduit entre les armatures d'un condensateur un matériau non conducteur tel que du verre, du papier ou du plastique, la capacité du condensateur augmente. Michael Faraday fut le premier à observer cet effet et donna le nom de **diélectrique** à ces matériaux. (Ce terme est essentiellement synonyme d'*isolant*: il désigne un matériau qui contient des charges *liées*, c'est-à-dire captives de chaque atome ou de chaque molécule.) Deux expériences simples permettent de mesurer les effets d'un diélectrique sur la capacité d'un condensateur. Dans cette section, nous ne ferons que décrire ces expériences, et dans la section suivante, nous expliquerons l'effet du diélectrique en ayant recours à un modèle physique.

(i) En l'absence de pile

La figure 5.15*a* représente un condensateur de charge Q_0 et dont la différence de potentiel entre les armatures est ΔV_0. La capacité initiale du condensateur lorsqu'on fait le vide entre les armatures est $C_0 = Q_0/\Delta V_0$. Lorsqu'on introduit un diélectrique de manière à remplir complètement l'espace entre les armatures (figure 5.15*b*), on observe que la différence de potentiel entre les armatures diminue d'un facteur κ, appelé **constante diélectrique**:

$$\Delta V_D = \frac{\Delta V_0}{\kappa} \qquad (5.11)$$

Notez que la constante diélectrique ne dépend que de la nature du matériau diélectrique et non de la charge portée par le condensateur. De plus, elle est supérieure à 1 pour tous les matériaux. Le tableau 5.1 donne les valeurs de κ pour certains diélectriques usuels.

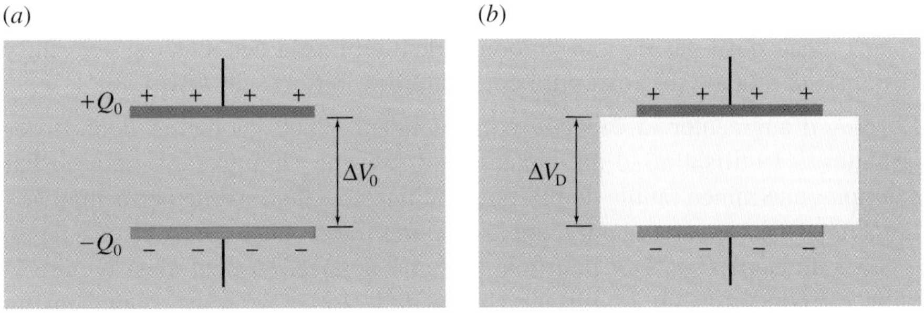

Figure 5.15 ◄
(*a*) Deux armatures portent des charges de même grandeur et de signes opposés $\pm Q_0$ et ont entre elles une différence de potentiel ΔV_0. (*b*) Lorsque l'espace entre les armatures est complètement rempli de diélectrique, la différence de potentiel diminue et devient $\Delta V_D = \Delta V_0/\kappa$, où κ est la constante diélectrique.

D'après la relation $\Delta V = Ed$, on déduit que le module du champ électrique est divisé par le même facteur:

Champ électrique dans un diélectrique

$$E_D = \frac{E_0}{\kappa} \qquad (5.12)$$

Comme la charge sur chaque armature ne change pas (elle ne peut aller nulle part), la capacité en présence du diélectrique est $C_D = Q_0/\Delta V_D = \kappa C_0$. En somme, la capacité devient plus grande en présence d'un diélectrique.

(ii) Avec pile

Pour le circuit représenté à la figure 5.16*a*, les conditions initiales sont les mêmes que celles du circuit de la figure 5.15*a*, mais une pile va *maintenir* la

Tableau 5.1 ▼
Constantes et rigidités diélectriques

Matériau	Constante diélectrique (κ)	Rigidité diélectrique (10^6 V/m)
Air	1,000 59	3
Papier	3,7	16
Verre	4 – 6	9
Paraffine	2,3	11
Caoutchouc	2 – 3,5	30
Mica	6	150
Eau	80	–

différence de potentiel ΔV_0 entre les armatures. Lorsqu'on introduit le diélectrique dans l'espace entre les armatures (figure 5.16*b*), on observe que la charge sur les armatures augmente d'un facteur κ pour devenir $Q_D = \kappa Q_0$. Utilisant la relation $C_D = Q_D/\Delta V_0$, on trouve à nouveau $C_D = \kappa C_0$.

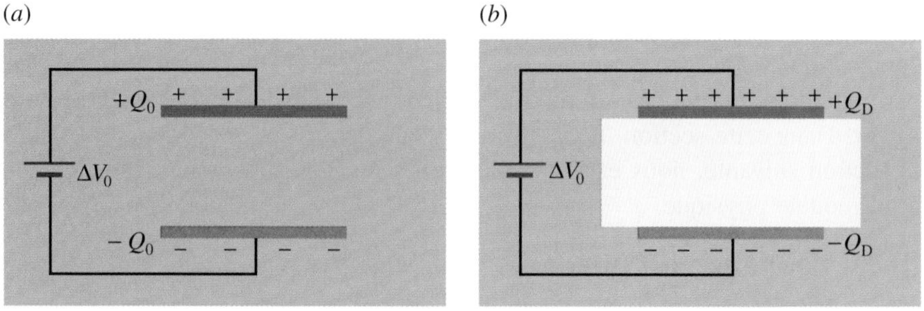

Figure 5.16 ►
(*a*) Cette situation est semblable à celle de la figure 5.15*a*, mais la pile reste maintenant branchée. (*b*) La différence de potentiel ne change pas, mais la charge des armatures augmente et devient égale à $Q_D = \kappa Q_0$.

Dans un cas comme dans l'autre, l'introduction d'un diélectrique a pour effet de multiplier la capacité par un facteur κ:

Capacité en présence d'un diélectrique

$$C_D = \kappa C_0 \qquad (5.13)$$

Un isolant parfait ne contiendrait que des charges liées et aucune charge libre. Comme aucun isolant n'est parfait, le terme *diélectrique* peut parfois porter à confusion. Le cas de l'eau est très révélateur : les molécules d'eau ne contiennent que des charges liées et l'eau possède une constante diélectrique élevée. Par contre, l'eau n'est pas du tout un bon isolant en raison des ions qui peuvent y être dissous (même de l'eau pure comporte des ions H^+ et OH^-).

En plus d'augmenter la capacité correspondant à une géométrie donnée des armatures, l'utilisation d'un diélectrique présente d'autres avantages. Par exemple, une mince feuille de plastique ou une couche d'oxyde permettent aux armatures d'un condensateur plan d'être très rapprochées sans risque de se toucher. Puisque $C \propto 1/d$ pour une capacité donnée, on peut ainsi réduire la taille du condensateur. L'utilisation d'un diélectrique présente également un avantage lié à sa **rigidité diélectrique**, qui correspond au module maximal du champ électrique pouvant être appliqué au matériau avant que celui-ci ne perde ses propriétés d'isolant et ne soit traversé par une décharge (figure 5.17). Un diélectrique augmente la différence de potentiel critique pour laquelle il se produit un claquage, c'est-à-dire une décharge entre les armatures.

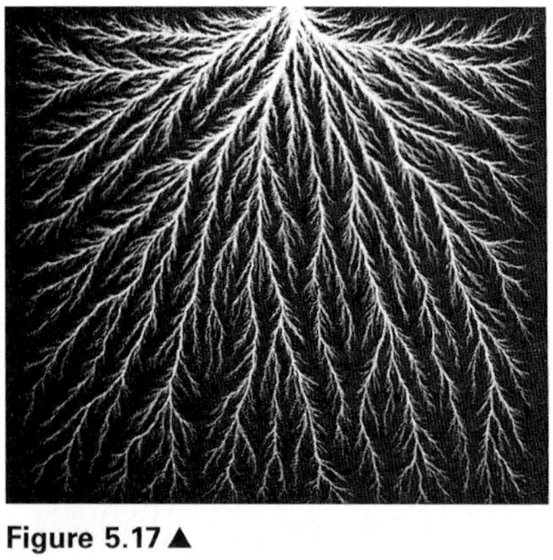

Figure 5.17 ▲
Configuration arborescente produite lors du « claquage » d'un diélectrique, c'est-à-dire lorsqu'il est traversé par une décharge électrique.

5.6 La description atomique des diélectriques

À la section précédente, nous avons montré que l'ajout d'un diélectrique entre les armatures d'un condensateur provoque une augmentation de sa capacité. Dans le cas sans pile, par exemple, une même charge causait une plus petite différence de potentiel (donc un plus petit champ électrique) entre les armatures. Nous allons maintenant voir comment l'ajout du diélectrique peut expliquer cette diminution du champ. Pour ce faire, on doit prédire comment réagissent les charges liées que contiennent les atomes qui composent le matériau diélectrique quand ce dernier est plongé dans le champ électrique. Les charges ne sont pas mobiles, mais elles peuvent néanmoins réagir de deux façons. Premièrement, nous avons vu à la section 2.6 que dans un champ électrique extérieur, un atome acquiert un moment dipolaire *induit*. C'est la seule réaction électrostatique observée dans une substance non polaire. En plus, dans une molécule polaire, comme celle de l'eau, les centres des charges positives et négatives ne coïncident pas et la molécule possède donc un moment dipolaire électrique permanent. En l'absence de champ extérieur, les dipôles sont orientés au hasard (figure 5.18*a*). Lorsqu'on applique un champ extérieur, les dipôles subissent un moment de force qui a tendance à les aligner parallèlement aux lignes de champ, bien que l'alignement ne soit pas parfait à cause de l'agitation thermique. Aux extrémités gauche et droite du diélectrique, il semble donc y avoir davantage de charges d'un signe que de l'autre (négative à gauche et positive à droite). Le résultat est une séparation réelle des charges sur l'épaisseur du matériau, comme le soulignent les pointillés de la figure 5.18*b*. (Cet effet s'ajoute à la contribution non polaire caractéristique de tous les matériaux.)

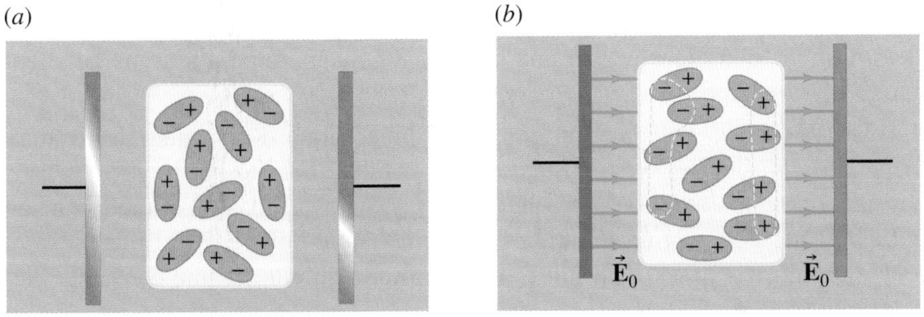

Figure 5.18◄
(*a*) En l'absence de champ extérieur, les dipôles présents dans une substance polaire sont orientés au hasard.
(*b*) Lorsqu'on applique un champ extérieur, les dipôles ont tendance à s'aligner sur les lignes de champ et les extrémités gauche et droite du diélectrique deviennent chargées. Notez en effet que les charges situées immédiatement sous la surface de droite sont toutes positives et que celles situées immédiatement sous la surface de gauche sont toutes négatives.

Ainsi, que le diélectrique soit polaire ou non, ses extrémités acquièrent des charges induites de signe opposé à celui de l'armature adjacente du condensateur. Cette séparation des charges est appelée **polarisation** et est tout à fait analogue à la séparation de charge qui se produit dans les conducteurs plongés dans un champ (voir les sections 1.3 et 2.3), bien qu'elle soit plus importante dans ce dernier cas en raison de la mobilité des charges. À l'intérieur du matériau, les charges induites créent un *champ électrique de polarisation* $\vec{\mathbf{E}}_{\mathrm{p}}$ qui est de sens opposé au champ externe $\vec{\mathbf{E}}_0$ (figure 5.19*a*). Par conséquent, le champ $\vec{\mathbf{E}}_{\mathrm{D}}$ qui en résulte est inférieur au champ externe d'un facteur κ (figure 5.19*b*) :

$$\vec{\mathbf{E}}_{\mathrm{D}} = \frac{\vec{\mathbf{E}}_0}{\kappa} \tag{5.14}$$

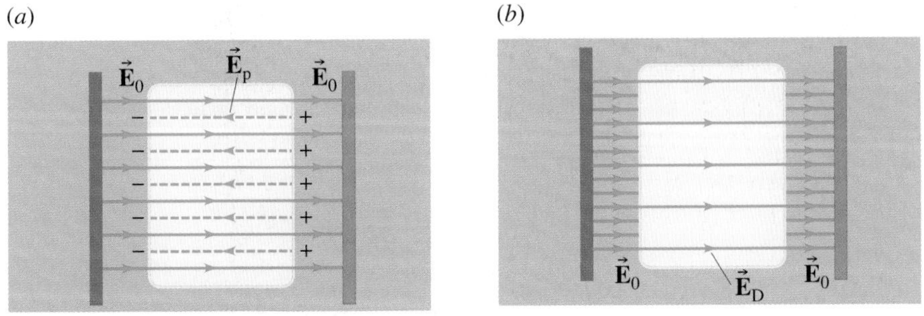

Figure 5.19◄
(*a*) Le champ électrique de polarisation $\vec{\mathbf{E}}_{\mathrm{p}}$ créé par les charges superficielles du diélectrique est opposé au champ extérieur $\vec{\mathbf{E}}_0$. (*b*) Le module du champ résultant à l'intérieur du diélectrique est $E_{\mathrm{D}} = E_0 - E_{\mathrm{p}}$.

En fonction des modules, on a, en tenant compte des orientations,

$$E_{\mathrm{D}} = E_0 - E_{\mathrm{p}}$$

Cette réduction du champ électrique dans un diélectrique peut être comparée à l'annulation complète du champ électrique dans un conducteur (section 2.3).

Dans les deux cas, les charges réagissent au champ extérieur, la seule différence étant que celles d'un conducteur sont libres de se séparer jusqu'à l'annulation complète du champ, alors que les charges d'un diélectrique ne peuvent s'éloigner beaucoup de leur position d'équilibre et ne peuvent donc que *réduire* le champ.

Cette dernière équation permet d'expliquer les observations expérimentales décrites à la section précédente : c'est la diminution du champ électrique entre les armatures qui est à l'origine de la diminution de la différence de potentiel, qui est elle-même la cause de l'augmentation de la capacité lors de l'introduction d'un diélectrique au sein d'un condensateur chargé qui n'est pas relié à une pile. Lorsque les armatures sont reliées à une pile, la situation, au premier abord, se présente de la même façon : l'introduction du diélectrique s'accompagne d'une diminution du champ électrique qui entraîne une diminution de la différence de potentiel. Toutefois, contrairement au cas précédent, la diminution de la différence de potentiel est aussitôt compensée par la pile, qui augmente la charge portée par les armatures jusqu'à ce que la différence de potentiel des armatures redevienne égale à celle de la pile. En somme, on peut affirmer que l'augmentation de la capacité à la suite de l'introduction d'un diélectrique au sein d'un condensateur relié à une pile s'accompagne toujours d'une augmentation de la charge.

La variation de la valeur de la constante diélectrique d'un matériau à l'autre dépend de plusieurs facteurs. Étant donné la faible densité des molécules dans un gaz, on peut s'attendre à ce que le facteur κ ne soit pas très grand pour un gaz. Puisque l'eau est un liquide et a une molécule polaire, il est relativement facile de réorienter ses molécules. Cela explique qu'elle ait une constante diélectrique élevée.

EXEMPLE 5.11

On introduit une plaque de diélectrique d'épaisseur ℓ et de constante diélectrique κ dans un condensateur plan dont les armatures, d'aire A, sont séparées par une distance d (figure 5.20). On suppose que la pile est débranchée avant l'introduction de la plaque. Quelle est la capacité ?

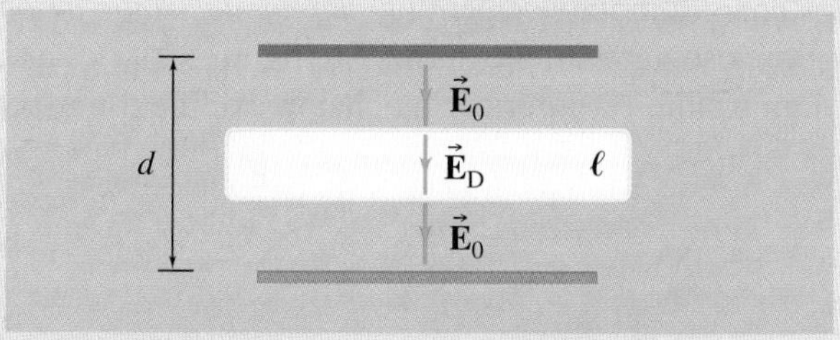

Figure 5.20 ▲
Une plaque de diélectrique est introduite entre deux armatures parallèles. Pour calculer la capacité, on doit d'abord calculer la différence de potentiel entre les armatures.

Solution

On doit d'abord trouver la différence de potentiel entre les armatures. Les valeurs du champ dans l'air et dans le diélectrique sont

$$E_0 = \frac{\sigma}{\varepsilon_0} = \frac{Q}{A\varepsilon_0}; \quad E_D = \frac{E_0}{\kappa}$$

La différence de potentiel entre les armatures est, pour les espaces remplis d'air, $\Delta V_0 = E_0(d - \ell)$, et, pour l'espace rempli de diélectrique, $\Delta V_D = E_D\ell = \sigma\ell/(\kappa\varepsilon_0)$. La différence de potentiel totale entre les armatures est donc

$$\Delta V = \frac{\sigma}{\varepsilon_0}\left[(d - \ell) + \frac{\ell}{\kappa}\right]$$

La capacité est égale à $C = Q/\Delta V = \sigma A/\Delta V$, ce qui donne

$$C = \frac{\varepsilon_0 A}{d + \ell(1/\kappa - 1)}$$

On remarque que lorsque $\kappa = 1$, $C = \varepsilon_0 A/d$ (équation 5.3).

On peut aussi résoudre ce problème en considérant le condensateur comme une association de deux condensateurs en série : un condensateur sans diélectrique d'épaisseur $d - \ell$ et un condensateur avec diélectrique d'épaisseur ℓ. Les capacités de ces condensateurs valent respectivement $C_1 = \varepsilon_0 A/(d - \ell)$ et $C_2 = \kappa\varepsilon_0 A/\ell$. Par l'équation 5.7, $C = (1/C_1 + 1/C_2)^{-1}$; après quelques calculs, on retrouve l'expression donnée plus haut (vérifiez-le). ■

5.7 L'application du théorème de Gauss aux diélectriques

Nous allons voir comment s'applique le théorème de Gauss en présence d'un diélectrique, par exemple dans un condensateur plan. On peut exprimer le module des champs électriques dans le vide et dans le diélectrique en fonction de la densité de charges *libres* σ_f sur les armatures métalliques et de la densité de charges *liées* σ_b sur la surface du diélectrique* : $E_0 = \sigma_f/\varepsilon_0$ et $E_p = \sigma_b/\varepsilon_0$. D'après l'équation 5.14,

$$\frac{\sigma_f}{\varepsilon_0} - \frac{\sigma_b}{\varepsilon_0} = \frac{\sigma_f}{\kappa\varepsilon_0} \qquad (5.15)$$

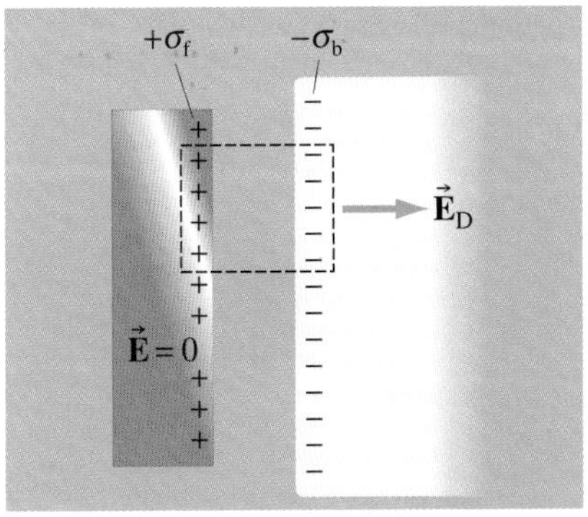

Figure 5.21 ▲
Un cylindre de Gauss qui s'étend du métal au diélectrique contient une charge totale $(Q_f - Q_b)$, où Q_f est la quantité de charges libres sur le métal et Q_b la quantité de charges liées sur la surface du diélectrique.

La figure 5.21 représente un cylindre de Gauss dont l'une des faces planes est à l'intérieur de l'armature métallique (où $\vec{E} = 0$) et dont l'autre surface plane est à l'intérieur du diélectrique où le champ est $\vec{E}_D$. Si A est l'aire de la section du cylindre, alors la charge totale à l'intérieur est $\sigma_f A - \sigma_b A = Q_f - Q_b$. Seule la face plane à l'intérieur du diélectrique contribue au flux intervenant dans le théorème de Gauss ; en utilisant l'équation 5.15, on trouve donc

$$\oint \vec{E}_D \cdot d\vec{A} = \frac{Q_f - Q_b}{\varepsilon_0} = \frac{Q_f}{\kappa\varepsilon_0} \qquad (5.16)$$

D'après cette équation, on constate qu'à l'intérieur d'un matériau diélectrique, le flux électrique dû à une charge libre est divisé par le facteur κ.

RÉSUMÉ

Un condensateur est un dispositif qui emmagasine la charge et l'énergie électrique. Il est composé de deux armatures conductrices séparées par un isolant. Si les armatures portent les charges $\pm Q$ et ont entre elles une différence de potentiel ΔV, la capacité du condensateur est définie comme la valeur absolue de la quantité de charge sur une armature divisée par la valeur absolue de la différence de potentiel ΔV entre les armatures :

$$C = \frac{Q}{\Delta V} \qquad (5.2)$$

La capacité dépend des dimensions et de la forme des armatures ainsi que du matériau présent dans l'espace entre les armatures. Elle *ne dépend pas* de Q ni de ΔV séparément. Pour un condensateur plan, on obtient

$$C = \frac{\varepsilon_0 A}{d} \qquad (5.3)$$

* Les indices donnés à σ correspondent aux termes anglais *free* (libre) et *bound* (lié).

Lorsque N condensateurs sont associés en série ou en parallèle, la capacité équivalente est donnée par

(en série) $$\frac{1}{C_{\text{éq}}} = \frac{1}{C_1} + \frac{1}{C_2} + \ldots + \frac{1}{C_N} \qquad (5.7)$$

(en parallèle) $$C_{\text{éq}} = C_1 + C_2 + \ldots + C_N \qquad (5.8)$$

Lorsqu'on charge un condensateur, il y a transfert des charges positives du potentiel faible au potentiel élevé. Le travail effectué par l'agent extérieur est emmagasiné sous forme d'énergie potentielle :

$$U_E = \tfrac{1}{2}Q\Delta V = \frac{Q^2}{2C} = \tfrac{1}{2}C\Delta V^2 \qquad (5.9)$$

Si la capacité d'un condensateur est C_0 en l'absence de matériau entre ses armatures, sa capacité augmente lorsqu'on remplit l'espace entre les armatures d'un matériau diélectrique et devient

$$C_{\text{D}} = \kappa C_0 \qquad (5.13)$$

κ étant appelée constante diélectrique du matériau. Dans un diélectrique, un champ électrique extérieur E_0 est divisé par le facteur κ et a la valeur

$$E_{\text{D}} = E_0/\kappa \qquad (5.12)$$

TERMES IMPORTANTS

association en parallèle (p. 164)
association en série (p. 163)
capacité (p. 158)
condensateur (p. 157)
constante diélectrique (p. 171)
diélectrique (p. 171)
farad (p. 158)
polarisation (p. 173)
rigidité diélectrique (p. 172)

RÉVISION

R1. Quel est l'effet d'une diminution de la distance entre les plaques sur la capacité d'un condensateur plan ?

R2. Vrai ou faux ? La capacité d'un condensateur cylindrique reste constante si on double la longueur et les rayons des cylindres.

R3. Vrai ou faux ? La capacité d'un agencement de condensateurs en parallèle est toujours plus grande que la capacité du plus grand condensateur de l'ensemble.

R4. Vrai ou faux ? Dans un agencement de condensateurs en série, c'est aux bornes du plus petit condensateur que s'établit la plus grande différence de potentiel.

R5. Dans l'expression $U_E = \frac{1}{2}C\,\Delta V^2$, on pourrait croire que l'énergie emmagasinée dans un condensateur est directement proportionnelle à sa capacité, tandis que l'expression $U_E = \frac{1}{2}Q^2/C$ donne à penser qu'elle est inversement proportionnelle à sa capacité. Montrez qu'il n'y a pas de contradiction entre ces deux expressions.

R6. Vrai ou faux ? Pour accumuler le plus d'énergie possible dans un condensateur rempli de diélectrique, on devrait utiliser un matériau qui combine une forte constante diélectrique et une faible rigidité diélectrique.

R7. L'introduction d'un diélectrique entre les armatures d'un condensateur fait augmenter sa capacité. Expliquez dans quel cas cette augmentation provient (a) d'une augmentation de la charge du condensateur ; (b) d'une diminution de la différence de potentiel aux bornes du condensateur.

R8. Expliquez comment l'introduction d'un diélectrique entre les armatures d'un condensateur chargé qui n'est pas relié à une pile affecte le champ électrique présent.

R9. Vrai ou faux ? L'introduction d'un diélectrique entre les armatures d'un condensateur chargé qui n'est pas relié à une pile s'accompagne d'une perte d'énergie dans le condensateur.

QUESTIONS

Q1. Lorsqu'on relie une pile aux bornes d'un condensateur, les charges sur les armatures sont-elles toujours de même grandeur et de signes opposés, même si les armatures sont de tailles différentes ?

Q2. Deux conducteurs ont-ils une capacité, même si leurs charges ne sont pas de même grandeur et de signes opposés ?

Q3. Lorsqu'on introduit un diélectrique dans un condensateur plan chargé, l'énergie emmagasinée augmente-t-elle ou diminue-t-elle, sachant que (a) la pile reste branchée ; ou que (b) la pile est d'abord débranchée ?

Q4. On double la différence de potentiel aux bornes d'un condensateur. Comment varient les grandeurs suivantes : (a) la capacité ; (b) la charge emmagasinée ; (c) l'énergie emmagasinée ?

Q5. Avec une pile donnée, doit-on relier deux condensateurs en série ou en parallèle pour qu'ils emmagasinent : (a) la charge totale maximale ; (b) l'énergie totale maximale ?

Q6. On charge un condensateur plan, puis on le débranche de la pile. Si l'on écarte les armatures, la différence de potentiel va-t-elle augmenter, diminuer ou rester la même ? Quel effet cela a-t-il sur l'énergie emmagasinée ?

Q7. Un condensateur plan est relié à une pile. Supposons qu'on rapproche les armatures. (a) Quel effet cela a-t-il sur la charge, la différence de potentiel et l'énergie ? (b) Le travail externe accompli pour déplacer les armatures est-il positif ou négatif ?

Q8. Reprenez la question 7 pour un condensateur plan chargé, la pile étant débranchée.

Q9. Donnez deux raisons justifiant l'utilisation des diélectriques dans les condensateurs.

Q10. L'eau a une constante diélectrique élevée. Pourquoi n'est-elle pas souvent utilisée dans les condensateurs ?

Q11. Quelle est la différence entre la constante diélectrique et la rigidité diélectrique d'un matériau ?

Q12. On introduit entre les armatures d'un condensateur plan une feuille de métal d'épaisseur négligeable (figure 5.22). (a) Quel effet cela a-t-il sur la capacité ? (b) La position de la feuille a-t-elle de l'importance ? (c) Qu'arrive-t-il si la feuille a une épaisseur non négligeable ?

Figure 5.22 ▲
Question 12.

Q13. Peut-on s'attendre à ce que la constante diélectrique d'une substance polaire dépende de la température ? Si oui, va-t-elle augmenter ou diminuer si la température s'élève ?

Q14. Montrez que $F/m = C^2/(N \cdot m^2)$.

Q15. Vrai ou faux ? Quand on dit qu'un condensateur porte une quantité de charge Q, cela signifie que chacune des armatures porte $Q/2$.

EXERCICES

Voir l'avant-propos pour la signification des icônes

SÉRIE CLIPS

5.1 Capacité

E1. (I) Un condensateur a des armatures circulaires de rayon 6 cm séparées par une distance de 2 mm. Déterminez : (a) sa capacité ; (b) la charge sur chaque armature lorsque le condensateur est relié à une pile de 12 V.

E2. (I) (a) Quelle est la capacité par unité de longueur d'un long câble coaxial rectiligne dont le fil intérieur a un rayon de 0,5 mm et la gaine conductrice extérieure un rayon de 0,5 cm ? (b) Lorsqu'on lui applique une différence de potentiel de 24 V, quelle est la quantité de charge emmagasinée sur 2,5 m du fil ?

E3. (I) Un condensateur plan de 240 pF a des charges de ±40 nC sur ses armatures qui sont distantes de 0,2 mm. Déterminez : (a) l'aire de chaque armature ; (b) la différence de potentiel entre les armatures ; (c) le module du champ électrique entre les armatures.

E4. (I) Dans un condensateur plan, les armatures sont séparées de 0,8 mm. Les armatures portent des charges ±60 nC et un champ électrique de module 3×10^4 V/m règne entre les armatures. Déterminez : (a) la différence de potentiel entre les armatures ; (b) la capacité ; (c) l'aire d'une armature.

E5. (I) La Terre (de rayon 6400 km) est entourée d'une couche d'atmosphère conductrice appelée ionosphère. Considérons que cette couche est une sphère conductrice à 50 km au-dessus de la surface et qu'il règne dans l'atmosphère un champ électrique constant de 100 N/C orienté verticalement vers le bas. (a) Quelle est la densité surfacique de charge à la surface de la Terre ? (b) Quelle est la capacité du système ? (c) Comparez la réponse obtenue à la question (b) avec la capacité de la Terre considérée comme une sphère conductrice isolée.

E6. (I) Un long câble coaxial rectiligne a un fil intérieur de rayon $r = 1$ mm et une gaine extérieure conductrice de rayon r_2. Lorsqu'on lui applique une différence de potentiel de 27 V, la densité de charge linéique sur le fil intérieur est de 4 nC/m. Trouvez r_2.

E7. (II) Un condensateur est constitué de deux ensembles de plaques intercalées (figure 5.23). La distance de séparation des plaques et l'aire utile correspondante sont indiquées sur la figure. Quelle est la capacité de ce système ?

E8. (I) Un condensateur plan de 24 pF a des armatures dont l'aire est égale à 0,06 m². (a) Quelle est la différence de potentiel nécessaire pour provoquer une décharge entre les armatures ? Le module du champ disruptif (le champ nécessaire pour ioniser les molécules d'air et produire une étincelle) dans l'air est 3×10^6 V/m. (b) Quelle serait la charge sur les armatures correspondant à cette différence de potentiel ?

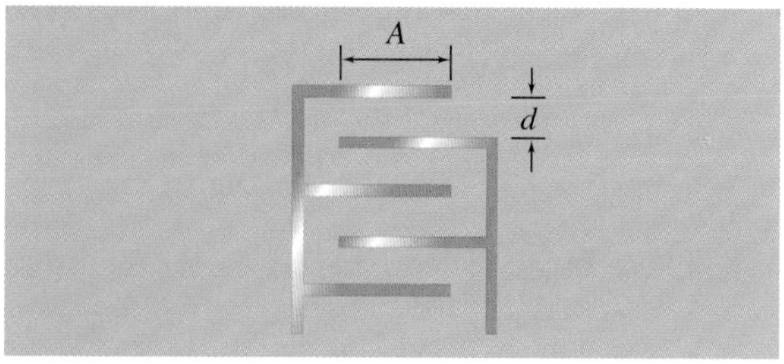

Figure 5.23 ▲
Exercice 7.

E9. (I) Lorsque 10^{12} électrons sont transférés d'une armature à l'autre, la différence de potentiel aux bornes d'un condensateur initialement non chargé atteint 20 V. Quelle est sa capacité ?

E10. (I) Une pile de 12 V est reliée aux deux sphères concentriques d'un condensateur sphérique. Les rayons des sphères sont 15 cm et 20 cm. Quelle est la charge sur chaque sphère ?

E11. (I) Un condensateur de capacité $C_1 = 4$ μF est relié aux bornes d'une pile de 20 V. On enlève la pile et on relie le condensateur à un autre condensateur de capacité $C_2 = 6$ μF, non chargé. Quelles sont les charges et les différences de potentiel finales des condensateurs ?

E12. (II) Un condensateur variable comprend sept armatures en forme de demi-cercles de rayon 2 cm (figure 5.24). Les armatures sont distantes de 1 mm. Trouvez la capacité lorsque l'angle θ est : (a) nul ; (b) égal à 45° ; (c) égal à 135°.

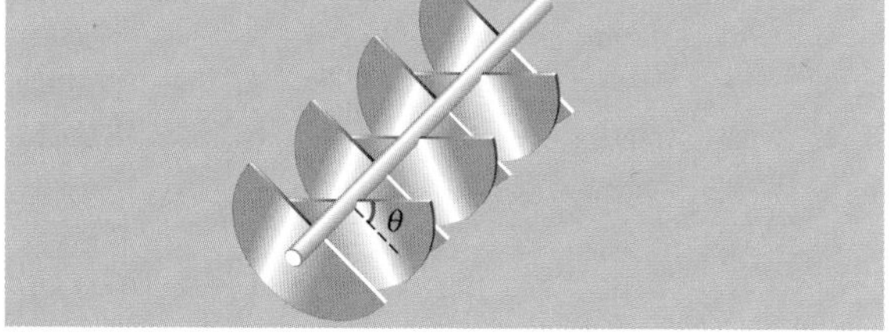

Figure 5.24 ▲
Exercice 12.

E13. (I) Un condensateur sphérique comprend une sphère intérieure de rayon 3 cm et une sphère extérieure de rayon 11 cm. (a) Quelle est sa capacité ? (b) Combien d'électrons doivent être transférés d'une sphère à l'autre pour créer une différence de potentiel de 5 V ?

5.2 Condensateurs en série et en parallèle

E14. (I) Étant donné deux condensateurs de capacités $C_1 = 0{,}1$ μF et $C_2 = 0{,}25$ μF, et une pile de 12 V, trouvez la charge et la différence de potentiel pour chacun s'ils sont reliés (a) en série ; (b) en parallèle avec la pile.

E15. (I) Les trois condensateurs de la figure 5.25*a* ont une capacité équivalente de 12,4 μF. Trouvez C_1.

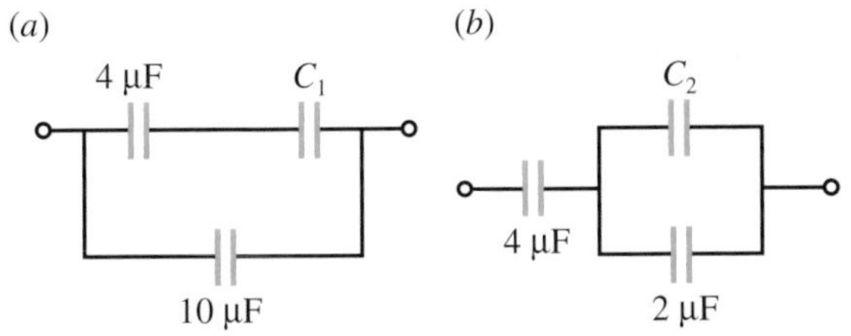

Figure 5.25 ▲
Exercices 15 et 16.

E16. (I) Les trois condensateurs de la figure 5.25*b* ont une capacité équivalente de 2,77 μF. Quelle est la valeur de C_2 ?

E17. (I) On vous donne quatre condensateurs de 10 μF. Trouvez la configuration ayant une capacité de (a) 4 μF ; (b) 2,5 μF.

E18. (I) Tous les condensateurs de la figure 5.26 sont identiques, avec $C = 1$ μF. Quelle est leur capacité équivalente ?

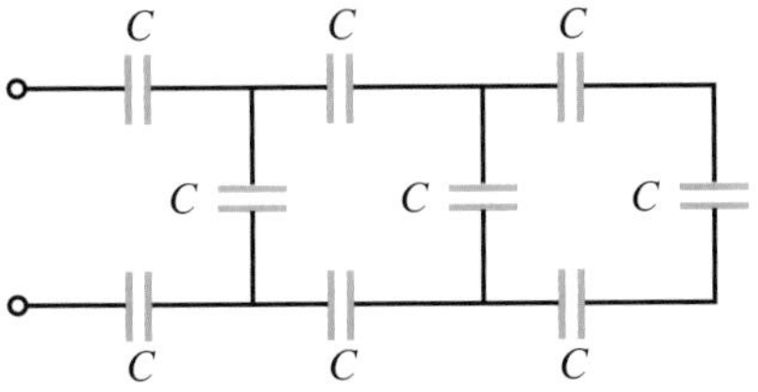

Figure 5.26 ▲
Exercice 18.

E19. (II) Deux condensateurs de capacité $C_1 = 2$ μF et $C_2 = 4$ μF sont reliés en série avec une pile de 18 V. On enlève la pile et on relie entre elles les armatures de même signe. Trouvez la charge et la différence de potentiel finales pour chaque condensateur.

E20. (II) Deux condensateurs de capacité $C_1 = 2$ μF et $C_2 = 6$ μF sont en parallèle avec une pile de 60 V. On enlève la pile et on relie entre elles les armatures de signes contraires. Trouvez la charge et la différence de potentiel finales pour chaque condensateur.

E21. (II) Un condensateur de capacité $C_1 = 3$ μF possède une différence de potentiel initiale de 12 V et un deuxième condensateur, $C_2 = 5$ μF, a une différence de potentiel initiale de 10 V. Trouvez les charges et différences de potentiel finales pour chaque condensateur si leurs armatures sont reliées de la manière suivante : (a) armatures de même signe reliées ensemble ; (b) armatures de signes contraires reliées ensemble.

E22. (II) On vous donne trois condensateurs de capacité $C_1 = 1$ μF, $C_2 = 2$ μF et $C_3 = 4$ μF. Combien de capacités différentes pouvez-vous produire avec ces trois condensateurs ? Indiquez les valeurs obtenues.

5.3 et 5.4 Énergie et densité d'énergie

E23. (I) Quelle est la capacité requise pour emmagasiner une énergie de 100 MeV sous une différence de potentiel de 12 V entre les armatures ?

E24. (I) Étant donné deux condensateurs de 50 μF et une pile de 20 V, trouvez l'énergie emmagasinée totale lorsque les condensateurs sont reliés : (a) en parallèle ; (b) en série avec la pile.

E25. (I) Les armatures d'un condensateur plan ont une aire de 40 cm^2 et sont distantes de 2,5 mm. Le condensateur est relié à une pile de 24 V. Déterminez : (a) la capacité ; (b) l'énergie emmagasinée ; (c) le module du champ électrique entre les armatures ; (d) la densité d'énergie dans le champ électrique.

E26. (I) Dans un condensateur plan, la distance entre les armatures est égale à 0,6 mm et chaque armature porte une charge de ±0,03 μC. Si le module du champ électrique entre les armatures est égal à 4×10^5 V/m, trouvez : (a) la capacité ; (b) l'énergie emmagasinée.

E27. (I) Les armatures d'un condensateur plan de 400 pF sont distantes de 1,2 mm. Trouvez la densité d'énergie lorsqu'on applique une différence de potentiel de 250 V entre les armatures.

E28. (I) Étant donné deux condensateurs, $C_1 = 3$ μF et $C_2 = 5$ μF, déterminez l'énergie emmagasinée dans chacun d'entre eux lorsqu'ils sont reliés : (a) en parallèle, (b) ou en série avec une pile de 20 V.

E29. (II) Deux condensateurs, $C_1 = 2\ \mu\text{F}$ et $C_2 = 5\ \mu\text{F}$, sont reliés en série avec une pile de 20 V. On enlève la pile et on relie entre elles les armatures de même signe. (a) Trouvez les énergies emmagasinées initiale et finale pour chaque condensateur. (b) L'énergie est-elle conservée ? Justifiez pourquoi. (c) Trouvez à nouveau l'énergie finale demandée en (a) en considérant qu'on relie plutôt les armatures de signes opposés.

E30. (II) Deux condensateurs, $C_1 = 2\ \mu\text{F}$ et $C_2 = 5\ \mu\text{F}$, sont en parallèle avec une pile de 40 V. On enlève la pile et on relie entre elles les armatures de signes contraires. (a) Trouvez les énergies emmagasinées initiale et finale pour chaque condensateur. (b) L'énergie est-elle conservée ? Justifiez pourquoi. (c) Répondez à nouveau à la question (a) en considérant que les condensateurs avaient plutôt été reliés en série pendant la charge.

E31. (II) On considère l'association de condensateurs représentée à la figure 5.27. Déterminez l'énergie emmagasinée dans (a) le condensateur de 5 μF ; (b) le condensateur de 4 μF.

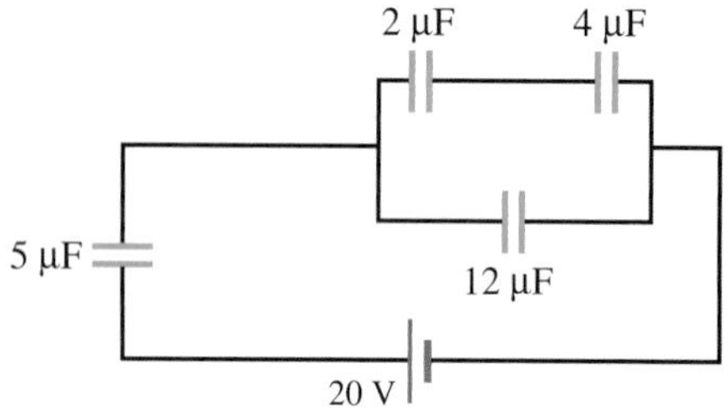

Figure 5.27 ▲
Exercice 31.

E32. (I) Un condensateur plan de 5 pF a une différence de potentiel de 25 V entre ses armatures. L'aire des armatures est égale à 40 cm^2. Déterminez : (a) l'énergie emmagasinée ; (b) la densité d'énergie dans le champ.

E33. (I) Les armatures d'un condensateur plan ont une aire A et sont séparées d'une distance d. On introduit un bloc métallique d'épaisseur ℓ à mi-chemin entre les armatures (figure 5.28). (a) Trouvez une expression pour la capacité de ce condensateur modifié. (b) Que devient cette expression si l'on déplace le bloc de sorte qu'il touche l'une des armatures ?

E34. (I) Un condensateur plan dont les armatures sont distantes de d est relié à une pile avec une différence de potentiel ΔV. Tout en maintenant le condensa-

Figure 5.28 ▲
Exercice 33 et problème 2.

teur branché à la pile, on éloigne les armatures l'une de l'autre jusqu'à ce qu'elles soient distantes de $2d$. Quelle est la variation subie par les grandeurs suivantes : (a) la différence de potentiel ; (b) la charge sur chaque armature ; (c) l'énergie emmagasinée dans le condensateur ?

E35. (II) Reprenez l'exercice 34 avec un condensateur chargé, la pile étant débranchée.

E36. (I) On considère l'association de condensateurs de la figure 5.29. L'énergie emmagasinée dans le condensateur de 5 μF est égale à 200 mJ. Quelle est l'énergie emmagasinée dans (a) le condensateur de 4 μF ; (b) le condensateur de 3 μF ?

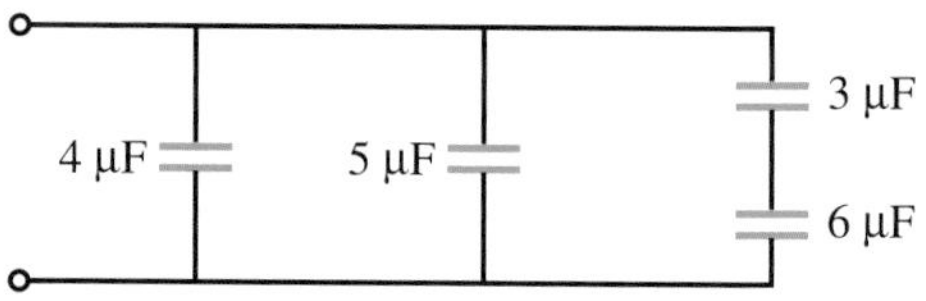

Figure 5.29 ▲
Exercice 36.

E37. (I) Le module du champ électrique à la pointe de l'aiguille d'un microscope à effet de champ (voir la figure 4.33, p. 142) est d'environ $4{,}5 \times 10^8$ V/m. Quelle est la densité d'énergie dans un tel champ ?

E38. (I) Par beau temps, il règne à la surface de la Terre un champ électrique de 120 N/C vertical et dirigé vers le bas. Quelle est l'énergie électrique contenue dans une enceinte cubique d'arête 10 m ?

E39. (I) Les armatures d'un condensateur plan sont distantes de 1 mm. Pour quelle différence de potentiel la densité d'énergie est-elle égale à $1{,}8 \times 10^{-4}$ J/m^3 ?

E40. (I) Un condensateur plan de 15 pF est relié à une pile de 48 V. L'aire de chaque armature est égale à 80 cm^2. Quelle est la densité d'énergie dans le champ ?

5.5 Diélectriques

E41. (I) L'espace entre les armatures d'un condensateur plan est rempli de deux diélectriques de mêmes dimensions (figure 5.30). Quelle est la capacité résultante du condensateur en fonction de κ_1, κ_2 et C_0, sa capacité lorsque ses armatures sont séparées par le vide ?

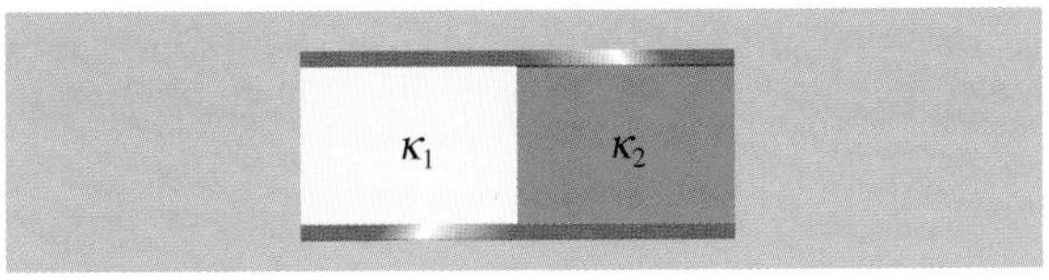

Figure 5.30 ▲
Exercice 41.

E42. (II) Un condensateur plan est rempli à moitié d'une couche de diélectrique de constante κ_1 alors que l'autre moitié contient une couche de constante κ_2 (figure 5.31). Quelle est la capacité résultante ? Exprimez votre réponse en fonction de κ_1, κ_2 et C_0, la capacité du condensateur en l'absence de diélectrique.

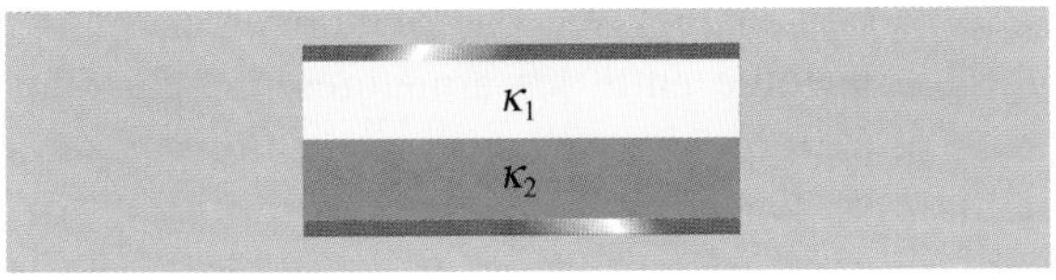

Figure 5.31 ▲
Exercice 42.

E43. (II) Les armatures d'un condensateur plan portent une densité surfacique de charge σ (figure 5.32). On donne $d = 1$ cm, $\ell = 0{,}3$ cm, $\sigma = 2$ nC/m^2, $\kappa = 5$, $A = 40$ cm^2. On place entre les armatures une couche de diélectrique d'épaisseur ℓ et de constante diélectrique κ. Déterminez (a) la différence de potentiel ; (b) la capacité du condensateur modifié.

Figure 5.32 ▲
Exercice 43.

E44. (I) Un condensateur plan de 0,1 μF est relié à une pile de 12 V. Le condensateur étant maintenu branché à la pile, on introduit un diélectrique ($\kappa = 4$) de manière à ce qu'il occupe entièrement l'espace entre les armatures. Trouvez la charge additionnelle transférée sur les armatures.

E45. (II) Un condensateur plan dont le diélectrique est une feuille de mica a une capacité de 50 pF. Si la distance séparant les armatures est égale à 0,1 mm et que le diélectrique occupe entièrement l'espace, trouvez : (a) l'aire des armatures ; (b) la différence de potentiel maximale que peut supporter le condensateur.

E46. (I) Un diélectrique est introduit dans l'espace entre les armatures d'un condensateur de manière à l'occuper entièrement. Déterminez la constante diélectrique dans chacun des cas suivants : (a) la capacité augmente de 50 % ; (b) la différence de potentiel diminue de 25 % ; (c) la charge emmagasinée double de valeur.

EXERCICES SUPPLÉMENTAIRES

5.1 Capacité

E47. (I) Une sphère conductrice isolée a une capacité de 4,2 pF et un potentiel de 1000 V. Quel(le) est (a) son rayon ; (b) sa densité surfacique de charge ?

E48. (I) Deux plaques conductrices circulaires et identiques sont éloignées de 4 mm et forment un condensateur plan de 6 pF. Quel est le rayon de chacune des plaques ?

E49. (I) Quand une différence de potentiel de 12 V est appliquée entre les deux armatures d'un condensateur plan, une densité surfacique de charge de ±15 nC/m^2 apparaît sur chacune des armatures. Quelle distance sépare les armatures ?

E50. (I) Un condensateur cylindrique a une capacité de 15 pF pour chaque 12 cm de longueur. Le rayon du cylindre extérieur est de 0,7 cm. (a) Quel est le rayon du cylindre intérieur ? (b) Évaluez la densité linéique de charge sur l'un ou l'autre des conducteurs lorsqu'une différence de potentiel de 24 V règne entre les deux cylindres.

5.2 Condensateurs en série et en parallèle

E51. (II) Un condensateur $C_1 = 20$ μF a une différence de potentiel de 26 V. Lorsqu'il est branché à un autre condensateur C_2 non chargé, la différence de potentiel sur chaque condensateur tombe à 16 V. Quelle est la capacité de C_2 ?

5.3 Énergie dans un condensateur

E52. (I) Un condensateur de 50 μF possédant une différence de potentiel de 240 V se décharge complètement en 0,2 ms. Quelle puissance moyenne libère-t-il ?

E53. (I) Considérez à nouveau la situation de l'exercice 14. Dans chacun des deux cas décrits dans cet exercice, calculez l'énergie emmagasinée dans les deux condensateurs et comparez-la à celle emmagasinée dans le condensateur équivalent.

P1. (I) Un condensateur plan est rempli d'un matériau de constante diélectrique κ. Montrez que la densité d'énergie dans un diélectrique est $\frac{1}{2}\kappa\varepsilon_0 E^2$, où E est le champ dans le diélectrique. Ce résultat dépend-il de la présence d'une pile reliée au condensateur ?

P2. (I) Un condensateur plan dont les armatures d'aire A sont distantes de d est relié à une pile de différence de potentiel ΔV. Un bloc métallique d'épaisseur ℓ est placé à mi-chemin entre les armatures (figure 5.28). Quel est le travail nécessaire pour enlever le bloc, sachant que la pile reste reliée au condensateur ?

P3. (I) Reprenez le problème 2 sachant que l'on débranche la pile avant d'enlever le bloc.

P4. (I) Deux condensateurs plans identiques sont reliés en série à une pile de 12 V. L'aire des armatures est égale à 16 cm^2 et elles sont séparées de 0,4 mm. (a) Trouvez la charge et la différence de potentiel pour chaque condensateur. (b) On introduit dans l'un des condensateurs un bloc de diélectrique ($\kappa = 5$) qui remplit complètement l'espace entre les armatures. Quelles sont les nouvelles valeurs de la charge et de la différence de potentiel pour chaque condensateur ?

P5. (II) L'association de condensateurs identiques, de capacité 50 pF, représentée à la figure 5.33 se poursuit indéfiniment. Quelle est la capacité équivalente entre les bornes a et b ? (*Indice* : Puisque la configuration est infinie, la capacité entre les points a' et b' est la même qu'entre les points a et b.)

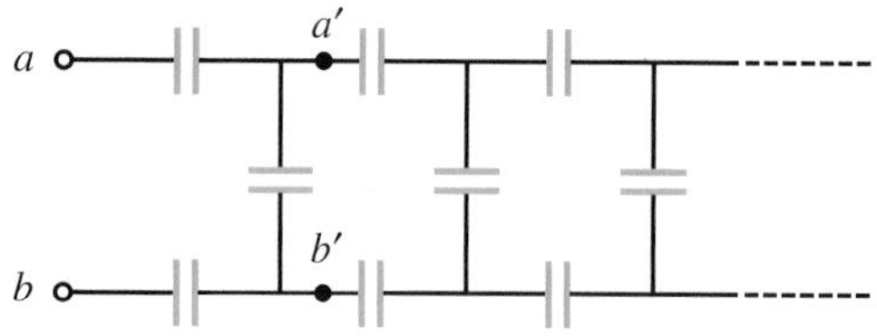

Figure 5.33 ▲
Problème 5.

P6. (II) Quelle est la capacité équivalente de la combinaison représentée à la figure 5.34 ? On donne $C_1 = 2$ µF, $C_2 = 4$ µF et $C_3 = 3$ µF. (*Indice* : Appliquez une différence de potentiel entre les bornes. Cette différence de potentiel est la même quel que soit le trajet entre les bornes. Quelle est la relation entre les charges sur les armatures ?)

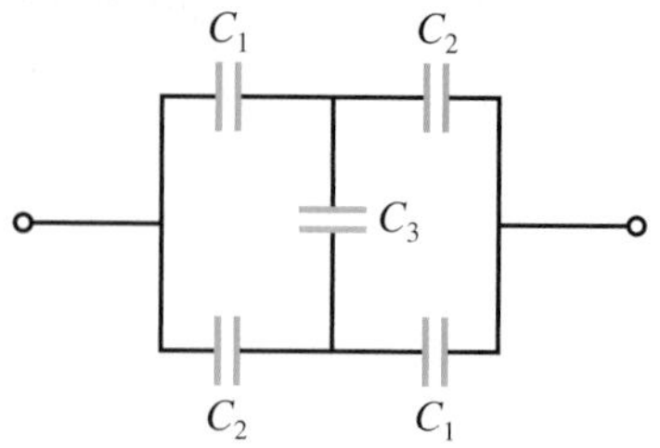

Figure 5.34 ▲
Problème 6.

P7. (II) Les armatures d'un condensateur plan ont une aire égale à A et sont séparées d'une distance d. Les charges sur les armatures sont $\pm Q$. Quelle est la force entre les armatures sachant que la pile a été enlevée ? S'agit-il d'une force d'attraction ou de répulsion ? (*Indice* : Utilisez $F_x = -\mathrm{d}U/\mathrm{d}x$.)

P8. (I) À l'aide d'une pile, dont la différence de potentiel est ΔV, on charge un condensateur plan de capacité C. On débranche la pile et on introduit un diélectrique de constante κ qui remplit complètement l'espace entre les armatures. Trouvez l'énergie emmagasinée dans le condensateur.

P9. (I) Reprenez le problème 8 dans le cas où la pile reste reliée au condensateur.

P10. (II) Un condensateur cylindrique a un conducteur central de rayon a et une gaine extérieure de rayon b. Montrez que si $b - a \ll b$, la capacité devient celle d'un condensateur plan.

P11. (II) Un condensateur sphérique est composé de deux sphères concentriques de rayons R_1 et R_2. (a) Montrez que si $R_2 - R_1 \ll R_2$, la capacité devient celle d'un condensateur plan. (b) Montrez qu'il existe un cas limite dans lequel la capacité du condensateur sphérique se réduit à celle d'une sphère isolée.

P12. (II) (a) Déterminez la densité d'énergie en fonction de r pour un condensateur cylindrique ayant un fil intérieur de rayon a et un conducteur extérieur de rayon b. (b) Quelle est l'énergie totale emmagasinée sur une longueur L du condensateur ? (c) Comparez votre résultat avec celui que donne le calcul à partir de $\frac{1}{2}C\Delta V^2$ ou de $Q^2/2C$.

P13. (I) On introduit entre les armatures d'un condensateur plan un bloc de diélectrique de constante κ remplissant tout l'espace. Montrez que la densité surfacique de charges liées σ_b sur le diélectrique et la densité surfacique de charges libres σ_f sur les armatures du condensateur sont reliées par

$$\sigma_\mathrm{b} = \frac{(\kappa - 1)}{\kappa}\sigma_\mathrm{f}$$

CHAPITRE 6

Courant et résistance

POINTS ESSENTIELS

1. Le **courant électrique** est la quantité de charge qui traverse la section d'un conducteur par unité de temps. Un courant peut aussi être formé d'un flux de charges qui circule dans le vide, au travers d'une section quelconque.
2. La **résistance** d'un conducteur dépend de la **résistivité** du matériau, de sa longueur et de sa section. Plus sa résistance est faible, plus les charges ont de la facilité à circuler dans ce conducteur.
3. D'après la **loi d'Ohm**, la différence de potentiel entre les bornes d'un dispositif est directement proportionnelle au courant qui le traverse. Cette différence de potentiel est la cause du courant et non son effet.
4. Quand des charges traversent une différence de potentiel, elles perdent de l'énergie potentielle électrique. La **puissance électrique** dissipée est le produit du courant et de la différence de potentiel qu'il traverse.

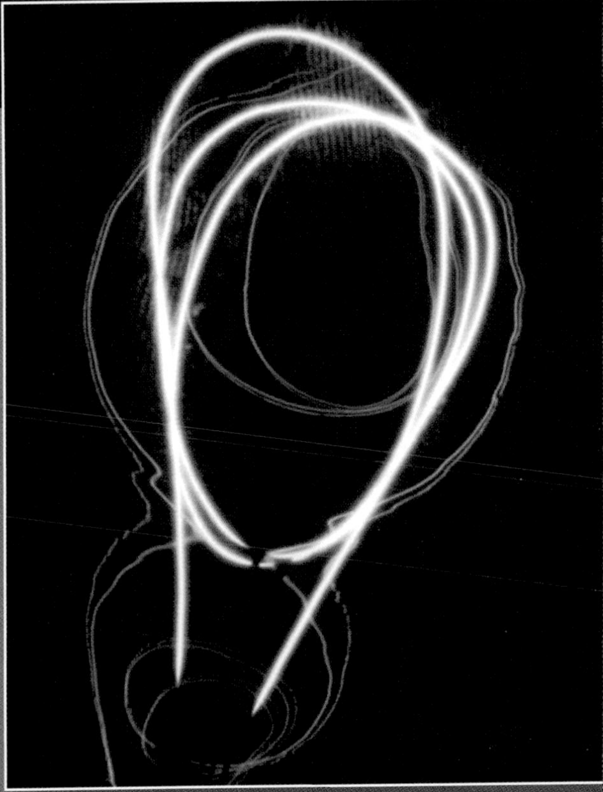

Ce filament d'une ampoule ancienne est tellement chaud qu'il émet de la lumière, phénomène qui permet de tirer une importante déduction : quand des charges circulent dans un matériau plus ou moins conducteur, formant un courant électrique, elles y dissipent de l'énergie. Dans ce chapitre, nous expliquerons l'origine de cette énergie et la cause de ce mouvement de charges.

Les chapitres précédents, à l'exception de la section 2.4, portaient sur les charges électriques au repos. Nous allons maintenant étudier les phénomènes attribués à des charges en mouvement, c'est-à-dire à des *courants* électriques. Nous avons déjà évoqué une telle situation où de la charge se déplaçait : quand on branche une pile à un condensateur, la charge doit d'abord se déplacer jusqu'à ses armatures avant qu'un équilibre ne soit atteint. La question au cœur de ce chapitre est de savoir comment le courant circulant dans un fil dépend de la différence de potentiel appliquée entre ses extrémités*.

* Ce chapitre et le suivant ont été conçus de façon à pouvoir être étudiés *avant* le concept de champ électrique, seule une brève introduction aux notions de potentiel (notamment l'équation 4.1) et de charge électrique étant supposée connue. Tous les passages qui font référence au champ électrique ont donc été intégrés à la piste de lecture facultative, en bleu. Toutefois, quand ce chapitre est étudié dans la séquence prévue, la lecture des passages en bleu est nécessaire pour que les nouvelles notions soient mieux reliées à celles des chapitres précédents.

Les notions de différence de potentiel et de courant électrique se sont précisées peu à peu au cours du XVIIIe siècle, mais, pour diverses raisons, on ne parvenait pas à définir la relation existant entre elles. Tout d'abord, on ne disposait pas de source de courant continu. Jusqu'en 1800, la seule manière de produire un courant électrique dans un fil consistait à y décharger une bouteille de Leyde. L'effet obtenu était bien sûr uniquement transitoire. Deuxièmement, on ne savait pas encore que le fil conducteur n'était là que pour permettre au « fluide » électrique de circuler : on se demandait encore s'il jouait un rôle plus actif. Troisièmement, on ne disposait pas d'instruments de mesure, ce qui nuisait considérablement à l'évolution des connaissances dans ce domaine. Les chercheurs devaient avoir recours à leur corps, à leur langue ou même à leurs yeux pour déceler les courants électriques. Les électroscopes (*cf.* section 1.4) pouvaient détecter une « électrification », c'est-à-dire la charge portée par un objet, mais l'on ne savait jamais exactement la grandeur qui était mesurée.

Malgré toutes ces limites pratiques, Henry Cavendish (1731-1810) fut le premier à parvenir à un résultat conceptuellement proche de celui accepté aujourd'hui : en comparant les chocs qu'il ressentait quand il déchargeait au travers de son propre corps des bouteilles de Leyde plus ou moins chargées, il écrivit que la « vitesse » d'écoulement du fluide électrique (courant) croît avec le « degré d'électrification » (différence de potentiel). Bien qu'il fut le premier à manier des termes ayant un sens identique à ceux d'aujourd'hui, il ne publia malheureusement pas ses résultats.

Ce n'est qu'après l'invention de la pile voltaïque en 1799 (voir l'aperçu historique à la fin de la section 6.1) que la recherche expérimentale put se poursuivre et permettre d'établir quantitativement un lien entre la différence de potentiel et le courant, ce qu'accomplit Georg Ohm (1789-1854) en 1827. Comme nous le verrons, la différence de potentiel est la *cause* du déplacement des charges, c'est-à-dire du courant : plus la différence de potentiel appliquée entre les extrémités d'un conducteur est élevée, plus le courant qui y circule est proportionnellement élevé.

6.1 Le courant électrique

Considérons le flux des charges à travers la surface imaginaire représentée à la figure 6.1*a*. Si, pendant l'intervalle de temps Δt, une charge ΔQ traverse la surface, l'intensité moyenne du **courant électrique** est définie par

Intensité moyenne du courant électrique

$$I = \frac{\Delta Q}{\Delta t} \tag{6.1a}$$

Si le flux n'est pas constant, l'intensité instantanée du courant électrique I est définie par

$$I = \lim_{\Delta t \to 0} \frac{\Delta Q}{\Delta t} = \frac{\mathrm{d}Q}{\mathrm{d}t} \tag{6.1b}$$

Le courant électrique est le *débit* d'écoulement des charges à travers une surface. L'unité SI de courant est l'**ampère** (A). D'après l'équation 6.1,

$$1 \text{ A} = 1 \text{ C/s}$$

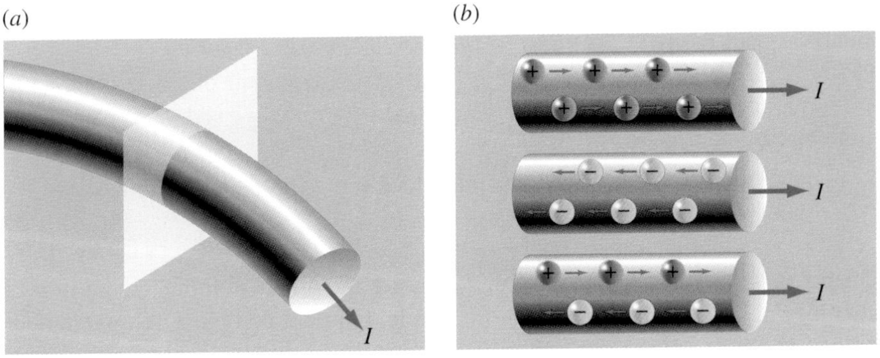

Figure 6.1 ◄
(*a*) Un courant est défini comme le débit avec lequel la charge traverse une surface. (*b*) Le courant produit par des particules chargées positives en mouvement dans un sens donné est le même que le courant créé par un nombre égal de particules chargées négatives en mouvement dans le sens opposé ou par une combinaison appropriée des deux. Le courant ne peut donc *pas* être défini comme la simple direction d'écoulement des particules chargées, puisqu'il doit être le même dans ces trois cas.

(Notez que c'est l'ampère qui est une unité SI fondamentale. En d'autres termes, c'est le coulomb qui est formellement défini à partir de l'ampère et non le contraire. Nous verrons à la section 9.2 comment l'ampère, lui, est défini.)

Le *sens* du courant reste à définir. En effet, comme le montre la figure 6.1*b*, il est impossible de simplement définir le sens du courant comme celui des particules chargées. En effet, un même courant peut être engendré de façon équivalente par un flux de particules chargées positivement dans un sens, par un flux de particules chargées négativement dans l'autre sens ou par une combinaison appropriée des deux flux. Ainsi, on suit la convention suivante, qui provient historiquement de la théorie du « fluide » électrique de Franklin :

Sens conventionnel du courant

Le sens conventionnel du courant I est celui du mouvement des charges *positives*.

Certes, dans les conducteurs métalliques, le modèle atomique prédit que les seules particules chargées qui peuvent se déplacer sont des électrons*, de charge négative (voir la section 1.2). La convention ci-dessus peut donc paraître mal choisie, puisque les électrons se déplacent toujours dans le sens inverse à celui du courant. Toutefois, ailleurs que dans un conducteur métallique, des particules *positives* peuvent bel et bien se déplacer et être responsables d'un courant, que ce soit des protons en mouvement dans le vide, des ions positifs dans un gaz ionisé ou un électrolyte liquide, ou encore des « trous » dans un semi-conducteur (voir la section 11.7 du tome 3). De même, des particules chargées négativement autres que des électrons peuvent aussi donner lieu à un courant.

Bien que nous ayons défini le courant, nous n'avons pas encore expliqué sa cause. En effet, les particules chargées ne se déplacent pas spontanément dans un fil : elles doivent y être entraînées, c'est-à-dire qu'une différence de potentiel doit exister entre les extrémités du fil. Pour comprendre comment agit cette cause, on peut utiliser à nouveau l'analogie entre les phénomènes électriques et gravitationnels (voir la section 4.1). Ainsi, un peu comme une masse a tendance à tomber vers les endroits de plus basse altitude, une charge *positive* a tendance à « tomber » vers les endroits de plus bas potentiel. Comme le sens

* À la section 8.8, nous verrons que l'immobilité des charges positives et la mobilité d'une partie des électrons dans un conducteur métallique peuvent être déduites directement d'une expérience, sans avoir recours au modèle atomique. Il s'agit de l'observation de l'effet Hall.

conventionnel du courant correspond à celui des particules chargées positivement, on peut écrire :

Sens du courant et potentiel

Le courant circule du potentiel le plus élevé vers le potentiel le moins élevé.

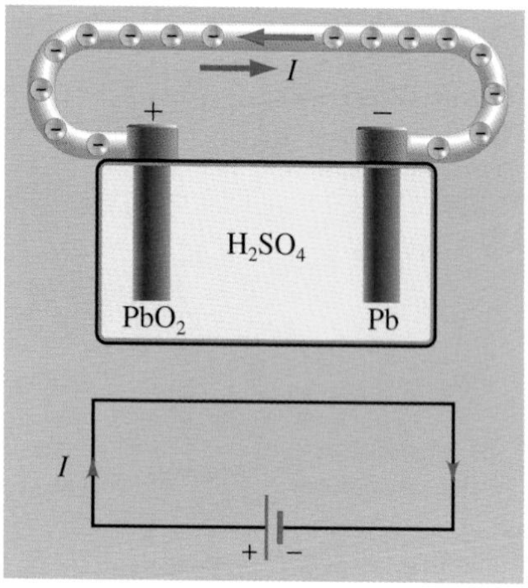

Figure 6.2 ▲
Un courant circule dans un fil lorsqu'une différence de potentiel est appliquée entre ses extrémités. Le sens conventionnel du courant I est dans le sens contraire du mouvement des électrons.

Quand un courant circule dans un fil, c'est un grand nombre de particules chargées qui s'y déplacent, et non une seule. On peut comparer le mouvement de ces particules chargées à celui des molécules dans un tuyau rempli d'eau. Pour reprendre l'analogie gravitationnelle, le flux du courant vers les potentiels décroissants est alors analogue à l'écoulement de l'eau vers les points d'altitude plus basse. En particulier, si le tuyau n'est pas incliné, l'eau ne s'écoule pas*. De même, si le potentiel n'est pas plus élevé à une extrémité du fil qu'à l'autre, le courant électrique ne circule pas.

On peut même poursuivre l'analogie un peu plus loin. Tout comme une pompe permet de soulever de l'eau vers un endroit d'altitude plus élevée, on peut dire qu'une pile sert à « élever » les charges positives d'un potentiel faible (borne négative) à un potentiel élevé (borne positive). Un courant ne va circuler en permanence que dans une boucle fermée, appelée **circuit électrique**, qui comprend au moins une pile et un fil (figure 6.2). Lorsque la charge pénètre à une extrémité du fil, une quantité égale quitte l'autre extrémité ; le fil lui-même n'acquiert pas de charge. Il importe de souligner que la charge située dans chaque segment du fil avance simultanément, sous l'effet de la seule différence de potentiel : ce n'est *pas* le fait d'insérer de la charge à une extrémité qui « pousse » sur la charge contenue dans le fil.

EXEMPLE 6.1

Un courant constant de 1 A circule dans un fil. Combien d'électrons passent en un point donné en 1 s ?

Solution

D'après la définition de l'intensité moyenne du courant, $\Delta Q = I\Delta t = (1\ \text{A})\ (1\ \text{s}) = 1\ \text{C}$. Comme $e = 1{,}6 \times 10^{-19}$ C, le nombre d'électrons est $(1\ \text{C})/(1{,}6 \times 10^{-19}\ \text{C}) = 6{,}3 \times 10^{18}$ électrons.

Ce nombre peut paraître très élevé, mais nous verrons au contraire qu'il est minuscule si on le compare au nombre total d'électrons libres que contient le fil. ■

Le champ électrique dans un fil conducteur

À la section 4.7, nous avons vu que la différence de potentiel entre deux points situés dans le matériau d'un conducteur était nulle, mais ce résultat était valable dans des conditions électrostatiques. Or, ce n'est plus le cas ici : lorsqu'une pile applique une différence de potentiel entre les extrémités d'un fil, les conditions

* Attention : l'eau peut se déplacer dans une conduite horizontale sous l'effet de différences de pression, ce qui n'est *pas du tout* analogue au courant électrique : l'analogie entre débit d'eau et courant n'est valable que si l'écoulement de l'eau est *le seul fait de la gravité*. En effet, comme nous le verrons, les particules chargées qui causent le courant ont une interaction négligeable entre elles (aucune « pression ») et interagissent surtout avec les obstacles que constituent les ions immobiles.

cessent d'être statiques. En conséquence, la présence d'une différence de potentiel entre deux points d'un fil conducteur implique l'existence d'un champ électrique le long du fil, dans son matériau même. On pourrait penser que ce champ est produit seulement par les charges sources positives et négatives que la pile maintient sur ses bornes, mais *cette explication serait insuffisante*. Pour expliquer correctement ce champ, on doit admettre qu'il y a des charges sources situées sur le fil lui-même : lorsqu'un fil est relié aux bornes d'une pile, une partie de la charge s'écoule entre les bornes et la *surface* du fil. La densité surfacique de charge diminue avec la distance à partir de chaque borne (figure 6.3*a*). Le champ électrique dû aux charges en surface présentes sur le fil a bel et bien une composante *parallèle* au fil, comme le montre la figure 6.3*a*. C'est ce champ électrique *à l'intérieur* du fil qui fait circuler le courant dans le fil, car il exerce une force électrique sur chaque électron libre que contient ce fil. La figure 6.3*b* représente la configuration du champ électrique créé par une courte longueur de fil.

Dans la vie quotidienne, il est rare que les fils conducteurs aient une forme rectiligne. Au contraire, leur souplesse permet de leur donner n'importe quelle forme, l'exemple le plus éloquent étant les fils en spirale qui alimentent les combinés de téléphones. Pour que le champ électrique puisse expliquer que le courant circule, il doit « suivre » le fil, c'est-à-dire conserver une composante parallèle au fil quelle que soit la forme donnée au fil. La figure 6.4 illustre un segment de fil non rectiligne. Lorsque le courant est instauré, les électrons de conduction ont initialement tendance à continuer tout droit, mais quelques-uns d'entre eux s'accumulent rapidement sur la paroi du fil située à l'extérieur du virage et repoussent ensuite les autres qui arrivent. Cette charge locale *s'ajoute* à la distribution de charge qui diminue le long du fil avec la distance à partir de chaque borne. La force exercée par quelques électrons est extrêmement faible, mais suffit à « faire tourner » le courant. Notez que cette situation ne peut s'expliquer *que* grâce à des charges de surface, et montre de façon éloquente qu'il n'est pas valable d'attribuer le champ électrique dans le fil uniquement à des charges qui resteraient situées sur les bornes de la pile.

Cette conduite, où l'eau circule uniquement grâce au champ gravitationnel, est analogue à un fil conducteur, où la charge circule uniquement grâce au champ électrique. Plus la conduite est inclinée (plus ses extrémités ont une grande « différence d'altitude »), plus l'eau coule rapidement. De même, plus les extrémités du fil ont une grande différence de potentiel, plus le courant est élevé.

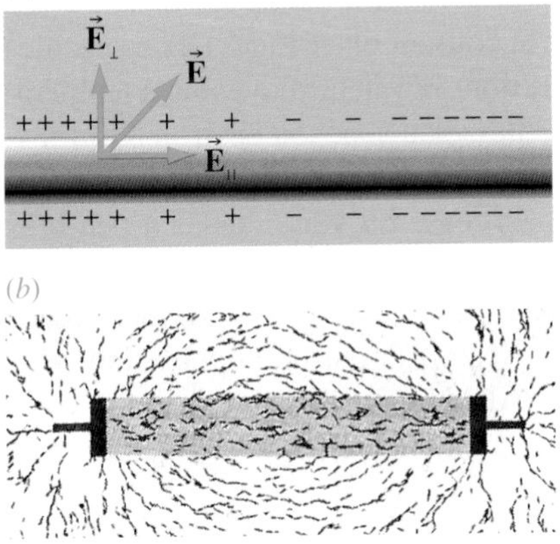

Figure 6.3 ▲

(*a*) Lorsqu'on relie un fil à une pile, la surface du fil se charge (bien que la charge totale sur le fil soit nulle). C'est le champ électrique à l'intérieur du fil produit par ces charges superficielles qui « entraîne » le courant. (*b*) La configuration du champ électrique due à une courte longueur de fil. Notez que les charges de surface produisent un champ tant à l'intérieur qu'à l'extérieur du fil, même si aucun courant ne peut être créé à l'extérieur.

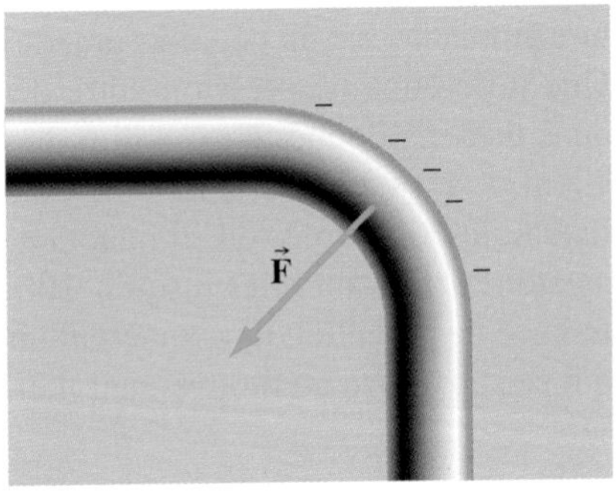

Figure 6.4 ▲

Quand on donne une forme non rectiligne au fil, les électrons de conduction ont initialement tendance à continuer tout droit, mais quelques électrons s'accumulent rapidement sur la paroi du fil située à l'extérieur du virage (*en plus* de la distribution de charges de surface décrite à la figure 6.3*a*.) Par la suite, les électrons qui arrivent sont repoussés par ces électrons accumulés. C'est ce qui permet de « faire tourner » le courant dans le virage.

La nature du courant dans un fil conducteur

Comme nous l'avons vu à la section 1.2, les métaux sont caractérisés par la présence d'**électrons libres** (aussi appelés **électrons de conduction**), en moyenne un par atome, qui permettent la conduction électrique. La trajectoire d'un électron de conduction dans un fil traversé par un courant est assez désordonnée (figure 6.5*a*). Son mouvement résulte de la superposition de deux phénomènes. Premièrement, les électrons de conduction se comportent un peu comme les molécules de gaz dans un contenant : même en l'absence de différence de potentiel, alors que le conducteur est à l'équilibre macroscopique, ils se déplacent dans tous les sens à vitesse élevée et entrent souvent en collision avec les ions essentiellement immobiles (voir la section 6.4). Le nombre d'électrons qui se déplacent dans un sens donné compense exactement le nombre de ceux qui se déplacent dans le sens opposé. Deuxièmement, lorsqu'on le relie à une pile, une différence de potentiel apparaît entre les extrémités du fil. À cause de cette différence de potentiel, les électrons ont *légèrement* tendance à se déplacer dans un sens plutôt que dans l'autre. Le mouvement d'un électron de conduction ressemble à celui d'une bille d'acier roulant sur un plan incliné planté de clous (figure 6.5*b*). Le déséquilibre du flux d'électrons, qui ne représente que près de 1 électron sur 10^4, constitue le courant.

(*a*) (*b*)

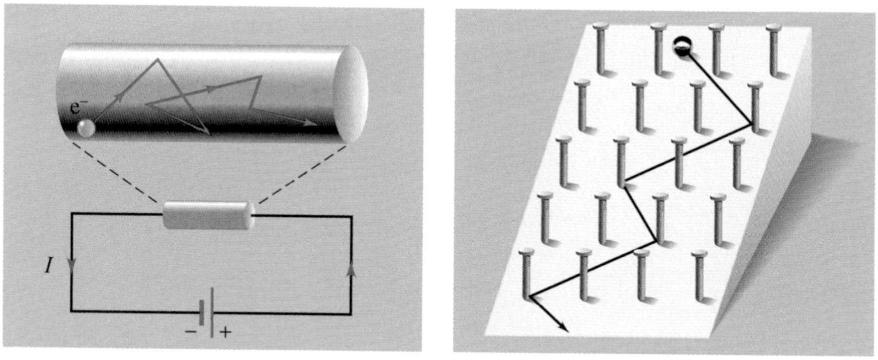

Figure 6.5 ▶
(*a*) Les électrons de conduction dans un métal entrent en collision avec les ions positifs du cristal et suivent des trajectoires en zigzag. Lorsqu'on relie une pile, les électrons ont légèrement tendance à se déplacer dans le sens opposé au sens conventionnel du courant. (*b*) Le mouvement des électrons est analogue à celui d'une bille d'acier roulant vers la base d'un plan incliné planté de clous.

On peut tracer une analogie entre le vent et le courant électrique. Les molécules de l'air ont des vitesses thermiques aléatoires dont la valeur moyenne, à température ambiante, est un peu plus grande que la vitesse du son, soit environ 330 m/s. Une différence de pression entre deux régions provoque un flux de molécules dans un sens donné, c'est-à-dire du vent. La vitesse du vent, disons à peu près 10 m/s, est très inférieure aux vitesses aléatoires des molécules. De la même façon, les électrons de conduction dans un fil ont des vitesses thermiques aléatoires pouvant aller jusqu'à 10^6 m/s environ. Lorsqu'on applique une différence de potentiel, ils acquièrent une vitesse de dérive très faible ($\approx 10^{-4}$ m/s) qui se superpose au mouvement thermique aléatoire (voir la prochaine section).

APERÇU HISTORIQUE

La naissance de la pile électrique

L'invention de la pile électrique est un moment important dans l'histoire de la théorie électromagnétique, car les recherches ultérieures purent bénéficier grâce à elle d'une source de courant continu. Cette invention a été permise par une succession de découvertes scientifiques, échelonnées sur plus de deux décennies. La première de ces découvertes, réalisée en 1780, est celle d'un phénomène qui a été baptisé « électricité animale » par le physiologiste italien Luigi Galvani (1737-1798). Galvani utilisait un générateur électrostatique pour étudier les effets des décharges électriques dans les tissus biologiques. Ayant disséqué une grenouille, il toucha par hasard un nerf avec son scalpel alors même qu'un générateur situé à proximité produisait une étincelle. Il remarqua avec surprise que les muscles de la grenouille se contractaient plusieurs fois bien qu'elle n'était pas reliée à la machine. Les tissus réagissaient ainsi aux charges électriques qui avaient été induites sur eux. Mais Galvani n'avait pas entendu parler des charges induites et, au lieu de redécouvrir l'induction électrostatique, il fit une découverte beaucoup plus importante. Ayant observé qu'une cuisse de grenouille, suspendue par un nerf, était animée de contractions saccadées coïncidant avec des éclairs d'électricité statique, il décida de voir s'il pouvait utiliser la grenouille pour détecter un phénomène bien connu alors, l'électricité de l'air par beau temps. Il attacha un crochet de laiton à la moelle épinière d'une grenouille qu'il suspendit à une tringle en fer. Comme rien ne se passait, il fit un geste impatient et toucha par mégarde la tringle avec le crochet : aussitôt, les muscles se contractèrent plusieurs fois. Il obtint le même effet en plaçant la grenouille sur une table en fer et en mettant le crochet de laiton en contact avec la table. Par la suite, il s'aperçut que d'autres paires de métaux, comme le cuivre et le zinc, produisaient également des contractions. Il publia ses résultats en 1791 et donna à ce phénomène le nom d'« électricité animale ». Ce vocabulaire traduit bien la conception erronée que se faisait Galvani de sa découverte : il attribuait le phénomène aux tissus biologiques, alors que nous l'attribuons aujourd'hui uniquement aux métaux utilisés. La figure 6.6 représente certains des instruments qu'il utilisa pour ses travaux.

Le physicien Alessandro Volta (figure 6.7*a*), de l'Université de Pavie, refit l'expérience en admettant tout d'abord la notion d'électricité animale. Il s'aperçut que, en mettant bout à bout les extrémités de deux bandes métalliques, d'argent et de zinc par exemple, et en plaçant les autres extrémités de chaque côté de la langue, on observait un goût et une sensation bien particuliers. Volta utilisa même les différences de goûts produits pour catégoriser les propriétés électriques des métaux. En 1796, il découvrit que des plaques de cuivre et de zinc pouvaient se charger simplement en étant mises en contact. Il finit par se rendre compte que ces effets dépendaient de l'utilisation de *métaux différents en contact* et que le tissu biologique ne jouait que le rôle de milieu conducteur

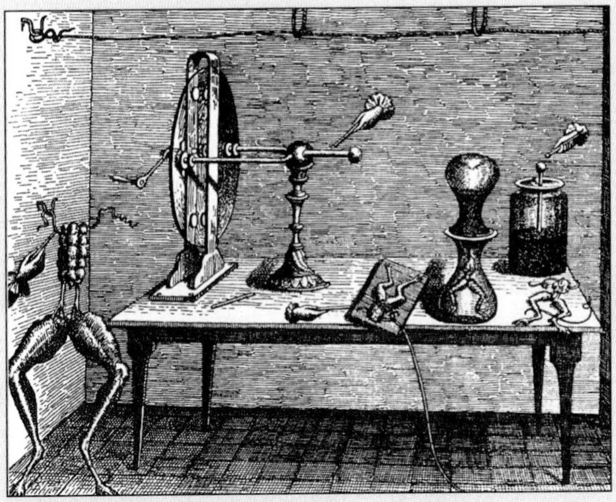

Figure 6.6▲
Une collection d'instruments utilisés par Luigi Galvani (1737-1798) pour étudier « l'électricité animale ».

(*a*)

(*b*)

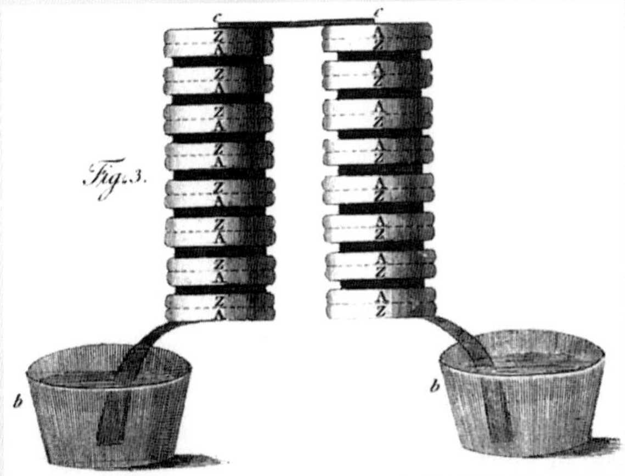

Figure 6.7▲
(*a*) Alessandro Volta (1745-1827). (*b*) Une « pile voltaïque ».

entre ces métaux. Il tenta d'augmenter les quantités de charges produites par contact en empilant alternativement des disques de cuivre et de zinc, sans parvenir toutefois à obtenir l'effet voulu. Il eut alors une idée d'une importance cruciale. Il était bien connu, depuis l'antiquité grecque, que la torpille (un poisson) et la gymnote (une anguille) étaient capables de produire des décharges électriques. Volta savait que les organes électriques de ces animaux avaient une structure lamellaire (en couches) remplie de fluide. Partant de cette idée, il intercala entre les paires de disques de cuivre et de zinc des rondelles de carton trempées dans une solution saline ou acide. Grâce à ce montage, il fut capable de produire des étincelles et de chauffer jusqu'à incandescence des fils assez fins. En 1799, il publia son invention sous le nom de « pile voltaïque » (figure 6.7*b*). La pile voltaïque, première source de courant continu, a permis une succession de découvertes sur l'électromagnétisme dans les décennies qui suivirent. Nous reviendrons sur les détails du fonctionnement des piles électriques modernes à la section 7.1.

La pile de Volta à l'Institut royal.

6.2 La vitesse de dérive

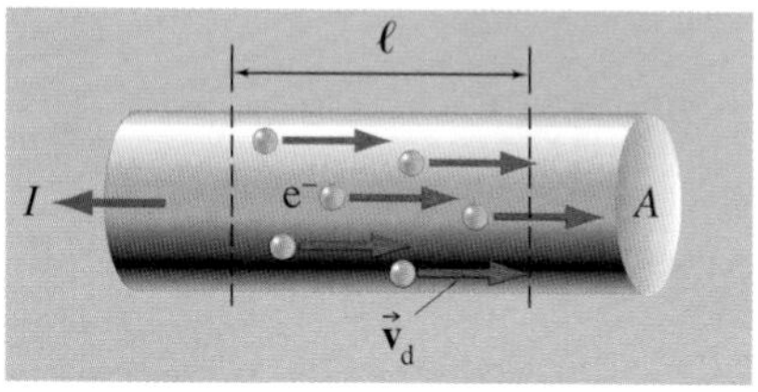

Figure 6.8 ▲
Pour calculer le courant en fonction du mouvement des électrons, on néglige leur mouvement aléatoire et on ne tient compte que de la faible vitesse de dérive acquise par le « gaz d'électrons libres » dans son ensemble.

Puisque le mouvement aléatoire des électrons de conduction ne contribue pas au courant, nous allons envisager seulement l'effet de la faible vitesse de dérive acquise par les électrons. La figure 6.8 représente des électrons de charge $q = -e$ se déplaçant avec une vitesse de dérive moyenne $\vec{\mathbf{v}}_d$ le long d'un fil. S'il y a n électrons libres par unité de volume, la charge totale (en valeur absolue) à l'intérieur d'un cylindre de longueur ℓ et d'aire A est égale à $\Delta Q = n(A\ell)e$. Cette charge met un temps $\Delta t = \ell/v_d$ pour franchir une distance ℓ et donc traverser entièrement l'extrémité du cylindre. L'intensité du courant, donnée par $I = \Delta Q/\Delta t$, est donc

Relation entre le courant et la vitesse de dérive

$$I = nAev_d \tag{6.2}$$

EXEMPLE 6.2

Un fil de cuivre transporte un courant de 10 A. L'aire de sa section transversale est égale à 0,05 cm^2. Calculer le nombre d'électrons libres par unité de volume ainsi que le module de leur vitesse de dérive. La masse volumique du cuivre est $\rho = 8{,}9$ g/cm^3, la masse molaire est $M = 63{,}5$ g/mol et chaque atome de cuivre possède un électron libre par atome.

Solution

Afin de trouver le nombre d'électrons libres par unité de volume qui figure dans l'équation 6.2, nous devons déterminer le nombre d'atomes par unité de volume. Rappelons que, si M est la masse molaire d'une substance, le nombre d'entités élémentaires (atomes ou molécules) dans M grammes est le nombre d'Avogadro $N_A = 6{,}02 \times 10^{23}$. Le nombre d'atomes N correspondant à une masse m est donc donné par

$$\frac{N}{N_A} = \frac{m}{M} \quad \text{(i)}$$

La masse volumique de la substance est $\rho = m/V$, où V est le volume. Le nombre d'atomes par unité de volume, $n_a = N/V$, est liée à la masse volumique ρ. Utilisant la relation $N = (m/M)N_A$, qui découle de l'équation (i), et $V = m/\rho$, on trouve

$$n_a = \frac{N}{V} = \frac{\rho N_A}{M}$$

Pour le cuivre, $\rho = 8{,}9 \text{ g/cm}^3 = 8{,}9 \times 10^3 \text{ kg/m}^3$ et $M = 63{,}5 \times 10^{-3}$ kg/mol. Avec ces valeurs,

$$n_a = \frac{(8{,}9 \times 10^3 \text{ kg/m}^3)(6{,}02 \times 10^{23} \text{ atomes/mol})}{63{,}5 \times 10^{-3} \text{ kg/mol}}$$

$$= 8{,}43 \times 10^{28} \text{ atomes/m}^3$$

Dans le cuivre, chaque atome cède un électron au gaz d'électrons libres et le nombre que nous venons de trouver est donc égal à n, le nombre d'électrons libres par unité de volume. ■

D'après l'équation 6.2, le module de la vitesse de dérive est

$$v_d = \frac{I}{nAe}$$

$$= \frac{10 \text{ A}}{(8{,}43 \times 10^{28} \text{ m}^{-3})(5 \times 10^{-6} \text{ m}^2)(1{,}6 \times 10^{-19} \text{ C})}$$

$$= 1{,}48 \times 10^{-4} \text{ m/s}$$

Cette valeur extrêmement faible correspond à la vitesse avec laquelle le gaz d'électrons dans son ensemble circule dans le fil.

L'exemple précédent montre que, pour les courants et les grosseurs de fils usuels, la vitesse de dérive est très petite. À des vitesses de dérive inférieures à 1 mm/s, les électrons prennent plusieurs dizaines de minutes pour parcourir un mètre de fil. Or, quand on branche un appareil électrique à la différence de potentiel d'une pile (ou d'une prise de courant), on constate qu'il se met à fonctionner de façon presque instantanée. Il ne faut donc pas penser que des électrons entrent par une extrémité du fil et que ces mêmes électrons doivent parvenir à l'appareil avant qu'il se mette à fonctionner. Au contraire, le rôle de la pile est d'établir une différence de potentiel qui met en mouvement *tous* les électrons libres que *contient déjà* le fil conducteur. Quand on branche une pile dans un circuit, le « signal de départ » se propage à partir de la pile dans le fil presque à la vitesse de la lumière (300 000 km/s). En d'autres termes, la différence de potentiel s'instaure très vite, de telle sorte que tous les électrons se mettent à « tomber » vers les potentiels plus faibles de façon presque *simultanée*. Voici une analogie gravitationnelle : si un tuyau plein d'eau est posé sur le sol et qu'on soulève une de ses extrémités, l'eau située en chaque point du tuyau se met simultanément à couler vers le bas. On n'a pas à attendre que l'eau du haut du tuyau atteigne l'extrémité du bas pour que de l'eau commence à en sortir.

La densité de courant

La *densité de courant* (moyenne) est définie comme le courant par unité d'aire :

$$J = \frac{I}{A} \quad (6.3)$$

L'unité SI de densité de courant est l'ampère par mètre carré (A/m^2). Alors que le courant est un scalaire, la densité de courant est une grandeur vectorielle parallèle à la vitesse de dérive, mais dont l'orientation est fixée par celle du courant. D'après l'équation 6.2,

$$\vec{\mathbf{J}} = -ne\vec{\mathbf{v}}_d = nq\vec{\mathbf{v}}_d \tag{6.4}$$

En effet, pour des porteurs de charges négatives, $\vec{\mathbf{J}}$ est opposée à $\vec{\mathbf{v}}_d$, car $q < 0$. On note que le courant I est un scalaire mesuré à l'échelle macroscopique ; il est défini en fonction de la charge traversant une surface. La densité de courant $\vec{\mathbf{J}}$ est plutôt un vecteur exprimé en fonction de grandeurs microscopiques et peut varier d'un point à l'autre, par exemple si le fil n'a pas une section uniforme ou est fait d'un matériau dont les propriétés ne sont pas les mêmes en chaque endroit. Si la densité de courant n'est pas uniforme, le courant traversant une surface est donné par $I = \int \vec{\mathbf{J}} \cdot d\vec{\mathbf{A}}$. Ainsi, de façon générale, on peut dire que I est le flux de $\vec{\mathbf{J}}$ au travers de la section du fil.

6.3 La résistance

En 1729, Stephen Gray fit la distinction entre les isolants et les conducteurs. Mais, faute d'instruments adéquats, il n'était pas possible de comparer les propriétés conductrices de différents matériaux. Les premiers progrès dans la classification des conducteurs furent réalisés en 1772 par Henry Cavendish lors d'expériences remarquables au cours desquelles il utilisa son propre corps pour détecter les décharges d'une bouteille de Leyde. Il fit passer par exemple la décharge dans des tubes d'eau pure et d'eau de mer. En modifiant les longueurs des tubes de manière à obtenir des décharges de même intensité, il s'aperçut « qu'une solution saturée d'eau de mer conduit 720 fois mieux que l'eau douce ». Il essaya également de comparer le pouvoir conducteur de différents métaux en tenant à deux mains des longueurs connues de fil dans lesquelles il faisait passer une décharge.

Supposons qu'un courant I circule dans un conducteur lorsqu'on applique une différence de potentiel ΔV entre deux points*. La **résistance** du conducteur entre ces points est définie par

Définition de la résistance électrique

$$R = \frac{\Delta V}{I} \tag{6.5}$$

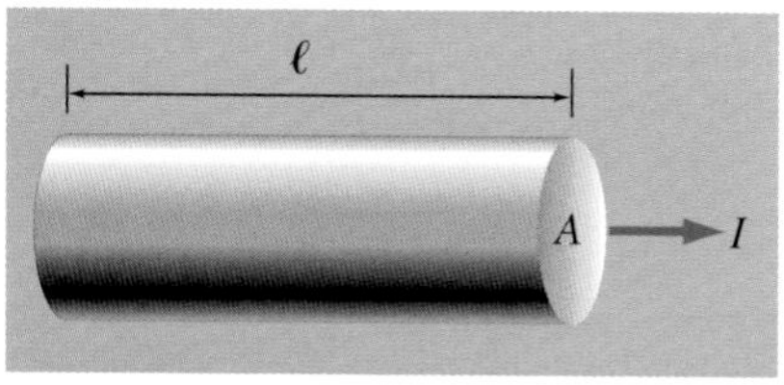

Figure 6.9 ▲
Le courant circulant dans un fil auquel est appliquée une différence de potentiel donnée dépend de la longueur, de l'aire de la section du fil et de la résistivité du matériau dont il est fait. Ces caractéristiques physiques du fil déterminent donc sa résistance.

L'unité SI de résistance est l'**ohm** (Ω). D'après l'équation 6.5, on voit que 1 Ω = 1 V/A. La résistance d'un conducteur dépend du matériau dont il est fait ainsi que de ses caractéristiques géométriques (dimensions et forme). Afin de déterminer l'influence des caractéristiques géométriques sur la résistance, nous allons considérer un fil conducteur de longueur ℓ et de section A (figure 6.9). Supposons que la résistance de ce fil soit égale à R_0. Si on applique une différence de potentiel ΔV entre ses extrémités, le courant qui le traverse correspond à $I_0 = \Delta V/R_0$ (équation 6.5).

Si on prend deux fils identiques, qu'on les relie *bout à bout* et qu'on applique une différence de potentiel ΔV entre les extrémités de l'ensemble, la différence de

* Pour que l'équation 6.5 puisse être utilisée, on évalue toujours ΔV dans le sens où elle est positive. En effet, le courant I et la résistance R sont toujours des quantités positives. Pour alléger la notation, nous éviterons d'écrire $R = |\Delta V|/I$.

potentiel aux bornes de chacun des fils égale $\Delta V/2$; par l'équation 6.5, le courant dans chaque fil équivaut à $I_0/2$. C'est aussi la valeur du courant total, puisque le même courant passe successivement par les deux fils. Si on considère l'ensemble des deux fils, le courant est divisé par 2 pour la même différence de potentiel : par l'équation 6.5, la résistance de l'ensemble égale donc $2R_0$. On détermine ainsi que la résistance est directement proportionnelle à la longueur d'un fil.

Si on prend deux fils identiques, qu'on les place *un à côté de l'autre* et qu'on applique une différence de potentiel ΔV entre les extrémités de l'ensemble, la différence de potentiel aux bornes de chacun des fils égale encore ΔV. Le courant dans chaque fil est encore I_0, et le courant total vaut donc $2I_0$. Si le courant est multiplié par 2 pour la même différence de potentiel, la résistance de l'ensemble des deux fils vaut $R_0/2$ (équation 6.5). Or, deux fils placés côte à côte sont équivalents à un fil dont la section est 2 fois plus grande. On détermine ainsi que la résistance est inversement proportionnelle à la section du fil.

L'analyse que nous venons de faire nous permet d'affirmer que la résistance d'un fil de longueur ℓ et de section A équivaut à

Relation entre la résistance et la résistivité

$$R = \frac{\rho \ell}{A} \tag{6.6}$$

où ρ est une constante de proportionnalité que l'on appelle **résistivité** et qui dépend du matériau dont est fait le fil. Dans le SI, elle s'exprime en ohms-mètres ($\Omega \cdot$m) ; le tableau 6.1 donne quelques valeurs types de ρ. On définit aussi la **conductivité** $\sigma = 1/\rho$. Un bon conducteur électrique a une faible résistivité et une conductivité élevée. *(Attention de ne pas confondre : les mêmes symboles ρ et σ sont aussi utilisés, respectivement, pour désigner la densité volumique et surfacique de charge statique. De plus, le symbole ρ est aussi utilisé pour désigner la masse volumique, comme à l'exemple 6.2. Ces grandeurs n'ont aucun lien avec la résistivité et la conductivité. La signification de ces symboles doit donc être interprétée selon le contexte.)*

Tableau 6.1 ◄ **Résistivités à 20°C**

Matériau	Résistivité ρ ($\Omega \cdot$m)	Coefficient thermique de résistivité α (°C)$^{-1}$
Mica	2×10^{15}	-50×10^{-3}
Verre	$10^{12} - 10^{13}$	-70×10^{-3}
Caoutchouc dur	10^{13}	
Silicium	2200	−0,7
Germanium	0,45	−0,05
Carbone (graphite)	$3{,}5 \times 10^{-5}$	$-0{,}5 \times 10^{-3}$
Nichrome	$1{,}2 \times 10^{-6}$	$0{,}4 \times 10^{-3}$
Manganin	44×10^{-8}	5×10^{-7}
Acier	40×10^{-8}	8×10^{-4}
Platine	11×10^{-8}	$3{,}9 \times 10^{-3}$
Aluminium	$2{,}8 \times 10^{-8}$	$3{,}9 \times 10^{-3}$
Cuivre	$1{,}7 \times 10^{-8}$	$3{,}9 \times 10^{-3}$
Argent	$1{,}5 \times 10^{-8}$	$3{,}8 \times 10^{-3}$

EXEMPLE 6.3

Le rayon d'un fil de cuivre de calibre 8 est égal à 1,63 mm. On applique une différence de potentiel de 0,06 V entre les extrémités d'un segment de 20 m de ce fil. Trouver : (a) sa résistance ; (b) le courant.

Solution

(a) D'après le tableau 6.1, la résistivité du cuivre est $\rho = 1{,}7 \times 10^{-8}\ \Omega\cdot\text{m}$. L'aire de la section transversale est $A = \pi r^2$. L'équation 6.6 donne donc

$$R = \frac{\rho \ell}{A} = \frac{(1{,}7 \times 10^{-8}\ \Omega\cdot\text{m})(20\ \text{m})}{\pi(1{,}63 \times 10^{-3}\ \text{m})^2}$$
$$= 0{,}04\ \Omega$$

(b) Le courant est $I = \Delta V/R = 0{,}06\ \text{V}/0{,}04\ \Omega = 1{,}5\ \text{A}$.

En combinant successivement les équations 6.3, 6.5 et 6.6, on trouve

$$J = \frac{I}{A} = \frac{\Delta V}{RA} = \frac{\Delta V}{\rho \ell} \tag{6.7}$$

Puisque le champ électrique dans le fil correspond à $E = \Delta V/\ell$ (voir l'équation 4.11*d*), on peut écrire la relation vectorielle

$$\vec{\mathbf{J}} = \frac{1}{\rho}\vec{\mathbf{E}} = \sigma\vec{\mathbf{E}} \tag{6.8}$$

Dans les cas où le conducteur n'est pas uniforme ou homogène*, le champ et la densité de courant ne le sont pas non plus. Or, on peut démontrer que l'équation 6.8 relie alors la valeur locale de $\vec{\mathbf{J}}$ et la valeur locale de $\vec{\mathbf{E}}$ en chaque *point* du matériau conducteur. En effet, le raisonnement, fondé sur les équations 6.3, 6.5 et 6.6, que nous avons utilisé pour démontrer l'équation 6.8 peut aussi s'appliquer à un segment infinitésimal du conducteur, ayant une résistivité ρ, une longueur ℓ et une surface A. L'équation 6.8 est considérée comme valable pour tous les matériaux conducteurs, quelles que soient leur dimension et leur forme, y compris les électrolytes, les gaz ionisés, etc.

En fait, l'équation 6.8 est générale : elle peut aussi être appliquée aux isolants, dans la mesure où on s'intéresse au faible courant de fuite qui peut les traverser. C'est pourquoi le tableau 6.1 définit une conductivité pour de tels matériaux. De même, si on applique l'équation 6.8 dans le vide absolu, on pourrait en conclure qu'il a une conductivité parfaitement nulle. Il faut toutefois être prudent dans cette dernière interprétation, car le vide n'est pas un matériau**.

* Un exemple très commun de conducteur non homogène : un bout de fil de cuivre, relié à une composante résistive en carbone, reliée à un autre bout de fil de cuivre (voir la figure 6.15, p. 199).

** En effet, si on considère un vide parfait, quel que soit le champ qu'on y instaure, on ne voit pas apparaître de courant. On conclut donc que le vide absolu a une conductivité parfaitement nulle. Pourtant, il n'a pas de résistivité non plus, puisqu'il n'offre aucune résistance aux déplacements de particules chargées qu'on y injecterait : de telles charges pourraient former un courant sans qu'un champ soit nécessaire. Un « matériau » constitué de charges libres dans le vide pourrait donc être considéré comme un conducteur parfait, bien qu'il serait impossible de former un circuit fermé avec un tel « matériau » !

L'équation 6.8 peut aussi être considérée comme une *définition* de la résistivité ρ (ou de la conductivité σ). Cela peut sembler étrange dans le contexte de cette section, où nous avons suivi un raisonnement macroscopique : nous avons d'abord posé l'équation 6.5, que nous avons utilisée pour démontrer l'équation 6.8, qui ne semble donc pas définir quoi que ce soit. Toutefois, dans la prochaine section, nous procéderons en sens inverse en utilisant un raisonnement microscopique : à partir d'un modèle de la conduction, nous démontrerons d'abord l'équation 6.8, laquelle peut servir à obtenir ensuite l'équation 6.5.

Variation de la résistivité en fonction de la température

On mesure que la résistivité d'un matériau dépend généralement de la température. La résistivité ρ d'un métal à la température T s'exprime en fonction de la résistivité ρ_0 à une température de référence T_0 :

$$\rho = \rho_0[1 + \alpha(T - T_0)] \qquad (6.9)$$

où α est le **coefficient thermique de résistivité**, mesuré en $°C^{-1}$. L'équation 6.9 est valable uniquement dans une plage de températures bien définie. La figure 6.10*a* montre comment la résistivité d'un métal type varie en fonction de la température, l'équation 6.9 ne représentant que la portion linéaire de la courbe.

Selon la physique classique, c'est la combinaison de plusieurs phénomènes qui expliquerait la forme de la courbe à la figure 6.10*a*. Tout d'abord, les électrons entrent en collision avec les ions positifs du réseau cristallin. Or, ces ions vibrent autour de leurs positions d'équilibre. Au fur et à mesure que la température s'élève, l'amplitude des vibrations augmente et gêne de plus en plus l'écoulement des électrons. De plus, ces derniers ont une agitation thermique plus grande, ce qui contribue aussi à les faire entrer plus fréquemment en collision avec les ions du réseau. Il n'est donc pas surprenant que la résistivité d'un métal augmente avec la température. D'autres phénomènes font intervenir les inévitables impuretés et les défauts dans le réseau cristallin. Les contributions aux collisions des impuretés et des défauts dans le cristal sont essentiellement indépendantes de la température. C'est une façon d'expliquer que la résistivité des métaux courants n'est pas nulle, même à $T = 0$ K. Bien qu'elles permettent d'interpréter la courbe de la figure 6.10*a*, ces explications classiques sont insuffisantes pour prédire quantitativement la forme de cette courbe, ce qui exigerait le recours à un modèle plus élaboré, fondé sur la physique quantique (*cf.* chapitre 10, tome 3).

Deux autres types de matériaux méritent d'être mentionnés ici. La résistivité des **semi-conducteurs** purs, comme le silicium, le germanium et le carbone, diminue lorsque la température augmente (figure 6.10*b*). Ce phénomène est lié à l'augmentation du nombre d'électrons qui deviennent libres et participent à la conduction. Bien qu'elles permettent d'interpréter la courbe de la figure 6.10*a*, ces explications classiques sont toutefois insuffisantes pour prédire quantitativement la forme de cette courbe, ce qui exige le recours à un modèle plus élaboré, fondé sur la physique quantique (*cf.* chapitre 10, tome 3). Une caractéristique encore plus intéressante des semi-conducteurs est que l'on peut agir sur leur résistivité en ajoutant certaines impuretés au matériau pur. C'est cette propriété qui est utilisée dans la fabrication des transistors et des circuits intégrés. Dans certains matériaux, appelés **supraconducteurs**, la résistivité devient nulle en dessous d'une température critique T_c (figure 6.10*c*). Lorsqu'un courant est établi dans un supraconducteur, il persiste indéfiniment à condition que la basse température soit maintenue. Les semi-conducteurs et les supraconducteurs sont étudiés de manière plus détaillée au chapitre 11 du tome 3.

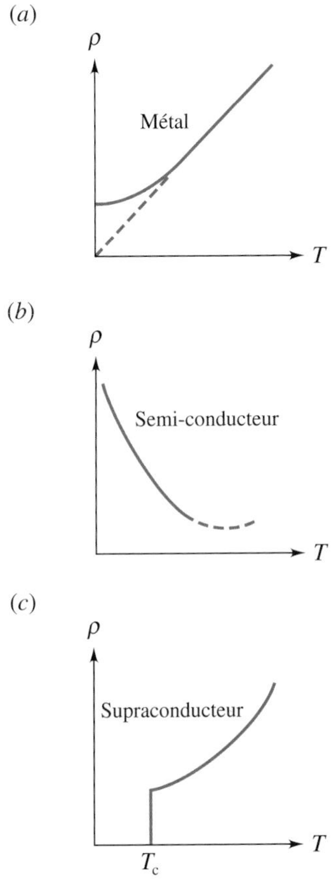

Figure 6.10 ▲
(*a*) La résistivité d'un métal normal varie linéairement avec la température sur une large plage de températures. Selon la physique classique, la valeur non nulle de la résistivité à $T = 0$ K est due aux collisions des électrons avec les impuretés et les imperfections. (*b*) La résistivité d'un semi-conducteur pur diminue lorsque la température augmente parce que davantage de porteurs de charge se libèrent et prennent part à la conduction. (*c*) La résistivité d'un supraconducteur s'annule brutalement à une température critique qui dépend du matériau.

EXEMPLE 6.4

La résistance d'un thermomètre à résistance de platine augmente de 75 Ω à 80 Ω. Quelle est la variation de température ayant causé ce changement ?

Solution

Si l'on suppose que les dimensions du fil n'ont pas changé, on peut réécrire l'équation 6.9 en fonction de la résistance comme suit :

$$R = R_0(1 + \alpha \Delta T)$$

Donc,

$$\Delta T = \frac{R - R_0}{\alpha R_0} = 17°\text{C}$$

où on a utilisé $\alpha = 3{,}9 \times 10^{-3}$ (°C)$^{-1}$, valeur tirée du tableau 6.1.

6.4 Une théorie microscopique de la conduction

Un modèle classique de la conduction électrique fut proposé en 1900 par Paul K. Drude (1863-1906), peu après la découverte de l'électron. Drude réussit à établir une relation entre la résistivité d'un conducteur et le mouvement des électrons de conduction. Dans la version simplifiée qui suit, nous supposons qu'un métal est composé d'un réseau d'ions positifs et d'un gaz d'électrons libres. En l'absence de champ électrique extérieur, les vitesses thermiques des électrons sont orientées de façon aléatoire, de sorte que, vectoriellement, leur vitesse thermique moyenne est nulle. Il n'y a aucun écoulement mesurable d'électrons dans un sens donné. Lorsqu'on applique un champ électrique, chaque électron est soumis à une accélération $\vec{\mathbf{a}} = -e\vec{\mathbf{E}}/m$. Durant un intervalle de temps Δt, la variation de vitesse d'un électron est donc

$$\Delta\vec{\mathbf{v}} = -\frac{e\vec{\mathbf{E}}}{m}\Delta t$$

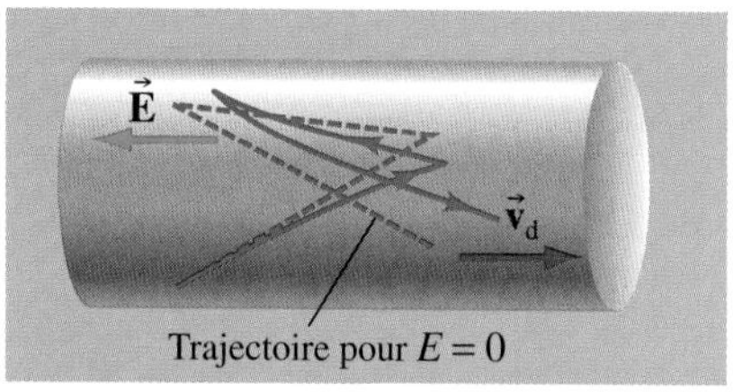

Figure 6.11 ▲
Lorsqu'on applique un champ électrique, la trajectoire d'un électron de conduction passe des lignes pointillées aux lignes en trait plein.

À cause des collisions avec les ions disposés en réseau, $\Delta\vec{\mathbf{v}}$ n'augmente pas indéfiniment. À chaque collision, un électron cède toute l'énergie *excédentaire* venant du champ pour la transformer en énergie de vibration des ions*. Les collisions ont donc tendance à briser le mouvement ordonné, de sorte que les électrons ne gardent que leur vitesse thermique aléatoire après chaque collision. En l'absence de champ électrique, les trajectoires d'un électron entre les collisions sont des lignes droites. En présence d'un champ, ces trajectoires sont paraboliques, comme on le voit à la figure 6.11. Les temps écoulés entre les collisions dépendent du module et de l'orientation de la vitesse de l'électron après chaque collision, de même que de la distance entre les ions. Le module de la variation de vitesse d'un électron donné peut ressembler au graphe de la figure 6.12. Puisque les temps écoulés entre les collisions peuvent prendre diverses valeurs, nous avons besoin de calculer une moyenne sur l'ensemble des électrons. C'est ce que l'on appelle le temps moyen entre collisions, τ. Utilisant ce temps dans notre équation déterminant $\Delta\vec{\mathbf{v}}$, nous voyons que le gaz d'électrons dans son ensemble acquiert une vitesse de dérive moyenne donnée par

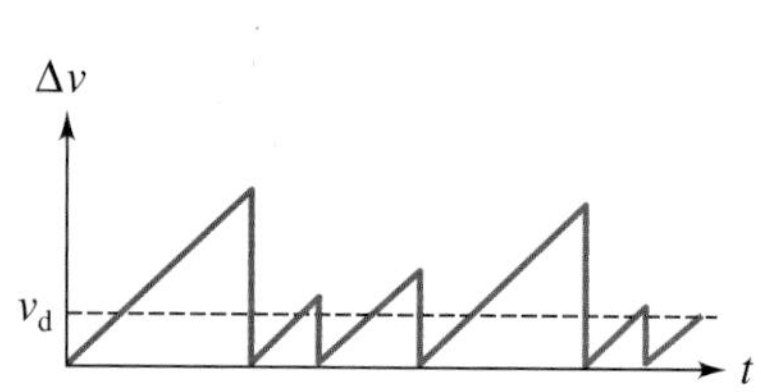

Figure 6.12 ▲
La variation de vitesse Δv acquise par un électron entre les collisions fluctue dans le temps. La moyenne des variations calculées sur tous les électrons correspond au module de la vitesse de dérive v_d.

$$\vec{\mathbf{v}}_d = -\frac{e\vec{\mathbf{E}}\tau}{m}$$

* Si on intensifie la vibration des ions, on augmente la température du conducteur. Cette augmentation de température et la dissipation de chaleur qui s'ensuit sont caractéristiques d'un matériau résistif.

La constante τ est une propriété du matériau : elle ne dépend que de la nature et de la température de ce dernier. Elle *ne dépend pas* du champ électrique, car la vitesse de dérive est nettement inférieure aux vitesses thermiques, comme nous le verrons plus loin. D'après l'équation 6.4, $\vec{\mathbf{v}}_d = \vec{\mathbf{J}}/nq$, où $q = -e$, et la densité de courant est donc

$$\vec{\mathbf{J}} = \frac{ne^2\tau}{m}\vec{\mathbf{E}} = \frac{1}{\rho}\vec{\mathbf{E}}$$

avec

$$\rho = \frac{m}{ne^2\tau} \qquad (6.10)$$

La résistivité ρ est indépendante de $\vec{\mathbf{E}}$, conformément à l'équation 6.8.

Nous pouvons utiliser l'équation 6.10 pour calculer la valeur de τ. À l'aide des valeurs données pour le cuivre, on trouve

$$\begin{aligned}\tau &= \frac{m}{ne^2\rho} \\ &= \frac{(9{,}1 \times 10^{-31}\ \text{kg})}{(8{,}5 \times 10^{28}\ \text{m}^{-3})(1{,}6 \times 10^{-19}\ \text{C})^2(1{,}7 \times 10^{-8}\ \Omega\cdot\text{m})} \\ &= 2{,}46 \times 10^{-14}\ \text{s}\end{aligned}$$

Si l'on traite les électrons de conduction comme un gaz parfait, leur énergie cinétique moyenne est donnée par le théorème d'équipartition (*cf.* chapitre 18, tome 1) qui dit que

$$K_{\text{moy}} = \frac{1}{2}mv_{\text{qm}}^2 = \frac{3}{2}kT$$

La valeur de la vitesse quadratique moyenne v_{qm} donne une bonne idée de l'ordre de grandeur du module de la vitesse associée aux mouvements thermiques. À 300 K, la vitesse quadratique moyenne serait égale à environ 10^5 m/s. À l'aide de cette valeur, on peut calculer la distance parcourue entre les collisions, appelée *libre parcours moyen*

$$\lambda = v_{\text{qm}}\tau = 25 \times 10^{-10}\ \text{m}$$

On peut comparer cette valeur avec l'espace interatomique, voisin de $2{,}5 \times 10^{-10}$ m. En physique classique, on s'attendrait à ce que le libre parcours moyen dépende de l'espace interatomique et de la taille des atomes.

Le modèle de Drude pose quelques problèmes. En physique classique, la vitesse thermique varie en fonction de la température selon $v_{\text{qm}} \propto \sqrt{T}$. Comme $\tau = \lambda/v_{\text{qm}}$, l'équation 6.10 implique que la résistivité devrait être proportionnelle à $\sqrt{T}$. En fait, comme le montre la figure 6.10*a* (p. 195), on mesure que la résistivité des métaux est directement proportionnelle à la température dans les limites d'une plage étendue de températures (sauf aux très basses températures). Au fur et à mesure que la température baisse, le libre parcours moyen augmente. À basse température, λ peut dépasser 1 mm ! La physique classique ne parvient pas à expliquer comment les électrons peuvent éviter les collisions avec des ions aussi nombreux.

Ces problèmes furent résolus avec l'avènement de la mécanique quantique et de la description statistique du comportement du gaz d'électrons libres. Premièrement, comme nous le verrons au chapitre 10 du tome 3, on attribue aux électrons des propriétés ondulatoires. Ainsi, c'est la notion même de collision entre un électron et un ion qui est incorrecte. Deuxièmement, les énergies des électrons ne sont pas réparties selon le théorème d'équipartition. En réalité, seulement 1 électron libre sur 10^4 environ intervient dans le processus. Il s'agit de ceux qui ont les plus grandes vitesses, de l'ordre de 10^6 m/s. À la section 11.7 du tome 3, nous étudierons un modèle quantique de la conductivité, qui tient compte de tous ces effets, celui de la théorie des bandes.

6.5 La loi d'Ohm

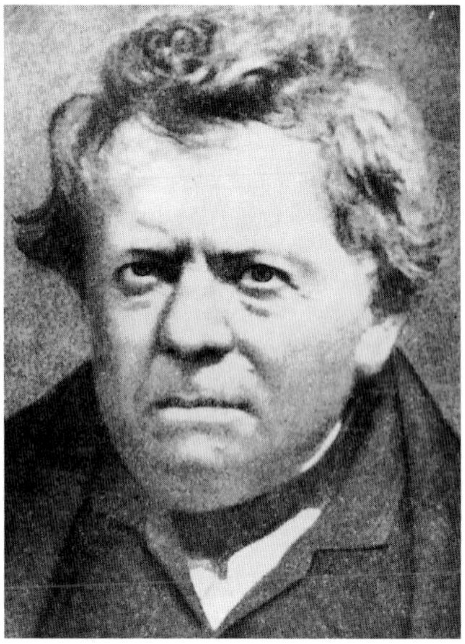

Figure 6.13 ▲
Georg Simon Ohm (1789-1854).

L'équation 6.5, $R = \Delta V/I$, peut s'écrire sous la forme*

Loi d'Ohm

$$\Delta V = RI \tag{6.11}$$

À première vue, cette équation n'est qu'une formulation différente de la définition de la résistance. Elle doit toutefois être interprétée uniquement dans les cas particuliers où R est une constante, indépendante de ΔV ou de I, où elle exprime une relation fonctionnelle, appelée loi d'Ohm, qui fut établie en 1827 par Georg Ohm (figure 6.13). En termes actuels, la **loi d'Ohm** stipule que *le courant qui traverse un dispositif est directement proportionnel à la différence de potentiel entre les bornes de ce dispositif.* Dans cet énoncé, le dispositif peut être un simple fil mais aussi toute une portion de circuit électrique. De plus, malgré la forme de l'équation 6.11, il ne faut pas oublier que c'est le courant qui est causé par la différence de potentiel et non l'inverse.

Dans la pratique, la condition en vertu de laquelle la résistance (ou la résistivité) doit être constante est satisfaite dans les métaux, pourvu que la température soit maintenue constante. Dans certains cas (certains alliages ou le carbone), la loi d'Ohm est vérifiée même lorsque la température varie à l'intérieur d'une plage donnée. Un matériau qui obéit à la loi d'Ohm est dit *ohmique* ; sinon, il est *non ohmique*.

Puisque ΔV et I sont des grandeurs mesurées à l'échelle macroscopique, l'équation $\Delta V = RI$ est appelée forme macroscopique de la loi d'Ohm, à condition que R soit constante. La relation $\vec{\mathbf{J}} = \vec{\mathbf{E}}/\rho$ est appelée forme microscopique de la loi d'Ohm, à condition que ρ soit constante, *indépendante de J ou de E*. Comme l'ont montré les deux sections précédentes, ces deux équations sont en effet équivalentes.

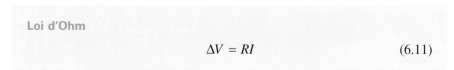

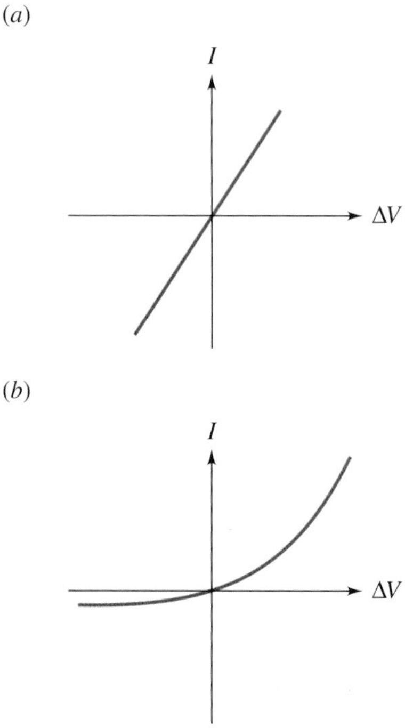

Figure 6.14 ▲
La relation entre I et ΔV pour (*a*) un conducteur ohmique et (*b*) pour une diode à jonction, qui est un dispositif non ohmique. La portion négative des graphiques correspond à une inversion du sens du courant.

La relation entre I et ΔV pour un dispositif ohmique est représentée graphiquement par une droite (figure 6.14*a*). La relation entre I et ΔV pour un dispositif *non ohmique*, comme une diode à jonction (voir la section 11.8 du tome 3), n'est pas représentée par une droite (figure 6.14*b*). L'équation $R = \Delta V/I$ peut être utilisée comme une définition de la résistance en tout point sur de telles courbes. Mais cela *ne veut pas* dire que l'objet obéit à la loi d'Ohm. En réalité, la résistance d'une diode dépend du sens de circulation du courant.

Le mot **tension** est souvent employé pour désigner la différence de potentiel dans le contexte d'application de la loi d'Ohm, surtout quand le sens de la différence de potentiel n'est pas spécifié. Nous considérerons ces deux termes comme des synonymes.

* Ici encore, R et I étant positifs, on obtient nécessairement une valeur positive pour ΔV. Comme le courant se dirige toujours des potentiels élevés vers les potentiels faibles, ce résultat n'est donc valable formellement que si on choisit d'évaluer $\Delta V = V_f - V_i$ dans le sens contraire du courant. Pour alléger la notation, on évitera d'écrire $|\Delta V| = RI$. Toutefois, on doit garder en tête que ΔV est négatif si on l'évalue dans le sens du courant, ce que nous devrons faire au prochain chapitre.

Une résistance (figure 6.15) est un dispositif simple qui offre une résistance donnée à la circulation du courant dans un circuit électrique. On peut confectionner une résistance à l'aide d'un fil fin ou d'une plaque de céramique. Comme la résistivité du carbone est pratiquement constante sur une grande plage de températures, on l'utilise souvent dans la fabrication des résistances. Dans ce chapitre et le suivant, nous supposerons que les résistances obéissent à la loi d'Ohm sous la forme de l'équation 6.11. On peut utiliser une résistance pour agir sur le courant qui circule dans une branche donnée d'un circuit. Deux résistances placées en série peuvent servir à diviser une différence de potentiel fixe, comme celle créée par une pile, en différences de potentiel plus petites dont on a besoin pour d'autres éléments, comme des transistors. On peut obtenir une différence de potentiel variable « de sortie » au moyen d'un contact qui glisse sur un fil. Un tel dispositif est utilisé pour faire varier le volume sur un récepteur radio par exemple. Nous reviendrons sur de telles situations lors de notre étude des circuits, au prochain chapitre.

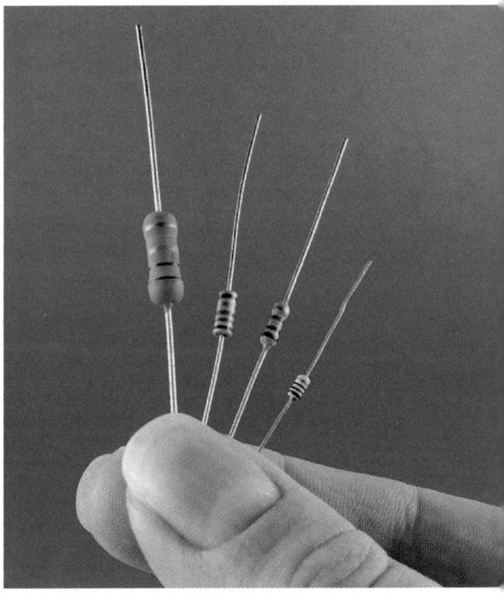

Figure 6.15 ▲
Une résistance est un dispositif, souvent en carbone, qu'on ajoute dans un circuit pour en augmenter la résistance. (L'usage veut effectivement qu'on utilise le même mot pour désigner à la fois la composante et sa propriété électrique.)

6.6 La puissance électrique

Considérons un flux de particules chargées en mouvement sous l'effet d'un champ électrique. Lorsqu'une charge donnée q franchit une différence de potentiel fixe ΔV, son énergie potentielle varie de $\Delta U = q\Delta V$. Le taux d'énergie cédée par le champ électrique à la charge est la puissance fournie, c'est-à-dire $P = \Delta U/\Delta t = (\Delta q/\Delta t)\Delta V$, ou

Puissance électrique en fonction du courant et de la différence de potentiel

$$P = I\Delta V \qquad (6.12)$$

Si les particules chargées sont des électrons en mouvement dans un milieu résistif, l'énergie électrique est convertie en énergie thermique étant donné que les électrons subissent des collisions inélastiques avec les ions positifs du fil (voir la section 6.4). D'après la relation $\Delta V = RI$, la puissance électrique dissipée peut également s'écrire

Puissance dissipée dans une résistance

$$P = RI^2 = \frac{\Delta V^2}{R} \qquad (6.13)$$

James Prescott Joule (1818-1889) a été le premier à démontrer que la puissance électrique dissipée dans une résistance est proportionnelle au carré du courant qui la traverse. Ainsi, lorsqu'on parle de la chaleur libérée par le passage du courant dans une résistance, on la désigne souvent par l'expression **effet Joule**.

La puissance s'exprime en joules par seconde (J/s). L'unité SI correspondante est le **watt** (W). Les appareils électriques courants ne consomment pas tous la même puissance. Les producteurs d'électricité, comme Hydro-Québec, ne facturent que l'énergie que chaque client utilise. L'unité SI d'énergie (J) correspondant à une trop petite quantité, ils utilisent en général le **kilowattheure** (kWh) pour établir les comptes à payer. Un kilowattheure correspond à l'énergie utilisée pendant une heure par un appareil consommant 1000 J/s, ce qui équivaut à $3{,}6 \times 10^6$ J. Attention : un kilowattheure (kWh) n'est pas du tout un

Les producteurs d'électricité ne mesurent pas l'énergie consommée en joules (J), mais plutôt en kilowattheures (kWh), une unité plus commode.

kilowatt *par* heure (kW/h), ce qui ne serait pas une unité d'énergie. En effet, un kilowatt a des dimensions de [énergie/temps], alors on doit le *multiplier* par des heures, une grandeur ayant des dimensions de temps, pour obtenir des dimensions d'énergie.)

EXEMPLE 6.5

L'élément chauffant d'un radiateur consomme une puissance de 1000 W lorsqu'il fonctionne à 120 V. (a) Quelle est l'intensité du courant qui le traverse dans ces conditions normales ? (b) Quelle puissance consommerait-il si la différence de potentiel diminuait à 110 V ? (c) Combien en coûterait-il alors de le faire fonctionner 10 heures par jour du 1er novembre au 28 février, si le coût moyen de l'électricité est de 0,07 $/kWh ?

Solution

(a) D'après l'équation 6.12,

$$I = \frac{P}{\Delta V} = \frac{1000\ \mathrm{W}}{120\ \mathrm{V}} = 8{,}3\ \mathrm{A}$$

(b) Nous devons d'abord trouver la résistance de l'élément :

$$R = \frac{\Delta V^2}{P} = \frac{(120\ \mathrm{V})^2}{1000\ \mathrm{W}} = 14{,}4\ \Omega$$

Puisque nous supposons que l'élément obéit à la loi d'Ohm, sa résistance ne va pas changer dans les nouvelles conditions de fonctionnement. ■

Par conséquent, la nouvelle puissance consommée est

$$P = \frac{\Delta V^2}{R} = \frac{(110\ \mathrm{V})^2}{14{,}4\ \Omega} = 840\ \mathrm{W}$$

(c) La puissance consommée étant 840 W = 0,840 kW, on obtient directement l'énergie consommée, en kilowattheures, en multipliant par le nombre d'heures :

$$U = P\Delta t = (0{,}840\ \mathrm{kW})(10\ \mathrm{h/jour})(120\ \mathrm{jours})$$
$$= 1008\ \mathrm{kWh}$$

Le coût serait donc de 70,56 $.

On peut aussi effectuer ce calcul en unités SI, ce qui serait beaucoup plus long : il faudrait multiplier la puissance (en watts, c'est-à-dire en joules par seconde) par le nombre de secondes que contiennent les quatre mois, pour obtenir l'énergie en joules. Il faudrait ensuite convertir ces joules en kilowattheures.

SUJET CONNEXE

L'électricité atmosphérique

Depuis toujours, l'homme craint et redoute la foudre ; pour les anciens, elle était une manifestation de la colère des dieux. Au milieu du XVIIIe siècle, Benjamin Franklin expliqua la foudre en la reconnaissant comme un phénomène électrique. Nous allons examiner certains aspects de ce phénomène et voir comment se forment les orages. Le premier sujet porte sur un phénomène relativement peu connu : la présence d'un champ électrique dans l'atmosphère, même par beau temps.

Le champ électrique par beau temps

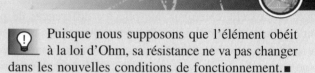

Par temps clair, il règne à la surface de la terre un champ électrique d'environ 100 V/m dirigé vers le bas. D'après l'équation $E = |\sigma|/\varepsilon_0$, il y a donc une densité surfacique de charge négative d'environ -10^{-9} C/m^2 sur le sol. Les lignes de champ partent d'une couche chargée positivement à une altitude de 50 km environ, la limite inférieure d'une région appelée ionosphère (voir l'exercice 5 du chapitre 5). La différence de potentiel entre la terre et cette couche est d'environ 3 × 10^5 V (le module du champ diminue avec l'altitude, de sorte que la différence de potentiel n'est pas de 5 MV).

La terre et l'ionosphère sont deux bons conducteurs. Bien que l'air sec soit un bon isolant, l'atmosphère laisse circuler le courant à cause des ions d'oxygène et d'azote qui sont créés par les rayons cosmiques, par la radioactivité naturelle, et, à haute altitude, par la photoionisation due aux rayons ultraviolets et aux rayons X provenant du Soleil. On pourrait s'attendre à ce que le courant vertical dans l'air (3 × 10^{-12} A/m^2 ou 1500 A globalement) entraîne la neutralisation des charges au sol en 10 min environ. Nous allons voir que c'est le transfert de charge associé à la foudre qui maintient le champ par beau temps.

D'après la valeur du champ électrique par beau temps, on constate que la différence de potentiel entre deux niveaux distants de 2 m est à peu près égale à 200 V. Cette différence de potentiel est-elle dangereuse pour la population ? Pourrait-on l'utiliser comme source d'énergie électrique ? Non, car les personnes et les objets sont de bons conducteurs, et toutes les parties d'un conducteur en contact avec le sol sont au potentiel de la terre. Il en résulte une déformation des équipotentielles horizontales (figure 6.16).

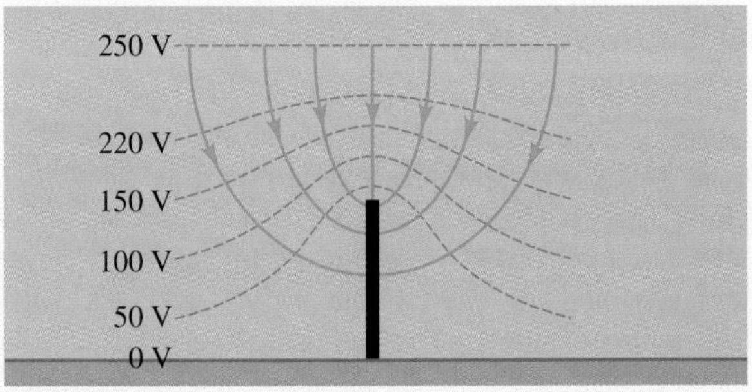

Figure 6.16 ▲
Une tige métallique plantée dans le sol est au potentiel de la terre. Le schéma montre la déformation des équipotentielles horizontales.

On peut mesurer le module du champ par beau temps à l'aide d'un instrument appelé « *moulin à champ* » dont le principe est le suivant. Lorsqu'on relie à la terre une plaque métallique horizontale A (figure 6.17*a*), sa face supérieure se charge négativement, les charges étant maintenues par le champ extérieur. Si l'on recouvre soudainement A par une deuxième plaque B (figure 6.17*b*), cette dernière produit l'effet d'une cage de Faraday (voir la section 2.3) : elle se polarise et annihile le champ résultant dans l'espace situé sous elle. Ainsi, les lignes de champ n'atteignent plus la plaque A, et rien ne retient la charge négative qu'elle portait, qui s'écoule donc dans la terre en traversant un appareil de mesure. Dans la pratique, A et B ont la forme de pales (figure 6.17*c*). En tournant, la plaque supérieure masque alternativement la plaque inférieure, la protégeant du champ de façon périodique. Le courant s'écoulant de la plaque inférieure consiste en impulsions qui peuvent être amplifiées et étalonnées pour donner l'intensité du champ.

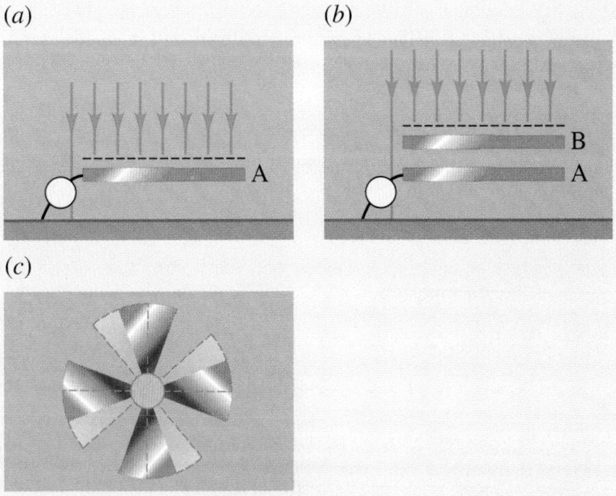

Figure 6.17 ▲
(*a*) Le champ électrique terrestre induit une charge sur une plaque métallique reliée à la terre. (*b*) Lorsque la plaque est protégée par un écran, la charge induite s'écoule dans le dispositif de détection. (*c*) Dans un « moulin à champ », les plaques supérieure et inférieure ont la forme de pales. Lorsque la pale supérieure tourne, il y a production d'un courant pulsé qui peut être amplifié et mesuré.

Le champ par beau temps varie au cours de la journée. Lorsqu'on le mesure en haute mer, loin de toute perturbation, on s'aperçoit qu'il atteint sa valeur maximale à 19 h T.U. (temps universel) et sa valeur minimale à 4 h T.U. en tout point du globe (figure 6.18). Étant donné la haute conductivité de la terre et de l'ionosphère, les variations locales de densité de charges se dispersent très rapidement autour du globe.

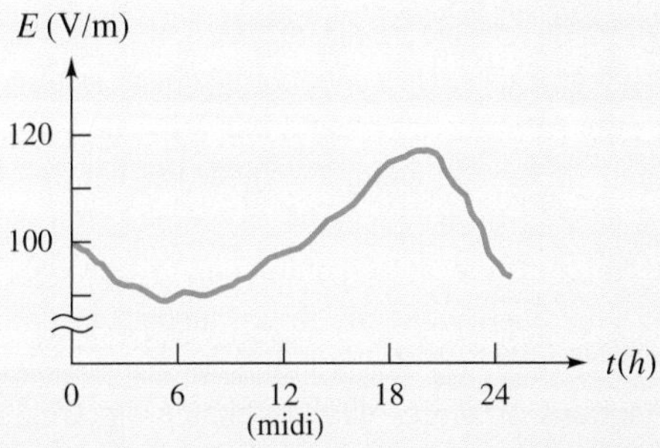

Figure 6.18 ▲
Le champ par beau temps varie en fonction du temps de la même façon tout autour du globe.

L'expérience du cerf-volant de Franklin

En 1750, Benjamin Franklin eut l'idée d'approcher d'un corps électrifié un conducteur pointu relié à la terre ; il s'aperçut qu'il pouvait ainsi décharger le corps plus rapidement qu'avec un conducteur arrondi. Il en déduisit que, si les nuages d'orage étaient électrifiés, on pourrait peut-être les décharger sans risque et éviter ainsi les dégâts provoqués par la foudre. Il dut d'abord démontrer que le nuage était chargé. Le raisonnement qu'il adopta est décrit ici en termes modernes.

Benjamin Franklin en train de réaliser son expérience du cerf-volant.

La figure 6.19*a* représente une tige métallique dont la base est chargée négativement. Cette tige se trouve isolée sous un nuage d'orage. Le champ électrique, dirigé verticalement vers le haut, induit une séparation des charges dans la tige. Les charges négatives présentes dans l'air neutralisent une partie des charges positives présentes à la pointe de la tige ; celle-ci acquiert ainsi une charge négative en excès. Un conducteur relié à la terre, comme une personne, va donc produire une étincelle en approchant un doigt de la tige chargée isolée. Par contre, si la tige est reliée à la terre (comme à la figure 6.19*b*), la charge négative continue de s'écouler par la tige dans la terre et on peut apercevoir une faible lueur à la pointe de la tige. Cette lueur est due à l'ionisation des molécules par les électrons accélérés dans le champ électrique intense près de la pointe. Lorsque les molécules se recombinent avec d'autres électrons, il y a émission lumineuse. Au IVe siècle, cette lueur, visible en haut des mâts des navires, était appelée feu Saint-Elme.

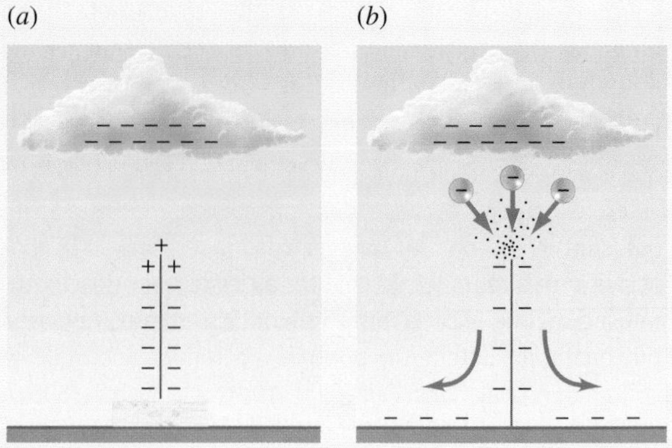

Figure 6.19 ▲
(*a*) Il y a séparation des charges dans une tige métallique isolée. (*b*) Si la tige est reliée à la terre, un courant constant circule dans la tige.

Pour montrer qu'un nuage d'orage est chargé, Franklin proposa de vérifier si une personne placée dans une guérite pouvait produire des étincelles à l'extrémité d'une haute tige métallique isolée en approchant de la tige un fil relié à la terre. Pour se protéger, elle devait tenir le fil avec une poignée en paraffine. Ayant entendu parler de cette proposition, des scientifiques français érigèrent une tige de quarante pieds en mai 1752 et obtinrent les étincelles prévues. Avant même d'avoir eu connaissance de leur résultat, Franklin décida de tenter une expérience avec un cerf-volant auquel il avait attaché un fil muni d'une pointe. Il fit donc voler son cerf-volant dans un nuage d'orage en tenant la ficelle au moyen d'un fil de soie isolant et en prenant soin de ne pas la mouiller. Il avait attaché une clé à la ficelle. Lorsqu'il vit les fils se hérisser, il comprit que la ficelle était électrifiée et, avec le poing, fit jaillir une étincelle à partir de la clé. Cette expérience montrait qu'un nuage d'orage est chargé et indirectement que la foudre est un phénomène électrique. L'expérience du cerf-volant et celle de la guérite sont très dangereuses. Quelques mois plus tard, un professeur fut tué sur le coup par un éclair transmis par la tige alors qu'il essayait de répéter l'expérience de la guérite.

Les orages

Il se produit environ 40 000 orages chaque jour autour du globe et près de 100 éclairs chaque seconde. Un nuage *cumulonimbus* se développe à partir d'un nuage relativement petit s'étendant entre les altitudes de 2 à 5 km. Le nuage se forme par un fort courant ascendant d'air chaud et humide. Il grossit rapidement et peut atteindre une altitude de 10 à 15 km en quelques minutes. Puisque la pression diminue avec l'altitude, l'air humide se dilate en montant et sa température baisse. La vapeur d'eau se condense alors en gouttes et libère sa chaleur latente, ce qui rend l'air humide plus chaud que l'air sec environnant.

L'air humide continue ainsi de monter, à une vitesse de 25 m/s environ. Près du sommet du nuage, l'air sec environnant se mélange avec le courant d'air ascendant et provoque un refroidissement des gouttes par évaporation. Des cristaux de glace se forment, entrent en collision avec les gouttes d'eau et grossissent jusqu'à devenir des grêlons. Lorsque ces grêlons sont trop lourds pour être portés par le courant ascendant, ils commencent à tomber et provoquent un courant descendant dans la partie du nuage extérieure au courant ascendant (figure 6.20). Comme les grêlons fondent en général avant d'arriver au sol, ils produisent une forte averse. Un nuage d'orage se déplace horizontalement à environ 30 km/h et provoque une concentration d'air humide et frais. Dans les phases finales de l'évolution du nuage, le courant descendant devient prédominant et il produit une pluie fine.

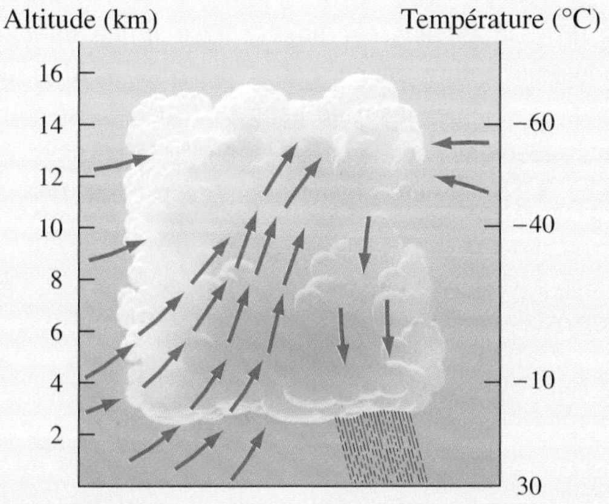

Figure 6.20 ▲
Un nuage d'orage. Le courant ascendant d'air chaud et humide monte jusqu'à ce que des cristaux de glace se forment. En grossissant, ces cristaux donnent des grêlons qui tombent dans la zone du courant descendant.

La séparation des charges

Un aspect important du nuage d'orage est l'apparition d'une grande quantité de charges à la base et au sommet du nuage. Des mesures de la charge effectuées à l'intérieur du nuage et du champ électrique à la surface de la terre montrent que la partie inférieure du nuage est chargée négativement ($N = -40$ C), alors que la partie supérieure est chargée positivement ($P = +40$ C) (figure 6.21). On note également la présence d'une faible charge positive ($p = +10$ C) à la base du nuage. Le champ électrique sous le nuage, qui est opposé au champ par beau temps, a une intensité voisine de 10^4 V/m. La différence de potentiel entre la base du nuage et la terre est d'environ 3 MV.

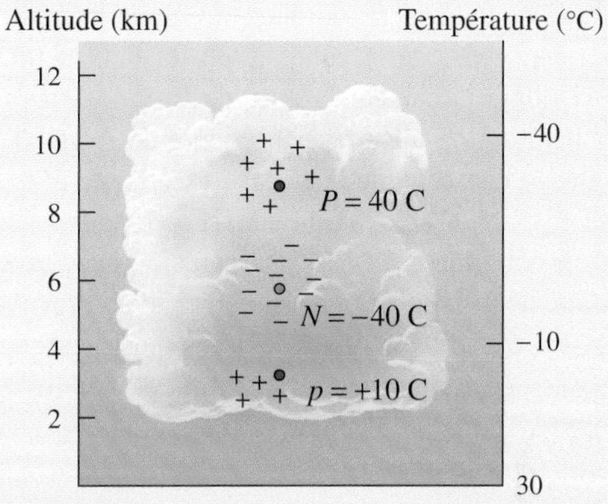

Figure 6.21 ▲
La séparation des charges dans un nuage d'orage.

Le mécanisme de la séparation des charges n'est pas bien connu. L'une des hypothèses proposées est la suivante. Lorsqu'un grêlon tombe, il est polarisé par le champ qui règne par beau temps : sa base est positive alors que son sommet est négatif (figure 6.22*a*). Une goutte d'eau ou un petit cristal de glace peuvent entrer en collision avec la base du grêlon et acquérir une charge positive. La plus légère des particules chargées positivement est ainsi entraînée par le courant ascendant mais le grêlon chargé négativement continue de tomber. Le champ électrique est

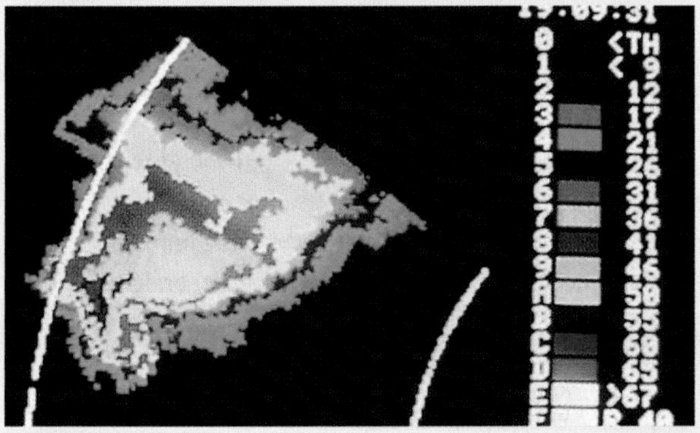

Un orage présentant un risque de foudre, détecté par radar Doppler. Le décalage de fréquence du signal radar indique la vitesse du vent (code couleur) en mètres par seconde.

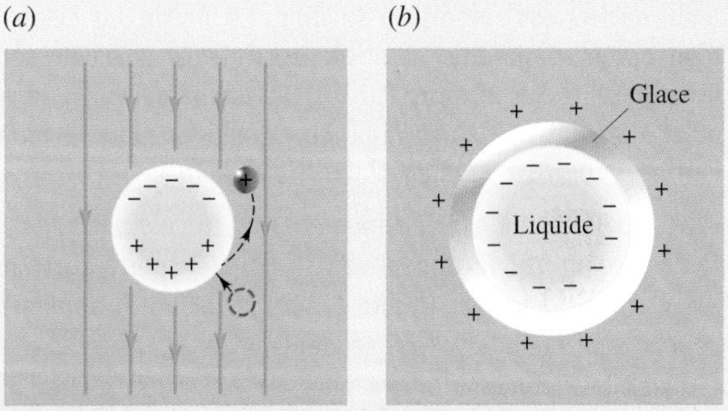

Figure 6.22 ▲
(*a*) Une gouttelette peut devenir chargée lorsqu'elle entre en collision avec la partie inférieure positive d'un grêlon en train de tomber. (*b*) Lorsqu'une gouttelette d'eau commence à geler, une couche de glace se forme avec les charges indiquées.

renforcé par cette séparation des charges et produit une polarisation encore plus importante des grêlons. Le processus fait intervenir une « contre-réaction positive ». Les ions déjà présents dans l'air contribuent probablement à cet effet.

Un autre mécanisme fait intervenir le processus de congélation. On sait que, lorsqu'il y a une différence de température dans un échantillon de glace, la partie chaude se charge négativement parce que les ions H^+, légers, sont plus mobiles que les ions OH^-. Les ions H^+ quittent en grand nombre la partie chaude et entraînent ainsi l'apparition d'une charge négative non compensée. Lorsqu'une goutte gèle, une mince couche de glace se forme d'abord sur la surface. Au cours de la congélation du liquide intérieur, celui-ci libère la chaleur latente de fusion, de sorte que la température de la surface intérieure de la pellicule est plus élevée que celle de la surface extérieure. À cause de cet effet *thermoélectrique*, la surface extérieure se charge positivement (figure 6.22*b*). Une collision avec une autre particule peut faire éclater la pellicule et provoquer la formation d'éclats de glace chargés positivement. Très légers, ces éclats peuvent être entraînés par le courant ascendant. Le reste de la goutte est chargé négativement et continue à tomber.

Ces deux explications cessent toutefois d'être valables si l'on admet que la séparation des charges se produit avant l'apparition d'un courant descendant. Il n'y a pas de mécanisme qui soit accepté universellement.

La foudre

La foudre est la manifestation la plus spectaculaire de l'électricité atmosphérique (figure 6.23). On a utilisé divers moyens pour l'étudier : caméras ultrarapides, émissions en radiofréquences, échos radar et variations du champ électrique au niveau du sol. Un *éclair* est composé de plusieurs *coups*. Le phénomène commence probablement par une décharge à l'intérieur du nuage entre la petite base positive *p* et la charge négative plus élevée *N*. Cette décharge interne dure environ 50 ms et produit une faible lueur qu'on peut enregistrer sur film. La moitié des éclairs d'un orage se produisent entre des nuages qui peuvent être distants de 10 km. Parfois, la décharge va si loin qu'elle atteint une zone dégagée et devient alors le proverbial « coup de foudre en plein ciel bleu ».

Un coup de foudre est déclenché par un *traceur par bonds*. Il s'agit d'un gaz fortement ionisé qui transporte surtout des charges négatives (figure 6.24*a*). Sur film, il apparaît comme une lueur vive qui se déplace de 50 m en 1 μs, s'immobilise pendant 50 μs puis fait un autre « bond ». Sa vitesse moyenne est de 2×10^5 m/s et sa pointe est à un potentiel de -10^8 V par rapport à la terre. Lorsque la pointe se trouve à 50 m environ de la surface de la terre, une *décharge* quitte la terre, en général à partir d'un point anguleux (figure 6.24*b*). Lorsque la décharge rencontre le traceur par bonds, il se forme un chemin conducteur ininterrompu entre la terre et la base du nuage. La charge négative dans ce canal ionisé s'écoule très rapidement dans la terre. La partie la plus proche du sol se décharge en premier lieu et produit une lueur intense (figure 6.24*c*). Lorsque les parties plus élevées se déchargent, il se produit une *décharge en retour*, de 20 cm de diamètre environ, ce qui crée un effet lumineux ascendant (figure 6.24*d*). Au début, le front de l'onde lumineuse se déplace à une vitesse voisine du tiers de la vitesse de la lumière, mais il ralentit jusqu'à $c/10$ près de la base du nuage (notons qu'il s'agit de la vitesse de propagation de la décharge, et non la vitesse des électrons). Le traceur par bonds transporte -5 C en 40 ms environ, ce qui correspond à un courant moyen voisin de 100 A.

Figure 6.23 ▲
La foudre est un phénomène électrique spectaculaire qui se produit une centaine de fois par seconde sur la planète.

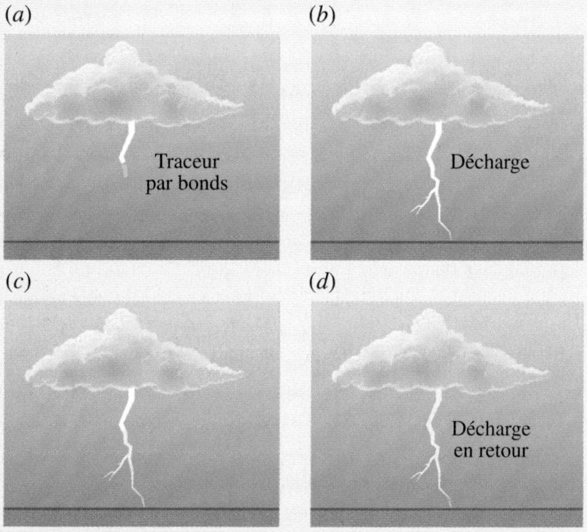

Figure 6.24 ▲
Les quatre phases d'évolution d'une décharge en retour.

Après la décharge en retour, un faible courant continue de circuler dans le canal. Après une pause, un *traceur en dard* d'environ 1 m de large descend vers la terre à 5×10^6 m/s et déclenche une deuxième décharge en retour (figure 6.25). Le traceur en dard transporte 1 C en 2 ms, ce qui donne un courant moyen de 500 A. Un seul éclair, qui dure de 0,3 à 0,5 s, fait intervenir 4 ou 5 décharges en retour, d'une durée de 2 ms chacune, à intervalles de 50 ms. Chaque coup de foudre est visible sous forme d'une lueur vacillante pendant l'éclair.

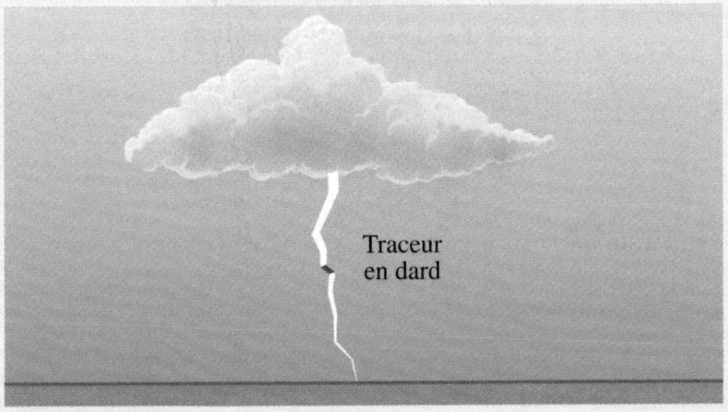

Figure 6.25 ▲
Après la première décharge en retour, d'autres décharges en retour sont déclenchées par les traceurs en dard.

La variation du courant en fonction du temps est représentée à la figure 6.26. Le courant augmente jusqu'à 30 kA ou plus en 2 μs environ, puis diminue graduellement. (On peut calculer le courant maximal en plaçant de petites barres d'acier au cobalt près d'une longue tige ou d'une tour émettrice. Après un éclair, la barre devient magnétisée et on peut calculer le courant d'après l'intensité de la magnétisation. On a déjà relevé des courants allant jusqu'à 60 kA.) Une charge négative de 10 à 20 C est transférée à la terre en 100 μs.

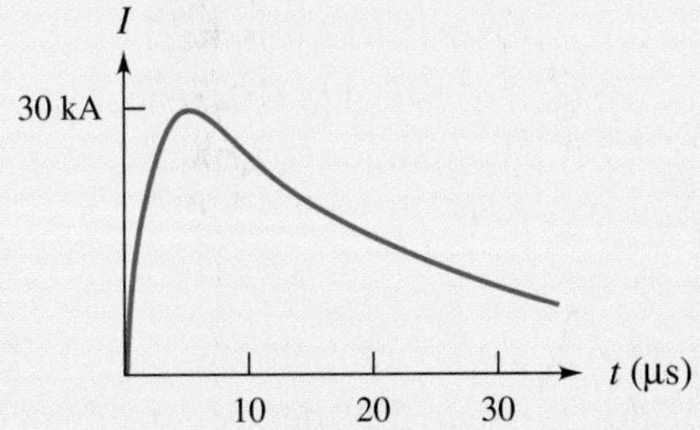

Figure 6.26 ▲
La variation du courant durant une décharge en retour.

Pendant la décharge en retour, la température du canal ionisé atteint 30 000 K. L'augmentation de pression produit une onde de choc : c'est le tonnerre que l'on entend jusqu'à 25 km à la ronde. Le grondement du tonnerre est dû au fait que le son provenant de diverses régions du coup de foudre arrive à des instants différents.

Un seul coup de foudre peut faire passer 5 C sous une différence de potentiel de 10^8 V en 10 μs. L'énergie dissipée est de 5×10^8 J et la puissance de 5×10^{13} W ! Cette énergie est dégagée sous forme d'excitation moléculaire, de création d'ions, d'énergie cinétique des particules et de rayonnement. Malgré l'aspect spectaculaire des éclairs, près de 80 % du transfert de charge est dû à des décharges ponctuelles, notamment entre les nuages et les arbres. Le courant moyen observé durant un orage est de 1,5 A.

La protection contre la foudre

La foudre est à l'origine de nombreux dégâts matériels et incendies de forêts. Aux États-Unis seulement, elle tue deux cents personnes chaque année. Franklin pensait qu'une tige métallique reliée à la terre et comportant une pointe effilée pouvait permettre à la charge contenue dans un nuage de s'écouler et donc d'éviter la foudre. Cette explication du fonctionnement d'un « paratonnerre » n'est pas correcte. Tous les objets comportant des points anguleux, comme les feuilles, provoquent des décharges ponctuelles. Mais si un traceur par bonds s'approche de la région entourant la tige, celle-ci sera frappée par la foudre et transportera la charge sans danger vers la terre. Un paratonnerre protège une zone située autour de lui, comme l'illustrent les lignes pointillées sur la figure 6.27. Il est très rare qu'un seul point anguleux décharge complètement le nuage. Pendant plusieurs années, la foudre a fait l'objet d'études à l'*Empire State Building* : on s'est aperçu qu'une décharge positive (250 A) pouvait partir du sommet de l'immeuble et monter jusqu'aux nuages, sans décharge en retour. La théorie de Franklin n'est donc valable que pour le sommet de mâts très élevés ou d'immeubles.

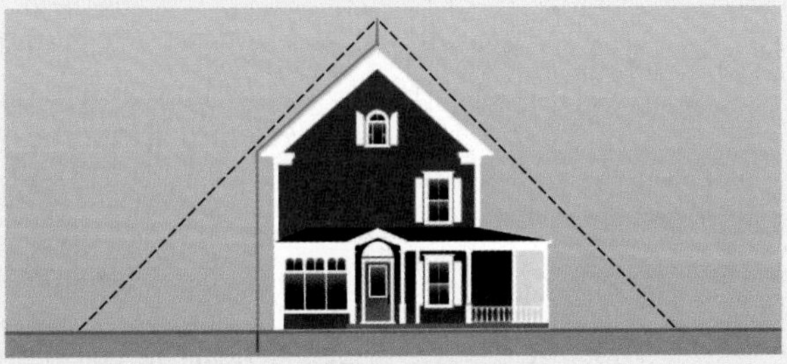

Figure 6.27 ▲
Un paratonnerre « protège » la région délimitée par les lignes pointillées.

Que doit-on faire durant un orage ? Premièrement, éviter les arbres ou les bâtiments isolés qui sont des cibles évidentes. Deuxièmement, puisque l'eau est un conducteur, il faut éviter de nager. Une décharge peut pénétrer dans une maison par les conduites d'eau ou même par les câbles téléphoniques. Le courant peut circuler dans les conduites et électrocuter une personne en train de prendre un bain. On a déjà signalé des décharges mortelles par les robinets. Même dans les années 2000, il est donc déconseillé d'utiliser le téléphone ou de prendre un bain durant un orage.

Un coup de foudre peut induire un flux rapide de charge dans un conducteur relié à la terre. Par exemple, on a mesuré un courant de 100 A dans un câble de transmission à 0,5 km de la décharge. Lorsque la foudre frappe la terre, des courants intenses s'y écoulent. La différence de potentiel entre deux points distants de 1 m peut produire un courant mortel pour une personne ou un animal. On peut réduire les effets d'un tel « saut de tension » en gardant les pieds joints. Lorsque la foudre tombe sur un arbre, le courant circule le long des rigoles mouillées sur l'écorce et peut passer du tronc sur une personne qui se tient à proximité ou qui s'appuie contre l'arbre. Il faut donc éviter de s'abriter sous un arbre isolé.

Figure 6.28 ▲
Par temps orageux, il est dangereux de se mettre à l'abri sous un arbre isolé.

RÉSUMÉ

L'intensité moyenne du courant électrique est la quantité de charge qui traverse la section d'un conducteur par unité de temps :

$$I = \frac{\Delta Q}{\Delta t} \qquad (6.1a)$$

Le module de la vitesse de dérive moyenne des électrons dans un fil de section A est relié à la valeur du courant I qui parcourt le fil selon

$$I = nAev_{\mathrm{d}} \qquad (6.2)$$

où n est le nombre d'électrons libres par unité de volume.

Si un courant I circule dans un dispositif ayant une différence de potentiel ΔV entre ses bornes, la résistance est définie comme le rapport

$$R = \frac{\Delta V}{I} \qquad (6.5)$$

La différence de potentiel est la *cause* du courant et non le contraire.

Dans le cas particulier d'un fil de longueur ℓ et de section transversale A, la résistance est donnée par

$$R = \frac{\rho \ell}{A} \qquad (6.6)$$

où ρ est la résistivité du matériau dont est fait le fil. Pour les métaux, ρ varie avec la température.

La définition de la résistance peut se mettre sous la forme

$$\Delta V = RI \qquad (6.11)$$

Cette équation s'applique à tout conducteur, quelle que soit sa forme. Elle *n'exprime pas* forcément la loi d'Ohm. Elle constitue la forme macroscopique de la loi d'Ohm *seulement* si R est constante et indépendante de ΔV et de I.

Si un flux de particules chargées se déplace à travers une différence de potentiel ΔV, le taux du travail fourni par le champ électrique ou par un agent extérieur, c'est-à-dire la puissance fournie, est

$$P = I\Delta V \qquad (6.12)$$

D'après la relation $\Delta V = RI$ pour un conducteur, la puissance dissipée sous forme d'énergie thermique est

$$P = RI^2 = \frac{\Delta V^2}{R} \qquad (6.13)$$

TERMES IMPORTANTS

ampère (p. 184)
circuit électrique (p. 186)
coefficient thermique de résistivité (p. 195)
conductivité (p. 193)
courant électrique (p. 184)
effet Joule (p. 199)
électron de conduction (p. 188)
électron libre (p. 188)
kilowattheure (p. 199)
loi d'Ohm (p. 198)
ohm (p. 192)
résistance (p. 192)
résistivité (p. 193)
semi-conducteur (p. 195)
supraconducteur (p. 195)
tension (p. 198)
watt (p. 199)

RÉVISION

R1. Décrivez le mécanisme mis au point par Volta pour produire un courant électrique.

R2. Combien d'électrons passent par un point donné d'un fil parcouru par un courant de 1 A pendant 1 s, 1 min, 1 h ?

R3. Dessinez un circuit simple comprenant une pile et un fil reliant la borne positive à la borne négative en représentant le sens du courant et le sens du déplacement des électrons.

R4. Vrai ou faux ? Dans un fil, les électrons circulent du potentiel le plus élevé vers le potentiel le moins élevé.

R5. Vrai ou faux ? Lorsqu'on allume l'interrupteur d'une ampoule, les électrons voyagent presque instantanément de l'interrupteur à l'ampoule.

R6. Vrai ou faux ? C'est pour augmenter leur résistance électrique qu'on utilise de très gros fils pour le transport de l'électricité.

R7. Expliquez comment on déduit que la résistance d'un conducteur donné est directement proportionnelle à sa longueur.

R8. Expliquez pourquoi la résistance d'un métal augmente avec sa température.

R9. Dans quelle condition un matériau conducteur obéit-il à la loi d'Ohm ?

R10. Combien de temps faut-il utiliser une ampoule de 100 W pour consommer 1 kWh ?

R11. Vrai ou faux ? Il est plus économique d'utiliser un radiateur électrique de 1000 W fonctionnant sur 220 V qu'un radiateur électrique de 1000 W fonctionnant sur 110 V.

QUESTIONS

Q1. La loi d'Ohm est-elle valable seulement pour les fils conducteurs ?

Q2. Si un appareil fait « griller » son propre fusible de 15 A, ou un fusible extérieur de 15 A, est-ce une bonne idée de le remplacer par un fusible de 20 A ?

Q3. Au niveau microscopique, en quoi le courant dans un métal diffère-t-il du courant dans un électrolyte ? Pouvez-vous donner un autre exemple de courant électrique qui diffère qualitativement du courant dans un métal ?

Q4. Pourquoi une ampoule a-t-elle plus de chances de griller au moment où on l'allume ? Pourquoi produit-elle un éclair juste avant de griller ?

Q5. Qu'entend-on par « court-circuit » ? Illustrez votre réponse à l'aide d'un schéma.

Q6. Pourquoi les oiseaux peuvent-ils se percher sur les lignes électriques sans s'électrocuter ?

Q7. Les liquides ont une résistance plus grande au début lorsque la température baisse, car ils sont plus visqueux. L'effet est-il le même sur le débit des charges dans un fil ?

Q8. En supposant toutes les autres grandeurs constantes, comment la vitesse de dérive le long d'un fil dépend-elle de chacun des facteurs suivants : (a) la longueur du fil ; (b) la différence de potentiel ; (c) l'aire de la section transversale ; (d) le courant ?

Q9. Un fil de cuivre et un fil d'argent de même longueur et de même diamètre sont traversés par le même courant. Dans lequel des deux fils l'intensité du champ électrique est-elle la plus grande ?

Q10. De quelle(s) manière(s) le courant du faisceau d'électrons dans un tube de téléviseur est-il différent du courant dans un fil ?

Q11. L'expression $P = RI^2$ indique que la puissance augmente avec la résistance, alors que $P = \Delta V^2/R$ semble indiquer le contraire. Faites concorder ces deux idées apparemment contradictoires.

Q12. On accélère un faisceau d'électrons sans augmenter son aire. La densité de courant varie-t-elle lorsque la vitesse des particules augmente ?

Q13. Quels sont les avantages ou inconvénients relatifs que présente l'utilisation d'un seul brin de fil ou de plusieurs brins ayant la même résistance totale ?

Q14. Vrai ou faux ? Le champ électrique est nul dans un conducteur, même si un courant y circule.

Q15. Vrai ou faux ? La loi d'Ohm $\Delta V = RI$ exprime qu'un courant I cause une différence de potentiel ΔV aux bornes d'un dispositif de résistance R lorsqu'il le traverse.

Q16. Le Soleil éjecte chaque seconde un flux de protons dans l'espace. Sous l'effet de leur vitesse initiale, ces particules se déplacent dans l'espace intersidéral, ce qui forme un courant. Comme elles ne sont entraînées par aucun champ électrique, cela contredit-il l'équation $\vec{\mathbf{J}} = \vec{\mathbf{E}}/\rho$ ou $\vec{\mathbf{J}} = \sigma\vec{\mathbf{E}}$?

EXERCICES

Voir l'avant-propos pour la signification des icônes

Dans les exercices et les problèmes, lorsqu'il est fait mention de la vitesse de dérive, de la densité de courant ou du champ électrique, il s'agit du module de ces quantités. Les données du tableau 6.1 sont nécessaires pour résoudre certains exercices et problèmes.

6.1, 6.2 et 6.3 Courant, vitesse de dérive, résistance

E1. (I) Dans un tube écran de téléviseur couleur, le courant du faisceau a une intensité de 1,9 mA. La section transversale du faisceau est circulaire et a un rayon de 0,5 mm. (a) Combien d'électrons frappent l'écran par seconde ? (b) Quelle est la densité du courant ?

E2. (I) Dans un accélérateur, les protons se déplacent à la vitesse de 5×10^6 m/s et produisent un faisceau d'intensité 1 μA. Si le rayon du faisceau vaut 1 mm, trouvez : (a) la densité de courant ; (b) n, le nombre de charges par unité de volume.

E3. (I) Un courant de 200 mA circule dans un fil d'argent de rayon 0,8 mm. Un mètre cube d'argent contient $5{,}8 \times 10^{28}$ électrons libres. Trouvez : (a) la vitesse de dérive des électrons ; (b) le champ électrique à l'intérieur du fil.

E4. (I) Une longueur de 30 km de câble de transport d'électricité, composé d'un fil de cuivre de diamètre 1 cm, transporte un courant de 500 A. Un mètre cube de cuivre contient $8{,}43 \times 10^{28}$ électrons libres. Trouvez : (a) la densité de courant ; (b) le module du champ électrique à l'intérieur du fil ; (c) la vitesse de dérive ; (d) le temps que met un électron donné pour parcourir la longueur du fil.

E5. (I) Le démarreur d'une automobile est alimenté par 80 A circulant dans un câble en cuivre de rayon 0,3 cm. (a) Quelle est la densité de courant ? (b) Déterminez le champ électrique à l'intérieur du fil.

E6. (I) Un fil de cuivre de calibre 14 et de diamètre 1,628 mm transporte 15 A. Un mètre cube de cuivre contient $8{,}43 \times 10^{28}$ électrons libres. Déterminez : (a) la densité de courant ; (b) la vitesse de dérive.

E7. (I) Dans un atome d'hydrogène, l'électron décrit un cercle de rayon $5{,}3 \times 10^{-11}$ m à la vitesse de $2{,}2 \times 10^6$ m/s. Quel est le courant moyen associé à ce mouvement ?

E8. (II) Le courant circulant dans un fil est donné par $I = (2t^2 - 3t + 5)$ A, où t est en secondes. Quelle est la charge traversant une section transversale du fil entre $t = 2$ s et 5 s ?

E9. (I) Soit un fil d'aluminium de longueur 10 m et de diamètre 1,5 mm. Il transporte un courant de 12 A. Un mètre cube d'aluminium contient 10^{29} électrons libres. Trouvez : (a) la densité de courant ; (b) la vitesse de dérive ; (c) le champ électrique dans le fil.

E10. (I) Lorsqu'on applique une différence de potentiel de 100 V aux bornes d'un fil de longueur 25 m et de rayon 1 mm, un courant de 11 A circule dans le fil. Trouvez la résistivité du matériau.

E11. (I) Une tige cylindrique de silicium a une longueur de 1 cm et un rayon de 2 mm. Quel est le courant lorsqu'on applique une différence de potentiel de 120 V entre ses extrémités ?

E12. (II) Un fil de longueur ℓ et de section transversale A possède une résistance R. Quelle est la résistance obtenue si l'on utilise la même quantité de matériau pour réaliser un fil deux fois plus long ?

E13. (II) Un tube cylindrique de longueur ℓ a un rayon intérieur a et un rayon extérieur b (figure 6.29). La résistivité est ρ. Quelle est la résistance entre les extrémités ?

E14. (I) Un fil d'argent a une résistance de 1,20 Ω à 20°C. Quelle est sa résistance à 35°C ? (On néglige les variations de dimensions.)

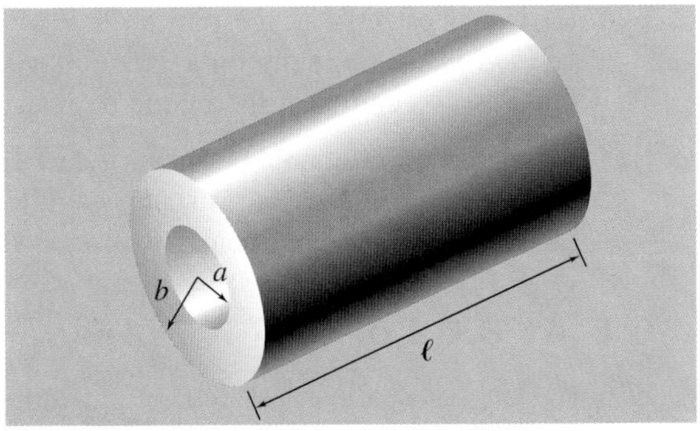

Figure 6.29 ▲
Exercice 13.

E15. (I) La résistance d'un fil de cuivre est égale à 0,8 Ω à 20°C. Lorsqu'on le place dans un four, sa résistance devient égale à 1,2 Ω. Quelle est la température du four ?

E16. (I) Un fil de 4 m de long et de 0,8 mm de diamètre a une résistance de 16 Ω à 20°C. À 35°C, sa résistance s'élève à 16,5 Ω. Quel est le coefficient thermique de résistivité ?

E17. (I) Les résistances d'un fil de cuivre et d'un fil d'aluminium sont égales. Quel est le rapport de leur longueur, ℓ_{Cu}/ℓ_{Al}, s'ils ont le même diamètre ?

E18. (II) En associant en série une résistance de carbone et une résistance de nichrome, on peut obtenir une résistance équivalente indépendante de la température. Quel pourcentage de la résistance représente la contribution du carbone ?

E19. (I) Les résistances d'un fil de cuivre et d'un fil d'aluminium sont égales. Quel est le rapport des diamètres, d_{Cu}/d_{Al}, s'ils ont la même longueur ?

E20. (I) La conductance G d'un dispositif est définie comme étant l'inverse de sa résistance, $G = 1/R$. L'unité SI de la conductance est le siemens (S $= \Omega^{-1}$). Quelle est la conductance d'un dispositif dans lequel circule un courant de 2 A lorsqu'on lui applique une différence de potentiel de 60 V ?

E21. (I) Un fil de rayon 2 mm et de longueur 12 m a une résistance de 0,027 Ω. Quelle est sa résistivité ? Pouvez-vous, à l'aide du tableau 6.1 (p. 193), identifier le matériau ?

E22. (I) La résistance d'une tige de carbone est égale à 0,6 Ω à 0°C. Quelle est sa résistance à 30°C ?

E23. (I) Un fil de longueur 10 m et de diamètre 1,2 mm a une résistance de 1,4 Ω. Quelle serait la résistance si le fil avait une longueur de 16 m et un diamètre de 0,8 mm ?

E24. (I) Un fil est relié à une pile de 6 V. À 20°C, le courant vaut 2 A, alors qu'à 100°C il vaut 1,7 A. Quel est le coefficient thermique de résistivité ?

E25. (I) Un fil de cuivre a une résistance de 1 Ω à 20°C. À quelle température la résistance est-elle de 10 % (a) supérieure ; (b) inférieure ?

6.5 et 6.6 Loi d'Ohm, puissance

E26. (I) Un haut-parleur est relié à un amplificateur audio à l'aide d'un fil de cuivre de calibre 18 (diamètre 1,024 mm) de longueur totale 20 m. (a) Quelle est la résistance du fil ? (b) Si le haut-parleur a une résistance de 4 Ω, quel pourcentage de la puissance fournie par l'amplificateur est dissipée dans le fil ? (Pour simplifier, on suppose que la différence de potentiel ne varie pas en fonction du temps et que le haut-parleur est une résistance.)

E27. (I) Une ligne de transport d'électricité de 200 km de long a une résistance de 10 Ω et transporte un courant de 1200 A. Quelle est la différence de potentiel entre deux pylônes séparés de 200 m ?

E28. (I) Selon un code de sécurité, le courant maximal admissible pour un fil de cuivre de calibre 14 (diamètre 1,628 mm) est de 15 A, et il est de 5 A pour un fil de calibre 18 (diamètre 1,024 mm). Quelle serait la différence de potentiel entre les extrémités d'une longueur de 10 m de chaque type de fil pour un courant maximal ?

E29. (I) Une batterie d'automobile de 12 V porte l'inscription 80 A·h. L'ampère-heure (A·h) est une unité de charge qui correspond à un ampère *multiplié* par une heure. (a) Quelle charge (en coulombs) peut-elle fournir ? (b) Pendant combien de temps peut-elle fournir une puissance de 25 W, en supposant la différence de potentiel constante ?

E30. (I) Un grille-pain fonctionne à 120 V avec un courant de 7 A. Il met 30 s pour accomplir sa tâche. À raison de 0,06 $ par kilowattheure, combien cela coûte-t-il de griller une tranche de pain ? Le kilowattheure (kWh) est une unité d'énergie qui correspond à un kilowatt *multiplié* par une heure.

E31. (I) Un fil de cuivre de calibre 14 a un diamètre de 1,628 mm, alors qu'un fil de calibre 18 a un diamètre de 1,024 mm. Comparez les pertes de puissance électrique lorsqu'un courant de 8 A circule dans une longueur de 10 m dans chacun des fils.

E32. (I) Les deux phares d'une automobile demandent un courant total de 10 A sous 12 V. Sachant que la combustion de 1 L d'essence libère 3×10^7 J et que la conversion en puissance électrique a un rendement de 25 %, quelle est la quantité d'essence consommée en une heure uniquement par les phares ?

E33. (I) Une pile fournit 30 mW à un haut-parleur de 8 Ω. Combien d'électrons quittent la borne négative en 1 min ?

E34. (I) Un fil de cuivre de calibre 12 et de diamètre 2,05 mm est utilisé pour fournir 12 A à un appareil électrique. Quelle est la puissance dissipée dans 20 m de ce fil ?

E35. (I) Un fil d'aluminium a une résistance par unité de longueur de $1{,}8 \times 10^{-3}$ Ω/m et transporte un courant de 200 A. Quelle est la puissance dissipée dans 10 km de ce fil ?

E36. (II) Un moteur fonctionnant sous une tension de 240 V demande 10 A pour soulever un bloc de 2000 kg verticalement à une vitesse constante de 2,5 cm/s. Trouvez : (a) sa puissance mécanique en chevaux-vapeur britanniques (hp) (consultez le tableau des facteurs de conversion à la fin du livre) ; (b) le rendement (en pourcentage) de conversion de la puissance électrique en puissance mécanique.

E37. (II) Une centrale électrique fournit 100 kW à un réseau par des câbles de résistance totale 5 Ω. Trouvez la perte de puissance dans les câbles si la différence de potentiel aux bornes du réseau est égale à (a) 10^4 V ; (b) 2×10^5 V.

E38. (II) Une bouilloire fonctionnant sous 120 V chauffe 1,5 L d'eau de 20°C à 90°C en 8 min. Quel est le courant circulant dans la bouilloire ? (Il faut fournir une énergie de 4190 J pour augmenter de 1°C la température de 1 kg d'eau.)

E39. (II) Un tube en verre de rayon intérieur 1 cm et de longueur 20 cm contient de l'eau parcourue par un courant. Quelle est la différence de potentiel nécessaire pour élever la température de l'eau de 30°C en 4 min ? La résistivité de l'eau est de 10^{-2} Ω·m, et il faut fournir une énergie de 4190 J pour augmenter de 1°C la température de 1 kg d'eau.

E40. (I) Une ampoule à trois intensités utilise deux filaments, seuls ou en série, pour produire trois puissances différentes, soit 41 W, 70 W et 100 W, lorsqu'elle est reliée à une source de 120 V. Trouvez la résistance des deux filaments.

E41. (I) Une ampoule à trois intensités utilise deux filaments, seuls ou en parallèle, pour produire trois puissances différentes, soit 50 W, 100 W et 150 W, lorsqu'elle est reliée à une source de 120 V. Trouvez la résistance des deux filaments.

EXERCICES SUPPLÉMENTAIRES

6.1 et 6.2 Courant, vitesse de dérive

E42. (II) À la température ambiante, l'aluminium a trois électrons libres par atome. La masse volumique de l'aluminium est de 2700 kg/m^3 ; consultez le tableau périodique de l'annexe D pour connaître sa masse molaire. (a) Déterminez le nombre d'électrons libres par unité de volume n. (b) Quelle est la vitesse de dérive associée à un courant de 10 A circulant dans un fil d'aluminium de rayon 0,7 mm ?

E43. (II) La charge circulant dans un fil et traversant sa section de 2 cm^2 est décrite par l'expression $q(t) = 3 - 4t + 5t^2$, où t est en secondes et q en coulombs. (a) Trouvez une expression pour $I(t)$. (b) Quelle est la densité de courant à $t = 1$ s ?

6.3 Résistance

E44. (I) Montrez que $1\Omega = 1\ \text{kg}\cdot\text{m}^2/(\text{s}^3\cdot\text{A}^2)$.

E45. (I) La section transversale d'un rail de chemin de fer est de $5{,}0 \times 10^{-3}$ m^2. Si le fer a une résistivité de $3{,}0 \times 10^{-7}$ $\Omega\cdot$m, quelle résistance possède un rail de 10 km ?

E46. (II) À 20°C, la résistance d'un fil de cuivre est de 6,52 mΩ et celle d'un fil de tungstène est de 6,45 mΩ. (a) À quelle température la résistance des deux fils serait-elle égale ? Le coefficient thermique de résistivité du tungstène est de $4{,}5 \times 10^{-3}$°C^{-1}. (b) Illustrez par un graphe la réponse à la question (a).

E47. (I) Le champ électrique à l'intérieur d'un fil de rayon 1,2 mm a un module de 0,1 V/m et le courant a une intensité de 16 A. Quelle est la résistivité du matériau qui constitue le fil ?

E48. (II) Un fil de cuivre a une masse de 21 g et une résistance de 0,065 Ω. La masse volumique du cuivre est de 8900 kg/m^3. Quelles sont (a) la longueur et (b) l'aire de section du fil ?

E49. (II) Une différence de potentiel constante est appliquée aux deux extrémités d'un fil de nichrome. Quand on élève la température du fil à partir de 20°C, le courant chute à 96 % de sa valeur à 20°C. Quelle est la nouvelle température ?

E50. (II) Quelle masse de cuivre est nécessaire pour produire un fil de 1 km ayant une résistance de 1 Ω ? La masse volumique du cuivre est de 8900 kg/m^3.

PROBLÈMES

Voir l'avant-propos pour la signification des icônes

P1. (I) Le nichrome est un alliage utilisé dans les éléments chauffants d'un radiateur à eau qui fonctionne sous 120 V. La résistance d'un des éléments est de 16 Ω à 20°C. (a) Si le rayon du fil est de 1 mm, quelle est sa longueur ? (b) Quel est le courant à 200°C avec la même tension ?

P2. (I) On donne les valeurs suivantes pour un élément de circuit (comme une ampoule) :

ΔV (V) :	2	4	6
I (A) :	0,3	0,5	0,7

(a) En interpolant à partir des données précédentes, déterminez la résistance de l'élément de circuit lorsque $\Delta V = 5$ V. (b) Quel serait le courant pour $\Delta V = 0$? (c) L'élément obéit-il à la loi d'Ohm ?

P3. (II) Un tube cylindrique de longueur L a un rayon intérieur a et un rayon extérieur b (figure 6.30). Le matériau a une résistivité ρ. Le courant circule radialement de la surface intérieure vers la surface extérieure. (a) Montrez que la résistance est

$$R = \frac{\rho}{2\pi L} \ln \frac{b}{a}$$

(b) Pour un courant circulant dans cette direction, quelle est la résistance d'un filament de carbone dont les dimensions sont $a = 0{,}4$ cm, $b = 3$ cm et $L = 30$ cm ? (*Indice* : Commencez avec l'équation $J = E/\rho$ en remarquant que $E_r = -\text{d}V/\text{d}r$.)

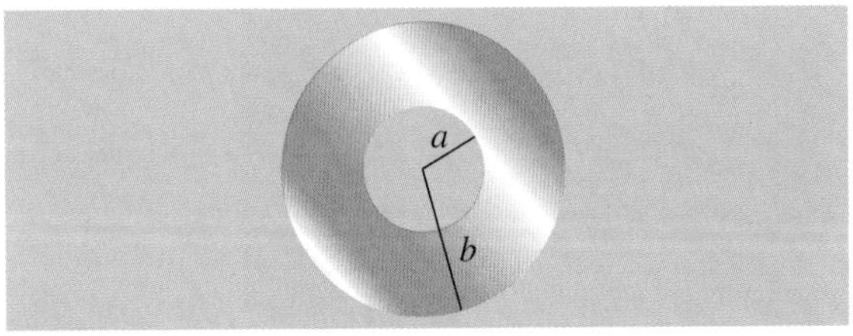

Figure 6.30 ▲
Problème 3.

P4. (II) Une coquille sphérique a un rayon intérieur a et un rayon extérieur b. La résistivité du matériau est ρ. Montrez que, lorsqu'on applique une différence de potentiel entre les surfaces intérieure et extérieure, la résistance est

$$R = \frac{(b-a)\rho}{4\pi ab}$$

On suppose que le courant est partout dirigé radialement. (*Indice* : Commencez avec $J = E/\rho$ puis utilisez $E_r = -\mathrm{d}V/\mathrm{d}r$.)

P5. (I) La densité surfacique de charge d'un disque non conducteur de rayon a est uniforme, positive et égale à σ. Le disque tourne à une vitesse angulaire ω (figure 6.31). Quel courant traverse une surface perpendiculaire au plan du disque et s'étendant du centre jusqu'à sa limite extérieure ? (*Indice* : Trouvez d'abord le courant correspondant à un anneau de rayon r et d'épaisseur dr.)

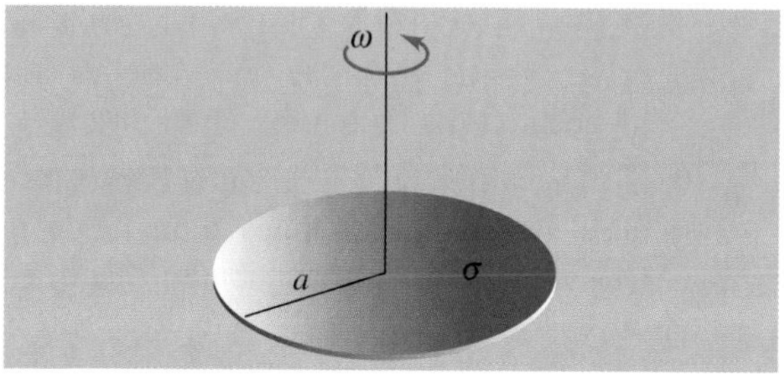

Figure 6.31 ▲
Problème 5.

P6. (II) On applique une différence de potentiel de 2 V entre les extrémités d'un fil d'argent de longueur 30 m et de diamètre 0,5 mm. Le nombre d'électrons libres par unité de volume est de $5{,}8 \times 10^{28}$ m^{-1}. Trouvez : (a) la vitesse de dérive ; (b) le temps moyen entre les collisions ; (c) le libre parcours moyen à 300 K.

P7. (I) Une cellule de galvanoplastie utilise du nitrate d'argent ($AgNO_3$) pour déposer l'argent (108 u) sur une électrode. Si un courant de 0,2 A est partagé à parts égales entre les ions Ag^+ et NO_3^-, quelle masse d'argent est déposée en 10 min ?

P8. (II) Une automobile électrique de 600 kg est alimentée par un groupe de 20 batteries de 12 V en parallèle, chacune d'elles pouvant libérer une charge de 100 A·h (voir l'exercice 29). À 60 km/h, une force de 180 N combinant tous les types de friction s'oppose au mouvement de l'automobile. Pendant combien de temps peut-elle rouler à cette vitesse (a) sur un sol horizontal ; (b) en montant une pente de 10° ? On suppose que la différence de potentiel reste constante.

P9. (I) On relie ensemble les extrémités d'un fil de cuivre et d'un fil d'acier ayant chacun une longueur de 40 m et un rayon de 1 mm. On applique une différence de potentiel de 10 V entre les extrémités libres. Trouvez : (a) la puissance dissipée dans chaque fil ; (b) le champ électrique dans chaque fil.

CHAPITRE

Les circuits à courant continu

7

POINTS ESSENTIELS

1. La **f.é.m.** d'un dispositif correspond au travail par unité de charge accompli pour faire circuler celle-ci dans un circuit fermé.
2. On peut calculer la résistance équivalente d'une association de résistances reliées en **série** ou en **parallèle**.
3. D'après la **loi des nœuds de Kirchhoff**, la somme algébrique des courants qui entrent dans un nœud et qui en sortent est nulle.
4. D'après la **loi des mailles de Kirchhoff**, la somme algébrique des variations de potentiel dans un parcours fermé est nulle.
5. Dans un circuit composé d'une résistance et d'un condensateur, la charge et la décharge du condensateur sont décrites par des fonctions exponentielles.

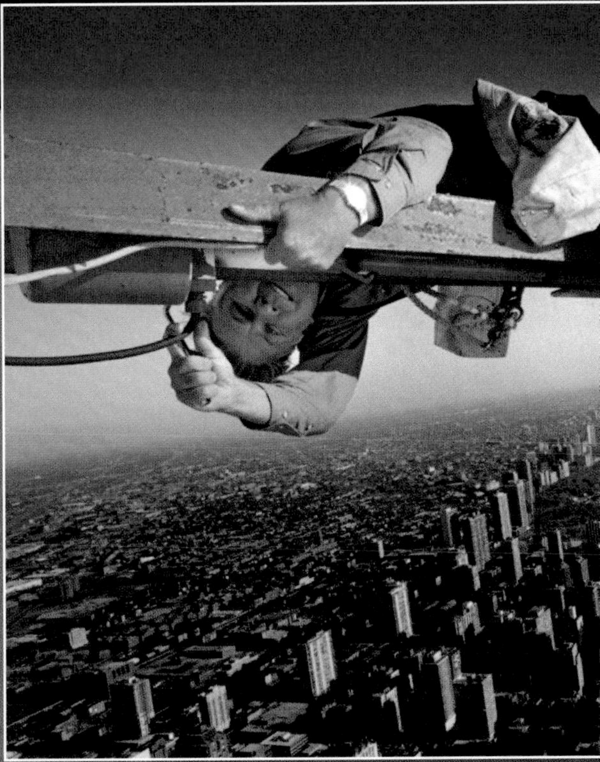

Cette photo, prise lors de la construction de la tour John Hancock à Chicago, montre un ouvrier qui relie une lampe à un circuit électrique. Les lampes de ce circuit peuvent être considérées comme des résistances associées en parallèle, ce que nous étudierons dans ce chapitre.

Ce chapitre porte sur les courants et les différences de potentiel dans les circuits et décrit quelques instruments simples servant à mesurer ces grandeurs. Notre étude se limite ici aux courants circulant dans un seul sens, appelés « courants continus » (c.c.). Nous allons commencer par les courants continus d'intensité constante dans les circuits contenant des résistances, puis nous étudierons les courants continus d'intensité variable dans le temps dans des circuits contenant à la fois une résistance et un condensateur.

Lorsqu'un courant circule dans une résistance, de l'énergie électrique est dissipée. En effet, comme nous l'avons expliqué à la section 6.1, la charge qui se déplace dans un fil conducteur « tombe » vers les points de potentiel plus bas et perd donc de l'énergie potentielle électrique, sans pour autant acquérir d'énergie cinétique supplémentaire. Mais un circuit ne peut pas contenir uniquement des dispositifs qui dissipent l'énergie électrique ; il doit également comporter une source d'énergie électrique, quelque chose qui « soulève » la charge. Un tel dispositif, dont la pile décrite à la section 6.1 n'est qu'un exemple parmi d'autres, est appelé source de *force électromotrice*, dont l'abréviation est *f.é.m.* Les circuits électriques comportent en général plusieurs

(*a*)

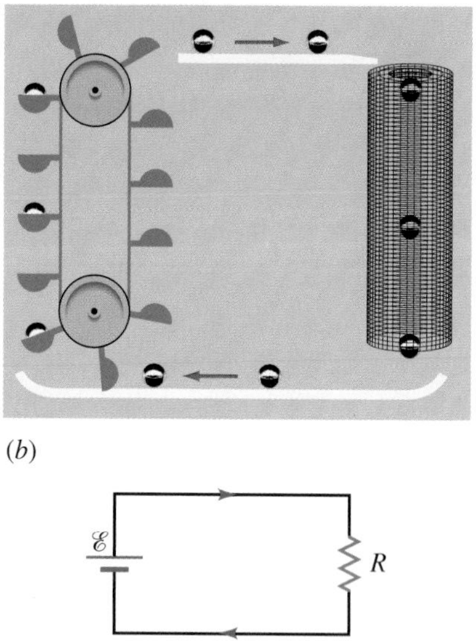

(*b*)

Figure 7.1 ▲
(*a*) Un analogue mécanique d'un circuit électrique. Un dispositif mécanique fournit l'énergie servant à soulever les billes à une certaine hauteur. Elles tombent ensuite à vitesse constante dans un tube encombré de fils métalliques, leur énergie potentielle gravitationnelle étant convertie en énergie thermique. (*b*) Dans un circuit électrique, une source de f.é.m. élève l'énergie potentielle électrique des charges. Cette énergie est dissipée sous forme d'énergie thermique dans la résistance.

parcours fermés (qu'on appelle des *mailles*) qui contiennent chacun une ou plusieurs composantes telles que des résistances, des condensateurs et des sources de f.é.m. Gustav Kirchhoff (1824-1887) a formulé deux lois simples qui sont à la base de l'étude des courants et des différences de potentiel dans les circuits électriques. Nous verrons que ces lois s'appuient en fait sur les principes de conservation de la charge et de conservation de l'énergie.

7.1 La force électromotrice

Pour comprendre le fonctionnement d'un circuit simple, nous allons faire une analogie avec un dispositif mécanique, ce qui reprend la comparaison entre le potentiel et l'altitude que nous avons exploitée au chapitre 4 et à la section 6.1. La figure 7.1*a* représente une courroie verticale, entraînée par un moteur, qui soulève des billes à une certaine hauteur. Ces billes se déplacent vers une hauteur plus élevée et gagnent donc de l'énergie potentielle gravitationnelle. Elles ne perdent pas d'énergie cinétique pour autant, leur ascension se faisant à vitesse constante. Cela implique qu'un agent extérieur (le moteur) doit donner de l'énergie au système, c'est-à-dire fournir un travail non conservatif *positif*. Après avoir atteint leur altitude maximale, les billes roulent à vitesse constante sur une surface horizontale où leur énergie n'est pas modifiée, puis elles tombent dans un tube vertical encombré de fils métalliques. En raison des collisions avec ces fils métalliques et de la friction, les billes tombent avec une vitesse moyenne constante. Elles perdent donc de l'énergie potentielle gravitationnelle, sans pour autant gagner d'énergie cinétique. Cela implique que de l'énergie est retirée au système (par un travail non conservatif *négatif*) et dissipée sous forme de chaleur et d'énergie de vibration des fils métalliques du tube. À leur arrivée au bas du tube, les billes roulent à nouveau à vitesse constante vers la courroie avant de refaire le circuit.

Considérons maintenant le mouvement d'une particule fictive chargée positivement le long d'un circuit fermé composé d'une pile, d'une résistance R et de deux fils (figure 7.1*b*). Pour des raisons pratiques, nous choisirons la borne négative comme référence de potentiel nul. Lorsque la particule arrive à la borne négative, l'action chimique de la pile (travail non conservatif positif) augmente son énergie potentielle électrique et la transporte à la borne positive. En somme, la pile « soulève » la charge vers un endroit dont le potentiel est plus élevé. L'énergie de la particule ne varie pas pendant son trajet dans le fil (si l'on suppose qu'il a une résistance nulle*). Lorsqu'elle traverse la résistance R, la particule « tombe » vers les potentiels plus bas, mais le fait avec une vitesse moyenne (de dérive) constante, car elle subit de nombreuses collisions avec les ions du réseau. Elle ne gagne donc pas d'énergie cinétique. L'énergie potentielle électrique de la particule est donc convertie en énergie thermique dans la résistance. Enfin, la charge quitte la résistance avec une énergie potentielle nulle, puis revient à la borne négative de la pile avant de refaire le circuit.

Une pile doit fournir un travail pour séparer les charges positives et négatives et pour les placer sur les bornes en surmontant la répulsion des charges qui s'y trouvent déjà. Une pile est un exemple de source de force électromotrice (f.é.m.). Une source de f.é.m. convertit une certaine forme d'énergie, qu'elle soit chimique, thermique, de rayonnement ou mécanique, en énergie potentielle électrique. La **f.é.m.** $\mathscr{E}$ d'un dispositif est définie par

* En pratique, la résistance du fil ne peut être nulle. Mais sa valeur est négligeable par rapport à R.

Définition de la f.é.m.

$$\mathscr{E} = \frac{W_{\text{né}}}{q} \tag{7.1}$$

La f.é.m. d'un dispositif correspond au travail par unité de charge accompli pour faire circuler celle-ci dans un circuit fermé.

L'indice « né » signifie que le travail est effectué par un mécanisme non électrostatique, comme une pile ou un générateur électrique. La valeur de la f.é.m. dépend du processus physique particulier utilisé pour produire la séparation des charges et de la différence de potentiel correspondante. En général, mais pas toujours, elle constitue une propriété intrinsèque d'un dispositif.

D'après l'équation 7.1, la « force » électromotrice n'est pas du tout une force au sens mécanique (mesurée en newtons), mais plutôt un travail par unité de charge (mesuré en joules par coulomb, c'est-à-dire en volts). C'est d'ailleurs pourquoi nous n'utiliserons plus dorénavant le terme « force électromotrice », qui porte à confusion, mais seulement son acronyme « f.é.m. ». En fait, ce terme continue d'être utilisé uniquement pour des raisons historiques : il a été introduit par Alessandro Volta (1745-1827), l'inventeur de la pile voltaïque, à une époque où les concepts de courant et de différence de potentiel n'étaient pas encore définis clairement. En comparant entre eux des dispositifs, il affirma tout simplement que ceux qui permettaient de produire une plus grande décharge exerçaient une plus grande « force électromotrice ». Dans la conception aujourd'hui acceptée, il y a bel et bien une force, la force électrique, qui déplace les charges positives vers les potentiels décroissants, mais cette force ne dépend pas que de la pile, mais aussi de la géométrie du fil. Ce que détermine la pile est plutôt l'énergie qu'elle fournit (c'est-à-dire le travail que fait la force et non la force elle-même) par unité de charge.

Il faut bien faire attention à ne pas confondre les notions de f.é.m. et de différence de potentiel, bien qu'elles aient les mêmes unités de mesure. La première correspond à un travail non conservatif par unité de charge, alors que la seconde correspond à une variation d'énergie potentielle (c'est-à-dire un travail conservatif) par unité de charge. De plus, les mécanismes sont très différents : une différence de potentiel correspond uniquement à un champ électrique (conservatif). Comme nous l'avons indiqué à la section 6.1, lorsqu'un courant circule dans un fil, le champ électrique « d'entraînement » est produit par la distribution des charges sur les bornes de la pile et sur la surface du fil. Cette distribution de charge est causée par une source de f.é.m. Une f.é.m. est toujours associée à un mécanisme non électrostatique qui fournit l'énergie requise pour séparer les charges positives des charges négatives. Une source de f.é.m. *convertit* donc une certaine forme d'énergie en énergie potentielle électrique.

La production d'un courant

Volta expliquait le fonctionnement de la pile voltaïque (voir l'aperçu historique au chapitre 6) par un phénomène dû au seul contact de deux métaux. Dans cette optique, la solution saline ou acide (appelée électrolyte) dans laquelle baignaient les métaux servait uniquement de conducteur. C'est le chimiste anglais Humphry Davy (1778-1829) qui, à juste titre, attira l'attention sur les interactions chimiques entre les métaux et l'électrolyte fluide. Nous allons donner ci-dessous une explication chimique simple du fonctionnement d'une cellule plomb-acide comme celles que l'on trouve dans les batteries d'automobiles.

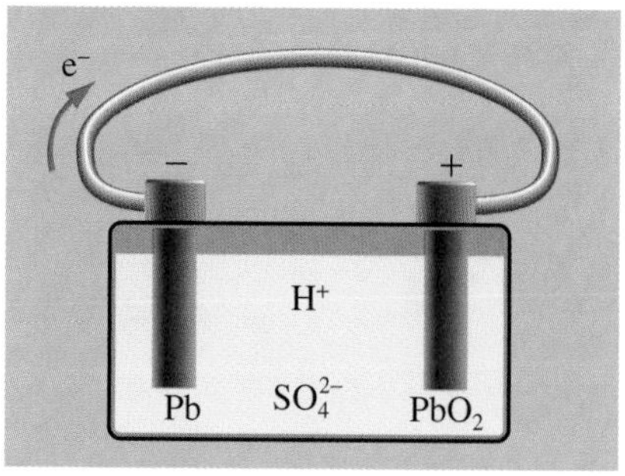

Figure 7.2 ▲
Dans une pile plomb-acide, les électrons passent continuellement de la borne en plomb (Pb) à la borne en oxyde de plomb (PbO_2) en traversant le fil.

Dans une cellule plomb-acide (figure 7.2), une électrode de plomb (Pb) et une électrode d'oxyde de plomb (PbO_2) sont immergées dans une solution aqueuse d'acide sulfurique (H_2SO_4) qui se dissocie en ions hydrogène positifs (H^+) et en ions sulfate négatifs (SO_4^{2-}). Lorsqu'on relie les bornes par un fil, les réactions suivantes ont lieu. Sur l'électrode de Pb,

$$Pb + SO_4^{2-} \rightarrow PbSO_4 + 2e^-$$

Les deux électrons libérés dans cette réaction quittent la borne de plomb et pénètrent dans le fil. Sur l'électrode de PbO_2, deux autres électrons quittent le fil pour pénétrer dans la borne et la réaction suivante a lieu :

$$PbO_2 + 4H^+ + SO_4^{2-} + 2e^- \rightarrow PbSO_4 + 2H_2O$$

On remarque que, pour chaque électron quittant l'électrode de Pb, un autre électron arrive sur l'électrode de PbO_2 ; le fil lui-même n'acquiert aucune charge. Le sulfate de plomb ($PbSO_4$) se dépose sur les deux électrodes et l'acide est consommé. Il y a transfert continu d'électrons de l'électrode de Pb, qui agit comme borne négative, à l'électrode de PbO_2, qui agit comme borne positive. Le résultat est un courant circulant dans le fil extérieur. Une différence de potentiel constante de 2,05 V est maintenue entre les électrodes. Une batterie d'automobile contient six cellules en série, qui donnent une différence de potentiel totale d'environ 12 V. N'oublions pas que c'est la *différence* de potentiel qui est importante ; on peut donc attribuer le potentiel $V = 0$ à l'une ou l'autre des bornes. Si le fil extérieur est débranché, les charges sont isolées sur les électrodes et la réaction chimique cesse quand un équilibre est atteint. Elle reprend seulement quand on forme à nouveau un circuit électrique fermé. Toutefois, la pile n'a pas une durée de vie infinie : au fur et à mesure qu'on utilise la batterie et que la réaction chimique se poursuit, le sulfate de plomb accumulé nuit à l'efficacité de la pile et la concentration en acide de la solution diminue, faisant chuter sa densité. On mesure souvent l'état d'une batterie par la densité de la solution qui varie, à la température de la pièce, de 1,27 pour une batterie en bon état à 1,14 pour une batterie devant être rechargée. On recharge la batterie en la reliant à une f.é.m. plus puissante, en s'assurant de faire correspondre les électrodes de même signe. À chacune des électrodes se produisent alors les réactions chimiques inverses qui éliminent le $PbSO_4$ et remettent l'acide en solution. Une fois la pile complètement rechargée, il est important de la couper de la f.é.m. extérieure. Si on poursuit le processus alors que les électrodes ont retrouvé leur composition d'origine, l'énergie de la f.é.m. sert alors à briser les molécules d'eau de la solution en leurs constituants (H et O), qui forment un mélange particulièrement explosif.

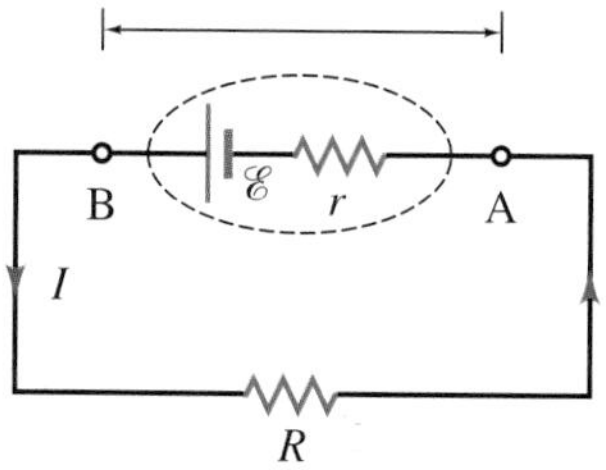

Figure 7.3 ▲
Une pile réelle est considérée comme une source idéale de f.é.m. $\mathscr{E}$, en série avec une résistance *interne* r. Lorsqu'un courant circule dans le sens indiqué, la différence de potentiel aux bornes est $\Delta V = \mathscr{E} - rI$.

La différence de potentiel aux bornes d'une pile réelle

Une source réelle de f.é.m. dissipe une certaine proportion de l'énergie qu'elle produit sous forme de chaleur, ce qui implique qu'elle doit posséder une résistance interne : nous appellerons une telle source une **pile réelle**. Lorsque le courant circule, il se produit une chute de potentiel aux bornes de la résistance interne, ce qui signifie que la différence de potentiel entre les bornes de la pile réelle est alors inférieure à sa f.é.m. (la différence correspondant à l'énergie par unité de charge perdue dans la résistance interne). Essayons de déterminer cette différence de potentiel entre les bornes d'une pile dans laquelle circule un courant. À la figure 7.3, la pile réelle est considérée comme une source idéale de f.é.m. $\mathscr{E}$ en série avec une résistance r. Les bornes de la pile sont donc les points A et B. En partant du point A vers le point B, on cumule les variations d'énergie potentielle électrique d'une charge d'essai positive. Durant la traversée de la résistance interne, la charge d'essai perd de l'énergie potentielle puisqu'elle « tombe » vers un endroit dont le potentiel est plus bas ; cette chute de potentiel est de rI, conformément à la loi d'Ohm (équation 6.11). Lorsque la charge se déplace dans la source idéale de f.é.m. depuis sa borne négative jusqu'à sa borne positive, cette source augmente l'énergie potentielle de la charge en la « soulevant » vers des potentiels plus élevés ; cette hausse de potentiel est de $+\mathscr{E}$. La différence de potentiel entre les bornes de la pile réelle correspond à la somme de ces différences de potentiel et s'écrit donc

Différence de potentiel entre les bornes d'une pile réelle qui débite un courant

$$\Delta V = V_B - V_A = \mathscr{E} - rI \tag{7.2a}$$

Il arrive que le courant circulant dans une pile réelle soit de sens opposé à celui qui est indiqué à la figure 7.3. Cela se produit lorsqu'une première pile est en train d'être « rechargée » par une seconde pile de f.é.m. plus élevée et de sens opposé : la seconde pile « force » le courant à traverser la première pile dans le sens contraire du sens habituel, et on a alors

$$\Delta V = \mathscr{E} + rI \tag{7.2b}$$

Soulignons que, si $I = 0$ *ou* $r = 0$, nous avons $\Delta V = \mathscr{E}$. Par conséquent, on peut mesurer la f.é.m. de plusieurs sources à partir de la différence de potentiel aux bornes « en circuit ouvert ». Contrairement à la f.é.m., qui est la plupart du temps une propriété fixe de la source, la différence de potentiel aux bornes dépend du courant qui circule dans le dispositif. Comme la résistance interne d'une pile augmente avec l'âge de la pile, la différence de potentiel aux bornes diminue pour une valeur donnée du courant de sortie. (Par exemple, un des facteurs qui cause cette augmentation de résistance interne dans une cellule plomb-acide est l'accumulation de sulfate de plomb sur les surfaces des électrodes.)

Le fait que la f.é.m. soit numériquement égale à la différence de potentiel aux bornes lorsque $I = 0$ ne signifie pas que la f.é.m. est « identique » à la différence de potentiel. D'une certaine façon, la condition $I = 0$ représente un équilibre entre deux tendances contraires : les charges ont tendance à réduire au maximum leur énergie potentielle électrique et la source de f.é.m. a tendance à les séparer et donc à réduire au maximum une autre forme d'énergie, par exemple l'énergie des liaisons chimiques.

Terminologie correcte sur le plan conceptuel

Lorsqu'on étudie un circuit, il est important d'utiliser la terminologie correcte sur le plan conceptuel. On doit dire que le courant circule *dans* une résistance lorsqu'il existe une différence de potentiel *aux bornes* de cette résistance. De plus, le courant *n'est pas* « consommé » : le nombre de charges qui sortent de l'une des bornes de la pile est exactement égal au nombre de charges qui entrent dans l'autre borne. Elles perdent simplement de l'énergie potentielle électrique qui est convertie en énergie thermique. Nous y reviendrons à la section 7.4.

EXEMPLE 7.1

On branche une pile réelle à une résistance externe R (figure 7.4). Lorsque $R = 1\ \Omega$, la différence de potentiel aux bornes de la pile est de 6 V ; lorsque $R = 2\ \Omega$, la différence de potentiel égale 8 V. Trouver la valeur de la f.é.m. et de la résistance interne de la pile.

Solution

La différence de potentiel ΔV aux bornes de la pile est égale à la différence de potentiel aux bornes de la résistance R. Ainsi, on peut calculer le courant débité par la pile en appliquant la loi d'Ohm à la résistance R : $I = \Delta V/R$. ■

Dans le premier cas, $\Delta V = 6$ V et $R = 1\ \Omega$, d'où $I = \Delta V/R = 6$ A. L'équation 7.2*a* donne

$$6 = \mathscr{E} - 6r \qquad \text{(i)}$$

On ne peut pas résoudre l'équation tout de suite. Il faut utiliser les données du deuxième cas, $\Delta V = 8$ V et $R = 2\ \Omega$, qui correspondent à $I = \Delta V/R = 4$ A. L'équation 7.2*a* donne

$$8 = \mathscr{E} - 4r \qquad \text{(ii)}$$

La résolution du système d'équations (i) et (ii) donne $r = 1\ \Omega$ et $\mathscr{E} = 12$ V.

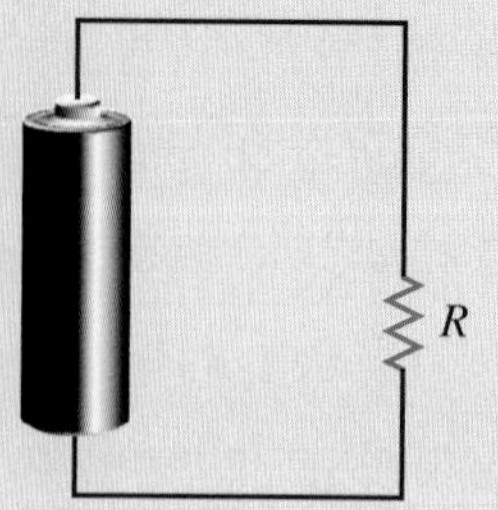

Figure 7.4 ▲
Une pile réelle est branchée à une résistance externe R.

7.2 Les associations de résistances en série et en parallèle

Les résistances, comme les condensateurs, peuvent être assemblées en série ou en parallèle, ce qui permet de produire une résistance équivalente de la valeur souhaitée. Rappelons que dans une **association en série** (figure 7.5*a*), deux résistances sont reliées l'une à la suite de l'autre : elles ont *une* borne commune. Dans une **association en parallèle** (figure 7.6*a*), deux résistances sont reliées côte à côte : elles ont *deux* bornes communes. Nous allons déterminer la résistance équivalente à chacune de ces associations.

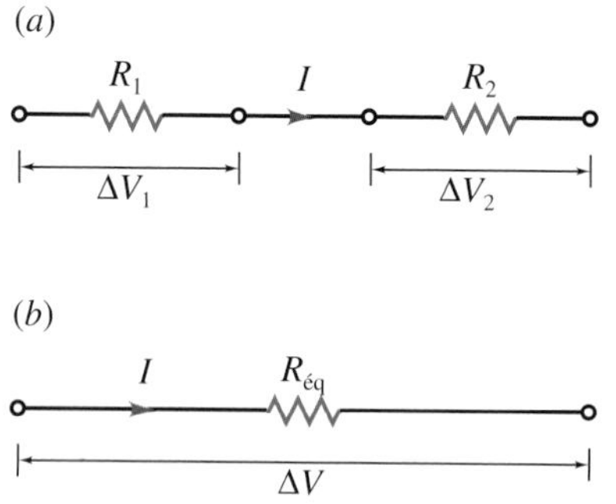

Figure 7.5 ▲
Deux résistances associées en série. (*a*) Le courant qui traverse les deux résistances est le même. (*b*) La résistance équivalente est donnée par $R_{éq} = R_1 + R_2$.

Lorsqu'on relie en série deux résistances, R_1 et R_2 (figure 7.5*a*), elles sont traversées par le même courant, puisque la charge est conservée : celle qui pénètre chaque résistance pendant une unité de temps correspond à celle qui en sort. De plus, comme la charge s'écoule vers les potentiels localement les moins élevés, cela signifie que le potentiel doit *continuellement* diminuer quand on traverse chacune des deux résistances successives dans le sens du courant. On en déduit donc que la différence de potentiel aux bornes de l'ensemble est la somme des différences de potentiel individuelles :

$$\Delta V = \Delta V_1 + \Delta V_2 = (R_1 + R_2)I$$

où nous avons appliqué la loi d'Ohm $\Delta V = RI$ aux bornes de chacune des deux résistances. Si on remplaçait cette association de deux résistances par une unique résistance équivalente $R_{éq}$ (figure 7.5*b*), elle serait située sur le même fil, donc serait aussi traversée par le courant I. De plus, elle aurait à ses bornes la différence de potentiel totale $\Delta V = \Delta V_1 + \Delta V_2$. La loi d'Ohm appliquée à ses bornes donnerait $\Delta V = R_{éq}I$. Par comparaison avec l'équation précédente, on constate directement que les deux résistances ont une résistance équivalente $R_{éq} = R_1 + R_2$. Il est évident que l'on peut généraliser ce raisonnement à un nombre N de résistances en série, c'est-à-dire :

Résistance équivalente à plusieurs résistances associées en série

$$R_{éq} = R_1 + R_2 + R_3 + \ldots + R_N \qquad (7.3)$$

La résistance équivalente à plusieurs résistances associées en série est simplement égale à la somme des résistances. Il est bon de comparer ce résultat avec le résultat obtenu pour les condensateurs en série (équation 5.7).

La figure 7.6*a* représente deux résistances en parallèle. Ces résistances ayant deux bornes en commun, la différence de potentiel à leurs bornes est la même. En effet, le potentiel au point A et celui au point B sont uniques et indépendants du chemin suivi par les charges, donc $\Delta V = \Delta V_1 = \Delta V_2$. De plus, la charge étant conservée, le courant I total se divise au point A*, d'où

$$I = I_1 + I_2 = \frac{\Delta V_1}{R_1} + \frac{\Delta V_2}{R_2} = \Delta V\left(\frac{1}{R_1} + \frac{1}{R_2}\right)$$

où nous avons appliqué la loi d'Ohm $\Delta V = RI$ aux bornes de chacune des deux résistances et tenu compte du fait que $\Delta V = \Delta V_1 = \Delta V_2$.

Si on remplaçait cette association de deux résistances par une unique résistance équivalente $R_{éq}$ (figure 7.6*b*), elle serait traversée par le courant total I et aurait à ses bornes la différence de potentiel ΔV. La loi d'Ohm appliquée à ses bornes donnerait donc $\Delta V = R_{éq}I$, c'est-à-dire $I = \Delta V(1/R_{éq})$. Par comparaison avec l'équation précédente, on constate directement que les deux résistances ont une résistance équivalente donnée par

$$\frac{1}{R_{éq}} = \frac{1}{R_1} + \frac{1}{R_2}$$

Si l'on généralise ce raisonnement à N résistances en parallèle, on obtient

Résistance équivalente à plusieurs résistances associées en parallèle

$$\frac{1}{R_{éq}} = \frac{1}{R_1} + \frac{1}{R_2} + \ldots + \frac{1}{R_N} \qquad (7.4)$$

Comme on peut le déduire de l'équation 7.4, la résistance équivalente à plusieurs résistances en parallèle est toujours inférieure à la plus petite des résistances. Ce résultat devrait être comparé à celui de l'étude des condensateurs en parallèle (équation 5.8).

En comparant le comportement des associations de résistances avec celui des associations de condensateurs, on note une similitude entre l'équation donnant la capacité équivalente de condensateurs *en série* et celle donnant la résistance équivalente de résistances *en parallèle*, et vice versa. Ce comportement opposé vient du fait que le courant qui traverse une résistance est *inversement proportionnel* à sa résistance ($I = \Delta V/R$), alors que la charge qui s'accumule sur un condensateur est *proportionnelle* à sa capacité ($Q = C\Delta V$).

Quand des résistances sont reliées en parallèle, si l'une d'elles est extrêmement faible (par exemple, un morceau de fil de résistance quasi nulle), presque aucun courant ne traversera les autres résistances. On appelle **court-circuit** une telle portion de circuit de résistance nulle, lorsqu'elle fait en sorte que d'autres portions du circuit ne sont traversées par aucun courant. L'exemple 7.6 ci-dessous illustrera un tel cas.

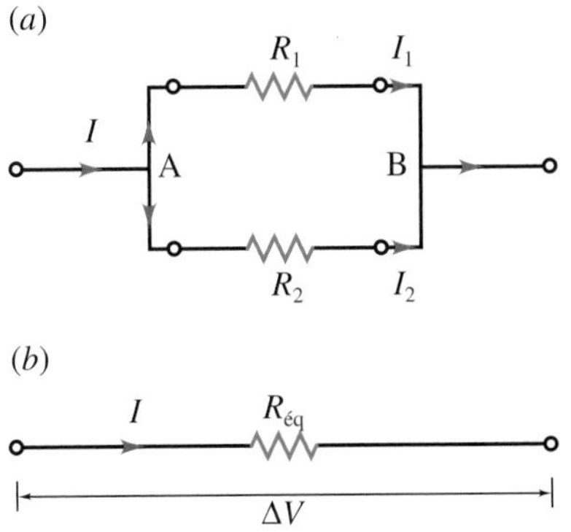

Figure 7.6 ▲
Deux résistances associées en parallèle. (*a*) La différence de potentiel aux bornes des deux résistances est la même. (*b*) La résistance équivalente est donnée par $1/R_{éq} = 1/R_1 + 1/R_2$.

* Il peut aussi s'agir d'une application de la loi des nœuds de Kirchhoff qu'on énoncera à la section 7.4. De même, le résultat $\Delta V = \Delta V_1 = \Delta V_2$ peut découler directement de la loi des mailles de Kirchhoff.

EXEMPLE 7.2

Déterminer la résistance équivalente à l'association de résistances représentée à la figure 7.7*a*.

Solution

Dans ce type de problème, il est bon de commencer par la plus petite association en série ou en parallèle, puis de tracer une succession de circuits équivalents de plus en plus simples. ■

On calcule la résistance équivalente aux résistances de 3 Ω et de 6 Ω en parallèle :

$$\frac{1}{3\ \Omega} + \frac{1}{6\ \Omega} = \frac{1}{2\ \Omega}$$

Les deux résistances sont donc équivalentes à 2 Ω. Comme le montre la figure 7.7*b*, cette résistance de 2 Ω est placée en série avec celle de 4 Ω. Ces deux résistances peuvent donc être remplacées par une résistance équivalente de 6 Ω, comme le montre la figure 7.7*c*. De même, les résistances de 7 Ω et de 5 Ω que comportait déjà le circuit initial sont en série et peuvent être remplacées par une résistance de 12 Ω. Comme le montre la figure 7.7*c*, les résistances de 12 Ω et de 6 Ω que nous venons d'obtenir sont en parallèle. Leur résistance équivalente est donc donnée par

$$\frac{1}{6\ \Omega} + \frac{1}{12\ \Omega} = \frac{1}{4\ \Omega}$$

On trouve une résistance équivalente de 4 Ω. Enfin, on ajoute cette résistance de 4 Ω à la résistance de 5 Ω avec laquelle elle est en série (figure 7.7*d*) et l'on trouve une résistance équivalente de 9 Ω pour l'ensemble du montage (figure 7.7*e*).

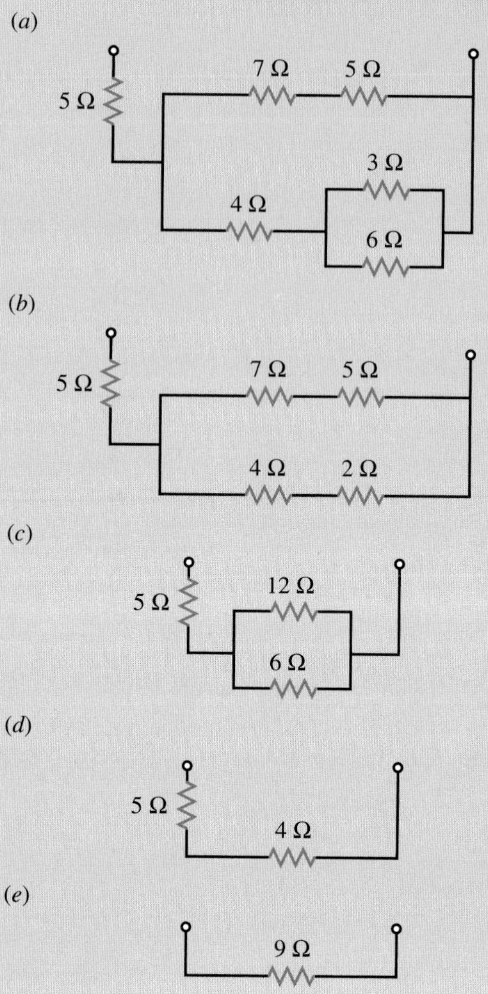

Figure 7.7 ▲
Pour calculer la résistance équivalente d'une association de résistances, on procède en plusieurs étapes.

EXEMPLE 7.3

À la figure 7.8*a*, toutes les résistances valent 3 Ω. Calculer la résistance équivalente entre les points (a) A et B ; (b) A et D.

Solution

Dans tous les problèmes où on doit analyser une association de résistances, il est important de redessiner cette association en tentant, dans la mesure du possible, de placer tous les éléments du circuit dans le même sens. On passe de l'association de la figure 7.8*a* à celle de la figure 7.8*b* ou 7.8*c* en éliminant les éléments verticaux et diagonaux tout en respectant l'ordre des branchements. Il devient alors plus facile de reconnaître quels éléments sont en série ou en parallèle. ■

(a) À la figure 7.8*b*, on a placé aux extrémités gauche et droite les points A et B entre lesquels on souhaite connaître la résistance équivalente. Pour qu'un courant traverse effectivement cette résistance équivalente, il doit entrer par l'un de ces points et ressortir par l'autre, ce qui nécessite de compléter le circuit en branchant une source de f.é.m. entre les points A et B, comme on l'a illustré. (Notons toutefois que la résistance équivalente existe même en l'absence de courant.)

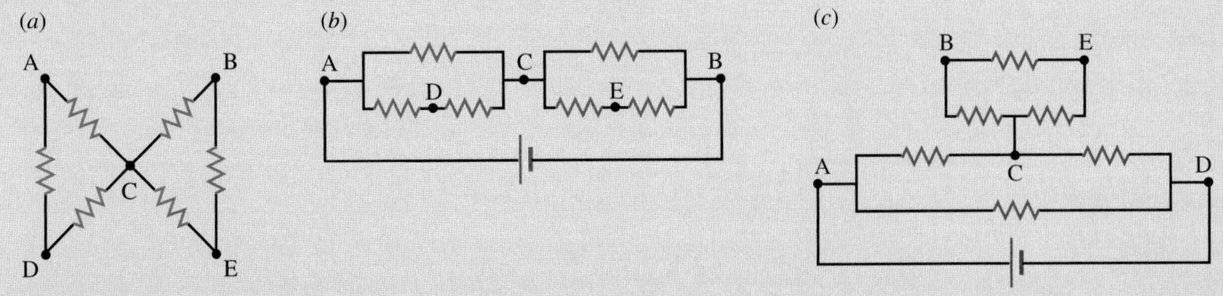

Figure 7.8 ▲
Quand on calcule la résistance équivalente entre deux points, il est utile d'imaginer qu'on complète le circuit en branchant une source de f.é.m. entre ces deux points, puis de redessiner le circuit en plaçant chaque élément dans le même sens.

Entre les points A et C, le courant peut emprunter deux chemins en parallèle, l'un, direct, ayant une résistance de 3 Ω, et l'autre, passant par le point D, ayant une résistance de 3 + 3 = 6 Ω. La résistance équivalente entre A et C vaut donc $(1/3 + 1/6)^{-1}$ = 2 Ω. Par symétrie, la résistance entre C et B est aussi de 2 Ω. Donc la résistance totale entre A et B est 2 + 2 = 4 Ω.

(b) À la figure 7.8*c*, on a encore une fois placé aux extrémités gauche et droite les points (A et D) entre lesquels on souhaite connaître la résistance équivalente et compléter le circuit par une source de f.é.m. qui fait circuler un courant entre ces deux points. Ce circuit semble plus complexe que le précédent en raison de la présence d'un embranchement au point C qui conduit vers plusieurs résistances reliées dans le parcours CBEC en forme de boucle.

Pour saisir le rôle de cette boucle, ou plutôt son absence de rôle, il est essentiel de comprendre qu'*aucun courant n'y circule*. En effet, la source de f.é.m. étant branchée entre A et D, le potentiel au point A est plus élevé qu'au point D, de sorte que la charge « tombe » entre ces deux points. De même, le potentiel du point C est à un niveau intermédiaire entre celui du point A et celui du point D. Par contre, rien n'établit une différence de potentiel entre les points B, C et E, qui sont donc *tous au même potentiel* que celui du point C. En conséquence, toute la charge qui « tombe » de A vers C poursuit son chemin de C vers D, sans emprunter l'embranchement qui conduit vers la boucle. (On peut comprendre cette situation par analogie, en voyant le chemin de A vers D comme une conduite d'eau inclinée, dans laquelle l'eau circulerait sous le seul effet de la gravité et non de la pression, à laquelle un tronçon *horizontal* serait branché au point C : toute l'eau continuerait de dévaler la pente vers le point D sans emprunter le chemin horizontal qui débute au point C.) En somme, pour calculer la résistance équivalente entre A et D, on doit tout simplement ignorer la boucle CBED puisqu'elle n'a aucun effet sur le courant qui circule entre A et D ! ■

En somme, entre les points A et D, le courant peut emprunter deux chemins en parallèle, l'un, direct, ayant une résistance de 3 Ω, et l'autre, passant par le point C, ayant une résistance de 3 + 3 = 6 Ω. La résistance équivalente entre A et D vaut donc $(1/3 + 1/6)^{-1}$ = 2 Ω.

EXEMPLE 7.4

(a) Deux résistances dissipent respectivement 60 W et 90 W lorsqu'elles sont reliées séparément à une source de f.é.m. de 120 V. Trouver la puissance dissipée dans chaque résistance lorsqu'elles sont reliées en série avec la source de 120 V. (b) Répondre à la même question, mais en considérant cette fois que les résistances sont reliées en parallèle avec la source de 120 V.

Solution

(a) Il faut d'abord trouver la valeur de chaque résistance. De $P = (\Delta V)^2/R$ (équation 6.13), on tire $R_1 = (120\ \text{V})^2/(60\ \text{W}) = 240\ \Omega$ et $R_2 = (120\ \text{V})^2/(90\ \text{W}) = 160\ \Omega$. Lorsque les résistances sont reliées en série, elles sont traversées par le même courant, qui est égal à $I = \mathscr{E}/(R_1 + R_2) = (120\ \text{V})/(400\ \Omega) = 0{,}3$ A. Par l'équation 6.13, la puissance dissipée dans chaque résistance est

$$P_1 = R_1 I^2 = 21{,}6\ \text{W} \qquad P_2 = R_2 I^2 = 14{,}4\ \text{W}$$

Comme on s'en rend compte, l'importance relative des puissances dissipées a été inversée. ■

(b) Si les deux résistances sont en parallèle, chacune a une différence de potentiel de 120 V, comme si elle était branchée séparément à la pile. On trouve donc 60 W et 90 W.

EXEMPLE 7.5

Dans le circuit illustré à la figure 7.9*a*, toutes les résistances valent 10 Ω. Calculer la résistance équivalente aux bornes de la source de f.é.m.

Solution

Dans un cas comme celui-ci, il peut être relativement ardu de distinguer correctement les résistances en série et en parallèle. Toutefois, si on redessine le circuit en se servant du principe que l'*on peut déplacer à volonté une jonction de fils le long d'un fil sans résistance*, on peut visualiser beaucoup plus clairement la géométrie du circuit. Il suffit d'obtenir un circuit final dont tous les éléments sont autant que possible orientés dans le même sens (figure 7.9*b*). ■

La résistance de la portion du milieu égale alors

$$\left(\frac{1}{10\ \Omega} + \frac{1}{10\ \Omega}\right)^{-1} + 10\ \Omega = 15\ \Omega$$

et la résistance totale égale

$$\left(\frac{1}{15\ \Omega} + \frac{1}{10\ \Omega}\right)^{-1} = 6\ \Omega$$

(*a*) (*b*)

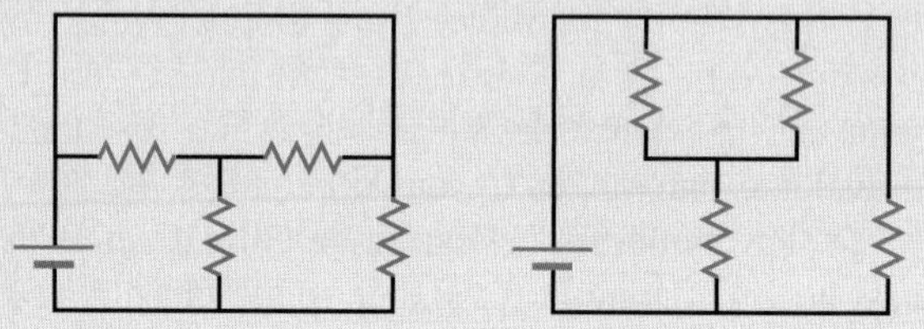

Figure 7.9 ▲
Un circuit qui comporte une association de quatre résistances valant 10 Ω chacune.

EXEMPLE 7.6

Dans le circuit illustré à la figure 7.10, toutes les résistances valent 12 Ω. Calculer la résistance équivalente aux bornes de la source de f.é.m.

Solution

Dans ce circuit, le fil CF n'a pas de résistance. Ainsi, tous les points A, B, C, D, E, F et G sont au même potentiel, puisqu'on peut se rendre de A à n'importe lequel de ces points en n'empruntant que des fils sans résistance. Puisque B et E sont au même potentiel, il n'y a pas de courant dans la résistance entre B et E, et c'est comme si elle n'était pas là. De même, c'est tout comme si la résistance entre D et G n'était pas là. Tout le courant emprunte le segment CF, puis il se sépare dans les trois résistances du bas, qui sont en parallèle. La résistance totale du circuit égale donc 4 Ω.

Dans le circuit de la figure 7.10, le fil CF est un court-circuit. Comme nous l'avons dit, un court-circuit est une portion de circuit de résistance nulle qui fait en sorte que certaines portions du circuit ne sont pas traversées par un courant. ■

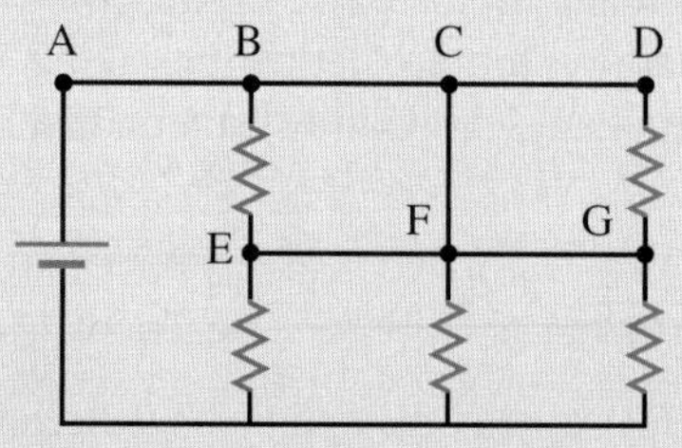

Figure 7.10 ▲
Un circuit qui comporte une association de cinq résistances valant 12 Ω chacune.

EXEMPLE 7.7

Lorsqu'une pile réelle fournit de la puissance à une résistance externe, une certaine quantité de puissance est également dissipée dans la résistance interne. On relie une résistance externe R à une source de f.é.m. dont la résistance interne est r (figure 7.11*a*). Pour quelle valeur de R la puissance fournie à cette dernière est-elle maximale ?

Solution

La différence de potentiel aux bornes de la résistance externe (RI) est égale à celle aux bornes de la pile réelle, de sorte que $\mathscr{E} - rI = RI$. On en tire l'expression du courant, $I = \mathscr{E}/(R + r)$. La puissance dissipée dans R est donc donnée par

$$P = RI^2 = \frac{R\mathscr{E}^2}{(R + r)^2}$$

Pour trouver la valeur maximale de P, on peut tracer P en fonction de R (figure 7.11b). Une meilleure approche consiste à trouver la dérivée de P par rapport à R (en considérant r et $\mathscr{E}$ comme constantes). On a alors

$$\frac{\mathrm{d}P}{\mathrm{d}R} = \left[\frac{1}{(R + r)^2} - \frac{2R}{(R + r)^3}\right]\mathscr{E}^2$$

La dérivée $\mathrm{d}P/\mathrm{d}R$ représente le taux de variation de P par rapport à R. Ce taux est *nul* au point où la courbe de P en fonction de R passe par un maximum. On obtient donc la valeur de R pour laquelle P est maximale en posant $\mathrm{d}P/\mathrm{d}R = 0$*. On peut facilement vérifier que cette condition mène à l'équation $(R + r) = 2R$, qui nous donne $R = r$.

* À strictement parler, on doit également montrer que la dérivée seconde, $\mathrm{d}^2P/\mathrm{d}R^2$, est négative, car le taux de variation $\mathrm{d}P/\mathrm{d}R$ serait aussi nul là où la courbe passerait par un minimum, le cas échéant.

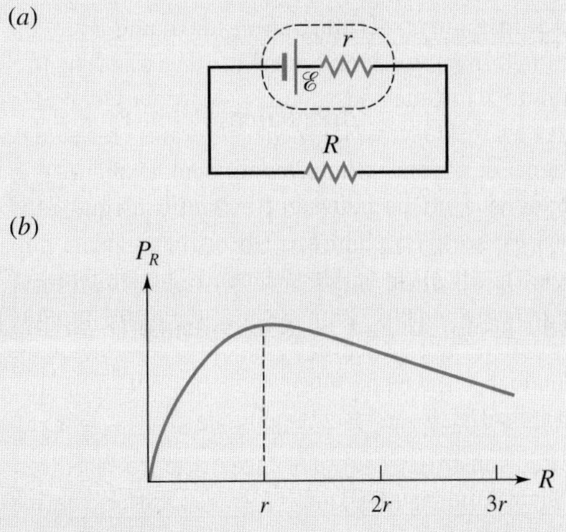

Figure 7.11 ▲
(a) Une source de f.é.m. $\mathscr{E}$ ayant une résistance interne r est reliée à une résistance externe R. (b) La puissance fournie à la résistance externe en fonction de r. Le transfert de puissance est maximal lorsque $R = r$.

La puissance transférée à R est donc maximale lorsque R est égale à la résistance interne de la source de f.é.m. ■

Dans l'exemple précédent, on a montré que la puissance dissipée dans une résistance externe R branchée à une pile de résistance interne r est maximale quand $R = r$. On dit alors que la source et la résistance externe sont « adaptées ». Il est important de noter que lorsque la résistance interne de la source et la résistance externe sont adaptées, la source fournit autant de puissance à la résistance externe qu'elle n'en perd dans sa résistance interne. La puissance transférée a beau être maximale, la moitié de l'énergie produite par la source est perdue. L'aperçu historique qui suit montre qu'on peut augmenter la fraction d'énergie transférée à la résistance externe et ainsi obtenir un meilleur *rendement* lorsque $R > r$.

APERÇU HISTORIQUE

L'éclairage électrique

Au début du XIXe siècle, les gens s'éclairaient couramment au gaz. Mais vers 1850, on commença à utiliser, dans les phares, les gares et pour l'éclairage de rue, des lampes à arc dont la lumière était produite par des décharges électriques entre deux tiges de carbone faiblement éloignées. Lorsque Thomas Edison (1847-1931), l'inventeur du phonographe, vit l'une des premières démonstrations de lampe à arc, en 1877, il fut très impressionné et pensa immédiatement à la possibilité d'installer des lampes électriques dans les bureaux et les résidences. Mais comme les arcs électriques dégageaient des fumées nocives et produisaient une lumière très vive, ils ne pouvaient être utilisés que dans les grands espaces, en plein air. Edison pensa alors que la lampe à incandescence, dans laquelle la lumière est produite par un filament chauffé électriquement, produirait une lumière plus douce et serait donc une meilleure source lumineuse, même si elle n'avait pas encore donné de résultats satisfaisants à cette époque.

En 1878, Edison fit un coup d'audace : il lança la Edison Electric Light Company et, grâce à sa réputation, obtint un soutien financier. Il se vantait d'être sur le point d'établir un réseau complet de distribution d'électricité permettant d'alimenter les lampes et les moteurs électriques tout en servant à d'autres fins industrielles. À cause de sa publicité, les actions des compagnies de gaz subirent une forte baisse aux États-Unis et en Angleterre. Un comité du parlement britannique fut mis sur pied pour examiner, avec l'aide de scientifiques renommés, la faisabilité des projets d'Edison.

Le réseau de distribution de gaz déjà en place avait une particularité intéressante : chaque consommateur pouvait ouvrir et fermer sa propre alimentation. Il était donc évident que le réseau électrique devait permettre la même « subdivision » de l'alimentation en électricité. Les lampes à arc avaient une résistance voisine de 5 Ω et demandaient un courant de 10 A. Elles étaient normalement reliées en série dans des circuits comportant 10 lampes. Bien sûr, il suffisait qu'une lampe soit déconnectée pour que toutes les lampes s'éteignent. Pour permettre à certaines d'être allumées pendant que d'autres étaient éteintes, elles auraient dû être montées en parallèle. Mais 10 lampes à arc en parallèle auraient demandé un courant de 100 A, ce qui était déjà bien au-delà de la capacité des génératrices électriques de l'époque. Les quelques lampes à incandescence de courte durée qui avaient alors été fabriquées avaient des résistances d'environ 0,5 Ω. Si la puissance requise par une lampe à incandescence était presque la même que celle d'une lampe à arc, le courant requis était, quant à lui, très supérieur. Et pourtant, Edison se proposait d'installer des milliers de lampes ! Les câbles de transport devaient pouvoir supporter de très hautes intensités de courant sans surchauffer, ce qui voulait dire qu'il fallait utiliser d'énormes quantités de cuivre. Le comité britannique finit par conclure que la « subdivision de l'éclairage électrique » était impossible. Mais, à l'instar de Napoléon, Edison n'aimait pas beaucoup le mot impossible. Si l'on pouvait subdiviser le gaz, pourquoi pas l'électricité ?

Mise au point d'une nouvelle lampe

Partant de l'équation de la puissance, $P = RI^2$, Edison se rendit compte qu'une quantité donnée de puissance pouvait être fournie soit par un courant intense à une faible résistance, soit par un courant faible à une grande résistance. Pour réduire le courant dans les lignes de transport d'électricité, il avait besoin d'une lampe de résistance *élevée*. Ses premiers essais avec des filaments de carbone se soldèrent par des échecs parce que les filaments avaient tendance à se consumer (ils s'oxydaient au contact de l'air restant dans les ampoules en verre). Des essais avec d'autres matériaux donnèrent les mêmes résultats. En janvier 1879, il emprunta une nouvelle pompe à vide qui lui permit d'atteindre un vide supérieur à ce qui avait été atteint à l'époque (10^{-6} atm). Néanmoins, après une année de travail, la meilleure valeur qu'il était parvenu à atteindre était une résistance de 3 Ω, avec une spirale de Pt-Ir. C'est alors qu'il lut dans le numéro de juillet de *Scientific American* un article décrivant la lampe au filament de carbone de l'Anglais Joseph Wilson Swan (1828-1914), une lampe qui n'avait d'ailleurs fonctionné que quelques heures. N'ayant pas essayé le carbone avec la nouvelle pompe à vide, Edison décida de tenter sa chance. En novembre 1879, il mit au point un filament carboné dont la résistance atteignait 100 Ω après avoir essayé plus de 1600 matériaux sur une période de près de quinze mois. La figure 7.12 représente une des premières lampes à filament.

Figure 7.12 ▲
Une des premières lampes à filament.

Un nouveau générateur

Nous avons vu à l'exemple 7.7 que la puissance transférée est maximale lorsque r, la résistance interne de la source de f.é.m., est égale à R, la résistance externe, qu'on nomme aussi résistance de charge. Tous les générateurs électriques antérieurs (que nous étudierons au chapitre 10) avaient été conçus en fonction de ce principe. De plus, leur rendement de conversion de l'énergie mécanique en énergie électrique était inférieur à 40 % et ils ne pouvaient alimenter que quelques lampes à arc. Edison fit preuve d'intuition en décelant une lacune dans cette approche. On peut définir le rendement du transfert de puissance par le rapport

$$\text{rendement} = \frac{P_R}{P_r + P_R} = \frac{R}{r + R}$$

$P_R = RI^2$ étant la puissance délivrée à la résistance de charge R et $P_r = rI^2$ étant la puissance perdue dans la résistance de source r. Lorsque $r = R$, la moitié de la puissance électrique produite est perdue dans le générateur lui-même. La puissance transférée est maximale, mais le *rendement* n'est que de 0,5 ou 50 %. La figure 7.13 est le graphique du rendement du transfert de puissance en fonction de la résistance de charge. Le rendement approche de 1 quand $r \to 0$ ou $R \to \infty$. On voit donc que le rendement maximal est obtenu lorsque la résistance interne de la source est aussi *petite* que possible et que la résistance externe est aussi *grande* que possible. Dans cette nouvelle optique, Francis Upton (1852-1921), un ingénieur électricien engagé par Edison, mit au point un nouveau type de générateur électrique à courant continu en tenant compte des développements les plus récents. Ce générateur pouvait convertir l'énergie mécanique en énergie électrique avec un rendement de 90 % et produire une tension relativement constante de 110 V même lorsque le courant de sortie variait.

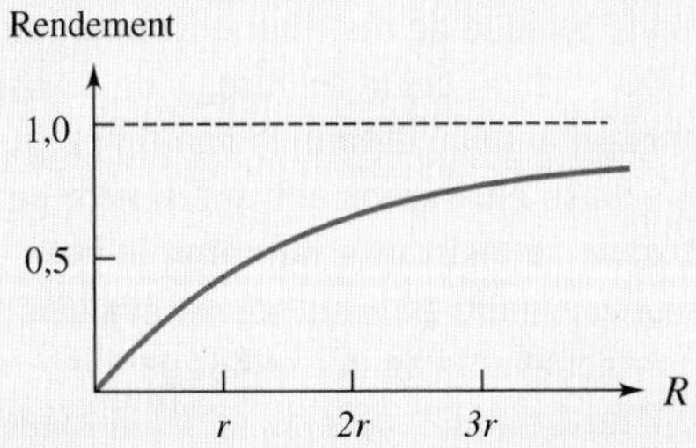

Figure 7.13▲
Le rendement du transfert de puissance augmente lorsque la résistance de charge augmente ou que la résistance interne de la source *diminue*.

Un nouveau système de distribution

Edison décida ensuite de concevoir un système à trois fils pour la distribution de la puissance électrique. Ce système est encore utilisé de nos jours pour l'alimentation des bureaux et des résidences, bien qu'à l'heure actuelle il fonctionne en courant alternatif et non en courant continu. La figure 7.14 représente une source de f.é.m. à trois bornes (Edison utilisait en réalité deux générateurs en série). Il existe une différence de potentiel de 110 V entre la borne centrale et chacune des deux autres bornes, l'une positive et l'autre négative. R_1 et R_2 sont deux résistances externes avec chacune une différence de potentiel de 110 V à leurs bornes. Si seule R_1, ou R_2, est branchée, le courant circule dans le fil de terre et dans l'un des autres fils. Lorsque les deux résistances sont branchées, le courant circulant dans le fil de terre du milieu, $I_t = I_2 - I_1$, est déterminé par le potentiel du point P par rapport à la terre. Toutefois, si $R_1 = R_2$, le potentiel de P est à mi-chemin entre +110 V et −110 V, c'est-à-dire égal à zéro. Par conséquent, si les charges sont « équilibrées », *aucun* courant ne circule dans la connexion à la terre. Au lieu d'avoir des pertes par effet joule (chaleur dissipée par le courant dans une résistance) dans les trois fils, il n'y a des pertes que dans les fils « sous tension » (c'est-à-dire ceux aux bornes desquels il y a une différence de potentiel). Ce système à trois fils présente également l'avantage d'offrir deux différences de potentiel : 110 V pour l'usage normal et 220 V pour les appareils électriques plus puissants comme les fours, les sécheuses électriques, qui sont branchés entre les deux fils « sous tension ». (Voir le sujet connexe du chapitre 12, « L'électricité domestique ».)

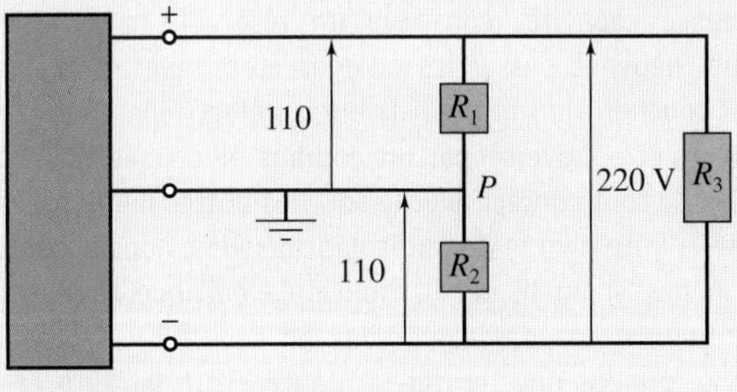

Figure 7.14▲
Le système à trois fils d'Edison pour la distribution d'électricité. Si les résistances de charge R_1 et R_2 sont presque égales, le potentiel du point P est proche du potentiel de la terre de la borne centrale de la source. La perte de puissance dans le fil du milieu est donc très faible.

SUJET CONNEXE

Les dangers de l'électrocution

On entend souvent parler des dangers que comporte l'utilisation inappropriée d'appareils électriques. Que doit-on penser des appels à la prudence que lancent à répétition les grandes compagnies de distribution d'électricité dans leurs campagnes de prévention ? Pour en juger, nous allons décrire ici les effets physiologiques du passage d'un courant électrique à travers le corps humain.

Le corps humain est un bon conducteur d'électricité. À la différence des métaux conducteurs, dans lesquels ce sont les électrons libres qui assurent le passage du courant, ce sont les nombreux ions en solution qui permettent la circulation électrique dans notre organisme. Notre système nerveux contrôle la plupart de nos organes par l'intermédiaire de variations des concentrations ioniques le long du réseau complexe formé par les neurones. Ainsi, la circulation d'un courant provenant d'une source extérieure peut provoquer des effets dévastateurs en interférant avec les différences de potentiel que maintiennent ces concentrations ioniques de part et d'autre des parois cellulaires du système nerveux.

Pour qu'un courant s'établisse dans une personne, il faut que le corps devienne partie intégrante d'un circuit fermé. Le seul fait de toucher à un fil de distribution électrique dénudé ne suffit pas nécessairement. Pour que le courant *passe*, il lui faut un chemin de retour. Malheureusement (de ce point de vue, du moins), les humains sont généralement en contact avec le sol. Or, la Terre, par son immense capacité, constitue un réservoir naturel vers lequel peuvent passer les charges électriques. Ainsi, on peut toucher à un fil de distribution électrique dénudé et éviter d'être traversé par un courant électrique si on se coupe de tout contact avec le sol. Des bottes munies d'une semelle faite d'un matériau isolant peuvent nous protéger. De même, si un fil de distribution électrique tombe sur une voiture, les passagers sont en sécurité puisque les pneus forment une barrière isolante entre la Terre et le véhicule. Dans cette situation particulière, il faut éviter de quitter la voiture puisque pendant un court instant le corps humain pourrait servir de lien fatal entre la voiture chargée et le sol. Un phénomène semblable se produit lorsque la foudre frappe un avion en plein vol. Puisque l'avion n'est pas en contact avec la Terre, il n'y a aucun danger pour les passagers; la charge acquise par l'avion s'échappera lentement dans l'air jusqu'à l'atterrissage.

Lorsque le contact est établi et qu'un courant arrive à circuler, les choses se gâtent rapidement. Un courant aussi faible que 1 mA suffit à produire une sensation de douleur. À partir de 10 mA, l'interférence avec le système nerveux est telle que la plupart des muscles se contractent, rendant très difficile, pour ne pas dire impossible, la simple action de lâcher volontairement la source de courant. Au-delà de 100 mA, c'est le cœur qui est touché. Le muscle cardiaque est alors victime de fibrillations ventriculaires associées à une désynchronisation du mécanisme de pompage du sang qui fait chuter le débit sanguin global du corps en deçà du minimum nécessaire au maintien de la vie. Par contre, on peut survivre à un courant de plusieurs ampères si celui-ci est de courte durée. Une telle décharge a pour effet de paralyser complètement le cœur. Celui-ci peut reprendre son rythme normal une fois le choc passé. On exploite d'ailleurs cette capacité du cœur lorsque l'on a recours au *défibrillateur*, un appareil qui envoie une brève mais intense décharge au cœur, dans l'espoir de lui faire reprendre son rythme normal. En plus des effets sur le système nerveux et les muscles, les forts courants produisent aussi des brûlures par simple effet Joule.

Cette description des effets de l'électrocution est relative aux valeurs des courants en cause. Nous savons que le courant d'un circuit est fonction de la différence de potentiel appliquée et de la valeur de la résistance dans le circuit. Les sources de tension auxquelles nous risquons d'être exposés sont diverses. Elles sont de 120 ou de 240 V dans le cas d'un circuit domestique, de 25 000 V dans le cas d'un circuit typique de distribution d'une grande ville et de 735 000 V dans celui du réseau de transport. La donnée manquante pour établir l'importance du danger auquel on s'expose en manipulant une source de tension donnée est donc la résistance du corps humain. Celle-ci n'est malheureusement pas simple à évaluer. Généralement, le contact avec la source se fait par l'intermédiaire de la peau. D'un bout à l'autre du corps, à divers points de contact sur la peau, notre résistance varie de 10^4 à 10^6 Ω. À une tension de 120 V, on ne s'expose donc qu'à un courant de quelques milliampères. Rappelons que de tels courants provoquent une douleur sensible et que, dès qu'on atteint les 10 mA, d'importantes contractions musculaires peuvent survenir. Ainsi, à première vue, on risque de se tirer d'affaire à la suite d'un contact accidentel avec la plus faible des tensions auxquelles nous sommes exposés. Malheureusement, du seul fait de la transpiration, notre peau est rarement complètement sèche. Or, la résistance de la peau humide chute aux environs de 10^3 Ω. Cela provoque une augmentation notable du courant, laquelle s'accompagne de brûlures qui ont tôt fait de briser la barrière naturelle que constitue la peau. Une fois en contact avec *l'intérieur* du corps, le courant ne rencontre plus qu'une résistance de quelques dizaines d'ohms en raison de la faible résistivité de la solution ionique qui irrigue le corps. Pire, au fur et à mesure que de forts courants y circulent, les membranes des cellules se rompent et rendent le corps encore plus conducteur.

De toute évidence, le corps humain est très vulnérable aux courants électriques. Il est clair que la prudence et le respect des règles de sécurité s'imposent dès qu'on manipule une source de courant électrique.

7.3 Les instruments de mesure

Dans notre étude des circuits en courant continu, nous nous intéresserons à trois différents instruments de mesure. Le **voltmètre** mesure la différence de potentiel entre deux points d'un circuit. L'**ampèremètre** mesure le courant en un point du circuit. L'**ohmmètre** mesure la résistance d'une portion du circuit. Chaque appareil de mesure possède deux « sondes » (deux fils qui sortent de l'appareil) que l'on doit placer de manière appropriée pour prendre la mesure. En pratique, on dispose souvent d'un seul appareil, appelé *multimètre*, qui peut être réglé pour agir comme un voltmètre, un ampèremètre ou un ohmmètre.

Nous décrirons plus loin comment ces appareils de mesure fonctionnent : la section 7.6 traitera des appareils analogiques (à aiguille), et le sujet connexe de la fin du chapitre, des appareils numériques. Dans cette section, nous allons nous contenter d'expliquer comment les brancher correctement pour prendre la mesure.

Le voltmètre

Le voltmètre est l'appareil le plus simple à brancher : il mesure la différence de potentiel entre les deux points du circuit où on place les sondes. Par exemple, dans le circuit de la figure 7.15*a*, si on veut mesurer la différence de potentiel entre les bornes de R_3, on doit brancher le voltmètre *en parallèle* avec la résistance R_3. En somme, le branchement d'un voltmètre n'implique aucune modification au circuit où on souhaite prendre une mesure : il se branche tout simplement « par-dessus » ou « à l'extérieur » de ce circuit.

Lorsqu'on utilise un appareil de mesure, on ne veut pas que la présence de l'appareil modifie de manière appréciable ce que l'on veut mesurer. Puisque le voltmètre est placé « à l'extérieur » du circuit, il faut limiter au maximum la fraction du courant qui va être déviée à travers le voltmètre. Ainsi, *il faut que la résistance interne du voltmètre soit très grande* (beaucoup plus grande que les résistances dans le circuit).

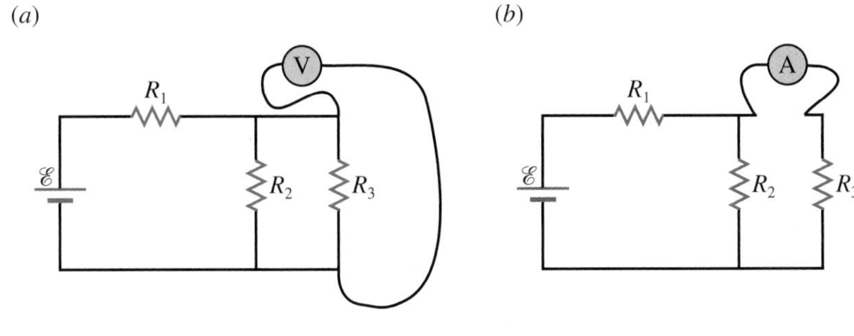

Figure 7.15 ◄
(*a*) Un voltmètre branché pour mesurer la différence de potentiel aux bornes de R_3. (*b*) Un ampèremètre branché pour mesurer le courant qui circule dans R_3.

Dans les schémas comportant un voltmètre, on indique parfois la polarité des bornes de l'appareil (voir par exemple la figure 7.16). Le signe positif correspond alors à la borne de l'appareil où se trouve le potentiel le plus élevé.

L'ampèremètre

Pour mesurer le courant en un point du circuit, il faut placer l'ampèremètre *dans* le circuit à l'endroit qui nous intéresse afin que *tout le courant que l'on veut mesurer traverse l'ampèremètre.* Le branchement d'un ampèremètre implique donc, contrairement au cas du voltmètre, qu'il faut modifier le circuit où on souhaite prendre une mesure : il faut en effet « couper » ou « débrancher » un fil du circuit pour y insérer l'ampèremètre. Par exemple, si on veut mesurer le courant qui traverse R_3, on peut brancher l'ampèremètre comme indiqué à la figure 7.15*b*. Notons qu'un des fils du circuit, inchangé à la figure 7.15*a*, a bel et bien été coupé à la figure 7.15*b* pour y insérer l'ampèremètre. Contrairement au voltmètre, l'ampèremètre se branche *en série*. Pour limiter les effets de sa présence sur ce qu'on veut mesurer, il *faut que la résistance interne de l'ampèremètre soit très petite* (beaucoup plus petite que les résistances dans le circuit).

Dans les schémas comportant un ampèremètre, on indique parfois la polarité des bornes de l'appareil (voir par exemple la figure 7.16). Comme la résistance d'un ampèremètre est faible, il ne se produit qu'une faible chute de potentiel. Malgré tout, le signe positif correspond à la borne de l'appareil où se trouve le potentiel le plus élevé.

L'ohmmètre

Contrairement au voltmètre et à l'ampèremètre, l'ohmmètre est un appareil *actif*: il possède une pile interne et il cause du courant dans le circuit qu'il mesure. Si on veut mesurer la valeur d'une résistance (ou d'une combinaison de résistances) à l'aide de l'ohmmètre, il faut brancher cette résistance à l'ohmmètre *alors qu'elle n'est pas branchée au reste du circuit*; sinon, la pile du circuit interférera avec la pile de l'ohmmètre, et les résultats seront faussés.

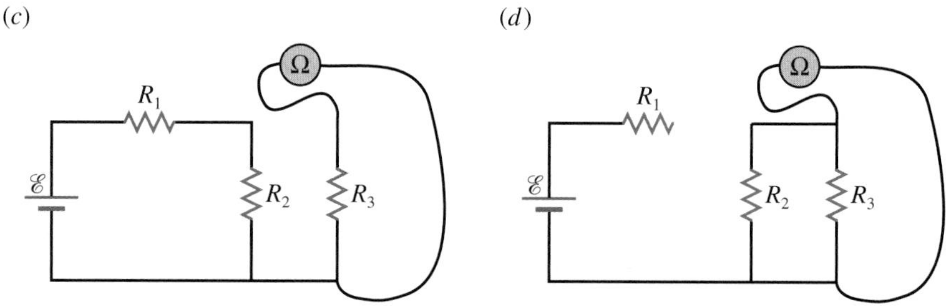

Figure 7.15 (suite) ▶
(*c*) Un ohmmètre branché pour mesurer la résistance de R_3. (*d*) Un ohmmètre branché pour mesurer la résistance de R_2 et R_3 en parallèle.

Par exemple, si on veut mesurer la valeur de la résistance R_3, on peut brancher l'ohmmètre comme indiqué à la figure 7.15*c*. Remarquez que l'on a débranché seulement un des deux liens entre R_3 et le reste du circuit ; on aurait pu enlever les deux liens, mais il suffit de rompre le circuit. Un ohmmètre peut aussi mesurer la résistance équivalente d'une *association* de résistances. Par exemple, si on débranche une autre portion du circuit, comme à la figure 7.15*d*, l'ohmmètre mesurera la résistance équivalente de R_2 et R_3 en parallèle. Pour savoir ce que mesure l'ohmmètre, il faut imaginer l'ohmmètre comme une pile et suivre les différents chemins possibles que peut prendre le courant généré par l'ohmmètre.

EXEMPLE 7.8

Soit le circuit de la figure 7.16. Les interrupteurs S_1 et S_2 sont initialement ouverts. Préciser si les valeurs indiquées par l'ampèremètre et le voltmètre augmentent ou diminuent dans chacun des cas suivants : (a) S_1 ouvert, S_2 fermé ; (b) S_1 fermé, S_2 ouvert ; (c) S_1 et S_2 fermés.

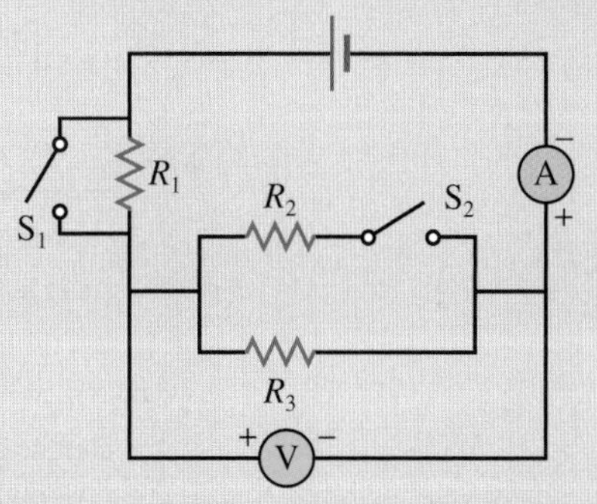

Figure 7.16 ▲
Quand on ferme l'un ou l'autre des interrupteurs S_1 et S_2, ou encore les deux, qu'advient-il des valeurs affichées par les deux instruments de mesure ?

Solution

(a) La résistance équivalente à R_2 et R_3 est inférieure à chacune de ces deux résistances. Au moment de fermer S_2, la résistance de l'ensemble du circuit va donc diminuer et la valeur indiquée par l'ampèremètre va augmenter. Puisque la différence de potentiel aux bornes de R_1 augmente, la différence de potentiel aux bornes de l'association en parallèle, mesurée par le voltmètre, diminue.

(b) Au moment de fermer S_1, la résistance R_1 devient en parallèle avec un court-circuit donc la résistance équivalente aux bornes de la pile diminue, puisqu'elle devient égale à R_3. La valeur indiquée par l'ampèremètre augmente et la valeur indiquée par le voltmètre augmente pour égaler la différence de potentiel aux bornes de la pile.

(c) Au moment de fermer les deux interrupteurs, R_1 devient hors circuit, mais la pile devient branchée à R_2 et à R_3 en parallèle. La différence de potentiel aux bornes de l'association en parallèle augmente pour devenir égale à celle de la pile. La résistance équivalente diminue et la valeur indiquée par l'ampèremètre augmente.

Dans tous les cas, le sens dans lequel le potentiel diminue ne change pas, que ce soit dans l'ampèremètre ou dans le voltmètre. La figure 7.16 indique les bornes positive et négative de chaque appareil.

7.4 Les lois de Kirchhoff

L'analyse des circuits électriques est simplifiée grâce à l'utilisation de deux lois qui furent énoncées par G. R. Kirchhoff (figure 7.17) : la *loi des nœuds* et la *loi des mailles*. Avant d'énoncer la première de ces lois, nous devons définir deux termes qui nous serviront à décrire des circuits complexes. Un tel circuit comporte en effet plusieurs embranchements. Un **nœud** est un point (ou une petite zone sans résistances ou autres composantes) d'un circuit où trois fils ou plus se rencontrent (figure 7.18) ; une **branche** est une portion de circuit reliant deux nœuds *consécutifs* et ne comportant donc aucun embranchement. (Par exemple, le tronçon situé entre les points A et B de la figure 7.19 est une branche.)

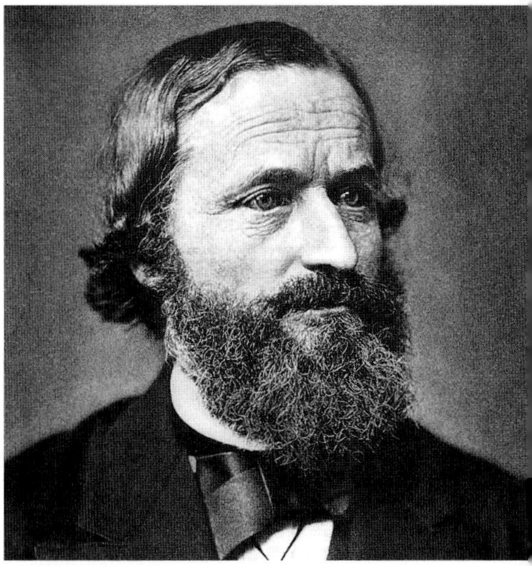

Figure 7.17 ▲
Gustav R. Kirchhoff (1824-1887).

Considérons premièrement une branche quelconque. Plusieurs composantes de circuit peuvent être assemblées en série dans cette branche, mais *le courant est partout le même dans une même branche* (figure 7.19). Par exemple, quand le courant traverse une résistance, il serait tout à fait incorrect de penser que le courant est « consommé » et est donc plus faible à la sortie de la résistance qu'à l'entrée. En effet, de l'énergie est consommée, mais la charge électrique, elle, ne peut être détruite. Le courant qui arrive à la résistance correspond donc à celui qui la quitte et il en va de même pour chacune des composantes situées

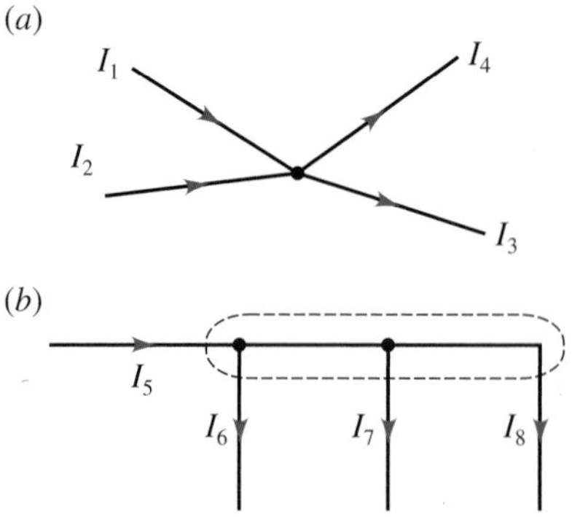

Figure 7.18 ▲

La somme des courants pénétrant dans un nœud doit être égale à la somme des courants qui en sortent, ou $\Sigma I = 0$. (*a*) Un nœud peut être un simple point. (*b*) Un nœud peut aussi être une petite zone du circuit, comme celle encerclée en pointillés ici, pourvu qu'il s'agisse d'un embranchement où se rejoignent trois fils ou plus.

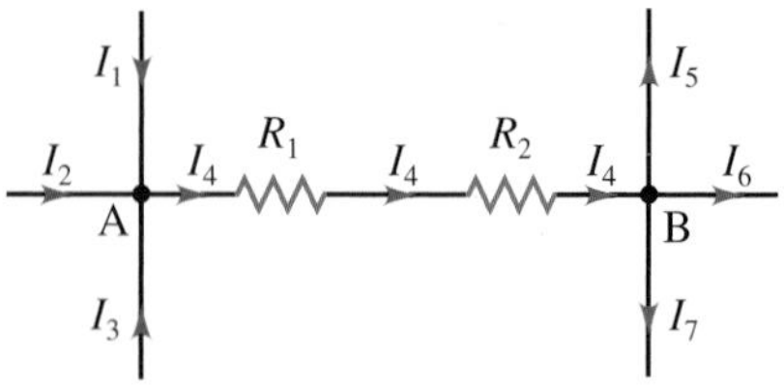

Figure 7.19 ▲

Dans une même branche d'un circuit le courant est partout le même. Par exemple, sa valeur demeure I_4 partout entre les points A et B. Cela demeure valable, quel que soit le nombre de composantes (résistances ou autres) que rencontre un courant sur sa branche. Par exemple, il est incorrect de penser que le courant qui quitte R_1 est plus faible que celui qui entre dans R_2 en raison d'une perte d'énergie.

sur une même branche. (Même dans un condensateur, la quantité de charge qui arrive correspond à celle qui quitte, car la charge *totale* accumulée sur les deux armatures demeure nulle.)

Maintenant, considérons ce qui se produit quand le courant atteint un nœud du circuit. On peut répéter le même raisonnement que précédemment : au nœud, la charge n'est ni créée ni détruite, et elle ne s'accumule pas en ce point. En conséquence, on peut formuler l'énoncé suivant, qui s'appelle la **loi des nœuds de Kirchhoff** :

Loi des nœuds

$$\sum I = 0 \qquad (7.5)$$

La somme algébrique des courants qui entrent dans un nœud et qui en sortent est nulle.

Le signe attribué à un courant pénétrant dans un nœud est opposé à celui d'un courant qui en sort. Pour les courants de la figure 7.18*a*, on peut écrire $I_1 + I_2 - I_3 - I_4 = 0$. De même, pour les courants de la figure 7.18*b*, on peut écrire $I_5 - I_6 - I_7 - I_8 = 0$, pour ceux du nœud A de la figure 7.19, on peut écrire $I_1 + I_2 + I_3 - I_4 = 0$, etc.

Une **maille** est *n'importe quel* parcours fermé dans un circuit. Avant de démontrer la loi des mailles, il convient de l'illustrer par un exemple simple. Pour ce faire, considérons le circuit de la figure 7.20, qui est composé d'une pile de résistance interne r en série avec une résistance R. Nous supposons que la résistance des fils est suffisamment petite pour être négligée. D'après la convention selon laquelle le courant circule des potentiels élevés aux potentiels faibles, le sens du courant dans le circuit va de la borne positive à la borne négative de la pile. Pour des raisons pratiques, on suppose que la borne négative est au potentiel zéro. Examinons les variations de potentiel que subit une charge positive fictive lorsqu'elle se déplace dans le circuit. Si la charge qui se déplace est

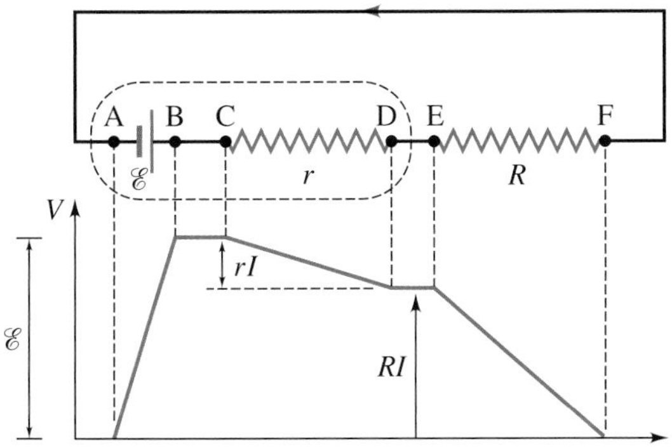

Figure 7.20 ◀
La somme des *variations* de potentiel le long d'une maille fermée est nulle : $\Sigma\Delta V = 0$.

unitaire, les variations de potentiel qu'elle subit correspondent à un gain ou à une perte d'énergie potentielle $\Delta U = q\Delta V$ de même valeur numérique. (Tout au long de son trajet, la charge garde la faible énergie cinétique correspondant à la vitesse de dérive.)

Partons de A, au moment où la charge arrive à la borne négative de la pile. À ce stade, elle n'a pas d'énergie potentielle. La source de f.é.m. augmente l'énergie potentielle électrique de la charge, donc la fait passer d'un point de potentiel nul à un point de potentiel $\mathscr{E}$. Entre B et C, la charge ne change pas de potentiel. (On suppose que les fils n'ont pas de résistance.) En C, la charge rencontre la résistance interne et perd progressivement de l'énergie potentielle en passant vers des points dont le potentiel est graduellement plus faible, jusqu'à ce qu'elle atteigne la borne positive de la pile réelle, au point D. De D à E, la charge se déplace librement sans variation de potentiel ; en E, elle rencontre la résistance R et perd le reste de son énergie potentielle en traversant R, ce qui signifie qu'elle revient à un point dont le potentiel est nul. Enfin, entre F et A, la charge se déplace librement, sans variation de potentiel. Tout au long de son parcours, la charge possède une vitesse de dérive dont la valeur est dictée, entre autres, par l'intensité du courant et la section transversale du fil.

On peut se servir de cet exemple pour démontrer un résultat général : puisque la force causée par le champ électrique est une force *conservative* (voir la section 4.2), le travail qu'elle effectue ne dépend que du point initial et du point final de la trajectoire subie par la charge. En d'autres termes, quand la charge effectue un parcours quelconque fermé (maille), elle doit avoir à la fin la même énergie potentielle qu'elle avait au début. (Dans le cas de l'exemple de la figure 7.20, la charge qui revient au point F doit avoir perdu *toute* l'énergie fournie initialement par la pile.) Comme l'énergie potentielle est proportionnelle au potentiel, il s'ensuit que le potentiel à la fin du trajet fermé est le même que celui au début du trajet. C'est ce qu'exprime la **loi des mailles de Kirchhoff** :

Loi des mailles

$$\sum \Delta V = 0 \qquad (7.6)$$

La somme algébrique des *variations* de potentiel dans un parcours fermé (maille) est nulle.

Cette loi découle de la conservation de l'énergie : l'énergie potentielle fournie à une charge par la source de f.é.m. est perdue dans les résistances.

Lorsqu'on additionne les variations de potentiel, on peut parcourir la maille, soit dans le même sens, soit dans le sens contraire au sens connu (ou présumé) du courant, comme le montre la flèche noire recourbée sur la figure 7.21. Si

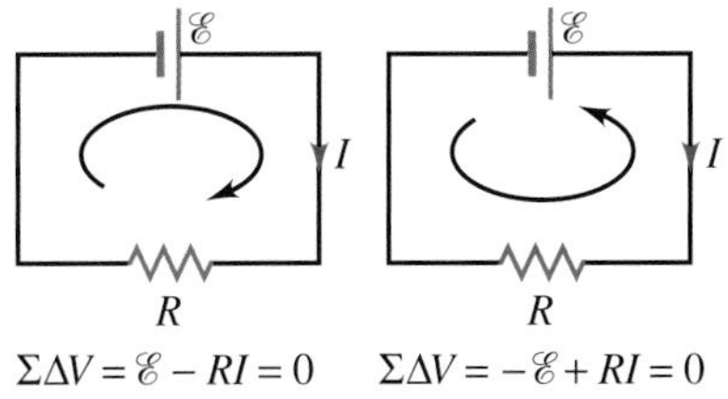

Figure 7.21 ▲
Dans l'application de la loi des mailles, on peut parcourir le circuit dans un sens ou dans l'autre.

l'on se déplace dans le sens du courant, la variation de potentiel dans une résistance (y compris toute résistance interne de la source de f.é.m.) est négative. Cela vient du fait que le courant circule vers le potentiel décroissant. Conséquemment, la variation de potentiel attribuable à la traversée d'une résistance dans le sens contraire au courant est de signe positif. Le signe de la variation de potentiel lorsqu'on traverse une source idéale de f.é.m. dépend de l'ordre dans lequel on rencontre les bornes. Il *ne dépend pas* du sens du courant.

EXEMPLE 7.9

Soit le circuit illustré à la figure 7.22. (a) Combien de nœuds ce circuit comporte-t-il ? (b) Combien de mailles ce circuit comporte-t-il ? (c) Combien de branches ce circuit comporte-t-il ? Dans chaque cas, nommez-les.

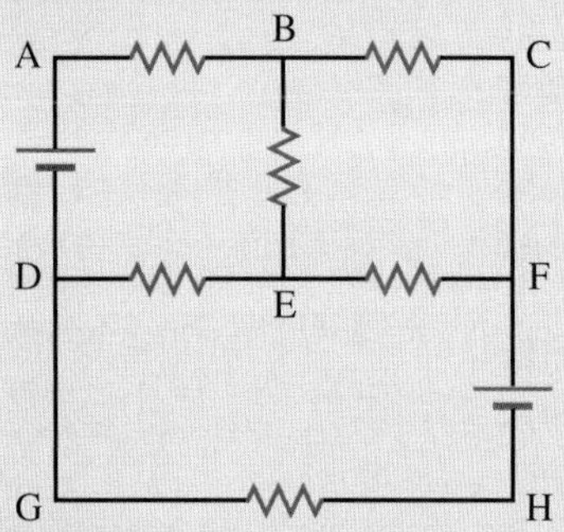

Figure 7.22 ▲
Combien de nœuds, de mailles et de branches comporte ce circuit ?

Solution

(a) Un nœud est un point où trois fils ou plus se rejoignent. On compte donc quatre nœuds dans ce circuit, soit les points B, D, E et F.

(b) Une maille est un parcours fermé. Les premières qui sautent aux yeux sont les « petites » mailles ABEDA, BCFEB et DFHGD. Par contre, la loi des mailles peut être appliquée à *n'importe quel parcours fermé*, ce qui ne se limite pas aux trois parcours les plus petits. Le plus grand parcours possible est ACHGA. Il y a aussi des parcours de taille intermédiaire : ACFEDA, ABEFHGA et BCFHGDEB. En tout, il y a donc minimalement sept mailles différentes. En effet, on pourrait aussi imaginer des parcours fermés redondants (qui passent plusieurs fois au même endroit), mais cela ne serait d'aucun intérêt.

Notez qu'il y a une ambiguïté dans la façon dont on identifie une maille, puisque rien n'impose le point de départ. Par exemple, en effectuant le parcours ABEDA, on rencontre les mêmes composantes qu'en effectuant le parcours DABED. Il s'agit donc de la même maille.

(c) Une branche est un tronçon qui relie deux nœuds consécutifs. On compte donc les branches DAB, BCF, BE, DE, EF et DGHF. Ici encore, on note une ambiguïté : BAD et DAB, par exemple, désignent la même branche.

Enfin, notez qu'on identifie une maille par une série de lettres qui débute et se termine par la même lettre, ce qui indique que le parcours est *fermé*. Il faut donc distinguer FDGHF, qui est une maille, et DGHF, qui est la *branche* allant du nœud F au nœud D. ■

La résolution des circuits complexes

Un circuit complexe peut comporter des résistances en série, des résistances en parallèle, ainsi que des résistances qui ne sont ni en série, ni en parallèle (par exemple, les résistances des figures 7.24, 7.25 ou 7.26 des prochaines pages). La résolution d'un circuit complexe consiste habituellement à trouver la valeur du courant dans les différentes branches du circuit. (Rappelons que toutes les composantes d'une même branche sont parcourues par le même courant.) Il peut s'agir aussi de chercher d'autres paramètres, une fois la valeur du courant connue.

Quelle que soit la complexité du circuit étudié, l'application systématique de la loi des nœuds et de la loi des mailles un nombre suffisant de fois permet toujours de « résoudre le circuit », c'est-à-dire de déterminer les courants ou les différences de potentiel inconnues. Cette méthode systématique est décrite dans la méthode de résolution ci-dessous, et nous la désignerons comme la *méthode globale de Kirchhoff*. Elle est illustrée dans les exemples 7.12 et 7.13, notamment.

L'application de la méthode globale de Kirchhoff peut toutefois être fastidieuse. Aussi, en utilisant une (ou plusieurs à la fois) des méthodes suivantes, applicables dans certaines situations plus simples, on pourra en éviter l'utilisation :

- Lorsque le circuit ne comporte qu'une seule pile et qu'on peut regrouper les résistances en associations en série ou en parallèle, il est préférable de calculer au départ la résistance équivalente aux bornes de la pile. En appliquant la loi d'Ohm à cette résistance équivalente, on détermine ainsi le courant « total » débité par la pile, $I = \Delta V/R_{\text{éq}} = \mathscr{E}/R_{\text{éq}}$. (Lorsque c'est nécessaire, on peut ensuite utiliser la loi des nœuds et la loi des mailles ou une autre des méthodes suivantes pour déterminer comment le courant se sépare dans les diverses branches du circuit.) L'exemple 7.10 illustre cette méthode.
- Quand certains courants ou certaines différences de potentiel sont connus (par exemple, après avoir été obtenus grâce à la méthode des résistances équivalentes ci-dessus), on peut appliquer la loi d'Ohm à chacune des résistances pertinentes et se servir du résultat pour réduire le nombre d'inconnues. La différence de potentiel aux bornes d'une résistance R_i parcourue par un courant I_i est

$$|\Delta V| = R_i I_i \tag{7.7}$$

  Notons que nous avons ajouté explicitement la valeur absolue qui était sous-entendue dans l'équation 6.11. En effet, le signe de la différence de potentiel devient très important quand on applique la loi des mailles. Pour trouver ce signe, il suffit de se rappeler que le courant circule des potentiels les plus élevés vers les potentiels les moins élevés, c'est-à-dire que la charge « tombe ».
- Pour résoudre un circuit complexe, il peut être utile de fixer arbitrairement $V = 0$ en un point du circuit. En partant de ce point de référence, on détermine ensuite les potentiels des points voisins du circuit. Quand certains courants ou certaines différences de potentiel sont connus d'avance (par exemple, grâce à l'une ou l'autre des deux méthodes précédentes), il est possible que cette méthode permette de résoudre l'ensemble du circuit. Cette méthode sera illustrée à l'exemple 7.11.

Lorsque tous les courants sont inconnus, que les résistances ne sont pas associées en série ou en parallèle et que l'information n'est pas suffisante pour déduire « étape par étape » le potentiel de chaque point du circuit, les méthodes ci-dessus sont alors inutilisables et l'utilisation de la méthode globale de Kirchhoff devient obligatoire. Comme on le précise dans la méthode de résolution ci-dessous, cette façon de faire exige de résoudre un système de N équations à N inconnues.

MÉTHODE DE RÉSOLUTION

Méthode globale de Kirchhoff

Dans un circuit à résoudre, il y a en général *autant d'inconnues que de branches* : en fait, on cherche habituellement le courant dans chaque branche. Tout circuit peut être résolu par une méthode globale qui consiste à écrire les équations décrivant le circuit et à résoudre le système d'équations. Les équations dont nous avons besoin sont tout simplement les équations de Kirchhoff pour les différents nœuds et mailles du circuit.

Voici les étapes suggérées pour résoudre un problème par la méthode globale de Kirchhoff :

1. Numéroter chaque branche et assigner un courant I_i dans chacune, avec un sens (flèche). On ne connaît habituellement pas les sens des courants avant de commencer, mais ce n'est pas important : on fait une hypothèse pour chaque branche et, dans le cas des branches pour lesquelles on s'est trompé, la résolution des équations donnera un I négatif. Attention : ne jamais changer les hypothèses sur les orientations des courants en cours de résolution !
2. Écrire la loi des nœuds pour chaque nœud. En général, une des équations est redondante (elle est une combinaison des autres équations), et on peut ainsi se limiter à $n - 1$ des n nœuds du problème.
3. Écrire la loi des mailles pour diverses mailles, jusqu'à obtenir assez d'équations pour résoudre le système global d'équations (N équations à N inconnues). On peut décider de parcourir une maille donnée dans un sens ou dans l'autre : cela n'a pas d'importance, car parcourir une maille dans le sens contraire ne fait que changer tous les signes des termes de l'équation, ce qui ne change rien en fin de compte.
4. Voici les règles à appliquer pour déterminer les signes des ΔV dans la loi des mailles :
   - traverser une pile $\mathscr{E}$ de la borne – vers la borne + correspond à une hausse de potentiel : $\Delta V = +\mathscr{E}$
   - traverser une pile $\mathscr{E}$ de la borne + vers la borne – correspond à une baisse de potentiel : $\Delta V = -\mathscr{E}$
   - traverser une résistance R dans le sens du courant I qui la parcourt (« descendre une résistance », par analogie avec un canot sur une rivière !) correspond à une baisse de potentiel RI : $\Delta V = -RI$
   - traverser une résistance R dans le sens contraire du courant I qui la parcourt (« remonter une résistance ») correspond à une hausse de potentiel RI : $\Delta V = +RI$

Remarque : Le nombre de mailles possibles est toujours plus élevé que le nombre de mailles nécessaires pour résoudre le problème. Pour s'assurer d'avoir toute l'information nécessaire pour résoudre le problème, il faut vérifier qu'une fois qu'on a écrit les équations pour toutes les mailles sélectionnées, *chaque branche du circuit a été parcourue au moins une fois.*

EXEMPLE 7.10

Une pile dont la f.é.m. est de 20 V et la résistance interne de 1 Ω est reliée à trois résistances selon le schéma de la figure 7.23. Déterminer : (a) la différence de potentiel aux bornes de la pile ; (b) le courant qui traverse chaque résistance et la différence de potentiel entre ses bornes ; (c) la puissance fournie par la f.é.m. ; (d) la puissance dissipée dans chaque résistance.

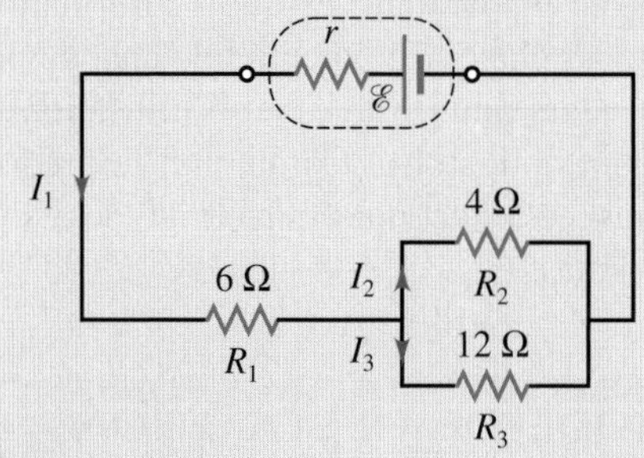

Figure 7.23 ▲
Une source de f.é.m. ayant une résistance interne est reliée à trois résistances. Le courant circulant dans la source est $I_1 = \mathscr{E}/R_{éq}$, où $R_{éq}$ est la résistance équivalente de l'ensemble des résistances du circuit.

Solution

(a) Pour trouver la différence de potentiel aux bornes de la pile, il faut connaître le courant qui la traverse. Puisque $\frac{1}{4} + \frac{1}{12} = \frac{1}{3}$, la résistance équivalente à R_2 et

R_3 est égale à 3 Ω. La résistance équivalente de l'ensemble du circuit est égale à 6 Ω + 3 Ω + 1 Ω = 10 Ω. Comme la différence de potentiel ΔV aux bornes de cette résistance équivalente est égale à la f.é.m. de la pile, le courant est donc $I_1 = \mathscr{E}/R_{éq}$ = 2 A, et la différence de potentiel aux bornes de la pile est

$$\Delta V = \mathscr{E} - rI_1 = 18 \text{ V}$$

(b) Le courant I_1 étant connu, on trouve facilement les différences de potentiel aux bornes de r et de R_1. Par conséquent, $\Delta V_r = rI_1 = 2$ V et $\Delta V_1 = R_1 I_1 = 12$ V. Les résistances R_2 et R_3 étant en parallèle, $\Delta V_2 = \Delta V_3$. D'après la loi des mailles, la somme des différences de potentiel dans l'ensemble du circuit doit être égale à la f.é.m. La somme des différences de potentiel connues étant égale à 14 V, il nous reste $\Delta V_2 = \Delta V_3$ = 20 − 14 = 6 V.

Les courants circulant dans R_2 et R_3 sont $I_2 = \Delta V_2/R_2$ = 1,5 A et $I_3 = \Delta V_3/R_3$ = 0,5 A. On remarque que $I_1 = I_2 + I_3$, comme l'exige la loi des nœuds. Il faut toujours penser à faire ce genre de vérification pour s'assurer de la cohérence des calculs.

(c) La puissance fournie par la source de f.é.m. est $P = \mathscr{E}I_1$ = 40 W.

(d) On trouve la puissance dissipée dans chaque résistance en utilisant soit $P = I\Delta V$, soit $P = RI^2$. On obtient

$$P_r = 4 \text{ W}; \quad P_1 = 24 \text{ W}; \quad P_2 = 9 \text{ W}; \quad P_3 = 3 \text{ W}$$

La somme de ces puissances est égale à 40 W, ce qui correspond à la puissance fournie par la source de f.é.m. C'est un autre moyen de vérifier les calculs. ■

EXEMPLE 7.11

Dans le circuit illustré à la figure 7.24, $\mathscr{E}_1$ = 20 V, R_1 = 8 Ω, R_2 = 4 Ω, R_3 = 5 Ω et le courant I_2 est de 3 A vers le bas. (a) Trouver les courants I_1 et I_3 qui traversent respectivement les résistances R_1 et R_3 (grandeur et sens). (b) Trouver la valeur de $\mathscr{E}_2$.

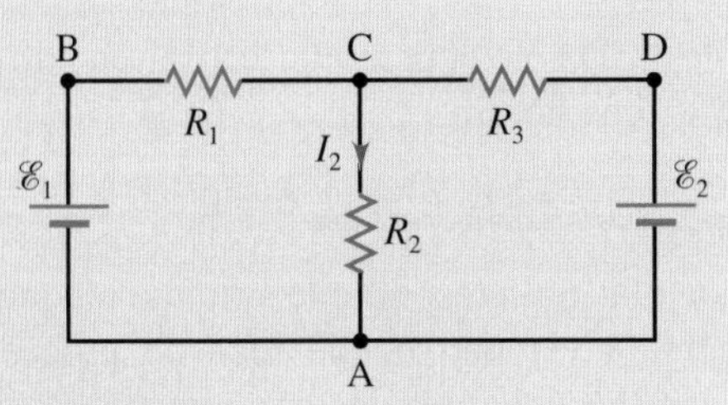

Figure 7.24 ▲
Le courant I_2 = 3 A étant connu, on peut résoudre ce circuit en plaçant arbitrairement $V = 0$ au point A et en déterminant la valeur du potentiel aux autres points.

Solution

Lorsqu'il y a plus d'une pile, il est en général impossible de déterminer la résistance équivalente du circuit. C'est le cas ici : aucune paire de résistances n'étant traversée par un même courant, il n'y a pas d'association en série, et aucune paire de résistances ne partageant des bornes communes, il n'y a pas d'association en parallèle. (Par exemple, R_1 et R_2 ne sont pas en parallèle bien que leur borne C soit en commun, puisqu'il y a une pile entre la borne B de R_1 et la borne A de R_2.) Ainsi, dans ce problème, nous ne pouvons pas calculer une résistance équivalente et un courant total. En revanche, le courant I_3 étant connu, on peut déterminer le potentiel en divers points du circuit, et utiliser cette information pour répondre aux questions, sans avoir recours à la méthode globale de Kirchhoff. ■

(a) Choisissons arbitrairement $V_A = 0$; en partant de A et en traversant la pile jusqu'à B, on trouve V_B = 20 V. Par la loi d'Ohm, la différence de potentiel entre les bornes de R_2 est de

$$\Delta V_2 = R_2 I_2 = 4 \ \Omega \times 3 \text{ A} = 12 \text{ V}$$

Ainsi, V_C = 12 V. On peut alors calculer la différence de potentiel entre les bornes de R_1 :

$$\Delta V_1 = V_B - V_C = 20 \text{ V} - 12 \text{ V} = 8 \text{ V}$$

Par la loi d'Ohm, on trouve

$$I_1 = \frac{\Delta V_1}{R_1} = \frac{8 \text{ V}}{8 \ \Omega} = 1 \text{ A}$$

Puisque $V_B > V_C$, le courant I_1 dans la résistance R_1 est *vers la droite.*

Pour trouver I_3, on peut appliquer la loi des nœuds au point C. Si un courant de 1 A entre en C par la gauche et que 3 A ressortent par le bas, il doit y avoir 2 A qui entrent par la droite : le courant I_3 dans la résistance R_3 est de 2 A *vers la gauche.*

(b) Pour trouver la valeur de $\mathscr{E}_2$, on doit déterminer le potentiel au point D. Par la loi d'Ohm, la différence de potentiel entre les bornes de R_3 est de

$$\Delta V_3 = R_3 I_3 = 5\ \Omega \times 2\ \text{A} = 10\ \text{V}$$

Puisque le courant va de D vers C, $V_D > V_C$:

$$V_D = V_C + \Delta V_3 = 12\ \text{V} + 10\ \text{V} = 22\ \text{V}$$

Ainsi,

$$\mathscr{E}_2 = V_D - V_A = 22\ \text{V} - 0\ \text{V} = 22\ \text{V}$$

EXEMPLE 7.12

Dans le circuit illustré à la figure 7.25*a*, $\mathscr{E}_1 = 17$ V, $\mathscr{E}_2 = 6$ V, $R_1 = 1\ \Omega$, $R_2 = 4\ \Omega$, $R_3 = 3\ \Omega$. (a) Trouver les courants dans chacune des résistances. (b) Vérifier que la puissance nette fournie par les piles est bien transformée entièrement en chaleur dans les résistances.

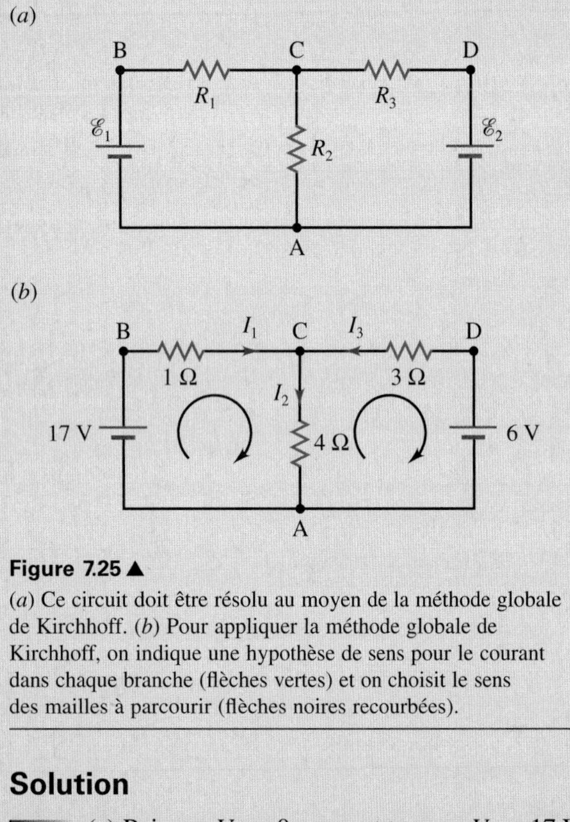

Figure 7.25 ▲

(*a*) Ce circuit doit être résolu au moyen de la méthode globale de Kirchhoff. (*b*) Pour appliquer la méthode globale de Kirchhoff, on indique une hypothèse de sens pour le courant dans chaque branche (flèches vertes) et on choisit le sens des mailles à parcourir (flèches noires recourbées).

Solution

(a) Puisque $V_A = 0$, on peut trouver $V_B = 17$ V et $V_D = 6$ V, mais on est alors bloqué ; aucun calcul en une étape ne peut nous donner V_C. On doit donc appliquer la méthode globale de Kirchhoff. ■

À la figure 7.25*b*, nous avons indiqué une hypothèse de sens pour le courant de chaque branche (pointes de flèches vertes). Comme nous avons deux nœuds, nous devons écrire une équation par la loi des nœuds. Choisissons le nœud C ; en supposant que le courant sortant est positif, on trouve

$$I_2 - I_1 - I_3 = 0 \qquad \text{(i)}$$

Il est inutile d'écrire une équation pour le nœud A (on trouverait $I_1 + I_3 - I_2 = 0$, une équation redondante).

Puisque nous avons trois inconnues, nous devons écrire deux équations par la loi des mailles (pour obtenir trois équations en tout). Choisissons les mailles ABCA et ACDA, que nous allons parcourir dans le sens horaire (flèches noires recourbées au milieu des mailles). On remarque qu'il n'est pas nécessaire que le sens du parcours des mailles corresponde aux hypothèses de sens des courants ; d'ailleurs, en général, il n'est pas possible de faire concorder tous les sens.

La maille ABCA nous permet d'écrire (en partant de A dans le sens horaire) :

$$+17 - 1I_1 - 4I_2 = 0 \qquad \text{(ii)}$$

La maille ACDA nous permet d'écrire (en partant de A dans le sens horaire) :

$$+4I_2 + 3I_3 - 6 = 0 \qquad \text{(iii)}$$

Il ne reste plus qu'à résoudre le système d'équations. En général, c'est une bonne idée de procéder en isolant dans les équations les plus simples et en remplaçant dans l'équation la plus compliquée (ici, c'est l'équation (i) qui est la plus compliquée, car elle possède trois inconnues). Puisque I_2 apparaît dans les trois équations, nous allons tout isoler en fonction de I_2 :

En isolant I_1 dans l'équation (ii), on trouve

$$I_1 = 17 - 4I_2$$

En isolant I_3 dans l'équation (iii), on trouve

$$I_3 = \frac{(6 - 4I_2)}{3} = 2 - 1{,}33I_2$$

En remplaçant le tout dans l'équation (i), on trouve

$$I_2 - (17 - 4I_2) - (2 - 1{,}33I_2) = 0$$

d'où on tire $I_2 = 3$ A, $I_1 = 17 - 4I_2 = 5$ A et $I_3 = 2 - 1{,}33I_2 = -2$ A. Le signe négatif pour I_3 signifie que notre hypothèse de sens pour I_3 était mauvaise : le courant dans la résistance de 3 Ω est de 2 A *vers la droite*. Les hypothèses de sens pour I_1 et I_2 étaient bonnes : le courant dans la résistance de 1 Ω est de 5 A vers la droite et le courant dans la résistance de 4 Ω est de 3 A vers le bas.

On remarque que la pile de 17 V a une f.é.m. telle qu'elle force le courant global dans la branche CDA, I_3, à voyager dans le sens contraire du courant qu'établirait la pile de 6 V si elle était seule. En fait, la pile de 6 V va se recharger dans la situation indiquée (si elle est rechargeable ; sinon, elle risque d'être endommagée ou d'exploser !). ■

(b) Le courant dans la résistance $R_1 = 1$ Ω égale $I_1 = 5$ A, pour une puissance $P = R_1I_1^2 = 25$ W. Le courant dans la résistance $R_2 = 4$ Ω égale $I_2 = 3$ A, pour une puissance $P = R_2I_2^2 = 36$ W. Le courant dans la résistance $R_3 = 3$ Ω égale $I_3 = 2$ A, pour une puissance $P = R_3I_3^2 = 12$ W. La puissance totale dissipée dans les résistances égale 25 W + 36 W + 12 W = 73 W.

Le courant qui traverse la pile $\mathscr{E}_1 = 17$ V est de $I_1 = 5$ A, pour une puissance $P = I_1\mathscr{E}_1 = 85$ W. Le courant qui traverse la pile $\mathscr{E}_2 = 6$ V est de $I_3 = 2$ A, pour une puissance $P = I_2\mathscr{E}_2 = 12$ W. Si on ne fait pas attention, on pourrait conclure à tort que la puissance totale fournie par les piles est de 85 W + 12 W = 97 W, ce qui ne concorde pas avec la puissance dissipée trouvée plus haut.

Or, il faut tenir compte du fait que la pile $\mathscr{E}_2$ est en train de se recharger (car I_3 traverse la pile « dans le mauvais sens »). Ainsi, la puissance de 12 W calculée pour $\mathscr{E}_2$ est une puissance *absorbée* par la pile. La puissance totale fournie par les piles égale bien 85 W − 12 W = 73 W, et l'énergie est bel et bien conservée tel qu'attendu. ■

EXEMPLE 7.13

Soit le circuit de la figure 7.26. (a) Déterminer les courants, sachant que $r_1 = r_2 = 2$ Ω, $r_3 = 1$ Ω, $R_1 = 4$ Ω, $R_2 = 3$ Ω, $\mathscr{E}_1 = 15$ V, $\mathscr{E}_2 = 6$ V et $\mathscr{E}_3 = 4$ V. (b) Quelle est la différence de potentiel $V_A - V_B$?

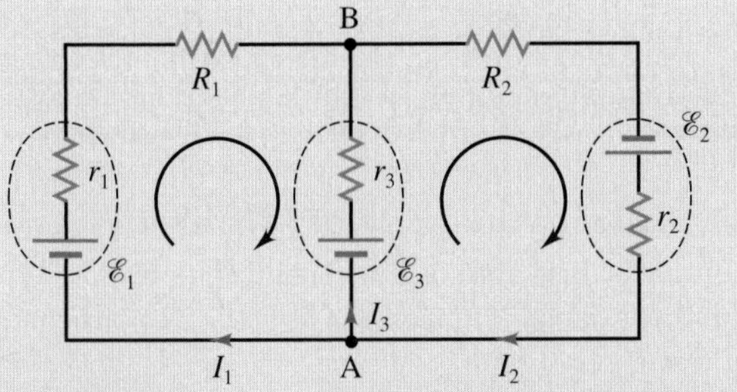

Figure 7.26 ▲
Un circuit à deux mailles avec trois sources de f.é.m. Le sens de parcours dans chaque maille est indiqué par une flèche incurvée.

Solution

Pour résoudre ce problème à l'aide de la méthode globale de Kirchhoff, nous avons indiqué les hypothèses de sens de courant et le sens de parcours des mailles sur la figure 7.26. La loi des nœuds appliquée au point A donne, en supposant que le courant sortant est positif,

$$I_1 - I_2 + I_3 = 0$$

Pour appliquer la loi des mailles, on peut parcourir chaque maille dans le sens horaire (représenté par une flèche noire recourbée à la figure 7.26).

Maille de gauche :

$$\mathscr{E}_1 - r_1I_1 - R_1I_1 + r_3I_3 - \mathscr{E}_3 = 0$$

Maille de droite :

$$\mathscr{E}_3 - r_3I_3 - R_2I_2 + \mathscr{E}_2 - r_2I_2 = 0$$

(a) En introduisant les valeurs données dans l'équation des mailles, on obtient

Maille de gauche :

$$15 - 2I_1 - 4I_1 + I_3 - 4 = 0 \qquad \text{(i)}$$

Maille de droite :

$$4 - I_3 - 3I_2 + 6 - 2I_2 = 0 \qquad \text{(ii)}$$

La loi des nœuds donne $I_2 = I_1 + I_3$, que l'on substitue dans l'équation (ii) ; les équations (i) et (ii) deviennent alors :

$$11 - 6I_1 + I_3 = 0 \qquad \text{(iii)}$$

$$10 - 5I_1 - 6I_3 = 0 \qquad \text{(iv)}$$

Une des inconnues ayant été éliminée, les équations (iii) et (iv) forment un système de deux équations à deux inconnues. Ce système a pour solutions $I_1 = 1{,}85$ A et $I_3 = 0{,}12$ A. Enfin, $I_2 = I_1 + I_3 = 1{,}97$ A.

(b) Par définition, $\Delta V = V_f - V_i$. Donc la différence de potentiel $V_A - V_B$ est mesurée entre le point initial B et le point final A. Pour la déterminer, il faut donc *partir de* B et ajouter les différences de potentiel. Comme les potentiels sont uniques, on peut choisir *n'importe quel* trajet entre B et A. (Quelle propriété fondamentale cela traduit-il ?) Le long de la branche centrale, on trouve

$$V_B + r_3 I_3 - \mathscr{E}_3 = V_A$$

$$V_A - V_B = r_3 I_3 - \mathscr{E}_3 = 0{,}12 \times 1 - 4 = -3{,}88 \text{ V}$$

Le signe négatif signifie que V_A est inférieur à V_B. (Essayez les deux autres trajets pour vérifier que vous obtenez le même résultat.)

EXEMPLE 7.14

Écrire l'équation de maille pour la plus grande maille du circuit illustré à la figure 7.26, c'est-à-dire celle sans $\mathscr{E}_3$ ni R_3. La comparer à la somme des équations (i) et (ii) de la solution de l'exemple précédent. Que peut-on en conclure ?

Solution

$\mathscr{E}_1 - (r_1 + R_1)I_1 - (r_2 + R_2)I_2 + \mathscr{E}_2 = 0$. C'est simplement la somme des équations pour les mailles de gauche et de droite. On en conclut qu'il n'y a que deux équations de mailles indépendantes.

EXEMPLE 7.15

Cinq résistances sont reliées comme l'indique la figure 7.27. Quelle est la résistance équivalente entre les points A et B ?

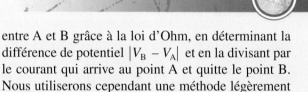

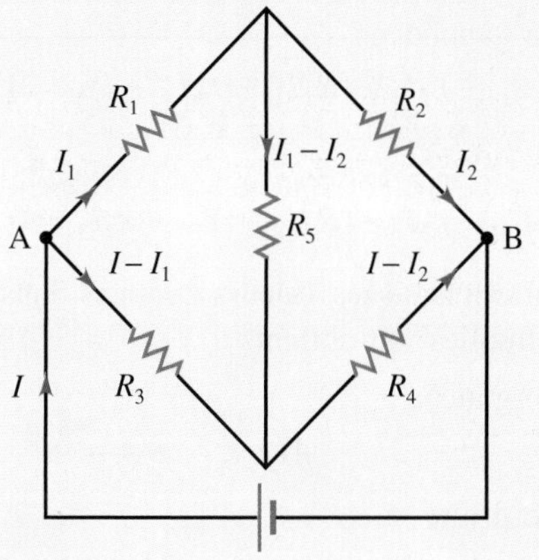

Figure 7.27 ▲
On ne peut pas déterminer la résistance équivalente de cette association de résistances en considérant des associations en série et en parallèle.

Solution

Dans cet exemple, on ne peut pas déterminer la résistance équivalente à l'aide des techniques courantes pour les associations en série et en parallèle. Ce circuit pourrait être résolu par la méthode globale de Kirchhoff, comme aux exemples 7.12 et 7.13. On obtiendrait ensuite la résistance équivalente entre A et B grâce à la loi d'Ohm, en déterminant la différence de potentiel $|V_B - V_A|$ et en la divisant par le courant qui arrive au point A et quitte le point B. Nous utiliserons cependant une méthode légèrement différente, qui consiste à réduire d'abord le nombre d'inconnues grâce à la loi des nœuds, avant d'enfin appliquer la loi des mailles. ■

Par exemple, si I_1 et I_2 sont les courants traversant R_1 et R_2 et si $I \neq I_1 + I_2$ est le courant arrivant au nœud A, on peut exprimer les trois autres courants, à l'aide de la loi des nœuds, en fonction des trois courants ainsi définis. En tenant compte des hypothèses de sens indiquées à la figure 7.27 pour chaque courant, on obtient

$$I_3 = I - I_1\,; \quad I_4 = I - I_2\,; \quad I_5 = I_1 - I_2$$

Ces valeurs sont indiquées sur le schéma. Le reste de la démarche est la même qu'avec la méthode globale de Kirchhoff : nous allons appliquer la loi des mailles, puis trouver la résistance équivalente à partir de l'équation $R_{éq} = |\Delta V|/I$, où ΔV est la différence de potentiel entre les points A et B.

La loi des mailles nous donne, pour les plus petites mailles de gauche et de droite :

$$-R_1 I_1 - R_5(I_1 - I_2) + R_3(I - I_1) = 0 \qquad \text{(i)}$$

$$+R_5(I_1 - I_2) - R_2 I_2 + R_4(I - I_2) = 0 \qquad \text{(ii)}$$

À partir de (i) et (ii), on peut exprimer I_1 et I_2 en fonction de I : $I_1 = \alpha_1 I$, et $I_2 = \alpha_2 I$, où les coefficients α_1 et α_2 sont des expressions faisant intervenir les résistances.

La différence de potentiel entre les points A et B est

$$V_B - V_A = -R_1 I_1 - R_2 I_2 = -(\alpha_1 R_1 + \alpha_2 R_2)I$$

La résistance équivalente est donc $R_{éq} = |\Delta V|/I = \alpha_1 R_1 + \alpha_2 R_2$. (On vous demandera de calculer α_1 et α_2 au problème 16.)

7.5 Les circuits *RC*

Les circuits dont nous avons parlé jusqu'à présent étaient des circuits parcourus par des courants constants. Lorsqu'on inclut un condensateur dans un circuit, le courant varie en fonction du temps pendant la charge ou la décharge du condensateur. Si l'on relie un condensateur directement aux bornes d'une pile idéale (sans résistance interne), le condensateur se charge instantanément. De même, si l'on relie par un fil de résistance négligeable les bornes d'un condensateur chargé, il se décharge instantanément. Nous allons étudier comment la charge du condensateur et le courant varient en fonction du temps dans un circuit comprenant une résistance non négligeable.

(i) La décharge du condensateur

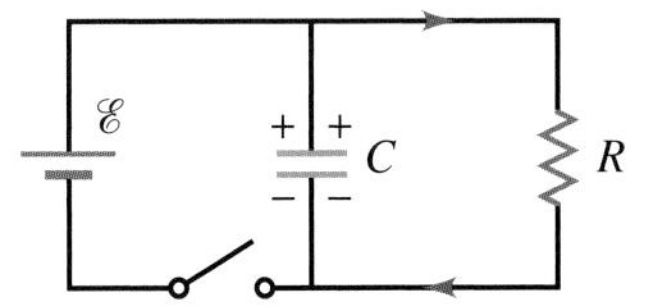

Figure 7.28 ▲
Circuit servant à étudier la décharge d'un condensateur dans une résistance.

La figure 7.28 représente un condensateur et une résistance en parallèle avec une pile idéale (sans résistance interne) de f.é.m. $\mathscr{E}$. Tant que l'interrupteur est fermé, la différence de potentiel aux bornes de C et de R est égale à la f.é.m. $\mathscr{E}$. D'après l'équation 5.2 ($C = Q/\Delta V$) qui définit la capacité du condensateur, la charge du condensateur est $Q_0 = C\Delta V_{C0} = C\mathscr{E}$. Lorsqu'on ouvre l'interrupteur à $t = 0$, le condensateur commence à se décharger. En effet, on peut alors voir l'ensemble « armature, fil, résistance, fil et armature » comme un *unique* conducteur qui devient isolé de la pile quand on ouvre l'interrupteur. Comme nous l'avons vu à la section 4.7, un tel conducteur isolé cherche à rétablir son état d'équilibre électrostatique, ce qui nécessite que le potentiel en chacun de ses points soit le même. Pour que cet équilibre puisse se rétablir, un courant circule alors d'une plaque du condensateur à l'autre en passant par la résistance. La rencontre de charges de signes opposés fait peu à peu chuter la valeur de Q, c'est-à-dire la valeur instantanée de la charge du condensateur, ainsi que la différence de potentiel $\Delta V_C = Q/C$ à ses bornes. En utilisant cette équation et la loi d'Ohm pour appliquer la loi des mailles, on obtient

$$\frac{Q}{C} - RI = 0$$

où les signes indiquent qu'en parcourant la maille dans le sens du courant, la différence de potentiel aux bornes de C est une hausse (le condensateur fournit de l'énergie), mais celle aux bornes de R est une baisse (la résistance dissipe de l'énergie). Notons que cette équation est valable à *chaque instant* de la décharge. On peut donc en déduire qualitativement que le courant I et la charge Q demeurent *toujours proportionnels* l'un à l'autre. On s'attend donc à ce que I décroisse lorsque Q diminuera pendant la décharge. Comme le courant qui circule dans la résistance correspond au passage des charges provenant du condensateur, nous pouvons exprimer I en fonction de Q en utilisant l'équation 6.1*b* définissant le courant : $I = dq/dt$. Toutefois, il faut faire attention de ne pas faire apparaître de signe algébrique indésirable dans la loi des mailles. Ici, comme la valeur de Q *décroît** avec le temps, l'expression correcte pour le courant est $I = -\mathrm{d}Q/\mathrm{d}t$. La loi des mailles devient

$$\frac{\mathrm{d}Q}{\mathrm{d}t} = -\frac{Q}{RC}$$

Cette équation est une *équation différentielle* dont l'inconnue est la *fonction* $Q(t)$ donnant la valeur de la charge portée par le condensateur au fur et à mesure que le temps s'écoule. En réarrangeant et en intégrant cette relation, on obtient

$$\int \frac{\mathrm{d}Q}{Q} = -\frac{1}{RC}\int \mathrm{d}t$$

Donc,

$$\ln Q = -\frac{t}{RC} + k$$

où k est une constante d'intégration. On sait qu'à $t = 0$ la charge $Q = Q_0$; donc $k = \ln Q_0$. En prenant la fonction inverse du logarithme, on trouve

Décharge d'un condensateur

$$Q(t) = Q_0 e^{-t/RC} \tag{7.8a}$$

Les instruments usuels ne permettent pas de mesurer directement la charge d'un condensateur. Cependant, en mesurant la différence de potentiel aux bornes d'un condensateur C se déchargeant dans une résistance R, on peut observer une décroissance exponentielle. En effet, l'équation 5.2 définissant la capacité d'un condensateur nous permet d'écrire qu'à tout moment $\Delta V_C = Q/C$. En substituant l'équation 7.8a dans ce résultat, on obtient

$$\Delta V_C(t) = \Delta V_{C0} e^{-t/RC} \tag{7.8b}$$

où $\Delta V_{C0} = Q_0/C$.

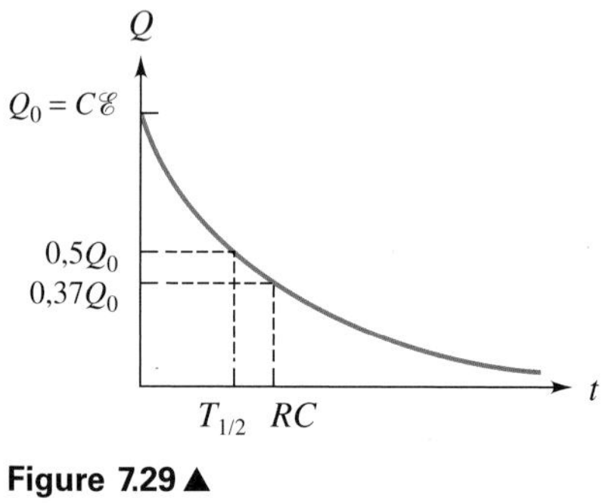

Figure 7.29 ▲
Lors d'une décharge, la charge portée par un condensateur décroît de façon exponentielle. $T_{1/2}$ est la demi-vie et $\tau = RC$ est la constante de temps.

Cette *décroissance exponentielle* est représentée, pour la charge, à la figure 7.29. Au temps

$$\tau = RC \tag{7.9}$$

appelé **constante de temps**, la charge chute à $Q = Q_0 e^{-1} = 0{,}37Q_0$, c'est-à-dire à 37 % de sa valeur initiale. La **demi-vie**, $T_{1/2}$, exprime un autre aspect intéressant de la décharge : c'est le temps nécessaire pour que la charge tombe à 50 % de sa valeur initiale. On a donc

$$\tfrac{1}{2}Q_0 = Q_0 e^{-T_{1/2}/RC}$$

* Formellement, l'équation $I = \mathrm{d}q/\mathrm{d}t$ définit le courant comme la charge qui *traverse* une surface dans le fil, alors que l'équation $\Delta V_C = Q/C$ définit la différence de potentiel aux bornes de C en fonction de la charge Q *présente* sur son armature positive. C'est la charge *retirée* $|\mathrm{d}Q|$ sur le condensateur pendant un intervalle de temps qui correspond bel et bien à celle, $\mathrm{d}q$, qui circule dans le fil pendant le même intervalle. En somme, $\mathrm{d}q = -\mathrm{d}Q$.

En prenant le logarithme naturel et en réarrangeant les termes, on trouve

Demi-vie

$$T_{1/2} = RC \ln 2 = 0{,}693\,\tau \qquad (7.10)$$

Du point de vue mathématique, quelle que soit la valeur de R ou de C, la charge du condensateur prend un temps infini pour devenir nulle. Malgré cela, on peut utiliser des concepts comme la constante de temps τ ou la demi-vie $T_{1/2}$ pour évaluer la *rapidité* avec laquelle un condensateur se décharge. Par ailleurs, lorsqu'elle devient très faible, la charge d'un condensateur est impossible à mesurer. Habituellement, on considère que lorsqu'un temps correspondant à $t = 7\tau = 7RC$ s'est écoulé, la charge du condensateur est à toutes fins utiles nulle. Si on fait le calcul, sa valeur représente moins de $1/1000$ de ce qu'elle était initialement.

On peut déterminer le courant à partir de $I = -\mathrm{d}Q/\mathrm{d}t$ et de l'équation 7.8*a* :

Intensité du courant lors de la décharge

$$I(t) = I_0 e^{-t/RC} \qquad (7.11)$$

où $I_0 = Q_0/RC = \Delta V_{C0}/R$ est le courant à $t = 0$. Ce résultat aurait aussi pu être obtenu à partir de la loi d'Ohm et de la loi des mailles, toutes deux valables à chaque instant : comme $\Delta V_C = RI$, on obtient directement le même résultat en divisant l'équation 7.8*b* par la résistance R. La forme de la variation du courant en fonction du temps est la même que celle de la charge, ce qui montre bel et bien que I et Q décroissent proportionnellement l'un à l'autre, tel que le montrait la loi des mailles $Q/C - RI = 0$.

EXEMPLE 7.16

(a) Montrer que la constante de temps indique le temps que met la charge pour diminuer de $1/e$ ou de 37 % de *n'importe quelle* valeur de départ, et non pas seulement de la valeur initiale, Q_0, à $t = 0$. (De même, il faut une demi-vie, $T_{1/2}$, pour chuter à 50 % de toute valeur initiale donnée.) (b) Combien faut-il de demi-vies pour que la charge chute à 12,5 % de sa valeur initiale ?

Solution

(a) Considérons les charges à deux instants t_1 et t_2 ($t_2 > t_1$) :

$$Q_1 = Q_0 e^{-t_1/\tau}\,; \qquad Q_2 = Q_0 e^{-t_2/\tau}$$

En divisant ces équations membre à membre, on voit que

$$Q_2 = Q_1 e^{-(t_2 - t_1)/\tau}$$

Si $t_2 - t_1 = \tau$, on obtient $Q_2 = Q_1 e^{-1} = 0{,}37 Q_1$.

(b) Puisque $12{,}5\ \% = 0{,}125 = (1/2)^3$, il faut $3T_{1/2}$.

EXEMPLE 7.17

Un condensateur de 800 nF a été chargé avec une pile de 9 V et on le branche à une résistance de 100 kΩ pour le décharger. (a) Quelle charge $Q(t)$ porte le condensateur en fonction du temps ? (b) Obtenir le courant de décharge $I(t)$ en fonction du temps en dérivant $Q(t)$. (c) Obtenir $I(t)$ à l'aide de la loi des mailles.

Solution

(a) Le condensateur ayant été chargé avec une pile de 9 V, la différence de potentiel initiale à ses bornes est de 9 V. L'équation $Q = C\Delta V_C$ étant valable à chaque instant t, on peut l'appliquer à $t = 0$, ce qui donne

$$Q_0 = C\Delta V_{C0} = (800 \times 10^{-9}\ \text{F})(9\ \text{V}) = 7{,}2\ \mu\text{C}$$

Pour obtenir $Q(t)$, on substitue dans l'équation 7.8*a* la constante de temps $\tau = RC = 0{,}08$ s et la charge initiale Q_0 qu'on vient d'obtenir, d'où

$$Q(t) = 7{,}2 \times 10^{-6} e^{-t/0{,}08}$$

où Q est en coulombs et t est en secondes.

(b) En dérivant par rapport au temps $Q(t)$ obtenu en (a), on obtient

$$\begin{aligned} \mathrm{d}Q/\mathrm{d}t &= 7{,}2 \times 10^{-6} e^{-t/0{,}08}(-1/0{,}08) \\ &= -9 \times 10^{-5} e^{-t/0{,}08} \end{aligned}$$

Or, $I = -\mathrm{d}Q/\mathrm{d}t = 9 \times 10^{-5} e^{-t/0{,}08}$, où I est en ampères et t est en secondes.

(c) Le circuit ne comporte qu'un condensateur et une résistance, donc la loi des mailles donne $|\Delta V_C| - |\Delta V_R| = 0$, soit $Q/C - RI = 0$. En isolant I dans cette expression, on obtient $I = Q/RC$. Or, la loi des mailles est valable à chaque instant t, de telle sorte qu'on peut substituer $Q(t)$ obtenu en (a) pour obtenir

$$\begin{aligned} I(t) &= Q(t)/RC \\ &= [7{,}2 \times 10^{-6}/(1 \times 10^{5})(800 \times 10^{-9})] e^{-t/0{,}08} \\ &= 9 \times 10^{-5} e^{-t/0{,}08} \end{aligned}$$

On note que ce résultat est évidemment identique à celui obtenu en (b).

(ii) La charge d'un condensateur

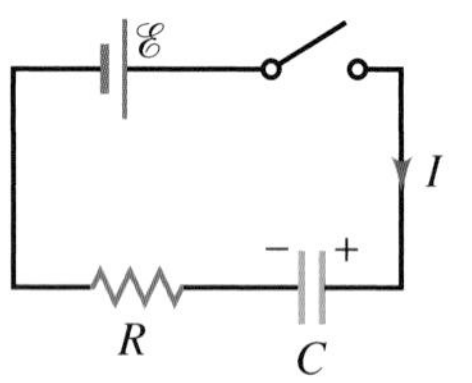

Figure 7.30 ▲
Un circuit servant à la charge d'un condensateur.

Nous allons voir maintenant comment la charge d'un condensateur relié à une pile augmente lorsqu'une résistance est placée en série dans le circuit (figure 7.30). À $t = 0$, au moment où l'interrupteur est fermé, on suppose qu'il n'y a pas de charge initiale sur C, et donc que la différence de potentiel entre ses bornes est nulle. La différence de potentiel aux bornes de R est initialement $\Delta V_{R0} = \mathscr{E}$, de sorte que le courant initial (maximal) circulant dans le circuit est $I_0 = \Delta V_{R0}/R = \mathscr{E}/R$. À tout instant ultérieur t, la loi des mailles appliquée au circuit (dans le sens horaire) donne

$$\mathscr{E} - \frac{Q}{C} - RI = 0$$

où les signes indiquent qu'en parcourant la maille dans le sens du courant, la différence de potentiel aux bornes de C est une baisse (le condensateur retire de l'énergie, puisqu'il l'emmagasine) et celle aux bornes de R est aussi une baisse (la résistance dissipe de l'énergie). Notez la différence avec le cas de la décharge, où le condensateur fournissait (restituait) de l'énergie.

Notons que cette équation est valable à *chaque instant* de la charge du condensateur. Ainsi, la somme des différences de potentiel aux bornes du condensateur et de la résistance est toujours constante : $\Delta V_C + \Delta V_R = \mathscr{E}$. On peut donc en tirer une interprétation qualitative comme dans le cas de la décharge : au fur et à mesure que la charge augmente sur le condensateur, la différence de potentiel entre ses bornes augmente, ce qui veut dire que la différence de potentiel aux bornes de R doit diminuer. Comme cette dernière différence de potentiel cause le courant dans la résistance, ce dernier doit donc diminuer lui aussi. On s'attend donc à ce que Q et ΔV_C augmentent en restant proportionnels l'un à l'autre et que I et ΔV_R diminuent en restant proportionnels l'un à l'autre.

Dans ce circuit, le courant I *accroît* la charge du condensateur et donc $I = \mathrm{d}q/\mathrm{d}t = +\mathrm{d}Q/\mathrm{d}t$. Au fur et à mesure que le courant décroît, on peut s'attendre à ce que la rapidité avec laquelle le condensateur se charge diminue également. Lorsque la différence de potentiel aux bornes de C atteint $\mathscr{E}$, la différence de potentiel aux bornes de R est nulle : le courant cesse alors de circuler et la charge du condensateur a atteint sa valeur maximale. D'après l'équation 5.2, cette dernière est $Q_{max} = C\Delta V_{C\,max} = C\mathscr{E}$.

En utilisant $I = +\mathrm{d}Q/\mathrm{d}t$ dans la loi des mailles et en multipliant l'équation par C, on trouve

$$C\mathscr{E} - Q = \frac{\mathrm{d}Q}{\mathrm{d}t} RC$$

Comme dans le cas de la décharge du condensateur, la loi des mailles prend ici la forme d'une *équation différentielle* dont l'inconnue est la *fonction* $Q(t)$ donnant la valeur de la charge portée par le condensateur au fur et à mesure que le temps s'écoule. Comme l'équation est différente de celle obtenue lors de l'analyse de la décharge, on s'attend à trouver une fonction $Q(t)$ différente. Ici, $Q(t)$ doit être une fonction croissante du temps, puisque le condensateur se charge. Après avoir regroupé les termes, on intègre des deux côtés :

$$\int \frac{\mathrm{d}Q}{C\mathscr{E} - Q} = \frac{1}{RC}\int \mathrm{d}t$$

ce qui donne

$$-\ln(C\mathscr{E} - Q) = \frac{t}{RC} + k$$

k étant une constante d'intégration. À $t = 0$, $Q = 0$, donc $k = -\ln(C\mathscr{E})$. Sachant que $\ln A - \ln B = \ln A/B$, l'équation ci-dessus peut donc s'écrire sous la forme

$$\ln\left(\frac{C\mathscr{E} - Q}{C\mathscr{E}}\right) = -\frac{t}{RC}$$

En prenant la fonction inverse du logarithme et en réarrangeant les termes, on trouve

Charge d'un condensateur

$$Q(t) = Q_{max}(1 - e^{-t/RC}) \qquad (7.12a)$$

avec $Q_{max} = C\Delta V_{C\,max} = C\mathscr{E}$. En utilisant la relation $\Delta V_C = Q/C$ (équation 5.2) pour trouver l'expression de la différence de potentiel entre les bornes d'un condensateur qui se charge, on obtient

$$\Delta V_C(t) = \Delta V_{C\,max}(1 - e^{-t/RC}) = \mathscr{E}(1 - e^{-t/RC}) \qquad (7.12b)$$

Cette croissance est représentée, pour la charge, à la figure 7.31. Dans ce cas, la constante de temps $\tau = RC$ nous indique le temps que met la charge pour monter jusqu'à $Q = Q_{max}(1 - e^{-1}) = 0{,}63Q_{max}$, c'est-à-dire à 63 % de sa valeur finale. Dans le cas de la charge d'un condensateur, la demi-vie $T_{1/2}$ correspond au temps que met le condensateur pour atteindre la moitié de sa charge maximale. On trouve $T_{1/2}$ en déterminant, à partir de l'équation 7.12*a*, la valeur de t pour laquelle $Q(t) = Q_{max}/2$. En prenant le logarithme naturel et en réarrangeant les termes, on obtient $T_{1/2} = RC \ln 2$. On arrive donc au même résultat que celui de l'équation 7.10 correspondant à la décharge d'un condensateur.

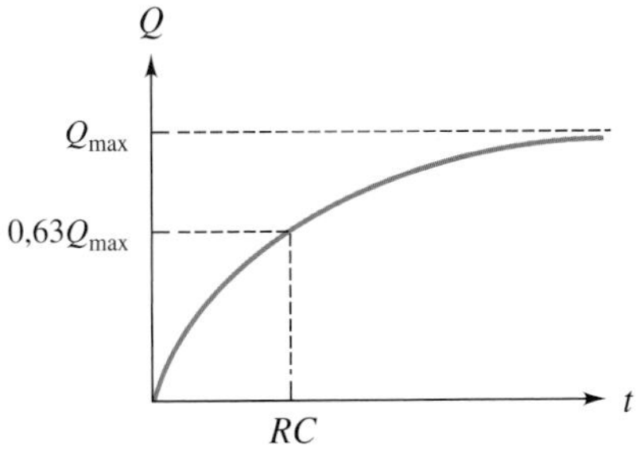

Figure 7.31 ▲
L'augmentation de la charge d'un condensateur en fonction du temps.

On peut déterminer le courant qui circule dans le circuit lors de la charge du condensateur à partir de la relation $I = +\mathrm{d}Q/\mathrm{d}t$ et de l'équation 7.12*a*. On obtient

Intensité du courant lors de la charge

$$I(t) = I_0 e^{-t/RC} \qquad (7.13)$$

où $I_0 = Q_{max}/RC = \Delta V_{C\,max}/R = \mathscr{E}/R$ est le courant à $t = 0$. On remarque que l'équation 7.13 a la même forme que l'équation 7.11 décrivant le courant lors de la décharge d'un condensateur : comme prévu, le courant décroît bien que Q et ΔV_C croissent. De plus, l'équation 7.13 aurait aussi pu être obtenue à partir de la loi des mailles, valable à chaque instant : comme $\mathscr{E} - Q/C - RI = 0$, on peut écrire $I(t) = [\mathscr{E} - Q(t)/C]/R$. En substituant l'équation 7.12a dans ce résultat, on obtient directement un résultat identique à l'équation 7.13.

Rappelons à nouveau que, dans le circuit de décharge de la figure 7.28 (p. 239), les différences de potentiel aux bornes de R et de C sont égales, $\Delta V_C = \Delta V_R$. Dans le circuit de charge de la figure 7.30 (p. 242), elles ne sont pas égales. En effet, la différence de potentiel aux bornes de la résistance, $\Delta V_R = RI$, décroît avec le temps, alors que la différence de potentiel aux bornes du condensateur, $\Delta V_C = Q/C$, augmente avec le temps. Leur somme, $\Delta V_R + \Delta V_C = \mathscr{E}$, est constante.

EXEMPLE 7.18

Pour le circuit de charge de la figure 7.30 (p. 242), on donne $\mathscr{E} = 200$ V, $R = 2 \times 10^5\ \Omega$ et $C = 50\ \mu$F. Trouver : (a) le temps que met la charge pour monter jusqu'à 90 % de sa valeur finale ; (b) l'énergie emmagasinée dans le condensateur à $t = RC$; (c) la puissance instantanée dissipée dans R à $t = RC$; (d) l'énergie totale fournie par la pile lorsque le condensateur est totalement chargé ($t \to \infty$) ; (e) l'énergie finale emmagasinée dans le condensateur ; (f) la perte totale d'énergie dans la résistance.

Solution

(a) Nous cherchons le temps auquel $Q = 0{,}9Q_{max}$, avec $Q_{max} = C\mathscr{E} = 0{,}01$ C. La constante de temps est $\tau = RC = 10$ s. D'après l'équation 7.12a,

$$0{,}9Q_{max} = Q_{max}(1 - e^{-t/10})$$

Cela donne $e^{-t/10} = 0{,}1$. En prenant le logarithme naturel, on obtient $-t/10 = -2{,}30$ et $t = 23{,}0$ s. Notez que nous n'avons pas eu besoin de connaître Q_{max} pour répondre à cette question.

(b) Après un délai égal à une constante de temps, $Q = Q_{max}(1 - 1/e) = 0{,}63Q_{max}$. Par l'équation 5.9, l'énergie emmagasinée dans le condensateur est

$$U_C = \frac{Q^2}{2C} = \frac{(0{,}63 \times 0{,}01\ \text{C})^2}{10^{-4}\ \text{F}} = 0{,}4\ \text{J}$$

(c) La puissance instantanée dissipée dans R est $P_R = RI^2$. En une constante de temps, $I = 0{,}37I_0$, avec $I_0 = \mathscr{E}/R = 10^{-3}$ A. Donc,

$$P_R = RI^2 = (2 \times 10^5\ \Omega)(0{,}37 \times 10^{-3}\ \text{A})^2$$
$$= 2{,}7 \times 10^{-2}\ \text{W}$$

(d) La pile fait passer une quantité de charges Q_{max} d'une armature du condensateur à l'autre et lui fait traverser une différence de potentiel $\mathscr{E}$. L'énergie totale fournie par la pile est donc $Q_{max}\mathscr{E} = C\mathscr{E}^2 = 2$ J.

Ce résultat peut aussi être obtenu en intégrant la puissance instantanée $P = \mathscr{E}I$ fournie par la pile : comme $P = \mathrm{d}U_{\mathscr{E}}/\mathrm{d}t$ et que I est donné par l'équation 7.13, on a

$$U_{\mathscr{E}} = \int_0^\infty \mathrm{d}U_{\mathscr{E}} = \mathscr{E}I_0 \int_0^\infty e^{-t/RC}\mathrm{d}t = C\mathscr{E}^2 = 2\ \text{J}$$

(e) D'après l'équation 5.9, l'énergie finale emmagasinée dans le condensateur est

$$U_C = \frac{Q_{max}^2}{2C} = \frac{1}{2}C\mathscr{E}^2 = 1\ \text{J}$$

(f) Le taux de dissipation d'énergie dans R est $P_R = \mathrm{d}U_R/\mathrm{d}t = RI^2$. Donc $\mathrm{d}U_R = RI^2\,\mathrm{d}t$, I étant donné par l'équation 7.13. La perte totale d'énergie est

$$U_R = \int_0^\infty P_R \, dt = \int_0^\infty R I_0^2 \, e^{-2t/RC} \, dt$$

$$= \frac{1}{2} C\mathscr{E}^2$$

Ce résultat est surprenant : l'énergie emmagasinée dans le condensateur est exactement égale à l'énergie dissipée dans la résistance, pourvu que la charge soit complète ($t \to \infty$). Bien sûr, la somme $U_C + U_R$ est égale à l'énergie fournie par la source de f.é.m.

Vous aurez aussi remarqué que l'expression $C\mathscr{E}^2/2$, qui donne l'énergie dissipée dans la résistance ou celle emmagasinée dans le condensateur, *ne dépend absolument pas de la résistance R*. Cela signifie qu'en branchant un condensateur directement à une pile avec des fils de résistance négligeable, on minimise le temps de charge, mais *pas la perte d'énergie* : le courant de charge étant très important en raison de la très petite résistance des fils, la perte d'énergie est exactement la même que si la charge avait duré très longtemps. ■

7.6 L'utilisation du galvanomètre

Les anciens ampèremètres et voltmètres analogiques (à aiguille) qu'on retrouve encore parfois avaient une conception simple, inspirée de celle du *galvanomètre*. Ce dispositif que nous étudierons au prochain chapitre enregistre la déviation d'une bobine traversée par un courant, qui est suspendue entre les pôles d'un aimant (*cf.* section 8.4). On peut aussi mesurer les différences de potentiel avec un oscilloscope analogique, qui enregistre la déviation d'un faisceau d'électrons dans un tube à rayons cathodiques (voir la section 2.4).

Aujourd'hui, presque tous ces instruments ont été remplacés par des appareils *numériques*, c'est-à-dire des appareils qui utilisent des circuits électroniques pour mesurer une différence de potentiel sous la forme d'un encodage de chiffres 0 et 1. Le fonctionnement de ces appareils sera étudié dans le sujet connexe à la fin de cette section. Dans cette section, nous nous concentrerons sur les appareils analogiques fondés sur le galvanomètre qui, bien qu'ils soient désuets, sont plus simples à comprendre.

Un galvanomètre mesure un *courant*. En effet, sa bobine doit être parcourue par un courant pour être déviée, ce qui entraîne une déviation comparable de l'aiguille. Toutefois, il est à la base à la fois de l'ampèremètre et du voltmètre : si on le connecte en parallèle avec une petite résistance (appelée *shunt*) et que l'ensemble ainsi formé est branché en série dans le circuit (voir la section 7.3), il mesure le courant qui le traverse et joue un rôle d'*ampèremètre*. Toutefois, si on le branche en série avec une très grande résistance et que l'ensemble ainsi formé est branché entre deux points A et B d'un circuit (voir la section 7.3), un petit courant, proportionnel à la différence de potentiel entre A et B, le traversera. La déviation de son aiguille indique donc la différence de potentiel entre A et B et le galvanomètre joue alors le rôle d'un *voltmètre*. Tous les voltmètres, quelle que soit leur conception, analogique ou numérique, ont cela en commun : pour évaluer la différence de potentiel, il est nécessaire qu'un petit courant les traverse.

La bobine d'un galvanomètre a une résistance de l'ordre de 10 à 100 Ω ; elle donne une déviation maximale de l'aiguille pour un courant de l'ordre de 10 μA à 1 mA. (Les galvanomètres les plus sensibles peuvent mesurer des courants inférieurs à 10^{-9} A.) Avec une résistance type $R_G = 20\ \Omega$ et un courant de 1 mA correspondant à la déviation maximale, la différence de potentiel aux bornes est de 20 mV. Un tel galvanomètre peut être utilisé comme ampèremètre jusqu'à 1 mA et comme voltmètre jusqu'à 20 mV. Pour étendre ces plages de valeurs, on peut combiner le galvanomètre avec des résistances en série ou en parallèle comme nous allons le voir dans l'exemple qui suit.

EXEMPLE 7.19

Soit un galvanomètre dont la déviation maximale est produite par un courant de 1 mA. La bobine a une résistance de 20 Ω. Modifier l'instrument pour obtenir : (a) un ampèremètre pouvant mesurer jusqu'à 500 mA ; (b) un voltmètre capable de mesurer 25 V.

Solution

(a) Puisque le galvanomètre ne peut être traversé que par un courant de 1 mA, on place une résistance de dérivation (shunt), R_{sh}, en parallèle avec le galvanomètre (figure 7.32). En appliquant la loi des nœuds, on voit que le courant entrant est

$$I = I_G + I_{sh}$$

Donc $I_{sh} = 499$ mA. Les différences de potentiel aux bornes du galvanomètre et du shunt sont égales :

$$R_G I_G = R_{sh} I_{sh}$$

On en déduit que $R_{sh} = R_G I_G / I_{sh} = (20\ \Omega)(1\ \text{mA})/(499\ \text{mA}) = 0{,}04\ \Omega$. Cette résistance étant en parallèle avec les 20 Ω du galvanomètre, la résistance effective de l'ampèremètre est essentiellement égale à 0,04 Ω.

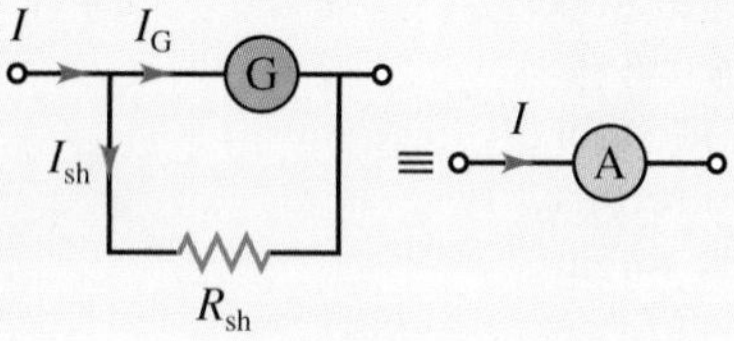

Figure 7.32 ▲
Un galvanomètre peut être utilisé comme ampèremètre capable de mesurer des courants plus importants si on le branche *en parallèle* avec un shunt R_{sh}.

Une fois branché de cette façon, le galvanomètre n'est plus traversé par tout le courant, mais par une proportion fixe du courant. Cette proportion étant connue, on peut multiplier sa mesure pour obtenir le courant, ce qui est généralement déjà fait sur la graduation de l'échelle pointée par l'aiguille.

(b) Lorsqu'un courant de 1 mA circule dans la bobine, la différence de potentiel aux bornes est égale à 20 mV seulement. Pour mesurer 25 V, on doit brancher une résistance *en série*, R_s, avec le galvanomètre (figure 7.33). D'après la loi d'Ohm,

$$25\ \text{V} = (R_G + R_s)I_G$$
$$= (20\ \Omega + R_s)(1\ \text{mA})$$

On en déduit $R_s = 24\,980\ \Omega \approx 25\ \text{k}\Omega$. La résistance effective du voltmètre est donc de 25 kΩ. Un tel instrument ne devrait pas être employé pour mesurer la différence de potentiel aux bornes, par exemple, d'une résistance de 10 kΩ.

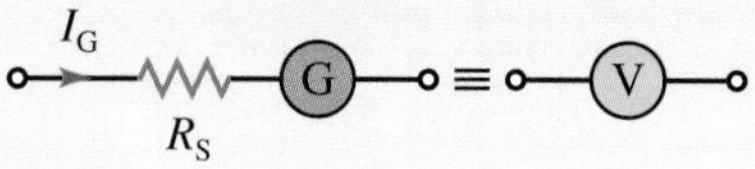

Figure 7.33 ▲
Un galvanomètre peut être utilisé comme voltmètre si on le branche *en série* avec une résistance R_S.

Un multimètre analogique commercial, qui utilise un seul galvanomètre, offre plusieurs échelles pour mesurer les courants, les différences de potentiel et aussi les résistances. Un multimètre est classifié selon sa *sensibilité*. Une valeur de 1000 Ω/V, par exemple, signifie que lorsqu'on utilise l'instrument comme voltmètre la résistance effective est de 1000 Ω fois la valeur maximale sur une échelle donnée. Ainsi, sur l'échelle de 25 V, la résistance effective est de (1000 Ω/V)(25 V) = 25 kΩ. Comme $I = \Delta V/R$, la sensibilité est simplement l'inverse du courant requis par le galvanomètre pour produire une déviation maximale. Pour la valeur donnée de la sensibilité, le courant dans le galvanomètre serait de $1/1000\ \text{V}/\Omega = 10^{-3}$ A.

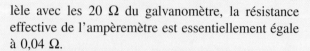

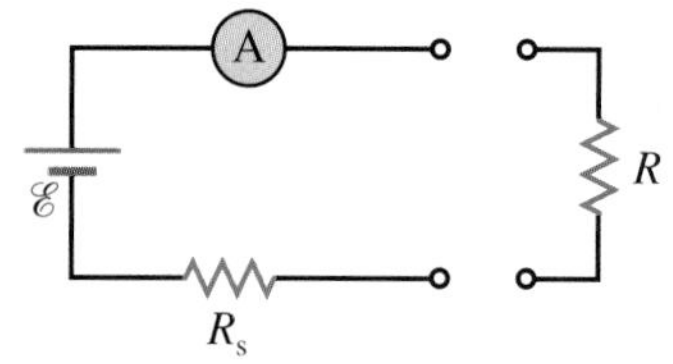

Figure 7.34 ▲
Dans un ohmmètre, une source de f.é.m. est en série avec un ampèremètre et une résistance R_s. Si les bornes sont mises en court-circuit, on observe une déviation maximale de l'aiguille sur l'ampèremètre. La déviation est plus faible lorsqu'on branche la résistance R.

Mesure de la résistance

Un *ohmmètre* contient un ampèremètre comportant une résistance R_A (non représentée), une faible source de f.é.m. $\mathscr{E}$ et une résistance variable en série R_s (figure 7.34). On met d'abord les bornes en court-circuit (on les relie directement entre elles) et on règle une petite résistance variable incluse dans R_A, de manière à ce que la déviation de l'aiguille soit maximale. Cette méthode sert à compenser les variations de la f.é.m. de la pile. La valeur obtenue pour la déviation maximale correspond alors à une résistance (externe) nulle. Lorsqu'on branche une résistance R, le courant est plus faible, de sorte que la déviation de l'aiguille est moindre. L'échelle des résistances est ainsi étalonnée de la droite vers la gauche.

EXEMPLE 7.20

Sur l'échelle de 0,1 mA, un ampèremètre a une résistance de 20 Ω. On le branche en série avec une source de f.é.m. de 1,5 V. (a) Quelle doit être la valeur de la résistance R_s pour que la déviation soit maximale ? (b) Quelle résistance externe fait dévier l'aiguille jusqu'au milieu de l'échelle ?

Solution

(a) Considérons le cas où les bornes sont en court-circuit (sans résistance externe). D'après la loi des mailles, avec R_A comme résistance de l'ampèremètre,

$$\mathscr{E} = (R_A + R_s)I_A$$

$$1{,}5 \text{ V} = (20\ \Omega + R_s)(0{,}1 \text{ mA})$$

Donc $R_s = 14\,980\ \Omega \approx 15\ \text{k}\Omega$.

(b) Lorsqu'on ajoute la résistance externe R, le courant vaut

$$I = \frac{\mathscr{E}}{R_A + R_s + R} = \frac{1{,}5 \text{ V}}{15\ \text{k}\Omega + R}$$

Pour une déviation jusqu'au milieu de l'échelle, $I = I_A/2$. Il est pratique d'exprimer I_A sous la forme $(1{,}5 \text{ V})/(15\ \text{k}\Omega)$. On voit immédiatement que $2 \times 15\ \text{k}\Omega = (15\ \text{k}\Omega + R)$; donc $R = 15\ \text{k}\Omega$. Ainsi, l'aiguille dévie jusqu'au milieu de l'échelle lorsque la résistance externe est égale à la résistance interne. Si la résistance à mesurer est faible, il faut réduire la résistance interne de l'ohmmètre pour améliorer la sensibilité. Le courant circulant dans l'ampèremètre étant alors plus intense, son échelle doit également être modifiée. Il ne faut pas oublier qu'un ohmmètre envoie un courant dans le dispositif dont on veut mesurer la résistance et risque donc d'endommager un élément sensible, par exemple un autre galvanomètre.

Le pont de Wheatstone

Une méthode permettant de mesurer avec précision les résistances fut mise au point en 1843 par Charles Wheatstone (1802-1875), inventeur du télégraphe électrique. Quatre résistances sont montées de manière à former un « pont » (figure 7.35). Les résistances R_1, R_2 et R_s sont connues, alors que la résistance R_x est l'inconnue à mesurer. L'instrument peut être utilisé de deux façons.

Selon la première méthode, R_1 et R_2 ont des valeurs fixes et l'on fait varier la résistance étalonnée (standard) R_s jusqu'à ce que le galvanomètre enregistre un courant nul. On dit alors que le pont est « équilibré ». (Dans cette méthode du courant nul, la valeur de la f.é.m. et l'étalonnage du galvanomètre n'ont pas d'importance. Dans la pratique, on utilise une résistance pour limiter le courant traversant le galvanomètre avant l'équilibrage du pont.) Lorsque le pont est équilibré, les points P et Q sont au même potentiel. Les différences de potentiel aux bornes de R_1 et R_s et aux bornes de R_2 et R_x sont donc égales :

$$R_1 I_1 = R_s I_2$$

$$R_2 I_1 = R_x I_2$$

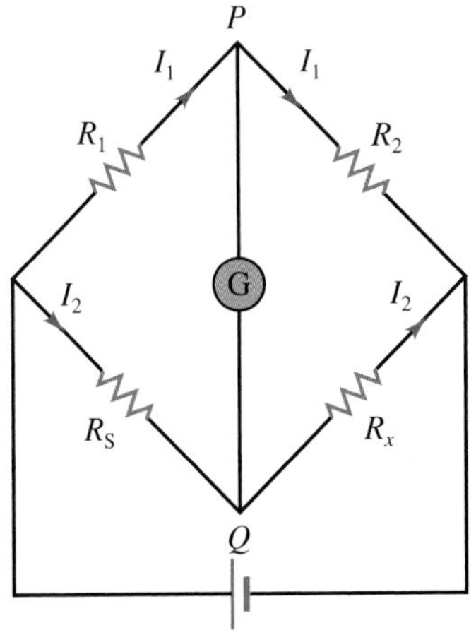

Figure 7.35 ▲
Un pont de Wheatstone sert à mesurer les résistances avec précision. L'instrument est « équilibré » lorsque le courant circulant dans le galvanomètre est nul.

Prenant les rapports de ces équations, on trouve

$$R_x = \frac{R_2}{R_1} R_s$$

La résistance inconnue est déterminée en fonction de la résistance étalon.

Selon la deuxième méthode, R_s est une résistance de précision dont la valeur est fixée et R_1 et R_2 font partie d'un même fil continu. Le point P est un curseur (contact mobile) que l'on peut faire glisser sur le fil pour réaliser l'équilibre. La résistance d'un fil homogène étant proportionnelle à la longueur, $R_x = (\ell_2/\ell_1)R_s$ s'obtient à partir du rapport des longueurs de chaque côté du curseur.

Le pont de Wheatstone permet de mesurer les résistances avec une grande précision. On s'en sert pour mesurer la résistance des thermomètres à résistance de platine ou des jauges de contrainte (extensomètres). Le pont de Wheatstone est toujours utilisé dans certains appareils numériques modernes, où le processus décrit ci-dessus est entièrement automatisé. Les balances numériques modernes utilisent aussi un pont de Wheatstone *déséquilibré* : la valeur d'une des résistances change en raison de la pression et la mesure du courant qui traverse le pont est plus précise qu'une mesure directe de cette résistance.

Le potentiomètre

On peut mesurer rapidement la f.é.m. d'une pile en branchant un voltmètre directement aux bornes de la pile. Toutefois, puisque le voltmètre a une résistance finie, on mesure inévitablement la différence de potentiel entre les bornes plutôt que la vraie f.é.m. Le *potentiomètre* est un instrument qui nous permet de comparer une f.é.m. inconnue avec une f.é.m. connue. Comme le pont de Wheatstone, c'est un dispositif qui fonctionne sur le principe de réglage du courant nul.

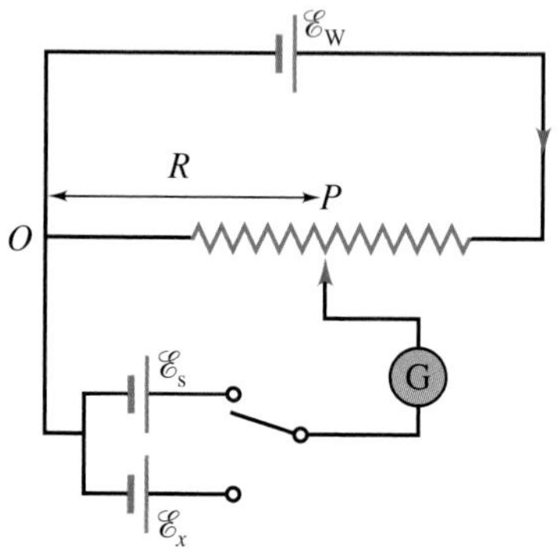

Figure 7.36 ▲
On utilise un potentiomètre pour comparer une f.é.m. inconnue $\mathscr{E}_x$ avec une f.é.m. étalon connue $\mathscr{E}_s$.

Une pile « en service » de f.é.m. $\mathscr{E}_W$ fournit un courant constant à un fil (en général de 1 m de long) sur lequel peut glisser un curseur. Un galvanomètre est relié d'un côté à un interrupteur et de l'autre côté à un curseur P mobile sur le fil (figure 7.36). On ferme d'abord l'interrupteur de manière à relier la pile étalon (qui peut être une cellule au cadmium, de f.é.m. 1,018 26 V), dont la f.é.m. connue est désignée par $\mathscr{E}_s$. On déplace le curseur jusqu'à ce que le galvanomètre indique zéro. Si la résistance du fil entre O et P dans la boucle inférieure est R_s, la loi des mailles de Kirchhoff donne

$$\mathscr{E}_s - R_s I = 0$$

On remplace ensuite la pile standard par la pile de f.é.m. inconnue $\mathscr{E}_x$ et on déplace à nouveau P jusqu'à ce que le galvanomètre indique zéro. On a maintenant

$$\mathscr{E}_x - R_x I = 0$$

Les résistances sont proportionnelles aux longueurs de fil entre O et P. En éliminant I, on voit que

$$\mathscr{E}_x = \frac{\ell_x}{\ell_s} \mathscr{E}_s$$

Le rapport des longueurs donne la f.é.m. inconnue en fonction de $\mathscr{E}_s$. Puisque le courant circulant dans les sources est nul, la résistance interne n'a pas d'importance. La f.é.m. de la pile en service n'a pas non plus d'importance à condition qu'elle soit supérieure à la fois à $\mathscr{E}_s$ et à $\mathscr{E}_x$. Les potentiomètres de précision modernes permettent de mesurer des f.é.m. par étape de 10^{-6} V avec une précision de 10^{-3} %.

SUJET CONNEXE

Le multimètre numérique et les circuits logiques

À la section 7.6, nous avons expliqué comment fonctionnent les appareils de mesure analogiques, c'est-à-dire les anciens voltmètres ou ampèremètres à aiguille que l'on retrouve encore parfois. Dans ce sujet connexe, nous allons examiner le fonctionnement des appareils numériques modernes. Après avoir brièvement défini quelques notions de base, nous décrirons les différentes parties d'un multimètre simple et terminerons en approfondissant quelques aspects.

Qu'est-ce qu'un instrument numérique ?

Les dispositifs dits « numériques » sont de plus en plus nombreux dans notre vie quotidienne : iPod, ordinateurs, téléviseurs à haute définition, téléphones cellulaires sont tous des dispositifs numériques. Ce nom est utilisé pour désigner des appareils qui utilisent un code (fait de chiffres) pour représenter de l'information ; ils traitent donc une donnée comme une séquence de valeurs discrètes. Ce procédé s'oppose à celui des dispositifs *analogiques* qui, eux, traitent les données comme des quantités continues. Par exemple, si on dit que « la température est de 51,3 degrés », on utilise un code de dix quantités *discrètes* (les dix chiffres) pour représenter une grandeur *continue*, la température. (Une façon analogique de représenter la même information serait la longueur de la colonne de mercure d'un thermomètre qui, elle, peut varier de façon continue.)

Un multimètre numérique, nous le verrons, traite effectivement l'information sous forme de chiffres. Toutefois, plutôt qu'un code de dix chiffres 0 à 9 (la base décimale), il utilise comme tous les dispositifs électroniques un code de deux chiffres 0 et 1 (la base binaire). L'avantage de n'avoir que deux chiffres possibles est qu'ils peuvent être représentés à l'aide d'un dispositif aussi simple qu'un interrupteur. Par exemple, un interrupteur ouvert pourrait représenter le chiffre 0, alors que le même interrupteur, lorsqu'il est fermé, représenterait le chiffre 1. Le procédé réellement utilisé est légèrement différent, mais, comme nous le verrons, le fonctionnement de tout circuit électronique repose en grande partie sur des milliers de composantes appelées transistors (voir la section 11.8 du tome 3), qui, dans un contexte numérique, *ne sont utilisés que pour jouer le rôle d'interrupteurs.*

Les deux chiffres du système binaire, le 0 et le 1, sont appelés des *bits* (de l'anglais « *bi*nary digi*t* »). Quand on compte dans le système décimal, on augmente d'abord le chiffre des unités, qui passe graduellement de 0 à 9, puis on augmente le chiffre des dizaines de 1 et on recommence le défilement, ce qui donne les nombres de 10 à 19, etc. Compter dans le système binaire se fait de la même façon, sauf qu'il n'y a que deux chiffres. Ainsi, les premiers nombres sont 0, 1, 10, 11, 100, 101, 110, 111, 1000, etc. Pour simplifier la description du multimètre, nous exprimerons autant que possible les nombres en base décimale ; par exemple, plutôt que d'écrire 110, nous dirons « le nombre 6 en binaire ».

Le trajet de l'information dans un voltmètre

Fondamentalement, un multimètre analogique mesure un *courant* alors qu'un multimètre numérique mesure une *différence de potentiel*. En effet, dans tous les instruments analogiques, la déviation de l'aiguille est causée par un courant, la déviation maximale correspondant à une valeur connue de courant (voir la section 7.6). Quand on conçoit un voltmètre analogique, il est obligatoire d'utiliser une combinaison de résistances qui fait passer par le mécanisme de déviation de l'aiguille un courant proportionnel à la différence de potentiel que l'on souhaite mesurer. Ainsi, on mesure en réalité un courant, même si l'échelle est graduée en volts. Dans un appareil de mesure numérique, c'est le contraire qui se produit : l'appareil utilise un circuit électronique pour mesurer une *différence de potentiel*. Si on souhaite mesurer un courant, l'appareil doit utiliser des résistances pour causer une différence de potentiel proportionnelle au courant que l'on souhaite mesurer. Comprendre comment fonctionne un voltmètre numérique est donc suffisant pour saisir l'ensemble du fonctionnement d'un multimètre, et nous allons donc nous concentrer sur cette fonction.

Un voltmètre numérique comporte trois parties essentielles (figure 7.37*a*). Pour bien illustrer le rôle de chacune de ces parties, nous allons décrire tout ce qui se produit lors d'une mesure simple. Imaginons qu'on tente de mesurer une tension de 4,012 V en utilisant l'échelle de 0-20 V de l'appareil.

La première partie de l'instrument est la même que dans un multimètre analogique, le *sélecteur d'échelle*. En appuyant sur un bouton pour choisir une échelle, l'utilisateur sélectionne une combinaison de résistances qui ferment le circuit du sélecteur. Ces résistances sont reliées de façon à diviser la tension à mesurer par un facteur d'échelle connu. De cette façon, la tension qui alimente la partie suivante du voltmètre est nécessairement contenue dans une plage fixe, par exemple 0 à 5 V. (Si cette tension dépasse l'intervalle visé, un message d'erreur est affiché pour que l'utilisateur choisisse une autre échelle.) Dans notre exemple, la tension aux bornes est de 4,012 V, et l'utilisateur a choisi l'échelle 0-20 V. La combinaison de résistances choisie a donc pour effet de diviser par un facteur (20 V)/(5 V) = 4 la tension aux bornes du voltmètre, donc la tension d'entrée du circuit suivant est $\Delta V_{\text{entrée}}$ = 4,012/4 = 1,003V (ce qui est bel et bien entre 0 et 5 V).

Une fois convertie, la tension alimente la deuxième partie de l'instrument, soit le *convertisseur analogique-numérique* (CAN), qui est en quelque sorte le cœur du voltmètre. Le fonctionnement du CAN suppose que la plage fixe de valeurs que peut prendre la tension $\Delta V_{\text{entrée}}$ à l'entrée du CAN (0 à 5 V dans notre exemple) est subdivisée en un très grand nombre de petits intervalles réguliers, à chacun desquels un numéro en binaire est associé (par exemple en ordre croissant). Pour un voltmètre donné, ces intervalles sont toujours les mêmes. Le rôle du CAN est de déterminer *lequel* de ces intervalles contient $\Delta V_{\text{entrée}}$, par exemple en vérifiant successivement chacun d'entre eux dans l'ordre. Supposons que notre CAN hypothétique utilise 1000 intervalles numérotés de 0 à 999 (en binaire), d'une largeur de (5 V)/1000 = 0,005 V chacun. La tension d'entrée du CAN étant de 1,003 V, c'est le 201e intervalle, numéroté 200, qui sera donc celui retenu comme pertinent par le CAN. En effet, il correspond aux tensions entre 1,000 et 1,005 V.

Pour déceler l'intervalle pertinent, le CAN peut fonctionner de différentes façons. Celle que nous décrirons, la plus simple, est illustrée dans l'encadré central de la figure 7.37*a* : ce CAN rudimentaire utilise un *compteur* réglé par une *horloge* fonctionnant grâce aux oscillations d'un cristal de quartz. Le compteur mémorise un nombre (en binaire) qui s'accroît d'une unité à chaque période de l'horloge. Pendant ce décompte, une tension proportionnelle au nombre mémorisé par le compteur est produite par un *convertisseur*. Enfin, le *comparateur* vérifie si la tension produite est plus faible que la tension d'entrée devant être mesurée (figure 7.37*b*). Comme le nombre mémorisé par le compteur croît, la tension produite par le convertisseur croît elle aussi (en bleu à la figure 7.37*b*). Dès que le comparateur constate qu'elle dépasse la tension d'entrée (en rouge à la figure 7.37*b*), il émet un signal qui met fin au décompte du compteur. Ce dernier transmet alors au circuit d'affichage le dernier nombre qu'il avait atteint. En effet, comme le comptage a commencé à zéro, le nombre atteint correspond au numéro de l'intervalle qui comprend la tension d'entrée ! Dès

(*a*)

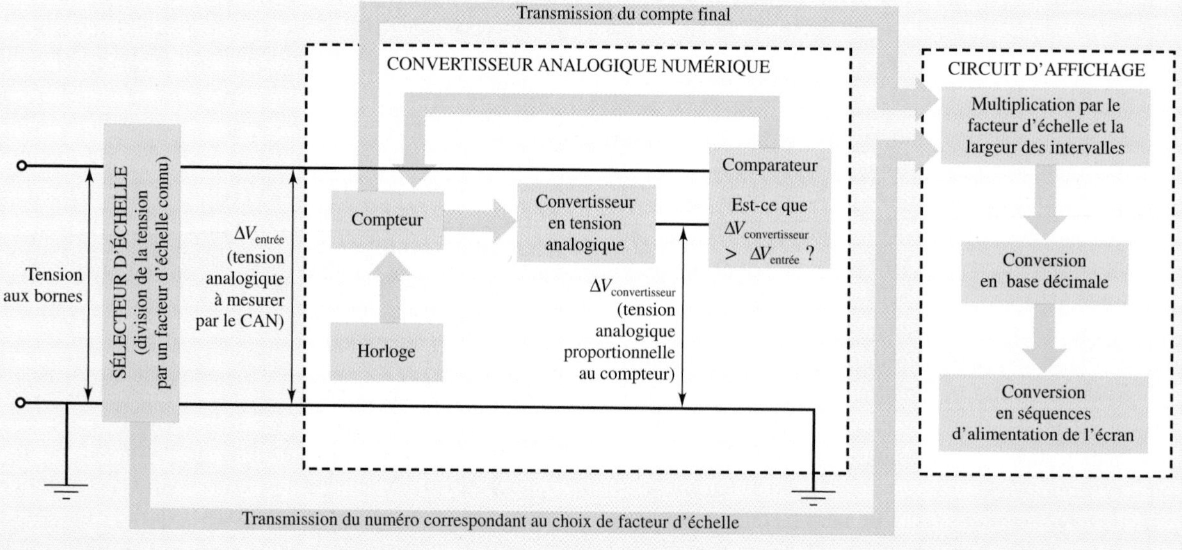

Figure 7.37 ▲

(*a*) Un voltmètre numérique comporte trois parties : la première divise la tension par un facteur connu pour qu'elle soit contenue dans une plage de 0 à 5 V ; la seconde (le CAN) subdivise cette plage en petits intervalles et détermine auquel de ces intervalles appartient la tension d'entrée ; et la troisième (le circuit d'affichage) effectue des calculs de conversion pour alimenter l'affichage frontal.

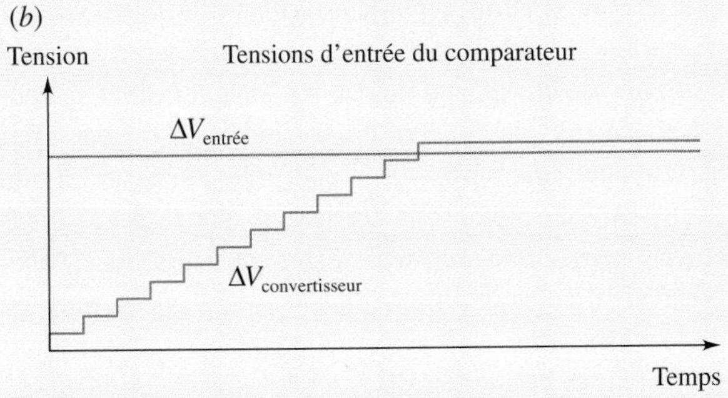

Figure 7.37 (suite) ▲
(*b*) Pour déterminer l'intervalle approprié, le CAN produit une tension qui croît au rythme de son compteur (en bleu) et compare la tension produite à la tension d'entrée. Le décompte est interrompu quand l'intervalle pertinent est atteint.

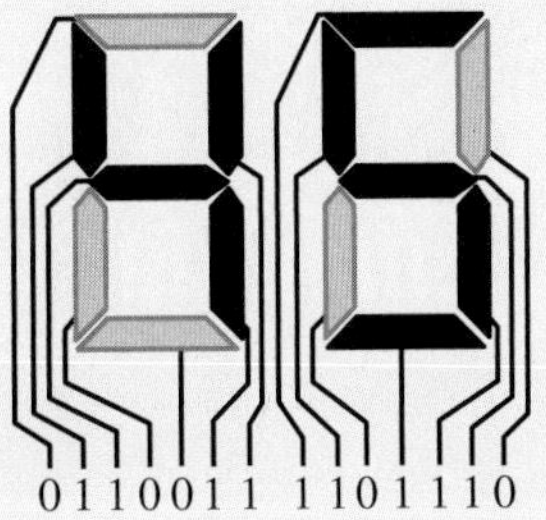

Figure 7.38 ▲
Chacun des caractères numériques de l'affichage frontal comporte sept segments contrôlés chacun par la réception d'un bit : selon que le bit est 0 ou 1, ils deviennent transparents ou opaques. Pour afficher *un* chiffre de 0 à 9, il faut donc le convertir en une séquence de sept bits.

que le numéro est transmis, le compteur peut recommencer son décompte à zéro en vue de la prochaine mesure*.

La troisième et dernière partie du voltmètre est le *circuit d'affichage*. Son rôle est de produire le signal approprié pour alimenter l'affichage des caractères numériques de l'écran frontal. Chacun de ces caractères comporte sept segments contrôlés chacun par la réception d'un bit (c'est-à-dire physiquement par la présence ou l'absence d'une tension contrôlée par un interrupteur) : selon que le bit reçu est 0 ou 1, ils deviennent transparents ou opaques (figure 7.38).

Pour produire ce signal, le circuit d'affichage effectue une série d'opérations qui s'apparentent à celles d'une simple calculatrice. Par exemple, le circuit d'affichage de notre voltmètre rudimentaire recevrait le numéro « 200 » du CAN, le multiplierait par 0,005 V pour obtenir $\Delta V_{\text{entrée}}$ (en binaire), le multiplierait par le facteur d'échelle de 4 pour obtenir la tension aux bornes, convertirait ensuite en base décimale, arrondirait à la décimale appropriée, puis, enfin, convertirait chaque chiffre en la séquence de sept bits nécessaire pour alimenter un des caractères de l'écran frontal. Contrairement au CAN, le circuit d'affichage ne fait donc *que des calculs*.

Un nouveau type de circuit

En examinant la figure 7.37*a*, on note que ce schéma est radicalement différent de ceux utilisés dans le chapitre 7 pour représenter des circuits. Une première différence, évidemment, est l'absence d'une grande partie des fils. Les seuls fils qui ont été illustrés sont ceux entre lesquels est établie une tension *analogique*. Tous les fils qui véhiculent un signal numérique n'ont pas été représentés et ont plutôt été remplacés par des flèches. Chaque flèche représente donc un groupe de fils possiblement complexe (par exemple, un fil pour chaque bit à transmettre), alimentés par une tension différente de celle mesurée par le voltmètre (non illustrée).

La deuxième différence importante est la façon dont les différentes parties du circuit s'influencent l'une l'autre. Il peut sembler bizarre, alors que nous venons d'étudier la méthode globale de Kirchhoff, que nous décrivions des portions de circuit qui produisent l'une sur l'autre un effet *dans un ordre déterminé*. Par exemple, d'après ce que nous venons de présenter, le courant circulant dans les fils du circuit d'affichage n'a pas le moindre effet sur celui circulant dans les fils du compteur (cela est clair même si ces fils ne sont pas représentés à la figure 7.37*a*). De même, chaque étape du calcul de conversion se fait par une portion particulière du circuit d'affichage. Cette séquence ordonnée découle du fonctionnement du circuit, qui repose sur des transistors jouant un rôle d'interrupteurs. Ainsi, le voltmètre en entier n'est pas fait d'un unique circuit, mais bien de plusieurs circuits successifs, *la tension de sortie d'un circuit ayant pour seul rôle de déterminer si l'interrupteur qui alimente le circuit suivant est ouvert ou fermé.*

Bien que ces deux aspects soient fondamentaux du point de vue physique, ils ne le sont pas pour comprendre le fonctionnement du voltmètre. Même l'ingénieur qui conçoit un tel circuit n'a pas à se soucier de tous les détails, car il peut se procurer, sous forme de circuits intégrés, des circuits complets comme celui d'un CAN (figure 7.39). Quand on se procure un tel circuit intégré, sa structure interne est inconnue, mais il est accompagné d'une fiche technique décrivant en détail les sorties produites pour

* Il est possible de concevoir un compteur décroissant. Dans notre exemple, le plus petit intervalle de tension aurait alors la valeur 999, et le plus élevé, la valeur 0. Tant que la conversion effectuée par le circuit d'affichage utilise la même convention que le compteur, cette approche est elle aussi tout à fait fonctionnelle. En fait, on peut aussi concevoir un compteur croissant-décroissant-croissant-décroissant qui *suit* les éventuelles variations de la tension d'entrée au lieu d'arrêter de compter et de recommencer au début à chaque mesure.

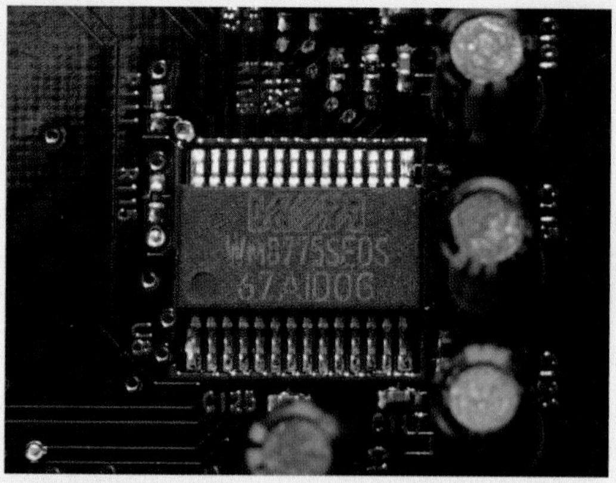

Figure 7.39 ▲
Pour quelques dollars, on peut se procurer un convertisseur analogique-numérique (CAN) sous la forme d'un circuit intégré. Connaître les entrées et les sorties d'un circuit intégré est suffisant pour l'utiliser, même si son fonctionnement interne n'est pas divulgué par le fabricant.

diverses conditions d'entrée, c'est-à-dire quelle tension d'entrée fournir entre quelles *broches* de la puce pour obtenir une tension de sortie entre d'autres broches.

Quelques détails de plus

De nombreuses questions restent en suspens, mais décrire complètement la façon dont de simples interrupteurs permettent le fonctionnement de toutes les parties illustrées à la figure 7.37*a* nécessiterait le recours à un très grand nombre de notions. Nous nous attarderons à une unique question : comment de simples interrupteurs permettent de retenir un nombre en mémoire comme le fait le compteur du CAN ? Pour répondre à cette question, nous devrons décrire quelques circuits simples, ce qui aidera à mieux visualiser le fonctionnement d'un circuit numérique en général.

Chacun des circuits numériques comme le compteur ou les parties du circuit d'affichage sont faits de « morceaux de base » qu'on appelle des *portes logiques*, dont le rôle est d'effectuer des opérations élémentaires sur des bits. Par exemple, une porte NON a pour rôle d'inverser un bit, c'est-à-dire de produire la sortie 1 si elle reçoit le bit 0 et vice versa. Une porte ET reçoit plusieurs bits (habituellement deux) et ne produit la sortie 1 que si *tous* les bits reçus sont 1. Une porte OU produit la sortie 1 si *au moins un* des bits reçus est 1. Physiquement, un bit 0 est représenté par une tension de 0 V (entre la mise à la terre et la borne d'entrée d'une porte), et un bit 1, par une tension de 5 V (figure 7.40). (Il ne faut pas confondre ces tensions avec celle mesurée par le voltmètre : elles ne servent qu'à représenter des bits, par exemple dans chacune des flèches grises à la figure 7.37*a*.)

Chaque porte logique forme, avec ce qui est relié à sa sortie, un circuit complet, alimenté par l'équivalent d'une pile de 5 V. En pratique, toutes les portes sont branchées, en parallèle, à la même alimentation et demeurent donc indépendantes, mais on n'illustre pas les fils de l'alimentation sur des schémas comme ceux des figures 7.40 ou 7.43 (p. 254). Les tensions d'entrée d'une porte ont pour seul rôle d'actionner des interrupteurs (figure 7.41) qui déterminent si la pile de 5 V est reliée aux bornes de sortie de la porte (ce qui représente le bit de sortie 1) ou non (ce qui représente le bit de sortie 0). Il n'y a donc *aucun* courant qui circule directement de l'entrée à la sortie. Par exemple, le circuit d'une porte logique NON est illustré à la figure 7.42 : si la tension d'entrée est de 5 V (bit 1), celle de sortie est de 0 V et vice versa, ce qui correspond bel et bien au comportement attendu d'une porte NON. On peut modifier facilement ce circuit pour fabriquer

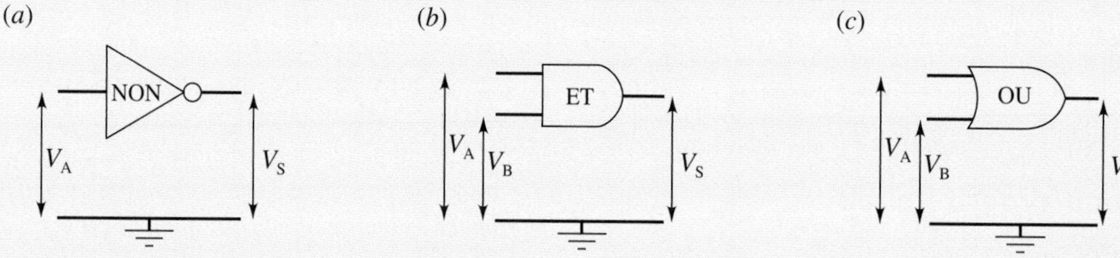

V_A	V_S
0 V (bit 0)	5 V (bit 1)
5 V (bit 1)	0 V (bit 0)

V_A	V_B	V_S
0 V (bit 0)	0 V (bit 0)	0 V (bit 0)
0 V (bit 0)	5 V (bit 1)	0 V (bit 0)
5 V (bit 1)	0 V (bit 0)	0 V (bit 0)
5 V (bit 1)	5 V (bit 1)	5 V (bit 1)

V_A	V_B	V_S
0 V (bit 0)	0 V (bit 0)	0 V (bit 0)
0 V (bit 0)	5 V (bit 1)	5 V (bit 1)
5 V (bit 1)	0 V (bit 0)	5 V (bit 1)
5 V (bit 1)	5 V (bit 1)	5 V (bit 1)

Figure 7.40 ▲
Toutes les opérations sur des bits peuvent se décomposer en une succession d'opérations effectuées par seulement trois types de portes logiques. (*a*) La porte NON produit une tension qui représente le bit inverse de celui qu'elle reçoit. (*b*) La porte ET produit un bit 1 seulement si le bit A *et* le bit B sont 1. (*c*) La porte OU produit un bit 1 si au moins le bit A *ou* le bit B est 1.

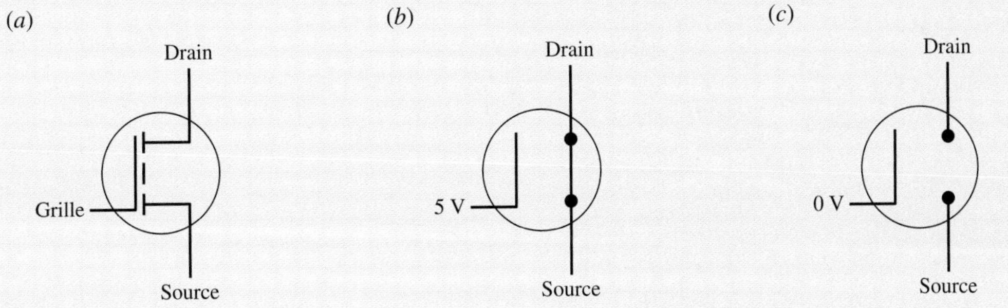

Figure 7.41 ▲
Dans un circuit numérique, les transistors sont utilisés pour jouer uniquement le rôle d'interrupteurs. (*a*) Le symbole du transistor à effet de champ. Notez la présence de trois bornes : la grille est l'électrode de contrôle, qui détermine la résistance entre les deux autres bornes, appelées la source et le drain. La ligne hachurée représente ce possible canal conducteur. (*b*) Quand le potentiel de la grille est de 5 V par rapport à la source, le transistor est très conducteur (interrupteur fermé). (*c*) Quand le potentiel de la grille est de 5 V par rapport à la source, le transistor est très isolant (interrupteur ouvert).

d'autres portes. Par exemple, en utilisant deux interrupteurs en série ou en parallèle, on peut faire des portes à deux entrées comme les portes ET et OU. On peut aussi faire d'autres types de portes. Par exemple, une porte NON-ET joue le même rôle qu'une porte ET en série avec une porte NON : elle ne produit le bit 0 que si tous les bits d'entrée sont 1, sinon elle produit le bit 1.

Pour comprendre comment des portes logiques peuvent être assemblées pour permettre à un circuit de mémoriser un bit, considérons premièrement un circuit formé de deux portes NON reliées en boucle (figure 7.43*a*). Si le signal d'entrée de la porte du haut correspond à un bit 1, elle émettra un bit 0. La porte du bas, recevant ce bit 0, émettra donc un bit 1, et le cycle se reproduira, de telle sorte que le signal de sortie du circuit sera toujours $Q = 0$. (Notez que Q n'est pas une tension ou un potentiel, mais bien le bit que symbolise ce potentiel.) Le circuit peut conserver cet état de façon virtuellement éternelle : quelles que soient les pertes d'énergie dues à la négligeable résistance des fils reliant les deux portes, elles ne s'accumulent pas avec le temps, car la sortie d'une porte provient directement de la pile. En somme, le signal est « rafraîchi » chaque fois qu'il complète un cycle. Ainsi, ce circuit *garde en mémoire* un bit, c'est-à-dire le bit $Q = 0$ dans notre exemple.

Bien entendu, un tel circuit ne serait d'aucune utilité, car la valeur de Q ne peut être modifiée une fois qu'elle est fixée. Toutefois, si on remplace les deux portes NON par deux portes NON-ET (figure 7.43*b*), il devient possible de choisir le bit à garder en mémoire. En effet, tant que les entrées S et R demeurent toutes deux 1, la relation entre l'autre entrée d'une des portes et sa sortie est la même que celle d'une porte NON. Le circuit conserve donc en mémoire la valeur de Q. Toutefois, si l'entrée S devient 0, la sortie de la porte du haut (qui correspond à Q) devient alors 1 peu importe ce qu'était l'état précédent

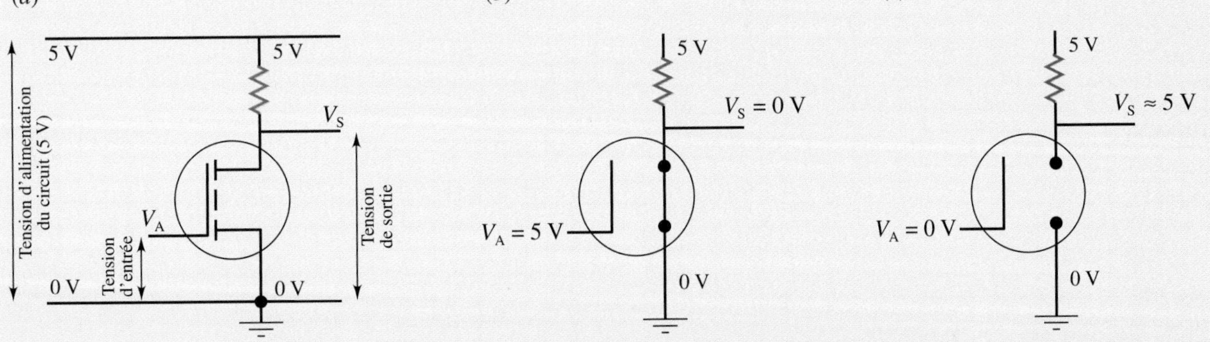

Figure 7.42 ▲
(*a*) Pour construire la porte NON illustrée à la figure 7.40*a*, on utilise un seul transistor, dont le seul rôle est de servir d'interrupteur. (*b*) Si le potentiel d'entrée est de 5 V (par rapport à la mise à la terre, donc par rapport à la source), le transistor se comporte comme un court-circuit, et la borne de sortie est mise à la terre. (*c*) Si le potentiel d'entrée est le même que celui de la mise à la terre, le transistor se comporte comme un interrupteur ouvert ; la borne de sortie est alors isolée de la mise à terre et se retrouve approximativement à un potentiel de 5 V par rapport à cette dernière.

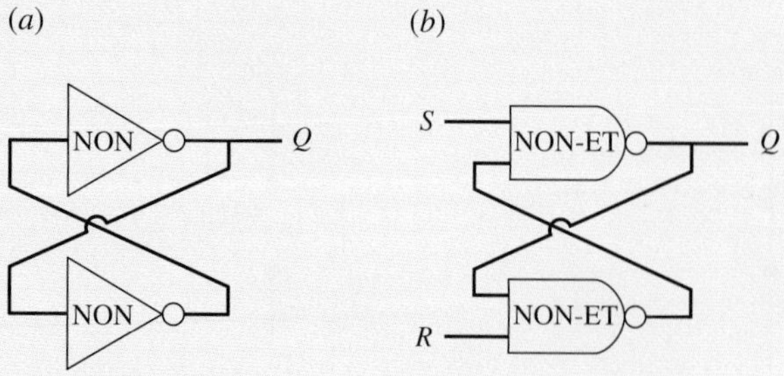

Figure 7.43 ▲
Toute mémoire numérique repose sur l'utilisation d'une bascule pour stocker chaque bit. (*a*) Deux portes NON forment une bascule élémentaire dont il est impossible de changer le contenu Q. (*b*) Deux portes NON-ET se comportent de la même façon que deux portes NON tant que $S = R = 1$. Si S change d'état, le bit stocké devient $Q = 1$, et si R change d'état, il devient $Q = 0$.

du circuit. Même si S cesse d'être 0, le circuit restera dans l'état $Q = 1$. À l'inverse, si c'est plutôt l'entrée R qui devient 0, alors la sortie de la porte du haut deviendra 1, peu importe ce qu'était l'état initial du circuit. Même si R cesse d'être 0, le circuit restera dans l'état $Q = 0$. Les entrées S et R permettent donc respectivement de fixer Q à 1 (opération «*set*») ou de fixer Q à 0 (opération «*reset*»). Ce type de circuit formé de deux portes NON-ET et de deux entrées est appelé une *bascule* et est *à la base de nombreux circuits de mémoire, notamment ceux des microprocesseurs en informatique*. En effet, si on utilise huit bascules, on peut mémoriser un octet, c'est-à-dire un nombre de huit bits qui représente un caractère alphanumérique.

Les bascules que comporte le compteur du CAN de notre voltmètre sont nécessairement plus complexes, notamment parce qu'elles ne doivent changer d'état qu'au moment dicté par le signal d'horloge. Chacune de ces bascules comporte en réalité une dizaine de portes logiques. Si le compteur, par exemple, comporte dix bascules, alors il peut retenir un nombre de dix chiffres en binaire (dix bits). Le nombre d'intervalles avec lequel le CAN fonctionnera sera donc de $2^{10} = 1024$, ce qui est très proche de l'exemple que nous avons donné. Il est impressionnant de réaliser que le voltmètre que nous avons décrit, pourtant beaucoup plus simple qu'un ordinateur, utilise quelque 300 transistors uniquement dans son compteur et effectue plusieurs milliers d'opérations logiques pour chacun des affichages sur son écran frontal !

RÉSUMÉ

Une source de f.é.m. convertit une certaine forme d'énergie en énergie potentielle électrique. La *f.é.m.* est définie comme le travail effectué par unité de charge lors du déplacement des charges dans une boucle fermée :

$$\mathscr{E} = \frac{W_{\text{né}}}{q} \tag{7.1}$$

L'indice « né » signifie que le travail est effectué par un mécanisme non électrostatique. Lorsqu'une pile réelle produit un courant I, la différence de potentiel entre ses bornes est

$$\Delta V = \mathscr{E} - rI \tag{7.2a}$$

r étant la résistance interne de la pile. Si la pile est en train de se recharger, $\Delta V = \mathscr{E} + rI$. On voit facilement que $\Delta V = \mathscr{E}$ si $I = 0$ ou si $r = 0$. On peut donc mesurer la f.é.m. d'une pile à l'aide de la différence de potentiel en « circuit ouvert ».

Les résistances peuvent être reliées en série ou en parallèle. Dans chacun de ces cas, respectivement, la résistance équivalente est

(en série) $$R_{\text{éq}} = R_1 + R_2 + \ldots + R_N \tag{7.3}$$

(en parallèle) $$\frac{1}{R_{\text{éq}}} = \frac{1}{R_1} + \frac{1}{R_2} + \ldots + \frac{1}{R_N} \tag{7.4}$$

Tout circuit peut être analysé à partir des deux lois de Kirchhoff, dont l'énoncé est le suivant :

(loi des nœuds de Kirchhoff) $\sum I = 0$ (7.5)

En un nœud du circuit, la somme algébrique des courants qui entrent et qui sortent est nulle, ou encore, le courant pénétrant dans un nœud doit être égal au courant qui en sort. La loi des nœuds découle de la conservation de la charge.

(loi des mailles de Kirchhoff) $\sum \Delta V = 0$ (7.6)

La somme algébrique des *variations* de potentiel aux bornes des éléments le long d'une maille fermée est nulle. La loi des mailles découle de la conservation de l'énergie.

Il ne faut pas oublier que le courant circule dans le sens du potentiel décroissant. Lorsqu'on parcourt une résistance dans le sens du courant, la variation de potentiel est donc négative. Elle est positive si l'on parcourt la résistance dans le sens contraire au courant. Lorsqu'on traverse une source de f.é.m., le signe de la variation *ne dépend pas* du sens du courant.

Une résistance détermine le taux de charge ou de décharge d'un condensateur. Pour des circuits comportant un condensateur C et une résistance R, les équations correspondant à la décharge et à la charge sont les suivantes :

$Q(t) = Q_0 e^{-t/\tau}$ (7.8*a*) $I(t) = I_0 e^{-t/\tau}$ (7.11) $\Delta V_C = \Delta V_R$ **décharge**

$Q(t) = Q_{max}(1 - e^{-t/\tau})$ (7.12*a*) $I(t) = I_0 e^{-t/\tau}$ (7.13) $\Delta V_C + \Delta V_R = \mathscr{E}$ **charge**

La demi-vie $T_{1/2}$ de la charge et de la décharge s'exprime par

$$T_{1/2} = RC \ln 2 \quad (7.10)$$

TERMES IMPORTANTS

ampèremètre (p. 227)
association en parallèle (p. 218)
association en série (p. 218)
branche (p. 229)
constante de temps (p. 240)
court-circuit (p. 219)
demi-vie (p. 240)
f.é.m. (force électromotrice) (p. 214)
loi des mailles de Kirchhoff (p. 231)
loi des nœuds de Kirchhoff (p. 230)
maille (p. 230)
nœud (p. 229)
ohmmètre (p. 227)
pile réelle (p. 216)
voltmètre (p. 227)

RÉVISION

R1. Vrai ou faux ? Dans un circuit simple constitué d'une pile et d'une résistance, le courant est plus élevé avant le passage de la résistance et il chute après.

R2. Décrivez le fonctionnement d'une cellule plomb-acide munie d'une électrode de plomb et d'une autre de dioxyde de plomb (PbO_2) plongées dans une solution aqueuse d'acide sulfurique (H_2SO_4).

R3. Si on branche une résistance variable R aux bornes d'une pile réelle et qu'on diminue progressivement la résistance, est-ce que ΔV va augmenter ou diminuer ? Expliquez pourquoi.

R4. Soit deux résistances en série. Vrai ou faux ? (a) Le courant dans chacune des résistances est toujours le même ; (b) la différence de potentiel aux bornes de chacune des résistances est toujours la même.

R5. Soit deux résistances en parallèle. Vrai ou faux : (a) le courant dans chacune des résistances est toujours le même ; (b) la différence de potentiel aux bornes de chacune des résistances est toujours la même.

R6. Énoncez les règles à suivre pour redessiner un circuit.

R7. Soit le circuit de la figure 7.44. D'après l'endroit où le multimètre M est placé, il ne devrait qu'être dans *un* des modes ampèremètre, voltmètre ou ohmmètre ; lequel ? (b) À quoi correspond la valeur lue au multimètre dans ce cas ? (c) Expliquez ce qui se passe si on règle le multimètre dans chacun des deux modes qui ne sont *pas* adéquats.

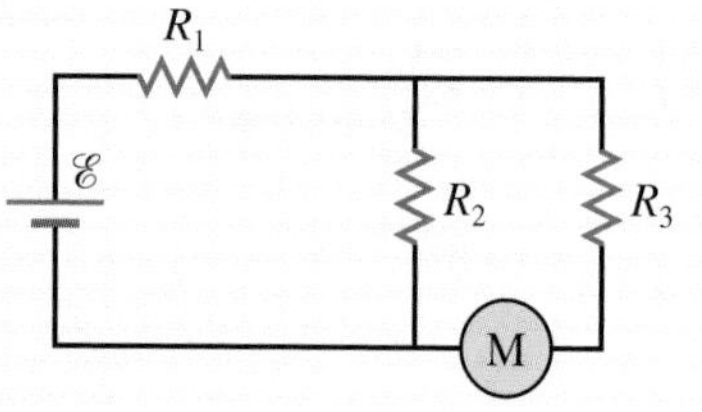

Figure 7.44 ▲
Quel rôle joue ce multimètre ?

R8. Dans le circuit illustré à R7, montrez comment vous devez brancher le multimètre pour mesurer (a) la différence de potentiel aux bornes de R_1 ; (b) le courant qui traverse R_1 ; (c) la valeur de la résistance R_1.

R9. Pourquoi est-il impossible de mesurer la résistance interne d'une pile à l'aide d'un ohmmètre ?

R10. Énoncez les règles à appliquer pour déterminer les signes des ΔV dans la loi des mailles.

R11. Vrai ou faux ? Dans la méthode globale de Kirchhoff, il y a en général autant d'inconnues que de nœuds.

R12. Vrai ou faux ? La valeur du temps de demi-vie est la même, qu'il s'agisse de la charge ou de la décharge d'un condensateur.

R13. Vrai ou faux ? L'expression donnant la valeur du courant en fonction du temps est la même, qu'il s'agisse de la charge ou de la décharge d'un condensateur.

R14. Expliquez pourquoi la différence de potentiel aux bornes d'un condensateur qui se charge varie plus rapidement au début du processus qu'à la fin.

QUESTIONS

Q1. Lorsqu'elles fonctionnent séparément, deux ampoules ont respectivement une puissance de 25 W et de 100 W. Quelle ampoule est la plus proche de sa luminosité normale lorsqu'elles sont reliées en série ?

Q2. À quoi sert un fusible ? Sa fonction dans un circuit de câblage domestique est-elle différente de celle qu'il a dans un circuit électronique ou de haut-parleur ?

Q3. (a) La loi des mailles de Kirchhoff serait-elle valable si le tracé de la maille traversait une couche d'air ? (b) D'après votre réponse, quelle conclusion pouvez-vous tirer concernant le champ électrique dans l'espace entourant un circuit ?

Q4. Soit deux résistances, R_1 et R_2, avec $R_2 > R_1$. Pour une pile de différence de potentiel donnée, dans quelle résistance la puissance dissipée est-elle la plus grande lorsqu'elles sont reliées : (a) en série ; (b) en parallèle ?

Q5. (a) Expliquez la différence entre une pile réelle et une différence de potentiel. (b) Toutes les différences de potentiel sont-elles créées par des piles réelles ? Expliquez.

Q6. Huit piles de type D reliées en série donnent une différence de potentiel de 12 V. Ce montage peut-il être utilisé pour faire démarrer une automobile ? Justifiez votre réponse.

Q7. La figure 7.45 représente deux résistances reliées à une source de f.é.m. Initialement, les interrupteurs S_2 et S_3 sont ouverts. Comment varie le courant circulant dans R_1 lorsque : (a) S_2 est fermé, S_3 est ouvert ; (b) S_3 est fermé, S_2 est ouvert ?

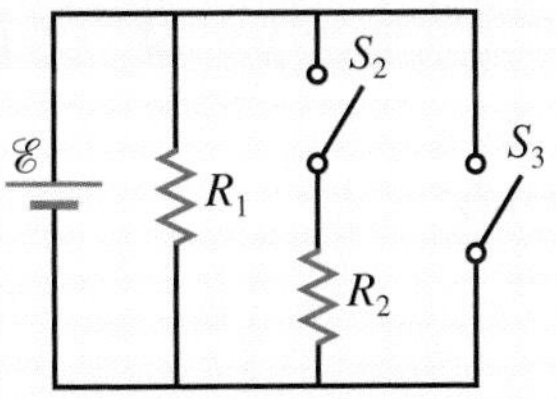

Figure 7.45 ▲
Question 7.

Q8. Reprenez la question 7 pour le circuit représenté à la figure 7.46.

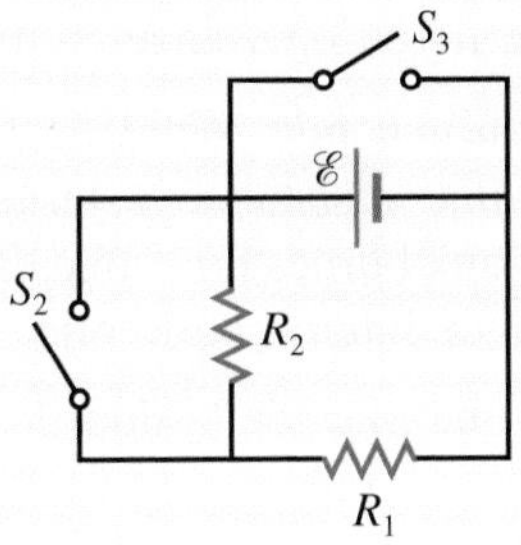

Figure 7.46 ▲
Question 8.

Q9. Une pile réelle de f.é.m. ℰ et de résistance interne r est reliée à deux résistances (figure 7.47). L'interrupteur est initialement ouvert. Lorsque l'interrupteur est fermé, la différence de potentiel aux bornes de la pile réelle augmente-t-elle ou diminue-t-elle ?

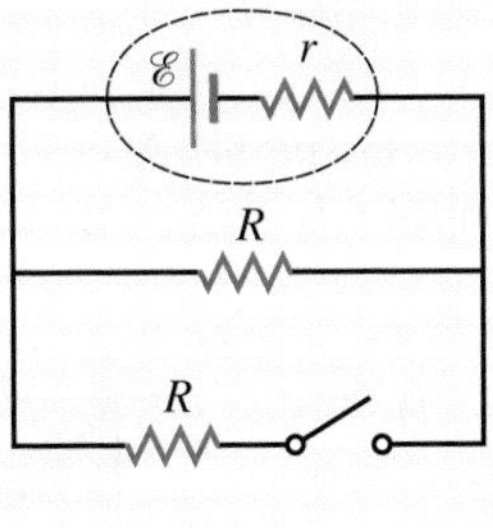

Figure 7.47 ▲
Question 9.

Q10. Décrivez comment vous pouvez mesurer la résistance interne d'une pile.

Q11. Le circuit de la figure 7.48 est composé d'une source idéale de f.é.m., d'une résistance et de deux interrupteurs.

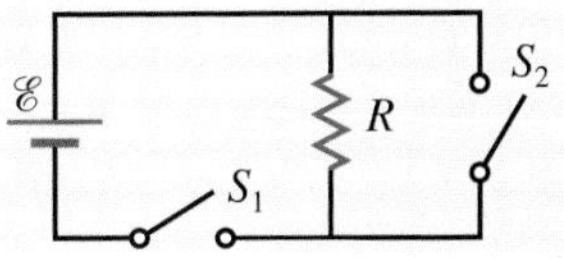

Figure 7.48 ▲
Question 11.

(a) Si S_1 est fermé et S_2 est ouvert, quelles sont les différences de potentiel aux bornes de R et entre les contacts de S_2 ?

(b) Si S_1 est ouvert et S_2 est fermé, quelles sont les différences de potentiel aux bornes de R et entre les contacts de S_1 ?

(c) Si S_1 et S_2 sont tous les deux fermés, quelle est la différence de potentiel aux bornes de R ?

(d) Si S_1 et S_2 sont tous les deux ouverts, quelles sont les différences de potentiel aux bornes de R et entre les contacts de S_1 et S_2 ?

Q12. Quels sont les avantages du pont de Wheatstone par rapport à d'autres méthodes de mesure de la résistance ? Quels sont les facteurs qui influent sur la précision ?

Q13. Comment pouvez-vous modifier le potentiomètre pour mesurer des f.é.m. très inférieures à $\mathscr{E}_s$, qui est la f.é.m. de la source étalon ?

Q14. On suppose que les circuits de la figure 7.49 ont atteint le régime permanent. On donne $\mathscr{E} = 10$ V, $R_1 = 5\ \Omega$, $R_2 = 10\ \Omega$ et $C = 40\ \mu$F. Quelle est la différence de potentiel aux bornes des résistances et du condensateur (a) pour la figure 7.49a ; (b) pour la figure 7.49b ?

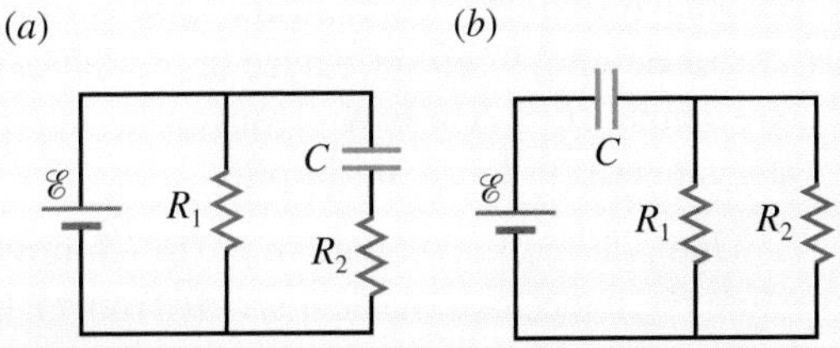

Figure 7.49 ▲
Question 14.

Q15. Les circuits de la figure 7.50 ont atteint le régime permanent. Trouvez la différence de potentiel aux bornes de chaque résistance et de chaque condensateur pour (a) la figure 7.50*a* ; (b) la figure 7.50*b*. On donne $\mathscr{E}$ = 12 V, R_1 = 2 Ω, R_2 = 3 Ω, C_1 = 6 μF et C_2 = 3 μF.

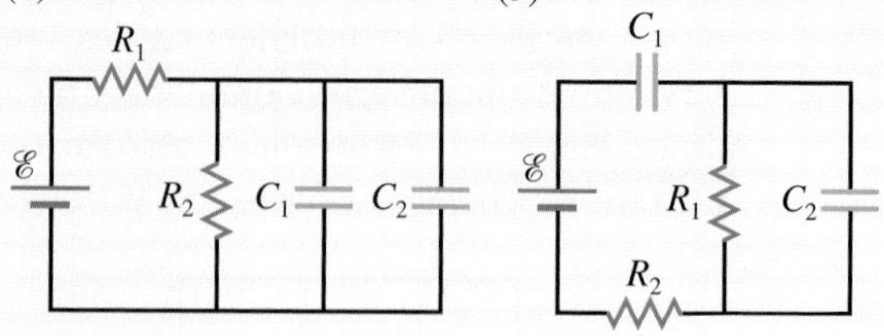

Figure 7.50 ▲
Question 15.

EXERCICES

Voir l'avant-propos pour la signification des icônes

7.1 F.é.m.

E1. (I) Une pile réelle a une f.é.m. $\mathscr{E}$ et une résistance interne *r*. Elle est reliée à une résistance externe *R*. Lorsque *R* = 4 Ω, la différence de potentiel aux bornes de la pile est de 9,5 V, et si *R* = 6 Ω, elle est de 10 V. Trouvez $\mathscr{E}$ et *r*.

E2. (I) La différence de potentiel aux bornes d'une batterie d'automobile est de 12,4 V lorsqu'elle n'est pas reliée à un circuit. Cette différence de potentiel chute à 11,2 V lorsque la pile est branchée au moteur du démarreur et que l'ensemble est parcouru d'un courant de 80 A. Quelle est la résistance interne de la batterie ?

E3. (I) Une pile réelle est reliée aux bornes d'une résistance externe variable *R*. Lorsque le courant est égal à 6 A, la différence de potentiel aux bornes de la pile réelle vaut 8,4 V. Lorsque le courant vaut 8 A, cette différence de potentiel est de 7,2 V. Trouvez la f.é.m. et la résistance interne de la pile réelle.

E4. (I) Une source de f.é.m. idéale est reliée à une résistance externe. Lorsqu'on insère une autre résistance de 2 Ω en série avec la première, le courant chute de 8 A à 6 A. Trouvez la valeur de la résistance et la f.é.m. de la pile.

E5. (I) Une pile réelle de f.é.m. $\mathscr{E}$ = 16 V fournit 50 W à une résistance externe de 4 Ω. (a) Trouvez la résistance interne de la pile. (b) Pour quelle valeur de la résistance externe la puissance fournie serait-elle de 100 W ?

E6. (I) Une pile réelle de f.é.m. $\mathscr{E}$ = 12,4 V dont la résistance interne vaut 0,05 Ω est chargée par une source de f.é.m. externe idéale de 14,2 V. Trouvez : (a) la puissance qui se dissipe sous forme de chaleur dans le circuit ; (b) la puissance électrique qui est convertie en puissance chimique dans la pile.

E7. (I) Lorsqu'une pile réelle de f.é.m. 12 V fournit 50 W à une résistance externe, la différence de potentiel aux bornes de la pile est à 11,2 V. Trouvez la résistance interne de la pile.

E8. (II) Soit une pile réelle dont la f.é.m. est de 10 V et la résistance interne de 1 Ω. Lorsqu'elle est reliée à une résistance externe *R*, la puissance dissipée dans *R* est *P*. (a) Trouvez *R* dans le cas où lorsque *R* augmente de 50 %, *P* augmente de 25 %. (b) Trouvez *R* dans le cas où lorsque *R* augmente de 50 %, *P* diminue de 25 %.

7.2 Résistances en série et en parallèle

E9. (I) (a) Trouvez la résistance équivalente à l'association de résistances représentée à la figure 7.51. (b) Si une différence de potentiel de 10 V est appliquée entre les points A et B, trouvez la différence de potentiel aux bornes de la résistance de 4 Ω.

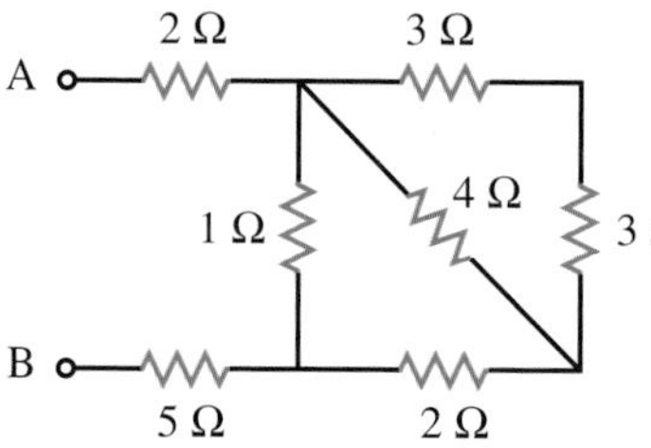

Figure 7.51 ▲
Exercice 9.

E10. (I) La résistance équivalente à l'association représentée à la figure 7.52 est égale à 16 Ω. Que vaut *R* ?

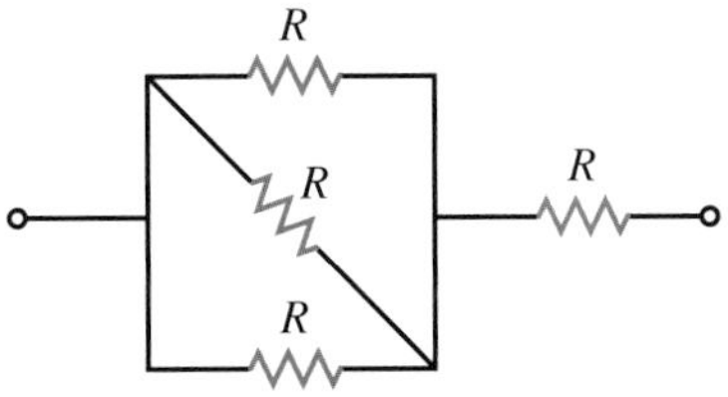

Figure 7.52 ▲
Exercice 10.

E11. (I) On donne trois résistances de valeur 2 Ω, 3 Ω et 4 Ω ; combien de résistances équivalentes différentes peut-on produire avec ces résistances ? Indiquez les valeurs.

E12. (I) Indiquez deux manières d'associer quatre résistances égales de valeur R pour obtenir une résistance équivalente R.

E13. (I) On veut produire les valeurs entières de résistance allant de 1 Ω à 10 Ω par l'association d'un nombre minimal de résistances identiques. Combien de résistances sont nécessaires et quelle valeur prend chacune d'elles ? La solution au problème est-elle unique ?

E14. (I) Pour des raisons liées à sa géométrie et au matériau qui la constitue, et pour éviter qu'elle ne « grille », on fixe la valeur maximale du courant pouvant traverser une résistance, ce qui détermine sa puissance maximale. Étant donné trois résistances de 5 Ω et de puissance maximale 10 W, trouvez la différence de potentiel maximale qui peut être appliquée à l'ensemble si elles sont reliées (a) toutes en série ; (b) comme sur la figure 7.53*a*.

E15. (I) Étant donné trois résistances de 4 Ω de puissance maximale égale à 20 W, trouvez la différence de potentiel maximale qui peut être appliquée à l'ensemble si elles sont reliées (a) toutes en parallèle ; (b) comme sur la figure 7.53*b*.

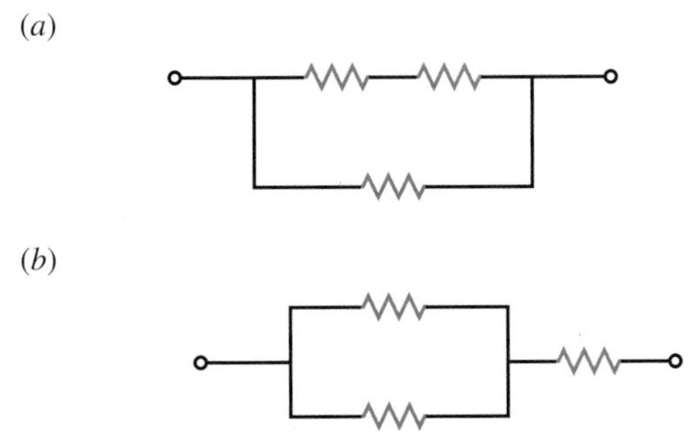

Figure 7.53 ▲
Exercices 14 et 15.

7.4 Lois de Kirchhoff

E16. (I) Deux piles réelles sont reliées l'une à l'autre comme à la figure 7.54. On donne $\mathscr{E}_1 = 1{,}53$ V, $r_1 = 0{,}05$ Ω, $\mathscr{E}_2 = 1{,}48$ V et $r_2 = 0{,}15$ Ω. Trouvez la différence de potentiel entre A et B et la puissance qui se dissipe sous forme de chaleur dans le circuit.

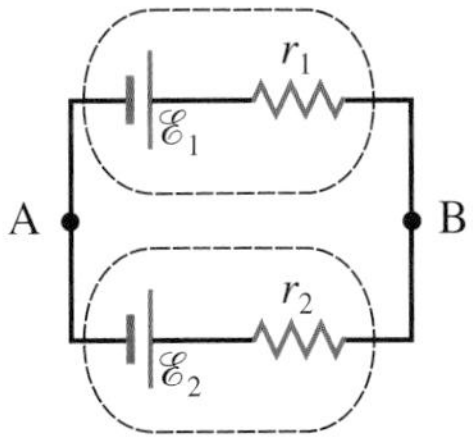

Figure 7.54 ▲
Exercice 16 et problème 15.

E17. (I) Le circuit électrique d'une résidence peut ressembler à celui de la figure 7.55, où l'on affiche la puissance dissipée dans chaque appareil, lorsqu'un courant le traverse. Calculez le courant circulant dans chaque dispositif. (Puisque le courant maximal autorisé pour un fil de cuivre de calibre 14 couramment utilisé dans les câblages domestiques est égal à 15 A, le radiateur devrait être dans un circuit séparé.)

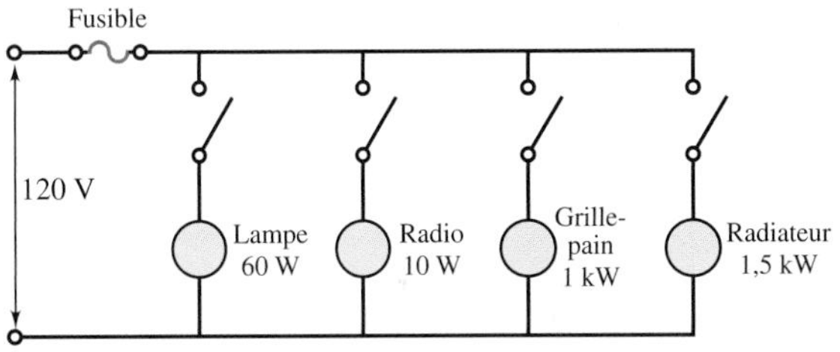

Figure 7.55 ▲
Exercice 17.

E18. (I) Dans le circuit représenté à la figure 7.56, $\mathscr{E}_1 = 12$ V, $\mathscr{E}_2 = 6$ V, $R_1 = 3$ Ω, $r_1 = r_2 = 1$ Ω. Le potentiel à la borne de l'ampèremètre identifiée par un + est plus élevé que le potentiel à la borne identifiée par un –. Le courant circulant dans l'ampèremètre est égal à 2 A. Trouvez : (a) R_2 ; (b) la puissance dissipée dans R_1 et R_2 ; (c) la différence de potentiel aux bornes de chaque pile réelle ; (d) la puissance fournie par chaque pile.

E19. (I) Deux f.é.m. idéales sont reliées en série avec deux résistances (figure 7.57). On donne $\mathscr{E}_1 = 9$ V, $\mathscr{E}_2 = 6$ V. Trouvez : (a) le courant dans le circuit ; (b) la puissance dissipée dans chaque résistance ; (c) la puissance fournie par chaque pile.

E20. (I) Dans le circuit représenté à la figure 7.58, l'un des points est relié à la terre (0 V). On donne $\mathscr{E}_1 = 5$ V, $\mathscr{E}_2 = 9{,}5$ V, $r_1 = 1$ Ω, $r_2 = 2$ Ω, $R = 1{,}5$ Ω.

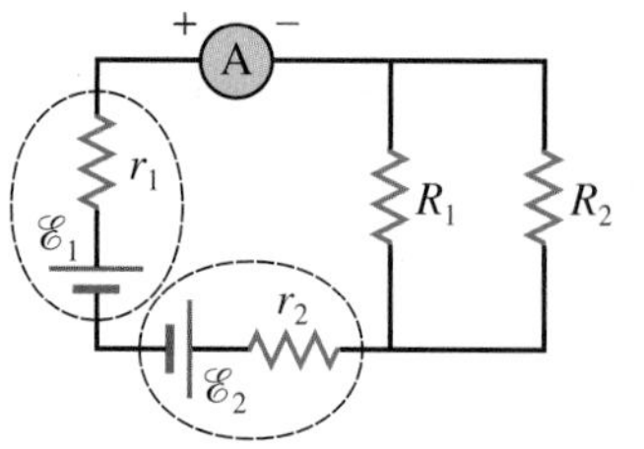

Figure 7.56 ▲
Exercice 18.

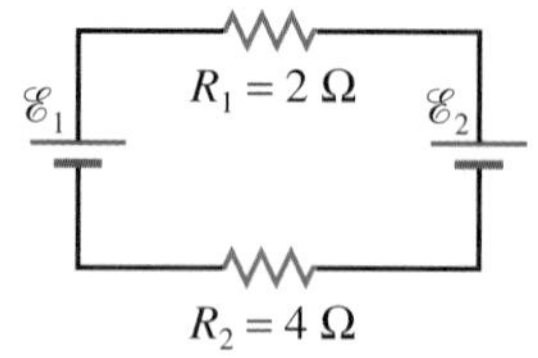

Figure 7.57 ▲
Exercice 19.

(a) Quel est le potentiel au point P ? (b) Quelle est la différence de potentiel aux bornes de chaque pile réelle ? (c) Trouvez la puissance dissipée dans R.

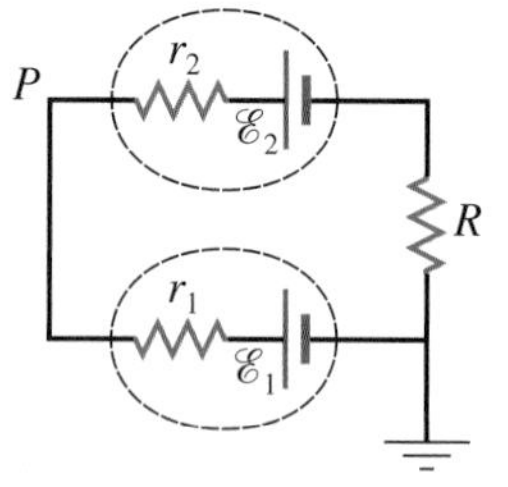

Figure 7.58 ▲
Exercice 20.

E21. (I) Une f.é.m. idéale est reliée à trois résistances (figure 7.59). Trouvez le courant dans chaque résistance.

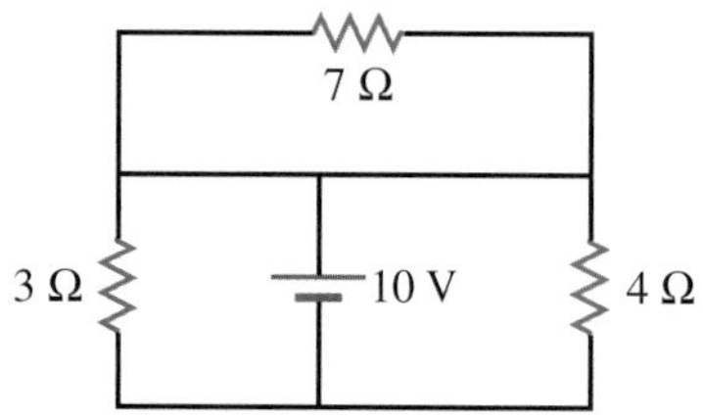

Figure 7.59 ▲
Exercice 21.

E22. (II) Dans le circuit de la figure 7.60, l'ampèremètre indique 2 A et le voltmètre indique 4 V. Trouvez la f.é.m. $\mathscr{E}$ et la résistance R. Le potentiel à la borne des appareils de mesure identifiée par un + est plus élevé que le potentiel à la borne identifiée par un –.

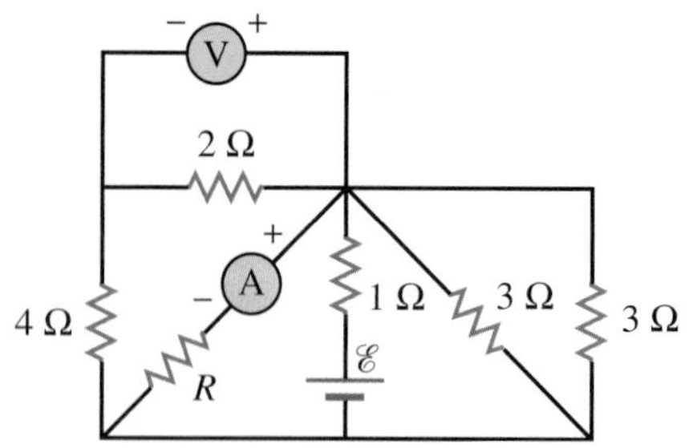

Figure 7.60 ▲
Exercice 22.

E23. (II) Deux piles de même f.é.m. $\mathscr{E}$ et de résistance interne r sont en parallèle avec une résistance R (figure 7.61). (a) Pour quelle valeur de R la puissance qui se dissipe sous forme de chaleur dans R est-elle maximale ? (b) Dans le cas où $r = 1\ \Omega$ et $\mathscr{E} = 1$ V, tracez le graphe de la puissance qui se dissipe sous forme de chaleur dans R en fonction de R, sur un intervalle incluant la réponse à la question (a). Le résultat de la question (a) se confirme-t-il graphiquement ?

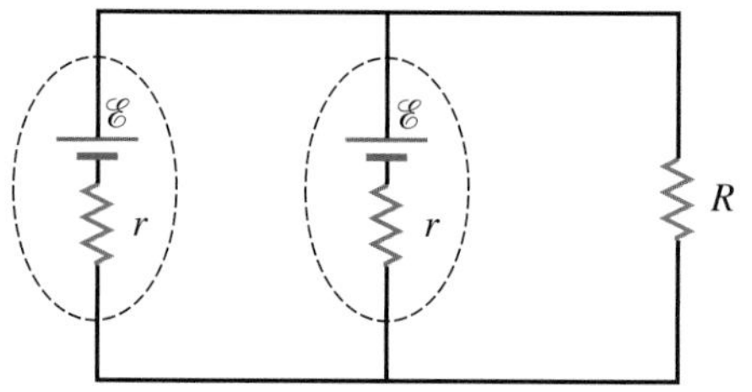

Figure 7.61 ▲
Exercice 23.

E24. (II) Une différence de potentiel est appliquée aux bornes des résistances R_1 et R_2 de la figure 7.62. R_C est une résistance de « charge ». Pour quelle valeur de R_C la puissance dissipée dans R_C est-elle maximale ?

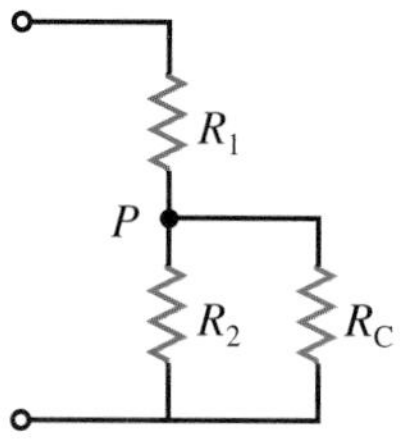

Figure 7.62 ▲
Exercices 24 et 48.

E25. (II) Pour le circuit représenté à la figure 7.63, trouvez : (a) le courant et la différence de potentiel pour chaque résistance ; (b) la différence de potentiel $V_A - V_B$ (les directions données aux courants dans la figure sont arbitraires) ; (c) Vérifiez que la puissance nette fournie par les piles est bien entièrement transformée en chaleur dans les résistances.

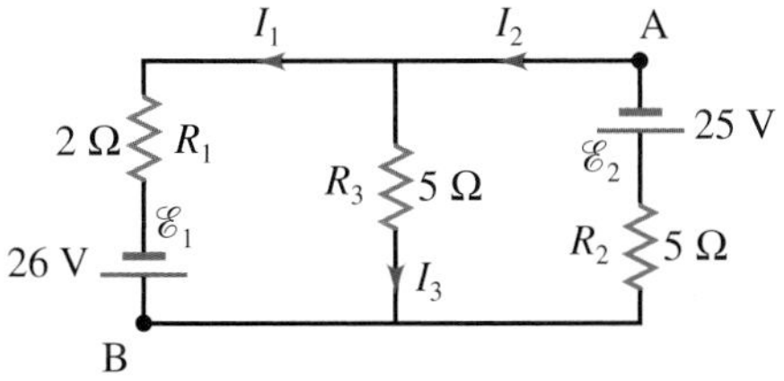

Figure 7.63 ▲
Exercice 25.

E26. (II) (a) Pour le circuit représenté à la figure 7.64, trouvez le courant et la différence de potentiel pour chaque résistance. On donne $R_1 = R_2 = 2\ \Omega$, $R_3 = 3\ \Omega$, $\mathscr{E}_1 = 12$ V, $\mathscr{E}_2 = 8$ V et $\mathscr{E}_3 = 6$ V. (b) Vérifiez que la puissance nette fournie par les piles est bien entièrement transformée en chaleur dans les résistances.

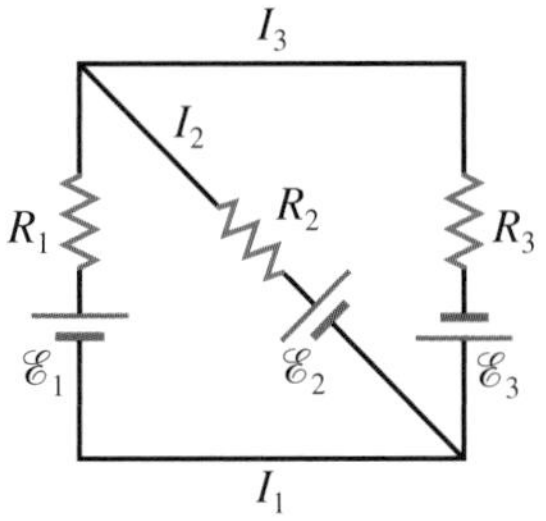

Figure 7.64 ▲
Exercices 26 et 27.

E27. (II) (a) Pour le circuit représenté à la figure 7.64, trouvez le courant et la différence de potentiel pour chaque résistance. On donne : $R_1 = 4\ \Omega$, $R_2 = R_3 = 3\ \Omega$, $\mathscr{E}_1 = 12$ V, $\mathscr{E}_2 = 7$ V et $\mathscr{E}_3 = 5$ V. (b) Vérifiez que la puissance nette fournie par les piles est bien entièrement transformée en chaleur dans les résistances.

E28. (II) Pour le circuit de la figure 7.65, trouvez les courants dans les trois branches. Quelle est la différence de potentiel $V_A - V_B$?

E29. (II) Dans le circuit de la figure 7.66, l'ampèremètre indique 6,0 A et le voltmètre 14 V. Trouvez la f.é.m. $\mathscr{E}$ et la résistance R. Le potentiel à la borne des appareils de mesure identifiée par un + est plus élevé que le potentiel à la borne identifiée par un –.

E30. (II) Quelles sont les valeurs indiquées par l'ampèremètre et le voltmètre de la figure 7.67 lorsque (a) l'interrupteur est ouvert ; (b) l'interrupteur est fermé ?

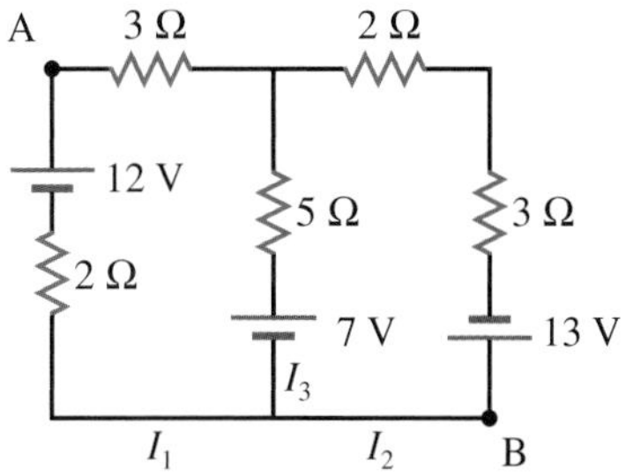

Figure 7.65 ▲
Exercice 28.

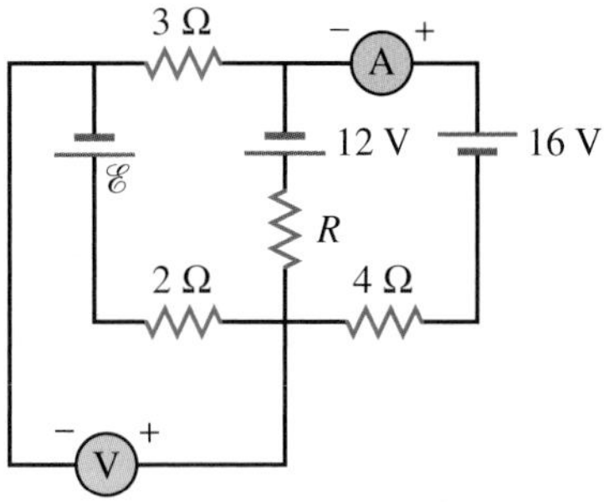

Figure 7.66 ▲
Exercice 29.

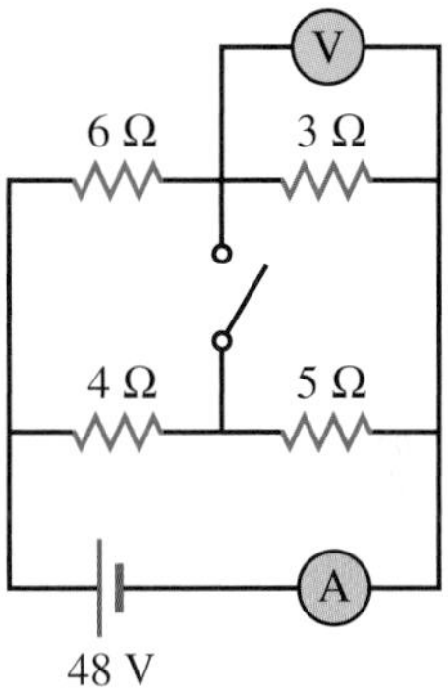

Figure 7.67 ▲
Exercice 30.

E31. (II) Lorsque deux résistances R_1 et R_2 sont reliées en parallèle, elles dissipent quatre fois la puissance qu'elles dissiperaient si elles étaient en série avec la même source idéale de f.é.m. Si $R_1 = 3\ \Omega$, trouvez R_2.

E32. (I) On considère les résistances de la figure 7.68. Le montage qu'elles forment n'est ni en série ni en parallèle. (a) Lorsqu'une différence de potentiel ΔV est appliquée aux bornes du montage, quelle est la différence de potentiel aux bornes de chaque résistance ? (b) Quelle est la résistance équivalente du montage ?

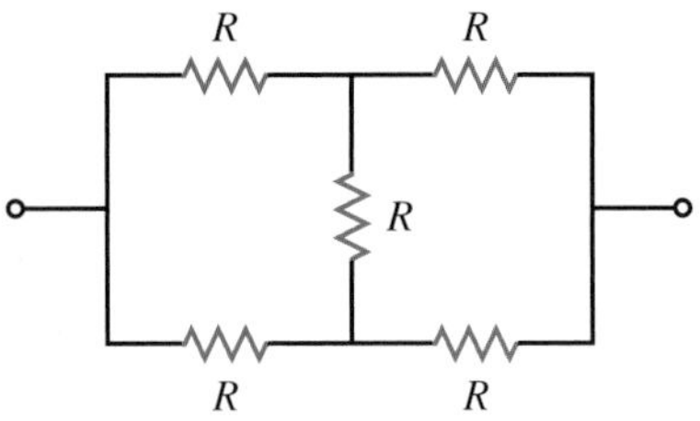

Figure 7.68 ▲
Exercice 32.

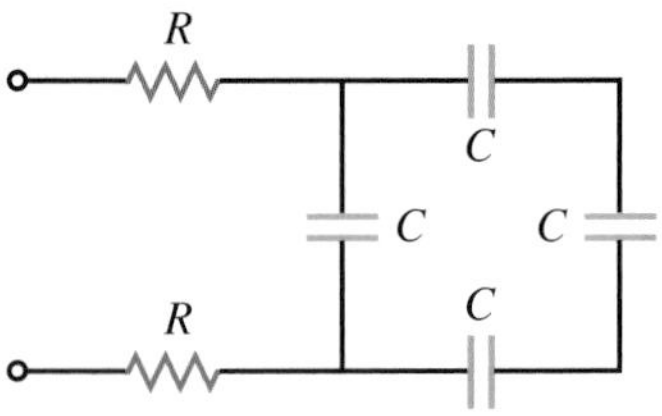

Figure 7.71 ▲
Exercice 36.

E33. (II) Dans le circuit de la figure 7.69, (a) quelle f.é.m. idéale $\mathscr{E}$ va fournir 6 W à R_3 ? (b) Évaluer la puissance qui se dissipe sous forme de chaleur dans les autres résistances. On donne $R_1 = 2\ \Omega$, $R_2 = 4\ \Omega$, $R_3 = 2\ \Omega$.

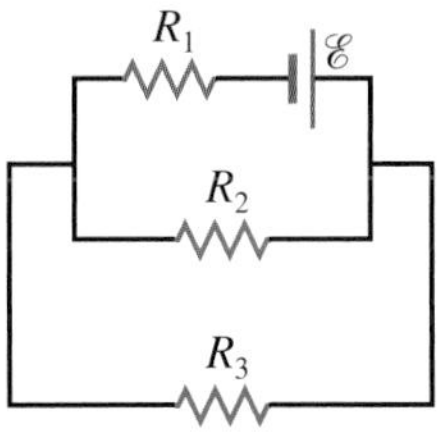

Figure 7.69 ▲
Exercice 33.

E34. (I) Dans le circuit représenté à la figure 7.70, déterminez : (a) les valeurs des f.é.m. ; (b) la différence de potentiel $V_B - V_A$.

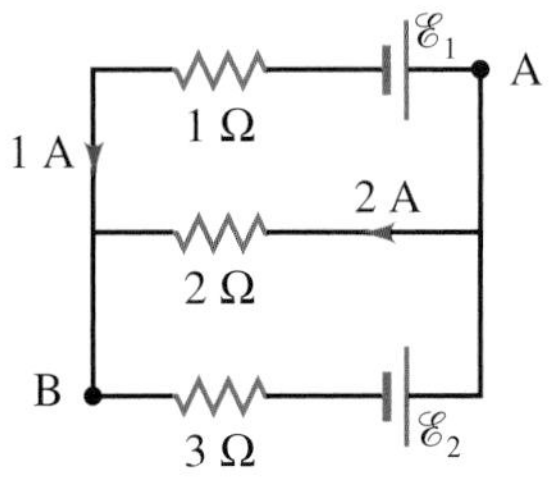

Figure 7.70 ▲
Exercice 34.

7.5 Circuits *RC*

E35. (I) Un condensateur de capacité 0,01 μF est chargé par une source de f.é.m. idéale. Une fois la charge complétée, on débranche la source et on relie ce condensateur à une résistance pour qu'il se décharge. Sa charge chute alors à 25 % de sa valeur initiale en 2 ms. Quelle est la valeur de la résistance ?

E36. (I) Quelle est la constante de temps pour l'association représentée à la figure 7.71 ?

E37. (I) Dans un circuit *RC*, on donne $R = 10^4\ \Omega$. Si la charge sur C augmente de 0 à 90 % de sa valeur finale en 2 s, trouvez la valeur de C.

E38. (I) Dans un circuit *RC* (voir la figure 7.30, p. 242), $\mathscr{E} = 200$ V, $R = 2 \times 10^5\ \Omega$, $C = 50$ μF et $Q = 0$ à $t = 0$. Trouvez : (a) la différence de potentiel aux bornes de C après une constante de temps ; (b) la différence de potentiel aux bornes de R après une constante de temps ; (c) l'énergie emmagasinée dans C au bout de 5 s ; (d) la puissance dissipée dans R à 5 s.

E39. (II) Dans un circuit *RC* (voir la figure 7.28, p. 239), on donne $R = 2{,}5 \times 10^4\ \Omega$ et $C = 40$ μF. La différence de potentiel initiale aux bornes de C est égale à 25 V. Trouvez : (a) la charge sur C et le courant circulant dans R lorsque $t = \tau = RC$; (b) l'énergie emmagasinée dans C lorsque $t = \tau = RC$; (c) la puissance qui se dissipe sous forme de chaleur dans R à 0,5 s ; (d) le taux de perte d'énergie (dU/dt) de C à 0,5 s. (e) En vous servant de l'équation 7.8*a*, tracez le graphe de $Q(t)$ pour un intervalle de t allant de 0 à 8τ. Est-il facile d'observer sur le graphe le fait que la charge n'est pas tout à fait nulle ? (f) Quel multiple entier de la constante de temps faut-il pour que la charge du condensateur devienne inférieure à celle d'un électron ?

E40. (II) (a) À l'instant initial, quel est le taux d'augmentation de la charge (dQ/dt) sur un condensateur C comme celui de la figure 7.30, p. 242, sachant que $Q = 0$ à $t = 0$? (b) Si ce taux était constant, combien de temps faudrait-il à C pour atteindre sa charge maximale ?

E41. (II) Dans un circuit *RC* (voir la figure 7.28, p. 239), le courant chute à 10 % de la valeur initiale en 5 s. (a) Combien de temps met-il pour chuter à 50 % ? (b) Exprimez le courant circulant à 10 s sous forme d'un pourcentage du courant initial.

E42. (I) L'espace entre les plaques d'un condensateur est rempli d'air et sa capacité est de 250 pF. Il est en série avec une résistance de $2 \times 10^6\ \Omega$ et une pile. On remplit l'espace entre les armatures avec un matériau de constante diélectrique κ. Lorsqu'on ferme l'interrupteur, le courant chute à 5 % de sa valeur initiale en 0,02 s. Quelle est la constante diélectrique ? (On suppose qu'il n'y a pas de fuites de courant dans le matériau.)

E43. (II) Le circuit de la figure 7.72 comprend un condensateur. (a) Quel est le courant dans chaque résistance lorsque le régime permanent s'est établi ? (b) Quelle est la charge du condensateur ?

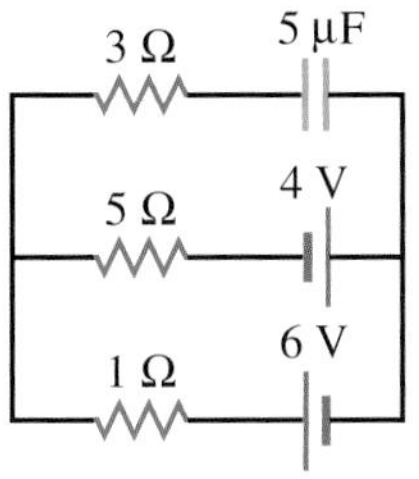

Figure 7.72 ▲
Exercice 43.

7.6 Utilisation du galvanomètre

E44. (I) Un multimètre est calibré à 20 000 Ω/V. (a) Quel est le courant nécessaire pour produire la déviation maximale de l'aiguille ? (b) Quelle est la résistance effective de l'instrument lorsqu'il est utilisé comme voltmètre sur l'échelle de 50 V ?

E45. (I) Un galvanomètre a une résistance interne de 50 Ω et la déviation maximale de l'aiguille correspond à 1 mA. Quelles sont les résistances en série nécessaires pour qu'il puisse être utilisé dans le montage de la figure 7.73 comme voltmètre avec différentes échelles ? La figure donne la position des résistances en série et la valeur maximale de la différence de potentiel mesurée sur chaque branche.

E46. (I) Un multimètre est calibré à 20 000 Ω/V. (a) Quel est le courant nécessaire dans le galvanomètre pour produire la déviation maximale de l'aiguille ? Si la résistance du galvanomètre est égale à 40 Ω, trouvez la valeur de la résistance en série ou du shunt pour obtenir une déviation maximale de (b) 250 V ; (c) 5 A.

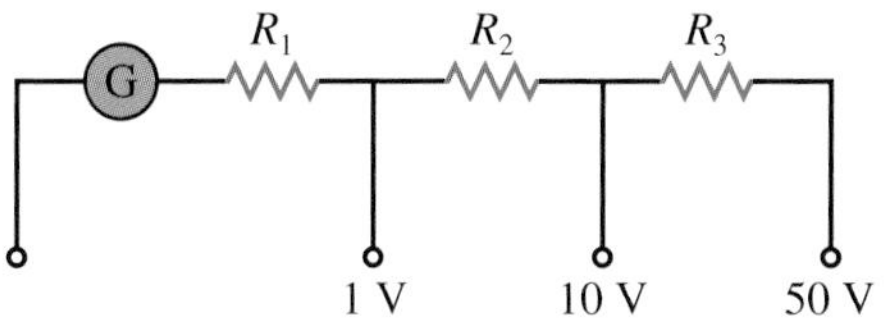

Figure 7.73 ▲
Exercice 45.

E47. (I) Un galvanomètre a une résistance de 20 Ω et enregistre une déviation maximale de l'aiguille pour un courant de 50 μA. Transformez-le en : (a) un voltmètre mesurant de 0 à 10 V ; (b) un ampèremètre mesurant de 0 à 500 mA.

E48. (II) La figure 7.62 (p. 260) représente un « diviseur de tension ». On applique un potentiel V à la borne supérieure du circuit et le potentiel à la borne inférieur est supposé égal à 0 V. Trouvez le potentiel en P pour les valeurs suivantes de la résistance de charge R_C : (a) zéro ; (b) infini ; (c) R_2 ; (d) 0,5 R_2.

E49. (I) Dans le circuit de la figure 7.74*a*, les résistances internes du voltmètre et de l'ampèremètre sont R_V = 1 kΩ, R_A = 0,1 Ω. La résistance R a une valeur de 10 Ω. (a) Quelles sont les vraies valeurs du courant circulant dans la résistance et de la différence de potentiel à ses bornes ? (b) Quelles sont les valeurs du courant et de la différence de potentiel mesurées par les instruments ?

E50. (I) Reprenez l'exercice 49 pour le circuit de la figure 7.74*b*.

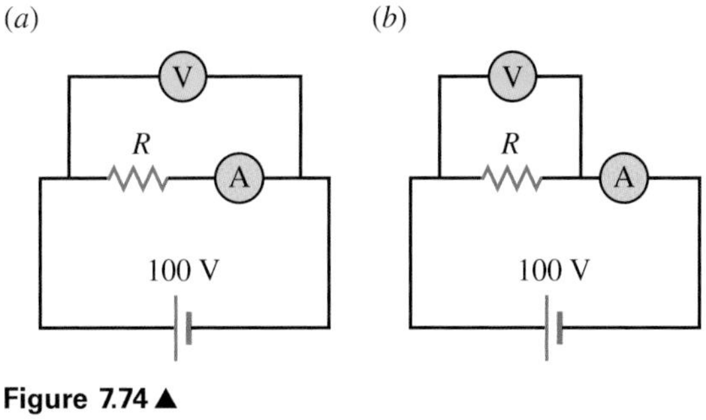

Figure 7.74 ▲
Exercices 49 et 50.

EXERCICES SUPPLÉMENTAIRES

Voir l'avant-propos pour la signification des icônes

7.1 F.é.m.

E51. (I) La différence de potentiel mesurée aux bornes d'une pile réelle de résistance interne 0,2 Ω est de 11,4 V lorsqu'elle est branchée à une résistance de 2,3 Ω. Trouvez la f.é.m. de la pile.

7.2 Résistances en série et en parallèle

E52. (I) Lorsqu'une résistance R est branchée à une f.é.m. idéale, le courant traversant le circuit est de 1,4 A. Si une résistance de 2 Ω est branchée en parallèle avec la résistance R, le courant traversant la f.é.m. monte à 1,82 A. Trouvez R.

E53. (I) Deux résistances ont une résistance équivalente à 8,0 Ω lorsqu'elles sont branchées en série et à 1,5 Ω lorsqu'elles sont en parallèle. Déterminez leur valeur individuelle.

7.4 Lois de Kirchhoff

E54. (II) À la figure 7.75, déterminez R, sachant que le courant qui la traverse est de 0,8 A.

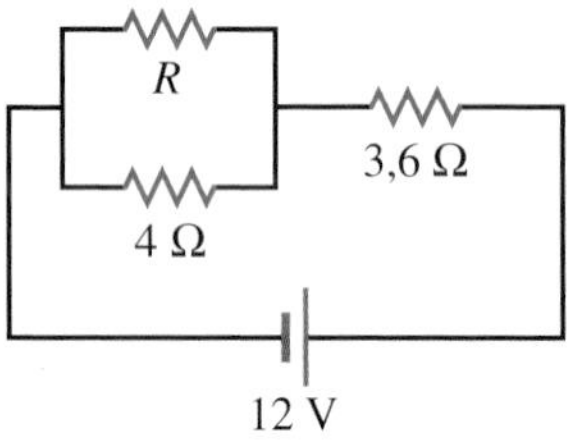

Figure 7.75 ▲
Exercice 54.

E55. (II) Le voltmètre, dans la figure 7.76, indique 1,0 V. Déterminez la valeur de $\mathscr{E}$ si le potentiel du côté droit du voltmètre est (a) plus élevé que celui du côté gauche ; (b) moins élevé que celui du côté gauche.

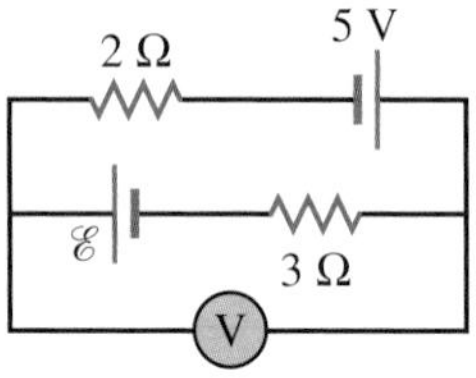

Figure 7.76 ▲
Exercice 55.

E56. (I) Deux résistances, de 2,0 Ω et 5,0 Ω ont, individuellement, une puissance maximale de 10 W. Quelle différence de potentiel maximale peut être appliquée à l'arrangement qu'elles forment lorsqu'elles sont branchées (a) en parallèle ; (b) en série ?

E57. (II) À la figure 7.77, les résistances et les f.é.m. idéales sont $R_1 = R_3 = 30\ \Omega$, $R_2 = 50\ \Omega$, $\mathscr{E}_1 = 1{,}6$ V et $\mathscr{E}_2 = 6{,}3$ V. Déterminez les trois courants.

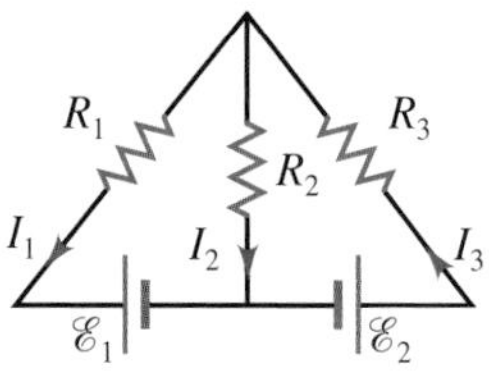

Figure 7.77 ▲
Exercice 57.

E58. (II) Lorsqu'on ferme le commutateur de la figure 7.78, le courant fourni par la f.é.m. idéale augmente d'un facteur 3. Trouvez R.

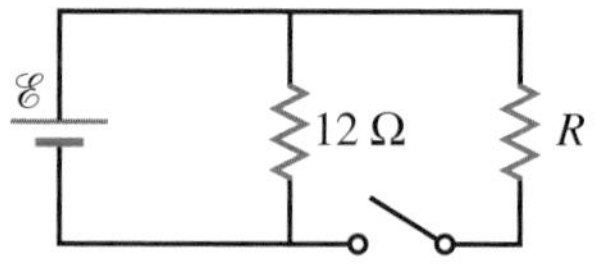

Figure 7.78 ▲
Exercice 58.

E59. (II) Lorsqu'une pile réelle fournit un courant de 0,8 A, la différence de potentiel entre ses bornes est de 1,44 V. Lorsqu'on recharge cette pile en la traversant d'un courant de 0,5 A, la différence de potentiel entre ses bornes est de 1,7 V. Déterminez la f.é.m. et la résistance interne de cette pile.

E60. (II) À la figure 7.79, l'ampèremètre indique 2,0 A et le voltmètre indique 2,0 V. Utilisez ces informations pour trouver la valeur de la résistance inconnue R ainsi que les courants I_1 et I_2. Le potentiel à la borne des appareils de mesure identifiée par un + est plus élevé que le potentiel à la borne identifiée par un −.

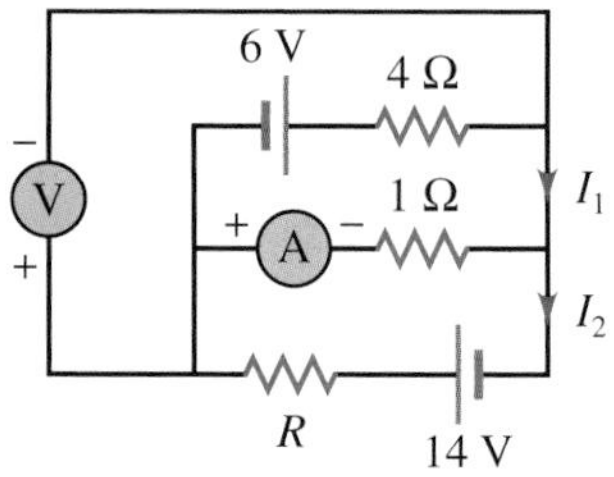

Figure 7.79 ▲
Exercice 60.

E61. (I) Un circuit à une maille contient trois f.é.m. idéales et quatre résistances. Les valeurs des éléments sont indiquées à la figure 7.80. Évaluez (a) la puissance qui se dissipe sous forme de chaleur dans la résistance R_2 ; (b) la puissance fournie par la f.é.m. $\mathscr{E}_3$; (c) la différence de potentiel $V_A - V_B$.

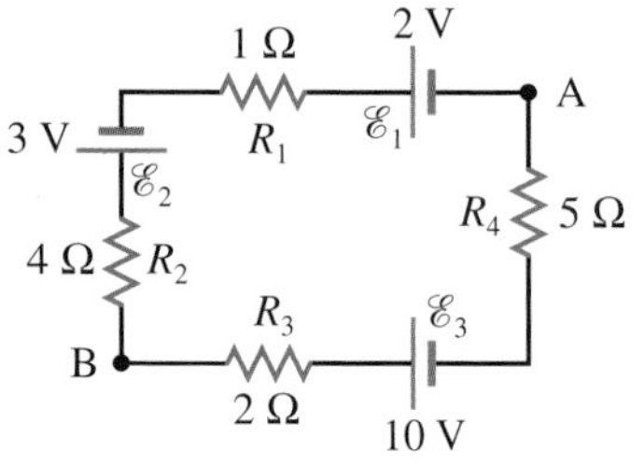

Figure 7.80 ▲
Exercice 61.

7.5 Circuits *RC*

E62. (II) La constante de temps du circuit apparaissant à la figure 7.81 est la même, que les deux commutateurs soient ouverts ou fermés. Si $R_1 = 2{,}0 \times 10^5\ \Omega$, $C_1 = 60\ \mu F$ et $C_2 = 20\ \mu F$, trouvez R_2.

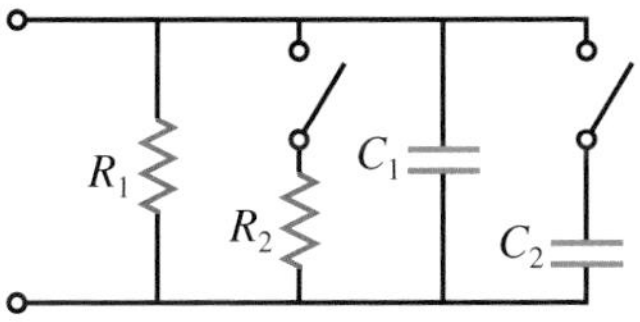

Figure 7.81 ▲
Exercice 62.

E63. (II) Le commutateur de la figure 7.82 est initialement fermé. (a) Quelle charge possédera le condensateur à l'équilibre ? (b) Si on ouvre le commutateur à l'instant $t = 0$, à quel moment la charge sur le condensateur sera-t-elle réduite à 25 % de sa valeur initiale ?

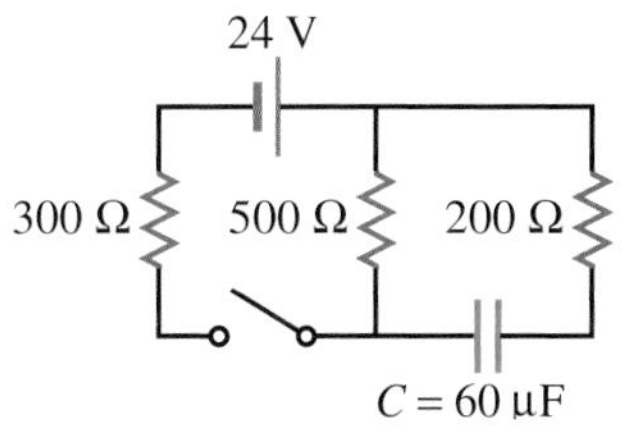

Figure 7.82 ▲
Exercice 63.

7.6 Utilisation du galvanomètre

E64. (I) Une résistance de 1,0 Ω est branchée à une f.é.m. idéale de 20 V. Quelle valeur maximale doit posséder la résistance interne d'un ampèremètre branché en série à la résistance et à la f.é.m. pour que la mesure effective du courant ne diffère pas de sa valeur réelle de plus de 1 % ?

PROBLÈMES

P1. (I) Un galvanomètre a une résistance interne de 20 Ω et donne une déviation maximale de l'aiguille lorsqu'il est traversé par un courant de 2 mA. Quels sont les shunts nécessaires pour les trois échelles indiquées à la figure 7.83 ? La figure donne la position des shunts et la valeur maximale de courant mesuré sur chaque branche.

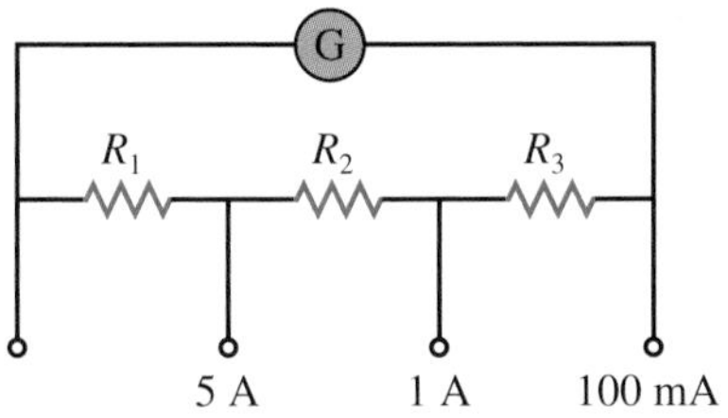

Figure 7.83 ▲
Problème 1.

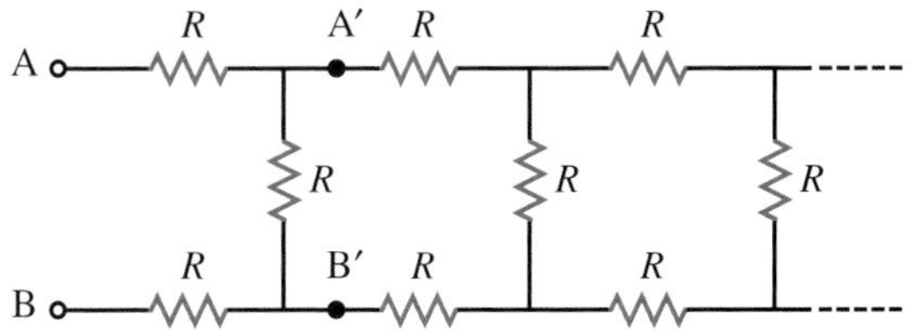

Figure 7.84 ▲
Problème 2.

P2. (II) Le montage des résistances d'égale valeur représenté à la figure 7.84 se répète indéfiniment. Montrez que la résistance équivalente entre les bornes A et B est $(1 + \sqrt{3})R$. (*Indice* : Le montage étant reproduit indéfiniment, la résistance entre les points A′ et B′ est la même qu'entre A et B.)

P3. (II) Soit 12 résistances identiques formant un cube (figure 7.85). Trouvez la résistance équivalente entre les points A et D. (*Indice* : Numérotez les sommets du cube. Utilisez la symétrie du montage pour trouver les points correspondant au même potentiel et joignez-les par un fil conducteur. Cela change-t-il quelque chose à la résistance équivalente ? Utilisez cette simplification pour dessiner un montage équivalent à deux dimensions.)

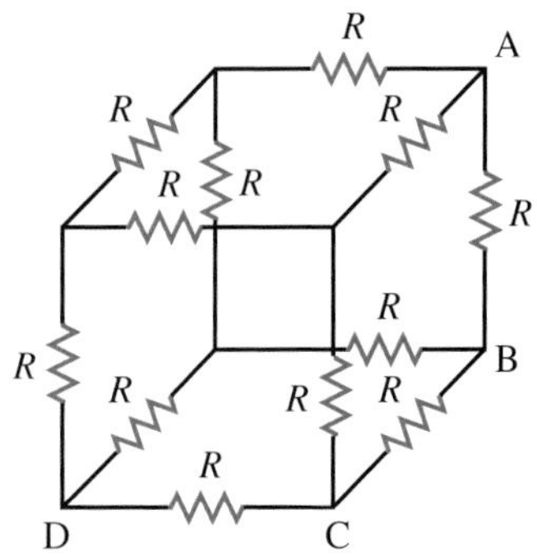

Figure 7.85 ▲
Problèmes 3 et 4.

P4. (II) Reprenez le problème 3 pour les points (a) A et B ; (b) A et C.

P5. (I) Un condensateur plan est rempli d'un matériau de constante diélectrique κ. Ce matériau est faiblement conducteur, de sorte qu'on lui attribue une résistivité ρ. Montrez que, si le condensateur est chargé et que l'on enlève la pile, la charge va diminuer avec une constante de temps $\tau = \varepsilon_0 \kappa \rho$.

P6. (II) *Fonctionnement d'un stroboscope*. Un condensateur peut servir à faire varier les intervalles de temps séparant les éclairs émis par un petit tube au néon dans le circuit représenté à la figure 7.86. Lorsqu'il est froid, le gaz est un bon isolant. Le tube s'allume (ionisation et émission de lumière) lorsque la différence de potentiel entre ses bornes atteint la valeur d'allumage ΔV_a. Sa résistance devient très petite et le condensateur se décharge donc rapidement dans le tube. Au fur et à mesure que la différence de potentiel diminue, le gaz se refroidit, et il redevient un isolant à la différence de potentiel d'extinction ΔV_e. À ce stade, le condensateur recommence à se charger. Le graphe représente la variation de la différence de potentiel aux bornes du condensateur et du tube. On remarque que

$$\Delta V_e = \Delta V_{max}(1 - e^{-t/RC})\ ;$$
$$\Delta V_a = \Delta V_{max}(1 - e^{-(t+T)/RC})$$

t étant un instant quelconque et T étant la période des éclairs. Montrez que

$$T = RC \ln\left(\frac{\Delta V_{max} - \Delta V_e}{\Delta V_{max} - \Delta V_a}\right)$$

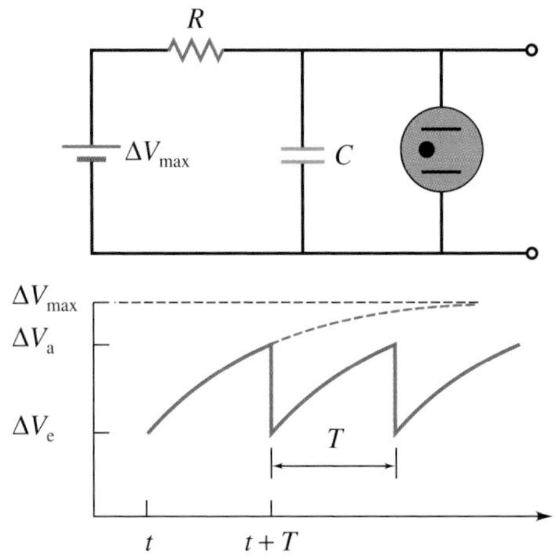

Figure 7.86 ▲
Problème 6.

P7. (II) Quelle est la valeur du courant dans le galvanomètre du pont de Wheatstone non équilibré représenté à la figure 7.87 ? La résistance du galvanomètre est égale à 20 Ω.

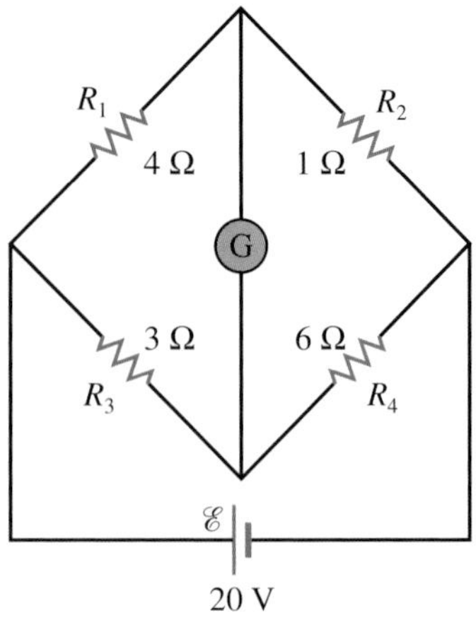

Figure 7.87 ▲
Problème 7.

P8. (I) Un condensateur de 40 μF a une charge initiale de 50 μC. Il se décharge dans une résistance de 8000 Ω. Trouvez : (a) le courant à 10 ms ; (b) la charge à 10 ms ; (c) la puissance qui se dissipe sous forme de chaleur dans la résistance à 10 ms. (d) Combien faut-il de temps pour que l'énergie dans le condensateur chute à 10 % de sa valeur initiale ?

P9. (I) Dans le circuit de la figure 7.88, l'interrupteur S_1 est initialement fermé et S_2 est ouvert. (a) Trouvez $V_A - V_B$. (b) On ferme S_2 tout en gardant S_1 fermé. Que devient $V_A - V_B$? (c) On ouvre S_1 et on garde S_2 fermé. Quelle est la constante de temps pour la décharge du condensateur ?

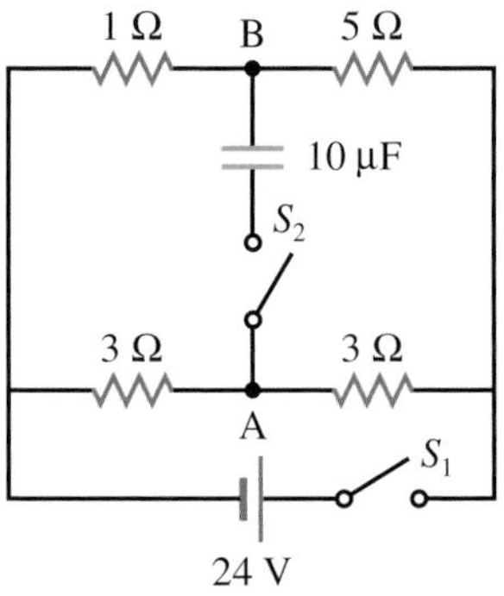

Figure 7.88 ▲
Problème 9.

P10. (I) Le circuit de la figure 7.89 comprend trois f.é.m. idéales et trois mailles. Trouvez le courant dans chaque résistance.

P11. (I) Trouvez le courant dans chaque résistance du circuit de la figure 7.90.

P12. (I) Pour le circuit de la figure 7.91, trouvez : (a) le courant initial dans chaque résistance lorsqu'on ferme l'interrupteur ; (b) le courant final en régime

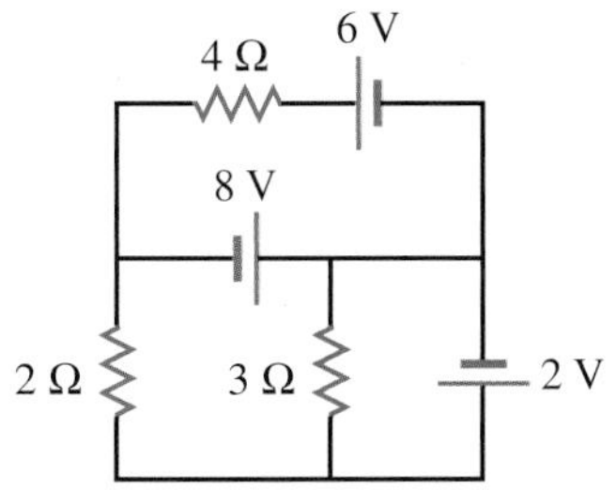

Figure 7.89 ▲
Problème 10.

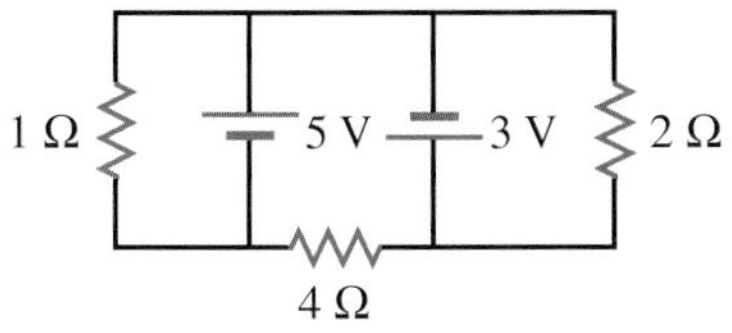

Figure 7.90 ▲
Problème 11.

permanent dans chaque résistance ; (c) l'énergie finale emmagasinée dans le condensateur ; (d) la constante de temps lorsque l'interrupteur est réouvert après que la charge maximale soit atteinte.

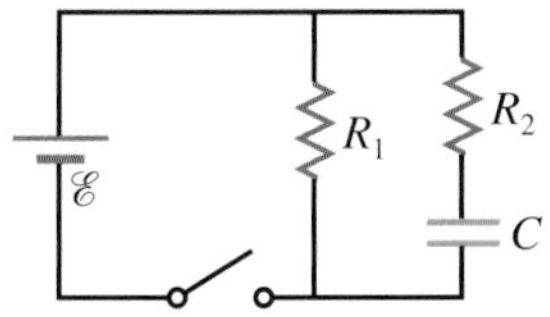

Figure 7.91 ▲
Problème 12.

P13. (II) À la figure 7.92, on ferme l'interrupteur à $t = 0$. (a) Quels sont les courants dans les résistances à (a) $t = 0$; (b) $t \to \infty$? (c) Montrez que le courant de charge du condensateur est donné par

$$I_C = \frac{\mathscr{E}}{R_1} e^{-t/\tau}$$

où $\tau = R_1 R_2 C/(R_1 + R_2)$. (*Indice* : Appliquez la loi des mailles pour chaque maille et établissez une relation entre les courants à l'aide de la loi des nœuds. Obtenez une équation différentielle pour I_C et intégrez-la.)

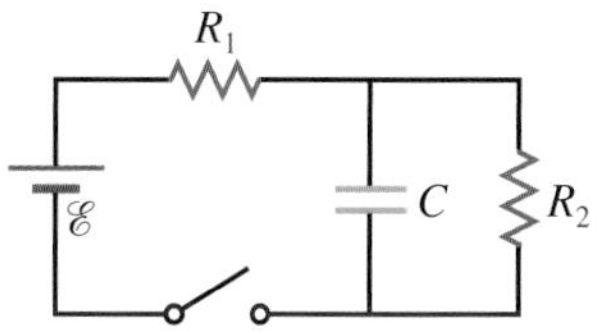

Figure 7.92 ▲
Problème 13.

P14. (II) Dans un circuit *RC* (voir la figure 7.30, p. 242), $\mathscr{E} = 100$ V, $C = 80$ μF et $R = 10^5$ Ω. Trouvez : (a) le temps nécessaire pour que l'énergie dans le condensateur atteigne 50 % de sa valeur maximale ; (b) le taux de charge dQ/dt du condensateur à 2 s ; (c) la puissance qui se dissipe sous forme de chaleur dans R à 2 s ; (d) l'énergie totale dissipée par la résistance entre 0 et 10 s.

P15. (II) On donne deux piles de f.é.m. $\mathscr{E}_1$ et $\mathscr{E}_2$ et de résistances internes r_1 et r_2. Elles sont reliées en parallèle (comme à la figure 7.54, p. 259). Montrez qu'elles sont équivalentes à une pile de f.é.m. $\mathscr{E}_{\text{éq}}$, avec

$$\mathscr{E}_{\text{éq}} = \left(\frac{\mathscr{E}_1}{r_1} + \frac{\mathscr{E}_2}{r_2}\right)\left(\frac{1}{r_1} + \frac{1}{r_2}\right)^{-1}$$

(*Indice* : Considérez les piles reliées à une résistance externe R. Remarquez que $\mathscr{E}_{\text{éq}} - r_{\text{éq}} I = RI$.)

P16. (I) Calculez les coefficients α_1 et α_2 dans l'exemple 7.15, puis la valeur de la résistance équivalente entre les points A et B. On donne $R_1 = 2$ Ω, $R_2 = 3$ Ω, $R_3 = 1$ Ω, $R_4 = 5$ Ω et $R_5 = 4$ Ω.

P17. (II) Deux piles ont la même f.é.m. $\mathscr{E}$ et la même résistance interne r. Elles sont reliées à une résistance externe R. Les piles doivent-elles être reliées en série ou en parallèle pour que le taux de dissipation thermique dans R soit maximal, sachant que (a) $r < R$; (b) $r > R$?

Le champ magnétique

8

POINTS ESSENTIELS

1. Par définition, le **champ magnétique** est orienté dans la direction indiquée par le pôle nord de l'aiguille d'une boussole plongée dans ce champ.
2. La force magnétique agissant sur une charge en mouvement est perpendiculaire à la fois à la vitesse de la charge et au champ magnétique.
3. La force magnétique agissant sur un élément de fil parcouru par un courant est perpendiculaire à la fois au fil et au champ magnétique.
4. Le moment de force agissant sur une boucle de courant a tendance à faire pivoter la boucle de façon à aligner la normale au plan de la boucle sur le champ magnétique.
5. Une particule chargée se déplaçant dans un champ magnétique uniforme décrit une trajectoire circulaire ou hélicoïdale. Ce mouvement est à la base du fonctionnement du **sélecteur de vitesse**, du **spectromètre de masse** et du **cyclotron**.
6. L'**effet Hall** est l'apparition d'une différence de potentiel latérale dans un conducteur traversé par un courant et placé dans un champ magnétique.

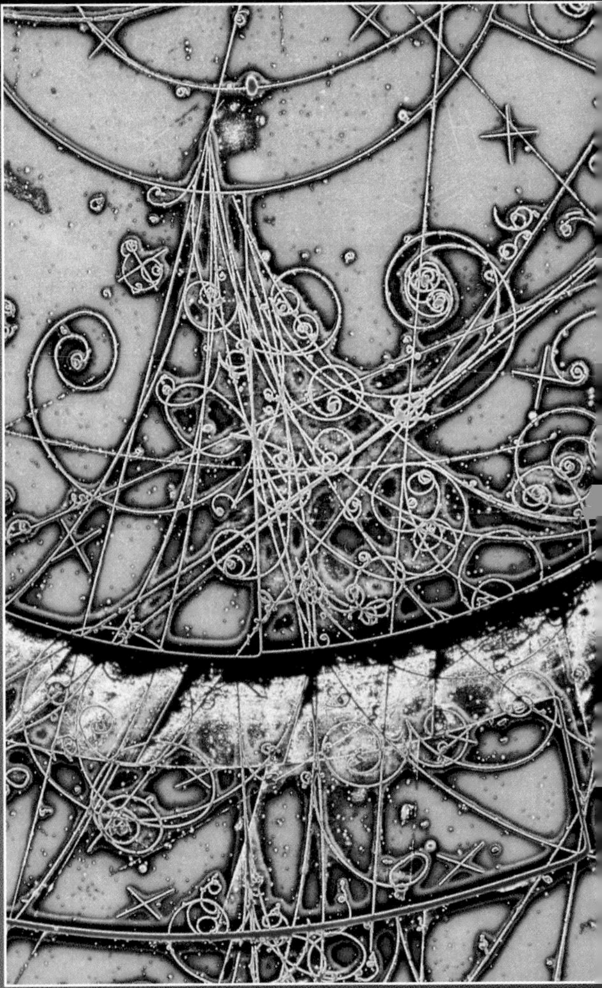

Lorsqu'une particule élémentaire chargée traverse un détecteur appelé chambre à bulles, elle laisse une traînée de petites bulles qui permet de reconstituer sa trajectoire (la couleur a été ajoutée). La courbure de cette trajectoire est due à la force qu'exerce un champ magnétique ; elle permet de déterminer les caractéristiques de la particule. Nous décrirons de telles trajectoires dans ce chapitre.

Au chapitre 1, nous avons brièvement parlé des aimants naturels, découverts dans l'Antiquité, que les marins utilisaient comme boussoles au XIe siècle. Tout comme les charges électriques, les aimants exercent une force les uns sur les autres, mais cette force *n'est pas* une force électrique. En effet, les aimants exercent cette force sans qu'il soit nécessaire de les charger. De plus, nous verrons que le comportement d'un aimant manifeste certaines analogies avec celui d'un dipôle électrique, mais que plusieurs différences importantes sont observées. La force qu'exercent les aimants entre eux est appelée **force magnétique**.

La première étude systématique des aimants fut réalisée en 1269 par Pierre de Maricourt, philosophe et savant du XIIIe siècle, qui étudia l'effet d'une pierre aimantée de forme sphérique en se servant d'une petite aiguille magnétisée. En plaçant l'aiguille en plusieurs points de la surface de la pierre et en notant la façon dont elle s'orientait, il traça sur la pierre des « lignes de force » et s'aperçut que ces lignes convergeaient en deux régions de chaque côté de la sphère, comme les lignes de longitude de la Terre. Par analogie, il appela ces régions des *pôles* magnétiques. En 1600, William Gilbert prolongea ces travaux et suggéra l'idée importante que la Terre elle-même était un gigantesque aimant. L'extrémité d'un barreau aimanté suspendu qui pointe vers le nord géographique est appelé pôle « pointant vers le nord », ou pôle nord.

Quand on place deux aimants bout à bout, on constate qu'ils se repoussent si leurs pôles nord (ou leurs pôles sud) se font face, mais s'attirent si deux pôles différents se font face. De même, quand les aimants sont côte à côte, les pôles semblables *semblent* se repousser, alors que les pôles différents *semblent* s'attirer. Pour plusieurs raisons que nous allons voir, nous pensons aujourd'hui que ce sont les aimants *entiers* qui interagissent et non uniquement leurs pôles, mais l'explication facile selon laquelle les pôles semblables se repoussent et les pôles différents s'attirent est souvent invoquée, car elle demeure presque toujours valable en première approximation. D'ailleurs, elle permet de tirer une conclusion importante à propos des travaux de Gilbert : si le pôle nord d'un aimant s'oriente vers le pôle Nord *géographique* de la Terre, cela signifie que ce dernier est un pôle sud *magnétique* (voir la figure 9.42, p. 346).

Figure 8.1 ▲
Hans Christian Œrsted (1777-1851).

Durant les deux siècles qui suivirent les travaux de Gilbert, l'électricité et le magnétisme évoluèrent séparément. Cependant, à partir de 1735, on commença à soupçonner qu'il existait entre eux une relation lorsqu'on découvrit que la foudre pouvait magnétiser des objets métalliques comme des fourchettes et des cuillères. Le professeur danois Hans Christian Œrsted (1777-1851) (figure 8.1) défendait l'idée métaphysique d'une certaine unité entre les « forces » de la nature. Selon lui, toutes les « forces », en particulier l'électricité et le magnétisme, étaient liées entre elles. Dès 1813, il se mit à essayer de produire des effets magnétiques à partir de l'électricité. Comme d'autres scientifiques, il tenta diverses expériences, l'une d'elles consistant à suspendre une pile voltaïque par une corde pour voir si elle s'orientait comme une boussole.

Tout champ magnétique est dû à des charges en mouvement.

Au printemps 1820, en préparant un cours pour ses étudiants, Œrsted se souvint que l'aiguille d'une boussole fluctue pendant un orage, en particulier lors d'un coup de foudre. À la fin de son exposé, il plaça une aiguille de boussole sous un mince fil de platine orienté selon l'axe nord-sud. Lorsqu'il fit passer un courant intense, il vit l'aiguille tourner et s'écarter de son orientation normale selon le champ magnétique terrestre. Œrsted venait de découvrir qu'un courant *électrique* peut produire un effet *magnétique*. Il montra par la suite qu'un aimant exerce une force sur un fil conducteur traversé par un courant. Ces résultats, publiés en juillet 1820, établirent le lien existant entre l'électricité et le magnétisme. En fait, nous verrons que *tous* les effets magnétiques sont essentiellement attribués à des charges électriques en mouvement. Dans un courant électrique, ce mouvement est macroscopique, et dans un aimant permanent, il est microscopique : il se produit au sein de chaque atome, en raison de la rotation des électrons autour du noyau et sur eux-mêmes, selon l'interprétation de la mécanique quantique.

De nos jours, les aimants et les électroaimants sont utilisés dans les appareils de mesure analogiques, les moteurs, les haut-parleurs, les bandes magnétiques des cartes bancaires, les mémoires d'ordinateur, en analyse chimique, pour concentrer et diriger le faisceau d'électrons dans un tube à rayons cathodiques (voir le sujet connexe du chapitre 2), et dans une foule d'autres mécanismes. En plus d'être utile à la navigation, le champ magnétique terrestre nous protège contre les effets dangereux des particules chargées de haute énergie provenant de l'espace (voir la fin de la section 8.5).

La force magnétique est apparemment capable d'agir à distance, ce qui pose les mêmes problèmes conceptuels que dans le cas de la force électrique (voir l'introduction du chapitre 2 et la section 2.1). Par exemple, si on déplace un aimant, la force sur un autre aimant n'est pas modifiée de façon instantanée. Pour expliquer l'action à distance, nous recourrons encore une fois au mécanisme de *champ* : nous dirons que les matériaux aimantés, les charges en mouvement et les courants électriques produisent un *champ magnétique*, ce champ exerçant ensuite une force magnétique sur les autres matériaux aimantés, charges en mouvement et courants électriques qui s'y trouvent plongés. Dans ce chapitre, nous ne nous préoccuperons pas de la façon précise dont les champs magnétiques sont produits. Cela nous permettra de concentrer nos efforts sur l'étude des *effets* des champs magnétiques, c'est-à-dire ceux de la force magnétique. Ce n'est qu'au chapitre suivant que, en nous basant sur la découverte d'Œrsted, nous verrons comment de tels champs sont produits.

Il pourrait sembler plus logique de présenter la notion de force magnétique en mesurant l'attraction ou la répulsion entre des aimants de façon à obtenir une équation empirique, et en définissant le champ magnétique ensuite. C'est d'ailleurs la méthode que nous avons suivie dans le cas de la force électrique qu'exercent entre elles deux charges ponctuelles : au chapitre 1, nous avons d'abord obtenu la loi de Coulomb à partir de mesures, puis au chapitre 2, nous avons défini le champ électrique. Cette approche est toutefois impossible dans le cas des aimants, car l'analogie entre les charges électriques et les pôles magnétiques n'est qu'apparente : les pôles ne sont pas des entités indépendantes comme le sont les charges et n'interagissent donc pas réellement. Une explication valable de l'interaction entre deux aimants repose donc sur la compréhension d'un grand nombre de notions, qui font l'objet de ce chapitre et du suivant. Nous reviendrons sur l'interaction entre les aimants à la section 9.5.

Les pôles d'un aimant n'interagissent pas réellement.

8.1 Le champ magnétique

Au voisinage d'un barreau aimanté, la limaille de fer forme une configuration caractéristique (figure 8.2*a*) qui montre l'influence de l'aimant sur le milieu environnant. Si on remplace la limaille de fer par un grand nombre de petites boussoles, on observe que les aiguilles de ces dernières se distribuent de façon identique. (Notons qu'il ne faut pas confondre la limaille de fer de la figure 8.2 avec les semences de gazon des figures 2.8 et 2.9, p. 34.) C'est à partir de ces configurations formées par la limaille ou les boussoles que Michael Faraday eut l'idée d'introduire la notion du champ magnétique et les lignes de champ correspondantes. Comme dans le cas du champ électrique, il serait très difficile pour le moment de décrire ce qu'*est* le champ magnétique. Cela n'est toutefois pas un problème : comme dans le cas du champ électrique (voir la section 2.1), nous donnerons une définition mathématique (aussi appelée « définition opérationnelle ») du champ magnétique, laquelle sera suffisante pour calculer la force magnétique et expliquer tous les phénomènes que nous étudierons. Dans un premier temps, nous définissons l'orientation du vecteur champ magnétique et nous définirons son module un peu plus loin.

Dans le cas du champ électrique, l'orientation du vecteur $\vec{\mathbf{E}}$ était définie comme étant parallèle à la force que ce champ exerçait sur une charge d'essai positive. Comme la force magnétique ne s'exerce que sur une charge d'essai *en mouvement*, elle dépend de l'état de mouvement de cette dernière, alors une définition analogue n'est pas possible. Il faut donc définir l'orientation du champ magnétique autrement. L'orientation prise par la limaille de fer ou les boussoles, c'est-à-dire celle des *lignes de champ* illustrées à la figure 8.2*b*, est un choix tout à fait naturel, même s'il ne correspond *pas* à l'orientation de la force magnétique

Figure 8.2 ▶

(*a*) La configuration de la limaille de fer autour d'un barreau aimanté. (*b*) Les lignes du champ magnétique d'un barreau aimanté. Les lignes forment des boucles fermées.

(*a*)

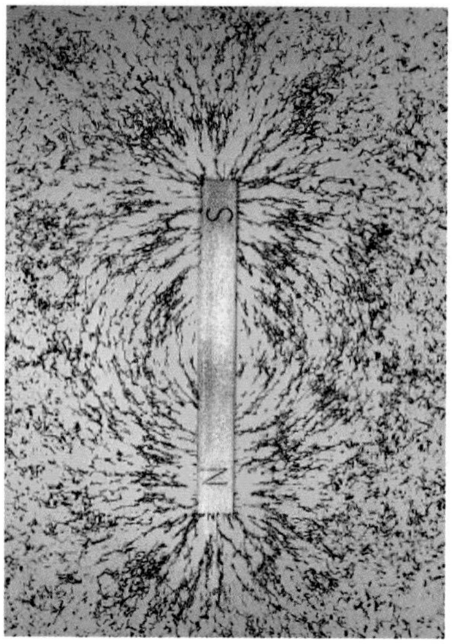

(*b*)

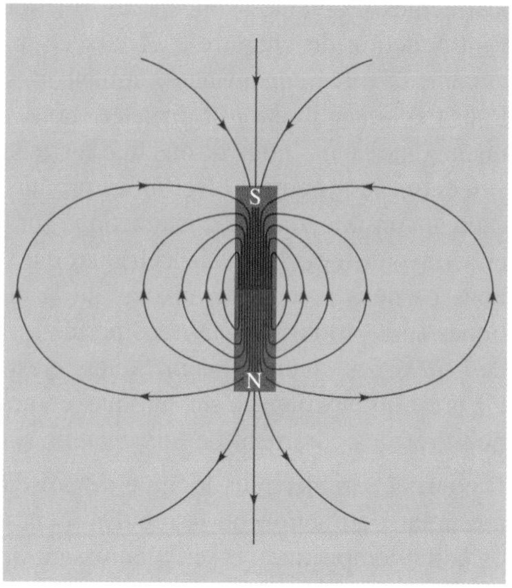

sur une charge d'essai. De cette façon, nous pourrons dire que le **champ magnétique** $\vec{\mathbf{B}}$* en un point est *orienté* selon la tangente à une ligne de champ, comme c'était le cas pour le champ électrique. De plus, comme l'orientation d'une ligne de champ magnétique est définie par celle de la limaille de fer ou des boussoles, le pôle nord de l'aiguille d'une boussole placée sur une telle ligne de champ indique *par définition* le sens de $\vec{\mathbf{B}}$.

Quant au *module* du champ, la définition que nous en donnerons fait en sorte qu'il est proportionnel au nombre de lignes traversant une surface unitaire normale au champ. (Pour cette raison, le champ $\vec{\mathbf{B}}$ est aussi appelé « densité du flux magnétique ».) Pour définir quantitativement ce module, nous aurons recours à la notion de force comme dans le cas du champ électrique (voir l'équation 2.1). Mais voyons d'abord pourquoi cette force n'agit pas entre des pôles magnétiques, mais bien sur des charges électriques en mouvement.

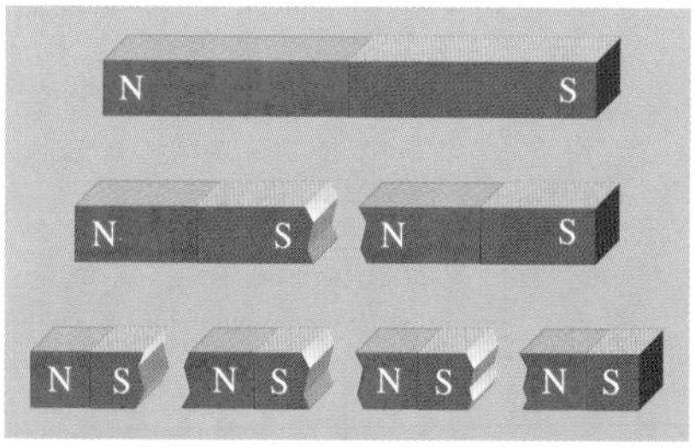

Figure 8.3 ▲

Lorsqu'on coupe un aimant, on obtient deux aimants plus petits. Il n'est pas possible d'isoler le pôle nord ou le pôle sud.

On remarque, à la figure 8.2, que les pôles ne sont pas situés en des points précis mais qu'ils correspondent plutôt à des régions mal définies proches des extrémités de l'aimant. Si l'on essaie d'isoler les pôles en coupant l'aimant, il se produit une chose curieuse : on obtient deux aimants, comme on le voit à la figure 8.3. Si l'on coupe l'aimant en tranches très fines, chaque fragment garde toujours deux pôles, ce qu'illustre bien le code de couleurs que nous avons choisi pour représenter les pôles. Même à l'échelle atomique, nul n'est parvenu à trouver un pôle magnétique isolé, ce que l'on appelle un *monopôle*. C'est pourquoi les lignes de champ magnétique forment des boucles fermées (figure 8.2*b*). À l'extérieur de l'aimant, les lignes émergent du pôle nord et entrent par le pôle sud ; à l'intérieur, elles sont orientées du pôle sud vers le pôle nord.

Ces observations montrent bien que l'interaction directe entre deux pôles n'est qu'une apparence : premièrement, si la force entre des aimants s'expliquait bel et bien par l'attraction ou la répulsion des pôles, on devrait pouvoir observer ces pôles séparément. Deuxièmement, si on pouvait placer une petite boussole au cœur du matériau d'un aimant, là où les lignes de champ pointent du pôle sud vers le pôle nord, alors le pôle nord de cette boussole s'orienterait vers le

* Il peut sembler étrange d'utiliser la lettre B pour désigner le champ magnétique. Mais la lettre M, qui apparaît comme un choix plus naturel, sert à désigner un autre paramètre appelé « aimantation » (*cf.* section 9.6). Quant au choix de la lettre B, il ne s'explique par aucun motif particulier.

pôle nord de l'aimant… Comment le pôle nord de l'aiguille pourrait-il être repoussé par le pôle nord de l'aimant quand l'aiguille est située à l'extérieur, mais être attiré par celui-ci quand l'aiguille est située à l'intérieur ? Cela montre bien qu'il sera impossible d'avoir recours à la notion de pôle pour définir le module du champ magnétique.

Au lieu d'examiner les effets d'un aimant sur un autre aimant, il est moins ambigu d'observer les effets d'un aimant sur une unique charge ponctuelle en mouvement. Nous pourrons donc définir le module du champ magnétique en ayant recours à l'approche de la force subie par une charge d'essai, comme dans le cas du champ électrique. Dans ce dernier cas, le vecteur $\vec{\mathbf{E}}$ avait été défini de façon à ce que la force sur une charge q plongée dans le champ électrique soit donnée par $\vec{\mathbf{F}}_E = q\vec{\mathbf{E}}$. L'équation qui définira la relation entre le vecteur champ magnétique $\vec{\mathbf{B}}$ et la force magnétique $\vec{\mathbf{F}}_B$ sur une charge d'essai q sera nécessairement plus complexe, car elle dépend aussi de l'état de mouvement de la charge q, c'est-à-dire de sa vitesse $\vec{\mathbf{v}}$. En mesurant cette force, on constate ce qui suit :

(i) La force agissant sur une particule chargée est directement proportionnelle à la charge $|q|$ et au module de la vitesse v, c'est-à-dire : $F_B \propto |q|v$.

(ii) Si la vitesse $\vec{\mathbf{v}}$ de la particule fait un angle θ avec les lignes de $\vec{\mathbf{B}}$, on trouve $F_B \propto \sin\theta$.

En combinant ces deux résultats, on obtient

$$F_B \propto |q|v \sin\theta$$

Il va de soi que la force doit également dépendre du champ. La relation de proportionnalité présentée ci-dessus devient une équation si l'on définit le module du champ magnétique B comme étant la constante de proportionnalité :

$$F_B = |q|vB \sin\theta \qquad (8.1)$$

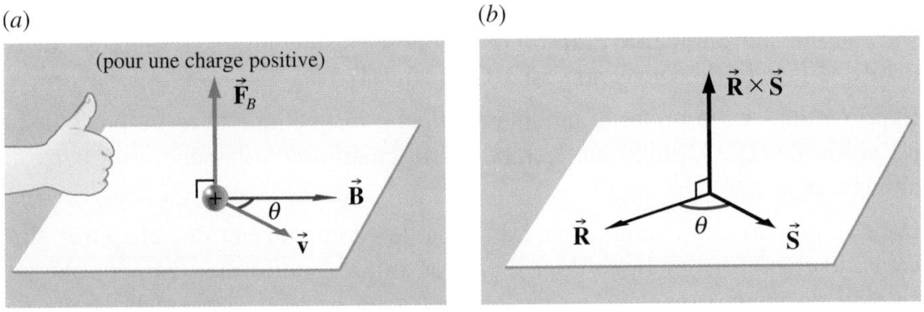

Figure 8.4◄
(*a*) La force magnétique $\vec{\mathbf{F}}_B$ agissant sur une particule de vitesse $\vec{\mathbf{v}}$ dans un champ magnétique $\vec{\mathbf{B}}$ est perpendiculaire à la fois à $\vec{\mathbf{v}}$ et à $\vec{\mathbf{B}}$. (*b*) D'après la règle de la main droite, si on oriente les doigts de la main droite (sauf le pouce) selon $\vec{\mathbf{R}}$ et qu'on les replie pour qu'ils s'alignent sur $\vec{\mathbf{S}}$, alors le pouce pointe selon $\vec{\mathbf{R}} \times \vec{\mathbf{S}}$.

(iii) On observe que $\vec{\mathbf{F}}_B$ est perpendiculaire à la fois à $\vec{\mathbf{B}}$ et à $\vec{\mathbf{v}}$, donc au plan défini par $\vec{\mathbf{B}}$ et $\vec{\mathbf{v}}$ (figure 8.4*a*). L'orientation de $\vec{\mathbf{F}}_B$ dépend du signe de la charge en mouvement. Si la charge q est positive, on observe la règle suivante :

Orientation de la force magnétique

Si on oriente les doigts de la main droite selon $\vec{\mathbf{v}}$ et qu'on les replie pour qu'ils s'alignent sur $\vec{\mathbf{B}}$, alors le pouce pointe selon $\vec{\mathbf{F}}_B$. Pour une charge q négative, $\vec{\mathbf{F}}_B$ est orientée dans le sens opposé au pouce.

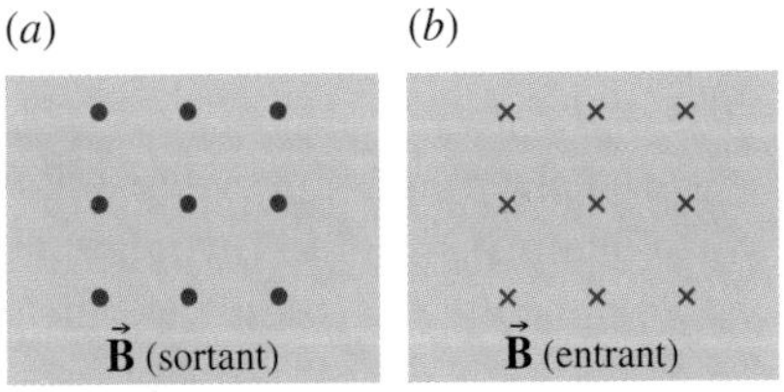

Figure 8.5▲
La convention utilisée pour représenter les lignes du champ magnétique (*a*) sortant et (*b*) entrant dans la page.

Étant donné ce que nous venons de présenter, il est évident que dans ce chapitre et les suivants, nous aurons souvent à représenter des vecteurs dans les trois dimensions de l'espace. Pour nous faciliter la tâche, nous utiliserons la convention illustrée à la figure 8.5. Le point représente la pointe d'une flèche venant vers nous ($\vec{\mathbf{B}}$ sort de la page). La croix représente l'extrémité d'une flèche qui s'éloigne ($\vec{\mathbf{B}}$ entre dans la page).

On peut se servir du produit vectoriel (voir le chapitre 2 du tome 1) pour exprimer la force magnétique. En effet, le produit vectoriel entre deux vecteurs $\vec{\mathbf{R}}$ et $\vec{\mathbf{S}}$ quelconques (noté $\vec{\mathbf{R}} \times \vec{\mathbf{S}}$) est perpendiculaire à $\vec{\mathbf{R}}$ et à $\vec{\mathbf{S}}$, et l'orientation de $\vec{\mathbf{R}} \times \vec{\mathbf{S}}$ est donnée par la **règle de la main droite** : *si on oriente les doigts de la main droite selon* $\vec{\mathbf{R}}$ *et qu'on les replie pour qu'ils s'alignent sur* $\vec{\mathbf{S}}$, *alors le pouce pointe selon* $\vec{\mathbf{R}} \times \vec{\mathbf{S}}$ (figure 8.4*b*). De plus, le module de $\vec{\mathbf{R}} \times \vec{\mathbf{S}}$ vaut $RS \sin \theta$, où θ est l'angle entre les vecteurs $\vec{\mathbf{R}}$ et $\vec{\mathbf{S}}$. En fonction du produit vectoriel, on peut donc écrire une équation qui décrit complètement (module, direction et sens) la force magnétique qui agit sur une charge en mouvement :

PA *La figure animée II-2*, **Force magnétique sur une particule**, est conçue pour aider à visualiser l'application de l'équation 8.2 dans les trois dimensions de l'espace. Voir le Compagnon Web : www.erpi.com/benson.cw.

Force magnétique agissant sur une charge en mouvement

$$\vec{\mathbf{F}}_B = q\vec{\mathbf{v}} \times \vec{\mathbf{B}} \qquad (8.2)$$

On remarque qu'*il n'y a pas* de valeur absolue dans cette équation : lorsque q est négatif, le signe moins inverse le sens du vecteur $\vec{\mathbf{F}}_B$, tel que désiré.

Puisque $\vec{\mathbf{F}}_B$ est toujours perpendiculaire à $\vec{\mathbf{v}}$, *une force magnétique n'effectue aucun travail sur une particule libre et ne peut servir à faire varier son énergie cinétique*. L'unité SI de champ magnétique est le **tesla** (T) : d'après l'équation 8.2, on voit que 1 T = 1 (N·s)/(C·m). Le tesla est une unité de très grande taille. Par exemple, le champ magnétique terrestre près du sol n'est que de 50 μT, celui produit par les aimants supraconducteurs larges de plusieurs mètres est typiquement de 2 ou 3 T et ne dépasse pas 30 T. Enfin, le champ magnétique le plus intense jamais produit dans un laboratoire a été obtenu en 2006 à Los Alamos, seulement par pulsations d'une durée très courte, et il ne s'agit « que » d'un champ de 100 T. Comme le tesla est une unité de si grande taille, on utilise souvent une autre unité, le **gauss** (G), qui n'est pas une unité SI. Entre ces deux unités, le facteur de conversion est $1\ \text{G} = 10^{-4}\ \text{T}$.

Exprimé dans cette unité, le module du champ magnétique terrestre près du sol est voisin de 0,5 G, alors que le module du champ au voisinage d'un barreau aimanté peut atteindre 50 G.

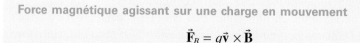

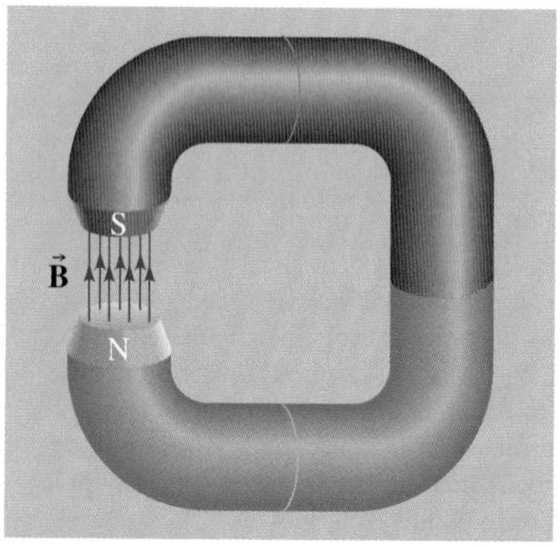

Figure 8.6 ▲
Lorsqu'on rapproche les pôles d'un barreau aimanté, on crée une région dans laquelle le champ magnétique est uniforme.

Dans la plupart des exemples et exercices de ce chapitre et des chapitres suivants, le champ magnétique dont il est question est uniforme. On peut obtenir ce type de champ magnétique en donnant à un barreau aimanté la forme de celui de la figure 8.6. Dans la mesure où un *petit* espace sépare les pôles et où les phénomènes observés se produisent au centre de cet espace*, on peut en effet considérer que le champ magnétique $\vec{\mathbf{B}}$ y est uniforme.

EXEMPLE 8.1

Un électron a une vitesse $\vec{\mathbf{v}} = 10^6\vec{\mathbf{j}}$ m/s dans un champ $\vec{\mathbf{B}} = 500\vec{\mathbf{k}}$ G (figure 8.7). Quelle est la force magnétique agissant sur l'électron ?

Solution

Tout d'abord, il faut convertir B en unités SI. On obtient $B = 5 \times 10^{-2}$ T. En utilisant $q = -e$ dans l'équation 8.2, on trouve

* Nous n'avons représenté qu'une partie de toutes les lignes de champ magnétique qui relient les deux pôles. Ces lignes s'infléchissent vers l'extérieur lorsqu'on s'éloigne trop du centre.

$$\vec{F}_B = -e\vec{v} \times \vec{B}$$
$$= (-1{,}6 \times 10^{-19}\ \text{C})(10^6\vec{j}\ \text{m/s}) \times (5 \times 10^{-2}\vec{k}\ \text{T})$$
$$= -8 \times 10^{-15}\vec{i}\ \text{N}$$

car $\vec{j} \times \vec{k} = \vec{i}$*.

On remarque que la force magnétique est perpendiculaire à la fois à la vitesse et au champ magnétique. ■

* En coordonnées cartésiennes, le produit vectoriel se calcule ainsi :

$$\vec{A} \times \vec{B} = (A_x\vec{i} + A_y\vec{j} + A_z\vec{k}) \times (B_x\vec{i} + B_y\vec{j} + B_z\vec{k})$$
$$= (A_yB_z - A_zB_y)\vec{i} + (A_zB_x - A_xB_z)\vec{j} + (A_xB_y - A_yB_x)\vec{k}$$

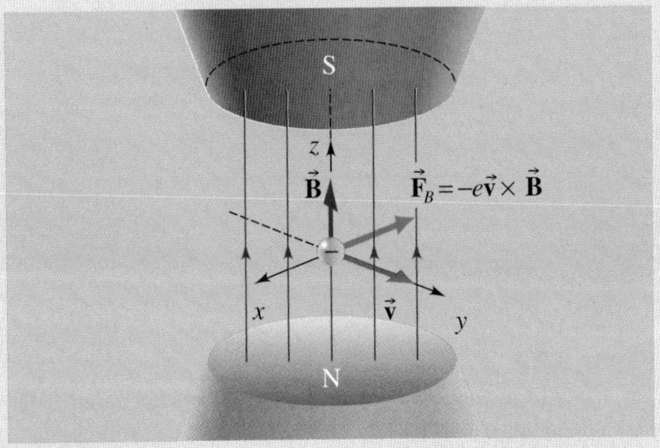

Figure 8.7 ▲
La force magnétique sur un électron est $\vec{F}_B = -e\vec{v} \times \vec{B}$.

EXEMPLE 8.2

En un point donné, le champ magnétique terrestre est horizontal et orienté vers le nord. Quelle est l'orientation de la force magnétique agissant sur un électron en mouvement (a) vertical ascendant ; (b) horizontal vers l'est ; (c) horizontal vers le sud-ouest ?

Solution

Pour décrire ce genre de situation, il faut faire bien attention de distinguer entre la direction nord-sud et la direction haut-bas (figure 8.8) : la direction nord-sud est horizontale (parallèle au sol), tandis que la direction haut-bas est verticale (perpendiculaire au sol). ■

(a) L'électron se déplace vers le haut, le champ magnétique est vers le nord. La force étant perpendiculaire à ces deux directions, elle est forcément parallèle à l'axe est-ouest. Si on applique la règle de la main droite, le pouce pointe vers l'ouest. Toutefois, comme il s'agit d'une charge négative, la force est vers l'est.

(b) L'électron se déplace vers l'est, le pouce pointe vers le haut et la force est vers le bas.

(c) L'électron se déplace dans le plan horizontal à mi-chemin entre le sud et l'ouest. Le pouce pointe vers le bas et la force est vers le haut.

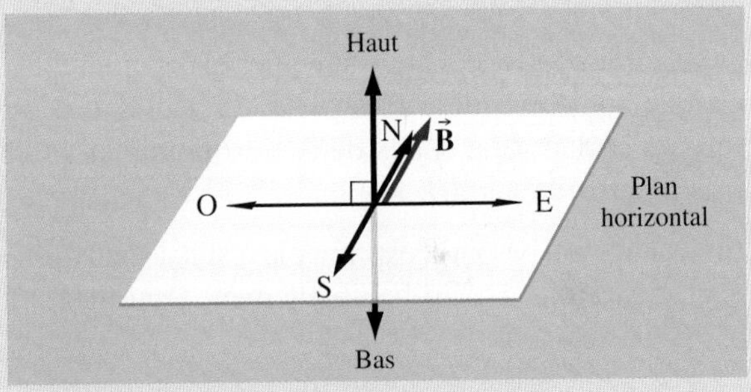

Figure 8.8 ▲
Diagramme utile pour se repérer en trois dimensions à l'aide des points cardinaux. Dans les cas à l'étude dans l'exemple 8.2, le champ est vers le nord, ce qu'il ne faut pas confondre avec le *haut*.

EXEMPLE 8.3

En un point donné, le champ magnétique terrestre est orienté vers le nord et fait un angle de 60° vers le bas par rapport à l'horizontale. Quelle est l'orientation de la force magnétique agissant sur un proton en mouvement (a) vertical ascendant ; (b) horizontal vers l'est ? (c) Reprendre le (a) et le (b) et y répondre en faisant appel aux vecteurs unitaires.

Solution

Il est bon de changer l'orientation de la figure 8.8 pour pouvoir représenter plus facilement le champ magnétique (figure 8.9). ■

(a) Le proton se déplace vers le haut, donc la force est parallèle à l'axe est-ouest, puisqu'elle est perpendiculaire à la fois à $\vec{v}$ et à $\vec{B}$. Si on applique la règle de la main droite, le pouce pointe vers l'ouest : puisque le proton est chargé positivement, la force est vers l'ouest.

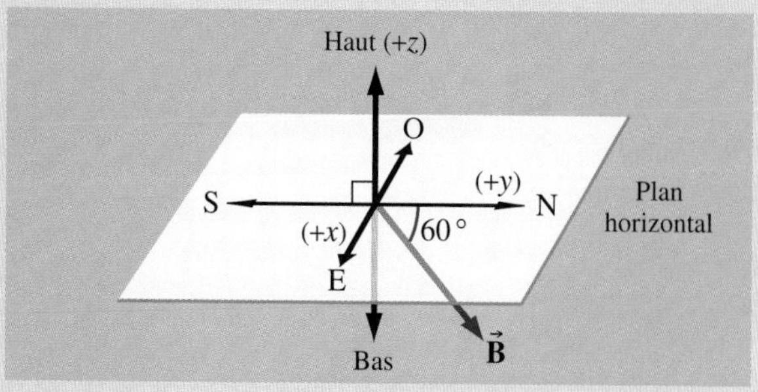

Figure 8.9 ▲

Le champ magnétique est orienté vers le nord et fait un angle de 60° vers le bas par rapport à l'horizontale. Quand on doit faire appel aux vecteurs unitaires, on associe habituellement l'axe des z à la direction haut-bas, l'axe des y à la direction nord-sud et l'axe des x à la direction est-ouest.

(b) Le proton se déplace vers l'est. La force est perpendiculaire au plan défini par la direction est-ouest et le champ magnétique ; elle est donc inclinée de 30° par rapport à la direction nord-sud, dans le plan yz. En appliquant la règle de la main droite, on trouve que la force est orientée vers le nord à 30° vers le haut par rapport à l'horizontale.

Notez qu'ici, il serait insuffisant de dire que la force « est orientée à 30° ». En trois dimensions, il importe de bien spécifier dans quel plan chaque angle est mesuré, à partir de quel axe il est mesuré et dans lequel des deux sens possibles il est pris à partir de cet axe. ■

(c) Quand on a besoin d'exprimer le résultat sous forme vectorielle, on associe habituellement l'axe des z à la direction haut-bas, l'axe des y à la direction nord-sud et l'axe des x à la direction est-ouest (figure 8.9). Dans ce contexte, d'après l'énoncé, on a

$$\vec{\mathbf{B}} = B\cos 60°\vec{\mathbf{j}} - B\sin 60°\vec{\mathbf{k}}$$

Dans le cas présenté en (a), la vitesse du proton est donnée par $\vec{\mathbf{v}} = v\vec{\mathbf{k}}$, de sorte que

$$\begin{aligned}\vec{\mathbf{F}}_B &= e\vec{\mathbf{v}} \times \vec{\mathbf{B}}\\ &= e(v\vec{\mathbf{k}}) \times (B\cos 60°\vec{\mathbf{j}} - B\sin 60°\vec{\mathbf{k}})\\ &= -evB\cos 60°\vec{\mathbf{i}}\end{aligned}$$

car $\vec{\mathbf{k}} \times \vec{\mathbf{j}} = -\vec{\mathbf{i}}$ et $\vec{\mathbf{k}} \times \vec{\mathbf{k}} = \vec{\mathbf{0}}$. La force magnétique est donc bien orientée vers l'ouest.

Dans le cas présenté en (b), la vitesse du proton est donnée par $\vec{\mathbf{v}} = v\vec{\mathbf{i}}$, de sorte que

$$\begin{aligned}\vec{\mathbf{F}}_B &= e\vec{\mathbf{v}} \times \vec{\mathbf{B}}\\ &= e(v\vec{\mathbf{i}}) \times (B\cos 60°\vec{\mathbf{j}} - B\sin 60°\vec{\mathbf{k}})\\ &= evB\cos 60°(\vec{\mathbf{i}} \times \vec{\mathbf{j}}) - evB\sin 60°(\vec{\mathbf{i}} \times \vec{\mathbf{k}})\\ &= evB\cos 60°\vec{\mathbf{k}} + evB\sin 60°\vec{\mathbf{j}}\end{aligned}$$

car $\vec{\mathbf{i}} \times \vec{\mathbf{j}} = \vec{\mathbf{k}}$ et $\vec{\mathbf{i}} \times \vec{\mathbf{k}} = -\vec{\mathbf{j}}$. La force magnétique a donc bien deux composantes et s'oriente dans le plan yz. Pour déterminer l'angle θ entre le vecteur $\vec{\mathbf{B}}$ et l'axe des y, on écrit

$$\theta = \arctan(B_z/B_y) = \arctan(\cos 60°/\sin 60°) = 30°$$

comme on s'y attendait.

8.2 La force magnétique sur un conducteur parcouru par un courant

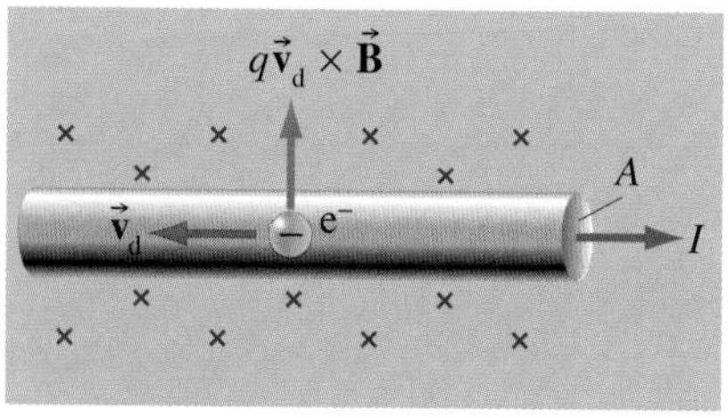

Figure 8.10 ▲

Lorsqu'un courant circule dans un fil, la force magnétique sur les électrons en mouvement est transmise au fil.

Si l'on place un fil conducteur dans un champ magnétique, il n'est soumis à aucune force. Les vitesses thermiques des électrons de conduction sont orientées au hasard et la force résultante est donc nulle. Par contre, lorsque le fil est parcouru par un courant, les électrons acquièrent une faible vitesse de dérive $\vec{\mathbf{v}}_d$ et sont donc soumis à une force magnétique qui est ensuite transmise au fil (ce mécanisme est expliqué à la fin de la section 8.8). Considérons un segment rectiligne de fil de longueur ℓ et de section A parcouru par un courant I perpendiculaire à un champ magnétique uniforme (figure 8.10). Si n est le nombre d'électrons de conduction par unité de volume, le nombre de ces électrons dans ce segment de fil est $nA\ell$. Selon l'équation 8.2, chaque électron est soumis à une force de module $ev_dB\sin 90° = ev_dB$ et dont l'orientation est perpendiculaire à la fois à la vitesse de dérive (donc au fil) et au champ. En multipliant cette force par le nombre d'électrons de conduction que contient le segment de fil, on obtient que le module de la force magnétique totale exercée sur les électrons dans ce segment est

$$F_B = (nA\ell)ev_d B$$

D'après l'équation 6.2, $I = nAev_d$, et l'expression précédente devient $F_B = I\ell B$. Si le conducteur parcouru par un courant n'est pas perpendiculaire au champ, la force subie par chaque électron de conduction demeure perpendiculaire à la fois au fil et au champ, mais n'a plus le même module (voir l'équation 8.2). Le module de la force totale devient donc

$$F_B = I\ell B \sin\theta \qquad (8.3)$$

où θ est l'angle entre le sens du courant et le champ. Cette force est toujours normale à la fois au fil et aux lignes de champ.

On voit que l'équation 8.3 a la forme d'un module de produit vectoriel. Si on définit un vecteur $\vec{\boldsymbol{\ell}}$ dont le sens est celui du courant (et dont le module est la longueur du fil), alors θ devient l'angle entre ce vecteur $\vec{\boldsymbol{\ell}}$ et le champ $\vec{\mathbf{B}}$*, et l'équation 8.3 peut s'exprimer sous la forme vectorielle suivante :

Force magnétique s'exerçant sur un conducteur parcouru par un courant

$$\vec{\mathbf{F}}_B = I\vec{\boldsymbol{\ell}} \times \vec{\mathbf{B}} \qquad (8.4)$$

Cette équation n'est cependant valable que pour un tronçon de fil rectiligne plongé dans un champ magnétique uniforme. Si l'une ou l'autre de ces conditions n'est pas respectée, il faut subdiviser le fil en segments infinitésimaux, appliquer l'équation 8.4 sur chacun d'eux et additionner (intégrer) leurs contributions. En somme, dans un tel cas, la force agissant sur un élément de fil infinitésimal $\mathrm{d}\ell$ (figure 8.11) est

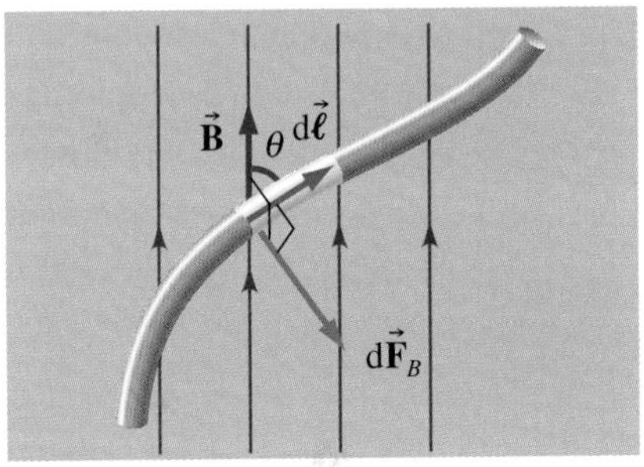

Figure 8.11 ▲
La force magnétique sur un élément de fil parcouru par un courant est $\mathrm{d}\vec{\mathbf{F}}_B = I\,\mathrm{d}\vec{\boldsymbol{\ell}} \times \vec{\mathbf{B}}$.

Force magnétique agissant sur un élément infinitésimal

$$\mathrm{d}\vec{\mathbf{F}}_B = I\mathrm{d}\vec{\boldsymbol{\ell}} \times \vec{\mathbf{B}} \qquad (8.5)$$

et la force totale sur le fil est donnée par l'intégrale des forces infinitésimales :

$$\vec{\mathbf{F}}_B = \int \mathrm{d}\vec{\mathbf{F}}_B$$

Comme cette intégrale représente une *somme* et qu'on ne peut additionner directement les modules de vecteurs, on doit décomposer cette intégrale selon ses trois composantes :

$$F_{B_x} = \int \mathrm{d}F_{B_x} \qquad F_{B_y} = \int \mathrm{d}F_{B_y} \qquad F_{B_z} = \int \mathrm{d}F_{B_z}$$

* Il pourrait paraître surprenant que l'angle ne soit pas mesuré plutôt entre la *vitesse de dérive* et le champ, ce qui serait le cas si on appliquait l'équation 8.2 à un électron individuel. Toutefois, comme les électrons ont une charge négative, il est facile de vérifier que le sens de la force magnétique est le même. En d'autres termes, les produits vectoriels $-\vec{\mathbf{v}}_d \times \vec{\mathbf{B}}$ et $+\vec{\boldsymbol{\ell}} \times \vec{\mathbf{B}}$ pointent dans la même direction.

En pratique, deux de ces trois intégrales sont souvent nulles. Pour évaluer celle qui reste, il est nécessaire d'employer une méthode similaire à celle décrite à la section 2.5. En particulier, il faut habituellement faire des transformations de variables pour tout exprimer en fonction d'une même variable d'intégration (habituellement une des coordonnées du système d'axes ou encore une coordonnée angulaire). Cela implique donc, notamment, d'exprimer $d\ell$ en fonction de cette coordonnée. L'exemple 8.7 ci-dessous illustre cette méthode.

EXEMPLE 8.4

Un fil rectiligne de longueur 30 cm et de masse 50 g suit la direction est-ouest. Le champ magnétique terrestre en ce point est horizontal et orienté vers le nord et a un module de 0,8 G. Pour quelle valeur du courant la force magnétique compense-t-elle le poids du fil ?

Solution

Le champ magnétique terrestre est orienté vers le nord (figure 8.12). Pour que la force magnétique soit verticale et orientée vers le haut, le courant doit circuler d'ouest en est. Comme $\theta = 90°$, l'équation 8.3 nous donne $F_B = I\ell B$. Ce module de force doit être égal au module du poids mg. Par conséquent,

$$I = \frac{mg}{\ell B} = 2{,}1 \times 10^4 \text{ A}$$

Un fil de cuivre ordinaire fondrait rapidement s'il était parcouru par un tel courant, mais un fil supraconducteur est capable de supporter une telle intensité. ■

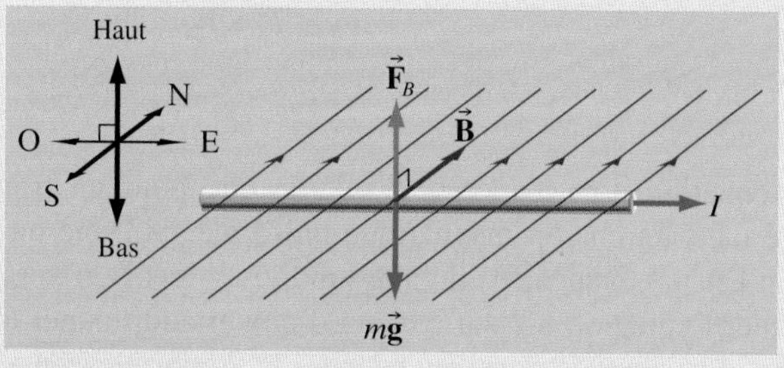

Figure 8.12 ▲
Le fil et le champ magnétique sont dans le plan horizontal. La force magnétique est verticale et orientée vers le haut.

EXEMPLE 8.5

Un fil de 3 m de longueur portant un courant de 2 A se trouve dans le plan xy et fait un angle de 30° avec l'axe des x (figure 8.13). Il est placé dans un champ magnétique uniforme $B = 0{,}5$ T. Calculer la force magnétique $\vec{F}_B$ qui s'exerce sur le fil si le champ magnétique est orienté : (a) dans le sens des x positifs ; (b) dans le sens des y positifs ; (c) dans le sens des z positifs.

Solution

(a) L'angle θ entre le fil et le champ magnétique est de 30°. Par l'équation 8.3, $F_B = (2 \text{ A})(3 \text{ m})(0{,}5 \text{ T}) \sin 30° = 1{,}5$ N. Cette force étant perpendiculaire à la fois au fil et au champ, elle est parallèle à l'axe des z. Si on applique la règle de la main droite, le pouce pointe vers la page, c'est-à-dire dans le sens des z négatifs. Ainsi, $\vec{F}_B = -1{,}5\ \vec{k}$ N.

(b) L'angle θ vaut 60°, et on trouve $\vec{F}_B = +2{,}6\ \vec{k}$ N.

(c) L'angle θ vaut 90°, et on trouve $F_B = 3$ N dans le plan xy, à 60° sous l'axe des x. Pour exprimer ce résultat en fonction des composantes vectorielles, on doit décomposer en x et en y, et on obtient finalement $\vec{F}_B = (1{,}5\ \vec{i} - 2{,}6\ \vec{j})$ N.

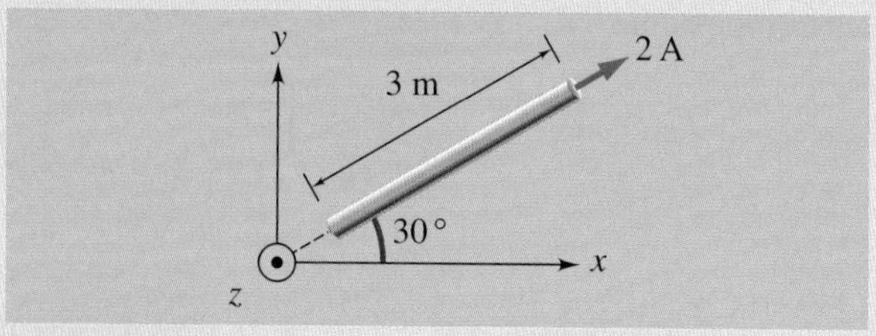

Figure 8.13 ▲
Un fil parcouru par un courant est placé dans un champ magnétique.

EXEMPLE 8.6

Un fil rectiligne est orienté selon une diagonale centrale d'un cube imaginaire d'arête a = 20 cm et il est parcouru par un courant de 5 A (figure 8.14, notez bien l'orientation du système d'axes). Trouver la force magnétique agissant sur le fil et créée par un champ uniforme $\vec{\mathbf{B}} = 0{,}6\vec{\mathbf{j}}$ T.

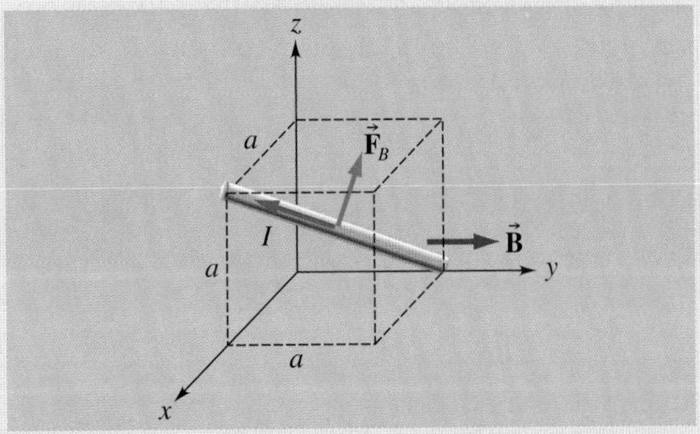

Figure 8.14 ▲
Une longueur de fil rectiligne est orientée selon une diagonale centrale d'un cube, c'est-à-dire une des grandes diagonales comportant les trois composantes. La force magnétique est parallèle à la diagonale d'une des faces du cube, c'est-à-dire une diagonale ne comportant que deux composantes. La notation utilisant les vecteurs unitaires ($\vec{\mathbf{i}}$, $\vec{\mathbf{j}}$, $\vec{\mathbf{k}}$) est utile dans ce genre de cas.

Solution

Pour utiliser l'équation 8.3, il faudrait trouver l'angle entre $\vec{\boldsymbol{\ell}}$ et $\vec{\mathbf{B}}$. Nous pouvons éviter ce calcul en utilisant la notation des vecteurs unitaires, puis en ayant recours à l'équation 8.4. ■

D'après la figure 8.14, on voit que

$$\vec{\boldsymbol{\ell}} = a\vec{\mathbf{i}} - a\vec{\mathbf{j}} + a\vec{\mathbf{k}}$$

La force magnétique est donc

$$\vec{\mathbf{F}}_B = I\vec{\boldsymbol{\ell}} \times \vec{\mathbf{B}} = IaB(\vec{\mathbf{i}} - \vec{\mathbf{j}} + \vec{\mathbf{k}}) \times (\vec{\mathbf{j}})$$
$$= IaB(-\vec{\mathbf{i}} + \vec{\mathbf{k}})$$

La force est située dans le plan xz et a pour module

$$F_B = \sqrt{2}\ IaB = 0{,}85 \text{ N}$$

EXEMPLE 8.7

Soit un fil conducteur courbé en forme de demi-cercle de rayon R. Il est parcouru par un courant I et son plan est perpendiculaire à un champ magnétique uniforme $\vec{\mathbf{B}}$ (figure 8.15). Trouver la force magnétique totale sur la boucle demi-circulaire.

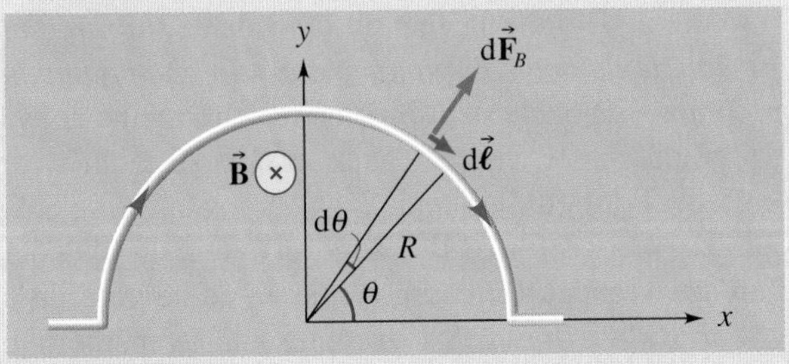

Figure 8.15 ▲
La force magnétique infinitésimale $\mathrm{d}\vec{\mathbf{F}}_B$ est celle qui agit sur un élément de courant de longueur $\mathrm{d}\vec{\boldsymbol{\ell}}$. Par symétrie, la composante en x de la force totale sur la boucle demi-circulaire est nulle.

Solution

Considérons d'abord un élément de courant arbitraire de longueur $\mathrm{d}\ell$. Comme le montre la figure 8.15, quel que soit l'endroit où cet élément est situé le long de la portion semi-circulaire du conducteur, il est intercepté par un angle identique. (Comparez cette situation à celle, similaire, de la figure 2.27, p. 49, ou à celle, différente, de la figure 2.24, p. 46.) Il est donc très avantageux d'exprimer la longueur de l'élément de courant en fonction d'un angle, d'où $\mathrm{d}\ell = R\ \mathrm{d}\theta$. Pour calculer la force sur le conducteur, nous devons d'abord calculer la force sur cet élément de courant. Puisqu'il est perpendiculaire à $\vec{\mathbf{B}}$, le module de la force agissant sur l'élément est $\mathrm{d}F_B = I\mathrm{d}\ell B = I(R\ \mathrm{d}\theta)B$, et la force est radiale et orientée vers l'extérieur.

On note tout d'abord que $\mathrm{d}F_{B_z} = 0$, donc qu'il n'y a aucune force sur le fil selon z. Ensuite, si on considère la force selon x, on voit par symétrie qu'à tout élément situé à droite de l'axe des y correspond un élément équivalent à gauche. Les composantes $\mathrm{d}F_{B_x}$ des forces agissant sur ces éléments s'annulent par paires. Cet argument nous évite d'avoir à intégrer selon x et nous pouvons écrire directement

$$F_{B_x} = \int \mathrm{d}F_{B_x} = 0$$

Il ne reste donc plus qu'à considérer la situation selon *y*. La composante selon cet axe de la force magnétique $d\vec{\mathbf{F}}_B$ agissant sur l'élément de courant représenté sur la figure est

$$dF_{B_y} = dF_B \sin\theta = IRB\, d\theta \sin\theta$$

Pour obtenir la force totale selon *y*, on intègre, d'où

$$F_{B_y} = IRB\int_0^{\pi} \sin\theta\, d\theta = IRB[-\cos\theta]\Big|_0^{\pi}$$
$$= 2IRB$$

La force exercée sur le demi-cercle est donc $\vec{\mathbf{F}}_B = 2IRB\vec{\mathbf{j}} = I(2R)B\vec{\mathbf{j}}$.

On remarque que cette expression correspond à la force qui serait exercée sur un fil rectiligne de longueur $2R$ qui joindrait les extrémités du demi-cercle. ■

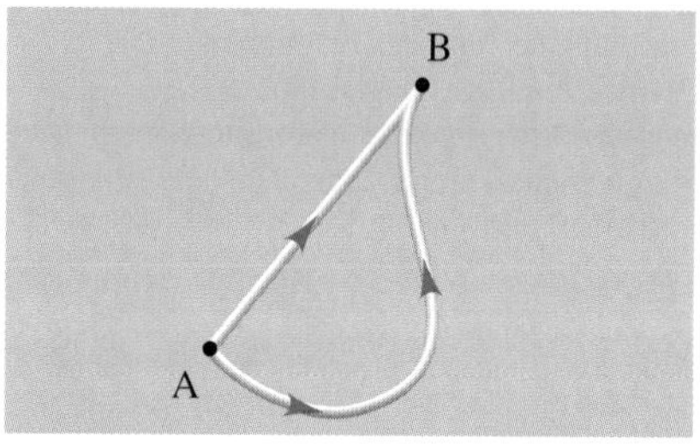

Figure 8.16▲
Dans un champ *uniforme*, la force magnétique s'exerçant sur un fil incurvé joignant les points A et B est la même que la force agissant sur un fil rectiligne joignant les mêmes points, pourvu qu'il transporte le même courant.

Le résultat du dernier exemple peut être généralisé à tous les fils plongés dans un champ magnétique *uniforme*, quelle que soit leur forme. Ainsi, on peut montrer (voir le problème 2) que la force totale subie par un tel fil de forme quelconque est égale à celle que subirait un fil rectiligne reliant ses extrémités, pourvu qu'il transporte le même courant (figure 8.16).

Ce résultat a une autre conséquence : supposons qu'on forme une boucle de courant fermée, par exemple en inversant le sens du courant dans le tronçon rectiligne de la figure 8.16 ou encore en enroulant une ou plusieurs spires de fil autour d'un cadre rigide. Si on choisit deux points A et B quelconques de cette boucle de courant, la force exercée sur le courant passant de A vers B est égale et opposée à celle qui est exercée sur le courant de B vers A. Dans un champ magnétique *uniforme*, la force magnétique résultante sur toute boucle *fermée* parcourue par un courant est donc nulle. Si la boucle est au repos, le champ ne pourra donc causer aucune accélération linéaire, contrairement à ce qu'il pourra faire sur un conducteur rectiligne. Par contre, comme nous le verrons à la section suivante, le champ sera en mesure de faire *pivoter* la boucle sur elle-même, en exerçant un moment de force.

8.3 Le moment de force sur une boucle de courant

Comme nous l'avons montré à la fin de la section précédente, *la force magnétique résultante sur une boucle de courant plongée dans un champ magnétique uniforme est nulle*. Par contre, la boucle peut pivoter sur elle-même sous l'effet des moments de force produits par les forces égales et opposées qui s'exercent sur ses côtés qui se font face. Pour étudier cela, considérons la figure 8.17*a* qui représente une boucle de courant en forme de cadre rectangulaire de côtés *a* et *c*, qui pivote autour d'un axe vertical. Ce cadre forme un angle avec un champ magnétique uniforme $\vec{\mathbf{B}} = B\vec{\mathbf{i}}$. La figure 8.17*b* représente le même cadre vu d'en haut, si l'on regarde vers le bas dans le sens des *z* négatifs. Pour décrire cette situation, il est pratique d'utiliser l'angle θ entre la *normale* au plan du cadre et le champ magnétique.

Chacun des quatre côtés de la boucle de courant rectangulaire subit une force magnétique, mais ces quatre forces n'ont pas toutes tendance à faire tourner la boucle. En effet, les côtés du haut et du bas (horizontaux) sont soumis à des forces magnétiques verticales de même module et d'orientations opposées qui ont plutôt tendance à les écarter (ce que vous pouvez vérifier par la règle de la main droite). Ces forces verticales n'exercent aucun moment de force puisqu'elles sont situées dans le plan du cadre (c'est pour cela qu'on ne les a pas représentées à la figure 8.17). Quant aux forces agissant sur les côtés verticaux, elles sont elles aussi de même module et d'orientations opposées :

$$\vec{\mathbf{F}}_{B1} = I(-c\vec{\mathbf{k}}) \times (B\vec{\mathbf{i}}) = -IcB\vec{\mathbf{j}}$$
$$\vec{\mathbf{F}}_{B2} = I(c\vec{\mathbf{k}}) \times (B\vec{\mathbf{i}}) = IcB\vec{\mathbf{j}}$$

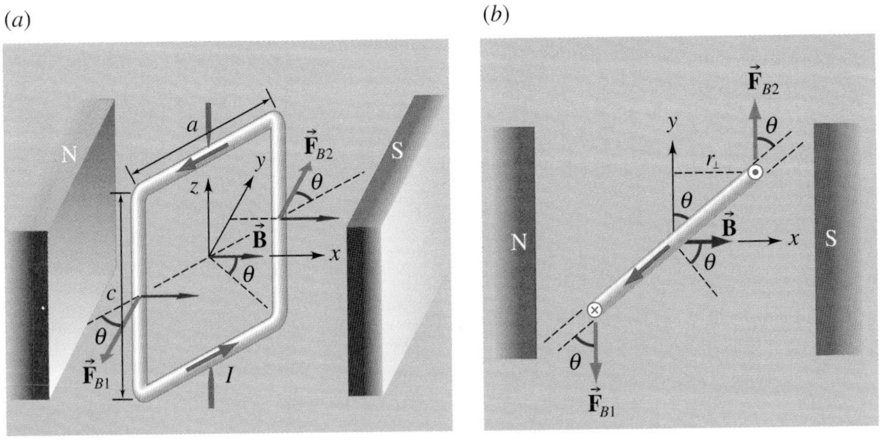

Figure 8.17 ◀ Un cadre parcouru par un courant, libre de pivoter dans un champ magnétique. Les forces magnétiques agissant sur les côtés verticaux produisent un moment de force par rapport à l'axe central. (*a*) Le cadre vu de côté ; (*b*) le cadre vu d'en haut.

Toutefois, comme on le voit à la figure 8.17*b*, ces deux forces ont un effet très différent comparativement à celles exercées sur les deux côtés horizontaux : elles ont toutes deux tendance à faire tourner la boucle (jusqu'à ce que le plan du cadre soit perpendiculaire au champ). On dit que ces deux forces produisent des moments de force de même sens (voir la section 11.5 du tome 1) par rapport à l'axe central. Le bras de levier pour chacune de ces forces est $r_\perp = (a/2)$ sin θ, où θ est l'angle entre le champ magnétique et la *perpendiculaire* à la boucle ; le module du moment de force total produit par ces deux forces par rapport à l'axe est donc

$$\tau = 2(IcB)\left(\frac{a}{2}\sin\theta\right) = IAB\sin\theta$$

où $A = ac$ est l'aire du cadre. Pour un cadre comportant N spires, le module du moment de force est N fois plus grand. On a donc :

Module du moment de force s'exerçant sur une boucle de courant

$$\tau = NIAB\sin\theta \qquad (8.6)$$

Un peu comme nous avons montré à la section précédente que la force (nulle) sur une boucle de courant ne dépend pas de la forme de cette dernière, on peut montrer que le moment de force n'en dépend pas non plus : l'équation 8.6 demeure valable pour toute boucle de courant de surface A, même si elle n'est pas rectangulaire. (Par ailleurs, il ne faut pas oublier que A est la surface plane délimitée par le cadre. Il ne faut pas la confondre avec la surface de la section du fil, désignée par le même symbole dans l'équation 6.2.)

Si le champ magnétique n'est pas uniforme, l'équation 8.6 n'est plus valable. Toutefois, si la boucle de courant a une petite surface, on peut considérer que le champ dans lequel sont plongés ses fils varie peu et donc appliquer l'équation 8.6 approximativement. Par contre, une boucle de courant dans une telle situation subira *aussi* une force résultante non nulle. Elle aurait donc deux comportements : (1) pivoter pour aligner son plan perpendiculairement au champ et (2) accélérer dans la direction de la force magnétique résultante. À la section 9.5, nous reviendrons sur le cas d'une boucle plongée dans un champ magnétique non uniforme.

EXEMPLE 8.8

Le cadre carré de la figure 8.18 a des côtés de longueur 20 cm. Il comporte cinq spires et il est parcouru par un courant de 2 A. La normale au cadre fait un angle de 37° avec un champ uniforme $\vec{\mathbf{B}} = 0{,}5\vec{\mathbf{j}}$ T. Trouver le module du moment de force sur le cadre.

Solution

D'après l'équation 8.6, $\tau = NIAB \sin \theta = (5)(2\text{ A})(0{,}2\text{ m})^2(0{,}5\text{ T}) \sin 37° = 0{,}12\text{ N}\cdot\text{m}$.

Ce moment de force a pour effet de faire pivoter la boucle pour que son plan soit perpendiculaire au champ magnétique $\vec{\mathbf{B}}$. ■

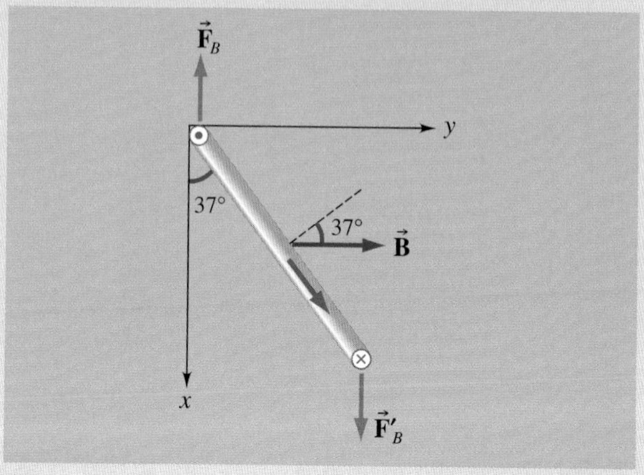

Figure 8.18 ▲
On peut déterminer le moment de force s'exerçant sur le cadre carré en calculant les forces magnétiques agissant sur les côtés verticaux ou directement à l'aide de l'équation 8.6.

Les boucles de courant peuvent être qualifiées de *dipôles magnétiques*. L'origine de cette appellation est simple : au chapitre 9, nous verrons que les boucles de courant produisent un champ magnétique (voir la figure 9.10, p. 325) qui présente plusieurs points communs avec celui émis par un court barreau magnétique (voir la figure 8.2, p. 272). En particulier, la configuration de lignes de champ présente deux pôles, c'est-à-dire une zone où les lignes de champ semblent se regrouper quand elles se dirigent vers l'objet (pôle sud), et une zone, située de l'autre côté, d'où elles semblent provenir lorsqu'elles s'éloignent de l'objet.

Les dipôles magnétiques sont caractérisés par leur *moment magnétique dipolaire*. Pour une boucle de courant, ce dernier est défini par

$$\vec{\mu} = NIA\vec{\mathbf{u}}_{\mathrm{n}} \tag{8.7}$$

L'unité SI de moment magnétique est l'ampère-mètre carré ($\text{A}\cdot\text{m}^2$). Le vecteur unitaire $\vec{\mathbf{u}}_{\mathrm{n}}$ est par définition perpendiculaire au plan de la boucle de courant et son sens est donné par la règle de la main droite : si vous refermez les doigts de votre main droite dans le sens du courant, votre pouce est orienté dans le sens de $\vec{\mathbf{u}}_{\mathrm{n}}$ (figure 8.19). On peut maintenant écrire de manière plus concise l'équation du moment de force :

$$\vec{\tau} = \vec{\mu} \times \vec{\mathbf{B}} \tag{8.8}$$

Le moment de force a tendance à aligner le moment magnétique sur le champ $\vec{\mathbf{B}}$, tout comme l'aiguille d'une boussole.

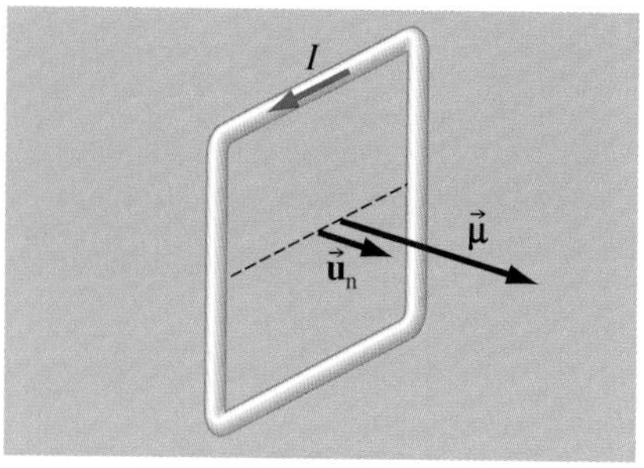

Figure 8.19 ▲
Le sens du moment magnétique $\vec{\mu}$ est donné par la règle de la main droite : si vous refermez vos doigts dans le sens du courant, votre pouce tendu donne l'orientation de $\vec{\mathbf{u}}_{\mathrm{n}}$.

Le moment de force exercé sur une spire parcourue par un courant dans un champ magnétique est utilisé dans les moteurs électriques et était utilisé pour faire tourner l'aiguille dans les anciens instruments de mesure analogiques. Si l'on compare l'équation 8.8 avec l'équation 2.24 donnant le moment de force sur un dipôle électrique placé dans un champ électrique, $\vec{\tau} = \vec{\mathbf{p}} \times \vec{\mathbf{E}}$, on note qu'elles ont une forme identique. On peut donc faire aussi une analogie avec l'équation 2.25, $U_E = -\vec{\mathbf{p}} \cdot \vec{\mathbf{E}}$, donnant l'énergie potentielle d'un dipôle électrique dans un champ électrique, et ainsi obtenir

$$U_B = -\vec{\mu} \cdot \vec{\mathbf{B}} \tag{8.9}$$

qui donne l'énergie potentielle d'un dipôle magnétique dans le champ magnétique. Comme pour le dipôle électrique, on pose $U_B = 0$ lorsque l'angle entre $\vec{\mu}$ et $\vec{\mathbf{B}}$ est égal à 90°.

Pour démontrer l'équation 8.9 de façon plus formelle, il suffit de répéter la démarche ayant conduit à l'équation 2.25, c'est-à-dire d'évaluer le travail extérieur nécessaire pour faire tourner le dipôle à vitesse constante contre le champ magnétique et de définir l'énergie potentielle magnétique de la même façon que les autres énergies potentielles, en posant : $W_{\text{EXT}} = \Delta U_B$. Or, ce travail est donné par

$$W_{\text{EXT}} = \int_{\theta_0}^{\theta} \tau \mathrm{d}\theta = \mu B \int_{\theta_0}^{\theta} \sin\theta \, \mathrm{d}\theta = -\mu B(\cos\theta - \cos\theta_0)$$

En posant $U_0 = 0$ quand $\theta_0 = 90°$, on obtient que $\Delta U_B = U_B = -\mu B \cos\theta$, ce qui est identique à l'équation 8.9.

EXEMPLE 8.9

Soit la situation de l'exemple 8.8. Trouver : (a) le moment magnétique ; (b) le moment de force (vectoriel) s'exerçant sur le cadre ; (c) le travail que doit fournir un agent extérieur pour faire tourner le cadre de sa position d'énergie minimale à la position donnée.

Solution

(a) D'après la figure 8.20, on voit que $\vec{\mathbf{u}}_n = -\sin 37°\vec{\mathbf{i}} + \cos 37°\vec{\mathbf{j}} = -0{,}6\vec{\mathbf{i}} + 0{,}8\vec{\mathbf{j}}$. Rappelons que $\vec{\mathbf{u}}_n$ a pour module 1. Le moment magnétique est

$$\vec{\mu} = NIA\vec{\mathbf{u}}_n = (5)(2\ \text{A})(0{,}2\ \text{m})^2(-0{,}6\vec{\mathbf{i}} + 0{,}8\vec{\mathbf{j}})$$
$$= -0{,}24\vec{\mathbf{i}} + 0{,}32\vec{\mathbf{j}}\ \text{A}\cdot\text{m}^2$$

(b) On peut trouver le moment de force en calculant d'abord les forces magnétiques agissant sur les côtés parallèles à l'axe des z. Mais nous choisissons d'utiliser l'équation 8.8 :

$$\vec{\tau} = \vec{\mu} \times \vec{\mathbf{B}} = (-0{,}24\vec{\mathbf{i}} + 0{,}32\vec{\mathbf{j}}) \times (0{,}5\vec{\mathbf{j}})$$
$$= -0{,}12\vec{\mathbf{k}}\ \text{N}\cdot\text{m}$$

Pointant vers l'axe des z négatifs (figure 8.20), le moment de force (de sens horaire selon la perspective de la figure) a tendance à orienter $\vec{\mu}$ parallèlement à $\vec{\mathbf{B}}$, c'est-à-dire à aligner le plan de la boucle perpendiculairement au champ.

(c) L'énergie potentielle du cadre est $U = -\mu B \cos\theta$, avec $\mu = NIA = 0{,}4\ \text{A}\cdot\text{m}^2$ et $B = 0{,}5$ T. Sa position d'énergie minimale est $\theta = 0$. Le travail extérieur, $W_{\text{EXT}} = +\Delta U$, nécessaire pour le faire tourner dans la position donnée, est donc

$$U_f - U_i = (-\mu B \cos 37°) - (-\mu B \cos 0°)$$
$$= (0{,}4)(0{,}5)(1 - 0{,}8) = 0{,}04\ \text{J}$$

Le travail extérieur est positif puisque le moment dipolaire tourne en s'éloignant de la direction du champ. Le dipôle emmagasine donc de l'énergie potentielle magnétique.

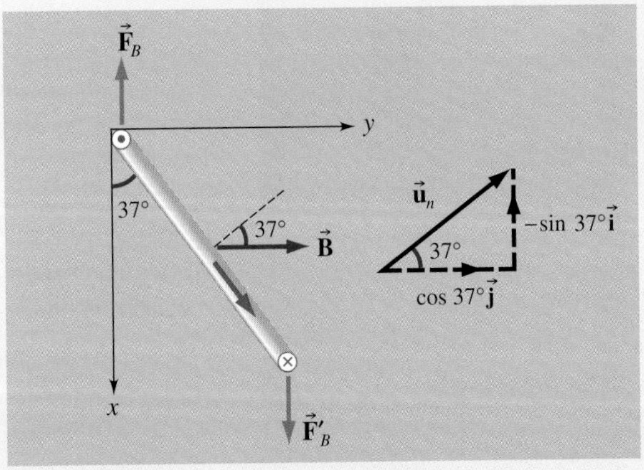

Figure 8.20 ▲
On peut déterminer le moment de force sur le cadre carré en calculant d'abord les forces agissant sur les côtés verticaux ou, comme on le fait ici, en déterminant le moment magnétique. Le moment de force a tendance à aligner le moment magnétique parallèlement au champ.

EXEMPLE 8.10

Dans le modèle de Bohr de l'atome d'hydrogène (voir la section 9.6 du tome 3), un électron décrit une orbite circulaire autour d'un proton stationnaire. Le rayon de l'orbite est de $0{,}53 \times 10^{-10}$ m et la vitesse de l'électron a un module de $2{,}2 \times 10^{6}$ m/s. (a) Quel est le module du moment magnétique attribuable au mouvement orbital ? (b) Écrire la relation entre le moment magnétique et le moment cinétique orbital de l'électron.

Solution

(a) Le courant moyen correspondant au mouvement de l'électron est $I = \Delta q/\Delta t = e/T$, où $T = 2\pi r/v$ est la période de l'orbite. Le module du moment magnétique de cette « boucle de courant » est

$$\mu = IA = \left(\frac{ev}{2\pi r}\right)(\pi r^2) = \frac{evr}{2} \qquad \text{(i)}$$

En remplaçant les variables par leur valeur dans (i), on trouve une quantité appelée le *magnéton de Bohr* :

$$\mu_B = \tfrac{1}{2}(1{,}6 \times 10^{-9}\ \text{C})(2{,}2 \times 10^{6}\ \text{m/s})(0{,}53 \times 10^{-10}\ \text{m}) = 9{,}3 \times 10^{-24}\ \text{A}\cdot\text{m}^2$$

Cette quantité est une unité pratique encore utilisée aujourd'hui pour mesurer les moments magnétiques des atomes.

(b) Le module du moment cinétique d'une particule en orbite circulaire est $L = mvr$ (voir le chapitre 12 du tome 1). D'après (i), nous avons $\mu = evr/2$. Donc, en notation vectorielle,

$$\vec{\mu} = -\frac{e}{2m}\vec{\mathbf{L}} \qquad \text{(ii)}$$

Le signe négatif indique que les vecteurs sont de sens opposés.

8.4 Le principe du fonctionnement du galvanomètre

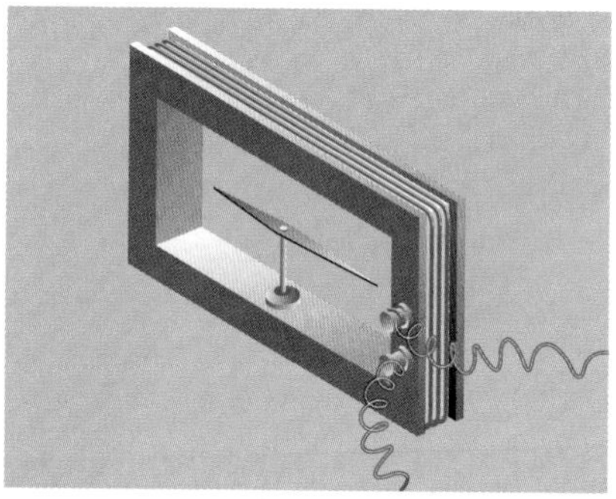

Figure 8.21 ▲
Un des premiers instruments servant à détecter un courant. L'aiguille aimantée est déviée à partir de sa position normale, parallèle au champ terrestre, lorsqu'un courant circule dans le cadre.

La pile voltaïque inventée par Volta en 1800 fit considérablement avancer les recherches en électricité, car elle permettait de produire un courant continu. Mais avant 1820, la présence d'un courant électrique ne pouvait être détectée que par une élévation de température dans un fil, par les transformations chimiques se produisant dans une pile ou par la sensation produite par le courant lorsqu'il passe sur la langue. Ces méthodes ne se prêtaient pas à des *mesures* précises du courant. Peu après la découverte d'Œrsted, on s'aperçut que la déviation de l'aiguille d'une boussole pouvait servir à mesurer un courant. Johann Schweigger (1779-1857) eut l'idée de former une bobine en enroulant un grand nombre de spires autour d'un cadre rectangulaire de façon à accentuer le champ magnétique produit par le courant. Quand une boussole était ensuite placée au centre de ce cadre (figure 8.21), l'effet devenait plus facile à détecter. (Nous reparlerons de la production d'un champ magnétique par un courant au chapitre 9.)

S'inspirant de ce montage, Arsène d'Arsonval (1851-1940) le perfectionna pour confectionner ce que l'on appelle un *galvanomètre à cadre mobile*, instrument encore utilisé jusqu'à récemment, avant l'invention d'appareils numériques suffisamment sensibles, pour mesurer un courant. Le courant circule dans un cadre comportant un grand nombre de spires de fil fin. Le cadre est suspendu ou pivote dans un champ magnétique extérieur, tout en étant relié à un ressort de torsion (figure 8.22). Lorsque le courant circule dans le cadre, le module du moment de force dû au champ magnétique extérieur $\vec{\mathbf{B}}$ est

$$\tau_B = \mu B \sin\theta = NIAB \sin\theta$$

où θ est l'angle entre $\vec{\mu}$ et $\vec{B}$. Le moment de force mécanique exercé par le ressort de torsion s'oppose au moment de force dû au champ magnétique. Ce moment de rappel du ressort obéit à la loi de Hooke :

$$\tau_{res} = \kappa\phi$$

où ϕ est l'angle de torsion du ressort et κ la constante de torsion. Le cadre s'immobilise lorsque ces deux moments s'équilibrent :

$$NIAB \sin \theta = \kappa\phi$$

Cette équation peut servir à déterminer le courant I. Toutefois, le facteur sin θ introduit une complication puisqu'il rend l'échelle non linéaire. Pour qu'elle soit linéaire, les faces des pôles de l'aimant doivent être cylindriques (figure 8.22). Dans ce cas, les lignes de champ sont essentiellement radiales* au lieu d'être uniformes (pour ce faire, on place un cylindre de fer doux à l'intérieur du cadre). Ainsi, comme le plan du cadre est toujours parallèle aux lignes de champ et le moment magnétique toujours normal aux lignes, sin $\theta = 1$ et

$$\phi = \frac{NAB}{\kappa} I$$

Dans ces conditions, la déviation de l'aiguille est directement proportionnelle au courant. Un bon galvanomètre peut enregistrer une intensité de 1 µA, et les meilleurs appareils peuvent mesurer des courants très faibles de l'ordre de 1 pA.

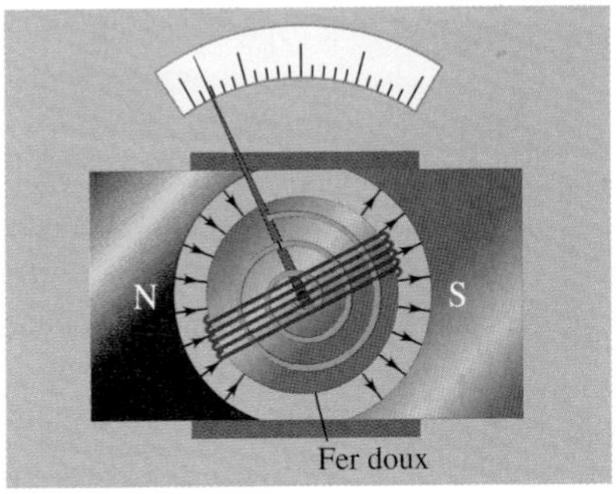

Figure 8.22 ▲
Le principe fondamental d'un galvanomètre d'Arsonval. Un cadre est bobiné sur un morceau de fer cylindrique. Lorsqu'un courant circule, le cadre est soumis à un moment de force magnétique et au moment de force mécanique de rappel du ressort.

APERÇU HISTORIQUE

Le moteur électrique

La découverte par Œrsted du champ magnétique produit par un fil conducteur comportait un aspect intrigant : les boussoles qu'on dispose autour d'un même fil s'orientent toutes selon une tangente à un cercle situé dans le plan perpendiculaire au fil (voir la figure 9.1*b*, p. 316). Si on interprète ce phénomène comme l'effet d'une force agissant sur les pôles de l'aiguille de la boussole (raisonnement considéré aujourd'hui comme incorrect), on en déduit que cette force agit en direction de cette tangente. Cette « circularité » de la force magnétique est une propriété qui la distingue nettement des forces centrales de gravitation ou des forces électrostatiques, qui agissent le long de la droite joignant les particules. En juillet 1821, Michael Faraday réalisa une expérience grâce à laquelle il estimait avoir démontré cette nouvelle propriété. Il affirma qu'un pôle « isolé » (l'extrémité d'un long barreau aimanté) serait soumis à une force qui lui ferait décrire un trajet circulaire autour d'un fil parcouru par un courant. Ce phénomène est illustré du côté gauche de l'appareil sur la figure 8.23. Pour permettre au courant de circuler, il utilisait du mercure liquide. Faraday démontra également qu'un fil parcouru par un courant décrit un cercle autour d'un des pôles d'un

* Évidemment, elles ne demeurent pas radiales au point de se croiser au centre de l'appareil, ce qui est impossible. Il suffit toutefois qu'elles demeurent momentanément radiales avant de s'incurver, puisque seule leur orientation au moment où elles rencontrent le cadre mobile importe.

aimant immobile. C'est ce qu'illustre le côté droit de la figure. Faraday avait ainsi produit le premier moteur électrique à courant continu ! L'appareil de Faraday démontrait brillamment que les forces magnétiques pouvaient produire un mouvement mécanique continu, mais il n'eut malheureusement aucune application pratique.

Le *moteur à courant continu* moderne fonctionne différemment du dispositif réalisé par Faraday : tout comme le galvanomètre, il effectue un travail en utilisant le moment de force sur un cadre parcouru par un courant dans un champ magnétique. Toutefois, si le courant circulant dans le cadre tournant conserve toujours le même sens, le sens du moment de force agissant sur le cadre s'inverse chaque fois que le plan du cadre passe par le plan pointillé de la figure 8.24*a*. On utilise donc, pour inverser le sens du courant au bon moment, après chaque demi-révolution, un dispositif appelé *commutateur*, qui est composé de deux demi-anneaux reliés électriquement au cadre (figure 8.24*b*). Le courant entre et sort du cadre en passant par deux contacts à balai qui glissent sur le commutateur. Aujourd'hui, ce commutateur mécanique est souvent remplacé par un dispositif plus durable qui effectue électroniquement la même tâche, à l'aide de transistors. Le montage rudimentaire de la figure 8.24*a*, avec son unique boucle de courant, présente l'inconvénient suivant : le moment de force s'annule chaque fois que le courant doit changer de sens. Le moment de force produit subit donc des fluctuations. En pratique, on bobine dans les montages un grand nombre de spires de fil autour d'un cylindre en fer doux, chaque spire étant parallèle à un plan différent. Le moment de force fourni par le moteur est ainsi considérablement augmenté et relativement stable.

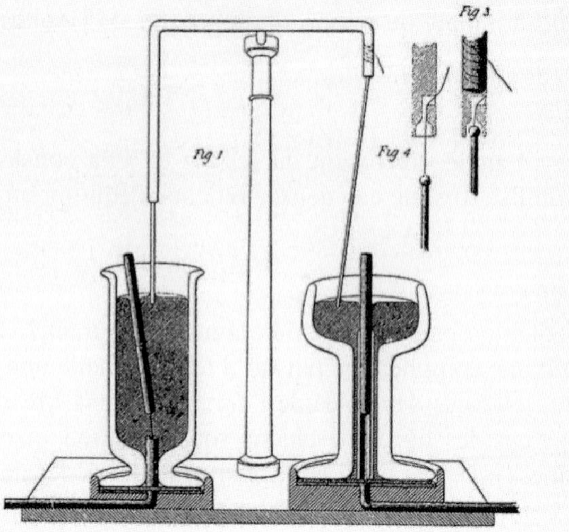

Figure 8.23 ▲
La démonstration par Michael Faraday du mouvement continu produit par une force magnétique. Ce fut le premier moteur.

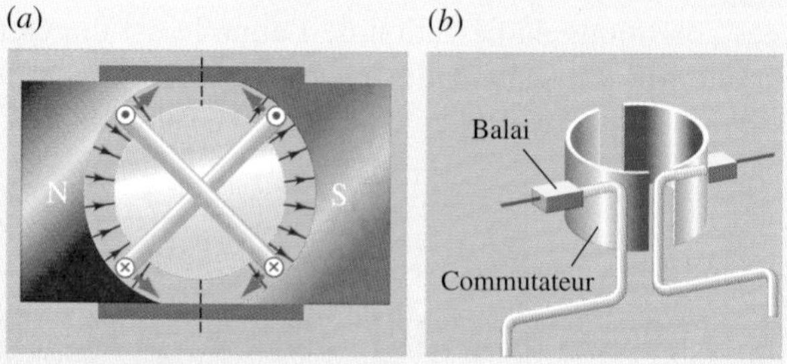

Figure 8.24 ▲
(*a*) Le sens du moment de force magnétique s'inverse lorsque le cadre passe au niveau de la ligne pointillée au cours de sa rotation. (*b*) Un commutateur inverse le sens du courant dans le cadre, de sorte que le moment de force garde toujours le même sens.

8.5 Le mouvement d'une particule chargée dans un champ magnétique

Comme le montre l'équation 8.2, une particule chargée en mouvement dans un champ magnétique est soumise à une force. Sous l'effet de cette force, la particule décrit une trajectoire qui est très différente de la trajectoire parabolique qu'elle décrirait dans un champ *électrique* uniforme (voir la section 2.4). Cette trajectoire joue un rôle très important dans plusieurs applications technologiques et dans plusieurs phénomènes naturels. Par exemple, en agissant sur des particules libres, les champs magnétiques peuvent servir à dévier et à focaliser les faisceaux d'électrons dans un tube à rayons cathodiques (voir le sujet connexe du chapitre 2) ou à séparer les particules élémentaires produites dans les accélérateurs de particules (figure 8.25) (voir aussi la première photographie du chapitre). Ensuite, dans les recherches sur la fusion, un gaz complètement ionisé (plasma) est confiné et contrôlé par des champs magnétiques. De plus, bien que le champ magnétique terrestre soit relativement faible, il nous protège contre les particules cosmiques de haute énergie. Nous allons étudier dans cette section certains aspects de ces mouvements de particules chargées dans les champs magnétiques.

La figure 8.26 représente, selon deux perspectives différentes, une particule chargée positive animée d'une vitesse initiale $\vec{\mathbf{v}}$ perpendiculaire à un champ magnétique uniforme $\vec{\mathbf{B}}$. Comme $\vec{\mathbf{v}}$ et $\vec{\mathbf{B}}$ sont perpendiculaires, la particule est soumise à une force de module constant $F_B = qvB$, orientée perpendiculairement à $\vec{\mathbf{v}}$. Sous l'action d'une telle force centripète, la particule est animée d'un mouvement circulaire uniforme. D'après la deuxième loi de Newton appliquée selon un axe r orienté vers le centre du cercle, $\Sigma F_r = ma_r$, nous avons

Force magnétique produisant un mouvement circulaire uniforme

$$|q|vB = \frac{mv^2}{r} \qquad (8.10)$$

où r est le rayon du cercle et où l'utilisation de la valeur absolue rend l'équation applicable à une charge de signe quelconque. De l'équation 8.10, on tire

$$r = \frac{mv}{|q|B}$$

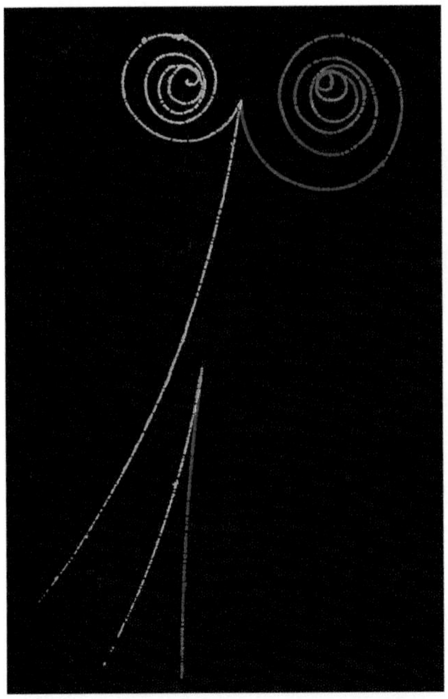

Figure 8.25 ▲
Des particules élémentaires décrivent des trajectoires circulaires sous l'effet d'un champ magnétique. À cause de la friction, le module de leur vitesse diminue progressivement. Comme le rayon de la trajectoire diminue proportionnellement, on obtient une spirale (voir l'exercice 69). Les deux couleurs, ajoutées artificiellement, montrent que le sens de la rotation dépend du signe de la charge de chaque particule.

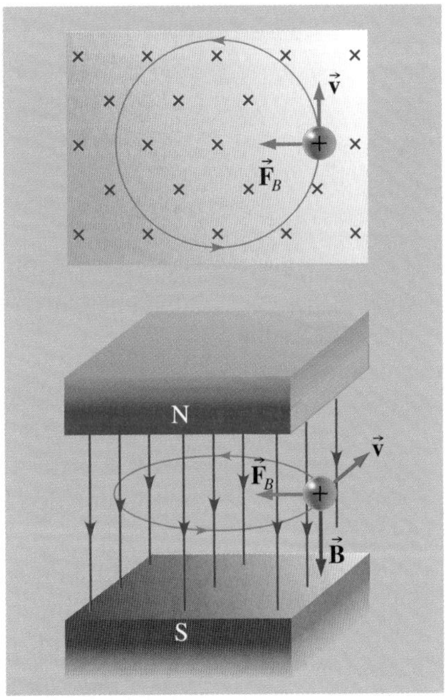

Figure 8.26 ▲
Une particule chargée se déplaçant perpendiculairement aux lignes de champ décrit une trajectoire circulaire.

Le rayon de la trajectoire circulaire est directement proportionnel à la quantité de mouvement de la particule et inversement proportionnel au champ magnétique. Puisque $r/v = m/|q|B$, la période du mouvement circulaire uniforme est

$$T = \frac{2\pi r}{v} = \frac{2\pi m}{|q|B} \quad (8.11)$$

Puisque $f = 1/T$, la fréquence du mouvement circulaire uniforme f_c est

Fréquence du mouvement circulaire uniforme

$$f_c = \frac{|q|B}{2\pi m} \quad (8.12)$$

Étant donné son importance dans le fonctionnement d'un accélérateur de particules appelé le *cyclotron* (voir la section 8.7), f_c est souvent appelée **fréquence cyclotron**. L'indice « c » dans f_c renvoie à cette appellation. Les équations 8.11 et 8.12 permettent de tirer deux conclusions importantes :

(i) La période et la fréquence sont toutes deux indépendantes de la vitesse de la particule.

(ii) Toutes les particules ayant le même rapport charge/masse, q/m, ont la même période et la même fréquence de rotation f_c.

EXEMPLE 8.11

Un électron d'énergie cinétique 10^3 eV se déplace perpendiculairement aux lignes d'un champ magnétique uniforme de module $B = 1$ G. (a) Quelles sont la période et la fréquence de son mouvement circulaire uniforme ? (b) Quel est le rayon de sa trajectoire circulaire ?

Solution

(a) D'après l'équation 8.11, la période est

$$T = \frac{2\pi m}{eB}$$

$$= \frac{2(3{,}14)(9{,}11 \times 10^{-31}\ \text{kg})}{(1{,}6 \times 10^{-19}\ \text{C})(10^{-4}\ \text{T})}$$

$$= 3{,}6 \times 10^{-7}\ \text{s}$$

Même dans un champ aussi faible, à peu près équivalent au champ terrestre, la fréquence du mouvement circulaire est grande : $f_c = 1/T = 2{,}8$ MHz. On pourrait penser que cela est dû au fait que l'énergie cinétique, donc la vitesse, est considérable, mais ce serait incorrect : la période et la fréquence sont indépendantes de la vitesse.

(b) Pour trouver le rayon à partir de l'équation 8.10, on doit d'abord déterminer la vitesse. Puisque $K = \frac{1}{2}mv^2 = 1{,}6 \times 10^{-16}$ J, on trouve $v = \sqrt{2K/m} = 1{,}9 \times 10^7$ m/s. (Si la vitesse de la particule se rapproche de la vitesse de la lumière, les effets prédits par la théorie de la relativité d'Einstein, que nous étudierons au chapitre 8 du tome 3, entraînent une modification de la définition de l'énergie cinétique ; en pratique, pour les vitesses inférieures à 3×10^7 m/s, soit un dixième de la vitesse de la lumière, on peut négliger les effets relativistes.)

Le rayon de la trajectoire circulaire est

$$r = \frac{mv}{eB}$$

$$= \frac{(9{,}11 \times 10^{-31}\ \text{kg})(1{,}9 \times 10^7\ \text{m/s})}{(1{,}6 \times 10^{-19}\ \text{C})(10^{-4}\ \text{T})}$$

$$= 1{,}1\ \text{m}$$

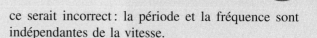

EXEMPLE 8.12

Un proton décrit un cercle de rayon 20 cm, perpendiculaire à un champ magnétique de module $B = 0{,}05$ T. Trouver : (a) le module de sa quantité de mouvement ($p = mv$) ; (b) son énergie cinétique en électronvolts.

Solution

Pour un proton qui est animé d'un mouvement circulaire uniforme dans un champ magnétique, la deuxième loi de Newton donne $evB = mv^2/r$. D'où on tire

$$\begin{aligned} v &= erB/m \\ &= \frac{(1{,}6 \times 10^{-19}\ \text{C})(0{,}2\ \text{m})(0{,}05\ \text{T})}{1{,}67 \times 10^{-27}\ \text{kg}} \\ &= 9{,}58 \times 10^{5}\ \text{m/s} \end{aligned}$$

(a) La quantité de mouvement est

$$\begin{aligned} p &= mv \\ &= (1{,}67 \times 10^{-27}\ \text{kg}) \times (9{,}58 \times 10^{5}\ \text{m/s}) \\ &= 1{,}60 \times 10^{-21}\ \text{kg·m/s} \end{aligned}$$

(b) L'énergie cinétique est

$$\begin{aligned} K &= \tfrac{1}{2}mv^2 \\ &= \tfrac{1}{2}(1{,}67 \times 10^{-27}\ \text{kg}) \times (9{,}58 \times 10^{5}\ \text{m/s})^2 \\ &= 7{,}66 \times 10^{-16}\ \text{J} = 4{,}79\ \text{keV} \end{aligned}$$

EXEMPLE 8.13

Deux particules chargées se déplacent perpendiculairement à un champ magnétique uniforme. Leurs masses et leurs charges sont telles que $m_2 = 4m_1$ et $q_2 = 2q_1$. Quel est le rapport des rayons des orbites, sachant que les particules ont (a) la même vitesse ; (b) la même énergie cinétique ?

Solution

(a) À partir de $|q|vB = mv^2/r$, on trouve $r \propto mv/|q|$ (pour un champ $\vec{\mathbf{B}}$ de module constant). La particule 2 a une masse quatre fois plus grande et une charge deux fois plus grande que la particule 1. Si sa vitesse est la même, son rayon sera donc $4 \times 1/2 = 2$ fois plus grand : $r_2/r_1 = 2$.

(b) Si les énergies cinétiques $\frac{1}{2}mv^2$ sont les mêmes, on doit avoir $v \propto 1/\sqrt{m}$. La particule 2 ayant une masse quatre fois plus grande que la particule 1, elle aura une vitesse deux fois plus *petite*. Par $r \propto mv/|q|$, on trouve un rapport entre les deux rayons de $4 \times 0{,}5/2 = 1$: les deux rayons sont égaux.

Le mouvement hélicoïdal

Considérons maintenant le mouvement d'une particule positive dont la vitesse a aussi une composante *parallèle* aux lignes d'un champ magnétique uniforme. Nous appelons $v_{\parallel}$ la composante de $\vec{\mathbf{v}}$ parallèle à $\vec{\mathbf{B}}$ et $v_{\perp}$ la composante de $\vec{\mathbf{v}}$ perpendiculaire à $\vec{\mathbf{B}}$ (figure 8.27). La composante perpendiculaire $v_{\perp}$ donne lieu à une force de module $|q|v_{\perp}B$ qui produit un mouvement circulaire (voir la figure 8.26, p. 287), mais la composante parallèle $v_{\parallel}$ ne change pas. On obtient la superposition d'un mouvement circulaire uniforme normal aux lignes de champ et d'un mouvement rectiligne uniforme parallèle aux lignes. Ces deux mouvements se combinent pour produire une trajectoire en spirale ou *hélicoïdale*. Le **pas de l'hélice** est le déplacement de la particule dans la direction des lignes pendant une période, soit la distance d à la figure 8.27, donnée par

$$d = v_{\parallel}T = v_{\parallel}\frac{2\pi m}{|q|B} \qquad (8.13)$$

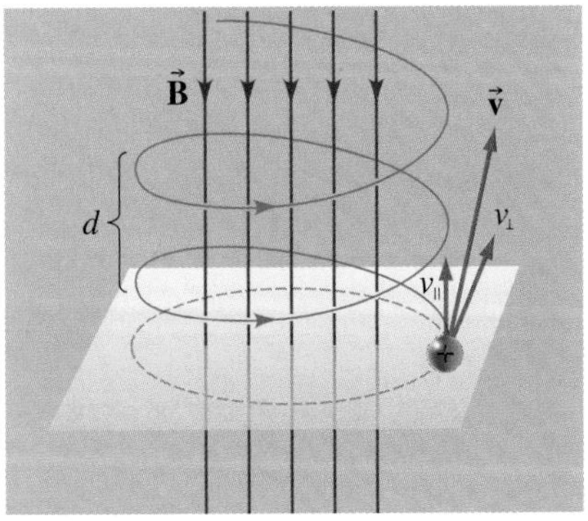

Figure 8.27 ▲
Une particule chargée dont la vitesse fait un certain angle avec le champ magnétique décrit une trajectoire hélicoïdale.

Dans un champ non uniforme, le rayon de la trajectoire varie. Si les autres variables ont des valeurs fixes, on peut voir d'après l'équation 8.10 que $r \propto 1/B$, ce qui signifie que le rayon décroît au fur et à mesure que le module du champ augmente. Il se produit aussi un effet plus important, lié au fait que

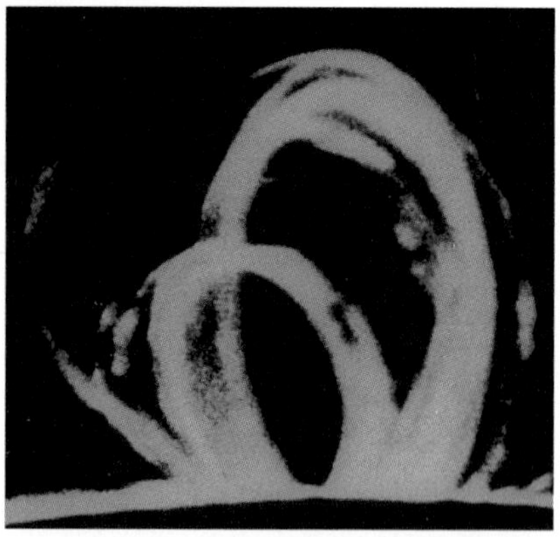

La forme de ces éruptions solaires montre qu'une force centripète agit sur elles. La seule façon d'expliquer cela est de concevoir que le Soleil produit un puissant champ magnétique.

la particule est soumise à une force orientée vers la région où le champ est plus faible (figure 8.28). Cela est dû au fait que cette force doit demeurer perpendiculaire aux lignes de champ. Il en résulte que la composante de la vitesse le long des lignes de B, c'est-à-dire $v_{\parallel}$, n'est pas constante.

Si la particule se dirige vers la région où le champ est plus intense, elle peut être amenée à s'arrêter et à inverser le sens de son mouvement (à condition que v ne soit pas trop grande). Cette particularité est utilisée dans la conception des « bouteilles magnétiques » qui servent à confiner les plasmas à haute température dans les recherches sur la fusion. Le plasma ne peut pas être confiné dans un récipient ordinaire parce qu'il se refroidirait rapidement au contact des parois. Un autre exemple important du confinement magnétique est observé dans le champ magnétique terrestre. Les particules chargées provenant de l'espace, qu'elles soient associées au vent solaire ou au rayonnement cosmique, au lieu de percuter la Terre, sont déviées et décrivent des trajectoires en spirale le long des lignes de champ d'un pôle à l'autre (figure 8.29). Ces particules captives sont confinées dans des régions que l'on appelle ceintures de Van Allen, qui sont décrites dans le sujet connexe du chapitre 9.

PA *La figure animée II-3*, **Mouvement circulaire et hélicoïdal**, permet d'illustrer le mouvement des particules chargées dans les champs magnétiques. Voir le Compagnon Web : www.erpi.com/benson.cw.

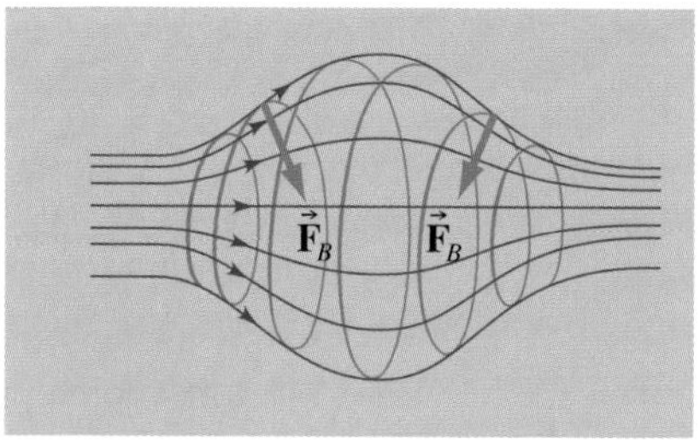

Figure 8.28 ▲
Dans un champ magnétique non uniforme, une particule chargée est soumise à une force orientée vers les régions où le champ est plus faible. Le sens du mouvement sur la trajectoire en spirale peut être inversé. C'est le principe de la « bouteille magnétique ».

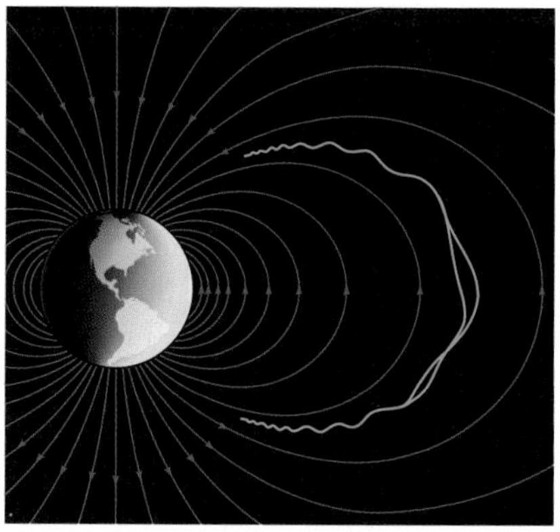

Figure 8.29 ▲
Les protons et les électrons de l'espace sont confinés par le champ magnétique terrestre.

8.6 La combinaison des champs électrique et magnétique

Lorsqu'une particule est soumise à un champ électrique et à un champ magnétique dans la même région, la force résultante agissant sur elle est la somme vectorielle de la force électrique $\vec{\mathbf{F}}_E = q\vec{\mathbf{E}}$ et de la force magnétique $\vec{\mathbf{F}}_B = q\vec{\mathbf{v}} \times \vec{\mathbf{B}}$, soit

Force de Lorentz

$$\vec{\mathbf{F}} = q(\vec{\mathbf{E}} + \vec{\mathbf{v}} \times \vec{\mathbf{B}}) \tag{8.14}$$

Cette force est appelée **force de Lorentz**, d'après le physicien hollandais Hendrik Antoon Lorentz (1853-1928). Nous venons de voir que la trajectoire d'une particule dans un champ magnétique uniforme est hélicoïdale et nous savons que sa trajectoire dans un champ électrique uniforme est une parabole. Lorsqu'elle est soumise à la fois à un champ électrique et à un champ magnétique, la particule a donc en général un mouvement assez complexe. Toutefois, dans les cas particuliers où les champs sont soit parallèles, soit perpendiculaires entre eux, l'analyse du mouvement est considérablement simplifiée et s'avère fort utile.

Le sélecteur de vitesse

La figure 8.30 représente une région dans laquelle un champ électrique $\vec{\mathbf{E}} = -E\vec{\mathbf{j}}$ est perpendiculaire à un champ magnétique $\vec{\mathbf{B}} = -B\vec{\mathbf{k}}$. On suppose qu'une particule de charge positive q pénètre dans cette région avec une vitesse initiale $\vec{\mathbf{v}} = v\vec{\mathbf{i}}$. Les forces électrique et magnétique sont $\vec{\mathbf{F}}_E = -qE\vec{\mathbf{j}}$ et $\vec{\mathbf{F}}_B = qvB\vec{\mathbf{j}}$. Ces forces sont de sens opposés et vont s'annuler si elles ont le même module. Autrement dit, $\vec{\mathbf{F}}_E + \vec{\mathbf{F}}_B = q(\vec{\mathbf{E}} + \vec{\mathbf{v}} \times \vec{\mathbf{B}}) = 0$ si

$$\vec{\mathbf{E}} = -\vec{\mathbf{v}} \times \vec{\mathbf{B}}$$

ou, en fonction des modules, si $E = vB$. Par conséquent, si un faisceau de particules a une certaine distribution de vitesse, seules les particules ayant une vitesse de module

$$v = \frac{E}{B} \tag{8.15}$$

vont traverser la zone des champs perpendiculaires sans être déviées. Ce montage de champs électrique et magnétique perpendiculaires s'appelle **sélecteur de vitesse**. Il s'agit d'une façon pratique de mesurer les vitesses de particules chargées ou de trier les particules selon leur vitesse.

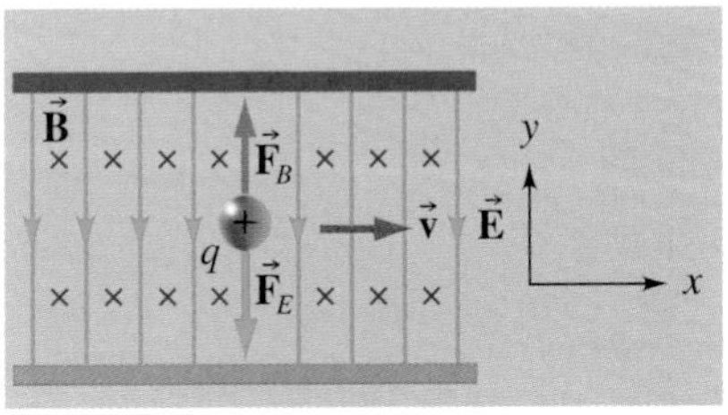

Figure 8.30 ▲
Un sélecteur de vitesse. Dans une région où règnent un champ électrique et un champ magnétique perpendiculaires entre eux, seules les particules ayant une vitesse qui vérifie la condition $\vec{\mathbf{E}} = -\vec{\mathbf{v}} \times \vec{\mathbf{B}}$ ne sont pas déviées.

Le spectromètre de masse

Un **spectromètre de masse** est un dispositif qui sépare les particules chargées, en général des ions, selon leur rapport masse/charge. Si les charges sont identiques, l'instrument peut servir à mesurer la masse des ions. Le sujet connexe situé à la fin de cette section présente l'historique et le développement de la spectrométrie de masse, ainsi que ses nombreuses applications pratiques. La figure 8.31 représente un modèle de spectromètre de masse fabriqué par Kenneth Tompkins Bainbridge (1904-1996) en 1933. Un faisceau de particules chargées passe dans un collimateur constitué par les fentes S_1 et S_2. Les particules pénètrent alors dans un sélecteur de vitesse dans lequel le champ magnétique est $\vec{\mathbf{B}}_1$ et le champ électrique perpendiculaire est $\vec{\mathbf{E}}$. Il s'ensuit que seules les particules de vitesse $v = E/B_1$ continuent en ligne droite et pénètrent dans la section suivante (analyseur), où il ne règne qu'un champ magnétique $\vec{\mathbf{B}}_2$. Les particules décrivent des trajectoires demi-circulaires et frappent une plaque photographique. D'après l'équation 8.10, on sait que le rayon de la trajectoire est $r = mv/|q|B_2$. En remplaçant $v = E/B_1$, on obtient

$$\frac{m}{|q|} = \frac{B_1 B_2}{E} r \tag{8.16}$$

Pour une valeur donnée de $|q|$, le rayon de la trajectoire est proportionnel à la masse. On utilise aussi cette technique pour séparer les isotopes, qui sont des atomes ayant les mêmes propriétés chimiques mais des masses légèrement différentes (*cf.* chapitre 12, tome 3). Cet instrument permet de déceler des différences de masses d'environ 0,01 %. La largeur des traces laissées sur la photographie nous renseigne également sur l'abondance relative des particules. La spectroscopie de masse est utilisée couramment en analyse chimique, par exemple dans la détection des polluants ou des impuretés (figure 8.32).

PA *La figure animée II-4*, **Spectromètre de masse**, illustre le fonctionnement de l'appareil représenté à la figure 8.31. Voir le Compagnon Web : www.erpi.com/benson.cw.

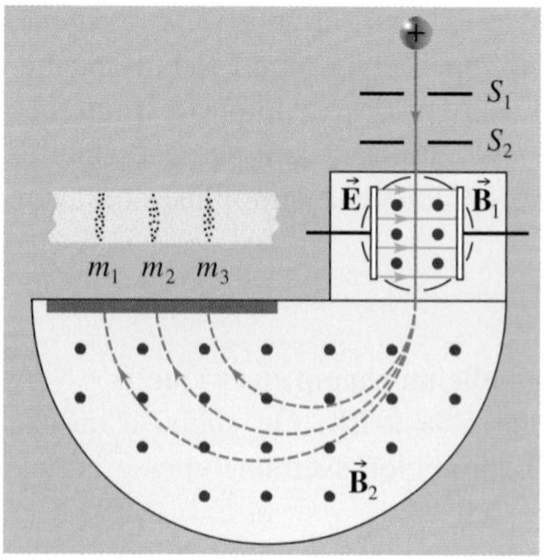

Figure 8.31 ▲

Le spectromètre de masse de Bainbridge sépare les particules chargées en fonction de leur rapport charge/masse. Elles traversent d'abord un sélecteur de vitesse, puis décrivent une trajectoire demi-circulaire dans le champ magnétique $\vec{B}_2$. Une plaque photographique enregistre les impacts des particules.

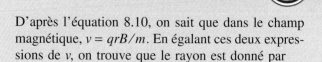

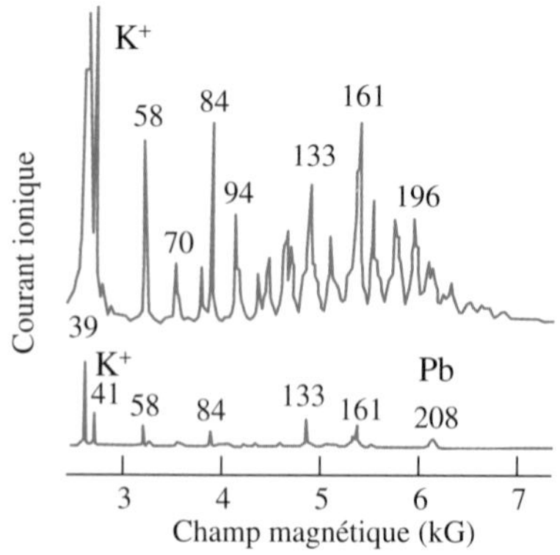

Figure 8.32 ▲

Une spectrographie de masse réalisée sur l'air d'une pièce avant et après qu'on y ait fumé une cigarette. Les pics 84 et 161 sont dus à la nicotine. (W. D. Davis, *Environmental Science Technology*, n° 11, 1977, p. 543.)

Dans un modèle différent de spectromètre de masse, celui de Dempster, on n'utilise pas de sélecteur de vitesse. Les ions sont accélérés (à partir d'une vitesse négligeable) en traversant une différence de potentiel, un peu comme dans un canon à électrons. Dans un spectromètre de Bainbridge, toutes les particules qui entrent dans l'analyseur ont la *même vitesse*, alors que dans un spectromètre de Dempster, c'est plutôt leur *énergie cinétique* qui est la même (pourvu qu'elles aient la même charge). L'exemple suivant illustre le fonctionnement d'un tel spectromètre.

EXEMPLE 8.14

Dans le spectromètre de masse de Arthur J. Dempster (1886-1950) représenté à la figure 8.33, deux isotopes d'un élément, de masses m_1 et m_2 et de charge positive q, sont accélérés à partir du repos par une différence de potentiel ΔV. Ils pénètrent ensuite dans un champ uniforme $\vec{B}$ perpendiculairement aux lignes du champ magnétique. Quel est le rapport des rayons de leurs trajectoires ?

Solution

L'énergie cinétique d'une particule est donnée par $\frac{1}{2}mv^2 = q\Delta V$, donc

$$v = \sqrt{\frac{2q\Delta V}{m}} \qquad \text{(i)}$$

D'après l'équation 8.10, on sait que dans le champ magnétique, $v = qrB/m$. En égalant ces deux expressions de v, on trouve que le rayon est donné par

$$r = \sqrt{\frac{2m\Delta V}{qB^2}} \qquad \text{(ii)}$$

Donc, si la charge q est la même, le rapport des rayons $r_1/r_2 = \sqrt{m_1/m_2}$.

Dans la pratique, on fixe l'électromètre à un rayon donné. Puis, selon la différence de potentiel appliquée, on recueille les différents isotopes comme le carbone 14, moins abondant que le carbone 12. ■

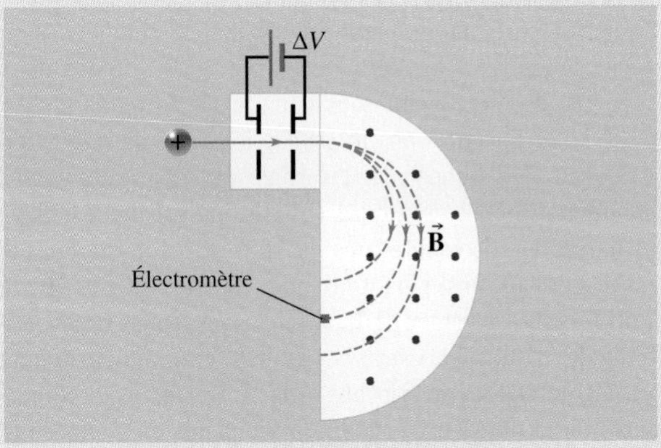

Figure 8.33 ◄
Le spectromètre de masse de Dempster. L'énergie des particules est déterminée par la différence de potentiel accélératrice dont on ajuste graduellement la valeur. En pratique, seule l'arrivée des particules qui décrivent un demi-cercle de rayon fixe est enregistrée par l'électromètre (en gris). On peut même remplacer la chambre de l'analyseur par un tunnel en forme de demi-cercle.

SUJET CONNEXE

La spectrométrie de masse

Depuis près d'un siècle, la spectrométrie de masse constitue la technique privilégiée pour la détermination de la masse des différents éléments chimiques et de leurs isotopes. Loin d'être dépassée, elle est encore un passage obligé pour la détermination formelle de la masse moléculaire de tout nouveau composé chimique. Depuis son apparition, elle a évolué en intégrant les progrès technologiques du XXe siècle, afin de multiplier ses champs d'application. Ainsi, de nos jours, on l'utilise autant pour analyser les détails de la structure de macromolécules comme les protéines que pour identifier rapidement les agents toxiques sur les sites de catastrophes environnementales ou d'actes de bioterrorisme.

Tous les instruments associés à la spectrométrie de masse fonctionnent essentiellement de la même manière. Tout d'abord, un *producteur d'ions* amène en phase gazeuse puis ionise l'échantillon à analyser. Ensuite, il accélère les ions et les dirige vers un *analyseur de masse*. Ce dernier utilise généralement une combinaison de champs électrique et magnétique qui influent sur la trajectoire des ions en fonction de leur charge, de leur masse et de leur énergie initiale. Enfin, un *détecteur* recueille les ions à la sortie de l'analyseur. De la sortie du producteur d'ions jusqu'au détecteur, les ions doivent se trouver dans le vide le plus parfait possible. Les appareils modernes fonctionnent à des pressions internes très faibles, représentant quelques milliardièmes seulement de la pression atmosphérique.

Historiquement, on distingue le *spectromètre* de masse du *spectrographe* de masse selon la nature du détecteur utilisé. Ainsi, l'appareil conçu par Bainbridge en 1933 et présenté à la figure 8.31 est un spectrographe : son détecteur enregistre l'arrivée des différents ions sortant de l'analyseur. Quant à l'appareil de Dempster, conçu en 1919 et présenté à la figure 8.33, c'est un spectromètre : son détecteur est fixe et ne peut capter qu'un faisceau d'ions à la fois.

Le premier spectrographe de masse a été conçu par Joseph John Thomson (1856-1940) dans la première décennie du XXe siècle. Son producteur d'ions était une variante des premiers tubes à décharge. Thomson introduisait son échantillon sous forme gazeuse dans un tube dans lequel il avait préalablement fait le vide. À chaque extrémité du tube, des électrodes produisaient des décharges électriques lorsqu'elles étaient mises sous tension. Le gaz de l'échantillon s'ionisait sous l'action du courant. Comme les ions chargés positivement sont naturellement attirés par la cathode, Thomson avait aménagé derrière cette électrode un trou conduisant directement à l'analyseur. Les ions arrivaient là avec des vitesses très variées. L'analyseur utilisait un champ électrique et un champ magnétique parallèles l'un à l'autre et perpendiculaires à la vitesse initiale des ions arrivant dans l'analyseur (figure 8.34). Un peu plus loin, le long de la trajectoire non déviée des ions, une plaque photographique servait de détecteur.

Dans ce type de dispositif, en l'absence des champs magnétique et électrique, le faisceau d'ions traverse l'analyseur en ligne droite et frappe le milieu de la plaque photographique en y laissant une tache floue. En présence du

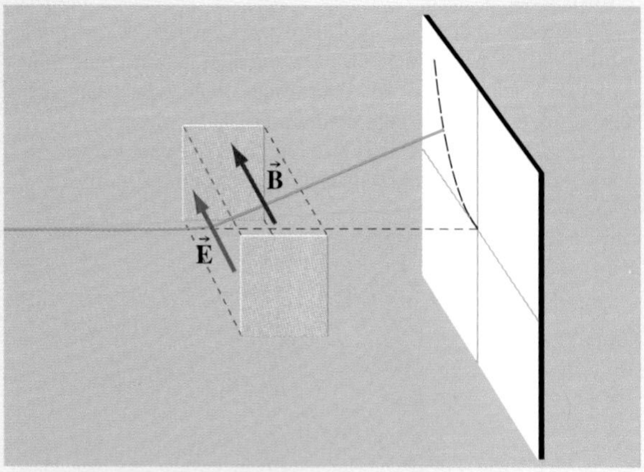

Figure 8.34 ▲

L'analyseur du spectrographe de masse de Joseph John Thomson. Dans la zone située entre les plaques grises, un champ électrique $\vec{E}$ et un champ magnétique $\vec{B}$ parallèles font dévier un ion chargé positivement (trajectoire bleue) qui vient frapper la plaque photographique en un point se trouvant sur une parabole. Pour un rapport masse/charge donné, la position du point dépend de la vitesse de l'ion.

champ électrique seulement, le faisceau est dévié horizontalement. La tache s'étire alors plus ou moins loin horizontalement selon l'énergie des ions ; les ions les plus rapides sont les moins déviés. En présence du champ magnétique seulement, le faisceau a une portion de trajectoire circulaire qui le fait monter. La tache s'étire alors verticalement. Comme les ions les plus rapides ont les plus grands rayons de courbure, ils sont aussi les moins déviés. Ainsi, en présence du champ magnétique *et* du champ électrique, c'est-à-dire lorsque l'appareil est en mode de fonctionnement normal, les ions sont déviés à la fois vers la gauche et vers le haut de la plaque photographique, par exemple, dans le cas présenté à la figure 8.34. On peut montrer que des ions ayant des vitesses initiales différentes mais un rapport masse/charge (m/q) de même valeur viennent frapper la plaque photographique à différents endroits le long d'une parabole unique.

Grâce à son appareil, Thomson repéra les paraboles caractéristiques de plusieurs éléments chimiques. Ramenés en unités de masse atomique par unité de charge élémentaire, les rapports m/q correspondant aux différentes paraboles lui permettaient de déterminer la masse des ions en partant d'une valeur de charge supposée. Ainsi, dès 1909, Thomson confirma que la masse du néon était de 20 u. Par ailleurs, son étude de cet élément faisait apparaître une deuxième parabole très proche de la première et caractérisée par un rapport m/q de 22 u/e. C'est que la qualité du vide obtenu à cette époque de même que les diverses réactions chimiques possibles lors du processus d'ionisation conduisaient toujours à un grand nombre de paraboles, associées à plusieurs contaminants. Thomson crut que la parabole voisine de celle du néon correspondait à l'ion NeH_2 ou encore au CO_2 ionisé deux fois, ces derniers ayant tous deux le même rapport m/q = 22 u/e. En fait, sans le savoir, il venait de mettre en évidence l'existence de l'isotope du néon contenant 10 protons et 12 neutrons ! Cet isotope est présent dans la nature et représente près de 10 % du néon *normal*. Ce n'est que 10 ans plus tard que Francis William Aston (1877-1945), assistant de Thomson, ayant repris l'expérience à l'aide d'un spectrographe de son cru, annonça qu'il venait de découvrir l'isotope ^{22}Ne. Entre-temps, les pionniers de la physique nucléaire avaient mis en évidence le fait que plusieurs éléments radioactifs possèdent de nombreux isotopes. Thomson n'avait malheureusement pas interprété son observation inédite comme une découverte, car il ne voyait aucune raison pour laquelle un élément stable (non radioactif) comme le néon pourrait avoir plus d'un isotope.

Dans les années qui suivirent, on uniformisa les producteurs d'ions des spectrographes de masse en utilisant un système plus complexe. Dans un milieu sous vide, un filament porté à haute température libère des électrons qui sont ensuite accélérés à l'aide d'un champ électrique. Une fois sortis de ce champ, les électrons se dirigent vers une zone comprenant l'échantillon à l'état gazeux. Là, les collisions entre les électrons énergétiques et le gaz neutre produisent l'ionisation. On peut contrôler l'énergie des électrons en faisant varier le champ électrique qui les accélère.

Cette nouvelle façon de produire les ions a, dès 1919, amené Dempster à modifier l'analyseur original de Thomson. Pour faire *sortir* les ions du producteur et les diriger vers l'analyseur, le scientifique a utilisé un autre champ électrique qui accélère les ions nouvellement formés et les oriente vers un champ magnétique. Il a ainsi découplé l'action des champs électrique et magnétique sur les ions. Cela lui permettait de contrôler et de connaître l'énergie des ions avant que ceux-ci ne pénètrent dans le champ magnétique. Ce dernier avait alors pour seul rôle d'imposer aux électrons une trajectoire circulaire dont le rayon de courbure ne dépendait que de m/q et des valeurs connues des champs appliqués. L'analyse en devenait beaucoup plus simple. Dans le même esprit, en 1933, Bainbridge introduisit sur le chemin des ions, juste avant le champ magnétique, un sélecteur de vitesse.

Parallèlement aux travaux portant sur la recherche des isotopes des éléments du tableau périodique, la spectrométrie de masse servait aussi à la détermination de la masse des molécules. Pour étudier une molécule, on utilisait le même dispositif que pour étudier un isotope, à la différence près que les électrons du producteur frappaient un gaz moléculaire. Mais on a vite constaté que la plupart du temps les électrons avaient une fâcheuse tendance à briser les molécules. Comme les fragments de molécules étaient eux aussi ionisés, on se retrouvait avec une incroyable variété d'ions dans l'analyseur. Cependant, ce « problème » a ouvert la voie à une nouvelle application de la spectrométrie de masse : l'analyse de la structure des molécules complexes. En effet, on observe que les fragments n'apparaissent pas au hasard. Ils varient selon l'énergie des électrons qui entrent en collision avec les molécules. Par exemple, à faible énergie, on observe moins de fragments. On interprète donc que le faisceau d'électrons ne brise que les liaisons les moins solides des molécules. La contribution la plus spectaculaire de la spectrométrie de masse à l'analyse des molécules concerne l'étude des *isomères.* Les isomères sont des molécules qui ont la même formule chimique mais différentes structures d'assemblage. Pour une énergie donnée du faisceau d'électrons, deux isomères ne produisent pas les mêmes fragments. Ces fragments mettent clairement en évidence les différents assemblages possibles d'atomes pour une même formule chimique.

La Seconde Guerre mondiale a sorti la spectrométrie de masse des laboratoires universitaires et l'a fait pénétrer dans l'industrie chimique et pétrochimique. L'obligation de produire rapidement des carburants et des caoutchoucs de qualité pour soutenir l'effort de guerre américain nécessitait en effet des méthodes efficaces pour le contrôle de la qualité. La spectrométrie de masse a alors déclassé les procédés chimiques traditionnels d'analyse : elle permettait de reconnaître très rapidement le contenu moléculaire d'un échantillon et notamment de vérifier la présence ou l'absence d'isomères non désirés. Pour améliorer son efficacité dans le cas de mélanges contenant de nombreuses molécules variées, on l'a combinée à la *chromatographie gazeuse.* Ce procédé consiste en l'injection d'un échantillon gazeux au sein d'une colonne remplie d'un solide semi-perméable aux gaz. On force ensuite l'échantillon à traverser la colonne en le *poussant* généralement avec de l'azote maintenu sous pression constante. Selon leur structure moléculaire, les différents composants de l'échantillon traversent le solide avec plus ou moins de difficulté et mettent plus ou moins longtemps à sortir de la colonne. Un spectromètre de masse permet alors d'identifier ce qui sort. Les spectromètres industriels utilisés par les grandes sociétés pétrolières jusque dans les années 1960 étaient directement inspirés du prototype conçu par Dempster en 1919 !

Parallèlement à son utilisation dans le cadre industriel, la spectrométrie de masse a continué à se développer. La recherche fondamentale s'est portée sur l'analyse de molécules organiques de plus en plus grosses et complexes. Deux problèmes majeurs se posaient alors aux chercheurs. D'une part, plusieurs de ces molécules ne se transforment pas facilement en échantillons gazeux. D'autre part, les liaisons que comportent ces molécules sont si fragiles que le producteur d'ions traditionnel ne produisait que des fragments. Les efforts des années 1980 ont attaqué de front ces deux problèmes. Dans une première approche, on a cherché à dissoudre les molécules à analyser dans des solvants ayant la pression de vapeur la plus faible possible. On pouvait alors introduire la solution obtenue dans une enceinte où régnait un vide relatif. Puis, on procédait au bombardement de l'échantillon et de son solvant à l'aide d'atomes de gaz nobles comme le xénon ou le krypton, qui ont la propriété de ne pas réagir chimiquement. Cette technique permettait de produire plus d'ions et moins de fragments. On l'utilisait principalement pour analyser des protéines et des peptides qu'on avait dissous dans de la glycérine. Dans une deuxième approche, on mélangeait les molécules à analyser à une substance organique connue nommée *matrice* et on dissolvait le tout dans un solvant. On procédait ensuite à l'évaporation du solvant, pour obtenir des cristaux contenant à la fois la matrice et l'échantillon. On bombardait les cristaux avec un faisceau laser dont la matrice pouvait facilement absorber l'énergie, fonction de la longueur d'onde. Cela vaporisait et ionisait la matrice et, par ricochet, l'échantillon. Enfin, on acheminait tous les ions formés vers l'analyseur et le détecteur. Les propriétés de la matrice étant connues, on extrayait facilement les informations se rapportant à l'échantillon. Les deux méthodes utilisées permettent de déterminer la masse de molécules organiques contenant plusieurs centaines d'atomes !

Si tous les spectromètres modernes comportent un producteur d'ions et un détecteur, les modèles les plus récents ont un analyseur tellement évolué qu'il a presque disparu... Ces spectromètres se fondent sur la mesure du temps de vol des ions entre le producteur et le détecteur. Après avoir été produits par l'une ou l'autre des méthodes existantes, les ions sont accélérés par un champ électrique puis acheminés vers une zone de longueur connue qui ne comporte aucun champ ! Quelle que soit leur masse, les ions ayant la même charge arrivent à l'analyseur avec la même énergie cinétique. Mais ils mettent plus ou moins de temps à traverser l'analyseur et à arriver au détecteur : ce temps de traversée ne dépend que de leur vitesse et, l'énergie cinétique étant constante, n'est donc fonction que de leur masse. L'efficacité de ces spectromètres récents est directement liée à des détecteurs électroniques très sensibles et très rapides qui peuvent enregistrer l'arrivée des différents ions sur des intervalles de temps très courts. Plus un détecteur est rapide, plus il fournit d'informations. Les détecteurs électroniques ne sont donc utilisables qu'avec des ordinateurs pouvant stocker puis traiter de grandes quantités de données en temps réel. Les ordinateurs de bureau ordinaires sont maintenant tellement puissants qu'ils suffisent à la tâche. En comparant le spectre obtenu pour un échantillon donné aux spectres d'une banque de données informatisée, on peut aisément déduire la composition de l'échantillon.

Ces derniers spectromètres de masse, très performants, sont à la fois peu coûteux et peu encombrants. C'est ainsi qu'ils ont quitté les laboratoires de recherche et servent maintenant à la détermination de la composition chimique d'échantillons extrêmement variés. On les utilise notamment pour déterminer la présence et la concentration d'agents toxiques lors de catastrophes écologiques. Par ailleurs, divers pays ont conçu par le passé des armes chimiques et biologiques. Bien que plusieurs accords internationaux interdisent formellement leur utilisation, on craint les attaques terroristes qui en feraient usage. C'est ainsi qu'on a créé une banque de spectres permettant l'identification rapide de ces produits à l'aide de la spectrométrie de masse.

La spectrométrie de masse ne connaît pas vraiment de frontières. Depuis quelques décennies, en effet, de nombreux spectromètres ont quitté la Terre à bord de sondes spatiales, afin d'analyser la composition chimique des planètes de notre système solaire !

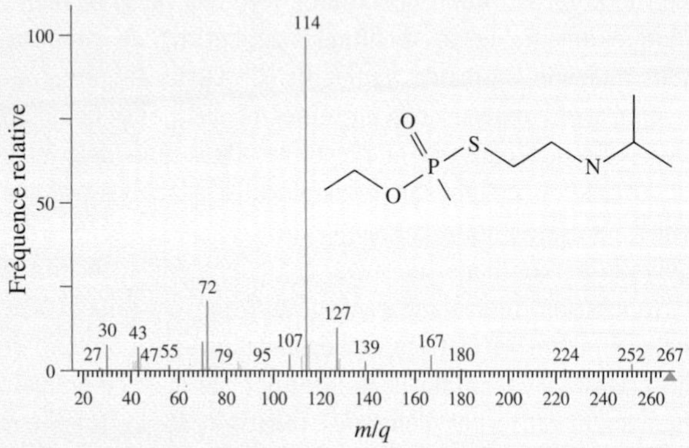

Spectre de masse de la molécule VX dont la formule chimique est $CH_3CH_2O\text{-}P(O)(CH_3)\text{-}SCH_2CH_2N(C_3H_7)_2$ et dont la masse moléculaire est 267. Le fragment le plus abondant dans ce spectre (m/q = 114 u/e) correspond à la combinaison $CH_2N(C_3H_7)_2$. Il s'agit d'un gaz neurotoxique qui constitue l'une des armes chimiques les plus dangereuses. (Source : Librairie publique de spectres, NIST-EPA-NIH.)

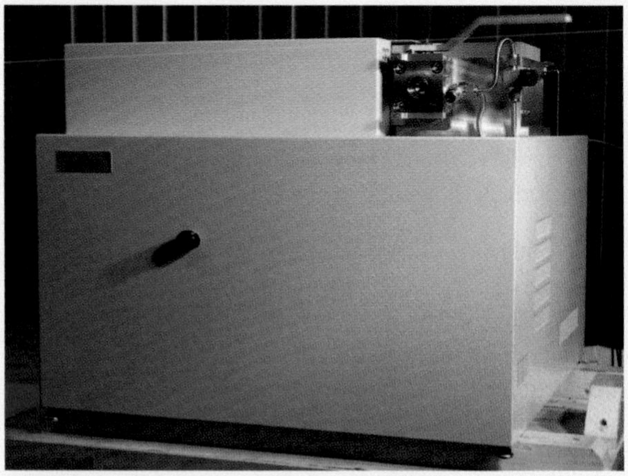

Un spectromètre de masse moderne utilisant le temps de vol des ions, exploité dans un laboratoire de Montréal. Cet appareil est à peine plus gros qu'un four à micro-ondes.

8.7 Le cyclotron

On obtient une multitude d'informations concernant les propriétés des noyaux et des particules élémentaires en bombardant des cibles atomiques avec des particules de haute énergie. En 1932, les Anglais John Douglas Cockcroft (1897-1967) et Ernest Thomas Walton (1903-1995) réalisèrent le premier « casseur d'atomes » en bombardant une cible en lithium avec des protons qui avaient été accélérés par une différence de potentiel énorme de 700 000 V.

Produire une telle différence de potentiel demande cependant un équipement considérable (voir la figure 5.10*b*, p. 165). En 1929, une autre solution à ce problème avait été conçue : le physicien américain Ernest Orlando Lawrence (1901-1958) avait envisagé la possibilité d'accélérer des particules *par étapes successives* à l'aide de différences de potentiel relativement faibles, plutôt qu'en une seule fois. Il mit au point un dispositif, appelé **cyclotron**, en collaboration avec Milton Stanley Livingston (1905-1986). Le premier cyclotron (construit en 1930) et une version ultérieure (construite en 1934) sont représentés à la figure 8.35.

(a)

(b)

Figure 8.35 ◀
(a) Le premier prototype de cyclotron tenait dans une main. On remarque notamment les deux tuyaux qui servent à pomper l'air pour faire le vide, ainsi que les deux branchements de la différence de potentiel entre les dés. (b) Un cyclotron de 27 po réalisé en 1934. Lawrence se tient à droite et Livingston à gauche. (Les deux grands cylindres métalliques contiennent les bobines qui produisent le champ magnétique ; le cyclotron est le petit appareil situé entre les deux, au centre.)

Le fonctionnement du cyclotron s'appuie sur le fait que la période du mouvement circulaire d'une particule dans un champ magnétique est indépendante de sa vitesse. Le cyclotron, représenté à la figure 8.36, est composé de deux demi-cylindres en forme de « D », qu'on appelle des *dés* et qu'on a désignés par D_1 et D_2, séparés par un petit espace et placés dans un champ magnétique uniforme. Au centre de l'espace se trouve une source d'ions S qui produit des particules chargées, telles que des protons ou des particules α, lesquelles sont injectées dans l'un des demi-cylindres avec une faible vitesse. On a créé le vide dans l'appareil afin de réduire au minimum les pertes dues aux collisions avec les molécules de l'air. Si elles étaient plongées dans un champ électrique, les parois des dés se polariseraient et annuleraient le champ électrique à l'intérieur de l'appareil. Toutefois, un tel effet ne se produit pas avec un champ magnétique. Ce champ pénètre donc dans les demi-cylindres et donne aux particules libres qui y circulent une trajectoire circulaire.

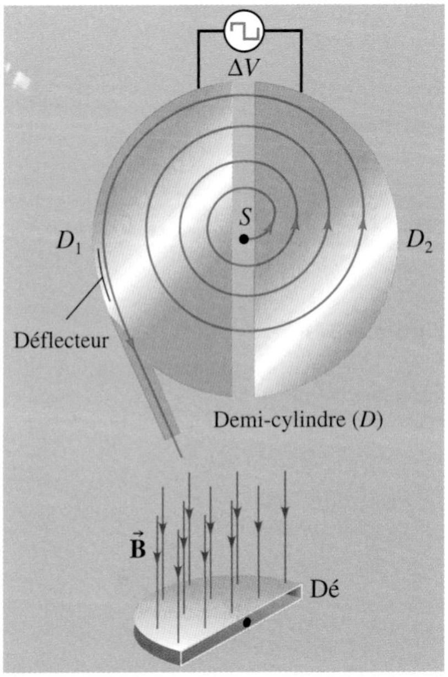

Figure 8.36 ▲
Le fonctionnement d'un cyclotron s'appuie sur le fait que la période du mouvement circulaire est indépendante de la vitesse de la particule. Une différence de potentiel alternative appliquée entre deux demi-cylindres sert à accélérer les particules lorsqu'elles traversent l'espace entre les demi-cylindres. Un champ magnétique est appliqué perpendiculairement aux demi-cylindres de sorte que les particules décrivent des trajectoires demi-circulaires à l'intérieur de chaque demi-cylindre.

On applique entre les demi-cylindres une tension élevée dont la polarité s'inverse chaque fois que les particules parcourent une demi-révolution. Le champ électrique associé à cette différence de potentiel est principalement confiné dans l'espace entre les demi-cylindres. Au moment même où les particules terminent leur première demi-révolution, D_2 devient positif et D_1 négatif. Puisque cette polarité accélère les particules (positives) lorsqu'elles traversent l'espace entre les demi-cylindres, elles acquièrent l'énergie cinétique $\Delta K = q\Delta V$. Leur vitesse devenant plus élevée, le rayon de leur trajectoire le devient aussi (voir l'équation 8.10). Au bout d'un temps $T/2$, elles arrivent à nouveau dans l'espace situé entre les deux dés, mais la polarité de la différence de potentiel s'est inversée de sorte qu'elles accélèrent *à nouveau* en le traversant. Ce processus se répétant à chaque passage entre les deux dés, les particules décrivent des cercles de plus en plus grands, *mais toujours avec la même période*, puisque cette dernière ne dépend pas de la vitesse. Cette caractéristique simplifie grandement le fonctionnement de l'appareil, car elle permet d'alterner la polarité de la différence de potentiel entre les dés avec une fréquence qui reste toujours la même. Lorsque les particules atteignent le rayon maximal, elles sont déviées par une plaque qui les dirige vers la zone expérimentale. Pour accélérer les particules de manière optimale, la période avec laquelle oscille la différence de potentiel ΔV doit être la même que la période de révolution des particules, donnée par l'équation 8.11. En effet, une tension qui oscille avec une période T s'inverse bien à tous les $T/2$, donc à chaque demi-tour des particules.

Dans la pratique, le fonctionnement du cyclotron présente quelques complications. Tout d'abord, il est difficile de produire un champ magnétique uniforme dans une région étendue comme celle des cyclotrons modernes (de rayon voisin de 2 m). Un autre problème se présente lorsque la vitesse des particules commence à représenter une fraction appréciable de la vitesse de la lumière :

la trajectoire des particules est alors modifiée de manière appréciable par des effets explicables en vertu de la théorie de la relativité d'Einstein (voir le chapitre 8 du tome 3), ce qui affecte la période des particules. Cela crée un déphasage entre l'alternance de la différence de potentiel et le passage des particules dans l'espace entre les demi-cylindres. C'est pourquoi on utilise souvent des protons, qui sont des particules plus lourdes que les électrons : pour une énergie donnée, la vitesse d'un proton est bien inférieure à celle d'un électron. Dans un cyclotron, les protons atteignent une énergie maximale voisine de 25 MeV. Dans le *synchrocyclotron*, la fréquence de la tension d'alimentation diminue progressivement pour contrer les effets de la relativité. Cette machine permet d'accélérer des protons jusqu'à des énergies de 200 MeV.

Dans un *synchrotron*, le champ magnétique et la fréquence varient tous deux, de sorte que les particules décrivent une trajectoire de rayon fixe. Les particules subissent une accélération lorsqu'elles passent entre de longs tubes dont le potentiel électrique alterne à la fréquence appropriée. Dans l'accélérateur du Fermilab (figure 8.37), les protons décrivent un cercle de rayon d'environ 1 km et leur énergie finale atteint près de 1000 GeV. Le plus récent accélérateur au monde, dont la mise en service s'est achevée en 2009 au CERN à la frontière franco-suisse, a une circonférence de 27 km et peut accélérer des particules jusqu'à une énergie de 7000 GeV, soit 280 000 fois plus que celles obtenues avec un cyclotron ! Grâce à ce nouvel appareil, on espère faire des découvertes sur les interactions entre particules élémentaires (voir le chapitre 13 du tome 3).

Figure 8.37 ▶
L'accélérateur de particules du Fermilab, à Batavia (Illinois).

EXEMPLE 8.15

On utilise un cyclotron pour accélérer des protons à partir du repos. Il a un rayon de 60 cm et il est le siège d'un champ magnétique de module 0,8 T. La différence de potentiel aux bornes des demi-cylindres est de 75 kV. Déterminer : (a) la fréquence de la différence de potentiel alternative ; (b) l'énergie cinétique maximale ; (c) le nombre de révolutions effectuées par les protons.

Solution

(a) D'après l'équation 8.12, la fréquence cyclotron s'écrit

$$f_c = \frac{qB}{2\pi m} = \frac{(1{,}6 \times 10^{-19}\ \text{C})(0{,}8\ \text{T})}{(6{,}28)(1{,}67 \times 10^{-27}\ \text{kg})} = 12\ \text{MHz}$$

Cette fréquence est celle de la révolution des particules, mais la fréquence de la différence de potentiel alternative doit lui être égale pour que l'appareil fonctionne de façon optimale.

(b) De l'équation 8.10, on déduit que le rayon est $r = mv/|q|B = mv/eB$ et qu'il est donc proportionnel à la vitesse. L'énergie cinétique est donc maximale pour un rayon maximal, soit $r = 0{,}6$ m. En isolant la vitesse dans l'expression que nous venons d'obtenir pour le rayon, on trouve

$$v = \frac{erB}{m} = \frac{(1{,}6 \times 10^{-19}\ \text{C})(0{,}6\ \text{m})(0{,}8\ \text{T})}{1{,}67 \times 10^{-27}\ \text{kg}} = 4{,}60 \times 10^{7}\ \text{m/s}$$

et

$$K = \frac{1}{2}mv^2$$

$$= \frac{1}{2}(1,67 \times 10^{-27}\ \text{kg}) \times (4,60 \times 10^{7}\ \text{m/s})^2$$

$$= 1,76 \times 10^{-12}\ \text{J} = 11\ \text{MeV}$$

(c) Durant chaque révolution, le proton est accéléré deux fois. ■

Son gain d'énergie est donc

$$\Delta K = 2q\Delta V$$

$$= 2(1,6 \times 10^{-19}\ \text{C})(7,5 \times 10^{4}\ \text{V})$$

$$= 2,4 \times 10^{-14}\ \text{J}$$

Le nombre total de révolutions est simplement $K_{max}/\Delta K$ = 73,5 révolutions.

8.8 L'effet Hall

Quand on plonge dans un champ magnétique uniforme un conducteur parcouru par un courant, on observe une force sur le conducteur (voir la section 8.2), mais on observe aussi l'apparition d'une différence de potentiel latérale (c'est-à-dire entre les *côtés* du conducteur), phénomène qui porte le nom d'**effet Hall**.

Ce phénomène a été découvert grâce à des expériences qui visaient à résoudre une controverse sur le mécanisme précis causant la force sur le conducteur. En effet, cette force avait été observée par Œrsted dès 1820 (qui avait utilisé le champ magnétique d'un aimant plutôt qu'un champ uniforme). Dans un important document, James Clerk Maxwell suggérait que la force magnétique agit non pas sur le courant électrique mais sur le conducteur dans lequel il circule. Il en concluait que la distribution de courant dans la section transversale du fil devrait être la même en l'absence d'un champ. Ces positions ne convenaient pas à Edwin Herbert Hall (figure 8.38) qui, en 1877, venait de commencer ses études de deuxième cycle à l'Université Johns Hopkins sous la direction du professeur Henry Augustus Rowland (1848-1901). On mesurait en effet que la force magnétique est proportionnelle au courant et ne dépend pas des dimensions du fil. En particulier, la force disparaît lorsque le courant est nul. L'hypothèse de Maxwell ne paraissait donc pas valable aux yeux de Hall, car elle n'expliquait pas ces observations pourtant simples.

Figure 8.38 ▲
Edwin H. Hall (1855-1938).

À cette époque, on considérait le courant électrique comme le flux d'un, ou peut-être de deux fluides (l'électron devait être découvert vingt ans après). Hall imagina donc que, dans un champ magnétique, le « fluide » serait attiré d'un côté du fil tout en poursuivant son écoulement le long du fil, entraînant une diminution de la section transversale effective du fil et donc une augmentation de sa résistance. Les mesures faites aujourd'hui sont conformes à cette idée, mais Hall ne disposait pas d'instruments assez sensibles pour détecter une variation de résistance. Il essaya donc d'utiliser une autre approche en supposant que, sous l'action du champ magnétique, le fluide accumulé d'un côté du conducteur produirait un « état de contrainte » sur ce conducteur. Quelques années auparavant, Rowland avait effectivement réussi à déceler une faible différence de potentiel aux bornes latérales d'un conducteur parcouru par un courant dans un champ magnétique. Il proposa à Hall de refaire l'expérience, mais cette fois-ci avec une feuille d'or très fine. C'est ainsi qu'en octobre 1879 Hall découvrit l'effet qui porte maintenant son nom.

Voyons maintenant comment notre représentation moderne des forces électrique et magnétique permet d'expliquer qualitativement l'effet Hall. Pour ce faire, considérons un conducteur dans lequel le courant circule vers la droite et supposons que $\vec{\mathbf{B}}$ entre perpendiculairement dans la page (figure 8.39). Si les particules chargées en mouvement dans le fil sont positives, leur vitesse de dérive sera dans le sens conventionnel du courant, donc vers la droite (figure 8.39*a*). La force magnétique sur les charges sera vers le haut, ce qui entraînera une accumulation de charge positive sur le haut du fil. Cette distribution de charge produira un champ électrique *latéral* vers le bas, donc fera apparaître une différence de potentiel positive entre le haut et le bas du fil : $V_{\text{haut}} - V_{\text{bas}} > 0$. En revanche, si les particules chargées en mouvement sont négatives, leur vitesse de dérive sera dans le sens opposé, donc vers la gauche (figure 8.39*b*). La force magnétique sur les particules chargées sera *encore* vers le haut (vérifiez-le), et de la charge négative s'accumulera en haut du fil : $V_{\text{haut}} - V_{\text{bas}} < 0$. Dans la plupart des matériaux conducteurs, notamment les métaux, la différence de potentiel mesurée est négative. Cela ne peut s'expliquer que si les seules particules chargées mobiles dans le fil sont de charge négative, c'est-à-dire qu'elles sont des électrons. Jusqu'à présent, nous nous étions basés sur le modèle atomique pour déduire que les seules charges mobiles étaient les électrons de conduction. L'effet Hall est cependant tout à fait indépendant de la représentation atomique de la matière et conduit à la même conclusion que les seules charges mobiles sont négatives, ce qui en confirme davantage la validité.

Dans d'autres matériaux, particulièrement certains semi-conducteurs, les particules chargées mobiles ne sont pas des charges négatives. Dans l'industrie de l'électronique, le test de l'effet Hall est extrêmement important, car il permet de caractériser les semi-conducteurs.

(*a*) (*b*)

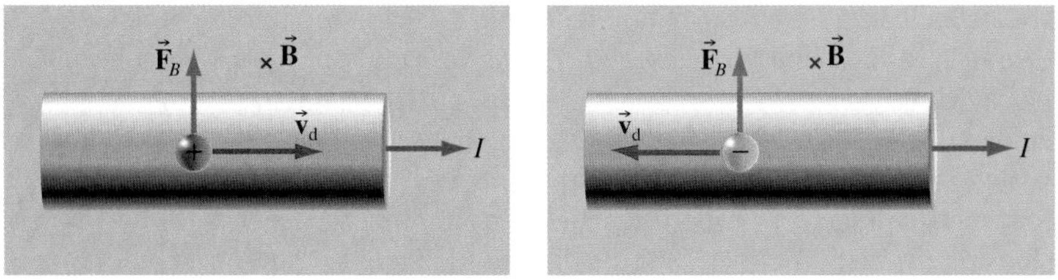

Figure 8.39 ▶
Sous l'effet d'un champ magnétique perpendiculaire au fil, les charges en mouvement sont affectées. (*a*) Si le courant est dû à des particules chargées positives, un excès de charge positive se forme en haut du fil. (*b*) Si le courant est dû à des particules chargées négatives, un excès de charge négative se forme en haut du fil.

Pour décrire l'effet Hall de façon quantitative, considérons maintenant une géométrie plus simple. La figure 8.40 représente une plaquette métallique de largeur L et d'épaisseur ℓ dans laquelle circule un courant I. Un champ magnétique uniforme $\vec{\mathbf{B}}$ est orienté comme l'indique la figure. Une charge négative q se déplaçant dans le sens de la longueur à la vitesse de dérive $\vec{\mathbf{v}}_d$ est soumise à une force magnétique vers le haut $\vec{\mathbf{F}}_B = |q| v_d B \vec{\mathbf{k}}$. La face supérieure se charge négativement tandis que la face inférieure se charge positivement. Ces charges produisent alors un champ électrique $\vec{\mathbf{E}}_H$ dirigé vers le haut qui crée une force électrique vers le bas sur les charges négatives en mouvement, $\vec{\mathbf{F}}_E = -|q| E_H \vec{\mathbf{k}}$. Au fur et à mesure que les charges s'accumulent sur les faces supérieure et inférieure, la force électrique devient assez intense pour compenser la force magnétique. Notez que le champ $\vec{\mathbf{E}}_H$ est latéral, de même que la force qu'il cause ; ils ne doivent pas être confondus avec le champ électrique et la force électrique qui sont responsables du courant (voir le chapitre 6) : ces derniers sont orientés parallèlement au sens du courant.

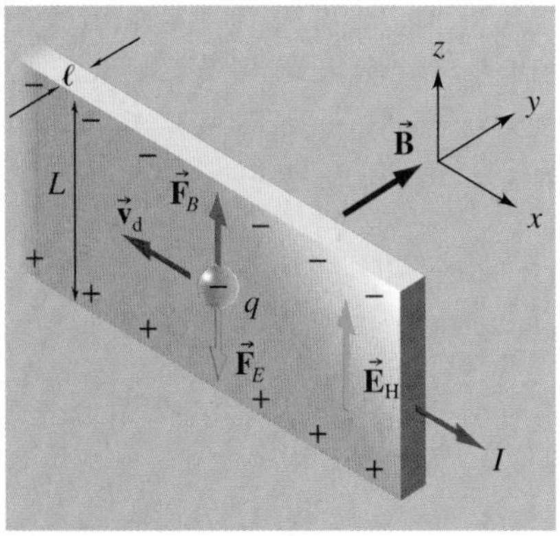

Figure 8.40 ▲
L'effet Hall. Lorsqu'un champ magnétique est appliqué perpendiculairement à une plaquette parcourue par un courant, une différence de potentiel apparaît entre les côtés supérieur et inférieur de la plaquette.

La force résultante *latérale* sur les particules chargées devient nulle lorsque $|q|E_H = |q|v_d B \sin 90°$, c'est-à-dire lorsque $E_H = v_d B$. Lorsque cet équilibre survient, ce qui est presque instantané, la distribution latérale des particules chargées devient constante dans le temps (bien que l'écoulement du courant se poursuive dans le sens de la longueur du fil) et E_H cesse de croître.

La présence d'un champ électrique latéral entraîne celle d'une différence de potentiel mesurée entre les côtés de la plaquette métallique, appelée **tension de Hall**. Cette dernière est donnée par

$$\Delta V_{\mathrm{H}} = E_{\mathrm{H}}L = v_{\mathrm{d}}BL \qquad (8.17)$$

D'après l'équation 6.2, le courant est $I = n|q|v_{\mathrm{d}}A$, n étant le nombre de porteurs de charge par unité de volume et $A = L\ell$ étant l'aire de la section de la plaquette. Si l'on remplace $v_{\mathrm{d}} = I/(n|q|L\ell)$ dans l'équation 8.17, on obtient

$$\Delta V_{\mathrm{H}} = \frac{IB}{n|q|\ell} \qquad (8.18)$$

L'équation 8.17 peut servir soit à déterminer v_{d} si l'on connaît B, soit à mesurer B si l'on connaît v_{d}. Il existe un instrument appelé sonde de Hall servant à mesurer les champs magnétiques à partir de la tension de Hall.

D'après l'équation 8.18, on voit que ΔV_{H} est inversement proportionnelle au nombre de porteurs de charge par unité de volume. Si les autres variables sont connues, on peut donc utiliser cette seconde équation pour déterminer ce nombre. Pour les métaux, ΔV_{H} est de l'ordre du microvolt, alors que pour les semi-conducteurs, elle peut être de l'ordre du millivolt. Pour des métaux comme l'or, le cuivre, l'argent, le platine et l'aluminium, le signe de ΔV_{H} concorde avec la présence de porteurs de charge négatifs. Mais les résultats obtenus avec le cobalt, le zinc, le plomb et le fer, et avec les semi-conducteurs silicium et germanium ont pendant longtemps dérouté les scientifiques. Ces matériaux semblent avoir des porteurs de charge positifs. L'explication de cette anomalie fait appel à la mécanique quantique.

EXEMPLE 8.16

Une plaquette de métal de largeur 1 cm et d'épaisseur 2 mm est orientée perpendiculairement à un champ magnétique. Lorsqu'elle est parcourue par un courant de 10 A, la tension de Hall vaut 0,4 μV. Quel est le module de $\vec{\mathbf{B}}$? On donne $n = 5 \times 10^{28}$ m^{-3}.

Solution

D'après l'équation 8.18,

$$B = \frac{n|q|\,\ell\Delta V_{\mathrm{H}}}{I}$$

$$= \frac{(5 \times 10^{28})(1{,}6 \times 10^{-19})(2 \times 10^{-3})(4 \times 10^{-7})}{10}$$

$$= 0{,}64 \text{ T}$$

La nature de la force magnétique agissant sur un conducteur parcouru par un courant

L'effet Hall montre que Maxwell avait tort au sujet de la force exercée sur le fil, car cet effet ne peut s'expliquer que si le champ magnétique agit directement sur les charges en mouvement qui constituent le courant électrique. Puisque les ions positifs qui forment le réseau d'un conducteur sont immobiles (si l'on ne tient pas compte du mouvement thermique aléatoire), ils ne peuvent être soumis à une force magnétique. Mais alors : comment la force est-elle transmise au fil ? Nous avons vu qu'il se produit une séparation des charges et un champ électrique correspondant dans le fil. Les ions positifs du conducteur sont soumis à la force électrique attribuable à ce champ. Par conséquent, la « force magnétique sur le fil » doit plutôt être conçue comme une force magnétique agissant sur les électrons de conduction, laquelle cause ensuite une force électrique agissant sur le réseau d'ions positifs dans le conducteur.

8.9 La découverte de l'électron

La découverte de l'électron, la première particule subatomique connue, survint pendant l'étude des décharges électriques dans les gaz raréfiés, au cours de travaux qui débutèrent en 1860. Lorsqu'on applique une différence de potentiel élevée aux bornes d'une enceinte en verre contenant un gaz à basse pression (0,01 atm), le gaz commence à émettre une lueur, un peu à la manière d'un tube fluorescent. Si la pression est très faible (10^{-3} mm Hg), le tube devient complètement sombre et l'électrode négative (cathode) émet de faibles lueurs bleutées. Lorsqu'ils atteignent l'enceinte, les « rayons cathodiques » invisibles, responsables de l'émission lumineuse, rendent également le verre fluorescent ; il diffuse alors une lueur verdâtre ou bleuâtre. Une croix en mica intercalée entre la cathode et le verre projette une ombre nette sur le verre, ce qui montre que les « rayons cathodiques » se propagent en ligne droite. Plusieurs propriétés de ces rayons furent découvertes après 1880. (1) Ils sont déviés par un champ magnétique comme s'ils étaient chargés négativement. (2) Ils sont émis perpendiculairement à la surface de la cathode, contrairement à la lumière qui est émise dans toutes les directions. (3) Ils possèdent une quantité de mouvement (ils peuvent faire tourner une petite roue à aubes) et une énergie (ils peuvent élever la température d'un corps).

Les avis étaient partagés quant à la nature de ces rayons, certains scientifiques pensant qu'il s'agissait d'ondes électromagnétiques, comme les ondes lumineuses ou les ondes radio, d'autres croyant qu'il s'agissait de particules chargées. Aujourd'hui, on considère que leur déviation dans un champ magnétique est une preuve concluante qu'il s'agit en fait de particules chargées. Mais à cette époque, on n'avait pas encore réellement démontré qu'une onde électromagnétique ne pouvait être déviée par un champ magnétique. Heinrich Hertz (1857-1894) avait bien essayé de dévier les rayons au moyen d'un champ électrique en appliquant une différence de potentiel de 22 V entre deux armatures, mais il n'avait observé aucun effet. En élevant la différence de potentiel (à 500 V environ), il avait observé une décharge en arc entre les armatures et il avait renoncé à poursuivre dans cette direction. Son assistant, Philipp Lenard (1862-1947), découvrit que les rayons pouvaient traverser de minces feuilles de métal (2 μm) et une couche d'air de 1 cm. Il démontra que ces rayons ne pouvaient être formés d'atomes parce que les feuilles ne laissaient pas passer le gaz hydrogène (on supposait à juste titre que l'hydrogène, étant l'élément le plus léger, avait les atomes les plus petits). En admettant que les rayons soient des particules chargées en mouvement, ils devraient alors *produire* un champ magnétique. Hertz fut incapable de détecter ce champ et la plupart des physiciens allemands continuèrent donc à penser qu'ils étaient de nature ondulatoire.

Figure 8.41 ▲
Joseph John Thomson (1856-1940).

En 1895, le Français Jean Perrin (1870-1942) démontra, en recueillant les rayons dans un cylindre, qu'ils portaient une charge négative. Lorsqu'ils étaient déviés du collecteur par un champ magnétique, aucune charge n'y était recueillie, ce qui prouvait que les rayons étaient en fait des particules. En 1897, Joseph John Thomson (figure 8.41), de Cambridge, décida d'élucider l'énigme que posait la nature de ces « corpuscules », comme il les appelait. Sa première découverte importante fut de montrer que les particules pouvaient être déviées par un champ électrique, ce qu'il réussit à faire parce qu'il fut capable de produire un vide plus complet que celui obtenu par Hertz.

Le montage utilisé par J. J. Thomson est représenté à la figure 8.42. Les rayons étaient émis à la cathode C et accélérés jusqu'à l'anode A dans laquelle on avait pratiqué une petite ouverture. Ils traversaient ensuite une région de champs $\vec{\mathbf{E}}$ et $\vec{\mathbf{B}}$ perpendiculaires dont les valeurs étaient choisies de manière à ne pas dévier le faisceau. La position du faisceau apparaissait comme une tache sur un écran enduit d'un matériau phosphorescent tel du ZnS. D'après notre étude du sélecteur de vitesse, nous savons que la vitesse des particules est $v = E/B$. Thomson détermina que leur vitesse était environ de 3×10^7 m/s. Ensuite, les particules étaient déviées *soit* par le champ électrique *ou* par le champ magnétique. Nous nous intéressons uniquement pour l'instant à la déviation électrique : la trajectoire des particules dans un champ électrique uniforme est une parabole. Nous avons montré à l'exemple 2.7 que l'angle selon lequel elles sortent des armatures est donné par

$$\tan\theta = \frac{|q|E\ell}{mv^2}$$

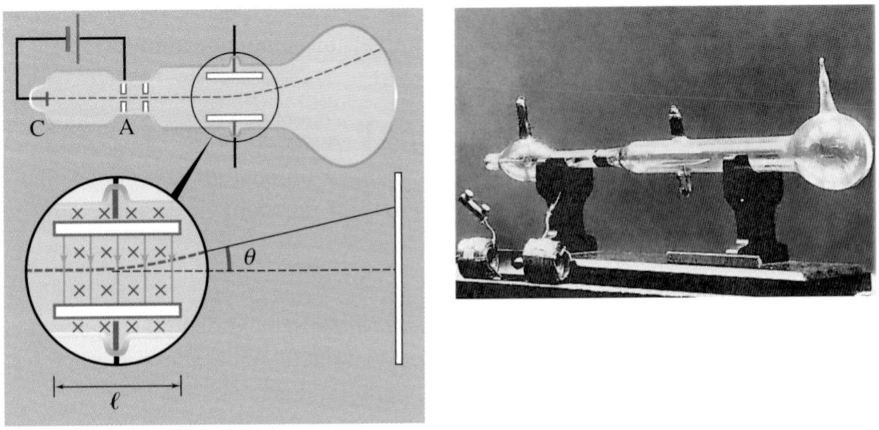

Figure 8.42 ◄
L'appareillage de Thomson. Les électrons émis par la cathode C étaient accélérés vers l'anode A. Ils traversaient ensuite une région de champs électrique et magnétique perpendiculaires et allaient frapper un écran revêtu d'une substance phosphorescente.

Comme $v = E/B$, on obtient

$$\frac{|q|}{m} = \frac{E\tan\theta}{B^2\ell} \qquad (8.19)$$

Toutes les variables figurant au deuxième membre sont faciles à mesurer.

Thomson utilisa plusieurs gaz différents dans le tube pour montrer que le rapport charge/masse des « corpuscules » gardait toujours la même valeur, $|q|/m \approx 1{,}7 \times 10^{11}$ C/kg. Il était donc clair qu'il s'agissait du même type de particules. Ce rapport charge/masse était près de deux mille fois supérieur à celui de l'ion hydrogène, le plus léger connu. Si le « corpuscule » avait la même charge que l'ion H^+, sa masse devait donc être près de deux mille fois plus petite. Le fait que les « corpuscules » pouvaient traverser des feuilles métalliques et parcourir des distances relativement importantes dans l'air indiquait qu'il s'agissait de particules très petites. À une époque où certains scientifiques n'étaient pas encore convaincus de l'existence des atomes, Thomson se rendit compte qu'il avait affaire à une nouvelle forme de matière, de taille encore plus petite qu'un atome. Le corpuscule fut bientôt identifié comme *électron*, dont l'existence avait été postulée en vertu d'observations chimiques. La valeur définitive de la charge de l'électron ne fut mesurée qu'en 1909 par R. A. Millikan (*cf.* section 2.8). Ce n'est que quelques années plus tard que des modèles atomiques cohérents permirent d'expliquer le rôle de l'électron dans l'atome. (Soulignons en passant que les électrons étaient émis par la cathode à cause du bombardement par les ions positifs du gaz dans l'enceinte.)

RÉSUMÉ

La force magnétique sur une charge q de vitesse $\vec{\mathbf{v}}$ dans un champ magnétique $\vec{\mathbf{B}}$ est

$$\vec{\mathbf{F}}_B = q\vec{\mathbf{v}} \times \vec{\mathbf{B}} \qquad (8.2)$$

La force a pour module $F_B = qvB \sin \theta$ et son orientation est toujours perpendiculaire à la fois à $\vec{\mathbf{v}}$ et à $\vec{\mathbf{B}}$. Une force magnétique peut faire tourner une particule *libre* (accélération centripète), mais ne peut effectuer de travail sur cette particule et ne peut donc modifier son énergie cinétique.

La force magnétique sur un fil rectiligne de longueur ℓ parcouru par un courant I dans un champ magnétique uniforme $\vec{\mathbf{B}}$ est

$$\vec{\mathbf{F}}_B = I\vec{\boldsymbol{\ell}} \times \vec{\mathbf{B}} \qquad (8.4)$$

$\vec{\boldsymbol{\ell}}$ étant orienté dans le sens du courant. Si le fil n'est pas rectiligne ou si le champ n'est pas uniforme, la force agissant sur une longueur infinitésimale $\mathrm{d}\vec{\boldsymbol{\ell}}$ est

$$\mathrm{d}\vec{\mathbf{F}}_B = I\,\mathrm{d}\vec{\boldsymbol{\ell}} \times \vec{\mathbf{B}} \qquad (8.5)$$

Une boucle de N spires de section A parcourue par un courant I et plongée dans un champ magnétique uniforme $\vec{\mathbf{B}}$ est soumise à un moment de force dont le module est donné par

$$\tau = NIAB \sin \theta \qquad (8.6)$$

où θ est l'angle entre la perpendiculaire à la boucle et le champ magnétique. Ce moment de force tend à faire tourner la boucle pour que son plan soit perpendiculaire au champ magnétique.

Une particule de charge q et de masse m ayant une vitesse de module v dans un plan perpendiculaire à un champ uniforme est animée d'un mouvement circulaire uniforme. D'après la deuxième loi de Newton,

$$|q|vB = \frac{mv^2}{r} \qquad (8.10)$$

La période $T = 2\pi r/v$ et la fréquence cyclotron f_c sont données par

$$f_c = \frac{1}{T} = \frac{|q|B}{2\pi m} \qquad (8.12)$$

On remarque que ces grandeurs ne dépendent ni de v ni de r, caractéristique essentielle au fonctionnement du cyclotron.

Une particule soumise à la fois à un champ électrique et à un champ magnétique est soumise à la force de Lorentz :

$$\vec{\mathbf{F}} = q(\vec{\mathbf{E}} + \vec{\mathbf{v}} \times \vec{\mathbf{B}}) \qquad (8.14)$$

TERMES IMPORTANTS

champ magnétique (p. 272)
cyclotron (p. 296)
effet Hall (p. 299)
force de Lorentz (p. 290)
force magnétique (p. 269)
fréquence cyclotron (p. 288)
gauss (p. 274)
pas de l'hélice (p. 289)

règle de la main droite (p. 274)
sélecteur de vitesse (p. 291)
spectromètre de masse (p. 291)
tension de Hall (p. 301)
tesla (p. 274)

RÉVISION

R1. Représentez à l'aide d'un dessin les lignes du champ magnétique d'un barreau aimanté.

R2. Vrai ou faux ? Le pôle nord d'un aimant est attiré par le pôle nord d'un autre aimant.

R3. Vrai ou faux ? Pour qu'une particule chargée en mouvement dans un champ magnétique subisse une force, il faut absolument que sa vitesse soit perpendiculaire au champ.

R4. Dans un fil de longueur ℓ parcouru par un courant I et plongé dans un champ magnétique $\vec{\mathbf{B}}$, ce sont les électrons de conduction qui subissent une force magnétique donnée par $\vec{\mathbf{F}}_B = q\vec{\mathbf{v}} \times \vec{\mathbf{B}}$. Montrez, à l'aide d'un dessin et en appliquant la règle de la main droite, que cette force est dans le même sens que celle obtenue par l'expression $\vec{\mathbf{F}}_B = I\vec{\boldsymbol{\ell}} \times \vec{\mathbf{B}}$.

R5. Vrai ou faux ? Une boucle de courant placée dans un champ magnétique a tendance à s'orienter de manière à ce que le plan de la boucle soit perpendiculaire aux lignes de champ magnétique.

R6. On lance une particule chargée à une vitesse $\vec{\mathbf{v}}$ dans un champ magnétique uniforme $\vec{\mathbf{B}}$. Quelle est la forme de la trajectoire de la particule si (a) $\vec{\mathbf{v}}$ est parallèle à $\vec{\mathbf{B}}$; (b) $\vec{\mathbf{v}}$ est perpendiculaire à $\vec{\mathbf{B}}$?

R7. Une particule chargée de masse m et de charge q se déplace selon un module de vitesse v et une période T sur une trajectoire circulaire dans un champ magnétique uniforme $\vec{\mathbf{B}}$. Qu'arrive-t-il à T (a) si on double m ; (b) si on double q ; (c) si on double v ; (d) si on double B ?

R8. On lance une particule chargée positivement à une vitesse $\vec{\mathbf{v}}$ perpendiculaire à un champ magnétique uniforme $\vec{\mathbf{B}}$. Comment doit-on disposer un champ électrique $\vec{\mathbf{E}}$ si on désire, à l'aide de ce dernier, annuler la force magnétique subie par la particule ? Votre réponse dépend-elle du signe de la charge de la particule ?

R9. Décrivez en mots et en images ce qu'est (a) un sélecteur de vitesse ; (b) un spectrographe de masse ; (c) un cyclotron.

R10. Vrai ou faux ? Une particule qui fait N tours dans un cyclotron a subi N fois l'effet accélérateur de la différence de potentiel maintenue entre les deux demi-cylindres.

R11. Expliquez dans vos termes et à l'aide de dessins comment on peut déterminer, à l'aide de l'effet Hall, le signe des charges en mouvement dans un fil parcouru par un courant.

R12. Vrai ou faux : (a) Quand on mesure une tension de Hall, cela signifie qu'il y a un courant latéral dans le fil. (b) Quand on mesure une tension de Hall, le seul champ électrique que subissent les particules chargées mobiles est le champ latéral $\vec{\mathbf{E}}_{\mathrm{H}}$.

QUESTIONS

Q1. Montrez que $1\ \mathrm{T} = 1\ \mathrm{N \cdot A^{-1} \cdot m^{-1}}$.

Q2. Un champ magnétique peut-il servir à accélérer une particule chargée ? Expliquez pourquoi.

Q3. Dans l'équation $\vec{\mathbf{F}}_B = q\vec{\mathbf{v}} \times \vec{\mathbf{B}}$, quels couples de vecteurs sont toujours perpendiculaires ? Quels couples de vecteurs peuvent avoir entre eux un angle quelconque ?

Q4. Comment varie le rayon de la trajectoire d'une particule chargée dans un champ magnétique en fonction de son énergie cinétique ?

Q5. Un faisceau d'électrons traverse une région sans être dévié. Quelle conclusion peut-on en déduire quant à l'existence de champs électrique et magnétique ?

Q6. Le flux de rayons cosmiques constitués de particules chargées arrivant sur la Terre à l'équateur provient plutôt de l'ouest. Que peut-on en déduire ?

Q7. Une charge immobile n'est soumise qu'à l'action d'un champ électrique, alors qu'une charge en mouvement peut également être soumise à un champ magnétique. Si un barreau aimanté se déplace rapidement près d'une charge immobile (figure 8.43), la charge est-elle soumise à une force ? Si oui, de quelle nature est cette force ?

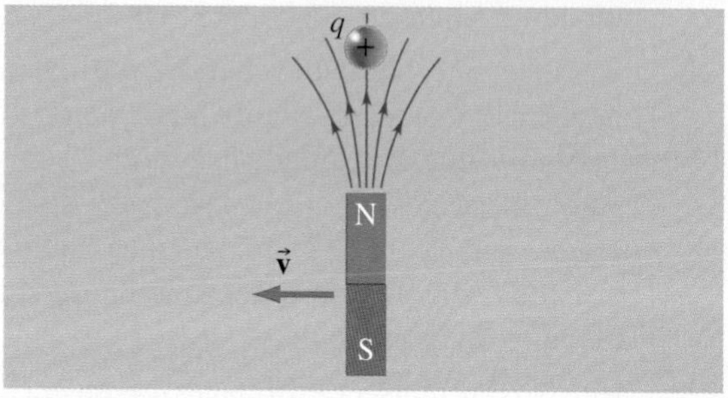

Figure 8.43 ▲
Question 7.

Q8. Soit une charge dans un champ magnétique. Étant donné q, $\vec{\mathbf{v}}$ et $\vec{\mathbf{F}}_B$, que peut-on dire de $\vec{\mathbf{B}}$?

Q9. Soit une région où le champ magnétique terrestre est horizontal et orienté plein nord. Quelle est l'orientation de la force magnétique agissant sur un électron qui se déplace : (a) vers le nord ; (b) vers l'est ; (c) verticalement vers le haut ?

Q10. La figure 8.44 représente les lignes de champ magnétique aux extrémités d'un aimant. On considère un électron en orbite dans un plan perpendiculaire aux lignes. Montrez que l'orbite est stable par rapport à de petits déplacements perpendiculaires au plan de l'orbite.

Q11. Serait-il acceptable de définir l'orientation de $\vec{\mathbf{B}}$ comme étant celle de la force agissant sur une charge positive en mouvement ? Justifiez votre réponse.

Q12. Une particule chargée provenant d'une région qui n'est soumise à aucun champ pénètre dans un champ magnétique uniforme. Peut-elle décrire une trajectoire fermée dans le champ ?

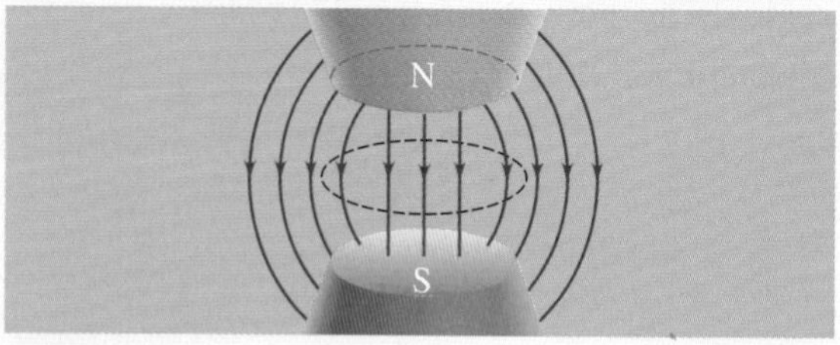

Figure 8.44 ▲
Question 10.

Q13. On utilise une plaquette de semi-conducteur comme sonde de Hall pour mesurer le module du champ magnétique (figure 8.45). Quel est le signe de la différence de potentiel $V_a - V_b$ si les porteurs de charge sont (a) négatifs ; (b) positifs ?

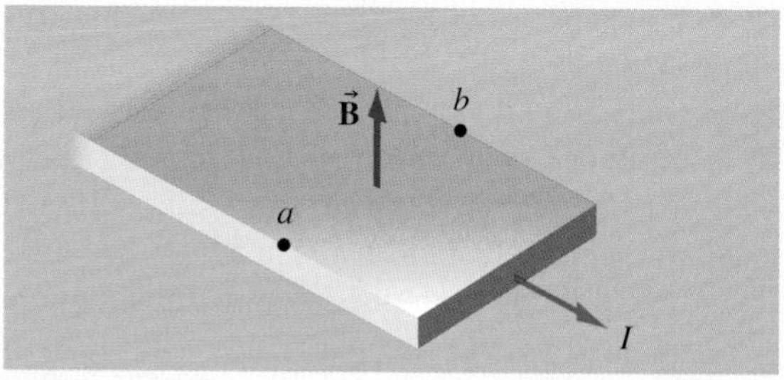

Figure 8.45 ▲
Question 13.

Q14. Les rayons cosmiques sont des particules chargées de haute énergie qui proviennent de l'espace et bombardent la Terre. Le flux de particules des rayons cosmiques qui atteignent la Terre est plus intense aux pôles qu'à l'équateur. Pourquoi ? (Pensez au champ magnétique terrestre.)

Q15. Si, dans un champ magnétique donné, deux particules sont animées d'un mouvement circulaire uniforme de même fréquence, que peut-on en conclure ?

Q16. Pourquoi un barreau aimanté placé à proximité d'un tube de téléviseur provoque-t-il une distorsion de l'image sur l'écran ?

Q17. L'énergie cinétique maximale atteinte par les particules dans un cyclotron est-elle influencée par la valeur de la différence de potentiel entre les demi-cylindres du cyclotron ? Si oui, comment ?

Dans les exercices suivants, on suppose que l'axe des x positifs est orienté vers l'est, que l'axe des y positifs est orienté vers le nord et que l'axe des z positifs est orienté vers le haut.

8.1 Champ magnétique

E1. (I) En un point donné de l'équateur, le champ magnétique terrestre est horizontal, orienté vers le nord et possède un module de 0,6 G. Quelle force magnétique engendre-t-il sur (a) un proton se déplaçant vers le bas à 10^6 m/s ; (b) un électron se déplaçant vers l'ouest à 10^6 m/s ?

E2. (I) Un électron se déplace dans le sens négatif de l'axe des y à 10^6 m/s perpendiculairement à un champ magnétique uniforme. La force magnétique agissant sur l'électron est $3{,}2 \times 10^{-15}\vec{\mathbf{i}}$ N. Quels sont le module et le sens du champ magnétique ?

E3. (I) En un point donné de sa surface, le champ magnétique de la Terre a un module de 0,12 G et est orienté directement vers le bas. Décrivez la force magnétique agissant sur un proton se déplaçant à l'horizontale à $2{,}7 \times 10^6$ m/s, selon une orientation qui pointe à 45° au sud de l'est.

E4. (I) Une particule de charge $q = 1$ μC se déplace à la vitesse de module 10^6 m/s dans un champ uniforme $\vec{\mathbf{B}} = 500\vec{\mathbf{j}}$ G. Trouvez la force magnétique agissant sur la charge pour chacune des trois orientations de la vitesse précisées par une arête et deux des diagonales du cube de la figure 8.46 (utilisez la notation $\vec{\mathbf{i}}$, $\vec{\mathbf{j}}$, $\vec{\mathbf{k}}$).

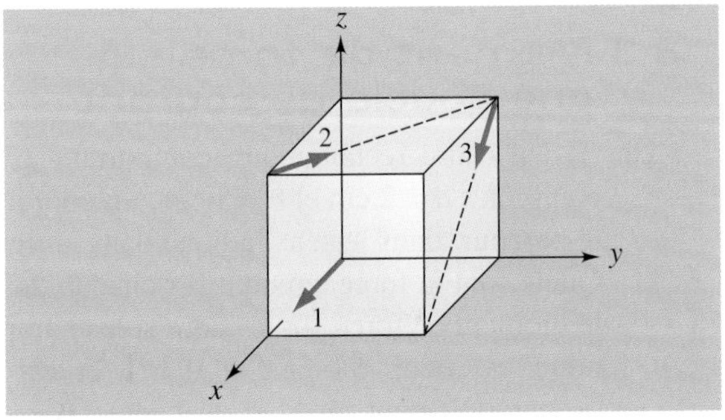

Figure 8.46 ▲
Exercice 4.

E5. (I) Lorsqu'une particule chargée positivement se déplace dans le plan xy selon un angle de 30° par rapport à l'axe des x positifs, elle est soumise à une force magnétique orientée suivant l'axe des z positifs. Lorsqu'elle se déplace avec une vitesse de même module le long de l'axe des y positifs, la force est orientée dans le sens des z négatifs et a le même module qu'auparavant. Quelle est l'orientation du champ magnétique ?

E6. (II) Une particule de charge $q = -0{,}25$ μC a une vitesse de module 2×10^6 m/s faisant un angle de 45° avec l'axe des x dans le plan xz (figure 8.47). Il règne un champ magnétique uniforme de module 0,03 T. (a) Si $\vec{\mathbf{B}}$ est orienté selon l'axe des z positifs, quelle est la force magnétique agissant sur la charge ? (b) Si la force agissant sur la particule chargée est égale à 4×10^{-3} N selon l'axe des y positifs, donnez l'une des orientations possibles de $\vec{\mathbf{B}}$.

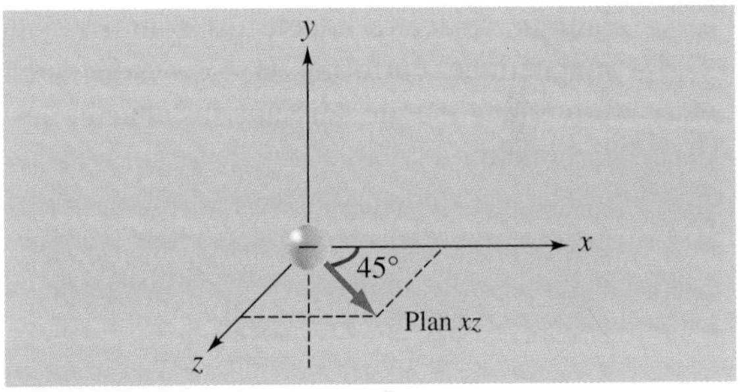

Figure 8.47 ▲
Exercice 6.

E7. (I) Une particule de charge $q = -4$ μC a une vitesse instantanée $\vec{\mathbf{v}} = (2{,}0\vec{\mathbf{i}} - 3{,}0\vec{\mathbf{j}} + 1{,}0\vec{\mathbf{k}}) \times 10^6$ m/s dans un champ magnétique uniforme $\vec{\mathbf{B}} = (2{,}0\vec{\mathbf{i}} + 5{,}0\vec{\mathbf{j}} - 3{,}0\vec{\mathbf{k}}) \times 10^{-2}$ T. Quelle est la force magnétique agissant sur la charge ?

E8. (I) Lorsqu'une particule de charge $q = -2$ μC a une vitesse instantanée $\vec{\mathbf{v}} = (-\vec{\mathbf{i}} + 3\vec{\mathbf{j}}) \times 10^6$ m/s, elle est soumise à une force $\vec{\mathbf{F}}_B = (3{,}0\vec{\mathbf{i}} + \vec{\mathbf{j}} + 2{,}0\vec{\mathbf{k}})$ N. Déterminez le champ magnétique sachant que $B_x = 0$.

E9. (I) Un électron est soumis à une force magnétique $\vec{\mathbf{F}}_B = (-2\vec{\mathbf{i}} + 6\vec{\mathbf{j}}) \times 10^{-13}$ N dans un champ magnétique $\vec{\mathbf{B}} = -1{,}2\vec{\mathbf{k}}$ T. Quelle est la vitesse de l'électron, sachant que $v_z = 0$?

E10. (I) Un électron se déplaçant à la vitesse de $10^6\vec{\mathbf{i}}$ m/s dans un champ magnétique est soumis à une force magnétique de $4 \times 10^{-14}\vec{\mathbf{j}}$ N. (a) Quels renseignements ces données vous permettent-elles de déduire concernant $\vec{\mathbf{B}}$? (b) Supposez que la force donnée ait la plus grande valeur possible de module dans le champ. Que pouvez-vous en déduire dans ce cas ?

E11. (II) Lorsqu'un proton a une vitesse $\vec{\mathbf{v}} = (2\vec{\mathbf{i}} + 3\vec{\mathbf{j}}) \times 10^6$ m/s, il est soumis à une force $\vec{\mathbf{F}}_B = -1{,}28 \times 10^{-13}\vec{\mathbf{k}}$ N. Lorsque sa vitesse est orientée selon l'axe des z positifs, la force magnétique agissant sur lui change de module et est orientée selon l'axe des x positifs. Quel est le champ magnétique ?

8.2 Force magnétique sur un conducteur parcouru par un courant

E12. (I) Une ligne de transmission transporte un courant de 10^3 A d'ouest en est. Le champ magnétique terrestre est horizontal, orienté vers le nord et a un module de 0,5 G. Quelle est la force exercée sur 1 m de la ligne ?

E13. (I) La boucle triangulaire de la figure 8.48 est située dans le plan xy et parcourue par le courant indiqué. Si cette boucle est soumise à un champ magnétique uniforme $\vec{\mathbf{B}}_1 = -B_1\vec{\mathbf{k}}$, quelle est la force magnétique agissant sur chacun des côtés de la boucle ?

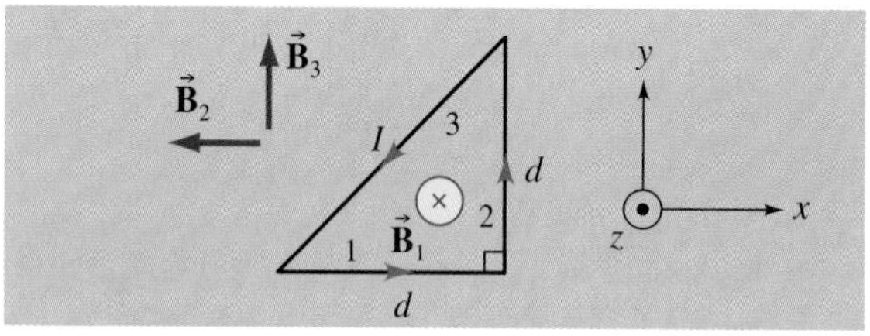

Figure 8.48 ▲
Exercices 13, 14, 15 et 24.

E14. (I) La boucle triangulaire de la figure 8.48 est soumise à un champ magnétique uniforme $\vec{\mathbf{B}}_2 = -B_2\vec{\mathbf{i}}$. Quelle est la force magnétique agissant sur chacun des côtés de la boucle ?

E15. (I) La boucle triangulaire de la figure 8.48 est soumise à un champ magnétique uniforme $\vec{\mathbf{B}}_3 = +B_3\vec{\mathbf{j}}$. Quelle est la force magnétique agissant sur chacun des côtés de la boucle ?

E16. (II) Une tige de longueur $\ell = 15$ cm et de masse $m = 30$ g est située sur un plan incliné faisant un angle de 37° par rapport à l'horizontale (figure 8.49). Le courant entre et sort de la tige par des fils souples et légers dont on ne tient pas compte. Donnez le sens et l'intensité du courant pour lequel la tige est en équilibre dans un champ magnétique $\vec{\mathbf{B}} = 0{,}25\vec{\mathbf{j}}$ T. On néglige la friction sur la surface du plan incliné.

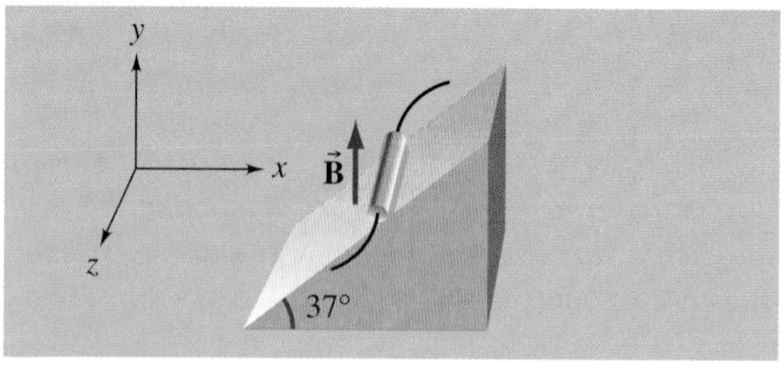

Figure 8.49 ▲
Exercice 16.

E17. (I) Une ligne de transmission transporte un courant de 800 A d'est en ouest. Le champ magnétique terrestre est de 0,8 G, orienté vers le nord mais selon un angle de 60° sous l'horizontale. Quelle est la force magnétique par unité de longueur agissant sur la ligne ?

E18. (I) Soit un fil rectiligne de longueur 80 cm parcouru par un courant de 3 A dans un champ magnétique uniforme de module 0,6 T. Trouvez la force magnétique agissant sur le fil lorsque le champ est orienté dans le plan xy comme à la figure 8.50.

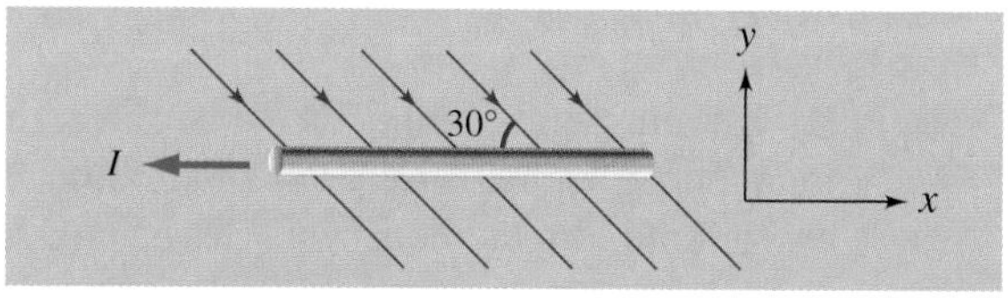

Figure 8.50 ▲
Exercice 18.

E19. (I) Un fil rectiligne de longueur 45 cm transporte un courant de 6 A selon l'axe des z positifs. Il est soumis à une force magnétique de 0,05 N orientée dans le sens des x négatifs. Trouvez le champ magnétique, sachant qu'il est orienté : (a) perpendiculairement au fil ; (b) selon un angle de 30° par rapport à l'axe des z positifs.

8.3 Moment de force sur une boucle de courant

E20. (I) Un cadre rectangulaire comportant 25 spires a pour côtés $a = 2$ cm et $c = 5$ cm ; un courant de 8 A le parcourt dans le sens indiqué dans la figure 8.51. Quels sont la force agissant sur chacun des côtés et le moment de force sur le cadre si le champ magnétique extérieur est égal à 0,3 T et est orienté : (a) parallèlement au plan du cadre ($\vec{\mathbf{B}}_1$) ; (b) normalement au plan du cadre ($\vec{\mathbf{B}}_2$) ? Vérifiez que vous obtenez le même moment de force en le calculant à l'aide des forces sur les côtés ou en le calculant directement grâce à l'équation 8.6.

E21. (II) Une bobine rectangulaire comportant 16 spires a pour côtés $a = 20$ cm et $c = 50$ cm ; un courant de

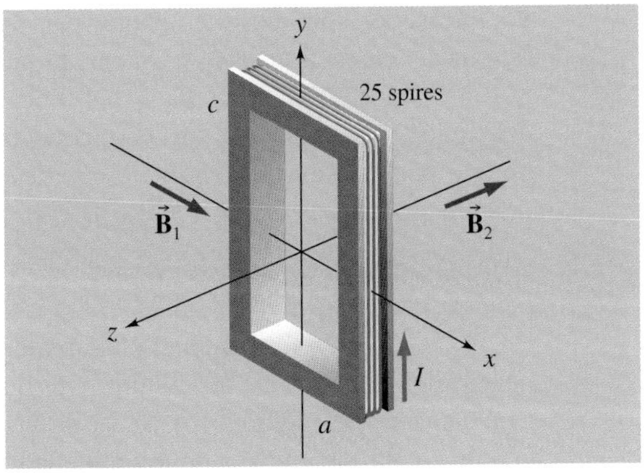

Figure 8.51 ▲
Exercice 20.

10 A la parcourt. Le côté c est parallèle à l'axe des z. On fait pivoter la bobine autour de l'axe des z de sorte que son plan fasse un angle de 30° par rapport à un champ magnétique $\vec{B} = 0{,}5\vec{i}$ T (figure 8.52). (a) Trouvez la force agissant sur chacun des côtés. (b) Quel est le moment magnétique de la bobine ? (c) Quel est le moment de force sur la bobine ?

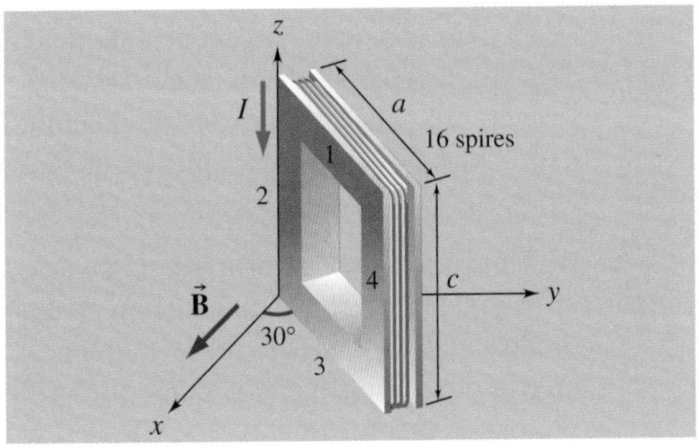

Figure 8.52 ▲
Exercice 21.

E22. (II) L'armature d'un moteur comporte huit spires carrées de 10 cm de côté. Comme à la figure 8.24*a* (p. 286), le plan de chacune de ces spires est tangent à un champ magnétique radial de module 0,2 T. Si le courant est de 10 A, trouvez : (a) le module du moment de force total ; (b) la puissance mécanique produite à 1200 tr/min.

E23. (I) Un courant de 5 A circule dans un cadre circulaire de rayon 2 cm. L'axe du cadre fait un angle de 30° avec un champ magnétique uniforme de module 0,06 T. Quel est le module du moment de force sur le cadre ?

E24. (I) Soit la boucle de courant triangulaire de la figure 8.48. Trouvez : (a) le moment magnétique ; (b) le moment de force dans un champ magnétique $\vec{B} = -B\vec{i}$.

E25. (I) Un cadre circulaire de rayon 4 cm est parcouru par un courant de 2,8 A. Le moment magnétique du cadre est dirigé selon $\vec{u}_n = 0{,}6\vec{i} - 0{,}8\vec{j}$. Le champ magnétique est $\vec{B} = (0{,}2\vec{i} - 0{,}4\vec{k})$ T. Trouvez : (a) le moment de force sur le cadre ; (b) l'énergie potentielle du cadre.

8.4 Principe du galvanomètre

E26. (I) Un galvanomètre a un cadre carré comportant 20 spires de 2 cm de côté. Lorsqu'il est suspendu dans un champ magnétique radial (B = 400 G), il enregistre une déviation de 30° pour un courant de 2 mA. Quelle est la constante de torsion κ de la suspension ?

E27. (I) Un galvanomètre a un cadre carré de 200 spires de 2,5 cm de côté. Le champ magnétique est radial, de module 500 G, et normal aux côtés verticaux du cadre. Si la constante de torsion de la suspension est égale à 2×10^{-8} N·m/degré, quelle est la déviation angulaire produite par un courant de 10 μA ?

8.5 à 8.7 Mouvement d'une particule chargée ; cyclotron

E28. (I) Un proton se déplace à la vitesse de module 3×10^7 m/s perpendiculairement à un champ magnétique uniforme de module 0,05 T. Trouvez : (a) le rayon de la trajectoire ; (b) la période de son mouvement.

E29. (I) Un électron d'énergie cinétique égale à 1 keV est projeté perpendiculairement aux lignes d'un champ magnétique uniforme de module 50 G. Trouvez : (a) le rayon de sa trajectoire ; (b) le module de son accélération ; (c) la période de son mouvement.

E30. (I) Un proton décrit un cercle de rayon 10 cm, normal aux lignes d'un champ magnétique de module 1,0 T. Trouvez : (a) le module de sa quantité de mouvement ; (b) son énergie cinétique en électronvolts.

E31. (I) Un proton décrit une orbite circulaire de rayon 20 cm perpendiculaire à un champ magnétique de module 0,8 T. Trouvez : (a) le module de sa vitesse ; (b) la période de son mouvement ; (c) son énergie cinétique.

E32. (I) Quel est le moment magnétique du mouvement orbital d'un électron dans l'atome d'hydrogène si le module de son moment cinétique orbital est égal à $2{,}11 \times 10^{-34}$ kg·m²/s ?

E33. (I) La masse d'un deutéron est le double de celle du proton, $m_d = 2m_p$, mais ils ont la même charge. Un proton et un deutéron se déplacent tous deux dans une direction normale à un champ magnétique uniforme. Quel est le rapport des rayons de leurs trajectoires s'ils ont les mêmes: (a) modules de quantité de mouvement; (b) modules de vitesse; (c) énergies cinétiques?

E34. (I) On suppose qu'un électron et un proton se déplacent tous deux perpendiculairement au même champ magnétique uniforme. Trouvez le rapport des rayons de leurs orbites sachant qu'ils ont les mêmes: (a) modules de la vitesse; (b) énergies cinétiques.

E35. (I) Dans une expérience, des protons (m_p, q_p) et des particules α ($m_\alpha = 4m_p$; $q_\alpha = 2q_p$) doivent décrire des trajectoires circulaires de même rayon, normales à un champ magnétique dont on peut faire varier le module. Trouvez le rapport des modules de champ nécessaire pour que les deux types de particules aient les mêmes: (a) modules de vitesse; (b) modules de quantité de mouvement; (c) énergies cinétiques.

E36. (I) Un électron se déplaçant à 4×10^6 m/s pénètre dans un champ magnétique uniforme de module $B = 0{,}04$ T selon un angle de 30° par rapport aux lignes du champ. Quel est le pas de la trajectoire hélicoïdale?

E37. (I) Un proton issu du vent solaire s'approche de la Terre à 500 km/s le long d'une ligne radiale dans le plan équatorial, c'est-à-dire normalement aux lignes du champ magnétique. On suppose que le champ terrestre a un module de 0,2 G dans la région. (a) Quel est le rayon de la trajectoire du proton? (b) Du point de vue d'un observateur situé sur Terre, le proton dévie-t-il initialement vers l'est ou vers l'ouest?

E38. (I) Un proton décrit un cercle de rayon 3,2 cm perpendiculaire à un champ magnétique de module 0,75 T. Trouvez: (a) la fréquence du cyclotron; (b) l'énergie cinétique du proton; (c) le module de la quantité de mouvement du proton.

E39. (I) Une particule α de masse $6{,}7 \times 10^{-27}$ kg et de charge $2e$ est accélérée à partir du repos par une différence de potentiel de 14 kV et pénètre dans un champ magnétique uniforme de module 0,6 T, normalement aux lignes de champ. Trouvez le rayon de sa trajectoire.

E40. (II) Les deux isotopes du néon ont des masses de 20 u et 22 u. Des ions de ces deux isotopes, portant une charge e, sont accélérés à partir du repos par une différence de potentiel de 1 kV, puis pénètrent dans un champ magnétique uniforme de module 0,4 T, normalement aux lignes du champ. Quelle distance les sépare après une demi-révolution dans un spectromètre?

E41. (II) Dans un spectromètre de masse de Bainbridge (voir la figure 8.31, p. 292), les ions traversent le champ électromagnétique ($\vec{\mathbf{B}}_1, \vec{\mathbf{E}}$) d'un sélecteur de vitesse et sont ensuite déviés par un champ purement magnétique ($\vec{\mathbf{B}}_2$). Sachant que $E = 3 \times 10^5$ V/m et que $B_1 = B_2 = 0{,}4$ T, calculez la différence des positions sur la plaque photographique pour les ions de charge $q = e$ des isotopes de carbone de masses 12 u et 14 u.

E42. (I) Un électron de vitesse $\vec{\mathbf{v}} = 2 \times 10^6\vec{\mathbf{i}}$ m/s pénètre dans une région où le champ électrique est $\vec{\mathbf{E}} = -200\vec{\mathbf{j}}$ V/m. (a) Quel champ magnétique, perpendiculaire à $\vec{\mathbf{v}}$, est nécessaire pour que l'électron ne soit pas dévié? (b) Si l'on supprime le champ électrique, quel est le rayon de la trajectoire de l'électron dans le champ magnétique?

E43. (I) Un proton est accéléré à partir du repos selon l'axe des x négatifs par une différence de potentiel de 10 kV. Il traverse une région où le champ électrique est égal à $-10^3\vec{\mathbf{j}}$ V/m. Quel est le champ magnétique nécessaire pour qu'il ne soit pas dévié? (On suppose que le champ magnétique est perpendiculaire à la vitesse du proton.)

E44. (I) Un proton effectue cent révolutions dans un cyclotron et sort à partir d'une trajectoire circulaire ayant un rayon de 50 cm et une énergie de 10 MeV. Trouvez: (a) le module du champ magnétique dans le cyclotron; (b) la différence de potentiel entre les demi-cylindres; (c) la fréquence de la source de tension.

E45. (I) Un cyclotron servant à accélérer des protons a un rayon de 75 cm et un champ magnétique de module 0,9 T. Trouvez: (a) la fréquence angulaire du cyclotron; (b) l'énergie cinétique maximale des protons à la sortie.

E46. (I) Des protons sortent d'un cyclotron avec une énergie cinétique de 12 MeV. La différence de potentiel alternative a une amplitude de 6×10^4 V et le champ magnétique a un module de 1,6 T. (a) Quel est le rayon du cyclotron? (b) Combien de temps les protons mettent-ils pour sortir du cyclotron, à partir du moment où ils sont émis par la source?

E47. (I) Une particule chargée est accélérée à partir du repos selon l'axe des x par une différence de potentiel de 225 V, puis elle pénètre dans un champ uniforme $\vec{\mathbf{B}} = 10\vec{\mathbf{k}}$ G. Le rayon de sa trajectoire est égal à 5 cm. Quel est le rapport charge/masse de la particule?

E48. (I) Un ion ($m = 1{,}2 \times 10^{-25}$ kg, $q = 2e$) est accéléré à partir du repos par une tension de 200 V, puis pénètre dans un champ uniforme de module $B = 0{,}2$ T, dans une direction normale aux lignes de champ. Trouvez le rayon de sa trajectoire.

8.8 Effet Hall

E49. (II) Une plaquette métallique d'épaisseur 0,1 cm et de largeur 1,6 cm est parcourue par un courant de 15 A dans un champ magnétique de 0,2 T normal à la largeur de la plaquette. La tension de Hall est égale à 6 μV. Trouvez : (a) le module de la vitesse de dérive des porteurs de charge ; (b) le nombre d'électrons par unité de volume.

E50. (II) Une plaquette de cuivre d'épaisseur 0,25 cm, parcourue par un courant de 10 A, est disposée perpendiculairement à un champ magnétique. La tension de Hall est égale à 1,2 μV. Quel est le module du champ magnétique si les porteurs de charges sont des électrons ? On donne $n = 8{,}5 \times 10^{28}$ m^{-3}.

E51. (II) Un courant de 2 A circule dans une plaquette métallique d'épaisseur 0,1 mm et de largeur 0,8 cm. Dans un champ magnétique normal à la largeur de la plaquette et ayant un module de 0,8 T, la tension de Hall est égale à 1,4 μV. Quel est le nombre d'électrons par unité de volume ?

EXERCICES SUPPLÉMENTAIRES

8.1 Champ magnétique

E52. (II) Lorsque la vitesse d'un proton est selon $+x$, la force magnétique qu'il subit est selon $-y$. Si la vitesse d'un autre proton est de 2×10^6 m/s et que son orientation est à 30° par rapport à celle du même champ magnétique, ce proton subit une force de $-4{,}8 \times 10^{-14}\vec{\mathbf{i}}$ N. Décrivez le champ magnétique.

E53. (II) Un proton ayant une vitesse $1{,}8 \times 10^6\vec{\mathbf{i}}$ m/s se déplace dans un champ magnétique uniforme de module 0,65 T. La force magnétique qu'il subit a un module de $7{,}91 \times 10^{-14}$ N. (a) Quel est l'angle entre la vitesse et le champ magnétique ? (b) Si le proton se déplace maintenant selon $+y$, en conservant le même module de vitesse qu'en (a), la force est alors selon $+z$, de même module, elle aussi. Exprimez les deux valeurs possibles du vecteur $\vec{\mathbf{B}}$ en notation vectorielle.

8.2 Force magnétique sur un conducteur parcouru par un courant

E54. (I) Un fil conducteur traversé d'un courant de 12 A prend la forme décrite à la figure 8.53, où le cube a une arête de 20 cm. Avec un champ $\vec{\mathbf{B}} = 0{,}5\vec{\mathbf{i}}$ T, quelle force magnétique subit chaque portion rectiligne du fil ?

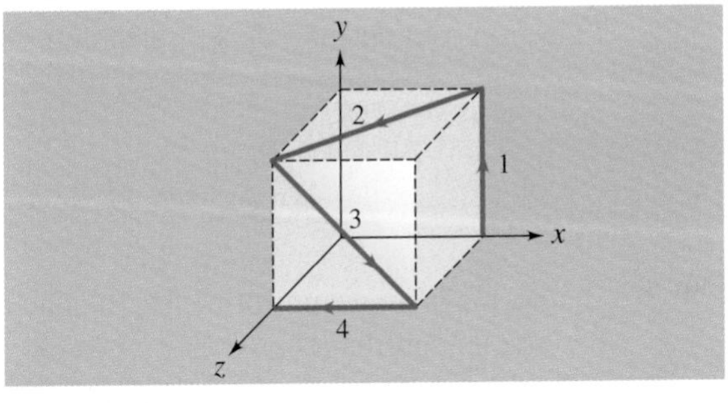

Figure 8.53 ▲
Exercices 54 et 55.

E55. (I) Répétez l'exercice précédent avec $\vec{\mathbf{B}} = 0{,}5\vec{\mathbf{k}}$ T.

E56. (I) Un fil rectiligne de 2 m est traversé d'un courant de 25 A dans le sens négatif des z et est perpendiculaire à un champ magnétique uniforme. Si la force magnétique est donnée par $(4{,}01\vec{\mathbf{i}} - 6{,}0\vec{\mathbf{j}}) \times 10^{-5}$ N, déterminez $\vec{\mathbf{B}}$.

E57. (I) En un point donné de la surface de la Terre, le champ magnétique a un module de 0,8 G. Il pointe vers le nord à 70° sous l'horizontale. Un fil rectiligne de 1,8 m, parallèle à la surface de la Terre, est parcouru d'un courant de 20 A. Décrivez la force magnétique sur le fil dans le cas où le courant circule (a) directement vers le nord ; (b) directement vers l'est.

E58. (I) Une ligne de transmission électrique horizontale est parcourue par un courant de 2000 A qui est orienté vers le sud. À cet endroit, le champ magnétique terrestre possède un module de 0,62 G et pointe vers le nord à 60° sous l'horizontale. Quelle force magnétique subit 10 m de la ligne de transmission ?

8.3 Moment de force sur une boucle de courant

E59. (I) Une bobine circulaire comporte 15 tours de fils, elle est parcourue d'un courant de 2 A et son rayon est de 25 cm. La bobine est parallèle au plan xy, comme dans la figure 8.54. Si $\vec{\mathbf{B}} = 0{,}2\vec{\mathbf{i}}$ T, quel moment de force subit la bobine ?

E60. (II) Une spire rectangulaire, comme celle décrite à la figure 8.55, où le cube a une arête de 20 cm, est parcourue d'un courant de 8,0 A. Si $\vec{\mathbf{B}} = 0{,}4\vec{\mathbf{i}}$ T, trouvez (a) la force magnétique agissant sur chacun des segments de la spire rectangulaire ; (b) le moment de force s'exerçant sur la spire.

E61. (I) Le moment magnétique de la Terre a une valeur approximative de 8×10^{22} A·m^2. Supposons, même

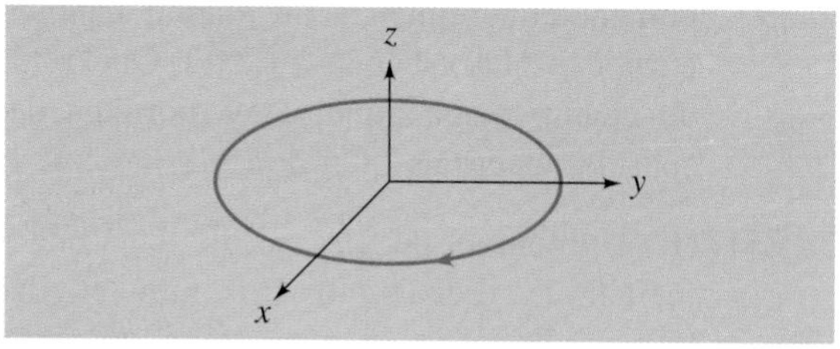

Figure 8.54 ▲
Exercice 59.

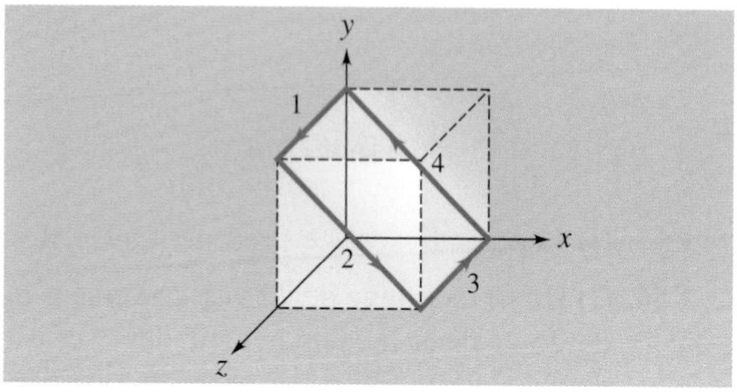

Figure 8.55 ▲
Exercice 60.

si cela est irréaliste, que ce moment magnétique est produit par un courant circulant dans un anneau de 5000 km de rayon. Quelle intensité aurait ce courant ?

8.4 Principe du galvanomètre

E62. (I) Un galvanomètre rectangulaire comporte 120 tours de fil et possède une aire de section de 5,0 cm^2. Un champ magnétique de module 0,06 T traverse le galvanomètre, comme dans la figure 8.22 (p. 285), et la constante de torsion du ressort est de 2,2 × 10^{-7} N·m/rad. Quel courant produit une déflection de 45° de l'aiguille ?

8.5 Mouvement d'une particule chargée dans un champ magnétique

E63. (I) Un électron accéléré du repos par une différence de potentiel de 260 V pénètre dans une région de l'espace où règne un champ magnétique uniforme. Sa trajectoire prend la forme d'un cercle de 6,0 cm de rayon. Quel est le module du champ magnétique ?

E64. (II) Des particules de masse m accélérées par une différence de potentiel ΔV pénètrent dans une région de l'espace où règne un champ magnétique uniforme. (a) Si les particules se déplacent perpendiculairement au champ magnétique, exprimez le rayon de la trajectoire en fonction de ΔV. (b) Si la différence de potentiel augmente de 21 %, de quel facteur le rayon de la trajectoire augmente-t-il ?

E65. (I) Quel rayon doit posséder un cyclotron pour être en mesure d'accélérer des particules α (m = 4 u, $q = 2e$) et leur procurer une énergie cinétique de 10 MeV dans un champ magnétique de module 1,2 T ?

E66. (I) Un électron possède une énergie cinétique de 2,0 keV et se déplace perpendiculairement à un champ magnétique uniforme de module 0,40 G. Quel est le rayon de sa trajectoire circulaire ?

E67. (I) Un proton, dont la vitesse est 2,4 × 10^6 m/s, se déplace à 80° des lignes d'un champ magnétique uniforme de module 0,2 T. (a) Quel est le rayon de la composante circulaire de son mouvement ? (b) Quel est le pas de sa trajectoire hélicoïdale ?

E68. (I) Un proton et un deutéron ($m_d = 2\ m_p$, $q_d = q_p = e$) ont une trajectoire circulaire de même rayon dans un champ magnétique donné. Quel est le rapport (a) du module de leur quantité de mouvement ; (b) de leur énergie cinétique ?

E69. (II) Un électron accéléré à partir du repos par une différence de potentiel de 400 V pénètre dans une région de l'espace où règne un champ magnétique uniforme. Sa trajectoire prend initialement la forme d'un cercle de 5,0 cm de rayon. Si, après 10 tours complets, le rayon n'est plus que de 3,0 cm, estimez la valeur moyenne de la force de friction qu'engendrent les molécules du gaz que frappe l'électron tout au long de sa trajectoire.

PROBLÈMES

Voir l'avant-propos pour la signification des icônes

P1. (II) Un dipôle de moment magnétique $\vec{\mu}$ pivote librement autour de son centre et a un moment d'inertie I par rapport à son axe. (a) Montrez que, pour de petits déplacements angulaires, le dipôle décrit un mouvement harmonique simple dans un champ magnétique uniforme $\vec{\mathbf{B}}$. (b) Quelle est la période des oscillations ?

P2. (I) La figure 8.56 représente un fil incurvé parcouru par un courant I entre a et b dans un champ magnétique uniforme $\vec{\mathbf{B}}$. Montrez que la force magnétique résultante sur le fil incurvé est la même que celle qui agit sur un fil rectiligne parcouru par le même courant entre a et b.

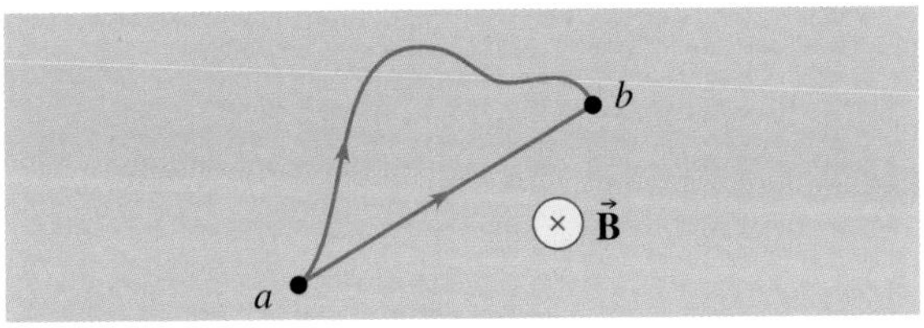

Figure 8.56 ▲
Problème 2.

P3. (I) Pour une longueur donnée de fil parcouru par un courant I, combien de spires circulaires produiraient le moment magnétique maximal ?

P4. (I) Un disque de rayon R a une densité surfacique de charge uniforme σ positive. Il tourne autour de son axe central à la vitesse angulaire $\vec{\boldsymbol{\omega}}$, exprimée en radians par seconde, son axe étant normal à un champ uniforme $\vec{\mathbf{B}}$. (a) Trouvez son moment magnétique. (b) Montrez que le module du moment de force sur le disque est

$$\tau = \tfrac{1}{4}\sigma\omega\pi B R^4$$

(*Indice* : Divisez le disque en anneaux de rayon r et de largeur dr.)

P5. (II) Un électron est en orbite autour d'un proton dans un atome d'hydrogène. On applique un champ magnétique faible, normal au plan de l'orbite. Montrez que si le rayon de l'orbite ne varie pas, la vitesse angulaire de l'électron animé d'un mouvement circulaire varie de

$$\Delta\omega = \pm\frac{eB}{2m}$$

P6. (I) Une tige métallique de masse 10 g et de longueur 8 cm est suspendue par deux ressorts (figure 8.57) dont l'allongement est de 4 cm. Lorsqu'un courant de 20 A circule dans la tige, elle s'élève de 1 cm. Déterminez le module du champ magnétique.

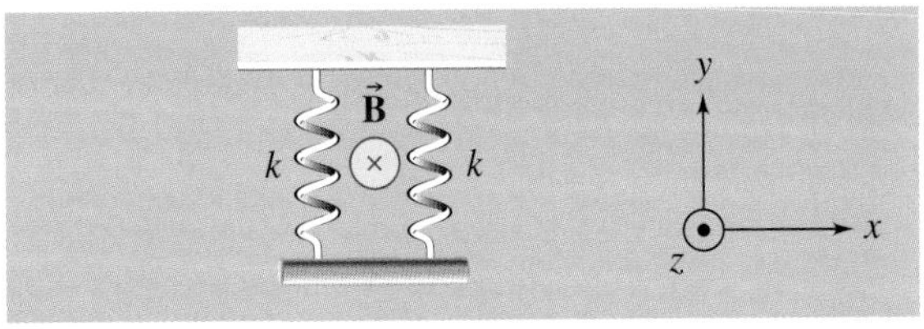

Figure 8.57 ▲
Problème 6.

P7. (II) Un électron a une vitesse initiale de $3 \times 10^7 \vec{\mathbf{i}}$ m/s à l'origine d'un système d'axe. Un champ magnétique uniforme est orienté selon l'axe des z positifs. (a) Quel est le module de ce champ magnétique si le rayon du mouvement circulaire est de 2 cm ? (b) Quel temps faut-il pour que la vitesse de l'électron soit déviée de 30° ? (c) Quelles sont les coordonnées x et y de l'électron à l'instant trouvé à la question (b) ?

CHAPITRE

9

Les sources de champ magnétique

POINTS ESSENTIELS

1. Un champ magnétique est produit par toute charge électrique *en mouvement*. Ce mouvement peut être associé à un courant ou à des phénomènes se produisant à l'échelle atomique.
2. Un long fil conducteur rectiligne produit un champ magnétique dont le module est directement proportionnel au courant qui y circule et inversement proportionnel à la distance au fil ; les lignes de champ qui le représentent forment des cercles « enroulés » autour du conducteur.
3. La **loi de Biot-Savart** donne le champ magnétique produit par un élément de courant infinitésimal.
4. Le **théorème d'Ampère** établit une relation entre l'intégrale de ligne du champ magnétique sur un parcours fermé et le courant total qui traverse la surface délimitée par ce parcours.
5. Quand une distribution de courant est suffisamment symétrique, les informations déduites par symétrie, combinées au théorème d'Ampère, permettent de calculer très facilement le champ magnétique produit.

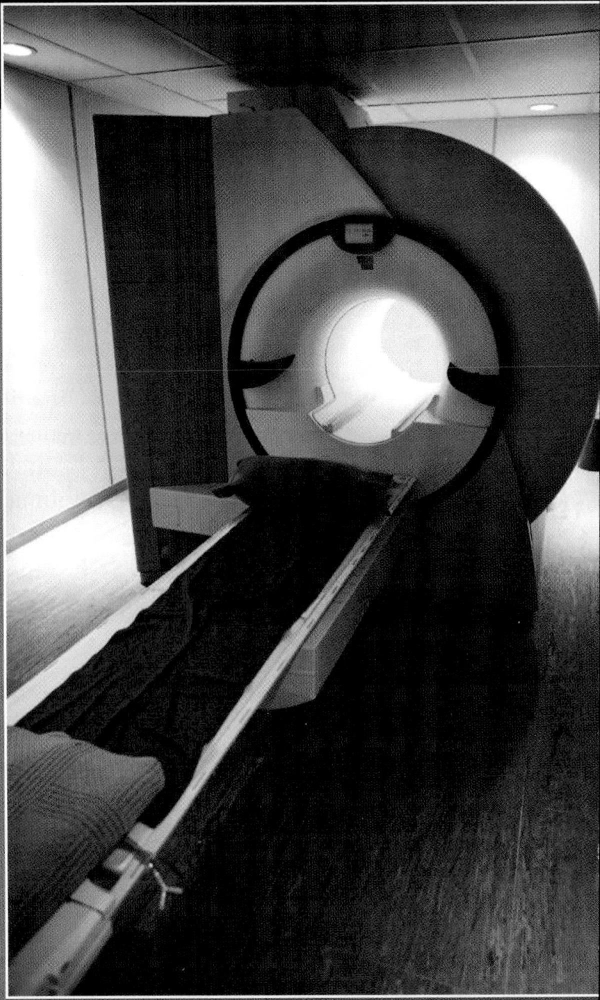

L'imagerie médicale par résonance magnétique nécessite de placer le patient dans un champ magnétique intense et uniforme. Pour produire un tel champ, l'appareil utilise une grande bobine de fil (souvent fait d'un matériau supraconducteur) enroulé autour du tunnel qu'on voit sur la photo. Dans ce chapitre, nous étudierons ces bobines ainsi que d'autres moyens de produire un champ magnétique.

Au chapitre précédent, nous avons étudié les forces exercées par un champ magnétique sur des courants et des charges en mouvement. Nous allons maintenant étudier les champs magnétiques produits par des courants et des charges en mouvement et apprendre à les calculer pour certains éléments de courant de formes géométriques simples. Nous décrirons aussi de façon approximative comment, dans un aimant permanent, des charges en mouvement à l'échelle atomique produisent aussi un champ magnétique.

En septembre 1820, les travaux d'Œrsted montrant qu'on pouvait produire un champ magnétique à partir d'un courant électrique étaient présentés aux membres de l'Académie des Sciences de Paris. Quelques semaines plus tard, Jean-Baptiste Biot (1774-1862) et Félix Savart (1791-1841) réussirent à obtenir une expression du champ magnétique produit par un élément de courant infinitésimal, aujourd'hui appelée la loi de Biot-Savart. De son côté, André Marie Ampère (1775-1836) put établir une relation entre l'intégrale du champ magnétique sur un parcours fermé et le courant total traversant la surface délimitée par le parcours, aujourd'hui appelée le théorème d'Ampère. On s'en sert pour déterminer le champ magnétique produit par une distribution de courant symétrique.

Nous verrons qu'il y a une ressemblance frappante entre les deux équations que nous venons de nommer et deux équations analogues décrivant le champ électrique. En effet, la loi de Biot-Savart est analogue à l'équation $E = k|q|/r^2$ (voir la section 2.1) et le théorème d'Ampère est analogue au théorème de Gauss (voir le chapitre 3). Les techniques présentées dans ce chapitre seront donc très similaires à celles étudiées aux chapitres 2 et 3.

9.1 Le champ magnétique créé par un long fil conducteur rectiligne

L'expérience permet facilement de vérifier la présence d'un champ magnétique au voisinage d'un long fil conducteur où circule un courant. Il suffit de saupoudrer de la limaille de fer sur une planchette dont le plan est perpendiculaire au fil (figure 9.1*a*) ou encore d'utiliser l'aiguille d'une boussole (figure 9.1*b*). En observant les résultats obtenus, on déduit directement que les lignes de champ ont la forme de *cercles* concentriques, situés dans des plans perpendiculaires au fil. En effet, à la section 8.1, nous avons défini l'orientation du vecteur champ magnétique $\vec{\mathbf{B}}$ de façon à ce que les lignes de champ soient parallèles à la direction que prend l'aiguille d'une boussole ou que prennent les parcelles de limaille de fer.

Cherchant à déterminer la variation du module du champ magnétique B en fonction de la distance R au fil, Biot et Savart utilisèrent une méthode consistant

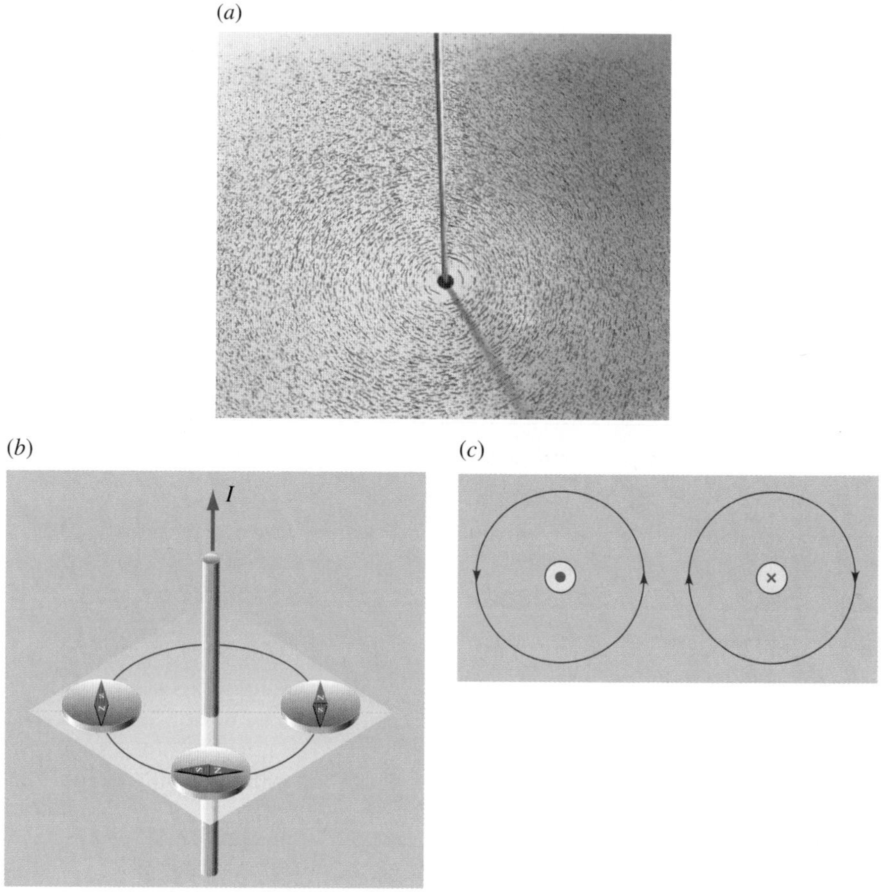

Figure 9.1 ▶
(*a*) La configuration de la limaille de fer autour d'un long conducteur rectiligne parcouru par un courant. Par définition, les lignes de champ suivent l'orientation de la limaille et ont donc la forme de cercles. (*b*) La forme circulaire des lignes de champ magnétique peut également être mise en évidence à l'aide d'une boussole. (*c*) Une des lignes de champ magnétique associé à un courant sortant de la page (point) et entrant dans la page (croix).

à mesurer la période des oscillations d'une aiguille aimantée*. En octobre 1820, ils annoncèrent que le module du champ magnétique est inversement proportionnel à R, c'est-à-dire $B \propto 1/R$. Il leur était possible de maintenir le courant constant, mais ils ne disposaient toutefois d'aucun moyen de le *mesurer* avec précision. Par la suite, on put déterminer que le champ est directement proportionnel au courant I. En unités SI, ces résultats s'expriment sous la forme

Module du champ magnétique créé par un courant circulant dans un fil infini

$$B = \frac{\mu_0 I}{2\pi R} \tag{9.1}$$

où μ_0, appelée **constante de perméabilité du vide**, a par définition la valeur

$$\mu_0 = 4\pi \times 10^{-7} \text{ T·m/A}$$

La figure 9.1*c* illustre la convention utilisée pour dessiner les courants sortant de la page ou entrant dans la page. On remarque que l'orientation du champ magnétique est donnée par une variante de la règle de la main droite :

Règle de la main droite donnant le sens de $\vec{B}$

Si l'on saisit le fil avec la main droite, le pouce étant orienté dans le sens du courant, les autres doigts s'enroulent dans le sens du champ.

En un point donné, le champ $\vec{\mathbf{B}}$ est toujours tangent aux lignes de champ. Lorsque les lignes sont des cercles, on peut aussi dire que le champ est toujours perpendiculaire au segment de droite qui va du fil au point considéré. La figure 9.2 représente la variation de la densité des lignes de champ en fonction de la distance au fil.

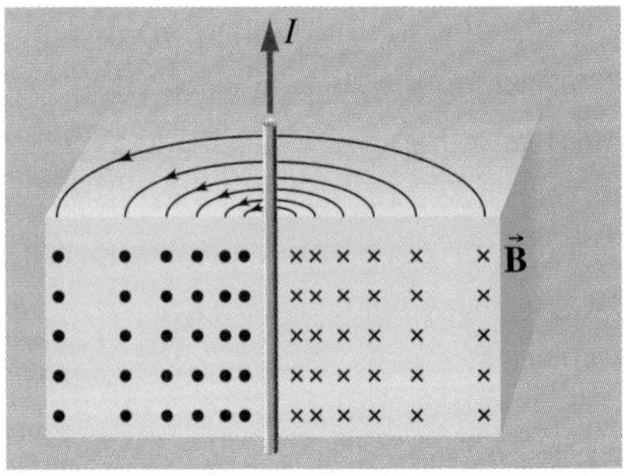

Figure 9.2 ▲
La densité des lignes de champ magnétique diminue avec la distance à partir du conducteur.

EXEMPLE 9.1

Soit deux longs fils rectilignes parallèles distants de 3 cm. Ils sont traversés par les courants $I_1 = 3$ A et $I_2 = 5$ A, de sens opposés (figure 9.3*a*). (a) Déterminer le champ magnétique résultant au point *P*. (b) En quel point, autre qu'à l'infini, le champ magnétique est-il nul ?

Solution

(a) Ce problème est semblable à celui qui consiste à déterminer le champ électrique créé par deux charges ponctuelles, avec toutefois une différence importante : la direction du champ magnétique est toujours *perpendiculaire* à la ligne radiale

* Le moment de force, donné par l'équation $\tau = \mu B \sin \theta$ (voir la section 8.3), pour de petits angles, devient $\tau \approx \mu B\theta$ et il est orienté de façon à faire diminuer θ. Ce comportement est celui d'un ressort de torsion, décrit par la loi de Hooke, ce qui explique que l'aiguille oscille. On peut montrer que la fréquence d'oscillation est proportionnelle à $B^{1/2}$ (voir la description des oscillations d'un pendule de torsion, à la section 1.4 du tome 3).

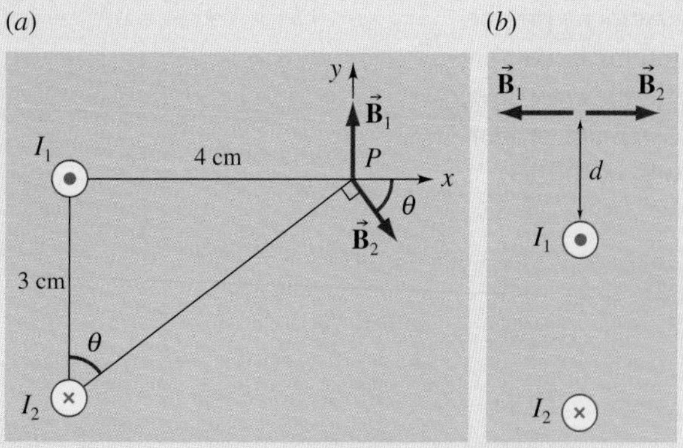

Figure 9.3▲

(*a*) Les vecteurs champ magnétique associés aux courants I_1 et I_2 sont tangents aux arcs circulaires centrés sur chaque conducteur. (*b*) Les champs s'annulent en un point situé sur la droite joignant les deux conducteurs. Ce point est plus proche du courant le plus faible.

issue du courant qui lui donne naissance. Le champ magnétique est dirigé selon la tangente à un arc dont le centre est confondu avec le fil (son sens est donné par la règle de la main droite).■

Pour déterminer le champ magnétique résultant,

$$\vec{\mathbf{B}} = \vec{\mathbf{B}}_1 + \vec{\mathbf{B}}_2$$

on détermine d'abord les modules B_1 et B_2 à partir de l'équation 9.1. Après simplification des facteurs 2π, on obtient

$$B_1 = \frac{(2 \times 10^{-7}\ \text{T·m/A})(3\ \text{A})}{4 \times 10^{-2}\ \text{m}} = 1{,}50 \times 10^{-5}\ \text{T}$$

De même, $B_2 = 2 \times 10^{-5}$ T. Nous choisissons ensuite un système de coordonnées, comme celui montré sur la figure, et nous déterminons les composantes. Comme tan θ = 4 cm/3 cm, l'angle $\theta = 53°$.

$$B_x = B_2 \cos\theta = 1{,}20 \times 10^{-5}\ \text{T}$$

$$B_y = B_1 - B_2 \sin\theta = -1{,}00 \times 10^{-6}\ \text{T}$$

Enfin,

$$\vec{\mathbf{B}} = (12{,}0\vec{\mathbf{i}} - 1{,}00\vec{\mathbf{j}}) \times 10^{-6}\ \text{T}$$

(b) Le point de champ nul, où $\vec{\mathbf{B}}_1 + \vec{\mathbf{B}}_2 = 0$, est forcément situé sur la droite joignant les fils. (Pourquoi ?) Dans la région entre les deux fils, les champs sont de même sens, de sorte que l'on peut éliminer cette zone. Dans la région située sous I_2, les champs sont de sens opposés, mais ces points sont plus proches du courant le plus intense. Dans la région située au-dessus de I_1, les champs peuvent s'annuler à une certaine distance d (figure 9.3*b*). La condition

$$\sum B_x = -B_1 + B_2 = 0$$

donne $I_1/d = I_2/(3\text{ cm} + d)$, dont nous tirons $d = 4{,}50$ cm.

9.2 La force magnétique entre des fils conducteurs parallèles

La démonstration expérimentale, effectuée par Œrsted, de la force exercée par un courant électrique sur une aiguille aimantée n'impliquait pas nécessairement qu'on observerait une interaction entre deux courants (par exemple, un aimant attire deux tiges de fer, mais les tiges elles-mêmes ne s'attirent pas mutuellement). Par contre, en octobre 1820, Ampère réalisa une expérience montrant que deux fils parcourus par des courants exercent bien une force magnétique l'un sur l'autre.

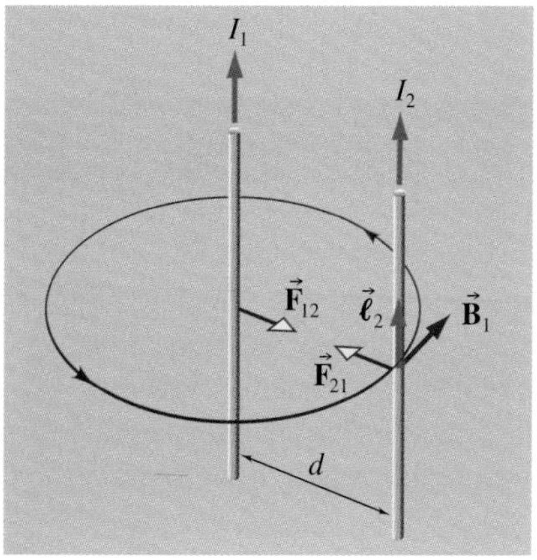

Figure 9.4▲

Les forces magnétiques de même module et d'orientations opposées exercées par deux fils conducteurs parallèles parcourus par des courants. La force est répulsive si les courants sont de sens opposés. (Notons que la force $\vec{\mathbf{F}}_{12}$ est illustrée sur le fil 1, mais que le champ $\vec{\mathbf{B}}_2$ qui la cause, lui, n'est pas illustré.)

Aujourd'hui, il est facile d'expliquer cette force : chaque fil, puisqu'il est parcouru par un courant, produit un champ magnétique ; l'autre fil est plongé dans ce champ magnétique et, puisqu'il est aussi parcouru par un courant, subit donc la force que ce dernier champ exerce. Pour calculer le module de cette force, considérons deux longs fils rectilignes parcourus par les courants I_1 et I_2 (figure 9.4). Ils sont parallèles et séparés par une distance d. D'après l'équation 8.4, la force exercée par le champ $\vec{\mathbf{B}}_1$ du fil 1 sur la longueur $\vec{\boldsymbol{\ell}}_2$ du fil 2 est $\vec{\mathbf{F}}_{21} = I_2\vec{\boldsymbol{\ell}}_2 \times \vec{\mathbf{B}}_1$, où $\vec{\boldsymbol{\ell}}_2$ est de même sens que I_2. Comme $\vec{\boldsymbol{\ell}}_2$ est perpendiculaire à $\vec{\mathbf{B}}_1$, le module de la force est $F_{21} = I_2\ell_2B_1$, où B_1 est le module du champ produit par le fil 1, donné par l'équation 9.1. En substituant cette équation, on obtient :

$$F_{21} = I_2\ell_2 B_1 = I_2\ell_2 \frac{\mu_0 I_1}{2\pi d}$$

On trouve une expression similaire pour F_{12}, à partir du champ $\vec{\mathbf{B}}_2$ produit par le fil 2. En appliquant la règle de la main droite, on constate que des courants de même sens s'attirent mutuellement. Par contre, des courants de sens opposés se repoussent. Le *module de la force magnétique par unité de longueur* exercée sur chaque fil (par exemple F_{21}/ℓ_2 sur le fil 2) est le même :

Module de la force magnétique par unité de longueur entre deux fils parallèles

$$\frac{F_B}{\ell} = \frac{\mu_0 I_1 I_2}{2\pi d} \qquad (9.2)$$

Définition de l'ampère

L'équation 9.2 sert à définir officiellement l'ampère (A) : si deux longs fils parallèles parcourus par le même courant sont distants de 1 m et si chaque longueur unitaire (1 m) est soumise à une force magnétique de 2×10^{-7} N, le courant circulant dans les fils est, par définition, égal à 1 A*.

9.3 La loi de Biot-Savart

Ayant déterminé le champ magnétique créé par un long fil rectiligne, Biot et Savart essayèrent d'établir une expression plus générale pour le champ créé par une longueur infinitésimale de fil parcourue par un courant. Le mathématicien Pierre Simon Laplace (1749-1827) leur fit remarquer que le résultat obtenu pour le long fil implique que le champ créé par un élément de courant doit dépendre de l'inverse du carré de la distance, ce qu'on peut déduire en faisant le raisonnement qui suit. L'expression du module du champ magnétique créé par un long fil rectiligne est de la forme

$$B = \frac{2k'I}{R} \qquad (9.3)$$

avec $k' = \mu_0/4\pi$. Cette forme est identique à celle du module du champ électrique créé par un fil infini chargé de densité linéique λ positive (équation 2.13) :

$$E = \frac{2k\lambda}{R} \qquad (9.4)$$

On obtient ce résultat en intégrant les contributions des charges infinitésimales $dq = \lambda d\ell$, dont chacune apporte la contribution suivante au module du champ électrique (figure 9.5*a*) :

$$dE = k\frac{\lambda d\ell}{r^2} \qquad (9.5)$$

Biot et Savart essayèrent d'obtenir l'équation 9.3 en faisant une sommation des contributions des *éléments de courant*, $Id\ell$. Tenant compte de la remarque faite

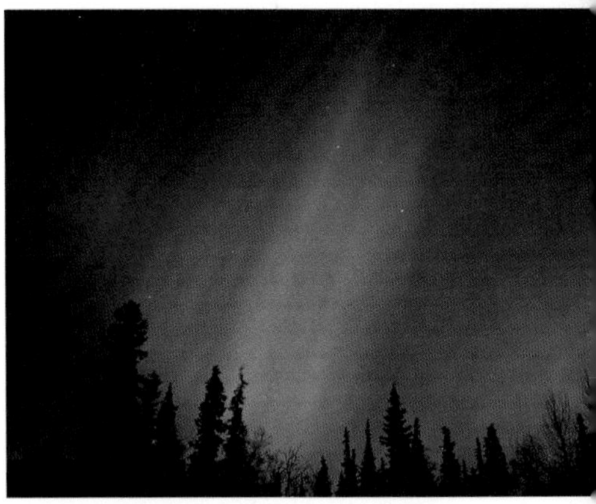

L'aurore boréale est produite en général par l'interaction des particules chargées provenant du Soleil avec l'atmosphère. Cette interaction ne se produit qu'à proximité des pôles terrestres, car notre planète produit un champ magnétique qui ne laisse pénétrer les particules chargées qu'à cet endroit. Le champ magnétique terrestre est décrit dans le sujet connexe à la fin de ce chapitre.

* Au chapitre 6, nous avions défini provisoirement l'ampère comme un débit de charge d'un coulomb par seconde, sans trop préciser la définition du coulomb. En pratique, cette définition n'est pas celle qui est officiellement utilisée (par le Bureau international des poids et mesures), car la charge qui circule dans un fil est impossible à mesurer directement. L'ampère est donc défini comme nous venons de le voir, et le coulomb, lui, est défini comme la quantité de charge qui traverse, à chaque seconde, un fil où circule un courant d'un ampère.

par Laplace, ils conclurent rapidement que la seule forme possible pour le module du champ créé par un tel élément est

$$dB = k'\frac{I d\ell}{r^2} f(\theta)$$

Cette forme diffère de l'équation 9.5 à cause du facteur angulaire $f(\theta)$. Poursuivant leurs expériences, ils purent déterminer que $f(\theta) = \sin\theta$ et, en décembre 1820, annoncèrent le résultat suivant :

Loi de Biot-Savart

$$dB = \frac{\mu_0}{4\pi}\frac{I\, d\ell \sin\theta}{r^2} \quad (9.6)$$

L'équation 9.6 est connue sous le nom de **loi de Biot-Savart**. Contrairement à l'équation donnant le module du champ électrique créé par une charge élémentaire, cette expression fait intervenir le facteur angulaire $\sin\theta$, où θ est l'angle entre l'élément de courant et le segment de droite allant de l'élément de courant au point où l'on calcule le champ (figure 9.5*b*). L'orientation de l'élément de champ $d\vec{\mathbf{B}}$ est donnée par la même règle de la main droite que l'on utilise pour le fil infini : si l'on saisit la droite qui prolonge l'élément $d\vec{\boldsymbol{\ell}}$ avec la main droite, le pouce étant orienté dans le sens du courant, les autres doigts s'enroulent dans le sens du champ.

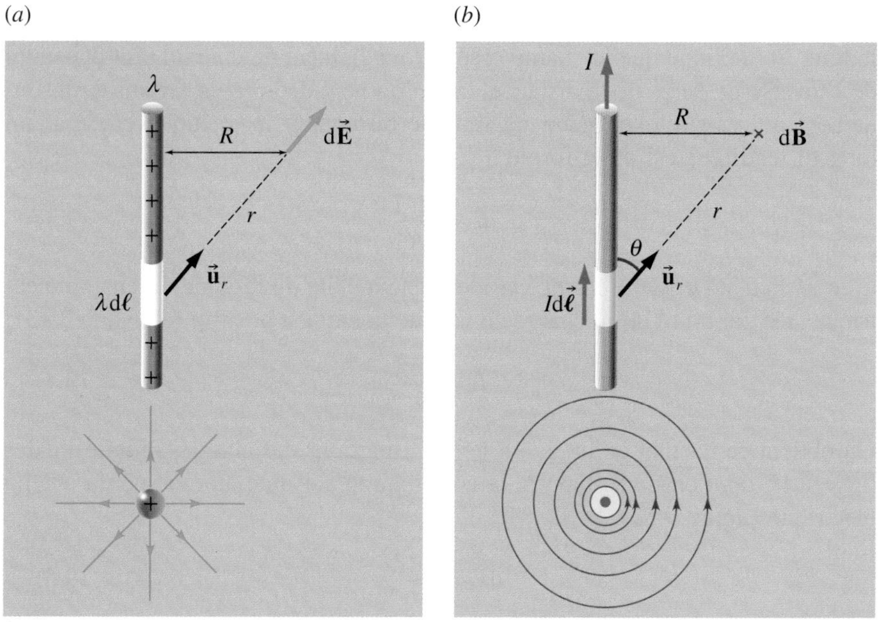

Figure 9.5 ▶ (*a*) Le champ électrique $d\vec{\mathbf{E}}$ créé par la charge élémentaire $dq = \lambda d\ell$ est orienté radialement par rapport à dq. (*b*) Le champ magnétique $d\vec{\mathbf{B}}$ créé par l'élément de courant $I d\vec{\boldsymbol{\ell}}$ est perpendiculaire à la fois au segment de droite allant de l'élément au point où on calcule le champ et à $d\vec{\boldsymbol{\ell}}$. L'orientation du champ magnétique est donnée par la règle de la main droite.

En notation vectorielle, la loi de Biot-Savart donnant le champ magnétique créé par un élément de courant $I d\vec{\boldsymbol{\ell}}$ (figure 9.5*b*) s'écrit :

$$d\vec{\mathbf{B}} = \frac{\mu_0}{4\pi}\frac{I d\vec{\boldsymbol{\ell}} \times \vec{\mathbf{u}}_r}{r^2} \quad (9.7)$$

où $\vec{\mathbf{u}}_r$ est un vecteur unitaire pointant de l'élément de courant vers le point où on calcule le champ qu'il produit. Notez que l'équation 9.7 donne à la fois le module du champ et son orientation, cette dernière étant celle du produit vectoriel qui figure dans l'équation. (Vérifiez que cette orientation correspond bel et bien à celle donnée par la règle de la main droite formulée à la section précédente.)

À la section 2.5, nous avons montré comment l'expression $dE = kdq/r^2$, donnant le champ électrique d'une charge ponctuelle, permettait de prédire le champ électrique produit par n'importe quelle configuration continue de charge. La loi de Biot-Savart a un rôle tout à fait analogue : elle peut être considérée comme l'équation fondamentale, tirée de l'expérience, permettant de prédire le champ magnétique produit par n'importe quelle configuration de courant. (En particulier, elle devrait permettre d'obtenir l'équation 9.1 dans le cas où la configuration de courant est celle d'un long conducteur rectiligne.)

Dans le reste de cette section, nous allons donc voir comment utiliser ainsi la loi de Biot-Savart pour calculer le champ magnétique produit par des courants circulant dans quelques conducteurs de formes géométriques simples. Cette démarche sera analogue à celle utilisée à la section 2.5 pour calculer des champs électriques : il faut d'abord décomposer le conducteur en un très grand nombre d'éléments infinitésimaux. À chacun de ces éléments, on applique la loi de Biot-Savart et la règle de la main droite de façon à obtenir $d\vec{\mathbf{B}}$, la contribution de champ produite par un seul élément. Pour trouver le champ magnétique total, il faut ensuite faire la somme (l'intégrale) de toutes les contributions $d\vec{\mathbf{B}}$, *en tenant compte de la nature vectorielle du champ* :

$$\vec{\mathbf{B}} = \int d\vec{\mathbf{B}}$$

En pratique, cela revient à décomposer $d\vec{\mathbf{B}}$ en dB_x, dB_y et dB_z, puis à intégrer selon chaque axe séparément :

$$B_x = \int dB_x \qquad B_y = \int dB_y \qquad B_z = \int dB_z$$

Pour les géométries simples que nous allons considérer, deux de ces trois intégrales seront souvent nulles. Pour évaluer celle qui reste, il faudra faire des transformations de variables pour tout exprimer en fonction d'une même variable d'intégration (habituellement une des coordonnées du système d'axes ou encore une coordonnée angulaire). Il ne reste plus ensuite qu'à déterminer les bornes d'intégration qui correspondent aux valeurs extrêmes de cette variable d'intégration.

Le champ magnétique produit par un fil rectiligne

Nous allons commencer par appliquer la démarche que nous venons de décrire au cas du champ produit par le courant circulant dans un fil rectiligne. Pour que nous puissions écrire $d\ell = dx$, choisissons un système d'axes tel que le fil coïncide avec l'axe des x et que le courant circule dans le sens positif de l'axe (figure 9.6*a*). Pour les besoins du calcul, considérons un point P situé directement au-dessus de l'origine du système d'axes, à une distance R de cette dernière, et calculons le champ magnétique en ce point. Comme R peut prendre une valeur quelconque, le résultat que nous obtiendrons (équation 9.8*a* ou 9.8*b*) sera général. Chaque élément de fil dx produit au point P un champ $d\vec{\mathbf{B}}$ qui sort de la page (règle de la main droite). On en déduit donc que $dB_x = dB_y = 0$, donc $B_x = B_y = 0$. Comme tous les $d\vec{\mathbf{B}}$ pointent vers les z positifs, on a $dB_z = dB$. Avant d'intégrer pour obtenir B_z, il ne reste donc plus qu'à obtenir dB en appliquant la loi de Biot-Savart avec $d\ell = dx$. On peut donc écrire

$$B_z = \int dB_z = \int dB = \int \frac{\mu_0 \, I \, dx \sin\theta}{4\pi r^2}$$

On peut extraire les constantes μ_0, I et 4π de l'intégrale. Il reste ensuite trois variables dans l'intégrale, soit x, θ et r. Avant d'intégrer, nous devons tout ramener en fonction d'une de ces variables, qui deviendra la variable d'intégration. Pour montrer que la variable choisie n'a pas d'importance, nous obtiendrons le résultat de deux façons différentes. Comme c'est souvent le cas lorsqu'il y a un angle dans l'intégrale, il est plus facile de calculer celle-ci si on ramène tout en fonction de l'angle, alors nous ferons une première fois le calcul de cette façon. Pour ramener tout en fonction de la variable d'intégration θ et de la constante R, on fait des transformations similaires à celles de la section 2.5 : on commence par noter sur la figure 9.6*a* que $r = R/\sin\theta$. Ensuite, on voit que $\tan\theta = R/|x| = -R/x$ puisque l'élément de courant est situé à une position x négative quand $\theta < 90°$, tel qu'illustré. Cela permet donc d'écrire $x = -R/\tan\theta = -R \cot\theta$, d'où $dx = R \operatorname{cosec}^2\theta \, d\theta = R \, d\theta/\sin^2\theta$. En fonction de θ, les bornes d'intégration sont θ_1 et θ_2. On a donc

$$B_z = \frac{\mu_0 I}{4\pi}\int_{\theta_1}^{\theta_2} \frac{R \, d\theta}{\sin^2\theta} \sin\theta \left(\frac{\sin\theta}{R}\right)^2 = \frac{\mu_0 I}{4\pi R}\int_{\theta_1}^{\theta_2} \sin\theta \, d\theta = \frac{\mu_0 I}{4\pi R}[-\cos\theta]\Big|_{\theta_1}^{\theta_2}$$

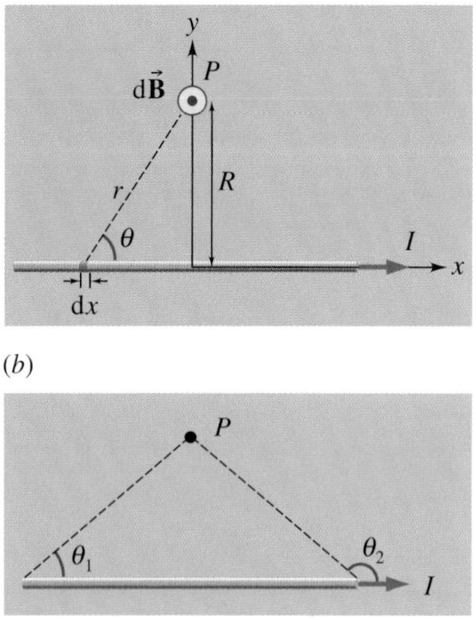

Figure 9.6 ▲

(*a*) On veut calculer le champ magnétique créé au point *P* par le courant circulant dans le fil. (*b*) Si on choisit θ comme variable d'intégration, les bornes d'intégration sont θ_1 et θ_2 ; dans tous les cas, $\theta_1 \leq \theta_2$.

Comme $B_x = B_y = 0$, le module B du champ correspond à la valeur absolue de sa composante B_z. On obtient donc

$$B = \frac{\mu_0 I}{4\pi R}(\cos\theta_1 - \cos\theta_2) \qquad (9.8a)$$

Les angles θ_1 et θ_2 correspondent à l'angle θ dans la loi de Biot-Savart. Ils sont compris entre 0° et 180°, et on aura toujours $\theta_1 \leq \theta_2$ (figure 9.6*b*). Ainsi, $\cos\theta_1 \geq \cos\theta_2$, ce qui donne un module de champ magnétique B positif, comme il se doit.

Dans le cas particulier d'un fil « infini », on a $\theta_1 = 0$ et $\theta_2 = \pi$ rad, et l'équation 9.8*a* donne

$$B = \frac{\mu_0 I}{4\pi R}[1 - (-1)] = \frac{\mu_0 I}{2\pi R}$$

On retrouve bien l'équation 9.1, ce qui confirme le caractère fondamental de l'équation de Biot-Savart.

Le même résultat aurait pu être obtenu si on avait choisi x comme variable d'intégration. Nous reprenons donc maintenant le calcul de cette deuxième façon. Dans ce cas, c'est r et θ qu'il faut exprimer en fonction de x, dans l'intégrale initiale. Pour ce faire, on note sur la figure 9.6*a* que $\sin\theta = R/r$ et que $r = (x^2 + R^2)^{1/2}$, d'où

$$B_z = \int \frac{\mu_0 I R \, dx}{4\pi(x^2 + R^2)^{3/2}}$$

On peut extraire les constantes μ_0, I, R et 4π de l'intégrale. Le résultat de l'intégrale ensuite obtenue est donné dans la table d'intégrales de l'annexe C. En fonction de la variable d'intégration x, les bornes désignent les coordonnées x des deux extrémités du fil, soit x_1 et x_2, d'où

$$B_z = \frac{\mu_0 I R}{4\pi}\int_{x_1}^{x_2} \frac{dx}{(x^2 + R^2)^{3/2}} = \frac{\mu_0 I R}{4\pi}\left[\frac{x}{R^2(x^2 + R^2)^{1/2}}\right]_{x_1}^{x_2} = \frac{\mu_0 I}{4\pi R}\left[\frac{x}{(x^2 + R^2)^{1/2}}\right]_{x_1}^{x_2}$$

Comme $B_x = B_y = 0$, le module B du champ correspond à sa composante B_z. On obtient donc

$$B = \frac{\mu_0 I}{4\pi R}\left[\frac{x_2}{(x_2^2 + R^2)^{1/2}} - \frac{x_1}{(x_1^2 + R^2)^{1/2}}\right] \qquad (9.8b)$$

Cette équation peut paraître très différente de l'équation 9.8*a*, mais elle est bel et bien équivalente. En effet, chacun des deux termes entre crochets correspond, à un signe près, à un rapport entre deux des côtés du triangle rectangle visible à la figure 9.6*a* : la valeur absolue du numérateur est le côté adjacent à l'angle θ et le dénominateur est l'hypoténuse *r*. Ce rapport est donc un cosinus. En tenant compte des signes de x_1 et de x_2 et du fait que $\theta > 90°$ si $x > 0$, on peut montrer que le premier terme entre crochets correspond bien à $-\cos\,\theta_2$, alors que le second correspond bien à $-\cos\,\theta_1$. On obtient donc bel et bien à nouveau l'équation 9.8*a*. De même, pour un fil infiniment long, x_1 et x_2 tendent respectivement vers $-\infty$ et $+\infty$, et le terme entre crochets devient $[1-(-1)]$, de sorte qu'on retrouve l'équation 9.1.

EXEMPLE 9.2

Un courant de 2 A circule dans le fil illustré à la figure 9.7. Calculer le champ magnétique produit par ce courant (a) au point A ; (b) au point B ; et (c) au point C. Pour le point A, utiliser directement la loi de Biot-Savart (équation 9.6) plutôt que l'équation 9.8*a* ou 9.8*b*.

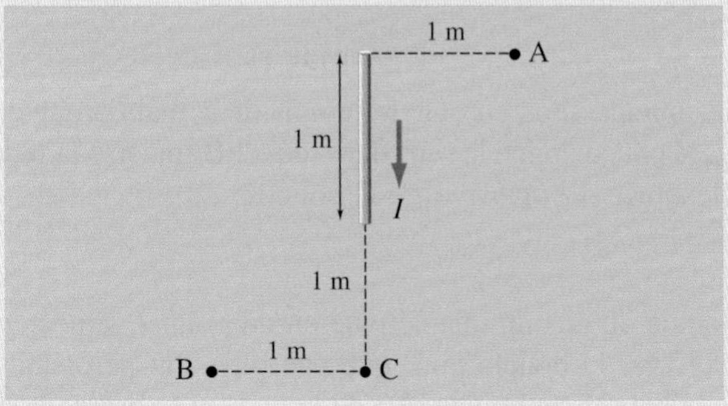

Figure 9.7 ▲
Quel champ produit ce fil aux points A, B et C ?

Solution

(a) On utilise un axe des *x* confondu avec le fil et dans le même sens que le courant, de telle sorte que $d\ell = dx$. L'origine est choisie au point le plus haut du fil sur la figure, de telle sorte que l'axe des *y* passe par le point A. L'équation 9.6 devient donc

$$dB = \frac{\mu_0 I}{4\pi}\frac{dx \sin\theta}{r^2} = 2 \times 10^{-7}\frac{dx \sin\theta}{r^2}$$

Comme la règle de la main droite révèle que tous les $d\vec{\mathbf{B}}$ au point A pointent vers les *z* positifs (hors de la page), on a $dB_x = dB_y = 0$ et $dB_z = dB$. Avant d'intégrer $B_z = \int dB_z$, on doit tout ramener en fonction d'une même variable d'intégration. Si on choisit la variable θ, on substitue $r = R/\sin\theta = 1/\sin\theta$ et $dx = (R/\sin^2\theta)\, d\theta = (1/\sin^2\theta)\, d\theta$, et les bornes d'intégration sont $\theta_1 = 90°$ et $\theta_2 = 135°$, de sorte que l'intégrale pour B_z est

$$B_z = \int dB_z = 2 \times 10^{-7}\int_{90°}^{135°} \sin\theta\, d\theta$$

$$= 2 \times 10^{-7}[-\cos\theta]_{90°}^{135°} = 1{,}41 \times 10^{-7}\ \text{T}$$

Si on choisit plutôt de tout ramener en fonction de *x*, on substitue $\sin\theta = R/r = 1/r$ et $r = (x^2 + R^2)^{1/2} = (x^2 + 1)^{1/2}$. Avec ce choix de variable d'intégration, les bornes d'intégration sont $x_1 = 0$ et $x_2 = 1$ m. L'intégrale pour B_z devient donc

$$B_z = \int dB_z = 2 \times 10^{-7}\int_0^1 \frac{dx}{(x^2 + 1)^{3/2}}$$

$$= 2 \times 10^{-7}\left[\frac{x}{(x^2 + 1)^{1/2}}\right]_0^1 = 1{,}41 \times 10^{-7}\ \text{T}$$

Comme $B_x = B_y = 0$, alors $B = |B_z| = 1{,}41 \times 10^{-7}$ T. D'après la règle de la main droite, le champ est perpendiculaire au plan de la page et il sort de la page. On obtient aussi ce résultat en regardant simplement les signes des composantes que nous venons tout juste de calculer.

Évidemment, on peut obtenir *B* directement en utilisant l'équation 9.8*a* avec $R = 1$ m, $\theta_1 = 90°$ et $\theta_2 = 135°$, ou encore l'équation 9.8*b* avec $R = 1$ m, $x_1 = 0$ et $x_2 = 1$ m. ■

(b) Avec l'équation 9.8*a*, on a $\theta_1 = \arctan(1/2) = 26{,}6°$, $\theta_2 = 45°$ et $R = 1$ m, de sorte que $B = 3{,}75 \times 10^{-8}$ T. Avec l'équation 9.8*b*, on obtient le même résultat, mais les bornes qu'il faut utiliser sont $x_1 = -2$ m et $x_2 = -1$ m. D'après la règle de la main droite, le champ est perpendiculaire au plan de la page et il entre dans la page.

On peut obtenir le même résultat à partir de la loi de Biot-Savart et d'une intégration. Pour que les transformations de variables soient identiques à celles faites en (a), il faut prendre un axe des x dans le sens du courant et un axe des y qui passe par le point B. (On peut toutefois obtenir le même résultat avec n'importe quel choix de système d'axes, mais les transformations doivent en tenir compte.) ■

(c) Quelle que soit la position de l'élément de courant, l'équation 9.6 donne $dB = 0$, car $\sin\theta = 0$. Après intégration, on a donc $B = 0$. L'équation 9.8*a* ou 9.8*b* n'est *pas valable* dans ce contexte, car $R = 0$.

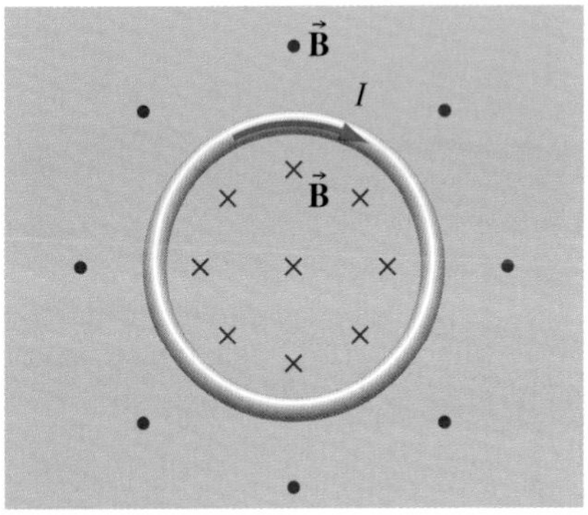

Figure 9.8 ▲
Le champ magnétique d'une boucle de courant.

Le champ magnétique produit par une boucle de courant

La deuxième situation que nous allons étudier est celle d'un courant qui circule dans une **boucle**. Considérons une boucle dans le plan de la page, parcourue par un courant* dans le sens horaire (figure 9.8). On peut appliquer la règle de la main droite à chaque élément de fil qui constitue la boucle. On trouve ainsi que chaque élément de fil produit dans son voisinage un champ magnétique qui entre dans la page à l'intérieur de la boucle et qui sort de la page à l'extérieur de la boucle. Il est donc clair que le champ résultant $\vec{\mathbf{B}}$ sera orienté vers la page en tout point situé à l'intérieur de la boucle et vice versa. On peut utiliser ce résultat pour formuler une autre variante de la règle de la main droite, qui permet de trouver facilement le sens du champ résultant dans une boucle :

Variante de la règle de la main droite donnant le sens de $\vec{\mathbf{B}}$

Dans une boucle de courant, si on enroule les doigts de la main droite dans le sens du courant I, le pouce donne le sens dans lequel $\vec{\mathbf{B}}$ traverse la région du plan de la boucle située *à l'intérieur* de la boucle.

Afin de calculer le module du champ magnétique en un point P situé sur l'axe de la boucle, faisons pivoter la boucle pour que son plan soit perpendiculaire à la page (figure 9.9) : le haut de la boucle sort de la page et le bas de la boucle entre dans la page. Le champ magnétique dans le plan de la page est représenté à la figure 9.9*c*. La figure 9.10 montre comment on peut mettre en évidence ce champ à l'aide de la limaille de fer.

Considérons le champ magnétique $d\vec{\mathbf{B}}$ produit au point P par le courant qui circule dans l'élément de fil $d\vec{\boldsymbol{\ell}}$ le plus à droite de la boucle (figure 9.11) : le courant à cet endroit entre dans la page. D'après la loi de Biot-Savart, on a

$$dB = \frac{\mu_0 I \, d\ell \sin 90^\circ}{4\pi r^2}$$

où r est la distance entre l'élément de fil et le point P. Puisque l'élément de fil $d\vec{\boldsymbol{\ell}}$ entre perpendiculairement dans la page, l'angle entre l'élément $d\vec{\boldsymbol{\ell}}$ et le segment de droite r est bien 90°. Quant à l'orientation de $d\vec{\mathbf{B}}$, elle est donnée par la règle de la main droite : $d\vec{\mathbf{B}}$ étant tangent à un cercle centré sur l'élément de fil, il est perpendiculaire à r (figure 9.11).

* Comme pour tous les conducteurs parcourus par un courant, on suppose ici qu'une f.é.m. ou un autre mécanisme pouvant produire une différence de potentiel maintient le courant.

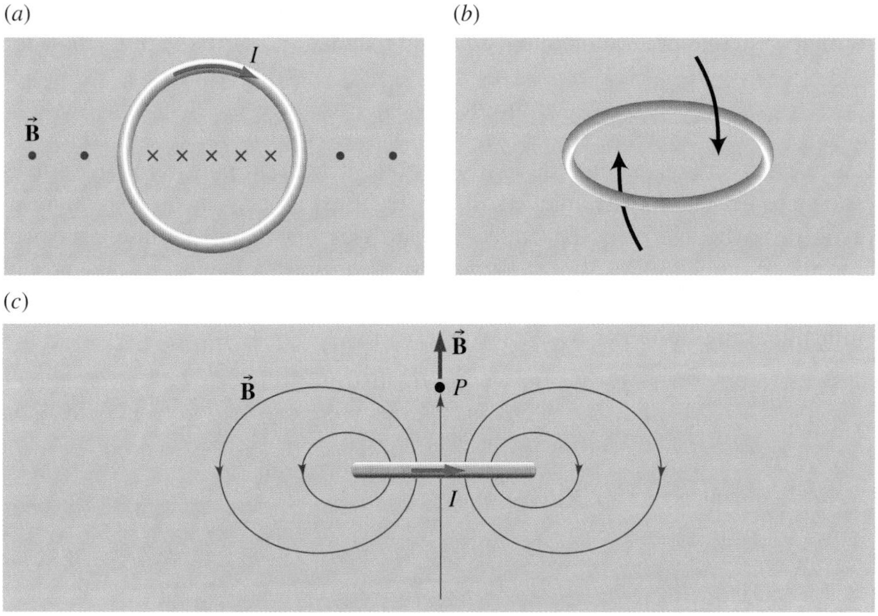

Figure 9.9 ◀
(*a*) Le champ magnétique d'une boucle de courant dont le plan coïncide avec le plan de la page. (*b*) On fait pivoter la boucle pour que son axe soit dans le plan de la page. (*c*) Le champ magnétique dans le plan de la page produit par la boucle de courant. Le champ magnétique au point *P* est vers le haut. Le sens du courant illustré est celui dans la partie *avant* de la boucle ; il est évidemment vers la gauche dans la partie arrière.

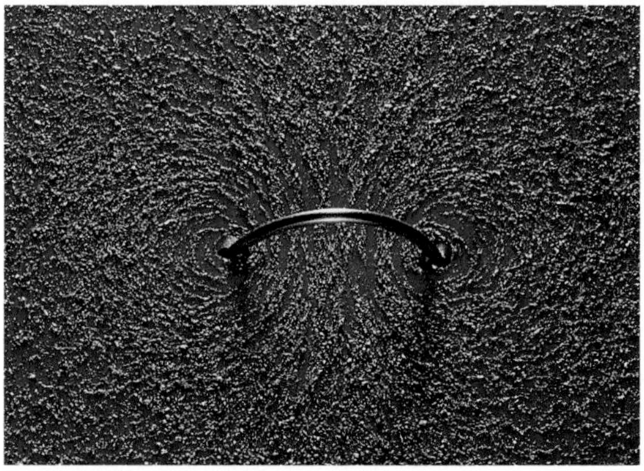

Figure 9.10 ◀
La configuration de la limaille de fer associée à une boucle parcourue par un courant.

Pour calculer le champ total au point *P*, il faut intégrer les contributions de tous les éléments de courant qui forment la boucle : l'ensemble des vecteurs $d\vec{\mathbf{B}}$ forme un *cône* dont le sommet est au point *P* et dont l'axe coïncide avec l'axe de la boucle. Le champ total s'annule donc bien dans le plan de la boucle, et il ne reste qu'une composante de champ le long de l'axe, tel que prévu. Pour calculer cette composante du champ, il faut intégrer la composante de $d\vec{\mathbf{B}}$ selon l'axe. En fonction de l'angle α défini à la figure 9.11, la composante de $d\vec{\mathbf{B}}$ parallèle à l'axe de la boucle est $dB_{\text{axe}} = dB \sin \alpha$, d'où

$$B_{\text{axe}} = \int dB \sin \alpha = \int \frac{\mu_0 I \, d\ell}{4\pi r^2} \sin \alpha$$

Ici, r et α sont des constantes. Ainsi, tout sort de l'intégrale sauf $d\ell$:

$$B_{\text{axe}} = \frac{\mu_0 I \sin \alpha}{4\pi r^2} \int d\ell$$

L'intégrale de tous les éléments de fil $d\ell$ le long de la boucle donne tout simplement la circonférence $2\pi a$ de la boucle, où a est le rayon de la boucle. On a donc

$$B_{\text{axe}} = \frac{\mu_0 I a \sin \alpha}{2r^2}$$

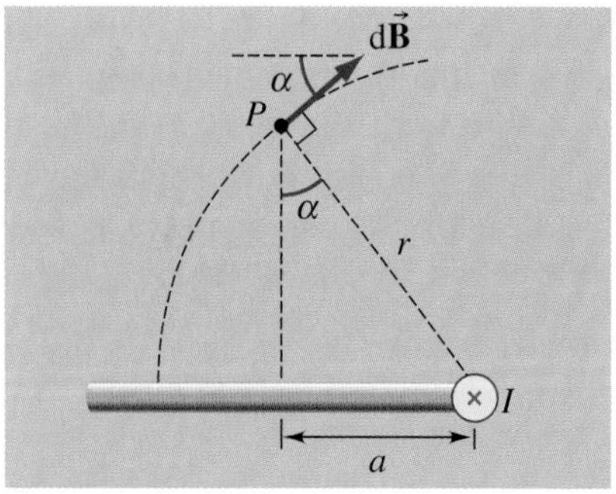

Figure 9.11 ▲
D'après la règle de la main droite, l'élément de courant entrant dans la page à droite de la boucle produit un champ magnétique $d\vec{\mathbf{B}}$ dans le plan de la page.

On peut faire disparaître r à l'aide de la relation $r = a/\sin\,\alpha$. On trouve ainsi la formule générale pour le module du champ magnétique sur l'axe d'une boucle :

$$B_{\text{axe}} = \frac{\mu_0 I \sin^3 \alpha}{2a}$$

Il arrive souvent qu'on enroule le fil qui porte le courant pour former N **spires** (une spire est un tour complet de fil). Si le fil est assez mince par rapport au rayon de la boucle et qu'on colle les spires les unes sur les autres, on peut considérer que les spires sont *superposées*, c'est-à-dire toutes au même endroit. Dans ce cas, le module du champ magnétique sur l'axe de la boucle est tout simplement multiplié par N, et on trouve

$$B_{\text{axe}} = \frac{\mu_0 N I \sin^3 \alpha}{2a} \qquad (9.9)$$

EXEMPLE 9.3

(a) Un fil formant une spire circulaire de rayon 1 m est parcouru par un courant de 2 A (figure 9.12). Quel est le module du champ magnétique aux points A et B situés sur l'axe de la spire à 1 m de part et d'autre du centre de la spire ? (*b*) On utilise la même longueur de fil, mais on l'enroule pour former quatre spires circulaires superposées. Si le courant reste le même, quel est le module du champ magnétique en A et en B ?

Solution

(a) Par symétrie, le module du champ magnétique est le même en A et en B.■

Dans l'équation 9.9, on a $N = 1$, $I = 2$ A, $a = 1$ m et $\alpha = 45°$, d'où $B = 4{,}44 \times 10^{-7}$ T. Par la règle de la main droite, le champ magnétique, *partout sur l'axe* (et donc en A et en B) est orienté *vers la droite*. (b) Si on fait quatre spires avec le même fil, le rayon est divisé par quatre. On a donc $N = 4$, $I = 2$ A, $a = 0{,}25$ m et $\alpha = \arctan(0{,}25/1) = 14°$. L'équation 9.9 donne alors $B = 2{,}85 \times 10^{-7}$ T, et le champ est encore orienté vers la droite en A et en B.

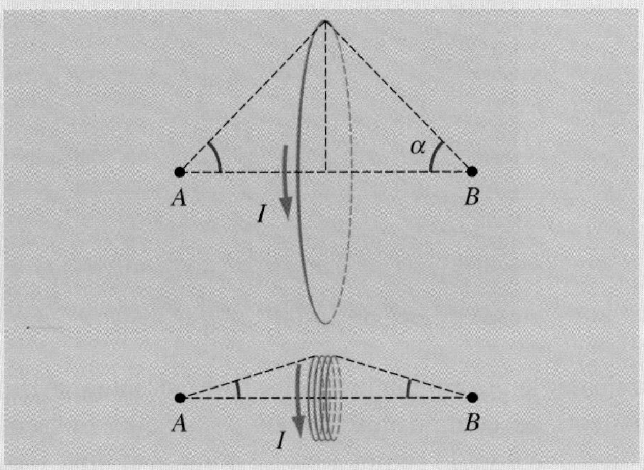

Figure 9.12 ▲
Deux bobines utilisant la même longueur de fil.

Soit une boucle à une seule spire ($N = 1$) disposée dans un plan xy. En un point éloigné de son axe (alors confondu avec l'axe z), on peut montrer que l'équation 9.9 devient (voir le problème 11) :

$$B_{\text{axe}} = \frac{2k'\mu}{z^3} \qquad (9.10)$$

où $k' = \mu_0/4\pi$ et $\mu = I(\pi a^2)$ est le moment dipolaire de la boucle, que nous avons défini à la section 8.3 (il ne faut surtout pas confondre la constante μ_0 avec le moment dipolaire μ). L'équation 9.10 est de la même forme que l'équation 2.22 donnant le champ en un point éloigné sur l'axe (considéré comme confondu avec l'axe z d'un système d'axes) d'un dipôle électrique :

$$E = \frac{2kp}{z^3}$$

À la section 8.3, nous avons dit que les boucles de courant pouvaient être qualifiées de dipôles magnétiques. La ressemblance que nous venons de souligner montre que les dipôles magnétiques produisent *en des points éloignés* un champ très analogue à celui produit *en des points éloignés* par les dipôles électriques. Toutefois, comme on le voit à la figure 9.13, le champ magnétique à l'intérieur de la boucle est très différent du champ électrique à l'intérieur d'un dipôle électrique. En outre, ils sont carrément de sens opposés ! À courte distance, les dipôles électrique et magnétique n'ont donc plus un comportement analogue.

Autre aspect important : l'équation 9.10 montre que *le champ magnétique que produit un dipôle est proportionnel à son moment dipolaire magnétique*. Nous nous servirons de cette proportionnalité très importante à la section 9.6, quand nous décrirons le champ produit par un matériau fait de milliards de dipôles microscopiques : décrire le dipôle résultant équivaudra à décrire le champ produit.

(*a*) (*b*)

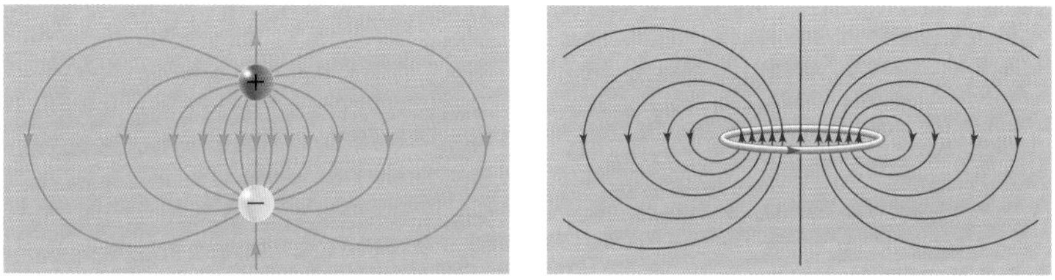

Figure 9.13 ◄
Les lignes de champ pour (*a*) un dipôle électrique et (*b*) un dipôle magnétique. Bien que les champs en des points éloignés semblent similaires, les champs au voisinage des dipôles sont de sens opposés.

Le champ magnétique produit au centre d'une boucle ou d'une portion de boucle

Dans le cas particulier où le point P est au centre de la boucle, $\alpha = 90°$ et l'équation 9.9 devient

Module du champ magnétique au centre d'une boucle de courant

$$B = \frac{\mu_0 NI}{2a} \qquad (9.11)$$

On peut facilement généraliser l'équation 9.11 pour calculer le champ magnétique produit au centre de courbure d'un fil en forme d'arc de cercle parcouru par un courant. Le champ donné par l'équation 9.11 est la somme de tous les $d\vec{\mathbf{B}}$ produits par les éléments de fil de la boucle ; or, dans ce cas précis, tous les $d\vec{\mathbf{B}}$ ont la même orientation, le long de l'axe de la boucle. Ainsi, la contribution d'une fraction de la boucle est tout simplement égale au champ donné par l'équation 9.11 *multiplié par la fraction de la boucle par rapport à une boucle complète*. Par exemple, un arc en demi-cercle (avec $N = 1$ spire) produit en son centre de courbure un champ magnétique dont le module est égal à $\frac{1}{2}(\mu_0 I/2a) = \mu_0 I/4a$.

EXEMPLE 9.4

Soit le circuit représenté à la figure 9.14, avec $I = 5$ A. Quel est le module du champ magnétique au point P ? (Le fil ne forme qu'une seule spire.)

Solution

Pour les segments rectilignes AB, CD et DA, on utilise l'équation 9.8*a*. Sur AB, $\theta_1 = \theta_2 = 180°$, donc

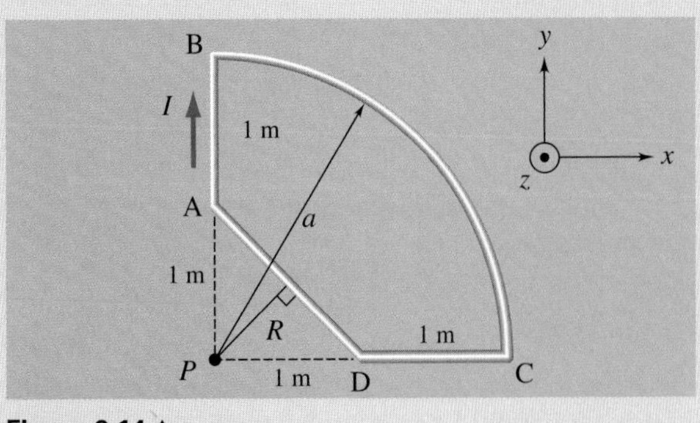

Figure 9.14▲
Un courant circule dans un circuit formé de trois segments rectilignes et d'un quart de cercle.

$B_{AB} = 0$. Sur CD, $\theta_1 = \theta_2 = 0°$, donc $B_{CD} = 0$. Sur DA, $\theta_1 = 45°$, $\theta_2 = 135°$ et $R = 0{,}707$ m, et on trouve

$$B_{DA} = 1{,}0\ \mu\text{T}$$

sortant de la page (d'après la règle de la main droite), c'est-à-dire vers les z positifs.

Le champ produit par le quart de cercle BC équivaut à un quart du champ d'une boucle de rayon $a = 2$ m.■

Par l'équation 9.11 avec $N = 1$, on trouve

$$B_{BC} = \tfrac{1}{4}(\mu_0 I/2a) = 0{,}393\ \mu\text{T}$$

entrant dans la page (d'après la règle de la main droite), c'est-à-dire vers les z négatifs.

Pour calculer le champ résultant, on doit additionner les composantes des deux contributions. Comme il n'y a aucune contribution en x ou en y, on a $B_x = B_y = 0$ et, selon z, on a

$$B_z = (1{,}0 - 0{,}393)\mu\text{T} = 0{,}607\ \mu\text{T}$$

Le champ résultant sort donc de la page et son module est $B = |B_z| = 0{,}607\ \mu$T.

EXEMPLE 9.5

Directement à partir de la loi de Biot-Savart, démontrer l'équation 9.11. Considérer le cas $N = 1$.

Solution

La figure 9.15 illustre la boucle et le point P où on cherche le champ magnétique. Comme tout est situé dans un plan, nous n'avons pas à illustrer la situation de profil comme à la figure 9.11 (p. 325). Si on applique l'équation 9.6 à l'élément de courant illustré en mauve, on obtient

$$dB = \frac{\mu_0 I\, d\ell \sin\theta}{4\pi\ \ r^2} = \frac{\mu_0 I\, d\ell \sin 90°}{4\pi\ \ R^2}$$

où nous avons tenu compte du fait que tous les éléments de courant sont situés à la distance $r = R$ du point P et que $\theta = 90°$ pour chacun d'eux.

Comme on a supposé que le courant circule en sens horaire, alors la règle de la main droite indique que tous les $d\vec{\mathbf{B}}$ pointent *vers* la page, donc $dB_x = dB_y = 0$ et $dB_z = -dB$. Le champ total selon z est donc

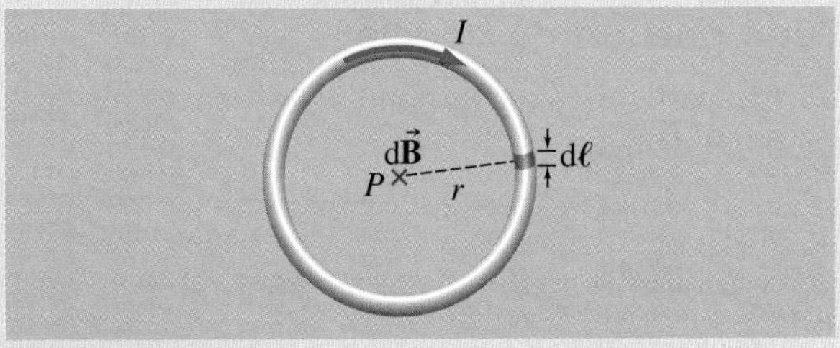

Figure 9.15▲
Démonstration de l'équation 9.11 pour le cas $N = 1$.

$$B_z = \int dB_z = -\int \frac{\mu_0 I\, d\ell \sin 90°}{4\pi\ \ R^2} = -\frac{\mu_0 I}{4\pi R^2}\int d\ell$$

Comme $\int d\ell = 2\pi R$, on obtient

$$B_z = -\frac{\mu_0 I}{2R}$$

Puisque $B_x = B_y = 0$, on a $B = |B_z|$ et le signe disparaît. Donc ce résultat correspond bel et bien à l'équation 9.11 pour $N = 1$.

Le champ magnétique produit sur l'axe d'un solénoïde

Maintenant que nous avons utilisé la loi de Biot-Savart pour déterminer le champ produit sur l'axe d'une boucle de courant, considérons ce qui se produit si on utilise plusieurs de ces boucles, mais qu'elles ne sont *pas superposées*. La figure 9.16*a* représente la répartition de la limaille de fer pour une bobine

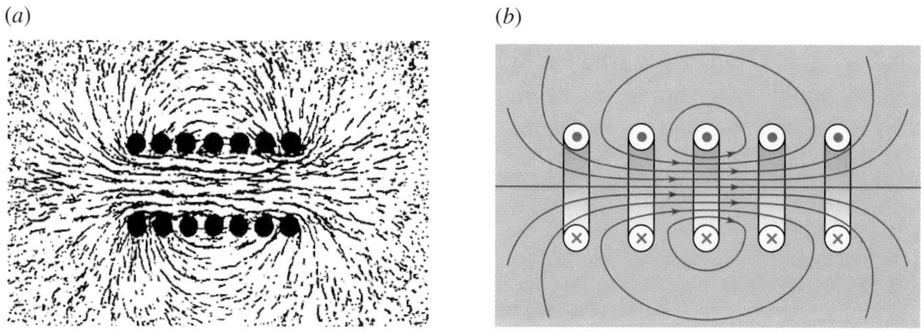

Figure 9.16◄
(*a*) La configuration de la limaille de fer dans le cas de sept spires. (*b*) Les lignes de champ magnétique dans le cas de cinq spires.

de sept spires. La figure 9.16*b* représente les lignes de champ magnétique pour une bobine de cinq spires. On remarque que les lignes de champ sont toujours des boucles fermées. Au voisinage immédiat de chaque fil, la forme des lignes tend vers celle d'un cercle (ce qui n'est pas visible sur les figures). À l'intérieur de la bobine, les contributions de chaque spire s'additionnent et le champ magnétique est donc intense. Près de l'axe, il est pratiquement uniforme. À l'extérieur de la bobine, les contributions des divers éléments de courant ont tendance à s'annuler mutuellement et le champ est donc beaucoup plus faible. Le champ à l'extérieur de la bobine ressemble à celui d'un barreau aimanté, l'une des extrémités de la bobine jouant le rôle de pôle nord et l'autre de pôle sud (comparez avec la figure 8.2, p. 272). Lorsque les spires sont très serrées et en très grand nombre, le dispositif obtenu est appelé **solénoïde**. Le champ magnétique à l'intérieur d'un long solénoïde est assez uniforme et intense, alors qu'il est pratiquement nul à l'extérieur (figure 9.17).

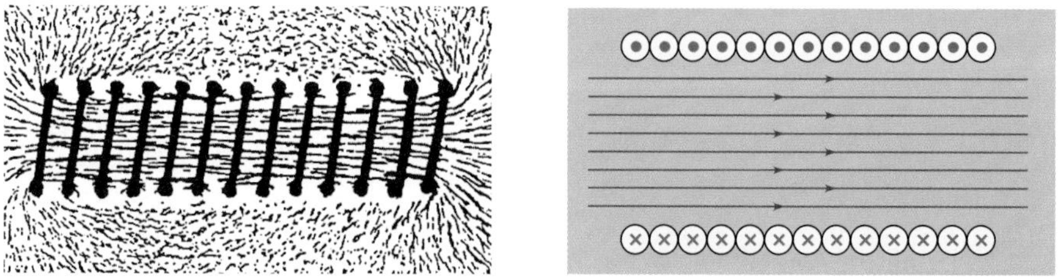

Figure 9.17◄
Le champ magnétique à l'intérieur d'un long solénoïde est uniforme. À l'extérieur, il est pratiquement nul.

Nous allons maintenant calculer le module du champ magnétique en un point P sur l'axe d'un solénoïde : le solénoïde possède N spires réparties sur sa longueur L (figure 9.18). Pour les fins du calcul, nous allons assimiler les N spires d'épaisseur finie qui composent le solénoïde à un nombre infini de spires d'épaisseur infinitésimale $\mathrm{d}x$ et de rayon identique a. Puisqu'il y a N spires réparties sur une longueur L, l'élément d'épaisseur $\mathrm{d}x$ contient un nombre infinitésimal de spires $\mathrm{d}N$ tel que $N/L = \mathrm{d}N/\mathrm{d}x$, ce qui donne

$$\mathrm{d}N = (N/L)\mathrm{d}x = n\ \mathrm{d}x$$

où $n = N/L$ correspond au *nombre de spires par unité de longueur.*

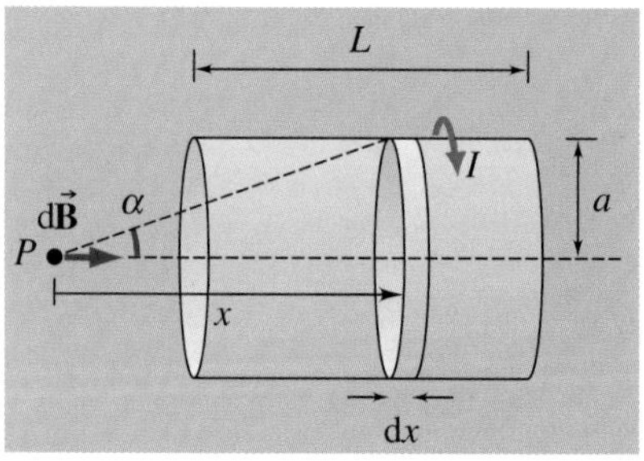

Figure 9.18▲
Calcul du champ magnétique sur l'axe d'un solénoïde.

Par l'équation 9.9, le module du champ magnétique infinitésimal produit par les $\mathrm{d}N$ spires au point P vaut

$$\mathrm{d}B = \frac{\mu_0\,\mathrm{d}N\,I\,\sin^3\alpha}{2a} = \frac{\mu_0 nI\,\mathrm{d}x\,\sin^3\alpha}{2a}$$

Tous les $\mathrm{d}\vec{\mathbf{B}}$ sont orientés le long de l'axe des x, donc $\mathrm{d}B_y = \mathrm{d}B_z = 0$ et $\mathrm{d}B_x = \mathrm{d}B$. Si on écrit directement $B = B_x$, on a

$$B = B_x = \int \mathrm{d}B_x = \frac{\mu_0 nI}{2a}\int \sin^3\alpha\ \mathrm{d}x$$

Pour résoudre l'intégrale, nous allons exprimer x en fonction de α et de la constante a : $x = a/\tan\alpha = a$ cotan α, d'où $dx = -a$ cosec^2 $\alpha\, d\alpha = (-a/\sin^2\alpha)\, d\alpha$. En fonction de α, les bornes d'intégration vont de α_1 à α_2 (figure 9.19), et on trouve

$$B = \tfrac{1}{2}\mu_0 nI \int_{\alpha_1}^{\alpha_2} -\sin\alpha\, d\alpha$$

(*a*) (*b*)

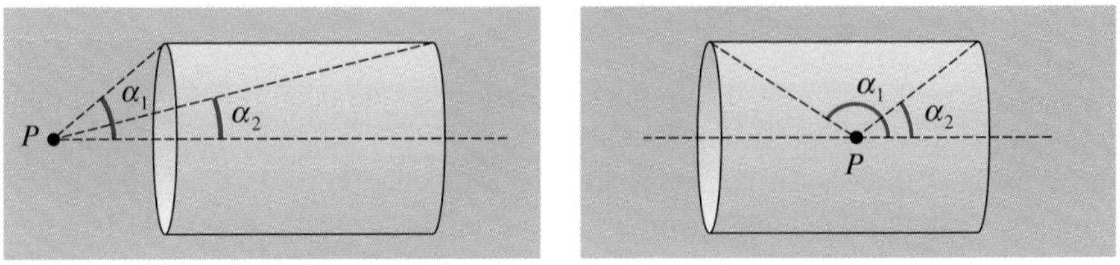

Figure 9.19 ▶
Les bornes d'intégration pour un point (*a*) à l'extérieur et (*b*) à l'intérieur d'un solénoïde. On a toujours $\alpha_1 \geq \alpha_2$.

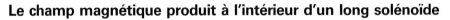

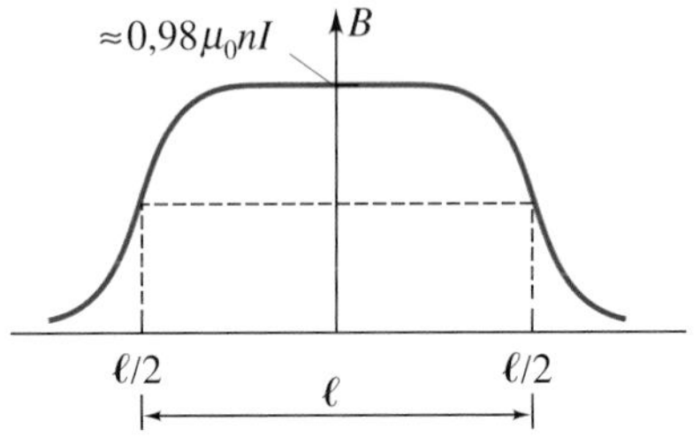

Figure 9.20 ▲
Graphe de B le long de l'axe d'un solénoïde tel que $\ell = 10a$.

d'où

$$B = \tfrac{1}{2}\mu_0 nI(\cos\alpha_2 - \cos\alpha_1) \tag{9.12}$$

Les angles α_1 et α_2 sont définis de la même façon que l'angle α dans l'équation donnant le champ pour une boucle (équation 9.9). Ils sont compris entre 0° et 180°, et on aura toujours $\alpha_1 \geq \alpha_2$. Ainsi, $\cos\alpha_1 \leq \cos\alpha_2$, ce qui donne un module de champ magnétique B positif, comme il se doit. La figure 9.20 représente B en fonction de la position pour un solénoïde dont la longueur est égale à 10 fois son diamètre.

EXEMPLE 9.6

Montrer que le module du champ magnétique à l'extrémité d'un solénoïde très long est $\mu_0 nI/2$.

Solution

Dans l'équation 9.12, on a $\alpha_1 = 90°$ et $\alpha_2 = 0$, d'où $B = \mu_0 nI/2$.

Le champ magnétique produit à l'intérieur d'un long solénoïde

Si le point P est *à l'intérieur d'un solénoïde très long* et qu'il est *assez loin des extrémités*, $\alpha_1 \approx 180°$ et $\alpha_2 \approx 0°$, et l'équation 9.12 donne $B = \frac{1}{2}\mu_0 nI[1 - (-1)]$, d'où

Module du champ magnétique à l'intérieur d'un long solénoïde

$$B = \mu_0 nI \tag{9.13}$$

On peut montrer (voir la section suivante) que cette expression est également valable pour tous les points à l'intérieur d'un long solénoïde, et pas seulement sur l'axe. Ainsi, pour obtenir un champ magnétique uniforme, il est souvent plus simple d'utiliser le volume intérieur d'un long solénoïde que de rapprocher les pôles d'un barreau aimanté comme à la figure 8.6 (p. 274).

Électroaimants et aimants permanents

Une boucle (ou un solénoïde) parcourue par un courant est appelé un **électroaimant**, c'est-à-dire un dispositif qui tire son aimantation du courant électrique qui le traverse. En revanche, un **aimant permanent** (comme un morceau de magnétite, un barreau aimanté ou une aiguille de boussole) produit un champ magnétique sans qu'il n'y ait de courant qui le traverse. Or, la similitude entre les lignes de champ magnétique d'un électroaimant (voir la figure 9.16, p. 329) et celles d'un aimant permanent (voir la figure 8.2, p. 272) est frappante.

Dès le XIXe siècle, plusieurs physiciens ont soupçonné que tous les aimants sont en quelque sorte des électroaimants : le champ magnétique d'un aimant permanent serait produit par des courants électriques microscopiques dans le matériau. Comme nous l'avons mentionné dans l'introduction du chapitre 8 et à la section 8.1, on sait aujourd'hui que cette idée de courants microscopiques est valable : le champ magnétique produit par les aimants est attribué au *mouvement* microscopique des électrons dans l'atome, de même qu'au phénomène du *spin* des électrons, tels que décrits par la mécanique quantique. *Ainsi, à la base, tout champ magnétique est produit par des courants électriques, qu'ils soient macroscopiques ou microscopiques*. Dans un aimant permanent, les orbites des électrons sont orientées selon un alignement particulier, ce qui produit un champ magnétique résultant non nul. Dans un barreau non aimanté, les orbites des électrons sont orientées de manière aléatoire, et le champ magnétique résultant est nul. On reviendra de façon plus détaillée sur les propriétés magnétiques de la matière à la section 9.6.

Le fait que le champ magnétique d'un aimant soit produit par l'équivalent d'une boucle de courant explique pourquoi on ne peut jamais séparer un pôle nord magnétique d'un pôle sud magnétique (voir la figure 8.3, p. 272) : une boucle de courant a nécessairement un pôle nord d'un côté et un pôle sud de l'autre, et on ne peut pas construire une boucle qui n'aurait qu'un seul côté !

Le champ magnétique produit par une charge ponctuelle en mouvement

L'équation 9.7 peut être transformée pour donner le champ magnétique produit par une charge ponctuelle se déplaçant à la vitesse $\vec{\mathbf{v}}$.

La loi de Biot-Savart donne le champ magnétique produit par un élément de courant $I\mathrm{d}\vec{\boldsymbol{\ell}}$. Puisque $I = \mathrm{d}q/\mathrm{d}t$, on peut réécrire

$$I\mathrm{d}\vec{\boldsymbol{\ell}} = \frac{\mathrm{d}q}{\mathrm{d}t}\mathrm{d}\vec{\boldsymbol{\ell}} = \mathrm{d}q\frac{\mathrm{d}\vec{\boldsymbol{\ell}}}{\mathrm{d}t} = \mathrm{d}q\,\vec{\mathbf{v}}$$

où $\vec{\mathbf{v}}$ est la vitesse de la charge $\mathrm{d}q$. D'après l'équation 9.7, on en déduit que le champ magnétique créé par une charge ponctuelle q se déplaçant à la vitesse $\vec{\mathbf{v}}$ est

$$\vec{\mathbf{B}} = \frac{\mu_0}{4\pi}\frac{q\vec{\mathbf{v}} \times \vec{\mathbf{u}}_r}{r^2} \qquad (9.14)$$

Les lignes du champ magnétique sont circulaires (figure 9.21).

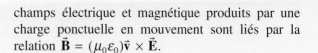

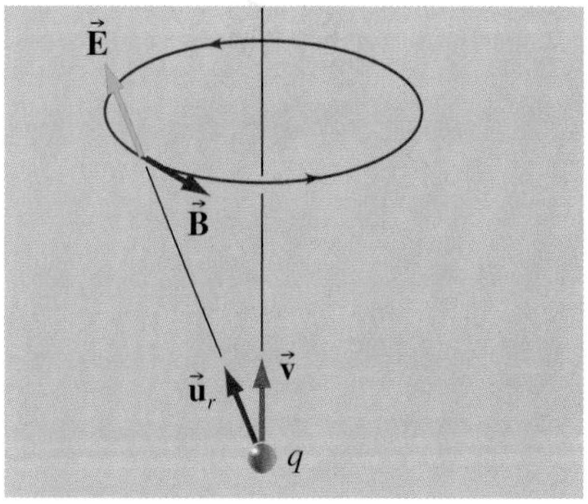

Figure 9.21 ▲
Le champ magnétique produit par une charge q se déplaçant à la vitesse $\vec{\mathbf{v}}$.

EXEMPLE 9.7

(a) Quel est le module de la force résultante qu'exercent l'une sur l'autre deux charges positives égales se déplaçant parallèlement l'une à l'autre, à une distance d, avec la même vitesse ? (b) Montrer que les champs électrique et magnétique produits par une charge ponctuelle en mouvement sont liés par la relation $\vec{\mathbf{B}} = (\mu_0\varepsilon_0)\vec{\mathbf{v}} \times \vec{\mathbf{E}}$.

Solution

(a) À la figure 9.22, le module de la force électrique de répulsion entre les charges est

$$F_E = \frac{kq^2}{d^2}$$

Le module de la force magnétique $\vec{\mathbf{F}}_B = q\vec{\mathbf{v}} \times \vec{\mathbf{B}}$ exercée par une des charges sur l'autre est

$$F_B = qv\frac{k'qv}{d^2}$$

$$= \frac{k'q^2v^2}{d^2}$$

Cette force est attractive. Puisque $k' = \mu_0/4\pi$ et $k = 1/4\pi\varepsilon_0$, on trouve $k' = k/c^2$, c étant la vitesse de la lumière dans le vide (nous montrerons au chapitre 13 que $c = 1/\sqrt{\mu_0\varepsilon_0}$). La force résultante entre les charges est donc

$$F = \left(1 - \frac{v^2}{c^2}\right)\frac{kq^2}{d^2}$$

La force résultante exercée sur chacune des particules se déplaçant avec la même vitesse est *inférieure* à la force exercée sur les particules lorsqu'elles sont au repos. La signification de ce résultat sera étudiée au chapitre 8 du tome 3.

(b) On remarque que $\vec{\mathbf{E}} = (kq/r^2)\vec{\mathbf{u}}_r$, avec $k = 1/4\pi\varepsilon_0$. Ainsi, $(\mu_0\varepsilon_0)\vec{\mathbf{v}} \times \vec{\mathbf{E}}$ correspond bien à l'équation 9.14.

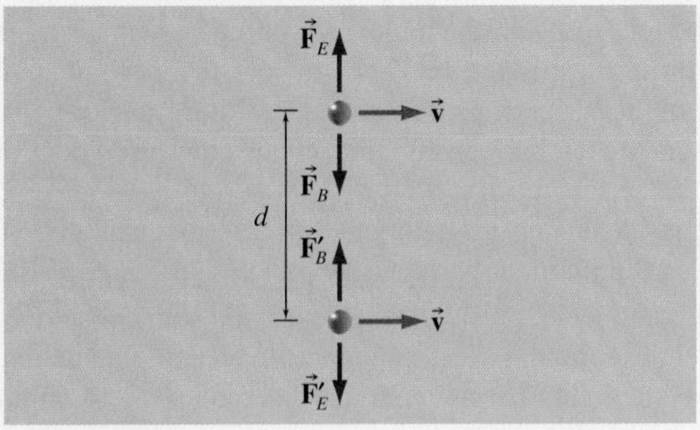

Figure 9.22 ▲
Deux charges en mouvement côte à côte avec la même vitesse. La force résultante entre elles est inférieure à celle qui s'exerce lorsqu'elles sont au repos (en l'absence de forces magnétiques).

9.4 Le théorème d'Ampère

André Marie Ampère (figure 9.23) avait exprimé plusieurs objections aux travaux de Biot et Savart. Par exemple, il estimait que leurs expériences n'étaient pas assez précises pour établir avec certitude la valeur du facteur sin θ. L'obligation de faire intervenir des « éléments de courant » ne lui plaisait pas non plus, puisque les éléments de courant isolés n'existent pas en réalité ; ils font toujours partie d'un circuit complet. Il décida donc de poursuivre de son côté ses travaux expérimentaux et théoriques qui lui permirent d'établir une relation différente, appelée maintenant *théorème d'Ampère*, entre un courant et le champ magnétique qu'il produit.

Figure 9.23 ▲
André Marie Ampère (1775-1836).

Comme nous le verrons, le théorème d'Ampère est analogue au théorème de Gauss que nous avons étudié au chapitre 3 : alors que le théorème de Gauss permet de relier l'intégrale *de surface* du champ électrique à la charge contenue dans le *volume* enfermé par la surface, le théorème d'Ampère permet de relier l'intégrale de *ligne* du champ magnétique au courant qui traverse la *surface* délimitée par la ligne.

Avant de démontrer le théorème d'Ampère, il nous faut expliquer ce qu'est l'intégrale de ligne $\oint \vec{\mathbf{B}} \cdot d\vec{\boldsymbol{\ell}}$. Nous avons déjà appliqué ce type d'intégrale au champ *électrique*, au chapitre 4 (voir l'équation 4.9) : pour la calculer, on choisit un parcours (et non une surface), qu'on subdivise en petits déplacements $d\vec{\boldsymbol{\ell}}$ successifs. Sur chacun de ces éléments, on évalue le produit scalaire $\vec{\mathbf{B}} \cdot d\vec{\boldsymbol{\ell}} = B\,d\ell \cos\theta$, puis on additionne (intègre) les contributions infinitésimales obtenues. La seule nouveauté de cette démarche, comparativement à celle utilisée au chapitre 4, est que le théorème d'Ampère considérera un *parcours fermé* pour calculer l'intégrale de ligne de $\vec{\mathbf{B}}$. Note importante : il ne faut pas confondre $\mathrm{d}\vec{\boldsymbol{\ell}}$ avec le facteur $\mathrm{d}\vec{\boldsymbol{\ell}}$ contenu dans la loi de Biot-Savart : le premier représente un élément d'un *parcours* dans le champ, alors que le second représente la longueur d'un élément de *courant*.

Considérons tout d'abord un parcours fermé en forme de cercle de rayon R, centré sur un conducteur rectiligne parcouru par un courant I (figure 9.24*a*). Le parcours épouse la forme d'une ligne de champ ; donc, quelle que soit la position de $\mathrm{d}\vec{\boldsymbol{\ell}}$, on a $\cos\theta = 1$, donc $\vec{\mathbf{B}}\cdot\mathrm{d}\vec{\boldsymbol{\ell}} = B\mathrm{d}\ell$. Puisque la valeur du module B est constante tout au long du parcours, l'intégrale de ligne se réduit donc à $\oint\vec{\mathbf{B}}\cdot\mathrm{d}\vec{\boldsymbol{\ell}} = B\oint\mathrm{d}\ell = B(2\pi R)$. Si on exprime B à l'aide de l'équation 9.1, on obtient

(I à l'intérieur) $$\oint\vec{\mathbf{B}}\cdot\mathrm{d}\vec{\boldsymbol{\ell}} = \mu_0 I$$

Exactement comme au chapitre 3, où le flux électrique qui traversait une sphère ne dépendait pas du rayon de la sphère, on note que ce dernier résultat ne dépend pas du rayon R du cercle. Cela s'explique par le fait que le module B du champ est inversement proportionnel à R, mais que la longueur du parcours, elle, est proportionnelle à R. Leur produit n'en dépend donc pas.

On peut montrer que ce résultat est valable pour un parcours de forme quelconque, pourvu que ce parcours entoure le courant (figure 9.24*b*). En effet, un peu comme nous l'avons fait à la section 3.2 pour montrer que le flux électrique ne dépendait pas de la forme de la surface enfermant une charge, on peut décomposer le parcours de la figure 9.24*b* en « projections » qui sont des portions de cercles, chacune étant sous-tendue par un même angle. Pour chacune de ces projections, le produit scalaire $\vec{\mathbf{B}}\cdot\mathrm{d}\vec{\boldsymbol{\ell}}$ est le même, *quel que soit leur rayon.*

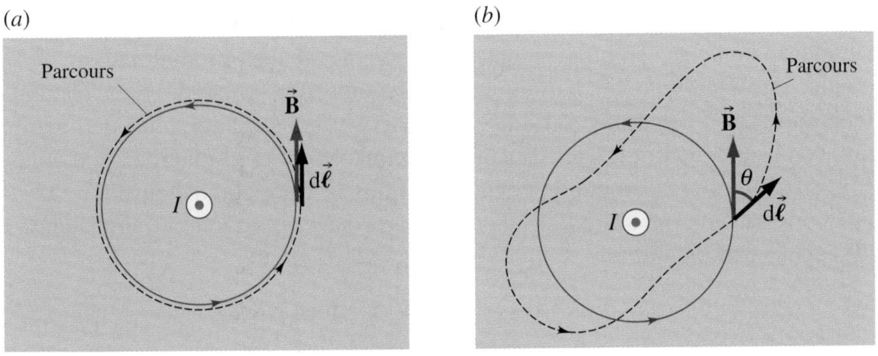

Figure 9.24 ◄
Un courant qui sort de la page. L'intégrale $\oint\vec{\mathbf{B}}\cdot\mathrm{d}\vec{\boldsymbol{\ell}}$ sur un parcours fermé qui entoure le courant est égale à $\mu_0 I$. Ce résultat demeure valable que le parcours épouse la forme d'une ligne de champ comme en (*a*) ou qu'il ait une forme quelconque, comme en (*b*), pourvu que le parcours entoure le courant.

Considérons maintenant le cas d'un parcours qui *n'entoure pas* le courant (figure 9.25). On voit clairement que le champ longe la moitié du parcours dans un sens et l'autre moitié dans l'autre sens, donc que

(I à l'extérieur) $$\oint\vec{\mathbf{B}}\cdot\mathrm{d}\vec{\boldsymbol{\ell}} = 0$$

Ici encore, on peut montrer que ce résultat est valable quelle que soit la forme du parcours, pourvu qu'il n'entoure pas le courant.

Il ne reste donc plus qu'à considérer ce qui se produit quand il y a *plusieurs courants*, certains encerclés par le parcours et d'autres non. Exactement comme nous l'avons fait pour démontrer le théorème de Gauss, on peut exprimer le champ magnétique résultant comme une somme vectorielle des contributions dues à chacun de ces courants. L'intégrale de ligne du champ résultant sera donc la somme des intégrales de lignes des contributions. Pour les courants qui ne sont pas entourés par le parcours, ces intégrales seront nulles, et pour les autres, elles seront $\mu_0 I$. On obtiendra donc le résultat suivant, qui est le **théorème d'Ampère** :

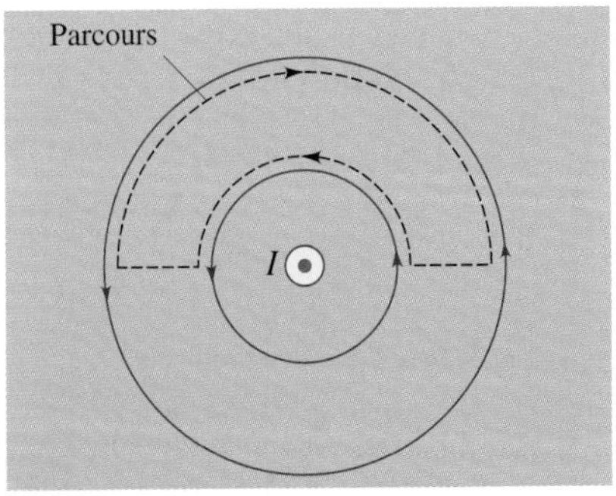

Figure 9.25 ▲
L'intégrale $\oint\vec{\mathbf{B}}\cdot\mathrm{d}\vec{\boldsymbol{\ell}}$ sur un parcours fermé qui n'entoure pas le courant est nulle, quelle que soit la forme du parcours.

Théorème d'Ampère

$$\oint \vec{\mathbf{B}} \cdot d\vec{\boldsymbol{\ell}} = \mu_0 \Sigma I \qquad (9.15)$$

ΣI étant le courant *total* traversant la surface délimitée par le parcours, ce qui signifie que les courants en sens opposés ont un signe différent. Le sens (horaire ou antihoraire) choisi pour calculer l'intégrale est donné par la règle de la main droite : le pouce de la main droite étant placé dans le sens du courant total, les quatre doigts enroulés autour du fil indiquent le sens positif du parcours.

Cette version du théorème d'Ampère est incomplète (voir la section 13.1) et n'est valable que pour des courants *continus* et pour des matériaux non magnétiques, comme le cuivre. Le courant ne doit pas nécessairement circuler dans un fil conducteur ; un faisceau de particules chargées constitue également un courant. Le champ $\vec{\mathbf{B}}$ qui intervient dans le théorème d'Ampère est créé par *tous* les courants du voisinage, et non pas seulement par le courant circulant à l'intérieur du parcours.

Exactement comme le théorème de Gauss ne permettait de calculer le champ électrique que dans des situations très symétriques, le théorème d'Ampère n'aura d'utilité que dans des situations très symétriques. Quand la distribution de courant est très symétrique, la distribution de champ magnétique est forcément elle aussi très symétrique (voir la section 3.3). Dans de telles situations, on pourra choisir le parcours d'intégration approprié pour que l'intégrale de ligne reste très simple à calculer.

Dans les exemples qui suivent, on appliquera le théorème d'Ampère à des situations connues, comme la détermination du champ produit par un long conducteur rectiligne ou par un long solénoïde. On obtiendra des résultats identiques aux équations 9.1 et 9.13, mais avec beaucoup plus de facilité qu'avec la loi de Biot-Savart. Ensuite, on considérera des situations nouvelles. En particulier, on verra que le champ à l'intérieur d'un conducteur de rayon R parcouru par un courant uniformément réparti dans sa section, à une distance r du centre, est donné par :

$$B = \frac{\mu_0 I r}{2\pi R^2} \qquad (9.16)$$

On verra aussi que le champ dans une bobine toroïdale de N spires, à une distance r de l'axe de symétrie de la bobine, est donné par

$$B = \frac{\mu_0 N I}{2\pi r} \qquad (9.17)$$

EXEMPLE 9.8

Un *conducteur rectiligne infini* de rayon R est parcouru par un courant I. Déterminer le module du champ magnétique à une distance r du centre du conducteur pour (a) $r > R$ et (b) $r < R$. On suppose que le courant est distribué uniformément sur la section transversale du conducteur.

Solution

(a) Étant donné la symétrie cylindrique de la distribution de courant, on sait que le champ aura une symétrie cylindrique. Cela nous permet d'affirmer que le module du champ est le même pour tous les points situés à une distance r du centre et que les lignes de champ sont circulaires. On choisit donc pour le parcours d'intégration un cercle de rayon r dont le centre coïncide avec le centre du conducteur (figure 9.26*a*). En un point quelconque situé sur le parcours, $\vec{\mathbf{B}}$ est parallèle à $d\vec{\ell}$, ce qui signifie que $\vec{\mathbf{B}} \cdot d\vec{\ell} = B\, d\ell$. D'après l'équation 9.15,

$$\oint \vec{\mathbf{B}} \cdot d\vec{\ell} = B \oint d\ell = \mu_0 \Sigma I \qquad \text{(i)}$$

En effet, on peut sortir le module du champ B de l'intégrale puisqu'il est constant sur le parcours choisi. L'intégrale est alors simplement égale à $2\pi r$ et le courant total ΣI à l'intérieur du parcours est égal à I. On obtient donc $B(2\pi r) = \mu_0 I$ et

$$B = \frac{\mu_0 I}{2\pi r} \qquad \text{(ii)}$$

Cette approche est plus simple que ce qu'exige la loi de Biot-Savart appliquée à une telle situation. En revanche, le théorème d'Ampère devient inapplicable si le fil n'est pas infini.■

(b) Les conditions de symétrie étant les mêmes à l'intérieur du conducteur, l'équation (i) reste valable, mais cette fois le parcours circulaire fermé est situé à l'intérieur du conducteur.

Le courant circulant à l'intérieur du parcours de la figure 9.26*b* est égal à une fraction seulement du courant total I. Cette fraction est donnée par le rapport entre l'aire délimitée par le parcours et celle du conducteur, c'est-à-dire $\Sigma I = (\pi r^2/\pi R^2)I$.■

L'équation (i) prend la forme

$$B(2\pi r) = \mu_0 \frac{r^2}{R^2} I$$

$$B = \frac{\mu_0 I r}{2\pi R^2} \qquad \text{(iii)}$$

On remarque que, pour $r = R$, (ii) et (iii) donnent le même résultat. Le module du champ magnétique est donc continu d'un côté à l'autre de la surface du conducteur. La figure 9.26*c* représente le module du champ magnétique en fonction de r.

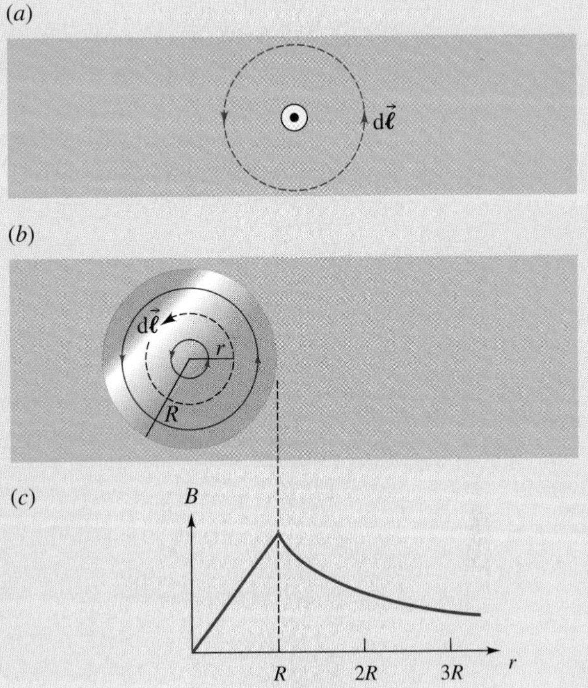

Figure 9.26▲
(*a*) Étant donné la symétrie, une boucle circulaire centrée sur le fil conducteur est un parcours d'intégration approprié. (*b*) Le parcours d'intégration est choisi à l'intérieur du conducteur, de sorte qu'une partie seulement du courant total traverse la boucle circulaire. (*c*) Graphique du module du champ magnétique en fonction de la distance à partir du centre du fil conducteur.

EXEMPLE 9.9

Un très long solénoïde comporte n spires par unité de longueur et il est parcouru par un courant I. Déterminer le module du champ magnétique qui existe à l'intérieur de ce solénoïde.

Solution

Le champ à l'extérieur d'un solénoïde infini idéal est nul (voir la figure 9.17, p. 329). Tous les points situés sur l'axe d'un solénoïde infini sont équivalents ; on dit que le solénoïde a une symétrie de translation. La somme des contributions de toutes les spires au champ magnétique total à l'intérieur du solénoïde est orientée selon l'axe et l'on peut donc s'attendre à ce que les lignes de champ soient parallèles à l'axe. Pour tirer parti de cette géométrie, on choisit le rectangle *abcd* de la figure 9.27 comme parcours d'intégration. L'intégrale curviligne se décompose en quatre parties :

$$\oint \vec{\mathbf{B}} \cdot d\vec{\ell} = \int_a^b \vec{\mathbf{B}} \cdot d\vec{\ell} + \int_b^c \vec{\mathbf{B}} \cdot d\vec{\ell} + \int_c^d \vec{\mathbf{B}} \cdot d\vec{\ell} + \int_d^a \vec{\mathbf{B}} \cdot d\vec{\ell}$$

Sur le trajet *cd*, $\vec{\mathbf{B}} = 0$ et la troisième intégrale est donc nulle. $\vec{\mathbf{B}}$ est également nul pour les parties de *bc* et de *da* situées à l'extérieur du solénoïde. À l'intérieur du solénoïde, sur ces deux trajets, $\vec{\mathbf{B}}$ est perpendiculaire à $\mathrm{d}\vec{\boldsymbol{\ell}}$, de sorte que $\vec{\mathbf{B}} \cdot \mathrm{d}\vec{\boldsymbol{\ell}} = 0$. Pour ces deux raisons, la deuxième et la quatrième intégrale disparaissent. Enfin, sur le trajet *ab*, $\vec{\mathbf{B}}$ est constant (à cause de la symétrie de translation) et parallèle à $\mathrm{d}\vec{\boldsymbol{\ell}}$, de sorte que $\vec{\mathbf{B}} \cdot \mathrm{d}\vec{\boldsymbol{\ell}} = B\,\mathrm{d}\ell$. Si le trajet *ab* a une longueur L, le nombre de spires est nL et le courant à l'intérieur est $\Sigma I = nLI$. Le théorème d'Ampère devient maintenant

$$\oint \vec{\mathbf{B}} \cdot \mathrm{d}\vec{\boldsymbol{\ell}} = B \int_a^b \mathrm{d}\ell = \mu_0 nLI$$

d'où l'on tire

$$B = \mu_0 nI$$

On voit donc que, en choisissant le parcours approprié pour le théorème d'Ampère, on peut remplacer la longue intégration de la section précédente par un calcul d'une seule ligne !

Ce résultat est valable partout à l'intérieur du solénoïde (infini) parce qu'il ne dépend pas de l'emplacement du segment *ab* dans la figure 9.27.

Le champ magnétique à l'intérieur du solénoïde infini est donc *uniforme* sur l'ensemble de sa section transversale. Ce résultat va *beaucoup plus loin* que ce que nous permet de déduire l'approche de Biot-Savart. Soulignons que le champ $\vec{\mathbf{B}}$ à l'intérieur du parcours comprend des contributions de boucles de courant qui *ne sont pas* forcément comprises dans le parcours. D'ailleurs, sans ces contributions extérieures, on n'aurait pas pu prétendre que $B = 0$ à l'extérieur ou que les lignes de champ à l'intérieur du solénoïde sont parallèles à l'axe. ■

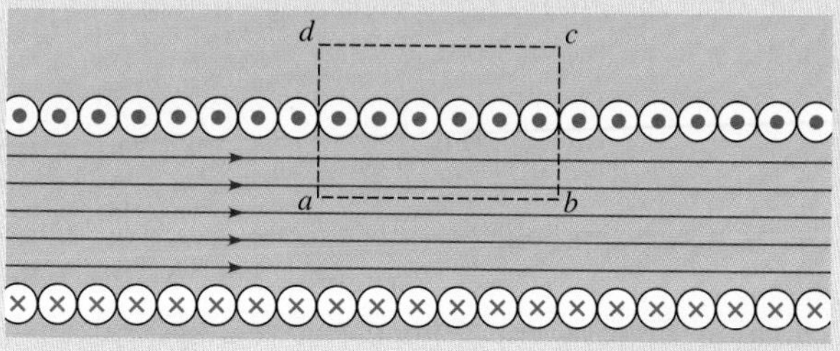

Figure 9.27 ▲
Le parcours d'intégration approprié pour un très long solénoïde est rectangulaire. Seule la portion située à l'intérieur du solénoïde contribue à l'intégrale.

EXEMPLE 9.10

Une *bobine toroïdale* (en forme de bouée), ou tore, est faite de N spires jointives parcourues par un courant I. On suppose qu'elle a une section transversale rectangulaire (figure 9.28). Déterminer le module du champ magnétique à l'intérieur du tore en fonction de la distance r par rapport au centre.

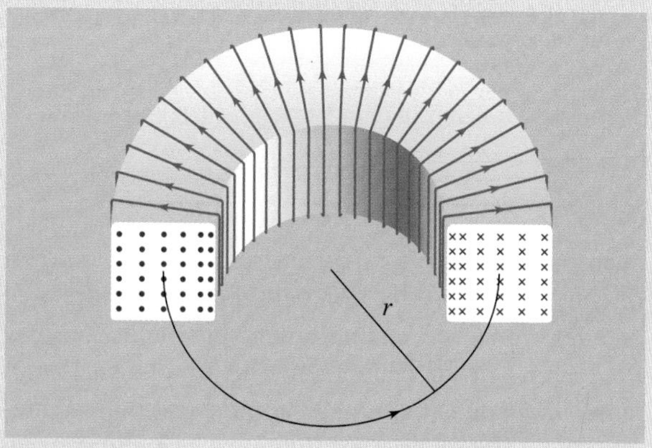

Figure 9.28 ▲
À l'intérieur d'une bobine toroïdale, le module du champ est constant le long d'un cercle donné de rayon r ayant le même centre que la bobine.

Solution

Dans un tore, les lignes de champ ont la forme de cercles concentriques, dont on ne voit sur la figure que les points où ils entrent et sortent de la page. Pour déduire cette forme, on doit utiliser la symétrie : la configuration de courant est la même en tout point situé à une même distance r de l'axe central de la bobine. Il s'ensuit que le champ est lui aussi le même en tout point situé à une même distance r de l'axe central. On dit qu'ils partagent la même symétrie sous rotation (voir la section 3.3).

Nous choisirons donc un parcours d'intégration en forme de cercle de rayon r, centré sur l'axe de la bobine. Si ce parcours est à l'extérieur du tore, le courant *total* traversant la surface délimitée par le parcours est nul, puisque chaque spire transporte autant de courant dans un sens que dans l'autre. D'après le théorème d'Ampère, $\oint \vec{\mathbf{B}} \cdot \mathrm{d}\vec{\boldsymbol{\ell}} = 0$. Ce résultat à lui seul ne nous permet pas de conclure que $\vec{\mathbf{B}} = 0$. Toutefois, la symétrie circulaire nous indique que $\vec{\mathbf{B}}$ doit être constant en module en tout point du parcours circulaire et parallèle à $\mathrm{d}\vec{\boldsymbol{\ell}}$. Par conséquent, $\oint \vec{\mathbf{B}} \cdot \mathrm{d}\vec{\boldsymbol{\ell}} = B \oint \mathrm{d}\ell = B(2\pi r)$. Puisque $r \neq 0$, nous concluons que $B = 0$ à l'extérieur.

À l'intérieur du tore, $\vec{\mathbf{B}}$ est parallèle à $d\vec{\ell}$ et a le même module en tout point du parcours circulaire. Le courant à l'intérieur du parcours est $\Sigma I = NI$ et le théorème d'Ampère prend alors la forme

$$\oint \vec{\mathbf{B}} \cdot d\vec{\ell} = B \oint d\ell = \mu_0(NI)$$

Comme $\oint d\ell = 2\pi r$, on trouve

$$B = \frac{\mu_0 NI}{2\pi r}$$

Le module du champ n'est *pas uniforme*: il varie en $1/r$. Les champs toroïdaux sont utilisés dans la recherche sur la fusion (voir le sujet connexe sur les réacteurs nucléaires, chapitre 12, tome 3).

Au laboratoire Lawrence Livermore, un aimant inhabituel a été conçu pour confiner un plasma chaud (gaz ionisé) dans le cadre d'expériences visant à domestiquer l'énergie libérée par la fusion des noyaux atomiques.

9.5 La force magnétique qu'exercent l'un sur l'autre deux barreaux aimantés

En étudiant le champ magnétique qui existe autour d'une boucle ou d'un solénoïde parcourus par un courant, nous avons vu qu'il était très similaire à celui qu'on détecte autour d'un barreau aimanté. Nous fondant sur cette similitude, nous avons affirmé, à la fin de la section 9.3 (voir la page 331), que le champ magnétique de tout aimant permanent découlait très certainement de la présence de courants microscopiques dans le matériau. On peut également se servir de cette similitude pour expliquer, quoique de manière simplifiée, pourquoi les aimants permanents comme les barreaux aimantés s'attirent ou se repoussent.

Pour expliquer ce phénomène d'attirance et de répulsion des barreaux aimantés, nous allons, comme à la section 9.2, étudier la force magnétique qu'exercent l'un sur l'autre deux conducteurs parcourus par un courant. Mais, cette fois-ci, les deux conducteurs ont la forme d'une boucle. Ainsi, la figure 9.29*a* montre deux boucles orientées selon un plan *xy* perpendiculaire au plan de la page. Elles sont séparées par une certaine distance et leurs axes coïncident. Un courant de même sens les parcourt. Chaque boucle produit un champ magnétique dont la configuration, présentée à la figure 9.13 (p. 327), est celle d'un dipôle magnétique. La figure 9.29*a* ne montre que les lignes du champ $\vec{\mathbf{B}}_2$ produit par la boucle 2.

En suivant le raisonnement de la section 9.2, nous pouvons conclure que le fil conducteur formant la boucle 1 subit une force magnétique due à la présence du champ $\vec{\mathbf{B}}_2$. Pour calculer précisément cette force, nous aurions besoin de l'expression donnant le champ magnétique produit par la boucle 2 en tout point de la boucle 1, ce que nous n'avons pas. (Rappelons en effet que l'équation 9.9, avec $N = 1$ dans ce cas-ci, ne donne que le module du champ magnétique *sur l'axe* d'une boucle.) Cependant, nous connaissons l'orientation des lignes du champ magnétique, ce qui nous permet de déduire l'orientation de la force magnétique s'exerçant sur la boucle 1. De plus, comme il s'agit d'une boucle et non d'un fil rectiligne, il nous faut la subdiviser en éléments infinitésimaux de courant, de manière à nous servir de l'équation 8.5 qui donne la force agissant sur un élément de longueur $\mathrm{d}\vec{\boldsymbol{\ell}}_1$: $\mathrm{d}\vec{\mathbf{F}}_B = I\mathrm{d}\vec{\boldsymbol{\ell}}_1 \times \vec{\mathbf{B}}_2$. La figure 9.29*a* montre un élément $\mathrm{d}\vec{\boldsymbol{\ell}}_1$ situé juste en haut de la boucle 1 et orienté selon $-x$. À l'aide de la règle de la main droite, on obtient, étant donné l'orientation particulière de $\vec{\mathbf{B}}_2$, un vecteur $\mathrm{d}\vec{\mathbf{F}}_B$ possédant deux composantes, l'une selon $+y$ et l'autre selon $-z$. La force magnétique totale s'exerçant sur la boucle 1 correspond à la somme de toutes les contributions des éléments infinitésimaux $\mathrm{d}\vec{\boldsymbol{\ell}}_1$. Mais, comme on peut facilement s'en rendre compte à partir de la figure, la symétrie de la boucle fait en sorte que la force résultante selon y ou x est nulle : à chaque élément de fil correspond un autre élément de contribution inverse selon l'une ou l'autre des deux directions x et y. Ainsi, bien qu'il nous soit impossible d'en connaître le module, nous pouvons déduire que la force magnétique résultante $\vec{\mathbf{F}}_B$ s'exerçant sur la boucle 1 sera dirigée selon $-z$, vers la boucle 2.

La figure 9.29*b* montre comment les lignes du champ magnétique $\vec{\mathbf{B}}_1$ produit par la boucle 1 viennent traverser la boucle 2. Cela nous permet de constater qu'un élément infinitésimal de courant $\mathrm{d}\vec{\boldsymbol{\ell}}_2$ se trouvant en haut de la boucle 2 va subir une force magnétique dont ne subsistera que la composante selon $+z$, puisque l'autre s'annulera par symétrie. Ainsi, la force magnétique résultante $\vec{\mathbf{F}}'_B$ correspondant à la somme de toutes les contributions infinitésimales de force est dirigée selon $+z$: la boucle 2 est attirée par la boucle 1. En somme, deux boucles parallèles parcourues par des courants de même sens *s'attirent*.

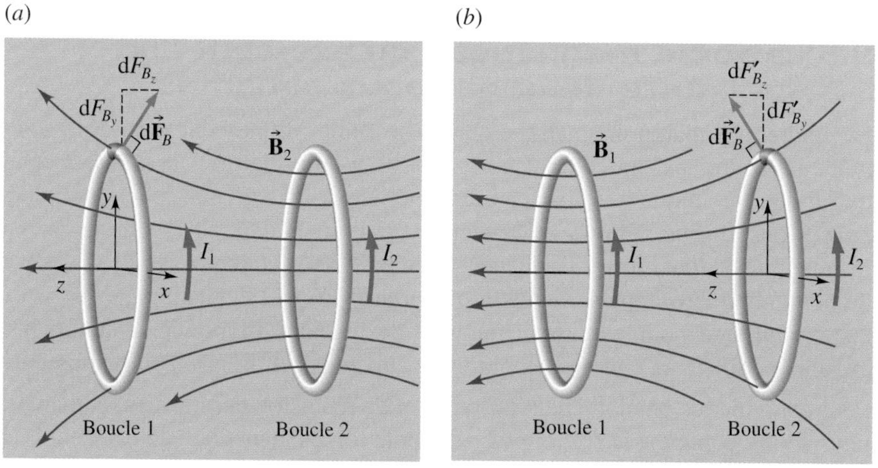

Figure 9.29 ▶
(*a*) La force magnétique s'exerçant sur la composante infinitésimale d'une boucle 1 parcourue par un courant et placée dans le champ magnétique dipolaire d'une boucle 2. (*b*) La force magnétique s'exerçant sur la composante infinitésimale de la boucle 2 placée dans le champ magnétique dipolaire de la boucle 1.

L'intérêt de cette analyse vient du fait que les deux boucles produisent des champs magnétiques similaires à ceux qu'engendrent deux barreaux aimantés. En poussant plus avant l'analogie, on peut affirmer que l'attraction observée entre deux aimants dont les pôles opposés se font face est due à un mécanisme similaire à celui que nous venons d'analyser : le champ magnétique produit par chacun des barreaux aimantés agit sur les courants microscopiques de l'autre. Évidemment, nous supposons que ces courants microscopiques suivent des parcours circulaires et nous admettons que la force résultante découle de la contribution d'un grand nombre de ces boucles microscopiques. En résumé, comme le montre la figure 9.30, il n'y a pas de grande différence entre les mécanismes expliquant l'attraction de deux boucles parcourues par un courant, l'attraction de deux barreaux aimantés et l'attraction d'un barreau aimanté et d'une boucle parcourue par un courant. Il va de soi que si l'on inverse le sens du courant dans l'une des boucles ou l'orientation de l'aimant qui lui est équivalent, la force magnétique devient répulsive. Dans la section suivante, nous décrirons davantage le comportement microscopique des matériaux utilisés pour fabriquer des aimants permanents.

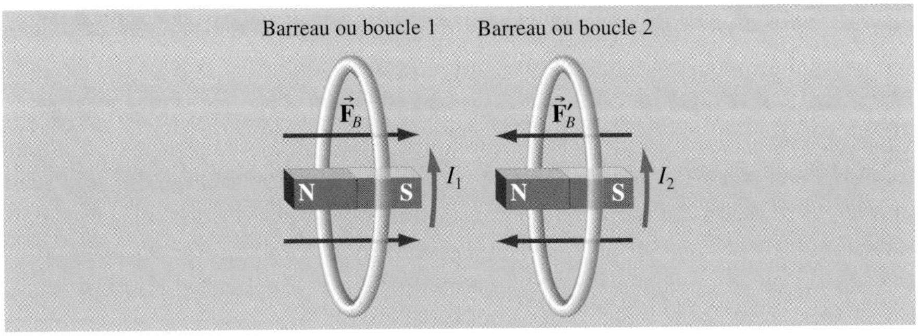

Figure 9.30 ◀
L'attraction qu'on observe entre deux boucles parcourues par un courant de même sens est tout à fait équivalente à celle qu'on observe entre deux barreaux aimantés dont les pôles opposés se font face.

APERÇU HISTORIQUE

Les électroaimants

En septembre 1820, François Arago (1786-1853) découvrit qu'un barreau de fer devenait aimanté lorsqu'on le plaçait à l'intérieur d'un solénoïde parcouru par un courant. Ce fut le premier électroaimant. En 1825, William Sturgeon (1783-1850) utilisa un barreau de fer en forme de fer à cheval, qu'il enduisit de vernis (agissant comme couche isolante) et autour duquel il enroula plusieurs spires de fil conducteur nu (figure 9.31*a*). Mais les spires de conducteur étant éloignées les unes des autres, cet électroaimant ne pouvait soulever que quelques grammes.

À l'Université de Princeton, Joseph Henry (1797-1878) perfectionna considérablement le modèle de Sturgeon. N'ayant pas de fil isolé à sa disposition, Henry utilisa des fils de soie pour recouvrir laborieusement des centaines de mètres de fil conducteur nu. Il fut récompensé de ses efforts, car l'isolation lui permit d'enrouler plusieurs spires autour d'un même noyau de fer (figure 9.31*b*). Son plus gros électroaimant était capable de soulever 750 livres.

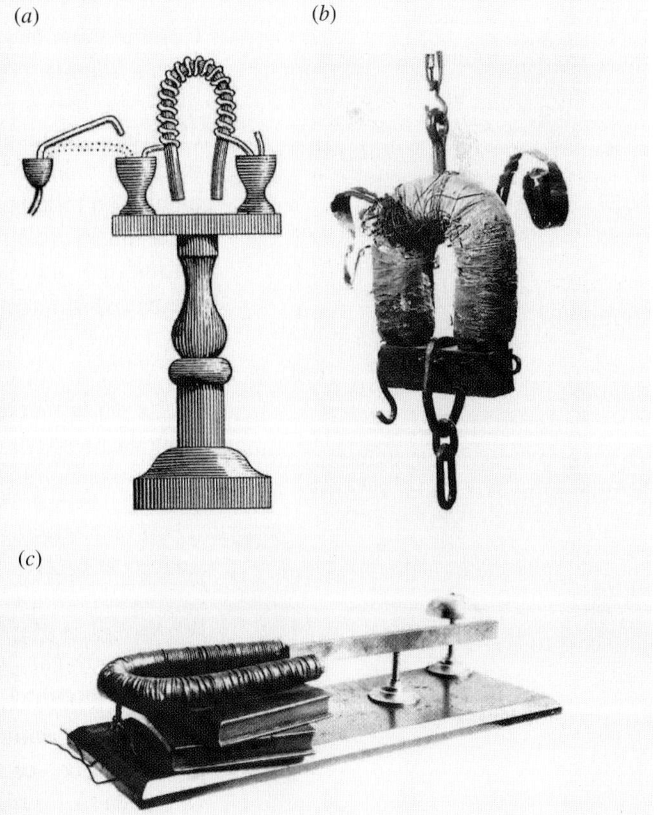

Figure 9.31 ▶
(*a*) Le premier électroaimant confectionné par William Sturgeon en 1825. (*b*) Un électroaimant fabriqué par Joseph Henry.
(*c*) Le montage utilisé par Henry pour démontrer le principe du télégraphe électrique.

Henry apporta une aide importante à Samuel Finley Morse (1791-1872) aux États-Unis et à Wheatstone en Angleterre, qui étaient en train de mettre sur pied des compagnies de télégraphe, et leur donna de nombreux conseils. La caractéristique essentielle du télégraphe électrique fut démontrée par Henry avec l'appareil illustré à la figure 9.31*c*. Lorsqu'un courant provenant d'une source distante est appliqué à l'électroaimant, le barreau aimanté suspendu tourne et vient frapper la cloche. De nos jours, les électroaimants sont utilisés, par exemple, dans les têtes d'enregistrement des bandes magnétiques, pour soulever des voitures, pour verrouiller des portes à distance ou encore pour produire des champs magnétiques pour la recherche.

9.6 Les propriétés magnétiques de la matière

Un clou en fer est fortement attiré par un barreau aimanté, alors que d'autres matériaux ne seraient que faiblement attirés, voire repoussés par lui. On peut utiliser la réaction du matériau au champ magnétique non uniforme d'un barreau aimanté pour classer les matériaux magnétiques en trois grandes catégories. Lorsqu'on place un échantillon *ferromagnétique* dans un champ non uniforme, il est fortement attiré vers la région où le champ est le plus intense (figure 9.32*a*). Un matériau *paramagnétique* est lui aussi attiré vers la région de champ intense, quoique de façon vraiment plus faible. Un matériau *diamagnétique* est très légèrement repoussé par l'aimant et a tendance à se déplacer vers les régions où le champ magnétique est plus faible (figure 9.32*b*). Nous donnons ici plusieurs exemples de matériaux appartenant à chaque catégorie.

(*a*)

(*b*)

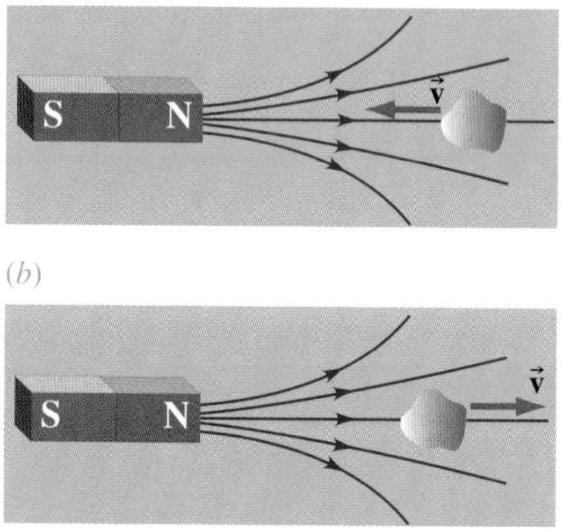

Figure 9.32 ▲
(*a*) Un matériau ferromagnétique ou paramagnétique est attiré vers un aimant. (*b*) Un matériau diamagnétique est repoussé par un aimant.

Ferromagnétiques: Fe, Ni, Co, Gd et Dy ; les alliages de ces éléments et d'autres éléments, et les oxydes comme CrO_2, EuO et Fe_3O_4 (magnétite).

Paramagnétiques: Al, Cr, K, Mg, Mn et Na.

Diamagnétiques: Cu, Bi, C, Ag, Au, Pb et Zn.

Comme nous le verrons, ces propriétés magnétiques de la matière sont dues à un phénomène comparable à celui décrit à la section 5.6 : quand on plonge un matériau dans un champ électrique, il se *polarise* de façon à réduire le champ électrique résultant en son sein. De façon comparable, quand on plonge un matériau dans un champ magnétique, il se *magnétise* de façon à affecter (augmenter ou réduire) le champ magnétique résultant en son sein. Ainsi, lorsqu'on place un matériau dans un champ magnétique externe $\vec{\mathbf{B}}_0$, le champ résultant à l'intérieur du matériau est différent de $\vec{\mathbf{B}}_0$. Le champ $\vec{\mathbf{B}}_M$ dû au matériau lui-même est directement proportionnel à $\vec{\mathbf{B}}_0$:

$$\vec{\mathbf{B}}_M = \chi_m \vec{\mathbf{B}}_0 \tag{9.18}$$

où χ_m est la *susceptibilité magnétique*. Le champ magnétique résultant à l'intérieur du matériau est donc

$$\begin{aligned}\vec{\mathbf{B}} &= \vec{\mathbf{B}}_0 + \vec{\mathbf{B}}_M \\ &= (1 + \chi_m)\vec{\mathbf{B}}_0 \\ &= \kappa_m \vec{\mathbf{B}}_0\end{aligned} \tag{9.19}$$

où $\kappa_m = 1 + \chi_m$, que l'on appelle *perméabilité relative*, joue un rôle similaire à celui joué par la constante diélectrique à la section 5.6. χ_m et κ_m sont tous deux des nombres sans dimension.

Dans un matériau paramagnétique, le module du champ résultant $\vec{\mathbf{B}}$ est supérieur à celui de $\vec{\mathbf{B}}_0$, ce qui signifie que la susceptiblité magnétique est positive. La valeur de χ_m est en général voisine de 10^{-5} et dépend de la température. À l'intérieur d'un matériau diamagnétique, le module du champ résultant $\vec{\mathbf{B}}$ est inférieur à celui de $\vec{\mathbf{B}}_0$, ce qui signifie que la susceptibilité est négative. La valeur de χ_m y est en général voisine de -10^{-5} et ne dépend pas de la température. La susceptibilité d'un matériau ferromagnétique dépend de la température, du module du champ extérieur B_0 et de l'histoire magnétique de l'échantillon considéré (nous verrons pourquoi plus tard). Pour ce matériau, la valeur de χ_m est en général comprise entre 10^3 et 10^5.

Les moments atomiques

Les propriétés magnétiques de la matière sont principalement associées aux mouvements des électrons. Les électrons en mouvement dans un atome établissent des courants atomiques qui ont des moments dipolaires magnétiques et produisent des champs magnétiques. Dans le modèle de Bohr semi-classique de l'atome d'hydrogène, un électron est en orbite autour d'un proton immobile. À la section 8.3 (voir l'exemple 8.10), nous avons montré que la relation entre le moment magnétique ($\vec{\mu}$) associé au mouvement orbital et le *moment cinétique orbital* ($\vec{\mathbf{L}}$) était la suivante :

$$\vec{\mu} = \frac{e\vec{\mathbf{L}}}{2m}$$

Même si ce modèle atomique n'est plus accepté aujourd'hui, il se trouve que celui de la mécanique quantique prévoit quand même que les électrons aient un moment cinétique orbital et que ce dernier est relié au moment magnétique par une équation identique à l'équation précédente. Il existe, en mécanique quantique, une règle (que nous étudierons au chapitre 11 du tome 3) selon laquelle le module du moment cinétique est *quantifié*, c'est-à-dire qu'il apparaît uniquement sous forme de multiples entiers d'une unité fondamentale : $L = n\hbar = 0, \hbar, 2\hbar, \ldots$, où $\hbar = h/2\pi$, h étant la constante de Planck. En remplaçant $L = \hbar$ dans l'équation précédente, on trouve

$$\mu_B = \frac{e\hbar}{2m} \qquad (9.20)$$

Cette quantité, que l'on appelle *magnéton de Bohr*, a pour valeur $9{,}27 \times 10^{-24}$ A·m^2. Dans la plupart des substances, les orientations des moments cinétiques $\vec{\mathbf{L}}$ diffèrent d'un atome à l'autre et la valeur moyenne du moment dipolaire sur l'ensemble des atomes est donc nulle. Mais il existe toutefois une autre source de magnétisme.

En mécanique quantique, on considère que chaque électron a un certain *moment cinétique intrinsèque*, appelé *spin*. Bien que l'image ne soit pas valable (voir la section 11.2 du tome 3), on peut imaginer l'électron tournant sur lui-même autour d'un axe interne et créant donc des courants internes. Le moment magnétique associé au spin est égal au magnéton de Bohr. Dans de nombreux atomes et ions, les moments cinétiques de spin sont couplés par paires de sens opposés et le moment dipolaire résultant est donc nul. Dans certains cas, un ou deux électrons ne sont pas couplés et l'atome acquiert alors un moment dipolaire permanent. Or, comme nous l'avons souligné dans les paragraphes qui suivent l'équation 9.10, le moment dipolaire magnétique est proportionnel au champ magnétique produit. Si un atome possède un moment permanent, cela signifie qu'*il produit un champ magnétique permanent*. Nous verrons donc maintenant comment la présence ou l'absence d'un tel moment dipolaire permanent, ainsi que le comportement collectif des atomes, nous permet d'expliquer les propriétés magnétiques de la matière.

Le diamagnétisme

Dans un matériau diamagnétique, les atomes n'ont pas de moment dipolaire magnétique permanent. Lorsqu'on applique un champ magnétique extérieur $\vec{\mathbf{B}}_0$, le moment orbital des électrons est modifié de telle sorte que la variation de moment dipolaire est dirigée dans le sens opposé au champ externe. Il en résulte que le module du champ résultant $\vec{\mathbf{B}}$ est inférieur à celui du champ extérieur $\vec{\mathbf{B}}_0$. Ce comportement est le seul possible : comme les atomes n'ont pas de moment dipolaire permanent, il serait impossible de leur en induire un qui renforce le champ externe, car le champ plus élevé accentuerait à nouveau cet effet, qui accentuerait à nouveau le champ externe et ainsi de suite. Une telle situation serait absurde, car elle permettrait de faire apparaître un champ considérable pratiquement sans fournir d'énergie. L'effet induit doit donc nécessairement *nuire* à la cause qui lui a donné naissance, un résultat que nous appellerons la loi de Lenz (voir la section 10.3). En l'absence de mécanisme pour dissiper l'énergie, la variation des courants d'électrons persiste même après que le champ extérieur ait atteint une valeur constante. L'effet diamagnétique, qui est présent dans tous les matériaux, est très faible et il est souvent masqué par les effets paramagnétique ou ferromagnétique. Un matériau supraconducteur est un matériau diamagnétique parfait ; sa susceptibilité est $\chi_m = -1$. Autrement dit, le champ extérieur est totalement exclu du supraconducteur.

Le paramagnétisme

Dans un matériau paramagnétique, les atomes ou les ions ont des moments dipolaires magnétiques permanents mais les interactions entre ces dipôles sont faibles et leurs orientations sont aléatoires en l'absence de champ magnétique extérieur. Lorsqu'on applique un champ extérieur $\vec{\mathbf{B}}_0$, les dipôles ont tendance à s'aligner suivant l'orientation du champ, mais l'agitation thermique s'oppose à ce processus d'alignement. Par conséquent, l'alignement n'est pas complet à moins que le module B_0 du champ extérieur ne soit très élevé et que la température soit très basse. L'alignement partiel des moments dipolaires vient renforcer le champ extérieur ; ainsi, le module B du champ résultant est supérieur à B_0. (Notons que ce comportement est *contraire* à celui des dipôles électriques dans un diélectrique, où l'alignement des dipôles donne un champ électrique intérieur résultant plus faible.)

Les énergies associées au champ magnétique et à l'agitation thermique ont environ les valeurs suivantes. L'énergie requise pour faire tourner un dipôle de 180° est égale à $2\mu B_0$. Dans un champ externe de 1 T et pour $\mu = \mu_B = 9{,}27 \times 10^{-24}$ A·m², $2\mu B_0 \approx 1{,}9 \times 10^{-23}$ J. L'énergie moyenne associée à l'agitation thermique est voisine de $kT \approx 6 \times 10^{-21}$ J à 300 K. L'énergie thermique est donc 200 fois plus grande.

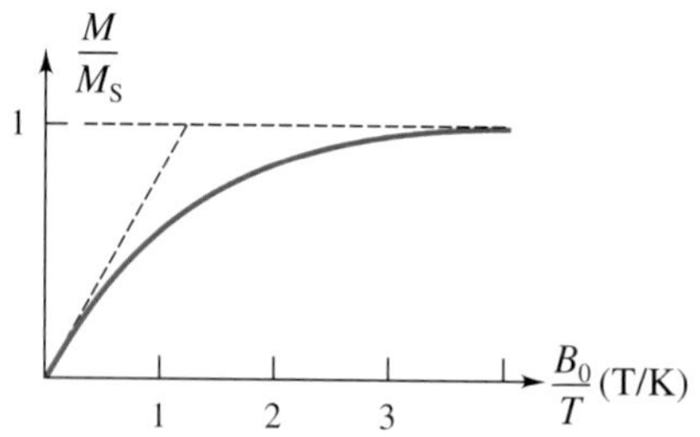

Figure 9.33 ▲
L'aimantation d'un échantillon paramagnétique en fonction de B_0/T, où B_0 est le module du champ magnétique extérieur et T est la température absolue.

La figure 9.33 représente la variation de l'aimantation M, définie comme le moment magnétique par unité de volume, en fonction du rapport du module du champ extérieur B_0 sur la température absolue T. La *loi de Curie* donne une bonne description de la première partie linéaire de la courbe :

$$M = C\left(\frac{B_0}{T}\right) \tag{9.21}$$

où C est une constante. Soulignons que, même pour un champ externe élevé de 1 T et une température de 300 K, la courbe réelle s'ajuste bien à l'approximation linéaire. Au fur et à mesure que le module du champ extérieur augmente ou que la température baisse, l'aimantation augmente jusqu'à atteindre sa valeur à saturation, M_S, qui correspond à l'alignement parfait de tous les dipôles sur le champ.

Le ferromagnétisme

Dans un matériau ferromagnétique, chaque atome a un moment magnétique provenant du spin d'un ou de deux électrons. Même en l'absence de champ magnétique externe, les moments des atomes voisins ont tendance à s'aligner parallèlement l'un à l'autre par une interaction que seule la mécanique quantique peut expliquer. Dans la pratique, les moments ne s'alignent parfaitement qu'à l'intérieur de petits *domaines* magnétiques de dimension linéaire voisine de 1 mm. Chaque domaine contient environ 10^{16} atomes. Bien que l'alignement soit parfait à l'intérieur de chaque domaine, les domaines ont des orientations aléatoires (figure 9.34). Ils sont séparés par des parois de quelques atomes d'épaisseur dans lesquelles la direction de l'aimantation varie progressivement d'une orientation à l'autre. Si l'on saupoudre des particules ferromagnétiques à la surface, on peut observer les parois des domaines au microscope (figure 9.35). La limaille a tendance à s'accumuler au niveau des parois, là où le champ est très peu uniforme.

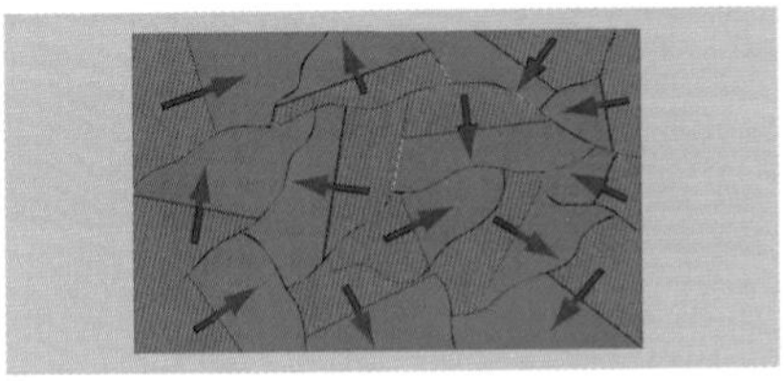

Figure 9.34 ▲
Les domaines dans un échantillon non aimanté ont une orientation aléatoire.

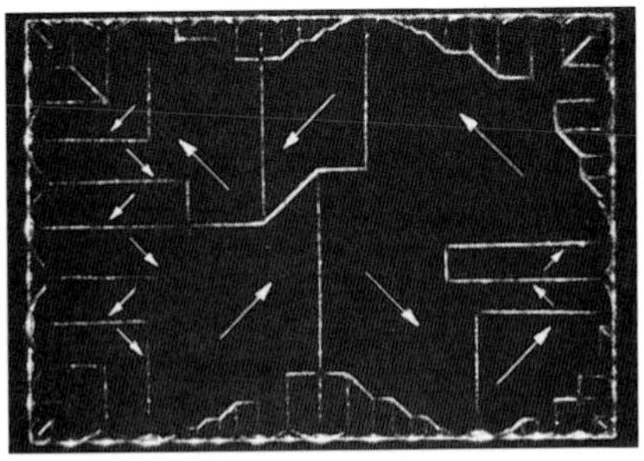

Figure 9.35 ▲
Les parois des domaines mises en évidence par la limaille de fer.

On peut comprendre qualitativement pourquoi se forment des domaines en considérant les énergies mises en jeu. Supposons que tous les moments dans un cristal soient alignés parfaitement (figure 9.36). Les extrémités des domaines vont alors être uniquement constituées de pôles nord ou sud. Le champ créé par ces pôles sera orienté du pôle nord vers le pôle sud. Les dipôles à l'intérieur du matériau vont se trouver alignés dans la direction opposée au champ, qui correspond à l'énergie la plus élevée. L'interaction spin-spin entre atomes diminue l'énergie des dipôles adjacents, mais, au fur et à mesure que les domaines grandissent, l'énergie magnétique « globale » dont nous venons de parler augmente. Les dimensions et l'orientation aléatoire des domaines correspondent à la situation où l'énergie totale du système est minimale.

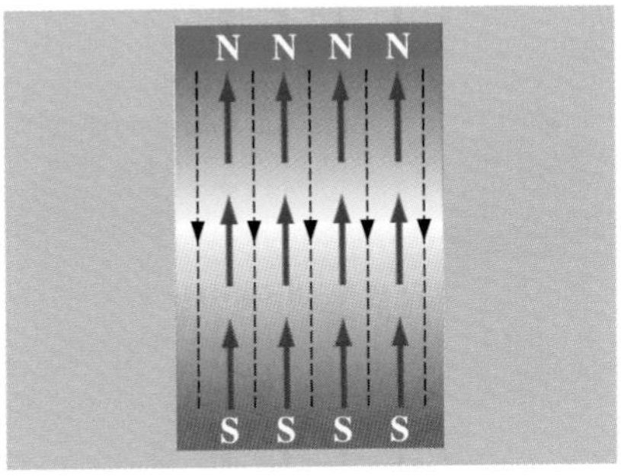

Figure 9.36 ▲
Si tous les domaines étaient alignés parfaitement, comme sur la figure, il y aurait un champ magnétique dirigé des pôles nord à une extrémité vers les pôles sud à l'autre. Cette orientation des domaines est telle que l'énergie magnétique « globale » est maximale. Ce n'est pas une configuration stable.

Lorsqu'on applique un champ magnétique extérieur $\vec{\mathbf{B}}_0$, les domaines réagissent de deux manières. Dans un champ faible, les domaines dont les moments sont alignés parallèlement à $\vec{\mathbf{B}}_0$ grandissent aux dépens des autres. Dans un champ plus élevé, les domaines subissent également une rotation qui les fait s'aligner sur le champ extérieur. Les deux effets sont représentés à la figure 9.37.

On peut détruire l'aimantation d'un aimant permanent en le laissant tomber ou en le frappant vivement, c'est-à-dire en perturbant l'alignement des domaines. De même, si l'on augmente la température, l'aimantation de saturation diminue. Au-dessus de la *température de Curie* T_C, le matériau cesse d'être ferromagnétique et devient paramagnétique (figure 9.38). Nous donnons ici les températures de Curie de cinq éléments ferromagnétiques : Fe (1043 K), Co (1404 K), Ni (631 K), Gd (289 K), Dy (85 K).

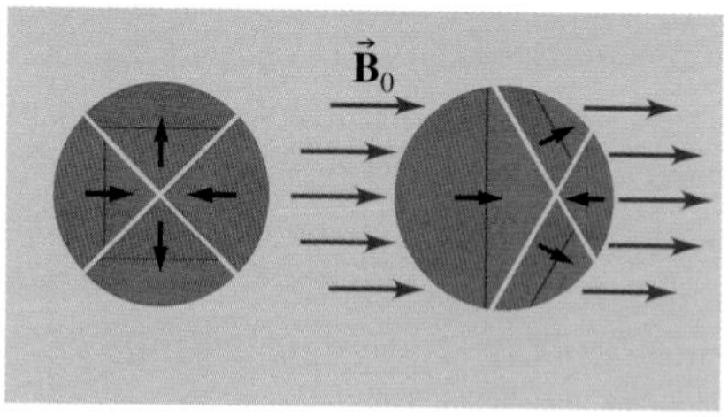

Figure 9.37 ▲

Lorsqu'on applique un champ magnétique extérieur $\vec{\mathbf{B}}_0$, les domaines alignés parallèlement à $\vec{\mathbf{B}}_0$ deviennent plus étendus aux dépens des autres. Les domaines ont également tendance à s'aligner sur le champ.

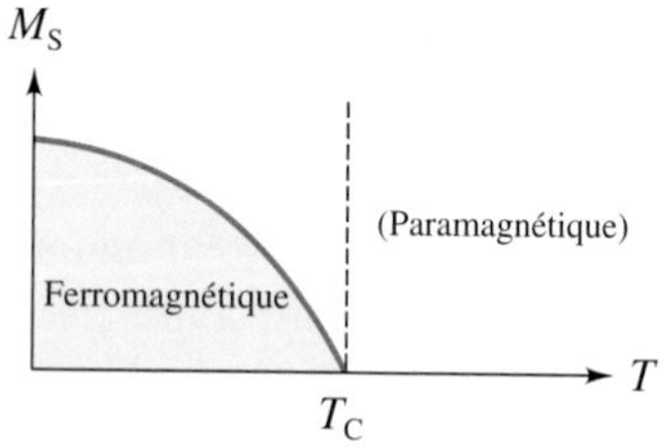

Figure 9.38 ▲

Au fur et à mesure que la température d'un matériau ferromagnétique s'élève, son aimantation de saturation diminue. Au-dessus du point de Curie, l'échantillon devient paramagnétique.

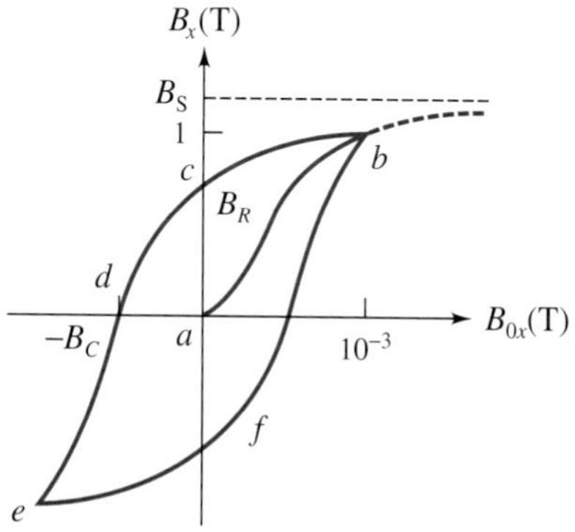

Figure 9.39 ▲

Une courbe d'hystérésis. Un champ magnétique extérieur $\vec{\mathbf{B}}_0$ est appliqué selon x : la composante du champ résultant B_x est représentée comme une fonction de la composante B_{0x}. Notez la différence des échelles utilisées.

L'hystérésis

Étudions maintenant ce qui se produit lorsqu'on place dans un champ magnétique extérieur $\vec{\mathbf{B}}_0 = B_{0x}\vec{\mathbf{i}}$ un matériau ferromagnétique initialement non aimanté. À la figure 9.39, nous comparons la composante selon x du champ résultant $\vec{\mathbf{B}}$ à celle de $\vec{\mathbf{B}}_0$. (Notez que l'échelle de B_x est 1000 fois plus grande que celle de B_{0x}.) Au fur et à mesure que B_{0x} augmente à partir de zéro, B_x augmente le long de la courbe *ab*. Après la première pente raide de la courbe, B_x s'approche de la valeur de saturation B_S (2,1 T pour le fer, 1,6 T pour le permalloy) relativement lentement. Lorsque B_{0x} décroît, la composante B_x ne revient pas sur la courbe mais suit *bcd*. Lorsque B_{0x} s'annule à nouveau, il reste une valeur rémanente B_R au point c produit par l'aimantation de l'échantillon. C'est ce qui caractérise un aimant permanent. Une fois que la plupart des domaines ont tourné pour s'aligner sur le champ magnétique extérieur, ils ne reprennent pas leur orientation initiale. Leur réponse est « en retard » par rapport à la variation de B_{0x}. Ce phénomène de « retard » est appelé *hystérésis*. Lorsque le sens de $\vec{\mathbf{B}}_0$ s'inverse, B_x atteint la valeur zéro au point d. La valeur B_C, correspondant au champ coercitif, nous indique dans quelle mesure il est difficile de détruire l'aimantation d'un échantillon. Alors que B_{0x} devient de plus en plus négatif, les domaines commencent à s'aligner dans la direction opposée, jusqu'au point e. Si B_{0x} revient à zéro puis commence à augmenter dans la direction initiale, on obtient la partie *efb* de la courbe. L'aire de la boucle d'hystérésis *bdefb* est égale au travail nécessaire pour accomplir un cycle complet. Si le champ extérieur est créé par un courant alternatif, les inversions du champ entraînent une production d'énergie thermique.

Soulignons que la perméabilité relative, $\kappa_m = B/B_0$, n'est pas constante mais dépend à la fois de B_0 et de l'histoire préalable de l'échantillon. Au champ de saturation, $\kappa_m = 5000$ pour le fer, alors que $\kappa_m = 25\,000$ pour le permalloy.

Les matériaux pour lesquels B_C est plus grand sont appelés matériaux magnétiques « durs » et leur boucle d'hystérésis ressemble à celle de la figure 9.40*a*. Ces matériaux sont utilisés pour la fabrication des aimants permanents dans les haut-parleurs et les appareils de mesure à cadre mobile comme le galvanomètre. Les matériaux pour lesquels B_C est faible, comme le fer, sont des matériaux magnétiques « doux » dont la boucle d'hystérésis ressemble à celle de la figure 9.40*b*. Le fait que l'aire de leur boucle soit plus petite signifie que l'énergie dissipée sous forme de chaleur est réduite. Le fer est utilisé dans les transformateurs, les électroaimants, les rubans magnétiques et les vieilles disquettes souples d'ordinateurs.

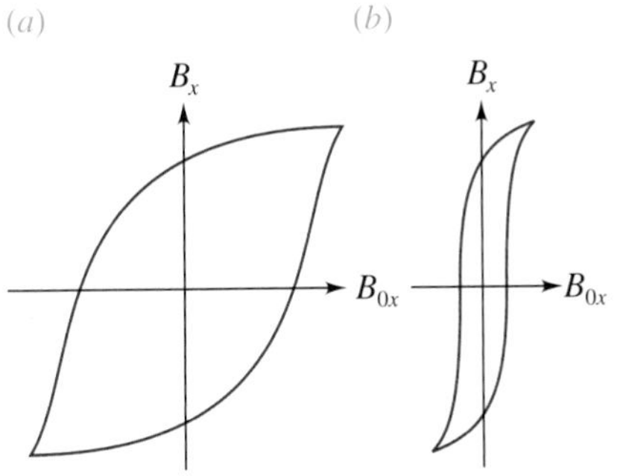

Figure 9.40 ▲
(*a*) Un matériau magnétique « dur » utilisé pour la fabrication des aimants permanents. (*b*) Un matériau magnétique « doux » utilisé pour la fabrication des électroaimants et pour l'enregistrement magnétique.

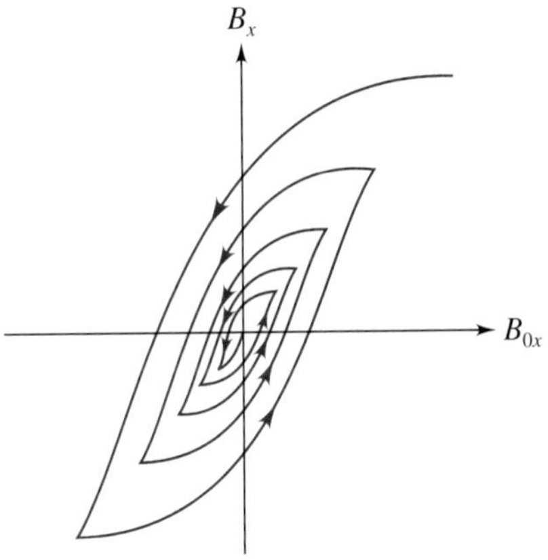

Figure 9.41 ▲
Pour démagnétiser un échantillon, on doit le soumettre à plusieurs cycles d'hystérésis successifs tout en diminuant le module du champ magnétique extérieur.

Pour démagnétiser un objet, par exemple la tête d'enregistrement d'un magnétophone ou une montre, il faut le soumettre à plusieurs cycles d'hystérésis en faisant décroître progressivement le champ extérieur (figure 9.41). On produit un champ magnétique oscillant en faisant passer un courant alternatif dans une bobine. On place d'abord la bobine près de l'objet aimanté, puis on l'éloigne progressivement.

SUJET CONNEXE

Le champ magnétique terrestre

L'utilisation des pierres de magnétite en guise de compas de marine remonte au IIe siècle. On croyait à cette époque que l'aiguille du compas s'orientait vers l'étoile polaire sous l'influence d'une source extraterrestre. Cependant, durant un de ses voyages, en 1492, Christophe Colomb (vers 1451-1506) s'aperçut que son compas ne pointait pas vers l'étoile polaire. Ses marins furent affolés à l'idée d'avoir atteint une région où les lois de la nature étaient différentes. Christophe Colomb les rassura en leur expliquant que l'aiguille s'oriente en réalité vers un point plus éloigné que l'étoile polaire, lequel, prétendait-il, s'était légèrement déplacé pendant la nuit ! Sa haute réputation d'astronome suffit à les rassurer.

Il fallut attendre jusqu'en 1544 pour commencer à comprendre réellement le comportement de la boussole. Cette année-là, on découvrit que le pôle nord d'une aiguille initialement en équilibre sur un axe de rotation pointe vers le bas par rapport à l'horizontale dès que l'aiguille est aimantée. En 1600, William Gilbert utilisa une aiguille aimantée pour dresser une carte des régions environnant une sphère en magnétite. La ressemblance entre la configuration des déviations observées et les données relatives aux relevés de compas recueillis en diverses régions du globe l'incitèrent à suggérer, à juste titre, que la Terre est elle-même un aimant gigantesque.

Le champ magnétique à la surface de la Terre est essentiellement celui d'un dipôle magnétique (figure 9.42). Le module du champ à la surface varie de 0,3 G à 0,6 G. L'orientation du champ en un point donné de la surface est déterminée par la déclinaison et l'inclinaison. La *déclinaison* est l'angle compris entre la composante horizontale du champ et le Nord géographique. L'*inclinaison* est l'angle que fait le champ avec le plan horizontal local. Les points où l'inclinaison est égale à ±90° sont appelés pôles d'inclinaison. Plusieurs points vérifient cette condition.

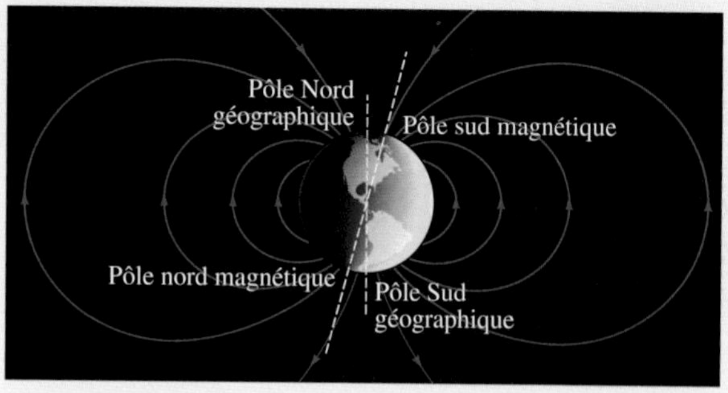

Figure 9.42 ▲

Le champ magnétique terrestre correspond essentiellement au champ d'un dipôle.

On obtient la configuration la plus proche du champ observé en plaçant un dipôle de moment magnétique 8×10^{22} A·m^2 à 400 km environ du centre de la Terre, l'axe du dipôle faisant un angle de 11,5° avec l'axe de rotation de la Terre. Les pôles magnétiques nord et sud sont situés sur l'axe de ce dipôle fictif. Le pôle magnétique situé dans l'hémisphère Nord se trouve à environ 78,5° N 100° O, au large de l'île Bathurst dans l'Arctique canadien. Le lieu des points d'inclinaison nulle (où le champ est horizontal) est appelé équateur d'inclinaison.

On observe toutefois des écarts importants par rapport au champ théorique d'un dipôle magnétique. En moyenne, le module du champ non dipolaire est d'environ 5 % du champ total, bien qu'il existe des anomalies locales beaucoup plus grandes. Les gisements de minerais peuvent produire des variations de près de 10^{-4} G. La figure 9.43 représente le champ non dipolaire, obtenu à partir de la différence entre le champ réel et le champ théorique

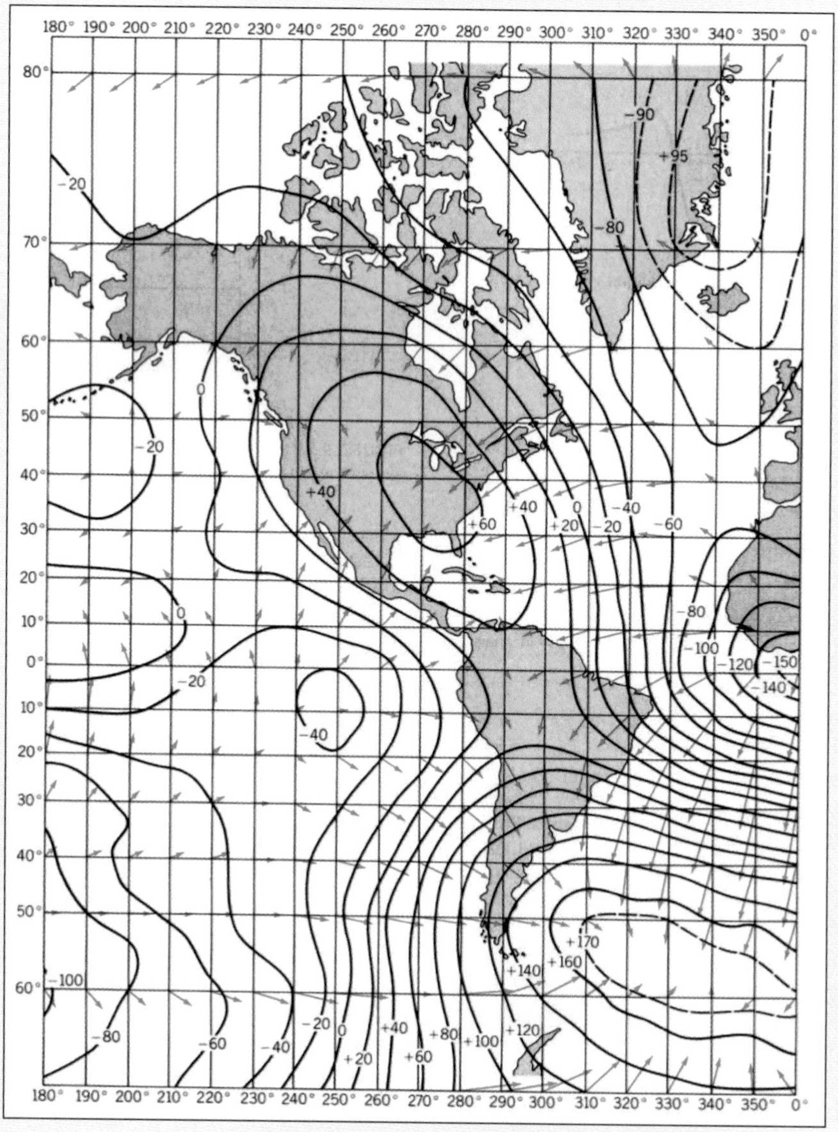

Figure 9.43 ◄

La contribution non dipolaire au champ magnétique terrestre. Les flèches représentent la composante horizontale et les courbes correspondent à des valeurs précises de la composante verticale.

dipolaire. Les flèches représentent la composante horizontale et les courbes correspondent à des valeurs précises de la composante verticale en milligauss. Il va de soi que toute lecture effectuée au compas doit être corrigée à l'aide d'une telle carte. On peut représenter au mieux le champ magnétique résultant en combinant le dipôle principal et environ huit dipôles orientés radialement et de moments magnétiques divers.

Variation du champ

Le champ magnétique terrestre n'est pas constant dans le temps. Les composantes de sa variation ont des échelles de temps allant de la minute à quelques millions d'années. Les variations à court terme correspondent à des perturbations provoquées par le « vent solaire » (voir plus bas). Au cours d'une journée, la composante horizontale du champ en un point donné peut varier comme le montre la figure 9.44*a*. De telles variations sont causées par des courants dans l'ionosphère et dans la magnétosphère (voir plus bas). Les « orages magnétiques », qui durent quelques jours, sont provoqués par les taches solaires et entraînent des perturbations dans les radiocommunications.

En plus de changer de forme, les composantes du champ non dipolaire ont tendance à dériver vers l'ouest à raison d'environ 0,2° par an, bien que certaines composantes dérivent vers l'est. C'est pourquoi les cartes mondiales du champ doivent être dressées à quelques années d'intervalle. Les mesures effectuées par satellite permettent maintenant d'accélérer la compilation des données.

À partir de mesures effectuées à Londres entre 1580 et 1634, le cartographe Henry Gillibrand découvrit que la déclinaison à cet endroit avait varié progressivement. La figure 9.44*b* représente les données recueillies au cours des derniers siècles. Des mesures faites régulièrement entre 1835 et 1955 montrent que le moment dipolaire magnétique de la Terre a diminué, passant d'environ 8,5 $\times 10^{22}$ A·m^2 à 8 $\times 10^{22}$ A·m^2. Si le taux actuel de diminution (0,05 % par an) devait se maintenir, le champ du dipôle disparaîtrait dans à peu près 2000 ans. (Les mesures les plus récentes effectuées par satellite révèlent un taux accéléré de 0,09 %, ce qui voudrait dire que le champ dipolaire pourrait disparaître dans 1200 ans.)

Archéomagnétisme

L'argile et les roches contiennent du fer sous forme de minéraux comme la magnétite. Lorsque ces matériaux sont chauffés puis refroidis en présence d'un champ extérieur, ils acquièrent une « aimantation rémanente thermique » qui peut nous renseigner sur l'histoire du champ terrestre. Les anciennes poteries ou les fours ont en effet conservé l'empreinte du champ. Si elles n'ont pas été déplacées, les briques réfractaires peuvent nous renseigner sur le module et sur l'orientation du champ.

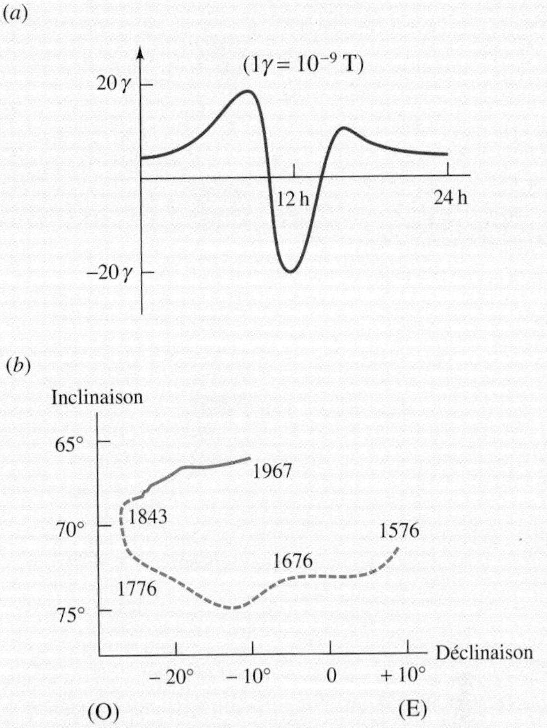

Figure 9.44 ▲
(*a*) Le champ magnétique varie au cours de la journée.
(*b*) La variation de la déclinaison et de l'inclinaison à Londres sur plusieurs siècles.

Les données archéologiques portant sur quelques milliers d'années montrent que le pôle nord magnétique s'écarte jusqu'à 20° du pôle géographique. Néanmoins, sa position moyenne sur un millier d'années paraît coïncider avec le pôle géographique.

Paléomagnétisme

À l'échelle de plusieurs millions d'années, les coulées de lave volcanique, les roches sédimentaires et les roches ignées conservent également l'empreinte du champ. En plus de l'aimantation rémanente thermique citée plus haut, les roches sédimentaires peuvent acquérir une aimantation de la manière suivante. Les petits grains (10 μm) qui se déposent en présence du champ s'orientent parallèlement aux lignes de champ. Lorsqu'ils sont comprimés par la suite, ils conservent cette orientation. Les données recueillies dans le monde entier montrent que le sens du champ dipolaire principal s'est inversé plusieurs fois.

La figure 9.45 représente les inversions du champ au cours des derniers cinq millions d'années. Chaque *époque*, qui dure à peu près un million d'années, est caractérisée par un sens relativement stable, interrompu par de brèves *périodes* d'inversion (10^4 à 10^5 années). Le passage d'un sens au sens opposé dure environ 5000 ans. Au lieu de tourner de manière continue d'un sens à l'autre, le champ

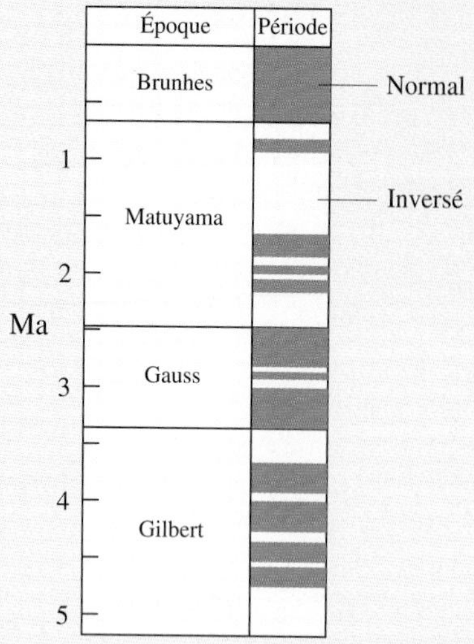

Figure 9.45 ▲
Les inversions du champ magnétique terrestre sur une période de plusieurs millions d'années.

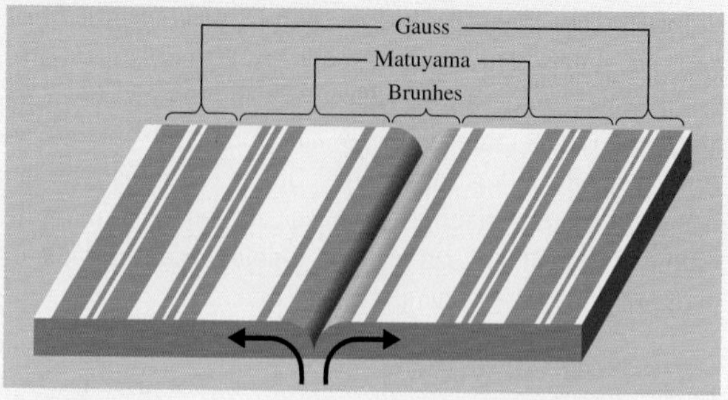

Figure 9.46 ▲
Les roches volcaniques qu'on trouve au fond de la mer sont disposées en bandes symétriques d'aimantation opposée. Cette observation confirme l'hypothèse selon laquelle le champ magnétique de la Terre a changé de sens alors que le fond de l'océan se déplaçait.

dipolaire principal s'annule progressivement (en laissant probablement un champ non dipolaire), puis augmente à nouveau dans le sens opposé. Les mesures remontant à 80 millions d'années ne révèlent aucune préférence pour l'un ou l'autre sens, bien qu'on observe une tendance nette du champ à s'aligner sur l'axe de rotation de la Terre.

Les relevés magnétiques des fonds marins viennent corroborer les renseignements apportés par les roches. On observe en effet au fond de la mer des bandes relativement droites aimantées selon des sens opposés. La configuration qui est représentée à la figure 9.46 est symétrique par rapport à une droite centrale. Lorsque des matériaux chauds provenant des profondeurs de la Terre arrivent à la surface, ils se refroidissent et acquièrent une aimantation rémanente thermique parallèle au champ existant. L'alternance des sens d'aimantation des bandes correspond aux inversions du champ terrestre (les dates concordent avec les dates déduites de l'examen des laves volcaniques). Cette configuration a d'ailleurs fourni une confirmation spectaculaire de la dérive des continents en montrant que le fond de l'océan progresse à raison de 2,5 cm/an à peu près.

La source du champ terrestre

On admet en général que le champ magnétique terrestre est produit par des courants dans la partie liquide externe du noyau (figure 9.47). Cette région s'étend entre 1000 km et 3000 km du centre. La Terre ne peut pas être un aimant permanent ordinaire, puisque la température du noyau est suffisamment élevée pour détruire tout magnétisme « naturel », comme celui des pierres de magnétite. Le fait que les pôles aient fortement tendance à s'aligner sur l'axe de rotation indique que la rotation de la Terre intervient dans la production du champ. Par ailleurs, l'existence d'un champ non dipolaire montre que les mouvements des fluides sont complexes. En plus du mouvement de rotation, il existe des courants de convection radiaux créés par la différence de température entre le noyau interne chaud et le manteau plus froid situé au-dessus du liquide. On ne connaît pas avec précision le mécanisme par lequel ces courants sont créés. Le champ à l'intérieur du noyau liquide est intense (500 G) et de forme complexe. Le champ dipolaire prédominant observé à la surface n'en représente qu'une petite portion résultant de « fuites » à travers le manteau. Une faible instabilité, associée par exemple à la rotation ou à une interaction au niveau de l'interface entre noyau et manteau, peut déclencher une inversion du champ. Il a été également suggéré que les pluies de météorites et l'activité volcanique peuvent déclencher ces inversions.

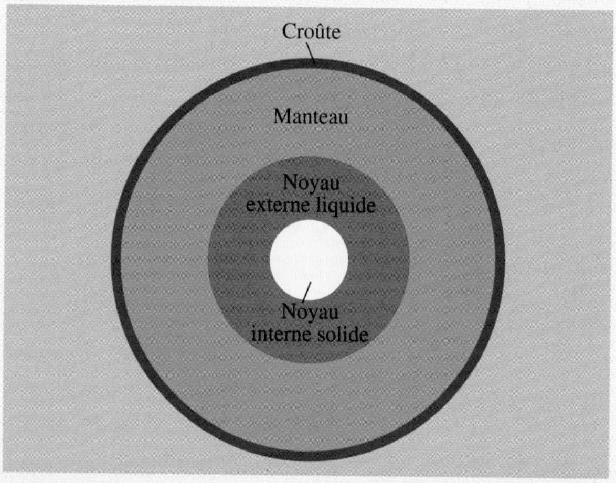

Figure 9.47 ▲
Le champ magnétique terrestre est produit par des courants dans le noyau externe liquide. La température y est plus élevée que celle à laquelle peut exister une aimantation permanente (comme dans un barreau aimanté).

Les ceintures de rayonnement de Van Allen

Lorsque le premier satellite américain, Explorer I, fut lancé en janvier 1958, il permit de déceler un flux de particules anormalement élevé. Les données recueillies ultérieurement par d'autres satellites ont permis de découvrir deux ceintures de particules chargées autour de la Terre (figure 9.48). Ce sont les ceintures de Van Allen, qui portent le nom du physicien qui les a découvertes; elles sont essentiellement composées d'électrons et de protons piégés dans le champ magnétique terrestre. Ces zones annulaires ne sont pas aussi bien définies que sur la figure; en réalité, le plasma s'étend jusqu'à 40 000 km de la Terre. La ceinture intérieure est surtout constituée de protons dont le nombre reste constant, alors que la ceinture extérieure est formée d'un nombre variable d'électrons.

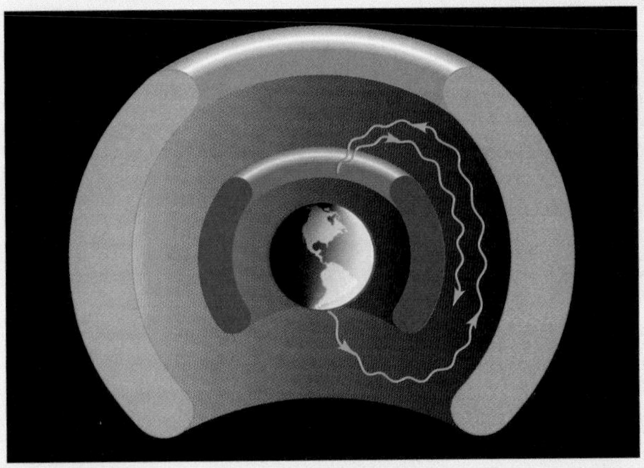

Figure 9.48▲
Les ceintures de rayonnement de Van Allen contiennent des particules chargées piégées dans le champ magnétique terrestre.

Comme nous l'avons vu à la section 8.5, une particule chargée en mouvement dans un champ magnétique non uniforme décrit une spirale dont le pas diminue progressivement jusqu'à ce que la direction du mouvement s'inverse. Les particules des ceintures de Van Allen mettent entre 0,25 s et 1 s environ à faire la navette entre leurs points de réflexion. Certaines des particules piégées s'échappent au voisinage des pôles et donnent lieu au phénomène des aurores boréales. La fuite de ces particules de haute énergie peut également expliquer les températures élevées observées dans la haute atmosphère. Quant à la source des particules, elle n'est pas bien connue. Les particules de la ceinture intérieure pourraient provenir de la désintégration des neutrons qui ont été produits dans la haute atmosphère par les rayons cosmiques. Celles de la ceinture extérieure pourraient se renouveler grâce au vent solaire (voir plus bas).

La magnétosphère

Les observations faites par satellite nous ont permis de découvrir que le champ dipolaire terrestre comporte de nombreuses distorsions. Un flux de protons et d'électrons émis par le Soleil bombarde la Terre en permanence. Ce *vent solaire* est un plasma neutre et chaud ($T \approx 5 \times 10^5$ K) dont la densité est voisine de 5 particules/cm^3. L'interaction entre le vent solaire et le champ terrestre entraîne une compression du champ du côté de la planète qui est éclairé par le Soleil. Le mécanisme en cause est le suivant. Lorsque les particules pénètrent dans le champ terrestre, elles sont déviées d'un côté ou de l'autre (figure 9.49). Les champs magnétiques créés par les particules sont opposés au champ terrestre d'un côté de la trajectoire et sont de même sens de l'autre côté. L'effet net confine le champ terrestre dans la *magnétosphère*. La frontière entre le vent solaire et le champ est appelée *magnétopause*. À son extrémité, la magnétosphère s'étend jusqu'à plus de deux millions de kilomètres du côté non éclairé. Soulignons que les lignes du champ sont parallèles et de sens opposés de chaque côté du plan de symétrie.

La vitesse du vent solaire (400 km/s) par rapport à la Terre est supérieure à celle des ondes sonores qui peuvent s'y propager. Le vent est donc supersonique et il forme un front de choc en forme d'arc de près de 10 km de large lorsqu'il rencontre le champ terrestre. Entre la magnétopause et ce front se trouve une *enveloppe magnétique* (dont l'épaisseur est d'environ quatre fois le rayon de la Terre) dans laquelle l'intensité du champ vaut à peu près 25×10^{-9} T.

Évolution et inversion du champ

Après avoir confirmé l'existence des inversions du champ magnétique terrestre, on suggéra qu'elles coïncidaient avec des périodes de bouleversements importants. Lorsque le champ dipolaire s'annule, les particules cosmiques ne sont plus déviées ni capturées par le champ. Elles peuvent alors frapper la Terre et provoquer des mutations radicales chez tous les organismes vivants. On dispose de preuves statistiques selon lesquelles l'extinction de certaines espèces coïncide avec des inversions du champ, mais cette question reste controversée. Les rayons cosmiques, par exemple, interagissent fortement avec l'atmosphère, ce qui signifie que tous les effets observés à la surface sont, au mieux, associés avec des particules secondaires produites par désintégration ou par des collisions. Il existe peut-être aussi une corrélation entre la température de la Terre et les variations d'intensité du champ au cours des 10 000 dernières années. Si ces corrélations s'étendent à des dizaines de millions d'années, il se peut qu'elles jouent un rôle dans les corrélations entre l'évolution de la vie et les inversions du champ.

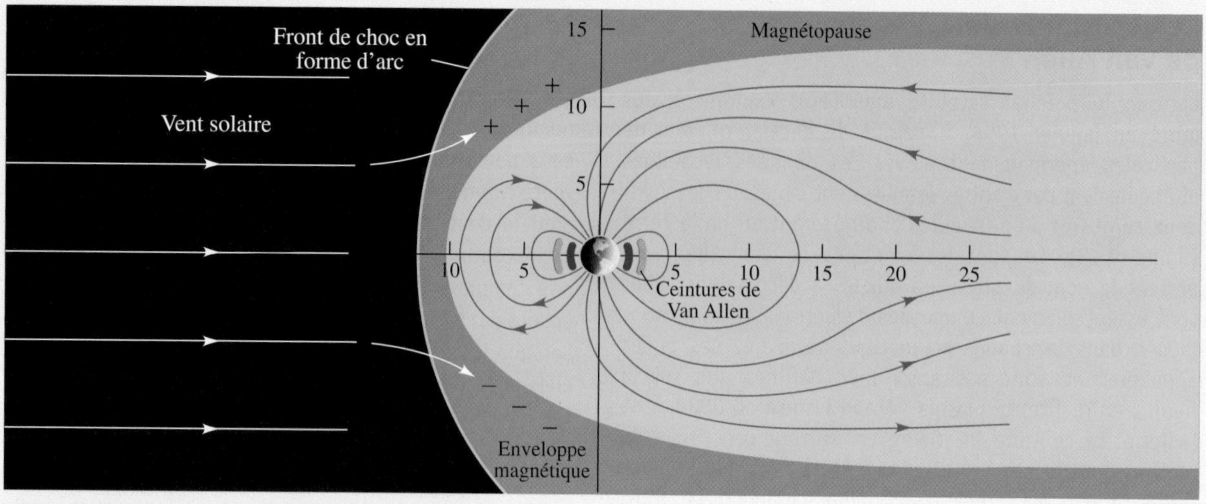

Figure 9.49 ▲
Le champ magnétique terrestre observé à grande échelle est très différent de celui d'un dipôle. La déformation est créée par le « vent solaire », qui est un flux de particules chargées émanant du Soleil.

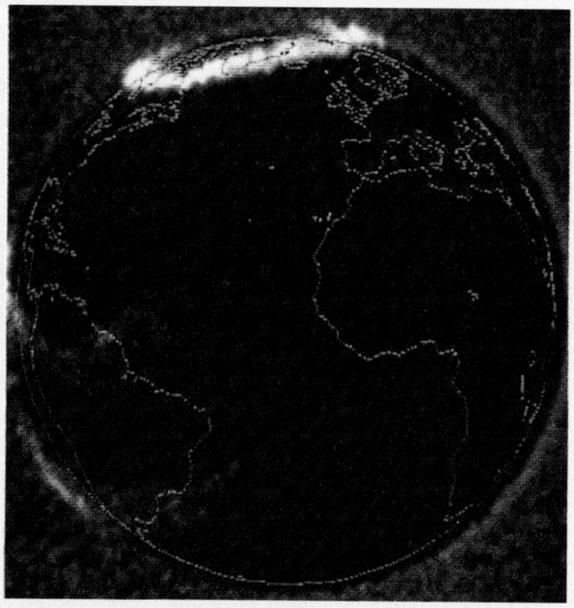

Image colorée d'une aurore boréale tirée de données obtenues par un satellite situé à une distance d'environ trois fois le rayon de la Terre du pôle Nord. Les longueurs d'onde mesurées sont les raies de 130,4 nm et 135,6 nm émises par l'oxygène. L'aurore observée résulte de l'interaction des électrons contenus dans le vent solaire avec les atomes de l'ionosphère. Le mouvement des électrons est déterminé de façon complexe par le champ magnétique terrestre.

RÉSUMÉ

Le module du champ magnétique à une distance R d'un fil infini parcouru par un courant I est

$$B = \frac{\mu_0 I}{2\pi R} \qquad (9.1)$$

Les lignes de champ sont circulaires et le sens du champ est donné par la règle de la main droite.

Le module de la force magnétique par unité de longueur entre deux conducteurs parallèles parcourus par les courants I_1 et I_2 et séparés d'une distance d est

$$\frac{F_B}{\ell} = \frac{\mu_0 I_1 I_2}{2\pi d} \qquad (9.2)$$

La force est attractive si les courants vont dans le même sens.

Selon la loi de Biot-Savart, le module $\mathrm{d}B$ du champ magnétique produit par un courant I circulant dans un élément de fil $\mathrm{d}\ell$ est donné par

$$\mathrm{d}B = \frac{\mu_0}{4\pi} \frac{I\,\mathrm{d}\ell \sin\theta}{r^2} \qquad (9.6)$$

où r est la distance entre l'élément de fil et le point où on calcule le champ et θ est l'angle entre la direction du courant et le segment allant de l'élément de fil au point où on calcule le champ.

Le module du champ magnétique au centre d'une boucle de fil de rayon a parcourue par un courant I est

$$B = \frac{\mu_0 N I}{2a} \qquad (9.11)$$

Le module du champ magnétique sur l'axe d'un long solénoïde (infini) est

$$B = \mu_0 n I \qquad (9.13)$$

où $n = N/\ell$ est le nombre de spires par unité de longueur.

Selon le théorème d'Ampère, l'intégrale de la quantité $\vec{\mathbf{B}}\cdot\mathrm{d}\vec{\boldsymbol{\ell}}$ sur un parcours fermé est fonction du courant traversant la surface délimitée par le parcours :

$$\oint \vec{\mathbf{B}}\cdot\mathrm{d}\vec{\boldsymbol{\ell}} = \mu_0 \Sigma I \qquad (9.15)$$

Soulignons que $\vec{\mathbf{B}}$ comprend souvent des contributions provenant de courants *non* compris dans la boucle. On peut utiliser ce théorème pour déterminer $\vec{\mathbf{B}}$ si la géométrie de la distribution de courant permet de choisir un parcours sur lequel l'intégrale est facile à calculer.

TERMES IMPORTANTS

aimant permanent (p. 331)
boucle (p. 324)
constante de perméabilité du vide (p. 317)
électroaimant (p. 331)
loi de Biot-Savart (p. 320)
solénoïde (p. 329)
spire (p. 326)
théorème d'Ampère (p. 333)

RÉVISION

R1. Les deux longs fils de la figure 9.50 portent des courants I_1 et I_2, avec $I_1 > I_2$. (a) Dessinez les flèches représentant le champ magnétique produit par chacun des fils au point P. (b) Identifiez la ou les régions dans le plan de la figure où le champ magnétique peut être nul. (c) Représentez la force magnétique subie par chacun des fils.

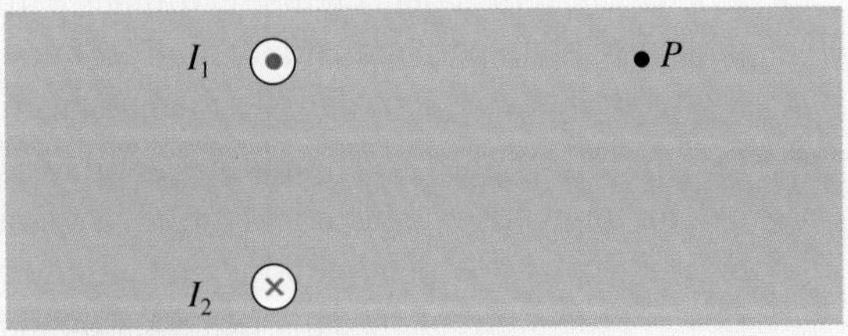

Figure 9.50 ▲
Deux longs fils parallèles sont parcourus par des courants de sens opposés.

R2. D'après la loi de Biot-Savart,

$$dB = \frac{\mu_0 I \, d\ell \sin \theta}{4\pi r^2}$$

Donnez la signification de chacun des termes de cette expression (à l'aide d'un dessin si nécessaire).

R3. D'après l'équation 9.8*a*, le module du champ magnétique produit par un fil est donné par

$$B = \frac{\mu_0 I}{4\pi R}(\cos \theta_1 - \cos \theta_2)$$

(a) Donnez la signification de chacun des termes de cette expression (à l'aide d'un dessin si nécessaire). (b) Montrez (à l'aide d'un dessin si nécessaire) que cette expression permet de retrouver l'équation 9.1 pour un fil infini. (c) Répondez aux deux mêmes questions pour l'équation 9.8*b*.

R4. D'après l'équation 9.9, le module du champ magnétique le long de l'axe d'une boucle de courant est donné par

$$B = \frac{\mu_0 N I \sin^3 \alpha}{2a}$$

Donnez la signification de chacun des termes de cette expression (à l'aide d'un dessin si nécessaire).

R5. D'après l'équation 9.12, le module du champ magnétique le long de l'axe d'un solénoïde est donné par

$$B = \tfrac{1}{2}\mu_0 n I(\cos \alpha_2 - \cos \alpha_1)$$

Donnez la signification de chacun des termes de cette expression (à l'aide d'un dessin si nécessaire).

R6. Écrivez l'expression du théorème d'Ampère et expliquez la signification de chacun de ses termes.

QUESTIONS

Q1. Soit deux longs conducteurs rectilignes, perpendiculaires l'un à l'autre et parcourus par des courants. Décrivez la force magnétique que chacun exerce sur l'autre.

Q2. On suspend un poids à un ressort pour éviter que les spires adjacentes du ressort ne se touchent. Qu'arrive-t-il lorsqu'on fait passer un courant dans le ressort ?

Q3. Un long fil conducteur rectiligne est parcouru par un courant selon l'axe des y positifs. Quelle est l'orientation de la force exercée sur une charge q positive située, à un instant donné, sur l'axe des x positifs, et qui se déplace : (a) le long de l'axe des x positifs, en s'éloignant du conducteur ; (b) parallèlement à l'axe des y positifs; (c) parallèlement à l'axe des z négatifs ?

Q4. Dessinez les lignes du champ magnétique associé à deux longs fils conducteurs rectilignes parallèles dans un plan perpendiculaire aux conducteurs. Les courants circulent dans le même sens.

Q5. Dessinez les lignes du champ magnétique associé à deux longs fils conducteurs rectilignes parallèles dans un plan perpendiculaire aux conducteurs. Les courants circulent dans des sens opposés.

Q6. Un tube métallique est parcouru par un courant dans le sens de sa longueur. Que pouvez-vous dire du champ magnétique à l'intérieur de la cavité du tube, si la section transversale est (a) circulaire ; (b) carrée ?

Q7. Si l'on tient compte uniquement de la symétrie, quelles sont les configurations possibles pour les lignes du champ magnétique associé à un fil conducteur rectiligne infini ?

Q8. Si l'on tient compte uniquement de la symétrie, quelles sont les configurations possibles pour les lignes de champ magnétique à l'intérieur d'un solénoïde infini ?

Q9. Quelles sont les dimensions de la quantité $1/\sqrt{\mu_0 \varepsilon_0}$? Quelle est sa valeur numérique ?

Q10. Trois fils conducteurs sont parcourus par des courants dont les sens sont représentés à la figure 9.54. Écrivez le théorème d'Ampère pour une boucle entourant les trois fils. Indiquez le sens (horaire ou antihoraire) dans lequel l'intégration doit être effectuée.

Q11. On fabrique un solénoïde très long en bobinant un seul brin de fil conducteur. Est-il possible que le champ magnétique soit nul partout à l'extérieur du solénoïde ? (*Indice* : Les spires ne peuvent pas être parfaitement perpendiculaires à l'axe.)

EXERCICES

Voir l'avant-propos pour la signification des icônes

9.1 et 9.2 Champ magnétique créé par un long fil conducteur rectiligne ; force entre deux fils

E1. (II) Soit un long fil conducteur rectiligne et un cadre rectangulaire situés dans le même plan (figure 9.51). Les dimensions et les courants sont indiqués sur la figure. (a) Déterminez la force magnétique résultante agissant sur le cadre. (Remarquez que les forces qui s'exercent sur les portions horizontales du cadre s'annulent par symétrie.) (b) On suppose que $I_1 = I_2 = 1$ A, $b = 10$ cm et $c = 25$ cm. Initialement, la distance a est de 5 cm et le cadre est immobile. Quelle vitesse, en module, aura le cadre en $a = 25$ cm si sa masse est de 100 g ? On suppose qu'aucune autre force n'agit.

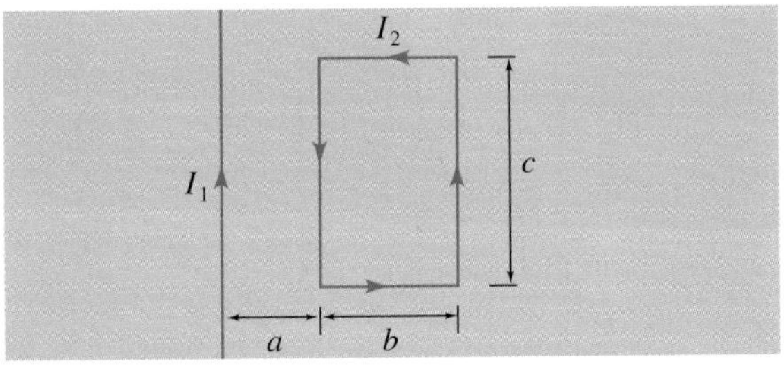

Figure 9.51 ▲
Exercice 1.

E2. (II) Soit deux longs fils conducteurs rectilignes parcourus par des courants dont les intensités et les orientations sont représentées à la figure 9.52. (a) Quel est le champ magnétique résultant au point P ? (b) En quel point le champ résultant est-il nul ? (c) Quel est, par unité de longueur, le module de la force magnétique qu'exerce chacun des fils sur l'autre ?

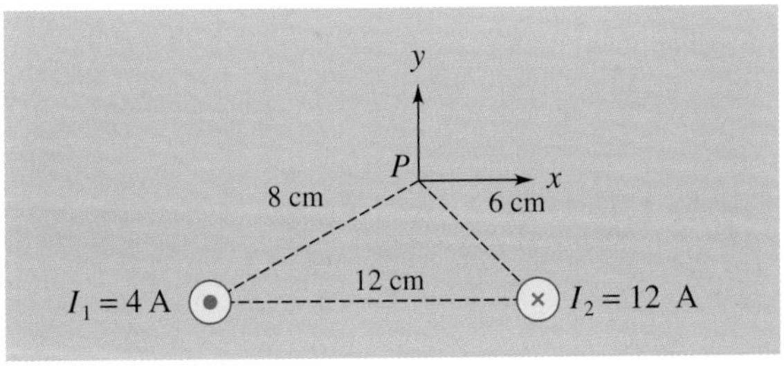

Figure 9.52 ▲
Exercice 2.

E3. (I) Soit deux longs fils conducteurs rectilignes parcourus par des courants dont les orientations sont indiquées à la figure 9.53. (a) Déterminez le champ magnétique résultant au point P. (b) Quelle serait la force magnétique qui s'exerce sur 1 m d'un troisième fil conducteur parcouru par un courant de 3 A sortant de la page et placé en P ?

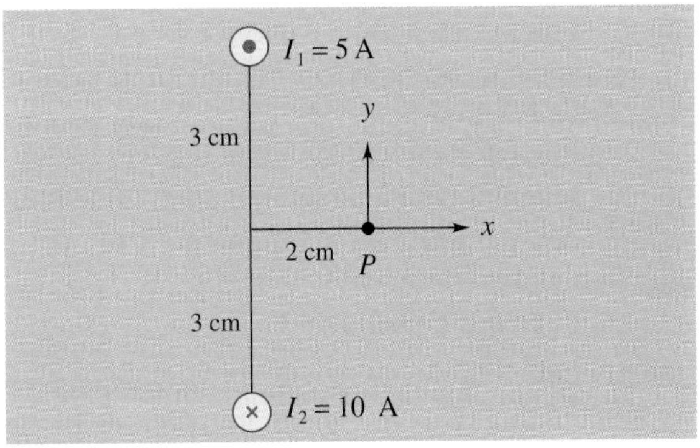

Figure 9.53 ▲
Exercice 3.

E4. (I) Un long fil rectiligne vertical est parcouru par un courant de 20 A orienté vers le haut. En quel point son champ annule-t-il le champ magnétique terrestre qui est horizontal, orienté vers le nord et de module 0,5 G ?

E5. (I) Un éclair équivaut à un courant de 5×10^3 A d'une durée de 1 ms. Évaluez le module du champ magnétique à une distance de 2 m perpendiculairement à l'éclair.

E6. (I) Trois longs fils conducteurs rectilignes passent par les sommets d'un triangle équilatéral dont les côtés ont pour longueur $L = 6$ cm. Ils sont parallèles et sont parcourus par les courants indiqués sur la figure 9.54. Quelle est, par unité de longueur, la force magnétique qui s'exerce sur le fil conducteur du haut ?

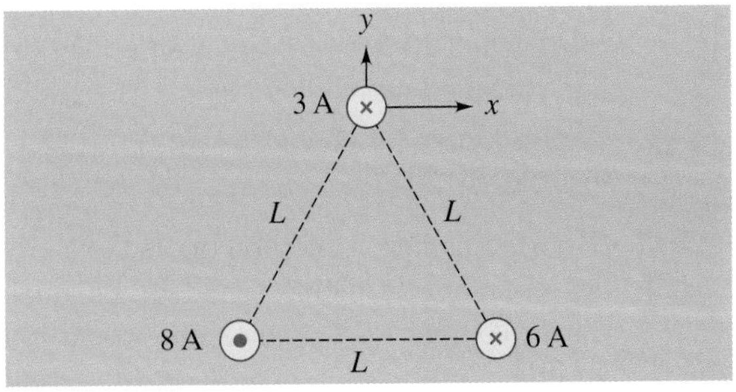

Figure 9.54 ▲
Question 10 et exercice 6.

E7. (I) Une ligne de courant continu située à 20 m au-dessus du sol transporte un courant de 600 A orienté vers le nord. Si la composante horizontale du champ magnétique terrestre est égale à 0,5 G et orientée plein nord, quelle est l'orientation de l'aiguille d'une boussole placée au sol juste en dessous de la ligne ?

E8. (I) Un long fil conducteur rectiligne transporte un courant de 15 A. Le fil coïncide avec un axe des y et le courant coule dans la direction positive de cet axe. Quelle est la force magnétique qui s'exerce sur un électron situé à un instant donné en $x = 6$ cm, sur l'axe des x, et se déplaçant à la vitesse de 10^6 m/s selon les orientations suivantes : (a) le long de l'axe des x positifs en s'éloignant du fil ; (b) parallèlement à l'axe des y positifs ; (c) parallèlement à l'axe des z positifs ?

E9. (II) Soit quatre longs fils conducteurs parallèles passant par les sommets d'un carré de 15 cm d'arête et parcourus par les courants indiqués à la figure 9.55. Déterminez : (a) le champ magnétique résultant au centre du carré ; (b) la force magnétique qui s'exerce sur un électron se déplaçant à la vitesse de $4 \times 10^6\vec{\mathbf{i}}$ m/s lorsqu'il passe au centre.

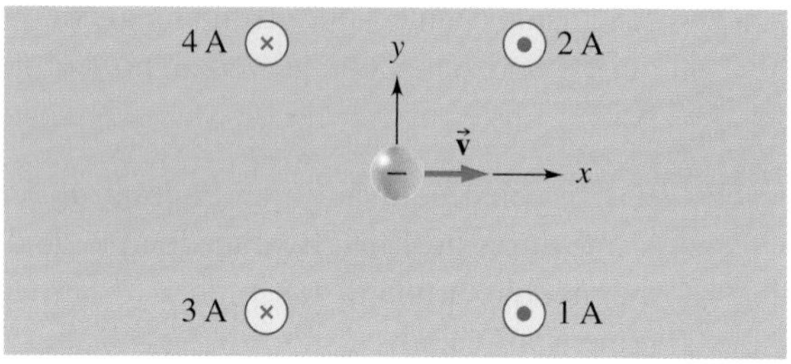

Figure 9.55 ▲
Exercice 9.

E10. (II) Deux longs fils conducteurs parallèles à l'axe des z passent par les points $x = 0$, $y = \pm a$. (a) Déterminez le module du champ magnétique résultant au point $(x, 0)$ dans le plan xy, sachant que les fils conducteurs sont parcourus par des courants égaux et de sens opposés (figure 9.56). (b) En quel point B est-il égal à 20 % de sa valeur en $x = 0$? (c) Donnez une valeur raisonnable à I et à a, et tracez le graphe de $B(x)$ pour x allant de 0 à $3a$. Vérifiez la réponse trouvée en (b).

E11. (II) (a) Reprenez la question (a) de l'exercice 10 pour des courants de même sens. (b) En quel point B est-il maximal ? (c) Donnez une valeur raisonnable à I et à a, et tracez le graphe de $B(x)$ pour x allant de 0 à $3a$. La courbe obtenue confirme-t-elle le résultat de la question (b) ?

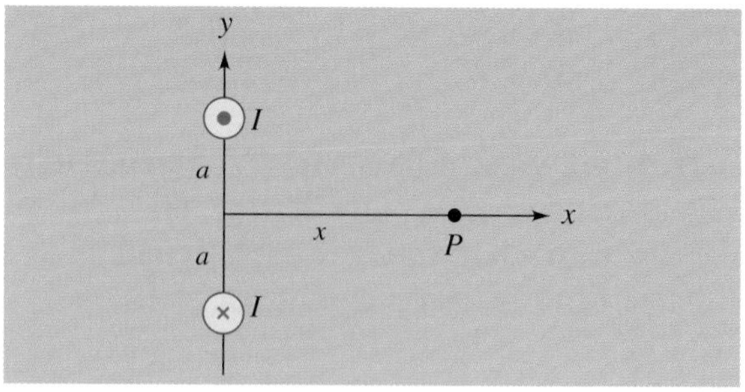

Figure 9.56 ▲
Exercice 10.

E12. (II) Deux fils conducteurs rectilignes infinis sont respectivement parallèles à l'axe des x et à l'axe des z (figure 9.57). L'un des fils est situé sur l'axe des z et l'autre est situé en $y = 10$ cm. Déterminez le champ magnétique résultant au point P, sur l'axe des y, à mi-chemin entre les deux fils. Les intensités et sens des courants sont indiqués sur la figure.

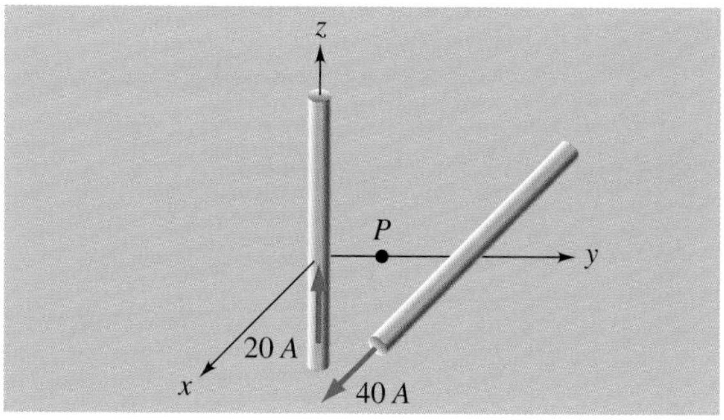

Figure 9.57 ▲
Exercice 12.

9.3 Loi de Biot-Savart

E13. (I) On a recourbé un fil conducteur rectiligne infini parcouru par un courant pour lui donner la forme représentée à la figure 9.58. La partie courbe est un demi-cercle de rayon a. Quel est le module du champ magnétique au point P ?

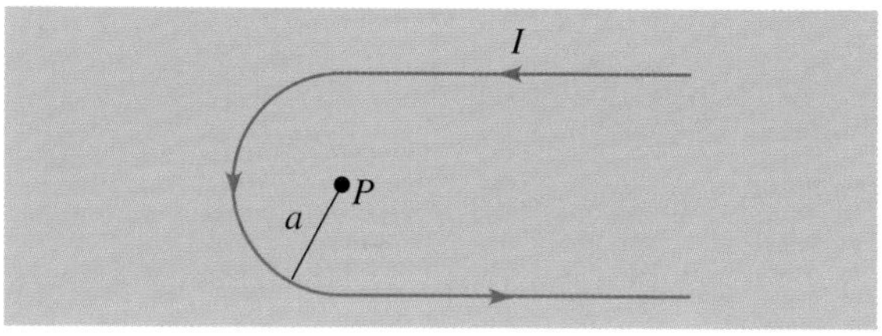

Figure 9.58 ▲
Exercice 13.

E14. (I) Une partie d'un fil conducteur long et flexible parcouru par un courant est en forme de boucle circulaire, alors que le reste du fil demeure rectiligne (figure 9.59). Quel est le champ magnétique au centre de la boucle ?

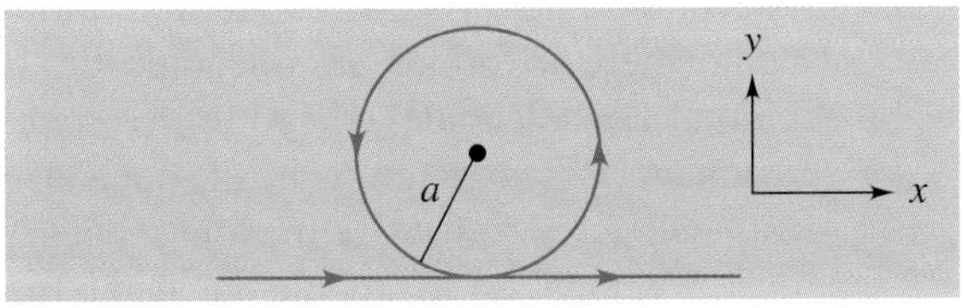

Figure 9.59 ▲
Exercice 14.

E15. (I) Soit une boucle de courant constituée de deux demi-cercles concentriques reliés par des sections radiales (figure 9.60). Quel est le champ magnétique au centre des demi-cercles ?

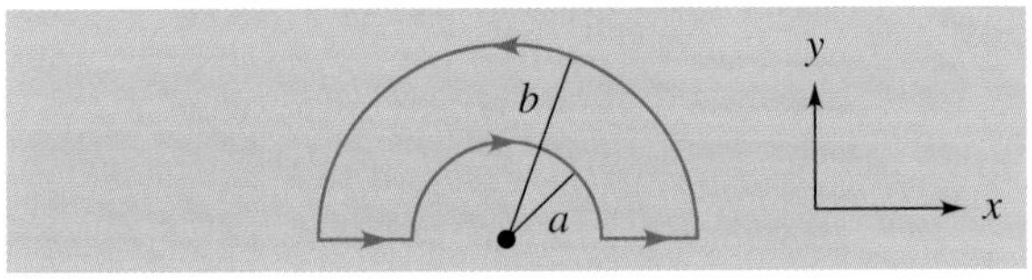

Figure 9.60 ▲
Exercice 15.

E16. (II) Un fil conducteur rectiligne de longueur ℓ est parcouru par un courant I (figure 9.61). Montrez que le module du champ magnétique sur la médiatrice, à une distance d du milieu du fil, est

$$B = \frac{\mu_0 I \ell}{2\pi d(\ell^2 + 4d^2)^{1/2}}$$

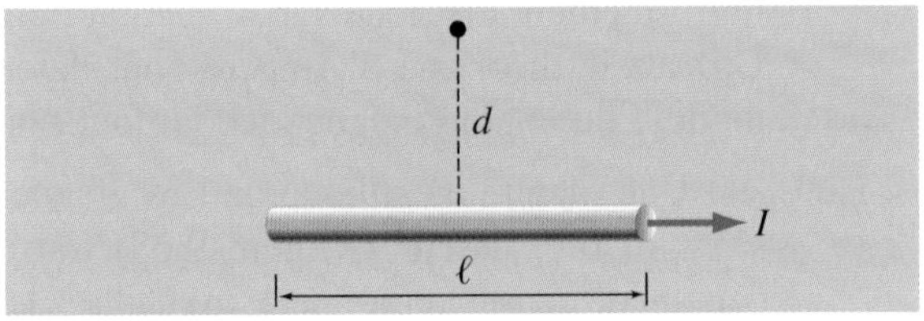

Figure 9.61 ▲
Exercice 16.

E17. (II) Un cadre carré de côté ℓ est parcouru par un courant I. Montrez que le module du champ magnétique au centre est

$$B = \frac{2\sqrt{2}\mu_0 I}{\pi \ell}$$

E18. (II) Considérons le champ magnétique infinitésimal $d\vec{\mathbf{B}}$ créé par un petit segment de fil conducteur parcouru par un courant de 10 A selon l'axe des z. Le segment, considéré comme infinitésimal, de longueur $d\ell = 1$ mm, est situé à l'origine (figure 9.62). Quel est le champ aux points a, b, c, d et e, les sommets d'un cube de 2 cm d'arête ?

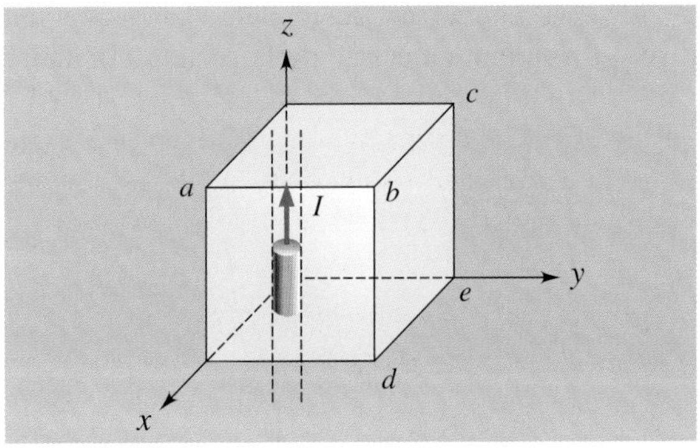

Figure 9.62 ▲
Exercice 18.

E19. (II) (a) Utilisez l'équation 9.9 pour tracer la courbe du champ magnétique en fonction de la distance au centre d'une boucle circulaire pour un point situé sur l'axe. On donne $\mu_0 I/2a = 1$ G. (b) En quel point, en fonction de a, le module du champ est-il égal à 50 % de sa valeur au centre ?

E20. (I) Un galvanomètre mobile est constitué d'une grande bobine circulaire comportant N spires jointives de rayon R. Son plan est vertical et parallèle à la composante horizontale du champ magnétique terrestre $\vec{\mathbf{B}}_t$ (figure 9.63). Lorsque la bobine est parcourue par un courant, une petite aiguille aimantée située au centre dévie d'un angle θ par rapport à la direction du champ magnétique terrestre. Trouvez l'expression du courant circulant dans la bobine en fonction de θ.

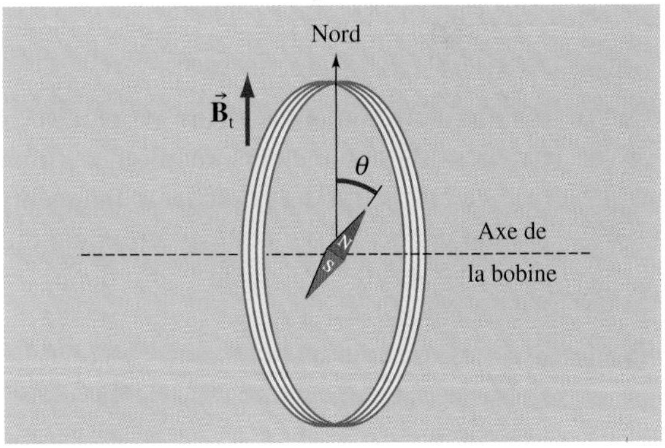

Figure 9.63 ▲
Exercice 20.

E21. (I) Quelle serait l'intensité du courant circulant dans une boucle circulaire de rayon 4 cm pour que le champ magnétique au centre ait le même module que le champ terrestre, soit 0,8 G ?

E22. (II) Soit deux fils conducteurs rectilignes perpendiculaires reliant les extrémités d'une boucle demi-circulaire de rayon a (figure 9.64). Si le courant est I, quel est le module du champ magnétique résultant au centre de la section circulaire ?

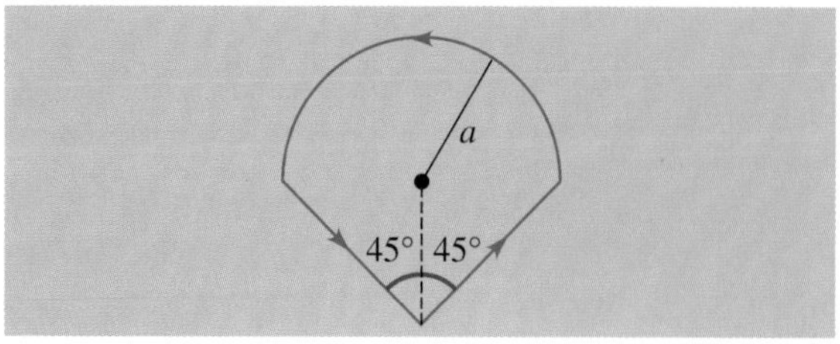

Figure 9.64 ▲
Exercice 22.

E23. (II) Les extrémités d'une boucle demi-circulaire parcourue par un courant I sont reliées à trois fils conducteurs formant les côtés d'un carré (figure 9.65). Quel est le module du champ magnétique résultant au centre de la section circulaire ?

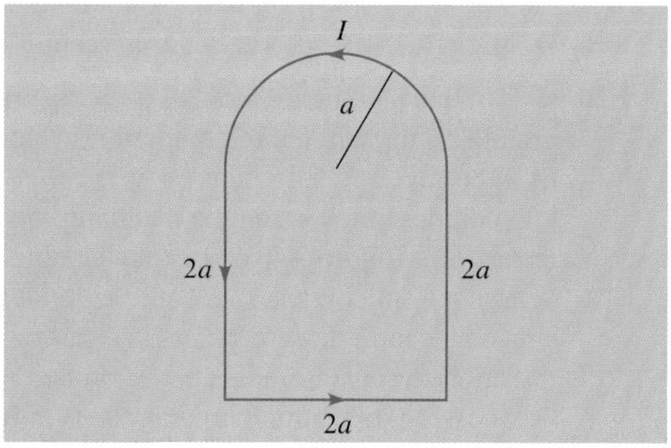

Figure 9.65 ▲
Exercice 23.

E24. (I) Deux boucles demi-circulaires de rayons a et b ont un centre commun et leurs extrémités sont reliées par des fils conducteurs rectilignes (figure 9.66). (a) Quel est le module du champ magnétique résultant au centre ? (b) Quel est le module du moment magnétique de la boucle ? On donne $a = 6$ cm, $b = 18$ cm et $I = 4{,}5$ A.

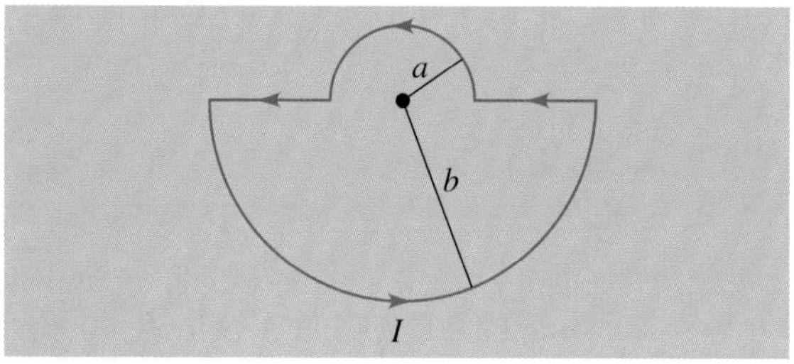

Figure 9.66 ▲
Exercice 24.

E25. (I) Combien faut-il de spires de fil de cuivre isolé pour constituer un solénoïde de longueur 25 cm et de rayon 2 cm si le courant est égal à 15 A et que le module du champ magnétique selon l'axe est de 0,02 T (on néglige les effets de bords).

E26. (I) On enroule un fil de cuivre de 1 mm de rayon de manière à former un solénoïde de 10 cm de rayon. Le solénoïde comporte 60 spires qui se touchent. Les extrémités du fil, dont la résistivité est égale à $1{,}7 \times 10^{-8}$ $\Omega \cdot$m, sont reliées à une pile de 1,5 V. Quel est le module du champ magnétique au centre du solénoïde ?

9.4 Théorème d'Ampère

E27. (I) Utilisez le théorème d'Ampère pour démontrer que les lignes du champ magnétique associé à un aimant ne peuvent s'arrêter brusquement à la frontière de la région entre les deux pôles (figure 9.67).

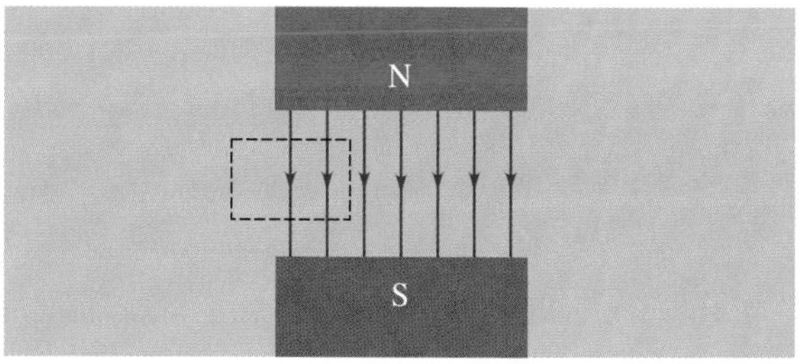

Figure 9.67 ▲
Exercice 27.

E28. (II) Un tube métallique a un rayon interne a et un rayon externe b. Il est parcouru par un courant I uniformément distribué sur sa section transversale. Utilisez le théorème d'Ampère pour déterminer le module du champ magnétique en tout point.

E29. (II) Une plaque métallique de très grandes dimensions et d'épaisseur t (figure 9.68) transporte un courant de densité uniforme $\vec{\mathbf{J}}$. (a) Utilisez la symétrie du problème et la règle de la main droite pour déterminer l'orientation du champ magnétique au-dessus et en dessous de la plaque. (b) Déterminez le module du champ magnétique à une distance a de la plaque.

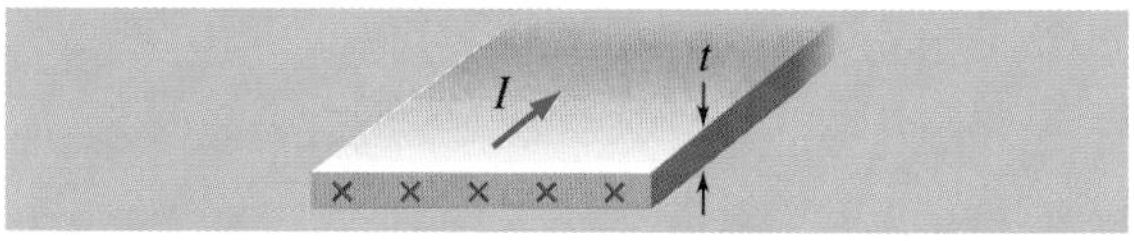

Figure 9.68 ▲
Exercice 29.

E30. (I) Un tore de 240 spires a une section transversale carrée (2 cm × 2 cm) et un rayon interne de 3,6 cm. Le courant vaut 6 A. Utilisez le théorème d'Ampère pour déterminer le module du champ magnétique à l'intérieur du tore, (a) à proximité du rayon interne ; (b) à proximité du rayon externe.

E31. (I) Un long fil rectiligne de rayon 2 mm transporte un courant de 12 A uniformément distribué sur sa section transversale. Utilisez le théorème d'Ampère pour déterminer en quels points, à l'intérieur et à l'extérieur du fil, le module du champ magnétique est égal à 25 % de sa valeur à la surface du fil.

E32. (II) Utilisez l'équation 9.1 donnant le module du champ magnétique créé par un fil infini pour démontrer que le théorème d'Ampère est valable pour la boucle représentée en pointillé à la figure 9.69. Les sections circulaires sont reliées par des lignes radiales.

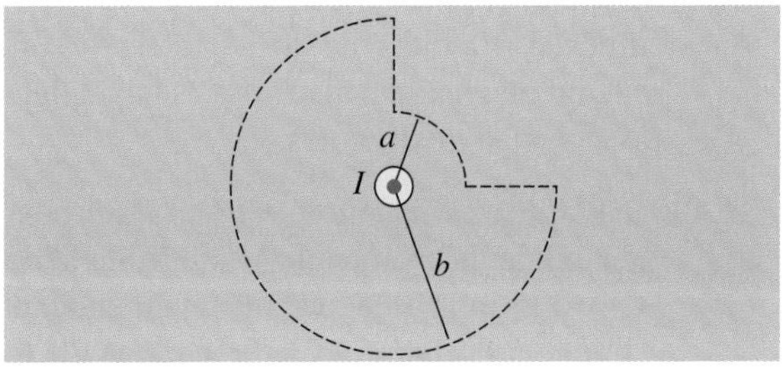

Figure 9.69 ▲
Exercice 32.

EXERCICES SUPPLÉMENTAIRES

9.1 Champ magnétique créé par un long fil conducteur rectiligne

E33. (I) Deux fils conducteurs infinis sont parallèles à l'axe des y. Le premier est parcouru par un courant $I_1 = 6$ A dans la direction $+y$ et est situé à $x = 0$. Le second porte un courant I_2 et est situé à $x = 8$ cm. Pour quelle valeur de I_2 le champ magnétique résultant est-il nul en (a) $x = 6$ cm ; (b) $x = 10$ cm ?

E34. (II) Cinq longs fils conducteurs parallèles, parcourus par des courants, sont disposés à une distance égale les uns des autres, comme à la figure 9.70. Pour quelle valeur de I_1 et de I_2 la force magnétique résultante est-elle nulle sur les trois autres fils ?

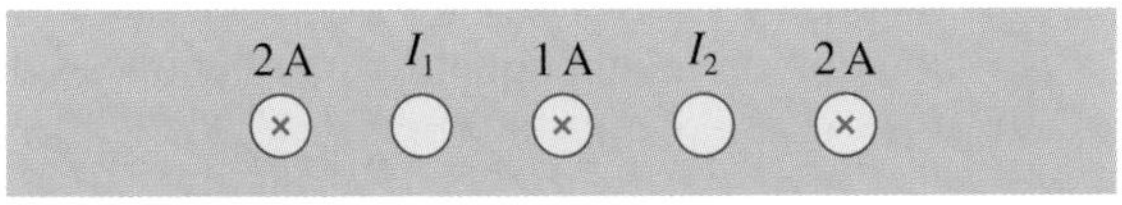

Figure 9.70 ▲
Exercices 34 et 35.

E35. (II) Cinq longs fils conducteurs parallèles, parcourus par des courants, sont disposés à une distance égale les uns des autres, comme à la figure 9.70. Pour quelle valeur de I_2 la force magnétique résultante est-elle nulle sur I_1 ?

E36. (I) Deux fils conducteurs infinis sont superposés aux axes x et y et transportent des courants de même valeur I dans le sens positif de chacun de ces deux axes. Trouvez le champ magnétique résultant à $z = d$ sur l'axe des z.

E37. (I) Quatre longs fils conducteurs parallèles sont placés aux coins d'un carré d'arête $d = 5{,}0$ cm, comme à la figure 9.71. Ils transportent le même courant, $I = 8{,}0$ A, selon les sens indiqués dans la figure. Quelle est la force magnétique résultante par unité de longueur sur le fil placé au coin supérieur droit ?

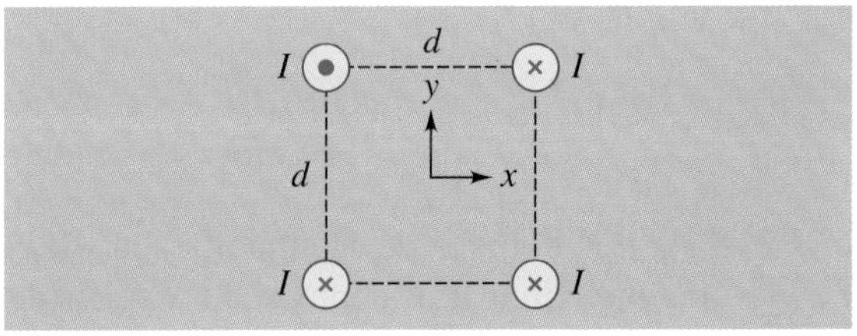

Figure 9.71 ▲
Exercice 37.

E38. (II) Trois longs fils conducteurs parallèles sont placés aux extrémités d'un triangle équilatéral de côté $L = 20$ cm, comme à la figure 9.72. On prend $I_1 = I_3 = 5{,}0$ A et $I_2 = 8{,}0$ A. (a) Quel est le champ magnétique résultant associé aux courants I_1 et I_2 à la position du fil I_3 ? (b) Quelle est la force magnétique par unité de longueur sur le fil I_3 ?

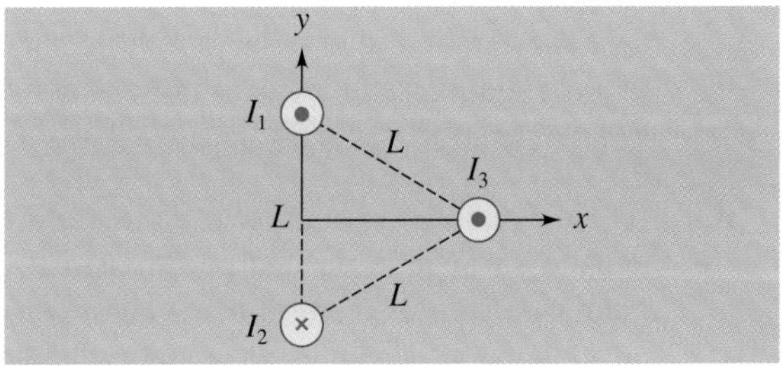

Figure 9.72 ▲
Exercice 38.

9.3 Loi de Biot-Savart

E39. (I) Un solénoïde supraconducteur de 16 cm de long est parcouru par un courant de 800 A. S'il est constitué de 40 tours de fils, quel est le module du champ magnétique au centre ? On néglige les effets associés aux extrémités.

E40. (II) Utilisez l'équation 9.8*a* ou 9.8*b* pour calculer le module du champ magnétique d'un fil de longueur $\ell = 0{,}15$ m à une distance perpendiculaire $\ell/2$ comme à la figure 9.73. Prenez $I = 20$ A. Recommencez ensuite en utilisant directement la loi de Biot-Savart (équation 9.6).

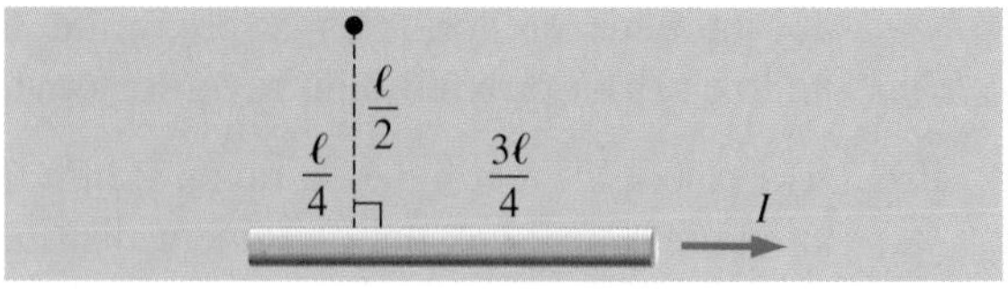

Figure 9.73 ▲
Exercice 40.

9.4 Théorème d'Ampère

E41. (II) Montrez que l'expression décrivant le module du champ magnétique d'une bobine toroïdale parcourue par un courant se ramène à celle d'un très long solénoïde si son rayon est beaucoup plus grand que le diamètre de son aire de section.

PROBLÈMES

P1. (I) Une particule de masse m et de charge q décrit une orbite circulaire normale à un champ magnétique externe de module B. Montrez que la charge crée au centre de son orbite un champ magnétique de module

$$\frac{\mu_0}{4\pi}\frac{q^2B}{mR}$$

P2. (II) Les bobines de Helmholtz sont deux grandes bobines circulaires comportant N spires de rayon R. Les centres des bobines sont distants de R (figure 9.74). (a) Déterminez le module du champ magnétique résultant sur la droite joignant les centres, en fonction de x, la distance par rapport au centre d'une des bobines, et de I, le courant indentique qui les parcourt dans le même sens. (b) Montrez qu'en $x = R/2$, $B = (4/5)^{3/2}\,\mu_0 NI/R$. (c) Montrez que le champ au point décrit en (b) est pratiquement uniforme. (*Indice* : Montrez que $\mathrm{d}B/\mathrm{d}x$ et $\mathrm{d}^2B/\mathrm{d}x^2$ sont tous deux nuls pour $x = R/2$.) (d) Donnez une valeur raisonnable à N, à I et à R, puis tracez le graphe de $B(x)$ pour x allant de $x = 0$ à $x = R$. Le graphe confirme-t-il l'affirmation faite en (c) ? (e) Déterminez l'intervalle, autour de $x = R/2$, sur lequel B conserve une valeur ne variant pas de plus 5 % par rapport à $(4/5)^{3/2}\mu_0 NI/R$.

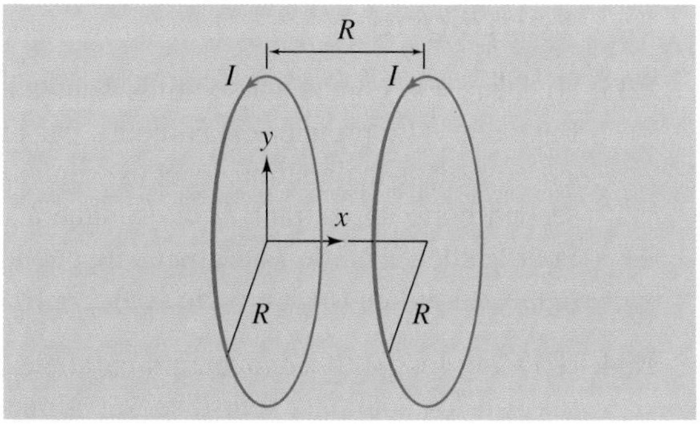

Figure 9.74 ▲
Problème 2.

P3. (I) Un disque non conducteur de rayon R porte une densité surfacique de charge σ positive et tourne autour de son axe central à la vitesse angulaire ω, en radians par seconde. (a) Quel est le courant $\mathrm{d}I$ circulant dans un anneau élémentaire de largeur $\mathrm{d}r$? (b) Quel est le module du champ magnétique au centre de cet anneau ? (c) Montrez que le module du champ magnétique total au centre du disque est

$$B = \tfrac{1}{2}\mu_0\sigma\omega R$$

P4. (II) (a) Soit un fil conducteur ayant la forme d'un carré d'arête ℓ et parcouru par un courant I (figure 9.75). Montrez que le module du champ magnétique à une distance y du centre du carré dans une direction normale à son plan est égal à

$$B = \frac{\mu_0 I\ell^2}{2\pi(y^2 + \ell^2/4)(y^2 + \ell^2/2)^{1/2}}$$

(b) Montrez que lorsque $y \gg \ell$, cette expression se réduit à celle du module du champ magnétique que produit un dipôle.

P5. (I) Une plaquette métallique mince de longueur infinie et de largeur ℓ est parcourue par un courant I (figure 9.76). En divisant la plaquette en bandes infinitésimales et en utilisant le résultat donnant le

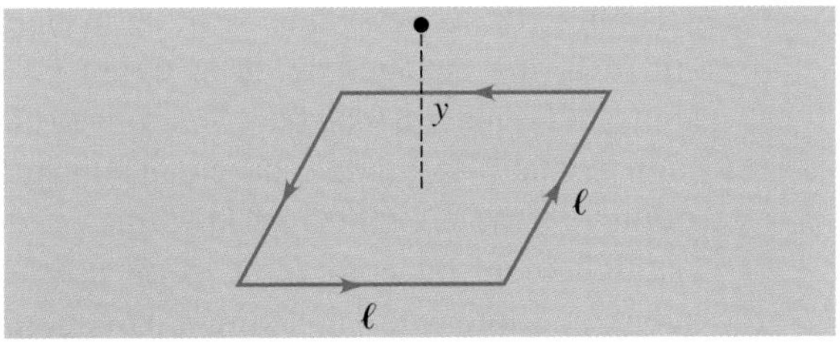

Figure 9.75 ▲
Problème 4.

champ créé par un fil infini, montrez que le module du champ magnétique au point P est

$$B_P = \frac{\mu_0 I}{\pi \ell} \arctan\left(\frac{\ell}{2D}\right)$$

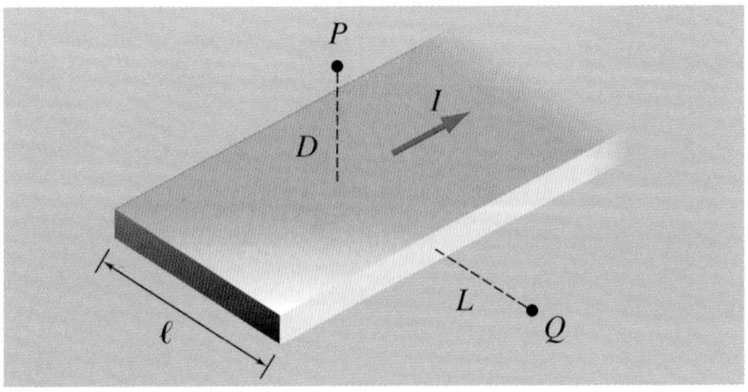

Figure 9.76 ▲
Problèmes 5 et 6.

P6. (II) Une plaquette métallique mince de longueur infinie et de largeur ℓ est parcourue par un courant I (figure 9.76). Déterminez le module du champ magnétique au point Q à la distance L du bord de la plaquette. (*Indice* : Divisez la plaquette en bandes infinitésimales et utilisez le résultat donnant le champ créé par un fil infini.)

P7. (I) Un solénoïde de 2 cm de rayon est parcouru par un courant I. Une de ses extrémités est à $x = 0$ et l'autre à $x = 20$ cm. L'axe du solénoïde et l'axe des x coïncident. (a) En vous servant de l'équation 9.12, établissez une expression mathématique donnant, en fonction de x, le module du champ magnétique le long de l'axe du solénoïde. (b) Donnez une valeur raisonnable à I et n afin de tracer le graphe de l'expression mathématique trouvée en (a) sur un intervalle englobant la longueur du solénoïde, et comparez-le avec la figure 9.20 (p. 330). (c) À quel endroit, à l'intérieur du solénoïde, la valeur réelle du module du champ s'éloigne-t-elle de 10 % de la valeur calculée avec l'équation 9.13 ? (d) Reprenez la question (c) pour un solénoïde de même longueur mais possédant un rayon de 0,5 cm.

P8. (II) (a) Utilisez la loi de Biot-Savart pour un fil infini afin de démontrer que le champ magnétique en tout point à l'intérieur d'un tube parcouru par un courant est nul. (*Indice* : Montrez que les contributions dues aux éléments interceptés par la paire de lignes de la figure 9.77 s'annulent mutuellement.) (b) Utilisez le théorème d'Ampère pour obtenir le même résultat.

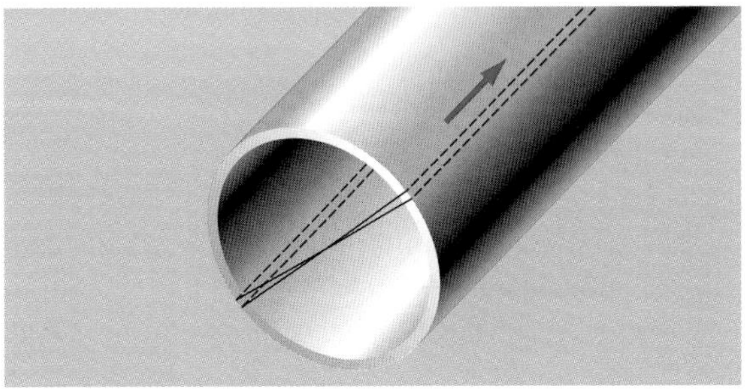

Figure 9.77 ▲
Problème 8.

P9. (II) Soit un long fil conducteur plein et rectiligne de rayon R dans lequel a été pratiquée une cavité de rayon r sur toute la longueur. Comme le montre la figure 9.78, les centres du conducteur et de la cavité sont distants de a. Le courant est uniformément distribué dans tout le reste du conducteur. (a) Montrez que le champ magnétique dans la cavité est uniforme. (b) Quel est son module ? (*Indice* : Utilisez le principe de superposition. Ajoutez le champ créé par un fil conducteur plein de rayon R avec celui d'un fil de rayon r transportant un courant de sens opposé.)

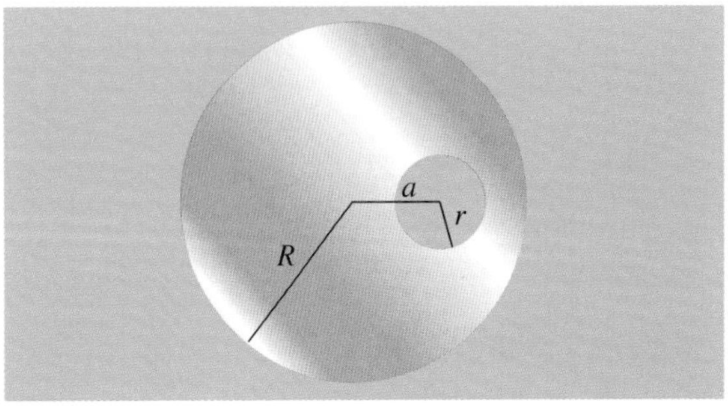

Figure 9.78 ▲
Problème 9.

P10. (II) Un courant I est uniformément distribué dans une moitié d'un tube cylindrique de rayon R (figure 9.79). Quel est le module du champ magnétique en un point situé sur l'axe du cylindre ? On suppose le cylindre infiniment long.

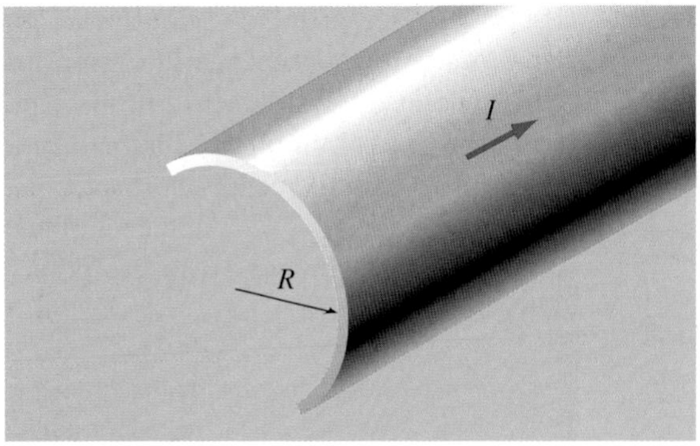

Figure 9.79 ▲
Problème 10.

P11. (II) En un point éloigné ($z \gg a$) du centre d'une boucle à une spire parcourue par un courant, le long de l'axe de la boucle, montrez que l'équation 9.9 se réduit à

$$B = \frac{2k'\mu}{z^3}$$

où $k' = \mu_0/4\pi$ et $\mu = I(\pi a^2)$.

P12. (II) On joint six segments de fil de manière à obtenir la forme hexagonale de la figure 9.80. (a) En utilisant l'équation 9.8*a* ou 9.8*b*, trouvez une expression donnant le module du champ magnétique au point *P*, situé au centre de la forme, et dépendant explicitement du nombre de côtés *n* de cette dernière, de l'intensité *I* du courant parcourant les segments de fil et de la distance *R* indiquée dans la figure. (b) Montrez que, si $n \to \infty$, l'expression obtenue en (a) revient à l'expression donnant le module du champ magnétique au centre d'une boucle de courant de rayon *R*.

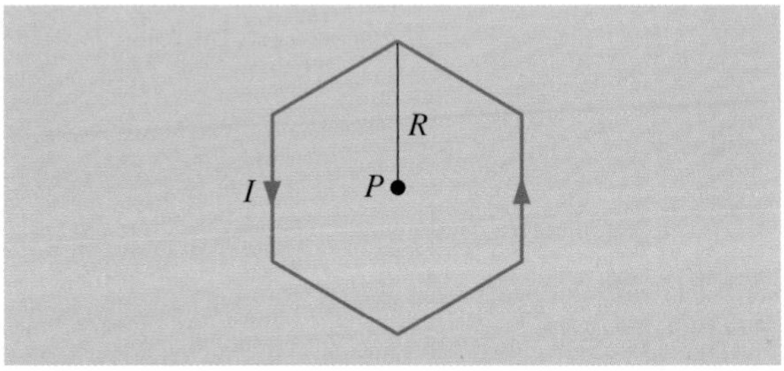

Figure 9.80 ▲
Problème 12.

CHAPITRE 10

L'induction électromagnétique

POINTS ESSENTIELS

1. On observe qu'un circuit plongé dans un champ magnétique peut être le siège d'une **f.é.m. induite** dans deux situations : si au moins une partie du circuit *se déplace dans l'espace* ou si le champ magnétique *varie dans le temps*. Ce phénomène s'appelle l'**induction électromagnétique**.
2. Dans les deux situations où se produit une f.é.m. induite, on observe que le **flux magnétique** traversant le circuit change dans le temps. La **loi de Faraday** exprime la relation entre la f.é.m. induite et le taux de variation du flux.
3. La **loi de Lenz** permet de déduire le sens de la f.é.m. induite.
4. Dans les deux situations où se produit une f.é.m. induite, ce n'est pas la même force qui effectue un travail : c'est une force *magnétique* si le circuit se déplace dans l'espace, et c'est une force *électrique*, exercée par un **champ électrique induit**, dans le cas où le champ magnétique change dans le temps.

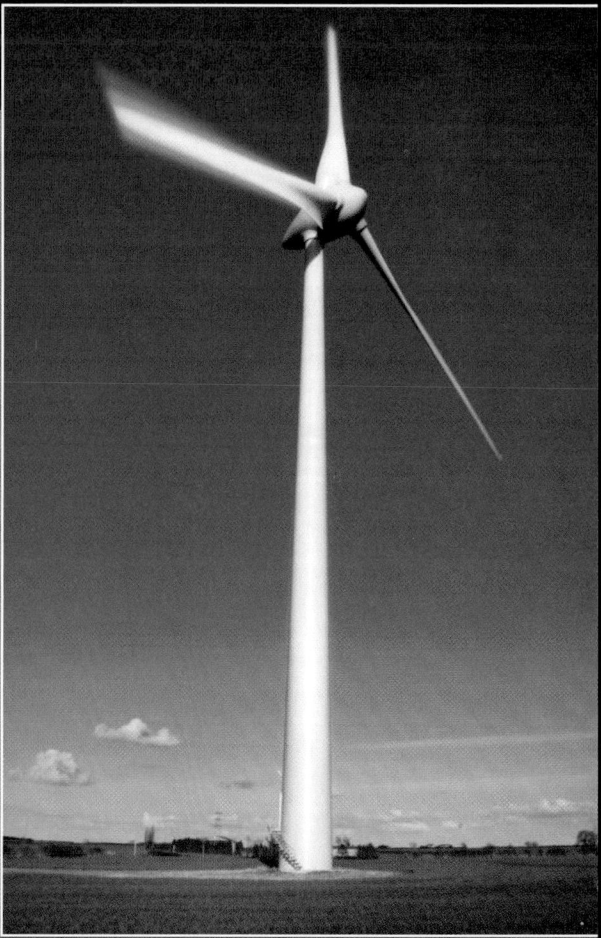

Cette éolienne de la Gaspésie produit une f.é.m. grâce au phénomène de l'induction électromagnétique. La boîte qu'on distingue derrière l'hélice est un alternateur qui mesure plusieurs mètres de long : il contient de grandes bobines de fil qui tournent dans le champ magnétique d'un aimant. Dans ce chapitre, nous verrons pourquoi, dans une telle situation, un courant se met à circuler par induction dans les bobines.

Le lien existant entre l'électricité et le magnétisme fut mis en évidence en 1820 avec la découverte par Œrsted de l'effet magnétique produit par un courant électrique. On s'aperçut quelques semaines plus tard qu'un barreau de fer devenait aimanté lorsqu'on le plaçait à l'intérieur d'un solénoïde parcouru par un courant. À la suite de cette observation de l'effet magnétique produit par un courant électrique, de nombreux chercheurs essayèrent de démontrer expérimentalement l'existence de l'effet inverse : un courant électrique produit par un champ magnétique. Dès 1821, Michael Faraday écrivit dans ses notes qu'il devrait essayer de « convertir le magnétisme en électricité ».

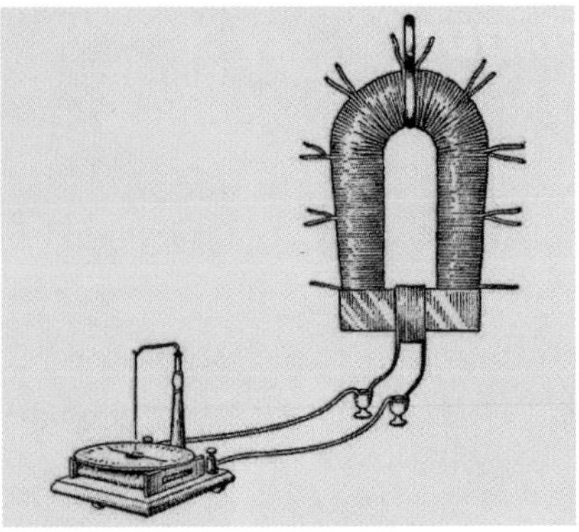

Figure 10.1 ▲
L'appareil avec lequel Joseph Henry réussit à « convertir le magnétisme en électricité ».

Figure 10.2 ▲
Michael Faraday (1791-1867).

En août 1830, lors de courtes vacances, le physicien américain Joseph Henry eut l'idée de placer une tige de métal entre les pôles d'un électroaimant et d'enrouler une bobine de fil isolé autour de la tige (figure 10.1). Ayant relié les bornes de la bobine à un galvanomètre, il observa une déviation momentanée de l'aiguille du galvanomètre au passage du courant dans l'électroaimant, alors qu'il n'y avait aucune connexion électrique entre la bobine et les fils de l'électroaimant. Il avait ainsi découvert la présence d'un courant induit (créé) dans la bobine lorsque le champ magnétique qui la traverse *varie*. Tout en sachant très bien qu'il avait réussi à « convertir le magnétisme en électricité », Henry ne put, à cause de ses fonctions d'enseignant, poursuivre ses travaux dans ce domaine et ses résultats ne furent donc pas publiés immédiatement. Un an plus tard, Michael Faraday (figure 10.2) fit indépendamment la même découverte en réalisant essentiellement la même expérience (voir l'aperçu historique à la fin de ce chapitre).

L'expression **induction électromagnétique** désigne la production d'effets électriques à partir de champs magnétiques*. Ce phénomène permet notamment de faire circuler un courant dans un circuit fermé qui ne comporte aucune pile. Cela implique que le phénomène d'induction est responsable de la production d'une f.é.m. dans ce circuit, appelée **f.é.m. induite**. Dans ce chapitre, nous commencerons par étudier la loi de Faraday et la loi de Lenz, qui permettent de prédire la f.é.m. induite, mais pas de l'expliquer. Nous nous attarderons ensuite aux causes physiques de la f.é.m. induite, ce qui nécessitera d'introduire une nouvelle façon de produire un champ électrique, en l'*absence* de charges sources. Comme nous le verrons au chapitre 13, cette nouvelle façon de produire des champs permet aussi le fonctionnement du modèle de l'onde électromagnétique, utilisé pour expliquer la lumière, les signaux de radio, les rayons X, etc.

10.1 L'induction électromagnétique

L'induction électromagnétique permet de faire circuler un courant électrique dans un circuit fermé, en l'absence de pile, ce qui implique la production d'une f.é.m. induite. Pour ce faire, il est essentiel qu'il y ait présence d'un champ magnétique, mais cela ne suffit pas en soi. En effet, l'induction ne se produit que dans deux circonstances précises** : (1) le champ magnétique *varie dans le temps* et le circuit est immobile (c'est le cas de l'expérience de Henry évoquée plus haut) ou (2) le champ magnétique est constant dans le temps, mais le circuit ou une de ses parties *se déplace dans l'espace* tout en étant plongé dans le champ magnétique.

Dans les quatre sous-sections qui suivent, nous décrivons diverses expériences où on tente d'induire un courant dans un circuit formé d'une simple boucle circulaire. La première sous-section correspond au cas (1), où le circuit est immobile, alors que les trois autres correspondent au cas (2), où le circuit est en mouvement.

* Il ne faut pas confondre l'induction électromagnétique et l'induction d'une séparation de charge (polarisation) dont nous avons parlé plusieurs fois dans les chapitres 1 à 5 (voir la section 1.3, notamment). Le terme *induction* utilisé aux deux endroits veut seulement dire que les deux phénomènes se produisent sans contact. Ils n'ont rien d'autre en commun.

** On peut aussi imaginer une situation expérimentale où les deux circonstances se produisent simultanément. Elles contribuent alors toutes deux à l'induction observée.

(i) Circuit immobile, champ magnétique variable dans le temps

La figure 10.3 illustre une boucle conductrice *immobile*. Quand l'aimant ne bouge pas, aucune induction ne se produit. Par contre, si on déplace l'aimant, par exemple en l'approchant de la boucle, on augmente le module du champ magnétique *là où la boucle est située*. Si c'est le pôle nord que l'on approche de la boucle (figure 10.3*a*), un courant circule dans le sens antihoraire, vu de l'aimant. Lorsqu'on éloigne le pôle nord (figure 10.3*b*), le module du champ magnétique dans lequel baigne la boucle diminue et on observe alors que le courant circule dans le sens horaire. Si l'on intervertit le pôle nord et le pôle sud, puis qu'on répète les deux essais précédents (figure 10.3*c*), les courants s'inversent. Pour le moment, considérons que l'intensité et le sens du courant induit dépendent de la vitesse de l'aimant.

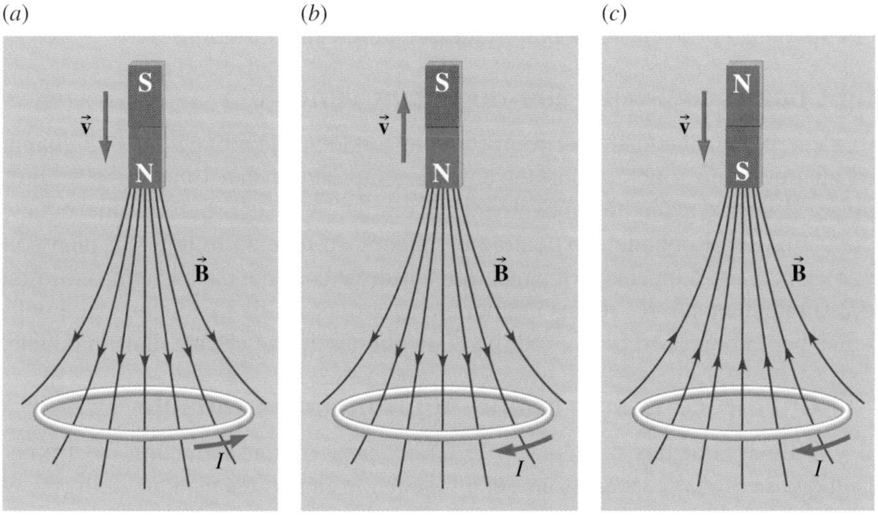

Figure 10.3 ◀
Lorsqu'un barreau aimanté se déplace par rapport à une boucle de fil conducteur immobile, un courant induit circule dans la boucle.

Considérons maintenant une deuxième façon de faire varier dans le temps le champ magnétique dans lequel est plongée une boucle immobile, sans que le mouvement d'un aimant ne soit nécessaire. À la figure 10.4*a*, il y a deux boucles immobiles, celle du haut ayant pour rôle de produire le champ magnétique dans lequel est plongée celle du bas. La boucle « primaire » est donc reliée en série à une pile et à un interrupteur, alors que la boucle « secondaire » n'est reliée qu'à un ampèremètre. Lorsqu'on ferme l'interrupteur dans le circuit primaire, la pile fait circuler un courant dans la boucle primaire. Comme le champ magnétique que produit cette boucle est proportionnel au courant (voir la section 9.3 ou 9.4), le module du champ magnétique dans lequel est plongée

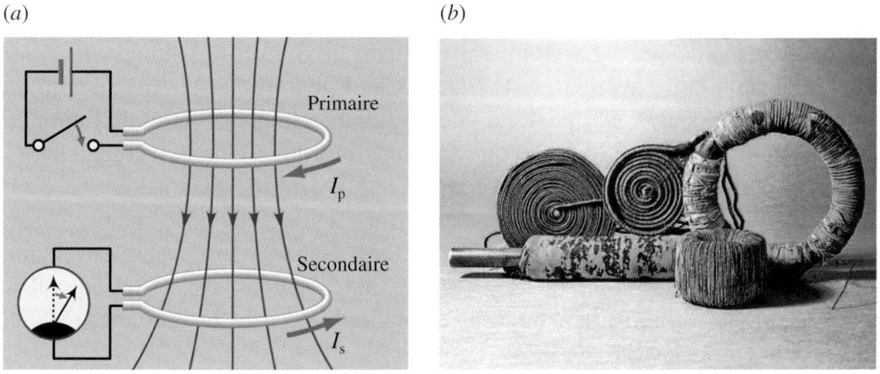

Figure 10.4 ◀
(*a*) Si le courant dans la boucle primaire varie, un courant induit apparaît dans la boucle secondaire. (*b*) Pour améliorer le couplage magnétique entre les circuits, Faraday bobina les enroulements primaire et secondaire sur un anneau circulaire en fer.

la boucle secondaire passe rapidement d'une valeur nulle à une valeur stable, un peu comme si on avait brusquement approché un aimant. Pendant le court intervalle de temps que dure ce changement, on observe une *brève* déviation de l'aiguille de l'ampèremètre dans le circuit secondaire. Tant que le courant primaire reste constant, le champ magnétique dans lequel baigne la boucle secondaire est constant et il n'y a plus de courant induit. Si on ouvre l'interrupteur, le champ magnétique dans lequel est plongée la boucle secondaire disparaît brusquement et on observe à nouveau une déviation momentanée de l'aiguille, mais dans le sens opposé.

C'est essentiellement cette expérience qu'a réalisée Henry, et plus tard Faraday, en enroulant les bobines primaire et secondaire autour d'un anneau de fer (figure 10.4*b*). Si on remplace la pile du circuit primaire par une source de tension variable, on peut produire un courant induit qui dure plus longtemps. Par exemple, si on augmente graduellement la f.é.m., le champ magnétique produit par la boucle primaire augmente graduellement et un courant induit circule dans la boucle secondaire tant que dure cette variation.

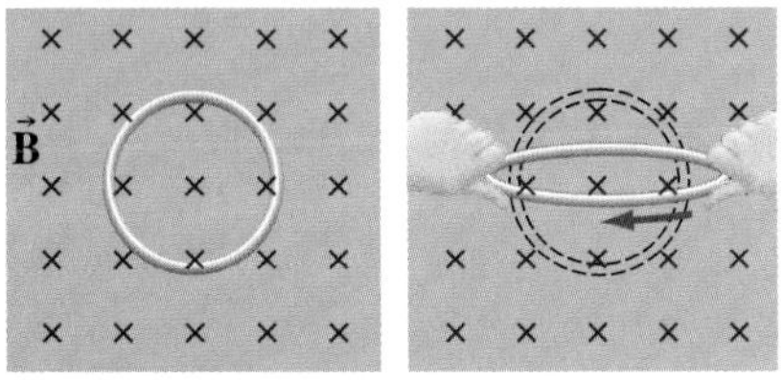

Figure 10.5 ▲
Le plan de la boucle est perpendiculaire aux lignes du champ. On observe un courant induit lorsque l'aire de la boucle varie.

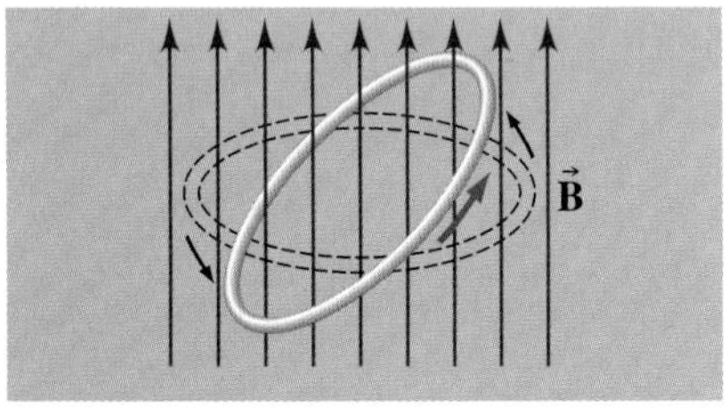

Figure 10.6 ▲
Un courant induit apparaît lorsqu'une boucle tourne dans un champ extérieur.

(ii) Champ constant, aire du circuit variable

Considérons maintenant un circuit (boucle conductrice) plongé dans un champ magnétique uniforme et constant dans le temps. Pour que l'induction se produise, il doit y avoir un mouvement du circuit. À la figure 10.5, une boucle circulaire de fil conducteur flexible est placée de telle sorte que son plan soit perpendiculaire à un champ magnétique uniforme constant dans le temps. Si l'on tire subitement sur des points diamétralement opposés de la boucle, l'aire délimitée par la boucle se trouve réduite et un courant induit circule dans la boucle.

(iii) Champ constant, orientation du circuit variable

Il y a d'autres façons de déplacer le circuit pour qu'une induction électromagnétique se produise. Supposons cette fois que le champ magnétique uniforme et l'aire de la boucle restent tous deux constants dans le temps. Si l'on fait tourner le plan de la boucle par rapport à la direction du champ (figure 10.6), un courant induit circule dans la boucle tant que dure la rotation.

(iv) Mouvement du circuit dans un champ non uniforme

Supposons cette fois que la boucle conductrice qui se déplace conserve une aire constante et que son orientation par rapport aux lignes de champ ne change pas. Elle subit donc un mouvement de translation sans rotation. Si ce déplacement se produit dans un champ magnétique uniforme, peu importe dans quelle direction, on n'observe *aucun* courant induit (figure 10.7*a*). Par contre, si on la déplace dans un champ magnétique non uniforme, comme celui produit par un aimant, un courant est induit dans la boucle (figures 10.7*b*, 10.7*c* et 10.7*d*).

Si on compare la figure 10.7*b* avec la figure 10.3*a*, on note que le courant induit est dans le même sens. La comparaison tient aussi entre les figures 10.7*c* et 10.3*b*, ainsi qu'entre les figures 10.7*d* et 10.3*c*. L'intensité et le sens du courant induit ne dépendent donc que de la vitesse *relative* de la boucle et de l'aimant. À la section 10.5, nous verrons que la cause physique (force exercée sur les charges) permettant d'expliquer le courant induit est différente selon que c'est le circuit ou l'aimant qui bouge, mais l'effet est exactement le même. Ainsi, pour prédire l'apparition d'un courant induit (sans élaborer sur sa cause physique), nous utiliserons *une seule* équation valable dans les deux cas. Cette équation, appelée *loi de Faraday*, sera présentée qualitativement à la section suivante, puis donnée à la section 10.3.

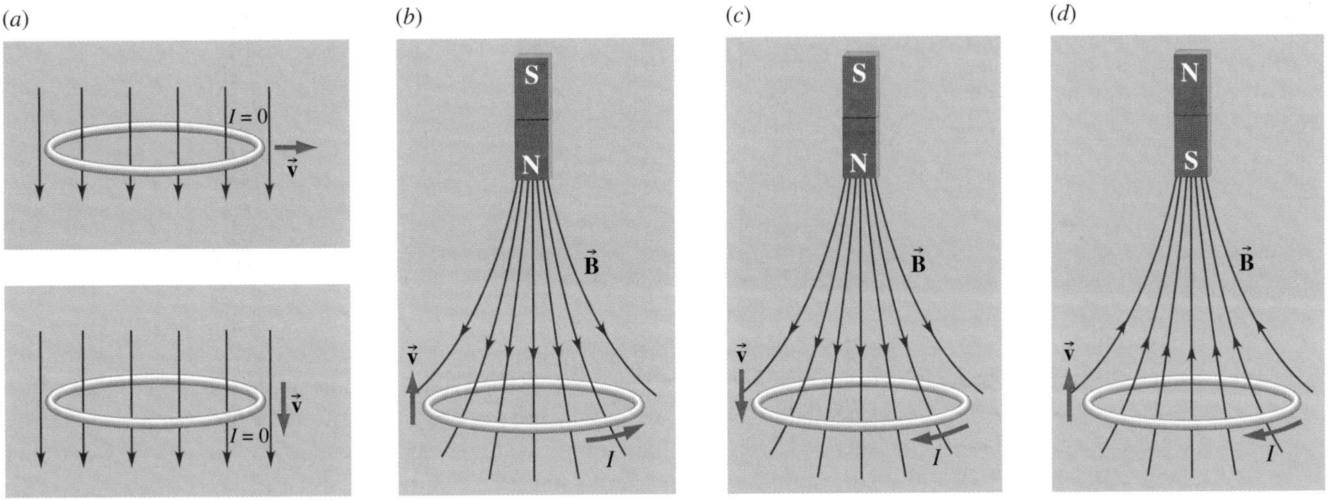

Figure 10.7 ▲
Lorsqu'une boucle conductrice se déplace dans un champ uniforme sans variation de son orientation par rapport à celle du champ, aucun courant n'est induit. C'est ce qu'on voit en (*a*). Toutefois, si ce mouvement se fait dans un champ non uniforme comme celui d'un aimant, un courant est induit, comme on le voit en (*b*), en (*c*) ou en (*d*). De plus, le sens et l'intensité du courant ne dépendent que de la vitesse *relative* de l'aimant et de la boucle. (Comparez avec la figure 10.3, p. 363.)

10.2 Le flux magnétique

Comme le montrent les expériences décrites à la section précédente, ce ne sont pas tous les mouvements du circuit qui permettent de produire un courant induit. En effet, aucun courant n'était induit à la figure 10.7*a*. En les comparant, on réalise toutefois que *toutes* les expériences de la section précédente ont un point commun : chaque fois qu'il y a un courant induit, *le nombre de lignes de champ qui traversent la surface délimitée par le circuit conducteur varie dans le temps*. À la figure 10.3 ou 10.4 (p. 363), ce changement se faisait en raison d'une augmentation ou d'une diminution du champ magnétique lui-même, alors qu'à la figure 10.5, 10.6, 10.7*b*, 10.7*c* ou 10.7*d*, il se produisait en raison du mouvement du circuit dans l'espace. Vérifiez qu'à la figure 10.7*a*, où il n'y avait aucun courant induit, le mouvement du conducteur *ne change pas* le nombre de lignes qui traversent la surface de la boucle conductrice.

Cet énoncé qui exprime le courant induit en fonction de la variation du nombre de lignes de champ est une forme qualitative de l'équation que nous cherchons et obtiendrons à la section suivante. Pour exprimer d'une façon quantitative cette idée de « nombre de lignes de champ », on doit introduire la notion de **flux magnétique**, Φ_B, qui est défini de la même manière que le flux électrique Φ_E (*cf.* section 3.1). En d'autres termes, dans le cas d'une surface plane d'aire A plongée dans un champ magnétique $\vec{\mathbf{B}}$ uniforme (figure 10.8), le flux magnétique traversant la surface est défini par

Flux magnétique d'un champ uniforme

$$\Phi_B = BA \cos \theta = \vec{\mathbf{B}} \cdot \vec{\mathbf{A}} \qquad (10.1)$$

où $\vec{\mathbf{A}}$ est orienté perpendiculairement au plan de la surface qu'il représente et possède un module égal à l'aire de cette surface.

L'unité SI de flux magnétique est le **weber** (Wb). D'après l'équation 10.1, on constate que

$$1 \text{ T} = 1 \text{ Wb/m}^2$$

Figure 10.8 ▶
Le flux magnétique à travers une surface plane dans un champ uniforme dépend de la projection de l'aire perpendiculaire aux lignes de champ.

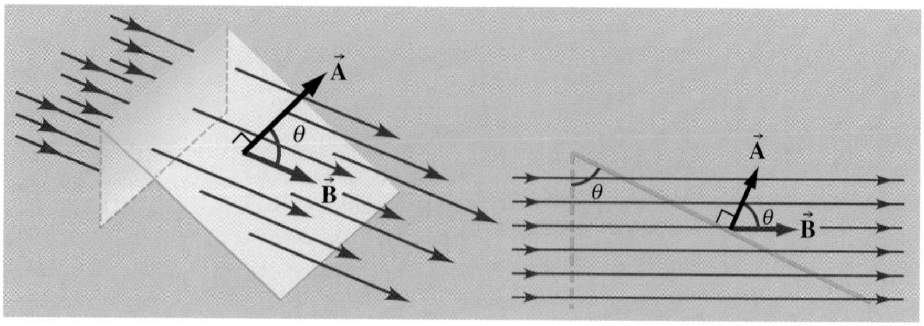

Si le champ n'est pas uniforme ou si la surface n'est pas plane, on subdivise la surface en petits éléments infinitésimaux sur chacun desquels l'équation 10.1 est valable, on calcule le flux $d\Phi_B = \vec{\mathbf{B}} \cdot d\vec{\mathbf{A}}$ qui traverse l'un de ces éléments de surface $d\vec{\mathbf{A}}$ et on additionne (intègre) pour obtenir le flux total. Ce calcul correspond à l'intégrale de surface suivante* :

Flux magnétique

$$\Phi_B = \int d\Phi_B = \int \vec{\mathbf{B}} \cdot d\vec{\mathbf{A}} \qquad (10.2)$$

EXEMPLE 10.1

Un cadre carré dont chaque côté mesure 20 cm pivote autour de l'axe des *y*. Il est orienté comme le montre la figure 10.9*a*. Le champ extérieur est $\vec{\mathbf{B}} = 0{,}5\vec{\mathbf{i}}$ T. Quelle est la variation du flux magnétique si l'angle α passe de 20° à 50° ?

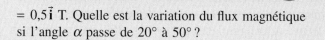

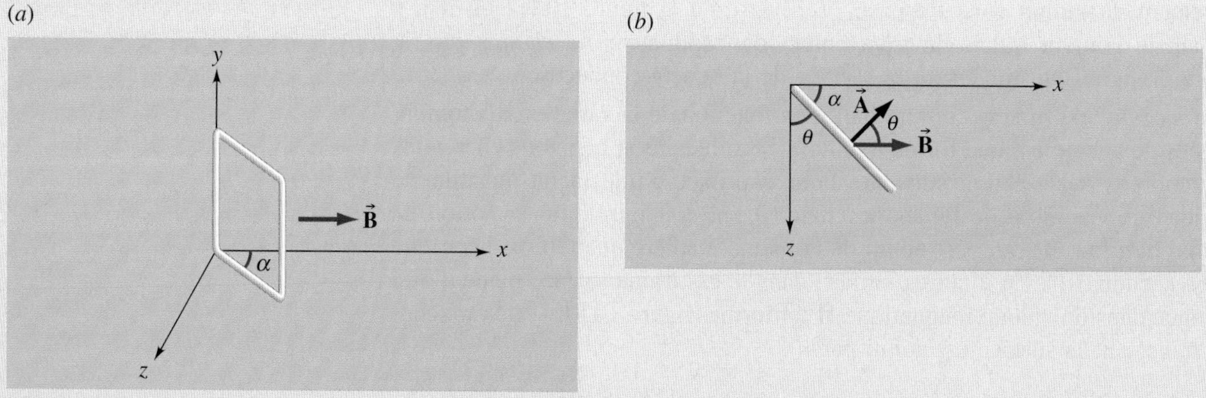

Figure 10.9 ▲
Le flux à travers le cadre change lorsque l'orientation du cadre change.

* Si on compare cette intégrale à celle de l'équation 3.3 (théorème de Gauss), on note l'absence de cercle sur le symbole d'intégration. Cela indique que, contrairement au flux électrique, nous ne calculerons jamais le flux magnétique traversant une surface *fermée*. En effet, comme les lignes de champ magnétique forment des boucles fermées, ce calcul donnerait nécessairement un flux nul, quelle que soit la forme de la surface.

Solution

Pour ce genre de problème, il est souvent utile de refaire le schéma sous une autre perspective telle, par exemple, la vue d'en haut représentée à la figure 10.9*b*. De cette façon, tous les vecteurs sont parallèles au plan de la feuille et la boucle est perpendiculaire au plan de la page. Cela évite les ambiguïtés de la figure 10.9*a*. ■

Puisque le champ est uniforme, le flux est

$$\Phi_B = BA \cos \theta$$

avec $\theta = 90° - \alpha$.

Lorsque $\alpha = 20°$, $\theta = 70°$ et $\Phi_i = BA \cos \theta = (0{,}5\ \mathrm{T})(0{,}2\ \mathrm{m})^2 \cos 70° = 6{,}8 \times 10^{-3}$ Wb. Lorsque $\alpha = 50°$, $\theta = 40°$ et $\Phi_f = BA \cos \theta = (0{,}5\ \mathrm{T})(0{,}2\ \mathrm{m})^2 \cos 40° = 1{,}53 \times 10^{-2}$ Wb. On a donc

$$\Delta\Phi = \Phi_f - \Phi_i = 8{,}5 \times 10^{-3}\ \mathrm{Wb}$$

EXEMPLE 10.2

Un cadre conducteur rectangulaire de 10 cm par 20 cm est placé à 5 cm d'un long fil conducteur rectiligne dans lequel circule un courant I (figure 10.10). (a) Calculer, en fonction de I, le flux magnétique qui traverse le cadre. (b) Quelle est la variation de flux si le courant passe de 10 A à 2 A ?

Solution

(a) Le courant dans le fil conducteur rectiligne produit un champ magnétique dont le module est donné par l'équation 9.1 ($B = \mu_0 I / 2\pi r$). Ce champ n'est donc pas uniforme. Toutefois, on réalise que le champ a la même valeur pour tous les points situés à la même distance du fil. On subdivise donc l'aire du cadre rectangulaire en éléments de surface qui ont la forme de bandes rectangulaires de largeur infinitésimale dx et de longueur 20 cm. Chacun des points d'un de ces éléments de surface est plongé dans le même champ soit

$$B = \frac{\mu_0 I}{2\pi |x|} = \frac{\mu_0 I}{2\pi x}$$

où $|x|$ est la distance entre la bande et le fil. Ce champ étant perpendiculaire au plan du cadre rectangulaire, le flux qui traverse un élément de surface est donc

$$\mathrm{d}\Phi_B = B\mathrm{d}A \cos\theta = \frac{\mu_0 I}{2\pi x}\mathrm{d}A\cos\theta = \frac{\mu_0 I}{2\pi x}0{,}20\mathrm{d}x$$

Pour obtenir le flux total, on intègre :

$$\Phi_B = \int \mathrm{d}\Phi_B = \frac{\mu_0 I}{2\pi}0{,}20\int_{0,05}^{0,15}\frac{\mathrm{d}x}{x} = \frac{\mu_0 I}{2\pi}0{,}20 \ln x\Big|_{0,05}^{0,15}$$

$$= \frac{\mu_0 I}{2\pi}0{,}20 \ln 3$$

Après substitution des valeurs numériques, on obtient $\Phi_B = (0{,}4 \times 10^{-7})(\ln 3)I = (4{,}39 \times 10^{-8})I$, où Φ_B est en webers et I est en ampères.

(b) Quand le courant est de 10 A, le flux initial est $\Phi_i = 4{,}39 \times 10^{-7}$ Wb. Le flux final, quand le courant est de 2 A, est $\Phi_f = 8{,}79 \times 10^{-8}$ Wb. La variation est donc

$$\Delta\Phi = \Phi_f - \Phi_i = -3{,}52 \times 10^{-7}\ \mathrm{Wb}$$

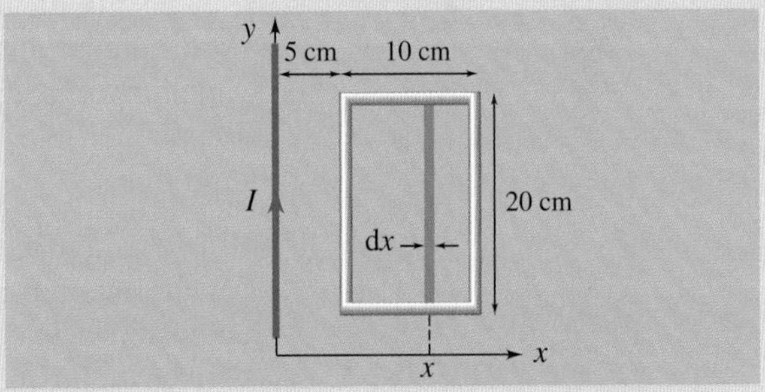

Figure 10.10 ▲
Le champ magnétique produit par le fil rectiligne n'est pas uniforme. Pour calculer le flux traversant le cadre, il faut donc intégrer.

10.3 La loi de Faraday et la loi de Lenz

La production d'un courant dans n'importe quel circuit nécessite une source d'énergie, c'est-à-dire une f.é.m. Au début de la section précédente, nous avons déduit qu'un courant (donc une f.é.m.) était induit dans un circuit lorsque le nombre de lignes de champ traversant ce circuit changeait avec le temps. Faraday avait fait ce constat et l'avait poussé plus loin : il énonça que la f.é.m. induite est *proportionnelle* au taux de variation du nombre de lignes de champ. En fonction du flux magnétique, on peut exprimer l'énoncé de Faraday sous la forme

$$\mathscr{E} \propto \frac{\mathrm{d}\Phi_B}{\mathrm{d}t} \tag{10.3a}$$

Relation entre la f.é.m. induite dans un circuit et le flux magnétique

La f.é.m. induite dans un circuit fermé est proportionnelle à la dérivée par rapport au temps du flux magnétique traversant la surface délimitée par le circuit.

Notons que la f.é.m. induite n'est pas confinée en un point particulier (comme c'est le cas quand elle est produite par une pile, par exemple). Elle est plutôt distribuée sur l'ensemble de la boucle.

Dans les cas où le champ est uniforme, le flux est donné par l'équation 10.1. D'après la règle de dérivation d'un produit de fonction (voir l'annexe C), la dérivée de cette équation donne

$$\frac{\mathrm{d}\Phi_B}{\mathrm{d}t} = \frac{\mathrm{d}B}{\mathrm{d}t} A \cos\theta + B\frac{\mathrm{d}A}{\mathrm{d}t}\cos\theta - BA\sin\theta\frac{\mathrm{d}\theta}{\mathrm{d}t} \tag{10.3b}$$

Dans cette équation, trois termes contribuent au taux de variation du flux : ils représentent respectivement les contributions de la variation dans le temps du module du champ B*, de l'aire A et de l'orientation θ. Dans chacune des expériences de la section 10.1, un seul de ces termes est non nul : par exemple, à la figure 10.5 (p. 364), $\mathrm{d}A/\mathrm{d}t$ est non nul, et à la figure 10.6 (p. 364), $\mathrm{d}\theta/\mathrm{d}t$ est non nul. Dans tous les autres cas, ce qui change est la valeur de B là où la boucle conductrice est située. Notons que cette variation $\mathrm{d}B/\mathrm{d}t$ peut être due à la variation du champ lui-même (voir la figure 10.3, p. 363) ou encore à un mouvement de translation de la boucle vers un endroit où le module du champ est différent (voir la figure 10.7, p. 365). Cela montre l'équivalence de ces deux situations. (Toutefois, notons que le premier terme de l'équation 10.3*b* ne peut s'appliquer tel quel aux cas des figures 10.3 et 10.7, car le champ n'était pas uniforme.)

Si le champ n'est pas uniforme ou si la surface n'est pas plane, le flux doit être calculé au moyen de l'équation 10.2, qui comporte une intégrale. Dans ce contexte, la loi de Faraday qui stipule que la f.é.m. induite s'obtient par la dérivée du flux peut sembler paradoxale : en effet, la dérivée de l'intégrale d'une fonction est égale à la fonction elle même ! Il n'y a toutefois pas d'erreur ici, car la dérivée et l'intégrale ne font pas intervenir les mêmes variables. Le flux est une intégrale sur l'*espace* tandis que la dérivée est effectuée par rapport au *temps*. En général, lorsqu'on utilise l'équation 10.2, on a affaire à un champ magnétique qui n'est pas uniforme dans l'espace. Dans ce cas, on fait l'intégrale en premier, puis on effectue la dérivée du résultat en fonction du temps. Par exemple, dans l'exemple 10.2, on a obtenu par intégration que le flux qui traverse le cadre rectangulaire est $\Phi_B = (4{,}39 \times 10^{-8})I$. Par conséquent, la dérivée du flux par rapport au temps serait $\mathrm{d}\Phi_B/\mathrm{d}t = (4{,}39 \times 10^{-8})\mathrm{d}I/\mathrm{d}t$, ce qui montre bien que la dérivée n'annule pas l'effet de l'intégrale.

---

* En effet, cette équation étant valable pour un champ *uniforme*, B a la même valeur en chaque point de la surface du circuit. Cependant, il peut changer *dans le temps*.

On remarquera que le signe négatif devant le troisième terme signifie qu'une *augmentation* de θ, tel que défini à la figure 10.8 (p. 366), entraîne une *diminution* du flux (pour θ entre 0° et 90°).

La loi de Lenz

Peu satisfait de la manière dont Faraday avait décrit le sens du courant induit dans des expériences faisant intervenir un mouvement relatif, le physicien russe Heinrich Friedrich Lenz (1804-1865) proposa en 1834 une règle simple applicable dans ce genre de cas. À la figure 10.11*a*, pendant que le pôle nord de l'aimant s'approche de la boucle, un courant induit circule dans cette dernière et produit donc un champ magnétique (voir la section 9.3). Or, la face de la boucle la plus proche de l'aimant est celle qui se comporte comme un pôle nord. La boucle tente donc de repousser l'aimant. À l'inverse, si c'est le pôle nord qu'on éloigne (figure 10.11*b*), le courant induit circule dans le sens opposé, la face de la boucle la plus proche de l'aimant se comporte comme un pôle sud et l'aimant est attiré. Lenz remarqua que, dans un cas comme dans l'autre, la force magnétique exercée par le courant induit *s'oppose* au mouvement relatif. Environ trente ans plus tard, J. C. Maxwell donna un énoncé plus général de la **loi de Lenz** :

Loi de Lenz

L'effet de la f.é.m. induite est tel qu'il s'oppose à la variation de flux qui le produit.

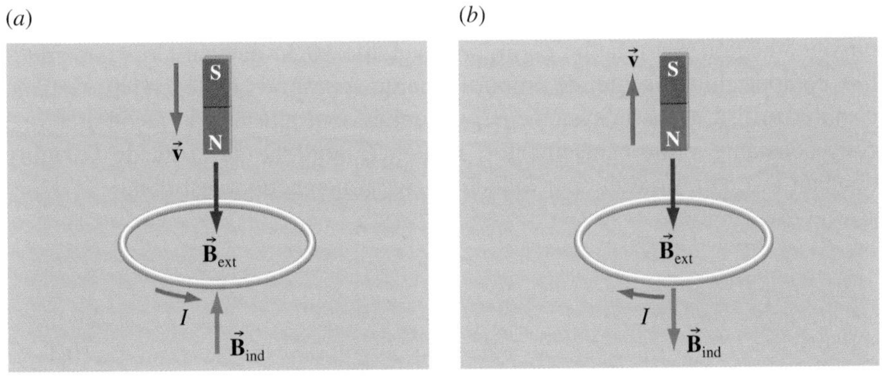

Figure 10.11 ◄
(*a*) Lorsque le flux à travers la boucle augmente, le flux correspondant au champ magnétique induit s'oppose à cette augmentation. (*b*) Lorsque le flux à travers la boucle diminue, le flux correspondant au champ magnétique du courant induit essaie de maintenir le flux traversant la boucle. Note : Les figures ne montrent que le champ magnétique existant sur l'axe du barreau aimanté et de la boucle.

Pour bien comprendre comment appliquer la loi de Lenz afin de déterminer le sens du courant induit, réexaminons la figure 10.11. À la figure 10.11*a*, au fur et à mesure que l'aimant s'approche, le flux traversant la boucle augmente. Cette variation du flux fait apparaître une f.é.m. induite qui fera circuler un courant induit, lequel produira son propre champ magnétique $\vec{\mathbf{B}}_{ind}$. Le flux créé par ce champ doit, d'après la loi de Lenz, s'opposer à la variation de flux créée par l'approche de l'aimant. Le sens de $\vec{\mathbf{B}}_{ind}$ est opposé à celui du champ extérieur $\vec{\mathbf{B}}_{ext}$, créé par l'aimant. À la figure 10.11*b*, le courant induit crée un champ induit dont le flux s'oppose à la diminution du flux de $\vec{\mathbf{B}}_{ext}$. Dans ce cas, le champ magnétique du courant induit est orienté dans le *même* sens que le champ extérieur. En effet, le champ $\vec{\mathbf{B}}_{ind}$ ne s'oppose pas au champ $\vec{\mathbf{B}}_{ext}$, mais bel et bien à la *variation* de son flux : puisque le flux diminue, $\vec{\mathbf{B}}_{ind}$ cherche au contraire à *renforcer* $\vec{\mathbf{B}}_{ext}$ pour nuire à la diminution de flux.

En 1851, Hermann Ludwig von Helmholtz (1821-1894) fit remarquer que la loi de Lenz n'était qu'une conséquence de la conservation de l'énergie. Considérons la figure 10.11*a*. Si le champ magnétique du courant induit venait renforcer le champ extérieur, ce champ supplémentaire entraînerait une augmentation du courant induit. Le courant plus intense créerait alors un champ induit plus grand, qui à son tour produirait un courant induit plus intense, et ainsi de suite. Il est évident que cette escalade n'est pas possible sur le plan énergétique. Un agent extérieur doit fournir l'énergie nécessaire pour créer la f.é.m. induite.

On note donc que la loi de Lenz est exclusivement empirique : elle correspond aux résultats des expériences, mais n'élucide pas leurs causes physiques. Même avec l'interprétation qu'en fait Helmholtz, on peut seulement prédire le sens approprié du courant induit en éliminant un des deux sens, impossible sur le plan énergétique, mais on n'explique pas plus pourquoi un courant circule dans le sens observé. Nous reviendrons sur les causes physiques du courant induit (la force qui déplace les charges) à la section 10.5.

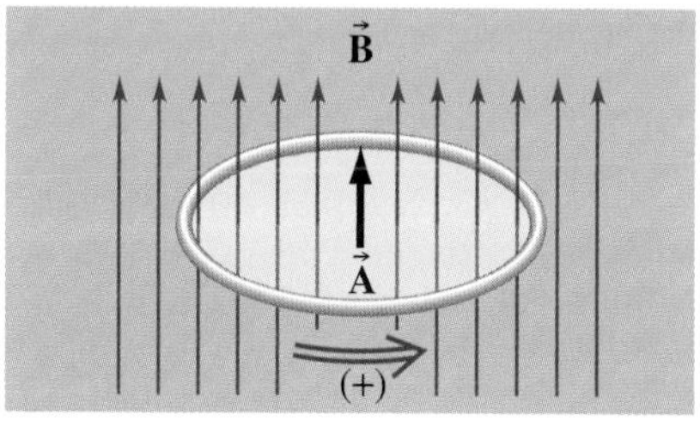

Figure 10.12▲
Le vecteur $\vec{\mathbf{A}}$ et le sens positif sont déterminés par la règle de la main droite, le pouce étant pointé selon l'orientation du champ extérieur.

Afin d'incorporer la loi de Lenz dans l'équation 10.3*a*, nous avons besoin d'une *convention* pour fixer le signe de la f.é.m. induite. Si un champ magnétique $\vec{\mathbf{B}}$ est initialement présent, on utilise notre main droite avec le pouce orienté dans le sens de $\vec{\mathbf{B}}$. Le sens dans lequel nos doigts peuvent s'enrouler naturellement donne le sens du courant que produirait une *f.é.m. positive*, comme à la figure 10.12. Nous avons aussi besoin d'une convention pour fixer l'orientation du vecteur $\vec{\mathbf{A}}$ dans le calcul du flux. Nous choisissons l'orientation du vecteur $\vec{\mathbf{A}}$ de façon à ce que le flux initial traversant la surface délimitée par la boucle soit positif. À la figure 10.12, où un champ magnétique $\vec{\mathbf{B}}$ est initialement présent, cela revient à choisir $\vec{\mathbf{A}}$ vers le haut plutôt que vers le bas. La figure 10.13 nous montre que le signe de la f.é.m. est toujours opposé au signe de la variation de flux $\Delta\Phi_B$. On peut incorporer cette caractéristique dans la loi de Faraday en y faisant figurer un signe négatif. La relation de proportionnalité 10.3*a* devient alors une *équation* comportant un facteur de proportionnalité approprié qui dépend du système d'unités utilisé. Dans le système SI, les unités sont ajustées de façon à ce que cette constante vaille exactement 1. L'énoncé moderne de la **loi de Faraday** donnant la f.é.m. produite par induction électromagnétique est donc

Loi de Faraday

$$\mathscr{E} = -\frac{d\Phi_B}{dt} \tag{10.4}$$

Tout comme la loi de Lenz, cette équation, fondée sur les observations expérimentales de Faraday, permet de prédire la f.é.m. induite, mais n'en explique pas les causes physiques (voir la section 10.5).

Figure 10.13►
Le signe de la f.é.m. induite est toujours opposé à celui de la variation de flux.

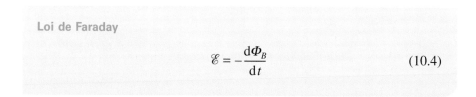

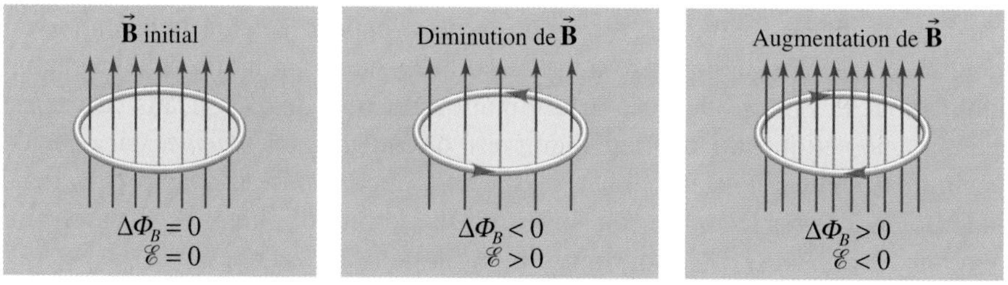

Supposons que la boucle soit remplacée par une bobine comportant N spires. Si le flux traversant chaque spire est le même, chacune des spires est le siège de la même f.é.m. induite. (Cela n'est rigoureusement valable que si les spires sont parfaitement superposées ou alors plongées dans un champ uniforme.) Comme toutes ces f.é.m. sont de même sens, elles sont en série. La f.é.m. induite totale dans la bobine de N spires est donc

Loi de Faraday appliquée à N spires traversées par un flux magnétique identique

$$\mathscr{E} = -N\frac{\mathrm{d}\Phi_B}{\mathrm{d}t} \tag{10.5}$$

où Φ_B est le flux traversant *chaque* spire.

L'apparition d'une f.é.m. induite dans une boucle permet souvent de transformer de l'énergie mécanique en énergie électrique, puis en énergie thermique. Par exemple, dans le cas représenté à la figure 10.11 (p. 369), un apport d'énergie mécanique externe est nécessaire pour déplacer l'aimant contre la force d'attraction ou de répulsion de la boucle. Par l'entremise de la f.é.m. induite, cette énergie engendre un courant dans la boucle : la boucle s'échauffe, et l'énergie se transforme finalement en chaleur.

EXEMPLE 10.3

Considérons à nouveau les deux exemples précédents. (a) Dans le cas décrit à l'exemple 10.1 (voir la figure 10.9, p. 366), quel est le sens du courant induit dans la partie du cadre qui est confondue avec l'axe des y ? (b) Dans le cas de l'exemple 10.2 (voir la figure 10.10, p. 367), le courant induit dans le cadre circule-t-il en sens horaire ou antihoraire sur la figure ?

Solution

(a) Le flux magnétique associé au champ extérieur $\vec{\mathbf{B}}$ et traversant le cadre augmente. Le flux dû au champ magnétique *induit* doit s'opposer à cette augmentation. Par conséquent, la composante du champ magnétique induit sur l'axe des x est opposée au champ extérieur. D'après la règle de la main droite, le courant induit dans le cadre est orienté vers *le bas* selon l'axe des y.

(b) Le courant dans le fil rectiligne diminue, donc le champ magnétique $\vec{\mathbf{B}}$ qu'il produit diminue lui aussi. Ce champ est le champ extérieur dans lequel le cadre rectangulaire conducteur est plongé, donc le flux qui traverse ce cadre diminue. Selon la règle de la main droite, ce champ est perpendiculaire à la page et entrant dans la page, là où le cadre est situé. Le flux dû au champ magnétique induit $\vec{\mathbf{B}}_{\text{ind}}$ doit nuire à cette diminution, donc *renforcer* le champ produit par le fil rectiligne. Pour ce faire, $\vec{\mathbf{B}}_{\text{ind}}$ doit lui aussi avoir une composante entrant dans la page. La règle de la main droite nous apprend donc que le courant induit circule en sens horaire dans le cadre.

EXEMPLE 10.4

On rapproche d'une bobine le pôle nord d'un aimant (figure 10.14). (a) Dans quel sens est le courant induit dans la portion horizontale de fil, sous la bobine ? (b) Dans quel sens est la force magnétique résultante qui s'exerce sur la bobine ?

Solution

(a) Le champ $\vec{\mathbf{B}}_{\text{ext}}$ de l'aimant à l'intérieur de la bobine est orienté vers la gauche, car les lignes de champ magnétique sortent par le pôle nord de l'aimant. Le flux magnétique qui traverse la bobine est donc vers la gauche, et il augmente puisque l'aimant se rapproche.

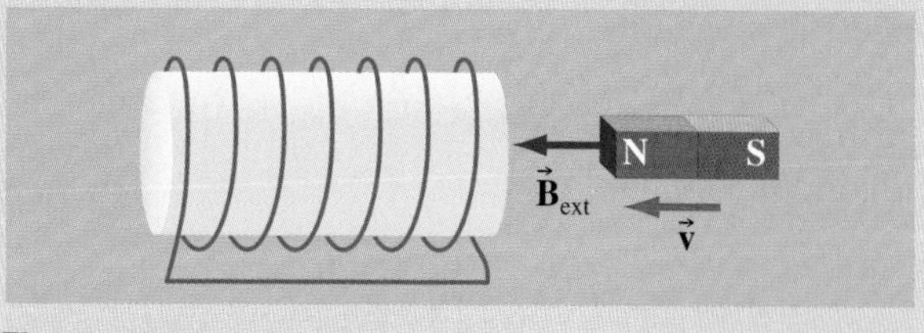

Figure 10.14▲
On rapproche d'une bobine le pôle nord d'un aimant.
Note : La figure ne montre que le champ magnétique existant sur l'axe du barreau aimanté.

Par la loi de Lenz, la bobine induira, sur son axe, un champ magnétique orienté vers la droite qui s'oppose à l'augmentation du flux vers la gauche.■

Par la règle de la main droite avec le pouce vers la droite (voir l'énoncé de cette règle à la p. 324 de la section 9.3), on trouve un sens de courant induit dans la bobine qui correspond à un courant *vers la droite* dans la portion horizontale de fil, sous la bobine.

(b) Puisque la bobine produit un champ magnétique sur son axe vers la droite, on peut déterminer les pôles induits pour la bobine : nord à droite et sud à gauche. Leurs pôles nord se faisant face, la bobine et l'aimant se repoussent : la bobine subit donc une force *vers la gauche*.■

EXEMPLE 10.5

Répondre aux mêmes questions qu'à l'exemple précédent, mais en considérant cette fois que l'on *éloigne* de la bobine le pôle nord de l'aimant (figure 10.15).

Solution

(a) Le champ $\vec{B}_{ext}$ de l'aimant à l'intérieur de la bobine est orienté vers la gauche, car les lignes de champ magnétique sortent par le pôle nord de l'aimant. Le flux magnétique qui traverse la bobine est donc vers la gauche, et il diminue puisque l'aimant s'éloigne.

Par la loi de Lenz, la bobine induira, sur son axe, un champ magnétique orienté vers la gauche qui s'oppose à la diminution du flux vers la gauche.■

Par la règle de la main droite avec le pouce vers la gauche, on trouve un sens de courant induit dans la bobine qui correspond à un courant *vers la gauche* dans la portion horizontale de fil, sous la bobine.

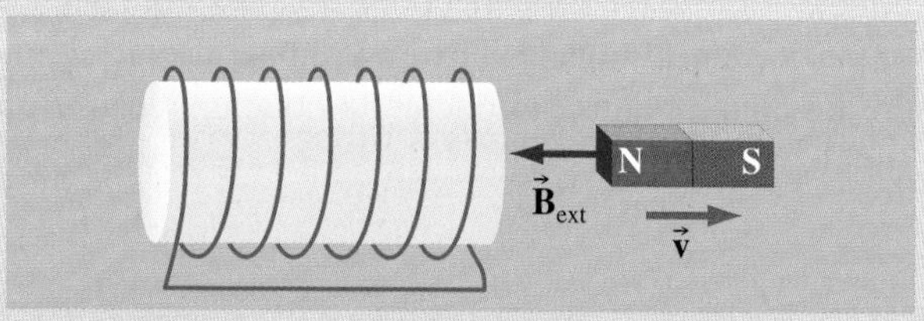

Figure 10.15▲
On éloigne d'une bobine le pôle nord d'un aimant.
Note : La figure ne montre que le champ magnétique existant sur l'axe du barreau aimanté.

(b) Puisque la bobine produit un champ magnétique sur son axe vers la gauche, on peut déterminer les pôles induits pour la bobine : nord à gauche et sud à droite. Le pôle nord de l'aimant fait face au pôle sud de la bobine, de sorte que l'aimant et la bobine s'attirent. La bobine subit donc une force *vers la droite*.■

EXEMPLE 10.6

On laisse tomber un anneau conducteur sous l'effet de la gravité au-dessus du pôle sud d'un aimant (figure 10.16). (a) Dans quel sens est le courant induit au point P de l'anneau ? (b) Dans quel sens est la force magnétique résultante qui s'exerce sur l'anneau ?

Solution

(a) Le champ $\vec{B}_{ext}$ de l'aimant traversant l'anneau est orienté vers le bas, car les lignes de champ magnétique pénètrent dans l'aimant par son pôle sud. Le flux magnétique qui traverse l'anneau est vers le bas, et il augmente puisque l'anneau, en tombant, se rapproche de l'aimant et baigne donc dans un champ de plus en plus intense.

Par la loi de Lenz, l'anneau induira, sur son axe, un champ magnétique orienté vers le haut qui s'oppose à l'augmentation du flux vers le bas.■

Par la règle de la main droite avec le pouce vers le haut, on trouve un sens de courant induit dans l'anneau qui correspond à un courant *vers la droite* au point P.

(b) Puisque l'anneau produit un champ magnétique sur son axe vers le haut, on peut déterminer les pôles induits pour l'anneau : nord en haut et sud en bas. Leurs pôles sud se faisant face, l'anneau et l'aimant se repoussent, et l'anneau subit donc une force magnétique vers le haut.

L'anneau tombe donc moins vite que sous l'effet de la gravitation seule. On peut aussi dire qu'une partie du travail fait par la gravité sur l'anneau sert à faire circuler le courant induit. Ainsi, il est normal que l'anneau gagne moins d'énergie cinétique que dans le cas de la chute libre. ■

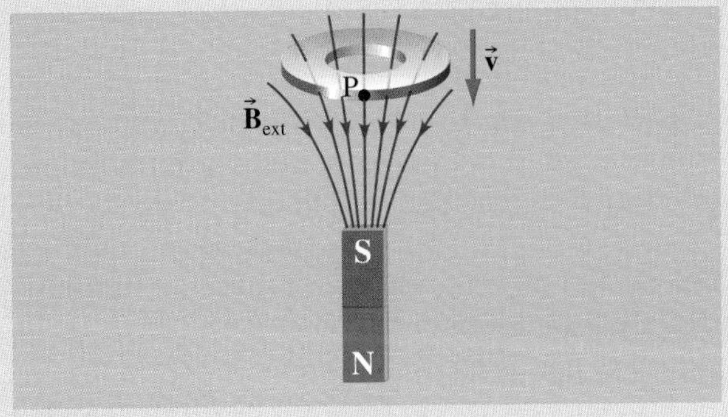

Figure 10.16 ▲
Un anneau conducteur tombe sous l'effet de la gravité au-dessus du pôle sud d'un aimant.

EXEMPLE 10.7

Un très long solénoïde comporte 10 spires/cm et a un rayon de 2 cm. Une bobine circulaire plane de rayon 4 cm et comportant 15 spires est placée autour du solénoïde, son plan étant perpendiculaire à l'axe du solénoïde (figure 10.17). Si le courant dans le solénoïde chute régulièrement de 3 A à 2 A en 0,05 s, quelle est la f.é.m. induite dans la bobine ?

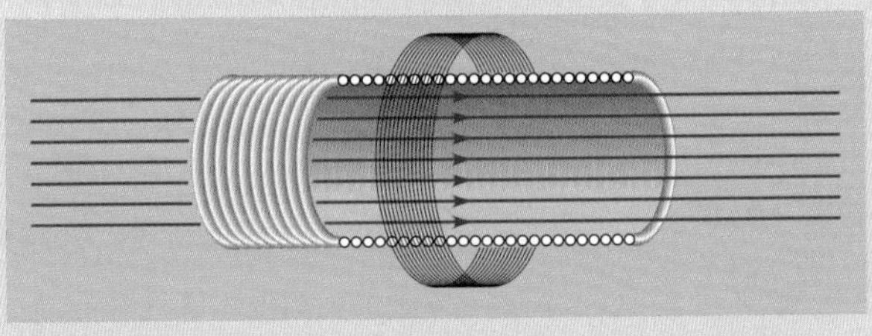

Figure 10.17 ▲
Une bobine entourant un long solénoïde parcouru par un courant variable. La bobine est le siège d'une f.é.m. induite bien que les lignes du champ magnétique soient confinées à l'intérieur du solénoïde.

Solution

D'après l'équation 9.13, le module du champ magnétique à l'intérieur d'un long solénoïde est $B_1 = \mu_0 nI$. De plus, le champ magnétique est $B_2 = 0$ à l'extérieur du solénoïde.

Ici, on ne peut pas utiliser l'équation 10.1 directement. En effet, le champ n'est pas uniforme sur l'ensemble de la surface de la bobine (un disque de 4 cm de rayon), son module étant non nul seulement sur la partie de cette surface qui intercepte le solénoïde (un disque de 2 cm de rayon). Il faut donc subdiviser la surface de la bobine en deux parties : l'une, de surface A_1, qui est située dans le solénoïde (traversée par le champ B_1), et l'autre, de surface A_2, située hors du solénoïde (traversée par le champ B_2). ■

Le flux traversant la bobine est donc

$$\Phi_B = B_1 A_1 + B_2 A_2 = B_1 A_1 + 0 = B_1 A_1$$

où A_1 est l'aire de la section du solénoïde. Comme le courant chute *régulièrement*, le champ magnétique aussi. On peut ainsi écrire que $\mathrm{d}\Phi_B/\mathrm{d}t = \Delta\Phi_B/\Delta t$. D'après l'équation 10.5, la f.é.m. induite est donc

$$\mathscr{E} = -N\frac{\Delta\Phi_B}{\Delta t}$$

$$= -N\mu_0 n A_1 \frac{\Delta I}{\Delta t}$$

En utilisant les valeurs données, $n = 1000$ spires/m, $A_1 = \pi(2 \times 10^{-2}\ \mathrm{m})^2$ et $\Delta I/\Delta t = -20$ A/s, on trouve $\mathscr{E} = +4{,}74 \times 10^{-4}$ V. Comme le flux diminue, le champ magnétique induit est orienté dans le même sens que celui du solénoïde.

Ce qui est particulier dans cet exemple, c'est qu'on peut se demander comment un solénoïde peut induire une f.é.m. dans une région de l'espace où son propre champ magnétique est nul. Les sections 10.5 et 10.6 apportent une explication à ce phénomène. ■

Dans une telle situation où il n'y a aucun mouvement relatif, on note qu'aucune force n'est exercée sur la bobine. La seule façon d'appliquer la loi de Lenz est d'utiliser la variation de flux. ■

EXEMPLE 10.8

Une tige métallique de longueur ℓ glisse avec une vitesse constante $\vec{\mathbf{v}}$ sur des rails conducteurs qui se terminent par une résistance R. Le champ magnétique extérieur $\vec{\mathbf{B}}$ est constant et uniforme, orienté perpendiculairement au plan des rails (figure 10.18). Déterminer : (a) le courant circulant dans la résistance ; (b) la puissance dissipée dans la résistance ; (c) la puissance mécanique nécessaire pour tirer la tige.

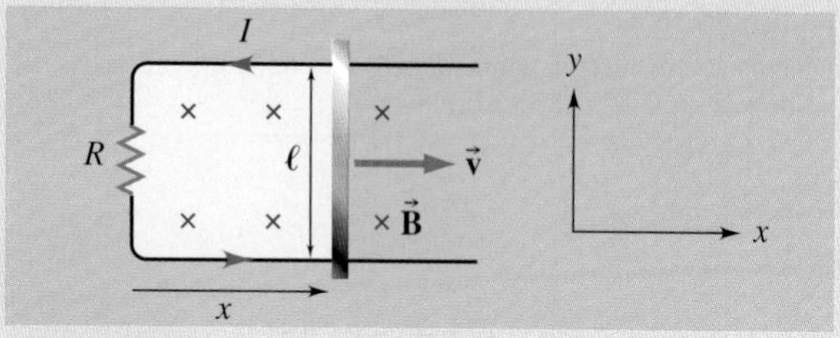

Figure 10.18 ▲
Lorsqu'une tige se déplace sur des rails conducteurs, on observe un courant induit dans la direction indiquée.

Solution

(a) À l'instant illustré, la tige est située à une distance x de l'extrémité des rails. L'orientation positive du vecteur $\vec{\mathbf{A}}$ est vers l'intérieur de la page, de sorte que le flux traversant la surface délimitée par la tige et les rails est $\Phi_B = BA = B\ell x$. La f.é.m. induite a pour valeur

$$|\mathscr{E}| = \frac{d\Phi_B}{dt} = B\ell v$$

puisque $v = v_x = dx/dt$. Le flux augmente parce que l'aire augmente. La f.é.m. induite s'oppose à l'accroissement du flux, ce qui signifie que le champ magnétique induit est opposé au champ externe. Le courant induit dans le circuit circule donc dans le sens antihoraire. Il a pour intensité

$$I = \frac{|\mathscr{E}|}{R} = \frac{B\ell v}{R} \qquad \text{(i)}$$

(b) La puissance électrique dissipée dans la résistance est

$$P_{\text{élec}} = RI^2 = \frac{(B\ell v)^2}{R} \qquad \text{(ii)}$$

(c) À cause du courant induit qui la traverse, la tige est soumise à une force $\vec{\mathbf{F}}_B = I\vec{\boldsymbol{\ell}} \times \vec{\mathbf{B}}$ (équation 8.4), qui est due au champ extérieur. D'après la règle de la main droite, la force $\vec{\mathbf{F}}_B$ est orientée dans le sens opposé à celui de $\vec{\mathbf{v}}$. Par conséquent, pour que la vitesse reste constante, il doit y avoir un agent extérieur qui exerce une force de même module et d'orientation opposée $\vec{\mathbf{F}}_{\text{ext}} = I\ell B\vec{\mathbf{i}}$. La puissance mécanique fournie par l'agent extérieur est

$$P_{\text{méca}} = \vec{\mathbf{F}}_{\text{ext}} \cdot \vec{\mathbf{v}} = I\ell Bv = \frac{(B\ell v)^2}{R} \qquad \text{(iii)}$$

où nous avons substitué l'équation (i).

En comparant les expressions (ii) et (iii), on constate que l'énergie mécanique fournie par l'agent extérieur est convertie en énergie électrique, puis en énergie thermique. ■

EXEMPLE 10.9

Un barreau métallique se déplace vers la gauche à la vitesse $\vec{\mathbf{v}} = -2\vec{\mathbf{i}}$ cm/s sur un rail en forme de U (figure 10.19*a*). À l'instant $t = 0$, le champ extérieur $\vec{\mathbf{B}}$, de module 0,2 T et sortant de la page, augmente à raison de 0,1 T/s. On donne $\ell = 5$ cm et $x = 5$ cm à $t = 0$. Trouver la f.é.m. induite à l'instant initial.

Solution

Dans cet exemple, il y a variation à la fois de l'aire et du champ. Toutefois, le champ étant uniforme, on peut utiliser l'équation 10.1 pour calculer le flux magnétique. Le vecteur $\vec{\mathbf{A}}$ pointe vers l'extérieur de la page, de sorte que le flux est $\Phi_B = BA = B\ell x$ et $dx/dt = v_x$. Par conséquent,

$$\begin{aligned} |\mathscr{E}| &= \frac{d\Phi_B}{dt} = B\frac{dA}{dt} + \frac{dB}{dt}A \\ &= B\ell\frac{dx}{dt} + \frac{dB}{dt}A \\ &= B\ell v_x + \frac{dB}{dt}A \\ &= (0{,}2\text{ T})(5 \times 10^{-2}\text{ m})(-2 \times 10^{-2}\text{ m/s}) \\ &\quad + (0{,}1\text{ T/s})(25 \times 10^{-4}\text{ m}^2) \\ &= +5 \times 10^{-5}\text{ V} \end{aligned}$$

Au total, le taux de variation de flux est positif et la f.é.m. induite doit s'opposer à cette augmentation. Le courant induit est donc de sens *horaire* et le champ magnétique du courant induit *entre* dans la page, comme l'illustre la figure 10.19*b*. ■

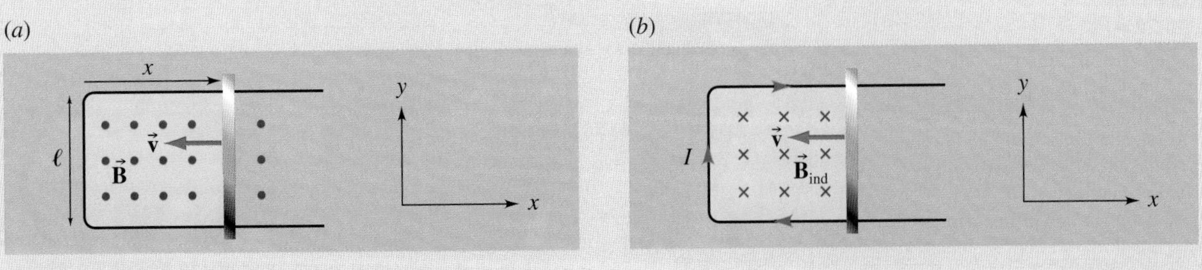

Figure 10.19 ▲
(*a*) Le courant induit est produit à la fois par le mouvement du barreau et par la variation du module du champ magnétique extérieur. (*b*) Comme le flux à travers le circuit fermé augmente, le champ magnétique du courant induit est de sens opposé au champ extérieur.

EXEMPLE 10.10

Un cadre rectangulaire se déplace à vitesse constante perpendiculairement à un champ magnétique uniforme (figure 10.20). Tracer les graphes représentant la variation en fonction du temps du flux traversant le cadre et de la f.é.m. induite dans le cadre, entre l'instant où celui-ci pénètre dans le champ et l'instant où il en sort. Pour tracer les graphiques, on utilise la convention de signes habituelle (voir le texte qui précède l'équation 10.4) selon laquelle, dans cet exemple, un flux rentrant dans la page est positif et une f.é.m. qui produit un courant induit dans le sens horaire est positive.

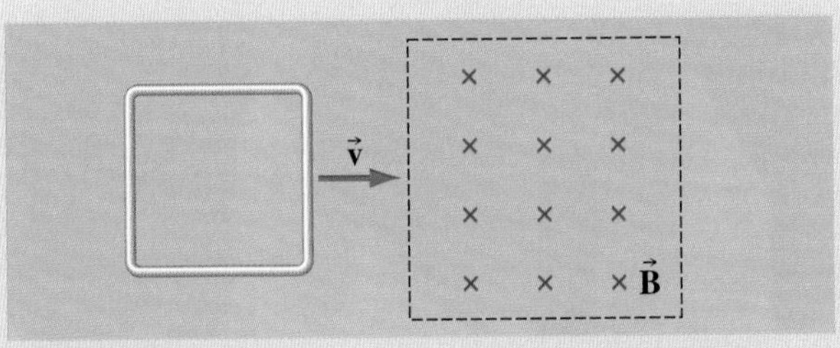

Figure 10.20 ▲
Un cadre rectangulaire se déplace à vitesse constante perpendiculairement à un champ magnétique uniforme. Le champ est nul à l'extérieur de la zone délimitée par la ligne en pointillé.

Solution

Lorsque le cadre commence à pénétrer le champ, à $t = 0$, le flux est $\Phi_B = B\ell x = B\ell vt$. Le flux augmente linéairement avec le temps. La f.é.m. induite, $\mathscr{E} = -\mathrm{d}\Phi_B/\mathrm{d}t = -B\ell v$, est constante. C'est la première portion des graphiques qu'on voit à la figure 10.21.

Lorsque le cadre est complètement dans le champ, le flux est constant et la f.é.m. est nulle. C'est la deuxième portion des graphiques. ■

À sa sortie du champ, le flux décroît linéairement avec le temps et le sens de la f.é.m. induite est opposé au sens initial. C'est la troisième portion des graphiques.

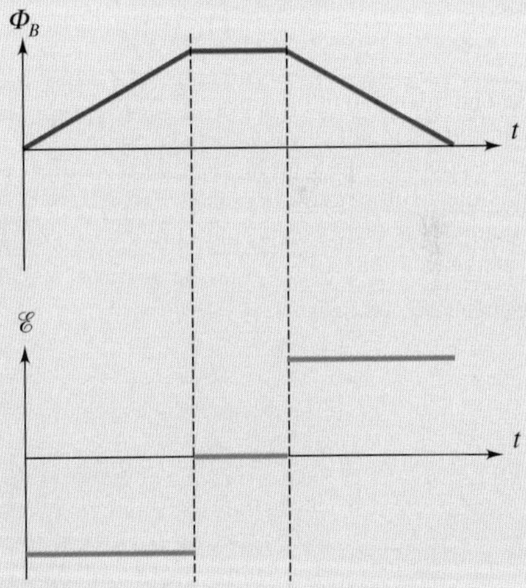

Figure 10.21 ▲
Comme le cadre se déplace à vitesse constante, le flux varie linéairement avec le temps et la f.é.m. induite prend des valeurs constantes. Si le cadre est tout entier dans le champ, le flux est constant et la f.é.m. est donc nulle.

10.4 Les générateurs

Le **générateur** est une application importante de l'induction électromagnétique qui permet de produire de l'énergie électrique à partir d'énergie mécanique. Des générateurs de petite taille meublent notre quotidien : la dynamo d'une

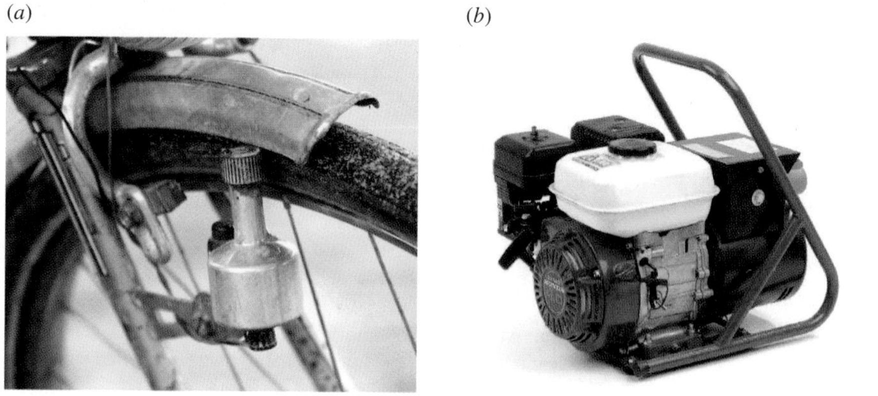

Figure 10.22 ▶
Les petits générateurs sont très répandus dans la vie quotidienne. (*a*) La dynamo d'une bicyclette est un générateur dont la rotation est causée par celle de la roue et qui produit l'électricité permettant à un phare de fonctionner. (*b*) Une génératrice commerciale utilise un moteur à essence pour faire tourner le générateur qu'elle contient.

bicyclette ou l'alternateur d'une voiture sont des exemples (figure 10.22). De même, des générateurs de taille imposante, actionnés par des turbines larges de plusieurs mètres, sont utilisés dans toutes les centrales d'Hydro-Québec (voir la photo p. 378).

Un générateur est constitué d'une bobine de N spires qu'un agent extérieur fait tourner à la vitesse angulaire constante ω dans un champ magnétique extérieur uniforme. La figure 10.23 représente deux vues différentes d'une seule spire. Au fur et à mesure que la bobine tourne, l'angle θ change. C'est ce qui est à l'origine de la variation du flux magnétique à travers la bobine. Le flux est donc donné par $\Phi_B = BA\ \cos(\theta(t))$. On exprime $\theta(t)$ à l'aide des équations de la cinématique de rotation vues au chapitre 11 du tome 1. Si l'on choisit $\theta = 0$ à $t = 0$, alors $\theta = \omega t$ et le flux peut s'écrire

$$\Phi_B = BA\ \cos(\omega t)$$

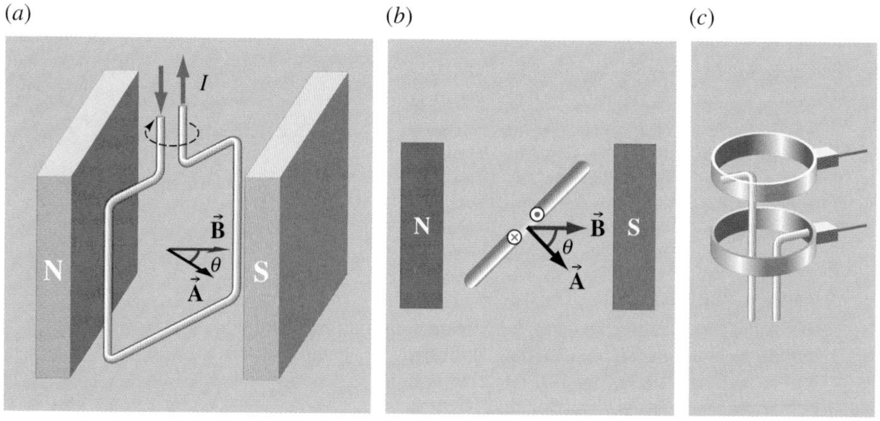

Figure 10.23 ▶
(*a*) On observe une f.é.m. induite lorsqu'une spire tourne dans un champ magnétique. (*b*) La spire en rotation vue du haut. (*c*) Le courant induit alimente un circuit extérieur par l'intermédiaire de contacts à balais qui glissent sur deux bagues collectrices.

La f.é.m. induite est

$$\mathscr{E} = -N\frac{\mathrm{d}\Phi_B}{\mathrm{d}t} = NAB\omega \sin(\omega t)$$

ce qui peut s'écrire sous la forme

$$\mathscr{E} = \mathscr{E}_0 \sin(\omega t) \qquad (10.6)$$

Au cours de la rotation de la bobine, la f.é.m. varie de façon sinusoïdale : son signe change par *alternance*, et son amplitude, ou valeur maximale, est

$$\mathscr{E}_0 = NAB\omega \qquad (10.7)$$

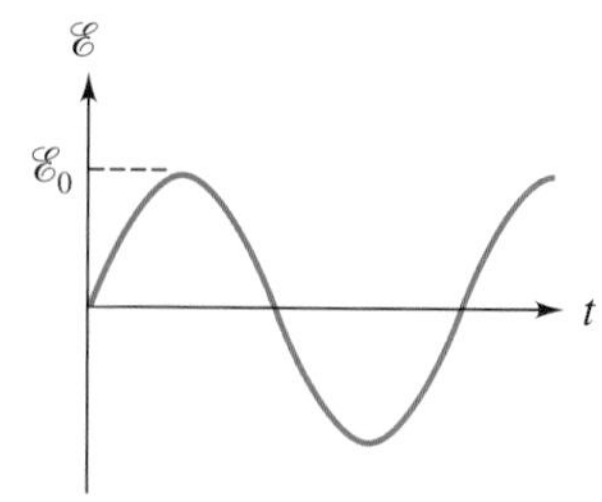

Figure 10.24 ▲
La f.é.m. alternative sinusoïdale produite par une bobine tournant dans un champ magnétique uniforme.

comme on le voit à la figure 10.24. Soulignons que la valeur maximale de la f.é.m. correspond à l'instant où le flux traversant la bobine est nul. En effet, c'est à ce moment que le flux *varie* le plus rapidement. Le courant produit par la bobine alimente deux anneaux collecteurs (figure 10.23*c*). Si l'on branche un circuit aux bornes du générateur, on observe un courant alternatif (c.a.) qui change de sens périodiquement. Comme les générateurs sont une source d'électricité plus commune que les piles, les courants alternatifs sont très importants dans la vie quotidienne. Le chapitre 12 est consacré à l'étude des circuits alimentés en courant alternatif.

EXEMPLE 10.11

Une bobine carrée comportant 25 spires a des côtés de 50 cm de long. Elle tourne à 120 tr/min dans un champ magnétique de module 400 G. À $t = 0$, le plan de la bobine est normal aux lignes du champ. Déterminer : (a) la valeur maximale de la f.é.m. induite ; (b) la f.é.m. induite à $t = 1/24$ s.

Solution

Nous devons d'abord convertir la vitesse angulaire en radians par seconde et le champ magnétique en teslas. La vitesse de 120 tr/min correspond à $\omega = 4\pi$ rad/s et $B = 4 \times 10^{-2}$ T.

(a) D'après l'équation 10.7,

$$\mathscr{E}_0 = NAB\omega$$
$$= (25)(0{,}5\ \text{m})^2(4 \times 10^{-2}\ \text{T})(4\pi\ \text{rad/s}) = 3{,}14\ \text{V}$$

(b) On dit qu'à $t = 0$, la bobine est normale aux lignes de champ, ce qui signifie que l'angle initial entre le vecteur $\vec{\mathbf{A}}$ et le champ est nul. Ainsi, $\theta = \omega t + \theta_0 = \omega t$ et la f.é.m. en fonction du temps est donc donnée directement par l'équation 10.6, d'où

$$\mathscr{E} = \mathscr{E}_0 \sin(\omega t)$$
$$= (3{,}14\ \text{V}) \sin(4\pi/24) = 1{,}57\ \text{V}$$

Historiquement, les premiers générateurs produisaient un courant alternatif (c.a.) qui ne se prêtait pas bien à divers types d'expériences ni à l'alimentation des moteurs à courant continu (c.c.). En 1834, William Sturgeon inventa un dispositif simple appelé **commutateur** qui empêche le courant de changer de sens. Ce dispositif est constitué de deux demi-bagues (fixées à la bobine) qui assurent le contact avec des balais métalliques reliés aux arrivées de courant (figure 10.25*a*). Lorsque le courant dans la bobine est nul et sur le point de changer de sens, chacun des balais passe d'une demi-bague à l'autre. Le courant dans le circuit extérieur ne change donc pas de sens, même si la f.é.m. induite et l'intensité de ce courant sont loin d'être constantes (figure 10.25*b*). En 1841, Charles Wheatstone mit à l'essai un système de plusieurs bobines enroulées sur une forme cylindrique et caractérisées par des plans ayant différentes orientations spatiales et un commutateur à plusieurs éléments. Dans ce système, très répandu jusqu'à récemment, l'induction apparaît dans chaque bobine, mais le contact n'est établi qu'avec celle pour laquelle la f.é.m. est maximale, à cause de son orientation. La rotation de l'ensemble amène la bobine suivante dans la bonne position, ce qui maintient la f.é.m. à une valeur élevée. Cette méthode permet de réduire considérablement les fluctuations du courant de sortie (figure 10.25*c*). On peut ainsi qualifier l'appareil de générateur à courant continu (c.c.). Dans la plupart des générateurs d'aujourd'hui, le commutateur mécanique que nous venons de décrire est souvent remplacé par un dispositif plus durable qui effectue électroniquement la même tâche, à l'aide de composantes semi-conductrices comme des diodes.

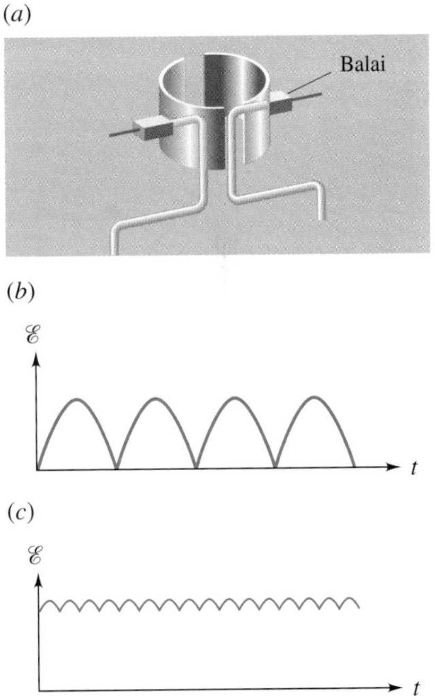

Figure 10.25 ▲
(*a*) Grâce au commutateur à bagues sectionnées, le signe de la f.é.m. prélevée par les contacts à balais ne change pas. (*b*) La f.é.m. fournie par une seule bobine avec un commutateur. (*c*) Si l'on utilise un grand nombre de bobines, les fluctuations de la f.é.m. induite et du courant obtenu sont considérablement réduites.

Le moteur c.c. et le générateur c.c. ont évolué séparément pour aboutir à des modèles similaires (une bobine comportant plusieurs spires tournant dans un champ magnétique). Mais le fait qu'un générateur peut fonctionner comme un moteur c.c. et vice versa échappa à la plupart des ingénieurs. À l'exposition de Vienne, en 1873, deux générateurs gigantesques étaient présentés côte à côte.

L'un d'eux était immobile, alors que l'autre, entraîné par un moteur à vapeur, était en train de tourner. Un ouvrier raccorda par inadvertance la sortie du générateur en service aux bornes de l'autre générateur, qui se mit à tourner. On s'aperçut ainsi que les moteurs c.c. pouvaient être alimentés par des générateurs plutôt que par de grosses piles. Il est surprenant que ce fait ait été découvert par hasard, alors que les ingénieurs avaient par ailleurs mis au point des machines assez sophistiquées.

La force contre-électromotrice (f.c.é.m.) des moteurs

Force contre-électromotrice

Nous avons vu, au chapitre 8, que lorsqu'un courant circule dans une bobine pivotant dans un champ magnétique, la bobine est soumise à un moment de force et se met à tourner. C'est le principe même du moteur électrique. Or, lorsque la bobine tourne dans le champ magnétique, elle est le siège d'une f.é.m. induite, semblable à celle d'un générateur et qui s'oppose à la f.é.m. extérieure. Cela n'est évidemment pas l'objectif principal du moteur, mais c'est un effet inévitable. Cette **force contre-électromotrice (f.c.é.m.)** est proportionnelle à la vitesse angulaire ω du moteur. Lorsqu'on met le moteur en marche, la bobine est au repos et il n'y a donc pas de force contre-électromotrice. Le courant de « démarrage » peut être assez intense parce qu'il n'est limité que par la résistance de la bobine. Au fur et à mesure que la vitesse de rotation augmente, l'augmentation de la f.c.é.m. réduit le courant, qui est proportionnel à la différence entre la f.é.m. extérieure et la f.c.é.m. Si le moteur n'effectue aucun travail, la vitesse angulaire augmente jusqu'à ce que l'énergie fournie soit équilibrée par les pertes de frottement et les pertes par effet Joule. À ce stade, l'intensité du courant est assez faible.

Assemblage d'une turbine à la centrale La Grande-2. Lorsque l'eau la fait tourner, cette turbine actionne un générateur large de plusieurs mètres.

Lorsque le moteur effectue un travail mécanique, la vitesse angulaire diminue, ce qui réduit la force contre-électromotrice. Il en résulte une augmentation de l'intensité du courant. La puissance additionnelle fournie par la source extérieure de f.é.m. est convertie en puissance mécanique par le moteur. Si le travail à effectuer est trop important, la force contre-électromotrice est réduite encore davantage, ce qui augmente encore l'intensité du courant et risque de faire « griller » le moteur.

Dans une maison, on observe parfois une légère baisse d'intensité de l'éclairage lorsque le réfrigérateur se met en marche. Le courant de « démarrage » (du moteur que contient le compresseur du réfrigérateur) est suffisamment intense pour qu'il y ait une chute considérable de potentiel dans l'installation électrique de la maison. La différence de potentiel aux bornes des lampes d'éclairage est momentanément inférieure à la normale. Pour éviter cette situation, le réfrigérateur devrait être branché sur un circuit séparé, si possible.

10.5 Les origines de la f.é.m. induite

La loi de Faraday et la loi de Lenz que nous avons utilisées jusqu'à présent permettent de déterminer la f.é.m. induite, mais n'expliquent pas sa cause physique : même si la f.é.m. induite est toujours produite quand le flux magnétique varie, cela n'explique pas quelle force fait circuler la charge dans le fil. En effet, à la section 7.1, nous avons défini la f.é.m. comme le *travail par unité de charge* nécessaire pour faire circuler la charge dans un circuit fermé : $\mathscr{E} = W_{\text{né}}/q$. (L'indice « né » signifie que ce travail n'est *pas* effectué par un mécanisme électrostatique.) Or, à la section 4.2, nous avons rappelé qu'un travail (sur la charge) est effectué par une *force*. Pour expliquer l'induction électromagnétique, il nous reste donc à identifier la force qui est responsable de la f.é.m. induite.

Au début de la section 10.1, nous avons distingué deux cas où se produit l'induction électromagnétique : (1) le champ magnétique *varie dans le temps* et le circuit est immobile ou (2) le champ magnétique est constant dans le temps, mais le circuit ou une de ses parties *se déplace dans l'espace*, ce déplacement devant causer un changement de flux. Comme nous le verrons, dans chacun de ces cas, la force qui effectue le travail associé à la f.é.m. n'est pas la même (et ce, même si la situation est identique du point de vue de l'application de la loi de Faraday). Le premier cas sera étudié plus en détail à la section suivante, et le second, à la section 10.7. Dans cette section, nous allons nous contenter d'une analyse générale.

Le cas où un fil conducteur se déplace dans l'espace peut être compris à l'aide des concepts du chapitre 8 : comme le fil bouge, les électrons de conduction que contient ce fil se déplacent donc en bloc avec lui. Puisqu'ils ont une vitesse, ils peuvent subir une force magnétique, ce qui les fera dériver le long du fil. La force qui cause la f.é.m. est donc une *force magnétique*.

L'autre cas correspond clairement à une nouvelle situation physique : si le circuit est immobile comme aux figures 10.3 (p. 363) ou 10.17 (p. 373), ses électrons de conduction n'ont aucune vitesse et ne peuvent donc *pas* subir de force magnétique (que ce champ varie dans le temps n'y change rien). D'ailleurs, nous avons souligné à l'exemple 10.7 que l'induction peut même se produire dans une bobine qui n'est pas du tout plongée dans le champ magnétique, mais seulement traversée par ce champ. Certes, les électrons de conduction initialement immobiles peuvent subir la force exercée par un champ électrique, mais l'aimant de la figure 10.3 ou le solénoïde de la figure 10.17 portent une charge totale nulle et ne produisent donc aucun champ électrique « ordinaire » comme ceux que nous avons étudiés dans les situations électrostatiques des chapitres 1 à 5.

Pour expliquer ces situations, il faut postuler qu'*un champ électrique peut être produit autrement que par des charges*. Dans le cas où le circuit est immobile, la f.é.m. est attribuée à un **champ électrique induit**, produit *par la variation du champ magnétique*. Cette situation révèle qu'un champ peut être produit par un autre champ, un phénomène qui sera au cœur du modèle de l'onde électromagnétique que nous étudierons au chapitre 13.

Sur le plan quantitatif, l'explication que nous venons de donner équivaut à supposer que la *seule* force que peut subir une charge est celle, donnée par l'équation 8.14, exercée par les champs électrique et magnétique, soit

$$\vec{\mathbf{F}} = q(\vec{\mathbf{E}} + \vec{\mathbf{v}} \times \vec{\mathbf{B}}) \tag{10.8}$$

cette équation demeurant valable quel que soit le mécanisme qui produit les champs électrique et magnétique. (En d'autres termes, il n'existe pas d'autres champs agissant sur des charges que les champs électrique et magnétique.) Le travail que cette force effectue sur une charge q qui se déplace autour du circuit fermé est donné par

$$W_{\text{né}} = \oint \vec{\mathbf{F}} \cdot d\vec{\boldsymbol{\ell}} = q\oint (\vec{\mathbf{E}} + \vec{\mathbf{v}} \times \vec{\mathbf{B}}) \cdot d\vec{\boldsymbol{\ell}} \tag{10.9}$$

En substituant ce résultat dans la définition de la f.é.m., soit $\mathscr{E} = W_{\text{né}}/q$, on obtient

$$\mathscr{E} = \oint (\vec{\mathbf{E}} + \vec{\mathbf{v}} \times \vec{\mathbf{B}}) \cdot d\vec{\boldsymbol{\ell}} \tag{10.10}$$

Cette dernière équation contient deux termes, chacun d'eux correspondant à l'une des deux causes possibles de la f.é.m. induite. Le premier terme fait intervenir le champ électrique induit. À la section suivante, nous verrons d'une façon quantitative comment ce champ est produit par la variation du champ magnétique. Le second terme fait intervenir un mouvement par rapport au champ magnétique. À la section 10.7, nous étudierons cette situation plus en détail.

Ajoutons une remarque importante : dans le cas du second terme de l'équation 10.10, le conducteur en mouvement doit absolument être *plongé* dans le champ magnétique pour que ses électrons de conduction puissent subir une force magnétique. En d'autres termes, le champ doit être non nul à la position des électrons de conduction eux-mêmes. Par contre, dans le cas du premier terme de l'équation 10.10, le conducteur doit être plongé dans le champ électrique induit, mais *pas forcément dans le champ magnétique* qui a induit ce champ. Cela explique une situation comme celle de l'exemple 10.7, où l'induction se produit dans une bobine qui n'est pas plongée dans le champ.

10.6 Les champs électriques induits

Nous allons maintenant étudier plus en détail le premier des deux cas, mentionnés à la section précédente, où se produit l'induction électromagnétique. Pour ce faire, voyons comment on peut prédire la valeur du champ électrique induit. Lorsque le circuit sur lequel on calcule la f.é.m. n'est pas en mouvement dans le champ magnétique, seul le premier terme de l'équation 10.10 est non nul. Cette équation se réduit donc à

$$\mathscr{E} = \oint \vec{\mathbf{E}} \cdot d\vec{\boldsymbol{\ell}} \qquad \text{(i)}$$

Par ailleurs, cette f.é.m. doit correspondre à celle déduite de l'expérience, c'est-à-dire celle donnée par la loi de Faraday. Puisque le circuit n'est pas en mouvement, seule la variation du champ magnétique en fonction du temps contribue à la variation du flux. Pour un champ magnétique uniforme et perpendiculaire au plan du circuit, $\Phi_B = BA$, donc $d\Phi_B/dt = A\ dB/dt$. La loi de Faraday donne donc

$$\mathscr{E} = -A\frac{dB}{dt} \qquad \text{(ii)}$$

En comparant les équations (i) et (ii), on peut relier le champ électrique induit et le taux de variation du champ magnétique :

$$\oint \vec{\mathbf{E}} \cdot d\vec{\boldsymbol{\ell}} = -A\frac{dB}{dt} \qquad (10.11)$$

Notons que l'équation 10.11 prédit la production d'un champ électrique *même si on retire le circuit conducteur* : toute variation d'un champ magnétique produit un champ électrique induit, tant dans le vide que dans la matière. En d'autres termes, un champ $\vec{\mathbf{E}}$ induit est produit en chaque point de l'espace par un $\vec{\mathbf{B}}$ variable, exactement comme un champ $\vec{\mathbf{E}}$ conservatif est produit en chaque point de l'espace par une charge q !

Une note générale s'impose ici : nous avons dit qu'un champ magnétique peut produire un champ électrique. Toutefois, le champ magnétique avait initialement été produit par un courant. Au chapitre 13, nous verrons qu'un champ électrique variable peut lui aussi induire un champ magnétique, ce qui permet même aux champs de s'induire l'un l'autre de multiples fois. Par contre, il faut, là encore, bien garder en tête que les premiers champs sont produits par des charges ou des courants. Ultimement, *tous les champs sont donc attribués directement ou indirectement à des charges sources.* En effet, si on pouvait vider l'Univers de toutes ses charges, on supprimerait par la même occasion tous les champs, induits ou non.

La figure 10.26 représente le champ électrique induit associé au champ magnétique variable dans le temps d'un solénoïde. Le champ électrique induit se

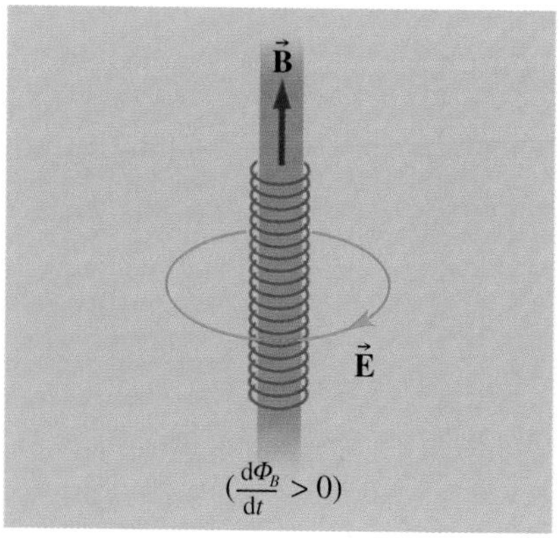

Figure 10.26 ▲
La variation du champ magnétique à l'intérieur du solénoïde crée un champ électrique induit dont les lignes sont des cercles fermés.

distingue de deux façons du champ électrique conservatif associé aux charges électriques, que nous avons décrit au chapitre 2. Premièrement, les lignes du *champ électrique induit* sont des boucles fermées, alors que les lignes du *champ électrique conservatif* relient toujours des charges entre elles. Deuxièmement, le champ électrique induit est un champ non conservatif puisque son intégrale de ligne sur un parcours fermé n'est pas nulle.

Comme le montrera l'exemple suivant, l'équation 10.11 permet de calculer facilement le champ électrique induit dans des situations *symétriques*. Cette équation s'utilise de façon très similaire au théorème d'Ampère (équation 9.15).

EXEMPLE 10.12

Le courant dans un très long solénoïde de rayon R diminue avec le temps. Déterminer le module du champ électrique induit en des points situés (a) à l'intérieur; (b) à l'extérieur du solénoïde. Exprimer les résultats en fonction de $\mathrm{d}B/\mathrm{d}t$.

Solution

Pour calculer l'intégrale de l'équation 10.11, nous choisissons un parcours d'intégration qui tient compte de la symétrie cylindrique du problème. Le module du champ électrique induit sera le même en tout point d'une boucle circulaire concentrique par rapport au solénoïde. Une telle boucle est donc un parcours d'intégration approprié. Selon la convention de signes donnée à la section 10.3 (voir p. 370), l'intégrale de ligne doit être positive si on longe le parcours d'intégration en sens *horaire*. Que la boucle soit située à l'intérieur ou à l'extérieur du solénoïde, nous avons $\vec{\mathbf{E}}\cdot\mathrm{d}\vec{\boldsymbol{\ell}} = E\,\mathrm{d}\ell$ puisque $\vec{\mathbf{E}}$ est parallèle à $\mathrm{d}\vec{\boldsymbol{\ell}}$. Pour une boucle de rayon r, l'intégrale devient

$$\oint \vec{\mathbf{E}}\cdot\mathrm{d}\vec{\boldsymbol{\ell}} = E\oint \mathrm{d}\ell = E(2\pi r)$$

(a) Pour $r < R$, le flux traversant la boucle est $\Phi_B = BA = B(\pi r^2)$. D'après l'équation 10.11, on a donc

$$E(2\pi r) = -(\pi r^2)\frac{\mathrm{d}B}{\mathrm{d}t}$$

$$(r < R) \qquad E = -\frac{r}{2}\frac{\mathrm{d}B}{\mathrm{d}t} \qquad \text{(i)}$$

Puisque le courant diminue, $\mathrm{d}I/\mathrm{d}t < 0$. À partir de l'équation 9.13, $\mathrm{d}B/\mathrm{d}t = \mu_0 n(\mathrm{d}I/\mathrm{d}t) < 0$, donc le module E du champ électrique induit est bel et bien positif. Ce module augmente linéairement avec la distance à partir du centre.

(b) Pour $r > R$, le flux traversant la boucle est $\Phi_B = B(\pi R^2)$. Donc,

$$E(2\pi r) = -(\pi R^2)\frac{\mathrm{d}B}{\mathrm{d}t}$$

$$(r > R) \qquad E = -\frac{R^2}{2r}\frac{\mathrm{d}B}{\mathrm{d}t} \qquad \text{(ii)}$$

À l'extérieur du solénoïde, le module du champ électrique induit est inversement proportionnel à la distance à partir du centre. La figure 10.27 représente la variation du champ en fonction de r. Vous pouvez vérifier l'orientation de $\vec{\mathbf{E}}$ en utilisant la loi de Lenz.

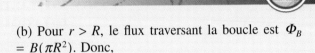

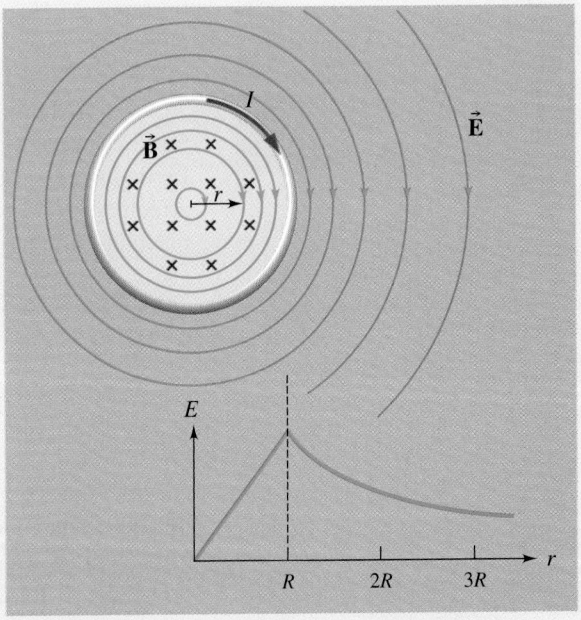

Figure 10.27 ▲
La variation du champ électrique induit en fonction de la distance à partir du centre d'un long solénoïde dans lequel le courant diminue. On néglige l'épaisseur de la paroi du solénoïde.

Lorsque nous avons comparé les figures 10.3 (p. 363) et 10.7 (p. 365), nous avons souligné que le courant induit qu'on observe dans la boucle conductrice ne dépend que du mouvement *relatif* de l'aimant et de la boucle. Pourtant, nous venons de voir que la f.é.m. induite est attribuée à une force différente selon que c'est la boucle ou l'aimant qui est en mouvement. L'équivalence frappante entre ces deux mouvements suggère toutefois qu'il y a anguille sous roche : au chapitre 8 du tome 3, nous allons effectivement voir que la nature d'un champ (c'est-à-dire s'il est électrique ou magnétique) dépend du référentiel de l'observateur. Par exemple, pour un observateur dans le référentiel de la boucle conductrice (imaginez une caméra et des instruments de mesure fixés sur la boucle), cette dernière est *toujours* immobile, et la situation de la figure 10.3 ne peut être distinguée de celle de la figure 10.7. Dans le référentiel de la boucle, le courant induit est donc *toujours* entièrement attribué à un champ électrique induit !

10.7 La f.é.m. induite dans un conducteur en mouvement

Nous allons maintenant étudier plus en détail le second des deux cas, mentionnés à la section 10.5, où se produit l'induction électromagnétique, celui où le champ magnétique est constant dans le temps et où le circuit se déplace dans l'espace. Comme le champ magnétique est constant, il n'y a pas de champ électrique induit et la f.é.m. induite est due exclusivement au travail qu'effectue la force magnétique* autour du circuit fermé.

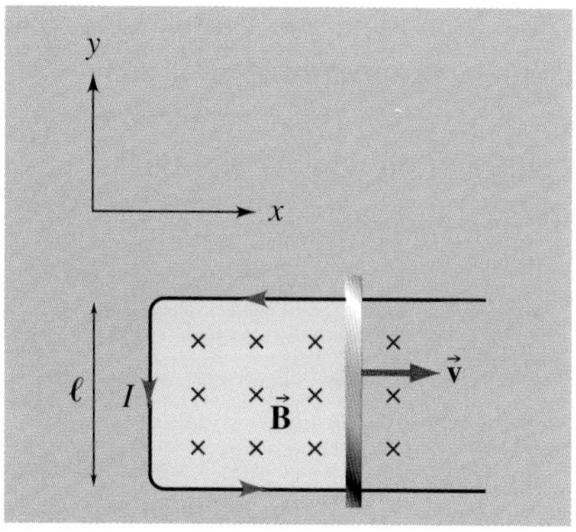

Figure 10.28 ▲
Dans cette situation, le champ magnétique est constant, alors il n'y a aucun champ électrique induit. La f.é.m. induite est due exclusivement au travail que fait la force magnétique sur les charges libres que contient la tige conductrice.

Dans un premier temps, nous allons considérer la situation simple de la figure 10.28, où le circuit est formé d'une tige conductrice se déplaçant sur un rail en forme de U. Au départ, il n'y a pas de courant induit, mais les électrons de conduction que contient la tige ne sont pas immobiles puisqu'ils se déplacent en bloc avec la tige. Ils peuvent donc subir une force magnétique (tangente à la tige). Pour déterminer la f.é.m. induite, calculons le travail effectué par cette force magnétique sur un électron de conduction. Le seul travail magnétique non nul est celui effectué le long de la portion de circuit qui est en mouvement. Comme le champ est perpendiculaire à la vitesse, la force magnétique sur un électron a un module $F_B = |q|vB$ (équation 8.1). Comme la règle de la main droite indique que cette force est vers le bas, les électrons se déplacent vers le bas le long de la tige. Le déplacement d'un électron correspondant à la longueur de la tige, le travail effectué est $W_{\text{né}} = \vec{\mathbf{F}}_B \cdot \vec{\mathbf{s}} = F\ell = qvB\ell$. La f.é.m. étant définie comme le travail par unité de charge $\mathscr{E} = W_{\text{né}}/q$, on obtient

F.é.m. induite dans un conducteur en mouvement

$$\mathscr{E} = B\ell v \qquad (10.12a)$$

On note que ce résultat est le même que celui obtenu à l'exemple 10.8 avec la loi de Faraday. De plus, le mouvement des électrons en sens horaire correspond à un courant en sens antihoraire, et on note que ce sens correspond à celui prédit par la loi de Lenz.

---

* Nous verrons un peu plus loin que le travail que fait la force magnétique pour déplacer les électrons le long de la tige est compensé par un autre travail magnétique, négatif, de telle sorte que le travail total effectué par la force magnétique *sur une charge considérée comme libre* est nul. Le rôle de la force magnétique est uniquement de « transmettre » le travail fourni par l'agent extérieur qui déplace la tige.

L'analyse que nous venons de faire n'est valable que pour des circuits qui ont une forme similaire à celle illustrée à la figure 10.28, pour laquelle le champ, la tige et la force magnétique sont tous perpendiculaires entre eux. En général, l'analyse est toutefois similaire. Par exemple, un circuit comme celui de la figure 10.5 (p. 364) peut être décomposé en une succession de portions rectilignes, orientées différemment par rapport au champ et se déplaçant à des vitesses différentes.

On peut obtenir la f.é.m. sur un tel circuit de forme quelconque en additionnant (intégrant) la somme des contributions sur chaque portion de fil successive. Cela équivaut à appliquer l'équation 10.10 en l'absence de champ électrique induit. Cette équation se réduit alors à

$$\mathscr{E} = \oint (\vec{\mathbf{v}} \times \vec{\mathbf{B}}) \cdot d\vec{\boldsymbol{\ell}}$$

Si on calcule la f.é.m. induite sur un tronçon de fil rectiligne de longueur ℓ, on peut éviter d'intégrer. En effet, la force magnétique, en chaque point du tronçon de fil, a un même module $F_B = qvB\sin\theta$ et elle fait un même angle β avec la portion de fil, de sorte que le travail qu'elle effectue est $W_{\text{né}} = F_B\ell\cos\beta$. La f.é.m. est donc

$$\mathscr{E} = B\ell v\sin\theta\cos\beta \qquad (10.12b)$$

Les exemples 10.13 et 10.14 qui suivent illustrent des cas simples d'induction électromagnétique dans un conducteur en mouvement.

Dans le cas de la figure 10.28, on peut s'interroger sur la force qui déplace les charges dans le rail en U, là où il n'y a aucune force magnétique tangente au rail. Le mécanisme est le même que celui étudié à la section 6.1, c'est-à-dire un champ électrique *conservatif* établi le long du rail. La situation de la figure 10.28 est donc équivalente à une pile (la tige) qui fournit un travail pour maintenir une différence de potentiel à ses bornes, alors que la charge dans le rail ne fait que « tomber » vers le potentiel plus faible.

Pour comprendre ce mécanisme, considérons ce qu'il adviendrait si on retirait le rail (figure 10.29). En l'absence de circuit fermé, le champ magnétique exerce quand même une force sur les électrons de conduction qui se déplacent en bloc à la vitesse $\vec{\mathbf{v}}$, mais ces derniers s'accumulent à l'extrémité inférieure du rail. De même, une charge positive (correspondant au déficit d'électrons) s'accumule à l'extrémité supérieure du rail. Les extrémités de la tige portent donc des charges égales et opposées *comme les bornes d'une pile*. Or, les charges accumulées produisent un champ électrique *conservatif* entre elles. Ce champ a plusieurs effets : premièrement, si le rail est présent, c'est lui qui exerce la force nécessaire pour faire « tomber » la charge le long du rail, comme le champ électrique décrit à la figure 6.3 (p. 187). Deuxièmement, ce champ électrique conservatif s'établit aussi le long de la tige. Il exerce alors une force électrique (opposée à la force magnétique) qui a pour effet de nuire à l'accumulation de charge supplémentaire aux extrémités de la tige. Cela garantit que la quantité de charge accumulée à ces extrémités reste toujours stable, *que le rail soit présent ou non* : elle se stabilise lorsque les électrons dans la tige subissent une force résultante nulle, c'est-à-dire quand $F_B = F_E$, soit $|q|vB = |q|E$, donc quand $E = vB$. Notons qu'alors la différence de potentiel entre les extrémités de la tige, donnée par l'équation 4.11*c*, est $\Delta V = E\ell = B\ell v$. Qu'on ajoute le rail ou non, la différence de potentiel maintenue entre les extrémités du rail correspond donc bel et bien à la f.é.m.

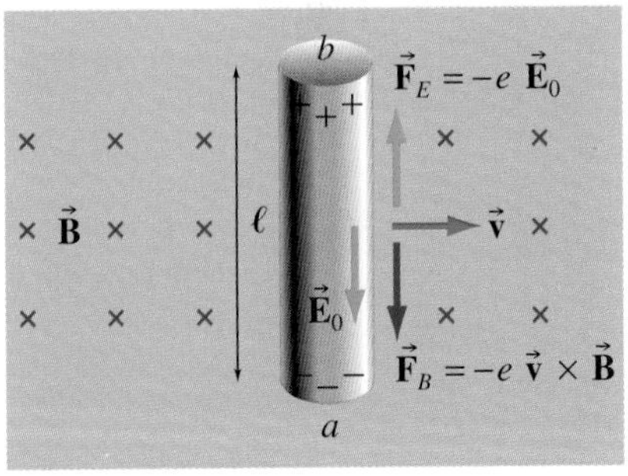

Figure 10.29 ▲
Une tige métallique se déplaçant perpendiculairement aux lignes du champ magnétique. Il y a séparation des charges et une différence de potentiel électrique s'établit.

EXEMPLE 10.13

Soit un générateur formé d'une bobine de N spires, d'une section carrée de côté a, qui tourne à la vitesse angulaire ω. La bobine est plongée dans un champ magnétique uniforme de module B, son axe de rotation est perpendiculaire au champ et est parallèle à deux des côtés de la bobine (voir la figure 10.23, p. 376). Calculer la f.é.m. produite par la force magnétique. Comparer ce résultat à l'équation 10.6 obtenue avec la loi de Faraday.

Solution

Toutes les spires étant reliées en série, il suffit d'obtenir la f.é.m. induite dans une spire et de multiplier par N. Pour obtenir cette f.é.m., on doit considérer séparément les quatre côtés de la spire. À la figure 10.30, on note que la force magnétique que subissent les électrons de conduction des deux côtés d'une spire qui sont perpendiculaires à l'axe de rotation n'est jamais parallèle au fil. Ces côtés ne contribuent donc pas à la f.é.m. Ensuite, on note que les deux côtés d'une spire qui sont parallèles à l'axe de rotation ont des vitesses égales et opposées. En conséquence, quand on parcourt la spire complète, les f.é.m. induites dans les côtés parallèles à l'axe de rotation s'additionnent.

Chacun des côtés parallèles à l'axe de rotation effectue un mouvement circulaire à la vitesse $v = \omega r = \omega(a/2)$. Toutefois, l'angle θ entre cette vitesse et le champ magnétique change avec le temps. À la figure 10.30, on note qu'il est identique à l'angle $\theta = \omega t$ entre le vecteur surface $\vec{\mathbf{A}}$ et le champ $\vec{\mathbf{B}}$. La force magnétique que subit un électron de conduction est donc

$$F_B = |q|vB\sin\theta = |q|\,\omega(a/2)B\sin\omega t$$

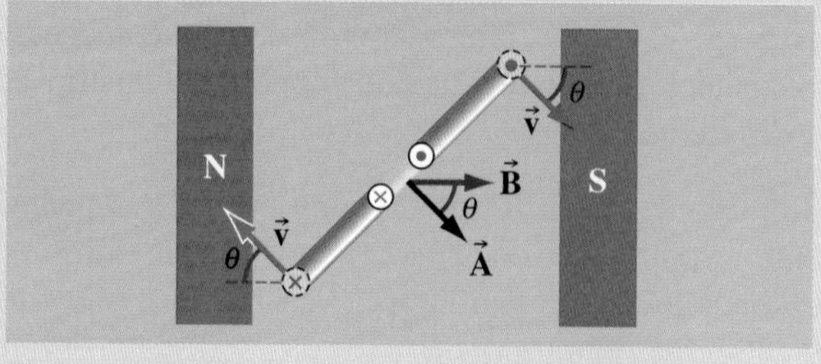

Figure 10.30▲
Dans un générateur, seuls les deux côtés parallèles à l'axe de rotation contribuent à la f.é.m. induite dans une spire. Leur vitesse forme avec le champ un angle θ qui change avec le temps.

Quand l'électron se déplace le long d'un côté de longueur a, le travail effectué est F_Ba, puisque la force magnétique est parallèle au côté de longueur a (autrement dit, $\beta = 0$ dans l'équation 10.12*b*). Le travail total effectué sur un électron qui parcourt une spire complète est le double, soit $W_{\text{né}} = 2F_Ba = |q|\,\omega a^2 B\sin\omega t$. La f.é.m. induite dans une seule spire est donc

$$\mathscr{E}_{\text{spire}} = \omega a^2 B\sin\omega t \quad \text{(i)}$$

Évidemment, le résultat pour un des côtés parallèles à l'axe de rotation aurait pu être obtenu directement avec l'équation 10.12*b*, avec $v = \omega(a/2)$, $\ell = a$, $\theta = \omega t$ et $\beta = 0$. On aurait ensuite multiplié par 2 pour obtenir l'équation (i). Si on multiplie par N l'équation (i) pour obtenir la f.é.m. totale, et qu'on substitue $A = a^2$, on obtient un résultat identique à l'équation 10.6, soit

$$\mathscr{E} = N\omega AB\sin\omega t$$

EXEMPLE 10.14

Dans un *générateur homopolaire*, un disque conducteur de rayon R tourne à la vitesse angulaire ω. Son plan est perpendiculaire à un champ magnétique uniforme et constant $\vec{\mathbf{B}}$ (figure 10.31). Quelle est la f.é.m. produite entre le centre et la circonférence du disque ?

Solution

Le disque peut être assimilé à une série de tiges radiales. La valeur et la polarité des f.é.m. induites sont donc les mêmes que pour une seule tige, mais le courant que peut produire un disque est beaucoup plus intense. Considérons un petit segment de largeur $d\vec{\mathbf{r}}$ situé à une distance r du centre et orienté vers l'extérieur. Le module de la vitesse du segment est $v = \omega r$.

Les électrons à l'intérieur du segment sont soumis à la force magnétique $\vec{\mathbf{F}}_B = -e\vec{\mathbf{v}} \times \vec{\mathbf{B}}$, radiale et dirigée vers l'intérieur. Comme $\vec{\mathbf{v}}$ est perpendiculaire à $\vec{\mathbf{B}}$, on a $|\vec{\mathbf{v}} \times \vec{\mathbf{B}}| = vB$, d'où

$$(\vec{\mathbf{v}} \times \vec{\mathbf{B}})\cdot d\vec{\mathbf{r}} = vB\,dr = \omega Br\,dr \quad \text{(i)}$$

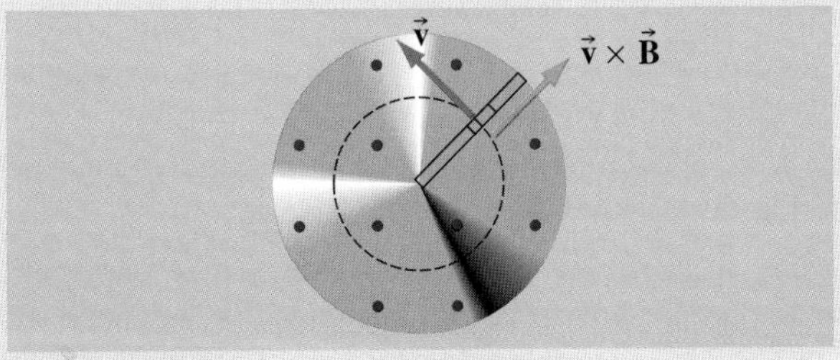

Figure 10.31▲
Dans un générateur homopolaire, un disque conducteur tourne perpendiculairement à un champ magnétique. Pour déterminer la f.é.m. induite par le mouvement, on divise le disque en tiges élémentaires.

Cette équation donne la force par unité de charge que subit un électron se déplaçant dans la tige. Si on intègre cette force par unité de charge sur le parcours de l'électron, on obtient le travail par unité de charge, c'est-à-dire la f.é.m. Le parcours correspondant à la longueur de la tige, les bornes sont $r_i = 0$ et $r_f = R$, d'où

$$\mathscr{E} = \int_0^R \omega B r \, dr = \tfrac{1}{2}\omega B R^2 \qquad \text{(ii)}$$

Étant donné les orientations de $\vec{\mathbf{v}}$ et de $\vec{\mathbf{B}}$, le centre est à un potentiel plus élevé que la circonférence. Si l'on établit des contacts sans friction à ces deux points, un courant continu constant va circuler dans une résistance externe.

Si nous avions commencé par calculer la f.é.m. d'un disque tournant en considérant le flux, nous nous serions trouvés dans une situation paradoxale. Puisque le flux total traversant le disque ne varie pas, ce résultat semble être en contradiction avec l'équation $\mathscr{E} = -d\Phi_B/dt$. Mais il n'en est pas ainsi. Pour appliquer la loi de Faraday, il est nécessaire de choisir un parcours fermé approprié qui *englobe le mouvement du disque*. Dans le cas présent, le parcours est un secteur triangulaire du cercle (figure 10.32). Un rayon (OP) reste fixe tandis que l'autre (OQ) tourne avec le disque à la vitesse ω. L'aire du secteur est $dA = \frac{1}{2}(R\,d\theta)R$ et le flux à travers le secteur est $d\Phi_B = B\,dA = \frac{1}{2}R^2B\,d\theta$. Le taux de variation du flux est $d\Phi_B/dt = \frac{1}{2}BR^2\,d\theta/dt = \frac{1}{2}\omega BR^2$, qui est l'expression trouvée plus haut. On détermine le sens de la f.é.m. à l'aide de la loi de Lenz. ■

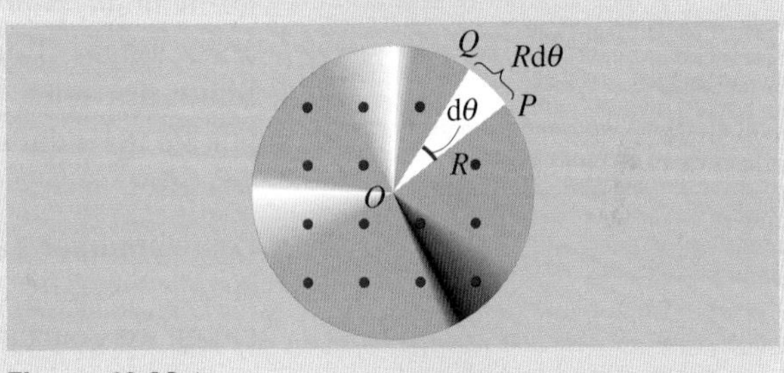

Figure 10.32▲
Même si le flux total à travers un disque tournant ne varie pas, on peut utiliser l'équation $\mathscr{E} = -d\Phi_B/dt$ à condition de choisir un parcours fermé englobant le mouvement du disque.

La tige en mouvement de la figure 10.28 (p. 382) agit comme une source de f.é.m. En général, une source de f.é.m. convertit une énergie de forme quelconque en énergie électrique et effectue un travail sur les charges. À la section 8.1, nous avons dit qu'une force magnétique était incapable de faire un travail sur une particule libre, alors il est intéressant d'examiner de plus près la situation que nous venons de décrire, en calculant le travail effectué sur un électron individuel, considéré comme libre.

Par suite du mouvement de la tige, la vitesse d'un électron donné a une composante $\vec{\mathbf{v}}$ orientée selon le mouvement de la tige et une vitesse de dérive $\vec{\mathbf{v}}_d$ le long de la tige (figure 10.33). Les forces magnétiques associées à ces composantes sont l'une de module evB orientée vers le bas, l'autre de module ev_dB orientée dans le sens opposé au mouvement de la tige. La puissance ($P = \vec{\mathbf{F}}_B \cdot \vec{\mathbf{v}}$) fournie par la force magnétique associée au mouvement de dérive est égale à $+(evB)v_d$ et la puissance associée au mouvement horizontal est égale à $-(ev_dB)v$. Bien que la force magnétique ait effectivement déplacé les électrons le long de la tige, on note que la puissance totale fournie par la force magnétique est nulle comme il se doit si on considère l'électron comme une particule libre. Puisque les électrons sont obligés de rester à l'intérieur de la tige, ils sont également soumis à une force $\vec{\mathbf{F}}_{tige}$ provenant des autres charges électriques. À l'équilibre, les deux forces horizontales sur chaque charge se compensent : $\vec{\mathbf{F}}_{tige} = ev_dB\vec{\mathbf{i}}$. Cette équation s'applique aux charges à l'intérieur de la tige. Pour maintenir la

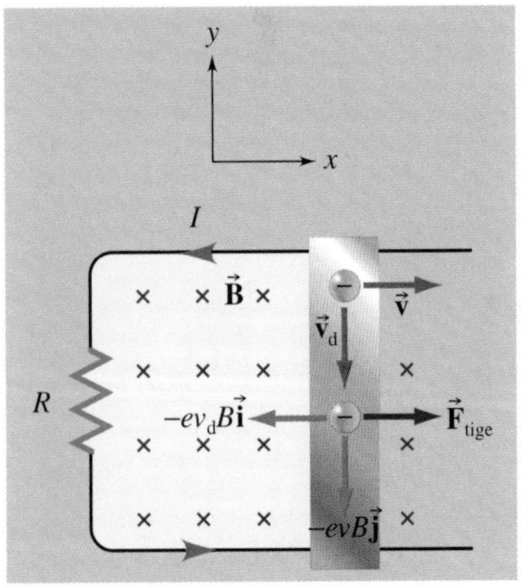

Figure 10.33▲
Une tige conductrice en mouvement dans une direction normale au champ magnétique. La vitesse de chaque électron a une composante orientée selon le mouvement de la tige et une vitesse de dérive parallèle à la tige. La force créée par la tige, $\vec{\mathbf{F}}_{tige}$, est une force électrique attribuable à l'effet Hall à travers la tige.

tige en mouvement à vitesse constante, il faut qu'un agent *extérieur* exerce une force vers la droite (non représentée dans la figure 10.33) pour équilibrer la force magnétique de module $I\ell B$ (qui est la somme des forces magnétiques sur tous les électrons de conduction). L'énergie requise est fournie par cet agent extérieur. En un certain sens, le champ magnétique agit comme un intermédiaire dans le transfert d'énergie de l'agent extérieur vers la tige.

La « force due à la tige », $\vec{\mathbf{F}}_{\text{tige}}$, provient de l'effet Hall. En se déplaçant dans la tige, les électrons sont soumis à une force magnétique vers la gauche. Comme des charges opposées apparaissent sur les parois de la tige, un champ électrique de Hall est créé entre les parois (de droite à gauche). C'est la force électrique due à ce champ de Hall qui donne $\vec{\mathbf{F}}_{\text{tige}}$.

Le moteur linéaire

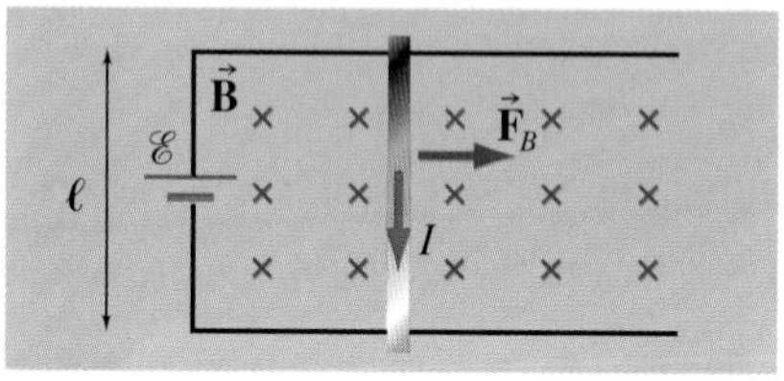

Figure 10.34 ▲
Un moteur linéaire composé d'une tige, d'une pile et de rails conducteurs.

On peut construire un « moteur linéaire » simple en plaçant une tige conductrice sur de longs rails conducteurs reliés à une pile. La tige complète le circuit, et un courant circule dans la tige. Si on plonge le tout dans un champ magnétique, la force magnétique accélérera la tige (figure 10.34). On pourrait penser qu'un tel montage peut propulser la tige à des vitesses très grandes (si les rails sont assez longs). Toutefois, en pratique, on observe que la tige atteint une vitesse limite. En effet, le mouvement de la tige dans le champ magnétique produit une f.é.m. induite qui s'oppose à la pile, et qui finit par annuler complètement son effet.

Pour simplifier l'analyse de la situation, supposons que la tige a une résistance R et que les rails ont une résistance négligeable. Ainsi, la résistance totale du circuit est constante et égale R. Au départ, lorsque la tige est immobile, la f.é.m. externe $\mathscr{E}$ produit un courant $I = \mathscr{E}/R$. La tige subit une force magnétique de module $F = I\ell B$, qui l'accélère vers la droite. Toutefois, au fur et à mesure qu'elle prend de la vitesse, il apparaîtra dans la tige une f.c.é.m. (force contre-électromotrice) $\mathscr{E}' = B\ell v$, qui vient *s'opposer* à la f.é.m. externe (on peut le vérifier par la loi de Lenz ou en analysant ce qui se passe sur un électron dans la tige).

Si la force magnétique est la seule qui agit sur la tige (s'il n'y a pas de frottement ni d'autre force externe), la tige accélérera jusqu'à atteindre une vitesse limite telle que $\mathscr{E}' = \mathscr{E}$. Les deux f.é.m. s'annulent alors, le courant et la force magnétique deviennent nuls et la tige continue à une vitesse constante. S'il y a d'autres forces qui agissent sur la tige, la vitesse limite est atteinte lorsque la somme des forces qui agit sur la tige est nulle. Par la deuxième loi de Newton, $\Sigma\vec{\mathbf{F}} = m\vec{\mathbf{a}}$, l'accélération est alors nulle et la tige continue à une vitesse constante.

EXEMPLE 10.15

Soit le moteur linéaire représenté à la figure 10.34, avec $\ell = 1$ m, $B = 0{,}5$ T, $\mathscr{E} = 10$ V. La résistance R de la tige est de 2 Ω et la résistance des fils qui composent le reste du circuit est négligeable. (a) Calculer le courant qui circule dans le circuit ainsi que le module de la force magnétique qui s'exerce sur la tige lorsque celle-ci est immobile. Calculer la vitesse limite atteinte par la tige : (b) si la force magnétique est la seule à agir sur la tige ; (c) si une force de frottement de 2 N vers la gauche agit sur la tige ; (d) s'il n'y a pas de frottement et qu'une force extérieure de 2 N vers la droite agit sur la tige.

Solution

(a) Si la tige est immobile, il n'y a pas d'induction magnétique. Le courant égale $I = \mathscr{E}/R = 5$ A et la force magnétique, $F_B = I\ell B = 2{,}5$ N. Le courant dans la tige est vers le bas et la force magnétique est vers la droite.

(b) La force magnétique calculée en (a) produit une accélération de la tige vers la droite. Le mouvement de la tige produit lui-même une variation du flux magnétique qui fait apparaître une f.é.m. induite de sens contraire à la f.é.m. de la pile.

La tige atteint une vitesse limite lorsque la f.é.m. induite est égale à la f.é.m. de la pile. ■

Cela se produit lorsque $\mathscr{E}' = B\ell v = \mathscr{E}$, d'où $v = \mathscr{E}/\ell B = 20$ m/s.

(c) La vitesse limite est atteinte lorsque la force magnétique $\vec{\mathbf{F}}_B$ contrebalance le frottement. ■

On a donc $F_B = 2$ N *vers la droite*. Par $F_B = I\ell B$, on trouve que le courant dans la tige égale $I = 4$ A *vers le bas*. (Pour produire une force magnétique vers la droite, le courant dans la tige doit être vers le bas.) Le courant est moins élevé que lorsque la f.é.m. externe agit seule, car la f.c.é.m. s'oppose à la f.é.m. externe. On peut donc écrire

$$\mathscr{E} - \mathscr{E}' = RI$$

d'où $\mathscr{E}' = \mathscr{E} - RI = 2$ V. Par $\mathscr{E}' = B\ell v$, on trouve $v = 4$ m/s.

(d) La vitesse limite est atteinte lorsque la force magnétique $\vec{\mathbf{F}}_B$ agit *vers la gauche* et contrebalance la force externe. ■

On a donc $F_B = 2$ N *vers la gauche*. Par $F_B = I\ell B$, on trouve que le courant égale $I = 4$ A *vers le haut*. (Pour produire une force magnétique vers la gauche, le courant dans la tige doit être vers le haut.) Comme le courant produit dans la tige par la f.é.m. externe seule est vers le bas, on conclut que la *f.c.é.m. est plus grande que la f.é.m. externe en valeur absolue* (en plus d'être de sens opposé). On peut donc écrire

$$\mathscr{E}' - \mathscr{E} = RI$$

d'où $\mathscr{E}' = \mathscr{E} + RI = 18$ V. Par $\mathscr{E}' = B\ell v$, on trouve $v = 36$ m/s.

10.8 Les courants de Foucault

La figure 10.35*a* représente un barreau aimanté qui s'approche d'une plaque conductrice. Puisque le flux à travers un parcours quelconque sur la plaque varie, des courants induits vont circuler dans le sens antihoraire (vu de l'aimant). Si l'aimant se déplace parallèlement à la plaque (figure 10.35*b*), la non-uniformité du champ signifie que les régions situées en avant de l'aimant subissent une augmentation de flux tandis que celles qui sont situées derrière subissent une diminution du flux. Devant l'aimant, les courants circulent dans le sens antihoraire et, derrière l'aimant, ils circulent dans le sens horaire. De tels courants induits dans un matériau sont appelés **courants de Foucault** en hommage à Léon Foucault (1819-1868), qui fut l'un des premiers à observer et à étudier le phénomène.

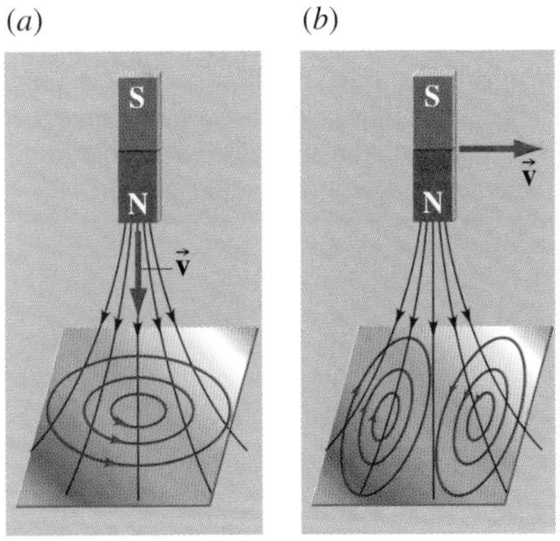

Figure 10.35 ▲
Lorsqu'un barreau aimanté se déplace par rapport à une plaque conductrice, des courants de Foucault sont induits dans la plaque.

À l'exemple 10.8 et à la section précédente, nous avons vu ce qui se passe lorsqu'une tige se déplace dans un champ magnétique. Si l'on remplace la tige par une plaque conductrice (figure 10.36), les courants induits sont répartis dans l'ensemble de la plaque. Si une partie seulement de la plaque est située dans le champ, les courants dans cette partie vont être soumis à une force opposée à l'orientation du mouvement. Cette force de ralentissement peut être utilisée pour amortir les oscillations d'un équilibre chimique ou du cadre d'un galvanomètre. De même, les courants de Foucault sont parfois utilisés dans les systèmes de freinage des trains. Une des voitures du train comporte un électroaimant placé près d'un rail. Lorsqu'on fait circuler le courant dans l'aimant, d'intenses courants de Foucault sont induits dans le rail. La force magnétique exercée sur ces courants par l'aimant est orientée vers l'avant. D'après la troisième loi de Newton, la force de réaction sur le train est orientée

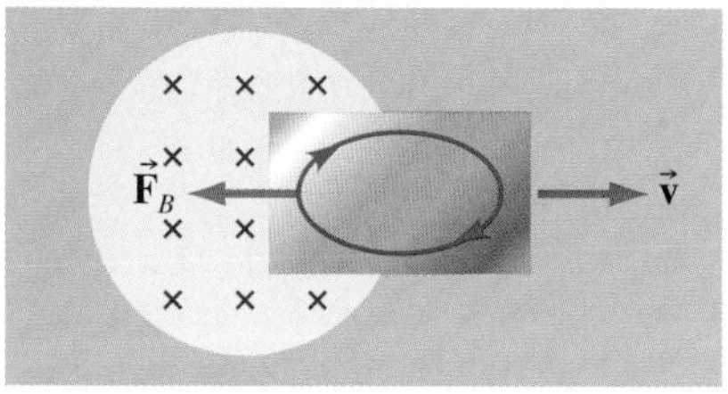

Figure 10.36▲
Une plaque conductrice que l'on tire dans un plan perpendiculaire aux lignes du champ. La force magnétique résultante sur les courants de Foucault induits est opposée au sens du mouvement.

vers l'arrière. Les forces dues aux courants de Foucault induits sont également utilisées dans les indicateurs de vitesse des automobiles.

En circulant à l'intérieur d'un conducteur, les courants de Foucault produisent de l'énergie thermique. Cette méthode de production de chaleur est utilisée dans les fonderies et dans les procédés d'affinage pour les semi-conducteurs. Les courants de Foucault engendrés dans les casseroles en cuivre peuvent également être utilisés dans la « cuisson par induction ».

La figure 10.37*a* représente un aimant suspendu au-dessus du bord d'un disque conducteur qui tourne rapidement autour d'un axe vertical. Les courants de Foucault induits dans le disque produisent une force qui a tendance à entraîner l'aimant dans le sens du mouvement de la circonférence du disque. L'aimant est également soumis à une force de répulsion. On peut mettre en évidence la force de répulsion qui provient des courants de Foucault de la manière suivante. On enroule un solénoïde autour d'un barreau de fer (pour obtenir un champ plus intense) comme le montre la figure 10.37*b*. On place un anneau de cuivre à l'extrémité du solénoïde. Lorsqu'on fait passer un courant (à variation rapide), l'anneau est repoussé (conformément à la loi de Lenz, telle qu'il l'a conçue) et se trouve projeté vers le haut. Au lieu d'un anneau, on peut utiliser une plaque plane. La force de répulsion due aux courants de Foucault est utilisée dans la lévitation magnétique et la propulsion des trains (*cf.* sujet connexe, chapitre 11).

(*a*) (*b*)

Figure 10.37►
(*a*) Un aimant suspendu au-dessus d'un disque métallique tournant rapidement sur lui-même induit des courants de Foucault dans le disque. Les forces magnétiques sont telles que l'aimant a tendance à être entraîné par le disque et qu'il est également repoussé. (*b*) Un barreau de fer est placé à l'intérieur d'un solénoïde (pour renforcer le champ magnétique produit par le solénoïde) et un anneau métallique est placé à l'extrémité. Si le courant circulant dans le solénoïde varie rapidement, l'anneau est éjecté.

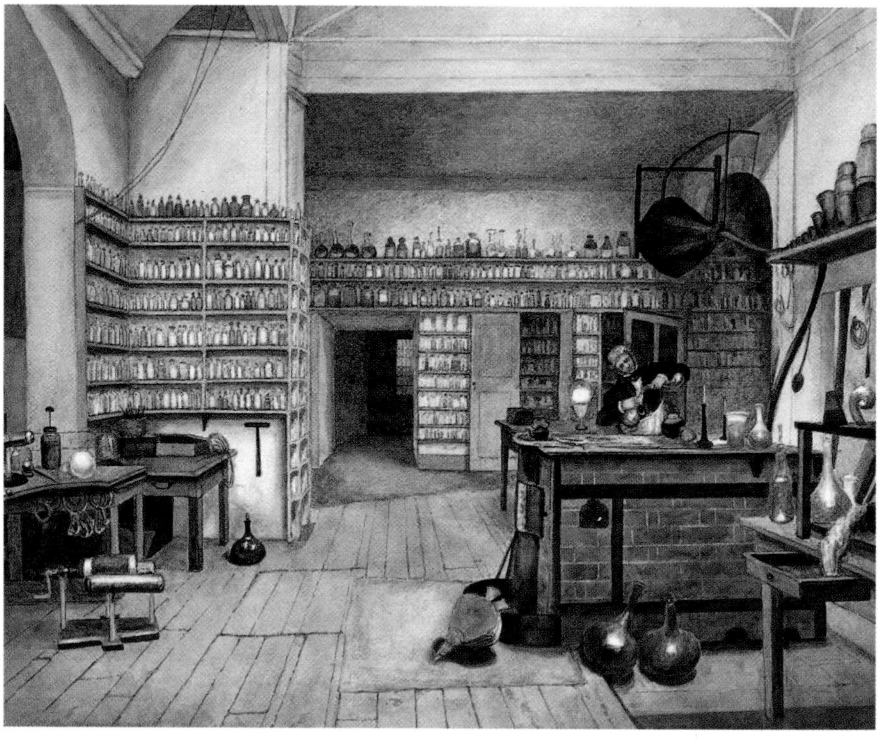

Faraday au travail dans son laboratoire à l'Institut Royal.

APERÇU HISTORIQUE

La découverte de l'induction électromagnétique

Au XVIIIe siècle, on se servait des bouteilles de Leyde pour chauffer des fils conducteurs et pour provoquer des transformations chimiques dans les solutions ioniques. C'étaient autant d'applications illustrant la conversion de l'électricité en chaleur ou en énergie chimique. On savait bien sûr qu'un apport de chaleur pouvait déclencher une réaction chimique et qu'une réaction chimique pouvait produire de la chaleur. La pile de Volta et les autres piles avaient déjà prouvé que les transformations chimiques pouvaient produire de l'électricité. En 1822, Thomas Johann Seebeck (1770-1831) découvrit qu'on pouvait produire un courant électrique en appliquant de la chaleur à la jonction de deux métaux. De tels indices renforçaient de nombreux scientifiques dans leur conviction que toutes les « forces de la nature » étaient reliées entre elles. Rappelons que c'est cette idée qui avant encouragé Œrsted à chercher un lien entre l'électricité et le magnétisme. Peu de temps après, François Arago montra qu'un barreau de fer devenait aimanté lorsqu'on le plaçait à l'intérieur d'un solénoïde parcouru par un courant. Après avoir constaté que l'électricité (le courant) produisait un effet magnétique dans un barreau de fer, il était tout naturel de chercher à mettre en évidence l'effet inverse : un courant électrique qui serait produit par le magnétisme.

Mais la croyance métaphysique en une « unité des forces de la nature » n'était pas la seule motivation des chercheurs travaillant sur l'induction des courants. On savait qu'un objet chargé pouvait induire des charges dans un conducteur voisin et qu'un barreau aimanté pouvait induire une aimantation temporaire dans un clou en fer. Plusieurs scientifiques se demandaient si un courant électrique pouvait induire un courant dans un conducteur voisin. L'histoire de la découverte de l'induction électromagnétique est particulièrement intéressante parce que l'effet avait été observé sous différentes formes sans être reconnu. Et même lorsqu'il fut reconnu, la découverte ne fut pas rendue publique.

En 1821, Ampère montra qu'un solénoïde parcouru par un courant se comporte comme un barreau aimanté et que deux fils conducteurs traversés par des courants exercent des forces magnétiques l'un sur l'autre. Il en conclut que tous les effets magnétiques étaient dus à des courants électriques et il élabora une théorie du magnétisme à partir d'éléments de courant en interaction par l'intermédiaire de forces centrales. Mais la nature exacte des courants dans un aimant n'était pas connue avec certitude : peut-être s'agissait-il de courants « moléculaires » microscopiques ou de courants macroscopiques décrivant des trajectoires circulaires autour de l'axe de l'aimant.

Contrairement à Ampère, dont l'approche était sophistiquée sur le plan mathématique, Faraday se fia à son intuition pour élaborer des modèles physiques. Il avait été particulièrement frappé par la nature « circulaire » des lignes de forces autour d'un fil conducteur parcouru par un courant. En septembre 1821, il fit une brillante démonstration de cette caractéristique et inventa par la même occasion le moteur électrique (*cf.* aperçu historique, chapitre 8). Peu impressionné par les forces centrales de la théorie d'Ampère ou par l'idée d'un magnétisme produit par des courants, Faraday réalisa quelques expériences subtiles dans le but de réfuter ces idées. Par exemple, il montra que les « pôles » d'un solénoïde parcouru par un courant n'étaient pas exactement au même endroit que dans un barreau aimanté. Ampère fut alors obligé d'abandonner la notion de courant macroscopique. Pour essayer de sauver sa théorie, il proposa une explication hâtive des expériences de Faraday en faisant intervenir les courants microscopiques. Mais les milieux scientifiques n'apprécièrent pas beaucoup la façon dont Ampère modifia si facilement sa théorie pour l'adapter aux nouveaux résultats expérimentaux.

En 1822, Ampère refit une expérience qui avait échoué afin d'éclaircir cette question sur la nature des courants. Il suspendit un anneau de cuivre à l'intérieur d'une bobine comportant un grand nombre de spires et plaça les pôles d'un aimant de part et d'autre d'un point de la circonférence (figure 10.38). Lorsqu'on faisait circuler le courant dans la bobine, l'anneau tournait d'un certain angle. Lorsqu'on arrêtait le courant, l'anneau revenait à sa position initiale*. Il conclut que l'anneau de cuivre, non magnétique, avait acquis une « aimantation temporaire » à cause de courants induits microscopiques continus. Il ne chercha pas à déterminer le sens de ces courants.

* Un courant induit macroscopique circule dans l'anneau lorsqu'on fait circuler le courant. L'anneau aurait dû immédiatement revenir à sa position d'équilibre lorsque le courant induit s'annulait, mais le moment de force de rappel du système de suspension n'était probablement pas suffisant. Le compte rendu de cette expérience ne dit pas avec précision ce qui a exactement été observé.

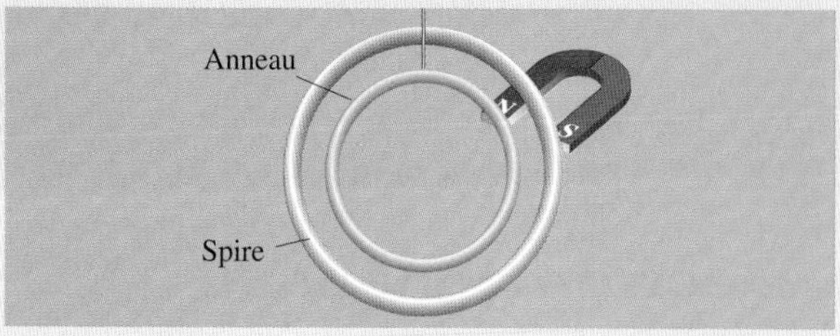

Figure 10.38 ▲
Un anneau de cuivre suspendu dans le plan d'une spire. Ampère observa que le passage d'un courant dans la spire faisait tourner l'anneau.

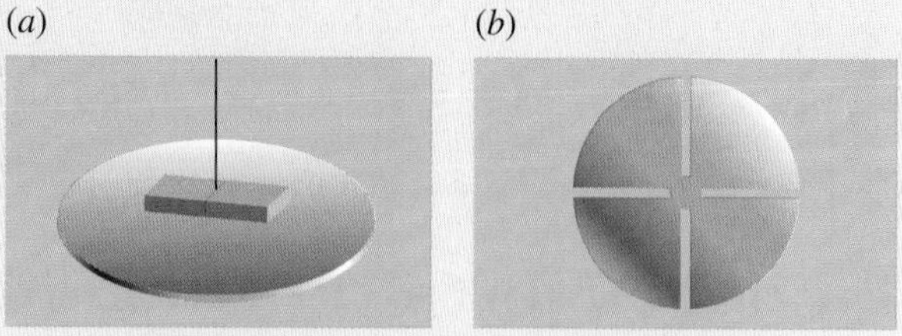

Figure 10.39 ▲
(*a*) Un aimant suspendu au-dessus d'un disque tournant rapidement sur lui-même subit un moment de force. La valeur du moment de force dépend de la conductivité du disque, mais ce lien n'a pas été établi à l'époque. (*b*) L'effet sur l'aimant disparaît lorsqu'on découpe des fentes radiales dans le disque (les fentes réduisent considérablement les circuits des courants induits).

Le disque d'Arago

Une autre découverte très intéressante eut lieu en 1824. François Arago, un collègue d'Ampère, s'aperçut que les oscillations d'un barreau aimanté suspendu étaient amorties en présence d'une feuille conductrice. L'année suivante, il démontra qu'un aimant tournant rapidement sur lui-même pouvait faire entrer en rotation un disque de cuivre et qu'un disque tournant rapidement sur lui-même pouvait faire tourner une aiguille aimantée. Arago suspendit un électroaimant au-dessus d'un disque tournant et observa sa déviation. Pour Ampère, cela venait simplement confirmer sa théorie selon laquelle les courants étaient la source ultime du magnétisme.

Les travaux d'Arago furent poursuivis à Londres par Charles Babbage (1792-1871) et John Herschel (1792-1871). Ils suspendirent un aimant au-dessus de disques tournant sur eux-mêmes, fabriqués de différents métaux (figure 10.39*a*), et ils s'aperçurent que la déviation de l'aimant dépendait du métal. Par exemple, elle était plus grande pour un disque en cuivre que pour un disque en plomb (la conductivité du cuivre est supérieure à celle du plomb). Aucune déviation n'était observée avec les disques non métalliques. Baggage et Herschel expliquèrent le phénomène en supposant que le disque avait acquis un magnétisme induit temporaire. Ils découpèrent ensuite des fentes radiales (figure 10.39*b*) et virent la déviation diminuer au fur et à mesure que le nombre des fentes augmentait. Ils expliquèrent ce phénomène par la réduction de l'aimantation due à l'insertion des intervalles d'air. L'énigme du disque d'Arago n'était pas résolue et l'intérêt qu'il suscitait s'estompa peu à peu.

La relation entre la déviation de l'aimant suspendu et la conductivité laissait supposer l'existence de courants induits dans les disques. Cette idée était renforcée par le fait que les fentes interrompaient la circulation de ces courants. De plus, le courant induit dans le solénoïde suspendu d'Arago était suffisamment intense pour le faire tourner ! Dans un article où il mentionne sa propre expérience de 1822 et celles de Baggage et Herschel, Ampère parle explicitement de « petits courants électriques ». Autrement dit, il savait parfaitement qu'il s'agissait de courants induits.

Malgré toutes les indications dont il disposait, Ampère ne fit pas la découverte de l'induction électromagnétique, et ce pour deux raisons. Premièrement, il lui était très difficile d'admettre l'existence de macrocourants parce que son explication des expériences de Faraday l'avait fixé sur un modèle de microcourants. Deuxièmement, il pensait comme tout le monde qu'un courant continu devait induire un courant *continu*. Aveuglé par l'idée préconçue qu'il avait de ce qu'il aurait dû trouver et par son désir de préserver sa théorie, il ne réussit pas à tirer parti de ce qu'il avait sous les yeux, bien qu'il n'y manquât rien. Son histoire est un exemple frappant du fait que ce qu'observe une personne, même aujourd'hui, dépend beaucoup de son point de vue ou de sa théorie.

Entre-temps, Faraday avait également cherché pendant plusieurs années à mettre en évidence les courants induits. Lorsqu'il entendit parler de l'expérience d'Ampère avec l'anneau de cuivre, il chercha à la reproduire. Mais à cause d'une erreur dans la traduction en anglais, il utilisa un disque de cuivre au lieu d'un anneau et son expérience échoua, le moment d'inertie du disque étant très supérieur à celui de l'anneau. En 1828, il suspendit un anneau à l'intérieur duquel il introduisit un barreau aimanté. Il essaya ensuite de détecter les courants induits avec d'autres aimants. (Qu'aurait-il observé s'il avait rapidement introduit l'aimant dans l'anneau ?) Chacune de ces expériences auraient pu mener à la découverte de l'induction électromagnétique, mais les montages expérimentaux n'étaient pas assez sensibles.

Il convient de mentionner ici l'expérience malchanceuse de Daniel Colladon (1802-1893). En 1825, il confectionna un puissant électroaimant ; puis, afin de protéger le galvanomètre contre les effets directs de l'aimant, il le mit dans la pièce voisine. Sa prudence lui porta malchance : lorsqu'il alla vérifier la déviation de l'aiguille, l'effet transitoire avait, bien sûr, déjà cessé.

En août 1830, indépendamment des travaux effectués en Europe, Joseph Henry observa la « conversion du magnétisme en électricité », mais il semble qu'il ne prit pas le temps de poursuivre jusqu'au bout ni de publier immédiatement sa découverte. Il montra une extraordinaire insouciance vis-à-vis d'une découverte de première importance. Néanmoins, il fit une nouvelle observation qui avait échappé à Faraday. C'est ce que nous verrons au chapitre suivant.

Sans avoir eu connaissance de la découverte de Henry, Faraday se remit à étudier le problème en 1831 en faisant preuve d'une créativité et d'une assurance étonnantes. Non seulement réussit-il à résoudre l'énigme du disque d'Arago, mais il parvint aussi, avec le générateur homopolaire (figure 10.40), à produire un courant induit *continu*, le résultat que tout le monde cherchait à obtenir depuis une dizaine d'années. Avant même de connaître tous les détails des travaux de Faraday, Ampère se dépêcha de publier son expérience de 1822. D'autres tentèrent également de s'attribuer la paternité de la découverte, à l'exception d'Arago, dont le disque fut la démonstration la plus spectaculaire des courants induits. Une fois l'effervescence passée, Ampère reconnut qu'il ne s'était pas aperçu du rôle essentiel joué par le facteur temps dans les phénomènes d'induction magnétique.

Les quelques expériences simples que nous avons présentées à la section 10.1, (voir les figures 10.3 à 10.7, p. 363-365)semblent directes et évidentes. Mais il ne faut pas oublier que cet exposé découle de tentatives qui s'échelonnèrent sur toute une décennie. Les esprits les plus brillants sur le plan théorique et expérimental ne purent pas ou ne voulurent pas en reconnaître le principe sous-jacent.

Figure 10.40 ▲
Le générateur homopolaire de Faraday avec lequel il réussit à produire un courant induit *continu*.

RÉSUMÉ

Dans un champ magnétique uniforme, le flux magnétique traversant une surface plane d'aire $\vec{\mathbf{A}}$ est donné par

$$\Phi_B = BA \cos \theta = \vec{\mathbf{B}} \cdot \vec{\mathbf{A}} \qquad (10.1)$$

Si la surface n'est pas plane ou si le champ n'est pas uniforme, le flux est donné par

$$\Phi_B = \int \mathrm{d}\Phi_B = \int \vec{\mathbf{B}} \cdot \mathrm{d}\vec{\mathbf{A}} \qquad (10.2)$$

La loi de Faraday de l'induction électromagnétique est une relation entre la f.é.m. induite dans un circuit fermé et le taux de variation du flux traversant ce circuit :

$$\mathscr{E} = -\frac{\mathrm{d}\Phi_B}{\mathrm{d}t} \qquad (10.4)$$

Le signe négatif tient compte du sens de $\mathscr{E}$, qui est donné par la loi de Lenz : l'effet de la f.é.m. induite est tel qu'il s'oppose à la variation de flux qui le produit. Lorsque N spires sont traversées par la même variation de flux magnétique, la loi de Faraday prend la forme :

$$\mathscr{E} = -N\frac{d\Phi_B}{dt} \tag{10.5}$$

Lorsqu'une tige conductrice de longueur ℓ se déplace dans un champ magnétique uniforme avec une vitesse $\vec{\mathbf{v}}$ perpendiculaire à $\vec{\mathbf{B}}$, il y apparaît une f.é.m. induite

$$\mathscr{E} = B\ell v \tag{10.12a}$$

TERMES IMPORTANTS

champ électrique induit (p. 379)
commutateur (p. 377)
courants de Foucault (p. 387)
f.é.m. induite (p. 362)
flux magnétique (p. 365)
force contre-électromotrice (f.c.é.m.) (p. 378)
générateur (p. 375)
induction électromagnétique (p. 362)
loi de Faraday (p. 370)
loi de Lenz (p. 369)
weber (p. 365)

RÉVISION

R1. Décrivez les trois façons de produire une f.é.m. induite à partir d'un barreau aimanté et d'une boucle de fil flexible. Reliez chacune d'elles aux trois termes du développement mathématique de la loi de Faraday appliquée au cas d'un champ uniforme au travers d'une surface plane.

R2. Vrai ou faux ? Selon la loi de Lenz, le champ magnétique induit est toujours de sens contraire au champ magnétique extérieur.

R3. Expliquez comment on choisit le sens du vecteur $\vec{\mathbf{A}}$ dans le calcul du flux du champ magnétique.

R4. Décrivez la convention qui donne le signe de la f.é.m. induite dans la loi de Faraday.

R5. On produit une f.é.m. induite en déplaçant un barreau aimanté devant une bobine fixe. Dans quelle situation le barreau subit-il (a) une force qui l'attire vers la bobine ; (b) une force qui le repousse de la bobine ?

R6. Expliquez le principe de fonctionnement d'un générateur de courant alternatif.

R7. Dans un moteur linéaire sans frottement, expliquez pourquoi la tige en mouvement atteint une vitesse limite.

QUESTIONS

Q1. Quelle est la différence entre un champ magnétique et un flux magnétique ?

Q2. Soit un fil conducteur long et rectiligne passant par le centre d'un anneau. Si le courant varie dans le fil, l'anneau est-il le siège d'une f.é.m. induite dans l'un ou l'autre des deux cas représentés à la figure 10.41 ? (a) À la figure 10.41*a*, le fil coïncide avec l'axe de l'anneau ; (b) à la figure 10.41*b*, le fil coïncide avec un diamètre.

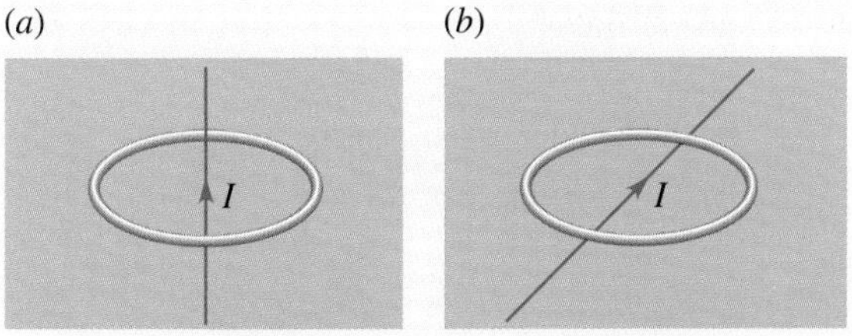

Figure 10.41 ▲
Question 2.

Q3. Soit un barreau aimanté placé sur l'axe d'un anneau circulaire à une distance donnée du centre (figure 10.42). L'anneau est-il le siège d'une f.é.m. induite s'il tourne autour de son axe central ?

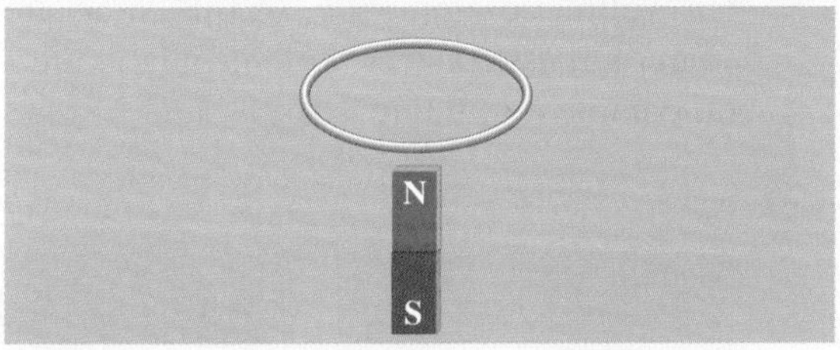

Figure 10.42 ▲
Questions 3 et 4.

Q4. On lâche un anneau métallique léger au-dessus d'un barreau aimanté vertical (figure 10.42). Décrivez qualitativement le mouvement de l'anneau.

Q5. Le courant I_1 circulant dans un long fil rectiligne varie dans le temps. Le courant I_2 induit dans le cadre voisin (figure 10.43) circule de a vers b dans la résistance. Si l'on branche un voltmètre entre a et b, que va-t-il indiquer ?

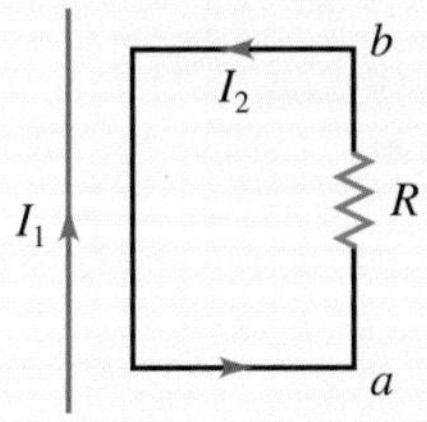

Figure 10.43 ▲
Question 5.

Q6. Un aimant se déplace à vitesse constante sur l'axe d'une boucle immobile (figure 10.44). Faites un graphe représentant qualitativement la variation en fonction du temps (a) du flux à travers la surface de l'anneau ; (b) de la f.é.m. induite sur l'anneau.

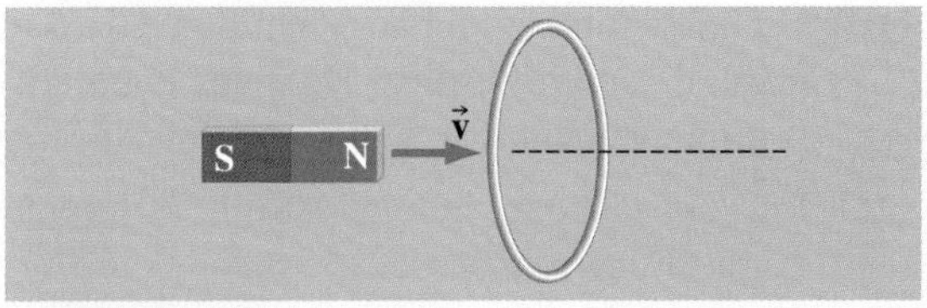

Figure 10.44 ▲
Question 6.

Q7. Une tige de longueur d et un cadre rectangulaire de largeur d sont lâchés ensemble et tombent dans un champ magnétique uniforme (figure 10.45). Y a-t-il une différence dans leurs mouvements ? (On suppose que le cadre n'est jamais totalement dans le champ.)

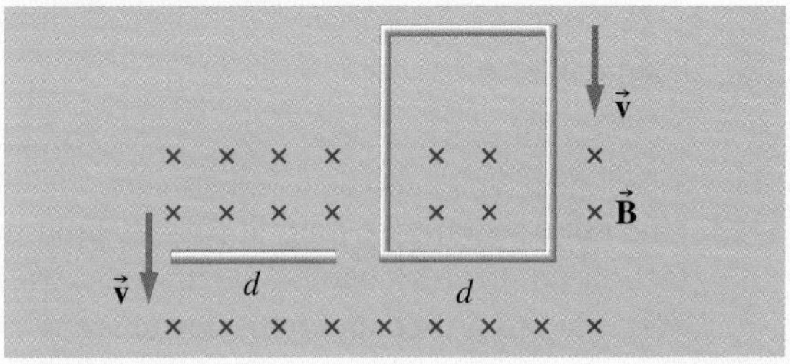

Figure 10.45 ▲
Question 7.

Q8. On enroule deux bobines sur des formes cylindriques (figure 10.46). Une des bobines est reliée en série à une pile, un interrupteur et une résistance variable. L'autre est reliée à un ampèremètre. Indiquez le sens du courant induit mesuré par l'ampèremètre (de x vers y ou de y vers x) dans les conditions suivantes : (a) on ferme l'interrupteur ; (b) l'interrupteur étant fermé, on diminue la résistance ; (c) l'interrupteur étant fermé, on éloigne les bobines l'une de l'autre.

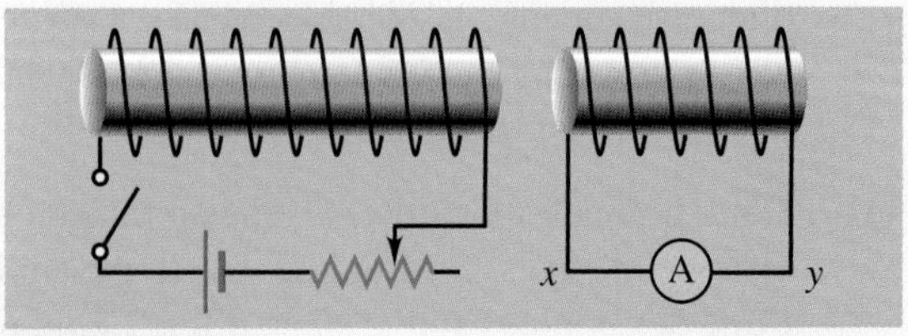

Figure 10.46 ▲
Question 8.

Q9. Un solénoïde sert d'antenne dans une radio de poche AM. Sur quel principe s'appuie la conception d'une telle antenne ?

Q10. On laisse tomber un barreau aimanté dans un long tuyau de cuivre vertical. Décrivez qualitativement son mouvement. On néglige la résistance de l'air.

Q11. En quoi la f.é.m. induite est-elle différente de la f.é.m. d'une pile ?

Q12. Soit un cadre plat et un long fil rectiligne situés dans le même plan (figure 10.47). Si le courant circulant dans le fil diminue soudainement, dans quel sens (horaire ou antihoraire) circule le courant induit dans le cadre ?

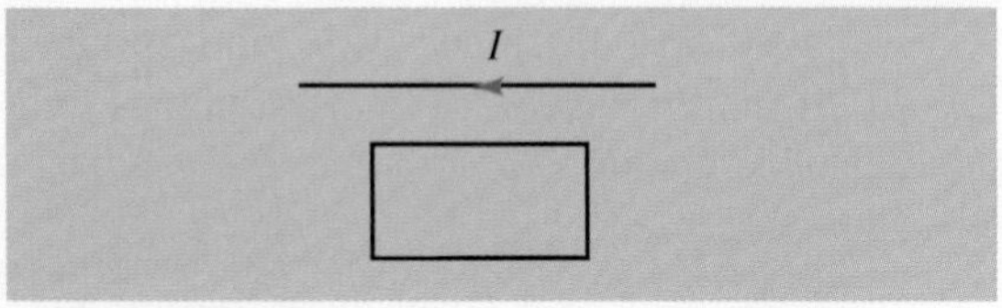

Figure 10.47 ▲
Question 12.

Q13. Une boîte métallique joue le rôle d'écran de protection contre les champs électriques extérieurs. Sert-elle aussi d'écran contre les champs magnétiques extérieurs ? Y aurait-il une différence entre des champs magnétiques statiques et des champs magnétiques variables dans le temps ?

Q14. Est-il vrai qu'un moteur électrique, tel que celui d'une perceuse électrique, agit comme un générateur lorsqu'il est en marche ? Si oui, quelle conséquence cela a-t-il ?

Q15. Un aimant suspendu oscille librement dans un plan horizontal. Les oscillations sont fortement amorties lorsqu'on place une plaque métallique sous l'aimant. Expliquez ce qui se produit.

Q16. Si l'on déplace rapidement une plaque d'aluminium dans la région située entre les pôles d'un électroaimant, elle est soumise à une force d'amortissement considérable. Mais si l'on découpe des fentes dans la plaque (figure 10.48), la force diminue considérablement. Pourquoi ?

Q17. Deux bobines sont situées l'une en face de l'autre avec leurs axes confondus. Est-il possible que l'une des bobines soit le siège d'une f.é.m. induite si le courant dans l'autre bobine est nul durant un instant ?

Q18. Dans un champ magnétique uniforme, on pivote de 180° une petite bobine plate. (a) Le nombre de lignes traversant la bobine varie-t-il ? (b) Le flux à travers la bobine varie-t-il ?

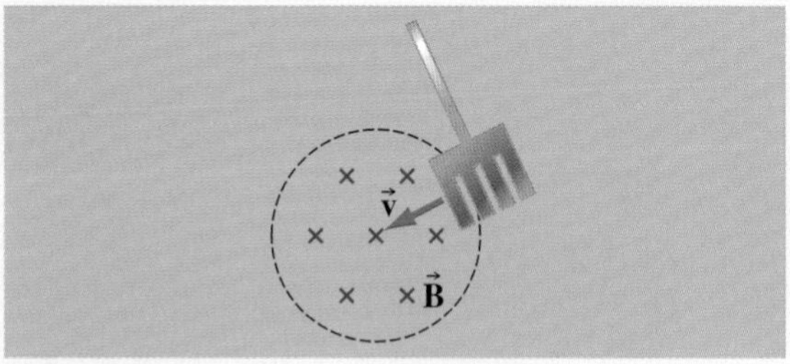

Figure 10.48 ▲
Question 16.

Q19. Une tige métallique se déplace sur des rails conducteurs perpendiculaires à un champ magnétique (figure 10.49). La tige est le siège d'une f.é.m. induite dans un conducteur en mouvement. Un voltmètre immobile va-t-il enregistrer une valeur s'il est connecté comme à la figure 10.49*a* ou comme à la figure 10.49*b* ?

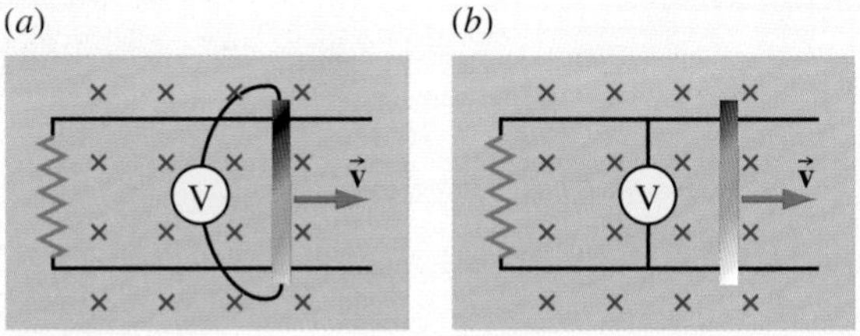

Figure 10.49 ▲
Question 19.

Q20. Un anneau métallique mince se trouve sous une spire reliée à une pile et un interrupteur (figure 10.50). Lorsqu'on ouvre l'interrupteur, l'anneau est-il attiré ou repoussé par la spire ?

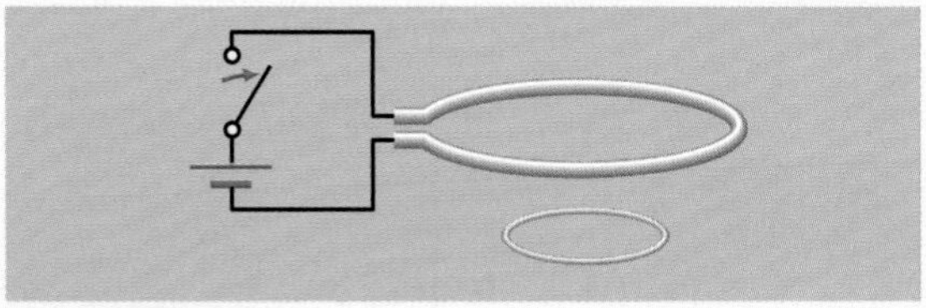

Figure 10.50 ▲
Question 20.

Q21. Dans une région donnée, le champ magnétique terrestre est vertical et dirigé vers le bas. Si un avion vole vers le nord, laquelle de ses ailes est positivement chargée à son extrémité ?

Q22. Deux boucles sont posées côte à côte sur une table. Si un courant de sens horaire commence soudainement à circuler dans l'une, quel est le sens du courant induit dans l'autre ?

Dans les exercices suivants, lorsque le sens du vecteur $\vec{\mathbf{A}}$ est ambigu, on le choisit pour que Φ_B soit positif.

10.2 Flux magnétique

E1. (I) Le plan d'un cadre de dimension 12 cm × 7 cm est initialement perpendiculaire à un champ magnétique uniforme de module 0,2 T. Déterminez la variation de flux à travers le cadre s'il tourne de 120° autour d'un axe perpendiculaire aux lignes de champ.

E2. (I) Le plan d'une boucle de rayon 6 cm fait un angle de 30° avec un champ magnétique uniforme de module 0,25 T. (a) Quel est le flux à travers la spire ? (b) Si l'on inverse le sens du champ, quelle est la variation de flux ?

10.3 Loi de Faraday, loi de Lenz

E3. (I) Un long solénoïde comportant 10 spires/cm est parcouru par un courant de 4 A. À l'intérieur du solénoïde se trouve une bobine circulaire de 5 spires d'aire 8 cm^2, dont l'axe fait un angle de 37° avec l'axe du solénoïde. Déterminez la valeur de la f.é.m. induite moyenne si le courant augmente de 25 % en 0,1 s.

E4. (I) Une tige métallique de longueur $\ell = 5$ cm se déplace à vitesse constante $\vec{\mathbf{v}}$ sur des rails formant un circuit fermé avec une résistance $R = 0,2\ \Omega$ (figure 10.51). La résistance de la tige et des rails est négligeable. Un champ magnétique constant et uniforme de module $B = 0,25$ T est normal au plan des rails. Le courant induit $I = 2$ A circule dans le sens indiqué. Déterminez : (a) le module de la vitesse v ; (b) la force extérieure nécessaire pour maintenir la tige en mouvement à la vitesse $\vec{\mathbf{v}}$.

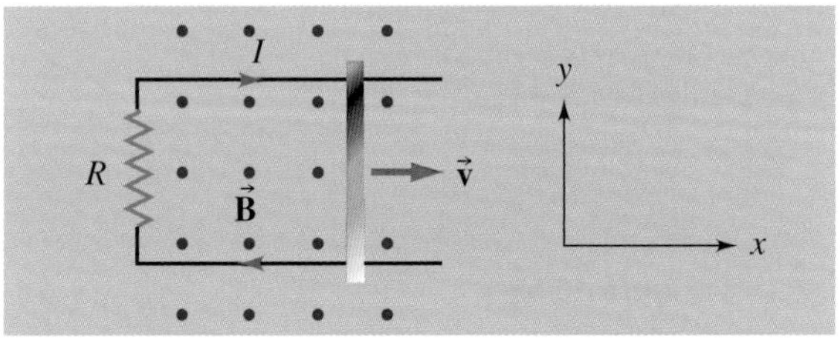

Figure 10.51 ▲
Exercice 4.

E5. (I) Une bobine de résistance 3 Ω comporte 25 spires d'aire égale à 8 cm^2. Son plan est perpendiculaire à un champ uniforme. Soit $B(t) = 0,4t - 0,3t^2$, où t est en secondes et B en teslas. (a) Quel est le flux magnétique traversant la bobine en fonction du temps ? (b) Quelle est l'intensité du courant induit à l'instant $t = 1$ s ? (c) À quel instant $B(t)$ devient-il nul ? L'équation 10.3*b* est-elle toujours valable après cet instant ?

E6. (I) Le plan d'une bobine circulaire comportant 15 spires de rayon 2 cm fait un angle de 40° avec un champ magnétique dont l'orientation est constante dans l'espace et de module 0,2 T. Déterminez la valeur de la f.é.m. induite si le module du champ augmente linéairement avec le temps jusqu'à 0,5 T en 0,2 s.

E7. (I) Un solénoïde de longueur 30 cm comporte 240 spires de rayon 2 cm. Une bobine à spires jointives comportant 12 spires de rayon 3 cm entoure le solénoïde en s'alignant sur son centre. Les axes de la bobine et du solénoïde sont confondus. Trouvez la f.é.m. induite dans la bobine si le courant dans le solénoïde varie selon $I(t) = 4,8 \sin(60\pi t)$, où t est en secondes et I en ampères. (Utilisez l'équation 9.13 pour le module B du champ magnétique.)

E8. (I) L'antenne d'un poste de radio recevant une station AM qui émet sur 800 kHz est constituée d'une bobine de 120 spires de rayon 0,6 cm. La bobine est le siège d'une f.é.m. induite due au champ magnétique oscillant de l'onde radio. Soit $\vec{\mathbf{B}}(t) = 1,0 \times 10^{-5} \sin(2\pi f t)\vec{\mathbf{k}}$, où t est en secondes et B en teslas. Quelle est la f.é.m. induite dans la bobine ? On suppose que le champ magnétique est orienté selon l'axe de la bobine. Rappelons que $\vec{\mathbf{B}}\cdot\vec{\mathbf{A}} = B_xA_x + B_yA_y + B_zA_z$.

E9. (I) Une boucle circulaire de diamètre 10 cm est placée sur une table horizontale. Un champ magnétique d'orientation constante dans l'espace et de module 0,2 T est orienté verticalement vers le haut à $t = 0$. Soit $B(t) = 0,2 - 12,5t$, où t est en secondes et B en teslas. (a) Quelle est la variation de flux magnétique à travers la boucle entre 0 et 10 ms ? (b) Quelle est la f.é.m. induite ? (c) Quel est le sens du courant induit (horaire/antihoraire) lorsqu'on regarde vers le bas à partir d'un point situé au-dessus de la bobine ?

E10. (I) Un cadre rectangulaire de 25 cm × 40 cm se déplace à la vitesse constante $\vec{\mathbf{v}} = 20\vec{\mathbf{i}}$ m/s et son plan est normal à un champ magnétique uniforme de module 0,18 T (figure 10.52). La résistance du cadre est égale à 1,2 Ω. En supposant que seul le côté droit du cadre ait pénétré le champ magnétique, trouvez (a) la f.é.m. induite ; (b) la force exercée sur le cadre par le champ ; (c) la puissance électrique dissipée ; (d) la puissance mécanique requise pour déplacer le cadre à vitesse constante.

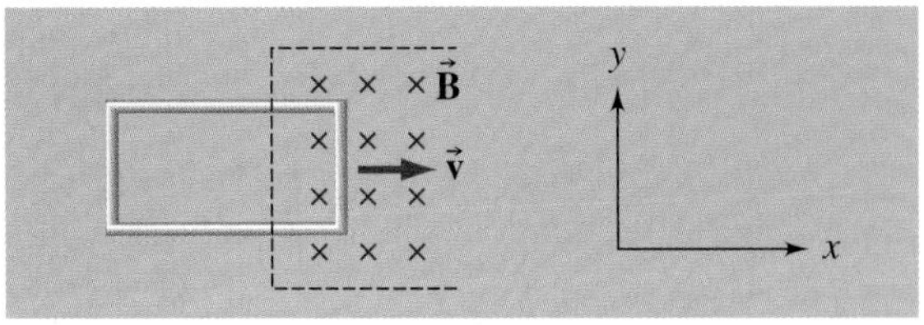

Figure 10.52 ▲
Exercice 10.

E11. (I) Une tige métallique glisse à la vitesse constante $\vec{\mathbf{v}} = -30\vec{\mathbf{i}}$ m/s sur des rails sans frottement distants de 24 cm (figure 10.53). Le champ magnétique est uniforme, de module 0,45 T, et il sort de la page. On suppose que la résistance de la tige est égale à 2,7 Ω et que les rails ont une résistance négligeable. Déterminez : (a) le courant circulant dans les rails ; (b) le module de la force magnétique agissant sur la tige ; (c) la puissance mécanique nécessaire pour maintenir la tige en mouvement à vitesse constante ; (d) la puissance électrique dissipée.

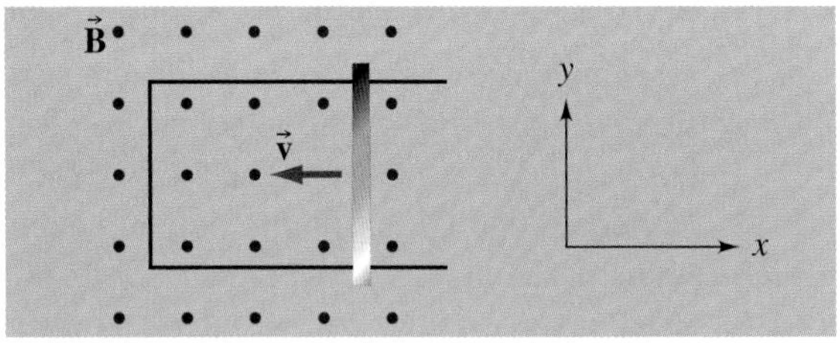

Figure 10.53 ▲
Exercice 11.

E12. (I) Une bobine circulaire plane comporte 80 spires de diamètre 20 cm et de résistance totale 40 Ω. Le plan de la bobine est perpendiculaire à un champ magnétique uniforme. Quel doit être le taux de variation du module du champ ($\mathrm{d}B/\mathrm{d}t$) pour que la puissance thermique dissipée par la bobine soit égale à 2 W ? (La bobine constitue un circuit fermé.)

E13. (I) Une bobine de rayon 5 cm comporte 20 spires de fil de cuivre de 1 mm de diamètre. Le plan de la bobine est perpendiculaire à un champ dont le module varie au taux de 0,2 T/s. Quelle est la puissance perdue dans la bobine? La résistivité du cuivre est égale à $1{,}7 \times 10^{-8}$ Ω·m. (La bobine constitue un circuit fermé.)

E14. (II) Un conducteur fixe (en noir dans la figure 10.54) forme un circuit avec deux ressorts verticaux (k = 2 N/m) et une tige conductrice de longueur ℓ = 30 cm et de masse m = 20 g. Un champ magnétique uniforme de module 0,4 T est perpendiculaire au plan du circuit.

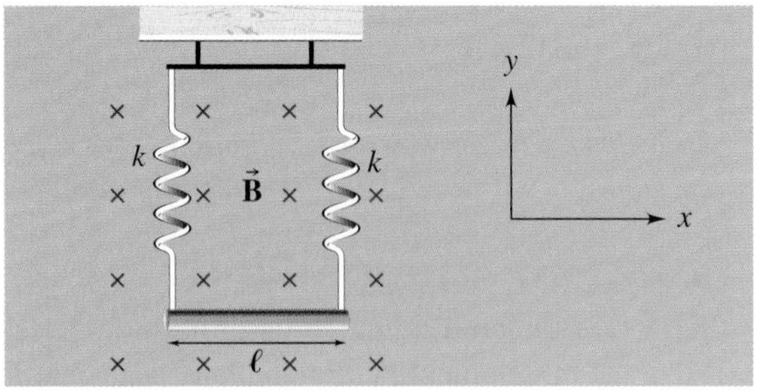

Figure 10.54 ▲
Exercice 14.

À $t = 0$, on lâche la tige, l'allongement des ressorts étant initialement A = 10 cm par rapport à la position d'équilibre. (a) Écrivez l'expression de la f.é.m. induite, $\mathscr{E}(t)$. (b) Quelle est la valeur maximale de la f.é.m. et à quel instant est-elle atteinte pour la première fois ? (c) Superposez le graphe de la position verticale de la tige et le graphe de la f.é.m. induite pour un intervalle de temps correspondant à un cycle complet. (d) Où se trouve la tige lorsque la f.é.m. est maximale ?

E15. (II) Un cadre rectangulaire de masse m, de largeur ℓ et de résistance R tombe verticalement dans un champ horizontal uniforme $\vec{\mathbf{B}}$ (figure 10.55). (a) Montrez que, tant que sa partie supérieure n'a pas pénétré dans le champ magnétique, le cadre atteint une vitesse limite de module $v_L = mgR/(B\ell)^2$. (b) Montrez que, pour cette valeur v_L de la vitesse, le taux selon lequel l'énergie gravitationnelle est perdue est égal au taux de dissipation de l'énergie thermique.

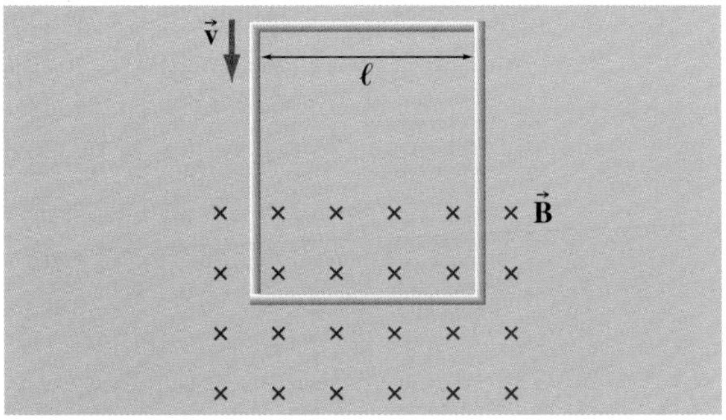

Figure 10.55 ▲
Exercice 15.

E16. (I) Une bobine comporte N spires d'aire A et de résistance totale R. Elle est reliée à un galvanomètre et son plan est normal à un champ magnétique uniforme $\vec{\mathbf{B}}$. On fait pivoter la bobine de 180° pendant un court intervalle de temps. Montrez que la charge qui circule dans le galvanomètre est $Q = 2\,NAB/R$.

E17. (II) Un champ magnétique varie en fonction du temps selon $\vec{\mathbf{B}}(t) = (0{,}2t - 0{,}5t^2)\vec{\mathbf{k}}$, où t est en secondes et B en teslas, est perpendiculaire au plan d'une bobine circulaire comportant 25 spires de rayon 1,8 cm et dont la résistance totale est égale à 1,5 Ω. (a) Trouvez la puissance dissipée à 3 s. (b) Trouvez à quels moments le module du champ magnétique et la puissance dissipée deviennent nuls. Y a-t-il un lien entre ces deux résultats ?

E18. (I) On tresse un fil sur une boucle circulaire élastique dont le plan est perpendiculaire à un champ magnétique uniforme de module 0,32 T. À un moment donné, le rayon de la boucle circulaire est de 6 cm et il augmente à raison de 20 cm/s. Quelle est la valeur de la f.é.m. induite ?

10.4 Générateurs

E19. (I) Une bobine carrée de côté 8 cm comporte 180 spires et tourne dans un champ magnétique uniforme de module 0,08 T. Si la valeur maximale de la f.é.m. est égale à 12 V, quelle est la vitesse angulaire de la bobine ?

E20. (I) Pleine d'imagination, la propriétaire d'un magasin décide d'utiliser en guise de générateur la grande porte tournante de l'entrée (2 m × 3 m). Elle enroule 100 spires autour du périmètre de la porte. Un flux constant de clients la maintient en rotation à 0,25 tr/s. Si la composante horizontale du champ terrestre est égale à 0,6 G, quelle est la valeur maximale de la f.é.m. induite ?

E21. (I) Une bobine dont la section transversale a une aire de 40 cm² est constituée de 100 spires et a une résistance de 4,5 Ω. Elle tourne à raison de 120 tr/min avec son axe perpendiculaire à un champ de module 0,04 T. Déterminez : (a) la f.é.m. maximale produite ; (b) le module du moment de force magnétique maximal auquel est soumise la bobine.

E22. (II) Une bobine carrée de 5 cm de côté comporte 25 spires et a une résistance de 2,5 Ω. Elle tourne à 120 tr/min autour d'un axe vertical dans un champ magnétique horizontal de module 0,04 T. À $t = 0$, le plan de la bobine est perpendiculaire au champ. À $t = 0{,}1$ s, trouvez : (a) la f.é.m. induite ; (b) le module du moment de force nécessaire pour maintenir la bobine en rotation à vitesse angulaire constante ; (c) la puissance mécanique nécessaire pour maintenir la bobine en rotation ; (d) la puissance électrique dissipée.

10.6 Champs électriques induits

E23. (II) Un électron est situé à une distance d de l'axe d'un long solénoïde (figure 10.56). Le module du champ magnétique uniforme dans le solénoïde varie selon $B = Ct$, où t est en secondes et B en teslas. Trouvez l'expression de la force électrique sur l'électron.

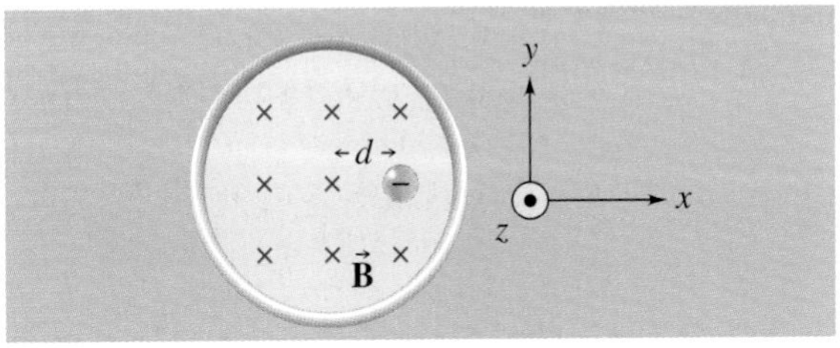

Figure 10.56 ▲
Exercice 23.

E24. (II) Utilisez l'équation 10.11 pour montrer que les lignes du champ électrique entre les plaques d'un condensateur ne peuvent pas se terminer brusquement aux bords des plaques comme sur la figure 10.57.

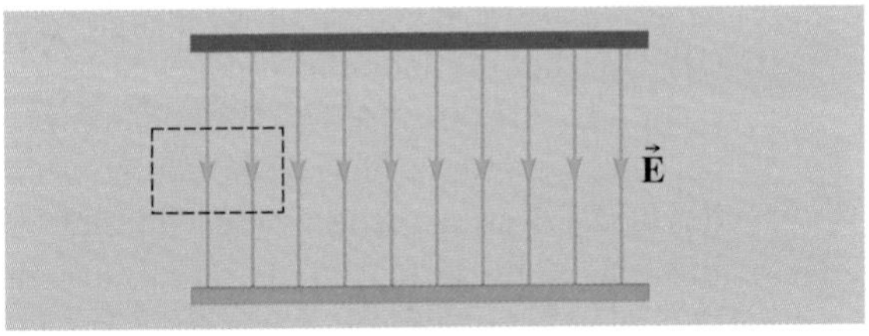

Figure 10.57 ▲
Exercice 24.

E25. (II) Le courant circulant dans un long solénoïde varie selon $I(t) = 4 + 6t^2$, où t est en secondes et I en ampères. Le solénoïde comporte 800 spires/m et a un rayon de 2 cm. À $t = 2$ s, déterminez le module du champ électrique induit aux distances suivantes de l'axe central : (a) 0,5 cm ; (b) 4 cm.

E26. (II) Un long solénoïde comporte 20 spires/cm de rayon 2,4 cm. Le module du champ électrique induit à 2 cm de l'axe est égal à 5×10^{-3} V/m. Quel est le taux de variation du courant dans le solénoïde ?

10.7 F.é.m. induite dans un conducteur en mouvement

E27. (I) Un avion qui a une envergure de 45 m vole à 300 m/s dans une région où la composante verticale du champ terrestre est égale à 0,6 G. (a) Quelle est la différence de potentiel entre les extrémités des ailes ? (b) Quelle valeur indiquerait un voltmètre se déplaçant avec l'avion et dont les bornes seraient reliées aux extrémités des ailes ? (c) Pour répondre à ces questions, pourquoi est-ce inutile de connaître les composantes non verticales du champ magnétique ?

E28. (II) L'hélice d'un avion a une longueur totale de 1,5 m. Elle tourne à 1800 tr/min sur un avion dont l'axe avant-arrière est perpendiculaire à la composante horizontale du champ terrestre, dont le module est égal à 0,6 G. Quelle est la f.é.m. induite entre le centre de l'hélice et l'extrémité d'une des pales ?

E29. (II) Une dynamo à disque de Faraday, qui est un exemple de générateur homopolaire, a un rayon de 20 cm et produit 1,2 V dans un champ magnétique qui est perpendiculaire au plan du disque et de module 0,08 T. Quelle est la vitesse de rotation en tours par minute ?

EXERCICES SUPPLÉMENTAIRES

10.3 Loi de Faraday, loi de Lenz

E30. (II) Un long solénoïde dont la section a une aire A est parcouru par un courant qui génère un champ magnétique dont le module en fonction du temps est donné par l'expression $B = B_0\, e^{-t/\tau}$, où τ est une constante. Quelle est la grandeur de la f.é.m. induite sur une bobine de N tours enroulée autour de la partie centrale du solénoïde ? On néglige les effets associés aux extrémités du solénoïde et l'épaisseur des fils.

E31. (II) Une bobine circulaire plane de rayon 3,6 cm comporte 40 spires. À $t = 0$, un champ magnétique perpendiculaire au plan de la bobine a un module de 0,32 T, mais cette valeur diminue de façon linéaire. À cet instant initial, la f.é.m. induite dans la bobine est de 65 mV. Dans combien de temps le champ magnétique sera-t-il nul ?

E32. (I) Un très long solénoïde comporte 400 spires/m et est parcouru par un courant $I = 3t^2$, où t est en secondes et I en ampères. Une bobine carrée de 1,3 cm de côté est placée à l'intérieur du solénoïde de façon que son axe coïncide avec celui du solénoïde. À $t = 0{,}75$ s, la f.é.m. induite est de 22 μV. Combien de spires comporte la bobine carrée ?

10.4 Générateurs

E33. (II) La bobine d'un générateur comporte 60 spires, possède une résistance de 0,3 Ω et une aire de 140 cm^2. Elle tourne par rapport à un axe perpendiculaire à un champ magnétique uniforme de module $B = 0{,}05$ T. Par le mécanisme décrit à la figure 10.23*c* (p. 376), elle est branchée à une résistance externe $R = 2{,}7$ Ω. (a) Quelle vitesse angulaire de rotation est nécessaire pour que la valeur maximale de la puissance thermique dissipée dans R atteigne 12 W ? (b) Quelle est la valeur maximale du module du moment de force nécessaire pour maintenir la rotation du cadre ?

10.7 F.é.m. induite dans un conducteur en mouvement

E34. (II) Les lignes du champ magnétique terrestre, qui a un module de 0,50 G, sont dirigées perpendiculairement au plan d'une lame de scie circulaire fonctionnant à 5400 tr/min. Le rayon de la lame est de 10 cm. Quelle est la différence de potentiel entre le centre et le pourtour extérieur de la lame ?

PROBLÈMES

Voir l'avant-propos pour la signification des icônes

P1. (II) Un long fil rectiligne est parcouru par un courant constant I. Une tige métallique de longueur ℓ se déplace à la vitesse $\vec{\mathbf{v}}$ par rapport au fil (figure 10.58). Quelle est la différence de potentiel entre les extrémités de la tige ? (Remarque : Le champ magnétique n'est pas uniforme.)

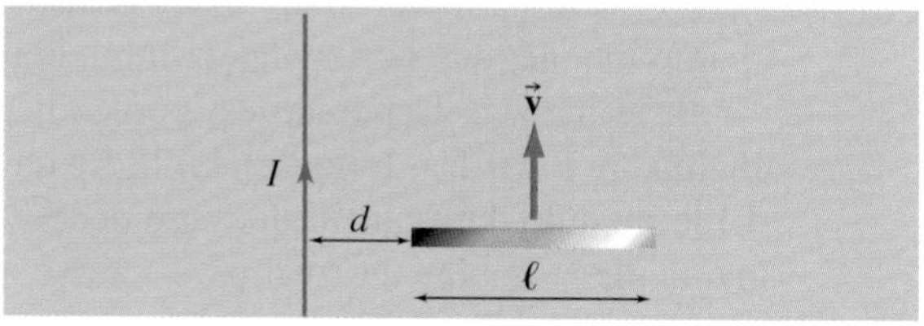

Figure 10.58 ▲
Problème 1.

P2. (I) Un long fil rectiligne est parcouru par un courant constant $I = 15$ A. Une tige métallique de longueur $\ell = 40$ cm se déplace à vitesse constante sur des rails de résistance négligeable qui forment un circuit fermé avec une résistance $R = 0{,}05\ \Omega$ (figure 10.59). Déterminez le courant induit dans la résistance, sachant que $a = 1$ cm, $d = 5$ cm et $v = 25$ cm/s. (*Indice* : Considérez d'abord le flux à travers une bande infinitésimale de largeur dx à une distance x du fil.)

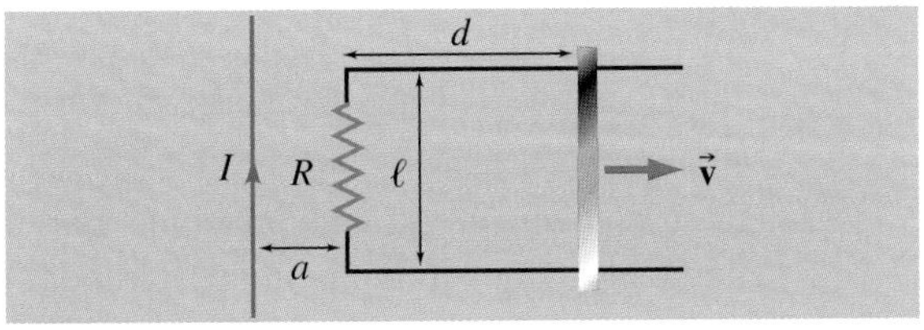

Figure 10.59 ▲
Problème 2.

P3. (II) Une tige métallique de masse m et de longueur ℓ glisse sans frottement sur des rails de résistance négligeable qui forment un circuit fermé avec une résistance R (figure 10.60). Le champ magnétique est uniforme et perpendiculaire au plan des rails. Le module de la vitesse initiale de la tige est v_0. Aucun agent extérieur n'exerce de force sur la tige. (a) Démontrez que

$$v(t) = v_0 e^{-t/\tau}$$

où $\tau = mR/(B\ell)^2$. (b) Montrez que la distance parcourue par la tige avant de s'arrêter est $v_0\tau$. (c) Montrez que l'énergie dissipée au total dans R est égale à $\frac{1}{2}mv_0^2$. (d) Donnez une valeur raisonnable à v_0 et à τ, et tracez le graphe de $x(t)$, la distance parcourue par la tige, pour t allant de 0 à 10τ. De quelle façon ce graphe montre-t-il que la distance parcourue atteint une valeur maximale ?

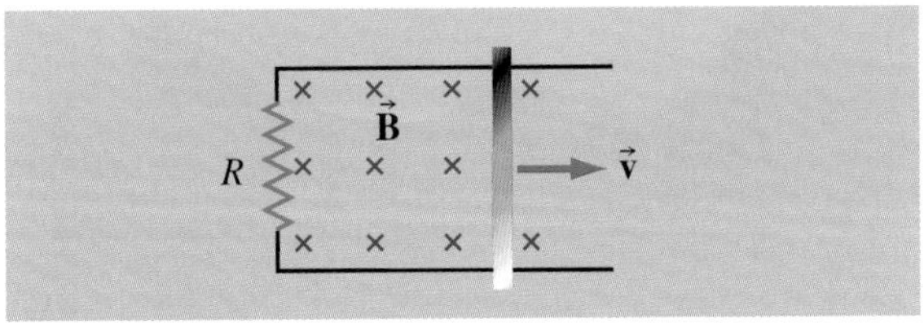

Figure 10.60 ▲
Problème 3.

P4. (I) Un circuit triangulaire se déplace à la vitesse constante $\vec{\mathbf{v}}$. Son plan est perpendiculaire à un champ magnétique uniforme de module B (figure 10.61). Trouvez l'expression, en fonction du temps et de l'angle défini sur la figure, de la grandeur de la f.é.m. induite avant que le circuit ne soit complètement dans le champ. Considérez que le triangle commence à pénétrer dans le champ à $t = 0$.

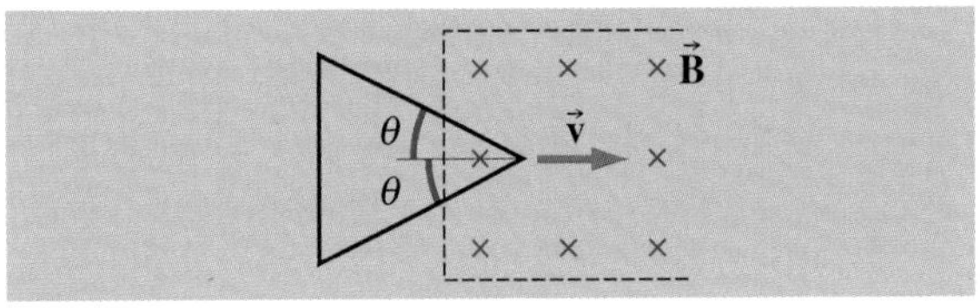

Figure 10.61 ▲
Problème 4.

P5. (II) Une bande conductrice élastique entoure un ballon sphérique. Le plan de l'anneau ainsi créé passe par le centre du ballon. Le champ magnétique uniforme, de module 0,4 T, est perpendiculaire au plan de la bande. On fait sortir l'air du ballon à raison de 100 cm³/s à un instant où le rayon du ballon est 6 cm. Quelle est la grandeur de la f.é.m. induite dans la bande ?

P6. (II) Une tige métallique de masse m, de longueur ℓ et de résistance R glisse sans frottement le long d'une paire de rails de résistance négligeable et inclinés selon un angle θ par rapport à l'horizontale (figure 10.62). Le champ magnétique $\vec{\mathbf{B}}$ est uniforme, vertical et orienté vers le haut. (a) Trouvez l'expression du courant induit dans la tige. On néglige la résistance des rails. (b) Montrez que la tige atteint une vitesse limite dont le module est donné par

$$v_L = \frac{mgR \sin\theta}{(B\ell \cos\theta)^2}$$

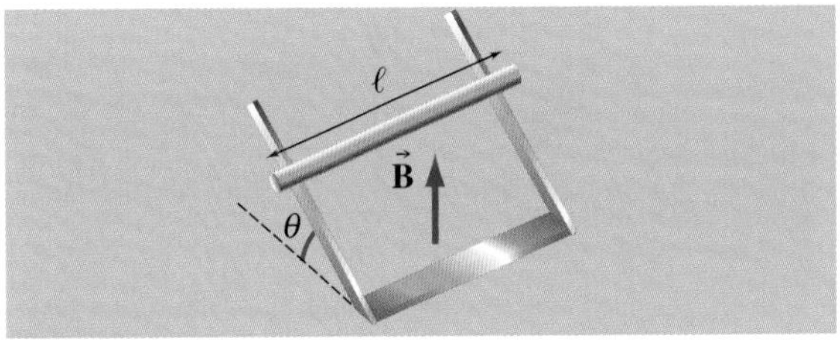

Figure 10.62 ▲
Problème 6.

P7. (II) Un cadre et un long fil rectiligne sont situés dans un même plan (figure 10.63). Le courant circulant dans le fil varie selon $I = I_0 \sin(\omega t)$. Trouvez la f.é.m. induite dans le cadre. (*Indice* : Considérez d'abord le flux à travers une bande infinitésimale de largeur dx à une distance x du fil.)

P8. (I) Une tige de masse m et de résistance R glisse sur des rails sans frottement et sans résistance séparés par une distance ℓ et reliés par une source de f.é.m. $\mathscr{E}_0$ (figure 10.64). La tige est initialement au repos. (a) Montrez que la tige atteint une vitesse limite. (b) Quel est le module v_L de cette vitesse limite ?

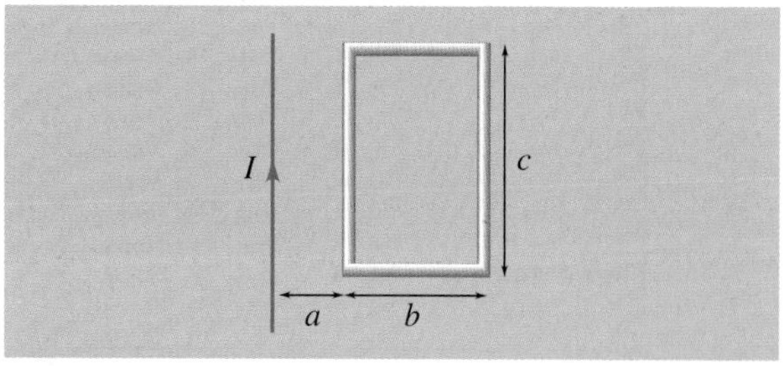

Figure 10.63 ▲
Problème 7.

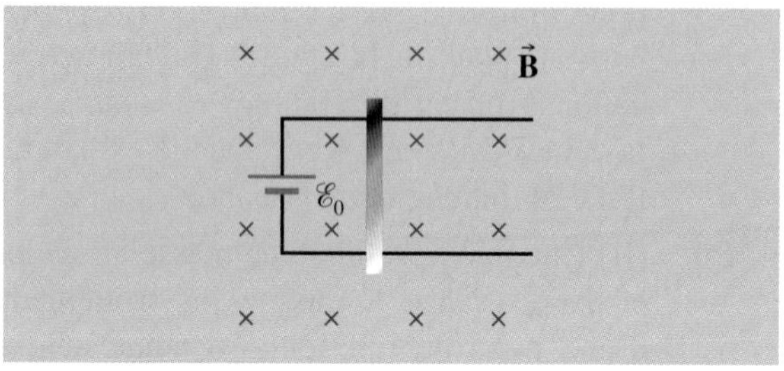

Figure 10.64 ▲
Problème 8.

P9. (II) La figure 10.65 représente un cadre carré de côté L perpendiculaire au champ uniforme $B(t)$ d'un long solénoïde. (a) Montrez qu'en tout point d'un côté, la composante du champ électrique induit parallèle à ce côté vaut $\frac{1}{4}L\mathrm{d}B/\mathrm{d}t$. (b) Calculez $\oint \vec{\mathbf{E}} \cdot \mathrm{d}\vec{\boldsymbol{\ell}}$ sur le cadre.

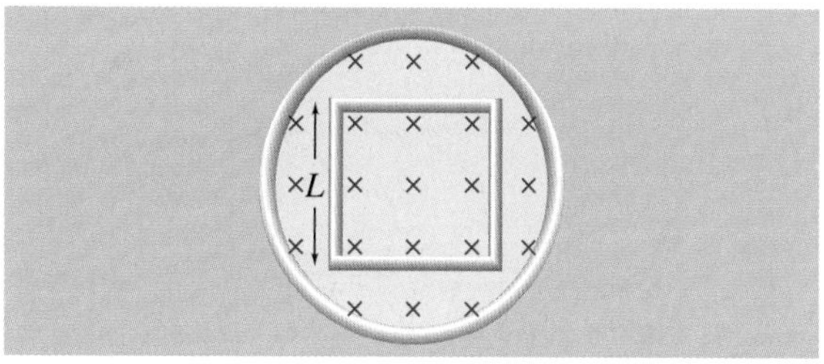

Figure 10.65 ▲
Problème 9.

P10. (II) Une bobine carrée de 4 cm de côté comporte 40 spires et a une résistance totale de 2,5 Ω. Son plan est perpendiculaire à un champ magnétique uniforme dont le module varie en fonction du temps selon $B = B_0\ e^{-t/\tau}$ avec B_0 = 0,2 T et τ = 50 ms. (a) Quel est le courant induit dans la bobine ? (b) Montrez que la charge totale qui circule dans la bobine est égale à NAB_0/R. (c) Tracez le graphe de $Q(t)$, la charge circulant dans le circuit, pour t allant de 0 à 10τ. De quelle façon ce graphe montre-t-il que la charge atteint une valeur maximale ?

P11. (II) Un *bêtatron* est une machine qui utilise un champ électrique induit pour accélérer des électrons décrivant une trajectoire circulaire dans une cavité torique (figure 10.66). Le champ magnétique n'est pas uniforme et il varie en fonction du temps. (a) Écrivez la deuxième loi de Newton, $\Sigma\vec{\mathbf{F}} = m\vec{\mathbf{a}}$, pour le mouvement circulaire d'un électron, sachant que B_{orb} est le module du champ magnétique sur l'orbite de rayon r. Montrez que $mv = erB_{\text{orb}}$. (b) Si B_{moy} est la valeur moyenne du module du champ sur la région située à l'intérieur de l'orbite, montrez que le module du champ électrique induit est donné par $E = (r/2)|\mathrm{d}B_{\text{moy}}/\mathrm{d}t|$. (c) Appliquez la deuxième loi de Newton sous la forme $\Sigma\vec{\mathbf{F}} = \mathrm{d}(m\vec{\mathbf{v}})/\mathrm{d}t$ à la force électrique sur l'électron pour démontrer que $B_{\text{orb}} = B_{\text{moy}}/2$. Si cette condition est vérifiée, l'électron reste sur une orbite fixe, même si sa vitesse augmente.

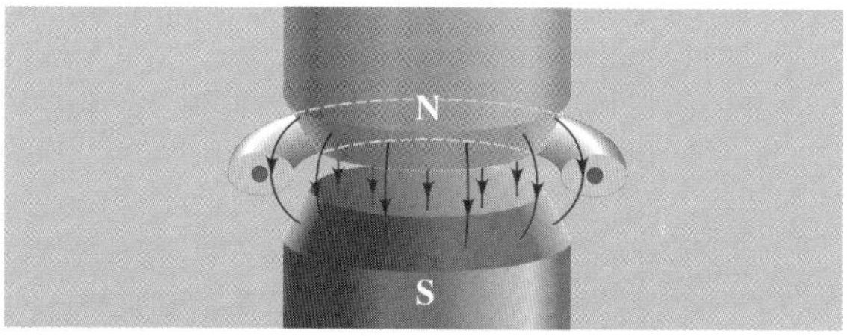

Figure 10.66 ▲
Problème 11.

PROBLÈME SUPPLÉMENTAIRE

P12. (II) Reprenez la situation du problème 8, avec m = 0,5 kg, R = 3 Ω, ℓ = 30 cm, B = 2 T et $\mathscr{E}_0$ = 1,2 V, mais en tenant compte cette fois-ci de la friction. Cette force de frottement de module 0,1 N agit dans le sens contraire du mouvement de la tige. On lâche la tige à partir du repos. (a) Quel est le module de l'accélération de la tige à l'instant initial ? (b) Quel est le module de sa vitesse limite ? (c) Si on pousse sur la tige dans le sens de son mouvement avec une force de 0,5 N, que devient le module de la vitesse limite ? (On suppose que la force de frottement reste constante.)

POINTS ESSENTIELS

1. Une bobine (ou tout circuit) qui est la source d'un champ magnétique qui change dans le temps produit une f.é.m. induite *à ses propres bornes*. C'est le phénomène d'**auto-induction**.
2. Plus une bobine a une grande **auto-inductance,** plus une variation du courant qui la traverse produit une grande f.é.m. auto-induite. L'auto-inductance est une caractéristique de la bobine et ne dépend pas de la façon dont elle est branchée dans le circuit.
3. Dans un circuit composé d'une résistance et d'une **bobine d'induction**, la croissance et la décroissance du courant continu sont décrites par des fonctions exponentielles.
4. L'énergie emmagasinée dans une bobine d'induction est proportionnelle au carré du courant qui y circule.
5. Des oscillations électriques non amorties se produisent dans un circuit *LC*; dans un circuit *RLC*, elles sont amorties.

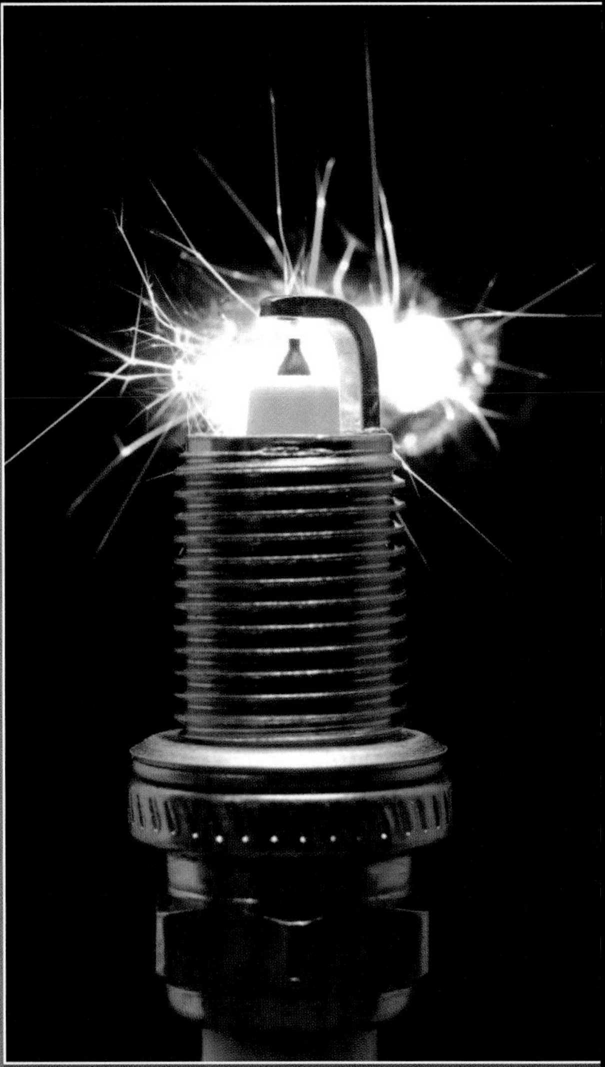

L'étincelle que produit cette bougie d'allumage permet de faire exploser l'essence dans un des pistons d'un moteur d'automobile. Même si les deux électrodes sont séparées par moins d'un millimètre, la différence de potentiel entre elles doit excéder 3000 V pour que la décharge puisse se produire. Une telle tension est fournie grâce à une bobine qui est le siège d'une auto-induction, un phénomène que nous présenterons dans ce chapitre.

Au chapitre précédent, nous avons vu que l'induction électromagnétique se produit dans deux circonstances : mouvement du conducteur dans l'espace ou variation du champ magnétique dans le temps. Dans ce chapitre, nous étudierons les applications de l'induction électromagnétique aux circuits électriques, notamment l'utilisation de bobines comme composantes de circuit. Quand on insère de telles composantes dans un circuit, le conducteur qui les constitue est indéformable et immobile, alors l'induction est uniquement attribuée à la variation du champ magnétique dans le temps (qui produit un champ électrique induit).

Nous distinguerons deux cas où des bobines sont ainsi utilisées dans des circuits. L'un d'eux a été étudié dans le chapitre précédent : quand deux bobines sont situées à proximité l'une de l'autre et que la première produit un champ magnétique variable, une f.é.m. est induite dans la seconde bobine. Ce phénomène, appelé *induction mutuelle*, joue un grand rôle dans le fonctionnement des transformateurs.

L'autre cas n'a pas été signalé au chapitre précédent : quand une bobine produit un champ magnétique variable, elle induit une f.é.m. à ses propres bornes. La différence de potentiel à ses bornes dépasse donc nettement celle mesurée quand le courant est constant. Ce phénomène, appelé *auto-induction*, sera étudié à la section 11.1. Quand deux bobines sont utilisées pour causer une induction mutuelle, les deux phénomènes se produisent simultanément : la bobine primaire auto-induit une f.é.m. à ses bornes *en plus* d'induire une f.é.m. dans la bobine secondaire.

Une composante de circuit, comme une bobine, spécialement conçue dans le but de produire de l'auto-induction s'appelle une **bobine d'induction** ou un **inducteur**. Dans un circuit elle est représentée par le symbole suivant : ℓℓℓℓℓ. Exactement comme les condensateurs sont caractérisés par leur capacité et les conducteurs par leur résistance, les inducteurs sont caractérisés par leur *auto-inductance*. De même, une paire de bobines donnée, produisant de l'induction mutuelle, est aussi caractérisée par son *inductance mutuelle*.

L'étude des transformateurs, utilisant l'induction mutuelle, sera entreprise au prochain chapitre. Dans ce chapitre, nous allons nous concentrer sur le comportement des circuits contenant des inducteurs. Nous verrons que les circuits comportant un inducteur et une résistance sont caractérisés par une variation exponentielle du courant comme les circuits *RC* (section 11.3), alors que les circuits comportant un inducteur et un condensateur sont capables de produire un courant qui oscille dans le temps (sections 11.6 et 11.7). De telles oscillations sont fondamentales dans le fonctionnement des antennes qui permettent l'émission et la réception des ondes électromagnétiques comme les signaux de radio et de télévision. L'étude de tels circuits se poursuivra au prochain chapitre.

11.1 L'auto-induction

Au chapitre précédent, nous avons déduit la loi de Faraday à partir d'expériences où l'induction se produisait dans des bobines plongées dans un champ magnétique extérieur (dont elles n'étaient pas la source). Toutefois, quand une bobine est parcourue par un courant qui varie dans le temps, même en l'absence de toute autre bobine, elle est nécessairement traversée par un flux magnétique variable : celui de son propre champ magnétique. Si on pouvait appliquer la loi de Faraday à une telle situation, elle prédirait qu'une f.é.m. induite devrait être mesurée aux bornes de la bobine. Comme nous le verrons, l'expérience montre que cette situation d'**auto-induction** se produit bel et bien, donc que la loi de Faraday *est* aussi applicable dans un tel cas.

Figure 11.1▲
Joseph Henry (1797-1878). Contrairement à sa découverte de l'induction, qu'il avait négligé de publier, Henry a fait connaître ses observations sur l'auto-induction.

En 1831, Faraday avait pressenti que l'induction devait également se produire quand la bobine est plongée dans son propre champ magnétique et que ce dernier varie, mais il ne parvint pas à mettre cet effet en évidence. Par contre, Joseph Henry (figure 11.1) s'aperçut en 1832 que de vives étincelles apparaissaient sur les contacts de l'interrupteur lorsqu'on coupait le courant dans un électroaimant. Comme nous le verrons, c'est cette observation qui confirma que l'auto-induction se produisait bel et bien : les contacts de l'alimentation ayant été coupés, la seule chose qui peut produire une étincelle est une f.é.m. auto-induite dans l'électro-aimant. Le compte-rendu rédigé par Henry n'attira pas l'attention de Faraday, mais on lui fit part d'une observation similaire faite par William Jenkin en 1834 et il en entreprit par la suite l'étude systématique.

Il peut paraître contradictoire que le champ magnétique produit par une bobine puisse entraîner une f.é.m. induite à ses propres bornes. En effet, quand une charge source produit un champ, ce dernier exerce un effet sur toutes les *autres* charges. On pourrait penser qu'une bobine, elle aussi, ne peut agir que sur les *autres* bobines, mais ce serait perdre de vue que le champ magnétique n'est pas directement responsable de toute f.é.m. induite quand le conducteur est immobile : les charges sources (courant) produisent le champ magnétique variable, ce dernier produit le champ électrique induit et c'est le champ électrique induit qui agit sur les charges sources initiales, fournissant le travail par unité de charge qui correspond à la f.é.m. induite. Le phénomène d'auto-induction ne contredit donc pas le comportement des champs tel que décrit dans les chapitres précédents. La loi de Faraday, qui ne mentionne pas explicitement le champ électrique induit quand on l'exprime sous la forme $\mathscr{E} = -N\ \mathrm{d}\Phi_B/\mathrm{d}t$, entraîne souvent cette conception erronée. Il ne faut pas perdre de vue le caractère empirique de cette équation : elle permet de prédire qu'une f.é.m. apparaît, mais n'exprime en rien sa cause.

La figure 11.2*a* illustre une situation comparable à celle étudiée par Henry, c'est-à-dire une bobine branchée en série avec un interrupteur et une pile. Voyons premièrement ce qui se produit quand le circuit est initialement ouvert et qu'on ferme l'interrupteur. Le courant de même que le champ magnétique qu'il produit augmentent tous deux à partir de leur valeur initiale nulle, en restant proportionnels entre eux. D'après la loi de Faraday, ce champ magnétique variable entraîne une f.é.m. induite, que nous appellerons *f.é.m. d'auto-induction*. La loi de Lenz, elle, prédit que la polarité de cette f.é.m. sera telle qu'elle nuira à l'augmentation de flux. Comme le flux produit par toute bobine est directement proportionnel au courant qui la traverse*, il est pratique de dire que la f.é.m. d'auto-induction *s'oppose à l'augmentation du courant*. L'effet de cette auto-induction est directement mesurable : le courant n'atteint pas sa valeur finale instantanément, mais augmente de façon progressive (figure 11.2*b*), puisque la f.é.m. d'auto-induction nuit à sa croissance. À mesure que le courant s'approche d'une valeur stable, la f.é.m. d'auto-induction s'approche de zéro.

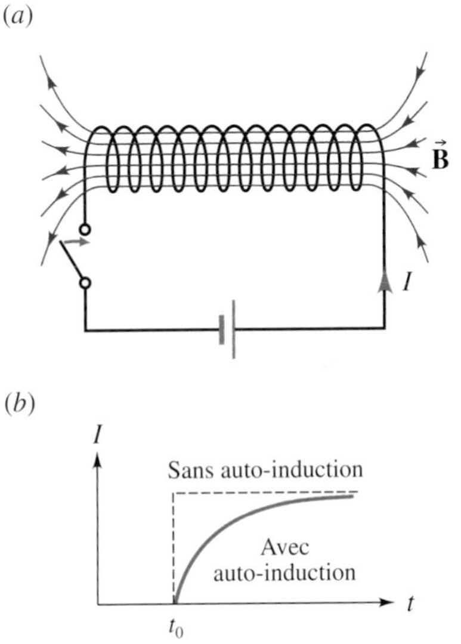

Figure 11.2 ▲
(*a*) Une bobine en série avec une pile. Lorsqu'on ferme l'interrupteur, la f.é.m. induite dans la bobine s'oppose à la variation de flux qui la traverse.
(*b*) Le courant dans la bobine croît progressivement.

Ensuite, si on ouvre l'interrupteur, le flux décroît rapidement, ce qui entraîne à nouveau une f.é.m. auto-induite. Sur le plan de la polarité, c'est toutefois la situation inverse qui se produit : la f.é.m. d'auto-induction nuit à la diminution du flux, donc *s'oppose à la diminution du courant*. En d'autres termes, la f.é.m. d'auto-induction tente de maintenir le flux, ce qui nécessite qu'elle ait la même polarité que la pile. Si cette f.é.m. est suffisamment grande, elle peut causer une étincelle entre les contacts de l'interrupteur. C'est ce phénomène, découvert par Henry, qui est aujourd'hui à la base du fonctionnement des circuits d'allumage dans les moteurs à explosion des voitures (voir la première photographie du chapitre).

11.2 L'inductance

Si une bobine comporte N spires et que le flux Φ_B a la même valeur pour chaque spire, alors la f.é.m. induite est $\mathscr{E} = -N\ \mathrm{d}\Phi_B/\mathrm{d}t$. N étant fixe, on peut écrire la f.é.m. sous la forme

$$\mathscr{E} = -\frac{\mathrm{d}(N\Phi_B)}{\mathrm{d}t} \qquad (11.1)$$

Comme nous venons de le voir à la section précédente, cette équation tient compte à la fois de l'auto-induction et de l'induction mutuelle, deux effets qui

* En fait, tout conducteur, même un simple fil rectiligne, produit un champ magnétique proportionnel au courant qui le traverse (voir les équations 9.1, 9.6 ou 9.15). Un conducteur quelconque peut donc être le siège d'une auto-induction. Le rôle de la bobine est uniquement d'accentuer cet effet.

se superposent. La grandeur $N\Phi_B$ est donc le flux magnétique *total* à travers la bobine, qu'il soit dû à un champ magnétique externe (d'une autre bobine), au champ magnétique produit par la bobine elle-même ou à une superposition des deux. Ainsi, à la figure 11.3, le flux total à travers la bobine 1 est la somme de deux termes* :

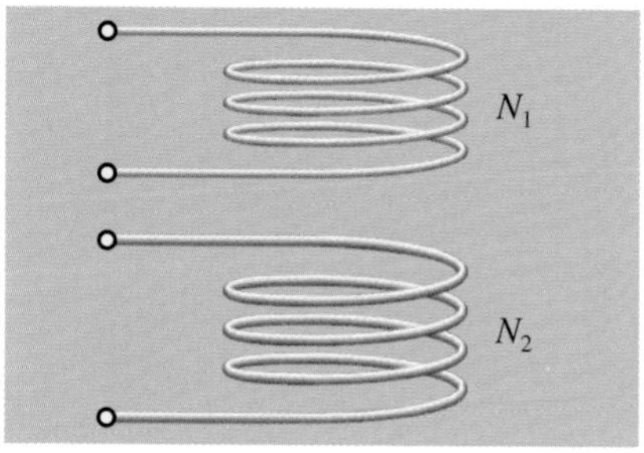

Figure 11.3▲
Deux bobines placées côte à côte. Chaque bobine a une auto-inductance et la paire a une inductance mutuelle.

Flux magnétique total à travers une bobine

$$N_1\Phi_1 = N_1(\Phi_{11} + \Phi_{12}) \qquad (11.2)$$

où Φ_{11} est le flux traversant la bobine 1 et créé par son propre courant I_1 et Φ_{12} est le flux traversant la bobine 1 et créé par I_2, le courant circulant dans la deuxième bobine. Le flux Φ_{11} est associé à l'auto-induction et le flux Φ_{12} à l'induction mutuelle. La f.é.m. totale induite dans la bobine 1 est $\mathscr{E}_1 = \mathscr{E}_{11} + \mathscr{E}_{12} = -\mathrm{d}(N_1\Phi_1)/\mathrm{d}t$. On peut réécrire cette expression à partir de l'équation 11.2 :

$$\mathscr{E}_1 = -N_1\frac{\mathrm{d}}{\mathrm{d}t}(\Phi_{11} + \Phi_{12})$$

L'expression correspondante pour $\mathscr{E}_2$ est

$$\mathscr{E}_2 = -N_2\frac{\mathrm{d}}{\mathrm{d}t}(\Phi_{21} + \Phi_{22})$$

Au chapitre précédent, nous avons négligé le premier terme (auto-induction) et nous avons simplement exprimé le deuxième terme (induction mutuelle) sous la forme $\mathscr{E} = -N\,\mathrm{d}\Phi_B/\mathrm{d}t$. Il était alors entendu que $\mathscr{E}$ et Φ_B dans une bobine étaient dus au courant I circulant dans une *autre* bobine.

Une description plus complète aurait dû tenir compte du fait que le champ magnétique $\vec{\mathbf{B}}_{\text{ind}}$ produit par le courant induit se superposait au champ magnétique externe $\vec{\mathbf{B}}_{\text{ext}}$. La f.é.m. induite était donc nécessairement légèrement plus faible que celle calculée en ne tenant compte que de $\vec{\mathbf{B}}_{\text{ext}}$.

L'auto-inductance

Dans le contexte d'un circuit électrique, le conducteur qui constitue toute bobine est immobile, alors l'induction est uniquement attribuée à la variation du champ magnétique dans le temps, elle-même causée par la variation du courant dans le temps. Il est donc commode d'exprimer directement la f.é.m. induite en fonction de ce courant.

Pour ce faire, considérons premièrement le cas de la f.é.m. d'auto-induction. En l'absence de matériaux magnétiques, le champ magnétique produit par une bobine et par conséquent le flux magnétique sont directement proportionnels au courant circulant dans la bobine. Le premier terme du membre de droite de l'équation 11.2 peut donc s'écrire

Auto-inductance

$$N_1\Phi_{11} = L_1I_1 \qquad (11.3)$$

* Pour éviter toute surcharge dans l'écriture, quand on utilisera le symbole du flux magnétique Φ_B avec des indices, on omettra la lettre B.

où L_1 est une constante de proportionnalité appelée **auto-inductance** de la bobine 1. L'unité SI d'auto-inductance est le **henry** (H). D'après l'équation 11.3 et l'équation 11.1, 1 H = 1 Wb/A = 1 V·s/A. L'auto-inductance d'un circuit dépend de ses dimensions et de sa forme géométrique, comme nous le verrons plus loin. D'après l'équation 11.1, la f.é.m. d'auto-induction dans la bobine 1 due aux variations du courant I_1 s'écrit sous la forme

F.é.m. d'auto-induction

$$\mathscr{E}_{11} = -L_1 \frac{\mathrm{d}I_1}{\mathrm{d}t} \tag{11.4}$$

La figure 11.4 montre que la polarité de la f.é.m. d'auto-induction dépend du *taux de variation* du courant, et non de son intensité ni de son sens*. Sur cette figure, on a illustré à proximité de la bobine d'induction une pile imaginaire qui illustre la polarité de la f.é.m. auto-induite et rappelle que la bobine joue momentanément le même rôle qu'une pile ayant cette polarité.

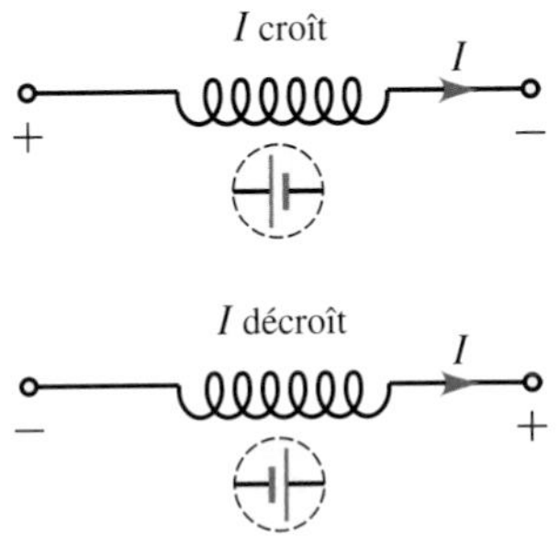

Figure 11.4 ▲
La polarité de la f.é.m. d'auto-induction est déterminée par le *taux de variation* du courant.

En l'absence d'induction mutuelle, l'équation 11.4 donne la tension aux bornes d'une bobine d'induction dans un circuit en fonction de son auto-inductance L. Cette équation peut être comparée à l'équation $\Delta V = Q/C$ qui donne la tension aux bornes d'un condensateur en fonction de sa capacité C ou à l'équation $\Delta V = RI$ qui donne la tension aux bornes d'un conducteur en fonction de sa résistance R. Résistance, capacité et inductance sont les trois grandes propriétés que peuvent posséder les composantes d'un circuit.

L'inductance mutuelle

Considérons maintenant le cas de la f.é.m. d'induction mutuelle, c'est-à-dire la f.é.m. attribuée au flux que cause la bobine 2 au travers de la bobine 1. Le champ produit par la bobine 2 et par conséquent le flux sont directement proportionnels au courant I_2. Le second terme du membre de droite de l'équation 11.2 peut donc s'écrire

Inductance mutuelle

$$N_1 \Phi_{12} = M I_2 \tag{11.5}$$

où la constante de proportionnalité M est appelée **inductance mutuelle** des deux bobines. (À ce stade, nous devrions écrire M_{12}, mais l'on peut montrer que $M_{12} = M_{21} = M$.) L'unité SI d'inductance mutuelle est aussi le henry (H). L'inductance mutuelle de deux circuits dépend de leurs dimensions, de leurs formes géométriques et de leurs positions relatives. Intuitivement, on peut s'attendre à ce que l'inductance mutuelle soit supérieure lorsque les bobines sont proches l'une de l'autre et orientées de telle sorte que le flux magnétique traversant l'une des bobines et produit par l'autre soit maximal. La f.é.m. induite dans la bobine 1 par suite des variations de I_2 s'écrit sous la forme

* Cette situation contraste avec celle du courant traversant une résistance : cette dernière situation étant conservative, le courant « tombe » toujours vers le potentiel le plus bas. Dans le cas d'un inducteur, la situation n'est *pas* conservative : une f.é.m. fournit ou retire (selon sa polarité) de l'énergie au système.

F.é.m. d'induction mutuelle

$$\mathscr{E}_{12} = -M\frac{\mathrm{d}I_2}{\mathrm{d}t} \tag{11.6}$$

En général, l'auto-induction et l'induction mutuelle se produisent simultanément. Il est évidemment impossible de mesurer chacune des deux contributions séparément à moins de supprimer un des courants. Dans la bobine 1, la f.é.m. totale induite, celle qu'on peut mesurer, est donc

$$\mathscr{E}_1 = \mathscr{E}_{11} + \mathscr{E}_{12} = -L_1\frac{\mathrm{d}I_1}{\mathrm{d}t} - M\frac{\mathrm{d}I_2}{\mathrm{d}t}$$

En général, on s'intéresse souvent seulement à l'un des deux termes de cette équation. Quand le contexte permet de déterminer clairement de quel terme il s'agit, on peut omettre les indices.

Pour le moment, nous ne calculerons pas la f.é.m. induite, ce sur quoi nous reviendrons à partir de la prochaine section. Les exemples suivants portent plutôt sur le calcul de l'inductance de diverses bobines à partir de leur géométrie. Nous y verrons notamment que l'auto-inductance d'un long solénoïde est donnée par

$$L = \mu_0 n^2 A\ell \tag{11.7}$$

et que celle d'un câble coaxial (figure 11.5) est donnée par

$$L = \frac{\mu_0 \ell}{2\pi}\ln\frac{b}{a} \tag{11.8}$$

EXEMPLE 11.1

Un *long solénoïde* de longueur ℓ et de section transversale A comporte N spires. Déterminer son auto-inductance. On suppose que le champ magnétique est uniforme dans tout le solénoïde.

Solution

D'après l'équation 9.13, on sait que le module du champ magnétique à l'intérieur d'un long solénoïde est $B = \mu_0 nI$, où $n = N/\ell$ est le nombre de spires par unité de longueur. S'il y a d'autres sources de champ magnétique, le flux peut être différent de celui dû au champ produit par la bobine. Toutefois, pour appliquer l'équation 11.3, nous cherchons le flux Φ_{11} (lequel correspond au flux total en l'absence de toute autre bobine). Ce flux à travers chaque spire est donné par

$$\Phi_B = BA = \mu_0 nIA$$

D'après l'équation 11.3, l'auto-inductance est

$$L = \frac{N\Phi_B}{I} = \mu_0 n^2 A\ell$$

On constate donc que l'auto-inductance dépend des propriétés géométriques du circuit. (Notons que $A\ell$ est le volume du solénoïde.) On peut comparer ce résultat à la capacité d'un condensateur plan ($C = \varepsilon_0 A/d$), qui dépend de la géométrie du condensateur. Les deux expressions ne sont qu'approximativement valables, puisque dans le cas du condensateur on néglige les effets de bords, alors que dans le cas du solénoïde on néglige le fait que le module du champ magnétique diminue et que son orientation change sur toute la section au voisinage de chaque extrémité.

L'auto-inductance d'un solénoïde réel est inférieure à la valeur calculée à partir de l'expression ci-dessus. ■

EXEMPLE 11.2

On utilise souvent un *câble coaxial* pour transmettre les signaux électriques, par exemple d'une antenne à un récepteur de télévision. Comme le montre la figure 11.5, un tel câble est constitué d'un fil intérieur

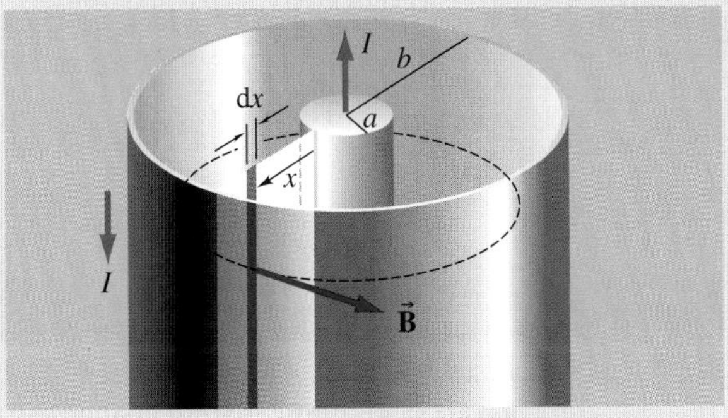

Figure 11.5 ▲
Pour déterminer le flux magnétique existant dans la région située entre le fil intérieur et le cylindre extérieur, on doit tenir compte du fait que le champ n'est pas uniforme.

de rayon a parcouru par un courant I vers le haut et d'un conducteur cylindrique extérieur de rayon b parcouru par un courant de même intensité dirigé vers le bas. Montrer que l'auto-inductance d'un câble coaxial de longueur ℓ est donnée par l'équation 11.8. On néglige le flux magnétique à l'intérieur du fil central.

Solution

Nous utilisons à nouveau l'équation 11.3, $N\Phi_B = LI$, pour déterminer L. Il faut d'abord déterminer le flux à travers une section transversale de l'espace situé entre les conducteurs. Notre calcul est approximatif parce que nous ne considérons que le champ magnétique existant dans la région située entre les conducteurs. (Il serait exact si l'on remplaçait le conducteur intérieur par un conducteur creux.) D'après l'équation 9.1, on sait que le module du champ produit par le fil intérieur à une distance x ($> a$) de son centre est

$$B = \frac{\mu_0 I}{2\pi x}$$

Pour déterminer L, il est nécessaire d'évaluer le flux à travers un cadre rectangulaire orienté perpendiculairement aux lignes du champ entre le fil intérieur et le cylindre extérieur. Comme le champ magnétique n'est pas uniforme, on doit d'abord déterminer le flux à travers une bande infinitésimale de largeur dx et d'aire d$A = \ell$ dx.■

On a donc

$$\mathrm{d}\Phi_B = B\,\mathrm{d}A = \frac{\mu_0 I\ell}{2\pi}\frac{\mathrm{d}x}{x}$$

Le flux total à travers le cadre est

$$\Phi_B = \frac{\mu_0 I\ell}{2\pi}\int_a^b \frac{\mathrm{d}x}{x} = \frac{\mu_0 I\ell}{2\pi}\ln\frac{b}{a}$$

D'après l'équation 11.3, l'auto-inductance du câble coaxial est

$$L = \frac{\Phi_B}{I} = \frac{\mu_0\ell}{2\pi}\ln\frac{b}{a}$$

Cela correspond bel et bien à l'équation 11.8. Il est normal que L dépende du rapport b/a : au fur et à mesure que b augmente ou que a diminue, le flux augmente. On peut comparer cette expression à la capacité du câble (voir l'équation 5.6).

EXEMPLE 11.3

Une petite bobine circulaire de section transversale égale à 4 cm^2 comporte 10 spires. On la place au centre d'un long solénoïde comportant 15 spires/cm et de section transversale 10 cm^2 (figure 11.6). L'axe de la bobine coïncide avec l'axe du solénoïde. Quelle est leur inductance mutuelle ?

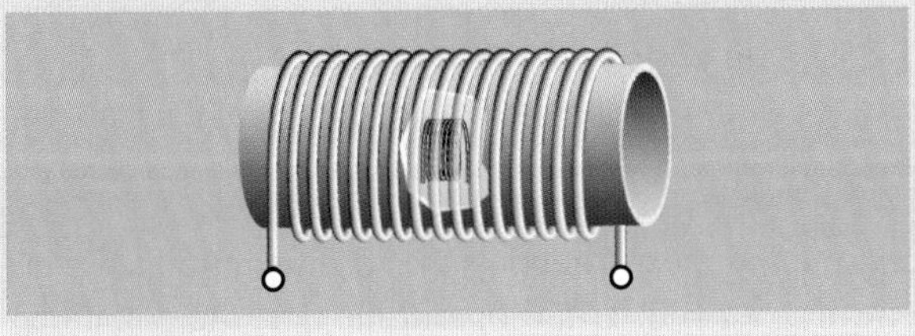

Figure 11.6 ▲
Une petite bobine placée à l'intérieur d'un solénoïde.

Solution

Nous allons désigner la bobine comme étant le circuit 1 et le solénoïde comme étant le circuit 2. Le champ magnétique dans la région centrale du solénoïde étant uniforme, le flux traversant la bobine s'écrit

$$\Phi_{12} = B_2 A_1 = (\mu_0 n_2 I_2)A_1$$

où $n_2 = N_2/\ell = 1500$ spires/m. D'après l'équation 11.5, l'induction mutuelle s'écrit

$$\begin{aligned} M &= \frac{N_1\Phi_{12}}{I_2} \\ &= \mu_0 n_2 N_1 A_1 \\ &= (4\pi\times 10^{-7}\ \mathrm{T\cdot m/A})(1500\ \mathrm{m^{-1}}) \\ &\qquad (10)(4\times 10^{-4}\ \mathrm{m^2}) \\ &= 7{,}54\times 10^{-6}\ \mathrm{H}\end{aligned}$$

Soulignons que, même si $M_{12} = M_{21}$, il aurait été beaucoup plus difficile de déterminer Φ_{21} parce que le champ produit par la bobine n'est pas vraiment uniforme. De plus, comme nous avions seulement besoin du flux magnétique dans la région centrale du solénoïde, cette expression de M est plus précise que l'équation donnant l'auto-inductance d'un solénoïde. (Rappelons qu'il fallait dans ce cas négliger les effets d'extrémités.) ■

11.3 Les circuits *RL*

Nous avons souligné à la section 11.1 que l'auto-induction dans un circuit empêche le courant de varier brutalement. Nous allons maintenant examiner comment le courant augmente ou diminue en fonction du temps dans un circuit comportant une bobine d'induction et une résistance en série. Nous supposons que la bobine d'induction est idéale et que sa résistance est négligeable. En fait, cela équivaut à considérer que la résistance de la bobine réelle fait partie de la résistance externe.

Croissance du courant

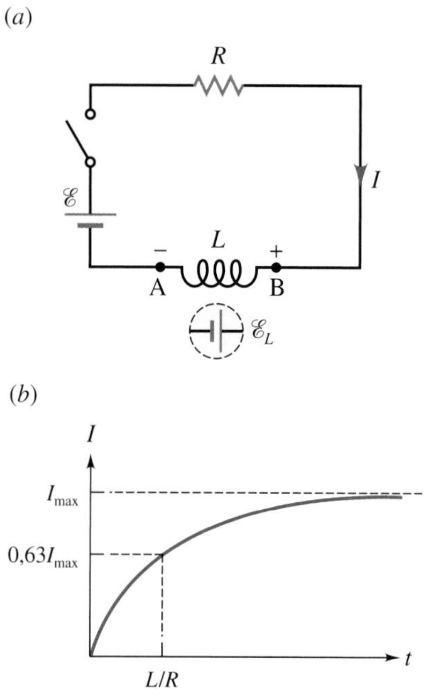

Figure 11.7 ▲
(*a*) Une résistance et une bobine d'induction en série avec une source idéale de f.é.m. (*b*) Lorsqu'on ferme l'interrupteur, le courant augmente graduellement.

La figure 11.7*a* représente une bobine d'induction en série avec une résistance, une pile de f.é.m. $\mathscr{E}$ et un interrupteur. À l'instant $t = 0$, on ferme l'interrupteur et le courant commence à circuler dans la direction indiquée. Le courant augmente, $\mathrm{d}I/\mathrm{d}t > 0$, et la polarité de la f.é.m. induite dans la bobine d'induction est donc opposée à celle de la pile. Autrement dit, $\mathscr{E}_L = -L\ \mathrm{d}I/\mathrm{d}t < 0$, donc $V_\mathrm{B} - V_\mathrm{A} > 0$ sur la figure. D'après la loi des mailles de Kirchhoff, on a donc

$$\mathscr{E} - RI - L\frac{\mathrm{d}I}{\mathrm{d}t} = 0 \qquad (11.9)$$

Cette équation est valable à chaque instant, ce qui permet une analyse qualitative : à un moment quelconque, la somme des tensions aux bornes de R et aux bornes de L correspond à la f.é.m. de la pile. À mesure que le courant croît, la tension aux bornes de R ($\Delta V_R = RI$) croît aussi. Par conséquent, $\mathscr{E}_L$ décroît. Cela signifie donc que le taux de variation du courant décroît graduellement à mesure que le courant s'approche de sa valeur maximale. L'équation 11.9 permet aussi une déduction préliminaire de plus : lorsque $\mathscr{E}_L = 0$, ΔV_R atteint sa valeur maximale, donc le courant le fait aussi. Ainsi, cette valeur maximale du courant est $I_{\max} = \mathscr{E}/R$.

L'équation 11.9 est une équation différentielle. Pour la résoudre, on pose $y = (\mathscr{E}/R) - I$, ce qui signifie que $\mathrm{d}y/\mathrm{d}t = -\mathrm{d}I/\mathrm{d}t$. En remplaçant dans l'équation 11.9, on trouve $\mathrm{d}y/\mathrm{d}t = -(R/L)y$ ou

$$\frac{\mathrm{d}y}{y} = -\frac{R}{L}\,\mathrm{d}t$$

En intégrant des deux côtés, on obtient

$$\ln y = -\frac{R}{L}t + \ln y_0$$

où, pour plus de commodité, on a écrit la constante d'intégration sous la forme $\ln y_0$, y_0 étant la valeur de y à $t = 0$. L'antilogarithme de cette équation donne

$$y = y_0 e^{-Rt/L}$$

À $t = 0$, le courant $I = 0$ et $y = (\mathscr{E}/R) - I$ a donc une valeur $y_0 = \mathscr{E}/R$. En revenant aux variables initiales, on trouve

Croissance du courant dans une bobine d'induction

$$I(t) = I_{max}(1 - e^{-t/\tau}) \qquad (11.10)$$

où $I_{max} = \mathscr{E}/R$ est la valeur finale de I lorsque $t \to \infty$. La quantité

Constante de temps

$$\tau = \frac{L}{R} \qquad (11.11)$$

est appelée **constante de temps**. On vérifie aisément que l'unité de la constante de temps est la seconde : 1 H/Ω = 1 s. Pendant une constante de temps, le courant croît jusqu'à $(1 - e^{-1})I_{max} = 0{,}63I_{max}$ (figure 11.7*b*). On pourra comparer l'équation 11.10 avec l'équation 7.12*a* donnant la charge d'un condensateur.

Décroissance du courant

Examinons maintenant ce qui se produit lorsqu'on enlève brusquement la pile sans rompre la continuité du circuit. À la figure 11.8*a*, on suppose que l'interrupteur S_1 est fermé depuis un certain temps, de sorte que le courant a atteint une valeur appréciable, voire sa valeur limite $\mathscr{E}/R$. À l'instant $t = 0$, on ferme l'interrupteur 2 et on ouvre l'interrupteur 1 très peu de temps après. Le courant circulant dans R et L commence à décroître, de sorte que $\mathrm{d}I/\mathrm{d}t < 0$. La f.é.m. induite dans la bobine d'induction essaie de maintenir le courant et sa polarité est donc la même que celle de la pile, c'est-à-dire $\mathscr{E}_L = -L\,\mathrm{d}I/\mathrm{d}t > 0$, donc $V_A - V_B > 0$ sur la figure. En vertu de la loi des mailles appliquée dans le sens du courant, on a donc

$$-RI - L\frac{\mathrm{d}I}{\mathrm{d}t} = 0$$

Cette équation est valable à chaque instant, ce qui permet à nouveau une analyse qualitative : à chaque moment, la tension aux bornes de R demeure toujours la même que celle aux bornes de L. À mesure que le courant décroît, $\mathscr{E}_L$ décroît donc aussi. Cela signifie que le taux de variation du courant décroît graduellement à mesure que le courant s'approche de zéro. Contrairement au cas de la croissance du courant où la loi des mailles fixait la valeur maximale atteinte par le courant, il n'y a cette fois aucune contrainte à la valeur maximale (initiale) que peut prendre le courant.

En réarrangeant et en intégrant l'équation précédente, on obtient

$$\int\frac{\mathrm{d}I}{I} = -\frac{R}{L}\int \mathrm{d}t$$

ce qui donne

$$\ln I = -\frac{R}{L}t + \ln I_0$$

À $t = 0$, $I = I_0$. Il s'agit tout simplement du courant qui circulait initialement dans le circuit au moment $t = 0$ où l'interrupteur S_1 a été ouvert. Si S_2 avait été préalablement fermé pendant un temps suffisamment long, alors I aurait atteint sa valeur maximale, soit $\mathscr{E}/R$, donc on aurait $I_0 = \mathscr{E}/R$. L'antilogarithme de l'équation précédente donne l'expression du courant en fonction du temps :

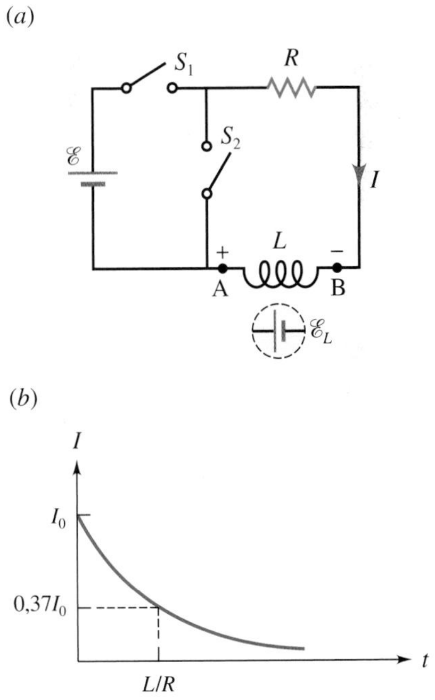

Figure 11.8 ▲
(*a*) Pour étudier la décroissance du courant dans un circuit *RL*, on ferme l'interrupteur S_2 juste avant d'ouvrir l'interrupteur S_1.
(*b*) Le courant décroît exponentiellement.

ou

$$I(t) = I_0 e^{-Rt/L}$$

Décroissance du courant dans une bobine d'induction

$$I(t) = I_0 e^{-t/\tau} \qquad (11.12)$$

La variation du courant est représentée à la figure 11.8*b*. Dans ce cas, la constante de temps $\tau = L/R$ correspond au temps au bout duquel le courant chute jusqu'à $1/e$ ou 37 % de sa valeur initiale I_0 (comparez l'équation 11.12 avec l'équation 7.8*a* donnant la décharge d'un condensateur).

11.4 L'énergie emmagasinée dans une bobine d'induction

Quand le courant qui circule dans une bobine d'induction a atteint une valeur constante, il n'y a plus de f.é.m. d'auto-induction. La seule énergie fournie par la pile est donc celle dissipée dans la résistance du circuit. Par contre, les échanges d'énergie sont différents pendant que le courant est établi : pendant cette phase transitoire, la f.é.m d'auto-induction nuit à l'augmentation du courant, donc la pile doit fournir davantage d'énergie que si le courant était constant, car elle fait aussi un travail contre la f.é.m. induite. Cette énergie supplémentaire n'est pas dissipée en chaleur comme c'est le cas dans la résistance, mais est plutôt emmagasinée dans la bobine d'induction. Pour se convaincre de cette capacité de l'inducteur à emmagasiner de l'énergie, considérons ce qui se produit quand la pile est subitement retirée sans rompre le circuit : pendant la diminution du courant, la f.é.m. d'auto-induction nuit à la décroissance du courant, donc fournit de l'énergie comme le ferait une pile. La pile ayant été retirée du circuit, la seule source d'énergie est clairement la bobine d'induction, laquelle devait donc contenir de l'énergie au préalable.

Un inducteur est donc en mesure d'emmagasiner et de restituer de l'énergie, un peu comme le ferait un condensateur. La seule différence est que, dans le cas du condensateur, l'énergie est électrostatique : elle est due à l'accumulation de charges contre le champ électrostatique que ces charges produisent (voir la section 5.3). Dans une bobine d'induction, il n'y a pas d'accumulation de charges contre un champ électrostatique, mais plutôt augmentation du courant contre le champ électrique induit.

Pour obtenir une expression de l'énergie emmagasinée dans la bobine, considérons le circuit de la figure 11.7*a* (p. 408). Dans l'équation 11.9 exprimant la loi des mailles de Kirchhoff, nous allons remplacer provisoirement le symbole I du courant par i pour les besoins de cette démonstration ; on a donc

$$\mathscr{E} = Ri + L\frac{\mathrm{d}i}{\mathrm{d}t} \qquad (11.13)$$

En multipliant chacun des termes de l'équation 11.13 par i, on obtient

$$\mathscr{E}i = Ri^2 + Li\frac{\mathrm{d}i}{\mathrm{d}t}$$

Le produit $\mathscr{E}i$ est la puissance fournie par la pile et Ri^2 est la puissance dissipée dans la résistance. Le dernier terme représente le taux auquel l'énergie est fournie à la bobine d'induction. Autrement dit, si on désigne ce taux par $\mathrm{d}U_B/\mathrm{d}t$, on a

$$\frac{\mathrm{d}U_B}{\mathrm{d}t} = Li\frac{\mathrm{d}i}{\mathrm{d}t}$$

On trouve l'énergie totale emmagasinée lorsque le courant est passé de 0 à I en intégrant :

$$U_B = \int_0^I Li\,\mathrm{d}i$$

ce qui donne

Énergie emmagasinée dans une bobine d'induction

$$U_B = \tfrac{1}{2}LI^2 \qquad (11.14)$$

Il est bon de comparer ce résultat avec l'expression donnant l'énergie emmagasinée dans un condensateur, $U_E = \frac{1}{2}Q^2/C$. On note alors que l'énergie dans un condensateur dépend de la charge qu'il accumule, productrice d'un champ électrique, alors que l'énergie dans un inducteur dépend du courant qui le traverse, producteur d'un champ magnétique. L'énergie U est donc stockée dans un champ différent, ce que reflètent les indices E et B.

EXEMPLE 11.4

Une bobine d'induction de 50 mH est en série avec une résistance de 10 Ω et une pile de f.é.m. égale à 25 V, comme dans le circuit de la figure 11.7*a* (p. 408). À $t = 0$, on ferme l'interrupteur. Trouver : (a) la constante de temps du circuit ; (b) le temps qu'il faut au courant pour atteindre 90 % de sa valeur finale ; (c) le taux auquel l'énergie est emmagasinée dans la bobine d'induction ; (d) la puissance dissipée dans la résistance. (e) Quel est le taux auquel la pile fournit l'énergie ? Quelle relation existe-t-il entre votre réponse et P_R et P_L des questions (c) et (d) ?

Solution

(a) La constante de temps est $\tau = L/R = 5 \times 10^{-3}$ s.

(b) Nous avons besoin de trouver le temps que met I pour atteindre $0{,}9I_{\max} = 0{,}9\mathscr{E}/R$. D'après l'équation 11.10,

$$0{,}9I_{\max} = I_{\max}(1 - e^{-t/\tau})$$

On en déduit que $e^{-t/\tau} = 0{,}1$, ce qui peut s'écrire $(-t/\tau) = \ln(0{,}1)$. Donc,

$$t = -\tau \ln(0{,}1) = 11{,}5 \times 10^{-3}\ \mathrm{s}$$

(c) Le taux auquel l'énergie est fournie à la bobine d'induction est

$$\frac{\mathrm{d}U_B}{\mathrm{d}t} = +LI\frac{\mathrm{d}I}{\mathrm{d}t}$$

D'après l'équation 11.10, $\mathrm{d}I/\mathrm{d}t = +(RI_{\max}/L)\,e^{-Rt/L}$. Par conséquent,

$$P_L = \frac{\mathrm{d}U_B}{\mathrm{d}t} = (RI_{\max})Ie^{-t/\tau}$$

Remplaçons maintenant I par sa valeur donnée par l'équation 11.10 ; on obtient

$$P_L = RI_{\max}^2\,[e^{-t/\tau} - e^{-2t/\tau}]$$

(d) La puissance dissipée dans la résistance est

$$P_R = RI^2 = RI_{\max}^2(1 - 2e^{-t/\tau} + e^{-2t/\tau})$$

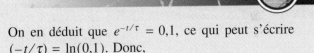

(e) La puissance fournie par la pile est

$$P = \mathscr{E}I = RI_{\max}^2(1 - e^{-t/\tau})$$

Cette puissance est égale à la somme $P_L + P_R$ des puissances fournies à la bobine et à la résistance. ■

11.5 La densité d'énergie du champ magnétique

À la section 5.4, nous avons exprimé l'énergie emmagasinée dans un condensateur en fonction du champ électrique. De la même façon, on peut exprimer l'énergie emmagasinée dans un inducteur en fonction du champ magnétique. Pour ce faire, considérons l'exemple d'un long solénoïde pour lequel le calcul est plus simple, le champ étant uniforme. Cet inducteur a une inductance donnée par l'équation 11.7, soit $L = \mu_0 n^2 A\ell$ et le champ qu'il produit est constant et donné par l'équation 9.13, soit $B = \mu_0 nI$. L'énergie y étant emmagasinée peut donc s'écrire

$$U_B = \tfrac{1}{2}LI^2 = \frac{B^2}{2\mu_0}A\ell$$

Puisque le volume du solénoïde, où règne le champ magnétique, est $A\ell$, on remarque que l'équation ci-dessus exprime l'énergie emmagasinée sous forme d'un produit de deux facteurs: le premier de ces facteurs ne dépend que du champ et le second est le volume où règne ce champ. Si on divise l'énergie U_B par le volume où règne le champ, on peut donc définir une grandeur qui ne dépend que du champ, soit l'énergie par unité de volume de champ (J/m³) ou densité d'énergie:

Densité d'énergie du champ magnétique

$$u_B = \frac{B^2}{2\mu_0} \qquad (11.15)$$

En utilisant un calcul plus complexe, fondé sur le théorème d'Ampère, on peut montrer que l'équation 11.15 est générale: elle s'applique aussi dans les cas où le champ n'est pas uniforme. Elle donne alors la densité *locale* d'énergie en fonction du champ magnétique *local*. Quand le champ est uniforme, u_B est uniforme et l'énergie du système est obtenue simplement en multipliant u_B par le volume occupé par le champ. Par contre, pour calculer l'énergie totale du système quand le champ n'est pas uniforme, il faut subdiviser le système en éléments de volume infinitésimaux, multiplier chaque élément de volume par la densité d'énergie u_B qui lui correspond, puis intégrer, comme le montre l'exemple 11.6 ci-dessous.

L'équation 11.15 peut être comparée avec l'équation 5.10 donnant la densité d'énergie d'un champ électrique, $u_E = \frac{1}{2}\varepsilon_0 E^2$. Dans les deux cas, la densité d'énergie est proportionnelle au carré du module du champ. Tout comme nous l'avons fait pour l'équation 5.10, on peut s'interroger sur la signification physique de l'équation 11.15. L'énergie U_B peut être calculée en fonction du courant (équation 11.14) ou en fonction du champ magnétique (équation 11.15). Du point de vue mathématique, ces deux approches sont équivalentes, mais du point de vue physique, l'énergie est-elle stockée dans le courant ou dans le champ magnétique? La réponse que nous donnons à cette question est la même qu'à la section 5.4: comme nous le verrons au chapitre 13, les champs électrique et magnétique peuvent s'induire l'un l'autre et former une onde électromagnétique. Des champs peuvent donc être produits à des positions très éloignées de toute charge et de tout courant. L'expérience montrant que de l'énergie est véhiculée par les ondes électromagnétiques, on doit en conclure que c'est bel et bien le champ magnétique qui est porteur de l'énergie donnée par l'équation 11.14, non le courant.

Selon cette nouvelle interprétation, quand on instaure un courant dans un inducteur, l'augmentation d'énergie potentielle est liée à l'augmentation du champ magnétique résultant. À l'inverse, si on retire la pile du circuit, la bobine d'induction fournit un travail en puisant dans l'énergie stockée dans le champ, qui diminue.

L'exemple 11.5 ci-dessous permet de comparer la densité d'énergie de champs électriques et magnétiques très intenses. L'exemple 11.6, en plus de permettre un calcul de densité d'énergie par intégration, illustre une nouvelle façon de déterminer l'inductance d'une bobine d'induction. Nous y montrons que l'inductance d'une bobine toroïdale (figure 11.9) est donnée par

$$L = \frac{\mu_0 N^2 h}{2\pi} \ln\frac{b}{a} \qquad (11.16)$$

EXEMPLE 11.5

Le champ électrique disruptif de l'air a pour module 3×10^6 V/m. Un champ magnétique très élevé, produit par les plus volumineux aimants supraconducteurs, peut atteindre un module de 30 T. Comparer les densités d'énergie de ces champs.

Solution

La densité d'énergie de ce champ électrique, le plus élevé pouvant être produit dans l'air, est

$$u_E = \tfrac{1}{2}\varepsilon_0 E^2$$

$$= 1/2(8{,}85 \times 10^{-12}\ \mathrm{C^2/N{\cdot}m^2})(3 \times 10^6\ \mathrm{V/m})^2$$

$$= 40\ \mathrm{J/m^3}$$

La densité d'énergie du champ magnétique donné est

$$u_B = \frac{B^2}{2\mu_0}$$

$$= \frac{(30\ \mathrm{T})^2}{2 \times 4\pi \times 10^{-7}\ \mathrm{N/A^2}}$$

$$= 3{,}58 \times 10^8\ \mathrm{J/m^3}$$

Les champs électriques sont limités par la possibilité de claquage, alors que ce n'est pas le cas des champs magnétiques. Il est donc évident que les champs magnétiques constituent un moyen efficace d'emmagasiner l'énergie sans risque de claquage dans l'air. Il est toutefois difficile de produire des champs magnétiques aussi intenses que 30 T dans des zones étendues. ■

EXEMPLE 11.6

Utiliser l'expression donnant la densité d'énergie du champ magnétique ainsi que l'équation 11.14 pour calculer l'auto-inductance d'une bobine toroïdale de section transversale rectangulaire (figure 11.9) et vérifier qu'elle correspond à l'équation 11.16.

Solution

Le module du champ magnétique à l'intérieur d'une bobine toroïdale est donné par l'équation 9.17 :

$$B = \frac{\mu_0 NI}{2\pi r}$$

La figure 11.9 représente une mince coquille cylindrique à l'intérieur d'une bobine toroïdale de hauteur h, de rayon r et d'épaisseur dr. Le volume de la coquille cylindrique est

$$\mathrm{d}V = h(2\pi r\ \mathrm{d}r)$$ ■

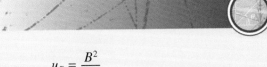

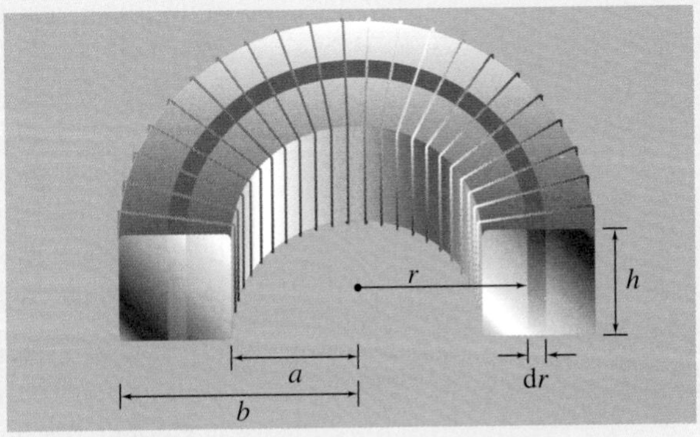

Figure 11.9 ▲
Puisque le champ à l'intérieur d'un tore n'est pas uniforme, on doit d'abord établir l'expression donnant l'énergie dans une mince coquille cylindrique de rayon r et d'épaisseur dr.

D'après l'équation 11.15, $u_B = B^2/2\mu_0$, et l'énergie dans ce volume élémentaire est donc

$$dU = u_B\, dV = \frac{\mu_0 N^2 I^2 h}{4\pi}\frac{dr}{r}$$

L'énergie totale à l'intérieur du tore est

$$U = \int dU = \frac{\mu_0 N^2 I^2 h}{4\pi}\int_a^b \frac{dr}{r}$$
$$= \frac{\mu_0 N^2 I^2 h}{4\pi}\ln\frac{b}{a}$$

En comparant cette expression avec $U_B = \frac{1}{2}LI^2$, on constate que l'auto-inductance de la bobine toroïdale est

$$L = \frac{\mu_0 N^2 h}{2\pi}\ln\frac{b}{a}$$

Au problème 6, vous devrez établir cette expression en calculant le flux traversant la bobine toroïdale.

11.6 Les oscillations dans un circuit *LC*

La propriété qu'ont les bobines d'induction et les condensateurs d'emmagasiner l'énergie donne lieu au phénomène important des oscillations électriques. La figure 11.10*a* représente un condensateur de charge initiale Q_0 relié à une bobine idéale de résistance nulle. (Le condensateur a été chargé par une pile qui n'apparaît pas sur la figure et qui a ensuite été retirée du circuit.) Toute l'énergie du système est initialement emmagasinée dans le champ électrique du condensateur : $U_E = Q_0^2/2C$. À $t = 0$, on ferme l'interrupteur et le condensateur commence à se décharger (figure 11.10*b*). Pendant la montée du courant, il s'établit dans la bobine un champ magnétique où une partie de l'énergie se trouve donc emmagasinée, $U_B = \frac{1}{2}LI^2$. Lorsque le courant atteint sa valeur maximale* I_0 (figure 11.10*c*), toute l'énergie est dans le champ magnétique : $U_B = \frac{1}{2}LI_0^2$. Le condensateur n'a maintenant plus d'énergie, ce qui signifie que $Q = 0$. (Par conséquent, $I = 0$ lorsque $Q = Q_0$ et $Q = 0$ lorsque $I = I_0$.) Le courant commence alors à charger le condensateur (figure 11.10*d*). À la figure 11.10*e*, le condensateur est complètement chargé, mais de polarité opposée à celle de son état initial illustré à la figure 11.10*a*.

Cette situation contraste avec celle qui se produirait si le condensateur était relié à une résistance : le courant serait maximal à $t = 0$ et serait nul (et non maximal comme ici !) quand $Q = 0$. Cette importante différence s'explique par la f.é.m. d'auto-induction : lors de la fermeture de l'interrupteur, cette f.é.m. s'oppose à l'augmentation initiale du courant et reporte l'atteinte du courant maximal au moment où le condensateur est entièrement déchargé. Ensuite, quand le condensateur est vide et ne fournit plus d'énergie pour faire circuler le courant, la f.é.m. induite maintient ce courant (s'oppose à sa diminution), ce qui force la recharge du condensateur (selon une polarité opposée à celle du début).

Lorsque le système a atteint l'état illustré à la figure 11.10*e*, le processus que nous venons de décrire va ensuite se répéter avec le courant en sens inverse, jusqu'à ce que le système revienne à son état initial, illustré à la figure 11.10*a*, puis le tout recommencera à nouveau. *L'énergie du système oscille donc indéfiniment entre le condensateur et la bobine d'induction.* Comme le suggère le

* Notez que nous utilisons la notation Q_0 et I_0 pour désigner la charge et le courant maximaux, respectivement. Dans cette notation, les indices 0 *ne signifient pas* « à $t = 0$ ».

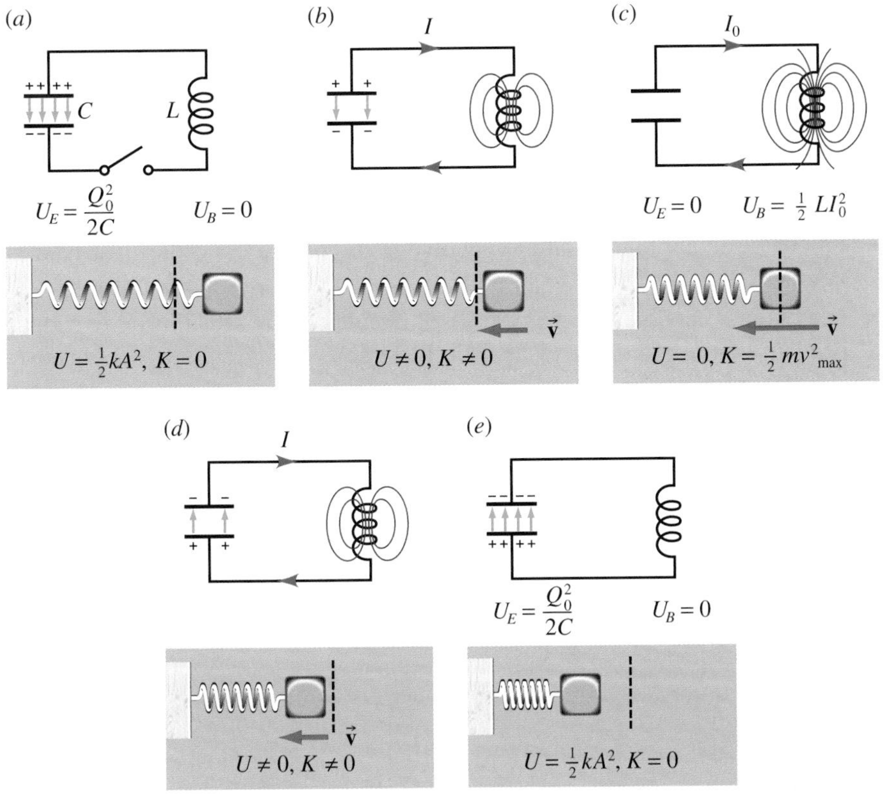

Figure 11.10 ◀
Les oscillations dans un circuit LC sont analogues aux oscillations d'un bloc à l'extrémité d'un ressort. La figure décrit la moitié d'un cycle.

système bloc-ressort représenté sur la figure, le courant et la charge subissent des oscillations sinusoïdales (appelées oscillations harmoniques simples au chapitre 1 du tome 3). Nous poursuivrons cette analogie un peu plus loin.

Nous allons maintenant obtenir l'équation qui donne la valeur de la charge du condensateur en fonction du temps et vérifier qu'elle est effectivement sinusoïdale. Pour ce faire, considérons premièrement la situation représentée à la figure 11.10*b*. Sur cette figure, le courant se déplace en sens horaire dans le circuit et est en train de croître, ce qui n'est le cas que pendant le quart du temps que dure le cycle d'aller-retour de la charge (soit en chaque instant situé entre ceux illustrés aux figures 11.10*a* et 11.10*c*). Nous considérerons d'abord ce quart du cycle et verrons ensuite que les trois autres quarts peuvent être décrits avec les mêmes équations.

La figure 11.11 reproduit la situation illustrée à la figure 11.10*b*. Comme le courant augmente ($\mathrm{d}I/\mathrm{d}t > 0$), la f.é.m. induite dans la bobine d'induction cherche à nuire à cette croissance et a donc la polarité indiquée (en d'autres termes, $V_\mathrm{B} < V_\mathrm{A}$). Selon la loi des mailles de Kirchhoff, on a donc

$$+\frac{Q}{C} - L\frac{\mathrm{d}I}{\mathrm{d}t} = 0 \qquad (11.17a)$$

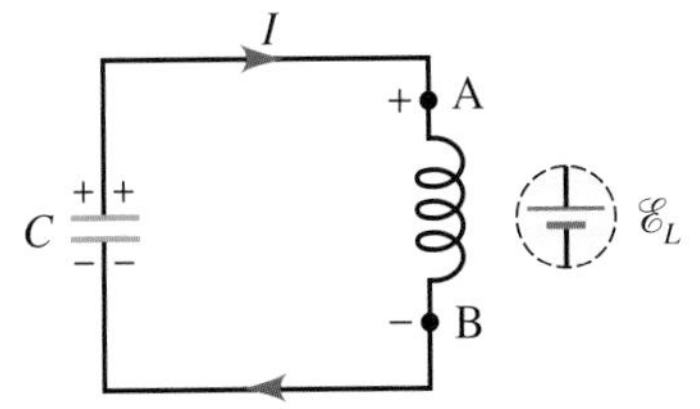

Figure 11.11 ▲
À l'instant représenté sur la figure, le courant augmente, de sorte que la polarité de la f.é.m. induite dans la bobine d'induction est celle qui est représentée.

Pour établir une relation entre le courant dans le fil et la charge sur le condensateur, on remarque que le courant fait diminuer la charge Q du condensateur pendant ce quart du cycle, de sorte que $I = \mathrm{d}q/\mathrm{d}t = -\mathrm{d}Q/\mathrm{d}t$. Cela nous permet de réécrire l'équation précédente sous la forme

$$\frac{\mathrm{d}^2Q}{\mathrm{d}t^2} + \frac{1}{LC}Q = 0 \qquad (11.17b)$$

Considérons maintenant les trois autres quarts du cycle. Le deuxième est celui représenté à la figure 11.10*d*: comme le courant y décroît ($\mathrm{d}I/\mathrm{d}t < 0$) et que la polarité aux bornes des deux composantes est inversée, le premier terme doit changer de signe dans l'équation de la loi des mailles. De plus, le condensateur se fait charger, de sorte que la relation entre I et Q devient $I = +\mathrm{d}Q/\mathrm{d}t$. Des inversions de signes similaires surviennent pour les deux autres quarts du cycle, pour lesquels le courant circule en sens inverse. Ces changements de signes n'ont *pas* pour effet de s'annuler. Par contre, on peut facilement vérifier que les équations 11.17*a* et 11.17*b* (de même que l'équation $I = -\mathrm{d}Q/\mathrm{d}t$) demeurent valables pour l'entièreté du cycle si on utilise les conventions de signes suivantes :

- La charge Q est notée comme positive si la polarité est celle illustrée à la figure 11.10*b* et négative si la polarité est celle de la figure 11.10*d*.
- Le courant I est noté comme positif s'il circule dans le sens illustré et négatif pendant l'autre moitié du cycle (non illustrée), où il circule en sens inverse.
- On évalue la dérivée $\mathrm{d}I/\mathrm{d}t$ en tenant compte du signe attribué au courant. Par exemple, quand le courant croît, mais circule dans le sens négatif, $\mathrm{d}I/\mathrm{d}t$ est négatif (comme n'importe quelle fonction qui devient de plus en plus négative).

L'équation 11.17*b* est de la même forme que l'équation que nous verrons au chapitre 1 du tome 3, relative à l'oscillation harmonique simple d'un système bloc-ressort : $\mathrm{d}^2x/\mathrm{d}t^2 + \omega^2 x = 0$. La charge oscille donc avec une **fréquence angulaire propre**

Fréquence angulaire propre

$$\omega_0 = \frac{1}{\sqrt{LC}} \qquad (11.18)$$

et, en général, sa variation dans le temps est donnée par

Oscillation harmonique simple de la charge du condensateur

$$Q(t) = Q_0 \sin(\omega_0 t + \phi) \qquad (11.19a)$$

où Q_0 est la valeur maximale (amplitude) de Q et ϕ est une constante de phase. Puisque $Q = Q_0$ à $t = 0$, on a $\sin \phi = 1$ et donc $\phi = \pi/2$. Comme $\sin(\theta + \pi/2) = \cos \theta$, la charge s'écrit

$$Q(t) = Q_0 \cos(\omega_0 t) \qquad (11.19b)$$

Le courant, $I = -\mathrm{d}Q/\mathrm{d}t$, est donné par

$$I(t) = I_0 \sin(\omega_0 t) \qquad (11.20)$$

où $I_0 = \omega_0 Q_0$. Ces deux fonctions sont représentées à la figure 11.12. Pendant le premier quart de la période, on note que I croît et que Q décroît, ce qui correspond bien à la situation de la figure 11.10*b*. Pendant le quart de période suivant, on note que I décroît et que Q croît, mais on note aussi que Q devient négatif, ce qui signifie que la polarité du condensateur s'est inversée. Cela correspond bel et bien à la situation de la figure 11.10*d*. Pendant les deux quarts de période suivants, on note que I devient négatif, ce qui signifie que son sens s'est inversé.

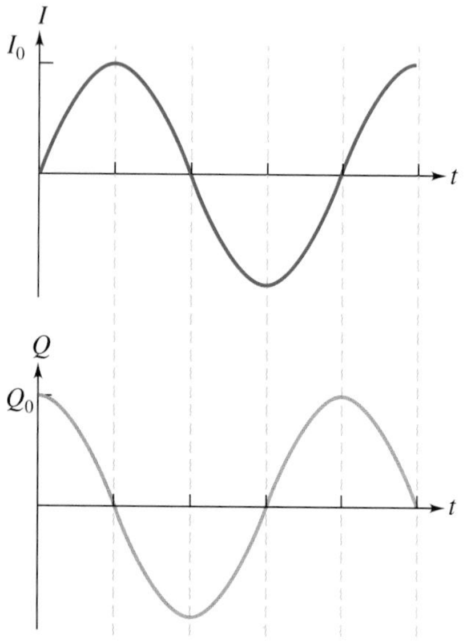

Figure 11.12 ▲
Le courant dans la bobine d'induction et la charge du condensateur varient tous deux de façon sinusoïdale. Ils sont déphasés d'un quart de cycle. La partie négative du graphique du courant correspond à une inversion du sens du courant. Dans le cas de la charge, c'est une inversion de la polarité du condensateur.

Pour bien comprendre pourquoi I et Q sont déphasés de 90°, examinons la loi des mailles, qui exige que les différences de potentiel aux bornes de C et de L soient égales à tout instant, c'est-à-dire que $Q/C = L\,\mathrm{d}I/\mathrm{d}t$. Par conséquent, si $Q = 0$, alors $\mathrm{d}I/\mathrm{d}t = 0$, ce qui signifie que I doit être un maximum ou un

« minimum » (ce qui correspond à un courant maximal circulant dans le sens négatif). Cela confirme l'analyse basée sur les échanges d'énergie entre C et L.

Poursuivons l'analogie entre les oscillations dans un circuit LC et l'oscillation mécanique d'un bloc attaché à un ressort. Dans le cas mécanique, la position x du bloc, qui correspond à l'allongement du ressort, est déterminée par $\Sigma F_x = ma_x$, avec $F_{\text{res}_x} = -kx$ et $a_x = \mathrm{d}^2x/\mathrm{d}t^2$. On a donc $\mathrm{d}^2x/\mathrm{d}t^2 + (k/m)x = 0$ et la fréquence angulaire propre est $\omega_0 = \sqrt{k/m}$. Soulignons tout d'abord que x correspond à Q dans l'équation différentielle. Deuxièmement, l'équation $\Sigma F_x = m\ \mathrm{d}v_x/\mathrm{d}t$ a la même forme que $\mathscr{E} = -L\ \mathrm{d}I/\mathrm{d}t$. L est donc analogue à m : la masse mesure l'*opposition* à la variation de vitesse et L mesure l'*opposition* à la variation du courant. Enfin, en comparant $\omega_0 = 1/\sqrt{LC}$ avec $\omega_0 = \sqrt{k/m}$, on constate que $1/C$ est analogue à k. La constante $k = F_{\text{res}}/|x|$ nous donne la force nécessaire pour produire un déplacement unitaire, alors que $1/C = \Delta V/Q$ nous donne la différence de potentiel nécessaire pour déplacer une charge unitaire. Le tableau 11.1 présente plusieurs autres analogies.

Tableau 11.1 ◄
Analogies entre les grandeurs mécaniques et électriques

Mécanique :	x	$\vec{\mathbf{v}}$	m	$\frac{1}{2}mv^2$	k	$\frac{1}{2}kx^2$	$\vec{\mathbf{F}}$	$P = \vec{\mathbf{F}}\cdot\vec{\mathbf{v}}$
Électrique :	Q	I	L	$\frac{1}{2}LI^2$	$\frac{1}{C}$	$\frac{1}{2}\frac{Q^2}{C}$	ΔV	$P = I\Delta V$

L'énergie emmagasinée dans le condensateur est $U_E = Q^2/2C$ et l'énergie emmagasinée dans la bobine est $U_B = \frac{1}{2}LI^2$. Dans l'analogie mécanique, l'énergie potentielle du ressort correspond à U_E et l'énergie cinétique à U_B. D'après les équations 11.19*b* et 11.20, l'énergie totale est

$$U = U_E + U_B = \frac{Q_0^2}{2C}\cos^2(\omega_0 t) + \frac{LI_0^2}{2}\sin^2(\omega_0 t)$$

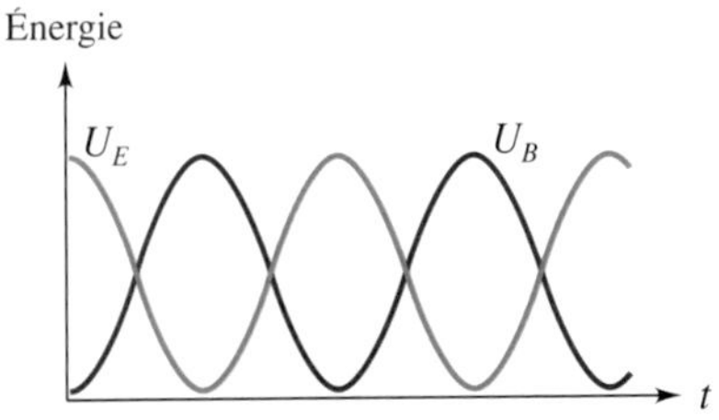

Figure 11.13 ▲
La variation d'énergie dans le condensateur et dans la bobine d'induction.

Les courbes de variations de U_E et de U_B sont représentées à la figure 11.13. Comme $I_0 = \omega_0 Q_0$ et $\omega_0 = 1/\sqrt{LC}$, il est facile de montrer que U est une constante :

$$U = \frac{Q_0^2}{2C} = \frac{1}{2}LI_0^2$$

EXEMPLE 11.7

Dans le circuit LC de la figure 11.10 (p. 415), posons $L = 40$ mH, $C = 20$ μF, et la différence de potentiel maximale aux bornes du condensateur est égale à 80 V. Trouver : (a) la charge maximale sur C ; (b) la fréquence angulaire propre de l'oscillation ; (c) l'intensité maximale du courant ; (d) l'énergie totale.

Solution

(a) $Q_0 = C\Delta V_0 = (2 \times 10^{-5}\ \text{F})(80\ \text{V}) = 1{,}6 \times 10^{-3}$ C.

(b) La fréquence angulaire propre est

$$\omega_0 = \frac{1}{\sqrt{LC}}$$

$$= \frac{1}{\sqrt{(4 \times 10^{-2}\ \text{H})(2 \times 10^{-5}\ \text{F})}} = 1100\ \text{rad/s}$$

(c) L'intensité maximale du courant est

$$I_0 = \omega_0 Q_0 = (1100\ \text{rad/s})(1{,}6 \times 10^{-3}\ \text{C})$$
$$= 1{,}76\ \text{A}$$

(d) L'énergie totale est simplement l'énergie initiale du condensateur :

$$U = \frac{Q_0^2}{2C} = 0{,}064\ \text{J}$$

La précédente analyse des oscillations dans un circuit LC est un modèle peu réaliste puisque l'énergie ne peut pas être constante, et ce pour deux raisons. Premièrement, toute bobine d'induction réelle a une résistance. Nous en tiendrons compte dans la section qui suit. Deuxièmement, même si la résistance était nulle, l'énergie totale du système *ne resterait pas* constante. Elle est dissipée par le système sous forme d'ondes électromagnétiques (que nous étudierons au chapitre 13). En pratique, les émetteurs de radio et de télévision fonctionnent à partir de ce rayonnement ! Néanmoins, notre analyse simple de cette section a montré que le système est un oscillateur harmonique simple et nous avons obtenu la fréquence propre des oscillations.

11.7 Les oscillations amorties dans un circuit *RLC* série

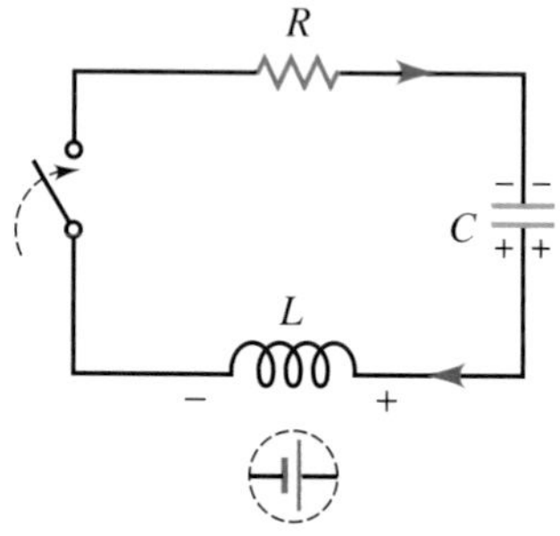

Figure 11.14 ▲
Un circuit RLC. À l'instant représenté, on suppose que le courant augmente.

Nous allons maintenant examiner l'effet d'une résistance sur les oscillations dans un circuit LC. La figure 11.14 représente une résistance, une bobine d'induction et un condensateur en série ; un tel arrangement est nommé circuit RLC série. On suppose que le condensateur a une charge initiale Q_0 et que l'on ferme l'interrupteur à $t = 0$. À l'instant illustré, qui ne correspond qu'à une partie du cycle, le courant augmente et la polarité de la f.é.m. induite dans la bobine est telle qu'indiquée sur la figure. La loi des mailles donne

$$\frac{Q}{C} - RI - L\frac{dI}{dt} = 0$$

Exactement comme à la section précédente, cette équation demeure valable pour l'entièreté du cycle si on utilise les conventions de signes déjà présentées. Notez que la tension aux bornes de R change de signe en même temps que I, c'est-à-dire lorsque le sens du courant s'inverse.

Comme $I = -dQ/dt$, la loi des mailles peut s'écrire sous la forme

$$L\frac{d^2Q}{dt^2} + R\frac{dQ}{dt} + \frac{Q}{C} = 0 \qquad (11.21)$$

Cette équation est de la même forme que l'équation que nous verrons au chapitre 1 du tome 3 pour le mouvement harmonique amorti, c'est-à-dire :

$$m\frac{d^2x}{dt^2} + \gamma\frac{dx}{dt} + kx = 0 \qquad (11.22)$$

Soulignons que R est analogue à la constante d'amortissement γ. Par analogie avec les expressions de la section 1.6 du tome 3, nous écrivons l'une des solutions possibles de l'équation 11.21, donnant l'expression de la charge en fonction du temps

Oscillation amortie de la charge du condensateur

$$Q(t) = Q_0 e^{-Rt/2L}\sin(\omega' t + \delta) \qquad (11.23)$$

On peut démontrer (voir le problème 15) que la *fréquence angulaire des oscillations amorties* s'écrit

Fréquence angulaire des oscillations amorties

$$\omega' = \sqrt{\omega_0^2 - \left(\frac{R}{2L}\right)^2} \qquad (11.24)$$

où $\omega_0 = 1/\sqrt{LC}$ est la fréquence angulaire propre.

Le comportement du système dépend des valeurs relatives de ω_0 et de $R/2L$. Si $R/2L < \omega_0$, ou, ce qui est équivalent, si $R < 2\omega_0 L$, le système est *sous-amorti* et la charge varie en oscillant selon l'équation 11.23. L'amplitude des oscillations décroît de façon exponentielle (figure 11.15*a*). Si $R = 2\omega_0 L$, le système est en *amortissement critique*. Dans ce cas, il n'y a pas d'oscillations et la charge s'annule rapidement. Enfin, si $R > 2\omega_0 L$, le système est en *amortissement surcritique*. Il n'y a alors pas d'oscillations et le délai nécessaire pour décharger le condensateur ($Q = 0$) est plus élevé. Les deux derniers cas sont illustrés à la figure 11.15*b*. Au chapitre suivant, nous étudierons la réponse d'un circuit *RLC* série à une f.é.m. externe sinusoïdale.

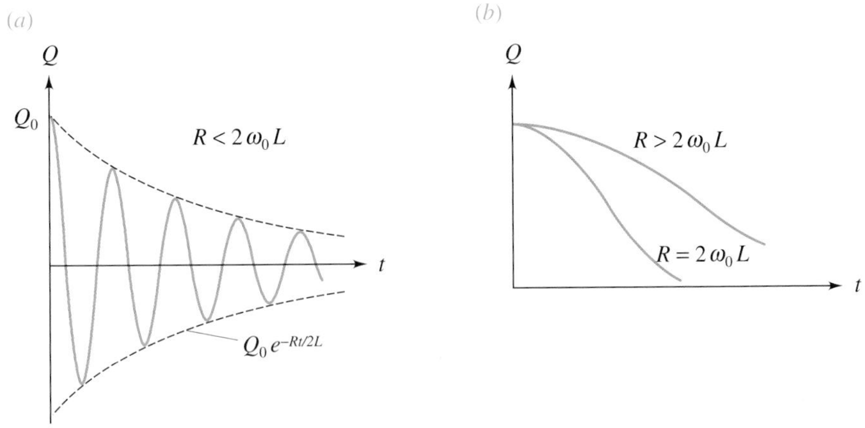

Figure 11.15 ◄ (*a*) Lorsque $R < 2\omega_0 L$, le système est sous-amorti et il oscille avec une amplitude qui décroît exponentiellement. (*b*) Lorsque $R = 2\omega_0 L$, le système est en amortissement critique ; lorsque $R > 2\omega_0 L$, le système est en amortissement surcritique.

EXEMPLE 11.8

Dans un circuit *RLC* série, $L = 20{,}0$ mH, $C = 50$ μF et $R = 6{,}0\ \Omega$. Trouver : (a) le temps nécessaire pour que l'amplitude tombe à la moitié de sa valeur initiale ; (b) la fréquence angulaire amortie ; (c) le nombre d'oscillations pendant 20 ms. (d) Pour quelle valeur de R le système est-il en amortissement critique ?

Solution

(a) D'après l'équation 11.23, on sait que, lorsque l'amplitude diminue à la moitié de sa valeur initiale, $0{,}5 = e^{-Rt/2L}$; la demi-vie des oscillations est donc

$$T_{1/2} = \frac{2L}{R} \ln 2 = 4{,}6 \times 10^{-3}\ \text{s}$$

(b) La fréquence angulaire propre est $\omega_0 = 1/\sqrt{LC} = 10^3$ rad/s et la fréquence angulaire amortie est

$$\omega' = \sqrt{\omega_0^2 - \left(\frac{R}{2L}\right)^2}$$

$$= \sqrt{(10^3\ \text{rad/s})^2 - \left(\frac{6\ \Omega}{4 \times 10^{-2}\ \text{H}}\right)^2}$$

$$= 990\ \text{rad/s}$$

(c) La période des oscillations est $T' = 2\pi/\omega' = 6{,}4$ ms. Par conséquent, pendant 20 ms, le circuit effectue $20/6{,}4 = 3{,}1$ oscillations.

(d) Pour l'amortissement critique, $R = 2\omega_0 L = 20\ \Omega$.

SUJET CONNEXE

La lévitation et la propulsion magnétiques

En avril 2007, le *train à grande vitesse* (TGV) atteignait la vitesse record de 575 km/h. Cependant, à cause des frottements entre les roues et les rails, les trains ne peuvent pas d'ordinaire dépasser 300 km/h sans perte de traction. L'aéroglisseur est une autre approche pour les transports à grande vitesse : c'est un véhicule soutenu par un coussin d'air et propulsé par un moteur d'avion. Mais il a l'inconvénient d'être bruyant et de poser des problèmes de pollution. Une autre solution consiste à employer les forces électromagnétiques pour soulever et propulser un train. Ces trains sont silencieux et peuvent atteindre des vitesses de plus de 500 km/h grâce à la *lévitation magnétique*. Les systèmes de propulsion de ces trains utilisent soit des *moteurs à induction*, soit des *moteurs synchrones*.

Moteurs à induction

Entre 1835 et 1885, les moteurs électriques fonctionnaient surtout en courant continu. Avant l'invention du moteur à induction par Nikola Tesla (1856-1943) en 1888, il n'existait pas de moteur pouvant fonctionner de manière satisfaisante au courant alternatif. Pour comprendre le principe du moteur à induction, considérons d'abord une aiguille de boussole montée sur pivot. Si le pôle sud d'un barreau aimanté décrit un cercle (figure 11.16), le pôle nord de l'aiguille est attiré vers le barreau et se met à tourner. Tesla mit au point une méthode pour créer un champ magnétique rotatif sans faire intervenir de mouvements mécaniques en se servant de courants alternatifs sur deux ou plusieurs paires de pôles. la figure 11.17 représente un *stator*, qui est en général fait d'acier laminé et dont les pôles sont des protubérances sur lesquelles sont enroulées les bobines. On fait circuler dans les bobines AA' et BB' des courants alternatifs déphasés de 90° (figure 11.18*a*). Par exemple, lorsque le courant dans une des paires a sa valeur maximale, le courant dans l'autre paire est nul. Dans cet exemple, qui utilise un courant à deux phases et deux paires de pôles, le champ magnétique résultant tourne une fois par cycle de courant (figure 11.18*b*). Si la fréquence des courants est de 60 Hz, le champ magnétique effectue 60 révolutions par seconde.

Le *rotor* central n'est pas relié électriquement au stator. Dans un certain type de rotor appelé « cage d'écureuil » (figure 11.19*a*), des barres de cuivre sont introduites dans

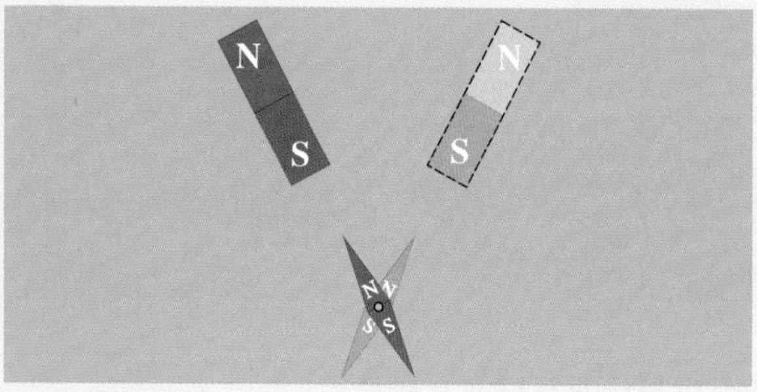

Figure 11.16▲
Une aiguille de boussole suit la rotation d'un aimant.

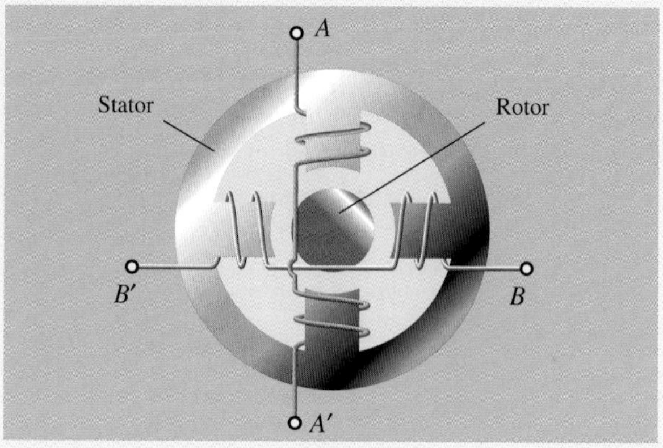

Figure 11.17▲
On produit un champ magnétique tournant en faisant circuler dans deux jeux de bobines (ou plus) des courants alternatifs qui ne sont pas en phase.

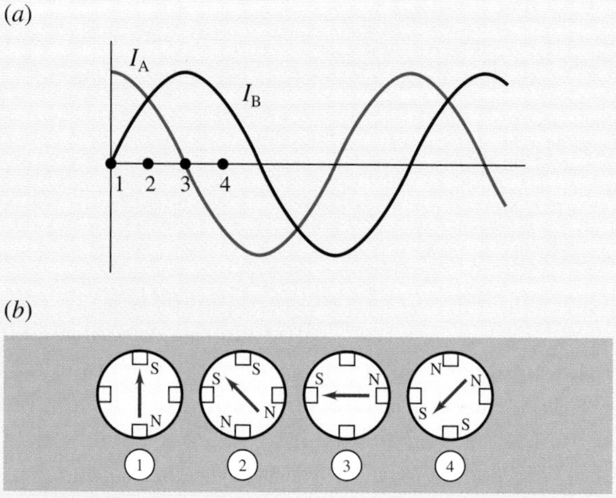

Figure 11.18▲
(*a*) Deux courants déphasés de 90°. (*b*) La direction du champ magnétique à quatre instants.

des trous pratiqués dans un cylindre en fer laminé. Les barres sont reliées entre elles par des bagues d'extrémités. Supposons que le rotor soit initialement au repos et que l'on fasse circuler le courant biphasé dans le stator. Comme le rotor se déplace par rapport au champ magnétique (rotatif), des courants intenses sont induits dans les barres. On peut déterminer la direction des courants induits à partir de la force magnétique $\vec{\mathbf{F}}_B = q\vec{\mathbf{v}} \times \vec{\mathbf{B}}$, où $\vec{\mathbf{v}}$ est la vitesse d'une barre par rapport au champ.

La figure 11.19*b* indique le sens des courants induits dans le rotor et les forces qu'exercent sur eux le champ magnétique du stator. Les dimensions des points et des croix reflètent les intensités relatives des courants. Ces forces agissant sur les barres font tourner le rotor dans le sens de rotation du champ. La vitesse du rotor augmente jusqu'à ce qu'elle atteigne pratiquement la vitesse angulaire synchrone ω_s pour laquelle il n'y a plus de mouvement relatif

(*a*)

(*b*)

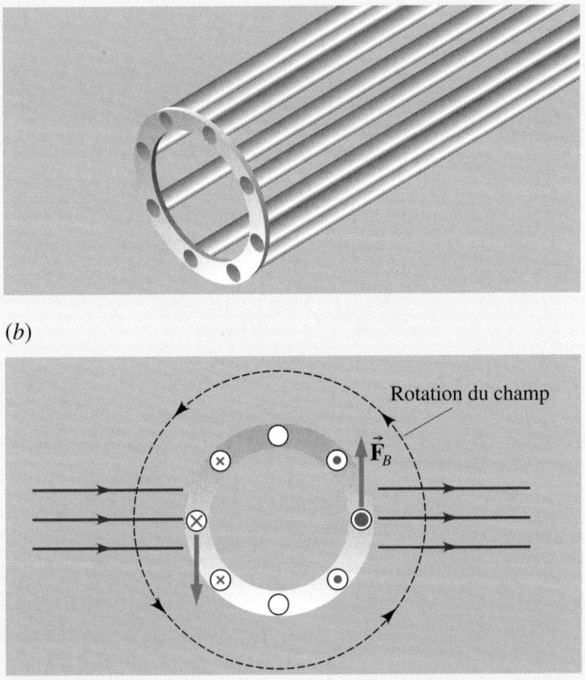

Figure 11.19▲
(*a*) Une cage d'écureuil. (*b*) Les courants induits sont soumis à des forces tel qu'indiqué.

entre le rotor et le champ. En conséquence, il ne peut y avoir à ce stade de courant induit ni de moment de force sur le rotor. Dans la pratique, afin de compenser les pertes dues au frottement, la vitesse angulaire reste légèrement inférieure à la valeur synchrone. Lorsque le rotor doit effectuer un travail, sa vitesse angulaire diminue. Les courants induits, et par conséquent le moment de force produit, augmentent.

Le moteur à induction fonctionne également si les barres de cuivre du rotor sont remplacées par un anneau cylindrique continu (figure 11.20*a*). Son rendement n'est que de 10 % environ du rendement d'un moteur à induction normal. La forme rotationnelle du moteur à induction peut être utilisée dans la propulsion d'un véhicule, mais il y a des pertes inévitables dues au frottement dans les engrenages et les roues. Le moteur à induction linéaire évite ces problèmes.

Moteur à induction linéaire

Supposons que l'on coupe le long d'une ligne radiale le moteur de la figure 11.20*a* et qu'on le déroule pour obtenir la forme plate de la figure 11.20*b*. Le rotor est alors une bande conductrice plate posée sur un lit de béton ; c'est le rail de réaction. Le véhicule comporte une série d'aimants autour desquels circule un courant alternatif. En première approximation, le champ magnétique a une variation sinusoïdale dans l'espace (figure 11.21*a*). En fonction du temps, le champ magnétique se propage de l'avant vers l'arrière du train. Si λ est la séparation entre des pôles identiques et f est la fréquence du courant, la vitesse du champ par rapport au train est $v_s = \lambda f$, la vitesse synchrone.

(*a*)

(*b*)

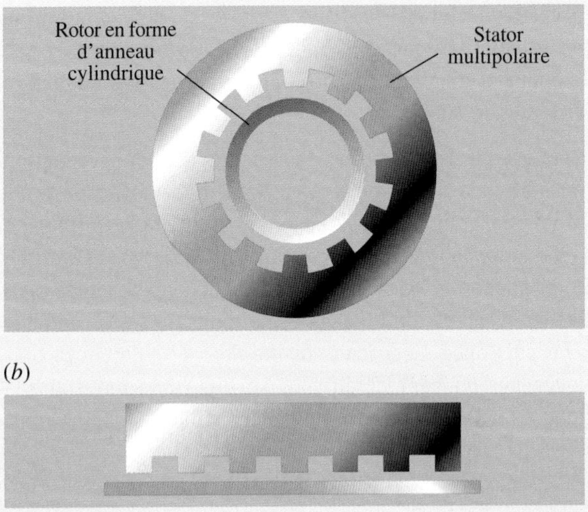

Figure 11.20▲
(*a*) On peut remplacer la cage d'écureuil par une bague continue. (*b*) Dans le moteur à induction linéaire, le stator et le rotor sont « ouverts » et déroulés à plat.

(*a*)

(*b*)

(*c*)

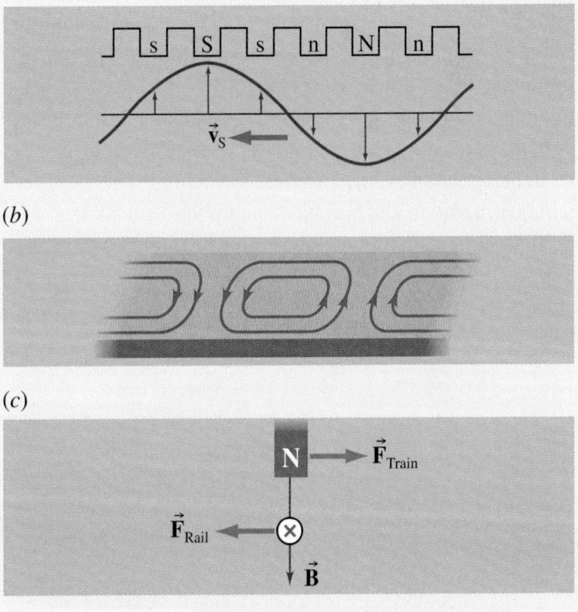

Figure 11.21▲
(*a*) Lorsqu'on fait varier les courants dans les électroaimants, le champ magnétique se propage de l'avant vers l'arrière.
(*b*) Les courants induits dans la voie. (*c*) La force magnétique sur les courants induits est dirigée vers l'arrière. La force sur l'aimant (sur le train) est dirigée vers l'avant.

Au passage du champ magnétique sur le rail de réaction, des courants de Foucault sont induits dans le rail (figure 11.21*b*). Les forces produites par le champ magnétique sur les courants induits sont de même sens que le mouvement du champ, c'est-à-dire vers l'arrière du train. D'après la troisième loi de Newton, les forces sur les aimants sont dirigées vers l'avant (figure 11.21*c*). Lorsque le train accélère, la vitesse relative entre le champ magnétique et le rail de réaction diminue, de sorte que la force propulsive diminue. La force propulsive serait nulle à la vitesse synchrone.

Bien que plusieurs modèles aient déjà fonctionné, l'adoption du moteur à induction linéaire pour les transports interurbains à grande vitesse pose des problèmes. L'intervalle d'air entre le train et le rail de réaction ne mesure que 3 cm environ et ne laisse donc pas beaucoup de marge pour les mouvements de tangage et de roulis du train. De plus, une puissance électrique voisine de 5 MW doit être prélevée par un contact glissant sur un câble qui court le long du rail. Cela poserait un sérieux problème à 400 km/h.

Moteur synchrone linéaire

Dans le moteur synchrone linéaire, on alimente en courant continu de puissants électroaimants placés sur un train. Comme le montre la figure 11.22, trois câbles enfouis dans une voie en béton sont alimentés en courant alternatif de fréquence f. Le sens du courant sous chaque pôle est réglé (par un choix approprié de la constante de phase), de sorte que la force sur l'aimant soit toujours dirigée vers l'avant. L'espacement des pôles doit correspondre à la distance de répétition λ des courants dans la voie. La figure 11.23 montre comment les courants varient dans les câbles au fur et à mesure que le train se déplace vers l'avant. La vitesse synchrone est $v_s = \lambda f$. Lorsqu'on utilise un moteur synchrone, il est nécessaire de faire correspondre la fréquence des courants à la vitesse

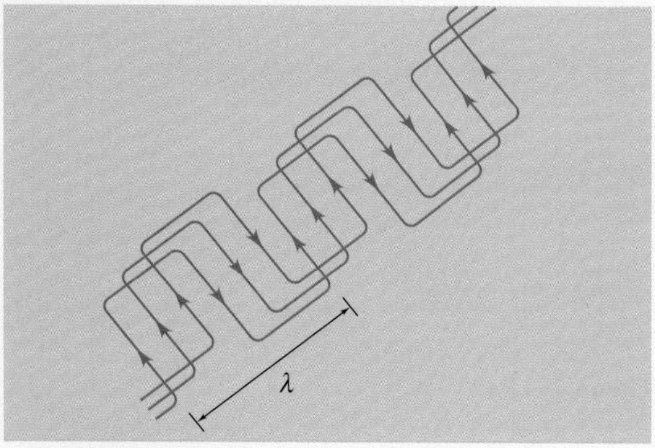

Figure 11.22 ▲
La configuration des fils enfouis dans une voie en béton utilisée dans le moteur synchrone linéaire.

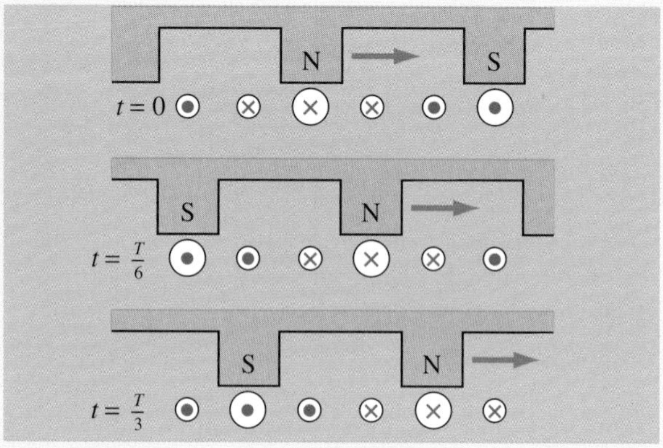

Figure 11.23 ▲
Le courant dans chaque fil est réglé de telle manière que la force sur chaque pôle soit dirigée vers l'avant.

du train. Comme c'est difficile à réaliser, on a recours à d'autres moyens, par exemple le moteur à induction linéaire, pour accroître la vitesse du train jusqu'à v_s. À un instant quelconque, seuls de courts segments de la voie, de 5 km de long environ, doivent être raccordés aux lignes de transmission (60 Hz). On peut ralentir le train en modifiant la phase des courants.

Sur un train donné, il peut y avoir 50 aimants de section transversale 0,5 m × 1,5 m, espacés de 60 cm. Les courants circulant dans les bobines de champ magnétique, qui sont supraconductrices, peuvent atteindre 5×10^5 A. Pour une poussée de 4×10^4 N, un courant de 250 A seulement doit circuler dans la voie.

Lévitation magnétique

Il existe deux manières d'utiliser les forces magnétiques pour soutenir le poids d'un train. On peut employer l'attraction entre les électroaimants du train et un rail en fer (figure 11.24). Cette approche est foncièrement instable, car la force d'attraction augmente lorsque l'aimant se rapproche du rail. Il est donc nécessaire de prévoir un système de contre-réaction électronique pour régler le courant dans les électroaimants. L'autre approche consiste à utiliser la répulsion entre un aimant et les courants de

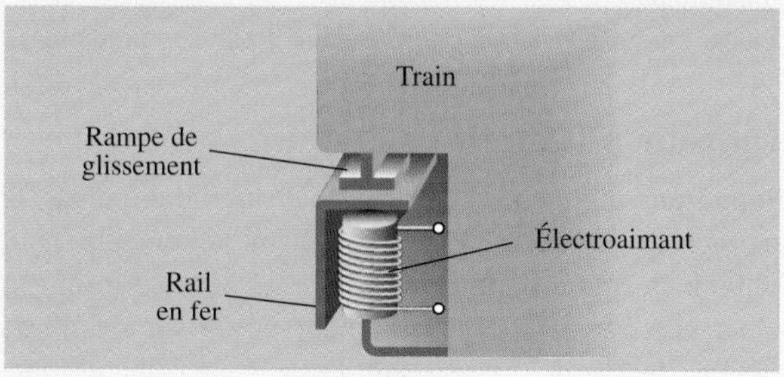

Figure 11.24 ▲
La lévitation d'un train peut être réalisée par l'attraction entre un électroaimant et un rail en fer.

Foucault qu'il induit dans un conducteur. Dans la pratique, on utilise des électroaimants supraconducteurs.

Lorsqu'un aimant se déplace par rapport à une plaque conductrice (figure 11.25), les courants de Foucault induits dans la plaque créent des forces de portée et de traînée dans l'aimant. La force de traînée provient de la dissipation de chaleur liée aux courants de Foucault (*cf.* section 10.8). Plus importante est la présence de forces répulsives entre l'aimant et la plaque conductrice. On peut montrer que la plaque conductrice agit comme un « miroir ». Autrement dit, on peut calculer la force répulsive exercée par les courants de Foucault en imaginant un aimant « image » situé sous la plaque.

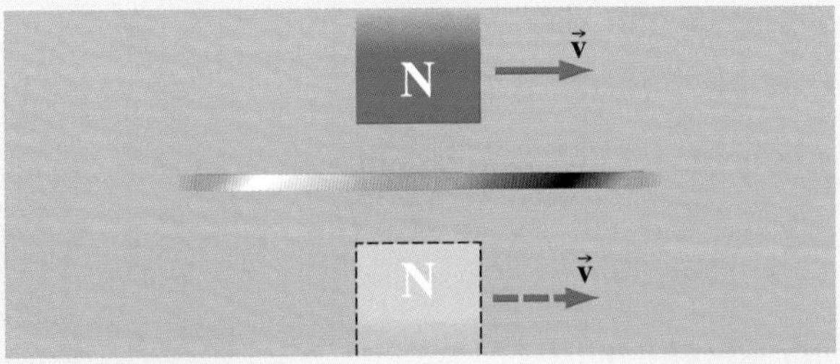

Figure 11.25▲
Lorsqu'un pôle se déplace au-dessus d'une voie en métal, il subit une force de répulsion (due aux courants de Foucault) comme s'il y avait un pôle « image ».

On peut observer les forces de portée et de traînée avec un long fil rectiligne parcouru par un courant, qui se déplace perpendiculairement à sa longueur. La variation de la composante du champ magnétique du fil perpendiculaire à la plaque est représentée à la figure 11.26*a*. La figure 11.26*b* représente la variation à un instant donné de la composante verticale du champ pendant le déplacement du fil. Le courant induit juste en dessous du fil produit une force de portée. La variation des forces de portée et de traînée avec la vitesse est identique pour un fil et pour un aimant. La figure 11.27 représente les forces pour un électroaimant supraconducteur de section transversale 0,3 m × 1 m et parcouru par un courant de 4×10^5 A. Alors que la force de portée augmente régulièrement avec la vitesse, la force de traînée atteint un maximum à une vitesse relativement faible puis décroît au fur et à mesure que la vitesse augmente. Cette caractéristique est bien sûr très utile. La traînée à grande vitesse est ainsi surtout aérodynamique. On peut réduire la traînée due aux courants de Foucault à faible vitesse en utilisant une plaque plus épaisse (3 cm environ) pour le premier kilomètre au départ d'une gare, puis en réduisant l'épaisseur à la valeur normale de 1 cm. De toute façon, des roues sont nécessaires pour supporter le train à faible vitesse. La figure 11.28 représente un train à lévitation magnétique fonctionnant actuellement au Japon.

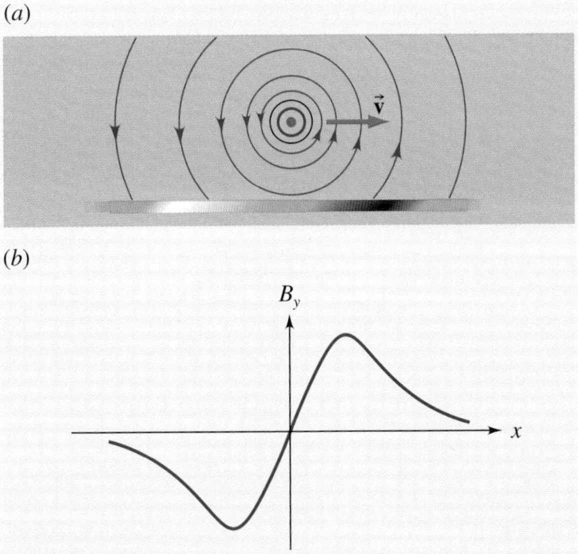

Figure 11.26▲
La variation de la composante verticale du champ magnétique d'un fil isolé parcouru par un courant.

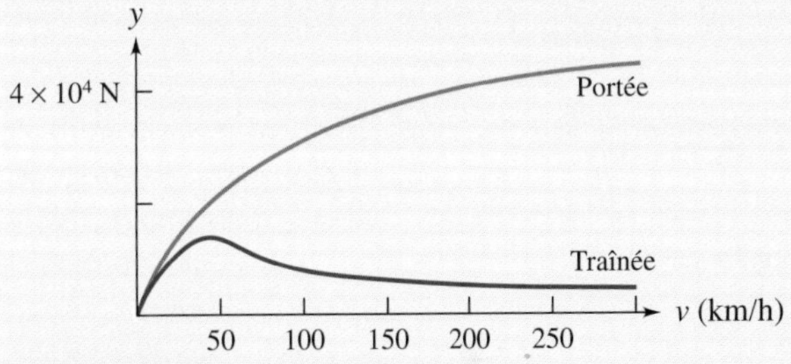

Figure 11.27▲
La variation des forces de portée et de traînée produites par un électroaimant supraconducteur.

Figure 11.28▲
Un train à lévitation magnétique au Japon.

RÉSUMÉ

Lorsque deux bobines parcourues par des courants sont proches l'une de l'autre, le flux magnétique traversant la bobine 1 a deux contributions :

$$N_1\Phi_1 = N_1(\Phi_{11} + \Phi_{12}) \tag{11.2}$$

où Φ_{11} est le flux traversant la bobine 1 dû à son propre courant I_1 et Φ_{12} est le flux traversant la bobine 1 dû au champ magnétique produit par le courant I_2 de la bobine 2. Lorsque le courant varie dans les bobines, la f.é.m. totale dans la bobine 1 est $\mathscr{E}_1 = \mathscr{E}_{11} + \mathscr{E}_{12} = -\mathrm{d}(N_1\Phi_1)/\mathrm{d}t$. La f.é.m. d'auto-induction dans la bobine 1 est donnée par

$$\mathscr{E}_{11} = -L_1\frac{\mathrm{d}I_1}{\mathrm{d}t} \tag{11.4}$$

où l'auto-inductance L_1 est déduite de

$$N_1\Phi_{11} = L_1I_1 \tag{11.3}$$

La f.é.m. induite dans la bobine 1 due aux variations de I_2 est

$$\mathscr{E}_{12} = -M\frac{\mathrm{d}I_2}{\mathrm{d}t} \tag{11.6}$$

où l'inductance mutuelle M est donnée par

$$N_1\Phi_{12} = MI_2 \tag{11.5}$$

(Si un problème donné fait intervenir uniquement l'auto-inductance *ou* l'inductance mutuelle, on peut omettre les indices à condition de définir clairement la signification des termes.)

Dans un circuit comprenant une bobine d'induction et une résistance, la bobine empêche le courant de varier brusquement. Lorsqu'on ferme l'interrupteur pour laisser passer le courant, celui-ci augmente selon l'expression

$$I(t) = I_{\max}(1 - e^{-t/\tau}) \tag{11.10}$$

où la constante de temps est

$$\tau = \frac{L}{R} \tag{11.11}$$

Si l'on retire la pile, le courant diminue selon l'expression

$$I(t) = I_0e^{-t/\tau} \tag{11.12}$$

L'énergie emmagasinée dans une bobine d'induction est

$$U_B = \tfrac{1}{2}LI^2 \tag{11.14}$$

Cette énergie est emmagasinée dans le champ magnétique.

Dans un circuit LC, les oscillations de la charge du condensateur C sont des oscillations harmoniques simples :

$$Q(t) = Q_0\sin(\omega_0t + \phi) \tag{11.19a}$$

où la fréquence angulaire propre est

$$\omega_0 = 1/\sqrt{LC} \tag{11.18}$$

TERMES IMPORTANTS

auto-inductance (p. 405)
auto-induction (p. 402)
bobine d'induction (p. 402)
constante de temps (p. 409)
fréquence angulaire propre (p. 416)
henry (p. 405)
inductance mutuelle (p. 405)
inducteur (p. 402)

RÉVISION

R1. Décrivez une situation où la f.é.m. d'auto-induction est (a) dans le même sens que le courant; (b) dans le sens contraire au courant.

R2. Vrai ou faux ? L'auto-inductance d'une bobine est directement proportionnelle à l'intensité du courant qui la traverse.

R3. Deux bobines sont face à face. Expliquez la différence entre leur auto-inductance et leur inductance mutuelle.

R4. Deux bobines sont face à face. La première est traversée par un courant qui varie dans le temps. Décrivez ce qui se produit, en spécifiant chaque fois si vous parlez de f.é.m. d'auto-inductance ou d'inductance mutuelle.

R5. Comparez le comportement d'un circuit *RL* et le comportement d'un circuit *RC* (section 7.5).

R6. Vrai ou faux ? Dans un circuit *RL* relié à une pile, on atteint plus rapidement le courant maximal avec une grande résistance.

R7. Comparez les oscillations électriques dans un circuit *LC* aux oscillations d'une masse *m* reliée à un ressort de constante *k* en associant les grandeurs mécaniques aux grandeurs électriques.

R8. Expliquez pourquoi toute bobine d'induction réelle possède une résistance.

R9. Quel est l'effet de l'ajout d'une résistance sur les oscillations électriques dans un circuit *LC* ?

R10. À quelle grandeur mécanique associe-t-on la résistance dans un circuit *RLC* série ?

QUESTIONS

Q1. Les résistances de précision sont souvent constituées de fils enroulés autour d'un noyau en céramique. Comment peut-on réduire au minimum l'auto-inductance ?

Q2. Deux bobines circulaires sont proches l'une de l'autre. Comment doit-on les orienter pour que leur inductance mutuelle soit (a) maximale; (b) minimale ?

Q3. Les relations $L = N\Phi_B/I$ et $L = -\mathscr{E}/(\mathrm{d}I/\mathrm{d}t)$ sont-elles aussi générales l'une que l'autre ? Sinon, laquelle est préférable pour définir L ? Expliquez pourquoi vous avez éliminé l'autre possibilité.

Q4. Pour un solénoïde de longueur finie, l'auto-inductance par unité de longueur est-elle différente au centre et aux extrémités ? Si oui, en quel point est-elle la plus élevée ?

Q5. Soit un circuit ayant une inductance élevée. Imaginez un système permettant d'annuler le courant rapidement, mais de façon sûre.

Q6. Montrez que $1/\sqrt{LC}$ a pour dimension T^{-1}.

Q7. Une bobine d'induction peut-elle être le siège d'une f.é.m. induite, même si le courant qui la traverse est nul ?

Q8. Une bobine d'induction réelle a une résistance. La différence de potentiel aux bornes de la bobine peut-elle être (a) supérieure à la f.é.m. induite; (b) inférieure à la f.é.m. induite ?

Q9. Quel est l'effet produit sur l'inductance d'un solénoïde lorsqu'on introduit un noyau en fer ? L'inductance a-t-elle une valeur unique ?

Q10. Une bobine entoure un long solénoïde. Le champ magnétique créé par le solénoïde est essentiellement nul au point où est située la bobine. La bobine et le solénoïde ont-ils une inductance mutuelle ?

Q11. Est-il possible d'avoir une inductance mutuelle sans auto-inductance ? Est-il possible d'avoir une auto-inductance sans inductance mutuelle ?

Q12. Dans un circuit RL, la valeur de la f.é.m. de la pile a-t-elle un effet sur le temps nécessaire pour atteindre une valeur donnée du courant ? Sinon, quel effet a-t-elle ?

Q13. Peut-on avoir une bobine d'induction sans résistance ? Peut-on avoir une résistance sans inductance ?

Q14. Soit une spire autour d'un tore. Quel est l'effet produit sur leur inductance mutuelle si l'on fait varier le rayon de la spire ?

Q15. Pourquoi k est-il analogue à $1/C$ plutôt qu'à C ?

EXERCICES

Voir l'avant-propos pour la signification des icônes

SÉRIECLIPS

11.2 Inductance

E1. (I) (a) Un solénoïde de longueur 15 cm comporte 120 spires de rayon 2 cm. Quelle est son auto-inductance si l'on néglige les effets de bords ? (b) Quel doit être le taux de variation du courant qui le traverse pour produire une f.é.m. d'auto-induction de 4 mV ?

E2. (I) La f.é.m. d'auto-induction dans un solénoïde de longueur 25 cm et de rayon 1,5 cm est égale à 1,6 mV lorsque le courant vaut 3 A et augmente à raison de 200 A/s. (a) Quel est le nombre de spires ? (b) Quel est le module du champ magnétique à l'intérieur du solénoïde à l'instant donné ? On néglige les effets de bords.

E3. (I) Un solénoïde comporte 500 spires et son auto-inductance est égale à 1,2 mH. (a) Quel est le flux magnétique à travers chaque spire lorsque le courant est égal à 2 A ? (b) Quelle est la f.é.m. induite lorsque le courant varie à raison de 35 A/s ? (c) Tracez le schéma d'un circuit représentant la polarité de la f.é.m. calculée en (b), en supposant que le courant décroît. (d) Répétez le schéma, en supposant que le courant croît.

E4. (I) Trouvez la f.é.m. induite dans une bobine d'induction L lorsque le courant varie en fonction du temps selon : (a) $I = I_0\ e^{-t/\tau}$; (b) $I = at - bt^2$; (c) $I = I_0\ \sin(\omega t)$.

E5. (I) Un solénoïde comporte 50 spires. Quand le courant vaut 2 A, chaque spire est traversée par un flux magnétique de 15 μWb. (a) Quelle est la f.é.m. induite lorsque le courant varie à raison de 25 A/s ? (b) Tracez le schéma d'un circuit représentant la polarité de la f.é.m. calculée en (a), en supposant que le courant décroît. (c) Répétez le schéma, en supposant que le courant croît.

E6. (I) La f.é.m. d'auto-induction d'une bobine comportant 60 spires est égale à 7,2 mV lorsque le courant varie à raison de 16 A/s. Quel est le flux magnétique à travers chaque spire quand le courant est égal à 4,5 A ?

E7. (I) Lorsque le courant dans une bobine d'induction varie de 128 A/s, la f.é.m. d'auto-induction est de 12 V. Quelle est l'auto-inductance ?

E8. (I) Un câble coaxial est constitué d'un fil de rayon 0,3 mm entouré d'une gaine de rayon 4 mm. Quelle est l'auto-inductance de 18 m de câble ?

E9. (I) Une bobine circulaire plate comportant 5 spires de rayon 2,4 cm est placée autour d'un solénoïde de longueur 24 cm ayant 360 spires de rayon 1,7 cm. L'axe de la bobine fait un angle de 10° avec l'axe du solénoïde. Quelle est l'inductance mutuelle ?

E10. (I) Deux bobines ont une inductance mutuelle de 40 mH. Quelle est la valeur de la f.é.m. induite dans la bobine 2 lorsque le courant varie de 25 A/s dans la bobine 1 ?

E11. (I) Un solénoïde dont la section transversale a une aire de 8 cm² comporte 20 spires/cm. Une deuxième bobine de 40 spires est enroulée autour du solénoïde. (a) Quelle est l'inductance mutuelle ? (b) Si le courant dans le solénoïde varie selon $I = 3t - 2t^2$, où t est en secondes et I en ampères, quelle est la valeur de la f.é.m. induite dans la deuxième bobine à $t = 2$ s ?

E12. (I) Une bobine A comporte 5 spires d'aire 2,4 cm² et une bobine B comporte 6 spires d'aire 0,5 cm². Les deux bobines sont coplanaires. Lorsque le courant dans la bobine A vaut 2 A, il produit un champ magnétique pratiquement uniforme de module 10 μT sur l'aire de la bobine B. Trouvez : (a) l'inductance mutuelle ; (b) la f.é.m. induite dans la bobine A lorsque le courant dans B varie à raison de 40 A/s.

E13. (II) Un tore de N_1 spires a une section transversale rectangulaire (voir la figure 11.9, p. 413). Le rayon interne est a et le rayon externe est b, la hauteur étant h. Une bobine de N_2 spires est enroulée autour du tore. Trouvez : (a) le flux magnétique à travers la bobine ; (b) leur inductance mutuelle (voir l'équation 9.17).

E14. (I) Une bobine de rayon 2 cm comporte 12 spires. Elle est placée à l'intérieur d'un solénoïde de rayon 2,5 cm qui comporte 20 spires/cm. L'axe de la bobine fait un angle de 60° avec l'axe du solénoïde. Trouvez leur inductance mutuelle. On néglige les effets de bords.

E15. (I) Soit deux solénoïdes ayant les caractéristiques suivantes : $L_1 = 20$ mH, $N_1 = 80$ spires ; $L_2 = 30$ mH, $N_2 = 120$ spires et $M = 7$ mH. À un instant donné, le courant dans la bobine 1 vaut 2,4 A et augmente au taux de 4 A/s, le courant dans la bobine 2 vaut 4,5 A et augmente au taux de 1,8 A/s. Trouvez la valeur de : (a) Φ_{11} ; (b) Φ_{12} ; (c) Φ_{21} ; (d) $\mathscr{E}_{11}$; (e) $\mathscr{E}_{12}$; (f) $\mathscr{E}_{21}$.

11.3 Circuits *RL*

E16. (II) À $t = 0$, on relie une f.é.m. idéale $\mathscr{E}$ à une bobine d'induction de résistance nulle et d'autoinductance L. (a) Donnez l'expression du courant en fonction du temps. (b) Donnez le résultat de la question (a) à partir de l'équation 11.10 en utilisant le développement $e^x \approx 1 + x$, valable pour les petites valeurs de x.

E17. (I) Dans le circuit représenté à la figure 11.29, S_2 est ouvert et on ferme S_1 à $t = 0$. Trouvez : (a) l'intensité du courant après 50 ms ; (b) la f.é.m. dans la bobine d'induction après 50 ms ; (c) le temps nécessaire pour que le courant atteigne 80 % de sa valeur finale.

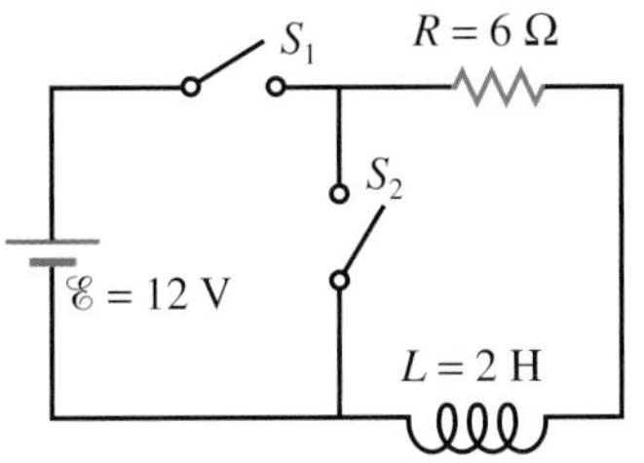

Figure 11.29 ▲
Exercices 17, 18, 19, 29 et 30.

E18. (I) À la figure 11.29, l'interrupteur S_1 est resté fermé pendant longtemps. À $t = 0$, on ferme S_2 et on ouvre S_1. (a) À quel instant la différence de potentiel aux bornes de la résistance chute-t-elle à 12,5 % de sa valeur initiale ? (b) Quelle est la f.é.m. induite dans la bobine d'induction à l'instant trouvé à la question (a) ?

E19. (I) À la figure 11.29, S_2 est ouvert et on ferme S_1 à $t = 0$. (a) Quel est le taux initial de variation du courant (dI/dt) ? (b) À quel instant ce taux chute-t-il à 50 % de sa valeur initiale ? (c) Combien faudrait-il de temps au courant pour atteindre sa valeur finale si le taux initial de variation était maintenu ?

E20. (I) (a) Dans un circuit *RL*, le courant chute à 25 % de sa valeur initiale en 0,05 s. Si $L = 6$ mH, que vaut R ? (b) Dans un circuit *RL*, le courant croît jusqu'à 40 % de sa valeur finale en 0,02 s. Si $R = 10\ \Omega$, que vaut L ?

E21. (I) Une bobine a une résistance de 2 Ω et une autoinductance de 40 mH. L'intensité du courant est égale à 6 A et elle varie de 25 A/s. Quelle est la différence de potentiel aux bornes de la bobine si le courant (a) croît ; (b) décroît ?

E22. (I) Dans un circuit *RL*, le courant croît jusqu'à 40 % de sa valeur finale en 40 ms. (a) Combien de temps lui faut-il pour atteindre 80 % de sa valeur finale ? (b) Si $R = 12\ \Omega$, que vaut L ?

E23. (I) Dans un circuit *RL*, $L = 120$ mH et $R = 15\ \Omega$. On ferme l'interrupteur à $t = 0$. (a) Combien de temps faut-il au courant pour croître jusqu'à 50 % de sa valeur finale ? (b) Quel pourcentage du courant final est atteint après qu'il se soit écoulé un temps équivalent à cinq constantes de temps ?

E24. (II) Soit le circuit représenté à la figure 11.30. Trouvez les trois intensités du courant : (a) lorsque l'interrupteur est fermé pour la première fois ; (b) une fois que les courants ont atteint des valeurs stationnaires ; (c) lorsqu'on ouvre l'interrupteur pour la première fois (après qu'il soit resté fermé pendant longtemps). (d) Quelle est la différence de potentiel aux bornes de R_2 dans le cas (c) ?

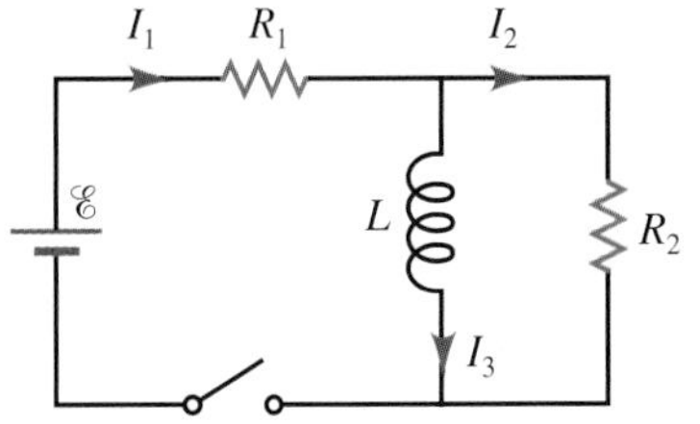

Figure 11.30 ▲
Exercice 24 et problème 10.

E25. (I) Un solénoïde de longueur 18 cm et de rayon 2 cm est constitué d'une seule couche de spires jointives en fil de cuivre de diamètre 1,0 mm et de résistivité $1{,}7 \times 10^{-8}$ Ω·m. Évaluez sa constante de temps si on le branche à une f.é.m. idéale.

11.4 et 11.5 Énergie et densité d'énergie

E26. (I) (a) Un solénoïde a une auto-inductance de 1,5 H. Quelle est l'énergie emmagasinée lorsque l'intensité du courant est égale à 20 A ? (b) Un long solénoïde de 120 spires produit un flux de 4×10^{-5} Wb à travers un plan normal à l'axe lorsque $I = 1{,}5$ A. Quelle est l'énergie emmagasinée ? On néglige les effets de bords.

E27. (I) (a) Le module du champ magnétique terrestre est voisin de 1 G près de la surface. Quelle est la densité d'énergie magnétique ? (b) Un solénoïde de longueur 10 cm et de rayon 1 cm comporte 100 spires. Quelle est l'intensité du courant qui produirait la densité d'énergie trouvée à la question (a) ? On néglige les effets de bords.

E28. (I) Un câble coaxial est constitué d'un fil conducteur intérieur de rayon $a = 0{,}5$ mm et d'une gaine extérieure de rayon $b = 2$ mm. Si l'intensité du courant est égale à 2 A, quelle est l'énergie emmagasinée sur un mètre de câble ?

E29. (II) À la figure 11.29, S_2 est ouvert et on ferme S_1 à $t = 0$. Au bout d'une constante de temps, trouvez : (a) le taux de dissipation d'énergie dans la résistance ; (b) le taux auquel l'énergie est emmagasinée dans la bobine d'induction ; (c) la puissance fournie par la pile.

E30. (II) Dans le circuit de la figure 11.29, S_2 est ouvert et on ferme S_1 à $t = 0$. On donne $L = 25$ mH, $R = 60$ Ω et la f.é.m. de la pile égale à 40 V. À $t = 1$ ms, trouvez : (a) la f.é.m. d'auto-induction dans la bobine ; (b) la puissance dissipée dans la résistance ; (c) la puissance fournie à la bobine ; (d) la puissance fournie par la pile.

E31. (II) Une résistance $R = 5$ Ω est en série avec une bobine d'auto-inductance $L = 40$ mH et une f.é.m. idéale de 20 V. On ferme l'interrupteur à $t = 0$. À quel instant le taux de dissipation d'énergie dans R est-il égal au taux auquel l'énergie est emmagasinée dans L ? Exprimez également votre réponse en fonction d'un nombre de constantes de temps.

E32. (I) Une bobine d'induction emmagasine 1,2 J lorsqu'elle est traversée par un courant de 4 A. Quelle est l'auto-inductance ?

E33. (I) Un solénoïde de 300 spires a une longueur de 20 cm et un rayon de 1,8 cm. Pour quelle intensité du courant la densité d'énergie à l'intérieur du solénoïde est-elle égale à 8 mJ/m^3 ?

E34. (I) Une bobine torique est en série avec une résistance de 60 Ω et une f.é.m. idéale de 24 V. On ferme l'interrupteur à $t = 0$. Sachant que l'intensité du courant atteint 180 mA en 2 ms, trouvez : (a) l'auto-inductance du tore ; (b) l'énergie finale emmagasinée dans le tore.

E35. (I) Un solénoïde a une section transversale d'aire A et une longueur ℓ. (a) S'il est parcouru par un courant I, donnez l'expression de la densité d'énergie à l'intérieur du solénoïde. (b) Posez l'énergie totale du solénoïde égale à $\frac{1}{2}LI^2$ et dérivez l'auto-inductance. Comparez votre résultat avec l'équation 11.7.

E36. (I) L'intensité du courant dans une bobine d'induction $L = 160$ mH varie selon $I = 2{,}5 \sin(150\, t)$, où t est en secondes et I en ampères. Trouvez : (a) la f.é.m. induite $\mathscr{E}$ à 1,2 ms ; (b) la puissance instantanée fournie à la bobine d'induction à $t = 1{,}2$ ms.

11.5 et 11.6 Oscillations dans un circuit *LC* et oscillations amorties dans un circuit *RLC*

E37. (II) Un condensateur $C = 10$ μF a une charge initiale de 60 μC. Il est relié aux bornes d'une bobine $L = 8$ mH à $t = 0$. (a) Quelle est la fréquence des oscillations ? (b) Quelle est l'intensité maximale du courant circulant dans L ? (c) Quel est le premier instant auquel l'énergie se répartit à parts égales entre C et L ? (d) Superposez le graphe de l'énergie emmagasinée dans la bobine et le graphe de l'énergie emmagasinée dans le condensateur pour t allant de 0 à une période d'oscillation. La superposition des deux graphes confirme-t-elle la réponse obtenue en (c) ?

E38. (I) Dans un circuit LC, le condensateur $C = 25$ nF met 10^{-4} s pour perdre sa charge initiale de 20 μC. (a) Quelle est la valeur de L ? (b) Quelle est l'énergie maximale emmagasinée dans L ?

E39. (I) Dans le circuit de syntonisation d'une radio AM, l'inductance est de 5 mH. Quel doit être l'intervalle de variation de la capacité pour que le circuit puisse capter toute la bande AM comprise entre 550 kHz et 1600 kHz ?

E40. (I) Dans un circuit RLC série, $R = 20$ Ω, $L = 4$ mH et $C = 20$ μF. (a) Quelle est la fréquence angulaire des oscillations amorties ? (b) Pour quelle valeur de la résistance le système est-il en amortissement critique ?

E41. (II) Dans un circuit *RLC* série, $R^2 \ll 4L/C$. Montrez que l'énergie totale emmagasinée dans *C* et *L* est donnée par

$$U \approx \frac{Q_0^2}{2C} e^{-Rt/L}$$

E42. (I) Dans un circuit *RLC* série, $L = 40$ mH et $C = 0{,}01$ μF. (a) Quelle est la fréquence angulaire propre ω_0 ? (b) Pour quelle valeur de la résistance la fréquence angulaire des oscillations amorties est-elle inférieure de 0,1 % à ω_0 ? (c) Tracez le graphe de ω' en fonction de R. (d) Pour quelle valeur de *R* faut-il une journée (86 400 s) pour qu'une oscillation complète ait lieu ?

PROBLÈMES

P1. (I) Trouvez l'auto-inductance équivalente de deux bobines d'induction reliées de la manière suivante : (a) en série ; (b) en parallèle. On néglige leur inductance mutuelle.

P2. (II) Deux solénoïdes d'auto-inductances L_1 et L_2 et d'inductance mutuelle *M* sont reliés en série. Montrez que leur auto-inductance équivalente est $L_{\text{éq}} = L_1 + L_2 \pm 2M$. Pourquoi les deux signes sont-ils possibles ?

P3. (II) Les centres de deux longs fils parallèles de rayon *a* sont séparés par une distance *d*. Ils sont parcourus par des courants de même intensité de sens opposés. Montrez que si l'on néglige le flux à l'intérieur des fils, l'auto-inductance par unité de longueur est $L = (\mu_0/\pi)\ln[(d - a)/a]$.

P4. (II) Soit un long fil rectiligne de rayon *a*. Quelle contribution le flux à l'intérieur du fil apporte-t-il à son auto-inductance par unité de longueur (voir l'équation 9.16) ?

P5. (II) Un long fil rectiligne et un cadre rectangulaire sont situés dans le même plan (figure 11.31). Quelle est leur inductance mutuelle ?

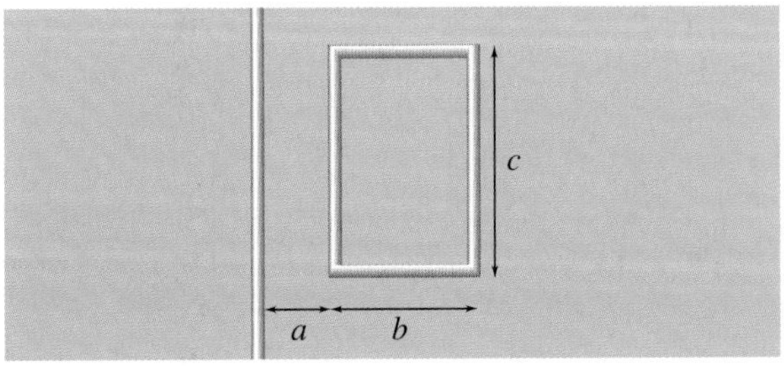

Figure 11.31 ▲
Problème 5.

P6. (II) Déterminez l'auto-inductance du tore de la figure 11.9 (p. 413) en calculant le flux qui le traverse. Comparez votre résultat avec l'équation 11.16.

P7. (II) (a) Montrez que dans le cas d'une oscillation fortement sous-amortie d'un circuit *RLC* série, la fraction de l'énergie perdue par cycle est

$$\frac{|\Delta U|}{U} \approx \frac{2\pi}{Q_{RLC}}$$

où $Q_{RLC} = \omega' L/R$ est appelé facteur Q_{RLC}. (*Indice* : Utilisez l'équation 11.23 pour calculer l'énergie totale à deux instants séparés par une période. Le sinus aura la même valeur. Utilisez ensuite $e^x \approx 1 + x$ pour les petites valeurs de *x*.) (b) Si la perte d'énergie par cycle est de 2 %, que vaut Q_{RLC} ? (c) Pour la valeur de Q_{RLC} trouvée à la question (b), on suppose que $R = 0{,}5\ \Omega$ et $L = 18$ mH. Que vaut *C* ?

P8. (I) Dans un circuit *RL*, $L = 20$ mH et $R = 9\ \Omega$. On relie ces éléments en série avec une f.é.m. idéale de 60 V à $t = 0$. Trouvez le temps nécessaire pour que chacune des grandeurs suivantes atteigne 50 % de sa valeur maximale : (a) l'intensité du courant ; (b) le taux de dissipation d'énergie dans la résistance ; (c) l'énergie emmagasinée dans la bobine d'induction.

P9. (I) Un solénoïde est composé d'un fil de rayon *a* bobiné en une seule couche sur un cylindre en papier de rayon *r*. Montrez que la constante de temps est

$$\tau = \frac{L}{R} = \frac{\mu_0 \pi a r}{4\rho}$$

où ρ est la résistivité.

P10. (II) Dans le circuit de la figure 11.30 (p. 427), montrez qu'après la fermeture de l'interrupteur à $t = 0$, I_3 est donné par

$$I_3 = \frac{\mathscr{E}}{R_1}(1 - e^{-t/\tau})$$

où $\tau = L(R_1 + R_2)/R_1 R_2$.

P11. (II) Démontrez que dans un circuit *RL* où le courant décroît (voir la figure 11.8*a*, p. 409), toute l'énergie emmagasinée dans la bobine est dissipée sous forme d'énergie thermique dans la résistance.

P12. (II) Sachant que la charge du condensateur dans un circuit *RLC* série varie selon $Q(t) = Q_0 e^{-Rt/2L} \cos(\omega' t)$, trouvez l'expression du courant en fonction du temps. Montrez que si $R/2L \ll \omega'$, l'intensité du courant peut s'écrire sous la forme

$$I(t) \approx A(t) \sin(\omega' t + \delta)$$

où $A(t) = -\omega' Q_0 e^{-Rt/2L}$ et $\tan \delta = R/(2L\omega')$.

P13. (II) Soit deux solénoïdes, le premier étant à l'intérieur de l'autre. Écrivez les expressions de L_1 et L_2 et deux expressions pour M. En supposant que la totalité du flux d'un solénoïde traverse l'autre, montrez que $M = \sqrt{L_1 L_2}$.

P14. (II) Montrez que le taux de dissipation thermique dans un circuit *RLC* série sous-amorti (voir la figure 11.14, p. 418) est

$$P_{\text{moy}} = \frac{\omega_0^2 Q_0^2 R}{2} e^{-Rt/L}$$

P15. (II) À partir de l'équation 11.23, qui représente une solution à l'équation différentielle 11.21, montrez que la fréquence angulaire des oscillations amorties est donnée par l'équation 11.24, soit

$$\omega' = \sqrt{\omega_0^2 - \left(\frac{R}{2L}\right)^2}$$

(*Indice*: Insérez la solution dans l'équation différentielle.)

Les circuits alimentés en courant alternatif

12

POINTS ESSENTIELS

1. Dans un circuit alimenté en courant alternatif, le recours aux **valeurs efficaces** de la tension et du courant permet d'évaluer la **puissance moyenne** en utilisant les expressions décrivant la puissance électrique en courant continu.
2. L'**impédance** joue un rôle similaire dans un circuit alimenté en courant alternatif à celui de la résistance dans un circuit en courant continu.
3. La **représentation de Fresnel** permet notamment de déterminer le déphasage entre le courant et la tension.
4. Un circuit comportant une résistance, un condensateur et une bobine est caractérisé par une **fréquence angulaire de résonance**.
5. Un **transformateur** permet de modifier la tension d'une source de courant alternatif.

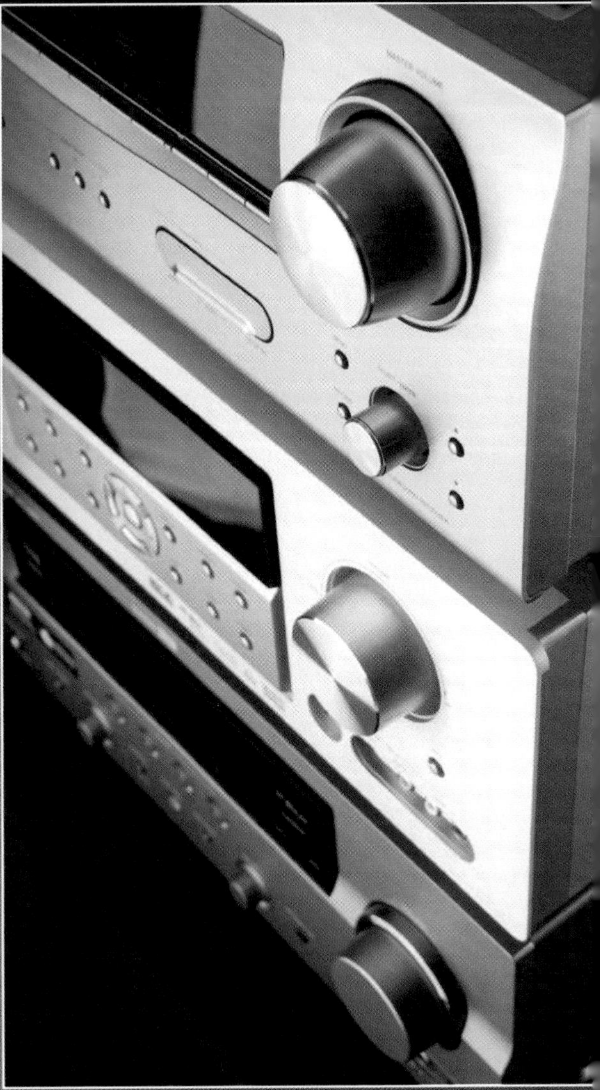

Une chaîne haute-fidélité fournit au moins trois exemples de rôles que peuvent jouer des circuits alimentés en courant alternatif, comme ceux que nous étudierons dans ce chapitre. (1) Chaque appareil est relié à une prise murale qui l'alimente en courant alternatif. (2) Chacun contient plusieurs transformateurs. (3) Enfin, une chaîne haute-fidélité contient plusieurs circuits filtres, dont la fréquence de résonance est ajustable, permettant par exemple de n'amplifier qu'un seul poste de radio à la fois ou d'accentuer seulement les fréquences basses de la musique.

Jusqu'à présent, nous n'avons parlé que des circuits alimentés en **courant continu** (c.c.), dans lesquels le courant circule toujours dans le même sens, qu'il soit constant ou variable dans le temps. Pourtant, de nombreuses sources de courant produisent du **courant alternatif** (c.a.), qui change de sens périodiquement (et est donc nécessairement variable dans le temps). Par exemple, le générateur c.a. étudié à la section 10.4 est utilisé notamment dans les centrales électriques et les alternateurs d'automobiles. Tout instrument ou appareil électrique que l'on branche dans une prise murale est alimenté en courant alternatif par une source de f.é.m. L'émission et la réception des signaux de radio et de télévision font intervenir des courants qui varient sinusoïdalement dans le temps. Dans les systèmes audio ou vidéo analogiques, les signaux obtenus à la sortie des têtes de lecture, des rubans magnétiques et des microphones sont des signaux c.a., qui passent par un amplificateur avant d'arriver au haut-parleur. De même, dans les équipements numériques comme les lecteurs de CD ou de DVD, le signal numérique est éventuellement converti en un courant c.a.

Nous allons dans ce chapitre étudier la réponse des résistances, des bobines d'induction et des condensateurs à une f.é.m. alternative. Nous considérerons d'abord chacun de ces éléments de circuit séparément, puis nous étudierons leur association en série et en parallèle. Le circuit *RLC* série présente un intérêt particulier parce que le courant qui le traverse donne lieu au phénomène de résonance lorsqu'on fait varier la fréquence de la source c.a.

12.1 Considérations préliminaires

Après avoir étudié le générateur c.a. à la section 10.4, nous savons que la f.é.m. et le courant produits par ce type de générateur varient sinusoïdalement dans le temps. Nous allons dans ce chapitre utiliser les lettres minuscules pour désigner les valeurs *instantanées* du courant et de la différence de potentiel. Comme au chapitre 7, nous allons utiliser dans ce qui suit le terme **tension** pour désigner une différence de potentiel. Sauf dans le cas d'associations en parallèle, nous supposerons que le courant instantané $i(t)$ est toujours de la forme

Courant instantané

$$i(t) = i_0 \sin(\omega t) \qquad (12.1)$$

où $\omega = 2\pi f$ est la fréquence angulaire en radians par seconde (rad/s) et f la fréquence en hertz (Hz) de la source de f.é.m. alternative. L'amplitude i_0 est la valeur *maximale* du courant*. Lorsque $i(t) < 0$, le sens du courant s'inverse par rapport à la direction initiale. (Le signe de $i(t)$ a donc uniquement une signification conventionnelle liée au sens du courant.)

On dit que deux grandeurs de même fréquence, tels le courant et la tension, sont *en phase* si elles prennent leurs valeurs maximales au même instant. Nous allons voir qu'en général la tension instantanée aux bornes d'un élément de circuit** n'est pas en phase avec le courant qui le traverse ; les valeurs maximales sont atteintes à des instants différents. On peut donc écrire la tension instantanée aux bornes de la source sous la forme

Tension instantanée

$$\Delta v(t) = \Delta v_0 \sin(\omega t + \phi) \qquad (12.2)$$

où Δv_0 est la tension maximale et l'angle de phase ϕ est la différence de phase entre le courant et la tension. (On suppose que la source n'a pas de résistance interne et donc que la tension aux bornes est égale à la f.é.m.) Nous allons tout d'abord déterminer ϕ pour une résistance, une bobine d'induction idéale ou un condensateur, reliés séparément à une source c.a.

---

* Soulignons que cette notation est la même qu'à la section 11.6, où l'indice 0 *ne signifie pas* « à $t = 0$ » ; il sert seulement à distinguer la valeur instantanée i de l'amplitude i_0.

** Aux chapitres 5 à 11, nous avons désigné indifféremment par le mot « composante » ou « élément » les divers condensateurs, résistances et inductances composant les circuits. Dans ce chapitre, nous allons utiliser seulement le terme « élément de circuit » afin d'éviter la confusion avec les *composantes* vectorielles des vecteurs de Fresnel (voir la section 12.5).

Tout comme le courant $i(t)$ et la tension aux bornes de la source $\Delta v(t)$, les tensions aux bornes d'une résistance (Δv_R), d'une bobine idéale (Δv_L) ou d'un condensateur (Δv_C) alternent elles aussi de polarité dans un circuit *RLC*. Comme dans le cas du courant, cette alternance est représentée par un signe conventionnel, et nous allons maintenant définir ce que signifie chaque signe. La figure 12.1 représente un élément de circuit (ou un groupe d'éléments de circuit) *R*, *L* ou *C*, relié à une source de tension c.a. sinusoïdale dont le symbole électrique est : -⊙-. Le sens du courant instantané indiqué sur la figure est le sens que nous définissons comme positif. De même, la polarité indiquée aux bornes de la source et celle aux bornes de l'élément de circuit sont celles que nous définissons comme positives. *Ce choix de convention permettra en tout temps d'écrire la loi des mailles comme une soustraction.* Par exemple, si l'élément de circuit représenté sur la figure 12.1 est un condensateur, on pourra écrire $\Delta v - \Delta v_C = 0$, et cette équation sera valable que les tensions Δv et Δv_C prennent un signe positif ou négatif. De même, si l'élément de circuit de la figure contient une résistance, un condensateur et une bobine idéale en série, alors la loi des mailles sera $\Delta v - \Delta v_R - \Delta v_C - \Delta v_L = 0$, et cette équation sera valable quel que soit le signe que prend individuellement chaque tension.

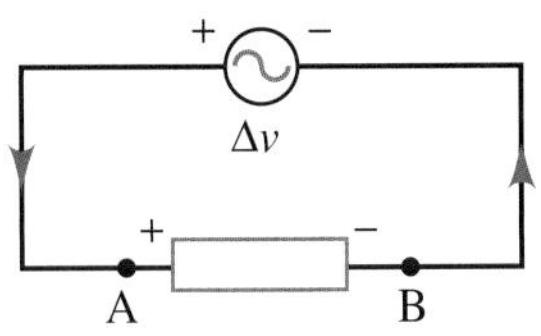

Figure 12.1 ▲
Une source c.a. fournit une tension instantanée Δv entre ses bornes et est reliée à un élément de circuit (ou à un groupe d'éléments de circuit) *R*, *L* ou *C*. Le sens du courant instantané et les polarités instantanées des tensions indiquées sur la figure sont ceux définis comme *positifs*.

Ce choix de convention de signes a aussi une autre conséquence. En effet, les polarités des trois tensions Δv_R, Δv_L et Δv_C dépendent respectivement du sens du courant, du taux de variation du courant et de la charge accumulée sur le condensateur, trois autres grandeurs dont la polarité ou le sens (et, donc, le signe) alternera avec le temps. Le signe positif de $\mathrm{d}i/\mathrm{d}t$ et le signe positif de Q seront par définition ceux qui conduisent à la polarité illustrée sur la figure 12.1. On peut vérifier que cela signifie que l'on doit évaluer la dérivée $\mathrm{d}i/\mathrm{d}t$ *en tenant compte du signe attribué au courant*, à la condition d'écrire l'équation 11.4 sous la forme $\Delta v_L = L(\mathrm{d}i/\mathrm{d}t)$. Par exemple, quand le courant croît mais circule dans le sens négatif, $\mathrm{d}i/\mathrm{d}t$ est négatif (comme n'importe quelle fonction qui devient de plus en plus négative) et non positif. Nous y reviendrons à la section 12.3.

Lorsqu'une résistance, une bobine d'induction ou un condensateur est branché à une source c.a., une relation précise s'établit entre les valeurs maximales de courant et de tension aux bornes de l'élément de circuit. Les sections qui suivent s'intéressent surtout à établir cette relation.

12.2 La résistance dans un circuit c.a. ; les valeurs efficaces

À la figure 12.2, une résistance est reliée à une source de f.é.m. idéale, dont la tension instantanée aux bornes est Δv. La figure illustre les polarités des tensions et le sens du courant dans le cas où ils sont tous trois positifs. Selon la loi des mailles de Kirchhoff, $\Delta v - \Delta v_R = 0$, où $\Delta v_R = Ri$ est la tension aux bornes de la résistance. D'après l'équation 12.1, la tension instantanée aux bornes de la résistance est

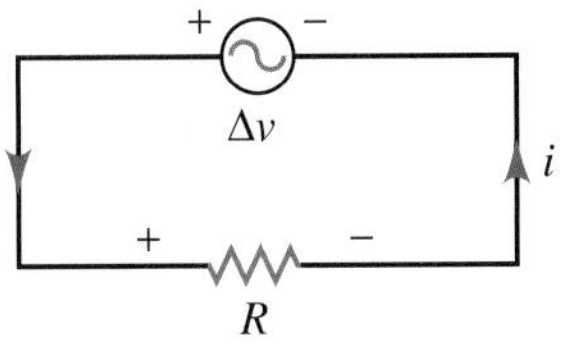

Figure 12.2 ▲
Une résistance reliée à une source c.a.

$$\Delta v_R = Ri_0 \sin(\omega t) = \Delta v_{R0} \sin(\omega t) \qquad (12.3)$$

la valeur maximale étant donc

$$\Delta v_{R0} = Ri_0 \qquad (12.4)$$

En comparant les équations 12.1 et 12.3, on constate que le courant et la tension sont en phase ($\phi = 0$), comme le montre la figure 12.3.

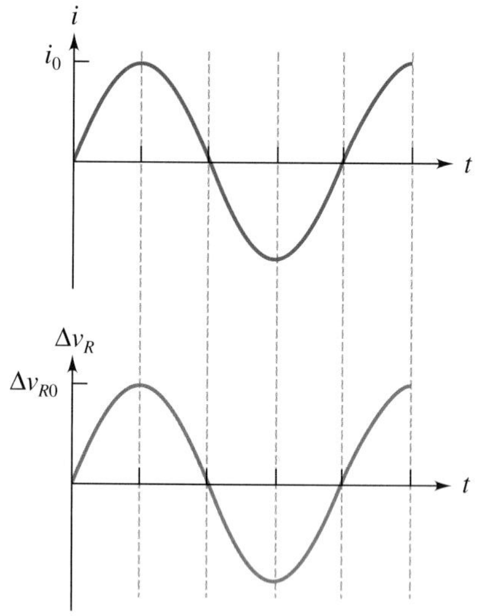

Figure 12.3 ▲
La valeur instantanée i du courant et la tension instantanée Δv_R sont en phase.

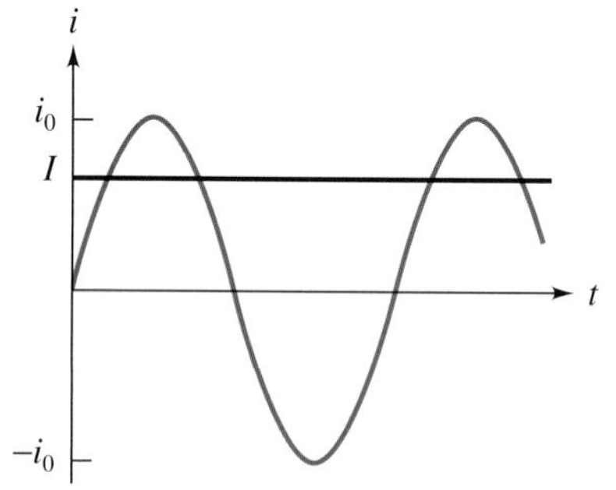

Figure 12.4 ▲
La valeur efficace I du courant est liée à la valeur maximale i_0 du courant instantané par la relation $I = i_0/\sqrt{2} \approx 0{,}707 i_0$.

La puissance instantanée p associée à la dissipation thermique dans la résistance est

$$p = Ri^2 = Ri_0^2 \sin^2(\omega t)$$

Pour déterminer la valeur moyenne de cette puissance, on ne peut pas utiliser la valeur moyenne de i sur un cycle complet, puisqu'elle est évidemment nulle. Du point de vue physique, une perte d'énergie en dissipation thermique doit se produire dans la résistance, indépendamment du sens du courant, et la référence à i^2 confirme cette observation puisque ce dernier paramètre est toujours positif. La valeur moyenne de i^2 sur un cycle complet peut être obtenu grâce à l'identité trigonométrique $\sin^2\theta = \frac{1}{2}(1 - \cos 2\theta)$. La moyenne de $\cos 2\theta$ sur un cycle complet étant nulle, la moyenne de $\sin^2\theta$ sur un cycle complet vaut tout simplement $\frac{1}{2}$*. On a donc

$$(i^2)_{\text{moy}} = \frac{i_0^2}{2}$$

La racine carrée de cette moyenne, ou valeur quadratique moyenne, est appelée valeur efficace de l'intensité du courant I ou, simplement, **courant efficace** (figure 12.4) :

Courant efficace

$$I = \sqrt{(i^2)_{\text{moy}}} = \frac{i_0}{\sqrt{2}} \approx 0{,}707 i_0 \qquad (12.5a)$$

Nous allons utiliser les lettres majuscules I, ΔV et P pour désigner les valeurs efficaces du courant, de la tension et de la puissance. La relation entre la tension efficace et la tension maximale est la suivante :

Tension efficace

$$\Delta V = \sqrt{(\Delta v^2)_{\text{moy}}} = \frac{\Delta v_0}{\sqrt{2}} \approx 0{,}707 \Delta v_0 \qquad (12.5b)$$

Cette relation est valable pour la source, la résistance ou un élément de circuit quelconque aux bornes duquel la tension varie de façon sinusoïdale. Les valeurs efficaces du courant et de la tension ne diffèrent de leurs valeurs instantanées maximales que par le facteur $\sqrt{2}$; ainsi, l'équation 12.4 peut également s'écrire sous la forme

$$\Delta V_R = RI \qquad (12.6)$$

Cette équation est analogue à la loi d'Ohm (en courant continu) si R est constante. La **puissance moyenne,** que l'on appelle aussi **puissance efficace**, est $P = p_{\text{moy}} = R(i^2)_{\text{moy}}$; d'après l'équation 12.5a, on a donc

* En règle générale, la valeur moyenne d'une fonction $F(t)$ sur une période T est donnée par $F_{\text{moy}} = (1/T)\int_0^T F(t)\,dt$. Dans le cas présent, $F(t) = i_0^2 \sin^2(\omega t) = i_0^2(1 - \cos 2\omega t)/2$.

Puissance moyenne ou efficace associée à une résistance

$$P = RI^2 \qquad (12.7)$$

L'équation 12.7 peut également s'écrire sous la forme $P = \Delta V_R^2/R = I\Delta V_R$. Cette équation révèle l'utilité de définir des valeurs efficaces : nous pouvons calculer la puissance moyenne en utilisant les mêmes expressions que celles de la puissance électrique en courant continu, à condition d'utiliser les valeurs efficaces du courant ou de la tension. En somme, l'intensité efficace I du courant est équivalente au courant c.c. qui produirait le même taux de dissipation thermique moyen que le courant alternatif. En raison de cet aspect pratique, la plupart des ampèremètres et des voltmètres sont calibrés pour afficher des *valeurs efficaces* lorsqu'on sélectionne leur mode a.c.

Valeurs efficaces et instruments de mesure

EXEMPLE 12.1

Une ampoule électrique utilise une puissance efficace de 100 W lorsqu'on la branche sur une prise murale dont la tension efficace est de 120 V. Déterminer : (a) la résistance de l'ampoule quand elle fonctionne ; (b) la tension maximale de la source ; (c) la valeur efficace de l'intensité du courant qui circule dans l'ampoule ; (d) la valeur maximale du courant ; (e) la valeur maximale de la puissance instantanée.

Solution

(a) On nous donne $P = 100$ W et $\Delta V_R = 120$ V. La résistance est donnée par

$$R = \frac{\Delta V_R^2}{P} = 144\ \Omega$$

(b) D'après l'équation 12.5*b*, la tension maximale de la source est

$$\Delta v_0 = \sqrt{2}\ \Delta V = 170\ \text{V}$$

La tension instantanée fluctue donc entre −170 V et +170 V.

(c) Puisque $P = I\Delta V_R$, on a

$$I = \frac{P}{\Delta V_R} = \frac{(100\ \text{W})}{(120\ \text{V})} = 0{,}833\ \text{A}$$

(d) L'intensité maximale du courant est $i_0 = \sqrt{2}I = 1{,}18$ A. Le courant instantané fluctue donc entre −1,18 A et +1,18 A.

(e) La valeur maximale de la puissance instantanée est $p_0 = Ri_0^2 = (144\ \Omega)(1{,}18\ \text{A})^2 = 200$ W. Notons que $p_0 = 2P$.

12.3 La bobine idéale dans un circuit c.a.

La figure 12.5 illustre une source de tension c.a. tentant d'établir un courant dans le sens indiqué. La tension instantanée aux bornes de la bobine tentera de s'opposer à l'augmentation du courant ; sa polarité correspondra donc aux signes indiqués à ses bornes. Les mêmes polarités (qui correspondent par convention à des tensions positives) seraient obtenues pour un courant en sens inverse qui décroîtrait, mais alors le courant n'aurait pas un signe positif ; la figure illustre la situation où *toutes* les grandeurs sont considérées comme positives. D'après la loi des mailles, $\Delta v - \Delta v_L = 0$. Comme $\mathrm{d}i/\mathrm{d}t$ est positif, il faut donc que la tension aux bornes de la bobine soit $\Delta v_L = L\ \mathrm{d}i/\mathrm{d}t$. Cette expression ne contredit pas l'expression établie au chapitre précédent et qui porte un signe *moins* en

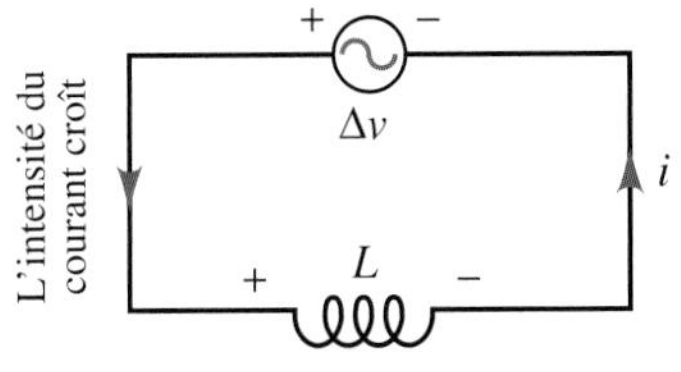

Figure 12.5 ▲
Une bobine d'induction reliée à une source c.a.

vertu de la convention de signes de la loi de Faraday. L'expression utilisée ici est en accord avec la convention établie à la figure 12.1 (p. 433).

En supposant que le courant est donné par l'équation 12.1, on obtient le taux de variation du courant

$$\frac{\mathrm{d}i}{\mathrm{d}t} = i_0\omega \cos(\omega t)$$

donc

$$\Delta v_L = L\frac{\mathrm{d}i}{\mathrm{d}t} = \Delta v_{L0} \cos(\omega t) \quad (12.8)$$

la valeur maximale étant donc

$$\Delta v_{L0} = i_0\omega L \quad (12.9)$$

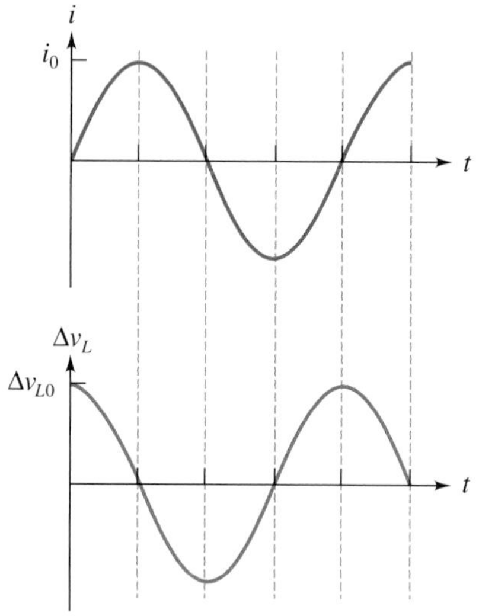

Figure 12.6▲
La tension instantanée Δv_L aux bornes de la bobine est *en avance* de $\pi/2$ radians sur le courant instantané i.

Puisque $\cos(\omega t) = \sin(\omega t + \pi/2)$ (voir les rappels mathématiques de l'annexe B), l'angle de la phase* est $\phi = +\pi/2$, ce qui signifie que Δv_L est *en avance* sur i. La tension Δv_L atteint sa valeur maximale un quart de cycle avant le courant (figure 12.6) parce que Δv_L ne dépend pas du courant mais de son taux de variation $\mathrm{d}i/\mathrm{d}t$. Par exemple, Δv_L prend sa valeur maximale lorsque $i = 0$ parce que $\mathrm{d}i/\mathrm{d}t$ est maximal à cet instant. On peut écrire l'équation 12.9 sous une forme analogue à la loi d'Ohm :

$$\Delta v_{L0} = Z_L i_0 \quad \text{ou} \quad \Delta V_L = Z_L I \quad (12.10)$$

où la quantité

Impédance inductive

$$Z_L = \omega L \quad (12.11)$$

est l'**impédance**** de la bobine. L'unité SI d'impédance est l'ohm. L'impédance d'un élément de circuit indique dans quelle mesure il s'oppose à la circulation du courant c.a. Comme le suggère l'équation 12.10, l'impédance joue dans un circuit c.a. un rôle similaire à celui de la résistance dans un circuit c.c. L'impédance d'un élément nous renseigne sur la tension c.a. qui doit lui être appliquée à une fréquence donnée pour faire circuler dans le circuit un courant c.a. égal à l'unité. Toutefois, comme nous le verrons plus loin, l'impédance n'est pas nécessairement associée à de l'énergie dissipée dans cet élément de circuit. On remarquera que l'équation 12.10 n'est *pas* valable pour le courant instantané i et la tension instantanée Δv_L : $\Delta v_L(t) \neq Z_L i(t)$. En effet, le courant instantané et la tension instantanée ne sont pas en phase. L'équation 12.10 fait intervenir les valeurs *maximales* ou les valeurs *efficaces*.

Voyons maintenant comment on peut interpréter l'équation 12.11 de façon qualitative. À la section 11.6, nous avons vu qu'il existe une analogie entre l'inductance et l'inertie mécanique, qui est liée au fait que L mesure l'opposition à une variation de courant. Par conséquent, puisque l'impédance mesure une telle opposition dans un circuit c.a., il n'est pas surprenant que $Z_L \propto L$.

* Bien que cet angle corresponde à $\phi = +90°$, il faut obligatoirement l'exprimer en radians, car ω est exprimé en radians par seconde. Si on exprimait la constante de phase en degrés, il faudrait alors convertir ω en degrés par seconde et il ne vaudrait plus $2\pi f$!

** On utilise parfois le terme *réactance* pour désigner l'impédance d'un circuit qui ne contient que des bobines ou des condensateurs.

Comme le taux de variation du courant di/dt est proportionnel à ω, la tension aux bornes de la bobine, $\Delta v_L = L\, di/dt$, est elle aussi proportionnelle à ω. Plus la fréquence angulaire est grande, plus la valeur de la f.é.m. induite s'opposant au courant est grande, et plus l'intensité du courant est faible dans le circuit. Il n'est donc pas surprenant d'obtenir aussi $Z_L \propto \omega$ (figure 12.7).

La puissance instantanée fournie à la bobine est

$$p_L = i\Delta v_L = i_0 \Delta v_{L0} \sin(\omega t) \cos(\omega t)$$

En utilisant l'identité $\sin 2\theta = 2 \sin \theta \cos \theta$, on voit que la puissance moyenne sur un cycle complet est nulle, puisque la moyenne de $\sin 2\theta$ est nulle (figure 12.8). *L'énergie emmagasinée par la bobine pendant un quart de période est restituée à la source durant le quart de période suivant.*

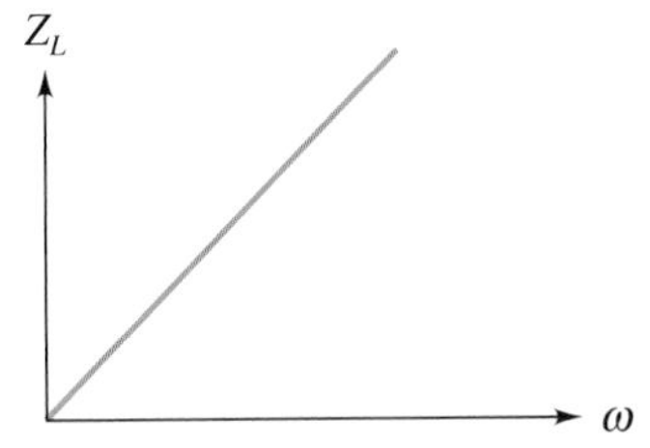

Figure 12.7 ▲
L'impédance d'une bobine est directement proportionnelle à la fréquence angulaire ω.

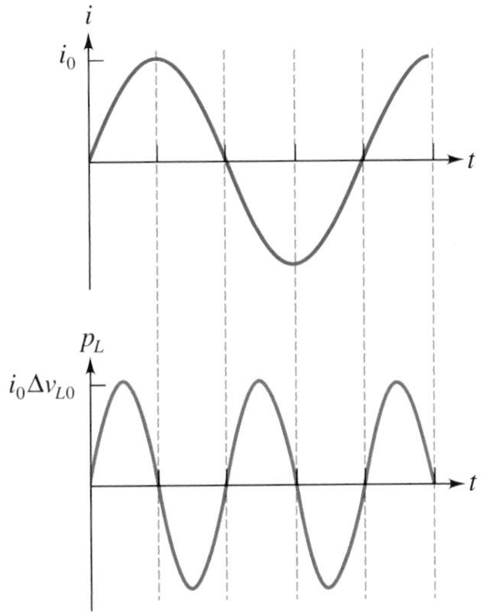

Figure 12.8 ▲
La puissance moyenne fournie à une bobine est nulle.

12.4 Le condensateur dans un circuit c.a.

La figure 12.9 représente un condensateur relié à une source de f.é.m. alternative. L'armature positive du condensateur porte une charge égale à q. Le courant circulant dans le circuit (attention, *pas* dans le condensateur !) charge les armatures, de sorte que $i = +dq/dt$ ou $dq = i\, dt$. (Cette équation demeure valable quand la polarité aux bornes du condensateur est inversée, pourvu que q soit alors considéré comme négatif, et demeure valable quand le courant s'inverse, pourvu que l'on calcule toujours dq/dt en tenant compte du signe de q.) En supposant que le courant est donné par l'équation 12.1, on a

$$\begin{aligned} q &= \int i\, dt = \int i_0 \sin(\omega t)\, dt \\ &= -\frac{i_0}{\omega} \cos(\omega t) + D \end{aligned} \qquad (12.12)$$

où D est une constante. Cette constante dépend des conditions initiales et nous pouvons la choisir égale à zéro. Selon la loi des mailles, $\Delta v - \Delta v_C = 0$, où $\Delta v_C = q/C$ est la tension instantanée aux bornes du condensateur. En substituant l'équation 12.12, on obtient

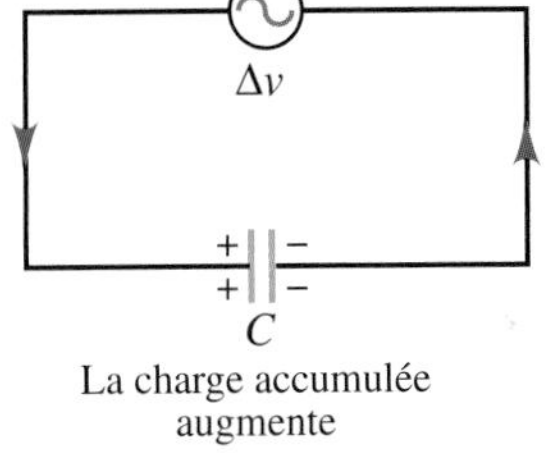

Figure 12.9 ▲
Un condensateur relié à une source c.a.

$$\Delta v_C = -\frac{i_0}{\omega C}\cos(\omega t) = -\Delta v_{C0}\cos(\omega t)$$

la valeur maximale étant donc

$$\Delta v_{C0} = i_0 \frac{1}{\omega C} \qquad (12.13)$$

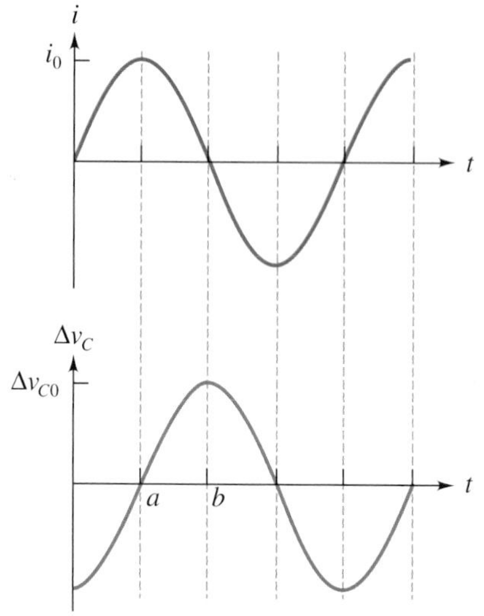

Figure 12.10 ▲
La tension instantanée Δv_C aux bornes du condensateur est *en retard* de $\pi/2$ radians sur le courant instantané i.

Comme $-\cos(\omega t) = \sin(\omega t - \pi/2)$, l'angle de phase ϕ est égal à $-\pi/2$. Cela signifie que la tension aux bornes du condensateur Δv_C est *en retard* de $\pi/2$ radians sur le courant. Comme on le voit à la figure 12.10, Δv_C atteint sa valeur maximale un quart de cycle après le courant. Pour bien comprendre à quoi correspond ce déphasage, partons de l'instant a (figure 12.10) où $\Delta v = \Delta v_C = 0$, c'est-à-dire où $q = 0$. Au fur et à mesure que la tension Δv aux bornes de la source augmente, la charge du condensateur augmente conformément à la condition $\Delta v = \Delta v_C$. Lorsque Δv atteint sa valeur maximale à l'instant b, plus aucun mouvement de charge n'est requis, ce qui donne $i = 0$. Quand Δv commence à décroître, la charge circule alors du condensateur vers la source, ce qui signifie que le sens du courant s'est inversé. (Notons également que $i = \mathrm{d}q/\mathrm{d}t = C\,\mathrm{d}(\Delta v)/\mathrm{d}t$. Donc, i prend sa valeur maximale lorsque $\Delta v = 0$ parce que $\mathrm{d}(\Delta v)/\mathrm{d}t$ est maximal à cet instant.)

L'équation 12.13 peut s'écrire sous une forme analogue à la loi d'Ohm :

$$\Delta v_{C0} = Z_C i_0 \quad \text{ou} \quad \Delta V_C = Z_C I \qquad (12.14)$$

où

Impédance capacitive

$$Z_C = \frac{1}{\omega C} \qquad (12.15)$$

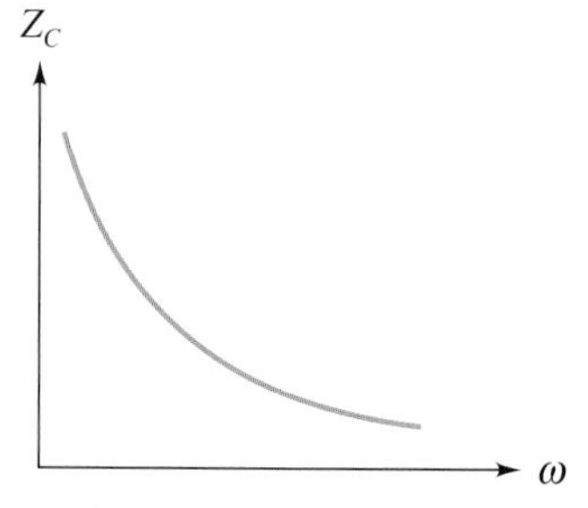

Figure 12.11 ▲
L'impédance d'un condensateur est inversement proportionnelle à la fréquence angulaire ω.

est l'impédance du condensateur. Pour comprendre l'intérêt qualitatif de l'équation 12.15, remarquons tout d'abord que $Z_C \to \infty$ quand $\omega = 0$, ce qui est vraisemblable puisqu'un condensateur ne laisse pas passer le courant continu. (Un courant c.c. variable dans le temps circule dans le circuit durant la charge ou la décharge d'un condensateur, mais décroît rapidement vers zéro.) Pour comprendre pourquoi $Z_C \propto 1/\omega$ (figure 12.11), notons que le temps nécessaire pour atteindre une tension maximale donnée est déterminé par la fréquence de la source. Au fur et à mesure que la fréquence augmente, la charge doit circuler plus rapidement pour aller vers le condensateur ou en revenir. Par conséquent, au fur et à mesure que la fréquence augmente, le courant augmente, ce qui implique que l'impédance diminue. (Notons également que $i = C\,\mathrm{d}(\Delta v)/\mathrm{d}t$ et que $\mathrm{d}(\Delta v)/\mathrm{d}t \propto \omega$, autrement dit que $i \propto \omega$.) Voyons maintenant pourquoi $Z_C \propto 1/C$. Pour une tension donnée, un condensateur de grande capacité emmagasine une charge plus élevée qu'un petit condensateur. Par conséquent, le courant à un instant quelconque est plus grand pour un condensateur de grande capacité. Il est donc logique d'obtenir aussi $Z_C \propto 1/C$.

La puissance instantanée fournie au condensateur s'écrit

$$p_C = i\Delta v_C = -i_0 \Delta v_{C0} \sin(\omega t)\cos(\omega t)$$

Comme pour la bobine, la puissance moyenne est nulle (figure 12.12). *L'énergie emmagasinée par le condensateur durant chaque quart de cycle est restituée à la source pendant le quart de cycle suivant.*

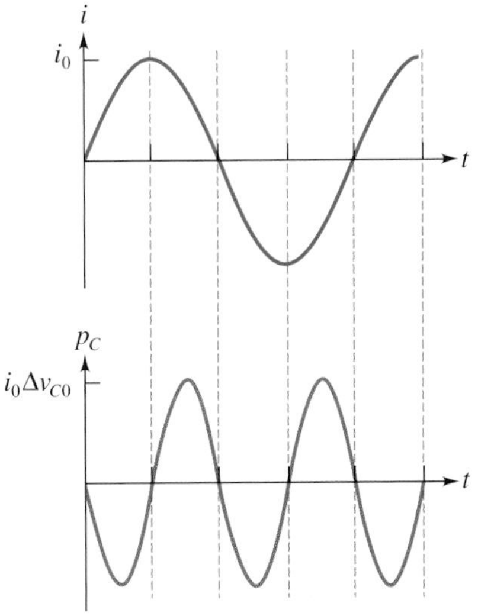

Figure 12.12 ▲
La puissance moyenne fournie à un condensateur est nulle.

12.5 La représentation de Fresnel

Il est facile de déterminer le déphasage entre le courant et la tension pour un seul condensateur ou une seule bobine. Mais lorsqu'un circuit comporte plusieurs de ces éléments associés, nous avons besoin de moyens analytiques plus puissants. Une de ces techniques est la **représentation de Fresnel** qui fait intervenir des **vecteurs tournants** ou **phaseurs**. Chaque vecteur tournant sert à représenter une grandeur qui varie sinusoïdalement dans le temps. Par exemple, la fonction $i = i_0 \sin(\omega t)$ peut être représentée par un vecteur $\vec{\mathbf{i}}_0$ qui tourne dans le sens antihoraire avec la fréquence angulaire ω. Comme le montre la figure 12.13*a*, ce vecteur a pour longueur la valeur maximale i_0 de la fonction. Pendant qu'il tourne, sa composante selon l'axe « vertical » représente la valeur instantanée du courant. La figure 12.13*b* montre comment obtenir la fonction $\Delta v = \Delta v_0 \sin(\omega t + \phi)$. La position du vecteur tournant $\Delta\vec{\mathbf{v}}_0$ à $t = 0$ est déterminée par l'angle de phase ϕ. En effet, à ce moment, $\omega t = 0$ et l'angle que forme alors le vecteur avec l'horizontale *est* l'angle de phase. Soulignons que les vecteurs de Fresnel ne peuvent *que* représenter des grandeurs, comme le courant ou la tension, qui ne sont pas elles-mêmes des grandeurs vectorielles. Par contre, chacune des composantes d'une grandeur vectorielle peut être représentée par un vecteur de Fresnel.

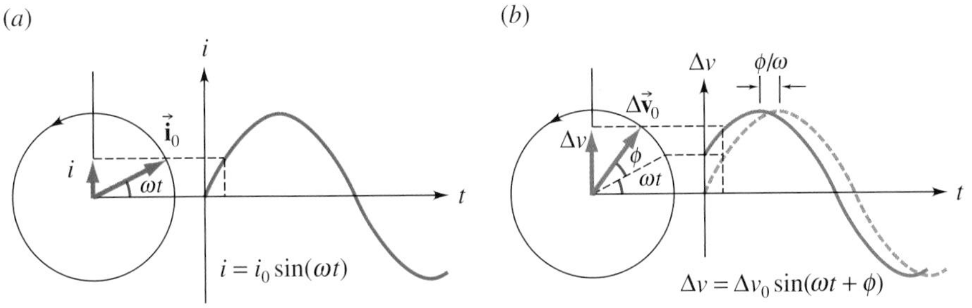

Figure 12.13 ◄
(*a*) Pendant la rotation du vecteur de Fresnel $\vec{\mathbf{i}}_0$ représentant le courant, sa composante « verticale » représente l'intensité du courant instantané *i*. (*b*) Le vecteur de Fresnel $\Delta\vec{\mathbf{v}}_0$ représentant la tension est déphasé d'un angle ϕ par rapport au vecteur représentant le courant.

La figure 12.14 représente les déphasages trouvés dans les trois sections précédentes entre le courant et la tension. Dans les trois cas représentés, on a $i = i_0 \sin(\omega t)$ et $\Delta v = \Delta v_0 \sin(\omega t + \phi)$. Un déphasage *positif* signifie que la tension est *en avance* sur le courant. En résumé, $\phi = 0$ pour une résistance, $\phi = +\pi/2$ pour une bobine et $\phi = -\pi/2$ pour un condensateur. Nous verrons à la section suivante comment utiliser les vecteurs de Fresnel dans l'étude des circuits comportant plusieurs éléments.

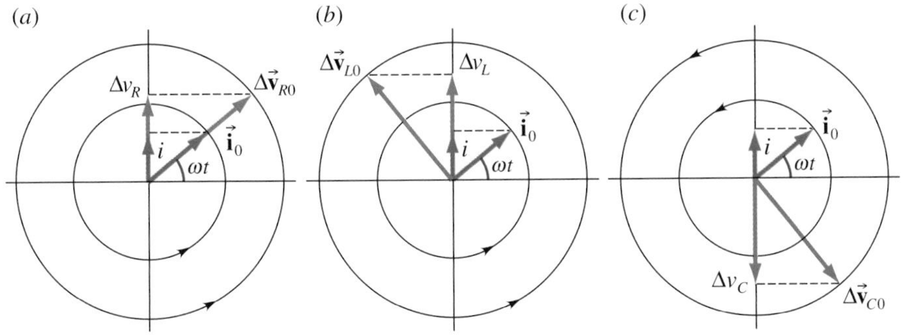

Figure 12.14 ◄
Les déphasages entre le courant instantané et la tension instantanée pour (*a*) une résistance ; (*b*) une bobine ; (*c*) un condensateur.

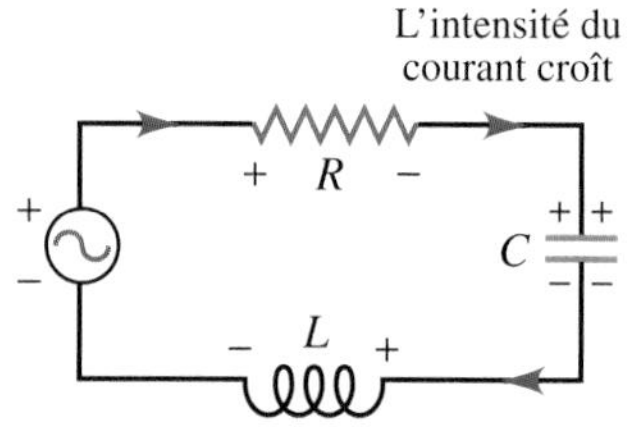

Figure 12.15 ▲
Un circuit *RLC* série. Sur cette figure, toutes les polarités sont considérées comme positives.

12.6 Les circuits *RLC*

(i) Circuit *RLC* série

Nous allons maintenant considérer un circuit comprenant une résistance, une bobine et un condensateur, tous en série avec une source de tension c.a. (figure 12.15). Nous cherchons à déterminer le courant instantané et son déphasage avec la tension alternative appliquée Δv. Le courant instantané $i = i_0 \sin(\omega t)$ est le *même* en tout point du circuit, puisque ce dernier ne comporte aucun nœud. À l'instant représenté, on suppose que le courant est en train de croître et que les polarités des tensions sont celles illustrées. En conséquence, la charge portée par le condensateur est en train d'augmenter. Même si l'orientation du circuit est différente, il est clair que ce cas correspond à celui de la figure 12.1 (p. 433) et que toutes les grandeurs illustrées à la figure 12.15 ont donc un signe positif. En conséquence, selon la loi des mailles, les tensions instantanées sont telles que

$$\Delta v - \Delta v_R - \Delta v_L - \Delta v_C = 0$$

Chaque terme de la somme $\Delta v = \Delta v_R + \Delta v_L + \Delta v_C$ a une phase différente par rapport au courant. Pour trouver le déphasage entre Δv et i, nous devons d'abord trouver la somme (vectorielle) des vecteurs de Fresnel représentant les tensions :

$$\Delta \vec{\mathbf{v}}_0 = \Delta \vec{\mathbf{v}}_{R0} + \Delta \vec{\mathbf{v}}_{L0} + \Delta \vec{\mathbf{v}}_{C0}$$

(On remarquera que les tensions maximales *ne vérifient pas* la relation $\Delta v_0 = \Delta v_{R0} + \Delta v_{L0} + \Delta v_{C0}$, puisque les tensions maximales ont des phases différentes par rapport au courant. Cela montre bien aussi, nous le rappelons, que les indices 0 *ne signifient pas* « à $t = 0$ ». Comme l'illustrera l'exemple 12.3, la loi des mailles n'est valable que pour les tensions instantanées.)

La composante « verticale » de $\Delta \vec{\mathbf{v}}_0$ nous donne la valeur instantanée Δv. La figure 12.16*a* représente à un instant quelconque les vecteurs de Fresnel correspondant aux tensions pour chacun des éléments et le vecteur courant $\vec{\mathbf{i}}_0$ (on a supposé que Δv_{L0} est supérieur à Δv_{C0}, ce qui entraîne que l'angle ϕ est positif, mais la situation inverse peut aussi se produire). On note aussi sur cette figure que la tension aux bornes de la résistance est en phase avec le courant, ce que met en évidence le fait que ces deux vecteurs sont *superposés*. À la figure 12.16*b*, $\|\Delta \vec{\mathbf{v}}_{L0} + \Delta \vec{\mathbf{v}}_{C0}\| = (\Delta v_{L0} - \Delta v_{C0})$. D'après le théorème de Pythagore, le carré du module de $\Delta \vec{\mathbf{v}}_0$ (c'est-à-dire le carré de la valeur maximale de la tension) est donné par

$$\Delta v_0^2 = \Delta v_{R0}^2 + (\Delta v_{L0} - \Delta v_{C0})^2$$
$$= [R^2 + (Z_L - Z_C)^2]\, i_0^2$$

Cela peut s'écrire sous une forme analogue à la loi d'Ohm :

Impédance et tension maximale et efficace

$$\Delta v_0 = Z i_0 \quad \text{ou} \quad \Delta V = ZI \tag{12.16}$$

où ΔV est la tension efficace appliquée par la source. La quantité

Impédance d'un circuit *RLC* série

$$Z = \sqrt{R^2 + (Z_L - Z_C)^2} \tag{12.17}$$

est l'*impédance* du circuit série.

(*a*)

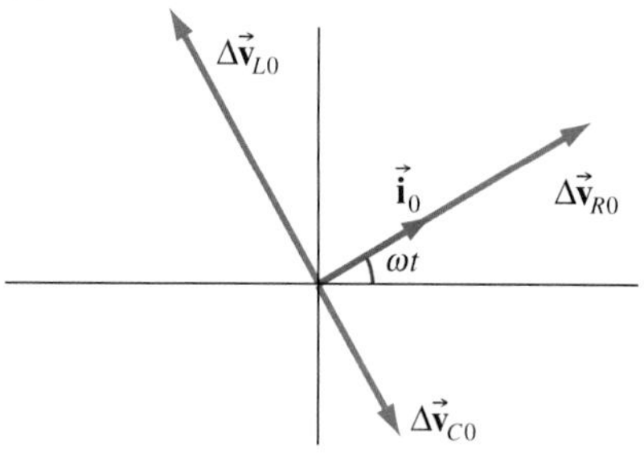

(*b*)

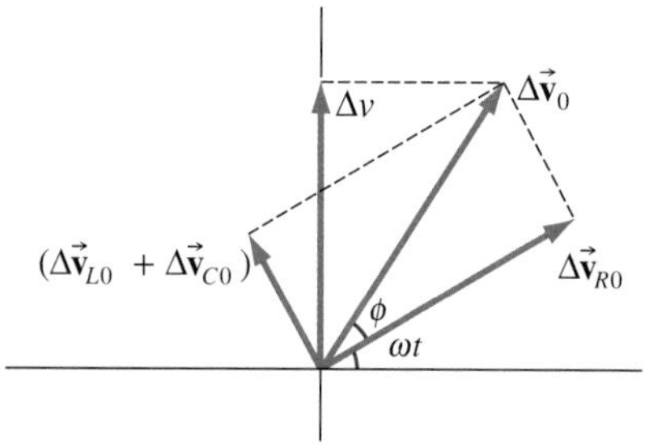

Figure 12.16 ▲
(*a*) Le vecteur de Fresnel représentant le courant et les vecteurs représentant la tension aux bornes de la résistance, du condensateur et de la bobine.
(*b*) Les vecteurs de Fresnel représentant la tension sont liés par la relation $\Delta \vec{\mathbf{v}}_0 = \Delta \vec{\mathbf{v}}_{R0} + \Delta \vec{\mathbf{v}}_{C0} + \Delta \vec{\mathbf{v}}_{L0}$. Nous avons supposé que $\Delta v_{L0} > \Delta v_{C0}$; quand la situation inverse se produit, l'angle ϕ est négatif.

Comme nous l'avons vu à la figure 12.3 (p. 434) ou à la figure 12.14*a* (p. 439), la tension Δv_R est en phase avec le courant. Il s'ensuit que $\Delta\vec{\mathbf{v}}_{R0}$ est toujours parallèle à $\vec{\mathbf{i}}_0$, donc que l'angle ϕ de la figure 12.16*b* est aussi le déphasage entre $\Delta\vec{\mathbf{v}}_0$ et $\vec{\mathbf{i}}_0$. On voit d'après le schéma que $\tan\phi = (\Delta v_{L0} - \Delta v_{C0}) / \Delta v_{R0}$, ce qui revient à écrire

Déphasage dans un circuit *RLC* série

$$\tan\phi = \frac{Z_L - Z_C}{R} \qquad (12.18)$$

Un angle de phase ϕ positif, comme à la figure 12.16*b*, signifie que la tension de la source Δv est en avance de ϕ sur le courant i. Comme le montre l'équation 12.18, ce cas se produit quand $\Delta v_L > \Delta v_C$, c'est-à-dire quand $Z_L > Z_C$.

Les équations 12.17 et 12.18 sont valables exclusivement pour un circuit identique à celui illustré à la figure 12.15. Toutefois, il peut arriver qu'un circuit comporte plusieurs résistances (ou plusieurs condensateurs) pouvant être remplacées par une résistance équivalente (ou un condensateur équivalent). Il suffit alors d'appliquer les équations 12.17 et 12.18 en remplaçant R et C par $R_{\text{éq}}$ et $C_{\text{éq}}$. L'exemple 12.4 illustre notamment ce cas.

EXEMPLE 12.2

Une source de f.é.m. alternative de fréquence 50 Hz et de tension maximale 100 V est placée dans un circuit *RLC* série où $R = 9\ \Omega$, $L = 0{,}04$ H et $C = 100\ \mu$F. Déterminer : (a) l'impédance du circuit ; (b) l'angle de phase de la tension aux bornes de la source, en précisant si elle est en avance ou en retard sur le courant ; (c) la tension maximale aux bornes de chaque élément. (d) Illustrer à l'échelle les vecteurs de Fresnel représentant chacune de ces tensions.

Solution

(a) La fréquence angulaire est $\omega = 2\pi f = 100\pi$ rad/s. À cette fréquence, les impédances Z_L et Z_C sont

$$Z_L = \omega L = 4\pi = 12{,}6\ \Omega$$

$$Z_C = \frac{1}{\omega C} = \frac{100}{\pi} = 31{,}8\ \Omega$$

D'après l'équation 12.17, l'impédance s'écrit

$$Z = \sqrt{R^2 + \left(\omega L - \frac{1}{\omega C}\right)^2}$$
$$= \sqrt{81\ \Omega^2 + (-19{,}2\ \Omega)^2} = 21{,}2\ \Omega$$

(b) D'après l'équation 12.18, l'angle de phase est donné par

$$\tan\phi = \frac{Z_L - Z_C}{R} = \frac{-19{,}2\ \Omega}{9\ \Omega} = -2{,}13$$

Donc, $\phi = -1{,}31$ rad (ce qui correspond à $-64{,}8°$), ce qui signifie que la tension de la source est en *retard* sur le courant.

(c) D'après l'équation 12.16, le courant maximal dans le circuit

$$i_0 = \Delta v_0 / Z$$
$$= \frac{100\ \text{V}}{21{,}2\ \Omega} = 4{,}72\ \text{A}$$

est le même pour tous les éléments. La tension maximale aux bornes de chaque élément autre que la source est donnée respectivement par les équations 12.4, 12.10 et 12.14, soit

$$\Delta v_{R0} = Ri_0 = 42{,}5\ \text{V}$$
$$\Delta v_{L0} = Z_L i_0 = 59{,}5\ \text{V}$$
$$\Delta v_{C0} = Z_C i_0 = 150\ \text{V}$$

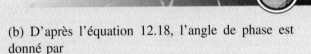

On voit donc que $\Delta v_0 \neq \Delta v_{R0} + \Delta v_{L0} + \Delta v_{C0}$. On note même que le maximum de la tension aux bornes du condensateur est *supérieur* au maximum de la tension aux bornes de la source. La loi des mailles est tout de même vérifiée, puisque la tension aux bornes de la bobine est toujours de polarité inverse à celle du condensateur (écart de phase de π rad, soit 180°). ■

(d) Les vecteurs $\Delta\vec{v}_R$, $\Delta\vec{v}_L$ et $\Delta\vec{v}_C$ ont respectivement pour longueur les trois valeurs maximales de tension que nous venons de calculer. De plus, la rotation des vecteurs de Fresnel se faisant en sens antihoraire, l'avance de $\pi/2$ rad de $\Delta\vec{v}_L$ par rapport à $\Delta\vec{v}_R$ se traduit par le fait que son angle avec l'horizontale est supérieur de 90° à celui de $\Delta\vec{v}_R$ (et inversement pour $\Delta\vec{v}_C$). La figure 12.17 illustre ces vecteurs ainsi que leur résultante $\Delta\vec{v}$. (Vérifiez chaque valeur numérique.)

On note que la résultante a bel et bien une longueur de 100 V et que son angle avec l'horizontale est *inférieur* à celui du courant (donc de $\Delta\vec{v}_R$). Cela correspond bien à l'angle de phase $\phi < 0$ que nous avons calculé en (b). ■

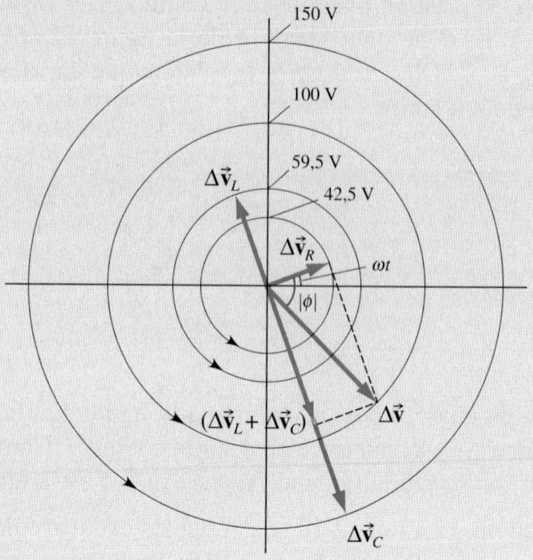

Figure 12.17 ▲
La résultante des vecteurs de Fresnel qui représentent les tensions aux bornes des trois éléments du circuit a bel et bien une longueur de 100 V, et on note qu'elle est en retard sur le courant.

EXEMPLE 12.3

Dans le circuit *RLC* série de l'exemple précédent, on a déterminé que, à une fréquence angulaire de $\omega = 100\pi$ rad/s, la tension maximale aux bornes de chaque élément est donnée par : $\Delta v_0 = 100$ V, $\Delta v_{R0} = 42{,}5$ V, $\Delta v_{L0} = 59{,}5$ V et $\Delta v_{C0} = 150$ V. On a aussi déterminé que $\phi = -1{,}131$ rad ou $-64{,}8°$. (a) Quelle est l'équation de la tension en fonction du temps aux bornes de chaque élément de circuit ? Ensuite, calculer la tension aux bornes de chaque élément de circuit et vérifier la loi des mailles pour chacun des temps suivants : (b) $t = 0$; (c) $t = T/8$; (d) $t = 2T/8$; (e) $t = 3T/8$; (f) $t = 4T/8$. Dans chaque cas, illustrer les polarités sur un schéma du circuit et comparer le résultat obtenu avec la figure 11.10 (p. 415).

Solution

(a) La tension instantanée aux bornes de R est en phase avec le courant (dont la phase est donnée par l'équation 12.1), vaut donc

$$\Delta v_R = 42{,}5 \sin(100\pi t)$$

Les tensions aux bornes de L et de C sont respectivement en avance et en retard de $\pi/2$ rad sur le courant, d'où

$$\Delta v_L = 59{,}5 \sin(100\pi t + \pi/2)$$

$$\Delta v_C = 150 \sin(100\pi t - \pi/2)$$

Enfin, la tension aux bornes de la source retarde de $|\phi| = 1{,}13$ rad (soit 64,8°) sur le courant, d'où

$$\Delta v = 100 \sin(100\pi t - 1{,}131)$$

Dans chacune de ces équations, la tension est en volts et t est en secondes.

(b) Puisque $\omega t = 0$, on a facilement $\Delta v_R = 0$ V, $\Delta v_L = 59{,}5$ V, $\Delta v_C = -150$ V et $\Delta v = 100 \sin(-1{,}131) = -90{,}5$ V. Les polarités s'interprètent avec la convention de signes adoptée à la figure 12.1 (p. 433) et respectée à la figure 12.15 (p. 440). En utilisant les polarités ainsi déduites, illustrées à la figure 12.18*a*, on vérifie facilement la loi des mailles : $-90{,}5$ V $- 0 + 150$ V $- 59{,}5$ V $= 0$. On peut aussi substituer directement les tensions avec leur signe conventionnel dans $\Delta v - \Delta v_R - \Delta v_C - \Delta v_L = 0$: on vérifie facilement que $(-90{,}5 \text{ V}) - (0) - (-150 \text{ V}) - (59{,}5 \text{ V})$ donne bel et bien zéro.

(c) Il est inutile de calculer T : puisque $\omega = 2\pi/T$, à $t = T/8$ on a $\omega t = 2\pi/8 = \pi/4$. Par substitution directe, on a

$$\Delta v_R = 42{,}5 \sin(\pi/4) = 30{,}1 \text{ V}$$

$$\Delta v_L = 59{,}5 \sin(\pi/4 + \pi/2) = 42{,}1 \text{ V}$$

$$\Delta v_C = 150 \sin(\pi/4 - \pi/2) = -106 \text{ V}$$

$$\Delta v = 100 \sin(\pi/4 - 1{,}131) = -33{,}9 \text{ V}$$

En utilisant les polarités illustrées à la figure 12.18*b*, la loi des mailles donne : –33,9 V – 30,1 V + 106 V – 42,1 V = 0. On peut aussi substituer directement les tensions avec leur signe conventionnel dans $\Delta v - \Delta v_R - \Delta v_C - \Delta v_L = 0$, d'où (–33,9 V) – (30,1 V) – (–106 V) – (42,1 V) = 0.

(d) Cette fois, $\omega t = \pi/2$, d'où Δv_R = 42,5 V, Δv_L = 0 V, Δv_C = 0 V et Δv = 42,5 V. La loi des mailles est vérifiée de façon évidente (figure 12.18*c*).

(e) À $t = 3T/8$, $\omega t = 3\pi/4$, d'où Δv_R = 30,1 V, Δv_L = –42,1 V, Δv_C = 106 V et Δv = 94,1 V. En utilisant les polarités illustrées à la figure 12.18*d*, on obtient bel et bien 94,1 V – 30,1 V – 106 V + 42,1 V = 0.

(f) On a $\omega t = \pi$, d'où Δv_R = 0 V, Δv_L = –59,5 V, Δv_C = 150 V et Δv = 90,5 V. En utilisant les polarités illustrées à la figure 12.18*e*, on obtient 90,5 V – 0 + 59,5 V – 150 V = 0.

Les cas illustrés correspondent au demi-cycle pour lequel le courant est initialement nul, circule dans le sens positif, atteint un maximum, décroît puis redevient nul. La situation se répète ensuite avec le courant en sens inverse, pour le demi-cycle suivant (non illustré). On remarque que le comportement du condensateur et de la bobine, schéma par schéma, est le même que celui des cinq schémas de la figure 11.10 (p. 415) : le condensateur et la bobine ne font que s'échanger de l'énergie. Le rôle de la source est uniquement de compenser les pertes dans la résistance. ■

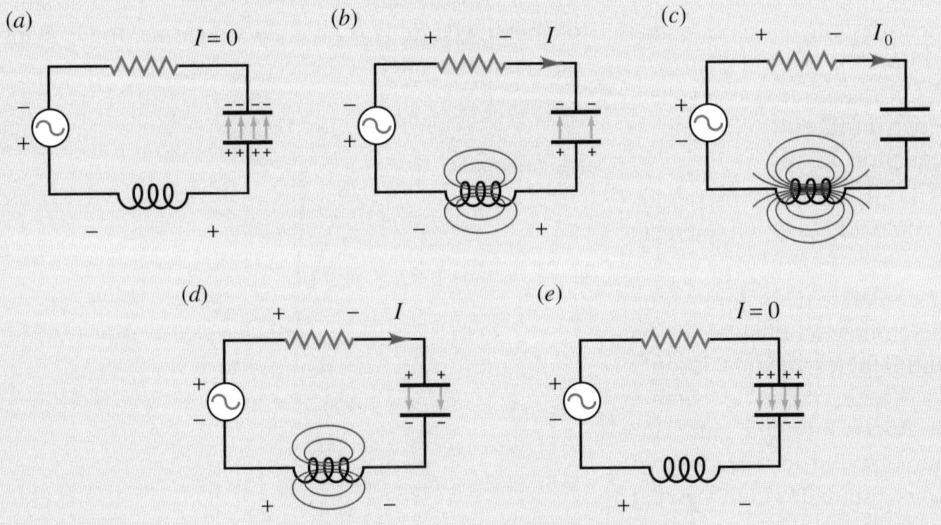

Figure 12.18 ◄
Au cours d'un demi-cycle, le condensateur transmet son énergie à la bobine, qui la lui restitue ensuite. La source de f.é.m. ne sert qu'à compenser les pertes dans la résistance. (Comparez avec la figure 11.10, p. 415.)

EXEMPLE 12.4

Le circuit *RLC* série illustré à la figure 12.19 contient une bobine réelle ayant une inductance L = 0,08 H et une résistance r = 30 Ω. Les autres éléments sont un condensateur (C = 10 μF) et une résistance (R = 50 Ω). La source a une tension maximale de 100 V et une fréquence de 200 Hz. (a) Quelle est la valeur maximale du courant ? Quelle tension mesurerait un voltmètre en mode a.c. s'il était relié : (b) entre les points A et B ; (c) entre les points C et D ; (d) entre les points B et D ; (e) entre les points A et D ? Dans chaque cas, donner aussi la valeur maximale atteinte par la tension.

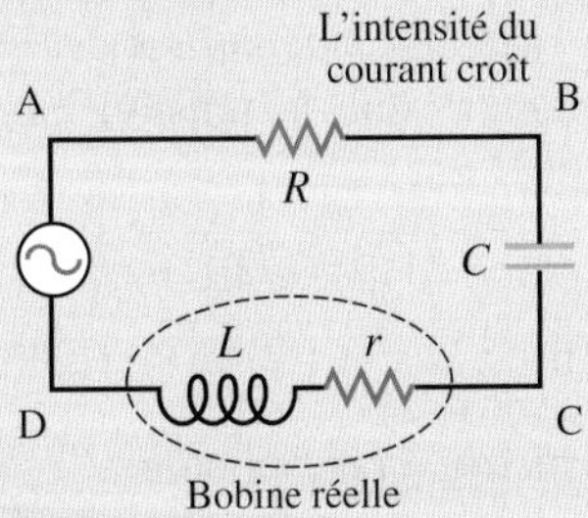

Figure 12.19 ▲
Quelles sont les tensions entre les différents points identifiés sur ce circuit comportant une bobine réelle ?

Solution

(a) La fréquence angulaire est $2\pi f = 400\pi$ rad/s. La bobine réelle comporte une inductance et une résistance. À cette fréquence, l'impédance qui correspond à la partie inductive de la bobine est

$$Z_L = \omega L = 100{,}5\ \Omega$$

et l'impédance du condensateur est

$$Z_C = \frac{1}{\omega C} = 79{,}58\ \Omega$$

La résistance de la bobine r et la résistance R sont en série, donc $R_{éq} = 80\ \Omega$. Selon l'équation 12.17, l'impédance du circuit est donc

$$Z = \sqrt{R_{éq}^2 + (Z_L - Z_C)^2} = \sqrt{(80\ \Omega)^2 + (20{,}95\ \Omega)^2}$$
$$= 82{,}7\ \Omega$$

La valeur maximale du courant est donc $i_0 = \Delta v_0/Z = (100\ \text{V})/(82{,}7\ \Omega) = 1{,}21\ \text{A}$.

(b) Les tensions mesurées par un voltmètre en mode a.c. sont des tensions efficaces et non des tensions maximales. On a donc avantage à utiliser l'équation 12.5*a* pour convertir immédiatement le courant en valeur efficace : $I = 0{,}707 i_0 = 0{,}855\ \text{A}$. ■

Entre les points A et B, il y a uniquement la résistance R. La tension *efficace* mesurée entre ces points est donc $\Delta V_R = RI = 42{,}75\ \text{V}$ et la tension *maximale* est $\Delta v_{R0} = Ri_0 = 60{,}5\ \text{V}$. On remarque que ces deux valeurs ne diffèrent que par un facteur $\sqrt{2}$ (voir le commentaire qui suit l'équation 12.5*b*).

(c) Entre les points C et D, il y a la bobine réelle, c'est-à-dire un élément inductif L et un élément résistif r.

Pour obtenir la tension entre deux points d'un circuit, on procède comme au chapitre 7 : on part d'un point et on additionne les tensions jusqu'à ce que l'on parvienne à l'autre point, le chemin emprunté n'ayant aucune importance. La seule différence est que cette somme se fait ici *en additionnant des vecteurs de Fresnel* et non des nombres, car les tensions aux bornes des divers éléments de circuit ne sont pas en phase. ■

La figure 12.20*a* illustre la somme vectorielle appropriée. La longueur des vecteurs de Fresnel correspondant aux valeurs *maximales* des tensions, on obtient directement que la tension *maximale* entre les points C et D est

$$\Delta v_{CD0} = \sqrt{\Delta v_{L0}^2 + \Delta v_{r0}^2} = \sqrt{Z_L^2 + r^2}\, i_0$$
$$= \sqrt{(100{,}5\ \Omega)^2 + (30\ \Omega)^2}(1{,}21\ \text{A}) = 127\ \text{V}$$

La tension *efficace* correspondante (celle mesurée par un voltmètre a.c.) est $\Delta V_{CD} = \sqrt{Z_L^2 + r^2} I = 89{,}7\ \text{V}$. Cette dernière valeur *ne peut pas* être lue directement sur le diagramme de Fresnel de la figure 12.20*a*, mais ne diffère de Δv_{CD0} que par un facteur $\sqrt{2}$.

(d) Cette fois, il y a trois éléments de circuit, entre les points B et D, soit L, r et C. La figure 12.20*b* illustre la somme vectorielle appropriée. La tension *maximale* entre ces points est

$$\Delta v_{BD0} = \sqrt{(\Delta v_{L0} - \Delta v_{C0})^2 + \Delta v_{r0}^2} = \sqrt{(Z_L - Z_C)^2 + r^2}\, i_0$$
$$= \sqrt{(20{,}95\ \Omega)^2 + (30\ \Omega)^2}(1{,}21\ \text{A}) = 44{,}3\ \text{V}$$

La tension *efficace* correspondante est $\Delta V_{BD} = 31{,}3\ \text{V}$.

Soulignons que le résultat obtenu est différent de $\Delta V_{BC} + \Delta V_{CD}$ ou de $\sqrt{\Delta V_{BC}^2 + \Delta V_{CD}^2}$. En effet, la comparaison entre les figures 12.20*a* et 12.20*b* montre que les vecteurs $\Delta\vec{\mathbf{v}}_{BC}$ et $\Delta\vec{\mathbf{v}}_{CD}$ ne sont ni en phase, ni perpendiculaires entre eux.

On remarque aussi que la tension efficace ΔV_{BD} est nettement inférieure à la tension aux bornes de la bobine. Cela est dû au fait que la polarité aux bornes du condensateur est l'inverse de celle aux bornes de l'élément L (ce que met en évidence, sur la figure 12.20*b*, le fait que les vecteurs sont en sens opposés). ■

(e) La tension entre les points A et D est tout simplement celle de la source. Sa valeur maximale étant de 100 V, sa valeur efficace est 70,7 V.

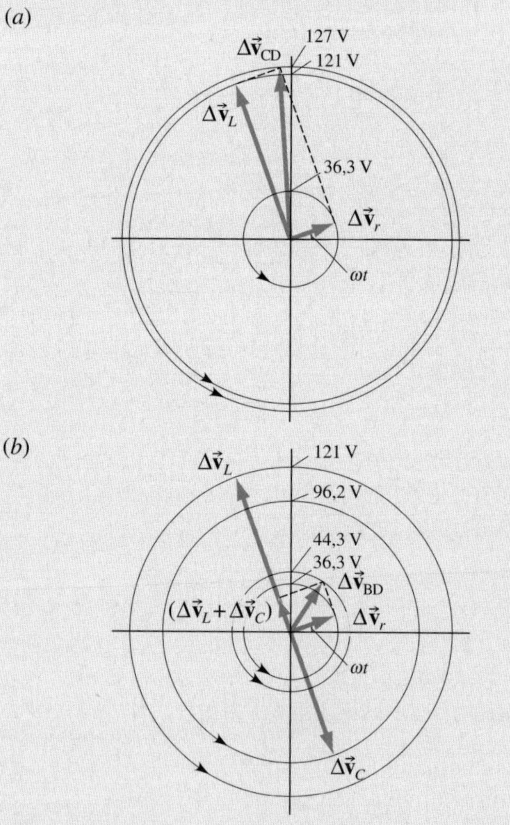

Figure 12.20 ▲

Pour obtenir la tension entre deux points d'un circuit, on part d'un point et on additionne les vecteurs de Fresnel qui représentent les tensions qu'on rencontre successivement jusqu'à l'autre point. Les longueurs des vecteurs de Fresnel représentent les valeurs *maximales* des tensions, mais on peut aussi en tirer les valeurs efficaces, car elles y sont proportionnelles. (*a*) La tension entre C et D. (*b*) La tension entre B et D.

(ii) Circuit *RLC* parallèle

Nous allons maintenant considérer un circuit comprenant une résistance, une bobine et un condensateur, tous montés en parallèle avec une source c.a. (figure 12.21). La loi des mailles nous indique que la tension instantanée sera la même aux bornes de tous les éléments du circuit. Dans ces conditions, il est préférable d'exprimer cette tension commune sans aucun déphasage. Ainsi, dans un circuit *RLC* parallèle, on fixera $\Delta v = \Delta v_0 \sin(\omega t)$ et on associera au courant un déphasage φ par rapport à Δv. La loi des nœuds nous indique que le courant débité par la source se divisera entre les trois éléments pour se recombiner par la suite. Ce sont les expressions mathématiques des différents courants qui tiendront compte des déphasages par rapport à la tension. Dans ce qui suit, nous établirons l'expression de l'impédance du circuit parallèle et nous déterminerons le déphasage entre le courant débité par la source et la tension de cette dernière. Selon la loi des nœuds, les courants instantanés sont tels que

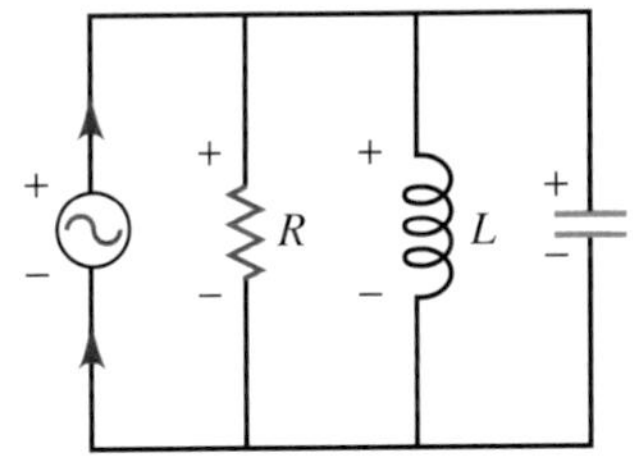

Figure 12.21 ▲
Un circuit *RLC* parallèle.

$$i = i_R + i_L + i_C$$

Pour réaliser cette somme de fonctions trigonométriques déphasées entre elles, nous allons à nouveau faire appel aux vecteurs de Fresnel, qui représentent ici les courants. La figure 12.22*a* illustre ces différents vecteurs. Puisque la tension commune est nécessairement en phase avec le courant traversant la résistance, on a représenté ces deux vecteurs *l'un sur l'autre*, comme à la figure 12.16 (p. 440). On a déjà montré que la tension aux bornes d'une bobine est en avance de $\pi/2$ sur le courant qui la traverse. Sur notre figure, cela se traduit par le fait que le vecteur représentant le courant dans la bobine est en retard de $\pi/2$ sur celui qui représente la tension commune. De même, pour respecter le fait que la tension aux bornes du condensateur est en retard de $\pi/2$ sur son courant, on a dessiné le vecteur représentant le courant dans le condensateur en avance de $\pi/2$ sur celui représentant la tension commune. Notez qu'on a supposé ici que i_{C0} est supérieur à i_{L0}. La composante « verticale » du vecteur obtenu en additionnant les trois vecteurs courant donne la valeur instantanée i (figure 12.22*b*). D'après le théorème de Pythagore, le carré du module de $\vec{\mathbf{i}}_0$ est donné par

$$i_0^2 = i_{R0}^2 + (i_{C0} - i_{L0})^2$$

En utilisant les définitions des impédances de chacun des éléments ainsi que le fait que l'amplitude de la tension est de Δv_0 pour chacun des éléments, on peut réécrire l'expression précédente comme suit :

$$\frac{i_0}{\Delta v_0} = \sqrt{\frac{1}{R^2} + \left(\frac{1}{Z_C} - \frac{1}{Z_L}\right)^2}$$

Ce qui, en terme de l'impédance totale du circuit, correspond exactement à $1/Z$. Ainsi, dans un circuit *RLC* parallèle, on calcule l'impédance par :

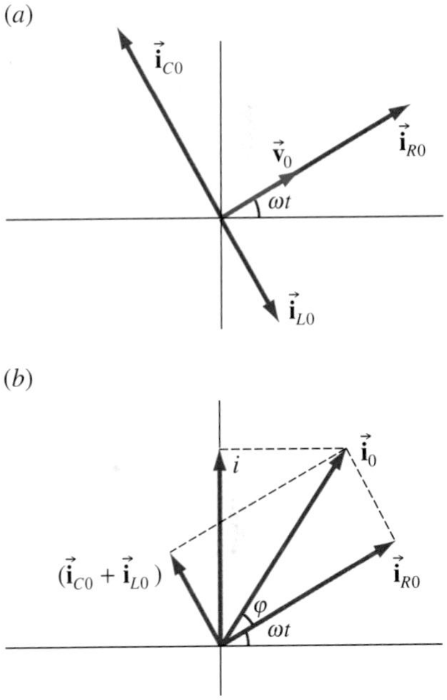

Figure 12.22 ▲
(*a*) Le vecteur de Fresnel représentant la tension et les vecteurs représentant le courant aux bornes de la résistance, du condensateur et de la bobine.
(*b*) Les vecteurs de Fresnel représentant le courant sont liés par la relation $\vec{\mathbf{i}}_0 = \vec{\mathbf{i}}_{R0} + \vec{\mathbf{i}}_{C0} + \vec{\mathbf{i}}_{L0}$. Nous avons supposé que $i_{C0} > i_{L0}$.

Impédance d'un circuit *RLC* parallèle

$$\frac{1}{Z} = \sqrt{\frac{1}{R^2} + \left(\frac{1}{Z_C} - \frac{1}{Z_L}\right)^2} \qquad (12.19)$$

À l'aide de la figure 12.22*b*, il est possible de déterminer le déphasage φ entre le courant débité par la source i et la tension Δv. On voit que $\tan \varphi = (i_{C0} - i_{L0}) / i_{R0}$, ce qui revient à écrire

Déphasage dans un circuit *RLC* parallèle

$$\tan \varphi = \frac{\frac{1}{Z_C} - \frac{1}{Z_L}}{\frac{1}{R}} \qquad (12.20)$$

Un angle positif, comme à la figure 12.22*b*, signifie que le courant débité par la source est en *avance* sur la tension.

EXEMPLE 12.5

Reprendre les éléments de circuit de l'exemple 12.2, en imaginant cette fois qu'ils sont tous montés en parallèle. Pour la même fréquence de 50 Hz, déterminer (a) l'impédance du circuit ; (b) l'angle de phase du courant débité par la source, en précisant s'il est en avance ou en retard sur la tension ; (c) le courant maximal débité par la source ; (d) le courant maximal qui traverse chaque branche.

Solution

(a) Les impédances de la bobine et du condensateur sont

$$Z_L = \omega L = 4\pi = 12{,}6\ \Omega$$

$$Z_C = \frac{1}{\omega C} = \frac{100}{\pi} = 31{,}8\ \Omega$$

D'après l'équation 12.19, l'impédance du circuit s'obtient par

$$\frac{1}{Z} = \sqrt{\frac{1}{R^2} + \left(\frac{1}{Z_C} - \frac{1}{Z_L}\right)^2}$$

d'où Z = 8,26 Ω.

(b) D'après l'équation 12.20, l'angle de phase s'obtient par

$$\tan \varphi = \frac{\frac{1}{Z_C} - \frac{1}{Z_L}}{\frac{1}{R}}$$

d'où $\varphi = -0{,}407$ radian (ce qui correspond à −23,3°). Le signe négatif indique que le courant débité par la source est en *retard* sur la tension.

(c) Le courant maximal débité par la source est $i_0 = \Delta v_0/Z$ = 100 V/8,26 Ω = 12,1 A.

(d) Le courant maximal dans chaque branche s'obtient par les impédances selon

$$i_{R0} = \frac{\Delta v_0}{R} = \frac{100\ \text{V}}{9\ \Omega} = 11{,}1\ \text{A}$$

$$i_{L0} = \frac{\Delta v_0}{Z_L} = \frac{100\ \text{V}}{12{,}6\ \Omega} = 7{,}94\ \text{A}$$

$$i_{C0} = \frac{\Delta v_0}{Z_C} = \frac{100\ \text{V}}{31{,}8\ \Omega} = 3{,}14\ \text{A}$$

12.7 La résonance dans un circuit *RLC* série

Dans un circuit *RLC* série, pour une valeur donnée de la tension efficace ΔV fournie par la source, l'intensité efficace I est donnée par l'équation 12.16 :

$$I = \frac{\Delta V}{Z} = \frac{\Delta V}{\sqrt{R^2 + (Z_L - Z_C)^2}}$$

où l'impédance Z est fonction de la fréquence. Quand on fait varier la fréquence de la source, l'impédance atteint une valeur minimale ($Z = R$) lorsque $Z_L = Z_C$, c'est-à-dire lorsque $\omega L = 1/\omega C$. Cette condition définit la **fréquence angulaire de résonance**

Fréquence angulaire de résonance

$$\omega_0 = \frac{1}{\sqrt{LC}} \qquad (12.21)$$

Cette expression est identique à la fréquence angulaire propre des oscillations d'un circuit LC sans résistance et sans source (voir la section 11.6). À la figure 12.23, on voit que, lorsque la fréquence angulaire ω de la source varie, l'intensité efficace I du courant donne lieu à un phénomène de résonance, c'est-à-dire que le courant présente un maximum pour une fréquence bien précise. Pour $\omega = \omega_0$, I atteint cette valeur maximale donnée par

$$I_{max} = \frac{\Delta V}{R} \qquad (12.22)$$

La largeur de la courbe de résonance dépend de la valeur de la résistance, la courbe étant d'autant plus pointue que la résistance est faible.

D'après l'équation 12.18, on voit que, pour $Z_L = Z_C$, $\tan \phi = 0$, ce qui signifie que $\phi = 0$: à la fréquence de résonance, le courant instantané et la tension instantanée sont en phase*. De plus, comme $Z_L = Z_C$, les tensions aux bornes de L et de C sont égales. (Notons toutefois que ces tensions peuvent avoir une valeur maximale nettement supérieure à celle de la source, puisqu'elles ont en tout temps des polarités opposées.)

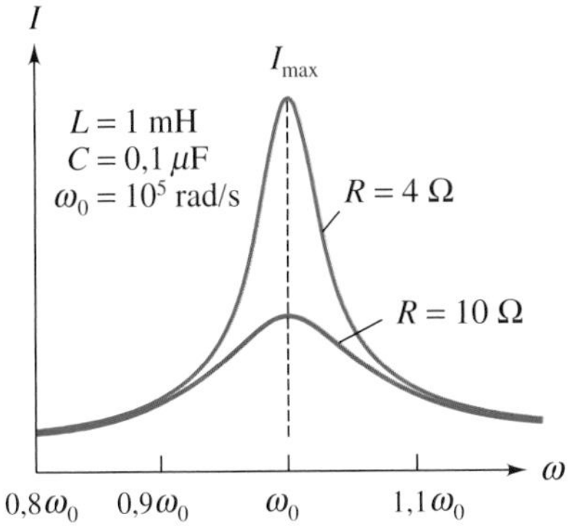

Figure 12.23 ▲
Lorsqu'on fait varier la fréquence angulaire ω de la source, on observe une résonance du courant pour la fréquence angulaire propre ω_0. La courbe de résonance est d'autant plus large que la résistance est grande. Notez que cette courbe n'est pas tout à fait symétrique : par exemple, la valeur du courant quand $\omega = 0,9\,\omega_0$ est plus faible que celle du courant quand $\omega = 1,1\,\omega_0$.

Cette gigantesque batterie de condensateurs, conçue en 1976, est le « Capacitor Tree » du Fermilab : placée en série avec l'inductance des transformateurs du circuit qui alimente l'accélérateur de particules principal, elle forme le plus volumineux circuit *RLC* au monde. Son rôle est de permettre au circuit d'alimentation d'entrer en résonance, ce qui maximise le courant circulant dans le circuit et augmente de 50 % la puissance.

12.8 La puissance dans un circuit *RLC* série

La puissance instantanée fournie par la source de f.é.m. est

$$\begin{aligned} p &= i\Delta v = i_0 \Delta v_0 \sin(\omega t) \sin(\omega t + \phi) \\ &= i_0 \Delta v_0 [\sin^2(\omega t) \cos \phi + \sin(\omega t) \cos(\omega t) \sin \phi] \end{aligned}$$

Seul le premier terme contribue à la puissance moyenne, puisque la moyenne de $\sin^2(\omega t)$ sur un cycle est égale à $\frac{1}{2}$, alors que la moyenne de $\sin(\omega t) \cos(\omega t) = \frac{1}{2}\sin(2\omega t)$ est égale à zéro. La puissance moyenne est donc

$$p_{moy} = \tfrac{1}{2} i_0 \Delta v_0 \cos \phi$$

D'après le diagramme de Fresnel de la figure 12.16*b* (p. 440), on voit que $\Delta v_0 \cos \phi = \Delta v_{R0} = Ri_0$. Exprimée en fonction des valeurs efficaces, la puissance moyenne fournie par la source est

Puissance moyenne ou efficace dans un circuit *RLC* série

$$P = I\Delta V \cos \phi = RI^2 \qquad (12.23)$$

Comme on pouvait s'y attendre, la puissance est dissipée uniquement dans la résistance. Notons que ΔV dans l'équation 12.23 est la valeur efficace de la tension de la *source* et non la tension aux bornes de la résistance.

* La résonance du courant correspond exactement à la fréquence propre et non à la fréquence amortie, comme c'est plutôt le cas pour la résonance d'amplitude discutée au chapitre 1 du tome 3. La raison en est que le courant est analogue à une vitesse et non à une amplitude (*cf.* tableau 11.1, p. 417).

La quantité $Q = \cos\phi$ est appelée **facteur de puissance**. (Attention ! Il ne s'agit pas de la charge accumulée dans le condensateur du circuit.) Dans l'expression $p_{moy} = \frac{1}{2}\Delta v_0 i_0 \cos\phi$, on peut dire que seule la composante de $\Delta\vec{v}_0$ sur $\vec{i}_0$, c'est-à-dire $\Delta v_0 \cos\phi$, contribue à la perte moyenne de puissance. Si $Q = \cos\phi = 1$, la puissance moyenne prend sa valeur maximale $P = I\Delta V$. Dans ce cas, la source « voit » le circuit comme étant purement résistif. Si $Q = \cos\phi = 0$, la source voit le circuit comme étant soit purement inductif, soit purement capacitif.

La puissance moyenne, $P = RI^2 = R(\Delta V/Z)^2$, fournie par la source est

$$P = \frac{R\Delta V^2}{R^2 + \left(\omega L - \frac{1}{\omega C}\right)^2} \qquad (12.24)$$

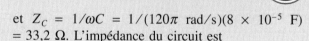

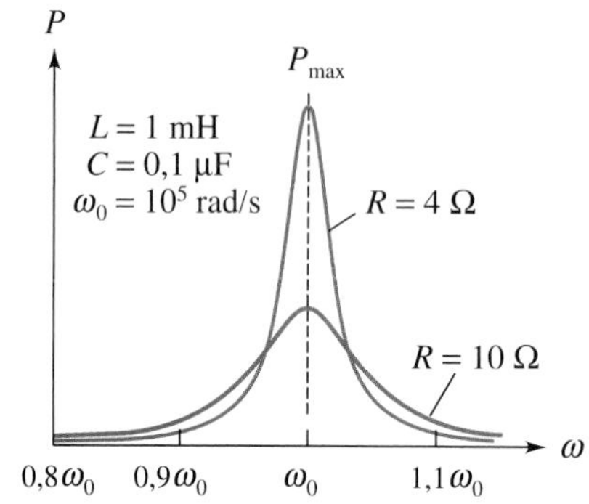

Figure 12.24 ▲
La puissance moyenne fournie par la source donne également lieu à une résonance.

Comme le montre la figure 12.24, on observe également une résonance de la puissance moyenne pour la fréquence angulaire propre $\omega_0 = 1/\sqrt{LC}$, où la puissance atteint sa valeur maximale $P_{max} = \Delta V^2/R$.

On utilise la résonance d'un circuit *RLC* série pour la détection des signaux de radio et de télévision. En effet, le signal provenant directement de l'antenne peut être vu comme une source de f.é.m. où des tensions de plusieurs fréquences différentes sont superposées (c'est-à-dire les fréquences de chacune des stations de radio, reçues sans distinction par l'antenne). Quand cette « source » est branchée à un circuit *RLC*, le courant produit dans ce dernier sera la somme des courants qui seraient causés individuellement par la tension de chaque fréquence. Or, une seule de ces fréquences correspond à la fréquence de résonance et produira un courant très important. Les courants des autres fréquences étant négligeables, on peut considérer qu'ils ont été « filtrés ». Si l'élément *L* ou *C* du circuit est variable, on peut ajuster la fréquence de résonance de façon à choisir la fréquence qui est conservée. Lorsque la courbe de résonance est étroite, le récepteur de radio ou de télévision est plus sélectif, c'est-à-dire capable de rejeter des signaux dont la fréquence est proche de ω_0, mais tout de même différente.

EXEMPLE 12.6

Dans un circuit *RLC* série, $R = 50\ \Omega$, $C = 80\ \mu$F et $L = 30$ mH. La source de 60 Hz fournit une tension efficace de 120 V. Déterminer : (a) les valeurs efficaces du courant et de la tension pour chaque élément ; (b) le facteur de puissance ; (c) la puissance moyenne fournie par la source ; (d) la fréquence de résonance ; (e) les valeurs maximales du courant et de la tension pour chaque élément à la fréquence de résonance. (f) Quelle est la puissance moyenne fournie par la source à la fréquence de résonance ?

Solution

(a) L'intensité efficace du courant, $I = \Delta V/Z$, est la même pour tous les éléments. Nous devons d'abord déterminer l'impédance du circuit. Les impédances sont $Z_L = \omega L = (120\pi$ rad/s$)(3 \times 10^{-2}$ H$) = 11{,}3\ \Omega$ et $Z_C = 1/\omega C = 1/(120\pi$ rad/s$)(8 \times 10^{-5}$ F$) = 33{,}2\ \Omega$. L'impédance du circuit est

$$Z = \sqrt{R^2 + (Z_L - Z_C)^2} = 54{,}6\ \Omega$$

Donc, $I = \Delta V/Z = (120\text{ V})/(54{,}6\ \Omega) = 2{,}2$ A.

Les tensions efficaces aux bornes de chaque élément sont

$$\Delta V_R = RI = 110\text{ V}$$

$$\Delta V_L = Z_L I = 24{,}9\text{ V}$$

$$\Delta V_C = Z_C I = 72{,}8\text{ V}$$

On remarque que $\Delta V \neq \Delta V_R + \Delta V_L + \Delta V_C$. Puisqu'un voltmètre en mode c.a. mesure les valeurs efficaces, la somme des valeurs mesurées aux bornes des trois éléments n'est pas égale à la valeur mesurée aux bornes de la source. ■

(b) Pour déterminer le facteur de puissance cos ϕ, nous devons d'abord trouver ϕ. La relation

$$\tan \phi = \frac{Z_L - Z_C}{R} = \frac{11{,}3\ \Omega - 33{,}2\ \Omega}{50\ \Omega} = -0{,}438$$

donne $\phi = -0{,}413$ radian (ce qui correspond à $-23{,}6°$). Le facteur de puissance est égal à $\cos(-0{,}413) = 0{,}916$.

(c) La puissance moyenne fournie par la source est

$$P = I\Delta V \cos \phi = RI^2 = 242\ \mathrm{W}$$

(d) La fréquence de résonance est

$$f_0 = \frac{\omega_0}{2\pi} = \frac{1}{2\pi\sqrt{LC}} = 103\ \mathrm{Hz}$$

(e) À la fréquence de résonance, $Z = R$; l'intensité maximale du courant est donc $i_0 = \Delta v_0/R = \sqrt{2}\ \Delta V/R = (170\ \mathrm{V})/(50\ \Omega) = 3{,}4\ \mathrm{A}$. À la fréquence de résonance, les impédances de L et de C sont égales :

$$Z_L = Z_C = \sqrt{\frac{L}{C}} = 19{,}4\ \Omega$$

Les tensions maximales sont

$$\Delta v_{R0} = Ri_0 = 170\ \mathrm{V}$$

$$\Delta v_{L0} = \Delta v_{C0} = \sqrt{\frac{L}{C}}\, i_0 = 65{,}8\ \mathrm{V}$$

(f) $P = RI^2_{\mathrm{max}} = R(i_0^2/2) = (50\ \Omega)(3{,}4^2\ \mathrm{A}^2/2) = 288\ \mathrm{W}$.

12.9 Le transformateur

Le **transformateur** est un dispositif qui permet d'augmenter ou de diminuer l'amplitude des tensions c.a. On l'utilise à divers stades de la distribution d'électricité résidentielle. Pour réduire au minimum les pertes thermiques dans les lignes électriques, on transmet la puissance à haute tension (une valeur efficace de 735 kV, par exemple). Pour des raisons de sécurité et de simplicité de conception, la puissance est fournie à basse tension aux usagers commerciaux et aux particuliers (en général 120 V en valeur efficace). De nombreux circuits électroniques qui se branchent sur les prises électriques ordinaires ont aussi besoin d'un transformateur (voir par exemple la première photographie du chapitre). Enfin, dans les hôpitaux, on se sert également des transformateurs pour isoler les appareils de surveillance électronique des malades et les protéger de toute interférence causée par d'autres circuits ou dispositifs.

La figure 12.25 représente un transformateur simple constitué de deux bobines enroulées sur un noyau en fer doux. La bobine *primaire* reliée à la source c.a. comporte N_1 spires, tandis que la bobine *secondaire* comporte N_2 spires. Le noyau de fer doux sert à augmenter le flux et à le canaliser : essentiellement tout le champ magnétique créé par l'enroulement primaire traverse l'enroulement secondaire*, et le flux magnétique Φ_B à travers *une spire* du primaire est égal au flux à travers *une spire* du secondaire. Les f.é.m. qui apparaissent au primaire et au secondaire sont

$$\mathscr{E}_1 = -N_1 \frac{\mathrm{d}\Phi_B}{\mathrm{d}t} \qquad \mathscr{E}_2 = -N_2 \frac{\mathrm{d}\Phi_B}{\mathrm{d}t}$$

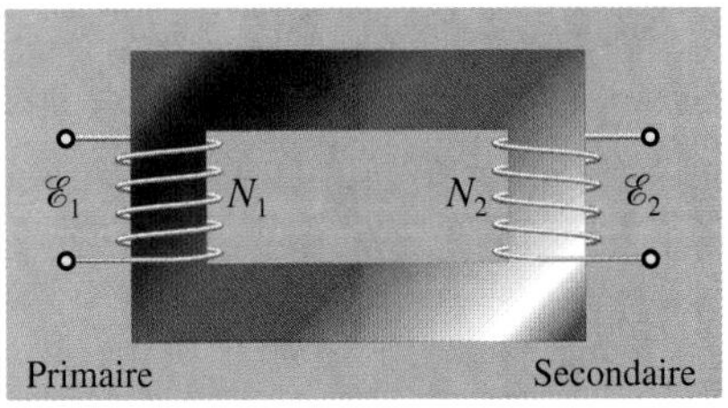

Figure 12.25 ▲
Un transformateur simple. Les enroulements primaire et secondaire sont bobinés sur un noyau laminé en fer doux.

* En pratique, le couplage du flux entre les deux bobines n'est jamais parfait et un transformateur est caractérisé par son *facteur de couplage*. Dans cette section, nous allons négliger ces pertes et considérer que le couplage est parfait.

où Φ_B est le flux à travers une spire. Le rapport des f.é.m. est égal à

Rapport des f.é.m. dans un transformateur

$$\frac{\mathscr{E}_2}{\mathscr{E}_1} = \frac{N_2}{N_1} \tag{12.25}$$

Le rapport des f.é.m. dans le primaire et dans le secondaire est égal au rapport de leur nombre de spires. Selon la valeur de ce rapport, que l'on nomme **rapport de transformation**, on obtient un transformateur élévateur de tension (**survolteur**) ou abaisseur de tension (**dévolteur**). Si la résistance des fils électriques qui alimentent le circuit primaire est négligeable, la tension Δv_1 aux bornes de l'enroulement primaire est égale à tout instant à la f.é.m. $\mathscr{E}_1$. De même, $\mathscr{E}_2 = \Delta v_2$.

Si on branche une résistance R aux bornes de l'enroulement secondaire, un courant induit i_2 y circulera. Si le transformateur est idéal, il y aura transfert complet de puissance entre le primaire et le secondaire : $p_1 = p_2$, d'où $i_1\Delta v_1 = i_2\Delta v_2$ ou encore

$$i_1\mathscr{E}_1 = i_2\mathscr{E}_2 \tag{12.26}$$

En combinant les équations 12.25 et 12.26, on trouve

Rapport des courants dans un transformateur

$$\frac{i_2}{i_1} = \frac{N_1}{N_2} \tag{12.27}$$

Ainsi, dans un transformateur idéal, les tensions aux bornes du transformateur sont *proportionnelles* au nombre de tours des enroulements (équation 12.25), tandis que les courants de part et d'autre du transformateur sont *inversement proportionnels* au nombre de tours des enroulements (équation 12.27). Il est important de remarquer qu'un transformateur ne peut pas fonctionner en courant continu, car il n'y aurait alors pas de variation de flux magnétique et donc pas d'induction électromagnétique entre l'enroulement primaire et l'enroulement secondaire.

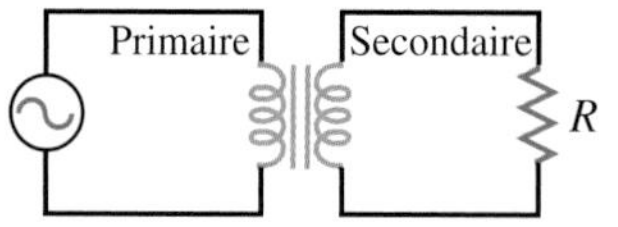

Figure 12.26 ▲
Représentation schématique d'un transformateur qui transmet la puissance d'une source c.a. à une résistance (R).

Examinons la situation plus en détail. En l'absence de résistance R branchée au secondaire, il n'y a pas de transfert d'énergie : le circuit est ouvert. Lorsqu'on branche une résistance de charge R (figure 12.26), un courant induit i_2 circule dans le secondaire. D'après la loi de Lenz, i_2 a tendance à s'opposer aux variations de flux magnétique dans le noyau. À son tour, cet effet a tendance à diminuer la valeur de la f.é.m. dans le primaire. Mais, comme la f.é.m. du primaire doit être à tout instant égale à la f.é.m. de la source (que nous supposons inchangée), le courant dans le primaire augmente d'une quantité i_1 pour compenser la f.é.m. induite par i_2 (i_1 est déphasé de π rad, soit 180°, par rapport à i_2). D'après l'équation 11.5, on sait que $N_1\Phi_{12} = Mi_2$ et $N_2\Phi_{21} = Mi_1$. Si l'on suppose qu'il n'y a pas de pertes de flux, $\Phi_{12} = \Phi_{21}$ et on retrouve l'équation 12.27.

Comme i_1 est très supérieur au courant d'excitation, i_1 correspond en pratique au courant total dans le primaire.

D'après le principe de conservation de l'énergie, l'énergie supplémentaire fournie par la source de f.é.m. apparaît dans la résistance reliée au secondaire.

Dans la pratique, le rendement du transfert de puissance peut atteindre 99 %. L'emploi d'un noyau de fer doux limite les pertes d'hystérésis (voir la section 9.6) et les fuites magnétiques. Pour réduire les pertes par effet Joule dues aux courants de Foucault dans le noyau, on utilise un noyau constitué de plaques de fer superposées entre lesquelles on intercale un matériau isolant comme de la gomme laque ou une couche d'oxyde. Ce *feuilletage* augmente considérablement la résistance sur le parcours des courants de Foucault induits. Comme les f.é.m. induites ne changent pas, la perte de puissance est ainsi nettement réduite.

L'adaptation d'impédances

Nous allons maintenant examiner une autre caractéristique utile des transformateurs. Les valeurs efficaces des tensions aux bornes du primaire et du secondaire sont $\Delta V_1 = Z_1 I_1$ et $\Delta V_2 = Z_2 I_2$. Si l'on exprime l'équation 12.25 en fonction de ces valeurs efficaces et qu'on substitue l'équation 12.27, on obtient

$$\frac{Z_2}{Z_1} = \left(\frac{N_2}{N_1}\right)^2 \qquad (12.28)$$

Le courant primaire est donc donné par

$$I_1 = \frac{\Delta V_1}{Z_1} = \frac{\Delta V_1}{(N_1/N_2)^2 Z_2}$$

Pour la source primaire, l'impédance équivalente est $Z_1 = (N_1/N_2)^2 Z_2$. Autrement dit, le transformateur « transforme » également l'impédance du secondaire. Cette caractéristique permet d'effectuer un transfert maximal de puissance à partir d'une source de f.é.m.

Le transformateur nous permet de présenter à la source une impédance optimale. Il transmet ensuite la puissance aux éléments du circuit secondaire avec un rendement pratiquement idéal. On utilise les transformateurs pour adapter l'impédance de l'étage de sortie des amplificateurs audio à l'impédance des haut-parleurs. Il est nécessaire d'effectuer un type similaire d'adaptation pour transmettre une onde d'un milieu à un autre, d'un solide à un liquide par exemple. L'onde transmise a une amplitude maximale lorsque les « impédances acoustiques » des milieux sont adaptées.

EXEMPLE 12.7

Un haut-parleur de 8 Ω et de puissance moyenne 20 W est relié par l'intermédiaire d'un transformateur à un amplificateur dont l'impédance de sortie est égale à 1 kΩ. Déterminer : (a) la valeur que doit avoir le rapport du nombre de spires ; (b) le courant et la tension dans le secondaire ; (c) le courant et la tension dans le primaire.

Solution

(a) D'après l'équation 12.28, nous avons besoin d'un transformateur abaisseur de tension, dont le rapport de transformation, ou rapport du nombre de spires, est

$$\frac{N_2}{N_1} = \sqrt{\frac{Z_2}{Z_1}} = \sqrt{\frac{8}{1000}} \approx 0{,}09$$

(b) La puissance dans le secondaire est $P_2 = R_2 I_2^2$ et donc $I_2 = \sqrt{(20/8)} = 1{,}6$ A. La tension aux bornes du secondaire est $\Delta V_2 = R_2 I_2 = 12{,}8$ V.

(c) Sachant que le transformateur a un rendement de 100 %, on peut utiliser l'équation 12.27 pour déterminer les valeurs de la tension et du courant dans le primaire à partir des valeurs correspondantes dans le secondaire :

$$I_1 = \frac{N_2}{N_1} I_2 \approx (0{,}09)(1{,}6 \text{ A}) = 0{,}14 \text{ A}$$

$$\Delta V_1 = \frac{N_1}{N_2} \Delta V_2 \approx \left(\frac{1}{0{,}09}\right)(12{,}8 \text{ V}) = 140 \text{ V}$$

On remarque que $\Delta V_1 I_1 = 20$ W.

SUJET CONNEXE

L'électricité domestique

L'installation d'un système électrique, que ce soit à l'échelle d'un pays, d'une province ou simplement d'une maison, se fait conformément à des normes précises pour des raisons d'efficacité et de sécurité. Grâce à ces normes, quel que soit l'endroit où on le branche, un appareil électrique fonctionnera adéquatement sur le territoire entier de l'Amérique du Nord. Dans ce qui suit, nous allons voir comment ces normes se traduisent concrètement dans plusieurs aspects d'un réseau d'alimentation électrique.

Le réseau d'alimentation

Construits autour de 1879, les premiers réseaux d'alimentation électrique commerciaux produisaient du courant continu à tension unique. Pour assurer la sécurité des usagers et réduire le plus possible les pertes dues aux effets résistifs, la tension électrique de ces premiers réseaux était limitée à 110 V. L'énergie transportée était donc faible, et chaque réseau ne pouvait répondre qu'à une partie de la demande.

En 1885, l'invention du transformateur allait rendre caduques les tentatives d'exploitation de ces réseaux à échelle réduite. Les grands promoteurs de l'époque, notamment George Westinghouse (1846-1914) et Thomas Edison (1847-1931), comprirent rapidement comment l'utilisation du courant alternatif et du transformateur pouvait augmenter la puissance disponible tout en éliminant les contraintes de distance entre les centrales de production et les abonnés. De nos jours, tous les réseaux de distribution d'énergie électrique fonctionnent en tension alternative*. En Amérique, la fréquence d'oscillation du courant alternatif est de 60 Hz, et sa fréquence angulaire (ω) est donc de 120π rad/s. Qu'elle soit produite dans une centrale thermique, nucléaire ou hydraulique, l'énergie électrique est issue d'alternateurs qui fonctionnent à une tension d'environ 15 kV. Toute une batterie de transformateurs *survolteurs* élève ensuite cette tension à plusieurs centaines de kilovolts. Au Québec, entre les centrales et les grandes villes, l'énergie électrique franchit de longues distances à une tension de 735 kV. Le circuit de transport est surtout résistif, de sorte que la puissance électrique transmise est liée à la tension et au courant qui traverse les fils par $P = I\Delta V$. L'utilisation d'une tension de transport élevée ne sert donc qu'un but : réduire le plus possible le courant et les pertes en chaleur associées à la résistance des fils.

À proximité des centres urbains, une autre batterie de transformateurs *dévolteurs* réduit la tension à 25 kV. C'est à ce niveau que l'énergie électrique voyage dans les rues et atteint un dernier transformateur qui, du haut d'un poteau ou du bord de la route (selon que les fils sont souterrains ou non), alimente un groupe de maisons à une tension de 120 V ou de 240 V.

Du transformateur à la maison

À la différence de celui qui est illustré à la figure 12.26 (p. 450), le transformateur d'alimentation des maisons comporte trois enroulements : un primaire et deux secondaires. La figure 12.27 en donne une version schématisée qui montre comment les deux enroulements secondaires sont branchés en série. Le point de contact des deux enroulements est mis à la terre, de sorte que le fil B qui en émerge est « neutre » : il est à une tension constante de 0 V. Le rapport entre le nombre de spires du primaire et le nombre de spires de l'un ou l'autre des enroulements secondaires est fixé de manière à ce qu'une tension alternative maximale de 170 V soit induite dans les fils A et C.

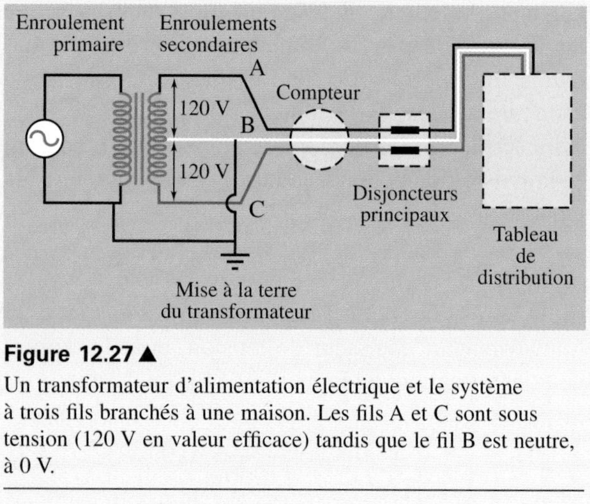

Figure 12.27 ▲
Un transformateur d'alimentation électrique et le système à trois fils branchés à une maison. Les fils A et C sont sous tension (120 V en valeur efficace) tandis que le fil B est neutre, à 0 V.

* Les problèmes d'adaptation d'impédance entre certains grands réseaux ont, depuis quelques années, favorisé le développement du transport de l'énergie électrique en tension continue. C'est le cas, entre autres, pour les lignes à haute tension qui permettent le branchement entre le réseau québécois et ceux de la Nouvelle-Angleterre. Après le transfert, toutefois, le courant électrique revient en mode alternatif.

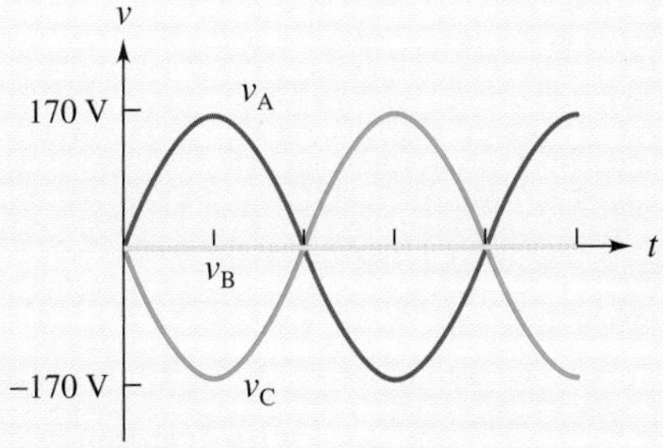

Figure 12.28 ▲
Valeurs instantanées de la tension dans les fils A, B et C branchés aux enroulements secondaires du transformateur d'alimentation.

Comme on le voit à la figure 12.28, le branchement en série des deux enroulements du secondaire fait en sorte que l'oscillation de la tension est déphasée d'un demi-cycle dans les fils A et C. Par rapport au fil B, la différence de potentiel s'exprime ainsi :

$$\begin{aligned}\Delta v_{AB} &= v_A - v_B \\ &= (170 \text{ V}) \sin(\omega t) - 0 \text{ V} \\ &= (170 \text{ V}) \sin(\omega t)\end{aligned}$$

On peut aussi brancher le fil A directement au fil C. Dans ce cas, la différence de potentiel sera de

$$\begin{aligned}\Delta v_{AC} &= v_A - v_C \\ &= (170 \text{ V}) \sin(\omega t) - (170 \text{ V}) \sin(\omega t + \pi) \\ &= (340 \text{ V}) \sin(\omega t)\end{aligned}$$

Lorsqu'on branche le fil A ou C au fil B, la valeur efficace de la tension est de $170 \text{ V}/\sqrt{2}$, ou 120 V, ce qui est tout à fait suffisant pour la plupart des appareils électriques utilisés dans une maison. En revanche, lorsqu'on relie les fils A et C ensemble, on obtient une tension efficace de 240 V, nécessaire pour alimenter les appareils de grande puissance comme la cuisinière, la sécheuse, le chauffe-eau et les plinthes électriques : la tension plus élevée permet de maintenir le courant dans les fils à une faible valeur, ce qui évite leur échauffement.

L'alimentation électrique d'une maison nécessite donc trois fils : un « neutre » (0 V) et deux sous tension (120 V). À leur entrée dans la résidence (figure 12.27), ces trois fils traversent d'abord le compteur électrique, puis la boîte des disjoncteurs principaux, avant d'atteindre le tableau de distribution. Dans le cas d'une installation normale, les disjoncteurs principaux limitent la valeur du courant efficace dans les fils d'alimentation A et C à 100 A, une limite sécuritaire.

Le tableau de distribution

Dans sa version courante, le tableau de distribution (figure 12.29) permet de subdiviser la tension des fils d'alimentation A et C en suffisamment de sous-circuits qu'il est nécessaire pour combler les besoins en énergie d'une maison de taille moyenne. À chaque sous-circuit de 120 V correspondent trois fils qui partent du tableau pour alimenter un groupe d'appareils.

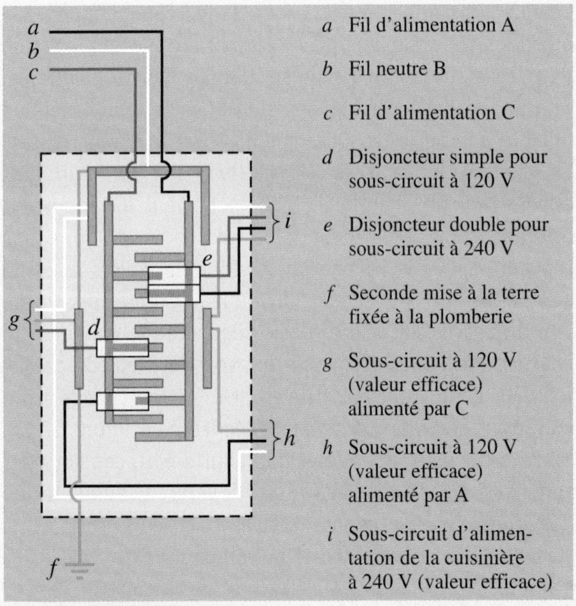

Figure 12.29 ▲
Tableau de distribution d'une maison. On distingue deux sous-circuits à 120 V ainsi qu'un sous-circuit à 240 V alimentant la cuisinière.

D'après les normes de couleur, le fil blanc est branché à la barrette horizontale, elle-même en contact avec le fil neutre B à 0 V. Le deuxième fil de chaque sous-circuit est noir ou rouge, selon qu'il est branché au fil d'alimentation A ou C. Mais, comme le montre la figure 12.29, la connexion n'est pas directe. Entre le fil du sous-circuit et celui de l'alimentation, on insère un disjoncteur de 10 A, 15 A ou 20 A. Les fils du sous-circuit ont un diamètre tel que, tant que le courant est maintenu à une valeur inférieure au maximum qu'impose le disjoncteur, la chaleur dissipée dans les fils est imperceptible. Si, pour une raison ou une autre, le courant circulant dans le sous-circuit dépasse le maximum permis, le disjoncteur ouvre le circuit et empêche toute surchauffe à l'intérieur des murs. Il ne reste alors qu'à débrancher certains appareils et à remettre le sous-circuit en marche en basculant la manette du disjoncteur.

Un troisième fil accompagne le sous-circuit. Il est vert ou dénudé et est branché directement au boîtier du tableau de distribution au moyen de deux barrettes verticales fixées au boîtier. Comme on a pris soin de connecter le boîtier à l'un des tuyaux métalliques de la plomberie, ce fil constitue une seconde mise à la terre. Nous verrons plus loin quelle en est l'utilité.

Chaque gros appareil électrique (cuisinière, chauffe-eau ou sécheuse) accapare un sous-circuit du tableau en raison de la tension de 240 V requise. Dans le cas du chauffage, on subdivise l'ensemble des plinthes électriques en un nombre approprié de sous-circuits, chacun étant limité à un courant efficace de 40 A. Qu'il s'agisse d'un gros appareil ou du chauffage, le branchement aux deux fils d'alimentation A et C est nécessaire pour produire une tension de 240 V. Comme on le voit à la figure 12.29, la géométrie des connecteurs du tableau permet de placer, l'un au-dessus de l'autre, deux disjoncteurs branchés sur chacune des lignes d'alimentation sous tension. De ce disjoncteur double émergent un fil noir et un fil rouge, chacun étant soumis à la tension décrite à la figure 12.28. Dans le cas du chauffage et du chauffe-eau, ces deux fils suffisent, avec la mise à la terre (fil vert), à l'alimentation des appareils. En ce qui concerne la cuisinière et la sécheuse, un fil blanc fixé à la barrette horizontale (0 V) s'ajoute et permet que certaines des composantes de l'appareil fonctionnent sous une tension de 120 V. Dans la cuisinière, les éléments chauffants de la plaque de cuisson fonctionnent sous une tension de 120 V, mais le four nécessite 240 V. Dans une sécheuse, on alimente le moteur et l'éclairage à 120 V, mais les éléments chauffants du tambour sont à 240 V.

La sécurité

Quel que soit l'appareil branché au réseau domestique, le courant ne doit circuler que *dans* l'appareil et ses fils de branchement. Ceux-ci sont donc adéquatement isolés pour éviter tout contact avec un conducteur extérieur au circuit, en particulier le corps de l'utilisateur. Mais qu'advient-il lorsqu'un bris survient et que l'un des fils sous tension dans l'appareil vient en contact avec le boîtier ? Dans le cas de certains appareils, comme le téléviseur ou la chaîne stéréo, la fiche de branchement au mur comporte trois fils (figure 12.30). Les deux connecteurs plats de la fiche sont en contact, respectivement, avec le fil blanc (0 V) et le fil sous tension (ΔV = 120 V) du sous-circuit. Un autre connecteur, circulaire, raccorde le fil vert (ou dénudé) de mise à la terre du tableau de distribution au boîtier de l'appareil branché. Advenant une défaillance, les courants indésirables y sont canalisés, évitant que l'utilisateur ne serve de court-circuit...

Dans le cas d'autres appareils, comme les perceuses et les scies électriques que l'on tient à la main, cette deuxième mise à la terre peut s'avérer dangereuse, dans l'éventualité peu probable mais possible où le boîtier viendrait en contact avec un autre fil sous tension. On préfère donc isoler doublement le circuit de ces appareils et éviter de faire appel à la mise à la terre que procure le fil vert. Leur fiche de branchement ne comporte ainsi que les deux connecteurs plats.

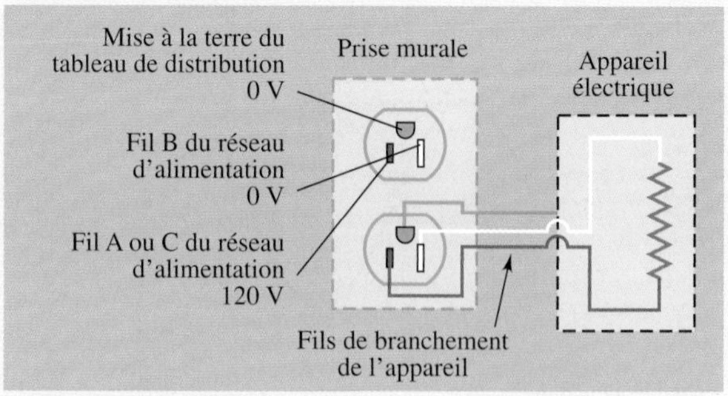

Figure 12.30 ▲

Branchement d'un appareil électrique au moyen d'une fiche comportant trois fils. On distingue les fils d'alimentation, la prise murale, les fils de branchement de l'appareil et un schéma simplifié de son circuit. En général, le code de couleur des fils ne s'applique pas à ceux du cordon d'alimentation d'un appareil.

Parfois, la pièce où sont branchés les appareils électriques est elle-même une source de danger : la salle de bain, dont le plancher est souvent mouillé et où abondent des tuyaux pouvant servir de mise à la terre accidentelle, mérite une attention particulière. Depuis maintenant plusieurs années, il est obligatoire d'équiper cette pièce d'une prise à *disjoncteur de fuite à la terre*, ou *disjoncteur différentiel*. Ce dispositif de sécurité, reconnaissable à ses deux petits boutons noir et rouge, est muni d'un disjoncteur sensible à toute différence d'intensité du courant dans le fil « neutre » (fil blanc) et le fil sous tension (fil rouge ou noir). Dès qu'une brutale hausse de courant se produit, le disjoncteur réagit en une fraction de seconde et ouvre le circuit, évitant ainsi que l'utilisateur de l'appareil ne serve de conducteur.

Le compteur d'électricité

Du point de vue du fournisseur de service, l'élément le plus important de tout le circuit d'alimentation d'une maison est son compteur d'électricité, ou *wattheuremètre*. Traversé par les trois fils d'alimentation, cet appareil détecte le passage du courant et évalue la quantité d'énergie utilisée sur une période de temps donnée. Par exemple, un appareil qui fonctionne à une puissance de 1000 W durant une heure consomme $P\Delta t$ = 1000 J/s × 3600 s = 3 600 000 J. Cette quantité d'énergie, appelée kilowattheure (kWh), est l'unité de base utilisée dans la tarification de l'électricité. La figure 12.31*a* montre les éléments essentiels d'un compteur d'électricité. Le disque horizontal, dont la rotation témoigne de la dépense énergétique, est l'élément principal du mécanisme. Son fonctionnement est complexe : le disque est traversé de courants de Foucault (induits par un transformateur placé à proximité) qui entraînent sa rotation. La friction et l'inertie des mécanismes doivent être minimes, pour ne pas fausser la lecture : la rotation plus ou moins rapide du disque est directement proportionnelle à la puissance électrique totale consommée dans une maison.

Le disque horizontal est relié à une série d'engrenages qui entraînent la rotation des aiguilles des cinq cadrans gradués. Un nombre donné de tours du disque horizontal, déterminé par le facteur Rr* du compteur, fait avancer l'aiguille du cadran *a* d'une unité. Sur ce cadran gradué, mais non chiffré, chaque unité correspond à un kilowattheure, et un tour complet correspond à 10 kWh. Chaque tour de ce cadran fait déplacer d'une unité l'aiguille du cadran situé le plus à droite sur la rangée inférieure, et la rotation de ce dernier cadran entraîne de la même manière celle des autres cadrans qui sont à sa gauche. La lecture des quatre cadrans chiffrés représentés à la figure 12.31*b* permet d'établir que 15 820 kWh ont été consommés depuis que ce compteur a été installé sur le circuit de la maison. Jusqu'à tout récemment, le fournisseur de service devait faire la lecture directe du compteur pour établir les factures de consommation d'électricité. Mais, de plus en plus, les compteurs sont reliés au téléphone et transmettent, à intervalles réguliers et de façon automatique, les données nécessaires à la facturation. D'autres peuvent aussi émettre l'information (par onde radio) à un capteur transporté par un employé se déplaçant dans la rue.

* Notons que le facteur Kh donne la même information que le facteur Rr, mais inversement. La valeur de Kh correspond au nombre de wattheures consommés à chaque tour du disque horizontal.

(*a*)

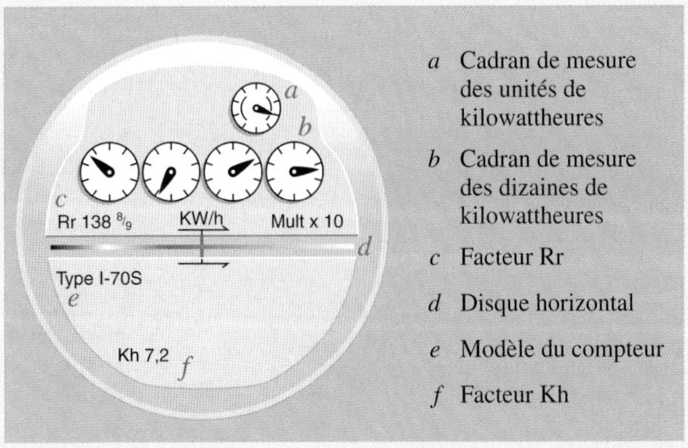

(*b*)

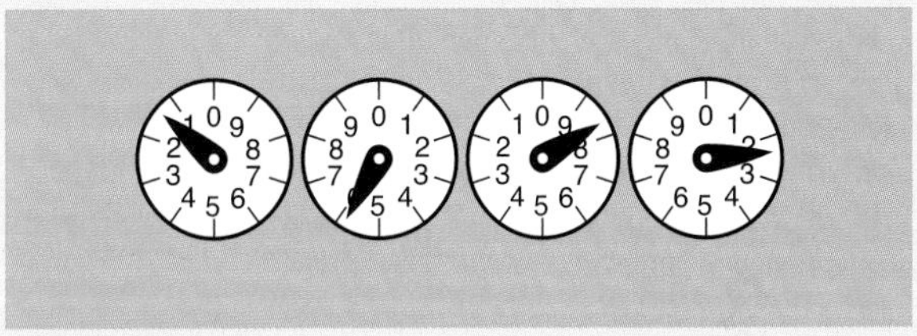

Figure 12.31 ▲
(*a*) Illustration simplifiée d'un compteur d'électricité. La rotation du disque horizontal entraîne l'aiguille de chacun des cinq cadrans gradués. (*b*) Agrandissement des quatre cadrans gradués permettant de lire le nombre de kilowattheures consommés.

RÉSUMÉ

Dans un circuit c.a., le courant instantané et la tension instantanée aux bornes de la source sont donnés par

$$i(t) = i_0 \sin(\omega t) \qquad (12.1)$$

$$\Delta v(t) = \Delta v_0 \sin(\omega t + \phi) \qquad (12.2)$$

où i_0 et Δv_0 sont les valeurs maximales et ϕ est l'angle de phase de la tension, mesuré par rapport à la phase du courant. Les valeurs efficaces du courant, de la tension et de la puissance sont données par

$$I = \sqrt{(i^2)_{\text{moy}}} = \frac{i_0}{\sqrt{2}} \approx 0{,}707 i_0 \qquad (12.5a)$$

$$\Delta V = \sqrt{(\Delta v^2)_{\text{moy}}} = \frac{\Delta v_0}{\sqrt{2}} \approx 0{,}707 \Delta v_0 \qquad (12.5b)$$

$$P = RI^2 \qquad (12.7)$$

Dans un circuit *RLC*, les valeurs maximales (ou efficaces) de la f.é.m. et du courant sont reliées par une équation de même forme que la loi d'Ohm :

$$\Delta v_0 = Z i_0 \,; \quad \Delta V = ZI \qquad (12.16)$$

où Z est l'impédance du circuit. Cette équation ne s'applique toutefois *pas* aux valeurs instantanées, car elles ont des phases différentes : $\Delta v(t) \neq Zi(t)$.

L'impédance inductive associée à la présence d'une bobine d'induction est donnée par

$$Z_L = \omega L \qquad (12.11)$$

L'impédance capacitive associée à la présence d'un condensateur est donnée par

$$Z_C = \frac{1}{\omega C} \qquad (12.15)$$

Dans un circuit RLC série, l'impédance totale est donnée par

$$Z = \sqrt{R^2 + (Z_L - Z_C)^2} \qquad (12.17)$$

Dans un circuit parallèle, elle est donnée par

$$\frac{1}{Z} = \sqrt{\frac{1}{R^2} + \left(\frac{1}{Z_C} - \frac{1}{Z_L}\right)^2} \qquad (12.19)$$

Dans un circuit série, l'angle de phase de la tension, mesuré par rapport à la phase du courant, est donné par

$$\tan \phi = \frac{Z_L - Z_C}{R} \qquad (12.18)$$

Si ϕ est positif, la tension est en avance sur le courant.

Dans un circuit parallèle, c'est la phase du courant qui est mesurée par rapport à celle de la tension commune à tous les éléments. Son angle de phase est donné par

$$\tan \varphi = \frac{\dfrac{1}{Z_C} - \dfrac{1}{Z_L}}{\dfrac{1}{R}} \qquad (12.20)$$

Si φ est positif, le courant est en avance sur la tension.

Lorsqu'on fait varier la fréquence d'excitation, on observe un phénomène de résonance du courant dans le circuit RLC série, c'est-à-dire que le courant présente un maximum pour une fréquence bien précise. L'intensité efficace I du courant atteint une valeur maximale $I_{max} = \Delta V/R$ lorsque $Z_L = Z_C$, ce qui a lieu à la fréquence angulaire de résonance

$$\omega_0 = \frac{1}{\sqrt{LC}} \qquad (12.21)$$

Cette valeur correspond à la fréquence angulaire propre des oscillations dans un circuit LC.

La puissance moyenne, fournie par la source de f.é.m. est

$$P = I\Delta V \cos \phi = RI^2 \qquad (12.23)$$

La quantité $Q = \cos \phi$ est le facteur de puissance.

Un transformateur est composé d'un enroulement primaire et d'un enroulement secondaire bobinés sur un noyau commun en fer doux. Le rapport des f.é.m. dans le primaire et dans le secondaire est égal au rapport du nombre de spires de chaque enroulement :

$$\frac{\mathscr{E}_2}{\mathscr{E}_1} = \frac{N_2}{N_1} \qquad (12.25)$$

Le transformateur transmet la puissance avec un rendement quasiment idéal ; ainsi,

$$\frac{i_2}{i_1} = \frac{N_1}{N_2} \qquad (12.27)$$

TERMES IMPORTANTS

courant alternatif (p. 431)
courant continu (p. 431)
courant efficace (p. 434)
dévolteur (p. 450)
facteur de puissance (p. 448)
fréquence angulaire de résonance (p. 446)
impédance (p. 436)
phaseur (p. 439)
puissance efficace (p. 434)
puissance moyenne (p. 434)
rapport de transformation (p. 450)
représentation de Fresnel (p. 439)
survolteur (p. 450)
tension (p. 432)
transformateur (p. 449)
vecteur tournant (p. 439)

RÉVISION

R1. Vrai ou faux ? La puissance efficace dissipée aux bornes d'une résistance est égale à la moitié de la puissance moyenne.

R2. Tracez sur un même graphique le courant et la tension aux bornes d'une bobine en fonction du temps.

R3. Tracez sur un même graphique le courant et la tension aux bornes d'un condensateur en fonction du temps.

R4. Vrai ou faux ? La tension est toujours en avance sur le courant dans une bobine.

R5. Vrai ou faux ? La tension est toujours en avance sur le courant dans un condensateur.

R6. Expliquez en termes de physique pourquoi la tension aux bornes d'une bobine est nulle au moment où le courant qui la traverse est maximal.

R7. Expliquez en termes de physique pourquoi le courant doit être nul au moment où la tension aux bornes d'un condensateur est maximal.

R8. Vrai ou faux ? La puissance moyenne fournie à un condensateur est nulle.

R9. Expliquez en termes de physique pourquoi l'impédance d'une bobine est proportionnelle (a) à son inductance L ; (b) à la fréquence angulaire.

R10. Expliquez physiquement pourquoi l'impédance d'un condensateur est inversement proportionnelle (a) à sa capacité ; (b) à la fréquence angulaire.

R11. Tracez les vecteurs de Fresnel représentant les tensions dans un circuit *RLC* série et expliquez à partir de votre dessin l'origine de l'expression mathématique donnant le déphasage entre le courant et la tension.

R12. Tracez les vecteurs de Fresnel représentant les courants dans un circuit *RLC* parallèle et expliquez à partir de votre dessin l'origine de l'expression mathématique donnant le déphasage entre le courant et la tension.

R13. Expliquez pourquoi dans un circuit *RLC* parallèle ce sont les courants et non les tensions qu'on représente à l'aide des vecteurs de Fresnel.

R14. Vrai ou faux ? Dans un circuit *RLC* parallèle, le déphasage calculé est positif lorsque la tension est en avance sur le courant débité par la source.

R15. Vrai ou faux ? Lorsqu'un circuit *RLC* série est à la résonance, son impédance est maximale.

R16. Un transformateur peut-il fonctionner en courant continu ? Si non, pourquoi ?

QUESTIONS

Q1. Pourquoi un condensateur se comporte-t-il comme un court-circuit à haute fréquence et comme un circuit ouvert à basse fréquence ?

Q2. Pourquoi une bobine d'induction est-elle parfois appelée « bobine d'arrêt » ? Qu'arrête-t-elle ?

Q3. Dans quels cas est-il préférable d'utiliser une source c.a. au lieu d'une source c.c. ? Quand la source c.c. est-elle préférable à la source c.a. ?

Q4. L'intensité moyenne du courant fourni à un circuit par une source c.a. est nulle mais la puissance moyenne fournie n'est pas nulle si le circuit contient une résistance. Expliquez pourquoi.

Q5. Une source c.a. peut-elle être reliée à un circuit sans toutefois lui fournir de l'énergie ? Si oui, dans quelles circonstances ?

Q6. Quatre fils non identifiés sortent d'un transformateur. Que devez-vous faire pour déterminer le rapport des nombres de spires ?

Q7. L'enroulement primaire d'un transformateur est conçu pour fonctionner à 120 V et 60 Hz. Il risque pourtant d'être endommagé si on le branche sur une tension continue de 50 V. Pourquoi ?

Q8. La puissance des générateurs c.a. est indiquée en voltampères (V·A) et non en watts (W). Pourquoi ?

Q9. Une ampoule conçue pour fonctionner sur une tension efficace de 120 V est reliée en série avec une bobine d'induction, un condensateur et une source c.a. efficace de 120 V. L'ampoule donne-t-elle son intensité lumineuse normale ?

Q10. Un facteur de puissance peut-il être négatif ? Si oui, quelle implication cela a-t-il quant à la puissance fournie par la source ?

Q11. Pourquoi la puissance fournie par une centrale électrique est-elle transmise sous une tension très élevée ?

Q12. Les compagnies d'électricité préfèrent en général que l'installation électrique du consommateur ait un facteur de puissance égal à un. Pourquoi ?

Q13. Vrai ou faux ? (a) Au-dessus de la fréquence de résonance, la tension est en avance sur le courant. (b) Un facteur de puissance négatif signifie que la tension est en avance sur le courant.

Q14. Si l'impédance d'un circuit *RLC* série décroît lorsque la fréquence augmente, l'angle de phase est-il positif ou négatif ?

Q15. Dans un circuit *RLC* série, la tension efficace aux bornes de *L* ou de *C* peut-elle être supérieure à la tension efficace de la source ?

Q16. Considérons le circuit de la figure 12.32. La fréquence de la source est constante. Quel est l'effet produit sur l'intensité lumineuse de l'ampoule lorsqu'on fait varier la capacité ?

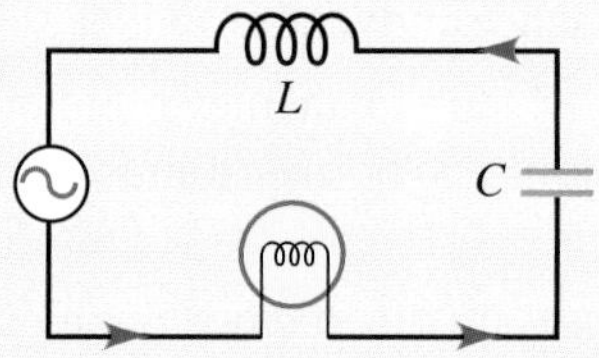

Figure 12.32 ▲
Question 16.

EXERCICES

Voir l'avant-propos pour la signification des icônes

SÉRIE CLIPS

12.1 à 12.4 Résistances, bobines idéales et condensateurs

E1. (I) Une bobine d'inductance $L = 40$ mH est reliée à une source caractérisée par une tension maximale de 120 V et une fréquence de 60 Hz. (a) Déterminez l'intensité maximale du courant. (b) Si la tension maximale ne change pas, à quelle fréquence l'intensité maximale du courant est-elle égale à 30 % de la valeur trouvée à la question (a) ?

E2. (I) Un condensateur de 50 μF est relié à une source de tension dont la valeur maximale est de 70 V et dont la fréquence est de 50 Hz. (a) Déterminez l'intensité maximale du courant. (b) Pour la même tension maximale, à quelle fréquence l'intensité maximale du courant serait-elle de 30 % supérieure à celle de la question (a) ?

E3. (I) Étant donné un condensateur de capacité $C = 0{,}1$ μF et une bobine d'inductance $L = 10$ mH, déterminez la fréquence à laquelle : (a) $Z_L = Z_C$; (b) $Z_L = 5Z_C$; (c) $Z_C = 5Z_L$.

E4. (I) L'impédance d'une bobine d'induction est de 37,7 Ω à 60 Hz. On branche la bobine sur une source de 50 Hz et de tension efficace 120 V. Quelle est l'intensité maximale du courant ?

E5. (I) Un condensateur de 50 μF est relié à une source de 60 Hz qui fournit une tension efficace de 24 V. Trouvez : (a) la charge maximale du condensateur ; (b) l'intensité maximale du courant dans les fils.

E6. (II) Une bobine d'inductance 72 mH est reliée, à l'instant $t = 0$, à une source de tension dont la valeur maximale est de 50 V et dont la fréquence est de 120 Hz. Déterminez : (a) l'intensité maximale du courant ; (b) l'intensité du courant lorsque la tension a son amplitude maximale (positive) ; (c) l'intensité du courant lorsque la tension est égale à la moitié de sa valeur maximale (positive) (il y a deux réponses possibles) ; (d) la puissance instantanée fournie à la bobine à $t = 1$ ms. (e) Superposez les graphes du courant, de la tension et de la puissance instantanée fournie à la bobine sur un intervalle de temps allant de 0 s à une période d'oscillation. La superposition de ces graphes confirme-t-elle les réponses données aux questions (b), (c) et (d) ?

E7. (II) Un condensateur de capacité 108 μF est relié, à l'instant $t = 0$, à une source qui fonctionne à 80 Hz avec une tension maximale de 24 V. Trouvez : (a) l'intensité maximale du courant ; (b) l'intensité du courant lorsque la tension prend sa valeur maximale ; (c) l'intensité du courant lorsque la tension est égale à la moitié de sa valeur maximale (positive) (il y a deux réponses possibles) ; (d) la puissance instantanée fournie au condensateur à $t = 1$ ms. (e) Superposez les graphes du courant, de la tension et de la puissance instantanée fournie au condensateur sur un intervalle de temps allant de 0 s à une période d'oscillation. Ces graphes confirment-ils les réponses données aux questions (b), (c) et (d) ?

E8. (I) Un condensateur de 6 μF a une impédance de 11 Ω. (a) Quelle serait l'impédance d'une bobine d'inductance 0,2 mH à la même fréquence ? (b) À quelle fréquence les impédances seraient-elles égales ?

E9. (I) Une bobine d'inductance idéale $L = 80$ mH est reliée à une source dont la tension maximale vaut 60 V à $t = 0$. (a) Si la fréquence est de 50 Hz, quelle est l'intensité du courant à $t = 2$ ms ? Quelle est la puissance instantanée fournie à la bobine à cet instant ? (b) À quelle fréquence l'intensité maximale du courant est-elle égale à 1,8 A ?

E10. (I) Une source dont la tension maximale vaut 72 V est reliée, à l'instant $t = 0$, à un condensateur de capacité $C = 80$ μF. (a) Si la fréquence est de 50 Hz, quelle est l'intensité du courant à $t = 2$ ms ? Quelle est la puissance instantanée fournie au condensateur à cet instant ? (b) À quelle fréquence l'intensité maximale du courant est-elle égale à 4A ?

12.6 et 12.7 Circuits *RLC* et résonance

E11. (I) Une résistance et un condensateur sont en série avec une source c.a. L'impédance est $Z = 10{,}8$ Ω à 390 Hz et $Z = 18{,}8$ Ω à 200 Hz. Trouvez R et C.

E12. (I) Dans un circuit comprenant une résistance et une bobine en série, $Z = 28{,}3$ Ω à 100 Hz et $Z = 22{,}9$ Ω à 75 Hz. Trouvez R et L.

E13. (I) Dans un circuit *RLC* série, la source a une tension efficace $\Delta V = 60$ V et une fréquence de $250/\pi$ Hz ; on donne $R = 50$ Ω et $C = 10$ μF. Si la tension maximale aux bornes de R vaut 25 V, trouvez L (il y a deux valeurs possibles).

E14. (I) Une bobine réelle, que l'on peut assimiler à une bobine et une résistance en série, est reliée en série avec un condensateur et une source c.a. La tension efficace aux bornes de la bobine est égale à 45 V et $\Delta V_C = 60$ V pour une fréquence de $200/\pi$ Hz. Si $C = 25$ μF et $R = 50$ Ω, trouvez L.

E15. (I) Dans un circuit *RLC* série, la tension efficace fournie par la source est $\Delta V = 120$ V et la fréquence est $f = 200/\pi$ Hz. Sachant que $L = 0{,}2$ H, $C = 20$ μF et $\Delta V_R = 50$ V, trouvez : (a) I ; (b) R ; (c) ΔV_L ; (d) ΔV_C.

E16. (I) À la figure 12.15 (p. 440), un voltmètre relié aux bornes de L et C indique une tension efficace de 80 V. Si $L = 0{,}2$ H, $C = 50$ μF et que la tension fournie par la source vaut 120 V pour une fréquence égale à $200/\pi$ Hz, trouvez : (a) Z_L ; (b) Z_C ; (c) I ; (d) R ; (e) la puissance moyenne fournie par la source.

E17. (I) Une résistance de 100 Ω est reliée en série avec un condensateur de 25 μF et une bobine. La tension efficace aux bornes de la source est de 240 V et sa fréquence est de $800/\pi$ Hz. Sachant que $\Delta V_R = 80$ V, trouvez : (a) Z ; (b) L ; (c) ϕ.

E18. (I) Dans un circuit *RLC* série, $Z_L = 20$ Ω et $Z_C = 8$ Ω pour une certaine fréquence. La fréquence de résonance est égale à 2000 Hz. Trouvez L et C.

E19. (I) Une résistance ($R = 10$ Ω) et une bobine ($L = 40$ mH) sont reliées en série avec un condensateur. La tension efficace de la source vaut 120 V à 60 Hz. La tension efficace aux bornes de la résistance est égale à 30 V. (a) Que vaut C ? (b) Quelle est la fréquence propre f_0 ?

E20. (I) Un circuit *RLC* série comporte les éléments suivants : $R = 25\ \Omega$, $L = 320$ mH et $C = 18\ \mu$F. La tension maximale aux bornes de la source vaut 170 V et la fréquence vaut 60 Hz. Trouvez : (a) l'impédance ; (b) la valeur efficace de l'intensité du courant ; (c) l'angle de phase de la tension. (d) Si on monte les mêmes éléments en parallèle, que deviennent l'impédance, la valeur efficace de l'intensité du courant débité par la pile et l'angle de phase (du courant) ?

E21. (II) Dans un circuit *RLC* série, on donne $R = 40\ \Omega$, $L = 20$ mH, $C = 60\ \mu$F. Trouvez pour quelle fréquence la tension est en avance de $\pi/6$ rad sur le courant.

E22. (II) Lorsqu'une source c.a. de tension maximale 48 V est reliée en série avec un circuit *RLC* série, l'intensité maximale du courant vaut 2 A. Le condensateur a une capacité $C = 10\ \mu$F, la fréquence vaut 50 Hz et le courant est en avance de $\pi/4$ rad sur la tension. Trouvez : (a) la résistance ; (b) l'inductance.

E23. (II) Une bobine ($L = 3$ mH), une résistance ($R = 8\ \Omega$) et un condensateur ($C = 10\ \mu$F) sont reliés en série avec une source c.a. dont la tension efficace vaut 25 V. Trouvez : (a) la fréquence de résonance f_0 ; (b) les fréquences pour lesquelles la valeur efficace de l'intensité du courant est égale à 50 % de sa valeur à f_0. (c) Tracez le graphe de I en fonction de la fréquence d'oscillation f de la tension sur un intervalle allant de $0{,}2 f_0$ à $2 f_0$. Ce graphe confirme-t-il la réponse obtenue en (b) ?

E24. (II) Une bobine d'inductance 80 mH est reliée en série avec une résistance de 120 Ω et un condensateur. La fréquence de la source c.a. vaut 600 Hz. (a) Pour quelle(s) valeur(s) de C aura-t-on une impédance de 200 Ω ? (b) Pour chacune des valeurs de C que vous venez de trouver, calculez l'impédance qu'aurait le circuit si le condensateur était monté en parallèle avec les autres éléments du circuit.

12.8 Puissance dans un circuit *RLC* série

E25. (I) Un générateur c.a. fonctionnant à 90 Hz a une tension efficace de 100 V. Il est relié à un circuit série comportant les éléments $R = 20\ \Omega$, $C = 80\ \mu$F et $L = 9$ mH. Trouvez : (a) le facteur de puissance ; (b) la puissance moyenne fournie par le générateur.

E26. (I) Dans un circuit *RLC* série, la source a une tension efficace de 120 V. L'impédance vaut 110 Ω et la résistance 40 Ω. Trouvez : (a) la puissance moyenne fournie par la source ; (b) le facteur de puissance.

E27. (I) Dans un circuit *RLC* série, la source a une tension maximale de 200 V et une fréquence de $50/\pi$. On donne $R = 15\ \Omega$, $C = 200\ \mu$F et $L = 0{,}2$ H. Trouvez : (a) Z_L et Z_C ; (b) l'angle de phase de la tension ; (c) la puissance moyenne fournie par la source ; (d) le facteur de puissance.

E28. (I) Une source de tension efficace 120 V fait circuler un courant de 8 A dans un moteur. Si le moteur consomme une puissance moyenne de 800 W, quel est son facteur de puissance ?

E29. (I) Dans un circuit *RLC* série, la source de tension efficace 100 V fonctionne à 60 Hz. La résistance vaut 24 Ω et l'angle de phase de la tension, 0,925 rad (+53°). Quelle est la puissance moyenne fournie par la source ?

E30. (II) Pour la fonction représentée à la figure 12.33, trouvez (a) la tension moyenne ; (b) la tension efficace.

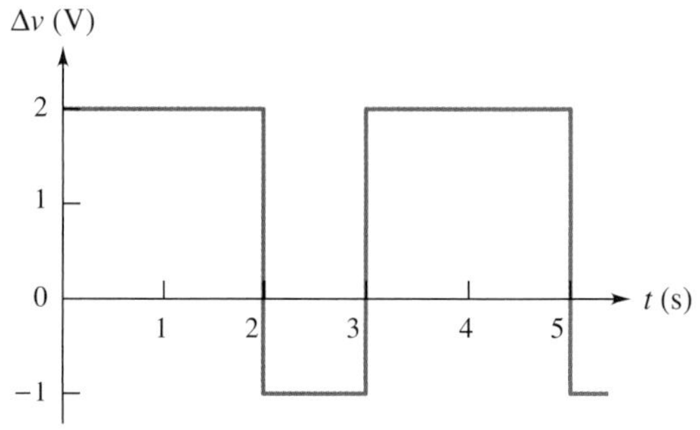

Figure 12.33 ▲
Exercice 30.

E31. (I) Montrez que la puissance moyenne fournie à un circuit *RLC* série peut s'écrire $P = (\Delta V \cos \phi)^2/R$, où ΔV est la tension efficace fournie par la source.

E32. (II) Un radiateur purement résistif de 1 kW (résistance pure) est alimenté par une source de tension efficace 120 V à 60 Hz. (a) Quelle bobine reliée en série avec le radiateur permet de réduire de moitié la puissance fournie ? (b) Quel est alors l'angle de phase ?

E33. (II) Le courant instantané dans un circuit *RLC* série est donné par $i = 0{,}06 \sin(320t)$, où t est en secondes et i en ampères. Les trois éléments sont $R = 24\ \Omega$, $L = 18$ mH et $C = 70\ \mu$F. Écrivez l'expression de la tension instantanée aux bornes de la source.

12.9 Transformateur

E34. (II) Un transformateur idéal abaisseur de tension dans le rapport 5:1 fournit à un édifice une puissance moyenne de 40 kW sous une tension efficace de 240 V. Si la ligne de transmission électrique (reliée au primaire) a une résistance totale de 1,2 Ω, quelle est la valeur moyenne du taux de dissipation thermique dans la ligne ? On suppose que le circuit de l'édifice, qui joue le rôle de secondaire, est purement résistif.

E35. (II) La figure 12.34 représente un dispositif simple de transmission de puissance. Un générateur c.a. fournit 15 A (valeur efficace) sous une tension efficace de 300 V. Un transformateur survolteur élève cette tension et la puissance est transmise par des lignes dont la résistance totale est égale à 20 Ω. Un transformateur abaisseur de tension alimente une résistance R. Quelle est la valeur moyenne du taux de dissipation thermique dans les lignes si la tension du générateur subit une élévation jusqu'à (a) 5 kV ; (b) 20 kV ?

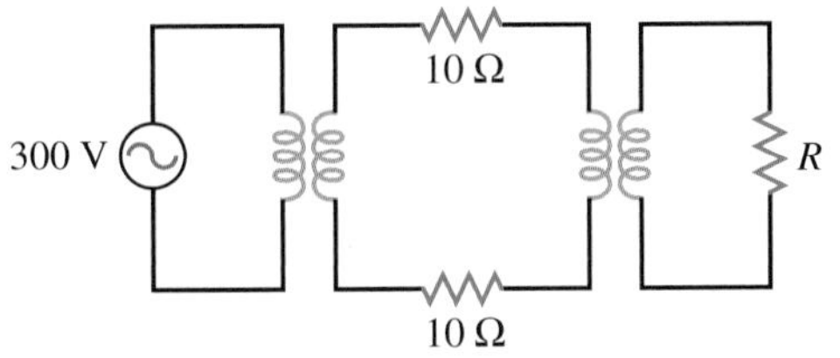

Figure 12.34 ▲
Exercice 35.

E36. (I) Dans un transformateur abaisseur de tension dans le rapport 5:1, la tension efficace aux bornes du primaire est égale à 120 V et le rendement vaut 90 %. Le courant efficace circulant dans le primaire a une intensité de 2 A et il est en retard de $\pi/30$ rad sur la tension. (a) Quelle est la puissance à l'entrée ? (b) Quelle est la puissance à la sortie ? (c) Si le circuit secondaire a un facteur de puissance de 0,75, quelle est la valeur efficace de l'intensité du courant dans le secondaire ?

E37. (I) Dans un transformateur abaisseur de tension, la tension aux bornes du primaire est égale à 600 V et la tension aux bornes du secondaire à 120 V. Le secondaire comporte 80 spires. (a) Quel est le nombre de spires de l'enroulement primaire ? (b) Si la résistance de charge au secondaire est $R_2 = 10$ Ω, quel est le courant dans le primaire ?

E38. (I) Un transformateur idéal comporte 400 spires dans l'enroulement primaire et 50 spires dans le secondaire. Lorsque la tension efficace aux bornes du primaire vaut 120 V, l'intensité efficace du courant vaut 2,4 A. Déterminez la valeur efficace de l'intensité du courant et la tension efficace au secondaire.

PROBLÈMES

P1. (I) Montrez que la puissance moyenne fournie à un circuit *RLC* série peut s'écrire

$$P = \frac{\omega^2 R \Delta V^2}{\omega^2 R^2 + (\omega^2 - \omega_0^2)^2 L^2}$$

P2. (II) L'équation 12.24 exprime la puissance moyenne fournie à un circuit *RLC* série. Pour quelle valeur de la fréquence angulaire cette puissance est-elle maximale ? (*Indice* : Trouvez $dP/d\omega$.)

P3. (I) Pour la fonction représentée à la figure 12.35, déterminez : (a) la tension moyenne ; (b) la tension efficace.

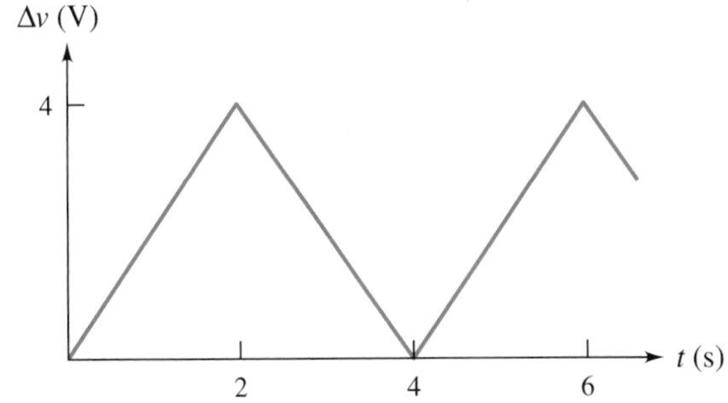

Figure 12.35 ▲
Problème 3.

P4. (I) Dans un circuit *RLC* parallèle, comme celui de la figure 12.36, une source c.a. de tension maximale 100 V est branchée à trois éléments dont les caractéristiques sont $R = 15$ Ω, $C = 200$ μF et $L = 0{,}3$ mH. Si la fréquence angulaire de la source est de 60 Hz, trouvez (a) l'impédance du circuit ; (b) la fréquence de résonance du circuit ; (c) la puissance moyenne fournie au circuit.

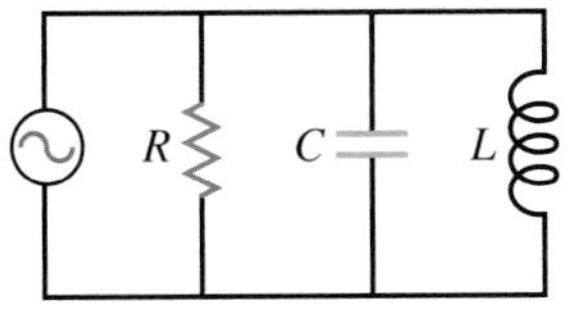

Figure 12.36 ▲
Problème 4.

P5. (I) Quelle est la tension efficace correspondant à la fonction en dents de scie représentée à la figure 12.37 ?

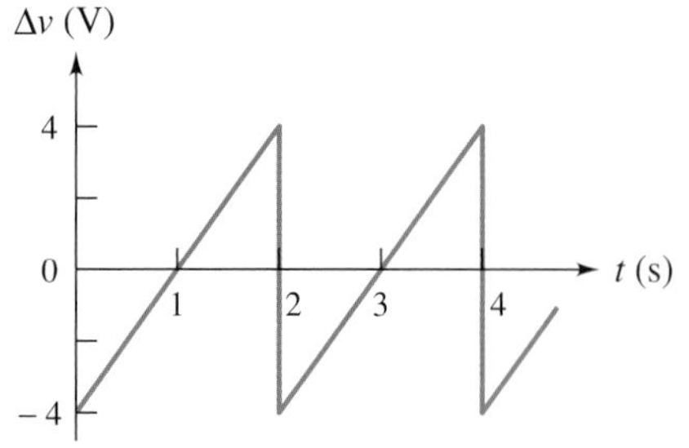

Figure 12.37 ▲
Problème 5.

P6. (I) L'impédance d'un circuit *RLC* série est minimale à la fréquence de résonance f_0. Une impédance donnée *Z* est supérieure à sa valeur minimale lorsque la fréquence est égale à f_B, inférieure à f_0 ou f_H, supérieure à f_0 (figure 12.38). Montrez que f_0 est la moyenne géométrique des deux autres fréquences, c'est-à-dire que

$$f_0 = \sqrt{f_B f_H}$$

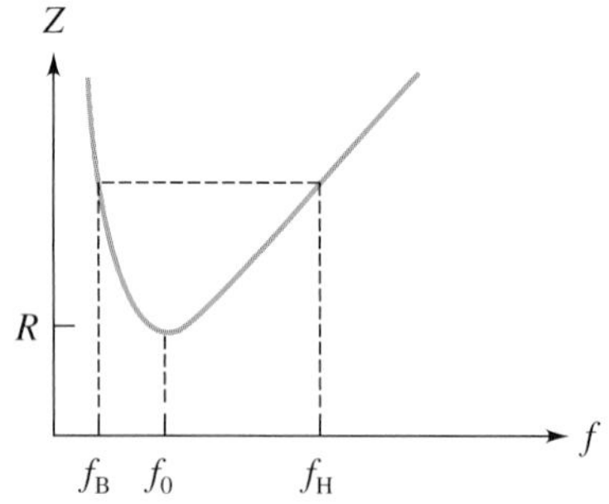

Figure 12.38 ▲
Problème 6.

P7. (I) La figure 12.39 représente un circuit qui tient lieu de filtre rudimentaire. Si la tension d'entrée contient un intervalle de fréquences, la sortie est essentiellement composée des fréquences les plus élevées ou les plus basses. (a) Montrez que

$$\frac{\Delta V_{\text{sortie}}}{\Delta V_{\text{entrée}}} = \frac{R}{(R^2 + \omega^2 L^2)^{1/2}}$$

On donne $R = 10\ \Omega$, $L = 25$ mH et $\Delta V_{\text{entrée}} = 100$ V. Déterminez ΔV_{sortie} pour les valeurs suivantes des fréquences de la tension d'entrée : (b) 40 Hz ; (c) 400 Hz ; (d) 4000 Hz. (e) Pour mieux comprendre le fonctionnement du filtre, tracez le graphe de ΔV_{sortie} en fonction de ω sur l'intervalle allant de 0 à 5000 rad/s. (f) Pour quelle valeur de ω le taux de changement de ΔV_{sortie} est-il le plus élevé ? (g) S'agit-il d'un filtre passe-bas ou d'un filtre passe-haut ?

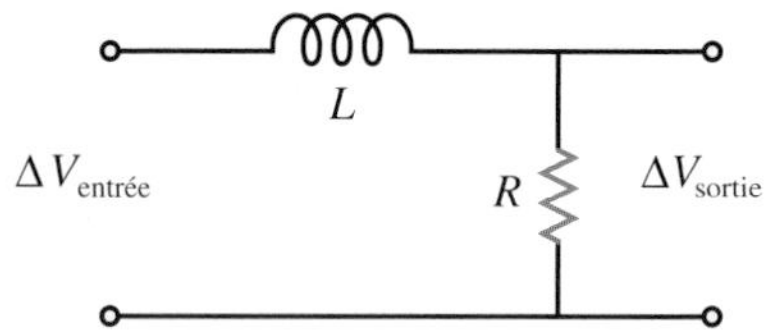

Figure 12.39 ▲
Problème 7.

P8. (I) Soit le circuit-filtre représenté à la figure 12.40. (a) Montrez que

$$\frac{\Delta V_{\text{sortie}}}{\Delta V_{\text{entrée}}} = \frac{\omega L}{(R^2 + \omega^2 L^2)^{1/2}}$$

Utilisez les mêmes données que celles du problème 7 et déterminez ΔV_{sortie} pour les valeurs suivantes des fréquences de la tension d'entrée : (b) 40 Hz ; (c) 400 Hz ; (d) 4000 Hz. (e) Pour mieux comprendre le fonctionnement du filtre, tracez le graphe de ΔV_{sortie} en fonction de ω sur l'intervalle allant de 0 à 5000 rad/s. (f) Pour quelle valeur de ω ΔV_{sortie} est-il supérieur à 90 V ? (g) S'agit-il d'un filtre passe-bas ou d'un filtre passe-haut ?

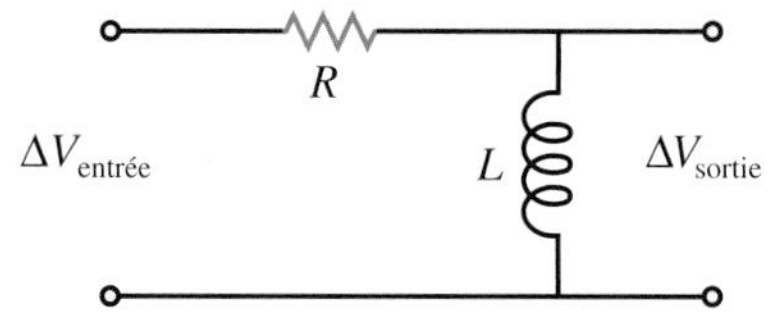

Figure 12.40 ▲
Problème 8.

P9. (I) Une source c.a. fournit à un circuit *RLC* série un courant d'intensité $i = 4 \sin(377t)$ et une tension $\Delta v = 160 \sin(377t + \phi)$, où *t* est en secondes, *i* en ampères et Δv en volts. Sachant que $R = 12{,}5\ \Omega$, $Z_C = 52\ \Omega$ et $\phi < 0$, trouvez *L*.

P10. (II) (a) Montrez que la charge maximale Q_0 du condensateur dans un circuit *RLC* série est $Q_0 = \Delta v_0/\omega Z$, où Δv_0 est la tension maximale de la source, ω la fréquence angulaire et *Z* l'impédance. (b) Montrez que Q_0 prend sa valeur maximale lorsque la fréquence angulaire est égale à

$$\omega_{\text{max}} = \sqrt{\omega_0^2 - \frac{R^2}{2L^2}}$$

P11. (I) Dans le circuit *RLC* série de la figure 12.15 (p. 440), on donne $R = 8\ \Omega$, $L = 40$ mH, $C = 20\ \mu$F, la tension maximale de la source $\Delta v_0 = 100$ V et $f = 200/\pi$ Hz. Trouvez la tension maximale aux bornes de (a) *R*, *C* et *L* séparément ; (b) *R* et *C* combinés ; (c) *C* et *L* combinés.

P12. (I) La figure 12.41 représente un circuit-filtre simple. La tension c.a. d'entrée, $\Delta V_{\text{entrée}}$, est mesurée aux bornes de R et C, alors que la tension de sortie, ΔV_{sortie}, est mesurée aux bornes de R. (a) Montrez que le rapport $\Delta V_{\text{sortie}}/\Delta V_{\text{entrée}}$ s'écrit

$$\frac{\Delta V_{\text{sortie}}}{\Delta V_{\text{entrée}}} = \frac{1}{\sqrt{1 + 1/\omega^2 R^2 C^2}}$$

(b) Donnez des valeurs raisonnables à R et à C, et tracez le graphe du rapport $\Delta V_{\text{sortie}}/\Delta V_{\text{entrée}}$ en fonction de ω sur l'intervalle allant de 0 à $3/(RC)$. (c) S'agit-il d'un filtre passe-haut ou d'un filtre passe-bas ?

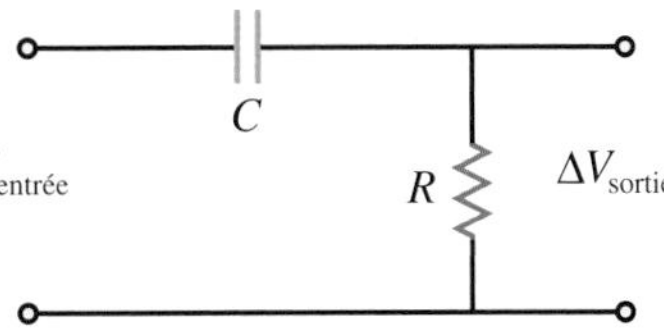

Figure 12.41 ▲
Problème 12.

P13. (I) Soit le circuit-filtre de la figure 12.42. (a) Montrez que

$$\frac{\Delta V_{\text{sortie}}}{\Delta V_{\text{entrée}}} = \frac{1}{\sqrt{1 + \omega^2 R^2 C^2}}$$

(b) Donnez des valeurs raisonnables à R et à C, et tracez le graphe du rapport $\Delta V_{\text{sortie}}/\Delta V_{\text{entrée}}$ en fonction de ω sur l'intervalle allant de 0 à $3/(RC)$. (c) S'agit-il d'un filtre passe-bas ou d'un filtre passe-haut ?

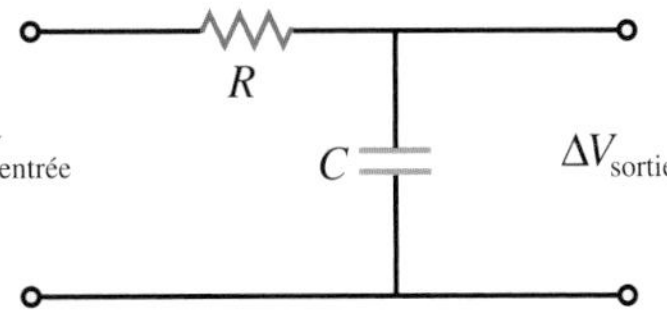

Figure 12.42 ▲
Problème 13.

PROBLÈMES SUPPLÉMENTAIRES

P14. (II) (a) À partir des données du problème 11, mais en supposant qu'il s'agit d'un circuit RLC parallèle, trouvez l'impédance du circuit. (b) Trouvez la valeur maximale du courant dans la résistance, la bobine et le condensateur.

P15. (I) (a) Servez-vous des données apparaissant à la figure 12.23 (p. 447) pour tracer, en les superposant, les deux graphes de $I(\omega)$ qui y sont présentés. Obtenez-vous le même résultat ? Les deux courbes sont ici relativement symétriques par rapport à la fréquence de résonance, mais ce n'est pas toujours le cas. (b) Modifiez la valeur de R, de C ou de L et explorez les conditions pour lesquelles la symétrie observée précédemment disparaît. Quelle relation doit exister entre les trois paramètres pour que la courbe de $I(\omega)$ soit symétrique par rapport à la fréquence de résonance ?

P16. (I) Servez-vous des données apparaissant à la figure 12.24 (p. 448) pour tracer, en les superposant, les deux graphes de $P(\omega)$ qui y sont présentés. Obtenez-vous le même résultat ?

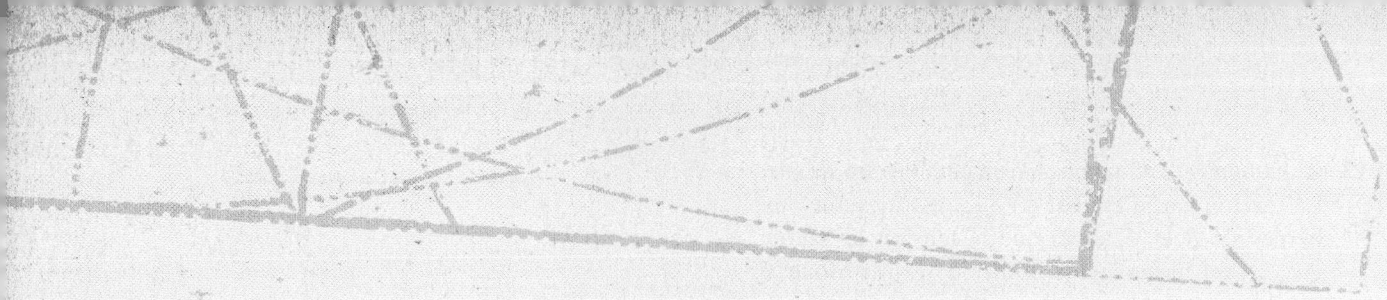

Les équations de Maxwell; les ondes électromagnétiques

13

POINTS ESSENTIELS

1. Maxwell a généralisé le théorème d'Ampère en y ajoutant un terme qui tient compte du **courant de déplacement**.
2. L'**onde électromagnétique** est l'un des modèles utilisés pour représenter la lumière.
3. La loi de Faraday et le théorème d'Ampère-Maxwell permettent d'établir les **équations d'onde de Maxwell** pour les champs électrique et magnétique d'une onde électromagnétique.
4. Le **vecteur de Poynting** indique l'intensité d'une onde électromagnétique.
5. Les ondes électromagnétiques ont une quantité de mouvement et exercent une **pression de radiation** sur une surface.

Pour le plus grand plaisir des campeurs, ce feu de camp émet de la lumière visible, beaucoup de radiation infrarouge et une très faible quantité d'autres radiations. Comme nous le verrons dans ce chapitre, toutes ces « émissions » ont un point commun : chacune peut être représentée par le modèle de l'onde électromagnétique. Ce modèle fournit donc une interprétation de la nature de la lumière.

La lumière est le principal moyen de découvrir le monde qui nous entoure ; c'est peut-être pourquoi la nature de la lumière a fait l'objet d'un débat qui figure parmi les plus longs de l'histoire des sciences et que certains ne considèrent même pas encore comme tout à fait clos aujourd'hui. Au XVIIe siècle, comme nous le verrons dans le tome 3, René Descartes (1596-1650) et Isaac Newton (1642-1727) envisageaient la lumière comme un flux de particules, tandis que Christiaan Huygens (1629-1695) soutenait qu'il s'agissait d'une perturbation dans un milieu matériel que l'on nommait « éther ». Huygens savait que deux faisceaux lumineux pouvaient se croiser sans avoir d'effet mutuel et il ne pouvait imaginer qu'un flux de particules puisse en faire autant sans provoquer de collisions. Ce n'est que vers 1820 que des travaux expérimentaux et théoriques ont achevé de convaincre la grande majorité des physiciens que la lumière, lorsqu'elle se propage, se comporte comme si elle était une onde transversale*. Mais la nature précise des ondes ainsi que la manière dont elles sont produites et dont elles interagissent avec la matière demeuraient des problèmes non résolus. En 1845, Michael Faraday (1791-1867) mit en évidence l'effet mesurable produit par un champ magnétique sur un rayon lumineux qui traverse un morceau de verre. Cette observation lui fit

* Nous verrons dans quelles circonstances aux chapitres 6 et 7 du tome 3.

Figure 13.1▲
James Clerk Maxwell (1831-1879).

supposer que la lumière fait intervenir des oscillations des champs électrique et magnétique; malheureusement, ses connaissances en mathématiques n'étaient pas suffisantes pour lui permettre de poursuivre dans cette voie d'une façon quantitative. C'est une expérience apparemment sans rapport qui vint apporter un indice supplémentaire du lien existant entre l'électromagnétisme et la lumière.

Au XIXe siècle, on utilisait deux systèmes d'unités en électromagnétisme: les unités électrostatiques, définies à partir de la loi de Coulomb donnant la force entre des charges, et les unités électromagnétiques, définies à partir d'une expression analogue donnant la «force entre des pôles magnétiques». Le rapport entre les unités de charge dans ces deux systèmes est égal à $1/(\varepsilon_0\mu_0)^{1/2}$ et il a les dimensions d'une vitesse. En 1856, Wilhelm Weber (1804-1891) et Rudolf Hermann Kohlrausch (1809-1858) réussirent à déterminer expérimentalement que ce rapport a pour valeur $3{,}11 \times 10^8$ m/s. Cette valeur était presque exactement égale à la vitesse de la lumière, $3{,}15 \times 10^8$ m/s, mesurée par Hippolyte Fizeau (1818-1896) en 1849.

Un jeune admirateur de Faraday nommé James Clerk Maxwell (figure 13.1), qui était convaincu que la proximité de ces deux nombres n'était pas une simple coïncidence, décida d'exploiter l'hypothèse audacieuse de Faraday. Il apporta au théorème d'Ampère (équation 9.15) une modification subtile et pourtant capitale qui lui permit, en 1865, de prédire l'existence d'ondes électromagnétiques se propageant à la vitesse de la lumière. Sa conclusion inévitable était que la lumière elle-même peut être représentée comme une onde électromagnétique et même qu'elle *est* une onde électromagnétique. Maxwell faisait donc une interprétation de la *nature* de la lumière. Deux siècles après que Newton eut expliqué le mouvement des corps par l'inertie et les forces, Maxwell obtenait donc un succès théorique aussi important: l'explication des phénomènes lumineux et la synthèse entre les disciplines jusqu'alors distinctes de l'optique et de l'électromagnétisme. La vérification expérimentale de cette théorie par Heinrich Hertz (1857-1894) en 1887 et son exploitation commerciale, entre autres par Guglielmo Marconi (1874-1937), sont à l'origine de la radio, de la télévision et des communications par satellite.

À ce jour, les physiciens arrivent à expliquer toutes les observations qui touchent à la *propagation* de la lumière lorsqu'ils représentent cette dernière comme une onde électromagnétique, conformément à la théorie de Maxwell. Toutefois, nous verrons au chapitre 9 du tome 3 que des observations plus récentes montrent les limites de ce modèle: en particulier, l'*émission* et l'*absorption* de la lumière ne se produisent pas exactement comme Maxwell l'envisageait pour les ondes électromagnétiques. Cela conduira, nous le verrons dans le tome 3, à modifier le modèle de la lumière à l'aide de la notion de photon.

13.1 Le courant de déplacement

À la section 9.4, nous avons vu que, conformément au théorème d'Ampère,

$$\oint \vec{\mathbf{B}} \cdot d\vec{\boldsymbol{\ell}} = \mu_0 \Sigma I$$

l'intégrale curviligne de $\vec{\mathbf{B}} \cdot d\vec{\boldsymbol{\ell}}$ sur un contour fermé est égale à $\mu_0\Sigma I$, ΣI étant le courant total traversant une surface délimitée par le contour. Lorsque nous avons présenté cette équation, nous avons souligné qu'elle était incomplète (voir la page 334). En effet, le théorème d'Ampère est incompatible avec l'idée qu'une charge électrique puisse s'accumuler en un endroit de l'espace. La raison de ce problème est que la «surface délimitée par le contour» n'est pas définie de manière unique, donc le courant ΣI qui la traverse non plus. Pour illustrer cette difficulté, considérons un courant en train de charger un condensateur (figure 13.2). Il est clair que le courant produit un champ magnétique en chaque point de l'espace autour de lui. Si on trace un contour circulaire autour du fil, l'intégrale $\oint \vec{\mathbf{B}} \cdot d\vec{\boldsymbol{\ell}}$ devrait donc être non nulle. C'est effectivement ce que donne le théorème d'Ampère si on utilise la surface *plane* délimitée par ce contour (figure 13.2*a*), laquelle est traversée par le courant *I*. Par contre, considérons la surface illustrée à la figure 13.2*b* : cette surface est délimitée par le même contour, mais englobe une armature du condensateur, de telle sorte qu'elle n'est traversée *par aucun courant électrique*. En conséquence, le théorème d'Ampère appliqué à cette surface prédit que $\oint \vec{\mathbf{B}} \cdot d\vec{\boldsymbol{\ell}} = 0$, ce qui contredit nettement le premier résultat !

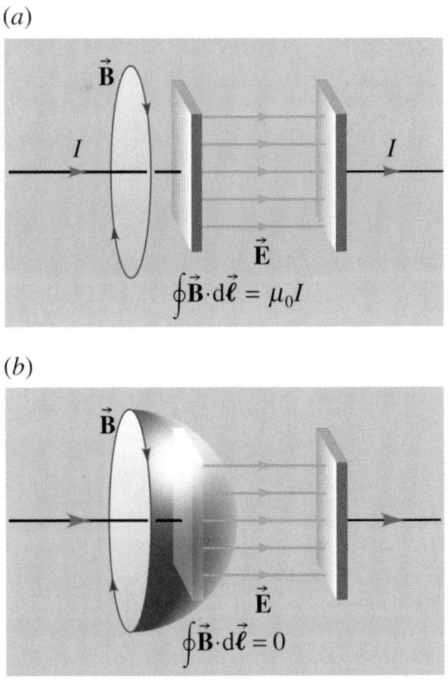

Figure 13.2 ▲
Lorsqu'on calcule l'intégrale curviligne $\oint \vec{\mathbf{B}} \cdot d\vec{\boldsymbol{\ell}}$ sur un contour fermé, la surface que traverse le courant peut englober ou non l'armature du condensateur. Le théorème d'Ampère ne donne pas de réponse cohérente pour ces deux possibilités.

En 1861, Maxwell fut le premier à se rendre compte que le théorème d'Ampère devait être modifié, mais pour des raisons complètement différentes. Maxwell se représentait le champ magnétique comme une succession de tourbillons dans un milieu matériel appelé « éther » (voir l'introduction du chapitre 2), et le courant électrique, comme des mouvements de particules dus à ces tourbillons. Bien que l'on considère aujourd'hui cette vision mécaniste comme farfelue, Maxwell put l'utiliser pour prédire avec succès le théorème d'Ampère, de même que l'équation donnant la force magnétique. Les difficultés survinrent quand il voulut utiliser son approche pour expliquer les phénomènes électrostatiques : c'est là qu'il découvrit que le théorème d'Ampère était incompatible avec l'accumulation de charges électrostatiques. Huit mois plus tard, il trouva une solution : en attribuant une propriété d'élasticité à ses tourbillons, il les rendait responsables de deux types de courant : le courant électrique ordinaire *I*, attribué à leur rotation, et le **courant de déplacement** I_D, attribué à leurs déformations élastiques. Le théorème d'Ampère devait donc être modifié pour tenir compte de ce deuxième type de courant et devenait

$$\oint \vec{\mathbf{B}} \cdot d\vec{\boldsymbol{\ell}} = \mu_0 (I + I_D)$$

Le courant de déplacement imaginé par Maxwell ne circulait que dans les matériaux diélectriques. Il aurait donc traversé la surface illustrée à la figure 13.2*b*, ce qui éliminait le problème. En se basant sur des arguments mécaniques, Maxwell montra que I_D était relié à la variation dans le temps du flux du champ électrique dans le diélectrique par

Courant de déplacement

$$I_D = \varepsilon_0 \frac{d\Phi_E}{dt} \qquad (13.1)$$

Évidemment, les bases conceptuelles qui conduisirent à l'équation ci-dessus sont considérées comme désuètes aujourd'hui et le courant de déplacement tel que le concevait Maxwell n'existe pas. Il avait toutefois vu juste : un terme ayant les unités d'un courant doit être ajouté au théorème d'Ampère et il s'avère que l'équation ci-dessus est *toujours considérée comme valable aujourd'hui*. En hommage à Maxwell, ce terme est encore appelé aujourd'hui « courant de déplacement », mais il ne désigne qu'un phénomène relié à la variation dans le temps du champ électrique et non plus à quoi que ce soit qui « se déplace ».

En ajoutant ce nouveau terme au théorème d'Ampère, ce dernier prend la forme généralisée suivante :

Théorème d'Ampère-Maxwell

$$\oint \vec{\mathbf{B}} \cdot \mathrm{d}\vec{\boldsymbol{\ell}} = \mu_0 \left(\Sigma I + \varepsilon_0 \frac{\mathrm{d}\Phi_E}{\mathrm{d}t} \right) \tag{13.2}$$

La conséquence évidente de l'équation ci-dessus est qu'un champ électrique variable (causant un courant de déplacement) est responsable, au même titre qu'un courant de conduction, de la *production d'un champ magnétique*. Cette possibilité pour un champ électrique variable de produire un **champ magnétique induit*** est un comportement symétrique à celui formulé par la loi de Faraday, soit la production d'un champ électrique induit par un champ magnétique variable (voir l'équation 10.11). Cet ajout au théorème d'Ampère est l'une des grandes innovations de Maxwell, même s'il la fonda initialement sur des conceptions erronées**.

Pour obtenir la valeur de I_D avec un argument moderne, nous ne pourrons utiliser les arguments mécaniques de Maxwell, alors nous suivrons une approche similaire à celle suivie dans le cas de la loi de Faraday (voir la section 10.5) : au départ, l'idée qu'un champ magnétique induit puisse être produit par un champ électrique variable doit être vue comme un *postulat*, tiré directement de l'observation expérimentale. Pour la situation de la figure 13.2, le champ magnétique induit doit être tel que l'intégrale $\oint \vec{\mathbf{B}} \cdot \mathrm{d}\vec{\boldsymbol{\ell}}$ ait la même valeur pour les deux surfaces illustrées. Mais qu'est-ce qui « traverse » la surface de la figure 13.2*b* ? Aucun courant, mais un *flux électrique variable*. Pour obtenir l'expression du courant de déplacement en fonction de ce flux, on remarque que le champ électrique entre les armatures augmente à cause de la charge qui s'accumule sur les armatures. Pour un condensateur plan, $E = Q/\varepsilon_0 A$, où Q est la grandeur de la charge portée par l'une ou l'autre des armatures. On voit donc que le taux de variation de cette charge est $\mathrm{d}Q/\mathrm{d}t = \varepsilon_0 A\, \mathrm{d}E/\mathrm{d}t$. Puisque le flux électrique dans le cas d'un condensateur plan est simplement $\Phi_E = EA$, on peut exprimer cette dernière équation sous la forme

$$\frac{\mathrm{d}Q}{\mathrm{d}t} = \varepsilon_0 \frac{\mathrm{d}\Phi_E}{\mathrm{d}t}$$

Puisque le courant dans le fil est seul responsable de l'augmentation de la charge Q portée par le condensateur ($I = \mathrm{d}q/\mathrm{d}t = \mathrm{d}Q/\mathrm{d}t$), le membre de gauche de l'équation que nous venons d'obtenir correspond au courant de conduction I. Comme le courant de déplacement doit produire le même champ magnétique que I quand on le substitue dans l'équation 13.2, il s'ensuit que I_D

---

* Ne pas confondre ce champ avec $\vec{\mathbf{B}}_{\mathrm{ind}}$, le champ magnétique produit par le courant induit dont nous avons discuté au chapitre 10. Un champ magnétique induit n'est produit que par un $\vec{\mathbf{E}}$ variable, alors que $\vec{\mathbf{B}}_{\mathrm{ind}}$ est un champ magnétique « ordinaire » produit par un courant de conduction, le courant induit.

** Même si Maxwell fonda au départ sa théorie sur l'approche mécaniste que nous avons évoquée, nous verrons à la section 13.2 qu'il reformula une décennie plus tard ses idées sous une forme plus proche de celle d'aujourd'hui, débarrassée des artifices mécaniques qui en avaient permis l'élaboration. On peut donc lui attribuer sans gêne la paternité d'idées considérées comme modernes.

correspond au membre de droite de l'équation ci-dessus. On retrouve donc l'équation 13.1.

En somme, dans l'équation 13.2, le premier terme du membre de droite correspond à la production d'un champ magnétique par un courant, telle qu'étudiée au chapitre 9, alors que le second terme du membre de droite correspond à la production d'un champ magnétique induit par un champ électrique variable. Dans un cas comme celui de la figure 13.2, selon la surface choisie pour appliquer cette équation, le premier ou le deuxième terme du membre de droite est non nul et donne la valeur attendue pour $\oint \vec{\mathbf{B}} \cdot d\vec{\boldsymbol{\ell}}$ sur un contour fermé. Dans certains cas, par exemple si le condensateur laisse passer des charges entre ses armatures, le contour fermé peut englober à la fois un courant de conduction et un courant de déplacement, auquel cas les deux termes contribuent au champ magnétique.

La modification apportée par Maxwell au théorème d'Ampère est un excellent exemple de découverte qui fut faite sur des bases purement théoriques, qui s'avéra par la suite conforme à l'expérience d'une façon inattendue, et qui eut des répercussions extrêmement importantes dans la pratique.

EXEMPLE 13.1

(a) Utiliser le théorème d'Ampère-Maxwell pour déterminer le champ magnétique entre les armatures circulaires d'un condensateur plan qui se fait charger. Le rayon des armatures est R. On néglige les effets de bords. (b) Obtenir l'expression de B pour un point à une distance r de l'axe des plaques tel que $r > R$.

Solution

(a) Puisqu'on suppose que le champ électrique est uniforme, on choisit comme parcours d'intégration une boucle circulaire de rayon r normale aux lignes de champ $\vec{\mathbf{E}}$ (figure 13.3).■

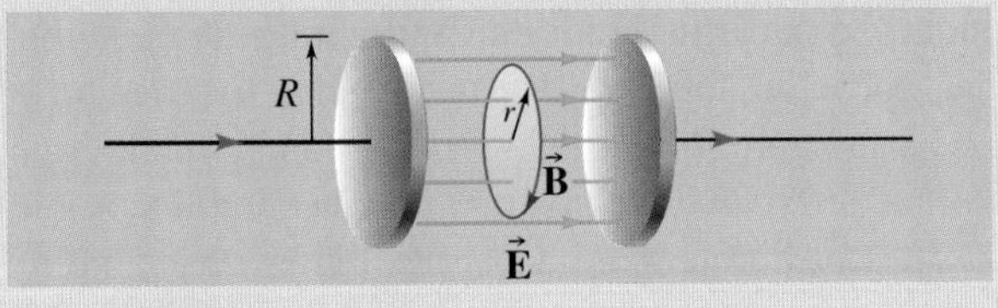

Figure 13.3▲
Pour calculer le module B du champ correspondant à un champ électrique variable entre deux armatures circulaires de condensateur, on choisit un parcours circulaire.

Pour pouvoir tenir compte de la symétrie, on suppose que les fils sont longs et rectilignes et qu'ils sont raccordés au centre des armatures. D'après la symétrie cylindrique du système, on peut déduire que $\vec{\mathbf{B}}$ a le même module en tout point de la boucle circulaire (voir la section 3.3). De plus, $\vec{\mathbf{B}}$ est toujours parallèle à $d\vec{\boldsymbol{\ell}}$. Par conséquent,

$$\oint \vec{\mathbf{B}} \cdot d\vec{\boldsymbol{\ell}} = B \oint d\vec{\boldsymbol{\ell}} = B(2\pi r)$$

Le flux électrique traversant la boucle étant $\Phi_E = E(\pi r^2)$, l'équation 13.2 (avec $\Sigma I = 0$) devient

$$B(2\pi r) = \mu_0 \varepsilon_0 (\pi r^2) \frac{dE}{dt}$$

$$(r < R) \qquad B = \tfrac{1}{2}\mu_0 \varepsilon_0 \left(\frac{dE}{dt}\right) r$$

Notons que $B \propto r$, tout comme à l'*intérieur* d'un fil parcouru par un courant (voir la figure 9.26*c*, p. 335).■

(b) Sur un contour circulaire où $r > R$, l'intégrale curviligne de $\vec{\mathbf{B}}$ est encore $B(2\pi r)$, mais le flux électrique n'est plus $E(\pi r^2)$. En effet, les effets de bords ayant été négligés, le champ électrique conserve sa valeur uniforme jusqu'à une distance $r = R$ du centre, puis chute ensuite à zéro. Son flux devient donc $\Phi_E = E(\pi R^2)$. En utilisant ces expressions dans l'équation 13.2 (avec $\Sigma I = 0$), on obtient

$$B = \mu_0 \varepsilon_0 \frac{R^2}{2r} \cdot \frac{dE}{dt}$$

On note cette fois que le champ décroît en $1/r$, tout comme à l'*extérieur* d'un fil parcouru par un courant (voir la figure 9.26*c*, p. 335).■

Vérifier que pour $r = R$ cette expression concorde avec l'expression trouvée en (a).

13.2 Les équations de Maxwell

En tenant compte de la modification apportée par Maxwell, nous pouvons maintenant écrire toutes les équations fondamentales de l'électromagnétisme. Il y en a quatre :

Équations de Maxwell

Gauss $$\oint \vec{\mathbf{E}} \cdot \mathrm{d}\vec{\mathbf{A}} = \frac{\Sigma Q}{\varepsilon_0} \qquad (13.3)$$

Gauss $$\oint \vec{\mathbf{B}} \cdot \mathrm{d}\vec{\mathbf{A}} = 0 \qquad (13.4)$$

Faraday $$\oint \vec{\mathbf{E}} \cdot \mathrm{d}\vec{\boldsymbol{\ell}} = -\frac{\mathrm{d}\Phi_B}{\mathrm{d}t} \qquad (13.5)$$

Ampère-Maxwell $$\oint \vec{\mathbf{B}} \cdot \mathrm{d}\vec{\boldsymbol{\ell}} = \mu_0\left(\Sigma I + \varepsilon_0 \frac{\mathrm{d}\Phi_E}{\mathrm{d}t}\right) \qquad (13.6)$$

Ces quatre équations sont suffisantes pour décrire tous les comportements des champs électrique et magnétique. Rappelons rapidement leur origine, leur sens et la façon dont elles doivent être appliquées :

- Le théorème de Gauss (équation 13.3) a été démontré au chapitre 3 à partir de la loi de Coulomb. Dans une situation électrostatique, il est effectivement équivalent à cette dernière loi. Toutefois, on constate maintenant qu'il s'applique aussi aux champs électriques induits produits par des $\vec{\mathbf{B}}$ variables, puisque ces derniers ont des lignes de champ qui forment des boucles fermées (donc un flux nul). Le théorème de Gauss définit donc une relation *générale* entre le champ électrique et la charge. Rappelons qu'il faut considérer qu'un flux est positif quand il *quitte* la surface fermée.
- L'équation 13.4, souvent appelée « théorème de Gauss pour le champ magnétique », indique que le flux magnétique traversant toute surface fermée est nul, ce qui équivaut à dire que les lignes de champ magnétique forment toujours des boucles fermées. Un peu comme le théorème de Gauss qui a initialement été démontré à partir de la loi de Coulomb, cette équation pourrait être démontrée à partir du fait que des monopôles magnétiques n'ont jamais été observés (voir la figure 8.3, p. 272, et la note au bas de la page 366). Toutefois, elle s'applique aussi aux champs magnétiques induits produits par des $\vec{\mathbf{E}}$ variables, puisque ces derniers ont aussi des lignes de champ formant des boucles fermées. Elle définit donc un comportement *général* du champ magnétique.
- La loi de Faraday (équation 13.5) découle directement de l'expérience comme nous l'avons montré aux sections 10.1 et 10.5 : un champ électrique induit est produit par un champ magnétique variable dans le temps. Rappelons que cette équation obéit à une convention de signes : en plaçant le pouce de la main droite le long du champ magnétique, le sens dans lequel s'enroulent les doigts est celui dans lequel il faut réaliser l'intégrale. Le signe négatif dans cette équation signifie que le champ électrique induit est de sens opposé à celui de l'intégrale, comme on le voit à la figure 13.4*a*.
- Selon le théorème d'Ampère-Maxwell (équation 13.6), un champ magnétique « ordinaire » est produit par un courant de conduction I et un champ magnétique induit est produit par un champ électrique variable. Dans ce dernier

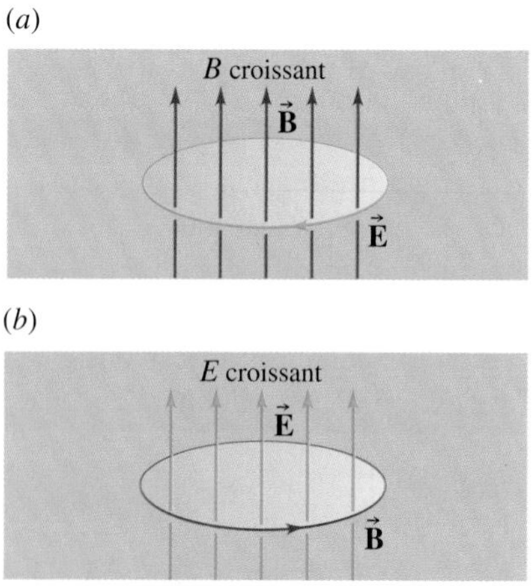

Figure 13.4▲
(*a*) Le sens du champ électrique prédit par la loi de Faraday lorsque le flux magnétique augmente. (*b*) Le sens du champ magnétique prédit par le théorème d'Ampère-Maxwell lorsque le flux électrique augmente.

cas, la règle de la main droite et le champ électrique déterminent le sens de l'intégration selon la même règle que celle qui prévaut pour la loi de Faraday. Le signe positif dans cette équation signifie que le champ magnétique induit est de même sens que celui de l'intégrale, comme on le voit à la figure 13.4*b*.

En utilisant son interprétation mécanique de la nature des champs, évoquée à la section précédente, Maxwell parvint en 1862 à démontrer un résultat équivalent à chacune de ces quatre équations. Une décennie plus tard, il dépouilla toute sa théorie des artifices mécaniques qui en avaient permis l'élaboration : il utilisa plutôt une approche fondée sur l'énergie et parvint à prédire la forme exacte des quatre équations ci-dessus, qu'on appelle donc **équations de Maxwell**. (Il avait en réalité présenté vingt équations. En 1885, Oliver Heaviside (1850-1925) réussit à réduire leur nombre à quatre en utilisant la notation vectorielle qu'il avait élaborée.) Avec l'équation donnant la force de Lorentz, $\vec{\mathbf{F}} = q(\vec{\mathbf{E}} + \vec{\mathbf{v}} \times \vec{\mathbf{B}})$, et le principe de conservation de la charge, ces quatre équations décrivent tous les phénomènes et les dispositifs électromagnétiques*.

13.3 Les ondes électromagnétiques

Nous verrons au chapitre 2 du tome 3 qu'une onde mécanique** qui se propage sur l'axe des x à la vitesse de phase v vérifie l'équation d'onde :

$$\frac{\partial^2 y}{\partial x^2} = \frac{1}{v^2}\frac{\partial^2 y}{\partial t^2}$$

où y est la variable affectée par la déformation associée au passage de l'onde. Cette équation découle de la deuxième loi de Newton : quand le milieu matériel où se propage l'onde est déformé, les forces internes au milieu tendent à restituer l'équilibre, ce qui permet à l'onde de se propager. Fondamentalement, une onde mécanique nécessite donc un milieu de propagation matériel (capable d'exercer des forces sur les masses qui le composent).

En 1862, Maxwell utilisa les quatre équations que nous avons présentées à la section précédente pour démontrer que des champs électriques et magnétiques variables dans le temps *satisfont eux aussi à une équation d'onde* (voir la section 13.8). Cela permet de prédire qu'ils peuvent se propager comme se propage la déformation élastique dans une onde mécanique, en formant une **onde électromagnétique**. La différence fondamentale est la suivante : dans une onde mécanique, ce qui se propage est une déformation élastique et le mécanisme qui en assure la propagation est une force qui agit sur la masse des particules du milieu ; dans une onde électromagnétique, ce qui se propage est un champ et le mécanisme est celui de l'induction électromagnétique. En d'autres termes, d'après la loi de Faraday, la variation d'un champ $\vec{\mathbf{B}}$ fait apparaître un champ $\vec{\mathbf{E}}$, et d'après le théorème d'Ampère-Maxwell, la variation d'un champ $\vec{\mathbf{E}}$ fait apparaître un champ $\vec{\mathbf{B}}$. C'est ce couplage de champs électrique et magnétique variables qui est à l'origine des ondes électromagnétiques. Or, cette induction mutuelle peut très bien se produire *en l'absence de milieu matériel*, donc les ondes électromagnétiques peuvent voyager dans le vide. La

Onde mécanique et onde électromagnétique

* Dans le cas où il faut tenir compte de la présence d'un matériau diélectrique, il faut modifier l'équation 13.3 pour y introduire la constante diélectrique κ (voir la section 5.7). De même, s'il faut tenir compte de la présence d'un matériau magnétique, il faut modifier l'équation 13.6 pour y introduire la constante de perméabilité relative κ_m (voir la section 9.6).

** Comme celle qu'on obtiendrait en agitant l'extrémité d'une très longue corde tendue.

conception de ce nouveau type d'onde est le résultat le plus important de la théorie de Maxwell*.

Comment obtenir l'équation d'onde pour des champs ? À partir des équations de Faraday et d'Ampère-Maxwell, il est possible d'établir, pour chaque type de champ, une équation générale décrivant sa variation dans l'espace et dans le temps, ce qui dépasse le cadre de ce manuel. Toutefois, en supposant que le champ électrique n'existe que dans la direction y, $\vec{\mathbf{E}} = E_y\vec{\mathbf{j}}$, et que le champ magnétique n'a qu'une composante selon z, $\vec{\mathbf{B}} = B_z\vec{\mathbf{k}}$; en ajoutant aussi que nous sommes dans le vide et loin des sources de champ, on peut montrer (*cf.* section 13.8) que les champs satisfont aux équations suivantes, qui sont un cas particulier des **équations d'onde de Maxwell** :

Équations d'onde de Maxwell

$$\frac{\partial^2 E_y}{\partial x^2} = \mu_0\varepsilon_0\left(\frac{\partial^2 E_y}{\partial t^2}\right) \qquad (13.7)$$

$$\frac{\partial^2 B_z}{\partial x^2} = \mu_0\varepsilon_0\left(\frac{\partial^2 B_z}{\partial t^2}\right) \qquad (13.8)$$

En comparant ces équations avec l'équation d'onde mécanique donnée au début de cette section, on constate que la vitesse de propagation de l'onde électromagnétique s'écrit

Vitesse de propagation d'une onde électromagnétique

$$v = \frac{1}{\sqrt{\mu_0\varepsilon_0}} \qquad (13.9)$$

Sachant que $\mu_0 = 4\pi \times 10^7$ H/m et $\varepsilon_0 = 8{,}85 \times 10^{-12}$ F/m, on trouve

$$v = 3{,}00 \times 10^8 \text{ m/s}$$

On note que cette valeur correspond exactement à la valeur de la vitesse de la lumière dans le vide, c. Il devient donc inévitable d'admettre que la lumière elle-même puisse être représentée comme une onde électromagnétique. Nous verrons toutefois au chapitre 9 du tome 3 que ce modèle, malgré ses nombreuses prédictions correctes, a aussi des limites. Malgré tout, en affirmant que la lumière *est* une onde électromagnétique, Maxwell a non seulement établi un fondement théorique pour le résultat remarquable de Weber et de Kohlrausch et expliqué les phénomènes lumineux, mais il a effectué la synthèse entre les disciplines jusqu'alors distinctes de l'optique et de l'électromagnétisme.

Au chapitre 2, nous avons dit qu'il serait impossible de concevoir l'existence d'ondes électromagnétiques si les champs se propageaient à une vitesse infinie (voir la page 26). Nous pouvons maintenant vérifier pourquoi : si on substitue

* Pour Maxwell, les ondes électromagnétiques n'étaient pas si différentes des ondes mécaniques puisque les champs étaient vus comme une déformation de l'éther. C'est seulement en 1905 que le concept d'éther a été abandonné et qu'on a accepté que des champs pouvaient s'établir dans le vide (voir le chapitre 8 du tome 3).

l'équation 13.9 dans les équations d'onde de Maxwell, le facteur $\mu_0\varepsilon_0$ devient $1/v^2$. Si la vitesse était infinie, le terme de droite des équations 13.7 et 13.8 deviendrait donc nul, ce qui ne correspond plus à la forme d'une équation d'onde.

Les solutions les plus simples des équations 13.7 et 13.8 sont

$$E_y = E_0 \sin(kx - \omega t)$$
$$B_z = B_0 \sin(kx - \omega t)$$

D'après ces équations, on voit qu'en tout point $\vec{\mathbf{E}}$ et $\vec{\mathbf{B}}$ sont *en phase* et que les conditions imposées plus haut à ces vecteurs les rendent perpendiculaires. Puisque ces champs varient dans la direction x, il convient aussi de définir un vecteur $\vec{\mathbf{c}}$, représentant la propagation de l'onde électromagnétique et dont le module est donné par l'équation 13.9. Ce vecteur est perpendiculaire aux deux champs comme le montre la figure 13.5. Comme la direction de propagation reste fixe, on parle d'ondes électromagnétiques *planes*. Les modules des champs sont liées par la relation (*cf.* section 13.8):

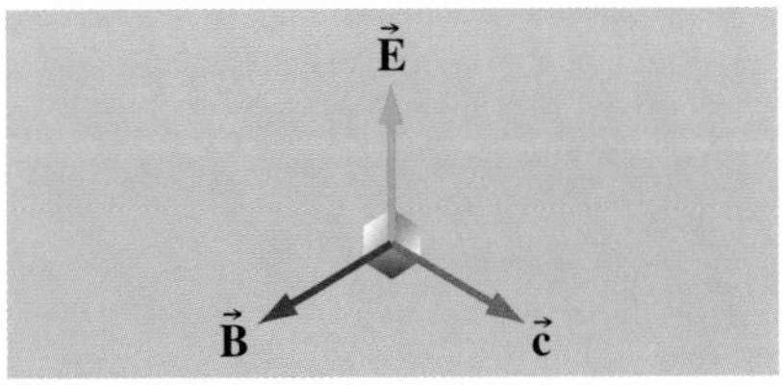

Figure 13.5 ▲
Dans une onde électromagnétique plane, le champ électrique et le champ magnétique sont perpendiculaires entre eux et perpendiculaires à la direction de propagation.

Relation entre les champs électrique et magnétique d'une onde

$$E = cB \qquad (13.10)$$

Il existe deux représentations courantes d'une onde électromagnétique plane. La première (figure 13.6) consiste à représenter un vecteur dont le module et le sens varient de façon sinusoïdale. Pour une onde plane qui se propage dans la direction des x, le module de $\vec{\mathbf{E}}$ ou de $\vec{\mathbf{B}}$ est le même en tout point d'un plan yz quelconque, alors il suffit de le représenter en chaque point d'une *droite*. Dans la seconde représentation (figure 13.7), la densité des lignes de champ correspond au module variable des champs.

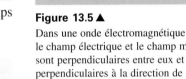

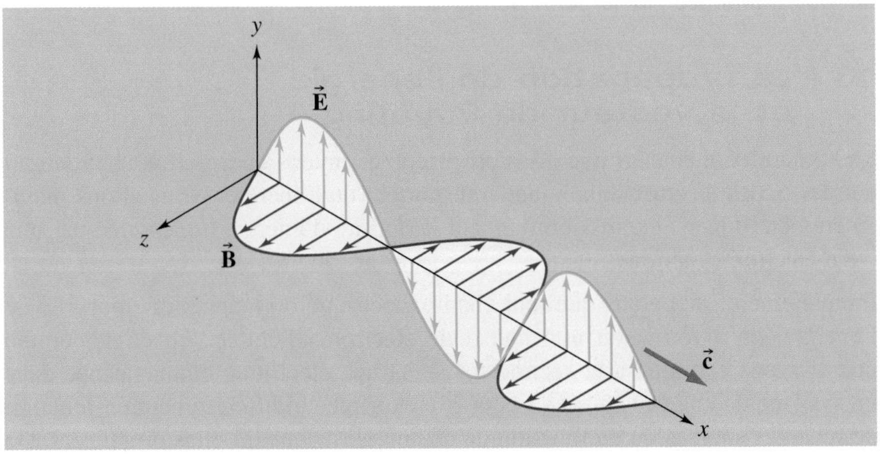

Figure 13.6 ◀
Une représentation d'ondes électromagnétiques se propageant le long de l'axe des x positifs. Dans une onde plane, les champs électrique et magnétique ont chacun un module en tout point d'un plan yz quelconque. Les variations des champs sont représentées par des fonctions sinusoïdales.

Ces représentations graphiques permettent de visualiser un effet important des ondes électromagnétiques : si l'on place un fil rectiligne parallèlement au champ $\vec{\mathbf{E}}$, un courant oscillant apparaît dans le fil. Si l'on place une spire dans un plan normal à $\vec{\mathbf{B}}$, la variation du flux magnétique va induire un courant oscillant. C'est pourquoi l'on utilise des antennes rectilignes et circulaires pour la réception des ondes de radio et de télévision.

Figure 13.7 ▶
La représentation d'une onde électromagnétique plane dans laquelle la variation des champs est représentée par la densité variable des lignes de champ.

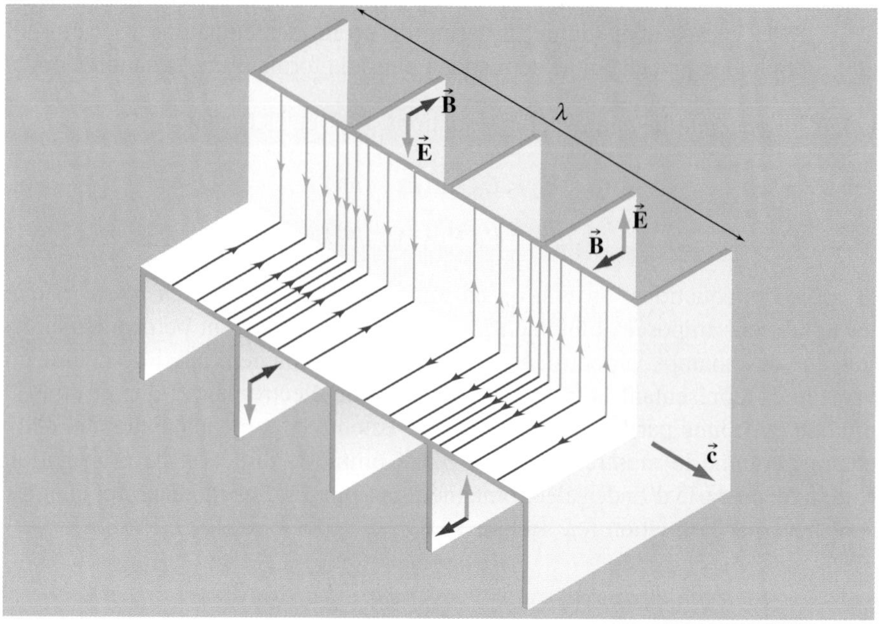

Au XIXe siècle, on envisageait les constantes μ_0 et ε_0 comme étant liées aux propriétés de l'*éther*, puisque c'était le milieu matériel dans lequel les champs étaient censés s'établir, et les ondes électromagnétiques, se propager. Toutefois, la notion d'éther ayant été abandonnée et remplacée par un concept de champ pouvant s'établir dans le vide, ces constantes sont maintenant appelées *permittivité* et *perméabilité du vide*. Toutefois, lorsqu'ils se propagent dans une substance, les champs interagissent avec les charges des atomes. L'intensité de l'interaction dépend de la permittivité ε et de la perméabilité μ de la substance en question (voir la note à ce sujet au bas de la page 471). Il en résulte une réduction de la vitesse de la lumière de c à $1/\sqrt{\mu\varepsilon}$. La permittivité d'une substance est tout simplement la permittivité du vide multipliée par sa constante diélectrique κ. De même, la perméabilité d'une substance est la perméabilité du vide multipliée par la perméabilité relative κ_m de la substance.

13.4 La propagation de l'énergie et le vecteur de Poynting

La lumière et la chaleur que nous procurent les rayons du Soleil nous montrent que les ondes électromagnétiques transportent de l'énergie. Nous allons maintenant déterminer l'expression donnant la densité d'énergie transportée par une onde électromagnétique.

Premièrement, rappelons que tout champ électrique ou magnétique possède de l'énergie, qu'il forme ou non une onde électromagnétique. En effet, comme nous l'avons expliqué à la section 5.4, l'énergie électrique emmagasinée dans un système de charges *statiques* peut être exprimée indifféremment en fonction des charges sources ou en fonction du champ électrique qu'elles produisent. De même, nous avons vu à la section 11.5 que l'énergie magnétique produite par des courants *constants* peut être exprimée indifféremment en fonction des courants sources ou en fonction du champ magnétique qu'ils produisent. Toutefois, les situations (non statiques et constantes) où il y a production d'un champ électrique ou magnétique *induit* sont révélatrices. En particulier, si on représente la lumière comme une onde électromagnétique, alors on doit concevoir que les champs induits qui la constituent peuvent posséder de l'énergie, puisque cette dernière ne peut clairement plus être exprimée en fonction des charges sources qui sont très distantes. C'est cet argument qui nous a poussés, aux sections 5.4 et 11.5, à interpréter que *toute* énergie électrique ou magnétique était portée par les champs et non par les charges ayant produit ces champs. Les densités d'énergie des champs électrique et magnétique dans le vide sont données par l'équation 5.10 et l'équation 11.15, tirées respectivement de ces deux sections :

$$u_E = \frac{1}{2}\varepsilon_0 E^2\,; \quad u_B = \frac{B^2}{2\mu_0} \tag{13.11}$$

Ces équations expriment la densité d'énergie portée par tout champ, qu'il soit rencontré tant dans une situation de charges statiques, de courants constants, d'induction ou dans une onde électromagnétique.

Deuxièmement, considérons le cas particulier d'une onde électromagnétique plane. Puisque $E = cB = B/\sqrt{\mu_0\varepsilon_0}$ pour une telle onde, les valeurs instantanées de ces densités d'énergie sont égales. La *densité d'énergie totale* $u = u_E + u_B$, est donc

$$u = \varepsilon_0 E^2 = \frac{B^2}{\mu_0} = \sqrt{\frac{\varepsilon_0}{\mu_0}}\,EB \tag{13.12}$$

Considérons deux surfaces planes, ayant chacune une aire A, qui sont séparées d'une distance dx et normales à la direction de propagation de l'onde (figure 13.8). L'énergie totale dans le volume compris entre leurs plans est d$U = u(A$ d$x)$. Le taux S auquel cette énergie traverse une aire unitaire normale à la direction de propagation est

$$S = \frac{1}{A}\frac{\mathrm{d}U}{\mathrm{d}t} \tag{13.13}$$

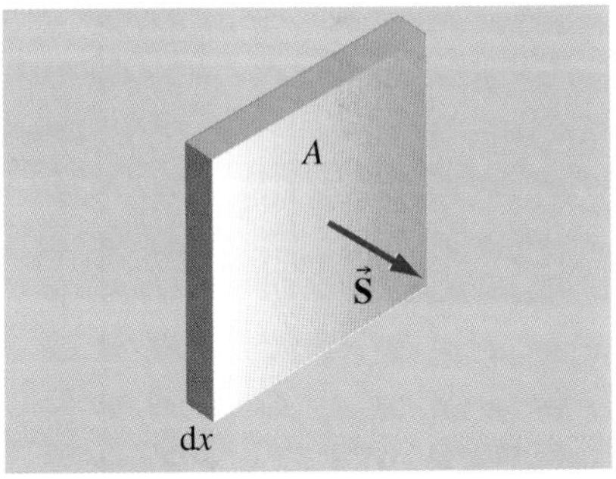

Figure 13.8 ▲
L'énergie contenue entre deux plans d'aire A et distants de dx est d$U = u(A$d$x)$, où u est la densité d'énergie de l'onde électromagnétique.

Puisque l'énergie est transportée par les champs et que l'onde voyage à la vitesse c, elle se propage également à cette vitesse. Par conséquent, $\mathrm{d}U/\mathrm{d}t = uA\ \mathrm{d}x/\mathrm{d}t = uAc$ et donc $S = uc$. En substituant l'équation 13.12 et $c = 1/\sqrt{\mu_0\varepsilon_0}$, on trouve

$$S = uc = \frac{EB}{\mu_0} \tag{13.14}$$

On remarque que le flux d'énergie est perpendiculaire à la fois à $\vec{\mathbf{E}}$ et à $\vec{\mathbf{B}}$. En 1884, John Henry Poynting (1852-1914) utilisa l'analyse vectorielle pour rendre compte de cet aspect et de l'équation 13.14, sans même avoir à supposer que les champs formaient une onde. La discussion de la « situation générale » qui termine cette section présentera brièvement sa démarche, qui lui permit d'obtenir une forme vectorielle de l'équation 13.14. Ce **vecteur de Poynting** est défini par

Vecteur de Poynting

$$\vec{\mathbf{S}} = \frac{\vec{\mathbf{E}} \times \vec{\mathbf{B}}}{\mu_0} \tag{13.15}$$

Le module de $\vec{\mathbf{S}}$ correspond à une intensité, ou densité de puissance, c'est-à-dire à la puissance instantanée qui traverse une aire unitaire normale à la direction de propagation. L'orientation de $\vec{\mathbf{S}}$ correspond à celle du flux d'énergie. Pour une onde électromagnétique, le module de $\vec{\mathbf{S}}$ à un endroit donné fluctue rapidement dans le temps. L'intensité moyenne de l'onde, qui est la valeur moyenne de S, est souvent plus utile. En tout point de l'espace (par exemple en $x = 0$), le produit EB dans l'équation 13.14 est égal à $|E_yB_z| = E_0B_0 \sin^2(\omega t)$. La moyenne de $\sin^2(\omega t)$ sur une période est égale à $\frac{1}{2}$. L'**intensité moyenne** pour une onde électromagnétique plane s'écrit donc

Intensité moyenne d'une onde électromagnétique

$$S_{moy} = u_{moy}c = \frac{E_0B_0}{2\mu_0} \qquad (13.16a)$$

La grandeur S_{moy}, mesurée en watts par mètre carré, est la puissance moyenne incidente par aire unitaire normale à la direction de propagation. L'intensité moyenne d'une onde plane ne diminue pas pendant qu'elle se propage.

D'après l'équation 13.10, les amplitudes sont reliées par $E_0 = cB_0$. Si on substitue ce dernier résultat dans l'équation 13.16a, on obtient

$$S_{moy} = \frac{1}{2c\mu_0}E_0^2 = \frac{c}{2\mu_0}B_0^2 \qquad (13.16b)$$

On note donc que l'intensité véhiculée par une onde électromagnétique est proportionnelle au carré de l'amplitude de l'un ou l'autre des champs qui la composent. Ce résultat sera très important dans notre étude de l'optique physique aux chapitres 6 et 7 du tome 3. De plus, dans les chapitres 2 et 3 du tome 3, nous verrons que les ondes mécaniques véhiculent elles aussi une puissance qui est proportionnelle au carré de leur amplitude.

EXEMPLE 13.2

Une station de radio émet un signal de 10 kW à la fréquence de 100 MHz. On suppose, pour simplifier, qu'elle rayonne comme une source ponctuelle. Déterminer, à une distance de 1 km de l'antenne : (a) les amplitudes des champs électrique et magnétique ; (b) l'énergie incidente normale captée en 5 min sur une plaque carrée de 10 cm de côté.

Solution

(a) L'énergie des ondes émises par une source ponctuelle se propage sur des sphères de rayons croissants. L'aire d'une sphère de rayon r étant $4\pi r^2$, l'intensité des ondes à la distance r de la source est

$$S_{moy} = \frac{\text{puissance moyenne émise}}{4\pi r^2} \qquad \text{(i)}$$

Puisque $E = cB$ et qu'à 1 km de la source on peut supposer que l'onde sphérique ressemble plutôt à une onde plane, on peut écrire S_{moy} en fonction de E_0 :

$$S_{moy} = \frac{E_0^2}{2\mu_0 c} \qquad \text{(ii)}$$

En égalant les expressions (i) et (ii), on obtient

$$\frac{10^4\ \text{W}}{(4\pi)(10^3\ \text{m})^2} = \frac{E_0^2}{2(4\pi \times 10^{-7}\ \text{H/m})(3 \times 10^8\ \text{m/s})}$$

et l'on trouve

$$E_0 = 0{,}77\ \text{V/m}$$

L'amplitude du champ magnétique est

$$B_0 = \frac{E_0}{c} = 2{,}58 \times 10^{-9}\ \text{T}$$

(b) D'après l'équation 13.13, l'énergie incidente dans la direction normale à une aire A pendant un temps Δt est

$$\begin{aligned} \Delta U &= S_{moy}A\Delta t \\ &= \frac{(10^4\ \text{W})}{(4\pi)(10^6\ \text{m}^2)}(0{,}01\ \text{m}^2)(300\ \text{s}) \\ &= 2{,}4 \times 10^{-3}\ \text{J} \end{aligned}$$

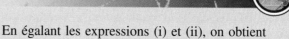

EXEMPLE 13.3

Une onde électromagnétique plane de fréquence 25 MHz se propage dans le vide selon l'axe des z positifs. En un point donné dans l'espace et le temps, $\vec{\mathbf{E}} = -5\vec{\mathbf{i}}$ V/m. Quel est le champ $\vec{\mathbf{B}}$ en ce point ?

Solution

Le module de $\vec{\mathbf{B}}$ est $B = E/c = 1{,}6 \times 10^{-8}$ T. Le vecteur $\vec{\mathbf{E}} \times \vec{\mathbf{B}}$ doit être dirigé selon l'axe des z positifs. Puisque $(-\vec{\mathbf{i}}) \times (-\vec{\mathbf{j}}) = +\vec{\mathbf{k}}$, on voit que $\vec{\mathbf{B}}$ est dirigé selon l'axe des y négatifs. On a donc $\vec{\mathbf{B}} = -1{,}6 \times 10^{-8}\ \vec{\mathbf{j}}$ T.

Le vecteur de Poynting dans une situation générale

Puisque les champs possèdent de l'énergie en toutes circonstances, on peut attribuer un sens au vecteur de Poynting même en l'absence d'ondes électromagnétiques. La démonstration que nous avons donnée de l'équation 13.14 ne rend pas cette idée, car elle se fondait sur une situation où les champs électrique et magnétique formaient une onde électromagnétique plane. Toutefois, l'équation 13.15 fut obtenue par Poynting uniquement à l'aide des équations de Maxwell et est donc entièrement générale. En conséquence, elle prédit que des champs électrique et magnétique non parallèles entre eux peuvent déplacer de l'énergie, même s'ils ne forment *pas* une onde électromagnétique.

En résumé, la démarche de Poynting n'utilise ni l'équation 13.10, ni les raisonnements des sections 5.4 et 11.5 : elle se fonde exclusivement sur deux des équations de Maxwell, soit les équations 13.5 et 13.6. À partir de ces deux équations, Poynting démontra une égalité mathématique appelée *théorème de Poynting*. Ce théorème exprime que le *flux* du vecteur $\vec{\mathbf{S}}$ au travers d'une surface fermée quelconque est toujours égal à la somme de deux quantités : (1) la puissance totale dissipée dans toute résistance électrique comprise dans le volume délimité par la surface fermée et (2) la dérivée par rapport au temps de l'énergie emmagasinée dans les champs électrique et magnétique compris dans le volume délimité par la surface fermée (telle que calculée à partir des densités d'énergie données par l'équation 13.11).

Théorème de Poynting

En soi, le théorème de Poynting n'est qu'une identité mathématique. Toutefois, si on interprète ce théorème comme un énoncé de la conservation de l'énergie, on peut s'en servir pour accorder un sens physique au vecteur $\vec{\mathbf{S}}$: le théorème prédit que le flux du vecteur $\vec{\mathbf{S}}$ au travers d'une surface fermée est positif quand la densité d'énergie des champs contenus dans le volume délimité par la surface décroît dans le temps. L'énergie étant conservée, une telle situation implique forcément que de l'énergie a quitté le volume. Le flux du vecteur $\vec{\mathbf{S}}$ est donc interprété comme *le taux avec lequel les champs véhiculent de l'énergie hors du volume*, c'est-à-dire la puissance quittant le volume. De même, le théorème prédit que le flux du vecteur $\vec{\mathbf{S}}$ est négatif si de l'énergie est dissipée par une résistance contenue dans le volume ou que la densité d'énergie des champs dans le volume s'accroît. Dans une telle situation, le flux du vecteur $\vec{\mathbf{S}}$ est interprété comme le taux avec lequel les champs véhiculent de l'énergie *dans le volume*. Comme le raisonnement ayant conduit au théorème de Poynting est général, les champs peuvent entraîner ces transferts d'énergie même s'ils ne forment *pas* une onde électromagnétique.

Ce dernier constat permet d'interpréter d'une nouvelle façon les transferts d'énergie dans un circuit électrique simple, où le courant est constant. Dans le chapitre 6, nous avons expliqué comment la pile fournissait une différence de potentiel dans laquelle la charge « tombait » sous l'effet de la force électrique. Cette explication reposait sur l'équation $\Delta U = q\Delta V$, qui exprime l'énergie électrique en fonction de la charge. Sachant que toute énergie est véhiculée par les champs et non par les charges, nous pouvons maintenant préciser la façon dont les champs fournissent de l'énergie à cette charge pour qu'elle poursuive son mouvement malgré les collisions avec les ions du réseau. Selon le théorème de Poynting, le taux auquel les champs fournissent de l'énergie au fil doit correspondre à la puissance électrique dissipée dans le fil. Dans l'exemple suivant, on vérifie cette prédiction en considérant une approximation selon laquelle le champ électrique demeure partout tangent au fil.

EXEMPLE 13.4

Lorsqu'on branche un fil sur une pile, un champ électrique règne dans l'espace entourant le circuit. De plus, le courant dans le fil engendre un champ magnétique. Considérons une portion du fil de longueur ℓ le long de laquelle le champ électrique est considéré comme tangent au fil (figure 13.9). Utiliser le vecteur de Poynting pour vérifier que le taux avec lequel les champs environnants fournissent de l'énergie à la portion de fil est égal à la puissance qui y est perdue par effet Joule.

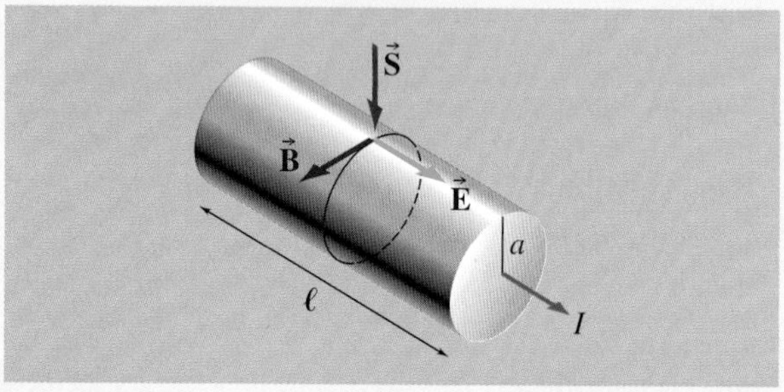

Figure 13.9 ▲
Les champs électrique et magnétique correspondant à un courant circulant dans un fil conducteur. Le vecteur de Poynting pour ces champs est orienté vers le fil.

Solution

Considérons que le fil rectiligne, dont on considère une portion de longueur ℓ, a un rayon a et une résistance électrique R. On suppose qu'il est parcouru par un courant constant I. On cherche le flux du vecteur de Poynting au travers de la surface, de forme cylindrique, occupée par cette portion de fil. On note tout d'abord que ce flux est nul aux deux extrémités du cylindre, puisque le vecteur de Poynting est partout radial dans le fil. Le flux se réduit donc à celui au travers de la surface latérale du fil. Pour calculer le module du vecteur de Poynting en un point quelconque de cette surface latérale, nous avons besoin de déterminer le module du champ électrique et le module du champ magnétique à la surface du fil. Si la différence de potentiel aux bornes d'une longueur ℓ est $\Delta V = RI$, le module du champ électrique (constant) le long du fil, et donc à sa surface, s'écrit

$$E = \frac{\Delta V}{\ell} = \frac{RI}{\ell} \qquad \text{(i)}$$

D'après l'équation 9.16, on sait que le module du champ magnétique à la surface du fil est

$$B = \frac{\mu_0 I}{2\pi a} \qquad \text{(ii)}$$

Puisque les champs électrique et magnétique à la surface du fil sont perpendiculaires (figure 13.9), il s'ensuit que $\|\vec{E} \times \vec{B}\| = EB$. Le module du vecteur de Poynting (équation 13.14) est

$$\begin{aligned} S &= \frac{EB}{\mu_0} = \left(\frac{1}{\mu_0}\right)\left(\frac{RI}{\ell}\right)\left(\frac{\mu_0 I}{2\pi a}\right) \\ &= \frac{RI^2}{2\pi a\ell} \end{aligned} \qquad \text{(iii)}$$

Mais $A = 2\pi a\ell$ étant l'aire de la surface latérale de la portion de fil, l'équation (iii) peut se mettre sous la forme

$$SA = RI^2$$

On voit que le taux avec lequel l'énergie électromagnétique est fournie au fil (SA) par les champs à la surface est égal au taux de dissipation (RI^2). ■

L'exemple précédent montre bel et bien que l'énergie fournie par la pile est acheminée au tronçon de fil par l'intermédiaire des champs *extérieurs* au tronçon. Il est toutefois problématique que le vecteur de Poynting soit radial à la surface du fil, puisque les bornes de la pile, qui fournissent ultimement l'énergie, sont situées aux extrémités du fil.

Une analyse plus rigoureuse aurait montré que le champ électrique à l'extérieur du fil possède bel et bien la composante tangente au fil que nous avons calculée dans l'exemple précédent, mais possède *aussi* une composante radiale au fil*. En conséquence, en plus de sa composante radiale au fil, le vecteur de Poynting possède *aussi* une composante tangente au fil. Cette dernière composante ne change pas la quantité d'énergie qui pénètre le tronçon de fil (donc, laisse inchangé le résultat numérique de l'exemple précédent), mais permet à l'énergie de *longer* le fil, ce qui est plus compatible avec le fait qu'elle provient des bornes de la pile situées aux extrémités du fil**.

13.5 La quantité de mouvement et la pression de radiation

Une onde électromagnétique transporte une certaine quantité de mouvement. Nous allons admettre, sans le démontrer, que le module de la *quantité de mouvement* transportée par une onde électromagnétique est lié à l'énergie qu'elle transporte par la relation suivante :

Quantité de mouvement transportée par une onde électromagnétique

$$p = \frac{U}{c} \qquad (13.17)$$

Si l'onde est incidente dans la direction perpendiculaire à une surface et qu'elle est complètement absorbée, l'équation 13.17 nous indique quelle est la quantité de mouvement transmise à la surface. Si la surface est parfaitement réfléchissante, la variation de quantité de mouvement de l'onde est doublée. Par conséquent, le module de la quantité de mouvement transmise à la surface est également doublée et $p = 2U/c$.

La force exercée par une onde électromagnétique sur une surface peut être reliée au vecteur de Poynting. Si l'on utilise l'équation 13.17 dans un énoncé de la

* En première approximation, nous avons supposé que le champ électrique était tangent au fil même à l'extérieur de ce dernier. Toutefois, comme nous l'avons décrit à la section 6.1, ce champ électrique est produit par des charges distribuées sur la surface du fil (voir la figure 6.3*a*, p. 187). Dans le fil, ces charges produisent effectivement un champ électrique tangent au fil, de même module en chaque point du fil. (En effet, le courant étant continu et uniforme, l'équation $\vec{\mathbf{J}} = \sigma\vec{\mathbf{E}}$ impose que le champ dans le fil soit uniforme.) Toutefois, à l'extérieur du fil, la composante tangentielle du champ électrique n'est pas la seule : il est inévitable que les charges de surface *produisent aussi une composante radiale* de champ électrique à l'extérieur du fil, un peu comme le ferait un long fil chargé (voir l'équation 2.13), la seule différence étant que les charges de surface ne sont pas uniformément réparties.

** Pour une discussion plus détaillée (et accessible sans mathématiques de niveau postcollégial) de l'effet de ces charges sur le vecteur de Poynting aux environs d'un circuit, voir Galili et Goihbarg, « Energy transfer in electrical circuits : A qualitative account », *American Journal of Physics*, vol. 73, n° 2, février 2005.

deuxième loi de Newton faisant intervenir le module de la force et celui de la variation de la quantité de mouvement, $F = \Delta p/\Delta t$, on obtient $F = (1/c)(\Delta U/\Delta t)$. D'après l'équation 13.13, on a $\Delta U/\Delta t = SA$; donc $F = SA/c$. La valeur instantanée de la **pression de radiation** (force/aire) est, pour une incidence normale,

Pression de radiation

$$\frac{F}{A} = \frac{S}{c} = u \qquad (13.18)$$

où l'on a utilisé $S = uc$ d'après l'équation 13.14. La pression de radiation est égale à la densité d'énergie ($N/m^2 = J/m^3$). Pour une surface parfaitement réfléchissante, la variation de la quantité de mouvement correspond au double de la valeur prescrite par l'équation 13.17 ; ainsi, la pression sur la surface est doublée.

La force exercée par la lumière est vérifiée expérimentalement à la figure 13.10, qui montre une minuscule particule suspendue par la pression de radiation de la lumière produite par un laser. Par ailleurs, c'est la pression de radiation des rayons solaires qui fait en sorte que les particules de la queue d'une comète sont déviées dans la direction opposée au Soleil (figure 13.11*a*). On peut aussi imaginer qu'un véhicule spatial muni d'une voilure géante (figure 13.11*b*) pourrait être propulsé par la pression de radiation de la lumière solaire.

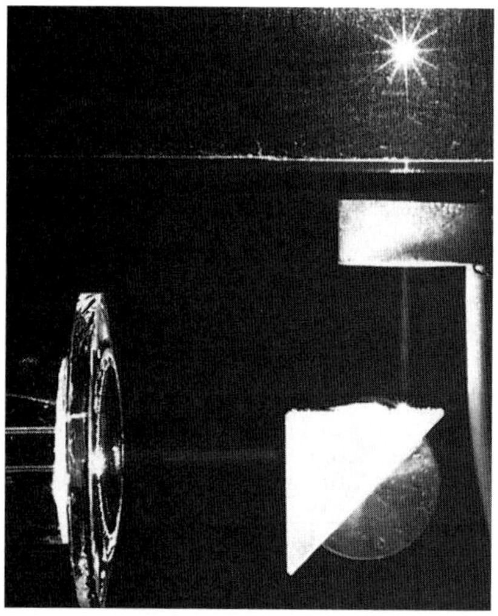

Figure 13.10 ▲
Une particule en suspension sous l'effet de la pression de radiation d'un rayon laser.

(*a*) (*b*)

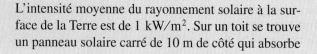

Figure 13.11 ▲
(*a*) Les particules de la queue d'une comète sont déviées par la pression de radiation de la lumière solaire. L'autre queue visible est constituée d'ions beaucoup plus petits.
(*b*) Une « voilure solaire » peut utiliser la pression de radiation du Soleil pour propulser un véhicule spatial.

EXEMPLE 13.5

L'intensité moyenne du rayonnement solaire à la surface de la Terre est de 1 kW/m^2. Sur un toit se trouve un panneau solaire carré de 10 m de côté qui absorbe intégralement le rayonnement. Quel est le module de la force moyenne qui s'exerce sur le panneau ?

Solution

D'après l'équation 13.18, le module de la force moyenne est

$$F_{moy} = \frac{S_{moy}A}{c} = \frac{(1 \times 10^3\ W/m^2)(100\ m^2)}{3 \times 10^8\ m/s}$$
$$= 0,33 \times 10^{-3}\ N$$

Malgré sa valeur très faible, la pression de radiation fut détectée en 1899 par Pyotr Nikolayevich Lebedev (1866-1912) en Russie.

13.6 L'expérience de Hertz

Lorsque les travaux de Maxwell furent publiés en 1867, ils ne reçurent qu'un accueil prudent. La notion de courant de déplacement et la validité expérimentale du concept d'onde électromagnétique rendaient sceptiques de nombreux physiciens. Mais, en 1887, Heinrich Hertz (figure 13.12) réalisa une expérience qui démontra cette validité de façon concluante. Maxwell avait prédit qu'un rayonnement électromagnétique est produit lorsqu'une charge *accélère* ou, ce qui est équivalent, lorsqu'un courant circulant dans un fil varie dans le temps. Une façon de produire des ondes électromagnétiques consiste donc à relier une source de courant alternatif à deux tiges (figure 13.13). Tandis que la polarité des tiges s'inverse alternativement dans le temps, les charges oscillent et produisent donc un rayonnement. Les champs à proximité de la source sont complexes mais, à des distances importantes par rapport à la longueur d'onde du rayonnement, les champs de *radiation* varient comme le montre la figure 13.13. Les lignes du champ électrique sont représentées par des courbes fermées, alors que les lignes du champ magnétique sont normales à la page. Soulignons que la direction de $\vec{\mathbf{B}}$ varie avec celle de $\vec{\mathbf{E}}$, de sorte que le vecteur de Poynting,

Figure 13.12▲
Heinrich Hertz (1857-1894).

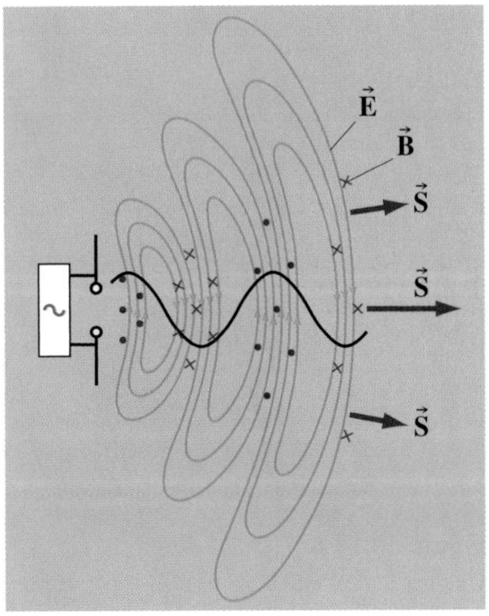

Figure 13.13▲
On peut produire des ondes électromagnétiques en reliant deux tiges à une source de courant alternatif. Les charges en accélération dans les tiges produisent le champ de radiation représenté sur la figure. Le champ électrique est représenté par des boucles fermées alors que le champ magnétique est normal à la page.

$\vec{\mathbf{S}} = \vec{\mathbf{E}} \times \vec{\mathbf{B}}/\mu_0$, est toujours radial et dirigé vers l'extérieur, ce qui confirme bien que l'énergie est transportée au loin.

L'équipement dont se servit Hertz est différent (la figure 13.14 en illustre une partie) : il utilisa un circuit *LC* dans lequel la bobine d'induction était le secondaire d'un transformateur et le condensateur était constitué de deux boules métalliques reliées à des armatures planes. Lorsqu'on coupait le courant dans le primaire, une grande différence de potentiel était induite au secondaire et provoquait l'ionisation de l'air entre les boules, le rendant provisoirement conducteur. Il en résultait quelques cycles d'oscillations *LC* amorties, qui faisaient osciller les charges dans l'espace rempli d'air et provoquaient l'émission d'un rayonnement. Hertz utilisa un écran métallique concave pour focaliser les ondes émises sur une boucle de fil conducteur, terminée aussi par un espace d'air. Il pouvait régler les dimensions de la boucle réceptrice et de l'espace d'air pour obtenir la résonance du système avec la radiation émise. Le champ magnétique de la radiation induisait une f.é.m. suffisamment grande pour provoquer de petites étincelles dans l'espace à l'intérieur de la boucle réceptrice. Hertz réussit à observer que la radiation émise avait toutes les propriétés caractéristiques des ondes, comme la réflexion, la réfraction et l'interférence. Il réussit en particulier à produire des ondes stationnaires à partir d'ondes réfléchies sur une surface métallique. La longueur d'onde (≈ 33 cm) pouvait être déterminée à partir de la distance entre les nœuds ou les ventres et la fréquence était déterminée à partir du circuit *LC*. La relation $v = f\lambda$ (voir le chapitre 2 du tome 3) lui permit de déduire que la vitesse des ondes était voisine de 3×10^8 m/s, ce qui correspond bien à la vitesse de la lumière.

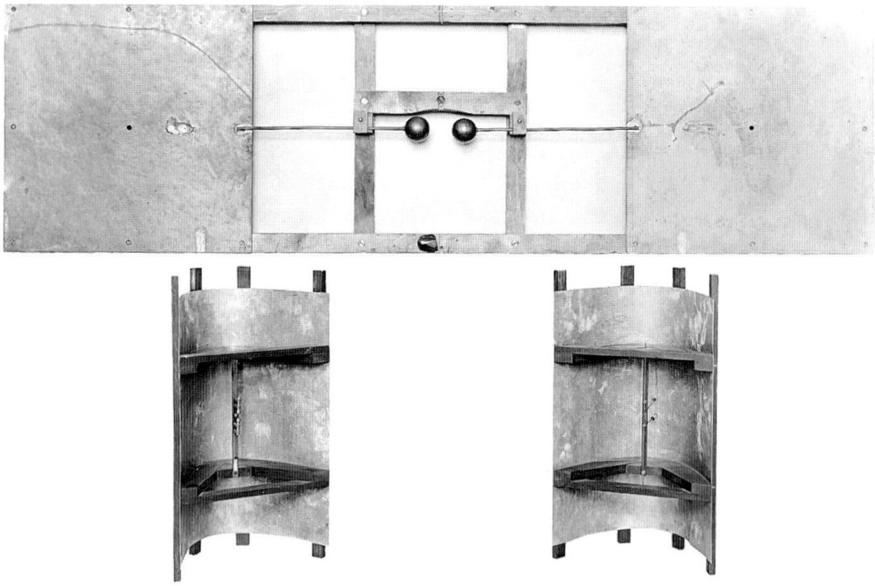

Figure 13.14▲
Une partie de l'équipement utilisé par Hertz.

13.7 Le spectre électromagnétique

Les ondes électromagnétiques couvrent une très large gamme de fréquences, depuis les ondes radio de très grande longueur d'onde, dont la fréquence est voisine de 100 Hz, jusqu'aux rayons γ de très haute énergie qui proviennent de l'espace, dont les fréquences sont voisines de 10^{23} Hz. L'ensemble de la gamme de fréquences se nomme **spectre électromagnétique** (figure 13.15). En musique,

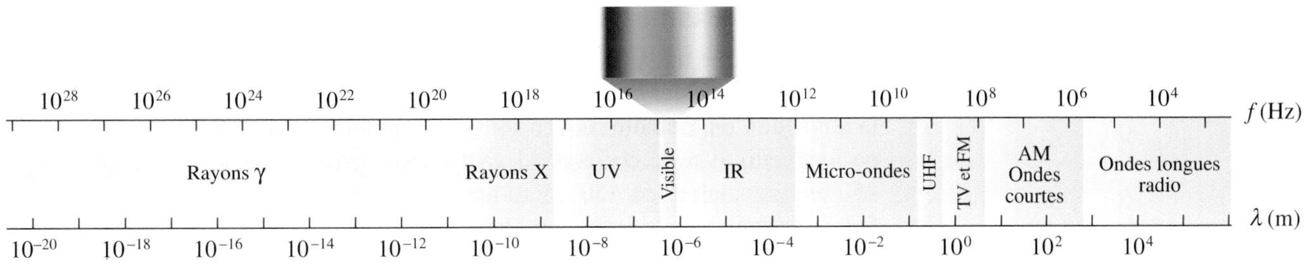

Figure 13.15 ▲
Le spectre électromagnétique. Les limites entre les diverses régions du spectre sont moins nettes que le diagramme ne le laisse supposer.

un octave représente un changement de fréquence d'un facteur 2 ; par analogie, on peut dire que le spectre électromagnétique couvre près de 100 octaves (le spectre sonore audible couvre 9 octaves environ), bien qu'il n'y ait théoriquement aucune fréquence minimale ou maximale à une onde électromagnétique.

Comme l'indique la figure 13.15, le spectre électromagnétique est subdivisé en différentes régions. Bien que la figure semble définir chacune de ces régions comme un intervalle de fréquence précis, les limites entre les régions sont moins étanches. Par exemple, une même onde pourra être qualifiée de « rayonnement ultraviolet » ou de « rayon X » selon le contexte expérimental, soit la façon dont elle a été *produite* ou *absorbée* (détectée). Une description complète de ces méthodes de production ou de détection est toutefois impossible dans le cadre de la représentation de Maxwell.

En effet, dans le cadre de la théorie de Maxwell, des ondes électromagnétiques sont émises à chaque fois qu'une charge électrique accélère, notamment en oscillant. La réciproque est aussi valable : chaque fois qu'une onde électromagnétique est incidente sur une charge électrique, elle fait osciller cette dernière, ce qui permet de détecter cette onde (voir la section 13.6). Ces oscillations de charges, seules responsables selon Maxwell de l'émission et de l'absorption des ondes électromagnétiques, peuvent se produire à des échelles de grandeurs très différentes, depuis les oscillations au niveau atomique ou nucléaire jusqu'à celles dans les antennes mesurant plusieurs dizaines de mètres. En général, des charges qui oscillent sur une grande distance produiront une onde électromagnétique de fréquence plus basse, ce qui détermine plus ou moins la région du spectre à laquelle cette onde appartient.

Toutefois, cette représentation a des limites et nous verrons au chapitre 9 du tome 3 que le modèle électromagnétique n'est pas toujours adéquat : bien qu'il permette de prédire correctement la *propagation* de la lumière, il échoue lamentablement à décrire la plupart des phénomènes d'*émission* et d'*absorption* de la lumière. Expliquer aussi ces phénomènes nécessite d'utiliser le modèle quantique de la lumière, plus complet que le modèle électromagnétique. Dans le cadre de ce modèle, la lumière est émise un *photon* à la fois lorsque des charges (comme les électrons dans un atome) subissent une transition entre deux niveaux d'énergie. (Pendant cette transition, la *probabilité de présence* de ces charges oscille, ce qui rejoint indirectement la représentation de Maxwell.)

Les paragraphes ci-dessous décrivent chacune des régions du spectre électromagnétique. Pour chaque région, on donne une brève description (en recourant à la représentation quantique au besoin) de la façon dont sont émises ou détectées les ondes qui en font partie.

La lumière visible

La partie visible du spectre électromagnétique couvre à peu près un octave, de 400 à 700 nm, ce qui correspond aux longueurs d'onde que les cellules tapissant la rétine de l'œil humain moyen sont en mesure de détecter le mieux. Une plage de longueurs d'onde correspond approximativement à chaque couleur: 400 à 450 nm pour le violet, 450 à 520 nm pour le bleu, 520 à 560 nm pour le vert, 560 à 600 nm pour le jaune, 600 à 625 nm pour l'orange et 625 à 700 nm pour le rouge. En 1704, Newton publia les résultats d'observations qui montraient qu'un mélange de toutes ces couleurs est perçu comme de la lumière blanche (voir le passage sur la synthèse additive de la lumière dans le sujet connexe du chapitre 2). Notre sens de la vue et le processus de photosynthèse des végétaux ont évolué dans la gamme de longueurs d'onde du rayonnement solaire que notre atmosphère n'absorbe que très peu, c'est-à-dire entre 300 nm et 1100 nm, ce qui explique que la lumière pouvant être captée par l'être humain, les animaux et les plantes est approximativement la même.

Certaines sources de lumière visible comme les lasers, les aurores boréales ou les tubes à néon émettent une lumière d'une couleur bien spécifique, composée de seulement certaines longueurs d'onde précises. D'autres sources lumineuses sont des corps denses et chauds, comme les filaments d'ampoules électriques, la lave volcanique ou les métaux chauffés au rouge, et émettent une lumière couvrant une gamme continue de longueurs d'onde. (C'est pourquoi ils semblent blancs lorsqu'ils sont suffisamment chauds.) Dans le premier cas, on peut expliquer que la lumière est émise par des électrons qui ne quittent pas leur atome, alors que, dans le second cas, on peut se représenter aussi des électrons qui se déplacent aléatoirement, au sein des matériaux denses, sous l'effet de leur haute température. Dans les deux cas, seule la représentation quantique de la lumière et de l'atome permet de donner une description correcte (qui implique une transition de l'électron entre divers niveaux d'énergie ou bandes d'énergie de l'atome).

Le rayonnement ultraviolet

En 1801, Johann Wilhelm Ritter (1776-1810), qui étudiait le virage au noir du chlorure d'argent dans diverses régions du spectre, s'aperçut que l'effet était maximum au-delà du violet. Il venait donc de découvrir un nouveau type de rayonnement émis de façon similaire à la lumière visible, mais de longueur d'onde plus petite. La région de l'ultraviolet (UV) s'étend de 400 nm à 10 nm environ. Les rayons ultraviolets interviennent dans la production de vitamine D

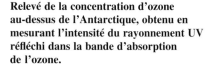

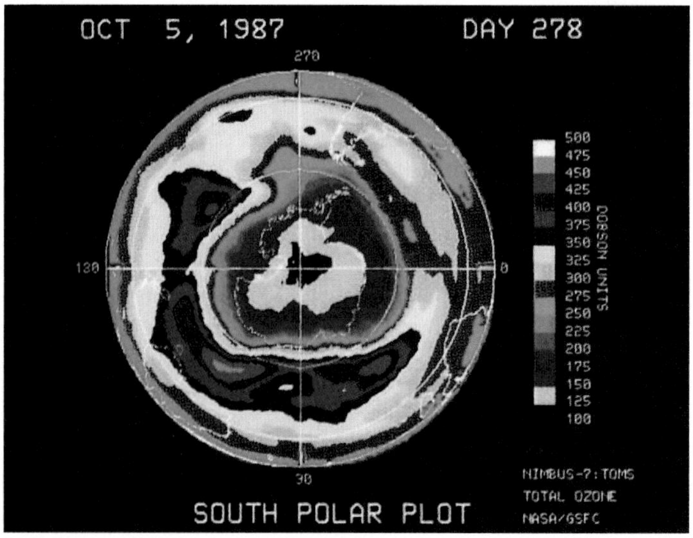

Relevé de la concentration d'ozone au-dessus de l'Antarctique, obtenu en mesurant l'intensité du rayonnement UV réfléchi dans la bande d'absorption de l'ozone.

dans la peau et provoquent le bronzage. À doses fortes ou prolongées, le rayonnement ultraviolet tue les bactéries et peut causer le cancer chez l'être humain. Le verre absorbe les rayonnements ultraviolets et offre donc une certaine protection contre les rayons du Soleil. Si l'ozone de notre atmosphère n'absorbait pas les UV en-dessous de 300 nm, on observerait de nombreuses mutations cellulaires, notamment cancéreuses. C'est pourquoi l'appauvrissement de la couche d'ozone de notre atmosphère par les chlorofluorocarbones (CFC) est à l'heure actuelle un sujet de préoccupation internationale. Dans certains atomes, l'absorption des UV est suivie par l'émission d'une lumière visible de plus grande longueur d'onde. Ce phénomène, qui porte le nom de fluorescence, est à la base de la « lumière noire » que l'on utilise pour produire des effets de scène.

Le rayonnement infrarouge

La région infrarouge (IR) débute à 700 nm et s'étend jusqu'à près de 1 mm. Elle fut découverte en 1800 par William Herschel (1738-1822) qui plaça un thermomètre juste à côté de l'extrémité rouge du spectre visible et observa une élévation de température. Le rayonnement IR peut être émis par les mêmes procédés que la lumière visible. Sa particularité est d'être aussi associé à un intervalle de fréquences proche de la rotation et de la vibration des molécules. L'absorption de rayonnement IR par une molécule donnée provoque donc une augmentation de l'énergie cinétique de cette dernière. Or, comme l'énergie cinétique moyenne des molécules qui composent un corps est une indication de sa température (voir le chapitre 18 du tome 1), l'absorption et l'émission de rayonnement IR par la matière permettent donc des *transferts de chaleur.* On utilise des pellicules sensibles aux IR dans les satellites pour effectuer des relevés géophysiques et pour la détection des gaz d'échappement chauds lors du lancement des fusées. Puisqu'il permet de détecter des variations minimes de température dans le corps humain, on utilise le rayonnement infrarouge pour la détection précoce des tumeurs, qui sont plus chaudes que les tissus environnants. Les serpents et les instruments « de vision nocturne » (*cf.* chapitre 17, tome 1) peuvent détecter les rayons infrarouges émis par les corps chauds des animaux.

Les micro-ondes

Les micro-ondes correspondent aux longueurs d'onde de 1 mm à 15 cm environ. On peut produire des micro-ondes allant jusqu'à une fréquence de 30 GHz ($\lambda \simeq 1$ cm) en faisant osciller des électrons dans un dispositif appelé klystron. Dans les fours à micro-ondes que nous utilisons dans nos cuisines, le rayonnement a une fréquence voisine de 2450 MHz. Les communications interurbaines modernes, comme la transmission de données numériques, les conversations téléphoniques et les émissions de télévision, se font souvent par l'intermédiaire d'un réseau d'antennes haute fréquence sur l'ensemble d'un territoire. Par ailleurs, en focalisant des micro-ondes sur un tissu cancéreux, on arrive à en élever la température jusqu'à 46°C environ. Alors que les cellules normales sont capables de dissiper l'énergie thermique rapidement, les cellules cancéreuses ont une circulation relativement mauvaise et sont par conséquent détruites.

Les signaux de radio et de télévision

Ces signaux couvrent la gamme de longueurs d'onde comprises entre 15 cm et 2000 m environ. On utilise, pour leur émission et leur réception, des dipôles comme les fameux dispositifs en « oreille de lapin ». Pour les ondes radio AM, on utilise en général une bobine de réception parce que la longueur d'onde est trop grande pour un dipôle électrique. Pour les signaux de télévision UHF, on se sert d'une bobine parce que les longueurs d'onde sont très petites. Les radiotélescopes (figure 13.16) servent à communiquer avec les satellites et à capter les ondes radio émises par divers objets célestes. Dans tous ces dispositifs de réception, les ondes électromagnétiques incidentes font osciller les charges sous l'effet du champ électrique ou du champ magnétique, ce qui cause un courant alternatif. Ce courant, porteur de la même information que les ondes, peut ensuite être amplifié et décodé. Notez que cette explication est celle du modèle de Maxwell, puisque la représentation quantique est inutile quand la fréquence est très basse et que les photons sont très nombreux (voir le chapitre 9 du tome 3).

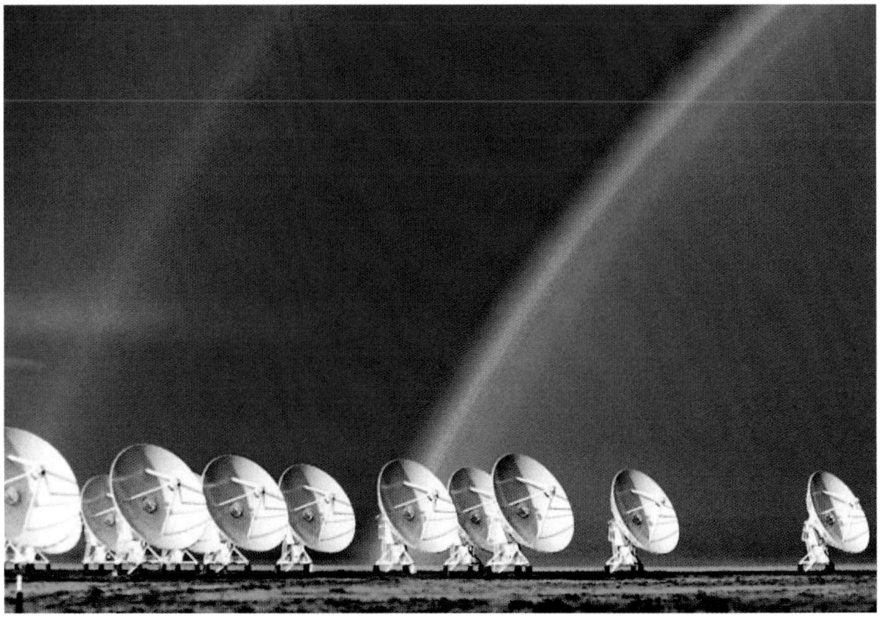

Figure 13.16 ▶
Un radiotélescope est utilisé pour les télécommunications et pour la radioastronomie. Contrairement au télescope optique, il n'a pas besoin d'un ciel dégagé.

Les rayons X

Découverts en 1895 par Wilhelm Conrad Röntgen (1845-1923), les rayons X sont voisins des UV et s'étendent de 1 nm à 0,01 nm. Les rayons X peuvent être produits par des atomes qui subissent une transition entre deux niveaux d'énergie atomique ou nucléaire. Dans leur application médicale, on les produit plutôt en projetant des électrons très rapides sur une cible massive : la décélération brutale des électrons, lorsqu'ils atteignent la cible, produit des rayons X couvrant une gamme continue de fréquences et qu'on appelle *bremsstrahlung* ou « rayonnement de freinage ». Ce phénomène peut aussi se produire en astrophysique. Puisque les dimensions des atomes et leur distance dans les cristaux correspondent à ce domaine, on utilise les rayons X pour étudier la structure atomique des cristaux ou des molécules comme l'ADN (*cf.* « La diffraction des rayons X », section 7.8 du tome 3). Outre leur utilisation à des fins diagnostiques et thérapeutiques en médecine, on utilise des rayons X pour déceler les défauts microscopiques dans les machines. Avec l'apparition des satellites scientifiques, l'astronomie aux rayons X est devenue un outil important dans l'étude de l'univers.

Les rayons γ

Les rayons gamma, qui produisent des effets similaires à ceux des rayons X, ont été identifiés pour la première fois par Paul Ulrich Villard (1860-1934) en 1900 dans le rayonnement radioactif émis par certains matériaux. Alors que les rayons X sont produits par des électrons, les rayons gamma sont en général produits à l'intérieur du noyau d'un atome et sont extrêmement énergétiques à l'échelle atomique. Leurs longueurs d'onde sont égales ou inférieures à 0,01 nm, c'est-à-dire que leurs fréquences sont égales ou supérieures à 10^{20} Hz.

13.8 La formulation de l'équation d'onde

En manipulant mathématiquement la loi de Faraday et le théorème d'Ampère-Maxwell, on pourrait obtenir directement une équation d'onde pour les champs électrique et magnétique, mais cette approche n'entre pas dans le cadre de cet ouvrage. Nous allons par contre supposer que $\vec{\mathbf{E}}$ et $\vec{\mathbf{B}}$ varient d'une certaine façon, conformément aux équations de Maxwell, puis démontrer que les ondes électromagnétiques sont une conséquence de la loi de Faraday et du théorème d'Ampère-Maxwell. Pour simplifier, nous allons nous situer dans le vide, où il n'y a ni charge ni courant de conduction. En conséquence, les champs qui sont établis dans cette région ne sont que des champs électrique et magnétique *induits*, bien qu'on puisse ultimement attribuer leur présence à des charges se trouvant dans une région distante dont nous ne nous occupons pas.

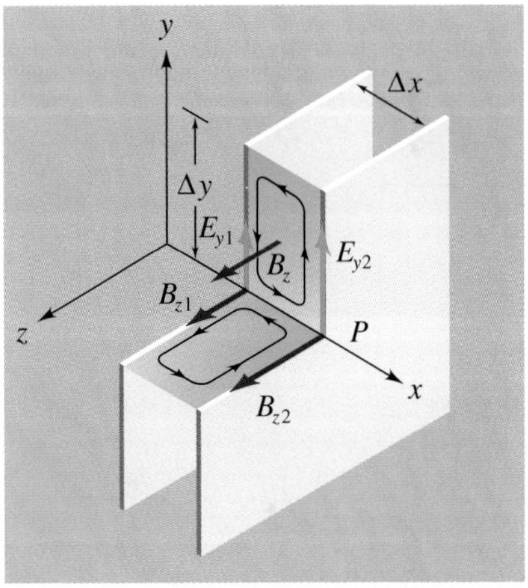

Figure 13.17 ▲
Deux fronts d'ondes plans avec les champs électrique et magnétique correspondants. On applique la loi de Faraday au rectangle ombré dans le plan xy et le théorème d'Ampère-Maxwell à un rectangle analogue dans le plan xz.

La figure 13.17 représente deux fronts d'ondes plans se propageant le long de l'axe des x positifs. Le champ électrique est dirigé selon l'axe des y et le champ magnétique selon l'axe des z. Chaque champ est uniforme sur un plan yz quelconque et varie uniquement sur l'axe des x. Nous appliquons d'abord la loi de Faraday (équation 13.5) au petit cadre rectangulaire dans le plan xy. L'intégrale curviligne, qui correspond au côté gauche de l'équation 13.5, est composée de quatre parties. Pour les côtés supérieur et inférieur du cadre, $\vec{\mathbf{E}}\cdot d\vec{\boldsymbol{\ell}} = 0$ puisque $\vec{\mathbf{E}}$ est perpendiculaire à $d\vec{\boldsymbol{\ell}}$. La contribution des autres côtés est

$$\oint \vec{\mathbf{E}}\cdot d\vec{\boldsymbol{\ell}} = E_{y2}\Delta y - E_{y1}\Delta y$$

Rappelons que si le pouce est orienté selon le champ magnétique B_z, les doigts de la main droite déterminent le sens dans lequel on doit calculer l'intégrale. En principe, il faudrait intégrer sur l'aire du cadre pour déterminer le flux magnétique qui le traverse. Nous obtiendrons un résultat tout aussi satisfaisant pour nos besoins en prenant la valeur de B_z au centre comme valeur « moyenne » sur toute l'aire. Cette approche est valable si la distance Δx entre les fronts d'ondes est très inférieure à la longueur d'onde. Le flux magnétique qui traverse le cadre est $\Phi_B = B_z\Delta x\Delta y$ et son taux de variation dans le temps, qui participe au côté droit de l'équation 13.5, s'écrit

$$\frac{d\Phi_B}{dt} = \frac{\partial B_z}{\partial t}\Delta x\Delta y$$

On utilise les dérivées partielles parce qu'on s'intéresse à la variation explicite dans le temps en un point donné de l'espace. En substituant les deux derniers résultats dans l'équation de Faraday (équation 13.5) et en divisant chaque membre par $\Delta x\Delta y$, on trouve

$$\frac{(E_{y2} - E_{y1})}{\Delta x} = -\frac{\partial B_z}{\partial t}$$

Quand $\Delta x \to 0$, cette équation prend la forme

(loi de Faraday) $$\frac{\partial E_y}{\partial x} = -\frac{\partial B_z}{\partial t} \qquad (13.19)$$

Puisque l'onde se dirige vers les x positifs, pour un observateur situé en P, la composante B_z décroît dans le temps, c'est-à-dire $\partial B_z/\partial t < 0$. D'après l'équation 13.19, il s'ensuit que $\partial E_y/\partial x > 0$, c'est-à-dire que $E_{y2} > E_{y1}$ (figure 13.17). Physiquement, cela correspond à l'énoncé de la loi de Lenz : le flux magnétique à travers le cadre décroît dans le temps, de sorte que la f.é.m. induite (donnée par l'intégrale curviligne) doit s'opposer à la variation.

On peut utiliser un argument analogue pour appliquer le théorème d'Ampère-Maxwell à un cadre dans le plan xz. On prend alors des valeurs distinctes pour B_z dans l'intégrale $\oint \vec{\mathbf{B}} \cdot d\vec{\boldsymbol{\ell}}$, mais on utlise la valeur moyenne de E_y pour le flux électrique. Ici encore, deux côtés du cadre seulement contribuent à l'intégrale curviligne. L'équation 13.6 donne

$$(-B_{z2} + B_{z1})\Delta z = \mu_0 \varepsilon_0 \frac{\partial E_y}{\partial t} \Delta x \Delta z$$

Le sens d'intégration est déterminé par E_y et par la règle de la main droite. En divisant par $\Delta z \Delta x$ et en prenant la limite quand $\Delta x \to 0$, on trouve

(théorème d'Ampère) $$\frac{\partial B_z}{\partial x} = -\mu_0 \varepsilon_0 \frac{\partial E_y}{\partial t} \qquad (13.20)$$

En prenant les dérivées appropriées de l'équation 13.19 et de l'équation 13.20 (voir l'exemple 13.6 ci-dessous), il est facile d'obtenir les équations d'onde de Maxwell (équations 13.7 et 13.8).

Si l'on remplace les fonctions $E_y = E_0 \sin(kx - \omega t)$ et $B_z = B_0 \sin(kx - \omega t)$ dans l'équation 13.19, on trouve

$$kE_0 \cos(kx - \omega t) = \omega B_0 \cos(kx - \omega t)$$

Par conséquent, $E_0 = (\omega/k)B_0 = cB_0$. En tout point et à tout moment, $\vec{\mathbf{E}}$ et $\vec{\mathbf{B}}$ sont *en phase* et leurs modules sont liés par la relation $E = cB$.

EXEMPLE 13.6

Calculer la dérivée spatiale de l'équation 13.19 puis utiliser l'équation 13.20 pour obtenir l'équation 13.7.

Solution

D'après l'équation 13.19, on a

$$\frac{\partial}{\partial x}\left(\frac{\partial E_y}{\partial x}\right) = -\frac{\partial}{\partial x}\left(\frac{\partial B_z}{\partial t}\right)$$

ce qui équivaut à

$$\frac{\partial^2 E_y}{\partial x^2} = -\left(\frac{\partial}{\partial t}\right)\left(\frac{\partial B_z}{\partial x}\right)$$

En remplaçant $\partial B_z/\partial x$ dans l'équation précédente par sa valeur donnée dans l'équation 13.20, on obtient l'équation 13.7.

RÉSUMÉ

Dans une région où le champ électrique varie dans le temps, le courant de déplacement est donné par

$$I_D = \varepsilon_0 \frac{d\Phi_E}{dt} \qquad (13.1)$$

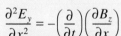

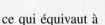

où Φ_E est le flux électrique. Malgré son nom, le courant de déplacement n'est pas un courant et ne correspond à aucun déplacement. Le théorème d'Ampère doit être modifié pour tenir compte du courant de déplacement. Sous cette nouvelle forme, il fait partie des quatre équations de Maxwell qui synthétisent toute la théorie électromagnétique :

Gauss $$\oint \vec{\mathbf{E}} \cdot \mathrm{d}\vec{\mathbf{A}} = \frac{\Sigma Q}{\varepsilon_0} \tag{13.3}$$

Gauss $$\oint \vec{\mathbf{B}} \cdot \mathrm{d}\vec{\mathbf{A}} = 0 \tag{13.4}$$

Faraday $$\oint \vec{\mathbf{E}} \cdot \mathrm{d}\vec{\boldsymbol{\ell}} = -\frac{\mathrm{d}\Phi_B}{\mathrm{d}t} \tag{13.5}$$

Ampère-Maxwell $$\oint \vec{\mathbf{B}} \cdot \mathrm{d}\vec{\boldsymbol{\ell}} = \mu_0\left(\Sigma I + \varepsilon_0 \frac{\mathrm{d}\Phi_E}{\mathrm{d}t}\right) \tag{13.6}$$

En combinant le théorème d'Ampère-Maxwell et la loi de Faraday, on peut montrer que le champ électrique et le champ magnétique obéissent aux équations d'onde de Maxwell :

$$\frac{\partial^2 E_y}{\partial x^2} = \mu_0\varepsilon_0\left(\frac{\partial^2 E_y}{\partial t^2}\right) \tag{13.7}$$

$$\frac{\partial^2 B_z}{\partial x^2} = \mu_0\varepsilon_0\left(\frac{\partial^2 B_z}{\partial t^2}\right) \tag{13.8}$$

Dans une onde électromagnétique plane, les champs électrique et magnétique sont perpendiculaires entre eux et à la direction de propagation. Ces champs oscillent en phase et les ondes se propagent dans le vide à la vitesse

$$c = \frac{1}{\sqrt{\mu_0\varepsilon_0}} \tag{13.9}$$

qui est égale à la vitesse de la lumière dans le vide. Les valeurs instantanées des modules des champs sont liées par la relation

$$E = cB \tag{13.10}$$

On peut déterminer l'intensité d'une onde électromagnétique à partir du vecteur de Poynting

$$\vec{\mathbf{S}} = \frac{\vec{\mathbf{E}} \times \vec{\mathbf{B}}}{\mu_0} \tag{13.15}$$

qui montre que l'énergie se propage perpendiculairement à la fois à $\vec{\mathbf{E}}$ et $\vec{\mathbf{B}}$. L'intensité moyenne d'une onde électromagnétique plane est donnée par

$$S_{\mathrm{moy}} = \frac{E_0 B_0}{2\mu_0} \tag{13.16a}$$

où E_0 et B_0 sont les amplitudes des champs.

Le module de la quantité de mouvement transportée par une onde électromagnétique est donné par

$$p = \frac{U}{c} \tag{13.17}$$

où U est l'énergie absorbée par une surface. Si les ondes sont intégralement réfléchies, le module de la quantité de mouvement transférée est double.

La pression de radiation exercée par une onde électromagnétique incidente normale à une surface et complètement absorbée par elle est donnée par

$$\frac{F}{A} = \frac{S}{c} = u \qquad (13.18)$$

où $u = \varepsilon_0 E^2 = B^2/\mu_0$ est la densité d'énergie de l'onde. Si les ondes sont parfaitement réfléchies, la pression est doublée.

TERMES IMPORTANTS

champ magnétique induit (p. 468)
courant de déplacement (p. 467)
équations de Maxwell (p. 471)
équations d'onde de Maxwell (p. 472)
intensité moyenne (p. 476)
onde électromagnétique (p. 471)
pression de radiation (p. 480)
spectre électromagnétique (p. 482)
vecteur de Poynting (p. 475)

RÉVISION

R1. Expliquez, en vous inspirant de ce qui se produit pendant la charge d'un condensateur, comment le théorème d'Ampère, dans sa formulation d'origine, comportait une incohérence.

R2. Expliquez la signification physique du théorème de Gauss formulé pour un champ magnétique.

R3. Reproduisez la combinaison mathématique des constantes fondamentales de l'électromagnétisme qui correspond à la vitesse de la lumière.

R4. Représentez graphiquement une onde électromagnétique se déplaçant le long de l'axe des x positifs.

R5. Expliquez comment l'énergie transportée par les ondes électromagnétiques pourrait servir à propulser un *voilier* spatial.

R6. Décrivez comment Hertz produisit ses premières ondes électromagnétiques.

R7. Nommez les différentes composantes du spectre électromagnétique, en précisant la plage de longueurs d'onde correspondante et en donnant, pour chacune, un exemple d'application.

QUESTIONS

Q1. Un plat vide devient chaud dans un four ordinaire, mais pas forcément dans un four à micro-ondes. Pourquoi ?

Q2. Comment peut-on utiliser une antenne circulaire pour localiser la source d'un émetteur radio clandestin ?

Q3. Un courant de conduction et un courant de déplacement peuvent-ils coexister dans la même région ? Si oui, donnez un exemple.

Q4. Pendant la charge d'un condensateur, y a-t-il un courant de déplacement dans les fils de raccordement ?

Q5. Une station de radio diffuse la voix d'une chanteuse. Décrivez, en termes simples, comment le son de sa voix arrive jusqu'à vos oreilles.

Q6. Même s'il manque une antenne à un récepteur de télévision ou à un poste de radio FM, ils peuvent « capter » plusieurs stations si l'on touche les bornes de l'antenne. Pourquoi ?

Q7. Quelle est l'orientation du vecteur de Poynting entre les armatures d'un condensateur en train d'être chargé ?

Q8. Certains phénomènes associés au rayonnement électromagnétique ne dépendent pas de sa fréquence. Citez-en deux.

Q9. Un four à micro-ondes contient du rayonnement de fréquence 2450 MHz. Quelle est sa longueur d'onde ?

Q10. Pourquoi la pression de radiation exercée par une onde électromagnétique donnée est-elle plus grande pour une surface réfléchissante que pour une surface absorbante ?

Q11. Les lignes de transport de l'énergie électrique c.a. émettent-elles des ondes électromagnétiques ?

Q12. (a) Pourquoi est-il déconseillé d'utiliser un récipient métallique dans un four à micro-ondes ? (b) Les fours à micro-ondes ont tendance à avoir des « zones neutres » où les aliments ne cuisent pas correctement. Quelle peut être l'origine de ce phénomène ?

Q13. Le champ magnétique d'une onde électromagnétique est donné par $B = (2 \times 10^{-6}) \cos[\pi(0{,}04x + 10^7\,t)]$, où x est en mètres, t en secondes et B en teslas. S'agit-il d'une onde dans le vide ?

Q14. Est-il possible de produire une onde électromagnétique stationnaire ? Comment ?

Q15. Un téléspectateur et un spectateur présent au stade regardent tous deux une balle de base-ball au moment de l'impact avec le bâton. Vont-ils voir et entendre le contact au même instant ? Si non, à quoi sont dus les décalages ?

Q16. Une onde électromagnétique plane se propage horizontalement d'est en ouest. Si, en un point quelconque, $\vec{\mathbf{B}}$ est vertical et orienté vers le bas à un instant, quelle est l'orientation de $\vec{\mathbf{E}}$?

Q17. Peut-on utiliser un laser puissant pour propulser un véhicule spatial ? Si oui, comment ?

Q18. Dans quel sens l'expression $\varepsilon_0\ d\Phi_E/dt$ est-elle (a) analogue à un courant électrique ; (b) différente d'un courant électrique ?

Q19. Si l'on découvrait des monopôles magnétiques, quelles équations de Maxwell devrait-on modifier ?

EXERCICES

13.1 Courant de déplacement

E1. (I) (a) Montrez que l'expression $1/\sqrt{\mu_0\varepsilon_0}$ s'exprime en mètres par seconde (m/s). (b) Montrez que l'expression EB/μ_0 s'exprime en watts par mètre carré (W/m^2).

E2. (I) Montrez que les équations suivantes concordent en dimensions : (a) $E = cB$; (b) $I_D = \varepsilon_0 d\Phi_E/dt$; (c) pression $= S/c$.

E3. (I) Un condensateur plan a des armatures circulaires de rayon 2,5 cm distantes de 3 mm. Si la différence de potentiel entre les armatures varie à raison de 5×10^4 V/s, quel est le courant de déplacement ?

E4. (I) Un condensateur plan a des armatures circulaires de 2 cm de rayon distantes de 1,4 mm. À un instant donné, l'intensité du courant dans les fils de raccordement longs et rectilignes vaut 3 A. (a) Quel est le courant de déplacement entre les armatures ? (b) Quel est le taux de variation de la différence de potentiel entre les armatures ?

E5. (I) Montrez que le courant de déplacement dans un condensateur plan rempli d'air peut s'exprimer sous la forme $I_D = C\ d(\Delta V)/dt$, où ΔV est la différence de potentiel aux bornes du condensateur.

E6. (I) Un condensateur plan a des armatures circulaires de 2 cm de rayon distantes de 2,4 mm. La différence de potentiel entre les plaques augmente à raison de 8 kV/s. Quel est le courant de déplacement entre le centre d'une armature et un point séparé du centre par une distance égale à la moitié du rayon ? (On suppose que le champ électrique entre les armatures est uniforme.)

E7. (II) Les armatures circulaires d'un condensateur plan ont un rayon de 2 cm et sont distantes de 4 mm. Elles sont reliées à une source de courant alternatif de 60 Hz de tension maximale 120 V. Trouvez la valeur maximale du module du champ magnétique à mi-distance entre le centre et le bord des armatures.

E8. (II) (a) Montrez que le module du champ magnétique à une distance r du centre d'un condensateur plan d'armatures circulaires de rayon R est donné par

$$B = \frac{\mu_0 I_D}{2\pi r} \quad (r > R)$$

(b) Exprimez B en fonction de I_D pour $r < R$.

E9. (II) Un condensateur plan a des armatures circulaires de 2 cm de rayon distantes de 2,4 mm. Les fils de raccordement longs et rectilignes sont parcourus par un courant de 20 mA. Trouvez le module du champ magnétique aux distances radiales suivantes à partir du centre des armatures : (a) 0,5 cm ; (b) 5 cm.

13.3 Ondes électromagnétiques

E10. (I) Une onde électromagnétique plane se propage dans le vide selon l'axe des z négatifs. En un point donné, le vecteur champ électrique est de $-21\vec{\mathbf{i}}$ V/m. Quel est le vecteur champ magnétique ?

E11. (I) Le champ magnétique d'une onde électromagnétique plane est donné par

$$\vec{\mathbf{B}} = (2{,}0 \times 10^{-7}) \sin(5{,}0 \times 10^2\, x + 1{,}5 \times 10^{11}\, t)\vec{\mathbf{j}}$$

où x est en mètres, t en secondes et B en teslas.

(a) Quelles sont la longueur d'onde et la fréquence de l'onde ? (b) Écrivez l'expression donnant le vecteur champ électrique.

E12. (I) Les composantes du champ électrique d'une onde électromagnétique plane sont données par $E_z = E_0 \sin(ky + \omega t)$, $E_x = E_y = 0$. Donnez l'expression de $\vec{\mathbf{B}}$.

13.4 Propagation de l'énergie et vecteur de Poynting

E13. (I) La densité d'énergie moyenne d'une onde électromagnétique sinusoïdale est égale à 10^{-7} J/m^3. Trouvez l'amplitude (a) du champ électrique ; (b) du champ magnétique.

E14. (I) Le champ électrique d'une onde plane est donné par

$$\vec{\mathbf{E}} = 50 \sin[\pi(0{,}8x - 2{,}4 \times 10^8\, \mathrm{t})]\vec{\mathbf{j}}$$

où x est en mètres, t en secondes et E en volts par mètre (V/m). Déterminez : (a) la densité d'énergie moyenne ; (b) l'amplitude et l'orientation du champ magnétique à $x = 0$ et à $t = 0$; (c) l'intensité moyenne du vecteur de Poynting.

E15. (I) Calculée sur toutes les longueurs d'onde, l'intensité moyenne du rayonnement solaire à la surface de la Terre vaut 1 kW/m^2. (a) Quelle est la densité d'énergie moyenne associée à ce rayonnement à la surface de la Terre ? (b) Estimez la valeur de l'énergie solaire incidente parvenant en 1 h à la surface de la Terre.

E16. (II) Une balise de détresse, que l'on peut assimiler à une source ponctuelle, émet une longueur d'onde unique de puissance moyenne égale à 25 W. Trouvez les amplitudes du champ électrique et du champ magnétique produits par la balise aux points suivants : (a) un avion de recherche situé à une distance de 25 km ; (b) un satellite géostationnaire à une altitude de 34 000 km.

E17. (I) À une distance de 6 m d'une source ponctuelle émettant à une longueur d'onde unique, l'amplitude du champ électrique vaut 10 V/m. Trouvez : (a) l'amplitude du champ magnétique ; (b) la puissance moyenne produite par la source.

13.5 Quantité de mouvement et pression de radiation

E18. (I) L'intensité moyenne d'un rayonnement solaire incident au niveau de la haute atmosphère est de 1,34 kW/m^2. Quel est le module de la force moyenne exercée par cette radiation sur un panneau solaire de satellite d'aire 100 m^2 ? On suppose que l'incidence est normale et que l'absorption est complète.

E19. (I) Déterminez le module de la force moyenne exercée sur une plaque de 5 cm^2 par la radiation émise par les lasers suivants : (a) un laser hélium-néon de 1 mW ; (b) un laser de 1 kW au bioxyde de carbone. On suppose que le faisceau, de section transversale égale à 10 mm^2, est normal à la plaque et qu'il est complètement absorbé.

E20. (I) Une antenne radio d'une puissance de 10^4 W émet à la fréquence de 98 MHz. En supposant qu'elle rayonne comme une source ponctuelle, déterminez la valeur moyenne de la pression de radiation à une distance de 20 km.

E21. (I) À une distance de 100 m d'une source ponctuelle, l'amplitude du champ magnétique associé au rayonnement correspond à 0,10 % du module du champ terrestre, c'est-à-dire à environ 10^{-7} T. Évaluez la puissance de l'émetteur.

E22. (I) Un laser de 1 kW sert de « fusée lumineuse » pour propulser un véhicule spatial de 100 kg. La section transversale du faisceau a une aire de 20 mm^2. Quel est le module de son accélération moyenne ? On suppose que la propulsion du laser est la seule force agissant sur le vaisseau.

E23. (I) Au seuil de détection, un récepteur FM peut capter un signal pour lequel $E_0 = 2$ µV/m. (a) Quelle est l'intensité de l'onde électromagnétique détectée ? (b) À quelle distance une source ponctuelle de 10 kW produirait-elle cette intensité ?

E24. (I) (a) À quelle distance d'une source ponctuelle de 100 W l'amplitude du champ magnétique est-elle égale à 10^{-8} T ? (b) Quelle est l'amplitude du champ électrique en ce point ?

E25. (I) L'intensité d'une onde électromagnétique plane vaut 5 W/m^2. Elle frappe une surface parfaitement réfléchissante. Déterminez : (a) la pression de radiation ; (b) le module de la force exercée sur un panneau de 60 cm × 40 cm orienté perpendiculairement à la direction de propagation de l'onde.

E26. (I) On suppose qu'une ampoule de 60 W émet sur une seule longueur d'onde et se comporte comme une source ponctuelle. À une distance de 10 m, trouvez les amplitudes (a) du champ électrique ; (b) du champ magnétique.

E27. (I) L'intensité du rayonnement solaire à la surface de la Terre est de 1 kW/m^2. Quelle serait la puissance pénétrant dans l'œil par une pupille de 0,5 cm de diamètre ?

E28. (I) Un panneau solaire convertit la lumière solaire en énergie électrique avec un rendement de 18 %. L'intensité du rayonnement solaire à la surface de la Terre est de 1 kW/m^2. Quelle est l'aire nécessaire pour produire 10 kW de puissance électrique ?

E29. (I) Montrez que le module du vecteur de Poynting d'une onde électromagnétique plane dans le vide peut s'écrire sous la forme

$$S = \frac{c}{2}\left(\varepsilon_0 E^2 + \frac{B^2}{\mu_0}\right)$$

E30. (I) Une ampoule assimilée à une source ponctuelle a une puissance de rayonnement de 120 W. À une distance de 10 m, déterminez : (a) l'intensité moyenne ; (b) la densité d'énergie moyenne ; (c) le module de la force moyenne exercée sur une plaque parfaitement réfléchissante d'aire 1 cm^2 orientée perpendiculairement au rayonnement.

PROBLÈMES

P1. (I) On charge un condensateur plan dont les armatures circulaires ont pour rayon a et sont distantes de d. Trouvez : (a) B au bord du condensateur ; (b) le module du vecteur de Poynting au bord du condensateur. (c) Montrez que la puissance fournie au condensateur est $\varepsilon_0 \pi d a^2 E(\mathrm{d}E/\mathrm{d}t)$. (On néglige les effets de bords.)

P2. (I) Le champ magnétique d'un signal radio AM de 800 kHz a une amplitude de 4×10^{-10} T. Si l'onde est détectée par une bobine plate de 20 spires de rayon 6 cm, quelle est la valeur maximale de la f.é.m. induite ? On suppose que le champ magnétique est dirigé selon l'axe de la bobine.

P3. (I) Un fil rectiligne de longueur 6 m et de rayon 0,5 mm a une résistance électrique de 0,8 Ω. La différence de potentiel entre ses bornes est égale à 24 V. (a) Quelle est la puissance thermique dissipée par effet joule ? (b) Quel est le module du vecteur de Poynting à la surface ? (c) Montrez que la puissance électromagnétique pénétrant dans le fil est égale à la valeur trouvée à la question (a).

P4. (I) Un rayon laser d'intensité S et dont la section transversale a une aire A est complètement absorbé par une particule de masse m pendant une période Δt. Montrez que la variation du module de vitesse de la particule est $\Delta v = SA\ \Delta t/mc$.

P5. (I) Des ondes électromagnétiques planes d'intensité S tombent normalement sur une surface plane. Une fraction f seulement de l'énergie incidente est absorbée. Quelle est la pression de radiation ?

P6. (II) Une particule dans la queue d'une comète a un rayon R. Sa masse volumique est de 1,2 g/cm^3. Elle est soumise à la fois à l'attraction gravitationnelle du Soleil et à la force due à sa pression de radiation. Pour quelle valeur de R ces deux forces ont-elles le même module ? On suppose qu'il y a absorption complète. La puissance du rayonnement solaire est de $3{,}8 \times 10^{26}$ W.

P7. (II) Une bobine cylindrique servant d'antenne AM comporte 250 spires de diamètre 1,5 cm. Trouvez la valeur maximale de la f.é.m. induite par une station de 10^4 W (assimilée à une source ponctuelle) émettant sur 800 kHz à une distance de 2 km. L'axe de la bobine est parallèle à la direction du champ magnétique de l'onde.

P8. (II) Soit du rayonnement faisant un angle d'incidence θ par rapport à une surface plane (figure 13.18). Montrez que la valeur moyenne de la pression de radiation est $u_{\mathrm{moy}}\cos^2\theta$. On suppose que la radiation est intégralement absorbée.

P9. (II) Un condensateur défectueux (parce qu'il laisse passer le courant) dont les armatures circulaires ont un rayon $R = 2$ cm a une capacité de 5 μF et une

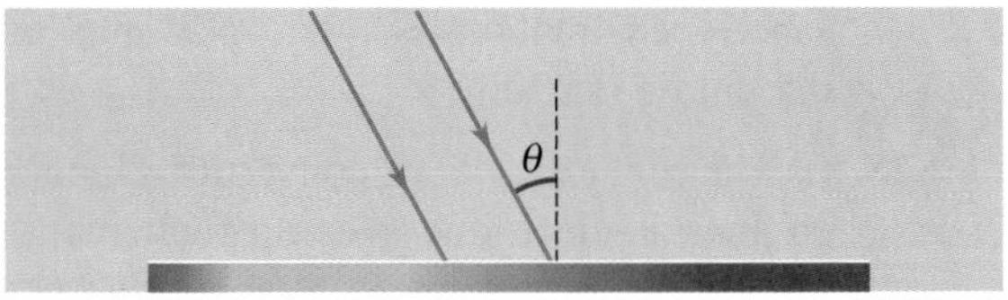

Figure 13.18 ▲
Problème 8.

résistance équivalente de 4×10^5 Ω. À $t = 0$, la différence de potentiel entre les armatures est égale à zéro mais elle augmente avec un taux constant de 2000 V/s. (a) Déterminez le courant de déplacement I_D. (b) À quel instant I_D est-il égal au courant de conduction ?

P10. (II) Un *radiomètre de Nichols* est composé de deux disques de rayon 1,2 cm reliés par une tige légère de longueur 10 cm suspendue en son milieu par un fil mince (figure 13.19). Un des disques est parfaitement absorbant alors que l'autre est parfaitement réfléchissant. La torsion du fil est responsable d'un moment de force de rappel dont le module est fixé par une version circulaire de la loi de Hooke : $\tau_{torsion} = \kappa\theta$, où $\kappa = 1{,}0 \times 10^{-10}$ N·m/degré. Quel est l'angle de déviation à l'équilibre lorsque la radiation solaire incidente, dont l'intensité moyenne est de 1,0 kW/m², est normale aux disques ?

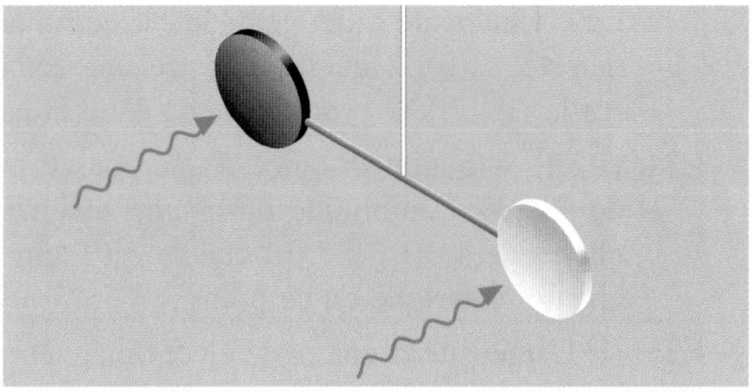

Figure 13.19 ▲
Problème 10.

P11. (II) Une onde électromagnétique plane d'intensité 220 W/m² est incidente dans la direction normale à une plaque plane de rayon 30 cm. Si la plaque absorbe 60 % et réfléchit 40 % de la radiation incidente, quel est le module de la quantité de mouvement transmise à la plaque en 5 min ?

P12. (I) Il a été suggéré qu'on pourrait utiliser le rayonnement solaire pour propulser un véhicule spatial. Supposons qu'une voilure solaire parfaitement réfléchissante d'aire 10^3 m² soit orientée normalement au rayonnement solaire d'intensité 1 kW/m². (a) Déterminez le module de la force exercée sur la voilure. (b) Si le véhicule a une masse de 10^3 kg, combien de temps lui faut-il pour atteindre 1 m/s à partir du repos ? (On néglige l'attraction gravitationnelle du Soleil et des planètes.)

ANNEXE A

Unités SI

Les *unités de base* du Système international sont les suivantes*.

Le **mètre (m)** : Le mètre est la distance parcourue dans le vide par la lumière pendant un intervalle de temps égal à 1/299 792 458 s. (1983)

Le **kilogramme (kg)** : Égal à la masse du kilogramme étalon international. (1889)

La **seconde (s)** : La seconde est la durée de 9 192 631 770 périodes de la radiation correspondant à la transition entre les deux niveaux hyperfins de l'état fondamental de l'atome de césium 133. (1967)

L'**ampère (A)** : L'ampère est l'intensité d'un courant constant qui, passant dans deux conducteurs parallèles, rectilignes, de longueur infinie, de section circulaire négligeable, et placés à un mètre l'un de l'autre dans le vide, produit entre ces conducteurs une force égale à 2×10^{-7} N par mètre de longueur. (1948)

Le **kelvin (K)** : Unité de température thermodynamique, le kelvin est la fraction 1/273,16 de la température thermodynamique du point triple de l'eau. (1968)

Le **candela (cd)** : Le candela est l'intensité lumineuse, dans une direction donnée, d'une source qui émet un rayonnement monochromatique de fréquence 540×10^{12} Hz et dont l'intensité énergétique dans cette direction est 1/683 W par stéradian. (1979)

La **mole (mol)** : La mole est la quantité de matière qui contient un nombre d'entités élémentaires identiques entre elles (atomes, molécules, ions, électrons, particules) égal au nombre d'atomes de carbone dans 0,012 kg de carbone 12. (1971)

Unités SI dérivées portant des noms particuliers

Grandeur	Unité dérivée	Nom
Activité	1 désintégration/s	becquerel (Bq)
Capacité	C/V	farad (F)
Charge	A·s	coulomb (C)
Potentiel électrique, f.é.m.	J/C	volt (V)
Énergie, travail	N·m	joule (J)
Force	$kg \cdot m/s^2$	newton (N)
Fréquence	1/s	hertz (Hz)
Inductance	V·s/A	henry (H)
Densité de flux magnétique	Wb/m^2	tesla (T)
Flux magnétique	V·s	weber (Wb)
Puissance	J/s	watt (W)
Pression	N/m^2	pascal (Pa)
Résistance	V/A	ohm (Ω)

* Nous indiquons entre parenthèses l'année où la définition est devenue officielle.

ANNEXE B

Rappels de mathématiques

Algèbre

Exposants

$$x^m x^n = x^{m+n} \qquad x^{1/n} = \sqrt[n]{x}$$

$$\frac{x^m}{x^n} = x^{m-n} \qquad (x^m)^n = x^{mn}$$

Équation du second degré

Les racines de l'équation du second degré

$$ax^2 + bx + c = 0$$

sont données par

$$x = \frac{-b \pm \sqrt{b^2 - 4ac}}{2a}$$

Si $b^2 < 4ac$, les racines ne sont pas réelles.

Équation d'une droite

L'équation d'une droite est de la forme

$$y = mx + b$$

où b est l'*ordonnée à l'origine* et m est la *pente*, telle que

$$m = \frac{y_2 - y_1}{x_2 - x_1} = \frac{\Delta y}{\Delta x}$$

Logarithmes

Si

$$x = a^y$$

alors

$$y = \log_a x$$

La quantité y est le logarithme en *base* a de x. Si $a = 10$, le logarithme est dit *décimal* ou à base 10 et s'écrit $\log_{10} x$ ou simplement $\log x$. Si $a = e = 2{,}718\ 28\ldots$, le logarithme est dit *naturel* ou népérien et s'écrit $\log_e x$ ou $\ln x$ (noter que $\ln e = 1$).

$$\log(AB) = \log A + \log B \qquad \log(A/B) = \log A - \log B$$

$$\log(A^n) = n \log A$$

Géométrie

Triangle : Aire = $\frac{1}{2}$ base × hauteur, $A = \frac{1}{2}bh$

Cercle : Circonférence : $C = 2\pi r$
Aire : $A = \pi r^2$

Sphère : Aire de la surface : $A = 4\pi r^2$
Volume : $V = \frac{4}{3}\pi r^3$

Un cercle de rayon r ayant son centre à l'origine a pour équation

(cercle) $$x^2 + y^2 = r^2$$

L'ellipse de la figure A a pour équation

(ellipse) $$\frac{x^2}{a^2} + \frac{y^2}{b^2} = 1$$

où $2a$ est la longueur du *grand* axe et $2b$, la longueur du *petit* axe.

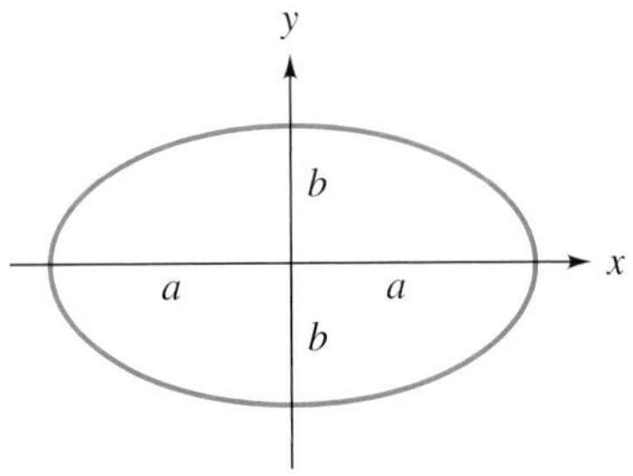

Figure A

Trigonométrie

Dans le triangle rectangle de la figure B, les fonctions trigonométriques fondamentales sont définies par :

$$\sin\ \theta = \frac{\text{côté opposé}}{\text{hypoténuse}} = \frac{a}{c}; \qquad \text{cosec}\ \theta = \frac{1}{\sin\ \theta}$$

$$\cos\ \theta = \frac{\text{côté adjacent}}{\text{hypoténuse}} = \frac{b}{c}; \qquad \sec\ \theta = \frac{1}{\cos\ \theta}$$

$$\tan\ \theta = \frac{\text{côté opposé}}{\text{côté adjacent}} = \frac{a}{b}; \qquad \text{cotan}\ \theta = \frac{1}{\tan\ \theta}$$

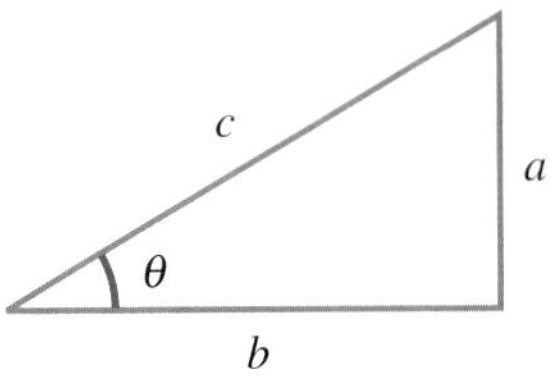

Figure B

Selon le théorème de Pythagore, $c^2 = a^2 + b^2$, donc $\cos^2\theta + \sin^2\theta = 1$.

À partir du triangle quelconque de la figure C, on peut énoncer les deux relations suivantes :

(loi des cosinus) $$C^2 = A^2 + B^2 - 2\,AB\cos\gamma$$

(loi des sinus) $$\frac{\sin\alpha}{A} = \frac{\sin\beta}{B} = \frac{\sin\gamma}{C}$$

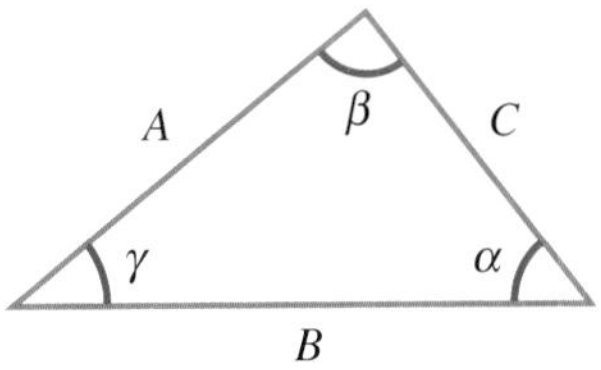

Figure C

Quelques identités trigonométriques

$$\sin^2\theta + \cos^2\theta = 1 \qquad \sec^2\theta = 1 + \tan^2\theta$$

$$\sin 2\theta = 2\sin\theta\cos\theta \qquad \cos 2\theta = \cos^2\theta - \sin^2\theta = 2\cos^2\theta - 1 = 1 - 2\sin^2\theta$$

$$\tan 2\theta = \frac{2\tan\theta}{1 - \tan^2\theta}; \qquad \tan\ \theta = \pm\sqrt{\frac{1 - \cos 2\theta}{1 + \cos 2\theta}}$$

$$\sin(A \pm B) = \sin A\cos B \pm \cos A\sin B$$

$$\cos(A \pm B) = \cos A\cos B \mp \sin A\sin B$$

$$\sin A \pm \sin B = 2\sin\frac{(A \pm B)}{2}\cos\frac{(A \mp B)}{2}$$

$$\cos A + \cos B = 2\cos\frac{(A + B)}{2}\cos\frac{(A - B)}{2}$$

$$\cos A - \cos B = 2\sin\frac{(A + B)}{2}\sin\frac{(B - A)}{2}$$

$$\sin A\cos B = \frac{1}{2}[\sin(A - B) + \sin(A + B)]$$

$$\sin A\sin B = \frac{1}{2}[\cos(A - B) - \cos(A + B)]$$

$$\cos A\cos B = \frac{1}{2}[\cos(A - B) + \cos(A + B)]$$

Développements en série

$$(a + b)^n = a^n + \frac{n}{1!} a^{n-1}b + \frac{n(n-1)}{2!} a^{n-2}b^2 + \cdots$$

$$(1 + x)^n = 1 + nx + \frac{n(n-1)}{2!} x^2 + \cdots$$

$$e^x = 1 + x + \frac{x^2}{2!} + \frac{x^3}{3!} + \cdots$$

$$\ln(1 \pm x) = \pm x - \frac{x^2}{2} \pm \frac{x^3}{3} - \cdots \qquad \text{pour } |x| < 1$$

$$\sin x = x - \frac{x^3}{3!} + \frac{x^5}{5!} - \cdots$$

$$\cos x = 1 - \frac{x^2}{2!} + \frac{x^4}{4!} - \cdots \qquad x \text{ en radians}$$

$$\tan x = x + \frac{x^3}{3} + \frac{2x^5}{15} + \cdots \qquad \text{pour } |x| < \pi/2$$

Approximation des petits angles

Les développements en série de sin x, cos x et tan x ci-dessus, quand ils sont utilisés avec une très petite valeur de x, conduisent aux approximations suivantes :

$\sin x \approx x$
$\cos x \approx 1$ pour $x \ll 1$
$\tan x \approx x$

Par conséquent,
$\sin x \approx \tan x$ pour $x \ll 1$

Translations de fonctions

On peut faire subir à toute fonction $y(x)$ une translation d'une quelconque distance h le long de l'axe des x en remplaçant, dans cette fonction, « x » par « $x - h$ ». De même, on peut faire subir à toute fonction $y(x)$ une translation d'une quelconque distance k le long de l'axe des y en remplaçant, dans cette fonction, « y » par « $y - k$ ». La figure D illustre, en pointillés, les fonctions $y = x^2$ et $y = \sin(5\pi x)$ auxquelles est appliquée une translation vers la droite. Les courbes illustrées en lignes pleines sont $y = (x-1)^2$ et $y = \sin[5\pi(x - 0{,}025)]$.

Avec cette méthode, on déduit en particulier que

$\sin(x + \pi/2) = \cos x$
$\sin(x - \pi/2) = -\cos x$

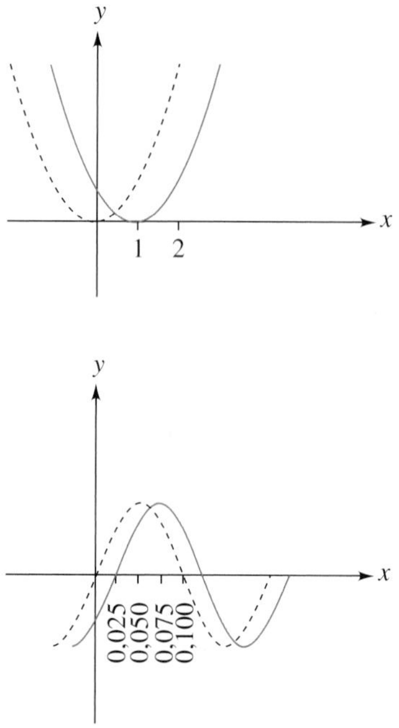

Figure D

ANNEXE C

Rappels de calcul différentiel et intégral

Calcul différentiel

Dérivée d'un produit :

$$\frac{d(uv)}{dx} = u\frac{dv}{dx} + v\frac{du}{dx}$$

Dérivée d'un quotient :

$$\frac{d}{dx}\left(\frac{u}{v}\right) = \frac{v\frac{du}{dx} - u\frac{dv}{dx}}{v^2}$$

Règle de dérivation des fonctions composées :

Étant donné une fonction $f(u)$ où u est elle-même une fonction de x, on a

$$\frac{df}{dx} = \frac{df}{du} \cdot \frac{du}{dx}$$

Par exemple,

$$\frac{d(\sin u)}{dx} = \cos u \cdot \frac{du}{dx}$$

Dérivées de quelques fonctions*

$$\frac{d}{dx}(ax^n) = nax^{n-1} ;$$

$$\frac{d}{dx}(e^{ax}) = ae^{ax}$$

$$\frac{d}{dx}(\sin ax) = a \cos ax ;$$

$$\frac{d}{dx}(\cos ax) = -a \sin ax$$

$$\frac{d}{dx}(\tan ax) = a \sec^2 ax ;$$

$$\frac{d}{dx}(\text{cotan } ax) = -a \text{ cosec}^2 ax$$

$$\frac{d}{dx}(\sec x) = \tan x \sec x ;$$

$$\frac{d}{dx}(\text{cosec } x) = -\text{cotan } x \text{ cosec } x$$

$$\frac{d}{dx}(\ln ax) = \frac{a}{x}$$

Calcul des intégrales

Intégration par parties :

$$\int u\left(\frac{dv}{dx}\right)dx = uv - \int v\left(\frac{du}{dx}\right)dx$$

* Pour les fonctions trigonométriques, x est en radians.

Quelques intégrales

(Une constante arbitraire peut être ajoutée à chaque intégrale.*)

$$\int x^n \, dx = \frac{x^{n+1}}{(n+1)} \quad (n \neq -1)$$

$$\int \frac{dx}{x} = \ln |x|$$

$$\int \frac{dx}{a+bx} = \frac{1}{b} \ln |a+bx|$$

$$\int \frac{dx}{(a+bx)^2} = -\frac{1}{b(a+bx)}$$

$$\int \frac{dx}{a^2+x^2} = \frac{1}{a} \arctan\left(\frac{x}{a}\right)$$

$$\int \frac{dx}{x^2-a^2} = \frac{1}{2a} \ln \left|\frac{x-a}{x+a}\right| \quad (x^2 > a^2)$$

$$\int \frac{dx}{a^2-x^2} = \frac{1}{2a} \ln \left|\frac{a+x}{a-x}\right| \quad (x^2 < a^2)$$

$$\int \frac{x\,dx}{a^2 \pm x^2} = \pm\frac{1}{2} \ln |a^2 \pm x^2|$$

$$\int \frac{dx}{\sqrt{a^2-x^2}} = \arcsin\left(\frac{x}{a}\right)$$

$$= -\arccos\left(\frac{x}{a}\right) \quad (x^2 < a^2)$$

$$\int \frac{dx}{\sqrt{x^2 \pm a^2}} = \ln \left|x + \sqrt{x^2 \pm a^2}\right|$$

$$\int \frac{x\,dx}{\sqrt{a^2-x^2}} = -\sqrt{a^2-x^2}$$

$$\int \frac{x\,dx}{\sqrt{x^2 \pm a^2}} = \sqrt{x^2 \pm a^2}$$

$$\int \frac{dx}{(x^2+a^2)^{3/2}} = \frac{x}{a^2(x^2+a^2)^{1/2}}$$

$$\int \frac{x\,dx}{(x^2+a^2)^{3/2}} = -\frac{1}{(x^2+a^2)^{1/2}}$$

$$\int x\sqrt{x^2 \pm a^2}\, dx = \frac{1}{3}(x^2 \pm a^2)^{3/2}$$

$$\int e^{ax}\, dx = \frac{1}{a} e^{ax}$$

$$\int x e^{ax}\, dx = (ax-1)\frac{e^{ax}}{a^2}$$

$$\int x^2 e^{-ax}\, dx = -\frac{1}{a^3}(a^2x^2 + 2ax + 2)e^{-ax}$$

$$\int \ln(ax)\, dx = x \ln|ax| - x$$

$$\int \sin(ax)\, dx = -\frac{1}{a}\cos(ax)$$

$$\int \cos(ax)\, dx = \frac{1}{a}\sin(ax)$$

$$\int \tan(ax)\, dx = \frac{1}{a}\ln|\sec(ax)|$$

$$\int \text{cotan}(ax)\, dx = \frac{1}{a}\ln|\sin(ax)|$$

$$\int \sec(ax)\, dx = \frac{1}{a}\ln|\sec(ax) + \tan(ax)|$$

$$\int \text{cosec}(ax)\, dx = \frac{1}{a}\ln|\text{cosec}(ax) + \text{cotan}(ax)|$$

$$\int \sin^2(ax)\, dx = \frac{x}{2} - \frac{\sin(2ax)}{4a}$$

$$\int \cos^2 ax\, dx = \frac{x}{2} + \frac{\sin(2ax)}{4a}$$

$$\int \frac{1}{\sin^2(ax)} dx = -\frac{1}{a}\text{cotan}(ax)$$

$$\int \frac{1}{\cos^2(ax)} dx = \frac{1}{a}\tan(ax)$$

$$\int \tan^2(ax)\, dx = \frac{1}{a}\tan(ax) - x$$

$$\int \text{cotan}^2(ax)\, dx = -\frac{1}{a}\text{cotan}(ax) - x$$

* Pour les fonctions trigonométriques, x est en radians.

ANNEXE D

Tableau périodique des éléments

Symbole	C 6	Numéro atomique
Masse atomique*	12,01	
	$2p^2$	Configuration électronique

Groupe I	Groupe II	Éléments de transition										Groupe III	Groupe IV	Groupe V	Groupe VI	Groupe VII	Groupe 0
H 1 1,01 $1s^1$																	**He** 2 4,00 $1s^2$
Li 3 6,94 $2s^1$	**Be** 4 9,01 $2s^1$											**B** 5 10,81 $2p^1$	**C** 6 12,01 $2p^2$	**N** 7 14,01 $2p^3$	**O** 8 16,00 $2p^4$	**F** 9 19,00 $2p^5$	**Ne** 10 20,18 $2p^6$
Na 11 22,99 $3s^1$	**Mg** 12 24,31 $3s^2$											**Al** 13 26,98 $3p^1$	**Si** 14 28,09 $3p^2$	**P** 15 30,97 $3p^3$	**S** 16 32,06 $3p^4$	**Cl** 17 35,45 $3p^5$	**Ar** 18 39,95 $3p^6$
K 19 39,10 $4s^1$	**Ca** 20 40,08 $4s^2$	**Sc** 21 44,96 $3d^14s^2$	**Ti** 22 47,90 $3d^24s^2$	**V** 23 50,94 $3d^34s^2$	**Cr** 24 52,00 $3d^54s^1$	**Mn** 25 54,938 $3d^54s^2$	**Fe** 26 55,85 $3d^64s^2$	**Co** 27 58,93 $3d^74s^2$	**Ni** 28 58,71 $3d^84s^2$	**Cu** 29 63,55 $3d^{10}4s^1$	**Zn** 30 65,38 $3d^{10}4s^2$	**Ga** 31 69,72 $4p^1$	**Ge** 32 72,59 $4p^2$	**As** 33 74,92 $4p^3$	**Se** 34 78,96 $4p^4$	**Br** 35 79,90 $4p^5$	**Kr** 36 83,80 $4p^6$
Rb 37 85,47 $5s^1$	**Sr** 38 87,62 $5s^2$	**Y** 39 88,91 $4d^15s^2$	**Zr** 40 91,22 $4d^25s^2$	**Nb** 41 92,91 $4d^45s^1$	**Mo** 42 95,94 $4d^55s^1$	**Tc** 43 98,9 $4d^55s^2$	**Ru** 44 101,07 $4d^75s^1$	**Rh** 45 102,91 $4d^85s^1$	**Pd** 46 106,4 $4d^{10}$	**Ag** 47 107,87 $4d^{10}5s^1$	**Cd** 48 112,41 $4d^{10}5s^2$	**In** 49 114,82 $5p^1$	**Sn** 50 118,69 $5p^2$	**Sb** 51 121,75 $5p^3$	**Te** 52 127,60 $5p^4$	**I** 53 126,90 $5p^5$	**Xe** 54 131,30 $5p^6$
Cs 55 132,91 $6s^1$	**Ba** 56 137,33 $6s^2$	57-71†	**Hf** 72 178,49 $5d^26s^2$	**Ta** 73 180,95 $5d^36s^2$	**W** 74 183,85 $5d^46s^2$	**Re** 75 186,21 $5d^56s^2$	**Os** 76 190,2 $5d^66s^2$	**Ir** 77 192,22 $5d^76s^2$	**Pt** 78 195,09 $5d^96s^1$	**Au** 79 196,97 $5d^{10}6s^1$	**Hg** 80 200,59 $5d^{10}6s^2$	**Tl** 81 204,37 $6p^1$	**Pb** 82 207,2 $6p^2$	**Bi** 83 208,98 $6p^3$	**Po** 84 (209) $6p^4$	**At** 85 (210) $6p^5$	**Rn** 86 (222) $6p^6$
Fr 87 (223) $7s^1$	**Ra** 88 226,03 $7s^2$	89-103‡	**Rf** 104 (261) $6d^27s^2$	**Ha** 105 (260) $6d^37s^2$	106 (263)	107 (262)	108 (265)	109 (266)									

† Lanthanides	**La** 57 139,91 $5d^16s^2$	**Ce** 58 140,12 $4f^26s^2$	**Pr** 59 140,91 $4f^36s^2$	**Nd** 60 144,24 $4f^46s^2$	**Pm** 61 (145) $4f^56s^2$	**Sm** 62 150,4 $4f^66s^2$	**Eu** 63 151,96 $4f^76s^2$	**Gd** 64 157,25 $5d^14f^76s^2$	**Tb** 65 158,93 $4f^96s^2$	**Dy** 66 162,50 $4f^{10}6s^2$	**Ho** 67 164,93 $4f^{11}6s^2$	**Er** 68 167,26 $4f^{12}6s^2$	**Tm** 69 168,93 $4f^{13}6s^2$	**Yb** 70 173,04 $4f^{14}6s^2$	**Lu** 71 174,97 $5d^14f^{14}6s^2$
‡ Actinides	**Ac** 89 (227) $6d^17s^2$	**Th** 90 232,04 $6d^27s^2$	**Pa** 91 231,04 $5f^26d^17s^2$	**U** 92 238,03 $5f^36d^17s^2$	**Np** 93 237,05 $5f^46d^17s^2$	**Pu** 94 (244) $5f^67s^2$	**Am** 95 (243) $5f^77s^2$	**Cm** 96 (247) $5f^76d^17s^2$	**Bk** 97 (247) $5f^86d^17s^2$	**Cf** 98 (251) $5f^{10}7s^2$	**Es** 99 (253) $5f^{11}7s^2$	**Fm** 100 (257) $5f^{12}7s^2$	**Md** 101 (258) $5f^{13}7s^2$	**No** 102 (259) $5f^{14}7s^2$	**Lw** 103 (260) $6d^17s^2$

* Valeur moyenne déterminée en fonction de l'abondance isotopique relative sur terre. L'annexe E indique le pourcentage d'abondance de certains isotopes. Pour les éléments instables, la masse de l'isotope le plus stable est indiquée entre parenthèses.

ANNEXE E

Table des isotopes les plus abondants*

Chaque masse atomique est celle de l'atome neutre et comprend Z électrons.

La liste complète des isotopes, qu'ils soient d'origine naturelle ou qu'ils aient été produits artificiellement en laboratoire, compte plusieurs centaines d'éléments. Nous donnons ici la liste de ceux qui sont les plus abondants dans la nature. Lorsque plus de trois isotopes ont été répertoriés pour un même numéro atomique, nous indiquons les trois plus abondants (sauf exceptions). Lorsque aucun isotope stable n'existe pour un atome donné, nous décrivons un ou plusieurs des isotopes radioactifs ; dans certains cas, l'abondance ne peut être précisée. La dernière colonne de la table indique la demi-vie des isotopes radioactifs. Entre parenthèses, nous mentionnons le ou les modes de désintégration s'ils sont connus : α = désintégration alpha ; β = désintégration bêta ; C.E. = capture d'un électron orbital. Les chiffres entre parenthèses indiquent l'incertitude sur les derniers chiffres de la donnée expérimentale.

Numéro atomique (Z)	Élément	Symbole	Nombre de masse (A)	Masse atomique (u)	Abondance (%)	Demi-vie (mode de désintégration)
0	(neutron)	n	1	1,008 665	–	10,3 min (β^-)
1	hydrogène	H	1	1,007 825 035(12)	99,985(1)	
1	deutérium	D	2	2,014 101 779(24)	0,015(1)	
1	tritium	T	3	3,016 049 27(4)	–	12,32 a (β^-)
2	hélium	He	3	3,016 029 31(4)	0,000 137(3)	
2			4	4,002 603 24(5)	99,999 863(3)	
3	lithium	Li	6	6,015 121 4(7)	7,5(2)	
3			7	7,016 003 0(9)	92,5(2)	
4	béryllium	Be	7	7,016 929	–	53,28 jours (C.E.)
4			9	9,012 182 2(4)	100	
5	bore	B	10	10,012 936 9(3)	19,9(2)	
5			11	11,009 305 4(4)	80,1(2)	
6	carbone	C	12	12 (par définition)	98,90(3)	
6			13	13,003 354 826(17)	1,10(3)	
6			14	14,003 241 982(27)	trace**	5730 a (β^-)
7	azote	N	12	12,018 613	–	11,00 ms (β^+)
7			13	13,005 738 6	–	9,97 min (β^+)
7			14	14,003 074 002(26)	99,634(9)	
7			15	15,000 108 97(4)	0,366(9)	

* Données tirées de David R. Lide (dir.), *CRC Handbook of Chemistry and Physics*, Boca Raton, CRC Press, 1994. Reproduit avec l'autorisation de CRC Press LLC par l'entremise du Copyright Clearance Center.

** Dans l'atmosphère terrestre, la proportion du nombre d'atomes $^{14}C/^{12}C$ est de $1,3 \times 10^{-12}$.

Numéro atomique (*Z*)	Élément	Symbole	Nombre de masse (*A*)	Masse atomique (u)	Abondance (%)	Demi-vie (mode de désintégration)
8	oxygène	O	16	15,994 914 63(5)	99,762(15)	
8			17	16,999 131 2(4)	0,038(3)	
8			18	17,999 160 3(9)	0,200(12)	
9	fluor	F	19	18,998 403 22(15)	100	
10	néon	Ne	20	19,992 435 6(22)	90,48(3)	
10			22	21,991 383 1(18)	9,25(3)	
11	sodium	Na	22	21,994 437	–	2,605 a (β^+, C.E.)
11			23	22,989 767 7(10)	100	
12	magnésium	Mg	24	23,985 041 9	78,99(3)	
12			25	24,985 837 0	10,00(1)	
12			26	25,982 593 0	11,01(2)	
13	aluminium	Al	27	26,981 538 6(8)	100	
14	silicium	Si	28	27,976 927 1(7)	92,23(1)	
14			29	28,976 494 9(7)	4,67(1)	
14			30	29,973 770 7(7)	3,10(1)	
15	phosphore	P	30	29,978 314	–	2,50 min (β^+)
15			31	30,973 762 0(6)	100	
16	soufre	S	32	31,972 070 70(25)	95,02(9)	
16			33	32,971 458 54(23)	0,75(4)	
16			34	33,967 866 65(22)	4,21(8)	
17	chlore	Cl	35	34,968 852 721(69)	75,77(7)	
17			37	36,965 902 62(11)	24,23(7)	
18	argon	Ar	36	35,967 545 52(29)	0,337(3)	
18			38	37,962 732 5(9)	0,063(1)	
18			40	39,962 383 7(14)	99,600(3)	
19	potassium	K	39	38,963 707 4(12)	93,258 1(44)	
19			40	39,963 999 2(12)	0,011 7(1)	$1,26 \times 10^9$ a (β^-)
19			41	40,961 825 4(12)	6,730 2(44)	
20	calcium	Ca	40	39,962 590 6(13)	96,941(18)	
20			42	41,958 617 6(13)	0,647(9)	
20			44	43,955 480 6(14)	2,086(12)	
21	scandium	Sc	45	44,955 910 0(14)	100	
22	titane	Ti	46	45,952 629 4(14)	8,0(1)	
22			47	46,951 764 0(11)	7,3(1)	
22			48	47,947 947 3(11)	73,8(1)	
23	vanadium	V	50	49,947 160 9(17)	0,250(2)	$>1,4 \times 10^{17}$ a (C.E.)
23			51	50,943 961 7(17)	99,750(2)	
24	chrome	Cr	50	49,946 046 4(17)	4,345(13)	
24			52	51,940 509 8(17)	83,789(18)	
24			53	52,940 651 3(17)	9,501(17)	
25	manganèse	Mn	55	54,938 047 1(16)	100	

Numéro atomique (*Z*)	Élément	Symbole	Nombre de masse (*A*)	Masse atomique (u)	Abondance (%)	Demi-vie (mode de désintégration)
26	fer	Fe	54	53,939 612 7(15)	5,8(1)	
26			56	55,934 939 3(16)	91,72(30)	
26			57	56,935 395 8(16)	2,1(1)	
27	cobalt	Co	59	58,933 197 6(16)	100	
27			60	59,933 817	–	5,271 a (β^-)
28	nickel	Ni	58	57,935 346 2(16)	68,077(9)	
28			60	59,930 788 4(16)	26,223(8)	
28			62	61,928 346 1(16)	3,634(2)	
28			64	63,927 969	0,926(1)	
29	cuivre	Cu	63	62,929 598 9(16)	69,17(3)	
29			64	63,929 768	–	12,701 h (β^-, β^+, C.E.)
29			65	64,927 792 9(20)	30,83(3)	
30	zinc	Zn	64	63,929 144 8(19)	48,6(3)	
30			66	65,926 034 7(17)	27,9(2)	
30			68	67,924 845 9(18)	18,8(4)	
31	gallium	Ga	69	68,925 580(3)	60,108(9)	
31			71	70,924 700 5(25)	39,892(9)	
32	germanium	Ge	70	69,924 249 7(16)	21,23(4)	
32			72	71,922 078 9(16)	27,66(3)	
32			74	73,921 177 4(15)	35,94(2)	
33	arsenic	As	75	74,921 594 2(17)	100	
34	sélénium	Se	76	75,919 212 0(16)	9,36(11)	
34			78	77,917 307 6(16)	23,78(9)	
34			80	79,916 519 6(19)	49,61(10)	
35	brome	Br	79	78,918 336 1(26)	50,69(7)	
35			81	80,916 289(6)	49,31(7)	
36	krypton	Kr	82	81,913 482(6)	11,6(1)	
36			84	83,911 507(4)	57,0(3)	
36			86	85,910 616(5)	17,3(2)	
36			89	88,917 64	–	3,15 min (β^-)
37	rubidium	Rb	85	84,911 794(3)	72,165(20)	
37			87	86,909 187(3)	27,835(20)	$4,88 \times 10^{10}$ a (β^-)
38	strontium	Sr	86	85,909 267 2(28)	9,86(1)	
38			87	86,908 884 1(28)	7,00(1)	
38			88	87,905 618 8(28)	82,58(1)	
39	yttrium	Y	89	88,905 849(3)	100	
40	zirconium	Zr	90	89,904 702 6(26)	51,45(3)	
40			92	91,905 038 6(26)	17,15(2)	
40			94	93,906 314 8(28)	17,38(4)	
41	niobium	Nb	93	92,906 377 2(27)	100	
42	molybdène	Mo	95	94,905 841 1(22)	15,92(5)	
42			96	95,904 678 5(22)	16,68(5)	
42			98	97,905 407 3(22)	24,13(7)	

Numéro atomique (Z)	Élément	Symbole	Nombre de masse (A)	Masse atomique (u)	Abondance (%)	Demi-vie (mode de désintégration)
43	technétium	Tc	98	97,907 215(4)	–	$4{,}2 \times 10^{6}$ a (β^-)
44	ruthénium	Ru	101	100,905 581 9(24)	17,0(1)	
44			102	101,904 348 5(25)	31,6(2)	
44			104	103,905 424(6)	18,7(2)	
45	rhodium	Rh	103	102,905 500(4)	100	
46	palladium	Pd	105	104,905 079(6)	22,33(8)	
46			106	105,903 478(6)	27,33(3)	
46			108	107,903 895(4)	26,46(9)	
47	argent	Ag	107	106,905 092(6)	51,839(7)	
47			109	108,904 757(4)	48,161(7)	
48	cadmium	Cd	111	110,904 182(3)	12,80(8)	
48			112	111,902 758(3)	24,13(14)	
48			114	113,903 357(3)	28,73(28)	
49	indium	In	113	112,904 061(4)	4,3(2)	
49			115	114,903 880(4)	95,7(2)	$4{,}4 \times 10^{14}$ a (β^-)
50	étain	Sn	116	115,901 747(3)	14,53(1)	
50			118	117,901 609(3)	24,23(11)	
50			120	119,902 199 1(29)	32,59(10)	
51	antimoine	Sb	121	120,903 821 2(29)	57,36(8)	
51			123	122,904 216 0(24)	42,64(8)	
52	tellure	Te	126	125,903 314(3)	18,95(1)	
52			128	127,904 463(4)	31,69(1)	
52			130	129,906 229(5)	33,80(1)	$2{,}5 \times 10^{21}$ a
53	iode	I	127	126,904 473(5)	100	
54	xénon	Xe	129	128,904 780 1(21)	26,4(6)	
54			131	130,905 072(5)	21,2(4)	
54			132	131,904 144(5)	26,9(5)	
55	césium	Cs	133	132,905 429(7)	100	
56	barium	Ba	136	135,904 553(7)	7,854(36)	
56			137	136,905 812(6)	11,23(4)	
56			138	137,905 232(6)	71,70(7)	
56			144	143,922 94	–	11,4 s (β^-)
57	lanthane	La	138	137,907 105(6)	0,090 2(2)	$1{,}06 \times 10^{11}$ a
57			139	138,906 347(5)	99,909 8(2)	
58	cérium	Ce	138	137,905 985(12)	0,25(1)	
58			140	139,905 433(4)	88,48(10)	
58			142	141,909 241(4)	11,08(10)	
59	praséodyme	Pr	141	140,907 647(4)	100	
60	néodyme	Nd	142	141,907 719(4)	27,13(12)	
60			144	143,910 083(4)	23,80(12)	$2{,}1 \times 10^{15}$ a
60			146	145,913 113(4)	17,19(9)	
61	prométhium	Pm	145	144,912 743(4)	–	17,7 a (C.E.)

Numéro atomique (*Z*)	Élément	Symbole	Nombre de masse (*A*)	Masse atomique (u)	Abondance (%)	Demi-vie (mode de désintégration)
62	samarium	Sm	147	146,914 895(4)	15,0(2)	$1{,}06 \times 10^{11}$ a (α)
62			152	151,919 729(4)	26,7(2)	
62			154	153,922 206(4)	22,7(2)	
63	europium	Eu	151	150,919 847(8)	47,8(15)	
63			153	152,921 225(4)	52,2(15)	
64	gadolinium	Gd	156	155,922 118(4)	20,47(4)	
64			158	157,924 019(4)	28,84(12)	
64			160	159,927 049(4)	21,86(4)	
65	terbium	Tb	159	158,925 342(4)	100	
66	dysprosium	Dy	162	161,926 795(4)	25,5(2)	
66			163	162,928 728(4)	24,9(2)	
66			164	163,929 171(4)	28,2(2)	
67	holmium	Ho	165	164,930 319(4)	100	
68	erbium	Er	166	165,930 290(4)	33,6(2)	
68			167	166,932 046(4)	22,95(15)	
68			168	167,932 368(4)	26,8(2)	
69	thulium	Tm	169	168,934 212(4)	100	
70	ytterbium	Yb	172	171,936 378(3)	21,9(3)	
70			173	172,938 208(3)	16,12(21)	
70			174	173,938 859(3)	31,8(4)	
71	lutécium	Lu	175	174,940 770(3)	97,41(2)	
71			176	175,942 679(3)	2,59(2)	$3{,}8 \times 10^{10}$ a (β^-)
72	hafnium	Hf	177	176,943 217(3)	18,606(4)	
72			178	177,943 696(3)	27,297(4)	
72			180	179,946 545 7(30)	35,100(7)	
73	tantale	Ta	180	179,947 462(4)	0,012(2)	$> 1{,}2 \times 10^{15}$ a
73			181	180,947 992(3)	99,988(2)	
74	tungstène	W	182	181,948 202(3)	26,3(2)	
74			184	183,950 928(3)	30,67(15)	
74			186	185,954 357(4)	28,6(2)	
75	rhénium	Re	185	184,952 951(3)	37,40(2)	
75			187	186,955 744(3)	62,60(2)	$4{,}2 \times 10^{10}$ a (β^-)
76	osmium	Os	189	188,958 137(4)	16,1(8)	
76			190	189,958 436(4)	26,4(12)	
76			192	191,961 467(4)	41,0(8)	
77	iridium	Ir	191	190,960 584(4)	37,3(5)	
77			193	192,962 917(4)	62,7(5)	
78	platine	Pt	194	193,962 655(4)	32,9(6)	
78			195	194,964 766(4)	33,8(6)	
78			196	195,964 926(4)	25,3(6)	
79	or	Au	197	196,966 543(4)	100	

Numéro atomique (Z)	Élément	Symbole	Nombre de masse (A)	Masse atomique (u)	Abondance (%)	Demi-vie (mode de désintégration)
80	mercure	Hg	199	198,968 254(4)	16,87(10)	
80			200	199,968 300(4)	23,10(16)	
80			202	201,970 617(4)	29,86(20)	
81	thallium	Tl	203	202,972 320(5)	29,524(14)	
81			205	204,974 401(5)	70,476(14)	
82	plomb	Pb	206	205,974 440(4)	24,1(1)	
82			207	206,975 872(4)	22,1(1)	
82			208	207,976 627(4)	52,4(1)	
83	bismuth	Bi	209	208,980 374(5)	100	
84	polonium	Po	209	208,982 404(5)	–	102 a (α)
84			210	209,982 857	–	138,38 jours (α)
85	astate	At	210	209,987 126(12)	–	8,1 h (α, C.E.)
86	radon	Rn	222	222,017 570(3)	–	3,8235 jours (α)
87	francium	Fr	223	223,019 733(4)	–	21,8 min (β^-)
88	radium	Ra	226	226,025 402(3)	–	1599 a (α)
89	actinium	Ac	227	227,027 750(3)	–	21,77 a (β^-, α)
90	thorium	Th	231	231,036 298	–	1,063 jour (β^-)
90			232	232,038 054(2)	–	$1,4 \times 10^{10}$ a (α)
90			234	234,043 593	–	24,10 jours (β^-)
91	protactinium	Pa	231	231,035 880(3)	–	$3,25 \times 10^4$ a (α)
92	uranium	U	234	234,040 946 8(24)	0,0055(5)	$2,45 \times 10^5$ a (α)
92			235	235,043 924 2(24)	0,7200(12)	$7,04 \times 10^8$ a (α)
92			236	236,045 561	–	$2,34 \times 10^7$ a (α)
92			238	238,050 784 7(23)	99,2745(60)	$4,46 \times 10^9$ a (α)
93	neptunium	Np	237	237,048 167 8(23)	–	$2,14 \times 10^6$ a (α)
94	plutonium	Pu	239	239,052 157(2)	–	$2,411 \times 10^4$ a (α)
94			244	244,064 199(5)	–	$8,2 \times 10^7$ a (α)
95	américium	Am	243	243,061 375	–	$7,37 \times 10^3$ a (α)
96	curium	Cm	245	245,065 483	–	$8,5 \times 10^3$ a (α)
97	berkélium	Bk	247	247,070 300	–	$1,4 \times 10^3$ a (α)
98	californium	Cf	249	249,074 844	–	351 a (α)
99	einsteinium	Es	254	254,088 019	–	276 jours (α)
100	fermium	Fm	253	253,085 173	–	3,0 jours (α, C.E.)
101	mendélévium	Md	255	255,091 081	–	27 min (α, C.E.)
102	nobélium	No	255	255,093 260	–	3,1 min (α, C.E.)
103	lawrencium	Lw	257	257,099 480	–	0,65 s (α, C.E.)
104	rutherfordium	Rf	261	261,108 690	–	1,1 min (α)
105	dubnium	Db	262	262,113 760	–	34 s (α)
106	seaborgium	Sg	266	266,122	–	21 s (α)
107	bohrium	Bh	264	264,125	–	0,44 s (α)
108	hassium	Hs	269	269,134	–	9 s (α)
109	meitnerium	Mt	268	268,1388	–	0,07 s (α)

Réponses aux exercices et aux problèmes

Chapitre 1

Exercices

E1. (a) $-191\vec{\mathbf{i}}$ N ; (b) $188\vec{\mathbf{i}}$ N

E2. (a) $(6{,}75\vec{\mathbf{i}} - 8{,}00\vec{\mathbf{j}}) \times 10^{-5}$ N ;
(b) $(-8{,}48\vec{\mathbf{i}} + 1{,}30\vec{\mathbf{j}}) \times 10^{-5}$ N

E3. (a) $208\vec{\mathbf{j}}$ N ; (b) $(80{,}0\vec{\mathbf{i}} - 277\vec{\mathbf{j}})$ N

E4. (a) $(3{,}64\vec{\mathbf{i}} + 8{,}22\vec{\mathbf{j}}) \times 10^{-4}$ N ;
(b) $(6{,}78\vec{\mathbf{i}} - 8{,}56\vec{\mathbf{j}}) \times 10^{-4}$ N

E5. (a) (0,750 ; 0) m ; (b) (1,50 ; 0) m ; (c) les forces sur q_3 ne peuvent s'annuler si elles ne sont pas parallèles

E6. $5{,}71 \times 10^{13}$ C

E7. $1{,}52 \times 10^{-14}$ m

E8. (a) $4{,}61 \times 10^{3}$ N ; (b) $6{,}88 \times 10^{29}$ m/s^2

E9. $4{,}21 \times 10^{-8}$ N ; (b) $2{,}90 \times 10^{-9}$ N

E10. (a) $kqQ(-0{,}222\vec{\mathbf{i}} - 0{,}250\vec{\mathbf{j}})$;
(b) (−1,82 ; −2,04) m

E11. $q_1 = q_2 = -0{,}338$ µC

E12. $\pm 7{,}61 \times 10^{-8}$ C

E13. $F_{\text{élec}}/F_{\text{grav}} = 2{,}85 \times 10^{-18}$

E14. (a) $x = 1{,}00$ m ; $q = -(9/16)Q$;
(b) $x = -2{,}00$ m ; $q = -(9/4)Q$

E15. ±133 nC, ±267 nC

E16. (a) $3{,}60 \times 10^{-4}\vec{\mathbf{i}}$ N ;
(b) $(3{,}22 \times 10^{-5}\vec{\mathbf{i}} + 16{,}4 \times 10^{-5}\vec{\mathbf{j}})$ N ;
(c) $12{,}7 \times 10^{-5}\vec{\mathbf{i}}$ N ;
(d) $(3{,}22 \times 10^{-5}\vec{\mathbf{i}} - 16{,}4 \times 10^{-5}\vec{\mathbf{j}})$ N

E17. (a) 20,5 N ;
(b) Non

E18. $(2{,}88\vec{\mathbf{i}} - 2{,}16\vec{\mathbf{j}})$ mN

E19. $5{,}76 \times 10^{5}$ N

E20. (a) $2{,}75 \times 10^{26}$ électrons ;
(b) $5{,}96 \times 10^{26}$ électrons ;
(c) $3{,}07 \times 10^{26}$ électrons

E21. Un électron excédentaire par $1{,}19 \times 10^{11}$ atomes d'aluminium

Problèmes

P1. $q_2 = 1{,}89$ µC, $q_3 = -5{,}28$ µC

P2. (a) $2kQqx/(a^2 + x^2)^{3/2}\vec{\mathbf{i}}$; (b) $\pm a/\sqrt{2}$;
(d) $\approx 2kqQ/x^2$

P3. (a) $-2kQqa/(a^2 + x^2)^{3/2}\vec{\mathbf{j}}$; (b) $x = 0$

P4. (a) $4kqQay/(y^2 - a^2)^2\vec{\mathbf{j}}$; (b) $\approx 4kqQa/y^3$

P5. $q = Q/2$

P6. (a) $q_1 = \pm 5{,}00$ µC ; $q_2 = \pm 3{,}00$ µC

P7. (a) $2{,}08 \times 10^{13}$; (b) $7{,}56 \times 10^{-12}$

P8. (a) $1{,}90(kQ^2/d^2)(\vec{\mathbf{i}} + \vec{\mathbf{j}} + \vec{\mathbf{k}})$;
(b) $-0{,}485(kQ^2/d^2)(\vec{\mathbf{i}} + \vec{\mathbf{j}} + \vec{\mathbf{k}})$

P9. (a) $\sqrt{ke^2/mr}$; (c) $r_1 = 5{,}30 \times 10^{-11}$ m,
$r_2 = 2{,}12 \times 10^{-10}$ m, $r_3 = 4{,}77 \times 10^{-10}$ m

P10. (a) $q_1 = 5{,}00$ µC, $q_2 = 3{,}00$ µC ou
$q_1 = 3{,}00$ µC, $q_2 = 5{,}00$ µC ;
(b) $q_1 = 9{,}57$ µC, $q_2 = -1{,}57$ µC ou
$q_1 = -1{,}57$ µC, $q_2 = 9{,}57$ µC

P11. (a) $7{,}24 \times 10^{-10}$ N ; (b) $2{,}28 \times 10^{-10}$ N ;
(c) $9{,}33 \times 10^{-11}$ N ;
(d) 24 ions ; $F_E = 4{,}70 \times 10^{-11}$ N ;
(e) ≈121 ions

Chapitre 2

Exercices

E1. (a) $-5{,}57 \times 10^{-11}\vec{\mathbf{j}}$ N/C ; (b) $1{,}02 \times 10^{-7}\vec{\mathbf{j}}$ N/C

E2. (a) $-1{,}92 \times 10^{-17}\vec{\mathbf{j}}$ N ; (b) $-1{,}15 \times 10^{10}\vec{\mathbf{j}}$ m/s^2

E3. (a) $2{,}50 \times 10^{3}\vec{\mathbf{i}}$ N/C ; (b) $-1{,}60 \times 10^{-5}\vec{\mathbf{i}}$ N

E4. (a) $x = -2{,}00$ m, $y = 0$ m ; (b) $x = 0{,}667$ m, $y = 0$ m

E5. (a) $-7{,}64 \times 10^{10}\ Q/L^2\vec{\mathbf{j}}$;
(b) $(-6{,}44\vec{\mathbf{i}} - 118\vec{\mathbf{j}}) \times 10^{9}\ Q/L^2$

E6. (a) $Q_1 = 0{,}280$ nC, $Q_2 = -0{,}920$ nC

E7. $3{,}06 \times 10^{6}\vec{\mathbf{j}}$ N/C

E8. (a) $4{,}22 \times 10^{3}\vec{\mathbf{i}}$ N/C ; (b) $9{,}84 \times 10^{3}\vec{\mathbf{i}}$ N/C ;
(c) $-2{,}95 \times 10^{-5}\vec{\mathbf{i}}$ N ; (d) $2{,}95 \times 10^{-5}\vec{\mathbf{i}}$ N

E9. (a) $(-8{,}05\vec{\mathbf{i}} + 4{,}03\vec{\mathbf{j}}) \times 10^{3}$ N/C ;
(b) $(1{,}92\vec{\mathbf{i}} - 2{,}88\vec{\mathbf{j}}) \times 10^{3}$ N/C ;
(c) Non ;
(d) Oui

E10. $(2{,}36\vec{\mathbf{i}} + 1{,}00\vec{\mathbf{j}}) \times 10^{4}$ N/C

E11. (a) $(-1{,}08\vec{\mathbf{i}} + 0{,}624\vec{\mathbf{j}}) \times 10^{7}$ N/C ;
(b) $(32{,}4\vec{\mathbf{i}} - 18{,}7\vec{\mathbf{j}})$ N ; (c) Aucun effet

E12. (a) $Q_1/Q_2 = 1{,}00$; (b) $Q_1/Q_2 = -4{,}00$;
(c) $Q_2/Q_1 = -9{,}00$

E14. (a) $2{,}25 \times 10^{21}$ N/C ; (b) $5{,}13 \times 10^{11}$ N/C

E15. (a) Pour $x < 0$: $E_x = kq[1/(6 - x)^2 - 1/x^2]$
Pour $0 < x < 6$: $E_x = kq[1/(6 - x)^2 + 1/x^2]$
Pour $x > 6$: $E_x = kq[1/x^2 - 1/(x - 6)^2]$

E16. (a) Pour $x < 0$: $E_x = kq[1/(6 - x)^2 - 2/x^2]$
Pour $0 < x < 6$: $E_x = kq[1/(6 - x)^2 + 2/x^2]$
Pour $x > 6$: $E_x = kq[2/x^2 - 1/(x - 6)^2]$;
(b) 20,5 m

E17. $(4{,}66\vec{\mathbf{i}} + 2{,}88\vec{\mathbf{j}}) \times 10^{-3}$ N
E18. (a) $(-7{,}19\vec{\mathbf{i}} - 16{,}2\vec{\mathbf{j}})$ kN/C ;
(b) Aucun changement ; (c) Aucun changement
E19. (a) $(2kq/x^2)[1 - (1 + a^2/x^2)^{-3/2}]\vec{\mathbf{i}}$;
(b) $2a^2kq[(a^2 - 3y^2)/[y^2(y^2 - a^2)^2]]\vec{\mathbf{j}}$
E21. (c) Seulement les lignes dues à la plaque
E26. −16,0 μC sur la surface intérieure et 8,00 μC sur la surface extérieure
E27. (a) 1,71 ns ; (b) 2,57 cm ; (c) $4{,}10 \times 10^{-16}$ J
E28. 4,44 kN/C
E29. (a) 13,9 cm ; (b) 0,348 μs
E30. (a) 228 N/C
E31. (a) $1{,}78 \times 10^{-12}$ s ; (b) $8{,}35 \times 10^{-7}$ m
E32. (a) $1{,}13 \times 10^{6}$ m/s ; (b) $2{,}79 \times 10^{-16}$ s
E33. (a) $3{,}75 \times 10^{6}$ m/s
E34. (a) 7,13 mm ; (b) −12,5°
E35. Régions I et III : $(\sigma/2\varepsilon_0)\vec{\mathbf{i}}$, région II : $(5\sigma/2\varepsilon_0)\vec{\mathbf{i}}$, région IV : $(-\sigma/2\varepsilon_0)\vec{\mathbf{i}}$
E36. $8{,}85 \times 10^{-9}$ C/m^2
E37. (a) 2,26 N ; (b) À 12,6 cm de la charge, dans la direction de la plaque
E38. $4{,}80 \times 10^{4}$ N/C
E39. $2{,}02 \times 10^{4}$ N/C
E40. $2k\lambda[(1/x\vec{\mathbf{i}}) + (1/y)\vec{\mathbf{j}}]$
E41. $(-3{,}00\vec{\mathbf{i}} + 3{,}00\vec{\mathbf{j}}) \times 10^{6}$ N/C
E42. (a) $1{,}33 \times 10^{-25}$ J ; (b) $2{,}30 \times 10^{-25}$ N·m
E43. (a) $8{,}00 \times 10^{-11}$ C·m ; (b) $8{,}00 \times 10^{-6}$ J
E44. (a) $1{,}43 \times 10^{-10}$ N ; (b) $7{,}14 \times 10^{-11}$ N
E45. (a) $3{,}20 \times 10^{5}$ N/C ; (b) $5{,}63 \times 10^{16}$ m/s^2
E46. (a) $12{,}8\vec{\mathbf{i}}$ N/C ; (b) $(1{,}41\vec{\mathbf{i}} + 4{,}24\vec{\mathbf{j}})$ N/C
E47. $(6kQ/L^2)\vec{\mathbf{j}}$
E48. ±80,1 nC
E49. $-7{,}20 \times 10^{-11}$ C
E50. $(1{,}30\vec{\mathbf{i}} - 4{,}03\vec{\mathbf{j}})$ N/C
E51. (a) $\vec{\mathbf{E}} = 9{,}55 \times 10^7\vec{\mathbf{i}}$ N/C ; $\vec{\mathbf{F}}_E = -191\vec{\mathbf{i}}$ N ;
(b) $\vec{\mathbf{E}} = 3{,}76 \times 10^7\vec{\mathbf{i}}$ N/C ; $\vec{\mathbf{F}}_E = 188\vec{\mathbf{i}}$ N
E52. (a) $\vec{\mathbf{E}} = 3{,}47 \times 10^7\vec{\mathbf{j}}$ N/C ; $\vec{\mathbf{F}}_E = 208\vec{\mathbf{j}}$ N ;
(b) $\vec{\mathbf{E}} = (-2{,}00\vec{\mathbf{i}} + 6{,}93\vec{\mathbf{j}}) \times 10^7$ N/C ;
$\vec{\mathbf{F}}_E = (80{,}0\vec{\mathbf{i}} - 277\vec{\mathbf{j}})$ N
E53. (a) Même réponse : (0,750 ; 0) m ;
(b) Même réponse : (1,50 ; 0) m ;
(c) Les champs électriques à la position de q_3 ne peuvent s'annuler s'ils ne sont pas parallèles
E54. (a) $\vec{\mathbf{E}} = kQ(-0{,}222\vec{\mathbf{i}} - 0{,}250\vec{\mathbf{j}})$;
$\vec{\mathbf{F}}_E = kQq(-0{,}222\vec{\mathbf{i}} - 0{,}250\vec{\mathbf{j}})$;
(b) Même réponse : (−1,82 ; −2,04) m
E55. (a) 9,88 kN/C ; (b) 3,17 μs
E56. 2,20 μC
E57. (a) $2{,}10 \times 10^{-5}$ C ; (b) $-1{,}65 \times 10^4\vec{\mathbf{i}}$ N/C
E58. (a) $-12{,}0\vec{\mathbf{i}}$ kN/C ; (b) $(-9{,}42\vec{\mathbf{i}} + 8{,}66\vec{\mathbf{j}})$ kN/C ;
(c) $(-6{,}12\vec{\mathbf{i}} + 23{,}0\vec{\mathbf{j}})$ kN/C
E59. (a) 2245,79 N/C ; (b) 2250 N/C ;
(c) 0,187 %

Problèmes

P2. (a) $[2\pi R|\lambda|kz/(z^2 + R^2)^{3/2}]$; (b) $\pm R/\sqrt{2}$;
(c) $\approx (2\pi R|\lambda|k/z^2)$
P3. $-(Cp/x^2)\vec{\mathbf{i}}$
P4. (a) $(2k\lambda/R)\sin(\theta_0)\vec{\mathbf{j}}$
P7. (b) $\approx kQ/y^2$; (c) $\approx 2kQ/yL$
P10. $\pi R\sqrt{2m/k\lambda q}$
P12. (a) $(k\lambda/R)\vec{\mathbf{i}}$; (b) $(k\lambda/R)(\vec{\mathbf{i}} + \vec{\mathbf{j}})$
P13. (a) $[2kQx/(a^2 + x^2)^{3/2}]\vec{\mathbf{i}}$; (b) $\approx 2kQ/x^2$;
(c) $x = \pm a/\sqrt{2}$
P14. (a) $\approx (kQx/R^3)$
P16. $2{,}59 \times 10^6$ m/s $< v_0 < 3{,}22 \times 10^6$ m/s
P17. 25,7°
P18. $-(2k\lambda/R)\vec{\mathbf{i}}$
P19. $(2k\lambda/a)\vec{\mathbf{i}}$
P20. $-(\pi k\lambda_0/2R)\vec{\mathbf{j}}$
P21. $-[2k\lambda R^2/(z^2 + R^2)^{3/2}]\vec{\mathbf{j}} + [\pi k\lambda Rz/(z^2 + R^2)^{3/2}]\vec{\mathbf{k}}$
P22. (a) $(k\lambda_0/R)[(\cos\theta_0 \sin\theta_0) + \theta_0]\vec{\mathbf{j}}$
(b) $-(k\lambda_0/R)[\theta_0 - (\cos\theta_0 \sin\theta_0)]\vec{\mathbf{i}}$
P23. (a) $2kA(1 - 2y/\sqrt{4y^2 + L^2})\vec{\mathbf{j}}$;
(b) $-2kA[\ln((L + \sqrt{4y^2 + L^2})/2y) - L/\sqrt{4y^2 + L^2}]$

Chapitre 3

Exercices

E1. 10,2 N·m^2/C
E2. 0,867 N·m^2/C
E3. $\pi R^2 E$
E4. 1,30 N·m^2/C
E5. $-2{,}26 \times 10^5$ N·m^2/C
E6. (a) 1,59 μC
E7. (a) $6{,}78 \times 10^6$ N·m^2/C ; (b) $1{,}13 \times 10^6$ N·m^2/C ;
(c) Non pour (a), oui pour (b)
E8. $Q/24\varepsilon_0$
E9. (a) 11,3 $\vec{\mathbf{u}}_r$ N/C ; (b) 7,23 $\vec{\mathbf{u}}_r$ N/C
E10. (a) $\vec{\mathbf{E}}_{\text{int}} = [(1{,}44 \times 10^5)/r^2]\vec{\mathbf{u}}_r$;
$\vec{\mathbf{E}}_{\text{ext}} = [(0{,}720 \times 10^5)/r^2]\vec{\mathbf{u}}_r$;
(b) −16,0 μC sur la surface intérieure et 8,00 μC sur la surface extérieure
E12. (a) $-3{,}56 \times 10^{-11}$ C ; (b) Non
E13. (a) Zéro ; (b) $|\sigma|/\varepsilon_0$
E14. (a) $2\sigma/\varepsilon_0$; (b) σ/ε_0
E15. (a) σ/ε_0 ; (b) Zéro

E16. (a) bL^3 ; (b) $\varepsilon_0 bL^3$
E17. $\sigma_2 = -a\sigma_1/b$
E18. (a) $\sigma a/\varepsilon_0 r$; (b) $\sigma/\varepsilon_0 r(b - a)$
E19. $\lambda_2 = -\lambda_1$
E20. (a) $2k\lambda/r$; (b) Nul
E21. (a) kQ/r^2 ; (b) Nul
E22. (a) $\sigma a^2/\varepsilon_0 r^2$; (b) $\sigma(b^2 - a^2)/\varepsilon_0 r^2$
E23. $\sigma_a/\sigma_b = -b^2/a^2$
E24. (a) $\sigma_{int} = -Q/4\pi R_1^2$; $\sigma_{ext} = Q/4\pi R_2^2$; (b) kQ/r^2 ; (c) kQ/r^2 ; (d) Non
E25. 245 N/C
E26. (a) 1,35 kN/C ; (b) 900 N/C
E27. $-7{,}71 \times 10^{-8}$ C/m^2
E28. (a) $1{,}29 \times 10^4\ \vec{\mathbf{u}}_r$ N/C ; (b) 9,90 $\vec{\mathbf{u}}_r$ kN/C
E29. (a) 122 N·m^2/C ; (b) −38,6 N·m^2/C
E30. (a) $2kQ/r^2$; (b) kQ/r^2
E31. (a) 1,06 μC/m^3 ; (b) $1{,}00 \times 10^3$ N/C
E32. $EL^2/4$

Problèmes

P1. (a) $(\rho r/3\varepsilon_0)\vec{\mathbf{u}}_r$; (b) $(\rho R^3/3\varepsilon_0 r^2)\vec{\mathbf{u}}_r$; Oui
P2. (a) $(kQr^2/R^4)\vec{\mathbf{u}}_r$; (b) $(kQ/r^2)\vec{\mathbf{u}}_r$; Oui
P3. (a) $-4\pi\sigma R_1^2$; (b) $-4\pi\sigma(R_2^2 - R_1^2)$; (c) $\vec{\mathbf{E}} = (-\sigma R_2^2/\varepsilon_0 r^2)\vec{\mathbf{u}}_r$
P5. (a) $\vec{\mathbf{E}} = (\rho r/2\varepsilon_0)\vec{\mathbf{u}}_r$; (b) $\vec{\mathbf{E}} = (\rho R^2/2\varepsilon_0 r)\vec{\mathbf{u}}_r$; Oui
P6. (a) $[\rho(R^3 - a^3)/3\varepsilon_0 r^2]\vec{\mathbf{u}}_r$; (b) $[\rho(r^3 - a^3)/3\varepsilon_0 r^2]\vec{\mathbf{u}}_r$
P9. (a) $(kQ/r^2)\vec{\mathbf{u}}_r$; (b) $(kQ/r^2)\vec{\mathbf{u}}_r$
P10. $[(A/2\varepsilon_0)(1 - a^2/r^2)]\vec{\mathbf{u}}_r$
P11. (a) $[\rho(r^2 - a^2)/2\varepsilon_0 r]\vec{\mathbf{u}}_r$; (b) $[\rho(R^2 - a^2)/2\varepsilon_0 r]\vec{\mathbf{u}}_r$
P12. $[(\rho_0/\varepsilon_0)(r/3 - r^2/4R)]\vec{\mathbf{u}}_r$
P13. Pour $y < t/2$: $E = \rho y/\varepsilon_0$, pour $y \geq t/2$: $E = \rho t/2\varepsilon_0$
P14. (b) $(\rho/3\varepsilon_0)\vec{\mathbf{d}}$

Chapitre 4

Exercices

E1. (a) $1{,}88 \times 10^{28}$ eV ; (b) 1,58 a
E2. (a) $2{,}88 \times 10^5$ C ; (b) $3{,}46 \times 10^6$ J
E3. 60,0 V
E4. (a) 18,0 V ; (b) 0,150 m
E5. 6,00 V
E6. $-A \ln(x/x_0)$; (b) $(A/B)(e^{-Bx} - 1)$
E7. (a) $3{,}10 \times 10^{-7}$ V ; (b) $3{,}57 \times 10^{-4}$ V ; (c) $2{,}56 \times 10^3$ V
E8. (a) $-5{,}68 \times 10^{-4}$ V ; (b) −0,655 V ; (c) $-4{,}70 \times 10^6$ V
E9. (a) $2{,}05 \times 10^6$ m/s ; (b) $4{,}80 \times 10^4$ m/s
E10. $3{,}00 \times 10^3$ V
E11. $2{,}00 \times 10^{-5}$ J
E12. (a) 24,0 V ; (b) $-7{,}20 \times 10^{-5}$ J
E13. 150 V
E14. (a) $-9{,}34 \times 10^6$ V ; (b) $-1{,}19 \times 10^7$ V
E15. (a) 216 V ; (b) 52,0 kV
E16. (a) $4{,}00 \times 10^3$ V/m ; (b) $1{,}92 \times 10^{-17}$ J ; (c) 120 V ; (d) $-1{,}92 \times 10^{-17}$ J
E17. 1,69 J
E18. (a) $\sigma(x_0 - x)/2\varepsilon_0$; (b) ±5,06 cm
E19. (a) −9,57 V ; (b) −7,23 V
E20. (a) −156 V ; (b) $5{,}20 \times 10^4$ V/m
E21. (a) $2{,}30 \times 10^{-13}$ J ; (b) $1{,}02 \times 10^7$ m/s
E22. $6{,}95 \times 10^{-11}$ J
E23. (a) $4{,}11 \times 10^5$ V ; (b) −0,822 J ; (c) −2,68 J
E24. −2,55 J
E25. (a) −30,0 kV ; (b) v = 20,0 m/s
E26. (a) 12,0 kV ; (b) 2,00 km/s
E27. r = 3,00 m ; $Q = 2{,}00 \times 10^{-7}$ C
E28. (a) x = 0,800 m et 1,33 m ; (b) x = 0,308 m et −0,800 m
E29. 0,684 J
E30. (a) $3{,}00 \times 10^6$ V ; (b) $2{,}01 \times 10^6$ V ; (c) $1{,}80 \times 10^6$ V
E31. (a) 0,566 MV ; (b) 1,13 J
E32. 0 J
E33. (a) $4{,}94 \times 10^5$ V ; (b) $-6{,}17 \times 10^5$ V ; (c) −1,98 J
E34. (a) −3,00 μC ; (b) −4,11 μC
E35. (a) 1,20 MV ; (b) 3,30 J
E36. (a) $6{,}59 \times 10^{-11}$ J ; (b) $6{,}59 \times 10^{-11}$ J ; (c) $5{,}06 \times 10^{16}$ fissions/s
E37. (a) $2kq[(1/x) - 1/(x^2 + a^2)^{1/2}]$; (b) $-[2kqa^2/(y(y^2 - a^2))]$; (d) $b \to \infty$
E39. (a) 5,26 cm vers la charge ; (b) 5,88 cm vers l'extérieur
E40. $5{,}41 \times 10^{-14}$ m
E41. (a) $5{,}60 \times 10^{-12}$ J ; (b) $5{,}60 \times 10^{-12}$ J
E42. (a) $1{,}44 \times 10^6$ V ; (b) 27,2 V ; (c) Aucune modification
E43. (a) $kQ/(a^2 + y^2)^{1/2}$; $\approx kQ/y$; (b) $[kQy/(a^2 + y^2)^{3/2}]\vec{\mathbf{j}}$; $\approx (kQ/y^2)\vec{\mathbf{j}}$
E44. (a) ±30,0 V ; (b) ±30,0 kV ; (c) ±3,00 MV
E45. (a) $8{,}84 \times 10^{-6}$ C/m^2 ; (b) $6{,}94 \times 10^{10}$; (c) $1{,}00 \times 10^6$ V/m
E46. (a) $V(r) = kQ[(1/a) - 2/b]$; $E_r = 0$; (b) $V(r) = kQ[(1/r) - 2/b]$; $E_r = kQ/r^2$; (c) $V(r) = -kQ/r$; $E_r = -kQ/r^2$

E47. (a) $2kQ/(a^2 + x^2)^{1/2}$;
(b) $[2kQx/(a^2 + x^2)^{3/2}]\vec{\mathbf{i}}$

E48. (a) $2kQy/(y^2 - a^2)$;
(b) $[2kQ(y^2 + a^2)/(y^2 - a^2)^2]\vec{\mathbf{j}}$

E49. (a) $2kQa/(x^2 - a^2)$; (b) $[4kQax/(x^2 - a^2)^2]\vec{\mathbf{i}}$

E50. kQr/R^3

E51. $(2k\lambda/r)\vec{\mathbf{u}}_r$

E52. $2\pi k\sigma[1 - y/(a^2 + y^2)^{1/2}]$

E53. (a) $(3y^2z - 6x^2y)\vec{\mathbf{i}} + (6xyz - 2x^3 - 5z^3)\vec{\mathbf{j}}$
$+ (3xy^2 - 15yz^2)\vec{\mathbf{k}}$

E54. −37,0 V

E55. 11,7 mJ

E56. (a) 4,41 V ; (b) −32,1 nJ

E57. Q_1 = 2,00 nC ; Q_2 = 5,00 nC

E58. 1,39 μJ

E59. 62,2 V

E60. (a) 0,170 μJ ; (b) 18,4 cm/s

E61. 70,0 nJ

E62. 0,844 μC/m²

E63. 10,3 nC

E64. 1,59 kV

E65. Q_1 = 9,00 nC ; Q_2 = 21,0 nC

E66. (a) 2,50 m

Problèmes

P1. $K_\alpha = 5{,}50 \times 10^{-12}$ J, $K_{\text{Th}} = 9{,}41 \times 10^{-14}$ J

P2. $2\pi k\sigma[(b^2 + y^2)^{1/2} - (a^2 + y^2)^{1/2}]$

P3. (a) $-4{,}90 \times 10^{-18}$ J ; (b) $-1{,}43 \times 10^{-18}$ J

P4. 17,4 s

P5. (a) $k[(Q_1/R_1) + (Q_2/R_2)]$; (b) $k(Q_1 + Q_2)/R_2$;
(c) $kQ_1(1/R_1 - 1/R_2)$; (d) $Q_1 = 0$

P7. (b) $3{,}97 \times 10^6$ V/m

P8. (a) $(kQ/L)\ \ln[(x + L/2)/(x - L/2)]$;
(b) $(2kQ/L)\ \ln\,[(L/2) + ((L/2)^2 + y^2)^{1/2}/y]$

P9. $k\lambda\ \ln[(L + (y^2 + L^2)^{1/2})/y]$

P12. (b) $E_r = 2kp \cos\theta/r^3$; $E_\theta = kp \sin\theta/r^3$

P15. (a) $5{,}41 \times 10^{-21}$ J ; (b) $-5{,}41 \times 10^{-21}$ J ;
(c) $-10{,}8 \times 10^{-21}$ J ; (d) $10{,}8 \times 10^{-21}$ J

P17. (a) en (x, 0), $V(x) = kAx\ln[x^2/(x^2 - L^2/4)]$;
en (0, y), $V(y) = 2kA(\sqrt{y^2 + L^2/4} - y)$;
(b) en (x, 0), $V(x) = kAx\ln[(2x + L)/(2x - L)]$
$- kAL$; en (0, y), $V(y) = 0$

P18. (a) $[4kQ/(4x^2 - L^2)]\vec{\mathbf{i}}$; (b) $[2kQ/y\sqrt{L^2 + 4y^2}\ \vec{\mathbf{j}}$

P19. (a) $\pi kB[a\sqrt{a^2 + y^2} + y^2\ \ln(y/(a + \sqrt{a^2 + y^2}))]$;
(b) $(\pi kC/3)(2a^2\sqrt{a^2 + y^2} - 4y^2\sqrt{a^2 + y^2} + 4y^3)$

P20. (a) $(3kQ/2a^3)[a\sqrt{a^2 + y^2}$
$+ y^2\ln((y/a + \sqrt{a^2 + y^2}))]$;
(b) $(2kQ/3a^4)(2a^2\sqrt{a^2 + y^2} - 4y^2\sqrt{a^2 + y^2} + 4y^3)$

P21. (a) $9000/\sqrt{(x - 0{,}5)^2 + y^2}$
$- 9000/\sqrt{(0{,}5 + x)^2 + y^2}$

P22. (a) $9000/\sqrt{(x - 0{,}5)^2 + y^2}$
$+ 9000/\sqrt{(0{,}5 + x)^2 + y^2}$

Chapitre 5

Exercices

E1. (a) 50,0 pF ; (b) 600 pC

E2. (a) 24,1 pF/m ; (b) 1,45 nC

E3. (a) 54,2 cm² ; (b) 167 V ; (c) $8{,}35 \times 10^5$ V/m

E4. (a) 24,0 V ; (b) 2,50 nF ; (c) 0,226 m²

E5. (a) $-8{,}85 \times 10^{-10}$ C/m² ; (b) 91,7 mF ; (c) 712 μF

E6. 1,45 mm

E7. $4\varepsilon_0 A/d$

E8. (a) $6{,}63 \times 10^4$ V ; (b) 1,59 μC

E9. 8,00 nF

E10. $8{,}00 \times 10^{-10}$ C

E11. Q_1 = 32,0 μC ; Q_2 = 48,0 μC ; $\Delta V_1 = \Delta V_2$ = 8,00 V

E12. (a) 33,4 pF ; (b) 25,1 pF ; (c) 8,35 pF

E13. (a) 4,58 pF ; (b) $1{,}43 \times 10^8$

E14. (a) $Q_1 = Q_2$ = 0,857 μC ; ΔV_1 = 8,57 V ;
ΔV_2 = 3,43 V ; (b) $\Delta V_1 = \Delta V_2$ = 12,0 V ;
Q_1 = 1,20 μC ; Q_2 = 3,00 μC

E15. 6,00 μF

E16. 7,01 μF

E17. (a) Deux en parallèle avec deux en série ;
(b) Quatre en série

E18. 0,366 μF

E19. Q_1 = 16,0 μC ; Q_2 = 32,0 μC ; $\Delta V_1 = \Delta V_2$ = 8,00 V

E20. $\Delta V_1 = \Delta V_2$ = 30,0 V ; Q_1 = 60,0 μC ; Q_2 = 180 μC

E21. (a) Q_1 = 32,2 μC ; Q_2 = 53,8 μC ;
$\Delta V_1 = \Delta V_2$ = 10,8 V ; (b) $\Delta V_1 = \Delta V_2$ = 1,75 V ;
Q_1 = 5,25 μC ; Q_2 = 8,75 μC

E22. 17 possibilités

E23. 0,222 pF

E24. (a) 0,0200 J ; (b) 5,00 mJ

E25. (a) 14,2 pF ; (b) 4,09 nJ ; (c) $9{,}60 \times 10^3$ V/m ;
(d) 408 μJ/m³

E26. (a) 125 pF ; (b) 3,60 μJ

E27. 0,192 J/m³

E28. (a) U_1 = 0,600 mJ ; U_2 = 1,00 mJ ;
(b) U_1 = 0,234 mJ ; U_2 = 0,141 mJ

E29. (a) U_{10} = 204 μJ ; U_{20} = 81,8 μJ ; U_1 = 66,7 μJ ;
U_2 = 167 μJ ;
(c) $U_1 = U_2 = 0$

E30. (a) U_{10} = 1,60 mJ ; U_{20} = 4,00 mJ ;
U_1 = 0,294 mJ ; U_2 = 0,735 mJ ;
(c) U_{10} = 816 μJ ; U_{20} = 327 μJ ;
$U_1 = U_2 = 0$

E31. (a) 530 µJ ; (b) 6,62 µJ
E32. (a) 1,56 nJ ; (b) 55,2 µJ/m^3
E33. (a) $\varepsilon_0 A/(d - \ell)$; (b) Aucun changement
E34. (a) $\Delta V_f = \Delta V_i = \Delta V$; (b) $Q_f = \frac{1}{2}Q_i$; (c) $U_f = \frac{1}{2}U_i$
E35. (a) Double ; (b) Aucun changement ; (c) Double
E36. (a) 160 mJ ; (b) 53,4 mJ
E37. $8,96 \times 10^5$ J/m^3
E38. 63,7 µJ
E39. 6,38 V
E40. $4,58 \times 10^{-4}$ µJ/m^3
E41. $C_0(\kappa_1 + \kappa_2)/2$
E42. $[(2\kappa_1\kappa_2)/(\kappa_1 + \kappa_2)]C_0$
E43. (a) 1,72 V ; (b) 4,66 pF
E44. 3,60 µC
E45. (a) 0,942 cm^2 ; (b) 15,0 kV
E46. (a) 1,50 ; (b) 1,33 ; (c) 2,00
E47. (a) 3,78 cm ; (b) 234 nC/m^2
E48. 2,94 cm
E49. 7,08 mm
E50. (a) 0,449 cm ; (b) 3,00 nC/m
E51. 12,5 µF
E52. 7,20 kW
E53. (a) U_1 = 3,67 µJ ; U_2 = 1,47 µJ ;
U_E = 5,14 µJ ;
(b) U_1 = 7,20 µJ ; U_2 = 18,0 µJ ;
U_E = 25,2 µJ

Problèmes

P2. $-\frac{1}{2}\varepsilon_0 A\ell\Delta V^2/(d(d - \ell))$
P3. $\frac{1}{2}\varepsilon_0 A\ell\Delta V^2/(d - \ell)^2$
P4. (a) $\Delta V_{10} = \Delta V_{20}$ = 6,00 V ; $Q_{10} = Q_{20}$ = 212 pC ;
(b) ΔV_1 = 10,0 V ; ΔV_2 = 2,00 V ;
$Q_1 = Q_2$ = 354 pC
P5. 18,3 pF
P6. 2,83 µF
P7. $Q^2/2\varepsilon_0 A$, attractive
P8. $C\Delta V^2/2\kappa$
P9. $kC\Delta V^2/2$
P12. (a) $\lambda^2/8\varepsilon_0\pi^2 r^2$; (b) $(\lambda^2 L/4\pi\varepsilon_0)\ln(b/a)$;
(c) Même résultat

Chapitre 6

Exercices

E1. (a) $1,19 \times 10^{16}$ s^{-1} ; (b) $2,42 \times 10^3$ A/m^2
E2. (a) 0,318 A/m^2 ; (b) $3,98 \times 10^{11}$ m^{-3}
E3. (a) $1,07 \times 10^{-5}$ m/s ; (b) $1,49 \times 10^{-3}$ V/m
E4. (a) $6,37 \times 10^6$ A/m^2 ; (b) 0,108 V/m ;
(c) $4,72 \times 10^{-4}$ m/s ; (d) $6,36 \times 10^7$ s
E5. (a) $2,83 \times 10^6$ A/m^2 ; (b) $4,81 \times 10^{-2}$ V/m
E6. (a) $7,21 \times 10^6$ A/m^2 ; (b) $5,35 \times 10^{-4}$ m/s
E7. 1,06 mA
E8. 61,5 C
E9. $6,79 \times 10^6$ A/m^2 ; (b) $4,24 \times 10^{-4}$ m/s ;
(c) 0,190 V/m
E10. $1,14 \times 10^{-6}$ Ω·m
E11. $6,85 \times 10^{-5}$ A
E12. $4R$
E13. $\rho\ell/\pi(b^2 - a^2)$
E14. 1,27 Ω
E15. 148°C
E16. $2,08 \times 10^{-3}$ (°C)$^{-1}$
E17. 1,65
E18. 44,4 %
E19. 0,779
E20. 0,0333 S
E21. $2,83 \times 10^{-8}$ Ω·m, Al
E22. 0,591 Ω
E23. 5,04 Ω
E24. $2,21 \times 10^{-3}$ (°C)$^{-1}$
E25. (a) 45,6°C ; (b) −5,64°C
E26. (a) 0,413 Ω ; (b) 9,36 %
E27. 12,0 V
E28. ΔV_{14} = 1,23 V ; ΔV_{18} = 1,03 V
E29. (a) $2,88 \times 10^5$ C ; (b) 38,4 h
E30. 0,000 420 $
E31. P_{14} = 5,23 W, P_{18} = 13,2 W
E32. 57,6 mL
E33. $2,30 \times 10^{19}$
E34. 14,8 W
E35. 720 kW
E36. (a) 0,657 hp ; (b) 20,4 %
E37. (a) 495 W ; (b) 1,25 W
E38. 7,64 A
E39. 14,5 V
E40. R_1 = 144 Ω ; R_2 = 206 Ω
E41. R_1 = 288 Ω ; R_2 = 144 Ω
E42. (a) $1,81 \times 10^{29}$ m^{-3} ; (b) $2,24 \times 10^{-4}$ m/s
E43. (a) $10t - 4$; (b) $3,00 \times 10^4$ A/m^2
E45. 0,600 Ω
E46. (a) 39,5°C
E47. $2,83 \times 10^{-8}$ Ω·m
E48. (a) 3,00 m ; (b) $7,86 \times 10^{-7}$ m^2
E49. 124°C
E50. 151 kg

Problèmes

P1. (a) 41,9 m ; (b) 6,98 A

P2. (a) ≈8 Ω ; (b) 0 A ; (c) Non

P3. (b) 37,4 μΩ

P5. $\sigma\omega a^2/2$

P6. (a) $4,79 \times 10^{-4}$ m/s ; (b) $4,09 \times 10^{-14}$ s ; (c) 4,79 mm

P7. 67,3 mg

P8. (a) 8,00 h ; (b) 1,20 h

P9. (a) $P_{Cu} = 0,767$ W, $P_{acier} = 18,0$ W ; (b) $E_{Cu} = 0,0102$ V/m, $E_{acier} = 0,239$ V/m

Chapitre 7

Exercices

E1. $\mathscr{E} = 11,2$ V, $r = 0,706$ Ω

E2. 0,0150 Ω

E3. $\mathscr{E} = 12,0$ V, $r = 0,600$ Ω

E4. $R_1 = 6,00$ Ω ; $\mathscr{E} = 48,0$ V

E5. (a) 0,520 Ω ; (b) 0,207 Ω ou 1,32 Ω

E6. (a) 64,8 W ; (b) 446 W

E7. 0,177 Ω

E8. (a) 0,236 Ω ; (b) 4,83 Ω

E9. (a) 7,82 Ω ; (b) 0,568 V

E10. 12,0 Ω

E11. 2,00 Ω, 3,00 Ω, 4,00 Ω, 5,00 Ω, 6,00 Ω, 7,00 Ω, 9,00 Ω, 1,20 Ω, 1,33 Ω, 1,71 Ω, 0,920 Ω, 5,20 Ω, 4,33 Ω, 3,71 Ω, 2,22 Ω, 1,55 Ω

E13. 1,00 Ω, 2,00 Ω, 3,00 Ω et 4,00 Ω ou 1,00 Ω, 2,00 Ω, 4,00 Ω et 5,00 Ω ou 1,00 Ω, 2,00 Ω, 4,00 Ω et 4,00 Ω ou 1,00 Ω, 2,00 Ω, 2,00 Ω et 5,00 Ω

E14. (a) 21,2 V ; (b) 7,07 V

E15. (a) 8,94 V ; (b) 13,4 V

E16. $V_b - V_a = 1,52$ V ; $P_r = 12,5$ mW

E17. $I_{lampe} = 0,500$ A ; $I_{radio} = 0,0833$ A ; $I_{grille\text{-}pain} = 8,33$ A ; $I_{radiateur} = 12,5$ A

E18. (a) 1,50 Ω ; (b) $P_{R_1} = 1,33$ W ; $P_{R_2} = 2,67$ W ; (c) $\Delta V_{\mathscr{E}_1} = 10,0$ V ; $\Delta V_{\mathscr{E}_2} = 8,00$ V ; (d) $P_{\mathscr{E}_1} = 24,0$ W ; $P_{\mathscr{E}_2} = -12,0$ W

E19. (a) 0,500 A ; (b) $P_{R_1} = 0,500$ W ; $P_{R_2} = 1,00$ W ; (c) $P_{\mathscr{E}_1} = 4,50$ W ; $P_{\mathscr{E}_2} = -3,00$ W

E20. (a) 6,00 V ; (b) $\Delta V_{\mathscr{E}_1} = 6,00$ V ; $\Delta V_{\mathscr{E}_2} = 7,50$ V ; (c) 1,50 W

E21. $I_7 = 0$; $I_3 = 3,33$ A ; $I_4 = 2,50$ A

E22. $\mathscr{E} = 24,0$ V ; $R = 6,00$ Ω

E23. (a) $r/2$

E24. $R_1R_2/(R_1 + R_2)$

E25. (a) $I_1 = 3,00$ A ; $I_2 = 1,00$ A, dans le sens opposé à celui de la figure ; $I_3 = 4,00$ A, dans le sens opposé à celui de la figure ; $\Delta V_{R_1} = 6,00$ V ; $\Delta V_{R_2} = 5,00$ V ; $\Delta V_{R_3} = 20,0$ V ; (b) −20,0 V ; (c) $P_{fournie} = P_{dissipée} = 103$ W

E26. (a) $I_1 = 3,00$ A ; $I_2 = 1,00$ A ; $I_3 = 4,00$ A ; $\Delta V_{R_1} = 6,00$ V ; $\Delta V_{R_2} = 2,00$ V ; $\Delta V_{R_3} = 12,0$ V ; (b) $P_{fournie} = P_{dissipée} = 68,0$ W

E27. (a) $I_1 = 2,00$ A ; $I_2 = 1,00$ A ; $I_3 = 3,00$ A ; $\Delta V_{R_1} = 8,00$ V ; $\Delta V_{R_2} = 3,00$ V ; $\Delta V_{R_3} = 9,00$ V ; (b) $P_{fournie} = P_{dissipée} = 46,0$ W

E28. $I_1 = 2,00$ A ; $I_2 = 3,00$ A ; $I_3 = 1,00$ A ; $V_A - V_B = 8,00$ V

E29. $\mathscr{E} = 18,0$ V ; $R = 1,00$ Ω

E30. (a) $I = 10,7$ A ; $\Delta V = 16,0$ V ; (b) $I = 11,2$ A ; $\Delta V = 21,1$ V

E31. 3,00 Ω

E32. (a) $\Delta V_{R_{horizontale}} = \Delta V/2$; $\Delta V_{R_{verticale}} = 0$; (b) R

E33. (a) 8,66 V ; (b) $P_1 = 13,5$ W, $P_2 = 3,00$ W

E34. (a) $\mathscr{E}_1 = 3,00$ V ; $\mathscr{E}_2 = 13,0$ V ; (b) −4,00 V

E35. $1,44 \times 10^5$ Ω

E36. $\frac{8}{3}RC$

E37. 86,9 μF

E38. (a) 126 V ; (b) 73,6 V ; (c) 0,155 J ; (d) 73,6 mW

E39. (a) $Q = 0,368$ mC, $I = 0,368$ mA ; (b) 1,69 mJ ; (c) 9,20 mW ; (d) −9,20 mW ; (f) 37τ

E40. (a) $\mathscr{E}/R$; (b) RC

E41. (a) 1,50 s ; (b) 0,997 %

E42. 13,4

E43. $I_{3\Omega} = 0$; $I_{5\Omega} = I_{1\Omega} = 1,67$ Ω ; (b) 21,7 μC

E44. 50,0 μA ; (b) 1,00 MΩ

E45. $R_1 = 950$ Ω ; $R_2 = 9,00$ kΩ ; $R_3 = 40,0$ kΩ

E46. (a) 50,0 μA ; (b) 5,00 mΩ ; (c) $4,00 \times 10^{-4}$ Ω

E47. (a) $R_{série} = 200$ kΩ ; (b) $R_{shunt} = 2,00$ mΩ

E48. (a) 0 V ; (b) $R_2V/(R_1 + R_2)$; (c) $R_2V/(2R_1 + R_2)$; (d) $R_2V/(3R_1 + R_2)$

E49. (a) $I_R = 9,90$ A ; $\Delta V_R = 99,0$ V ; (b) $I = 9,90$ A ; $\Delta V = 100$ V

E50. (a) $I_R = 9,90$ A ; $\Delta V_R = 99,0$ V ; (b) $I = 10,0$ A ; $\Delta V = 99,0$ V

E51. 12,4 V

E52. 0,600 Ω

E53. $R_1 = 2,00$ Ω ; $R_2 = 6,00$ Ω

E54. 6,00 Ω

E55. (a) 5,00 V ; (b) 10,0 V

E56. (a) 4,47 V ; (b) 9,90 V

E57. $I_1 = 47,9$ mA ; $I_2 = 60,8$ mA ; $I_3 = 109$ mA

E58. 6,00 Ω

E59. $\mathscr{E} = 1,60$ V ; $r = 0,200$ Ω

E60. $R = 3{,}00\ \Omega$; $I_1 = 2{,}00$ A ; $I_2 = 4{,}00$ A
E61. (a) 0,695 W ; (b) 4,17 W ; (c) −7,09 V
E62. $6{,}00 \times 10^5\ \Omega$
E63. (a) 900 μC ; (b) 58,2 ms
E64. 10,1 mΩ

Problèmes

P1. $R_1 = 8{,}16$ mΩ ; $R_2 = 32{,}7$ mΩ ; $R_3 = 367$ mΩ
P3. $5R/6$
P4. (a) $\frac{7}{12}R$; (b) $\frac{3}{4}R$
P7. 0,409 A
P8. (a) $1{,}51 \times 10^{-4}$ A ; (b) 48,5 μC ; (c) 0,182 mW ; (d) 0,368 s
P9. (a) 8,00 V ; (b) 8,00 V ; (c) 26,7 μs
P10. $I_{4\Omega} = 3{,}50$ A ; $I_{2\Omega} = 5{,}00$ A ; $I_{3\Omega} = 0{,}667$ A
P11. $I_{1\Omega} = 5{,}00$ A ; $I_{4\Omega} = 2{,}00$ A ; $I_{2\Omega} = 1{,}50$ A
P12. (a) $I_{10} = \mathscr{E}/R_1$; $I_{20} = \mathscr{E}/R_2$; (b) $I_1 = \mathscr{E}/R_1$; $I_2 = 0$ A ; (c) $C\mathscr{E}^2/2$; (d) $(R_1 + R_2)C$
P13. (a) $I_{10} = \mathscr{E}/R_1$, $I_{20} = 0$; (b) $\mathscr{E}/(R_1 + R_2)$
P14. (a) 9,82 s ; (b) 0,779 mA ; (c) 60,7 mW ; (d) 0,367 J
P16. $\alpha_1 = 0{,}471$; $\alpha_2 = 0{,}574$; $R_{éq} = 2{,}66\ \Omega$
P17. (a) Série ; (b) Parallèle

Chapitre 8

Exercices

E1. (a) $9{,}60 \times 10^{-18}$ N vers l'est ; (b) $9{,}60 \times 10^{-18}$ N vers le haut
E2. 0,0200 T, selon l'axe des z positifs
E3. $5{,}18 \times 10^{-18}$ N à 45,0° au nord de l'est
E4. $\vec{\mathbf{F}}_{B1} = 0{,}0500\vec{\mathbf{k}}$ N ; $\vec{\mathbf{F}}_{B2} = -0{,}0354\vec{\mathbf{k}}$ N ; $\vec{\mathbf{F}}_{B3} = 0{,}0354(\vec{\mathbf{i}} + \vec{\mathbf{k}})$ N
E5. Dans le plan xy, à 60,0° de l'axe des x
E6. (a) $0{,}0106\vec{\mathbf{j}}$ N ; (b) $\vec{\mathbf{B}}$ est orienté à 29,5° de l'axe des z positifs dans le plan xz, en direction de $\vec{\mathbf{v}}$
E7. $(-0{,}160\vec{\mathbf{i}} - 0{,}320\vec{\mathbf{j}} - 0{,}640\vec{\mathbf{k}})$ N
E8. $(1{,}00\vec{\mathbf{j}} - 0{,}500\vec{\mathbf{k}})$ T
E9. $(-3{,}13\vec{\mathbf{i}} - 1{,}04\vec{\mathbf{j}}) \times 10^6$ m/s
E10. (a) $\vec{\mathbf{B}}$ est dans le plan xz, B_x est inconnu et $B_z = 0{,}250$ T ; (b) $0{,}250\vec{\mathbf{k}}$ T
E11. $-0{,}400\vec{\mathbf{j}}$ T
E12. $0{,}0500\vec{\mathbf{k}}$ N
E13. $\vec{\mathbf{F}}_{B1} = IdB_1\vec{\mathbf{j}}$; $\vec{\mathbf{F}}_{B2} = -IdB_1\vec{\mathbf{i}}$; $\vec{\mathbf{F}}_{B3} = IdB_1(\vec{\mathbf{i}} - \vec{\mathbf{j}})$
E14. $\vec{\mathbf{F}}_{B1} = 0$; $\vec{\mathbf{F}}_{B2} = IdB_2\vec{\mathbf{k}}$; $\vec{\mathbf{F}}_{B3} = -IdB_2\vec{\mathbf{k}}$
E15. $\vec{\mathbf{F}}_{B1} = IdB_3\vec{\mathbf{k}}$; $\vec{\mathbf{F}}_{B2} = 0$; $\vec{\mathbf{F}}_{B3} = -IdB_3\vec{\mathbf{k}}$
E16. $I = 5{,}91$ A, selon l'axe des z négatifs
E17. 0,0640 N/m directement vers le sud à 30° sous l'horizontale
E18. $0{,}720\vec{\mathbf{k}}$ N
E19. (a) $1{,}85 \times 10^{-2}\vec{\mathbf{j}}$ T ; (b) $(1{,}85 \times 10^{-2}\vec{\mathbf{j}} + 3{,}20 \times 10^{-2}\vec{\mathbf{k}})$ T
E20. (a) $\vec{\mathbf{F}}_{\text{haut}} = \vec{\mathbf{F}}_{\text{bas}} = 0$; $\vec{\mathbf{F}}_{\text{gauche}} = 3{,}00\vec{\mathbf{k}}$ N ; $\vec{\mathbf{F}}_{\text{droit}} = -3{,}00\vec{\mathbf{k}}$ N ; $\vec{\boldsymbol{\tau}} = 0{,}0600\vec{\mathbf{j}}$ N·m ; (b) $\vec{\mathbf{F}}_{\text{haut}} = -1{,}20\vec{\mathbf{j}}$ N ; $\vec{\mathbf{F}}_{\text{bas}} = 1{,}20\vec{\mathbf{j}}$ N ; $\vec{\mathbf{F}}_{\text{gauche}} = 3{,}00\vec{\mathbf{i}}$ N ; $\vec{\mathbf{F}}_{\text{droit}} = -3{,}00\vec{\mathbf{i}}$ N ; $\vec{\boldsymbol{\tau}} = 0$
E21. (a) $\vec{\mathbf{F}}_{B1} = -\vec{\mathbf{F}}_{B3} = 8{,}00\vec{\mathbf{k}}$ N, $\vec{\mathbf{F}}_{B2} = -\vec{\mathbf{F}}_{B4} = -40{,}0\vec{\mathbf{j}}$ N ; (b) $\vec{\boldsymbol{\mu}} = (8{,}00\vec{\mathbf{i}} - 13{,}9\vec{\mathbf{j}})$ A·m² ; (c) $\vec{\boldsymbol{\tau}} = 6{,}95\vec{\mathbf{k}}$ N·m
E22. (a) 0,160 N·m ; (b) 20,1 W
E23. $1{,}88 \times 10^{-4}$ N·m
E24. (a) $\frac{1}{2}Id^2\vec{\mathbf{k}}$; (b) $-\frac{1}{2}IBd^2\vec{\mathbf{j}}$
E25. (a) $(4{,}52\vec{\mathbf{i}} + 3{,}38\vec{\mathbf{j}} + 2{,}26\vec{\mathbf{k}}) \times 10^{-3}$ N·m ; (b) $-1{,}69 \times 10^{-3}$ J
E26. $2{,}13 \times 10^{-8}$ N·m/degré
E27. 3,13°
E28. (a) 6,26 m ; (b) 1,31 μs
E29. (a) 2,13 cm ; (b) $1{,}66 \times 10^{16}$ m/s² ; (c) 7,15 ns
E30. (a) $1{,}60 \times 10^{-20}$ kg·m/s ; (b) $4{,}79 \times 10^5$ eV
E31. (a) $1{,}53 \times 10^7$ m/s ; (b) $8{,}20 \times 10^{-8}$ s ; (c) $1{,}95 \times 10^{-13}$ J
E32. $1{,}85 \times 10^{-23}$ A·m²
E33. (a) $r_p/r_d = 1{,}00$; (b) $r_p/r_d = 0{,}500$; (c) $r_p/r_d = 0{,}707$
E34. (a) $r_p/r_é = 1{,}84 \times 10^3$; (b) $r_p/r_é = 42{,}9$
E35. (a) $B_\alpha/B_p = 2{,}00$; (b) $B_\alpha/B_p = 0{,}500$; (c) $B_\alpha/B_p = 1{,}00$
E36. 3,09 mm
E37. (a) 261 m
E38. (a) 11,4 MHz ; (b) $4{,}42 \times 10^{-15}$ J ; (c) $3{,}84 \times 10^{-21}$ kg·m/s
E39. 4,04 cm
E40. 4,96 mm
E41. 7,78 cm
E42. (a) $-1{,}00 \times 10^{-4}\vec{\mathbf{k}}$ T ; (b) 11,4 cm
E43. $7{,}25 \times 10^{-4}\vec{\mathbf{k}}$ T
E44. (a) 0,914 T ; (b) 50,0 kV ; (c) 13,9 MHz
E45. (a) $8{,}62 \times 10^7$ rad/s ; (b) $3{,}49 \times 10^{-12}$ J
E46. (a) 31,3 cm ; (b) 4,10 μS
E47. $1{,}80 \times 10^{11}$ C/kg
E48. 6,12 cm
E49. (a) 1,88 mm/s ; (b) $3{,}13 \times 10^{27}$ m⁻³
E50. 4,08 T
E51. $7{,}14 \times 10^{28}$/m⁻³
E52. $0{,}300\vec{\mathbf{k}}$ T

E53. (a) 25,0° ou 155° ; (b) $\vec{\mathbf{B}} = (-0{,}275\vec{\mathbf{i}} \pm 0{,}589\vec{\mathbf{j}})$ T

E54. $\vec{\mathbf{F}}_{B1} = -1{,}20\vec{\mathbf{k}}$ N ; $\vec{\mathbf{F}}_{B2} = 1{,}20\vec{\mathbf{j}}$ N ; $\vec{\mathbf{F}}_{B3} = 1{,}20\vec{\mathbf{k}}$ N ; $\vec{\mathbf{F}}_{B4} = 0$

E55. $\vec{\mathbf{F}}_{B1} = 1{,}20\vec{\mathbf{i}}$ N ; $\vec{\mathbf{F}}_{B2} = 1{,}20\vec{\mathbf{j}}$ N ; $\vec{\mathbf{F}}_{B3} = (-1{,}20\vec{\mathbf{i}} - 1{,}20\vec{\mathbf{j}})$ N ; $\vec{\mathbf{F}}_{B4} = 1{,}20\vec{\mathbf{j}}$ N

E56. $(1{,}20\vec{\mathbf{i}} + 0{,}802\vec{\mathbf{j}})$ μT

E57. (a) 2,71 mN vers l'ouest ; (b) 2,88 mN directement vers le nord, à 20° au-dessus de l'horizontale

E58. 1,07 N, vers l'est

E59. $-1{,}18\vec{\mathbf{j}}$ N·m

E60. (a) $\vec{\mathbf{F}}_{B1} = 0{,}640\vec{\mathbf{j}}$ N ; $\vec{\mathbf{F}}_{B2} = 0{,}640\vec{\mathbf{k}}$ N ; $\vec{\mathbf{F}}_{B3} = -0{,}640\vec{\mathbf{j}}$ N ; $\vec{\mathbf{F}}_{B4} = -0{,}640\vec{\mathbf{k}}$ N ; (b) $-0{,}128\vec{\mathbf{k}}$ N·m

E61. $1{,}02 \times 10^{9}$ A

E62. 48,0 μA

E63. $9{,}06 \times 10^{-4}$ T

E64. (a) $\sqrt{2m\Delta V/eB^2}$; (b) 10,0 %

E65. 0,380 m

E66. 3,77 m

E67. (a) 0,123 m ; (b) 0,137 m

E68. (a) $P_{\mathrm{p}}/P_{\mathrm{d}} = 1{,}00$; (b) $K_{\mathrm{p}}/K_{\mathrm{d}} = 2{,}00$

E69. $\approx 1{,}7 \times 10^{-17}$ N

Problèmes

P1. (b) $2\pi(I/\mu B)^{1/2}$

P3. 1 spire

P4. (a) $\frac{1}{4}\pi\sigma R^4\vec{\boldsymbol{\omega}}$

P6. 15,3 mT

P7. (a) $8{,}53 \times 10^{-3}$ T ; (b) 0,349 ns ; (c) $\vec{\mathbf{r}} = (1{,}00\vec{\mathbf{i}} + 0{,}268\vec{\mathbf{j}})$ cm

Chapitre 9

Exercices

E1. (a) $(\mu_0 I_1 I_2 c/2\pi)[(1/a) - 1/(a+b)]$ vers la droite ; (b) $8{,}73 \times 10^{-4}$ m/s

E2. (a) $(19{,}2\vec{\mathbf{i}} + 41{,}2\vec{\mathbf{j}})$ μT ; (b) 6,00 cm à gauche du fil 1 sur une droite parallèle à l'axe x ; (c) 80,0 μN/m

E3. (a) $(6{,}91\vec{\mathbf{i}} - 1{,}53\vec{\mathbf{j}}) \times 10^{-5}$ T ; (b) $(4{,}59\vec{\mathbf{i}} + 20{,}7\vec{\mathbf{j}}) \times 10^{-5}$ N

E4. 8,00 cm à l'ouest du fil

E5. $5{,}00 \times 10^{-4}$ T

E6. $(70{,}0\vec{\mathbf{i}} + 17{,}3\vec{\mathbf{j}})$ μN/m

E7. 6,84° vers l'ouest par rapport au nord

E8. (a) $-8{,}00 \times 10^{-18}\vec{\mathbf{j}}$ N ; (b) $8{,}00 \times 10^{-18}\vec{\mathbf{i}}$ N ; (c) 0

E9. (a) $-1{,}33 \times 10^{-5}\vec{\mathbf{j}}$ T ; (b) $8{,}51 \times 10^{-18}\vec{\mathbf{k}}$ N

E10. (a) $\mu_0 Ia/[\pi(a^2 + x^2)]$; (b) $\pm 2a$

E11. (a) $\mu_0 Ix/[\pi(a^2 + x^2)]\vec{\mathbf{j}}$; (b) $x = \pm a$

E12. $-8{,}00 \times 10^{-5}(\vec{\mathbf{i}} + 2\vec{\mathbf{k}})$ T

E13. $5{,}14 \times 10^{-7}\ I/a$

E14. $(\mu_0 I/2a)[(1/\pi) + 1]\vec{\mathbf{k}}$

E15. $(\mu_0 I/4)[(1/b) - 1/a]\vec{\mathbf{k}}$

E18. $d\vec{\mathbf{B}}_a = 8{,}84 \times 10^{-7}\vec{\mathbf{j}}$ T ;
$d\vec{\mathbf{B}}_b = 4{,}81 \times 10^{-7}(-\vec{\mathbf{i}} + \vec{\mathbf{j}})$ T ;
$d\vec{\mathbf{B}}_c = -8{,}84 \times 10^{-7}\vec{\mathbf{i}}$ T ;
$d\vec{\mathbf{B}}_d = 8{,}84 \times 10^{-7}(-\vec{\mathbf{i}} + \vec{\mathbf{j}})$ T ;
$d\vec{\mathbf{B}}_e = -2{,}50 \times 10^{-6}\vec{\mathbf{i}}$ T

E19. (b) $0{,}766a$

E20. $2RB_{\mathrm{t}} \tan \theta/\mu_0 N$

E21. 5,09 A

E22. $(\mu_0 I/a)[(1/4) + 1/\pi]$

E23. $(\mu_0 I/a)[(1/4) + (1/\pi\sqrt{5}) + 1/4\pi\sqrt{5}]$

E24. (a) $3{,}14 \times 10^{-5}$ T ; (b) 0,254 A·m²

E25. 265 spires

E26. 2,38 mT

E28. Pour $r < a$, $B = 0$, pour $a < r < b$, $B = (\mu_0 I/2\pi r)(r^2 - a^2)/(b^2 - a^2)$, pour $r > b$, $B = \mu_0 I/2\pi r$

E29. (a) Parallèle à la plaque et perpendiculaire au courant, vers la droite au-dessus et vers la gauche en dessous ; (b) $\mu_0 Jt/2$

E30. (a) 8,00 mT ; (b) 5,14 mT

E31. $r_i = 0{,}500$ mm ; $r_e = 8{,}00$ mm

E33. (a) 2,00 A selon $+y$; (b) 1,20 A selon $-y$

E34. $I_1 = I_2 = 0{,}750$ A

E35. 0,667 A entrant dans la page

E36. $(\mu_0 I/2\pi d)(\vec{\mathbf{i}} - \vec{\mathbf{j}})$

E37. $(1{,}28\vec{\mathbf{i}} - 3{,}84\vec{\mathbf{j}}) \times 10^{-4}$ N/m

E38. (a) $(6{,}50\vec{\mathbf{i}} - 2{,}60\vec{\mathbf{j}})$ μT ; (b) $(13{,}0\vec{\mathbf{i}} + 32{,}5\vec{\mathbf{j}})$ μN

E39. 0,251 T

E40. 34,1 μT

Problèmes

P2. (a) $\frac{1}{2}\mu_0 NIR^2[1/(R^2 + x^2)^{3/2} + 1/(R^2 + (R-x)^2)^{3/2}]$; (e) entre $0{,}0115R$ et $0{,}988R$

P3. (a) $\sigma\omega r\ dr$; (b) $\mu_0\sigma\omega\ dr/2$

P6. $(\mu_0 I/2\pi\ell)\ln[(L + \ell)/L]$

P7. (a) $\frac{1}{2}\mu_0 nI[(0{,}20 - x)/\sqrt{(0{,}20 - x)^2 + a^2} + x/\sqrt{x^2 + a^2}]$
(c) $x = 2{,}73$ cm, $x = 17{,}3$ cm ;
(d) $x = 6{,}67$ mm, $x = 19{,}3$ cm

P9. (b) $\mu_0 Ia/2\pi R^2$

P10. $\mu_0 I/\pi^2 R$

P12. (a) $B = (\mu_0 I/2\pi R)n \tan(\pi/n)$, où $n = 6$ pour le cas représenté

Chapitre 10

Exercices

E1. $-2{,}52$ mWb

E2. (a) $1{,}41 \times 10^{-3}$ Wb ; (b) $-2{,}82 \times 10^{-3}$ Wb

E3. $|\mathscr{E}| = 40{,}1$ μV

E4. (a) 32,0 m/s ; (b) $0{,}0250\vec{\mathbf{i}}$ N

E5. (a) $(3{,}20t - 2{,}40t^2) \times 10^{-4}$ Wb ; (b) 1,33 mA ; (c) 1,33 s

E6. $|\mathscr{E}| = 18{,}2$ mV

E7. $-13{,}7 \cos(60\pi t)$ mV

E8. $-0{,}682 \cos(5{,}03 \times 10^6 t)$ V

E9. (a) $-9{,}82 \times 10^{-4}$ Wb ; (b) 98,2 mV ; (c) Anti-horaire

E10. (a) $|\mathscr{E}| = 0{,}900$ V ; (b) $-33{,}8\vec{\mathbf{i}}$ mN ; (c) 0,675 W ; (d) 0,675 W

E11. (a) 1,20 A ; (b) 0,130 N ; (c) 3,89 W ; (d) 3,89 W

E12. ±3,56 T/s

E13. 7,26 mW

E14. (a) $-0{,}169 \sin(14{,}1t)$ V ; (b) $\mathscr{E}_{max} = 0{,}169$ V, à $t = 0{,}111$ s ; (d) À la position d'équilibre des ressorts

E17. (a) 3,36 mW ; (b) $B = 0$ à $t = 0{,}400$ s et $P_R = 0$ à $t = 0{,}200$ s

E18. $-24{,}1$ mV

E19. 130 rad/s

E20. 56,5 mV

E21. (a) 0,201 V ; (b) $7{,}15 \times 10^{-4}$ N·m

E22. (a) 29,9 mV ; (b) $2{,}84 \times 10^{-5}$ N·m ; (c) $3{,}57 \times 10^{-4}$ W ; (d) $3{,}57 \times 10^{-4}$ W

E23. $-(eCd/2)\vec{\mathbf{j}}$

E25. (a) $6{,}03 \times 10^{-5}$ V/m ; (b) $1{,}21 \times 10^{-4}$ V/m

E26. $1{,}99 \times 10^2$ A/s

E27. (a) 0,810 V ; (b) Zéro

E28. 3,18 mV

E29. $7{,}16 \times 10^3$ tr/min

E30. $(NAB_0/\tau)e^{-(t/\tau)}$

E31. 0,802 s

E32. 58 spires

E33. (a) 151 rad/s ; (b) $8{,}88 \times 10^{-2}$ N·m

E34. 0,141 mV

Problèmes

P1. $|\mathscr{E}| = (\mu_0 Iv/2\pi) \ln[(\ell + d)/d]$

P2. $1{,}00 \times 10^{-4}$ A

P4. $2Bv^2t \tan\theta$

P5. $|\mathscr{E}| = 333$ μV

P6. (a) $(B\ell v/R)\cos\theta$

P7. $-(\mu_0 \omega I_0 c/2\pi) \ln[(a + b)/a] \cos(\omega t)$

P8. (b) $\mathscr{E}_0/B\ell$

P9. (b) $-L^2(\mathrm{d}B/\mathrm{d}t)$

P10. (a) $0{,}102 e^{-(t/5{,}00 \times 10^{-2})}$A

P12. (a) 0,280 m/s² ; (b) 1,17 m/s ; (c) 5,33 m/s

Chapitre 11

Exercices

E1. (a) 152 μH ; (b) 26,3 A/s

E2. (a) 47,5 spires ; (b) $7{,}16 \times 10^{-4}$ T

E3. (a) 4,80 μWb ; (b) $|\mathscr{E}| = 42{,}0$ mV

E4. (a) LI/τ ; (b) $L(2bt - a)$; (c) $-LI_0\omega \cos(\omega t)$

E5. (a) $|\mathscr{E}| = 9{,}38$ mV

E6. 33,8 μWb

E7. 93,8 mH

E8. 9,32 μH

E9. 8,43 μH

E10. $-1{,}00$ V

E11. (a) 80,4 μH ; (b) 40,2 mV

E12. (a) $1{,}50 \times 10^{-9}$ H ; (b) $6{,}00 \times 10^{-8}$ V

E13. (a) $(\mu_0 hN_1 I_1/2\pi) \ln(b/a)$; (b) $(\mu_0 hN_1N_2/2\pi) \ln(b/a)$

E14. 18,9 μH

E15. (a) 0,600 mWb ; (b) 0,394 mWb ; (c) 0,140 mWb ; (d) $-80{,}0$ mV ; (e) $-12{,}6$ mV ; (f) $-28{,}0$ mV

E16. (a) $(\mathscr{E}/L)t$; (b) $(\mathscr{E}/L)t$

E17. (a) 0,279 A ; (b) $-10{,}3$ V ; (c) 536 ms

E18. (a) 693 ms ; (b) 1,50 V

E19. (a) 6,00 A/s ; (b) 0,231 s ; (c) 0,333 s

E20. 0,166 Ω ; (b) 0,392 H

E21. (a) 13,0 V ; (b) 11,0 V

E22. (a) 126 ms ; (b) 0,940 H

E23. (a) 5,55 ms ; (b) 99,3 %

E24. (a) $I_1 = I_2 = \mathscr{E}/(R_1 + R_2)$; $I_3 = 0$; (b) $I_1 = I_3 = \mathscr{E}/R_1$; $I_2 = 0$; (c) $I_1 = 0$; $I_2 = I_3 = \mathscr{E}/R_1$; (d) $R_2\mathscr{E}/R_1$

E25. 0,581 ms

E26. (a) 300 J ; (b) 3,60 mJ

E27. (a) 3,98 mJ/m³ ; (b) 79,6 mA

E28. $5{,}55 \times 10^{-7}$ J

E29. (a) 9,59 W ; (b) 5,58 W ; (c) 15,2 W

E30. (a) $-3{,}63$ V ; (b) 22,1 W ; (c) 2,20 W ; (d) 24,3 W

E31. 5,55 ms = $0{,}693\tau$

E32. 0,150 H

E33. 75,2 mA

E34. (a) 0,201 H ; (b) $1{,}61 \times 10^{-2}$ J

E35. (a) $\mu_0 n^2 I^2/2$; (b) $\mu_0 n^2 A\ell$

E36. (a) $-59{,}0$ V ; (b) 26,4 W

E37. (a) 563 Hz ; (b) 0,212 A ; (c) 0,222 ms

E38. (a) 0,162 H ; (b) $8{,}00 \times 10^{-3}$ J
E39. $1{,}98$ pF $\leq C \leq 16{,}7$ pF
E40. (a) $2{,}50 \times 10^{3}$ rad/s ; (b) 28,3 Ω
E42. (a) $5{,}00 \times 10^{4}$ rad/s ; (b) $1{,}79 \times 10^{2}$ Ω ; (d) $4{,}00 \times 10^{3}$ Ω

Problèmes

P1. (a) $L_1 + L_2$; (b) $[(1/L_1) + 1/L_2]^{-1}$
P4. $\mu_0/8\pi$
P5. $(\mu_0 c/2\pi) \ln[(b + a)/a]$
P6. $(\mu_0 N^2 h/2\pi) \ln(b/a)$
P7. (b) 3,14 ; (c) 0,730 μF
P8. (a) $1{,}54 \times 10^{-3}$ s ; (b) $2{,}73 \times 10^{-3}$ s ; (c) $2{,}73 \times 10^{-3}$ s

Chapitre 12

Exercices

E1. (a) 7,96 A ; (b) 200 Hz
E2. (a) 1,10 A ; (b) 65,0 Hz
E3. (a) 5,03 kHz ; (b) 11,3 kHz ; (c) 2,25 kHz
E4. 5,40 A
E5. (a) 1,70 mC ; (b) 0,638 A
E6. (a) 0,921 A ; (b) 0 A ; (c) ±0,798 A ; (d) 23,0 W
E7. (a) 1,30 A ; (b) Zéro ; (c) ±1,13 A ; (d) −13,2 W
E8. (a) 3,03 Ω ; (b) $4{,}59 \times 10^{3}$ Hz
E9. (a) $I = 1{,}40$ A, $P_L = 68{,}2$ W ; (b) 66,3 Hz
E10. (a) $i = 1{,}06$ A, $p_C = -62{,}0$ W ; (b) 111 Hz
E11. $R = 5{,}67$ Ω, $C = 44{,}4$ μF
E12. $L = 40{,}0$ mH ; $R = 13{,}0$ Ω
E13. 725 mH ou 75,0 mH
E14. 0,140 H
E15. (a) 2,42 A ; (b) 20,6 Ω ; (c) 194 V ; (d) 303 V
E16. (a) 80,0 Ω ; (b) 50,0 Ω ; (c) 2,67 A ; (d) 33,5 Ω ; (e) 239 W
E17. (a) 300 Ω ; (b) 0,192 H ; (c) 1,23 rad ou 70,5°
E18. $L = 1{,}01$ mH ; $C = 6{,}29$ μF
E19. (a) 49,3 μF ; (b) 113 Hz
E20. (a) 36,1 Ω ; (b) 3,32 A ; (c) −0,805 rad ou −46,1° ; (d) $Z = 25{,}0$ Ω ; $I = 4{,}80$ A ; $\varphi = -0{,}0365$ rad ou −2,09°
E21. 264 Hz
E22. (a) 17,0 Ω ; (b) 0,959 H
E23. (a) 919 Hz ; (b) 622 Hz ou $1{,}36 \times 10^{3}$ Hz
E24. (a) 1,87 μF ou 575 nF ; (b) 110 Ω ou 119 Ω
E25. (a) 0,760 ; (b) 289 W
E26. (a) 47,5 W ; (b) 0,364
E27. $X_L = 20{,}0$ Ω, $X_C = 50{,}0$ Ω ; (b) −1,11 rad ou −63,4° ; (c) 267 W ; (d) 0,448
E28. 0,833
E29. 151 W
E30. (a) 1,00 V ; (b) 1,73 V
E32. (a) 38,2 mH ; (b) $\pi/4$ rad ou 45,0°
E33. $2{,}74 \sin(320t - 1{,}02)$ V
E34. $1{,}33 \times 10^{3}$ W
E35. (a) 16,2 W ; (b) 1,01 W
E36. (a) 235 W ; (b) 212 W ; (c) 11,8 A
E37. (a) 400 spires ; (b) 2,40 A
E38. $\Delta V_2 = 15{,}0$ V, $I_2 = 19{,}2$ A

Problèmes

P2. ω_0
P3. (a) 2,00 V ; (b) 2,31 V
P4. (a) 0,114 Ω ; (b) 650 Hz ; (c) 333 W
P5. 2,31 V
P7. (b) 84,7 V ; (c) 15,7 V ; (d) 1,59 V ; (f) 283 rad/s ; (g) Un filtre passe-bas
P8. (b) 53,2 V ; (c) 98,8 V ; (d) 99,99 V ; (f) >826 rad/s ; (g) Un filtre passe-haut
P9. 37,1 mH
P11. (a) $\Delta v_{R0} = 7{,}34$ V, $\Delta v_{C0} = 115$ V, $\Delta v_{L0} = 14{,}7$ V ; (b) 115 V ; (c) −100 V
P12. (c) Un filtre passe-haut
P13. (c) Un filtre passe-bas
P14. (a) 7,33 Ω ; (b) $i_{R0} = 12{,}5$ A ; $i_{L0} = 6{,}25$ A ; $i_{C0} = 0{,}800$ A

Chapitre 13

Exercices

E3. $2{,}90 \times 10^{-7}$ A
E4. (a) 3,00 A ; (b) $3{,}78 \times 10^{11}$ V/s
E6. $9{,}27 \times 10^{-9}$ A
E7. $6{,}29 \times 10^{-13}$ T
E8. (b) $\mu_0 I_D r/2\pi R^2$
E9. (a) $5{,}00 \times 10^{-8}$ T ; (b) $8{,}00 \times 10^{-8}$ T
E10. $7{,}00 \times 10^{-8}\vec{\mathbf{j}}$ T
E11. (a) $\lambda = 1{,}26$ cm, $f = 23{,}9$ GHz ; (b) $60{,}0 \sin(500x + 1{,}50 \times 10^{11}t)$ V/m $\lambda(\vec{\mathbf{k}})$
E12. $-(E_0/c)\sin(ky + \omega t)\vec{\mathbf{i}}$
E13. (a) 150 V/m ; (b) 0,501 μT
E14. (a) $1{,}11 \times 10^{-8}$ J/m³ ; (b) $B_0 = 1{,}67 \times 10^{-7}$ T ; $\vec{\mathbf{B}}$ pointe selon l'axe des z positifs ; (c) 3,33 N/m²
E15. (a) $3{,}33 \times 10^{-6}$ J/m³ ; (b) $4{,}57 \times 10^{20}$ J
E16. (a) $E_0 = 1{,}55 \times 10^{-3}$ V/m ; $B_0 = 5{,}17 \times 10^{-12}$ T ; (b) $E_0 = 1{,}14 \times 10^{-6}$ V/m ; $B_0 = 3{,}80 \times 10^{-15}$ T
E17. (a) $3{,}33 \times 10^{-8}$ T ; (b) 59,7 W

E18. $4{,}47 \times 10^{-4}$ N

E19. (a) $3{,}33 \times 10^{-12}$ N ; (b) $3{,}33 \times 10^{-6}$ N

E20. $6{,}63 \times 10^{-15}$ N/m^2

E21. 150 kW

E22. $3{,}33 \times 10^{-8}$ m/s^2

E23. (a) $5{,}31 \times 10^{-15}$ W/m^2 ; (b) $3{,}87 \times 10^{8}$ m

E24. (a) 25,9 m ; (b) 3,00 V/m

E25. (a) $3{,}33 \times 10^{-8}$ N/m^2 ; (b) $7{,}99 \times 10^{-9}$ N

E26. (a) 5,99 V/m ; (b) $2{,}00 \times 10^{-8}$ T

E27. 19,6 mW

E28. 55,6 m^2

E30. (a) $9{,}55 \times 10^{-2}$ W/m^2 ; (b) $3{,}18 \times 10^{-10}$ J/m^3 ; (c) $6{,}37 \times 10^{-14}$ N

Problèmes

P1. (a) $(1/2)\ \mu_0\varepsilon_0 a(\mathrm{d}E/\mathrm{d}t)$; (b) $(1/2)\ \varepsilon_0 aE(\mathrm{d}E/\mathrm{d}t)$

P2. $4{,}55 \times 10^{-4}$ V

P3. (a) 720 W ; (b) $3{,}82 \times 10^{4}$ W/m^2

P5. $(S/c)(2 - f)$

P6. 474 nm

P7. $2{,}86 \times 10^{-4}$ V

P9. (a) 0,0100 A ; (b) 2,00 s

P10. 7,55°

P11. $8{,}71 \times 10^{-5}$ kg·m/s

P12. (a) $6{,}67 \times 10^{-3}$ N ; (b) $1{,}50 \times 10^{5}$ s

Sources des photographies

Page couverture

De gauche à droite : 1) Portrait de Michael Faraday (1830, peinture à l'huile), par Henry William Pickersgill (1752-1875)/ The Royal Institution, Londres, Royaume-Uni/Bridgeman Art Library. 2) Martin Fischer/Shutterstock. 3) Maxim S. Sokolov/ Shutterstock. 4) Kwest/Shutterstock.

Chapitre 1

Page 1 : Kip Peticolas/Fundamental Photographs. *Page 2* : Bettmann/Corbis. *Page 5, fig. 1.4 a* : Michael Holford ; *fig. 1.4 b* : John Howard/SPL/Publiphoto. *Page 8* : Deutsches Museum. *Page 12* : AIP Emilio Segrè Visual Archives, E. Scott Barr Collection. *Page 13, fig. 1.11, à gauche* : Picture Collection, The Branch Libraries, The New York Public Library, Astor, Lenox and Tilden Foundations ; *fig. 1.12* : Mathieu Lachance.

Chapitre 2

Page 25 : Lucy Claxton/Dorling Kindersley. *Page 29* : NOAA Photo Library, NOAA Central Library, OAR/ERL/ National Severe Storms Laboratory. *Page 33, les quatre* : Mathieu Lachance. *Page 34, fig. 2.8 a et 2.9 a* : Dr. Harold Wage, Princeton University. *Page 57* : Krzysztof Rafal/ iStockphoto. *Page 58* : AIP Emilio Segrè Visual Archives. *Page 59* : Mathieu Lachance. *Page 62* : Mathieu Lachance. *Page 63* : Selçuk Oral/Wikipedia. *Page 64* : Wikipedia. *Page 66* : Mathieu Lachance.

Chapitre 3

Page 79 : Colleen Bradley/iStockphoto. *Page 80* : AKG/Photo Researchers, Inc.

Chapitre 4

Page 109 : iStockphoto. *Page 113* : Jeff McDonald/ iStockphoto. *Page 123* : Mathieu Lachance. *Page 125* : Juergen Berger/SPL/Publiphoto. *Page 129, les deux* : Ira Wyman. *Page 140* : © Daimler Chrysler Corporation. *Page 141, les deux* : Bethlehem Steel Corporation. *Page 142* : Dr. Erwin Müler, Pennsylvania State University.

Chapitre 5

Page 155 : Bruno Passigatti/iStockphoto. *Page 156, fig. 5.1 b* : Science Museum, Londres ; *fig. 5.1 c* : Andrew Lambert Photography/SPL/Publiphoto. *Page 158* : Dr. Harold Wage, Princeton University. *Page 165, fig. 5.10 a* : Gracieuseté de Blaze Labs Research (Malte) ; *fig. 5.10 b* : Jon Brenneis, Berkeley, California. *Page 172* : Chathan Cooke, MIT High Voltage Research Laboratory.

Chapitre 6

Page 183 : Ton Kinsberger/SPL/Publiphoto. *Page 187, en haut* : Jorge Delgado/iStockphoto ; *fig. 6.3 b* : Tiré de *Electricity and Magnetism*, par Oleg D. Jefimenko, Electret Scientific, 1989. *Page 189, fig. 6.6* : Bettmann/Corbis ; *fig. 6.7 a* : Avec l'autorisation de AIP Emilio Segrè Visual Archives ; *fig. 6.7 b* : The Burndy Library Collection, The Huntington Library, San Marino, California (710667). *Page 190* : The Royal Institution, Londres, Royaume-Uni/ Bridgeman Art Library. *Page 198* : AIP Emilio Segrè Visual Archives, E. Scott Barr Collection. *Page 199, fig. 6.15* : Sergey Zholudov/iStockphoto ; *en bas* : Trevor Fisher/iStockphoto. *Page 202* : *Benjamin Franklin Drawing Electricity from the Sky*, par Benjamin West, Philadelphia Museum of Art/ Collection de M. et Mme Wharton Sinkler. *Page 203* : National Severe Storms Laboratory. *Page 204* : NOAA Photo Library, NOAA Central Library, OAR/ERL/National Severe Storms Laboratory. *Page 206* : Laura Fisher/iStockphoto.

Chapitre 7

Page 213 : Lynn Johnson/Aurora Photos. *Page 224* : Michael Holford. *Page 229* : Photographische Gesellschaft, Berlin, avec l'autorisation de AIP Emilio Segrè Visual Archives, W. F. Meggers Collection, Brittle Books Collection, Harvard University Collection. *Page 252* : Andrzej Barabasz (Chepry) – CC-BY-SA-2.5.

Chapitre 8

Page 269 : CERN, P.Loiez/SPL/Publiphoto. *Page 270* : Portrait de H. C. Œrsted, par C. W. Eckersberg/Danmarks Tekniske Museum, Helsingør, Danemark. *Page 272* : Richard Megna/Fundamental Photograhs, NYC. *Page 286, fig. 8.23* : Culver Pictures. *Page 287* : Lawrence Berkeley Laboratory/ SPL/Photo Researchers, Inc. *Page 290* : NASA. *Page 296* : Gracieuseté de Dephy Technologies. *Page 297, fig. 8.35 a* : Jon Brenneis, Berkeley, Californie ; *fig. 8.35 b* : Lawrence Berkeley National Laboratory. *Page 298, les deux* : Fermilab. *Page 299* : © Bachrach. *Page 302* : University of Cambridge, Cavendish Laboratory, Madingley Road, Cambridge, Angleterre. *Page 303* : Science Museum, Londres.

Chapitre 9

Page 315 : Don Bayley/iStockphoto. *Page 316* : *PSSC Physics*, 2e édition, ©1965 Education Development Center, Inc. *Page 319* : John Warden/SuperStock. *Page 325* : Richard Megna/Fundamental Photographs, NYC. *Page 329, fig. 9.16 et 9.17* : Tiré de *Electricity and Magnetism*, par Oleg D. Jefimenko, Electret Scientific, 1989. *Page 332* : Gravure d'Ambroise Tardieu, 1825, avec l'autorisation de AIP Emilio Segrè Visual Archives. *Page 337* : Lawrence Livermore National Laboratory/U.S. Department of Energy. *Page 339, fig. 9.31 a* : Picture Collection, The Branch Libraries, The New York Public Library, Astor, Lenox and Tilden Foundations ; *fig. 9.31 b* : Smithsonian Institution, nég. n° 74-4407 ; *fig. 9.31 c* : Smithsonian Institution, nég. n° 24,938. *Page 346* : D'après «Magnetic Fields in the Cosmos», par E. N. Parker, *Scientific American*, août 1983 © George V. Kelvin. *Page 350* : S.I. Akasofu, *The Dynamic Aurora*, dans *Scientific American*, mai 1989.

Chapitre 10

Page 361 : David Joyner/iStockphoto. *Page 362, fig. 10.1* : Picture Collection, The Branch Libraries, The New York Public Library, Astor, Lenox and Tilden Foundations ; *fig. 10.2* : The Royal Institution, Londres, Royaume-Uni/Bridgeman Art Library. *Page 363* : Michael Holford. *Page 376, fig. 10.22 a* : Damian Palus/Shutterstock ; *fig. 10.22 b* : Health Protection Agency/SPL/Publiphoto. *Page 378* : Hydro-Québec. *Page 388* : Michael Faraday (1791-1867) dans son laboratoire, 1852 (peinture à l'eau sur papier), par Harriet Jane Moore/The Royal Institution, Londres, Royaume-Uni/Bridgeman Art Library. *Page 391* : Michael Holford.

Chapitre 11

Page 401 : iStockphoto. *Page 402* : Portrait de Joseph Henry (1877, peinture à l'huile), par Thomas LeClear (1818-1882)/ The National Portrait Gallery, Smithsonian Institution. *Page 423* : Michael S. Yamashita/Corbis.

Chapitre 12

Page 431 : Dragon Trifunovic/iStockphoto. *Page 447* : Dan McCoy/Rainbow.

Chapitre 13

Page 465 : Dave Bartruff/Corbis. *Page 466* : Avec l'autorisation de AIP Emilio Segrè Visual Archives. *Page 480, fig. 13.10* : photo de Ben Rose, © Peter Rose ; *fig. 13.11 a* : Palomar/ Caltech ; *fig. 13.11 b* : *Space Sail of the Future* (1960, huile sur canevas), par Robert T. McCall/Collection du National Air and Space Museum. *Page 481* : Deutsches Museum, avec l'autorisation de AIP Emilio Segrè Visual Archives. *Page 482* : Deutsches Museum, Munich. *Page 484* : NASA. *Page 486* : Doug Johnson/Science Photo Library/Photo Researchers, Inc.

Index

La lettre italique *f*, *p* ou *t* accolée à un numéro de page signale un renvoi à une figure (*f*), une photo (*p*) ou un tableau (*t*).

A

B

C

D

E

F

G

H

I

J

N

O

P

Q

R

S

T

U

V

W

X

Y

Z

Notes

Notes

Notes

Notes

Facteurs de conversion

Longueur

1 po = 2,54 cm (exactement)
1 m = 39,37 po = 3,281 pi
1 mille (mi) = 5280 pi = 1,609 km
1 km = 0,6215 mille
1 fermi (fm) = 1×10^{-15} m
1 ångström (Å) = 1×10^{-10} m
1 mille marin = 6076 pi = 1,151 mille
1 unité astronomique (UA) = $1{,}4960 \times 10^{11}$ m
1 année-lumière = $9{,}4607 \times 10^{15}$ m

Aire

1 m^2 = 10^4 cm^2 = 10,76 pi^2
1 pi^2 = 0,0929 m^2
1 po^2 = 6,452 cm^2
1 $mille^2$ = 640 acres
1 hectare (ha) = 10^4 m^2 = 2,471 acres
1 acre (ac) = 43 560 pi^2

Volume

1 m^3 = 10^6 cm^3 = $6{,}102 \times 10^4$ po^3
1 pi^3 = 1728 po^3 = $2{,}832 \times 10^{-2}$ m^3
1 L = 10^3 cm^3 = 0,0353 pi^3
= 1,0576 pinte (É.-U.)
1 pi^3 = 28,32 L = 7,481 gallons É.-U. = $2{,}832 \times 10^{-2}$ m^3
1 gallon (gal) É.-U. = 3,786 L = 231 po^3
1 gallon (gal) impérial = 1,201 gallon É.-U. = 277,42 po^3

Masse

1 unité de masse atomique (u) = $1{,}6605 \times 10^{-27}$ kg
1 tonne (t) = 10^3 kg
1 slug = 14,59 kg
1 tonne É.-U. = 907,2 kg

Temps

1 jour = 24 h = $1{,}44 \times 10^3$ min = $8{,}64 \times 10^4$ s
1 a = 365,24 jours = $3{,}156 \times 10^7$ s

Force

1 N = 10^5 dynes = 0,2248 lb
1 lb = 4,448 N
Le poids de 1 kg correspond à 2,205 lb.

Énergie

1 J = 10^7 ergs = 0,7376 pi·lb
1 eV = $1{,}602 \times 10^{-19}$ J
1 cal = 4,186 J ; 1 Cal = 4186 J (1 Cal = 1 kcal)
1 kW·h = $3{,}600 \times 10^6$ J = 3412 Btu
1 Btu = 252,0 cal = 1055 J
1 u est équivalent à 931,5 MeV

Puissance

1 hp = 550 pi·lb/s = 745,7 W
1 cheval-vapeur métrique (ch) = 736 W
1 W = 1 J/s = 0,7376 pi·lb/s
1 Btu/h = 0,2931 W

Pression

1 Pa = 1 N/m^2 = $1{,}450 \times 10^{-4}$ lb/po^2
1 atm = 760 mm Hg = $1{,}013 \times 10^5$ N/m^2 = 14,70 lb/po^2
1 bar = 10^5 Pa = 0,9870 atm
1 torr = 1 mm Hg = 133,3 Pa

L'alphabet grec

Alpha	Α	α	Iota	Ι	ι	Rhô	Ρ	ρ
Bêta	Β	β	Kappa	Κ	κ	Sigma	Σ	σ
Gamma	Γ	γ	Lambda	Λ	λ	Tau	Τ	τ
Delta	Δ	δ	Mu	Μ	μ	Upsilon	Υ	υ
Epsilon	Ε	ε	Nu	Ν	ν	Phi	Φ	ϕ ou φ
Zêta	Ζ	ζ	Xi	Ξ	ξ	Khi	Χ	χ
Êta	Η	η	Omicron	Ο	o	Psi	Ψ	ψ
Thêta	Θ	θ	Pi	Π	π	Oméga	Ω	ω

Formules mathématiques*

Géométrie

Triangle de base b et de hauteur h	Aire $= \frac{1}{2}bh$	
Cercle de rayon r	Circonférence $= 2\pi r$	Aire $= \pi r^2$
Sphère de rayon r	Aire de la surface $= 4\pi r^2$	Volume $= \frac{4}{3}\pi r^3$
Cylindre de rayon r et de hauteur h	Aire de la surface courbe $= 2\pi rh$	Volume $= \pi r^2 h$

Algèbre

Si $ax^2 + bx + c = 0$, alors $\quad x = \dfrac{-b \pm \sqrt{b^2 - 4ac}}{2a}$

Si $x = a^y$, alors $y = \log_a x$; $\quad \log(AB) = \log A + \log B$

Produits vectoriels

Produit scalaire : $\vec{\mathbf{A}} \cdot \vec{\mathbf{B}} = AB\cos\theta$

$$= A_xB_x + A_yB_y + A_zB_z$$

Produit vectoriel :

$$\vec{\mathbf{A}} \times \vec{\mathbf{B}} = (A_x\vec{\mathbf{i}} + A_y\vec{\mathbf{j}} + A_z\vec{\mathbf{k}}) \times (B_x\vec{\mathbf{i}} + B_y\vec{\mathbf{j}} + B_z\vec{\mathbf{k}})$$
$$= (A_yB_z - A_zB_y)\vec{\mathbf{i}} + (A_zB_x - A_xB_z)\vec{\mathbf{j}} + (A_xB_y - A_yB_x)\vec{\mathbf{k}}$$

Trigonométrie

$\sin(90° - \theta) = \cos\theta$; $\quad \cos(90° - \theta) = \sin\theta$

$\sin(-\theta) = -\sin\theta$; $\quad \cos(-\theta) = \cos\theta$

$\sin^2\theta + \cos^2\theta = 1$; $\quad \sin 2\theta = 2\sin\theta\cos\theta$

$\sin(A \pm B) = \sin A \cos B \pm \cos A \sin B$

$\cos(A \pm B) = \cos A \cos B \mp \sin A \sin B$

$\sin A \pm \sin B = 2\sin\left(\dfrac{A \pm B}{2}\right)\cos\left(\dfrac{A \mp B}{2}\right)$

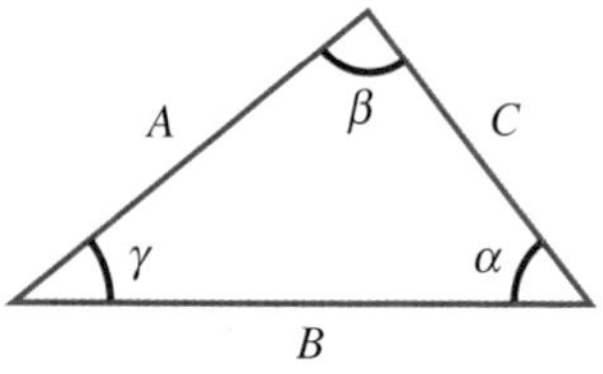

Loi des cosinus $\quad C^2 = A^2 + B^2 - 2AB\cos\gamma$

Loi des sinus $\quad \dfrac{\sin\alpha}{A} = \dfrac{\sin\beta}{B} = \dfrac{\sin\gamma}{C}$

Approximations du développement en série (pour $x \ll 1$)

$(1 + x)^n \approx 1 + nx \qquad \sin x \approx x - \dfrac{x^3}{3!}$

$e^x \approx 1 + x \qquad \cos x \approx 1 - \dfrac{x^2}{2!} \qquad$ (x en radians)

$\ln(1 \pm x) \approx \pm x \qquad \tan x \approx x - \dfrac{x^3}{3}$

Approximations des petits angles (θ en radians)

$\sin\theta \approx \tan\theta \approx \theta \qquad \cos\theta \approx 1$

* Une liste plus complète est donnée à l'annexe B.